国家出版基金项目
NATIONAL PUBLICATION FOUNDATION

有色金属理论与技术前沿丛书

萃取冶金原理与实践

Fundamentals and Practice of Solvent Extraction in Hydrometallurgy

张启修 张贵清 唐瑞仁 等编著
Zhang Qixiu Zhang Guiqing Tang Ruiren

中南大学出版社
www.csupress.com.cn

中国有色集团
CNMC

内容简介

Introduction

本书是一部既满足冶金类高等院校教学要求又能兼顾自学需要的萃取冶金专著。溶剂萃取涉及的学科领域较广，本书尝试将与萃取冶金有关的"物理化学""有机化学""配合物化学""化学工程"等学科的有关内容与"冶金学"知识有机地组合成一个系统的知识体系，以方便读者学习。全书共分三篇 24 章，第一篇为萃取冶金过程原理，包括第 1 至第 9 章，适用于各类读者；第二篇为萃取冶金试验研究方法，主要读者对象为冶金类专业的研究生及相关专业科技工作者；第三篇为萃取冶金工业实践，除其中的第 15 章及第 24 章外，为金属萃取各论，介绍了各位作者在相关领域的工作经验与学习心得，供读者选读。每一章都列有详细的目录及参考文献以方便读者查阅。本书亦可作为萃取冶金生产一线技术人员的职业技术培训教材，也可供化学、化工、核工业及环保领域相关人员参考。

作者简介

About the Author

张启修，男，1938 年生，1961 年毕业于中南矿冶学院稀有金属冶金专业；1987—1988 年在英国 Warren Spring Lab. 做访问学者，师从 Dr. D. S Flatt. 2004 年 4 月退休，退休前为中南大学教授，博士生导师。

曾任中南大学稀有金属冶金教研室主任，冶金分离科学与工程重点实验室主任；历任中国有色金属学会稀有金属学术委员会副主任兼钨钼专业委员会主任。现任中国钨业协会顾问。

毕生后从事冶金分离科学与工程及稀有金属领域的科研与教学工作，主讲过"萃取冶金学""冶金分离科学与工程""稀有金属冶金学""稀有金属冶金发展动向"等课程。主编了《冶金分离科学与工程》《钨钼冶金》两部专著及《中南矿冶学院学报钨专辑》等两部论文集，参加了《冶金大百科全书》《冶金学名词》《稀土冶金学》《湿法冶金学》及《稀有金属冶金原理及工艺》等五部著作的编写。

在溶剂萃取领域从事过 18 项课题的研究，负责主持了"七五""八五"及"九五"期间国家八项科技攻关任务。经国家主管部门组织的专家组验收全部被评为 A 类项目。获国家发明专利十余项。

张贵清，男，安徽东至县人，1969 年生，工学博士，中南大学副教授，现任中南大学冶金与环境学院稀有金属冶金研究所所长，中国有色金属学会稀有金属冶金学术委员会钨钼专业委员会委员兼秘书长，2002 年入选"湖南省普通高等学校青年骨干教师培养对象"，2003 年至 2004 年在德国斯图加特大学做访问学者，讲授"溶剂萃取与离子交换""稀有金属冶金"等专业课程。长期从事稀有、有色金属的提取冶金的教学与科研工作，主要研究方向有：冶金分离科学与工程（萃取、离子交换、膜分离），稀有、有色金属清洁冶金与二次资源的综合回收，冶金废水处理。先后主持参与国家自然科学基金、国家重大科技专项、国家科技攻关计划等国家纵向课题 8 项，湖南省重大科技专项等省部级纵向课题 2 项。横向科研课题 21 项，发表学术论文 52 篇，其中被 SCI、EI 检索 21 篇，获国家授权发明专利 10 项，其中碱性介质直接萃钨新工艺、连续离子交换深度净化镍电解液、协同萃取提镍新工艺等多项原创性科研成果在企业获得大规模推广应用。

　　唐瑞仁，男，1967 年 8 月生，中南大学化学化工学院有机化学专业教授。1987 年毕业于邵阳师专，1993 年 7 月获西北大学有机化学专业硕士学位，同年来中南大学任教，2001 年 9 月获中南大学有色金属冶金专业博士学位。2001 年 12 月进入湖南大学化学化工学院化学博士后流动站从事博士后研究工作。2002 年 6 月至 2003 年 6 月在以色列希伯莱大学做访问学者。近年来发表 SCI 收录论文 60 多篇。主持或参与教育部留学回国人员启动基金、国家自然科学基金与国家 863 计划项目的研究工作。从事本科生"有机化学""高等有机化学"及研究生"波谱分析"等教学工作。现主要从事有机合成方法和功能配合物等方面的研究工作。

编审责任小组

组　长

张启修

成　员（按拼音字母顺序排列）

邱运仁　唐瑞仁　杨天足　张贵清　曾　理(秘书)

作者名单

（按拼音字母顺序排列）

陈兴龙　广州有色金属研究院
龚柏藩　中南大学冶金与环境学院
何焕华　金川集团股份有限公司
胡慧萍　中南大学化学化工学院
何　静　中南大学冶金与环境学院
郝先库　包头稀土研究院
蒋玉思　广州有色金属研究院
刘桂华　中南大学冶金与环境学院
李青刚　中南大学冶金与环境学院
邱运仁　中南大学化学化工学院
唐瑞仁　中南大学化学化工学院
魏琦峰　哈尔滨工业大学(威海)
王　玮　中国瑞林工程技术有限公司
杨佼庸　北京意特格冶金技术开发有限责任公司
杨天足　中南大学冶金与环境学院
张贵清　中南大学冶金与环境学院
曾　理　中南大学冶金与环境学院
张启修　中南大学冶金与环境学院
张瑞祥　包头稀土研究院
张伟宁　宁夏东方钽业股份有限公司

总序

Preface

当今有色金属已成为决定一个国家经济、科学技术、国防建设等发展的重要物质基础，是提升国家综合实力和保障国家安全的关键性战略资源。作为有色金属生产第一大国，我国在有色金属研究领域，特别是在复杂低品位有色金属资源的开发与利用上取得了长足进展。

我国有色金属工业近30年来发展迅速，产量连年来居世界首位，有色金属科技在国民经济建设和现代化国防建设中发挥着越来越重要的作用。与此同时，有色金属资源短缺与国民经济发展需求之间的矛盾也日益突出，对国外资源的依赖程度逐年增加，严重影响我国国民经济的健康发展。

随着经济的发展，已探明的优质矿产资源接近枯竭，不仅使我国面临有色金属材料总量供应严重短缺的危机，而且因为"难探、难采、难选、难冶"的复杂低品位矿石资源或二次资源逐步成为主体原料后，对传统的地质、采矿、选矿、冶金、材料、加工、环境等科学技术提出了巨大挑战。资源的低质化将会使我国有色金属工业及相关产业面临生存竞争的危机。我国有色金属工业的发展迫切需要适应我国资源特点的新理论、新技术。系统完整、水平领先和相互融合的有色金属科技图书的出版，对于提高我国有色金属工业的自主创新能力，促进高效、低耗、无污染、综合利用有色金属资源的新理论与新技术的应用，确保我国有色金属产业的可持续发展，具有重大的推动作用。

作为国家出版基金资助的国家重大出版项目，"有色金属理论与技术前沿丛书"计划出版100种图书，涵盖材料、冶金、矿业、地学和机电等学科。丛书的作者荟萃了有色金属研究领域的院士、国家重大科研计划项目的首席科学家、长江学者特聘教授、国家杰出青年科学基金获得者、全国优秀博士论文奖获得者、国家重大人才计划入选者、有色金属大型研究院所及骨干企业的顶尖专家。

　　国家出版基金由国家设立,用于鼓励和支持优秀公益性出版项目,代表我国学术出版的最高水平。"有色金属理论与技术前沿丛书"瞄准有色金属研究发展前沿,把握国内外有色金属学科的最新动态,全面、及时、准确地反映有色金属科学与工程技术方面的新理论、新技术和新应用,发掘与采集极富价值的研究成果,具有很高的学术价值。

　　中南大学出版社长期倾力服务有色金属的图书出版,在"有色金属理论与技术前沿丛书"的策划与出版过程中做了大量极富成效的工作,大力推动了我国有色金属行业优秀科技著作的出版,对高等院校、研究院所及大中型企业的有色金属学科人才培养具有直接而重大的促进作用。

王淀佐

2010 年 12 月

前言 / Foreword

　　溶液的纯化是湿法冶金工艺能否成功的关键步骤，而溶剂萃取则是众多纯化含金属离子溶液方法中的核心技术。为了适应湿法冶金发展的需要，从1981年起我校冶金专业就开设了萃取冶金课程，但一直苦于没有一本合适的教材，为此1990年我曾将部分讲稿整理了一本"萃取冶金学"内部讲义以应急需。溶剂萃取技术涉及的学科范围广，每年发表的论文很多，其知识结构与传统冶金学又不尽相同，一本受限于课时的普通教材很难反映出这门学科的面貌，因此自那时起我们就萌发了编写一本既能满足教学要求又能兼顾自学需要的萃取冶金专著的想法，但由于科研任务繁重此事一直未能付诸实施。直到2009年年底"有色金属理论与前沿丛书"在首批国家出版基金项目中获准立项，此事才重新提上议事日程。

　　从1990至2010年，20年间情况发生了很大的变化，不但溶剂萃取学科获得了极大的发展，而且国内外已经出版了好几种有关萃取的专著、手册。20年前的讲义留下的有参考价值的东西仅仅是"用对立统一法则去剖析认识溶剂萃取规律"的思路及一些读书心得而已。根据对这本专著性质的定位，我们将萃取科学涉及的化学各分支及化工学科的相关内容与冶金学知识有机地融合在一起，按照循序渐近的原则组织了一个起点低、跨度大、系统的萃取冶金知识体系，并为此邀请校内外有一定实践经验的涉及各学科领域的20名教师、校友及朋友共同完成了这部专著的撰写。

　　全书共分三篇24章，各章互相衔接但又有一定的独立性，各类读者可根据需要选择阅读。第1至9章为萃取冶金原理；第10

至 12 章专为满足冶金类专业研究生及科研人员的需要而编写的萃取机理研究方法；第 13 章系统介绍了开发萃取工艺的试验程序与方法；第 14 章串级工艺设计部分着重于应用而省略了一些公式推导过程，其中涉及作者的读书心得供讨论商榷；第 15 章介绍了各种萃取设备并结合重点设备介绍了传质过程的特征；第 16 至 23 章为金属萃取专论，收集了最新的工业应用进展情况，特别注重了工业试验及试产阶段所暴露出来的问题的原因分析及处理方法，反映了各类金属萃取工艺的特色，值得从事实际工作的读者借鉴参考；第 24 章结合一个铜萃取厂实例介绍了萃取车间（工厂）的设计方法与生产管理。为方便查阅，每一章前列出了详细的目录，故全书总目录只列出了篇、章、节的标题；书末附有国产萃取剂目录。

按照"取材新颖，理论联系实际，全面客观反映国内外的技术水平"的要求，各章作者除奉献自己在该领域的成果、经验与心得之外，还对相关公开发表的文献进行了筛选，对素材重新加工后再写进书稿。为了对读者负责，各章作者提交的初稿均经过初审、修改，主编与作者反复沟通后再经复审定稿；在稿件送出版社之前又经过一次系统终审。因此每一章书稿至少经过四次以上的修改，有些章（节）甚至经过了五六次的修改。

本书的参考文献列于各章之后，除国内外各知名专著、手册外，重点来自于 2002 至 2011 年的四次溶剂萃取国际会议及近 15 年内有关期刊或其他会议上发表的论文。国际知名萃取冶金专家 D. S. Flett，M. Cox 及 Cheng Chuyong（成楚永）及国际湿法冶金杂志编委 David Muir. 给我们提供了大量的论文或专著。中南大学冶金与环境学院在读的从事分离科学研究的研究生肖超、肖超龙、关文娟、曾成威、郭超、刘前明等承担了系统检索中英文文献的前期工作任务。关文娟博士还为第 23 章提供了部分初稿；在修定第 21 章书稿时，江西理工大学邓佐国教授、北京有色金属研究总院黄小卫教授的中肯意见及黄教授提供的 21.5.4 节的参考意见及资料对我们都是莫大的支持与鼓励。全体编者向所有给予我们帮助和支持的友人、学生致以衷心的感谢。

此书的完稿得益于各位作者的努力，编审责任小组的各位老师的配合支持也功不可没，在此特别提到唐瑞仁教授及曾理博士，他们在肩负繁重的科研教学任务的同时，除亲自撰写有关章节之外，还要经常和我一起讨论问题，曾理博士还分担了大部分事务性工作；曹佐英教授在百忙之中还抽空审校了部分稿件。在编写此书的过程中，凯宏公司的田吉英、王娜、王炼钢、王金明，还有尚广浩博士也不时伸出援助之手帮助处理一些具体事务。所以也应该感谢肖连生教授在人事安排上对编写此书的支持。

2010年3月正式签订合同后约有一年半的时间，因我临时接受了另一编辑任务完全停止了此书的编审工作，在这段时间里，特别是2012年8月至今我夜以继日笔耕不辍，家务事全靠我的夫人一人承担。每一位作者笔耕的背后同样都有他（她）的另一半的坚强支撑，在本书付梓时仅以全体作者的名义向各位家属深表谢意，感谢他（她）们的理解与支持。

重庆康普化学工业有限公司、上海莱雅士化工有限公司提供了部分经费支持，编者谨代表购书的读者向他们致以谢意。

傅鹰教授说，"编书如造园，一池一阁在拙政园恰到好处，移至狮子林可能即只堪刺目；一节一例在甲书可引人入胜，移至乙书可能即味同嚼蜡"。我在编审工作中总是将大师的教诲作为一把尺子来度量本书的结构与内容。若读者感到此书有益，则功劳应归于全体作者和被引用文献的原创者，如有错误和不当之处，恳请读者批评指教。

在停笔之前，我还要感谢国家出版基金的支持；感谢黄伯云院士、邱冠周院士创造条件让我在晚年还有机会对过去的工作做一个小结。但愿此书对我校的学科建设有所裨益，对发展我国湿法治金工业有所贡献。

张启修于岳麓山下
2013年7月15日

目录 / Contents

第二篇　萃取冶金试验研究方法

第三篇　萃取冶金工业实践

第一篇 萃取冶金过程原理

第1章 基础知识

张启修 中南大学冶金与环境学院
唐瑞仁 中南大学化学化工学院

目 录

1.1 基本概念

1.1.1 溶剂萃取

利用有机溶剂从基本上与其不相溶的水溶液中把某种物质提取出来的方法称为有机溶剂液–液萃取法，简称溶剂萃取法。它是把物质从一个液相转移到另一个液相的过程。按被转移物质的属性划分，需要转移的物质是有机物的称为有机物萃取，需要转移的物质是无机物的称为无机物萃取。

现在溶剂萃取技术在冶金工业、医药工业、石油与油脂工业、煤焦油工业、无机物化工工业、环境保护及分析测试等各个领域均获得了广泛的应用。

溶剂萃取技术应用于冶金工业始于 20 世纪 40 年代。当时，由于发展核武器的需要，溶剂萃取法在核燃料的富集、提纯及后处理方面获得了广泛的应用。后来由于新技术的日益发展，对稀有金属的纯度提出了更高的要求，而用一般的分离方法要获得纯度较高的稀有金属化合物难度很大，所以推动了溶剂萃取法在稀有金属工业中的普遍应用。由于萃取剂价格较贵，在科技及工业界曾有一种观点，认为溶剂萃取只适用于稀贵金属的分离。但 20 世纪 60 年代末，由于成功合成了对铜有特殊选择性的萃取剂，铜的溶剂萃取迅速实现了工业化，湿法炼铜工艺得到迅速发展，从而开始了在有色金属领域全面研究、应用溶剂萃取技术的新时代。今天，溶剂萃取已经由一种单纯的分离技术发展成为了一门系统的科学，它吸收了溶液理论、表面及胶体化学理论、化学热力学及动力学理论、配位化学理论、有机化学结构与反应性能关系的理论及化学工程科学的成就，由一种技术上升成为一门科学，形成了一套完整的科学体系。它包括三大科学分支，即萃取化学、萃取化工与萃取冶金。萃取化学的任务是从不同的化学分支角度研究溶剂萃取过程的化学本质及萃取剂的合成。萃取化工的研究重点是萃取过程的传质，包括提高传质效率的手段及实现这种传质的各种设备。显然，萃取冶金是借用萃取化学及萃取化工的成就，将溶剂萃取技术应用于冶金过程的一门应用科学。它的任务是研究从含金属离子的溶液中提取和回收有价金属及有价金属的分离提纯，或者将一种复杂的溶液转变为简单的、适于下游工序处理的溶液。它已经成为有色金属湿法冶金中非常有效的单元过程。"萃取冶金"就是系统总结、阐述这一过程规律的学科。萃取科学的发展速度相当快，发表的文献特别多，而且各个国家都形成了一支专业研究队伍。这种方法之所以能获得如此巨大的发展是与其具有平衡速度快、分离效果好、处理量大、操作易连续自动化、安全方便、成本低等一系列突出优点分不开的。

1.1.2 萃取体系

1.1.2.1 萃取体系的组成

溶剂萃取体系由有机溶液和水溶液组成，它们由于密度不同分为两层，一般两液层之间有明显的界面，我们分别称这两个液层为有机相和水相。通常有机相密度小于水相，所以静置时在水相的上面。每个相内部的物理和化学性质是完全均匀的。水相中含有被萃取物及其他共存离子，或因改善萃取效果而加入的各种添加剂，以及在某些情况下溶于水的萃取剂等。有机相中含有萃取剂、稀释剂或某些情况下所加入的相调节剂（极性改善剂）。

萃取剂是一种能与被萃物作用，生成一种不溶于水相而易溶于有机相，从而使被萃物从水相转入有机相的有机试剂。在常温下，萃取剂有的呈液态，有的呈固态。采用固体萃取剂时，在萃取作业中，必须另加有机溶剂，构成连续有机相，此时，固体萃取剂可以是油溶性的，也可以是水溶性的。在后一种情况下，萃取剂与被萃物反应生成一种新的不溶于水相的化合物而进入有机相。

与水溶液难于混溶且能构成连续有机相的液体称之为有机溶剂。如这种有机溶剂能与被萃物发生化学结合，则本身就是萃取剂，因为它是一种液体，所以又称之为萃取溶剂，如这种有机溶剂仅仅用于改善有机相的物理性质，如密度、黏度、表面张力，而不与被萃取物发生化学结合，则称之为稀释剂。如果添加某种溶剂，其目的是改善有机相之极性，则称之为相调节剂或极性改善剂。有机相有时仅由萃取溶剂组成；有时由萃取剂、稀释剂两者按一定比例混合构成；有时由萃取剂、稀释剂、相调节剂三者按一定比例混合构成。在某体系中，起萃取剂作用的有机溶剂，在另一体系中，可能起相调节剂作用。

萃取剂与被萃取物发生化学反应生成的不易溶于水而易溶于有机相的化合物（通常是一种配合物）称之为萃合物。

1.1.2.2　萃取体系的表示方法

为了简单明了地表示一个萃取体系，一般用下式表示：

被萃取物（起始浓度范围）/水相组成/有机相组成[萃合物分子式]。

例如：

$Ta^{5+} \cdot Nb^{5+}$（100 g/L）/4 mol/L $H_2SO_4 \cdot$ 8 mol/L HF/80% TBP·煤油[$H_2Ta(Nb)F_6 \cdot 3TBP$]

表示被萃取物是五价 Ta、Nb 离子，萃取前它们的浓度为 100 g/L。水相的组成为 4 mol/L 的硫酸和 8 mol/L 的氢氟酸。有机相的组成为 80% 的 TBP 作萃取剂，20% 的煤油作稀释剂，萃合物的分子式为 $H_2TaF_6 \cdot 3TBP$ 及 $H_2NbF_6 \cdot 3TBP$

1.2　分配定律

1891 年 Nernst 在总结大量有关液 – 液两相平衡试验数据的基础上提出了分配定律，其数学表达式为：

$$\lambda = [M]_2/[M]_1 = 常数$$

式中：$[M]_1$、$[M]_2$ 分别为达到平衡后，溶质在 1、2 两相中的浓度。λ 称为能斯特分配平衡常数，简称分配常数。定律成立的前提条件是：①两溶剂基本不互相混溶；②温度一定；③溶质在两相中的分子式相同或分子量相等。

Nernst 还从热力学角度推导了这一定律。根据热力学理论，恒温恒压下，溶质 M 在两相间达到平衡时，其化学位相等，即

$$\mu_1 = \mu_2$$

而　　　　　　$$\mu_1 = \mu_1^0 + RT\ln a_{M(1)} \quad \mu_2 = \mu_2^0 + RT\ln a_{M(2)}$$

$$\mu_1^0 + RT\ln a_{M(1)} = \mu_2^0 + RT\ln a_{M(2)}$$

故 $$a_{M(2)}/a_{M(1)} = e^{-(\mu_2^0-\mu_1^0)/RT}$$ (1-1)

温度一定,两溶液不互溶时, $-(\mu_2^0-\mu_1^0)/RT$ 为常数,所以有

$$a_{M(2)}/a_{M(1)} = \lambda^0$$

式中: λ^0 为 Nernst 热力学分配平衡常数。

又 $$\lambda^0 = a_{M(2)}/a_{M(1)} = [M]_2 \cdot \gamma_2/[M]_1 \cdot \gamma_1 = \lambda \cdot \frac{\gamma_2}{\gamma_1}$$ (1-2)

式中: γ_1、γ_2 为溶质 M 在两相中的活度系数,对极稀溶液而言, γ_1、γ_2 均等于 1,故 $\lambda = \lambda^0$。所以 Nernst 分配平衡常数 λ 只是近似常数,称其为分配系数更为恰当,对极稀溶液而言, λ 才等于 Nernst 热力学分配平衡常数 λ^0。

1.3 有机溶剂

1.3.1 稀释剂

就用量而言,大部分情况下,稀释剂在有机相中占有较大的比例。

稀释剂的作用是构成连续有机相,调整有机相中萃取剂的浓度,调整有机相的物理性质以改善有机相的流动性能、分散与聚结性能,因此早期曾认为它们在萃取过程中的作用是"惰性"的,然而现在的研究结果证明,稀释剂在萃取过程中有非常积极、重要的作用,它们甚至直接影响到萃取剂的萃取效果及金属离子分离性能。

常用稀释剂的组成为脂肪族烷烃与芳香烃两大类有机溶剂,工业稀释剂常由不同比例的这两类化合物组成,有时也含有一些环烷烃。由于硫及烯烃会恶化有机相的萃取性能,稀释剂对它们的含量有严格限制。

稀释剂中芳香烃对脂肪烷烃的相对比例对萃取过程的影响常常有些令人想像不到的结果。这种影响又因不同的萃取体系、不同的萃取对象而异,它们会影响分散与聚结性能,影响相分离性能;也会影响萃取剂的负荷容量,甚至影响两个待分离金属的分配比及分离效果,即产品的纯度;而且同一稀释剂在同一萃取体系中在萃取阶段及反萃阶段的影响可以是不相同的。

稀释剂的性质有水溶性、蒸发速率、闪点、黏度、密度、极性、介电常数等。水溶性与蒸发速率大会增加运行过程中稀释剂的损失,同时会使有机相的组成波动过大,不利于稳定操作。闪点是一个很重要的安全指标,过低有易燃的危险,同时它也是蒸发速率的一种标志。黏度与密度是重要的物理性能指标,随有机相负荷量增加,其黏度、密度都会增加,因而流动性变差,分相澄清性能也会变差,因此需要靠有适当黏度与密度的稀释剂进行补偿调整。极性、介电常数是两个重要的影响萃取性能的指标,因为稀释剂可以与萃取剂发生交互作用,甚至与萃取剂发生缔合,因此会影响萃取过程的分配比与分离系数。目前关于这方面的研究也逐渐增多。

发达国家对萃取稀释剂的研究较为重视。一些石油公司注意到稀释剂的巨大商机，相继生产出组成、性能各异的稀释剂以满足各种萃取条件的需要，甚至还专门为特定萃取剂调配好后出售。由于石油资源缺乏，我国在这方面的差距还较大。一些稀释剂的性能见表1-1[3,5,8]。

表1-1 常见稀释剂一览表

名 称	成分/%			闪点（闭口）/℃	沸点/℃	黏度/(mPa·s⁻¹)	密度/(g·cm⁻³)
	烷烃	环烷烃	芳香烃				
磺化煤油	98.3		<0.001	63	211.2	2.36(25℃)	0.797(25℃)
260#溶剂油				70.5	195	1.50(25℃)	0.790(25℃)
240#溶剂油	96.5		2.4		197~240		0.752(20℃)
260#磺化煤油			<0.001	79	195~260	2.30(20℃)	0.793(20℃)
Escaid100ᴬ	80		20	78	—	1.52(25℃)	0.8
Escaid110ᴬ	99.7		0.3	74	—	1.52(25℃)	0.79
Escaid115ᴬ			<0.1	93	222~242	2.63(20℃)	0.796(20℃)
Escaid350（formerly Solvesso150）ᴬ	3.0	0	97.0	66	—	1.20(25℃)	0.89
Isopar Lᴬ	92.7	7.0	0.3	144	373	1.60(25℃)	0.767
Isopar Eᴬ	99.94		0.05	145	240		0.723
Isopar Mᴬ	79.9	19.7	0.3	172	405	3.14(25℃)	0.782
Norpar12ᴬ	97.9	1.1	0.6	156	384	1.68(25℃)	0.751
Esso Lopsᴬ	51.8	45.4	2.7	152	383	2.3(25℃)	0.796
DX3641ᴬ	45	49	6.0	135	361	1.165(25℃)	0.793
Mentor 29ᴬ	48	37	15	280	500		0.800
Escaid100ᴬ	56.6	23.4	20	168	376	1.78(25℃)	0.790
NS-144ᴬ	42	42	16	140			
NS-148Dᴬ	38.6	43	4.5	160		1.603(25℃)	
Solvesso100ᴬ	1.1		98.9	112	315		0.876
Solvesso150ᴬ	3.0		97.0	151	370	1.198(25℃)	0.895
Xyleneᴬ	0.3		99.7	80	281	0.62(25℃)	0.870
HNAᴬ	4.1	5.8	88.5	105	337	1.975(25℃)	0.933
Shellsol 2046ᴮ	62	18	18	87	211~262	2.72(20℃)	0.816
Shellsol 2046ARᴮ	61	21	18	84	210~260	1.8(20℃)	0.810
Shellsol 2325ᴮ	60	22	18	87	215~250	1.9(20℃)	0.811

续表 1-1

名 称	成分/%			闪点（闭口）/℃	沸点/℃	黏度/(mPa·s^{-1})	密度/(g·cm^{-3})
	烷烃	环烷烃	芳香烃				
Parabase^B	42	58	<0.1	86	217~329	3.6(20℃)	0.787
Shellsol D70^B	64	35	0.3	79	200~247	2.0(20℃)	0.790(15℃)
Shellsol D80^B	32	67.5	0.5	80	200~248	2.6(20℃)	0.790
Shellsol D90^B	60	40	<0.1	95	225~275	2.7(20℃)	0.810(15℃)
Shellsol D100^B	59.5	40	0.5	105	235~278	3.2(20℃)	0.805
Shellsol D120^B	64	35	<0.1	125	247~326	5.9(20℃)	0.825(15℃)
ShellsolA100^B	0.4	0.4	99	43	157~172	0.9(20℃)	0.875(15℃)
ShellsolA150^B	0	0.0	100	64	181~210	1.2(20℃)	0.883(15℃)
ShellsolA200^B	0	0.0	100	101	233~271	2.8(20℃)	0.992(15℃)
CycloSol63^B	1.5		98.5	66		—	0.89
Shell 140^B	45	49	6.0	141	364		0.785
MSB210^B		97.5	2.5	74			0.78
Shellsol R^B		17.5	82.5	79		1.71(25℃)	0.89
ChevronIon-Exchange Solvent^C	52.3	33.3	14.4	91		1.70(25℃)	0.80
Orfom SX80^C	55	23	20	82	217~255	—	0.820
Orfom SX10^C	>99	<1	<1	89	226~235		0.783
Orfom SX11^C	>97	<3	<0.5	93	237~266		0.792
Orfom SX12^C	^{C}52	27	21	70	210~260		0.820
Orfom SX7^C	59	16	25	85	210~260	—	0.820
Chevron 40L^C			78	141	360		0.886
Chevron370^C			0	127	346		0.758
Chevron 44L^C			69	154	366		0.893
Chevron3^C			98	145	360		0.888
Chevron425^C			2	142	360		0.787
Chevron LOS^C			0	130	350		0.779
Chevron25^C			99	115	316		0.875
Kermac470B (formerly-Napoleum470)^D	48.6		11.7	79	—	2.10(25℃)	0.81
Napoleum 470^D	48.6	39.7	11.7	175	410	2.10(25℃)	0.811
Shell-L'stock Spray^D	48	37	15	270	512		0.819
Amsco Odorless Mineral Spirits^E	85	15	0	53	—		0.76

注：A：Esso or Exx；B：Shell；C：Chevron；D：Kerr-MeGee；E：Union oil。

1.3.2　相调节剂

相调节剂的作用是调整有机相的极性，与稀释剂、萃取剂相比，它应该更易溶于有机相，而水溶性更差。一些相调节剂也可作萃取剂，故一般用量仅为 2%～3%（V/V），但有些体系也达 20% 甚至更高一些。国内主要从经济方面考虑，习惯于用工业仲辛醇，因为它是工业副产品，比较便宜易得。

并非所有萃取体系均需用相调节剂，例如羧酸—煤油体系并不需添加相调节剂。

1.3.3　萃取剂

目前，萃取剂的分类方法还没有统一的标准。一种方便的分类法是根据萃取剂分子中功能基的特征原子进行分类。常见冶金萃取剂的特征原子是氧、氮、磷、硫。也有人简单地按照萃取剂的酸碱性能进行分类。

1.3.3.1　按特征原子分类

1）含氧萃取剂

此类萃取剂分子中只含有碳、氢、氧三种元素，包括醚 $\left(\begin{smallmatrix} R \\ \diagdown \\ O \\ \diagup \\ R \end{smallmatrix}\right)$、醇（R—OH）、

酮 $\left(\begin{smallmatrix} R \\ \diagdown \\ C=O \\ \diagup \\ R \end{smallmatrix}\right)$、酸（RCOOH）、酯 $\left(RC\diagdown\begin{smallmatrix}O \\ \\ OR\end{smallmatrix} \right)$ 的各种有机化合物，它们与被萃物的结合，通过氧原子进行。

2）含磷萃取剂

此类萃取剂分子中除含有碳、氢、氧三种元素外，还含有磷原子。它们亦可分为三类：

（1）中性磷（膦）型萃取剂：它可视为正磷酸 $\left(\begin{smallmatrix} HO \\ \\ HO—P=O \\ \\ HO \end{smallmatrix}\right)$ 分子中的氢原子或羟基完全被烃基取代的衍生物，故称为酯。在酯 $\left(\begin{smallmatrix} R—O \\ \\ R—O—P=O \\ \\ R—O \end{smallmatrix}\right)$ 或 $\left(\begin{smallmatrix} R \\ \\ R—P=O \\ \\ R \end{smallmatrix}\right)$ 中，前者分子中只有 C—O—P 键，称为中性磷酸酯，后者分子中只有 C—P 键，称为中性膦酸酯，它们通过磷氧键上的氧原子发生配位作用。

（2）酸性磷（膦）型萃取剂：它可视为正磷酸分子中部分羟基或氢被烃基取代的衍生物。同样，分子中只有 C—O—P 键者称之为磷酸，而分子中有 C—P 键者

称之为膦酸。它们通过羟基上的氢与金属阳离子发生交换，在高的酸度下，磷氧键上的氧原子也可参与配位。

（3）多功能基磷（膦）型萃取剂：它是一种含有两个或多个配位基的有机化合物，但至少有一个配位基与磷原子键合。因此磷硫类及磷氮类萃取剂均属此列。它本身又分为中性和酸性两大类。

3）含氮萃取剂

含有碳、氢、氮或碳、氢、氧、氮原子的萃取剂称为含氮萃取剂，它们主要分为如下四类：

（1）胺类萃取剂：它可视为氨的烷基取代衍生物，氨分子中一个氢被烃基取代的衍生物，称为伯胺（RNH_2），两个氢被烃基取代的衍生物为仲胺（R_2NH），三个氢被烃基取代的衍生物为叔胺（R_3N）。季铵盐 R_4NCl 可视为氯化铵分子中的四个氢被烃基取代的衍生物，它们通过氮原子与金属离子配位。

（2）酰胺萃取剂：氨分子中的一个氢被酰基 $R-\overset{O}{\underset{}{C}}$ 取代，另两个氢被烃基取代的衍生物称为酰胺。如 $R-\overset{O}{\underset{}{C}}-N\overset{R'}{\underset{R''}{\diagup}}$ ，它们也是通过氧原子与金属离子配位。

（3）羟肟与异羟肟酸类萃取剂：同时含有肟基 $C=NOH$ 及羟基的萃取剂，称为羟肟萃取剂，例如 $R-\underset{OH}{\overset{}{CH}}-\underset{NOH}{\overset{}{C}}-R'$ ，它们通过羟基氧原子与肟基氮原子与金属离子生成螯合物而实现萃取。而具有 $R-\overset{O}{\underset{}{C}}-NH-OH$ 结构的萃取剂为异羟肟酸，金属离子也是与它生成螯合物而被萃取。

（4）羟基喹啉类萃取剂：代表性的产品是 Kelex100，其结构式为：

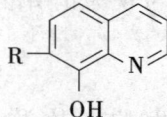

它也是一种螯合萃取剂。

4）含硫萃取剂

此类萃取剂分子中，除含碳、氢外，还含有硫原子。冶金萃取剂中，目前主要应用的有硫醚类和亚砜类萃取剂。

硫醚（R_2S）可以看作是硫化氢的二烷基衍生物，而亚砜则是硫醚被氧化的产物。

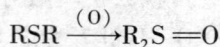

$$RSR \xrightarrow{(O)} R_2S=O$$

硫醚的萃取作用主要是通过硫原子配位，而亚砜类的萃取作用是通过氧原子配位实现的。

1.3.3.2　按酸碱性分类

1）中性萃取剂

这类萃取剂中一类是含碳—氧键功能团的有机萃取剂，如醚、酯、醇、酮和酰胺等；另一种是含磷—氧键或硫—氧键以及磷—硫键的中性萃取剂，如烷基磷酸酯、烷基硫代磷酸酯、亚砜、硫醚等。中性含氮萃取剂吡啶也属此类。

2）碱性萃取剂

碱性萃取剂主要为胺和季铵盐。在冶金萃取过程中，常用的有伯胺、仲胺、叔胺和氯化三烷基甲胺。

3）酸性萃取剂

此类萃取剂是具有—COOH、 $P(O)OH$ 、—SO_3H 等活性基团的萃取剂。

在萃取过程中，是由萃取剂活性基团的氢与金属离子发生交换。其中，烷基磷酸类用得最广，而羧酸类萃取剂中，在工业上获得应用的主要是环烷酸和异构羧酸。因为螯合萃取剂往往同时存在酸性和中性配位基团，故可将螯合萃取剂列入此类，也可单独列出一类。

表 1 - 2 列出了一些萃取剂及它们的结构式、代号（缩写）及特性参数[3-7]。

1.4　酸碱理论

萃取剂的酸碱性是萃取剂的一个重要性质，它直接影响到萃取剂与金属离子反应生成萃合物的能力以及生成萃合物的稳定性，这里所说的酸碱理论也称为广义酸碱理论，包括酸碱质子理论和酸碱电子理论。

1.4.1　酸碱质子理论（Bronsted 酸碱理论）

酸碱质子理论是化学家 Bronsted（布朗斯特）和 Loweroy（劳荣）提出的一种酸碱理论。该理论认为：凡是可以释放质子（氢离子，H^+）的分子或离子为酸（Bronsted 酸），凡是能接受氢离子的分子或离子则为碱（Bronsted 碱）。

当一个分子或离子释放氢离子，同时一定有另一个分子或离子接受氢离子，因此酸和碱是成对出现的。例如，乙酸（CH_3COOH）把质子交给 OH^- 的酸碱反应表示如下：

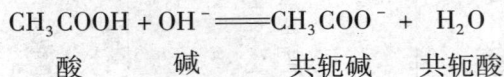

$$CH_3COOH + OH^- \Longrightarrow CH_3COO^- + H_2O$$
$$\text{酸} \quad\quad \text{碱} \quad\quad \text{共轭碱} \quad \text{共轭酸}$$

表 1-2 若干代表性萃取剂

类型	名称	结构式	商品名(缩写)	性 质					
				密度 d /(g·cm^{-3})	黏度 η /(mPa·s^{-1})	闪点 /℃	表面张力 σ/ (mN·m^{-1})	水溶性 /(g·L^{-1})	分子量
中性萃取剂 中性磷萃取剂	磷酸三丁酯	C_4H_9O—P=O 结构（C_4H_9O, C_4H_9O）	TBP	0.9727(25℃) 0.9760(25℃) (水饱和)	2.32(25℃) 3.39(25℃) 水饱和	145	26.7	0.39	266.37
	甲基膦酸二 (1-甲庚)酯	结构式（CH_3, P=O, C_6H_{13}—CH—O, H_3C—CH—C_6H_{13}）	P350	0.9148 (25℃)	7.5677 (25℃)	165	28.9	0.01	392.57
	磷酸三辛酯	$C_8H_{17}O$—P=O（$C_8H_{17}O$, $C_8H_{17}O$）	TOP	0.9198 (25℃)	—	—	—	—	434.65
	丁基膦酸 二丁酯	C_4H_9—P=O（C_4H_9O, C_4H_9O）	DBBP (5202)	0.9504 (d_4^{28})	—	—	—	0.5	250.32

续表 1-2

类型	名称	结构式	商品名(缩写)	密度 d /(g·cm⁻³)	黏度 η /(mPa·s⁻¹)	闪点 /℃	表面张力 σ/(mN·m⁻¹)	水溶性 /(g·L⁻¹)	分子量
中性磷萃取剂 中性萃取剂	异丙基膦酸二异辛酯	$\begin{array}{c}CH_3\\C_6H_{13}-C-O\\H\end{array}\ \begin{array}{c}CH(CH_3)_2\\P=O\\O\end{array}\ \begin{array}{c}H_3C-CH\\C_6H_{13}\end{array}$	P277	0.9148 (d_4^{25})	7.5677 (25℃)	165	28.9 (25℃)	0.14 (25℃)	320.3
	二丁基膦酸丁酯	$\begin{array}{c}C_4H_9\\C_4H_9-P=O\\C_4H_9O\end{array}$	BDBP	0.9262 (20℃)	—	—	—	4.5	234.32
	三丁基氧膦	$(C_4H_9)_3P=O$	TBPO	—	4(25℃)	—	—	60.4±0.06 g/kg H$_2$O (25℃)	218.32
	三辛基氧膦	$(C_8H_{17})_3P=O$	TOPO	—	—	—	—	0.008 (20℃)	386.65
	三烷基氧膦	$\begin{array}{c}R\\R'-P=O\\R''\end{array}$ (R,R′,R″为 C$_6$~C$_8$ 烷基)	TRPO (5401)	—	—	—	—	0.09	340~350

续表 1-2

类型		名称	结构式	商品名(缩写)	性 质					
					密度 d /(g·cm⁻³)	黏度 η /(mPa·s⁻¹)	闪点 /℃	表面张力 σ /(mN·m⁻¹)	水溶性 /(g·L⁻¹)	分子量
中性萃取剂	中性氧萃取剂	仲辛醇	$CH_3(CH_2)_5\underset{\underset{CH_3}{\vert}}{CH}-OH$	Octanol-2	0.8193 (20℃)	—	—	—	1.0	130.22
		甲基异丁基酮	$CH_3\underset{\underset{O}{\parallel}}{C}-CH_2CH(CH_3)_2$	MIBK/Hexone	0.8006 (20℃)	0.585 (20℃)	16	23.64 (20℃)	1.7% (w) (25℃)	100.156
		乙酸戊酯	$CH_3COOC_5H_{11}$	—	0.8573 (20℃)	0.862 (25℃)	25	25.25 (25℃)	0.2 mL/ 100 mL (20℃)	130.18
	中性硫萃取剂	二辛基亚砜	$(C_8H_{17})_2SO$	DOSO	0.8995 (20℃)	—	—	—	—	274.51
		二己基硫醚	$C_6H_{13}SC_6H_{13}$	DHS	—	—	—	—	—	202.40
		石油亚砜	各种组分混合物,其中有 $C_{12}H_{25}$ 基团的环状 S=O	PSO	0.95 (20℃)	14.428℃	—	—	0.179g/ 100g	250
		三异丁基硫膦	$i-C_4H_9$ $i-C_4H_9-P=S$ $i-C_4H_9$	Cyanex471 TIBPS	—	—	—	—	—	202

续表 1 - 2

类型	名称	结构式	商品名(缩写)	性　质						分子量
				密度 d /(g·cm⁻³)	黏度 η /(mPa·s⁻¹)	闪点 /℃	表面张力 σ/ (mN·m⁻¹)	水溶性 /(g·L⁻¹)		分子量

（说明：下表数值列以转排方式呈现，对应 性质 各分栏与 分子量）

类型	名称	结构式	商品名(缩写)	密度 d /(g·cm^{-3})	黏度 η /(mPa·s^{-1})	闪点 /℃	表面张力 σ/ (mN·m^{-1})	水溶性 /(g·L^{-1})	分子量
酸性及螯合萃取剂 · 酸性磷萃取剂	二(2,4,4-三甲基戊基)次膦酸	R: CH$_3$-C-CH$_2$-CH-CH$_2$- (含 CH$_3$、CH$_3$、CH$_3$)；结构含 P、O、OH、R、R	Cyanex 272	—	—	—	—	—	—
	二(2,4,4-三甲基戊基)二硫代次膦酸	R: CH$_3$-C-CH$_2$-CH-CH$_2$- (含 CH$_3$、CH$_3$、CH$_3$)；结构含 P、S、SH、R、R	Cyanex 301	—	—	—	—	—	—
	二(2,4,4-三甲基戊基)一硫代次膦酸	R: CH$_3$-C-CH$_2$-CH-CH$_2$- (含 CH$_3$、CH$_3$、CH$_3$)；结构含 P、S、OH、R、R	Cyanex 302	—	—	—	—	—	—

续表 1-2

类型	名称	结构式	商品名(缩写)	密度 d /(g·cm^{-3})	黏度 η /(mPa·s^{-1})	闪点 /℃	表面张力 σ/ (mN·m^{-1})	水溶性 /(g·L^{-1})	分子量
酸性磷萃取剂（酸性及螯合萃取剂）	二(2-乙基己基)次膦酸	$CH_2CH(C_2H_5)(CH_2)_3CH_3$ … $HO-P=O$ … $CH_2CH(C_2H_5)(CH_2)_3CH_3$	P229	—	—	—	—	—	—
	二(2-乙基己基)磷酸	（结构式）	P204 D2EHPA HDEHP	0.970 (25℃)	34.77 (25℃)	206	28.8	0.012 (25℃)	322.43（乙酸中）596（苯中）
	二(1-甲基庚基)磷酸	（结构式）	HDMHP (P215)	0.9617	29.22 (25℃)	144	—	0.02	312（乙酸中）680.2（苯中）
	十二烷基磷酸单酯	$CH_3-(CH_2)_{11}O-P(=O)(OH)(OH)$	DDPA (P501)	—	—	—	—	0.20	266.3

续表 1-2

类型	名 称	结构式	商品名(缩写)	性 质 密度 d /(g·cm⁻³)	黏度 η /(mPa·s⁻¹)	闪点 /℃	表面张力 σ/ (mN·m⁻¹)	水溶性 /(g·L⁻¹)	分子量
酸性磷萃取剂	2-乙基己基磷酸单(2-乙基己基)酯	$CH_3(CH_2)_3CH(C_2H_5)CH_2O-P(=O)(OH)-OCH(C_2H_5)CH_3(CH_2)_3$	HEHEHP (P507) PC-88A	0.9475	36 (25℃)	198	—	0.08	306.4 (乙酸中) 616.3 (苯中)
酸性磷萃取剂	异烷基膦酸(1-甲基-庚基)酯	$H_3C(H_2C)_5HCO-P(=O)(CH_3)-OH, C_6H_{13-i}$	5709	0.9467	27.18 (25℃)	195	—	38×10^{-6}	278
酸性及螯合萃取剂	苯基膦酸(2-乙基己基)酯	$C_6H_5-P(=O)(OH)-OCH_2CH(C_2H_5)(CH_2)_3CH_3$	HEHPP (P509) (5702)	—	—	—	—	—	—
酸性及螯合萃取剂	二辛基焦磷酸	$C_8H_{17}O-P(=O)(OH)-O-P(=O)(OH)-OC_8H_{17}$	OPPA	—	—	—	—	—	—

续表 1-2

类型	名称	结构式	商品名（缩写）	性 质					
				密度 d /(g·cm⁻³)	黏度 η /(mPa·s⁻¹)	闪点 /℃	表面张力 σ /(mN·m⁻¹)	水溶性 /(g·L⁻¹)	分子量
酸性及螯合萃取剂	环烷酸（纯度93%）	R_2 R_1 $(CH_2)_n COOH$ R_3 R_4 其中 $n=7\sim9$；R_1，R_2，R_3，R_4 为 H，或烷基	HNaPH Naphthenic acid	0.92 (20℃)	42.5 (20℃)	—	—	0.09	255.1
有机羧酸与磺酸		R CH_3 C R' $COOH$ R，R' 为 C_6，C_8 烷基	Versatic 911（纯度93%）	0.92 (20℃)	42.5 (20℃)	130.8	—	0.10	172.2
	叔碳羧酸	R_1 CH_3 C R_2 $COOH$ R_1 为 C_5H_{11} R_2 为 C_2H_5	Versatic 10	—	—	—	—	—	
	5,8-二壬基萘磺酸	SO_3H C_9H_{19} C_9H_{19}	HDNNSA DNNSA	—	—	—	—	—	

续表 1-2

类型	名　称	结构式	商品名(缩写)	密度 d /(g·cm⁻³)	黏度 η /(mPa·s⁻¹)	闪点 /℃	表面张力 σ/ (mN·m⁻¹)	水溶性 /(g·L⁻¹)	分子量
有机羧酸与磺酸 / 酸性及螯合萃取剂	2,6-二丁基萘磺酸	SO₃H，R，R 为 C₉H₁₉	SYNEX 1051	0.92					458
	乙酰丙酮	$CH_3CCH_2CCH_3$（两个 O）	HAA	0.9753 (20℃)	1.62 (20℃)	约30	—	17.5% (w)(20℃)	100.1
	乙酰丙酮衍生物	R_1 —COCH₂COR₂，R_1 为 p-Dodecyl，R_2 为 CH₃	LIX54						330
含氧螯合萃取剂	噻吩甲酰三氟丙酮	COCH₂COCF₃（噻吩）	TTA (或 HTTA)	1.402 (20℃)	固体(20℃) 熔点(43℃)	—	—	—	222.2
	7-(4-乙基-1-甲基辛基)-8-羟基喹啉	喹啉，OH	Kelex 100*	0.99	—	—	—	0.003	299.4

续表 1-2

类型	名　称	结构式	商品名（缩写）	性　质					
				密度 d /(g·cm^{-3})	黏度 η /(mPa·s^{-1})	闪点 /℃	表面张力 σ/ (mN·m^{-1})	水溶性 /(g·L^{-1})	分子量
酸性及螯合萃取剂 含氧螯合萃取剂	7-十二烯基-8-羟基喹啉；7-(3,3,5,5-四甲基-1-乙烯基己基)-8-羟基喹啉；7-(3,5,5,7,7-甲基-1-辛烯基)8-羟基喹啉		Kelex 120* (N601)	1.0007		213.10			311.5
	4-仲丁基-2(α-甲苄基)酚		S-BAMBP (6101)	—	—	—	—	—	254
	4-叔丁基-2(α-甲苄基)酚		t-BAMBP (6102)*	1.0	—	—	—	—	254

续表 1-2

类型	名称	结构式	商品名(缩写)	密度 d /(g·cm⁻³)	黏度 η /(mPa·s⁻¹)	闪点 /℃	表面张力 σ /(mN·m⁻¹)	水溶性 /(g·L⁻¹)	分子量
酸性及螯合萃取剂 （肟类萃取剂）	5,8-二乙基-7-羟基-6-十二酮肟	$C_4H_9-\underset{C_2H_5}{CH}-\underset{OH}{CH}-\underset{NOH}{C}-C-C_2H_5$	LIX63 (N509)	—	—	—	—	0.02	257.4
	2-羟基-5-十二烷基二苯甲酮肟	$C_{12}H_{25}$ 苯环 $\underset{OH}{\overset{NOH}{C}}$ 苯基	LIX64						
	2-羟基-5-壬基二苯甲酮肟	OH 苯环 C_9H_{19} NOH 苯基	LIX65N	0.88	—	85	—	—	339
		LIX65N + 1% LIX63	LIX64N	0.88		85			
	2-羟基-3-氯-5-壬基二苯甲酮肟	C_9H_{19} Cl 苯环 HO $\underset{NOH}{C}$ 苯基	LIX70	0.90	—	—	—	—	375
	2-羟基-5-壬基苯乙酮肟	$\underset{OH}{苯环}\ \underset{C_9H_{19}}{}\ \overset{CCH_3}{\underset{NOH}{}}$	SME-529	0.93	—	74	—	—	276

续表1-2

类型	名 称	结构式	商品名(缩写)	性　质					
				密度 d /(g·cm⁻³)	黏度 η /(mPa·s⁻¹)	闪点 /℃	表面张力 σ/(mN·m⁻¹)	水溶性/(g·L⁻¹)	分子量
酸性及螯合萃取剂 — 肟类萃取剂	2-羟基-5-辛基苯甲酮肟		N510	—	—	—	—	$<5\times10^{-6}$(在 pH=4 水中 0.005)	325
	2-羟基-4-仲辛氧基二苯甲酮肟		N530	—	—	—	—	1.4×10^{-6}(N530 反式异构体的在 pH=2 的 H_2SO_4 溶液中)	341.44
	5-壬基-水杨醛肟		P1, P50	0.96 (25℃)	78				232
		50% P50 + 50% 壬基酚	P5100 0.95	$<2.0\times10^{3}$					
		25.3% P50 + 72.25% 壬基酚	P5300	0.95		96			

续表 1-2

类型		名称	结构式	商品名（缩写）	密度 d /(g·cm^{-3})	黏度 η /(mPa·s^{-1})	闪点 /℃	表面张力 σ /(mN·m^{-1})	水溶性 /(g·L^{-1})	分子量
酸性及螯合萃取剂	含硫螯合萃取剂	酮式双硫腙		HDz	—	—	—	—	不溶	256.33
胺类萃取剂	伯胺类萃取剂	仲碳伯胺	$(C_nH_{2n+1})_2CHNH_2$, $n=9\sim11$	N-1923	0.8154 (25℃)	7.773	—	—	0.0625 (1 mol/L H$_2$SO$_4$)	312.6
		1-(3-乙基庚基)4-乙基辛胺		Alamine 21F81	—	—	—	—	—	255.5
		多支链十六烷基叔碳伯胺		Primene JMT	—	—	—	—	—	297.5

续表 1-2

类型		名称	结构式	商品名（缩写）	性　质					
					密度 d /(g·cm^{-3})	黏度 η /(mPa·s^{-1})	闪点 /℃	表面张力 σ /(mN·m^{-1})	水溶性 /(g·L^{-1})	分子量
胺类萃取剂	仲胺类萃取剂	N-十二烷基（三烷基甲基胺）	$C_{12}H_{25}-NH-CH{<}^{R}_{R'}$	Alamine 9D-178	0.84 (25℃)	—	—	—	—	351~393 353.7
		N-月桂胺	$RR''R'C-NH-(H_3C(H_2C)_{10}H_2C)$ $(R+R'+R''=C_{11}-C_{14})$	Amberlite LA-2	0.83 (25℃)	—	—	—	—	353~395
	叔胺类萃取剂	三烷基胺	$(C_nH_{2n+1})_3N$ （$n=8\sim10$ 直链烷基混合物）	N235	0.8153 (25℃)	10.4 (25℃)	189	28.2 (25℃)	<0.01 (25℃)	387
		三月桂胺	$(C_{12}H_{25})_3N$	TLA Alamine 304	0.82 (25℃)	25.2±0.2 (25℃)	—	—	—	522
		三辛胺	$(C_8H_{17})_3N$	Alamine 336 TOA, N204 Adogen 381	0.7771 (20℃)		—	28.35 (20℃)	—	365~367

续表 1 - 2

类型	名　称	结构式	商品名（缩写）	密度 d /(g·cm⁻³)	粘度 η /(mPa·s⁻¹)	闪点 /℃	表面张力 σ/ (mN·m⁻¹)	水溶性 /(g·L⁻¹)	分子量
胺类萃取剂 — 叔胺类萃取剂	三异辛胺	$(CH_3(CH_2)_3CHCH_2)_3N$ （支链 C_2H_5）	TIOA	0.8124 (25℃)	8.41 (25℃)	188	27.8 (25℃)	<0.01 (25℃)	353
	三庚胺	$(C_7H_{15})_3N$	N208	0.8080	7.782 (25℃)	179.4	36.4 (30℃)	0.0081	311.6
季胺类萃取剂	氯化三烷基甲胺	$R_3N^+CH_3Cl^-$ （$R=CH_2(CH_2)_{6\sim8}CH_3$） 7402 中 R 为 $C_9\sim C_{11}$	N263（Aliquat 336, Adogen 464 7402）						
	氯化三混合烷基甲烷季铵	$R_2-\overset{\overset{R_1}{\vert}}{\underset{\underset{R_3}{\vert}}{N^+}}-CH_3Cl^-$ R_1,R_2,R_3 为 $C_8\sim C_{10}$	N263 7401	0.8951 (25℃)	12.4 (25℃)	160	31.1 (25℃)	0.04	459.7
	氯化三烷基苄基季铵	$(R_3NCH_2C_6H_5)^+Cl^-$	7407						

性　质

续表 1-2

类型	名称	结构式	商品名(缩写)	性 质					
				密度 d /(g·cm⁻³)	黏度 η /(mPa·s⁻¹)	闪点 /℃	表面张力 σ /(mN·m⁻¹)	水溶性 /(g·L⁻¹)	分子量
酰胺类萃取剂	N,N'-二甲庚基乙酰胺	$CH_3CH(C_8H_{17})_2$ ‖ O	N503	0.8514 ~ 0.8542 (25℃)	19.5	168	—	<0.01	283.5
	N,N'-二正混合基乙酰胺	$CH_3\overset{R}{\underset{\|}{C}}N\underset{O}{R'}$ (R、R'为 $C_7 \sim C_9$ 的烷基)	A101	0.8667 (25℃)	—	—	—	0.058 (26.2℃)	290.4
	N-苯基-N-辛基乙酰胺	$CH_3\overset{\phi}{\underset{\|}{C}}N\underset{O}{C_8H_{17}}$	A404	0.9490 (25℃)	—	—	—	0.0335 (25℃)	247.2
胺类萃取剂	8-磺酰胺基喹啉	NHSO₂R (喹啉结构) R: p-dodecybenzene	LIX34						438

注：Kelex100、Kelex120、N601 分类和名称根据美国化学会(CAS)编的《化学文摘》，其中 Kelex100 的 CAS 登记号为 73545-11-6；Kelex120、N601 的 CAS 登记号为 29171-27-5。

酸在失去一个氢离子后，变成了它的共轭碱。酸 CH_3COOH 和其共轭碱 CH_3COO^- 为一组共轭酸碱对，同样，碱 OH^- 和其共轭酸 H_2O 也是一组共轭酸碱对；而碱得到一个氢离子后，变成了它的共轭酸。以上反应可以正反应或逆反应的方式来进行，不过不论是正反应或逆反应，均维持以下原则：酸将氢离子转移给碱，酸碱反应是在两组共轭酸碱对之间进行的。

酸和碱离解常数是根据它们反应的平衡常数决定的，例如：酸 HA 在水中离解可以用下式表示。

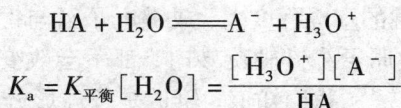

$$HA + H_2O \Longrightarrow A^- + H_3O^+$$

$$K_a = K_{平衡}[H_2O] = \frac{[H_3O^+][A^-]}{HA}$$

较强的酸使平衡向右，而有较大的 $K_{平衡}$，反之较弱的酸平衡常数较小。K_a 的范围很大，从 10^{13}（最强的酸）到 10^{-60}（最弱的酸）。

酸强度常用 pK_a 来表示，它们是平衡常数的负对数。

$$pK_a = -\lg K_a$$

pK_a 越小，酸性越强，碱性越弱。

同样，碱性的强弱可以用 pK_b 来表示。例如：

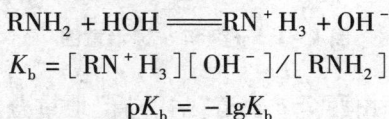

$$RNH_2 + HOH \Longrightarrow RN^+H_3 + OH^-$$

$$K_b = [RN^+H_3][OH^-]/[RNH_2]$$

$$pK_b = -\lg K_b$$

1.4.2　酸碱电子理论(Lewis 酸碱理论)

酸碱电子理论是 1923 年由美国物理化学家路易斯(Lewis)提出的一种酸碱理论，他认为：凡是可以接受外来电子对的分子、基团或离子称为 Lewis 酸；凡是可以提供电子对的分子、基团或离子称为 Lewis 碱。它包括了许多离子或分子，如金属正离子就是 Lewis 酸。因为它们带正电荷有接受成对电子的倾向；再如 NH_3 和 H_2O 有孤对电子提供给金属离子，它们就是 Lewis 碱。

金属离子可以作为 Lewis 酸起化学反应；一些常用的中性萃取剂如醚、醛、酮、酯、胺和硫化物等都能提供一对电子，可以作为 Lewis 碱与金属离子发生化学反应生成萃合物。因此，溶剂萃取行为实际就是一种 Lewis 酸碱反应。

1.5　萃取剂结构

溶剂萃取技术与经挤指标的好坏很大程度上取决于萃取剂的性能，而萃取剂性能又与它们的化学结构密切相关。萃取剂的化学结构与性质的关系可作为选用合适萃取体系的重要依据，也是研制高效萃取剂的理论指导。

1.5.1 有机分子中的共价键

1.5.1.1 σ键和π键

和其他有机分子一样，萃取剂分子中的原子是以共价键的形式相结合的。价键理论根据形成共价键的电子云重叠方式，将有机分子中的共价键分为两种类型：σ键和π键。

如图1-1（左）所示，两个成键原子轨道（即核外电子云）（如图中的A和B）沿着两个原子核间的连线（键轴）发生"头碰头"式的重叠形成的共价键（如图中的A—B键）叫做σ键。σ键的重叠程度大，成键电子云与键轴（A、B间连线）呈圆柱形对称，并且任一成键原子绕键轴旋转时，都不会改变原子轨道的重叠程度。因此，σ键可以"自由旋转"。我们知道s轨道是按球形分布的，而p轨道是按哑铃形分布的。因此，s轨道之间、p轨道之间、s轨道和p轨道之间均可发生"头碰头"重叠形成σ键。

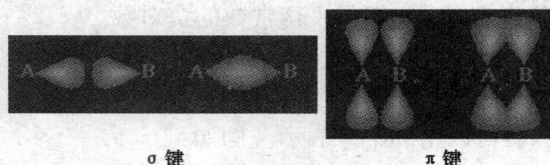

σ键   π键

图1-1 π键和σ键示意图

如图1-1（右）所示，由两个p轨道"肩并肩"地重叠形成的键叫π键。π键的重叠部分对称地分布于键轴所在平面的上、下方，由于π键没有轴对称性，所以π键不能自由旋转（因为绕键轴旋转时，会改变原子轨道的重叠程度），同时由于π键电子云（π电子）不是集中于两个原子核之间，受原子核的约束小，从而易受外界的影响而发生极化，因此π键比σ键反应活性大。另外，π键不能单独存在，只能与σ键共存，而σ键可以单独存在。

1.5.1.2 碳原子的杂化

碳原子的价电子层结构为$2s^2 2p^2$，只有两个成单电子，但在有机化合物中碳原子都是四价，这与碳原子的价电子层的电子构型是不相符合的。而应用杂化轨道理论却可以对此作出合理的解释：在有机分子中，碳原子都是以杂化轨道参与形成化学键；由于原子间的相互影响，同一个原子中参与成键的几个能量相近的原子轨道可以重新组合、重新分配能量和空间方向，组成数目相等的，成键能力更强的新的原子轨道，称之为杂化轨道。碳原子有三种杂化形式：sp^3、sp^2、sp杂化。图1-2为碳原子的三种杂化轨道示意图。

sp^3轨道含有1/4的s和3/4的p轨道成分，空间夹角为109.5°的正四面体空间结构；sp^2轨道含有1/3的s和2/3的p轨道成分，是一个夹角为120°的平面三角形结构，另外它还有一个与这个三角形平面垂直的p轨道；sp轨道含有1/2的

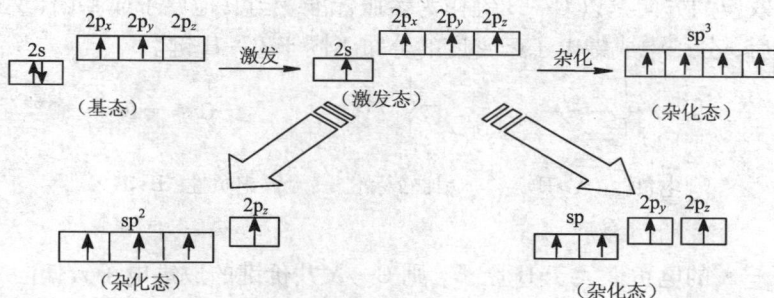

图 1-2　碳原子的三种杂化轨道示意图

s 和 1/2 的 p 轨道成分,是键角为 180° 的直线形结构,另外还有两个相互垂直且与杂化轨道垂直的 p 轨道。杂化轨道和杂化轨道重叠形成 σ 键,杂化轨道也可以与 s 或 p 轨道重叠形成 σ 键。因此,在有机化合物中,单键是由 σ 键(成键原子 sp³ 杂化)构成的,而双键(成键原子 sp² 杂化)、叁键(成键原子 sp 杂化)中除了一个 σ 键之外,还分别有一个或两个 π 键。单键称为饱和键,而双键和叁键称之为不饱和键。

杂化后的原子轨道与杂化前相比在角度分布上更加集中,从而使它在与其他原子的原子轨道成键时重叠程度更大,形成的共价键更加牢固。

1.5.2　取代基效应

萃取剂的酸碱性及其强弱程度是萃取剂重要的性质之一,在金属溶剂萃取过程中,萃取剂和被萃金属离子作用形成一定组成的萃合物而转移到有机相中。在生成萃合物时,起作用的是萃取剂功能基团的活性,萃取剂分子结构中的不同取代基会对分子中功能基团电子云分布产生一定的影响,以致影响萃取剂功能基团酸碱性的强弱,从而影响萃取剂的萃取能力及选择性。这种影响称之为取代基效应。本节仅对有机分子中的取代基效应作一介绍,取代基效应对萃取剂的萃取性能及萃取选择性的影响将在第 5 章进行介绍。

1.5.2.1　电子效应

取代基效应常用电子效应和空间效应来描述。所谓电子效应就是讨论影响分子中的电子云密度的分布的有关因素及其对化合物性质的影响。电子效应主要包括诱导效应和共轭效应。

1)诱导效应

在有机分子中,由于电负性不同的取代基(原子或原子团)的影响,使整个分子中的成键电子云密度向某一方向偏移,使分子发生极化的效应,叫诱导效应(I)。换言之,诱导效应使分子中的电子云密度发生变化,或者说键的极性发生变化。

诱导效应的方向是以 C—H 键作为参照标准。当其他原子或基团(A 或 B)取代氢原子后,分子中成键电子云密度的分布不同于 C—H 键。

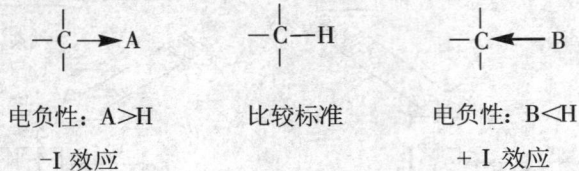

$$-\overset{|}{\underset{|}{C}}\longrightarrow A \qquad -\overset{|}{\underset{|}{C}}-H \qquad -\overset{|}{\underset{|}{C}}\longleftarrow B$$

电负性:A>H　　　　比较标准　　　　电负性:B<H

−I 效应　　　　　　　　　　　　　　+I 效应

若原子 A 的电负性大于 H 原子,则 C—A 共价键的成键电子云偏向 A 原子。箭头表示电子云的偏移方向,与氢相比,A 具有吸电子性,称作吸电子基团或拉电子基团,由它引起的诱导效应称为吸电子诱导效应,用 −I 表示;若 B 的电负性小于氢,则 C—B 键的电子云向碳偏移,与氢相比,B 具有供电子性,称作供电子基团或给电子基团,由它所引起的诱导效应称为推电子诱导效应,用 +I 表示。

诱导效应沿着分子链(σ 键)传递下去,但是传递有一定的限度,由近及远迅速减弱,一般经过 3~4 个键影响基本消失。

如:

$$H-\overset{\overset{\displaystyle H}{|}}{\underset{\underset{\displaystyle H}{|}}{C}}-\overset{\overset{\displaystyle H}{|}}{\underset{\underset{\displaystyle H}{|}}{C}}^{\delta\delta\delta^{+}}-\overset{\overset{\displaystyle H}{|}}{\underset{\underset{\displaystyle H}{|}}{C}}^{\delta\delta^{+}}-\overset{\overset{\displaystyle H}{|}}{\underset{\underset{\displaystyle H}{|}}{C}}^{\delta^{+}}-Cl^{\delta^{-}}$$

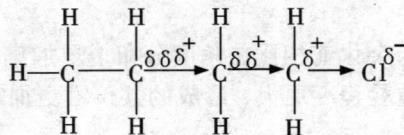

上述化合物中,氯原子具有 −I 效应,对与氯直接相连的 α 碳原子有较强的吸电子作用,而对 β 碳原子的吸电子效应就要小一些,对 γ 碳原子的作用就更小了。对更远的碳原子基本上没有影响了(图示符号 δ 越多,表示诱导效应影响越弱)。

在有机分子中,由于大部分取代氢的元素的电负性都比氢大,因此,大多数取代基产生吸电子诱导效应。而烷基的情况特殊,当烷基连在不饱和碳上时,为供电子基。

诱导效应按基团的电负性大小排列如下:

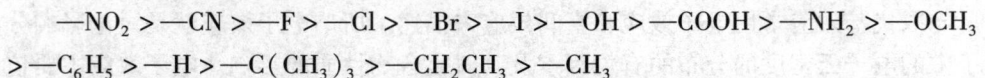

—NO_2 > —CN > —F > —Cl > —Br > —I > —OH > —COOH > —NH_2 > —OCH_3 > —C_6H_5 > —H > —C(CH_3)$_3$ > —CH_2CH_3 > —CH_3

这种由于电负性不同而引起的静电诱导效应是分子固有的,不受外界条件的影响,称为静态诱导。而在外电场作用下,成键电子云的偏移即极化现象称为动态诱导效应。

2)共轭效应

一个化合物分子中的成键电子,例如乙烯分子中 π 键有两个 π 电子,运动的范围局限在两个成键原子之间,这叫定域键。但在 1,3 - 丁二烯分子中,其分子中四个碳原子均采用 sp^2 杂化，处于同一平面，它们的 p 轨道（每个 p 上有一个未参与杂化的电子）是相互平行的，尽管在 1、3 两个 π 键之间有一个单键，但是由于它们位置较近，两个 π 键的电子云可以在一定程度上发生重叠。这就相当于 π 电子（p 轨道上的电子）不是定域在两个碳原子之间，而是发生离域，分布在四个碳原子上，每一个 π 电子不只是受到两个核的束缚，而是在整个分子（四个碳原子平面）中运动，这种化合物分子中的成键轨道扩大到三个或更多的原子所形成的化学键，称之为离域键，离域键的形成增加了分子的稳定性。如 1,3 - 丁二烯分子就是由四个原子和四个电子组成的大 π 键（Π_4^4）（用双向箭头 ◄──► 表示 P 轨道重叠）。

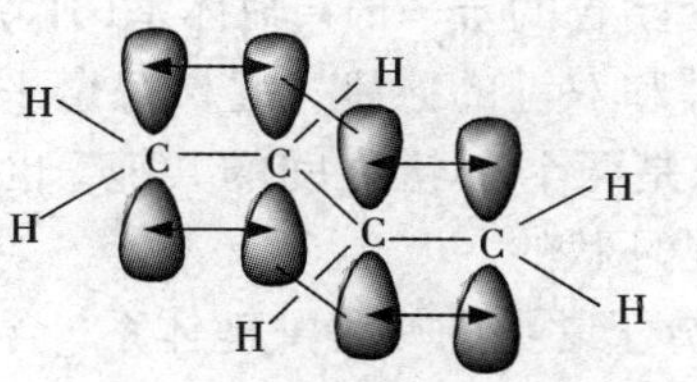

1,3-丁二烯分子共轭 π 键 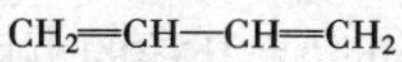　　　　1,3-丁二烯的结构式

这种单双键交替出现的体系，或者说具有离域键的体系叫做共轭体系。在共轭体系中，由于原子键的相互影响而使体系内的 π 电子（或 p 电子）分布发生变化，这种电子效应称为共轭效应。由于共轭效应使得分子的内能降低，分子更加稳定。

共轭体系有以下几种类型：

（1）π—π 共轭。π—π 共轭是多个不饱和键（双键或叁键）之间的共轭体系。此类共轭体系的结构特征是单键、双键交替排列，是一种最常见的共轭体系，典型例子就是前面讨论过的 1,3 - 丁二烯。另一个经典的 π—π 共轭例子就是苯环的结构：

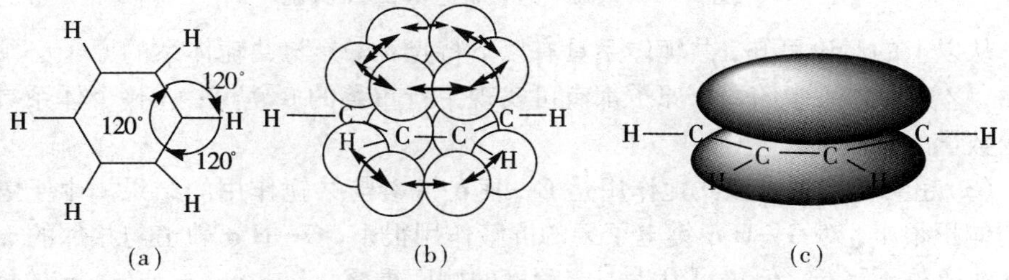

（a）　　　　　　　（b）　　　　　　　（c）

图 1 - 3　苯环的结构

(a)σ 平面；(b)π—π 共轭；(c)大 π 键电子云情形

近代物理方法证明：苯分子的六个碳原子和六个氢原子都在一个平面内，因

此它是一个平面分子，六个碳原子组成一个正六边形，碳碳键长是均等的，约为140 pm，介于单键与双键的键长之间。而碳氢键长为108 pm，所有的键角都为120°。分子轨道理论对这种结构的解释是：苯分子的6个碳原子均为sp^2杂化的碳原子，每个碳原子有3个sp^2杂化轨道，相邻的每个碳原子用2个sp^2杂化轨道互相重叠，形成6个均等的碳碳σ键，而用剩余的另一个sp^2杂化轨道与氢原子的1s轨道重叠，形成碳氢σ键，由于sp^2杂化轨道都处在同一平面内，所以苯的6个氢原子和6个碳原子共平面，称为σ平面[图1-3(a)]。每个碳原子还剩下一个未参与杂化的垂直于分子平面的p轨道，这6个平行p轨道以肩并肩的方式相互重叠形成大π键。这种共轭体系称为等电子共轭体系[图1-3(b)、(c)]。

在苯环的分子中，由于形成了一个闭合的π—π共轭体系（Π_6^6），电子高度离域，分子高度对称均匀，环上没有单键和双键的区别，键长完全平均化。这是苯结构共轭作用的结果。π—π共轭可以是两个π键之间的共轭，也可以是多个π键之间的共轭；可以是开链的也可以是环状的。

（2）p—π共轭体系。这是萃取剂分子常见的一种共轭体系，含p轨道的原子与π键直接相连的体系。p轨道与π轨道平行并发生侧面重叠，形成p—π共轭。例如：苯酚分子中的p—π共轭，分子中C、O均为sp^2杂化，羟基中的O原子（p轨道上有两个电子）与苯环（每个碳原子上有一个p电子）形成p—π共轭、形成一个7原子、8电子的大π键的多电子共轭体系（图1-4用虚线表示p轨道重叠）。结果是增强了苯环上的电子云密度，同时增加了羟基的解离能力（O原子上电子偏向苯环，对H的束缚作用减弱），从而增加羟基的酸性，这是酚羟基酸性强于醇羟基的原因。

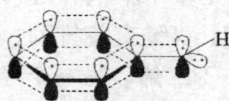

图1-4 苯酚中的p轨道和p—π共轭

从以上的讨论可知，共轭体系具有以下特点：①参与共轭体系的原子必须共平面；②共轭体系中的每个原子都有可实现平行重叠的p轨道；③整个体系具有一定数量的p电子。

（3）超共轭体系。超共轭作用是C—Hσ键参与共轭作用的结果。由于氢原子的体积很小，对C—Hσ键电子云的屏蔽作用很小，C—Hσ轨道与相邻的π键或p轨道虽不平行，但仍可发生一定程度的侧面重叠，形成σ—π或σ—p的超共轭效应，如丙烯结构中存在σ—π和σ—p超共轭：如图1-5所示丙烯中的3-位甲基碳原子为sp^3杂化，其与H形成的σ键电子云与π键有一定程度的侧面重叠（在有机化学中，为了表示分子的立体结构，处于纸面上的键用实线表示，伸向纸里面的键用虚线或虚锲形表示，伸向纸面外的键用黑锲形表示）。图 1－5 表示两个双键碳原子采用 sp^2 杂化，其中每个碳原子形成三个 σ 键，它们在一个垂直纸面的平面上，它们各自的另一个 p 轨道垂直于 σ 平面，相互平行重叠，形成 π 键。而甲基碳原子有一个 C—C σ 键及三个 C—H σ 键。后者与 π 键侧面重叠。图中只画出了一个 C—H σ 键与 π 键的重叠。

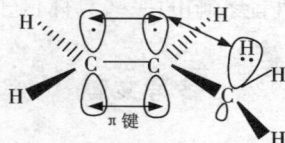

图 1－5　丙烯 σ－π 超共轭体系

超共轭体系中电子离域较弱，一般来说，是给电子的。而 π—π 和 p—π 共轭体系的离域强得多，也普遍得多。

（4）共轭效应的方向。共轭效应可以分为吸电子（或拉电子）共轭效应（－C 效应）和推电子（或给电子）共轭效应（＋C 效应）。一般简单地以弧形箭头表示电子云密度移动趋向，这些箭头起源于不饱和键、止于单键或原子；或者起源于未共用的 p 电子对、止于单键。举例如下：

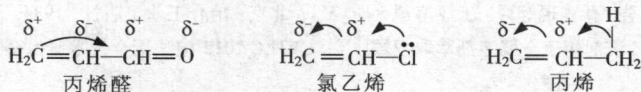

3）诱导效应与共轭效应的异同

共轭效应是一类重要的电子效应，它和诱导效应在产生原因和作用方式上都是不同的，诱导效应是建立在键的定域基础之上的，是通过共价键传递的一种短程作用，随着距离的延伸迅速减弱；而共轭效应是建立在键的离域基础之上的，共轭体系中的每个原子都有未参加杂化的 p 轨道，是一种通过 p 轨道传递的远程作用，分子发生交替极化，强弱不随距离的延伸而变化。这两种电子效应可以单独或同时存在于同一分子结构中。—NO_2，—C≡H ，—COOH，—CHO，—COR

等基团有—C 效应，而—$NH_2(R)$， —NHCR ，—OH，—OR， —OCR 等基团均为 ＋C 效应。取代基的共轭效应与诱导效应方向，有的一致、有的不一致。如醛基的两种效应均为吸电子；氨基的 ＋C 效应大于它的 －I 效应，故总的影响是给电子，而氯原子则相反，其 －I 效应大于 ＋C 效应，总的影响是吸电子。

1.5.2.2　空间效应

取代基对一个化合物分子的影响除了电子效应外，还有空间效应（也称位阻效应）。空间效应是由于取代基的大小或形状引起分子中特殊的张力或阻力的一种效应。空间效应也直接影响到化合物分子的反应性能。在许多情况下，空间效应成为影响反应活性的主要因素，它能解释许多电子效应所不能解释的反应规律和现象。

影响溶剂萃取的空间效应主要是空间位阻，取代基团的巨大体积直接影响着化合物反应基团或原子的反应性。

有关空间效应对萃取剂性能影响的一些具体例子也将在第 5 章讨论。

参考文献

[1] 张启修. 冶金分离科学与工程[M]. 北京：科学出版社，2004.

[2] 王积涛，张宝申，王永梅. 有机化学[M]. 第二版. 天津：南开大学出版社，2003.

[3] D S Flett，M Cox，J Melling. Commercial Solvent Systems for Inorganic Processes//Teh C. Lo，Malcolm H. I. Baird，Carl Hanson. Handbook of Solvent Extraction[M]. New York：John Wiley & Sons，1982.

[4] J F C Fisher，C W Noteboart. Commercial Processes for Copper//Teh C. Lo. Malcolm H. I Baird，Carl Hanson. Handbook of Solvent Extraction[M]. New York：John Wiley & Sons，1982.

[5] Gordon M Ritcey. Solvent Extraction Principles and Applications to Process Metallurgy[M]. Ottawa，Canada，2nd Edition，2006.

[6] 李洲. 液－液萃取过程和设备[M]. 北京：原子能出版社，1993.

[7] 艾伯特·梅兰著. 孔德琨等译. 工业溶剂手册[M]. 北京：冶金工业出版社，1984.

[8] 胡劲文. Escaid 溶剂用于金属溶剂萃取领域[C]. CYTEC 2012'湿法冶金技术研讨会文集. 上海，2012.

第2章 金属配位化合物

杨天足 中南大学冶金与环境学院

目 录

2.1 概述

　　配合物是金属原子或离子(中心金属)与其他分子或离子(配位体)形成的化合物。当配合物中只含一个中心金属原子或离子时,称为单核配合物,而配合物中心金属原子或离子多于一个时,则称为多核配合物。此外,如果配合物中的配体只有一种类型时,称为单配型配合物,而当配合物中的配体有两种或两种以上时则称为混配型配合物。混配型配合物中的配体可以是阴离子,也可以是分子,但习惯上水溶液体系中的配体不包括水分子。也就是说,在水溶液中,水分子和其他某一种配体一起与某一种金属离子形成的配合物不被看成是混配型配合物。

在湿法冶金中，溶液中存在的主要是单核配合物。在金属离子的水解过程中生成的单核羟合离子可以缩合成多核配离子；而混配型配合物则主要出现在溶剂萃取中用两种或两种以上的萃取剂萃取金属离子过程，从而达到"协同萃取"（见第4章）的目的；在某些浸出过程中也可能形成混配型配合物。

单核配合物中各部分的组成，以$[Cu(NH_3)_4]SO_4$为例，示意如下：

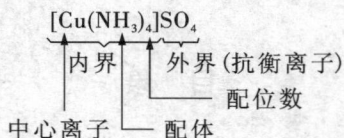

1）中心离子或原子

中心离子或原子是配合物的形成体，它一般是金属离子或原子，也有少数是非金属元素，甚至含金属离子的负离子，如Cu^{2+}、Ag^+、Fe^{3+}、Fe、Ni等。在溶剂萃取中，涉及的金属均是以离子状态存在的，不存在以金属原子状态形成的配合物参与溶剂萃取过程。故以下的叙述中，只提中心离子，不再提原子。

不同类型的金属离子，生成配合物的能力相差很大，一般来说具有8电子惰性气体构型的金属离子生成配合物的能力小；具有8～18电子构型，即d轨道未完全充满电子的离子，生成配合物的能力最强。周期表两端的元素生成配合物的能力较弱，而位于周期表中部的过渡元素生成配合物的能力较强。生成配合物的能力，不仅与中心离子有关，而且还与配体的种类、性质等因素有关。

2）配体与配位原子

配体又称为配位体，是配合物内界中与中心离子结合的分子或阴离子，配体中以孤对电子与中心离子直接结合的原子称为配位原子。配位原子主要是周期表中靠右的一些非金属元素。在水溶液中，只有含配位原子为F、Cl、Br、I、O、S、N等的许多配体及配位原子为C的个别配体（如CN^-）是重要的。

配合物之所以种类繁多，主要是配体的种类众多。根据配体所含的配位原子数目，可以将配体粗略地分成两类，即单齿配体和多齿配体。在一个配体中，若只有一个配位原子与中心离子结合，这样的配体称为单齿配体。如果配体中有两个或两个以上配位原子同时与一个中心离子结合形成两个或两个以上配位键，这样的配体称为多齿配体。多齿配体能与中心离子形成环状结构（螯环），按其能提供的配位原子的数目可分为二齿、三齿配体等。

中心离子与单齿配体结合形成的配合物称为简单配合物，而中心离子与多齿配体结合形成的具有环状结构的配合物称为螯合物，能与金属离子形成螯合物的多齿配体称为螯合剂。

湿法冶金中涉及的单齿配体主要有F^-、Cl^-、Br^-、I^-、NO_3^-、OH^-、S^{2-}、

CN^-、SCN^-、NH_3；水溶液中涉及较多的多齿配体有 SO_4^{2-}、CO_3^{2-}、PO_4^{3-} 等。在溶剂萃取等过程中涉及许多有机化合物配体，为多齿配体。

无机含氧酸根作为二齿配体形成配合物时，形成的螯环往往是不太稳定的四原子环。

3）配位数

中心离子的配位数是指中心离子与配体间所形成的配位键的总数目。中心离子的配位数首先取决于金属离子本身，其作用是主导的、决定性的，其次取决于配体的种类与浓度。另外，外界条件（如温度、溶剂、压力）对配位数也有影响。因此，在水溶液中配合物的配位数是一个可变的数值。在湿法冶金过程中，配离子的配位数因配体浓度不同而异，如果配体浓度十分高，有些金属离子可以在水溶液中形成最高配位数的配合物。

配合物中中心离子的配位数，已知的有从 2 到 12，个别的可高达 14。对于同一种金属离子，当氧化数不同时，配位数也是不同的。因此，不能笼统地说某一元素的配位数，而应指明它的氧化数（价态），例如，Pt（Ⅱ）的配位数为 4，而 Pt（Ⅳ）的配位数则为 6。一般说来，同一族的价态相同的金属离子，随着它们的离子半径的增大，配位数一般倾向于增大；而同一种金属元素随着价态升高，离子的配位数有增大的趋势。

2.2 配合物中的化学键

2.2.1 配位键理论

Pauling 等人将杂化轨道理论与配位共价键、简单静电理论结合起来用于解释配合物的成键和结构，建立了配合物的价键理论。

价键理论的基本要点是：①中心离子（M）以适当的空轨道接受配体（L）提供的孤对电子而形成 σ 配位键（M←L）；②为了增加成键能力，中心离子能量相近的空轨道将采用适当的方式进行杂化，以杂化的空轨道接受配体的孤对电子。中心离子杂化轨道的组合方式决定着配合物的配位数和空间结构。表 2－1 列出了中心离子的杂化轨道类型与配合物的空间构型之间的关系。

由表 2－1 可见，$NiCl_4^{2-}$ 与 $Ni(CN)_4^{2-}$，中心离子均为 Ni^{2+}，且配位数同为 4，但中心离子 Ni^{2+} 的轨道杂化方式却不同，空间构型也不一样。这可以解释为：Ni^{2+} 为 $3d^8$ 电子构型，在 $NiCl_4^{2-}$ 中，Ni^{2+} 的 3d 轨道中的 8 个电子按洪特规则排列，占据 5 个 d 轨道，只能动用最外层的 4s、4p 空轨道进行 sp^3 杂化，因此空间构型为正四面体；在 $Ni(CN)_4^{2-}$ 中，3d 轨道中的 8 个电子集中排布，空出了一个 d 轨道，故动用一个 3d、一个 4s、二个 4p 空轨道进行 dsp^2 杂化，空间构型为正方形。

表 2-1 中心离子杂化轨道类型与配合物空间构型的关系

配位数	配离子	中心离子杂化轨道类型	配离子空间构型
2	$Ag(NH_3)_2^+$	sp	直线形
3	$Cu(CN)_3^{2-}$	sp^2	三角形
4	$NiCl_4^{2-}$	sp^3	正四面体
4	$Ni(CN)_4^{2-}$	dsp^2	正方形
5	$Fe(CO)_5$	dsp^3	三角双锥
6	FeF_6^{3-}	sp^3d^2	正八面体
6	$Fe(CN)_6^{3-}$	d^2sp^3	正八面体

  FeF_6^{3-} 与 $Fe(CN)_6^{3-}$，中心离子均为 Fe^{3+}，且配位数同为 6，空间构型虽然都是正八面体，但中心离子 Fe^{3+} 的轨道杂化方式却不相同。这是因为：Fe^{3+} 为 $3d^5$ 电子构型，在 FeF_6^{3-} 中，Fe^{3+} 3d 轨道中的 5 个电子按洪特规则排列，分占 5 个 d 轨道，只能动用最外层的 4s、4p、4d 空轨道进行 sp^3d^2 杂化；而在 $Fe(CN)_6^{3-}$ 中，3d 轨道中的 5 个电子集中排布，空出了两个 d 轨道，故动用两个 3d、一个 4s、三个 4p 空轨道进行 d^2sp^3 杂化。

  若中心离子在形成配位键时，进行杂化的空轨道全部为外层空轨道，这种配合物称为外轨型配合物；若中心离子在形成配位键时，有次外层的空轨道参与杂化，这种配合物就叫做内轨型配合物。

2.2.2　晶体场理论基本概念

  晶体场理论不是从共价键角度考虑配合物的成键，它把配合物的中心离子和带负电荷的配体看作是点电荷(或偶极子)，在形成配合物时，带正电荷的中心离子和带负电荷的配体以静电相吸引，配体间则相互排斥。

  晶体场理论考虑了带负电荷的配体对中心离子最外层电子(特别是过渡金属离子的 d 电子)的排斥作用，它把由带负电荷的配体对中心离子产生的静电场叫做晶体场。

  晶体场理论要点：①在配合物中，中心离子 M 处于带负电荷的配体 L 形成的静电场(晶体场)中，二者完全靠静电作用相结合。②配体形成的晶体场对中心离子 M 的 d 电子产生排斥作用，使中心离子 M 的 d 轨道发生能级分裂，导致 d 电子重排。③配合物的空间构型不同，中心离子 M 的 d 轨道分裂方式不同；晶体场类型相同，配体 L 不同，中心离子 M 的 d 轨道的分裂程度也不同。

2.2.2.1　金属离子 d 轨道的能级分裂

  中心金属离子的 5 个 d 轨道在孤立的离子状态下能量是相同的，称为简并轨道。当金属离子与配体形成配合物时，其 d 轨道会受到配体的作用。中心离子的正电荷受到配体的负电荷吸引，而其 d 轨道的电子将受到配体电子云的排斥，配体所产生的这种静电场称为配合物的晶体场。晶体场是一种非球形对称电场，根据电场的对称性不同，各 d 轨道能量升高的幅度可能不同，即原来的简并轨道将发生能量分裂。

配位数为 6 的正八面体配合物所产生的晶体场称为八面体场。在八面体场中，5 个 d 轨道的能量都有所升高，但在不同方向受电场作用不同，故能量升高程度不同。

在八面体场中 5 个 d 轨道因能级分裂而分为两组，能量相对较高的一组称为 e_g 轨道，能量相对较低的一组称为 t_{2g} 轨道。两组轨道之间的能量差称为八面体场的分裂能，以符号 Δ_0 表示。

为便于定量计算，将 $\Delta_0/10$ 当做一个能量单位，用符号 Dq 表示，即 $\Delta_0 = 10\text{Dq}$。

2.2.2.2　影响分裂能大小的因素

对于不同的配合物体系，由于晶体场类型不同，能量分裂的程度不同，分裂能也不同。分裂能的大小与配合物的几何构型、配体的场强、中心离子的电子构型及电荷数等因素有关。

1）配合物几何构型的影响

配合物的几何构型不同，则配体对中心离子的 d 轨道的作用情况不同，使 d 轨道的能量分裂情况不同，因此分裂能的大小也不同。

2）中心离子的影响

一般中心离子电荷数大，中心离子 d 轨道与配体距离近，受电场作用强，分裂能大。

若配体相同，中心离子相同时，金属离子价态越高，分裂能越大；若配体相同，中心金属离子价态相同且为同族元素时，按原子序数从上到下分裂能增大。

3）配体的影响

配合物构型相同条件下，各种配体对同一中心金属离子产生的分裂能值由小到大的顺序为：

$I^- < Br^- < Cl^- < SCN^- < F^- < OH^- < C_2O_4^{2-} < H_2O < NCS^- < EDTA < NH_3 <$ en（乙二胺）$< $ bipy（联二吡啶）$<$ phen（邻二氮菲）$< SO_3^{2-} < NO_2^- < CN^-$，CO

这个顺序称之为光谱化学序列，因为它影响分裂能，而分裂能的大小直接影响配合物的光谱。

一般引起分裂能小的配体称为弱场配体（光谱化学系列中 H_2O 以前的配体），引起分裂能大的配体称为强场配体（如 CN^-，CO）。H_2O 与 CN^- 之间的配体是强场还是弱场，取决于中心金属离子，可以结合配合物的磁矩来确定。

2.2.2.3　分裂后的中心金属离子 d 轨道中电子的排布

在晶体场中，由于中心金属离子的 d 轨道发生能量分裂，所以中心金属离子的 d 电子需要重新分布。在过渡金属离子形成的配合物中，中心离子 d 电子的分布，是以洪特规则为准，还是尽量分布在能量最低的 d 轨道，则要看在能量上哪种分布方式有利。

当中心金属离子的某一个 d 轨道中已分布有一个电子，另一个电子进入该轨道与原有的电子反向平行自旋地成对时，由于电子间的相互排斥，能量将有所升高，所升高的能量称为电子成对能，以 P 表示。按八面体场分裂能 Δ_0 与电子成对能 P 的关系，中心金属离子 d 电子的排列有两种可能的分布方式，表 2-2 列出了这两种可能的分布方式。

表 2-2　正八面体型配合物中中心金属离子 d 电子的分布

d电子数	弱场($\Delta_0 < P$)					强场($\Delta_0 > P$)				
	t_{2g}			e_g		t_{2g}			e_g	
1	↑					↑				
2	↑	↑				↑	↑			
3	↑	↑	↑			↑	↑	↑		
4	↑	↑	↑	↑		↑↓	↑	↑		
5	↑	↑	↑	↑	↑	↑↓	↑↓	↑		
6	↑↓	↑	↑	↑	↑	↑↓	↑↓	↑↓		
7	↑↓	↑↓	↑	↑	↑	↑↓	↑↓	↑↓	↑	
8	↑↓	↑↓	↑↓	↑	↑	↑↓	↑↓	↑↓	↑	↑
9	↑↓	↑↓	↑↓	↑↓	↑	↑↓	↑↓	↑↓	↑↓	↑
10	↑↓	↑↓	↑↓	↑↓	↑↓	↑↓	↑↓	↑↓	↑↓	↑↓

从表 2-2 可以看出，在正八面体场中，中心金属离子的外层 d 电子数为 1~3 或 8~10 时，d 电子只有一种分布方式，与 Δ_0 和 P 的相对大小无关。而 d 电子数为 4~7 时，d 电子可以有两种分布方式，且分布方式与 Δ_0 和 P 的相对大小有关；当配体的场强达到一定程度以致 $\Delta_0 > P$ 时，形成的配合物中，中心金属离子的 d 电子按表 2-2 中的强场方式分布，即反向自旋平行的电子数较多，所形成的配合物称为低自旋配合物；反之，配体的场强较小以致 $\Delta_0 < P$ 时，中心金属离子的 d 电子按表 2-2 中的弱场方式分布，反向自旋平行的电子数较少，所形成的配合物称为高自旋配合物。

2.2.2.4　晶体场稳定化能

在配合物中，中心金属离子的 d 电子分布在能量已经发生分裂的 d 轨道中，与分布在假如能量未发生分裂的 d 轨道中相比，能量可能降低，其降低值称为晶体场稳定化能，简写为 CFSE。

例如，在八面体场中，d^1 电子构型的中心金属离子的一个 d 电子进入 t_{2g} 轨道，能量降低 4 Dq，CFSE 记为 −4 Dq；d^2 电子构型的中心金属离子的两个 d 电子分别进入两个 t_{2g} 轨道，能量降低 2×4 Dq $= 8$ Dq，CFSE 记为 −8 Dq；d^3 电子构型的中心金属离子的 3 个 d 电子分别进入 3 个 t_{2g} 轨道，能量降低 3×4 Dq $= 12$ Dq，CFSE 记为 −12 Dq。d^4 电子构型的中心金属离子在弱场中的 d 电子分布为 $t_{2g}^3 e_g^1$，因此相应的 CFSE $= 3 \times (-4\ \text{Dq}) + 6$ Dq $= -6$ Dq（e_g 轨道之相对能量为 6 Dq）。在强场中的 d 电子分布为 $t_{2g}^4 e_g^0$，4 个电子进入 t_{2g} 轨道，能量下降 16 Dq，但因其中两个电子反平行自旋地进入同一个 t_{2g} 轨道，能量升高 P，故能量的净下降值为 16 Dq $- P$，即 CFSE 记为 −16 Dq $+ P$。

2.3　配位平衡

许多配合物均能溶于水，并在水溶液中完全解离为配离子（配合物内界）及原来处于配合物外界的抗衡离子，配离子本身也不同程度地解离。

例如，当 $[\text{Cu}(\text{NH}_3)_4]\text{SO}_4$ 溶于水时，可以认为其完全解离为 $\text{Cu}(\text{NH}_3)_4^{2+}$ 和 SO_4^{2-}，前者又分步解离出 NH_3 和 $\text{Cu}(\text{NH}_3)_3^{2+}$、$\text{Cu}(\text{NH}_3)_2^{2+}$、$\text{Cu}(\text{NH}_3)^{2+}$、$\text{Cu}^{2+}$。反过来看，在水溶液中，$\text{Cu}^{2+}$ 离子可以与 NH_3 分子形成各级配离子 $\text{Cu}(\text{NH}_3)^{2+}$、$\text{Cu}(\text{NH}_3)_2^{2+}$、$\text{Cu}(\text{NH}_3)_3^{2+}$ 和 $\text{Cu}(\text{NH}_3)_4^{2+}$；当氨水的浓度十分高时，还可以形成 $\text{Cu}(\text{NH}_3)_5^{2+}$ 甚至 $\text{Cu}(\text{NH}_3)_6^{2+}$。

2.3.1　配离子的逐级和积累稳定常数

为简单起见，用 M 表示中心离子，L 表示配体，同时还将 M 和 L 以及由它们形成的配离子所带的电荷省去不写。这样，设在某一定温度下，在水溶液中 M 与 L 形成各级单核配离子 $\text{ML}_i (i = 1, 2, 3, \cdots, n)$，那么，建立平衡后，体系中存在 n 个配位平衡的反应，其相应的平衡常数表达式为：

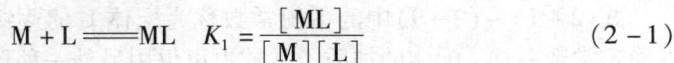

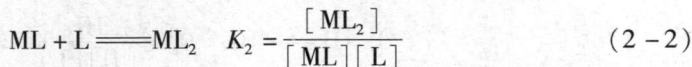

$$\text{M} + \text{L} =\!=\!= \text{ML} \quad K_1 = \frac{[\text{ML}]}{[\text{M}][\text{L}]} \qquad (2-1)$$

$$\text{ML} + \text{L} =\!=\!= \text{ML}_2 \quad K_2 = \frac{[\text{ML}_2]}{[\text{ML}][\text{L}]} \qquad (2-2)$$

$$\cdots\cdots$$

$$\text{ML}_{n-1} + \text{L} =\!=\!= \text{ML}_n \quad K_n = \frac{[\text{ML}_n]}{[\text{ML}_{n-1}][\text{L}]} \qquad (2-3)$$

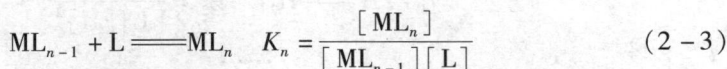

上述各表达式中 [ ] 表示各物种的平衡浓度，K_1，K_2，$\cdots$，K_n 称为配合物的逐级稳定常数，或称分步稳定常数。除少数体系外，在同一个配合物体系中，一般规律是 $K_1 > K_2 > K_3 \cdots$

上述配位平衡关系也可以用另一种方式表示：

$$\text{M} + \text{L} =\!=\!= \text{ML} \quad \beta_1 = \frac{[\text{ML}]}{[\text{M}][\text{L}]} \qquad (2-4)$$

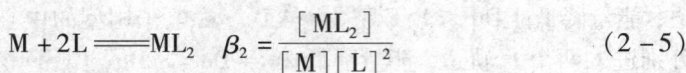

$$M + 2L \stackrel{}{=\!=\!=} ML_2 \quad \beta_2 = \frac{[ML_2]}{[M][L]^2} \qquad (2-5)$$

$$\cdots\cdots$$

$$M + nL \stackrel{}{=\!=\!=} ML_n \quad \beta_n = \frac{[ML_n]}{[M][L]^n} \qquad (2-6)$$

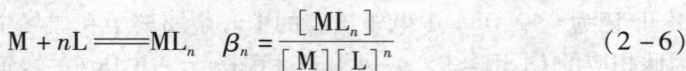

β_1, β_2, $\cdots$, β_n 称为各级配离子 ML, ML_2, $\cdots$, ML_n 的积累稳定常数。显然，$\beta_1 = K_1$，$\beta_2 = K_1 K_2$，$\cdots$，$\beta_n = K_1 K_2 \cdots K_n$。有时用 $K_{稳}$ 表示最高一级配离子的积累稳定常数。稳定常数的大小反映了有关配离子在溶液中稳定性的高低。

2.3.2 配体的加质子常数

在溶液中，配体 L 除了少数几种（Cl^-、Br^-、I^-、NO_3^- 等强酸根离子）不加合质子外，其他的则当溶液中 H^+ 浓度增加时，氢离子将会与配体 L 在一定程度上形成 HL，H_2L，$\cdots$，H_mL（为简单起见，略去可能的电荷）。

配体 L 与 H^+ 离子间的平衡可以写成：

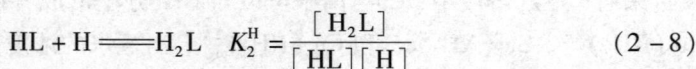

$$L + H \stackrel{}{=\!=\!=} HL \quad K_1^H = \frac{[HL]}{[H][L]} \qquad (2-7)$$

$$HL + H \stackrel{}{=\!=\!=} H_2L \quad K_2^H = \frac{[H_2L]}{[HL][H]} \qquad (2-8)$$

$$\cdots\cdots$$

$$H_{m-1}L + H \stackrel{}{=\!=\!=} H_mL \quad K_m^H = \frac{[H_mL]}{[H_{m-1}L][H]} \qquad (2-9)$$

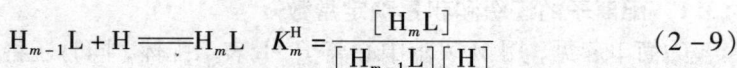

显然，加质子常数是 L 相应的共轭酸的解离常数的倒数，可简单用 K^H 表示，即 $K^H = \frac{1}{K_a}$。

式(2-7)～(2-9)中的平衡常数称为配体 L 的逐级加质子常数，与配合物的稳定常数一样，配体的加质子常数也可以用另外一种形式表示：

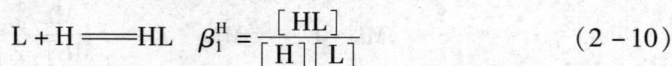

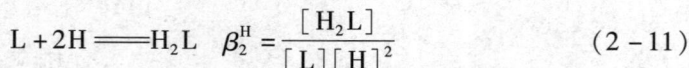

$$L + H \stackrel{}{=\!=\!=} HL \quad \beta_1^H = \frac{[HL]}{[H][L]} \qquad (2-10)$$

$$L + 2H \stackrel{}{=\!=\!=} H_2L \quad \beta_2^H = \frac{[H_2L]}{[L][H]^2} \qquad (2-11)$$

$$\cdots\cdots$$

$$L + mH \stackrel{}{=\!=\!=} H_mL \quad \beta_m^H = \frac{[H_mL]}{[L][H]^m} \qquad (2-12)$$

式(2-10)～(2-12)中的 β^H 称为配体 L 的积累加质子常数。显然积累加质子常数 β^H 与逐级加质子常数 K^H 的关系为：

$$\beta_m = \prod_{i=1}^{m} K_i^H \qquad (2-13)$$

例如在水溶液中，SO_4^{2-} 与 H^+ 之间存在着以下反应

$$SO_4^{2-} + H^+ \Longrightarrow HSO_4^-$$

此反应的平衡常数 K^H 即为 SO_4^{2-} 的加质子常数：

$$K^H = \frac{[HSO_4^-]}{[SO_4^{2-}][H^+]} \tag{2-14}$$

可见，SO_4^{2-} 的加质子常数就是 HSO_4^- 的解离常数的倒数：

$$K^H = \frac{1}{K_a} \tag{2-15}$$

此外，水溶液中氨分子 NH_3 与 H^+ 之间存在的反应为：

$$NH_3 + H^+ \Longrightarrow NH_4^+$$

此反应的平衡常数 K^H 即为 NH_3 分子的加质子常数：

$$K^H = \frac{[NH_4^+]}{[NH_3][H^+]} \tag{2-16}$$

通常 NH_3 作为弱碱，在水溶液中可以发生解离：

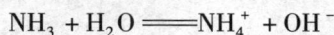

$$NH_3 + H_2O \Longrightarrow NH_4^+ + OH^-$$

其解离常数 K_b 为：

$$K_b = \frac{[NH_4^+][OH^-]}{[NH_3]} \tag{2-17}$$

NH_3 的加质子常数 K^H 与其解离常数 K_b 的关系为：

$$K^H = \frac{K_b}{K_w} \tag{2-18}$$

式中：K_w 为水的离子积。

如果配体 L 可以加合多个质子，则其逐级加质子常数将分别与相应的酸的各级解离常数成倒数关系。例如，磷酸根离子的三级逐级加质子常数分别为：

$$PO_4^{3-} + H^+ \Longrightarrow HPO_4^{2-} \quad K_1^H = \frac{[HPO_4^{2-}]}{[PO_4^{3-}][H^+]} = \frac{1}{K_{a3}} \tag{2-19}$$

$$HPO_4^{2-} + H^+ \Longrightarrow H_2PO_4^- \quad K_2^H = \frac{[H_2PO_4^-]}{[HPO_4^{2-}][H^+]} = \frac{1}{K_{a2}} \tag{2-20}$$

$$H_2PO_4^- + H^+ \Longrightarrow H_3PO_4 \quad K_3^H = \frac{[H_3PO_4]}{[H_2PO_4^-][H^+]} = \frac{1}{K_{a1}} \tag{2-21}$$

可见，PO_4^{3-} 的三级逐级加质子常数 K_1^H、K_2^H、K_3^H 分别与 H_3PO_4 的三级解离常数 K_{a3}、K_{a2}、K_{a1} 成倒数关系。

2.3.3 配合度

配合度是中心金属离子 M 的总浓度 T_M 与自由金属离子浓度 $[M]$ 的比值，用

Y_0表示。

$$Y_0 = \frac{T_M}{[M]} \qquad (2-22)$$

当溶液中无配离子形成时，$[M] = T_M$，$Y_0 = 1$；当溶液中生成配离子时，$[M] < T_M$，$Y_0 > 1$。Y_0值越大，说明中心金属离子总浓度T_M中所占的配离子浓度的百分率越大。因此，Y_0是中心金属离子形成配离子程度的量度，称为配合度，又称为福劳内乌斯函数。

对于只形成单一配体的单核配离子ML_n体系，从式(2-22)可得

$$Y_0 = \frac{[M] + [ML] + [ML_2] + \cdots + [ML_n]}{[M]} \qquad (2-23)$$

将各配离子ML_n的积累稳定常数式(2-6)代入式(2-23)，可得

$$Y_0 = 1 + \beta_1[L] + \beta_2[L]^2 + \cdots + \beta_n[L]^n \qquad (2-24)$$

或写成

$$Y_0 = 1 + \sum_{n=1}^{n} \beta_n[L]^n = \sum_{n=0}^{n} \beta_n[L]^n \qquad (2-25)$$

其中$\beta_0 = 1$。

从式(2-24)或(2-25)可见，对于单一配体的单核配离子体系，配合度Y_0只是游离配体的浓度$[L]$的函数。

2.4 影响配合物稳定性的因素

配合物的稳定常数是配合物在溶液中的稳定性的度量，对于配位数相同的配离子，可直接根据稳定常数值的大小判断其稳定性的高低，而对于配位数不同的配离子，则要通过计算才能判断。

配离子是由中心离子与配体之间通过配位键而形成的，因此配离子的稳定性主要取决于中心离子的本性、配体的本性以及中心离子与配体的相互作用。

2.4.1 软硬酸碱规则

2.4.1.1 软硬酸碱

根据路易斯酸碱电子理论，酸是电子对的接收体，必须具有可以接受电子对的空轨道，而碱是电子对的给予体，必须具有未共享的孤对电子。按此定义，所有的金属离子都是酸，而所有的配体都是碱。配合物的形成过程可看成是酸碱之间的加合反应。

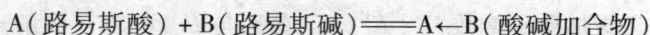

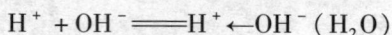

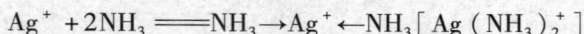

$$A(路易斯酸) + B(路易斯碱) \Longrightarrow A \leftarrow B(酸碱加合物)$$

$$H^+ + OH^- \Longrightarrow H^+ \leftarrow OH^- (H_2O)$$

$$Ag^+ + 2NH_3 \Longrightarrow NH_3 \rightarrow Ag^+ \leftarrow NH_3 [Ag(NH_3)_2^+]$$

根据路易斯酸碱的受电子原子和路易斯碱的给电子原子的价电子性质的不

同，可将路易斯酸碱分成软硬酸碱。

若中心原子的正电荷高，体积小，极化性低，外层电子较难于再失去，称之为硬酸；相反，若中心离子的正电荷低、体积大，外层电子较易失去，则称为软酸；介于硬酸和软酸之间的称为交界酸。同时，若配体的体积小，电负性低，极化性低，难于氧化，则称为硬碱；反之，若配体的体积大，极化性高，易氧化则称为软碱；介于硬碱和软碱之间的称为交界碱。

一种元素属于哪类酸碱并不是固定的，它随电荷不同而改变。例如，Fe^{3+} 是硬酸，Fe^{2+} 却是交界酸；Cu^{2+} 是交界酸，而 Cu^+ 却是软酸。又如，SO_4^{2-} 是硬碱，SO_3^{2-} 是交界碱，$S_2O_3^{2-}$ 则是软碱。

表 2-3 列出了一些常见的路易斯酸碱及其类型。

表 2-3　常见路易斯酸碱及其类型

分类	中心原子[①]（酸类）	配体[①]（碱类）
硬	H（Ⅰ）、Li（Ⅰ）、Na（Ⅰ）、K（Ⅰ）、Be（Ⅱ）、Mg（Ⅱ）、Ca（Ⅱ）、Sr（Ⅱ）、Mn（Ⅱ）、Al（Ⅲ）、Sc（Ⅲ）、Ga（Ⅲ）、In（Ⅲ）、La（Ⅲ）、N（Ⅲ）、Cl（Ⅲ）、Gd（Ⅲ）、Lu（Ⅲ）、Cr（Ⅲ）、Co（Ⅲ）、Fe（Ⅲ）、As（Ⅲ）、Si（Ⅳ）、Ti（Ⅳ）、Zr（Ⅳ）、Th（Ⅳ）、U（Ⅳ）、Pu（Ⅳ）、Ce（Ⅳ）、Hf（Ⅳ）、WO^{4+}、$Sn（Ⅳ）、UO_2^{2+}$、VO^{2+}、MoO^{3+}、$(CH_2)_2Sn^{2+}$、CH_3Sn^{2+}、$Be(CH_3)_2$、BF_3、$B(OR)_3$、$Al(CH_3)_3$、$AlCl_3$、AlH_3、RPO_2^+、$ROPO_2^+$、RSO_2^+、$ROSO_2^+$、SO_3、RCO^+、CO_2、NC^+、I（Ⅶ）、I（Ⅴ）、Cl（Ⅶ）、Cr（Ⅵ）、HX（成氢键分子）	H_2O、OH^-、O^{2-}、F^-、$CH_3CO_3^-$、PO_4^{3-}、SO_4^{2-}、Cl^-、ClO^-、CO_3^{2-}、ClO_4^-、NO_3^-、ROH、RO^-、R_2O、NH_3、RNH_2、N_2H_4
交界	Fe（Ⅱ）、Co（Ⅱ）、Ni（Ⅱ）、Cu（Ⅱ）、Zn（Ⅱ）、Pb（Ⅱ）、Sn（Ⅱ）、Sb（Ⅲ）、Bi（Ⅲ）、Rh（Ⅲ）、Ir（Ⅲ）、SO_2、$B(CH_3)_2$、NO^+、Ru（Ⅲ）、Os（Ⅲ）、R_2C^+、$C_6H_5^+$、GaH_3、Cr（Ⅱ）	$C_6H_5NH_2$、C_5H_6N、N_3^-、Br^-、NO_2^-、SO_4^{2-}、N_2
软	Cu（Ⅰ）、Ag（Ⅰ）、Au（Ⅰ）、Tl（Ⅰ）、Hg（Ⅰ）、Pd（Ⅱ）、Cd（Ⅱ）、Pt（Ⅱ）、Hg（Ⅱ）、Tl（Ⅲ）、$Tl(CH_3)_2$、CH_3Hg^+、$[Co(CN)_3]^{2+}$、Pt（Ⅳ）、Te（Ⅳ）、BH_3、$Ga(CH_3)_3$、$GaCl_3$、RS^+、RSe^+、RTe^+、I（Ⅰ）、Br（Ⅰ）、HO^+、RO^+、$InCl_3$、GaI_3、I_2、Br_2、ICN；三硫基苯、氰乙烯、醌类；O、Cl、Br、I、N、RO、RO_2；CH_2；M^0（金属原子），金属	R_2S、RSH、RS^-、I^-、SCN^-、$S_2O_3^-$、S^{2-}、R_3P、R_3As、$(RO)_2P$、CN^-、RNO、CO、H^-、C_3H_4、C_6H_6、R^-

注：①R 表示烷基。本表取自：南京大学化学系无机化学组，化学通报，366（1976）。

由表 2-3 可见，一般以氧、氮原子为配位原子的萃取剂为硬碱，以硫原子为配位原子的萃取剂为软碱。路易斯酸碱的软硬度并没有严格的准则，常见的作为碱的配体其硬度下降趋势为：

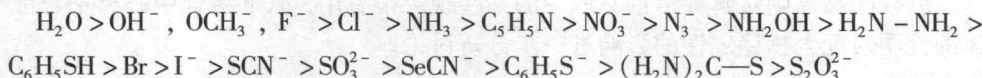

$H_2O > OH^-$，OCH_3^-，$F^- > Cl^- > NH_3 > C_5H_5N > NO_3^- > N_3^- > NH_2OH > H_2N-NH_2 > C_6H_5SH > Br > I^- > SCN^- > SO_3^{2-} > SeCN^- > C_6H_5S^- > (H_2N)_2C—S > S_2O_3^{2-}$

对于作为中心离子的金属离子，它们在正常价态下的软硬度可以用元素周期表反映（表 2-4）。由表 2-4 可以大致认为，轻金属及稀有轻金属（铝、镁、锂、铍、铷、铯）、稀土元素（钪、钇、镧及镧系）、难熔金属（钛、锆、铪、钒、铌、钽、铬、钼、钨）及稀有分散金属（镓、铟、铊、锗、硒、碲）均属硬酸；而重金属及贵金属中除铜、银、金、铂、钯、镉、汞属软酸外，其余元素锌、铅、锡、铋、锑、钴、镍、钌、铑、锇、铱均属交界酸。高价态离子的硬度大于低价态离子，如 Co（Ⅱ）及黑色金属 Fe（Ⅱ）离子属交界酸，但 Co（Ⅲ）及 Fe（Ⅲ）离子属硬酸，反过来说，低价态离子较高价态离子软，如 Cr（Ⅵ）、Sn（Ⅳ）属硬酸，而 Cr（Ⅱ）及 Sn（Ⅱ）属交界酸。同理，Cu（Ⅰ）比 Cu（Ⅱ）软，所以表 2-3 中将 Cu（Ⅱ）划为交界酸，Cu（Ⅰ）划为软酸。由表 2-3 可知，一价的金、银、汞及一价、三价铊均为软酸。

表 2-4　中心离子在周期表中的软硬度分类

H																	
ⅠA	ⅡA											ⅢA	ⅣA	ⅤA	ⅥA	ⅦA	
Li	Be											B	C	N	O	F	
Na	Mg											Al	Si	P	S	Cl	
		ⅢB	ⅣB	ⅤB	ⅥB	ⅦB		ⅧB		ⅠB	ⅡB						
K	Ca	Sc	Ti	V	Cr	Mn	Fe	Co	Ni	Cu*	Zn	Ga	Ge	As	Se	Br	
Rb	Sr	Y	Zr	Nb	Mo	Tc	Ru	Rh	Pd*	Ag*	Cd*	In	Sn	Sb	Te	I	
Cs	Ba	La	Hf	Ta	W	Re	Os	Ir	Pt	Au*	Hg*	Tl	Pb	Bi	Po	At	

注：　*—软酸，□—交界酸，其余为硬酸。

2.4.1.2　软硬酸碱规则和配合物的稳定性

影响水溶液中配合物稳定性的因素有许多，如金属离子的本性、配体的性质、温度、压力、溶剂、离子强度等。但总的说来，金属离子的本性和配体的性质的影响是主要的，根据大量的配合物稳定常数数据发现，软酸与软碱可以形成较强的配位键，形成的配合物也比由硬酸与软碱、或软酸与硬碱形成的配合物稳定；同样，硬酸与硬碱在一定的条件下也可以形成较稳定的配合物。而交界酸（碱）均可以与硬碱（酸）、软碱（酸）及交界碱（酸）形成具有一定稳定性的配合物。这一现象由 Pearson 总结，称之为软硬酸碱规则（缩写为 SHAB 规则），即硬酸倾向与硬碱结合，软酸倾向与软碱结合。也可以简单描述为"硬亲硬，软亲软"规律。以卤素离子与一些金属离子形成的配合物的稳定常数的大小为例，可以很好地反映出此规律（表 2-5）。

软硬酸碱原则对解释溶剂萃取中的某些现象很有用，以下结合中心离子与配体的性质对配合物稳定性的影响进一步分析讨论。

表 2 - 5 卤素离子与一些金属离子所形成的配合物的稳定常数($\lg K_1$)

		硬碱	交界碱		软碱	
		F^-	Cl^-	Br^-	I^-	
硬酸	Fe^{3+}	6.04	1.41	0.49	...	
	H^+	3.6	-7	-9	-9.5	
交界酸	Pb^{2+}	<0.8	1.75	1.77	1.92	偏软
	Zn^{2+}	0.77	-0.19	-0.6	-1.3	偏硬
软酸	Ag^+	-0.2	3.4	4.2	7.0	
	Hg^{2+}	1.03	6.72	8.94	12.81	

2.4.2 中心离子对配离子稳定性的影响

2.4.2.1 惰气型中心离子的影响

中心金属离子的电子构型有惰气型和非惰气型两种,惰气型电子构型包括 8 电子构型和 2 电子构型,主要是 ⅠA 族的正一价离子, ⅡA 族的正二价离子, Al、Sc、Y、La 等正三价离子, 以及 Ti、Zr、Hf 等正四价离子等。

除 Li^+、Be^{2+}、B^{3+} 这三者外, 其余这类阳离子的价电子层结构全是 ns^2、np^6 (n 为 2 ~ 6)的惰性气体型(也可说是 d^0 型)组态。

一般认为,惰气型中心金属离子主要通过静电作用与配体形成配离子。因此,配体一定时,配离子的稳定性一般取决于中心离子的电荷和半径。中心离子的电荷愈高,半径愈小,形成的配离子稳定性愈高。中心离子电荷对配离子稳定性的影响大于离子半径对配离子稳定性的影响,这是因为离子的电荷总是成倍地改变,而离子半径只在一定的范围内变动。

它们属于硬酸,故与 F^-、OH^-、O^{2-} 等硬碱易配位。它们只能用外轨道杂化,生成外轨型配合物。例如,它们与羧氧配体形成的配合物,其稳定性顺序如下:

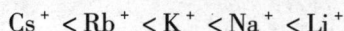

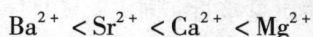

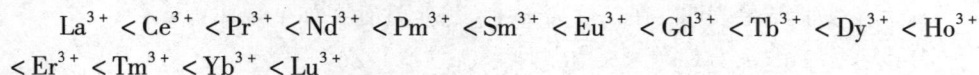

$Cs^+ < Rb^+ < K^+ < Na^+ < Li^+$

$Ba^{2+} < Sr^{2+} < Ca^{2+} < Mg^{2+}$

$La^{3+} < Y^{3+} < Sc^{3+} < Al^{3+}$

$La^{3+} < Ce^{3+} < Pr^{3+} < Nd^{3+} < Pm^{3+} < Sm^{3+} < Eu^{3+} < Gd^{3+} < Tb^{3+} < Dy^{3+} < Ho^{3+} < Er^{3+} < Tm^{3+} < Yb^{3+} < Lu^{3+}$

2.4.2.2 非惰气型中心离子的影响

非惰气型电子构型的金属离子与配体间形成的化学键在不同程度上存在共价键的性质。由于化学键共价成分的差异,使配离子稳定性受离子电荷与离子半径的影响规律不明显。

在中心离子电荷相同、离子半径相近的情况下,非惰气型金属离子所形成的配离子比惰气型金属离子形成的配离子的稳定性要高。

这类阳离子包括 18 电子构型,18 +2 电子构型及 9~17 电子构型两类。

(1)18 型阳离子的价电子层结构为 $(n-1)s^2(n-1)p^6(n-1)d^{10}$(简称 d^{10} 型),而 18 +2 型阳离子的价电子层结构为 $(n-1)s^2(n-1)p^6(n-1)d^{10}ns^2$($n$ 均为 4,5,6)。

属 18 型者如 I B(Cu^+,Ag^+,Au^+),II B(Zn^{2+},Cd^{2+},Hg^{2+})离子,除 Zn 为偏硬之交界酸外,其余全为软酸,它们最易与 S^{2-}、CN^- 配合。

属 18 +2 型者如 Sn^{2+}、Pb^{2+}、Sb^{3+}、Bi^{3+} 为交界酸,但比 18 型稍硬,故可称为偏软之交界酸。

它们也只能用外层轨道杂化,生成外轨型配合物。

(2)9~17 型阳离子是 d^1~d^9 型过渡金属离子,从电子层结构来说,它们介于 8 型(硬酸)和 18 型(软酸)之间,原则上应属于交界酸,但由于它们有不同的 d 电子数,所以情况变得较为复杂。对这类阳离子"酸性"硬软的变化并由此造成配离子稳定性的变化可以总结出如下规律:

①如阳离子电荷越高,d 电子数就越少,其变形性就越小,其"硬度"就越接近同周期中左侧 8 型的硬酸阳离子;反之,则其"硬度"就越接近同周期中右侧的 18 型软酸阳离子。因此,常见的 +2、+3 价过渡金属离子大多数属于交界酸。

②随 d 电子数不同,也有少数例外,例如以下序列离子:

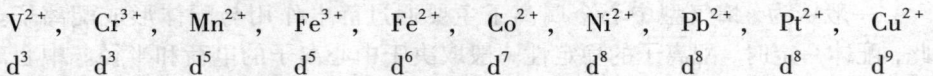

V^{2+},	Cr^{3+},	Mn^{2+},	Fe^{3+},	Fe^{2+},	Co^{2+},	Ni^{2+},	Pb^{2+},	Pt^{2+},	Cu^{2+}
d^3	d^3	d^5	d^5	d^6	d^7	d^8	d^8	d^8	d^9

其中 Cr^{3+}、Mn^{2+}、Fe^{3+} 属于硬酸,Fe^{3+}、Mn^{2+} 的电子处于半充满态;Cu^+、Pt^{2+} 属软酸,其余为交界酸。

③这类阳离子中,一些电荷高 d 电子数少的离子,如:

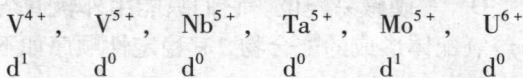

V^{4+},	V^{5+},	Nb^{5+},	Ta^{5+},	Mo^{5+},	U^{6+}
d^1	d^0	d^0	d^0	d^1	d^0

与配体的结合中,以静电引力占优势,与 8 型硬酸性质更接近,同 F^-、OH^- 等硬碱的配合能力强,但同 S^{2-}、CN^- 等软碱的配合能力差,所以它们也划入硬酸类。

④大量实验结果表明,在二价离子中,稳定性存在如下规律:

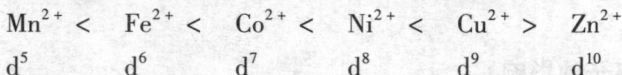

Mn^{2+} <	Fe^{2+} <	Co^{2+} <	Ni^{2+} <	Cu^{2+} >	Zn^{2+}
d^5	d^6	d^7	d^8	d^9	d^{10}

这些顺序由 Irving - Williams 总结出来,故以其名字命名,简称 I - W 顺序。说明 d^5 及 d^{10} 这种 d 轨道的半充满及全充满状态与前面提到的 d^0 状态一样,其硬度较高,所以配合物的稳定性差。它也解释了溶剂萃取分离 Cu—Fe 相对于分离 Zn—Fe 较容易实现的现象。

⑤应用晶体场理论计算的晶体场稳定化能可以从理论上解释具有 d^0、d^5、d^{10}

电子结构的阳离子配合物最不稳定。$d^1 \sim d^9$（d^5除外）型离子的电子云为非球形对称，电子云密度分布不均匀，配位场影响大，引起 d 轨道分裂，所以配位化合物较稳定。而 d^0、d^5、d^{10} 型的阳离子的电子云是球形对称的，电子云密度在各个方向相等，配位体的静电场不能引起这些离子的 d 轨道分裂，所以配离子稳定性差。

2.4.3　配位体的影响

根据路易斯酸碱理论，金属离子 M^{n+} 与 H^+ 类似，两者均为酸，都有与提供孤对电子的配体 L（碱）结合的趋势。而且 L 的碱性越强，L 与 H^+ 的结合趋势也越强，相应 L 与 M^{n+} 应有较强的配合能力。因此可以用加质子常数 K_L^H 表示配体碱性的强弱，判断 L 与 M^{n+} 生成配合物稳定性的大小顺序。表 2-6 为 Ag^+ 与一系列含氮配体的配合物稳定性与配体碱性的关系。

表 2-6　配位体的碱性与配合物稳定性的关系

配位体	$\lg K_L^H$		$\lg K_{AgL}^{稳}$	
β-萘胺	4.28	碱性增强 ↓	1.62	AgL 稳定性增强 ↓
Py（吡啶）	5.31		2.14	
NH_3	9.26		7.24	
en（乙二胺）	10.11		7.70	

表 2-6 说明，对同一中心离子而言，具有同一配位原子（N）且其结构相似的一组配体与其生成的配合物，随配体碱性增强，相应的配合物的稳定性也增强。

当具有不同配位原子的配体与同一中心离子配合时，或者不同中心离子与同一配体相配合时，判断反应生成的配合物稳定性最方便的方法就是应用 SHAB 规则。例如：

（1）对惰气型中心离子而言，它们属典型硬酸，与同一族的配位原子生成的配合物的稳定性有下列规律：N≫P；O≫S；F > Cl > Br > I。完全符合 SHAB 规则，"硬"碰"硬"的结合产生的配合物稳定。

（2）对非惰气型的 18 及 18+2 电子构型的阳离子而言，前者属软酸，后者属偏软之交界酸，它们与同一族的配位原子生成的配合物的稳定性有完全相反的规律：N≪P；O≪S；F≪Cl < Br < I，同时也存在 C、S、P > N > O > F 的规律。这些也完全符合 SHAB 规则，"软"碰"软"的结合产生的配合物稳定。

2.4.4　金属螯合物的类型及特殊稳定性

中心金属离子与多齿配体结合而形成的具有环状结构的配合物称为螯合物。同一种金属离子与多齿配体所形成的螯合物的稳定性往往高于与其单齿配体所形成的简单配合物，这种现象称为螯合效应。表 2-7 列出了某些金属离子所形成的螯合物与简单配合物的稳定常数。

表 2 - 7　某些金属离子所形成的螯合物与简单配合物的稳定常数

螯合物	$\lg K_f^{\ominus}$	简单配合物	$\lg K_f^{\ominus}$
$Cu(en)_2^{2+}$	20.00	$Cu(NH_3)_4^{2+}$	13.32
$Zn(en)_2^{2+}$	10.83	$Zn(NH_3)_4^{2+}$	9.46
$Cd(en)_2^{2+}$	10.09	$Cd(NH_2CH_3)_4^{2+}$	7.12
$Ni(en)_3^{2+}$	18.83	$Ni(NH_3)_6^{2+}$	8.74

　　螯环的大小对螯合物的稳定性有影响,从张力的角度出发,组成螯环的各原子在同一平面时,全部以单键形成的螯环一般以五原子环的张力最小,而配体属共轭体系时形成的螯环则一般以六原子环的张力最小。因此,以饱和的五原子螯环形成的螯合物一般比以饱和的六原子螯环形成的类似的螯合物更为稳定;而以共轭体系的配体形成的螯合物则以具有六原子螯环的为稳定。

　　具有四原子螯环的螯合物往往因张力较大而不甚稳定,最小的螯环为三原子螯环,但由于三原子螯环张力很大,故具有三原子螯环的螯合物极为罕见。

　　另外,螯环的数目对螯合物的稳定性也有影响。如果多齿配体的配位原子全部得到利用的话,二齿配体将形成具有一个螯环的螯合物,三齿配体将形成具有两个螯环的配合物,余类推。实验表明,对组成及结构类似的一些多齿配体,当它们与同一金属离子形成螯合物时,螯环愈多,所形成的螯合物愈稳定。这是因为螯环越多,配体配位在金属离子上的配位原子越多,因而金属离子脱离的概率就越小。

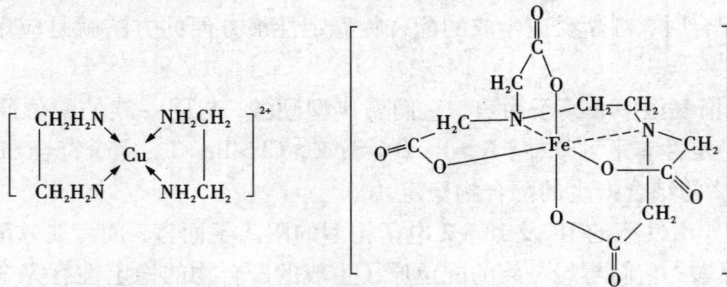

　　值得注意的是,在多齿配体的配位原子附近或配位原子上如键合着体积较大的基团时,由于位阻效应有可能妨碍螯合物的顺利形成,即降低其稳定性,严重时甚至根本不能形成螯合物。

2.4.5　外部影响因素(离子强度、温度、溶剂效应)

　　溶液的离子强度、温度、压力、溶剂的种类等其他因素对配合物的稳定性也有影响。

1）离子强度的影响

溶液中离子强度的改变将影响配位反应的各离子的活度系数，从而影响配合物的浓度稳定常数。当用 K' 和 K 分别表示下列配位反应（略去电荷不写）

$$M + L \Longrightarrow ML$$

在某一温度下的活度稳定常数和浓度稳定常数时，有关系式

$$K' = K \times \frac{\gamma_{ML}}{\gamma_M \times \gamma_L} \tag{2-26}$$

其中 γ 为相应各物种的活度系数。由于温度一定时，K' 为常数，因此 K 随式（2-26）中各物种的活度系数而变。

一般而言，在一定的离子强度（I）范围内，离子的活度系数随离子强度 I 的增大而减小。

2）温度的影响

配合物的稳定常数与一切其他平衡常数一样，随温度的改变而改变。若一反应分别在绝对温度 T_1、T_2 下的平衡常数为 K_1 和 K_2，且 T_1 和 T_2 相差不大，以致可将反应的焓变 ΔH 看作常数，则

$$\ln \frac{K_2}{K_1} = \frac{\Delta H}{R} \cdot \frac{T_2 - T_1}{T_1 T_2}$$

由于焓变值一般不太大，所以温度变化不大时，配合物的稳定常数改变也不大。例如，离子强度均为 0.1 时，在 25℃ 和 20℃ Ni^{2+} 与 EDTA^{4-} 形成的配离子的 $\lg K_1$ 分别为 18.52 和 18.62；Cu^{2+} 与 EDTA^{4-} 形成的配离子的 $\lg K_1$ 分别为 18.70 和 18.80，Zn^{2+} 与 EDTA 形成的配离子的 $\lg K_1$ 分别为 16.44 和 16.50。

3）压力的影响

一般在压力的改变不是很大时，压力对配合物稳定常数的影响可忽略不计，但压力增到很高时，压力的影响却不可忽略。例如，当压力从 10 kPa 增大到 2×10^5 kPa 时，FeCl^{2+} 的稳定常数 K_1 将减小到原来的二十分之一。因此，研究压力对配合物的稳定常数的影响是有实际意义的。在大洋深处，压力一般高达 $10^4 \sim 10^5$ kPa，因此研究海洋中的配位平衡以及其他化学平衡时应考虑压力的影响。

按照平衡移动原理，增大压力，平衡将向体系体积减小的方向移动。配离子稳定常数降低其实质是配离子解离的倾向增大。配合物解离时，解离出来的离子（或分子）的总电荷数与配离子原来所带的电荷数相比，可能增加，也可能不变，但不会减少；而解离出来的每个离子（或分子）的体积与原来配离子的体积相比，必然减小。因此，这些离子（或分子）比起配离子本身来说，吸引溶剂分子的能力必然增大，导致体系总体积的减小。所以，增高压力有利于配离子的解离，即使配离子稳定性下降。

4)溶剂的影响

(1)非水溶剂。

某些非水溶剂也具有一定的给予电子对的能力,且常用 DN(称为溶剂 D 的给予数)作为各溶剂给予电子对形成配位键的能力的量度。表 2 - 8 列出了某些溶剂的 DN 及介电常数(为了对照,也列出了水的 DN 及介电常数)。

表 2 - 8　某些溶剂的 DN 及介电常数

溶　剂	DN	介电常数
亚硫酰氯	0.4	9.1
乙酰氯	0.7	15.8
苯甲酰氯	2.3	23
硝基甲烷	2.7	38.6
硝基苯	4.4	34.8
乙酐	10.5	22.1
二氧杂环己烷	14.8	2.2
丙酮	17	20.7
乙酸乙酯	17.1	6.02
水	18	81.7
乙醇	19	24.3
乙醚	19.2	4.3
四氢呋喃	20	7.3
磷酸三甲酯	23	20.6
磷酸三丁酯	23.7	6.8
N,N - 二甲基甲酰胺	24	36.7
N,N - 二乙基乙酰胺	27.3	37.8
二甲亚砜	29.8	45
吡啶	33.1	12.3

一种配合物溶解于某种溶剂中时,溶剂将与配合物中原来的配体竞争中心离子。溶剂的 DN 愈大,从原来的配合物中夺取中心离子的能力就愈强,原来配合物在此溶剂中的稳定性就愈低。例如,$CoCl_4^{2-}$ 在下列溶剂中的稳定性顺序为:

硝基甲烷 > 磷酸三甲酯 > N,N - 二乙基乙酰胺 > 二甲亚砜

以上顺序反映了溶剂的 DN 愈大,配合物愈不稳定的规律。

上述顺序中的溶剂都是质子惰性溶剂,配合物溶解在这些溶剂中时,配合物中的配体与溶剂分子结合(溶剂合)的能力常小于中心金属离子与溶剂分子结合(配位)的能力。但是当溶剂是质子溶剂时,如果原来配合物中的配体能与溶剂分子形成氢键的话,配体与溶剂的结合就不可忽略。例如,对 Cu(Ⅱ)、Ni(Ⅱ)、Zn(Ⅱ)、Cd(Ⅱ)等离子分别与配体Cl^-、Br^-、I^-形成的配合物来说,当溶剂是水

时，配合物中的这些配体在一定程度上能与水分子形成氢键，使配体在一定程度上倾向于脱离中心金属离子而使配合物解离；当溶剂是质子惰性溶剂二甲亚砜时，配体与溶剂分子无氢键形成，配合物的解离是由于二甲亚砜分子与配合物中的配体争夺中心金属离子而造成的。如果这些配合物在水溶液中的解离也只是由于 H_2O 分子与配体争夺中心金属离子而造成的话，那么，由于 H_2O 的 DN(18.0) 比二甲亚砜(29.8)小，这些配合物在这两种溶剂中的稳定性顺序应为 H_2O > 二甲亚砜。然而，事实却是 H_2O < 二甲亚砜。可见，在这些体系中，氢键引起的效应大于 DN 引起的效应。Cl^-、Br^-、I^- 中以 Cl^- 形成氢键的能力最强，因此以上金属离子的氯合配合物在二甲亚砜中的稳定性比在水中要高得多，而它们的碘合配合物在二甲亚砜中的稳定性仅比水中略高一点。

但是，$Hg(II)$、$Ag(II)$、$Cu(I)$ 等与 I^- 形成的配合物却是在水中比在二甲亚砜中稍稳定些，这是因为在这些体系中，因 DN 引起的效应大于因氢键引起的效应。

从上述例子可见，各种溶剂中配合物的稳定性往往不只是取决于一种因素，情况较为复杂。

(2)混合溶剂。

有些有机配体和(或)其配合物在水中难溶，研究它们的稳定性时常用混合溶剂，如水－乙醇、水－丙酮、水－二氧杂环己烷等。

在混合溶剂中，配合物的稳定性与溶剂的本性有关，溶剂的介电常数对配合物的稳定性有一定的影响。若金属离子与配体之间的结合是静电作用，所形成的配合物的稳定常数常随混合溶剂的介电常数的下降而升高。但是若形成的配离子中，金属离子与配体间的化学键明显地带有共价性时，它们的稳定性随混合溶剂的介电常数的降低而升高的程度则较小。例如，$Mg(II)$、$Ni(II)$ 分别与 8－羟基喹啉－5－磺酸根离子形成的配离子的稳定常数，随混合溶剂介电常数的降低而升高的程度为 $Mg(II)$ > $Ni(II)$。又如，某些金属离子分别与下列各配体在混合溶剂中形成的配合物的稳定常数，随混合溶剂的介电常数的降低而升高的程度为

乙酰丙酮根离子(配位原子为 O—O) > 8－羟基喹啉－5－磺酸根离子(配位原子为 O—N) > 胺类(配位原子为 N—N)

反映了与中心金属离子－配体间化学键共价成分的增大(O—O < O—N < N—N)的顺序相反。

在水与丙酮或乙醇或二氧杂环己烷组成的混合溶剂中，由于这三种有机溶剂的 DN 与水的 DN 相差不大，且各溶剂提供的配位原子相同，所以对溶于其中的配合物的影响相对地说比较单纯；如果组成混合溶剂的两成分的 DN 相差较大和(或)配位原子不同时，问题就复杂化了。

参考文献

[1] 张祥麟. 配合物化学[M]. 北京：高等教育出版社，1991.

[2] 张祥麟，康衡. 配位化学[M]. 长沙：中南工业大学出版社，1986.

[3] 方景礼. 电镀配合物——理论与应用[M]. 北京：化学工业出版社，2008.

[4] 唐谟堂，杨天足. 配合物冶金理论与技术[M]. 长沙：中南大学出版社，2011.

[5] 朱声逾，周永洽，申泮文. 配位化学简明教程[M]. 天津：天津科技出版社，1990.

第 3 章 溶 液

张启修 中南大学冶金与环境学院

目 录

　　金属溶剂萃取是被萃物在两个互不相溶的电解质溶液与非水溶液之间的分配过程。本章介绍与这种分配行为有关的溶液理论的一些知识，了解这些知识对分析讨论萃取过程的原理会有所帮助。

3.1 液体分子间的作用力[1-3]

　　液体分子有非极性与极性之分，非极性分子中不存在永久偶极，而极性分子中存在永久偶极。极性大小用偶极矩 μ 表示，它等于分子中正、负电荷重心的距离 d 与偶极端电荷 q 的乘积。

　　在非极性分子中由于电子运动可以感应产生瞬时偶极，这些瞬时偶极分子之间的相互作用形成了相邻分子之间的吸引力，称之为色散力或伦敦力，这种分子间的吸引力强度很弱，只有在分子间距离很近时才显现出来，因此是一种近程引力。

　　而存在永久偶极的极性分子中，分子运动时由于同性电荷的相互排斥作用及异性电荷之间的相互吸引会导致分子的"取向"与"变形"。这种分子之间的取向吸引力同样也是一种近程力,其强度也很弱。

在极性分子和非极性分子之间,由于偶极电场的影响,可使正、负电荷重心发生位移,从而产生诱导偶极,诱导偶极同极性分子的永久偶极间的作用力叫诱导力。

分子之间的色散力、取向力与诱导力统称为范德华力。它具有如下特点:

(1)它是永远存在于分子或原子间的一种作用力。

(2)其作用力比化学键能小 1~2 个数量级。

(3)一般没有方向性和饱和性。

(4)其作用范围只有几皮米[1 pm(皮米) = 10^{-12} m = 10^{-6} μm]。

但是在某些种类的液体分子中,例如水分子、醇分子之间却存在一种比范德华力强的相互作用力,这种力可使分子之间发生缔合作用,这就是氢键。氢键通常可用 A—H···B 表示,A、B 代表 F、O、N 等电负性大、而且半径较小的原子,氢键中的 A 和 B 可以是两种相同的元素(例如 O—H···O),也可以是两种不同的元素(例如 N—H···O)。形成氢键必须具备两个基本条件:

(1)分子中必须有一个与电负性很强的元素形成强极性键的氢原子,氢原子与电负性大的元素形成共价键后,电子对强烈地向电负性大的元素偏移,使氢原子几乎成为赤裸的质子,故呈现相当强的正电性,它可以与另一分子中电负性大的元素产生静电吸引作用,并与另一分子中的该元素之间形成氢键。

(2)分子中必须有电负性大且半径小的元素(如 F、O、N 等),它能提供孤对电子与类裸质子配位。

与范德华力不同,氢键具有方向性与饱和性,其强弱与元素电负性有关,根据电负性大小,元素形成氢键的强弱次序如下:

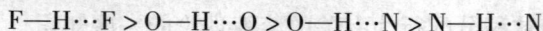

$$F—H···F > O—H···O > O—H···N > N—H···N$$

溶剂中分子之间的范德华引力与形成氢键的作用力统称为液体的内聚力。它决定溶剂的性质并对萃取过程有重要影响。

3.2　溶剂的互溶性

3.2.1　溶解度参数

研究非电解质溶液时,一般可将其视为理想溶液,理想溶液是一个在任何温度和压力下都遵守拉乌尔定律的溶液,理想溶液混合时,没有体积变化也没有热效应。在此基础上,1929 年希尔德布兰德(Hildebrand)提出"把无化学作用或不发生缔合的非电解质溶液总称为正规溶液"。与理想溶液一样,正规溶液也是无规混合,混合时也无体积变化,但与理想溶液不同的是,正规溶液混合时热效应不为零。问题的关键就是计算混合时的热效应。

　　液体分子之间的范德华力与氢键统称为液体分子间的内聚力，它决定液体的各种性质，例如沸点、闪点、密度、极性、介电常数等，当然它也决定了各种液体的蒸发能，1 mol 液体的蒸发能等于它的摩尔蒸发热减去压力体积功，即 $\Delta E = \Delta H - RT$，此值与它的摩尔体积之比称为内聚能密度，后者的平方根称为溶解度参数，以 δ 表示，记为：

$$\delta = \left(\frac{\Delta H - RT}{V}\right)^{1/2} = \left(\frac{\Delta E}{V}\right)^{1/2} \qquad (3-1)$$

　　从理论上推出，两种正规溶液混合时混合能总量为：

$$\Delta E_{总} = V\varphi_1\varphi_2\left[\left(\frac{\Delta E_1}{V_1}\right)^{1/2} - \left(\frac{\Delta E_2}{V_2}\right)^{1/2}\right]^2 = V\varphi_1\varphi_2(\delta_1 - \delta_2)^2 \qquad (3-2)$$

　　其中，$\varphi_1 = \dfrac{n_1 V_1}{(n_1 V_1 + n_2 V_2)}$，$\varphi_2 = \dfrac{n_2 V_2}{(n_1 V_1 + n_2 V_2)}$

　　V_1、V_2 分别为两种液体分子的摩尔体积，n_1、n_2 相应为两种液体分子的物质的量。根据正规溶液定义，混合时体积不变，故式（3-1）中的 ΔE 就是溶液的混合热 ΔH。

　　正规溶液理论是一个完全没有物理模型的理论，广泛应用于各种非电解质溶液，随着现代测试技术精度的提高，溶解度参数的计算误差将大为缩小，其在计算、预见萃合物及萃取剂在水相与各种溶剂之间的分配系数方面的作用将更为重要。

　　英国的 Hansen 教授进一步将溶解度参数表示为 $\delta^2 = \delta_d^2 + \delta_p^2 + \delta_h^2$，式中 δ_d 为色散力的贡献，δ_p 为极性的贡献，δ_h 为氢键的贡献，以便更精确地研究分析溶剂性质对萃取过程的影响。

　　表 3-1 列出了某些有机溶剂的溶解度参数（δ）、介电常数（ε）和极性（μ）的数值，这三种性质是对萃取过程有重要影响的溶剂的物理性质。

表 3-1　某些溶剂的 μ、ε、δ 值

溶　剂	μ^*（D）	ε（25℃）	$\delta/(\mathrm{J \cdot mol})^{-1/2}$
正辛烷	约0	1.95	15.5
正癸烷	约0	1.99	15.8
正12烷	约0	2.0	16.0
苯	0	2.27	18.8
甲苯	0.31	2.38	18.8
二氯甲烷	1.14	8.93	20.2
氯仿	1.15	4.89	19.5
四氯化碳	0	2.24	17.6

续表 3 - 1

溶 剂	μ^* (D)	ε (25℃)	$\delta/(\text{J}\cdot\text{mol})^{-1/2}$
水	1.85	78.36	47.9
辛醇 - 1	1.76	10.34	20.9
二(2 - 氯乙)醚	2.58	21.20	18.8
甲基异丁基酮	2.70	13.11	17.2
环己酮	3.08	15.5	19.7
硝基苯	4.22	34.78	22.1
喹啉	2.18	8.95	22.8
磷酸三丁酯	3.07	8.91	15.3

注：* 表示在气相或在惰性溶剂的稀溶液中。

3.2.2　溶剂分子间作用力与溶剂互溶性的关系

　　为了总结各种溶剂间的互溶规律，可按溶剂分子间形成氢键的能力进行分类。如前所述，氢键 A—H⋯B 的生成(其中 B 为电负性大而半径小的原子氧、氮、氟等)依赖于溶剂分子具有给电子原子 B 和受电子的 A—H 键，因此溶剂可按照是否含有 A—H 或 B 分为下述四种类型。

　　(1)N 型溶剂，即惰性溶剂，如烷烃类、苯、四氯化碳、煤油等，它们不能生成氢键。

　　(2)A 型溶剂，即受电子溶剂，如氯仿、二氯甲烷、五氯乙烷等，它们含有 A—H 基团，能与 B 型或 AB 型溶剂生成氢键。

　　一般的 C—H 键(例如 CH₄ 中的 C—H 键)不能形成氢键。但如果碳原子上连接几个氯原子，则由于氯原子的诱导作用，使碳原子的电负性增加，所以能形成氢键。

　　(3)B 型溶剂，即给电子溶剂，如醚、酮、醛、酯、第三胺等，它们含有 B 原子，能与 A 型溶剂生成氢键。

　　(4)AB 型溶剂，即给受电子型溶剂，同时具有 A—H 和 B，因此它们可以结合成多聚分子，且可以再分为三类：

　　①AB(1)型，交链氢键缔合溶剂，如多元醇、胺基取代醇、羟基羧酸、多元羧酸、多酚等。

　　②AB(2)型，直链氢键缔合溶剂，如醇、胺、羧酸等。它们的缔合分子如图 3 - 1(a)所示。

　　③AB(3)型，生成内氢键的分子，如邻位硝基苯酚，如图 3 - 1(b)所示，因已形成内氢键，故 A—H 已不再起作用，所以它们的性质与一般 AB 溶剂不同，而与 B 型或 N 型溶剂相似。

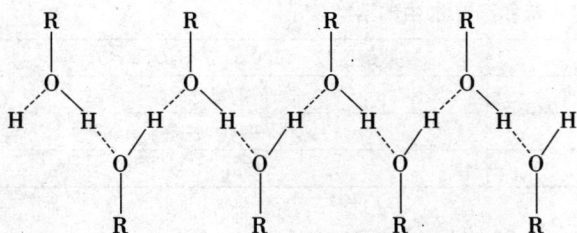

图 3 - 1(a)   醇分子靠氢键缔合成的长链分子

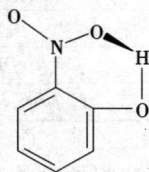

图 3 - 1(b)   生成内氢键分子

尽管水不是有机溶剂,但它是一种最普遍应用的溶剂,而且是 AB(1) 型溶剂中,生成氢键缔合最强的溶剂。

因为生成氢键会释放能量,故两种溶剂混合后生成氢键的数目或强度大于混合前氢键的数目和强度,则有利于互相混溶;反之则不利于互溶。所以溶剂之间互溶性规律可归纳如下:

(1)A 型和 B 型溶剂混合前无氢键,混合后形成氢键,故有利于完全互溶,如氯仿和丙酮。

(2)AB 型和 N 型溶剂之间无氢键生成,几乎完全不溶,如水和苯、水和煤油等互不溶解。

(3)AB 型和 A 型、AB 型和 B 型、AB 型和 AB 型在混合前后都有氢键形成,互溶度大小视混合前后氢键的强弱及多少而定。

(4)A 型和 A 型、B 型和 B 型、N 型和 N 型、N 型和 A 型、N 型和 B 型,混合前后均无氢键形成,互溶度大小取决于混合前后范德华引力的大小,即由分子的极化率和偶极矩决定。

以上所讨论的各类溶剂的互溶规律可以粗略地概括于图 3 - 2 中。

图 3 - 2   溶剂互溶图

——完全互溶;-----部分互溶;……不相溶

3.2.3 相似相溶规则

这是一个经验规则,其意思是结构相似的溶剂容易互相混溶,而结构差别较大的溶剂不易互溶。例如:

(1)溶剂的结构与水的相似性愈大,则在水中的溶解度愈大,如表 3 - 2 所列随着苯基上 OH 基的增加,即与水的相似性增加,则在水中的溶解度增加。

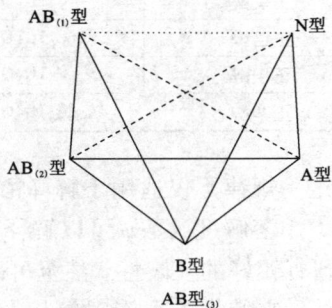

表 3 – 2　苯和酚在水中的溶解度

化合物	溶解度/g·(100 g)$^{-1}$ H$_2$O(20℃)
C$_6$H$_6$(苯)	6.072
C$_6$H$_5$OH(酚)	9.06
1,2-C$_6$H$_4$(OH)$_2$	45.1

（2）溶剂的结构与水的相似性减小，则在水中的溶解度也减小，如表 3 – 3 所示，随着醇中碳链的增长，在水中的溶解度也越来越小，这是因为碳氢基团部分是与水不相同的部分，这部分增大，就意味着与水不相似部分增加，所以溶解度下降。

表 3 – 3　醇的同系物在水中的溶解度

化合物	分子式	溶解度/[g·(100 g)$^{-1}$ H$_2$O(20℃)]
甲醇	CH$_3$OH	完全互溶
乙醇	C$_2$H$_5$OH	完全互溶
正丙醇	C$_3$H$_7$OH	完全互溶
正丁醇	C$_4$H$_9$OH	8.3
正戊醇	C$_5$H$_{11}$OH	2.0
正己醇	C$_6$H$_{13}$OH	0.5
正庚醇	C$_7$H$_{15}$OH	0.12
正辛醇	C$_8$H$_{17}$OH	0.03

这一规律不仅适用于解释稀释剂的互溶性，而且它也适用物质溶解于溶剂的规律。用溶解度参数，可以解释相似相溶规则，如果两种溶剂的 δ 值差别在 4 之内，则有较好的互溶性，甚至可以完全互溶，因此脂肪族碳氢化合物相互之间能够互溶，它们与芳香族碳氢化合物也能互溶。如果两种溶剂的 δ 差值比 4 大许多，则它们只能部分互溶，甚至完全不互溶，但是如果一种溶剂是水，则此规则不大适用。一般而言，极性强的溶质易溶于强极性溶剂中，而弱极性的物质易溶于弱极性溶剂中，所以也可以利用这一规律解释萃合物在有机相中的可溶性。

3.3　盐溶液[4]

金属溶剂萃取中的水相均为各种盐或酸、碱溶液，本节着重介绍金属离子在这类溶液中的行为。

3.3.1　盐在水中的溶解及离子水化

自由的气体离子，在绝对零度变成 1 mol 晶体的生成热称为晶格能，晶格能一般很大，这意味着晶体应该难溶于溶剂；实际上在合适的溶剂中，晶体盐可以自动溶解为独立离子，这说明溶解时有一个能释放大量热的过程发生，这一过程就是溶剂化，由于溶剂化过程放出大量的热，抵消了盐的晶格能，盐就会溶解。已知 1 mol 自由的气体离子进入溶液中所产生的能量变化叫做溶剂化热。因此，如果我们将溶解理解为第一步由晶体盐变为组成它的气体阳离子和气体阴离子，第二步为气体离子溶入溶剂，那么这两步的能量变化的总和就是 1 mol 晶体的溶解热。其中第一步的能的变化就是晶格能的负值，而第二步的能的变化显然应为正离子与负离子的溶剂化热的加合值。

水是最常见的溶剂，且是极性很强的溶剂，它的介电常数高达 78.36，而一般非极性分子液体的介电常数约为 2。水的性质与其结构密切相关。对水的微观结构研究指出，液体水在短程和短时间内具有和冰相似的结构，即一个水分子处于四面体中心，而另外四个水分子占据四面体的顶角包围着它。这个四面体是通过水分子间的氢键形成的。这一特点使由氢键结合形成的聚集体在三维方向上均匀地生长。经计算，类冰结构的水是一个敞开式的松弛结构，其五个分子并未完全占有四面体的全部体积。在其空腔中还可容纳未形成氢键的水分子和其他离子。

当盐溶于水中时，其溶剂化作用称为水化作用，即借助静电引力将若干水分子吸引在其周围形成水化离子。在盐浓度远远小于 0.1 mol/L 的稀溶液中，可以不考虑进入水中的离子对水的影响，而只考虑水对离子的影响，但在浓溶液中则必须考虑进入水的离子与溶剂水分子间的相互影响。如果阳离子与水分子大小接近，其配位数亦为 4，电荷又少，如 Na^+，它也可能取代四面体结构中的中心水分子，表面看似乎对水的结构没有影响，但实际上此时四面体顶端的四个水偶极分子的负电端都朝向这一离子，而它们的氢都是向外的，而原来水的类冰结构中有两个氢原子是向内与中心水分子的负氧离子靠氢键连接的。两个水分子取向的改变又会影响到距离阳离子稍远的水分子的排列，其结果是金属离子进入水中后会扰乱水的微结构，如果进入水的离子的几何因素不合适，其配位数又大于 4，电荷又多，则对水结构的扰乱更严重。金属离子进入水中后，由于静电作用，使水分子的转动受到阻碍，不能随外电场而取向，故其宏观介电常数会降低。此外，离子水化相当于离子占有了一部分水分子，使自由水分子数减少，即水的活度降低，盐浓度越高，这种影响就越严重。

考虑到水化离子对水分子的影响是由库仑力所引起的，这种影响与它们的距离有关。因此可以用"层模型"来描述水化离子的结构及影响。这一模型认为紧挨着离子的水分子定向地与离子牢固地结合，使水分子失去了平动自由度，它们和离子一起移动，其水分子数不受温度变化影响，这种水化作用称为一级水化或化学水化。第一水化层外的水分子层也可能受到离子、特别是多价单原子离子的引力影响，但由于距离较远，这种吸引是比较弱的，因此这一层水分子的数目不固定，且随温度的变化而变化。离子对第一水化层之外水分子的影响称为二级水化或物理水化。第一水化层的水分子数称为该离子的水化数，但实际测定结果往往包含了部分二级水化数。

3.3.2 金属盐的酸或碱溶液

金属萃取的料液大部分为金属盐的酸溶液，也有利用它们的碱溶液的情况。在前一种情况下，常见的是硝酸、盐酸、硫酸与它们的相应金属盐组成的溶液，在后一种情况下可能是金属离子的氨配合离子的溶液或者金属含氧酸根阴离子的碱溶液（苛性碱、苏打或含铵盐的氨水）。

从经济观点考虑，太稀的溶液不适合直接用溶剂萃取法处理。而且，萃取水相中还共存有其他金属离子，其他无机盐和游离的酸、碱。这使情况变得更为复杂，它们对水的结构，对水的性质的影响变得更为重要，与此同时，金属离子的对应离子（阴离子或阳离子）的影响也不能忽视。当对应阴离子浓度很高时，它们可能进入金属离子的一级水化层与水分子争夺金属离子，形成配合物或含水配合物。例如，在盐酸溶液中，当酸中氯离子浓度与所有氯化物中的氯离子浓度之和较高时，即总氯离子浓度较高时，它们与水分子竞争同金属离子配位生成 $M^{m+}(H_2O)_nCl_x^-$ 型配离子，其中 n 小于该金属离子的配位数，最小值可为 0，x 可在 1 与 x 之间变化，$x \geq m$。当 $x > m$ 时变为带负电荷的配阴离子。在其他酸溶液中有类似情况。

当用碱中和金属盐的酸性溶液时，金属阳离子可能发生水解或逐级水解反应，与盐的阳离子形成羟基配合物。例如，三价离子的水解过程可以认为是：

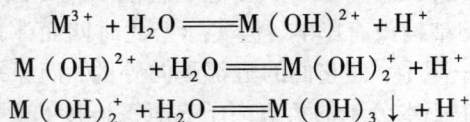

$$M^{3+} + H_2O \Longrightarrow M(OH)^{2+} + H^+$$

$$M(OH)^{2+} + H_2O \Longrightarrow M(OH)_2^+ + H^+$$

$$M(OH)_2^+ + H_2O \Longrightarrow M(OH)_3 \downarrow + H^+$$

因而在溶液中同时存在逐级羟合离子。同样以盐酸溶液为例，也可能生成 $M(OH)Cl_x$、$M(OH)_2Cl_x$ 型配离子。另外当用酸调整金属含氧阴离子的碱液 pH 时，有可能发生含氧阴离子的聚合作用，使溶液中离子形态更为复杂。调整 pH 产生的无机盐还可能对萃取能力产生影响。

3.3.3 水合离子结构的破坏与溶剂萃取

显然，水合离子的高度亲水性不利于金属离子被萃入有机相，要使金属离子被萃取就必须破坏水化层结构，削弱其亲水性，实现这一目的的途径有如下几种。

3.3.3.1 剥夺或部分剥夺一级水化层的水分子

由于实际的萃取体系中的水相是一个浓电解质溶液，水的活度已大为降低。此时利用在水相中共存的（原有的或有目的添加的）水化能力更强的阳离子与被萃离子争夺水分子，其结果是使被萃离子一级水化层中的氢键削弱，水分子脱离或部分脱离被萃取离子。例如，往水相中添加锂等小离子就是常采用的方法。

实际上，水相中金属离子逐级配合物的生成过程可以视为金属水化离子逐级脱水的配合过程：

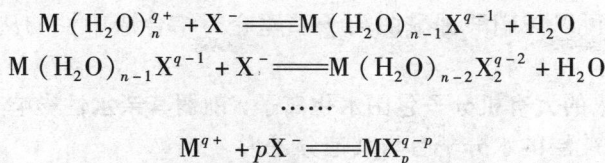

$$M(H_2O)_n^{q+} + X^- \Longrightarrow M(H_2O)_{n-1}X^{q-1} + H_2O$$

$$M(H_2O)_{n-1}X^{q-1} + X^- \Longrightarrow M(H_2O)_{n-2}X_2^{q-2} + H_2O$$

$$\cdots\cdots$$

$$M^{q+} + pX^- \Longrightarrow MX_p^{q-p}$$

当水相中存在有强烈水化能力的阳离子，且可溶于水相中的配体 X^- 浓度也很高时，水化离子中的水可被挤出，生成的配合阴离子被萃取。在卤素离子作配体时，这种情况经常遇到，例如，TaF_6^-、NbF_7^{2-}、$TlCl_4^-$、$FeCl_4^-$、$PdCl_4^{2-}$、$PtCl_6^{2-}$ 等，其他配体的配合阴离子如 $Au(CN)_2^-$、$Au(SCN)_2^-$ 也有应用。

也可利用有机相中有强配位能力的萃取剂与水分子竞争直接与金属离子配位将水分子挤出一级配位层。例如，用肟类萃取剂萃铜（图 3-3），此时生成高度疏水性且非常稳定的螯合物。又如，用 TBP 在较低酸度下萃取铀酰阳离子（图 3-4），此时 TBP 磷氧键上的氧原子直接与中心离子配位，形成溶剂化配合物。

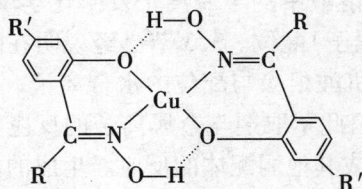

图 3-3 铜的肟螯合物

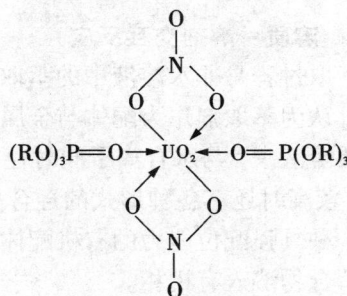

图 3-4 溶剂化配合物

3.3.3.2 利用氢离子争夺金属离子的水化水

当水相酸度很高时，大量氢离子本身就可与金属离子争夺水化水，破坏水合离子结构。如图 3-5 所示，在 HNO_3 浓度为 10 mol/L 时，氢离子与水分子靠氢键

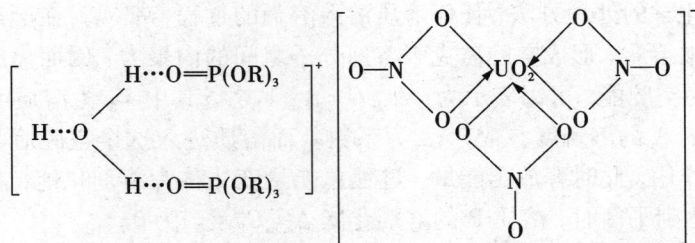

图 3-5 TBP 与水化质子结合萃取配合阴离子

结合形成水化质子，而两个 TBP 分子又可靠氢键与水化质子结合形成一个体积很大的阳离子，它可以与硝酸铀酰阴离子靠库仑力结合成中性的离子缔合体而被萃取。

3.3.3.3 用疏水的大有机分子包围水化离子，削弱其亲水性影响

由于第一水化层的水分子有与其他分子形成氢键结合的能力，所以也可以与有机相中的萃取剂借助氢键相结合，如果这一萃取剂有长的疏水性"尾巴"，那么就有可能借助若干萃取剂分子的配位作用，形成一个大疏水体结构，水分子被包围在其中，其亲水性影响得以削弱，如图 3 - 6 所示的二次溶剂化构型就是一个很好的例子。

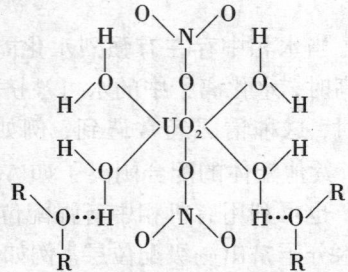

图 3 - 6　二次溶剂化配合物

3.4　金属离子的溶剂化[5]

3.4.1　溶质 - 溶剂交互反应

萃取过程是非水溶液中的萃取剂与电解质溶液中的金属离子发生化学反应，一般可认为萃取剂作为配体与金属离子(或氢离子)配位。3.3 节已经说明在酸性电解质溶液中，与水合离子同时存在的还有无机酸根参与配位的水合离子，当溶液 pH 较高时还有各种形式的羟合离子存在。因此萃取剂与金属离子的反应实际上是一种具强配位能力的有机配体取代水分子或其他弱配体的反应。生成的配合物即萃合物溶入有机相。

从溶液化学角度则可把这种过程统一理解为溶质溶于溶剂的过程。溶质溶于溶剂后与其周围的溶剂分子会产生相互作用，借其电场作用，使溶剂的偶极分子取向或者是与溶剂分子借氢键结合，或者是破坏原来的氢键而产生新的氢键结合。在溶剂化过程中，溶质分子本身也可能发生变化。因为水是一种特殊溶剂，所以离子水化实际上就是一种离子的溶剂化现象。如溶质是电解质，则在水中会离解，其阴、阳离子分别发生溶剂化。

按溶液化学的处理方法，任何溶质溶入溶剂的过程，都视为在溶剂中形成一个空腔以接纳溶质。形成空腔需克服溶剂分子之间的内聚力，因而需施加一定的能量，称之为空腔能，可以表示为：$\Delta_{cav}G = A_{cav}V_B\delta_A^2$。其中 V_B 为溶质 B 的摩尔体积，δ_A 为溶剂 A 的溶解度参数，A_{cav} 为系数。而溶质进入这个空腔后与周围的溶剂分子相互作用，此时释放出能量，过程总能量变化称为溶剂化能，在溶质转移完成、系统达到平衡时，溶质 B 的溶剂化能 $\Delta_{soln}G_{B(平衡)}$ 为 0。

3.4.2　萃合物分子中水的影响

显然萃取过程的选择性不但决定于萃合物稳定常数的大小，而且还与萃合物

在两相的分配常数 λ 有关。生成萃合物时，由于配体碱性强弱有差别，或者空间效应的影响，生成的萃合物可能处于配位不饱和状态，因而在中心金属离子周围，还允许部分未被取代的水分子存在。处于配合物内界的这部分水称为内层水化水。另一方面，受配体的结构与性质影响，水分子还可能借助氢键与配体结合，这部分水被称为外层水化水。这种情况分别称为萃合物的内层水化与外层水化。它们对萃合物的亲水性有影响，从而对其分配系数有影响。

1）内层水化

内层水化对配位未饱和的配合物亲水性增加起主要作用。亲水性可用水化能表示，水化能越高则脱除水越难，亲水性就越强。水化能的大小既与中心离子有关，也与配体有关。当在有机相内添加第二种配位能力更强的萃取剂时，它可能将萃合物分子中内层水完全取代，形成配位数饱和的由两种萃取剂与中心离子构成的混配型配合物。

（1）中心离子的影响：以镧系元素为例，由于镧系收缩，由 57 号元素镧至 71 号元素镥，镧系元素的离子半径逐渐减少，但离子价数均为 3。因此镧系元素的 Z/r 增加，所以镧系元素的水化能随镧系收缩而增加，同样配合物的稳定性也按同一方向增加。但是它们的萃取规律的变化却因萃取剂不同而有所不同，分配系数有时随镧系收缩而增加，有时是先增加后降低；等等。因此可以用水化作用与配位取代作用的竞争来进行解释。

①随镧系收缩，镧系元素的配位数可能减少，萃合物的不饱和程度降低，内配位层的水分子减少，分配系数增加。

②在配位取代作用占优势时，分配系数随原子序数增加而增加，在水合作用占优势时，分配系数随原子序数增加而减小。

③配位体的键合强度影响了水合键的强度。前者越强，则后者越弱，在应用具有强配位能力的螯合萃取剂时，这一因素更突出。

（2）配位体的影响：以乙酰丙酮类系列萃取剂萃取锌离子为例，乙酰丙酮 $[CH_3CO \cdot CH_2 \cdot COCH_3]$ 系列的萃取剂均以氧原子与锌离子配位生成螯合物萃取。乙酰丙酮的结构式如下：

酮式　　　　　　　　　　　烯醇式

其两个羰基间的碳原子上的氢受羰基影响很活泼，可以转移到羰基氧上，形成烯醇式，醇羟基上的氢可电离，故乙酰丙酮可与金属离子配位形成六环螯合物。它的同系物碱性的很小的差别都可能引起它们的螯合物分配系数的很大变化。随含氧配体碱性增强，Zn—O 键强度增强，螯合物中锌离子配位数逐渐降低，螯合物内层水化也随之降低。如果用一硫代乙酰丙酮作配体，硫原子取代氧原子与锌配位，由于硫原子为软碱，与锌的键合强度更强，锌配位数降为 4，配位饱和，分配系数变得很大。

2）外层水化

与中心离子配合生成的配合物中的配体还可以进一步与水分子靠氢键结合，这种外层水化作用已为某些金属配合物的核磁共振分析所证实。外层水化的结果使配合物比有类似的摩尔体积的碳氢化合物的亲水性强；如果将配体中的氧原子用硫原子取代，则配位饱和配合物的水化程度就会降低，从而使其亲水性降低，亲油性增加，分配系数变大。如一硫代乙酰丙酮及乙酰丙酮与钴的配位饱和配合物中的不同亲水性就属此类情况。类似的如用氯仿、氯酚这类酸性有机溶剂作稀释剂时，它们可以取代水分子与萃合物的配体形成氢键，就会使萃合物更易被萃取，即亲水性降低，分配系数增加。

3.4.3 取代反应机理[6]

由以上讨论可知溶剂萃取过程实际是配体取代反应，配体取代反应的通式可表示为：

$$MX + Y \rightleftharpoons MY + X$$

显然，这是按化学计量表示的总反应，有两种机理可解释此反应：

其一，过程用反应式表示为：

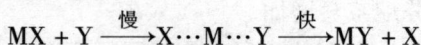

$$MX + Y \xrightarrow{\text{慢}} X\cdots M\cdots Y \xrightarrow{\text{快}} MY + X$$

首先进攻基团 Y 靠近 M，使电子云向 Y 方向偏移，形成一个中间体，它是反应的控制步骤；第二步，中间体中的 X—M 键断裂，X 离去，释放出能量，生成新的更稳定的配合物 MY。

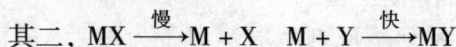

其二，$MX \xrightarrow{\text{慢}} M + X$ $M + Y \xrightarrow{\text{快}} MY$

由于 M—X 的键较弱，离解为独立的 M 与 X，配位能力强的 Y 配位体进攻 M，与之配位生成新的配合物 MY。MY 比 MX 处于势能更低状态。

这两种解释都认为进攻基团 Y 的配位能力强，MY 比 MX 的势能低，因此，Y 可以进攻中心离子 M，与 M 形成新的配合物而排斥弱配位体 X。所以统称为亲核反应（S_N）。第一种情况称为 S_N2 机理，第二种情况称为 S_N1 机理。

对应于亲核反应观点，还有一种亲电反应的提法，即两种金属离子 M_1、M_2 竞争同一配位体的反应。如果 M_2X 比 M_1X 在能量上处于更有利的地位，则反应 $M_1X + M_2 \rightleftharpoons M_2X + M_1$ 向正方向移动，生成更稳定的 M_2X 配合物。在溶剂萃取中可以利用这类反应，提高金属分离的效果。

按亲核或亲电反应分类不能确切指明反应的机理，目前研究人员习惯于按下列分类法表述取代反应的机理：

（1）离解机理（D）——配位体脱离配合物，形成配位数减少的中间体，反应按两步进行。

（2）缔合机理（A）——配位体附加到配合物上，形成配位数增加的中间体，反应按两步进行。

（3）交换机理（I）——在离去基团 X 离开的同时，进攻基团就直接与中心离子 M 结合生成 MY 配合物，没有中间体生成这一步，因此是一种一步取代反应。

参考文献

[1] Jan Rydberg, Michael Cox, Claude Musikas, Gregory Choppin. Solvent Extraction：Principles and Practice[M]. Chapter 2, 2nd edition, Marcel Dekker Inc, New York BASEL, 2004.

[2] 黄子卿. 非电解质溶液理论[M]. 北京：科学出版社, 1973.

[3] 徐光宪, 王文清等. 萃取化学原理[M]. 上海：上海科学技术出版社, 1984.

[4] [英]丁·伯吉斯. 祝振鑫等译. 溶液中的金属离子[M]. 北京：原子能出版社, 1987.

[5] Jerzy Narbutt. Effects of Hydration and Solvation of Metal Complexes on Separations of Metal Ions by Solvent Extraction[C]//Bruce A. Moyer ISEC'2008. West Montreal Quebec, Canada, Canadian Institute of Mining, Metallurgy and Petroleum, 2008：1035 − 1042.

[6] [日]大潼仁志, 田中元治, 舟桥重信. 俞开钰译. 溶液反应的化学[M]. 北京：高等教育出版社, 1985.

第4章 萃取平衡

张启修 中南大学冶金与环境学院

目 录

    金属萃取过程种类繁多，各类体系的反应机理不同，因此本章在分类介绍几种主要体系的反应平衡的基础上，探讨影响萃取及反萃取过程的基本规律。为了讨论方便，先介绍萃取过程的基本方式与参数。

4.1 萃取过程

    金属溶剂萃取工艺过程分为三个主要阶段：萃取、洗涤和反萃，如图 4－1 所示。

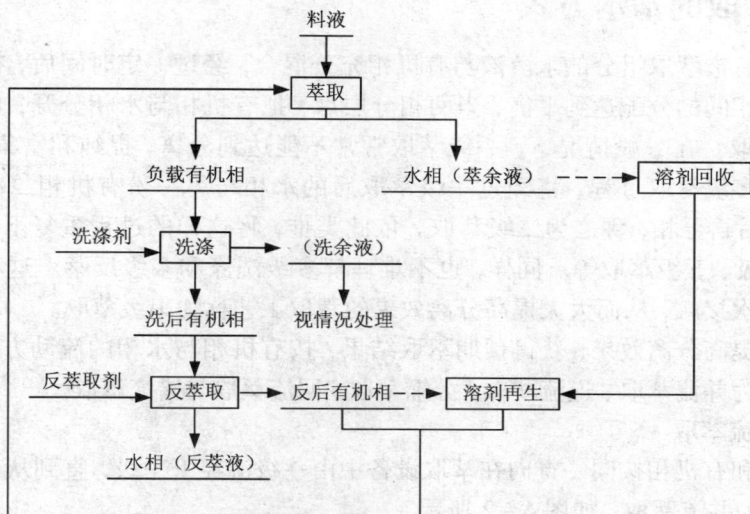

图 4 - 1 萃取过程主要阶段

1）萃取

在此阶段，含有被提取或待分离的金属离子的水溶液与有机相充分混合时，萃取剂与被萃取物发生化学反应，生成萃合物进入有机相。之后，静置分相。分相后的水溶液称为萃余液，含有萃合物的有机相称为负载有机相。有时由于有机溶剂在水溶液中有一定程度的溶解，或者相夹带的原因，萃余液还需经过溶剂回收处理，处理后的溶液再根据环保治理或综合治理的要求进一步处理。

2）洗涤

用某种水溶液（常为空白水相）与负载有机相充分混合，使机械夹带的或被萃入有机相的杂质洗回到水相中去的过程，称为洗涤。这种起洗涤作用的水溶液称为洗涤剂，洗涤过负载有机相的洗涤剂称为洗余液。

3）反萃

用某种水溶液与洗后有机相充分混合，使被萃取物转入水相，这个萃取的逆过程称为反萃取，所使用的试剂称为反萃剂。反萃后得到的含金属离子的水溶液称为反萃液。有时，可借助使被萃元素变为难于萃取的低价状态而被反萃下来，有时使被萃取物以沉淀形式转入水相，这些特殊情况，分别称为还原反萃和沉淀反萃。反萃后的有机相，工业上简称为反后有机或空白有机，可直接返回萃取工序，但有些体系的有机相还必须经过再生处理后才能循环利用。

4.2 萃取的基本方式

将含有被萃取组分的水溶液与有机相充分混合，经过一定时间后，被萃取组分在两液相间的分配达到平衡，当两相分层后，把有机相与水相分开，此过程称为一级萃取。在一般情况下，一级萃取常常不能达到分离、提纯和富集的目的，故需经过多级萃取过程，将经过一级萃取后的水相与另一份有机相二次充分接触，平衡后再分相，称之为二级萃取。依此类推，将这样的过程重复下去，称为三级、四级、五级萃取等。同样，也不难理解多级洗涤和多级反萃。这种水相与有机相多次接触，从而大大提高分离效果的萃取工艺称为串级萃取。

为了提高分离效果，获得预期萃取结果，按有机相与水相的流动方向，串级工艺可分为并流萃取、逆流萃取、分馏萃取、回流萃取与错流萃取。

1）并流萃取

水相和有机相按同一方向在萃取设备中由一级流经下一级，直到从最后一级流出，称为并流萃取，如图 4-2 所示。

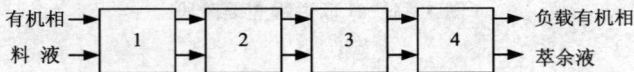

图 4-2 并流萃取示意图

2）逆流萃取

多级逆流萃取就是把有机相与水相分别从多级萃取器的两端加入，两相逆流而行，如图 4-3 所示。

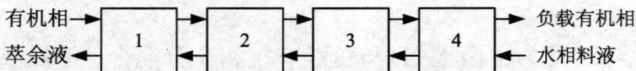

图 4-3 逆流萃取示意图

在每一个萃取级中，两相经过充分接触和澄清，然后分别进入相邻的两个萃取级。

事实上，水相（料液）进入端是料液浓度最高的水相与游离萃取剂浓度最低的有机相相遇（游离萃取剂指有机相中没有与被萃物反应生成萃合物的那部分萃取剂）。而在有机相进入端是游离萃取剂浓度最高的有机相与被萃物浓度最低的水相接触，从而使有机萃取剂得到了充分的利用。它特别适合于分配比和分离系数较小的物质的萃取分离。

3）分馏萃取

分馏萃取就是加上洗涤段的逆流萃取，如图 4-4 所示。

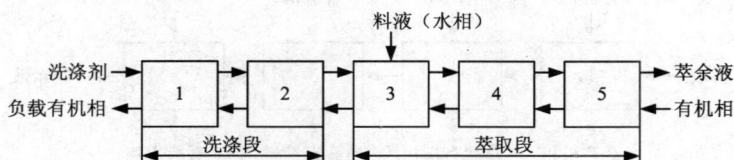

图 4-4 分馏萃取示意图

为了提高产品纯度,又不降低产品的实收率,就将经多级逆流萃取后的有机相,再进行多级连续逆流洗涤。两者结合起来,利用洗涤段能保证萃取物足够的纯度,利用多级逆流萃取获得高实收率。这种方法可以使分配比不高的物质,获得很高的实收率,并保证达到要求的纯度,也能使分离系数相近的各种元素得到较好的分离。

4)回流萃取

回流萃取实际上是分馏萃取的一种改进,采用萃取法来分离性质极相近的两种元素时,用回流萃取可以提高产品的纯度,改进分离效果,但产量有所降低。

例如:在料液中含有 A、B 两种性质极相似的元素。A 易被萃取,B 难被萃取(以后均同),按图 4-5 进行多级萃取。所得萃余液中有纯 B,而萃取液中有纯 A。

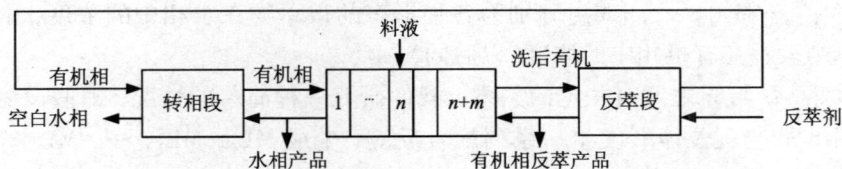

图 4-5 回流萃取示意图

但为了分别提高 A、B 的纯度,而使分馏萃取的洗涤剂中含有一定量的纯 A。在洗涤过程中,使它与负载有机相中所含的微量 B 进行交换,从而使进入反萃段的负载有机相中 A 的纯度进一步提高。同样,为了使水相产品中 B 的纯度提高,而使有机相在进入萃取段前,在转相段中与部分水相产品接触,从而含有部分纯 B。这部分纯 B 与水相中含的 A 进行交换,使水相产品 B 的纯度更高。

5)错流萃取

错流萃取方式如图 4-6 所示。

将有机相与料液按一定的比例,加入第一级萃取器,经充分混合、分相后将负载有机相排出,萃余液进入第二级萃取器,与另一份有机相重新混合后分相,又将负载有机相排出,萃余液又进入下一萃取器,依此类推,直到最后一级。

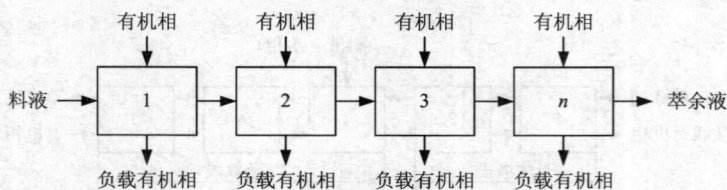

图 4 - 6　错流萃取示意图

4.3　表征萃取过程的基本指标

（1）分配比（D）：同一金属离子在溶液中由于配合作用，而具有多种配合物形态，往往是其中一种或几种形态的离子能被萃取，即能在两相之间分配。其中每一种形态的离子的分配都应服从分配定律，但是各形态离子的分配常数 λ 并不一定相同，同时宏观上分别测定各种形态离子的浓度也是困难的，因此在实际工作中是用分配比（D）来描述物质在两平衡液相之间的分配。其定义为：在萃取达到平衡后，被萃取物在有机相的总浓度和在水相中的总浓度之比称为分配比。

$$D = \frac{\bar{c}}{c} = \frac{\overline{[M_1]} + \overline{[M_2]} + \overline{[M_3]} + \cdots + \overline{[M_n]}}{[M_1] + [M_2] + [M_3] + \cdots + [M_n]}$$

式中：c，$\bar{c}$ 分别为被萃物在水相和有机相的总浓度。

$[M_1]$，$[M_2]$，$\cdots$，$[M_n]$ 分别为各种形态的被萃物在水相中的浓度，上面带一横线则表示在有机相中的浓度（以后同）。

显然，D 与 λ 之间有一定的关系。我们研究一种简单的情况，即假设溶液中金属离子 M 与配位体 L 发生一系列配合反应，生成 ML_1，ML_2，$\cdots$，ML_n 等配合物，而只有 ML_n 能被萃取，设 M 与 L 的逐级配合反应及相应之配合物的积累稳定常数如下（省去离子价数符号，以后同）：

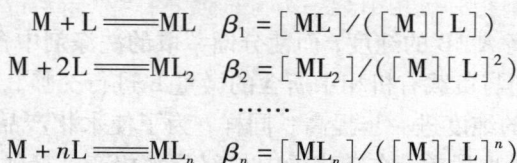

$$M + L \Longrightarrow ML \quad \beta_1 = [ML]/([M][L])$$
$$M + 2L \Longrightarrow ML_2 \quad \beta_2 = [ML_2]/([M][L]^2)$$
$$\cdots\cdots$$
$$M + nL \Longrightarrow ML_n \quad \beta_n = [ML_n]/([M][L]^n)$$

式中：β_1，β_2，$\cdots$，β_n 分别为 ML，ML_2，$\cdots$，ML_n 的积累稳定常数。

$[M]$、$[L]$ 分别为水相 M 离子及配位体 L 的浓度。

假设只有 ML_n 被萃取，有机相中 M 的浓度 $\bar{c}_M$ 可表示为 $\bar{c}_M = \lambda[ML_n] = \lambda\beta_n[M][L]^n$，水相 M 总浓度为各种形态的 M 浓度及游离 M 离子浓度 $[M]$ 之和，即

$$c_M = [M] + [ML] + \cdots + [ML_n]$$

$$= [M] + \beta_1[M][L] + \beta_2[M][L]^2 + \cdots + \beta_n[M][L]^n$$

$$= [M](1 + \beta_1[L] + \beta_2[L]^2 + \cdots + \beta_n[L]^n)$$

$$= [M]\left(1 + \sum_{i=1}^{n} \beta_n[L]^n\right) \tag{4-1}$$

大括号项即为配合度 Y(见第 2 章),故分配比

$$D = \frac{\bar{c}_M}{c_M} = \frac{\lambda[L]^n\beta_n}{Y} \tag{4-2}$$

由此可见,D 受 λ 支配,即受分配定律支配,但 D 是变数,容易测定,而 λ 是难于测定的。在 Gordon M. Ritcey 所著《溶剂萃取:原理及在冶金中应用》一书中,将分配比 D 称之为萃取系数并用符号 E 表示。在另一些文献中甚至将 D 称之为分配系数,因此阅读文献时,注意不要弄混淆。从下面的实例,可以直观地了解 D 与 λ 的区别。

用 TBP 从硝酸溶液中萃取钍时,因钍在硝酸溶液中可能有 Th^{4+}、$ThNO_3^{3+}$、$Th(NO_3)_2^{2+}$、$Th(NO_3)_3^+$、$Th(NO_3)_4$、$Th(NO_3)_5^-$、$Th(NO_3)_6^{2-}$ 各种形态存在,而仅仅中性的分子能被萃取,此时钍的分配比为:

$$D_{Th} = \frac{\bar{c}}{c} = \frac{\overline{[Th(NO_3)_4]}}{[Th^{4+}] + [ThNO_3^{3+}] + \cdots + [Th(NO_3)_6^{2-}]}$$

而中性 $Th(NO_3)_4$ 的分配常数为:

$$\lambda_{Th(NO_3)_4} = \frac{\overline{[Th(NO_3)_4]}}{[Th(NO_3)_4]}$$

显然,D_{Th} 并不等于 $\lambda_{Th(NO_3)_4}$。为了方便阅读,本书以后将萃合物的分配常数记为 Λ,萃取剂的分配常数记为 λ。

(2)相比及流比(R):有机相体积与水相体积之比称之为相比,在连续萃取工艺中有机相体积流量与水相体积流量之比称之为流比。由本章 4.2 节可见,连续逆流萃取时,相比与流比相同,而在分馏萃取中,它们不一定相同。

(3)萃取比(E):指有机相中某一组分的质量流量(kg/min)与平衡水相中该组分的质量流量之比,即

$$E = \frac{\bar{c}\bar{V}}{cV} = D \cdot R \tag{4-3}$$

(4)萃取率(q):指被萃取物进入到有机相中的量占萃取前料液中被萃取物的总量的百分比,即

$$q = \frac{\bar{c}\bar{V}}{\bar{c}\bar{V} + cV} \times 100\% = \frac{\bar{c}}{\bar{c} + cV/\bar{V}} = \frac{D}{D + 1/R} \times 100\% \tag{4-4}$$

因为 $E = D \cdot R$,用 $D = E/R$ 代入上式,有

$$q = \frac{E}{1 + E} \times 100\% \tag{4-5}$$

（5）分离系数（$\beta_{A/B}$）：又称分离因数，它是表示两组分分离难易程度的一个参数，定义为在同一萃取体系内，在同样条件下两组分分配比的比值，对 A、B 两组分而言，其分离系数可表示为

$$\beta_{A/B} = \frac{D_A}{D_B} = \frac{E_A}{E_B} \qquad (4-6)$$

本书用 A 表示易萃组分，B 表示难萃组分，所以 $\beta_{A/B}$ 越大，就说明 A、B 越易分离，也就是说萃取的选择性越好。

4.4 典型体系的萃取平衡

通过几十年的研究，已经积累了大量的溶剂萃取数据资料，因此对萃取体系进行恰当的分类，是研究金属萃取规律、认识过程本质的先决条件。在溶剂萃取的不同发展阶段，出现过不同的分类方法，本书按参考文献[1-3]中的分类方法分类，既考虑萃取剂性质又考虑生成萃合物性质的原则，通过对湿法冶金中较普遍应用的典型体系的分析，研究金属萃取过程规律。

4.4.1 中性配合萃取平衡

当组分以生成中性溶剂配合物的形式被萃取时，具有以下三个特征：①被萃取物是以中性分子形式与萃取剂作用，如 $UO_2(NO_3)_2$；②萃取剂本身也是以中性分子，如 TBP、R_2O 等形式发生萃合作用；③生成的萃合物是一种中性溶剂化配合物，如 $UO_2(NO_3)_2 \cdot 2TBP$。通常称这类平衡为中性溶剂化机理萃取。

第 1 章所述各种中性萃取剂均可按此机理萃取金属离子，在有色冶金工业中应用较广泛的是中性磷型萃取剂及含氧萃取剂。

现假设有一正 m 价的金属离子按中性溶剂化机理被萃取，它在水相中与一价阴离子 L 形成逐级配合离子：ML，…，ML_m，…，ML_n，$n > m$。中性分子 ML_m 能被萃取剂 R 所萃取，它与萃取剂分子生成的萃合物为 $ML_m \cdot eR$。显然，萃取达到平衡时，有关系式：

$$K_{ex} = \frac{\overline{[ML_m \cdot eR]}}{[M][L]^m \overline{[R]}^e} \qquad (4-7)$$

K_{ex} 为萃取反应平衡常数，简称萃合常数。

当平衡水相中未被萃取的金属离子只以 M^{m+} 形态存在时，根据式（4-7）可得：

$$D = K_{ex} \overline{[R]}^e [L]^m \qquad (4-8)$$

例如，用 TBP 萃取三价稀土元素时，发生下列萃合反应

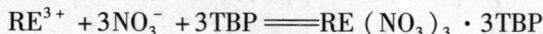

$$RE^{3+} + 3NO_3^- + 3TBP \Longrightarrow RE(NO_3)_3 \cdot 3TBP$$

显然，按照式（4-8）：

$$D = K_{ex} [NO_3^-]^3 \overline{[TBP]}^3 \qquad (4-9)$$

必须指出的是，式中［TBP］代表萃取平衡时自由萃取剂浓度，它等于 TBP 的起始浓度（即总浓度 c_{TBP}）减去三倍萃合物浓度，如果有部分硝酸也被 TBP 萃取的话，还必须减去与硝酸结合的 TBP 浓度，即

$$[\overline{TBP}] = c_{TBP} - 3[\overline{RE(NO_3)_3 \cdot 3TBP}] - [\overline{HNO_3 \cdot TBP}]$$

一般 TBP 萃取硝酸盐时，萃合物大致有三类：

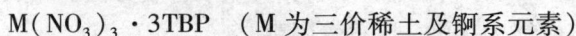

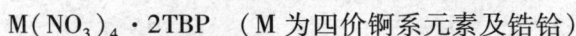

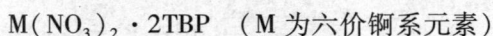

$$M(NO_3)_3 \cdot 3TBP \quad （M 为三价稀土及锕系元素）$$

$$M(NO_3)_4 \cdot 2TBP \quad （M 为四价锕系元素及锆铪）$$

$$M(NO_3)_2 \cdot 2TBP \quad （M 为六价锕系元素）$$

同样，可以按照式（4-8）写出相应的分配比的关系式。式（4-7）及式（4-8），是分析中性溶剂化机理萃取的基本关系式，除水相中阴离子配位体的浓度及游离萃取剂浓度的影响外，所有影响萃合物稳定性及其分配性质的因素，都将影响分配比，从而影响到选择性。

4.4.2　酸性萃取剂的分类及萃取平衡

4.4.2.1　特征和按萃取剂分类

酸性萃取剂萃取具有三个特征：①萃取剂是一种有机弱酸，可以用通式 HR 表示；②被萃物以阳离子或阳离子原子基团被萃取；③萃取剂的共轭碱与阳离子配位，萃取途径是阳离子交换：

$$M^{n+} + n\overline{HR} \Longrightarrow \overline{MR_n} + nH^+$$

能发生此类交换作用的萃取剂有三类。

1）螯合萃取剂

此处所指的螯合萃取剂为生成内配盐的螯合剂。它们有两种官能团，即酸性官能团和配位官能团。金属离子与酸性官能团作用，置换出氢离子，形成一个离子键，而配位官能团又与金属离子形成一个配位键，从而生成疏水螯合物而进入有机相。在合适的条件下，能达到完全萃取，且分离系数也较高。但它们的萃合反应速度一般较慢，萃合物在有机溶剂中的溶解度不够大，萃取剂的价格也较贵。在冶金工业中，目前应用较广的螯合萃取剂主要是含氮螯合萃取剂，如羟肟类萃取剂、异羟肟酸类萃取剂（表 1-2）。羟肟类萃取剂萃取铜时，发生下列反应：

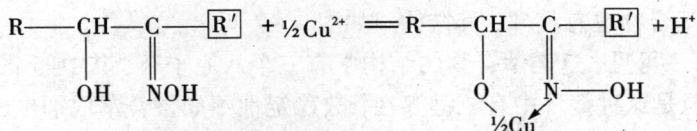

因为形成了一个五原子环的螯合物，所以特别稳定。与其类似的萃取剂 8-羟基喹啉 的羟基的氢离子可与金属离子交换，而其 N 原子可提供电

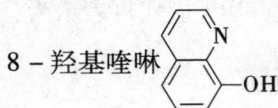

子对配位，因此也可以形成稳定的五原子环。但它在冶金中的应用范围不如肟类萃取剂广。

含有杂环的 β – 双酮类螯合剂，1 – 苯基 –3 – 甲基 –4 – 苯甲酰基吡唑啉酮 –5（HPMBP）在溶液中具有酮式和烯醇式的互变异构体，其烯醇式可以与金属离子生成螯合物。HPMBP 原料来源广，价格便宜，合成方法简单，但在强酸溶液中稳定性差，由于螯合能力很强，反萃较困难。

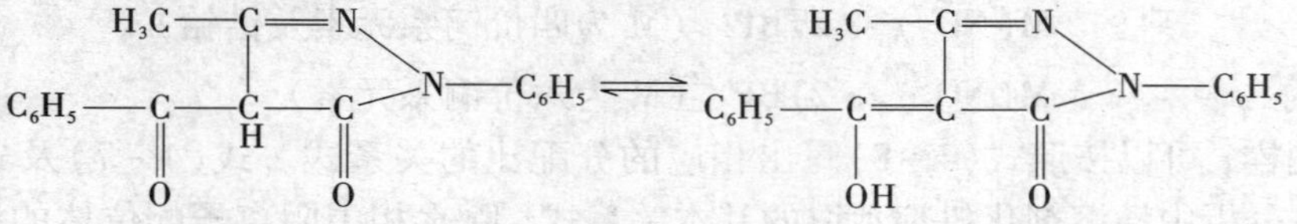

酮式　　　　　　　　　　　　　　　　烯醇式

除此之外，属含氧类的螯合萃取剂 β – 双酮类的噻吩甲酰三氟丙酮（HTTA），其结构式为：

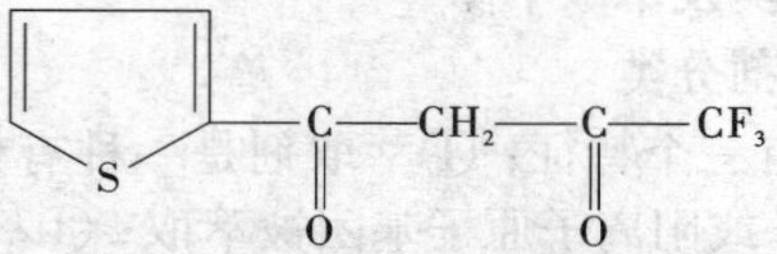

同样有酮式与烯醇式的同分异构，也是烯醇式起萃取作用，但它价格较贵。

2）酸性磷型萃取剂

在这一类萃取剂中，目前获得最广泛应用的有：磷酸二异辛酯，又称磷酸二（2 – 乙基己基）酯，代号 P204，缩写为 HDEHP 或 D2EHPA；异辛基膦酸单异辛酯，又称 2 – 乙基己基膦酸 2 – 乙基己基酯，代号 P507，缩写为 HEHEHP。

这类萃取剂在非极性溶剂中由于氢键的作用以二聚体形态存在，以（HR）$_2$ 表示：

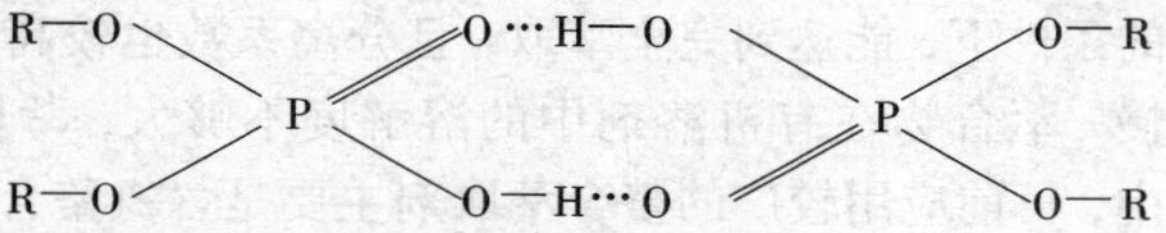

二聚体分子与金属阳离子发生交换反应：

$$M^{n+} + n\,\overline{(HR)_2} \Longleftrightarrow \overline{M(HR_2)_n} + nH^+$$

生成的萃合物也有螯环，其结构式如图 4 –7 所示。

由图 4 –7 可见，这类萃合物的结构中有三个八原子环，其中四个氧原子在一个平面上，但是这种螯环中有氢键存在，故稳定性不如螯合萃取剂生成的螯环。

3）羧酸萃取剂

RCOOH 以单分子和二聚体分子两种形式参与萃取反应，其反应式可表示为：

$$M^{n+} + n\,\overline{HR} \Longleftrightarrow \overline{MR_n} + nH^+$$

$$M^{n+} + n\,\overline{(HR)_2} \Longleftrightarrow \overline{M(HR_2)_n} + nH^+$$

与稀土的萃合物除 RER_3、
$RE(HR_2)_3$ 外，还有其他中间形
式，如 $RER_3 \cdot nHR$。在萃合物
$RE(HR_2)_3$ 中也含有与 P204 萃合
物类似的螯环。

羧酸类萃取剂中应用最多的
是异构羧酸及环烷酸。后者是石
油工业的副产品，价廉易得，使
用更为广泛。

上述三类萃取剂中，就酸性
而言，酸性磷型萃取剂比螯合剂
与羧酸萃取剂均要强，故能在较

图 4-7　**P204 与稀土离子的萃合物结构式**

酸性的溶液中进行萃取；就螯合物的稳定性而言，羧酸最差，P204 居中。因为它
们的萃取机理相同，所以影响萃取的因素也是相似的。

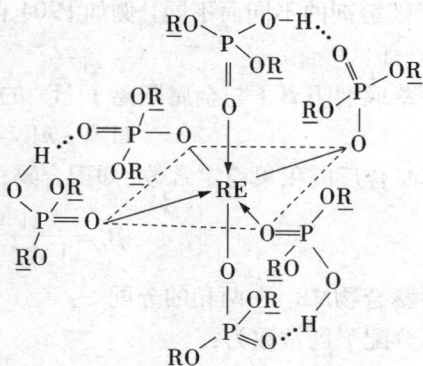

4.4.2.2　平衡关系式

萃取过程中，这类酸性萃取剂发生的基本反应有：

1) 萃取剂在两相的分配

分配常数为：
$$\lambda = \frac{[\overline{HR}]}{[HR]} \tag{4-10}$$

在萃取剂分子中，引进长碳链可增加油溶性，减小水溶性。反之引进亲水基
团如—OH，—NH，—SO_3H，—COOH 等可使分配常数 λ 减小。通常要求 λ 大于
100，否则萃取剂的溶解损失太大。

2) 酸性萃取剂的电离平衡

其电离反应为：
$$HR \Longrightarrow H^+ + R^-$$

$K_a = \dfrac{[H^+][R^-]}{[HR]}$，其倒数为 K^H

$$K^H = \frac{[HR]}{a_{H^+}[R^-]} \tag{4-11}$$

式中：K^H 为质子加合常数（见第 2 章），K^H 大的称为弱酸性萃取剂，K^H 小的
称为强酸性萃取剂。

3) 萃取剂在有机相的聚合
$$2\overline{HR} \Longrightarrow (\overline{HR})_2$$

其聚合常数：
$$K_2 = \frac{[\overline{(HR)_2}]}{[\overline{HR}]^2} \tag{4-12}$$

K_2 随溶剂的不同而不同，例如 P204 在苯中的 K_2 为 40000，而在三氯甲烷中的 K_2 只有 500。

4) 萃取剂阴离子与金属阳离子 M^{n+} 的配合反应

$$M^{n+} + nR^- \rightleftharpoons MR_n$$

其配合反应积累稳定常数（即配合物总稳定常数）为：

$$\beta_n = \frac{[MR_n]}{[M^{n+}][R^-]^n} \qquad (4-13)$$

5) 萃合物 MR_n 在两相的分配

其分配平衡常数为：

$$\Lambda = \frac{[\overline{MR_n}]}{[MR_n]} \qquad (4-14)$$

总的萃取反应为：

$$M^{n+} + n\overline{HR} \rightleftharpoons \overline{MR_n} + nH^+$$

萃取反应总平衡常数

$$K_{ex} = \frac{[\overline{MR_n}] \cdot a_{H^+}^n}{[\overline{HR}]^n [M^{n+}]} \qquad (4-15)$$

将式(4-10)、式(4-11)、式(4-13)、式(4-14)代入式(4-15)，有：

$$
\begin{aligned}
K_{ex} &= \frac{[\overline{MR_n}] \cdot a_{H^+}^n}{[\overline{HR}]^n [M^{n+}]} \\
&= \frac{a_{H^+}^n [R^-]^n}{[HR]^n} \times \frac{[HR]^n}{[\overline{HR}]^n} \times \frac{[MR_n]}{[M^{n+}][R^-]^n} \times \frac{[\overline{MR_n}]}{[MR_n]} \\
&= \frac{\beta_n \cdot \Lambda}{[K^H]^n \cdot \lambda^n} \qquad (4-16)
\end{aligned}
$$

因为分配比 $D = \dfrac{[\overline{MR_n}]}{[M^{n+}]}$，故式(4-16)可改写为：

$$K_{ex} = D \times \frac{a_{H^+}^n}{[\overline{HR}]^n} = \frac{\beta_n \Lambda}{[K^H]^n \cdot \lambda^n}$$

所以

$$D = K_{ex} \times \frac{[\overline{HR}]^n}{a_{H^+}^n} = \frac{\beta_n \Lambda}{[K^H]^n \cdot \lambda^n} \times \frac{[\overline{HR}]^n}{a_{H^+}^n} \qquad (4-17)$$

由式(4-17)可见，萃取剂的酸性，萃取剂、萃合物在两相的溶解性能，游离萃取剂浓度及水相酸度以及影响萃合物稳定性的因素均影响金属离子的萃取性能及选择性。

4.4.3　离子缔合萃取体系的分类及平衡

4.4.3.1　特征

金属离子以裸阳离子或带有中性有机配位体的阳离子形式或者以配合阴离子形式与带相反电荷的离子形成疏水性离子缔合体而进入有机相的萃取过程，称之为离子缔合萃取。

4.4.3.2　分类

1）按金属离子的荷电状态分类

（1）阳离子萃取。金属阳离子与中性螯合剂如联吡啶形成螯合阳离子，然后与水相中较大的阴离子缔合而溶于有机相；或者大的阴离子如四苯基硼直接与碱金属阳离子缔合进入有机相。

（2）阴离子萃取。金属成配阴离子，萃取剂与质子或水合质子形成大阳离子，两者构成疏水性离子缔合体。按照萃取剂的反应活性原子分别为氧、氮、磷、砷、锑、硫，可相应地分为锌盐、铵盐、磷盐、砷盐、硫盐六类萃取体系。

2）按离子对接触形式分类

（1）隔离离子对，溶剂与阳离子配合并将其包围在其中形成一个大的配合阳离子，再与阴离子生成离子对。最典型的代表是冠醚、笼醚类萃取碱金属。冠醚是大环多醚类化合物，以典型的二环己基 $-18-$ 冠 -6 为例，它与高锰酸钾的反应可表示如下：

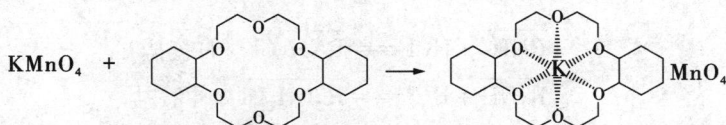

高锰酸钾不能溶于苯，但当冠醚与钾配合后生成的离子对却可以溶于苯中。根据 X 射线分析确定，这个穴冠醚的 6 个醚氧原子大体上处于同一平面，而作为整个分子则是椭圆形的大环多元醚，椭圆的短径大致为 4 Å。如果把这些大环多元醚的立体结构绘在纸上，其醚氧原子就像镶嵌在王冠上的钻石一样形成了宛如王冠的形状，因而取名为王冠醚，其选择性决定于离子直径与环多醚穴径匹配情况。

笼醚有类似情况，它属笼状多醚类化合物，其结构为：

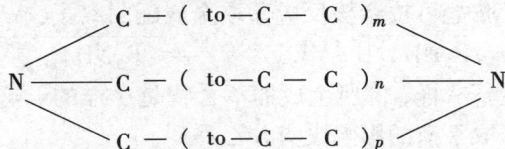

（2）阴、阳离子直接接触离子对，在冶金工业中，实际上最常见的是锌盐萃取与胺盐萃取。

①锌盐萃取。一般含氧萃取剂与磷型萃取剂均可按锌盐机理萃取，此时氧原

子提供电子对与氢离子配位形成锌阳离子，而金属形成配阴离子，两者靠静电作用形成疏水离子对而进入有机相。例如，乙醚从盐酸溶液中萃取铁，发生下述反应：

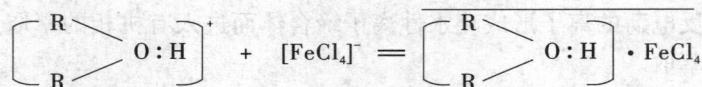

$$\left[\begin{array}{c} R \\ R \end{array}\!\!\!> O:H \right]^{+} + [FeCl_4]^{-} = \overline{\left[\begin{array}{c} R \\ R \end{array}\!\!\!> O:H \right] \cdot FeCl_4}$$

随着对萃取过程机理研究的深入，认为有一种情况，萃取剂是与水化质子结合再与阴离子形成离子对。例如，从氢氟酸溶液中萃取钽（或铌），发生下列反应：

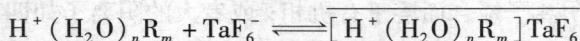

$$H^{+}(H_2O)_n R_m + TaF_6^{-} \Longrightarrow \overline{[H^{+}(H_2O)_n R_m]TaF_6}$$

在盐酸体系中，当酸度较高时，往往出现萃取剂先与水合质子结合，再与阴离子缔合的情况，如萃取二价钴的情况，反应为：

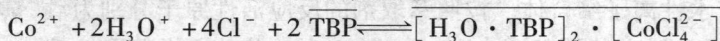

$$Co^{2+} + 2H_3O^{+} + 4Cl^{-} + 2\overline{TBP} \Longrightarrow \overline{[H_3O \cdot TBP]_2 \cdot [CoCl_4^{2-}]}$$

因此，有人将这类萃取称为水化溶剂化，根据其带相反电荷的大离子缔合特点，本书仍将其归入锌盐类。

显然，这类萃取的基本特点是高酸萃取（NH_4SCN 体系除外），低酸反萃，作为反萃剂的可以是水、低酸或碱。

②胺盐萃取。胺盐类萃取剂的氮原子上的未共用电子对与质子配位，生成胺盐，例如：

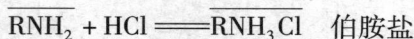

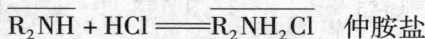

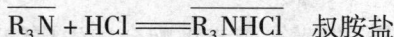

$$\overline{RNH_2} + HCl \Longrightarrow \overline{RNH_3Cl} \quad \text{伯胺盐}$$

$$\overline{R_2NH} + HCl \Longrightarrow \overline{R_2NH_2Cl} \quad \text{仲胺盐}$$

$$\overline{R_3N} + HCl \Longrightarrow \overline{R_3NHCl} \quad \text{叔胺盐}$$

而季铵盐 R_4NCl 本身就是一种盐。胺盐和季铵盐能与水相中的阴离子进行离子交换。交换能力按下列次序排列：

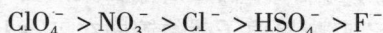

$$ClO_4^{-} > NO_3^{-} > Cl^{-} > HSO_4^{-} > F^{-}$$

同样，金属的配阴离子也可进行交换。故胺类萃取剂对金属配阴离子的萃取称为阴离子交换萃取。典型的阴离子交换反应可写为：

$$(n-m)\overline{R_3NH \cdot L} + ML_n^{(n-m)-} \Longrightarrow \overline{(R_3NH)_{n-m} \cdot ML_n} + (n-m)L^{-}$$

在一定条件下，胺盐可按亲核反应萃取金属配阴离子：

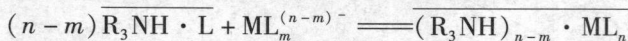

$$(n-m)\overline{R_3NH \cdot L} + ML_m^{(n-m)-} \Longrightarrow \overline{(R_3NH)_{n-m} \cdot ML_n}$$

显然，两种途径不一样，但所生成的萃合物是一样的。这种对途径解释上的差别，对我们研究萃取平衡的影响没有什么妨碍。

胺盐是弱碱性的盐，故与较强之碱作用可分解出相应的胺，如：

$$\overline{RNH_3Cl} + NaOH \Longrightarrow \overline{RNH_2} + NaCl + H_2O$$

同时，弱碱强酸盐还可发生水解反应：

$$RNH_3Cl + H_2O \Longrightarrow RNH_3OH + HCl$$

利用这一原理,可用碱和水作为伯、仲、叔胺萃取的反萃剂。

4.4.3.3　平衡关系式

离子缔合体系的种类较多,也比较复杂,但本章仅讨论常见的钅羊盐及胺盐两类萃取的平衡。

1)钅羊盐萃取平衡

以乙醚 R_2O 在氢卤酸溶液中萃取金属离子为例,则有:

(1)配阴离子生成反应

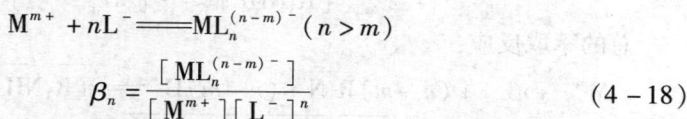

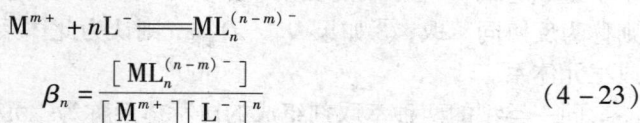

$$M^{m+} + nL^- \Longrightarrow ML_n^{(n-m)-} \quad (n > m)$$

$$\beta_n = \frac{[ML_n^{(n-m)-}]}{[M^{m+}][L^-]^n} \tag{4-18}$$

(2)钅羊离子生成反应

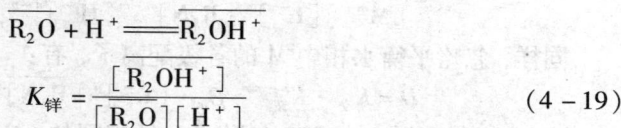

$$\overline{R_2O} + H^+ \Longrightarrow \overline{R_2OH^+}$$

$$K_{钅羊} = \frac{[\overline{R_2OH^+}]}{[\overline{R_2O}][H^+]} \tag{4-19}$$

(3)离子缔合反应

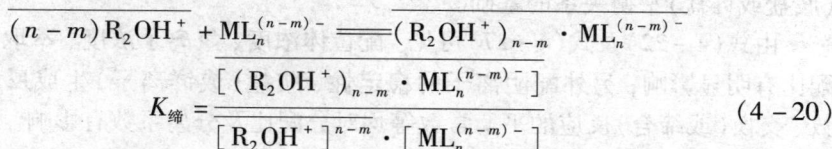

$$(n-m)\overline{R_2OH^+} + \overline{ML_n^{(n-m)-}} \Longrightarrow \overline{(R_2OH^+)_{n-m} \cdot ML_n^{(n-m)-}}$$

$$K_{缔} = \frac{[\overline{(R_2OH^+)_{n-m} \cdot ML_n^{(n-m)-}}]}{[\overline{R_2OH^+}]^{n-m} \cdot [\overline{ML_n^{(n-m)-}}]} \tag{4-20}$$

总的萃取反应:

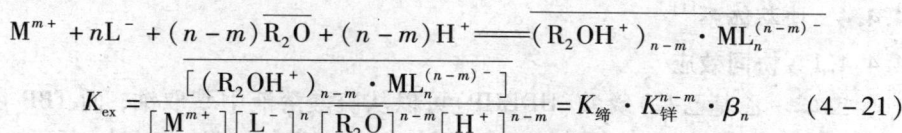

$$M^{m+} + nL^- + (n-m)\overline{R_2O} + (n-m)H^+ \Longrightarrow \overline{(R_2OH^+)_{n-m} \cdot ML_n^{(n-m)-}}$$

$$K_{ex} = \frac{[\overline{(R_2OH^+)_{n-m} \cdot ML_n^{(n-m)-}}]}{[M^{m+}][L^-]^n[\overline{R_2O}]^{n-m}[H^+]^{n-m}} = K_{缔} \cdot K_{钅羊}^{n-m} \cdot \beta_n \tag{4-21}$$

因为 $D = \dfrac{[\overline{(R_2OH^+)_{n-m} \cdot ML_n^{(n-m)-}}]}{T_M} = \dfrac{[\overline{(R_2OH^+)_{n-m} \cdot ML_n^{(n-m)-}}]}{[M^{m+}] \cdot Y_0}$, Y_0 为配合

度(见第 2 章),如 $Y_0 = 1$,则:

$$D = K_{缔} \cdot K_{钅羊}^{n-m} \cdot \beta_n \cdot [L^-]^n [\overline{R_2O}]^{n-m}[H^+]^{n-m} \tag{4-22}$$

2)胺盐萃取平衡

以叔胺 R_3N 在氢卤酸中萃取金属离子 M^{m+} 为例,同样有:

(1)配阴离子生成反应:

$$M^{m+} + nL^- \Longrightarrow ML_n^{(n-m)-}$$

$$\beta_n = \frac{[ML_n^{(n-m)-}]}{[M^{m+}][L^-]^n} \tag{4-23}$$

(2)胺盐生成反应：

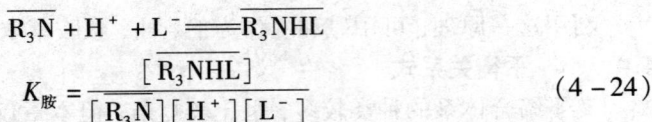

$$\overline{R_3N} + H^+ + L^- \Longrightarrow \overline{R_3NHL}$$

$$K_{胺} = \frac{[\overline{R_3NHL}]}{[\overline{R_3N}][H^+][L^-]} \tag{4-24}$$

(3)阴离子交换反应：

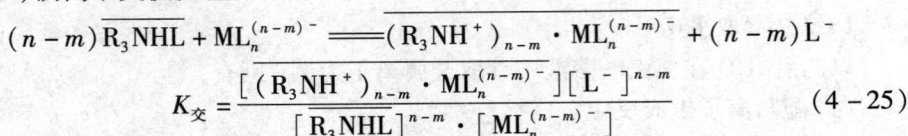

$$(n-m)\overline{R_3NHL} + ML_n^{(n-m)-} \Longrightarrow \overline{(R_3NH^+)_{n-m} \cdot ML_n^{(n-m)-}} + (n-m)L^-$$

$$K_{交} = \frac{[\overline{(R_3NH^+)_{n-m} \cdot ML_n^{(n-m)-}}][L^-]^{n-m}}{[\overline{R_3NHL}]^{n-m} \cdot [ML_n^{(n-m)-}]} \tag{4-25}$$

总的萃取反应：

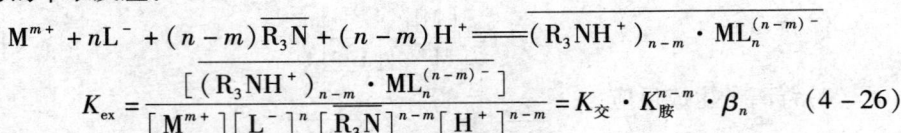

$$M^{m+} + nL^- + (n-m)\overline{R_3N} + (n-m)H^+ \Longrightarrow \overline{(R_3NH^+)_{n-m} \cdot ML_n^{(n-m)-}}$$

$$K_{ex} = \frac{[\overline{(R_3NH^+)_{n-m} \cdot ML_n^{(n-m)-}}]}{[M^{m+}][L^-]^n[\overline{R_3N}]^{n-m}[H^+]^{n-m}} = K_{交} \cdot K_{胺}^{n-m} \cdot \beta_n \tag{4-26}$$

同样，忽略平衡水相中 M 的各级配离子，有：

$$D = K_{交} \cdot K_{铵}^{n-m} \cdot \beta_n \cdot [L^-]^n [\overline{R_3N}]^{n-m}[H^+]^{n-m} \tag{4-27}$$

式(4-22)及式(4-27)在形式上是相同的，它们是分析一般离子缔合体系(胺盐或锌盐)平衡关系的基础。

由式(4-22)及式(4-27)可见：配位体浓度、氢离子浓度、萃取剂浓度对分配比有明显影响，另外配阴离子的稳定性、胺盐(或锌离子)生成反应的平衡常数、交换(或缔合)反应的平衡常数等均对分配比及分离系数有影响。因而可以通过调节控制这些因素来实现分离、提取的目的。

4.4.4 协萃体系[1]

4.4.4.1 协同效应

二(2-乙基己基)磷酸(HDEHP)可以从硫酸溶液中萃取铀，而 TBP 在硫酸溶液中几乎不萃取铀，但是如将 TBP 添加到 HDEHP 的煤油溶液中则可使它萃铀的分配比增加好几倍，这一现象称为协同效应。1958 年 Blake 报道这一现象后，很多研究者研究了两种或三种萃取剂共存情况下的萃取效果。

混合萃取剂对金属离子的萃取能力显著超过各萃取剂在相同条件下单独萃取同一对象的萃取能力的现象称为协同效应。为了讨论方便，定义：①混合萃取剂对被萃物 M 的分配比远大于组成它的单一萃取剂在同一条件下对 M 的分配比的加合值，即 $D_{协} \gg D_{加合}$，则称为协同萃取；②混合萃取剂对被萃物 M 的分配比远小于组成它的单一萃取剂在同一条件下对 M 的分配比的加合值，即 $D_{协} \ll D_{加合}$，则称为反协同萃取；③如果 $D_{协} \approx D_{加合}$，则认为此体系无协同效应，简单称为二元或三元体系。

同一类型的两种萃取剂组成的协萃体系称为二元同类协萃体系。不同类型的两种萃取剂组成的协萃体系称为二元异类协萃体系。依此类推，也有三元同类协萃体系及三元异类协萃体系。

以 A 代表酸性配合萃取剂，B 代表中性萃取剂，以它们的摩尔分数作横坐标，以 $\lg D$ 为纵坐标作图，可以得到一条"宝盖头"状的 $\lg D_{协}$ 曲线，图 4－8 即为典型的 AB 类协萃体系的协萃图。由图可以得出下列数据：

$D_{协}^{\max} = 10^2$；

D_A 在只有 A（即 HTTA）时的分配比为 10^{-1}；

D_B 在只有 B（即 TBP）时的分配比为 10^{-3}；

X_B 在 $D_{协}^{\max}$ 时的 B（即 TBP）的摩尔分数为 0.2；

计算此时的 $D_{加合值} = D_B X_B + D_A(1 - X_B) \approx 0.08$，显然，$D_{协}^{\max} \gg D_{加合}$；

所以 $\gamma_s = \dfrac{D_{协}^{\max}}{D_{加合}} = \dfrac{10^2}{0.08} = 1.2 \times 10^3$，$\gamma_s$ 称为该体系的协萃比。

同理，$\gamma_A = \dfrac{D_{协}^{\max}}{D_A} = \dfrac{10^2}{10^{-1}} = 10^3$，称 γ_A 为 A 的协萃比。

$\gamma_B = \dfrac{D_{协}^{\max}}{D_B} = \dfrac{10^2}{10^{-3}} = 10^5$，称 γ_B 为 B 的协萃比。

图 4－8　（TTA＋TBP）对 UO_2^{2+} 的协萃图

4.4.4.2　协萃效应原理

产生协萃效应的原理，大体上可以归纳为三种，仍以上述二元异类中的 A＋B 类协萃现象作为例子进行分析。

1）加合原理

HDEHP 与中性萃取剂 TBP 的协萃反应可表示为：

$$UO_2^{2+} + 2\overline{H_2R_2} + \overline{B} \Longrightarrow \overline{UO_2R_2(HR)_2B} + 2H^+$$

按照加合原理的观点，在未添加 TBP 时，萃合物结构如图 4－9(a)所示，有 TBP 共存时，它与 $UO_2R_2(HR)_2$ 生成氢键结合，如图 4－9(b)所示，由于 B 并未直接与 UO_2^{2+} 配位，中心离子的配位数并未饱和，在生成 A—B 间氢键的同时，破坏了原有 A—A 间的一个氢键，在能量降低方面，这种结构也并无优势。

2）取代原理

按照这种理论，上述协萃反应可表示为：

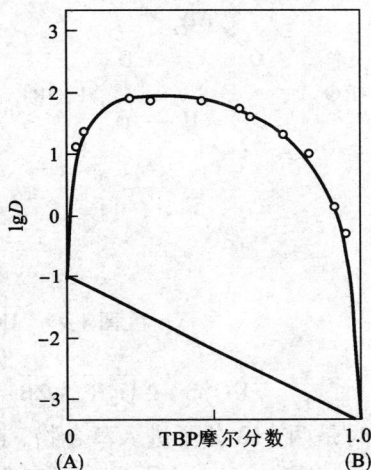

(a)

(b)

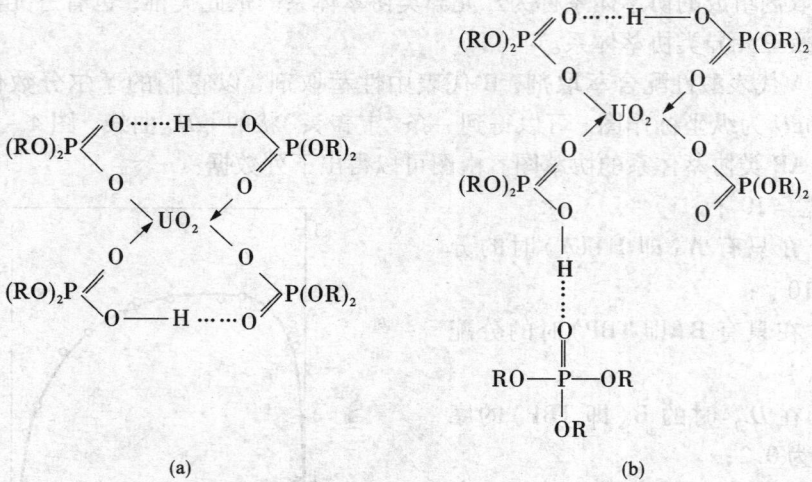

图 4-9　$\overline{UO_2R_2(HR)_2B}$ 结构

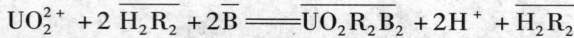

$$UO_2^{2+} + 2\overline{H_2R_2} + 2\overline{B} \Longrightarrow \overline{UO_2R_2B_2} + 2H^+ + \overline{H_2R_2}$$

　　此时是两个 B 分子进入萃合物,在未加入 TBP 时,HDEHP 萃取 UO_2^{2+} 的萃合物结构式如图 4-10(a)所示。而有 TBP 共存时,两个 TBP 分子可取代两个 HR 分子,它们生成二聚分子,并释放出 8000 cal/mol(1 cal = 4.1868 J)的自由能,如图 4-10(b)所示。此时,中心离子的配位数饱和,体系能量降低,故萃合物更稳定。这种原理称为取代原理。

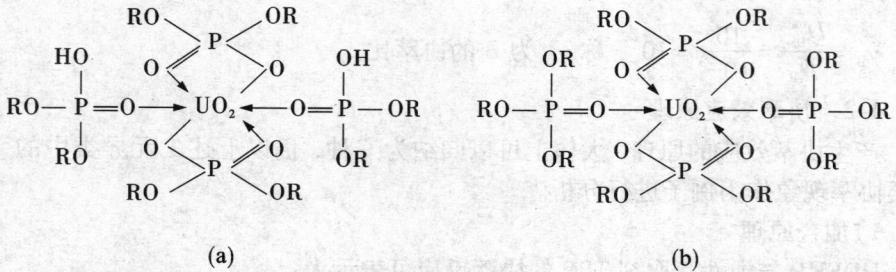

(a)

(b)

图 4-10　萃合物 $\overline{UO_2R_2B_2}$ 结构图

　　3)溶剂化原理

　　这种理论解释建立在水溶液中金属离子以水化离子形式存在的认识基础之上。以 HTTA(噻吩甲酰三氟丙酮)及 HPMBP(1-苯基 3-甲基 4-苯甲酰基吡唑啉酮-5)萃取 UO_2^{2+} 为例,HTTA 单独萃取铀时,其反应为:

$$UO_2^{2+} + 2\overline{HR} \Longrightarrow \overline{UO_2R_2} + 2H^+$$

其结构式如图 4 – 11(a)所示。

在有 TBP 共存时，它可取代配位水分子，使萃合物丧失亲水性而被萃取。但实验证明其萃合物中只有一个 TBP 分子，还有一个水分子未被置换，这可能是因为 TBP 分子较水分子大，由于空间位阻作用只能取代一个水分子，留下来的一个水分子在空间挤压作用下，被邻近原子包围丧失部分亲水性。其结构式如图 4 – 11(b)所示。按此原理，以配位能力很强的 TBPO(三丁基膦氧)代替 TBP，则生成协萃配合物 $UO_2R_2 \cdot 3TBPO$，其结构式可能为图 4 – 11(c)所示。

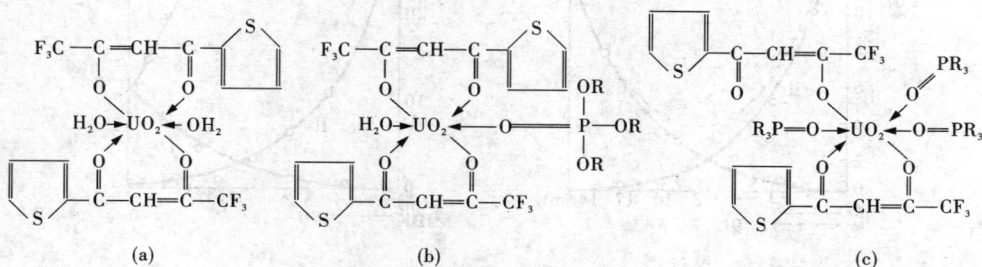

图 4 – 11　HTTA 与 HPMBP 协萃萃合物结构图

(a)UO_2R_2；(b)$UO_2R_2 \cdot TBP$；(c)$UO_2R_2 \cdot 3TBPO$

此时，由于打开了一个螯环，消除了空间位阻，故允许有三个 TBPO 分子参加配位。

4.4.4.3　协萃体系的应用

很多工业上获得应用的萃取体系中，除了萃取剂与稀释剂外，往往添加了一些相调节剂，其目的是改善极性，以增加萃合物的溶解度或者改善分相性能，这些相调节剂中，很多本身就是萃取剂。至于它们是否有协萃效应并未引起应用者的深入研究。

事实上工业应用的萃取体系中，存在一些天然的协萃体系。笔者在研究仲辛醇萃钽的机理时，发现工业仲辛醇中的 2 – 辛醇与 2 – 辛酮之间存在协同效应[4]。最大分配比 $D_{协}^{\max}$ 出现在 2 – 辛酮为 70% ~ 80% 处[图 4 – 12(a)]，工业仲辛醇中 2 – 辛酮仅 15% 左右，所以协萃效应较弱。同样往 MIBK 中添加 2 – 辛醇也出现了协萃现象[图 4 – 12(b)]，它们均属于二元同类协萃体系。

由于对高效选择性强的萃取体系的追求，人们利用协萃效应，开发出了一些混合有机溶剂体系，解决了实际工业问题，例如，近十年来，由于从高杂质含量的低品位镍原料中提镍的需要，对萃取镍、钴的协萃体系的研究很活跃，并取得了很好的结果，正开始逐步应用于工业上[5]（参见 17 章）。

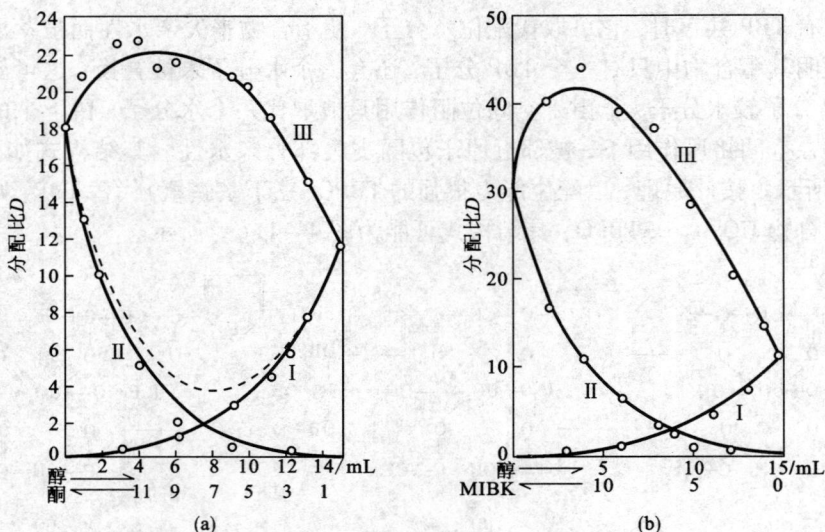

图 4 – 12 二元同类 (酮 + 醇) 萃钽协萃体系

4.5 被萃金属在两相的竞争分配

应用式(4 – 8)、式(4 – 17)、式(4 – 22)、式(4 – 27)可以分析相关萃取过程的影响因素,指导工艺条件调整,优化生产过程。对这四个方程的分析也可看出,尽管萃取剂不同,萃合物不同,但不同的萃取体系确有共同的影响因素,即生成的萃合物的稳定性或可萃性(在两相的分配常数之大小),以及有机相与水相中有关物质的浓度。

无论前述哪一类萃取体系,其过程的本质是被萃取物 M 溶于水相 Aq 和有机相 S 这两个溶解过程之间的竞争,或者说是亲水性的 M 向疏水性(亲油性)M 的转变过程。生成的萃合物与有机相相似性增加,与水相相似性减小,从而油溶性增加。因此,我们可以从被萃物在两相中的溶解过程出发,讨论这一竞争分配过程的共同规律。

4.5.1 竞争分配过程的热力学近似处理

如果我们不考虑萃取过程的化学反应,则萃取过程变成了被萃物简单地在两相进行物理分配的过程。分配比仅仅取决于被萃物在两相的溶解度。

因为 $\Delta G^{\ominus}$ 为被萃物在有机相的标准化学位与其在相平衡的水相中的标准化学位差,即

$$\Delta G^{\ominus} = \mu_2^{\ominus} - \mu_1^{\ominus}$$

而按能斯特分配定律，

$$\lambda^{\ominus} = e^{-(\mu_2^{\ominus} - \mu_1^{\ominus})/RT}$$

故有
$$\lambda^{\ominus} = e^{-\frac{\Delta G^{\ominus}}{RT}} \quad \Delta G^{\ominus} = -RT\ln\lambda^{\ominus} = -RT\ln\frac{a_2}{a_1}$$

式中：$\Delta G^{\ominus}$ 称为萃取自由能。

而
$$\Delta G^{\ominus} = \Delta H^{\ominus} - T\Delta S^{\ominus}, \quad \Delta H^{\ominus} = \Delta E^{\ominus} + \Delta(pV)$$

萃取过程的 p 与 V 的改变很小，所以 $\Delta H^{\ominus} \approx \Delta E^{\ominus}$

即
$$\Delta G^{\ominus} \approx \Delta E^{\ominus} - T\Delta S^{\ominus}$$

我们假设的前提是认为萃取过程是简单物理分配，被萃物在两相的存在形式相同，因此萃取过程的 $\Delta S^{\ominus}$ 可以忽略不计，故 $\Delta S^{\ominus} \approx 0$，另一方面，被萃物浓度很低，所以有下列关系式：

$$\lambda = \lambda^{\ominus} = e^{-\frac{\Delta E^{\ominus}}{RT}} \tag{4-28}$$

由式（4-28）可见，如果萃取能 $\Delta E^{\ominus} > 0$，即萃取过程需吸收能量，$\lambda < 1$ 不利于萃取，如果萃取能 $\Delta E^{\ominus} < 0$，即萃取过程释放能量，则 $\lambda > 1$，有利于萃取。

萃取过程可以看作是被萃物 M 在水相与有机相两个溶解过程之间的竞争。从这一观点出发，萃取过程经历四个阶段：

①M 与水分子之间的结合 M—Aq 被破坏。

②有机相溶剂分子之间的结合 S—S 被破坏以形成一个空腔，容纳被萃物。

③M—Aq 破坏后，形成 Aq—Aq 结合。

④M—Aq 被破坏后，形成 M—S 结合，即形成被萃物。

前两个过程必须对体系施加能量以后才能发生，而后两个过程体系要释放能量。

萃取过程可以表示为：

$$S—S + 2(M—Aq) \longrightarrow Aq—Aq + 2(M—S)$$

以 E_{S-S}，E_{M-Aq}，E_{Aq-Aq}，E_{M-S} 分别代表破坏 S—S, M—Aq, Aq—Aq, M—S 结合所需要的能量，则萃取能 $\Delta E^{\ominus}$ 等于

$$\Delta E^{\ominus} = E_{S-S} + 2E_{M-Aq} - E_{Aq-Aq} - 2E_{M-S}$$

如被萃物在两相中以同一分子形式存在，并近似地将此分子看作是球形分子，其半径为 R，则

$$E_{Aq-Aq} = K_{Aq} \cdot 4\pi r^2, \quad E_{S-S} = K_S \cdot 4\pi r^2$$

因此有：

$$\Delta E^{\ominus} = (K_S - K_{Aq})4\pi r^2 + 2\Delta E_{M-Aq}^{\ominus} - 2\Delta E_{M-S}^{\ominus} \tag{4-29}$$

4.5.2　影响可萃性的基本规律

在第 3 章及本章讨论的基础上，可以归纳总结出影响可萃性的基本规律，它们是互相关联、互相依赖的，对实际萃取过程的影响可能是其中一或两种规则起

主导作用。熟悉这些规则，有利于为我们在分析和解决实际问题时提供一个清晰的思路。

4.5.2.1 生成配合物原则

回顾本章介绍的四类萃取体系，都是金属离子与萃取剂生成的配合物进入有机相。显然，配合物的稳定性对萃取过程有重要影响。影响配合物稳定常数的主要因素是中心离子的电子层构造及配体的碱性。用 SHAB 规则可以方便地判断或比较配合物的稳定性。除此之外，配合物的空间构型也有重要的影响，一般而言，螯合物比非环状配合物稳定，五原子环及六原子环在螯合物中稳定性最好(见第 2 章)；中心离子的配位数饱和的配合物比配位数不饱和的稳定，萃取性能更好。因为后者空余的配位数可让水分子配位，从而使配合物的亲水性增加。同一种萃取剂在同一或类似的体系中与不同的金属离子配位，则生成的配合物稳定常数大的金属被萃取能力强一些。但在同类的不同萃取剂对同一金属离子生成的不同配合物中，则不能说配合物稳定常数大的金属被萃取能力就强，因为萃取能力还要受分配常数及体系环境影响。如比较 HTTA(噻吩甲酰三氟丙酮)与 HAA(乙酰丙酮)这两种 β - 双酮类萃取剂萃钍：

HTTA：$K^H = 0.143 \times 10^7$ $\beta_{n(\mathrm{ThR_4})} = 3 \times 10^{24}$

HAA：$K^H = 0.769 \times 10^9$ $\beta_{n(\mathrm{ThR_4})} = 5 \times 10^{26}$

由式(4 - 16)可知，$K_{ex} = \dfrac{\beta_n \cdot \Lambda_{\mathrm{MRn}}}{[K^H]^n \cdot \lambda_{\mathrm{HR}}^n}$，如果说 β_n 大者的萃取性能强，则应该是乙酰丙酮比 HTTA 强，但事实恰恰相反，HTTA 萃钍的能力大于乙酰丙酮，这是因为前者的 K^H 比后者小许多，即其酸性比后者强，在式中它有 $[K^H]^n$，所以对 K_{ex} 的影响更大，综合效果是使 K_{ex} 变大。

4.5.2.2 电中性原则

电中性原则的含义是水相中存在的任何离子，不管它以何种形式存在(水合离子、配阳离子、配阴离子、裸阳离子)均不能直接迁移进有机相内。在中性配合萃取体系中，被萃物是以中性分子与中性萃取剂结合成一种中性溶剂化物转移至有机相；在酸性萃取剂萃取时，萃取剂的共轭碱与阳离子配位，生成中性配合物迁移至有机相；在离子缔合体系中，表面上似乎是金属配阴离子进入了有机相，但它实际上是与一个大的带相反电荷的有机阳离子形成一个中性的大离子缔合体进入有机相。至于协萃体系，不管其原理如何，生成的混配型配合物都是中性的。

在萃取过程中，若使用的萃取剂为一价二合配位体，如有机磷酸类的 HDEHP、β - 双酮类的 HTTA，HPMBP 等，在被萃金属离子的配位数是其价数的二倍即 $N = 2Z$ 时，对萃取过程最为有利，例如用 HTTA 萃取四价钍离子，其配位数为 8，价数为 4，生成 $\mathrm{Th(TTA)_4}$，电中性与配位饱和两原则均得以满足，故萃合物稳定，对萃取过程有利。

4.5.2.3　丧失亲水性原则

式（4-29）中第二项 $\Delta E_{M-Aq}^{\ominus}$ 表示破坏 M—Aq 结合必须吸收的能量，它的符号为正，M—Aq 结合越牢，则破坏这种结合越难，所需吸收的能量越大，即越不利于萃取。换言之，就是说 M 的亲水性越强，越利于 M 竞争分配留在水相。而 M 的亲水性是由它本身的结构特性即由它的价态与大小决定的，及是否带有亲水基团—OH，—NH$_2$，—COOH，—SO$_3$H，是否有水解和水解聚合作用等因素决定的。为了使 M 能进入有机相就必须设法使 M 的亲水性降低乃至丧失。而式（4-29）中 $\Delta E_{M-S}^{\ominus}$ 代表形成 M—S 结合所释放的能量，它的符号为负，所以 M—S 结合越牢，即 M 之亲油性越强，越有利于它竞争分配进入有机相。M—S 结合的牢固程度决定于萃取剂分子的空间效应及电子效应，M 与 S 之间是否形成氢键结合。

丧失亲水性原则就是使被萃物由亲水性向亲油性转化。所采取的一切措施归结为一点，就是用分子量大的萃取剂或其基团取代或掩蔽被萃物中的水合水、亲水基团等，使其亲水性削弱、亲油性增加。

金属离子的亲水性与其所带电荷和离子半径的大小有关，一般 Z^2/r 越大或 Z/r 越大，越易水化，则亲水性越强（Z 为价数，r 为半径）。对于不知其半径及非球形的配离子而言，则无法用 Z 和 r 来衡量亲水性，为此提出用比电荷近似判断。配离子的比电荷等于它的电荷数与组成它的原子个数之比，例如 $FeCl_4^-$ 与 $CuCl_4^{2-}$ 的比电荷分别为 1/5 及 2/5。比电荷越大则亲水性越强，越难被萃取，所以 $FeCl_4^-$ 比 $CuCl_4^{2-}$ 易被萃取。

镧系元素的被萃取能力的差别是 Z^2/r 对亲水性影响的代表性例子（图 4-13）。例如，用 P350（甲基膦酸二仲辛酯）、（CH$_3$P(O)(OC$_8$H$_{17}$-s)$_2$）萃取稀土元素时，在轻稀土部分，由于 P350 与稀土离子的配合物的稳定性占优势，所以随原子序数增加，分配比呈上升的趋势，但在重稀土部分，由于水合作用占优势，所以情况就反了过来，随原子序数增加，分配比反而下降。图 4-13 中 1 为有盐析剂（NH$_4$NO$_3$）的情况。

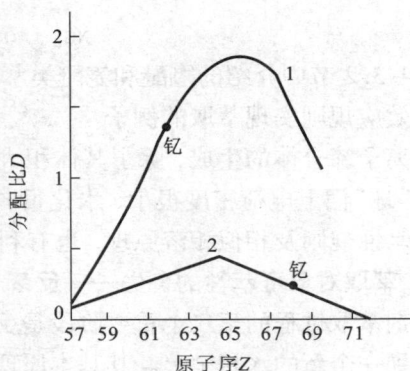

图 4-13　P350 萃取稀土的 D—Z 图

1—P350 1 mol/L，RE^{3+} 0.5 mol/L，HNO$_3$ 0.92 mol/L，NH$_4$NO$_3$ 6 mol/L；2—P350 1 mol/L，RE^{3+} 0.05 mol/L，HNO$_3$ 2.1 mol/L

必须指出的是，对于任何萃取体系，萃合物分子本身的极性对其亲水性也有影响，萃合物分子极性越强，则与极性水分子的交互作用越强烈，故不利于萃取。相反，萃合物分子的外沿基团原子的电负性越低，则与水生成氢键的可能型越小，故有利于萃取。

4.5.2.4 空腔效应原则

在 N 型、A 型、B 型溶剂中，其分子间的作用力为范德华力，所以 K_s 较小，在 AB 型溶剂的分子中，由于有氢键作用，K_s 较大，但如第 3 章所述，水是 AB 型溶剂中氢键缔合作用最强者，所以式(4-29)中 K_s 永远小于 K_{Aq}，即式(4-29)中第一项为负值。按照式(4-28)，这一结果有利于萃取，且 K_s 与 K_{Aq} 差越大，空腔效应越大，另一方面被萃物 M 的分子越大，即 r 越大，第一项越负，空腔效应越大，越利于萃取。在溶剂萃取中若干大的萃取剂分子与 M 形成的萃合物很大，一方面由于相似性原理，另一方面由于空腔效应大，所以有利于竞争分配进入有机相。

例如，在水相中金属元素以配阴离子形态存在时，选择一个碳链长的大有机阳离子，与其缔合生成一个大的疏水的离子缔合体，按空腔原理则可实现萃取。

如果金属离子不能生成配阴离子，则可以用一个大的有机阴离子去缔合阳离子，如用双(三硝基苯)胺(DPA)在硝基苯溶液中萃取铯(Cs^+)离子，萃合物为：

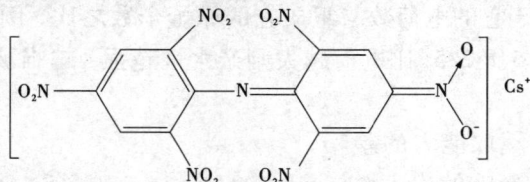

4.4.3.2 节中介绍的冠醚和笼醚类萃取钾离子再与高锰酸根缔合的情况也是按空腔效应规则实现萃取的例子。

大离子缔合体的生成，除了其体积大有利于萃取外，由于离子势的降低，在其外沿"球"面上电荷密度很小、水化很弱；大离子有一个长碳链疏水结构，符合丧失亲水性规则及相似相溶原理，也有利于萃取。

4.5.3 萃取对象可萃性的丧失——反萃

溶剂萃取过程的第二个重要阶段是反萃，它的目标是使负载有机相中的金属离子回到一个新的水相中去。其基本原理就是使萃合物的可萃性丧失，实现这一目标的基本措施可归纳为三个方面。

4.5.3.1 使被萃离子重新水化

中性配合萃取是借助于萃取剂中的配位原子提供电子对(基本是氧原子)与水分子争夺和金属离子配位，取代或部分取代水分子而实现萃取，所以萃取阶段要求有一定的酸和盐的浓度，使水的活度减小。反过来，如果用水或稀酸溶液或稀的盐溶液作反萃剂，此时水的活度很大，促使萃合物中的离子形成稳定的水化离子，就可实现反萃。

4.5.3.2　控制反萃取水相酸度使萃合物解体

这是实现反萃取的主要手段，当用水、稀酸或稀碱液作反萃剂时，离子缔合体内的阴配合离子解体，其金属阳离子"裸露"出来，回到水相。如用碱液反萃，锌阳离子、胺的阳离子均可由于碱的作用而去质子化，在无机配阴离子解体的同时，有机阳离子也解体。

而在螯合萃取时，由于螯合萃取剂酸性很弱，所以可用较浓的酸使萃取剂质子化，使螯合物解体，实现反萃。对于酸性萃取剂而言，它们的酸性比螯合萃取剂强，实现反萃要求的酸浓度更高。有一种观点认为反萃的酸浓度太高则失去了工业意义，但现在离子交换膜扩散渗析技术的进步，使回收酸的成本很低，而回收酸的浓度也可以较高，这一影响反萃的障碍完全可以消除。

4.5.3.3　用特殊手段使被萃金属离子形态变化或使配合物成分变化而实现反萃

例如，二丁基卡必醇萃取金的氯配合阴离子后，用草酸做还原剂，在加热状态反萃金，金离子直接被还原成金粉沉淀。

稀土的萃取分离中，利用铈的变价性质，将其氧化成四价离子萃入有机相而与其他三价稀土离子分离。而反萃时，又可利用还原剂将其还原成三价，重新回到水相。

利用还原剂实现反萃的办法称为还原反萃。

羟肟螯合剂萃取钴(Ⅱ)后，钴(Ⅱ)在有机相中被空气逐渐氧化为三价钴，极难反萃，可行的办法是用硫化氢与钴反应生成硫化钴沉淀，将其反萃，这一方法称为沉淀反萃。

用生成硫代钼酸盐的办法，将硫代钼酸根萃入有机相，实现钨钼分离，硫代钼酸根与季胺阳离子结合很牢，无法反萃下来，可行的办法是用适当的氧化剂如次氯酸钠或双氧水的碱性溶液将其氧化为钼酸根进入水相。这种方法称为氧化反萃。

在酸性萃钨体系中，钨以十二钨同多酸根($H_2W_{12}O_{40}^{6-}$)大阴离子被叔胺的质子化阳离子(R_3NH^+)萃取，洗净的有机相用氨水反萃，使钨的同多酸根被解离为单钨酸根(WO_4^{2-})重新回到水相，在这一过程中，钨的离子存在形态发生了重大变化。而在碱性萃钨体系中，萃合物为($R_4N)_2WO_4$，可以用含氯离子溶液实现反萃，生成季胺氯化物(R_4NCl)，WO_4^{2-}回到水相，但氯型季胺盐萃钨能力很弱，再生困难，故实际上是用碳酸氢铵反萃，生成碳酸氢根型季铵盐(R_4NHCO_3)而实现反萃，这一过程也使离子形态发生了大的变化。

而用季铵盐萃取钴的硫氰酸根离子$Co(SCN)_4^{2-}$后，萃合物相当稳定难于反萃，此时只能用氨–铵盐溶液反萃，钴转变为钴氨配合阳离子($Co(NH_3)_4^{2+}$)被反萃入水相。

4.5.4　萃洗过程的本质

进入萃取工序的待萃取料液往往是多种金属离子共存的溶液体系，其中各离子的分配比可以相差很大。目标离子的分配比大时，可控制工艺条件，使目标离子进入有机相，而被分离离子留在水相。相反的情况，如被分离的离子的分配比大，也可让它们进入有机相，而使目标离子留在水相中。不管是哪一种情况，结果往往都不是那么理想，当被萃取离子进入有机相时，被分离的离子也会有少量进入有机相，在这种情况下，如图4−1所示，工程上是在连续萃取作业中，在反萃取阶段之前安排一个洗涤段，将不受欢迎的金属离子从有机相中洗出来，以确保后续反萃取液的质量。

进入有机相的不受欢迎的离子，习惯上称为杂质离子。它们进入有机相的原因可能有两个方面，一种情况是由于萃取阶段的相夹带所造成的，称之为物理因素所为，另一种情况为化学作用，生成的化合物尽管分配比小，由于有机相的容量有富余，也能适度进入有机相。前一种情况下，我们选择水或者合适的溶液与负载有机相混合一次，这些杂质离子就会随被夹带的萃余液一起回到洗涤液中，此时只要注意选择的洗涤剂不会显著降低目标离子的分配比即可达到要求。

对于杂质离子发生萃取化学反应的情况，可以有两种措施将它们从负载有机相中洗出来。一种是根据萃取试验得到的各种关系曲线，例如 D（或 q）与 pH（或酸度）；D 与水相组成、温度等的关系曲线，选择合适的溶液作洗涤剂，最简单的情况就选用空白水相，在适宜相比、温度及级数条件下与负载有机相接触，此时发生杂质离子的重新分配，它们又回到水相，而负载有机相得以净化。这种情况下最应注意的是尽量减少目标离子被洗下造成的损失。为此，洗涤阶段一般应选择大的流比，即小的洗涤剂流量与接触时间。对于富集杂质离子的洗涤液，应结合具体工艺流程安排它们的出路。当洗涤液中含有应予回收的目标离子时，选择分馏萃取是最可取的措施。

另一种措施是利用交换萃取来纯化负载有机相。因为负载有机相中主要含有易萃组分 A 及少量难萃组分 B，如果配制的洗涤剂中含有适量之 A，当它们与负载有机相接触时，就会发生反应：

$$\overline{(A+B)} + A \Longrightarrow \overline{2A} + B$$

此时负载有机相中的少量 B 被洗涤剂中的 A 置换进入水相。例如成楚永等曾用含钴的溶液将 Co/Ni 为 20 的负载有机相中的少量镍洗下，使其 Co/Ni 比达 900[5]。

无论萃取、洗涤、反萃都是利用水相与有机相之间的体系中各种离子的分配行为。虽然它们的任务不同，但影响金属离子的分配行为有共同的规律，因此在第 5 章中将进一步讨论在溶剂萃取作业中影响萃合物的生成及分配的规律。

参考文献

[1] 徐光宪等. 萃取化学原理[M]. 上海：上海科学技术出版社，1984.

[2] M Cox, D S Flett. Metal Extractant Chemistry//Teh C Lo, Malcolm H. I. Baird, Carl Hanson. Handbook of Solvent Extraction[M]. New York etl. JOHN WILEY & SONS. Inc. 1982：53－89.

[3] Gordon M Ritcey. Solvent Extraction Principles and Applications to Process Metallurgy[M]. 2nd. Volume 1. Ottawa, Canada, G M Ritcey & Associates Incorporated, 2006.

[4] 张启修. 冶金分离科学与工程[M]. 北京：科学出版社，2004.

[5] Chu Yongcheng, Keith R Barnard, Wensheng Zhang, David J Robinson. Synergistic Solvent Extraction of Nickel and Cobalt：A Review of Recent Developments[J]. Solvent Extraction and Ion exchange. 2011, 29：719－754.

第 5 章 萃取平衡过程的影响因素

张启修　中南大学冶金与环境学院

唐瑞仁　中南大学化学化工学院

目　录

第 4 章围绕萃合物的生成及其在两相的分配问题，总结了影响可萃性的四条基本规律，本章根据这四条规律细化分析各种因素对萃取平衡过程的影响[1, 2]。

湿法冶金中萃取过程的任务是提取、浓缩与分离，考察一个溶剂萃取过程在这三方面的效果的指标就是萃取率(q)、分配比(D)及分离系数($\beta_{A/B}$)。

5.1　被萃离子性质与水相中共存其他离子的影响

5.1.1　金属离子性质的影响

决定金属离子能否被萃取的主要性质就是它的价电子层结构，它决定了金属离子的配位数、形成的配合物的空间构型及稳定性。按 SHAB 规则就是它们属于哪一种酸，硬酸还是软酸还是交界酸。就针对特定的料液开发一种萃取工艺而言，这是一个不可能改变的性质。它决定了萃合物的总稳定常数 β_n。有关的基本规律在第 2 章中已作了详细介绍。

金属离子的电荷(Z)及半径(r)是它的另一个重要性质，它决定金属离子的水化能力，从而影响萃合物的分配常数 Λ。在调整溶液 pH 时，水化水与离子可能发生水解反应，更不利于萃取，关于水化能力的表征及它对萃取效果影响的规律在第 3 及第 4 章已经作了详细介绍。

5.1.2　盐效应

5.1.2.1　添加无机盐对萃取剂水溶性的影响

1889 年 Setschenow 提出了添加盐对非电解质溶解度影响的经验公式：

$$\lg \frac{c_0}{c} = Kc_s \tag{5-1}$$

式中：c_0 和 c 分别为非电解质在纯水和浓度为 c_s 的盐溶液中的溶解度（浓度单位为 mol/L）；K 为盐效应常数。如果 K 是正值，即 $c_0 > c$，则加盐后使非电解质在水中的溶解度减少，这个现象称为盐析作用；若 K 为负值，即 $c_0 < c$，则加盐后使非电解质在水中的溶解度增加，这称为盐溶作用。盐析作用远较盐溶作用普遍，两者统称为盐效应。

表 5-1 列出了根据 MCl 型电解质对 D2EHPA 的水溶性影响的试验结果计算的相应的 K 值。但这里 c_0 并非在纯水中的溶解度，而是用盐酸酸化至 pH = 1.98 的水中的溶解度。而所有的 c 也均在 pH = 1.98 的盐酸酸化的盐水中测得。其目的在于抑制 D2EHPA 对盐的萃取及它在水中的解离。

表 5 – 1   D2EHPA – MCl – H₂O 体系盐效应常数(25℃)

电解质	K
HCl	0.06991
LiCl	0.2677
NaCl	0.3226
KCl	0.2832
RbCl	0.2771
CsCl	0.2605
NH₄Cl	0.1775

注：HCl 的 K 值由 $c_s > 1$ mol/L 的数据回归得到，其他盐用 $c_s < 3$ mol/L 的数据回归得到。

由表 5 – 1 可见，在所有的情况下 K 为正值，说明均有盐析作用。各种阳离子对 D2EHPA 的盐析顺序为 $Na > K > Rb > Li > Cs > NH_4^+ > H^+$，它们加入水相后均会使 D2EHPA 在水相中的溶解度降低，特别是钠盐，其盐效应常数最大，这对减少萃取剂 D2EHPA 的溶解损失很有利。

5.1.2.2　添加无机盐对萃取平衡的影响

如前所述，在水相中添加无机盐，可以破坏或者削弱被萃物 M 周围的水化层，降低其亲水性，因而有利于 M 竞争分配进入有机相。但是它们本身并不被萃取，这种在萃取过程中溶于水相的既不被萃取又不与金属离子配合，但能增加被萃物的萃取率的无机盐称之为盐析剂。其盐析作用机理可定性分析如下：

(1)水相中被萃物 M 的浓度增加，使萃取反应平衡向生成萃合物方向移动，因此一般而言，M 浓度增加，使 D 增加，有利于萃取。而盐析剂的阳离子在水溶液中有强烈的水化作用，吸引了大量的自由水分子，从而使水的活度大为降低，相当于使被萃物在水相中浓度提高，故有利于萃取。

(2)盐析剂可以降低水的介电常数，这有利于萃取，因为根据 Born 方程，离子的摩尔溶剂化自由能为：

$$\Delta G_s = \frac{N_o Z^2 e^2}{2\gamma_c}\left(\frac{1}{\varepsilon} - 1\right) \qquad (5-2)$$

在水相中，水是溶剂，ΔG_s 就是水化能，而水的介电常数大于1，所以式(5 – 2)中 ΔG_s 为负值，盐析剂使水的介电常数 ε 减小，就是使 $1/\varepsilon$ 项增大，即 ΔG_s 向正的方向移动，不利于水化，如前述则有利于萃取。

(3)加入盐析剂阴离子的同离子效应，也可以使分配比增加，根据式(4 – 8)、式(4 – 22)、式(4 – 27)，这一点是显而易见的。

盐析剂的摩尔浓度相同时，阳离子的价数越高，盐析效应越大。对于同价的阳离子，其半径越小盐析效应越大。一般金属离子的盐析效应按下列次序递降：

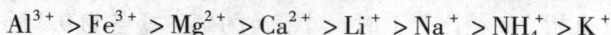

$$Al^{3+} > Fe^{3+} > Mg^{2+} > Ca^{2+} > Li^+ > Na^+ > NH_4^+ > K^+$$

但盐析剂的选择除应考虑盐析作用大小外，还应考虑下一步的分离，不影响产品质量、价格与来源等经济因素。

在稀土溶剂萃取中，有时为了简化流程，可用提高稀土料液浓度的办法来代替外加盐析剂，因为稀土硝酸盐本身也有盐析作用，这种情况称作自盐析。

但是加入无机盐并不一定都起盐析作用，有时情况会相反。例如，我们在萃钨的料液中加入氯化钠，发现萃余液中三氧化钨含量增加，即钨的萃取率降低，这种加入的无机盐虽不被萃取剂萃取，但却能降低被萃物的萃取率的现象称为盐溶效应。

5.1.3 竞争萃取与共萃取

在水相中加入的电解质，也有可能参与萃取反应。在这种情况下，它们不但不能起盐析剂作用，反而会由于它们与被萃物竞争，使被萃物的分配比下降，这种情况称之为竞争萃取。

与竞争萃取相反，"外来"的离子还有可能与被萃物 M 发生共萃取，人们也可利用这一性质实现某些难萃对象或浓度很低的物质的萃取过程。产生共萃取的原因有：①生成混合型离子缔合物，例如，当盐酸溶液中铁铟共存时，它们生成 $HFeCl_4 \cdot HInCl_4$ 混合卤配酸而被萃取。②配合酸盐的生成，例如，三价铁离子，可以在高氯离子浓度下形成 $FeCl_4^-$ 配阴离子，此时溶液中如有锂离子存在，则可用此条件下不单独萃锂的萃取剂：8% 二异丁酮和 20% TBP，利用生成配合酸盐 $LiFeCl_4$ 将锂萃取出来，而将浓度为锂的 100 倍的镁离子留在溶液中，实现锂镁分离。③溶剂化离子对的形成也是共萃取的原因之一。例如，利用 MIBK 可实现 12 硅钼杂多酸与锂的共萃取，这时，发生下列反应：

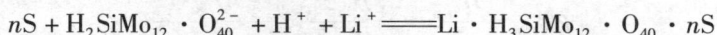

$$nS + H_2SiMo_{12} \cdot O_{40}^{2-} + H^+ + Li^+ =\!=\!= Li \cdot H_3SiMo_{12} \cdot O_{40} \cdot nS$$

5.1.4 水相中添加水溶性配合剂的影响

从以上的讨论可知，由于水相中无机酸根作配位体时，与被萃离子生成的配离子(或配合物)的稳定性、亲水性及半径大小不同会使萃取过程的分配比也不同。如果往水相中再另外添加配合能力强一些的配位体，则影响肯定会更大些。在溶剂萃取过程中，有时确实为了控制、调整待提取、分离的金属离子的被萃取能力而往水相中添加一些配合剂。有些配合剂的作用在于降低金属离子的分配比，故称之为抑萃配合剂，有些配合剂的作用是提高金属离子的分配比，故称之为助萃配合剂。这种方法对于一些性质极为相近的元素的分离或难分离杂质元素的分离是颇为有用的。

例如，稀土元素中的镨与钕这一对元素是较难分离的。在硝酸介质中用

N263 作萃取剂时，稀土族各元素的分配比是随着原子序数的增大而降低，所以 $D_{Pr} > D_{Nd}$，在稀土冶金中称这一现象为倒序萃取。文献报道了用 0.65 mol/L 的 N263 – 二甲苯有机相，在相比为 1 时，对镨钕的硝酸盐各为 0.15 mol/L 的水相进行萃取时，所测得的它们的分离系数值。结果说明，在 pH 为 1.5 ~ 4.91 的范围内，分离系数 $\beta_{Pr/Nd}$ 大约维持在 1.5 左右，如果增加盐析剂浓度，尽管镨钕的分配比增加，但 $\beta_{Pr/Nd}$ 却降低；如果增加水相起始稀土浓度，平衡有机相中稀土浓度也增加，随着有机相饱和度的提高，$\beta_{Pr/Nd}$ 迅速下降。因此用一般办法很难拉大分离系数，为此采取了添加配合剂的办法。已知镨与钕的配合物中，二乙三胺五乙酸（DTPA）的稳定常数较大，它与轻稀土各元素的配合物的稳定常数是随着原子序数的增加而增大，即 $\beta_{Nd} > \beta_{Pr}$，由于它有五个羧基，故其配合物亲水性强，起抑萃作用，称为"正序"抑萃配合剂。在它与 N263 的共同作用下，N263 往有机相"拉"镨，而 DTPA 往水相"拉"钕，组成所谓"推拉"体系，使 $\beta_{Pr/Nd}$ 变大。因为有反应：

$$Pr + L \Longrightarrow PrL$$

$$\beta_{Pr} = \frac{[PrL]}{[Pr][L]}, \quad [PrL] = \beta_{Pr}[Pr][L]$$

$$D_{Pr} = \frac{[\overline{Pr}]}{[Pr]}, \quad D_{Pr}^{配} = \frac{[\overline{Pr}]}{[Pr] + [PrL]}$$

所以有：$D_{Pr}^{配} = \frac{[D_{Pr}][Pr]}{[Pr] + [PrL]} = \frac{[D_{Pr}][Pr]}{[Pr](1 + \beta_{Pr}[L])} = \frac{D_{Pr}}{1 + \beta_{Pr}[L]}$

同理可以有：
$$D_{Nd}^{配} = \frac{D_{Nd}}{1 + \beta_{Nd}[L]}$$

上列各式中，β_{Pr}、β_{Nd} 分别代表镨、钕与 DTPA 的配合物的稳定常数；$D_{Pr}^{配}$、$D_{Nd}^{配}$ 分别代表有配合剂存在下的分配比。如以 $\beta_{Pr/Nd}$ 和 $\beta_{Pr/Nd}^{配}$ 分别代表无配合剂和有配合剂存在下的分离系数，则可以有下列关系式：

$$\beta_{Pr/Nd}^{配} = \frac{D_{Pr}^{配}}{D_{Nd}^{配}} = \frac{D_{Pr}}{1 + \beta_{Pr}[L]} \bigg/ \frac{D_{Nd}}{1 + \beta_{Nd}[L]}$$

因为 $\beta_{Pr}[L] \gg 1$，$\beta_{Nd}[L] \gg 1$，所以上式可简化为：

$$\beta_{Pr/Nd}^{配} = \frac{D_{Pr}}{D_{Nd}} \times \frac{\beta_{Nd}[L]}{\beta_{Pr}[L]} = \beta_{Pr/Nd} \times \frac{\beta_{Nd}}{\beta_{Pr}}$$

而 $\beta_{Pr/Nd} > 1$，$\beta_{Nd} > \beta_{Pr}$，所以 $\beta_{Pr/Nd}^{配} > \beta_{Pr/Nd}$，即有配合剂时，分离系数增加了 $\frac{\beta_{Nd}}{\beta_{Pr}}$ 倍，钕与配合剂的稳定常数越大，镨与配合剂的稳定常数越小，则分离系数增加的倍数越大。文献报道的研究结果表明，在盐析剂浓度为 6.0 mol/L，相比为 3/1，DTPA 浓度为 0.18 mol/L 时，分离系数可达到 5.8。

5.2　工艺条件影响

5.2.1　被萃金属离子浓度的影响

在有机相的组成及浓度不变，其他工艺条件亦不变的情况下，随料液浓度增加，由于萃合物的分配常数 Λ 是不变值（不考虑活度系数的变化），则有机相中被萃离子的浓度相应也增加，反映过程总推动力的分配比也相应增加。当有机相中被萃离子浓度增加到一定程度后，由于自由萃取剂浓度的减少，其影响变为占主导地位后，料液浓度增加，分配比将逐渐减小，因此任何体系允许的料液浓度都有一定的限制。另一方面，有机相中的金属离子浓度增加到一定程度后，其黏度也相应增加，对分相不利。

由于有机相中金属离子浓度随水相金属离子浓度而变化，因此，以一定温度下处于平衡状态的两相中金属离子浓度关系作图，可得到一条类似 Langmuir 吸附等温线的曲线，称为萃取浓度平衡等温线（简称平衡线）。当曲线趋于水平时，说明一定浓度的萃取剂容纳金属离子的量已达到饱和，此时有机相的金属离子浓度称为它的饱和容量，其单位为克(被萃物)/升(有机相)或克(被萃物)/摩尔(萃取剂)。

图 5-1 即为实测得到的用 20% DEHPA(V/V) 在 pH = 2 时萃取锌的浓度平衡等温线。

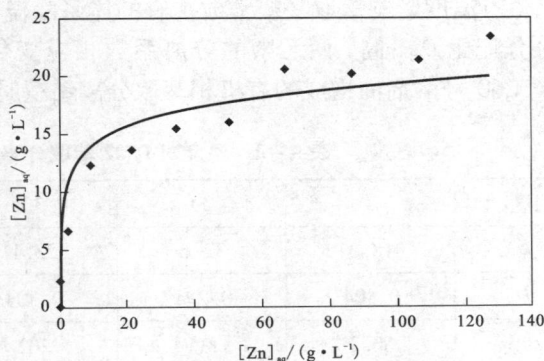

在实际萃取作业中，一般控制有机相的金属离子量要低于饱和容量，实际容量与饱和容量之比值称为饱和度。

因为萃取料液来自于湿法冶金上一工序的原料浸出液，一般不希望将这种浸出液稀释或浓缩，所以在开发萃取体系时应尽量根据料液的浓度选择有机相的萃取剂浓度和相比。

图 5-1　DEHPA 萃锌的平衡等温线[3]

（pH = 2, DEHPA = 20% V/V）

5.2.2　萃取剂浓度的影响

式(4-8)中 $D = K_{ex}[\overline{R}]^e[L]^m$，式(4-17)中 $D = K_{ex} \times \dfrac{[\overline{HR}]^n}{a_{H^+}^n} = \dfrac{\beta_n \Lambda}{[K_a^H]^n \cdot \lambda^n}$

$\times \dfrac{[\overline{HR}]^n}{a_{H^+}^n}$，式(4-22)及式(4-27)分别为：

$$D = K_{缔} \cdot K_{锌}^{n-m} \cdot \beta_n \cdot [L^-]^n \overline{[R_2O]}^{n-m} [H^+]^{n-m}$$

$$D = K_{交} \cdot K_{铵}^{n-m} \cdot \beta_n \cdot [L^-]^n \overline{[R_3N]}^{n-m} [H^+]^{n-m}$$

显而易见，无论哪一种萃取体系，其分配比 D 均受自由萃取剂浓度影响，而且在各式中自由萃取剂浓度均带有指数，表明这种影响还很大。

但是，有机相的萃取剂浓度还受黏度、密度、表面张力等性质的限制，因此很少情况是用 100% 的萃取剂，多数情况下萃取剂的浓度均小于稀释剂浓度。此时，如果料液金属离子浓度高，则用加大相比的办法来处理。

5.2.3 相比的影响

我国统一规定用 O/A，即进料有机相的体积与水相的体积之比表示相比 (R)，在连续萃取作业中又称其为流比。而在某些国家习惯用 A/O 表示相比。按我国的表示方法，相比大则被萃取进入有机相的金属离子的绝对量大。相比对于两相混合时的相连续状态有重要影响。当相比大于 3/1 时，有机相一般成为连续相；反之当相比小于 1/3 时，有机相一般为分散相。

5.2.4 温度的影响

温度对萃取过程的影响是多方面的，目前还只限于对具体的体系研究温度的影响。

(1) 温度影响萃取平衡常数。有的体系随温度升高平衡向有利于萃取方向进行，分配比 D 升高，两元素的分离系数相应变化，表 5 – 2 列出了 10% P507 及 90% 260 号溶剂油构成的有机相萃取分离钴镍时，温度的影响数据。

表 5 – 2 温度对 P507 萃取分离钴镍的影响[4]

温度/℃	10	20	30	40	50
D_{Co}	18.3	32.6	53.1	61.5	151
D_{Ni}	0.304	0.294	0.304	0.294	0.341
$\beta_{Co/Ni}$	60.2	111	202	412	443

显然，钴的温度效应显著，而镍的温度效应不明显，因此钴镍的分离系数提高很大。

但有的体系温度对平衡移动的影响完全相反，例如，用苯基膦酸单 2 – 乙基己基酯萃取镧系元素，其分配比随温度的升高而降低(表 5 – 3)。

其至同一体系仅仅盐析剂不同，温度效应也不一致，如醚类萃取硝酸铀酰，以硝酸镁为盐析剂，0℃时分配比为 2，25℃时仅为 0.6，如果盐析剂改用硝酸锶却没有明显的温度效应。

(2) 温度影响萃合物在有机相的溶解性能，如用 TBP 萃取盐酸，降低温度有机相会分为两个液层，上层主要为稀释剂，下层是稀释剂富集的萃合物，随稀释剂不同分为两个液层的临界温度也不同，己烷在 -6℃分层，石油醚在0℃，异辛烷在5℃，煤油在10℃，高沸点煤油在44℃，这表明临界温度随稀释剂的链长增加而提高。

表 5 - 3　温度对苯基膦酸单 2 - 乙基己基酯萃取镧系元素的影响

温度 /℃	分　配　比							
	La	Ce	Pr	Nd	Pm	Sm	Eu	Gd
15	0.205	0.822	1.108	1.27	3.25	11.07	28.9	49.5
50	0.0457	0.224	0.365	0.464	1.38	4.55	11.0	18.5

（3）温度还影响萃合物的构型，用有机磷（膦）酸类萃取剂萃钴，形成钴的八面体配合物，其组成为 $CoR_2 \cdot 2HR \cdot nH_2O$，带粉红色，而升高温度则变为钴的四面体配合物，组成为 $CoR_2 \cdot 2HR$，为深蓝色，表明升高温度发生了脱水的构型转化。

此外，温度还影响反应动力学，影响分相速度，影响萃取剂的溶解损失。

一般希望尽可能在常温下运行，既方便又节能，对于一定需加温的体系，其最高温度也有限制，以便减少溶剂的挥发损失及环境污染。

5.2.5　水相酸度（或 pH）对萃取过程的影响

这是一个非常重要的工艺参数，各类萃取体系的情况还不相同。故分别讨论。

5.2.5.1　中性配合萃取体系

以中性磷型萃取剂对稀土的萃取过程为例，随硝酸浓度增加，从式（4-9）可知，由于 D 与硝酸根浓度的三次方成正比，故在图 5-2 上，曲线开始呈上升趋势，但随着硝酸浓度继续增加，由于它的竞争萃取作用，使自由萃取剂浓度降低，同样由式（4-9）可知，D 减小，故在图 5-2 曲线中部出现 D 下降趋势，但随着硝酸浓度的继续增加，曲线又呈上升趋势，这是由于大量氢离子的盐析效应所致。在有其他盐析剂如硝酸铵及硝酸锂存在的情况下，因为水相中原来硝酸根浓度就很高，所以它对分配比上升的有利影响不大，故随着硝酸浓度增加，自由萃取剂减小的影响很突出，故曲线一开始即呈下降趋势。图 5-3 是 P350 萃取稀土时，以硝酸铵作盐析剂情况下，分配比 D 与料液酸度的关系，由于实验只做到 2 mol/L HNO_3，故未见曲线上升情况，估计当硝酸浓度继续提高，其浓度达到一定值时，曲线也有可能出现上升的情况。

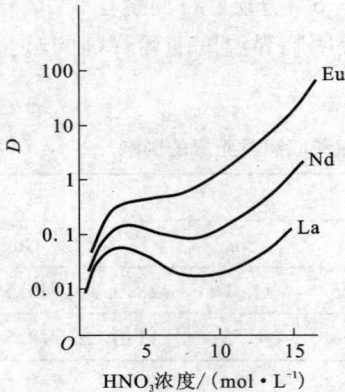

图 5 – 2　硝酸浓度对 TBP
萃取稀土的影响

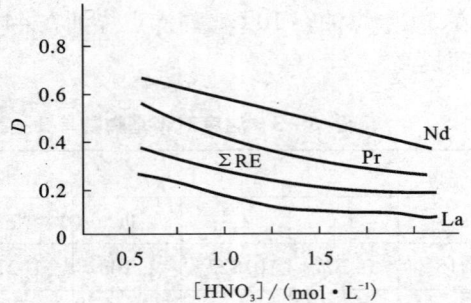

图 5 – 3　P350 萃取轻稀土体系中,
分配比 D 与料液酸度的关系

$c_{RE(NO_3)_3} = 1.25$ mol/L　$c_{NH_4NO_3} = 130$ g/L

50% P350——煤油

5.2.5.2　离子缔合萃取体系

在离子缔合体系的情况,酸度同样有重要影响。在式(4 – 22)及(4 – 27)中,分配比 D 均与阴离子配位体浓度的 n 次方及氢离子浓度的 $(n-m)$ 次方成正比,但𨨏盐萃取与胺盐萃取还有所不同。因为,氧原子的碱性小于胺氮原子的碱性,所以按𨨏盐机理萃取时,必须在高酸度下进行,而胺盐萃取可在较低酸度下进行。原则上为了保证胺盐的生成,伯、仲、叔胺的萃取应在酸性介质中进行。但也可预先用酸使胺生成盐,再在较低酸度下按阴离子交换机理发生萃取反应。季胺盐的萃取更为复杂,因为它本身就是一种盐,并不需要萃酸生成胺盐,所以可在高 pH 范围内进行萃取。应用的最高 pH,受金属开始水解的 pH 限制。例如,用 N263 的硝酸盐萃取分离镨钕时,水相中不添加配合剂的情况下,随着 pH 的增加即氢离子浓度的减少,分配比增加,但继续增加 pH,分配比不变化,这说明 H^+ 不参加反应,此时可认为反应按以下方式进行:

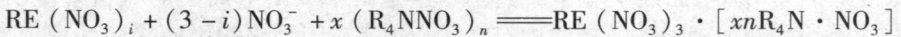

$$RE(NO_3)_i + (3-i)NO_3^- + x(R_4NNO_3)_n \Longrightarrow RE(NO_3)_3 \cdot [xnR_4N \cdot NO_3]$$

但如果往水相中添加水溶性配合剂,例如氨羧配合剂二乙基三胺五乙酸(DTPA)时,情况则发生了变化。因为 DTPA 与 RE 的配合物的稳定性随酸度的增加而降低,而这种亲水的稀土配合物是不利于萃取的。所以此时,随酸度下降,即 pH 增加,分配比降低。

无论是𨨏盐还是以胺盐形式萃取,因为被萃物是以配阴离子形式萃取,所以当水相中无机配位体浓度增加(添加含配位体的其他盐)或酸度增加(含有相同配位体的酸)到某种程度,有可能使被萃取的配阴离子的组成发生变化,例如,由一价配阴离子变成二价乃至三价,此时,分配比反而下降。

5.2.5.3　酸性配合萃取体系

在酸性配合萃取体系中，由于萃取剂上的氢离子与金属阳离子发生交换进入水相，故酸度的影响更为重要。由式（4 – 17）$D = K_{ex} \times \dfrac{[\overline{HR}]^n}{a_{H^+}^n}$，用对数展开该式，有：

$$\lg D = \lg K_{ex} + n\lg[\overline{HR}] - n\lg a_{H^+} = \lg K_{ex} + n\lg[\overline{HR}] + n\mathrm{pH} \qquad (5-3)$$

对于一个具体的萃取体系，总可以找到一个 pH，使 $D = 1$，定义这个 pH 叫做半萃取的 pH，并以符号 $\mathrm{pH}_{1/2}$ 表示。所以由式（5 – 3），当 $D = 1$ 时有：

$$\lg D = 0 = \lg K_{ex} + n\lg[\overline{HR}] + n\mathrm{pH}_{1/2}, \quad \mathrm{pH}_{1/2} = -\frac{1}{n}\lg K_{ex} - \lg[\overline{HR}] \qquad (5-4)$$

因为 $\Lambda \gg \lambda \gg 1$，且 $K_n \gg 1$，所以水相中的 $[\overline{HR}]$、$[R^-]$ 和 $[MR_n]$ 可以忽略不计。假设有机相内不发生二聚合作用，则自由萃取剂浓度可以按下式计算：

$$[\overline{HR}] = c_{HR} - n[\overline{MR_n}] \qquad (5-5)$$

将式（5 – 4）代入式（5 – 3），得：

$$\lg D = n(\mathrm{pH} - \mathrm{pH}_{1/2}) \qquad (5-6)$$

利用该式很容易计算不同 pH 的分配比 D。该式只有在自由萃取剂浓度不变时才正确。

根据上述各式可得出下列结论：

（1）pH 对分配比影响很大，当 $[\overline{HR}]$ 恒定时，pH 增加一个单位，D 就增加 10^n 倍，因为 n 为金属离子价数，对一价离子，D 增加 10 倍，对二价离子，D 增加 100 倍。金属最大的萃取率在接近其水解 pH 附近。

（2）萃取体系的 $\mathrm{pH}_{1/2}$，决定于萃取反应总平衡常数 K_{ex} 和自由萃取剂浓度 $[\overline{HR}]$，K_{ex} 与 $[\overline{HR}]$ 越大，$\mathrm{pH}_{1/2}$ 越小，即越容易萃取，因此 $\mathrm{pH}_{1/2}$ 可作为酸性配合萃取体系表示萃取能力的又一指标。

（3）当有机相中 MR_n 浓度增加甚至接近饱和时，自由萃取剂浓度 $[\overline{HR}]$ 就很小，所以 $\mathrm{pH}_{1/2}$ 就增加。例如，环烷酸萃钇的 $\mathrm{pH}_{1/2}$，在稀溶液萃取时为 4.2，但在有机相接近饱和萃取时，其值为 5 ~ 6。

（4）当自由萃取剂浓度一定时（通常当萃取剂总浓度较大，而被萃物浓度不高时，可以这样认为），以萃取率与 pH 作图，为一对称的 S 形曲线，图 5 – 4 即为在 20℃，30% P204 以壳牌溶剂为稀释剂时萃取若干金属的 pH 平衡等温线。如以分配比的对数值与氢离子浓度的对数（或 pH）作图，则为一条直线。图 5 – 5 即为典型的 P204 萃取各种稀土离子时分配比 D 与酸度的关系。

必须强调的是，$\mathrm{pH}_{1/2}$ 是定义一个表征酸性配合萃取体系萃取能力的参数，其唯一的条件是 $D = 1$，当萃取相比 R 为 1 时，此时萃取率为 50%，当 $R \neq 1$ 时，萃取率 q 为 $R/(1 + R)$。

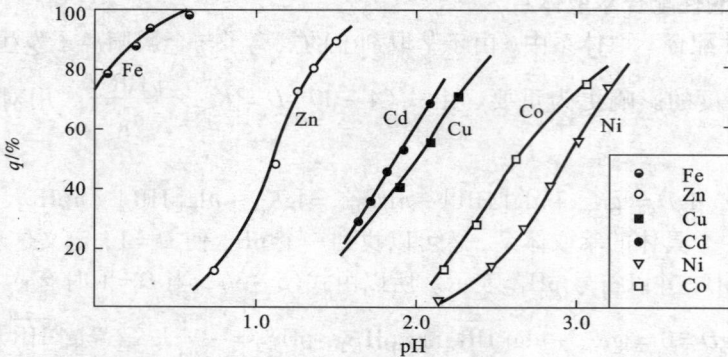

图 5 - 4   30% P204 - 壳牌溶剂(20℃)萃取金属的 pH 平衡等温线

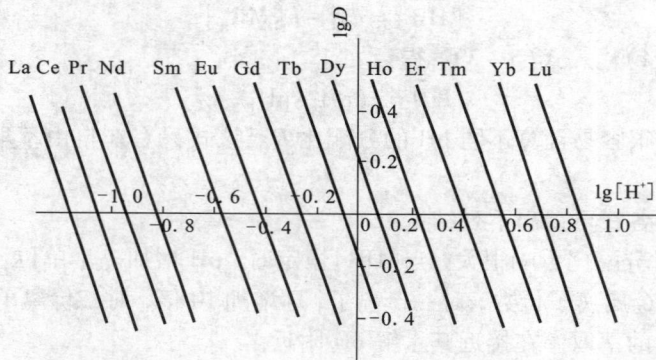

图 5 - 5   用 P204 萃取稀土离子时 D 与酸度的关系

实验条件: P204(1 mol/L) - 甲苯; 料液浓度: RECl$_3$ 为 0.05 mol/L

5.3   萃取剂结构对萃取性能的影响[5-8]

萃取剂的性能取决于其结构, 本节重点讨论萃取剂分子中的取代基效应对萃取剂分子萃取能力和选择性的影响。

5.3.1   对萃取剂配位原子碱性的影响

溶剂萃取是金属离子与萃取剂形成配合物的过程, 也是一个酸碱反应过程。在生成萃合物时, 起主要作用的是萃取剂功能基团或配位原子的酸碱性。萃取剂分子中取代基的取代基效应会影响萃取剂分子特别是功能基团电子云密度分布, 从而对萃取剂的酸碱性、萃取能力和萃取选择性产生影响。

如第 1 章所述, 化合物的碱性强度常用 pK_b 来表示, pK_b 越小, 碱性越强, 对金属离子的萃取能力也就越大。通常情况下, 配位原子上连接有给电子效应的基团时，会增加配位原子的电子云密度，即增加配位原子的碱性，从而提高配位原子的配位能力，强化萃取剂的萃取能力。但情况有时候较为复杂，萃取剂分子在水溶液中的碱性常常受到多种因素（如溶剂效应、空间效应、分子内与分子间氢键）影响，需要综合考虑各种因素的影响。以下将对取代效应对不同类型的萃取剂的配位原子碱性的影响进行介绍。

5.3.1.1　中性含氧萃取剂结构对配位原子碱性的影响

含氧萃取剂主要指醚、酯、醛、酮等化合物。其中醚类起作用的功能基团是 —C—O—C—，醇类功能基团是 —OH，而酯、醛、酮等的功能基团都是 —C =O。

含氧萃取剂的萃取能力一般按形成锌盐的能力增加而增大，它们形成锌盐能力的次序是：

$$醚（R_2O）< 醇（ROH）< 酯（RCOOR）< 酮（RCOR）< 醛（RCHO）$$

故对金属的萃取能力也是按以上次序逐渐增大的。醇、醚中的碳—氧键为 σ 键，其电子云定域在两个原子之间，活动性较少。由于氧电负性大于碳，σ 电子云偏向氧原子一边；醛、酮和酯羰基中有 σ 键和 π 键，其 π 键电子云流动较大，同样由于氧电负性大于碳，羰基中 σ 和 π 键电子云均偏向氧原子，羰基 C =O 中氧有更多的负电荷；酯中的 OR 基的吸电子诱导效应比给电子的共轭效应强，与醛、酮相比酯羰基中氧的电子云密度要低一些。脂环族取代的醇、酮由于空间位阻较小比碳原子数相同的脂肪族醇、酮碱性要强，萃取能力要大。

功能基团所连的烃基对萃取性能也有一定的影响，这主要是空间效应引起的。例如碳原子数目相同的伯、仲、叔醇萃取能力的顺序是叔醇 > 仲醇 > 伯醇，这是由于叔醇空间位阻较大，较难生成分子间氢键，因而碱性较强的缘故。烃基上支链增加通常使萃取剂的萃取能力降低，这一效应对长链及支链接近功能基团的萃取剂特别显著。例如，一系列环己酮衍生物对几种金属的萃取能力表明，在羰基邻位有取代基的衍生物会降低金属的分配比，而当取代基在对位时，这种影响很小。空间位阻对提高萃取剂的选择性及分离效果是很有好处的。例如相同碳原子的甲基异丁基酮（MIBK）和甲基正戊基酮在相同条件下，对钽铌的分离系数分别是 736 和 394。

酯类化合物是分析化学上常用的萃取剂，而醛类无论在分析化学及金属萃取中都很少应用，主要原因是由于醛类化合物容易氧化。

醇类中仲辛醇较为常用，它可以从氯化钴的盐酸溶液中萃铁，以达到铁钴分离的目的。它广泛用于铌－钽萃取分离，萃取时一般采用硫酸和氢氟酸的混合酸体系，并且酸度较高，研究表明，仲辛醇萃钽是按水化—溶剂化机理进行，硫酸起盐析剂作用；萃取剂分子首先与水化质子结合，形成大阳离子，再与金属配阴离子缔合成中性萃合物分子。

某些酮、特别是不对称酮可作为萃取剂，依据不对称原理，羰基两端烷基不对称的酮，具有良好的萃取能力。一端碳链长或加以支链化以减少其水溶性，另一端碳链短以减少其空间位阻作用。例如，MIBK（甲异丁酮）分子结构合适，选择性好，价格便宜，虽有水溶性较大的缺点，但还是工业上常用的萃取剂。

醚类在溶剂萃取中曾经使用得比较广泛。如乙醚是早期铀工业中的重要萃取剂，但由于它易燃，长期使用时会产生过氧化物，易爆炸及成本高，已逐渐被淘汰。

醚类萃取剂中的冠醚由于对金属离子具有较高的萃取选择性，近年来已引起人们的重视。常见的一些冠醚结构及名称如下：

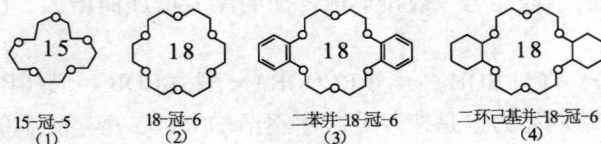

15-冠-5　　18-冠-6　　二苯并-18-冠-6　　二环己基并-18-冠-6
（1）　　　（2）　　　　（3）　　　　　　（4）

冠醚与金属离子形成配合物，是借助于环上带负电性的氧原子与阳离子之间的离子–偶极静电作用。一般来说，若金属离子的直径大小与醚环的空穴大小相匹配，则形成的配合物稳定性高、易被萃取入有机相。例如上述（3）和（4）冠醚的空穴孔径大小相似（0.26～0.32 nm），均能选择性萃取钾离子（离子直径为 0.266 nm），然而空穴直径小些的 12–冠–4，则可选择性萃取钠离子（离子直径为 0.19 nm）。影响冠醚萃取选择性的因素除了冠醚的空穴大小外，其他某些因素如金属离子的电荷、冠醚环上的取代基的空间效应以及溶剂的性质等也有很大的影响。

冠醚及其类似物的萃取能力研究表明，它们是一种有特殊空间效应的萃取剂，具有分离离子半径不同的化学相似物的能力。18–冠–6 的衍生物在回收和纯化碱金属、碱土金属及汞、金、银等的萃取工艺中已有应用。

例如在一定条件下用 0.1 mol/L 冠醚氯仿溶液萃取金属离子的次序如下：

12–冠–4（空穴直径 0.12～0.15 nm）

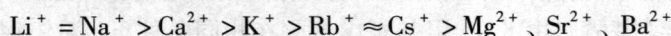

$$Li^+ = Na^+ > Ca^{2+} > K^+ > Rb^+ \approx Cs^+ > Mg^{2+} 、 Sr^{2+} 、 Ba^{2+}$$

15–冠–5（空穴直径 0.17～0.22 nm）

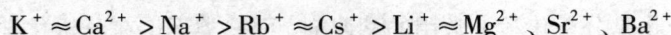

$$K^+ \approx Ca^{2+} > Na^+ > Rb^+ \approx Cs^+ > Li^+ \approx Mg^{2+} 、 Sr^{2+} 、 Ba^{2+}$$

18–冠–6（空穴直径 0.26～0.32 nm）

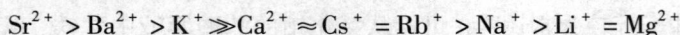

$$Sr^{2+} > Ba^{2+} > K^+ \gg Ca^{2+} \approx Cs^+ = Rb^+ > Na^+ > Li^+ = Mg^{2+}$$

从这些序列可以看出，碱金属或碱土金属离子的萃取选择性，是随醚环空穴增大而朝着更大的阳离子方向移动。即冠醚环的大小与金属离子大小相匹配时则有良好的萃取能力。

当环的大小不变时，在醚环中引入芳香烃和脂环烃取代基，可提高萃取能力。如二苯并–18–冠–6 和二环己基并–18–冠–6，对碱金属和碱土金属萃取的萃取平衡常数比 18 - 冠醚 - 6 的增加上千倍。

5.3.1.2 中性有机磷(膦)萃取剂结构对配位原子碱性的影响

中性有机磷(膦)化合物是以其磷酰氧原子(P＝O)氧上的孤对电子与中性金属化合物中的金属离子配位生成萃合物而萃取金属的。磷酰氧原子的碱性(氧原子的电子云密度)对其萃取能力起重要作用。考察系列中性磷(膦)型萃取剂,其萃取能力有以下次序:

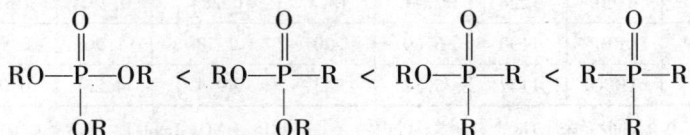

$$\text{RO—P—OR} < \text{RO—P—R} < \text{RO—P—R} < \text{R—P—R}$$

其原因是烷基 R 为给电子诱导效应(+ I);OR 同时存在吸电子诱导效应(- I)和给电子共轭效应(+ C),但 - I 效应强于 + C 效应,所以在上述结构中 OR 总体表现为吸电子效应。因此随着中性磷萃取剂分子中烷氧基 OR 逐渐被烷基 R 取代,磷氧键上氧原子的电子云密度增加,碱性增强,因此无论按照中性溶剂化机理还是锌盐机理萃取,它们的萃取能力均按上述规律变化。

研究表明:当磷酸三丁酯(TBP)分子中的丁氧基部分或全部被丁氨基取代以后,由于氮原子的给电子共轭效应(+ C)强于氧原子,使得磷酰氧原子的电子云密度增大,萃取铀的平衡常数增大(表 5 - 4)。

表 5 - 4 磷酰氧原子的反应性对萃取铀性能的影响

萃取剂	$K_U^①$
$(BuO)_3PO$	23
$BuNHPO(OBu)_2$	6.8×10^2
$(BuNH)_2P(O)OBu$	1.05×10^3
$(BuNH)_3PO$	2×10^6

注:①萃取剂为 0.05 ~ 0.2 mol/L 己烷,HNO$_3$ 1 mol/L,U 示踪量。

一般来说,当磷酸三烷基酯中的烷基被芳香基 Ar 替代后,芳氧基(ArO)中由于 O 与芳环共轭,其对磷酰基的 + C 效应弱于 OR,即 ArO 基总体上而言吸电子效应强于 OR 基,使磷酸三苯酯[(ArO)$_3$PO]碱性降低,萃取能力下降;但在苯基膦酸酯[Ar$_3$PO]中,由于苯基直接与磷酰基相连,苯的给电子共轭效应(+ C)使磷酰氧上电子密度增加,增加 Ar$_3$PO 萃取剂的萃取能力。

为了探讨中性磷氧萃取剂的取代基团与萃取稀土能力的定量关系,可以按 P＝O 键红外吸收特征频率($v_{P=O}$)通过 Bell - Rozen 经验公式 $\sum X = 6.13 + 0.237$ ($v_{P=O}$ —1170)求出分子中取代基团电负性总值($\sum X$):

作为极性参数的红外光谱 P＝O 键特征频率 $\upsilon_{P=O}$ 的值降低，萃取稀土元素的分配比增大，见表 5-5。

表 5-5　中性磷(膦)化合物的 Lewis 碱性对萃取性能的影响

结构	缩写	$\upsilon_{P=O}$	$\sum X$	D_U	D_{Th}	D_{Ce}	D_{Pm}	D_Y
$(BuO)_3PO$	TBP	1269	8.48	1.48	8.3×10^{-3}	0.026	0.050	0.044
$BuPO(OBu)_2$	BDBP	1224	7.41	18.5	0.284	0.291	0.613	0.419
$Bu_2P(O)OBu$	DBBP	1190	6.60	220	7.78	1.96	2.95	3.61
Bu_3PO	TBPO	1157	5.82	743	49.4	4.25	6.00	12.3

注：萃取剂：0.1 mol/L 苯，Th^{234}，Ce^{144}，Pm^{147}，Y^{90} mol/L，HNO_3 3mol/L。

求得的 $\sum X$ 值与实验测得的分配比值 D_{Ce}、D_Y、D_{Pm} 有较好的线性关系，如图 5-6 所示，电负性总值越小，取代基团拉电子能力越弱，磷酰氧原子(P＝O)的电子云密度越大，因此，分配比(D)越大。

另一方面，萃取剂的结构与构型对萃取性能也有直接影响，分子中临近萃取功能基团的烷基有较大支链时，就会产生空间效应。中性磷(膦)萃取剂在硝酸介质中萃取稀土元素时，同时有三个萃取剂分子参与配位，结构空间位阻影响较为明显。当烷基碳原子数目相同时，随着支链增多，空间位阻增大。如由图 5-7 所示的丙基膦酸二烷基酯萃取稀土元素的规律可见，当酯烷基碳原子数目相同，随着酯烷基的异构化程度增强，空间位阻增加，萃取镧系元素的分配比按正辛基($n-C_8H_{17}$) > 2-乙基己基 iso-(C_8H_{17}) > 1-甲基庚基($sec-C_8H_{17}$)，及正丁基 > 异丁基 >

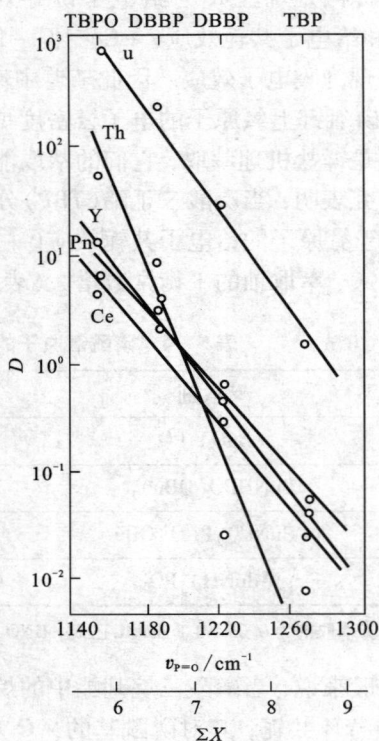

图 5-6　取代基团电负性对萃取性能的影响

(水相 3 mol/L HNO_3)

仲丁基 > 叔丁基的次序下降。当酯烷基为直链时，碳原子数目对萃取性能的影响不太明显。

异丙基膦酸二烷基酯的萃取能力一般均大于 TBP，这是因为异丙基膦酸二烷

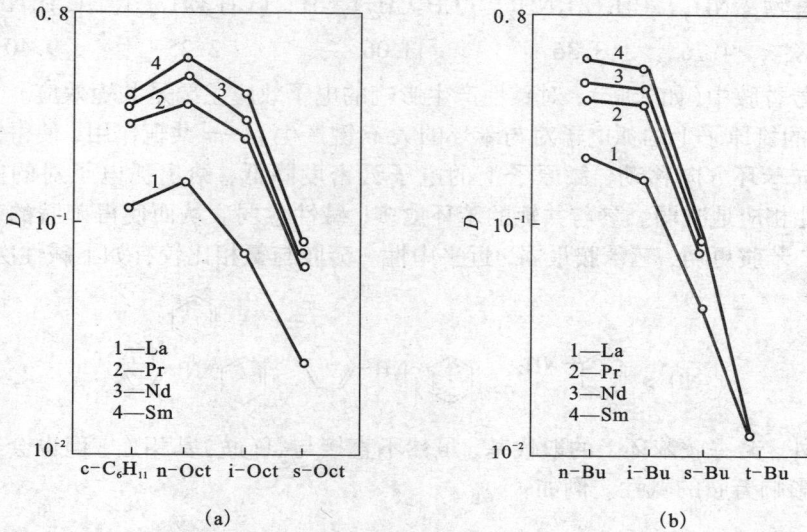

图 5 - 7 （CH₃）₂CHP（O）（OR）₂ 萃取分离部分镧系元素的分配比（3 mol/L HNO₃）

（a） $R = cycC_6H_{11}$，$n - C_8H_{17}$，$iso - C_8H_{17}$，$sec - C_8H_{17}$；

（b） $R = n - C_4H_9$，$iso - C_4H_9$，$sec - C_4H_9$，$tert - C_4H_9$

基酯的磷酰氧原子的电子云密度大于 TBP。异丙基膦酸二烷基酯的萃取能力不及甲基膦酸二（1 - 甲基庚基）酯（P350、DSOMP），这是因为甲基超共轭效应（给电子）的缘故，当然也与异丙基直接与磷原子相连、空间位阻大于甲基有关。萃取剂的空间位阻效应，可提高它对中心离子的选择性，使相邻稀土元素的分离系数增大。例如，甲基膦酸二（1 - 甲基庚基）酯、异丙基膦酸二（1 - 甲基庚基）酯、异丙基膦酸二（2 - 乙基己基）酯的镨镧分离系数 $\beta_{Pr/La}$，分别为 2.27、2.55，3.06。TBP、异丙基膦酸二异丁酯的镨镧分离系数 $\beta_{Pr/La}$，分别为 1.94、2.19。

5.3.1.3 胺类萃取剂结构对配位原子碱性的影响

有机胺类萃取剂的配位原子为 N 原子，氮原子上的电子云密度愈大，则接受质子的能力就愈强，也就是碱性愈强，萃取能力愈强。有机胺可视为氨分子（NH₃）中的氢原子被烷基取代后的产物，烷基的给电子的诱导效应（+I 效应）使氮原子上的电子云密度增大，碱性增强。因此，在伯、仲、叔、季四种胺中，随着 R 基团的增加，碱性增强，萃取能力有以下次序：$R_4N^+Cl^- > R_3N > R_2NH > RNH_2$。但是值得指出的是，在水或极性溶剂中，由于水化或溶剂化作用，上述碱性有可能发生变化。研究表明：胺在极性溶剂或水中碱性强弱有如下顺序：$R_2NH > RNH_2 > R_3N$。

几种简单的胺在水中的 pK_b 列举如下：

化合物	NH_3	$CH_3CH_2NH_2$	$(CH_3CH_2)_2NH$	$(CH_3CH_2)_3N$	$C_6H_5NH_2$
pK_b	4.76	3.36	3.06	3.25	9.40

在芳香胺中(如苯胺),对碱性产生影响的电子效应主要是共轭效应。苯胺中 sp^2 杂化的氮原子上的孤电子对与苯环的大 π 键产生 p—π 共轭作用,使得氮原子电子云向苯环方向移动,氮原子上的电子云密度降低,给出孤电子对的能力降低,碱性相应地减弱。参与共轭的苯环愈多,碱性愈弱。从而使得苯胺的碱性弱于氨,二苯胺更弱,三苯胺最弱,近乎中性。芳胺与氨相比较有如下碱性次序:

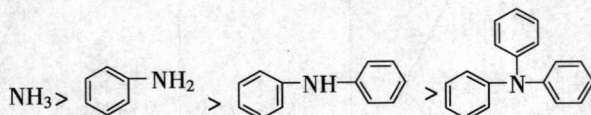

此外,芳香胺苯环上的取代基,虽然不直接与氨(胺)基相连,但也会通过电子效应影响芳胺的碱性。例如:

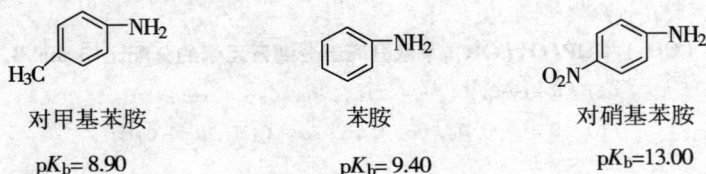

对甲基苯胺	苯胺	对硝基苯胺
pK_b= 8.90	pK_b= 9.40	pK_b=13.00

对甲基苯胺的碱性(pK_b =8.90)比苯胺(pK_b =9.40)强,其原因是甲基与苯环相连,通过超共轭效应增大了苯环上的电子云密度,氨基氮原子上电子云密度也随之增大,碱性增强;相反,当胺基的对位连有吸电子基团时,取代苯胺的碱性减弱。例如,对硝基苯胺的碱性(pK_b =13.00)要比苯胺的碱性小许多,这是因为处于胺基对位的硝基具有强的吸电子诱导效应(-I 效应)和吸电子共轭效应(-C效应),使氮原子电子云密度大大降低。

伯、仲、叔胺、季铵盐等萃取剂的萃取过程主要是通过阴离子交换与金属离子形成萃合物。伯、仲、叔胺属于中等强度的碱性萃取剂;季铵盐则属于强碱性萃取剂,它能在高 pH 的介质中进行萃取。

胺类萃取剂的分子由亲水性胺基部分和亲油性烷基部分组成。萃取剂分子中烷基链的增长或由芳基代替烷基可降低胺类萃取剂在水中的溶解度,相应地增加胺的油溶性,都有助于提高胺类萃取剂的萃取能力。对于分子中含有—OH 基等亲水基团的低分子量的烷基胺,或对于在水中显著溶解的季铵盐,上述效应尤其显著。

胺盐与被萃取的金属按 A_{min} HL:ML_m 的形式实现萃取(A_{min} 代表胺;HL 代表无机酸;ML_m 代表金属盐)。这样键合形成的配合物是稳定的,胺盐与被萃金属离子形成的萃合物的稳定性受到与萃取剂上 N 原子上相连的取代基影响。N 原子给电子能力随取代基的给电子诱导效应(+ I)增大而增大,因而增大了萃取剂的萃取能力;反之使萃取剂的萃取能力减弱。

　　在有机化学中广泛使用的关联反应平衡常数与化合物中取代基电子效应的"取代基效应的线性自由能关系"可以定量研究取代基的电子效应对其反应性能的影响。

　　关于胺类萃取剂的取代基的诱导效应对配位原子 N 的反应性的影响,在不考虑空间效应的情况下,可用哈密特(Hammet)方程描述:

$$\lg K = \lg K_0 + \rho \sum \sigma \qquad (5-7)$$

式中:K、K_0 为萃取剂取代后和取代前化合物的反应平衡常数。ρ 为系数,对一定的反应类型来说它是一个常数,可称为反应常数;对胺类萃取剂而言,ρ 为负数。σ 为表征取代基效应,与反应类型及条件无关,称为取代基常数。当有多个取代基时,它们的影响可将 σ 加和来求得。通常 σ 有三种数据:

　　①取代基通过苯环与配位原子相连的取代基常数,以 σ' 表示,称为 Hammet 取代基常数;

　　②取代基通过 $C_6H_4CH_2$ 基与配位原子相连时的取代基常数,以 σ^0 表示;

　　③取代基直接与配位原子相连的取代基常数,以 σ^* 表示,称为 Taft 取代基常数。

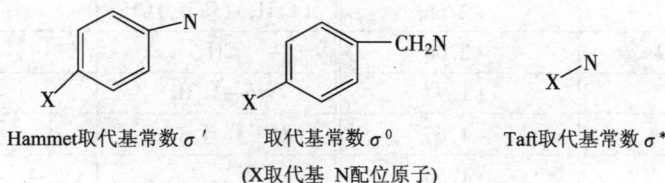

Hammet取代基常数 σ'　　　取代基常数 σ^0　　　Taft取代基常数 σ^*

(X取代基　N配位原子)

　　表 5 - 6 列出了直接与配位原子连接的取代基常数 σ^* (Taft 常数);表 5 - 7 列出了取代基被—C_6H_4—基团与配位原子 N 分开时的取代基常数 σ'(Hammet 常数)。

　　因为 ρ 为负值,因此随着 σ 值的减小,K 增加,也就是萃取能力增大。所以可以利用表 5 - 6 和 5 - 7 中所列出的 σ^* 和 σ' 数据来分析胺类萃取剂中氮原子附近的取代基对形成的萃合物的稳定性的影响,及对不同结构的胺盐萃取能力的影响。

　　从表 5 - 6 可以看出,当取代基空间效应影响不大,诱导效应为主要影响因素时,取代基碳链加长或者支链化程度加大使 σ^* 减小,从而使胺的萃取能力增强,并随伯、仲、叔、季胺而加大。

　　从表 5 - 6 的数据可以得出如下结论:在各种胺盐中,若其取代基有正 σ^* 值,并大于氢的 σ^* 值($\sigma_H^* = 0.43$)时,则它的反应活性小于没有取代基的相应胺盐。对于一些较强吸电子基团取代基(如 NO_2、CH_3COO、CH_3CO—、$ClCH_2$、C_6H_5 等)的胺盐,由于有较大正 σ^* 值,配位 N 原子电子云密度较低,它与金属生成的萃合物不稳定，萃取能力较弱。只有当取代基为给电子基团时，即 $\sigma^* <$ 0.430 时，与配位原子氮直接相连的取代基，与氢原子相比可以增加 N 原子的电子云密度，使萃取剂萃取能力增强。

从表 5 - 6 还可以看出：当取代基与配位氮原子之间存在着 CH$_2$ 基时，其诱导效应的 σ^* 值是相当小的。所以胺盐的萃取能力应按如下次序增强：C$_6$H$_5$CH$_2$NH$_2$、C$_6$H$_5$(CH$_2$)$_2$NH$_2$、C$_6$H$_5$(CH$_2$)$_3$NH$_2$。

而从表 5 - 7 中的数据可得出如下结论：在芳香胺的苯基或其他芳香基中引入像 Cl、NO$_2$、NO、COOH 等吸电子取代基时，它们的 Hammet 常数 σ' 较大，使这些化合物的配位原子的活性减弱，即形成的萃合物稳定性减弱，萃取能力减弱；反之，在苯环上引入像羟基(OH)、烷氧基(OR)和烷基(R)等 σ' 值较负的基团时，芳香胺的碱性和这些盐的阴离子的亲核性都增加，按式(5 - 7)K 增加，即使萃取剂的萃取能力增大。尽管羟基、烷氧基均为吸电子基，但由于 p—π 共轭效应的推电子作用占优势，使它们总体上呈给电子状态，使 σ' 值降低。

表 5 - 6 Taft 取代基常数

取代基	σ^*	取代基	σ^*
NO$_2$	+5.3	(C$_6$H$_5$)$_2$CH	+0.40
Cl$_3$C	+2.65	(C$_6$H$_5$)(C$_6$H$_4$)CH	+0.40
CH$_3$COO	+2.00	CH$_3$	+0.00
Cl$_2$CH	+1.94	环 - C$_5$H$_9$	-0.23
CH$_3$CO	+1.65	环 - C$_6$H$_{11}$CH$_2$	-0.06
OH	+1.55	环 C$_6$H$_{11}$	-0.17
ClCH$_2$	+1.05	C$_2$H$_5$	-0.10
BrCH$_2$	+1.03	正 - C$_3$H$_7$	-0.115
C$_6$H$_5$OCH$_2$	+0.85	正 - C$_4$H$_9$	-0.13
C$_6$H$_5$(OH)CH	+0.76	异 - C$_4$H$_9$	-0.125
CH$_3$COCH$_2$	+0.60	(叔 - C$_4$H$_9$)CH$_2$	-0.14
C$_6$H$_5$	+0.60	异 - C$_3$H$_7$	-0.20
C$_6$H$_5$CH$_2$	+0.23	(C$_2$H$_5$)$_2$CH	-0.225
(C$_6$H$_5$)(CH$_2$)$_3$	+0.02	(叔 - C$_4$H$_9$)CH$_3$CH	-0.285
HOCH$_2$	+0.55	叔 - C$_4$H$_9$	-0.32
CH$_3$OCH$_2$	+0.52	正 - C$_8$H$_{17}$	-0.16
O$_2$N(CH$_2$)$_2$	+0.50	环 - C$_3$H$_5$	-0.12
H	+0.43	环 - C$_4$H$_7$	-0.10

表 5 – 7 Hammet 取代基常数

组	取代基	σ'	组	取代基	σ'
胺	NH_2	-0.660	烃基或烃氧基	OH	-0.357
	$NHCH_3$	-0.592		OCH_3	-0.268
	$N(CH_3)_2$	-0.600		OC_2H_5	-0.250
	$NHNH_2$	-0.550		OC_3H_7	-0.268
	NHOH	-0.339		$OCH(CH_3)_2$	-0.286
羰基	COOH	$+0.265$		OC_4H_9	-0.320
	$COOC_2H_5$	$+0.522$		OC_5H_{11}	-0.340
	CHO	$+0.216$		$O(CH_2)_5CH(CH_3)_2$	-0.265
	$COCH_3$	$+0.516$		$OCH_2C_6H_5$	-0.415
	COC_6H_5	$+0.459$		OC_6H_5	-0.028
其他	COO	$+0.132$	烷基	CH_3	-0.170
	CN	$+0.628$		C_2H_5	-0.151
	NO_2	$+0.778$		C_3H_7	-0.126
	NO	$+0.123$		$CH(CH_3)_2$	-0.151
	F	$+0.062$		C_4H_9	-0.161
	Cl	$+0.227$		$CH_2CH(CH_3)_2$	-0.115
	Br	$+0.232$		$CH(CH_3)_2C_2H_5$	-0.148
	I	$+0.276$		$O(CH_3)_3$	-0.198
	CF_3	$+0.551$		$(CH_2)_2CH(CH_3)_2$	-0.225
	CH_3Cl	$+0.184$		$C(CH_3)_2C_2H_5$	-0.190

上述定量关系主要反映取代基的电子效应，具体应用时还应综合考虑电子效应、空间效应及溶剂化作用等因素。

5.3.2 对酸性萃取剂萃取能力(或酸性)的影响

5.3.2.1 取代基效应对化合物酸性的影响

酸性萃取剂中应用较多的有羧酸、含磷酸性萃取剂、苯酚及其衍生物等。

pK_a 是一个重要的酸性结构参数，pK_a 愈小，萃取剂的酸性也就愈强，其萃取能力则愈大。

诱导效应对有机化合物的酸性有较大影响，以羧酸为例，羧酸离解后形成的共轭碱的稳定性可以体现羧酸的强度，吸电子诱导效应($-I$ 效应)会分散羧酸根离子的负电荷，也就是增加酸根的稳定程度，换句话说，使它的共轭碱的碱性变弱，也就是使其与质子结合力变弱，故相应酸的酸性增强。反之，给电子基团（＋I效应）的电子效应减弱酸根负离子的稳定性，即使它的共轭碱的碱性增强，与质子结合力增强，故相应酸的酸性减弱。表 5－8 给出了一些脂肪酸的 pK_a，从中可看出 $-I$ 效应和 $+I$ 效应对羧酸酸性的影响。

表 5－8　一些羧酸和卤代酸的 pK_a（25℃水溶液）

化合物	pK_a	化合物	pK_a
HCOOH	3.77	FCH_2COOH	2.66
CH_3COOH	4.74	$CH_3CH_2CH_2COOH$	4.82
$ClCH_2COOH$	2.86	$CH_3CH_2CHClCOOH$	2.86
$Cl_2CHCOOH$	1.29	$CH_3CHClCH_2COOH$	4.41
Cl_3CCOOH	0.64	$CH_2ClCH_2CH_2COOH$	4.7

在乙酸中，给电子甲基使其酸性要弱于甲酸。卤素的电负性大，为吸电子基团，卤代酸酸性强于乙酸；卤素原子越多，酸性越强；诱导效应沿 σ 键传递，随着距离的增加诱导效应的影响快速减少，所以卤素原子离羧基越远，酸性越弱。

从上述例子已经看到一般吸电子基团会增加酸性，但是也有一些例外的情况。如下图中的化合物（1）和化合物（2），按一般诱导效应对酸性的影响来分析，具有吸电子效应的氯原子的化合物（2）酸性应该较强。但实际结果却相反，这可能是场效应所致。在化合物（2）中，碳氯极性键负的一端（氯一端）比正的一端（碳一端）距离羧基更近，则负端对氢的静电作用要大，导致氢难以离解而使酸性减弱。

（1）　　　　　　　　　　　　（2）

同样，有机化合物分子给出质子后所留下的阴离子结构中如能产生共轭效应，存在的共轭体系能稳定生成的负离子，则酸性增强，且共轭效应愈大，酸性愈强，反之愈弱。例如：

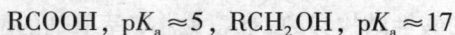

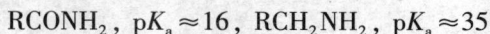

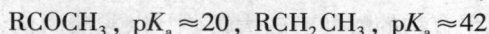

$$RCOOH，pK_a \approx 5，RCH_2OH，pK_a \approx 17$$
$$RCONH_2，pK_a \approx 16，RCH_2NH_2，pK_a \approx 35$$
$$RCOCH_3，pK_a \approx 20，RCH_2CH_3，pK_a \approx 42$$

三组化合物中，前者的酸性均比后者的酸性强，就是因为前者分子给出质子后形成的共轭碱存在共轭体系，电子产生了离域，扩大了运动的范围，使体系稳定，所以酸性较强；而后者分子给出质子后形成的阴离子中，电子的运动范围小或受到限制，使体系相对不稳定，故酸性较弱。这种共轭效应对酸碱性的影响在许多有机化合物中都存在。

有时分子中同时存在诱导效应和共轭效应，两种效应共同对化合物的酸性产生影响。如硝基取代的苯酚的酸性大小有以下顺序：

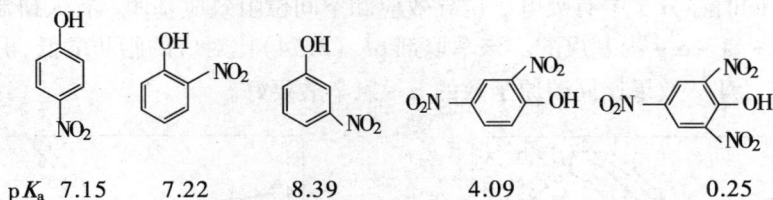

pK_a　7.15　　　7.22　　　　8.39　　　　　4.09　　　　　　0.25

处于羟基邻位和对位的硝基同时具有吸电子的诱导效应的共轭效应，而间位的硝基只有吸电子的诱导效应（根据共轭效应交替极化的性质，间位的硝基对酚羟基不能产生共轭效应）。由于吸电子基团使酸性增强，2，4，6 - 三硝基苯酚的酸性接近无机酸的酸性了，上述化合物的酸性都强于苯酚的酸性（pK_a =10）。

5.3.2.2　萃取剂结构对酸性萃取剂萃取性能的影响

1）有机羧酸萃取剂

羧酸及其盐类在水中有较大的溶解度。作为萃取剂的羧酸要有足够长的碳链，以减小其水溶性，在工业上常采用含 7~9 个碳的脂肪酸作为萃取剂。

羧酸对金属的萃取实质上为羧酸根阴离子 A^- 与金属阳离子 M^{n+} 的配合反应：

$$nA^+ + M^{n+} \rightleftharpoons MA_n$$

提高 A^- 离子的浓度，有利于配合物 MA_n 的生成。而 A^- 离子的浓度取决于羧酸的电离常数 K_a，K_a 值大的羧酸其萃取能力强。为了提高羧酸的萃取能力，可在羧酸的 α - 碳原子上引进电负性强的卤素原子，由于卤原子吸电子的诱导效应，使羧酸的 K_a 增大。

对于 C_6、C_8、C_{10} 和 C_{12} 的 α - 氯代脂肪酸和 α - 氯代环烷酸来说，其中氯代脂肪酸的 pK_a 值都在 2.9 左右，比相应的脂肪酸 K_a 值大两个数量级，从而使它们对稀土 La^{3+}、Nd^{3+}、Sm^{3+} 的萃取均移向了酸性区。与对应的脂肪酸相比，α - 氯代脂肪酸的 $pH_{1/2}$ 向酸性区移动了约一个 pH 单位。α - 氯代环烷酸的 $pH_{1/2}$ 向酸性区移动 0.9 个 pH 单位，从图 5 -8 可以看出，在同一个 pH 条件下，α - 氯代己酸萃取同一金属离子的萃取率比己酸的要高得多。

烃基结构对羧酸萃取剂的萃取性能影响较大。为了减少羧酸的水溶性，烃基碳链宜长一些为好。对于直链脂肪酸，由于对称性高，10 个碳原子以上的脂肪酸易成固态，离解常数 K_a 也较小，不宜作萃取剂，因此工业上多采用 $C_7 \sim C_9$ 的脂肪酸作萃取剂。在 α - 碳原子上带支链的脂肪酸，特别是 α - 二烷基脂肪酸，如叔碳羧酸 Versatic 9，它们的油溶性好，可作为工业萃取剂。

烃基的大小以及在烃基 α 位引入取代基，由于空间位阻效应的影响，使分离效果提高。例如用 C_8、C_{10} 和 C_{12} 的 α - 氯代脂肪酸在盐酸体系中萃取分离 La^{3+}、Y^{3+}，实验表明随着烃基碳原子数 n_c 增加，分离系数 $\beta_{La/Y}$ 值增大，$\beta_{La/Y}$ 与 n_c 呈一直线关系，如图 5-9 所示。

为了同时在分子中有吸电子诱导效应和空间位阻效应基团，有人研制了新的萃取剂 α - 氯 - α - 丙基戊酸。该萃取剂 $pK_a(2.74)$ 比对应的脂肪酸低，用于萃取分离 Co^{2+}、Ni^{2+} 效果比同碳原子数的 α - 氯辛酸要好。

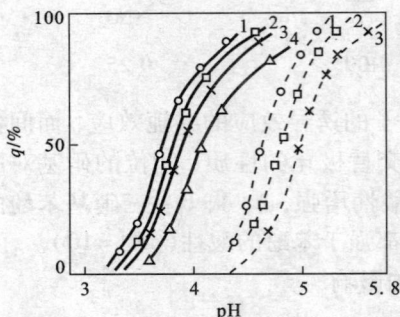

图 5-8 α - 氯己酸和己酸萃取镧、钐、钕、钇的 q - pH 图（虚线为己酸）

1—Sm; 2—Nd; 3—La; 4—Y

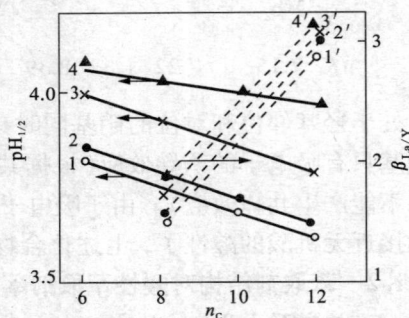

图 5-9 α - 氯代脂肪酸分子中的碳原子数 n_c 与 $pH_{1/2}$ 及 $\beta_{La/Y}$ 的关系

1—Sm; 2—Nd; 3—La; 4—Y

1'—pH = 3.5; 2'—pH = 3.8; 3'—pH = 4.0; 4'—pH = 4.2

工业上应用的羧酸萃取剂主要有环烷酸，其电离常数在 10^{-5} 左右。其结构式如下：

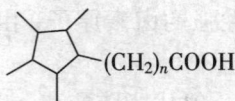

环烷酸在萃取冶金中主要用于分离 Y 与 La 系元素。

叔碳酸是羧基连在叔碳上的一类脂肪酸，也是常用的羧酸萃取剂，主要用于分离铜、铁、钴及稀散金属。前面所述的 Versatic 9，其主要成分就是下列两个叔碳酸的混合物：

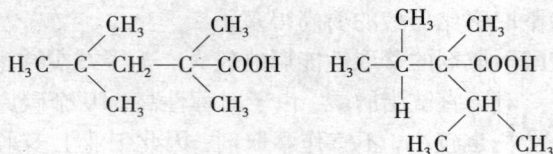

2）酸性含磷萃取剂

酸性磷（膦）酸酯的萃取是以—P(O)(OH)基为反应功能基团的，与羧酸类似，随着酸性增强其萃取能力增强，萃取能力顺序为：

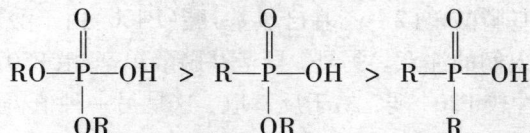

$$
\begin{array}{ccc}
\underset{\underset{\displaystyle OR}{\displaystyle |}}{\overset{\displaystyle O}{\overset{\displaystyle \|}{RO-P-OH}}} & > & \underset{\underset{\displaystyle OR}{\displaystyle |}}{\overset{\displaystyle O}{\overset{\displaystyle \|}{R-P-OH}}} & > & \underset{\underset{\displaystyle R}{\displaystyle |}}{\overset{\displaystyle O}{\overset{\displaystyle \|}{R-P-OH}}}
\end{array}
$$

在它们分子中随着烷基取代烷氧基，吸电子效应削弱，导致 pK_a 值增大，酸性降低，萃取能力也随之降低，反萃取较容易。酸性含磷类萃取剂的离解常数是决定萃取能力的主要因素，从表 5 - 9 中可以看出。

表 5 - 9　酸性含磷萃取剂结构与 pK_a

名称	结　构	pK_a	萃 La 的分配比 D_{La}
P204	$[C_4H_9CH(C_2H_5)CH_2O]_2P(O)OH$	3.32	0.99
P215	$[C_6H_{13}CH(CH_3)O]_2P(O)OH$	3.22	0.46
P507	$C_4H_9HC(C_2H_5)H_2CO-\overset{O}{\overset{\|}{P}}-OH$ 下方 $CH_2CH(C_2H_5)C_4H_9$	4.1	0.17
P229	$[C_4H_9CH(C_2H_5)CH_2]_2P(O)OH$	4.98	0.08
P406	$C_4H_9CH(C_2H_5)H_2CO-\overset{O}{\overset{\|}{P}}-OH$ 下方 C_6H_5	3.12	0.52

表中的 P406 尽管只有一个烷氧基（碳—氧键），但是由于苯基的吸电子作用，其 pK_a 值和二烷氧基磷酸相差不大，故萃镧的分配比下降不多。

萃取剂空间效应对萃取能力和分配比都有直接的影响。例如表 5 - 9 中 P204 和 P215[二（1 - 甲基庚氧基）磷酸]为同分异构体，两者 pK_a 很接近，但由于 P215 在邻近磷酰氧基有甲基支链，空间效应使之对镧的分配比下降较多。

P507 由于支链烷基直接与磷相连，其 pK_a 值增大，萃取镧分配比也随之下降。在萃取钴、镍时，它的支链引起的空间效应对钴、镍的分离效果优于 P204。据报道研究了一种苯乙烯膦酸仲烷基酯 B312（其中仲烷基为 $C_{11} \sim C_{13}$）萃取剂，其 pK_a 与 P204 相近。其萃取能力较强。由于苯乙烯基直接与磷原子相连，因此空间效应较大。研究表明 B312 不仅可以很好地萃取分离钴、镍，而且可以分离钙（P204 难分离钙）。在常温下用 B312 煤油溶液从钴渣浸出液中萃取除杂和分离钴、镍，不仅得到了高纯度的钴和镍，两者的回收率也很高。

在酸性磷（膦）酸酯类萃取剂中，二（2－乙基己基）磷酸（P204）由于水溶性小，稳定，具有合适的结构，它与被萃取金属生成的萃合物在稀释剂中有较大的溶解度，并且价廉易得，故在萃取冶金中应用最广，目前已研究了它对 70 多种元素的萃取行为。苯基膦酸单（2－乙基己氧基）酯（P406）由于酸性更强及有更大的萃取能力而引起了人们的注意。另外，异辛基膦酸单辛酯（P507），其 pK_a 较 P204 的 pK_a 大，即其酸性较 P204 弱，易于反萃取，这是另一种值得注意的萃取剂。

P204 与 P215 结构类型相同，分子量相等，是 pK_a 值相差不大的磷酸二烷基酯，但它们萃取 Nd、Sm、Y 与 Yb 的 K 值却相差一个数量级，这种萃取性能的差别只能用酯烷基的不同空间位阻效应来解释，邻近酯氧原子有支链的磷酸酯，由于位阻较大，萃取能力较差。

5.3.3 螯合萃取剂结构与性能

目前获得工业应用的螯合萃取剂主要包括芳香族羟肟及 8－羟基喹啉衍生物，其他如异羟肟酸，β－双酮等还处于工业性试验或科学研究阶段。这些螯合萃取剂能与金属离子形成螯环，并且具有较高的萃取选择性。

5.3.3.1 羟肟萃取剂

羟肟是指分子结构中同时含有羟基（—OH）和肟基（C＝NOH）的一类化合物。长碳链的羟肟是铜的有效萃取剂。常用的羟肟萃取剂结构式如下：

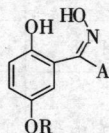 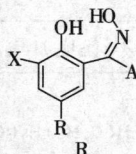

N530　R 为 CH(CH₃)(CH₂)₅CH₃　A 为 C₆H₅

	R	A	X
N 510	CH(CH₃)(CH₂)₅CH₃	C₆H₅	H
LIX84	C₉H₁₉	CH₃	H
P50	C₉H₁₉	H	H
LIX65N	C₉H₁₉	C₆H₅	H
LIX860	C₁₂H₂₅	H	H
LIX70	C₉H₁₉	H	Cl

由相应的酮或醛合成的肟，可分为羟酮肟（如 N530，N510，LIX84、LIX65N）和羟醛肟（P50 及系列产品，如 M5640，M5774、LIX860、LIX70 等）两种类型的萃取剂。由于羟肟分子的结构中具有不能自由旋转的碳氮双键（C＝N）（碳氮双键由一个 σ 键和 π 键组成，如果旋转，π 键会断裂），故存在着顺反异构体。两个羟基在双键同侧的为顺式，在异侧的为反式。

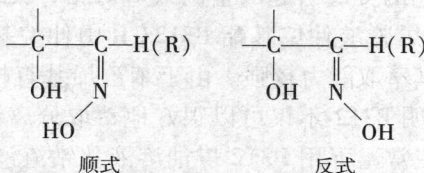

在由相应的羟基酮（或羟基醛）与盐酸羟胺或硫酸羟胺溶液中缩合完成肟化

反应生成相应的羟酮肟(或羟醛肟)时,顺式与反式的含量与反应底物羟基酮(或羟基醛)的结构有关,当上式中的 R 为甲基或氢时,肟化反应具有很好的立体选择性,基本上只生成反式的异构体。例如铜萃取剂 SME529(2 - 羟基 5 - 壬基乙酰苯酮肟)几乎全是反式异构体,羟醛肟通常也只是反式异构体。

羟肟类萃取剂苯环上的羟基(酚羟基)能电离出氢离子而显酸性,而肟基上的羟基电离出氢离子能力很弱。因此,羟肟萃取金属是通过酚羟基的氧原子及肟基的氮原子与金属离子的螯合作用来实现的,所以一般只有反式异构体才能萃取金属离子。顺式异构体中两个—OH 在同侧,有时由于形成分子内氢键而妨碍萃取。

化合物的酸性从 LIX63(5,8 - 二乙基 - 7 - 羟基 - 十二烷基 - 6 - 肟)到 LIX70 增强。LIX65N 较 LIX63 可在水相 pH 较低范围内使用的事实,可用酚羟基的酸性(pK_a9.95)大于醇羟基的酸性(pK_a15.5)来解释。当向 LIX65N 分子中酚羟基的邻位引入电负性较大的元素氯时(即变成了 LIX70),酚羟基酸性进一步增强(邻 - 氯苯酚 pK_a8.48)。

羟肟类化合物在它的分子结构中有两个配位基团,对铜等金属离子有较强的螯合能力,生成螯合物的反应如下:

$$2RH + Cu^{2+} \Longrightarrow R_2Cu + 2H^+$$

和一般的螯合反应一样,在反应过程中放出 H^+ 离子。显然,只有降低酸度,才有利于反应朝右方进行。为了在较高酸度下进行萃取,就必须改变羟肟型萃取剂的结构,提高它的酸性,从 LIX63 到 LIX70 结构的改变,都是有利于提高羟肟的酸性。

空间位阻效应也体现在羟醛肟和羟酮肟对铜的萃取能力的差别上。由于羟醛肟碳原子上连接的是氢原子,空间位阻较小,而羟酮肟碳原子上连接的是烷基,相应的空间位阻较大。因而它们萃取铜的性能表现出较大差别。羟醛肟萃取剂的萃取性能表现为极强的萃取能力,萃取速度快,萃取回收率高,但因其萃取能力太强以致反萃较难。羟酮肟萃取剂的萃取性能表现为极佳的相分离性能,较低的萃取剂损失,萃取速度较慢。

5.3.3.2　喹啉萃取剂

该系列的主要产品是 Kelex100,它是 8 - 羟基喹啉的衍生物,其结构式如下:

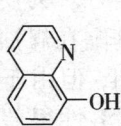

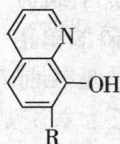

8-羟基喹啉　　　　　　　7-十二烯基-8-羟基喹啉(Kelex100)

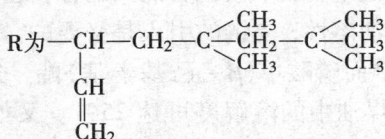

8 - 羟基喹啉的特点是其分子中的羟基上有一个能被金属离子取代的氢原子。

此外，其杂环上的氮原子能提供孤电子对给金属离子形成一个配位键。因此，8－羟基喹啉与金属离子作用，能生成五元环螯合物。例如，8－羟基喹啉衍生物与二价铜离子配合，反应式如下：

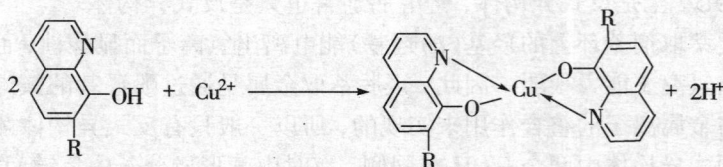

Kelex100 萃取剂由于分子中引进了一个较大的烷基而具有显著的位阻效应，使它的选择性有很大提高。未取代的 8－羟基喹啉可与五十多种金属离子形成螯合物，因而对萃取冶金没有实际的工业意义。引入十二烯基 R 后，对铜就有了较大的选择性。

由于 Kelex100 的极性较大，因此它在非极性溶剂中的溶解度不大，特别是形成了金属螯合物后，溶解度更小。为了改变其溶解性能，常采用异癸醇、壬基酚等化合物作助溶剂。例如 Kelex120 即是 20% Kelex100 与 80% 壬基酚的混合物，其基本性质与 Kelex100 相同。

Kelex100 在其 pH 为 0～6 的范围内，对各种金属的萃取能力大小顺序是 $Cu^{2+} > Fe^{3+} > Ni^{2+} > Zn^{2+} > Co^{2+} > Fe^{2+} > Mn^{2+} > Mg^{2+} > Ca^{2+}$。Kelex100 萃取 Fe^{3+} 的速度极慢，利用萃取动力学的差别，这种萃取剂可以在有 Fe^{3+} 的存在下优先萃取铜。

在螯合物类萃取剂及前几类萃取剂中都可以发现，有时空间效应对萃取剂的选择性有很大影响。人们往往用取代基的大小及支链化程度定性描述其立体效应。但至今尚缺乏一种公认的足够表征立体效应的结构参数。对于萃取剂空间结构与萃取性能之间的关系还不能给予定量描述。

5.3.4　对萃取剂油溶性的影响

萃取剂的溶解度应满足下述要求：较小的水溶性（损耗小）、较大的油溶性（稀释剂中的浓度高）及萃合物较大的油溶性（萃取饱和容量大）。有机化合物的水溶性一般随分子量的增加而降低，所以普遍认为萃取剂的分子量不宜低于400，但这也不是绝对的，极性官能团的存在会增加有机分子的水溶性。为使萃取剂能有较大的油溶性，支链的引入是必要的。如磷酸单正十二烷基酯在煤油中的溶解度仅 2%，而磷酸单（β－己基辛基）酯，分子量较前者稍增加，但由于支链的存在，它在煤油中的溶解度可达 25%。又如正十六烷基胺是油溶性很差的蜡状固体，而 β－庚基壬胺是油溶性很好的低黏度液体。又如二正辛基亚砜及正辛基亚磺酸酯在非极性溶剂中的溶解度均低于 1%，但相应的异辛基衍生物，在非极性溶剂中的溶解度显著提高，大于 20%。

对于有机胺类萃取剂，从溶解性角度来说，用作萃取剂的有机胺分子量通常为 250 ~ 600，分子量小于 250 的烷基胺在水中溶解度较大，使用时会造成萃取剂在水相中溶解损失。分子量大于 600 的烷基胺大部分是固体，它在稀释剂中溶解度较小，而且往往分相困难，萃取容量较小。

低分子的伯胺是显著水溶的，高级的伯胺虽然水溶性小，但水量增加时它在水中的溶解量也很可观，而大支链的脂肪伯胺都具有易溶于有机溶剂及与水不混溶等合适的物理性质。仲胺存在第二个脂肪基，使得它在非极性溶剂中的溶解度比伯胺显著地大。至于叔胺，甚至是脂肪直链的叔胺的水溶性也很小，在室温下叔胺能与非极性溶剂完全混溶而稍溶于醇及其他极性溶剂中，其规律是溶解度随链长的减小而增加。

中性含磷萃取剂有膦酸酯、次膦酸酯和三烷基氧化膦等。这些萃取剂都是具有高极性官能团的有机化合物，由于磷酰基极性的增加，它们的黏度、溶解度也都是按 $(RO)_3 PO \rightarrow R(RO)_2 PO \rightarrow R_2(RO) PO \rightarrow R_3 PO$ 的次序增加的。例如当 R 为 $C_4 H_9$ 时，在 25℃下它们在水中的溶解度按上顺序分别为 0.41、0.5、4.5 及 40 g/L。

5.4　酸与水的萃取及对萃取过程的影响[9]

这几章中，关于酸度或 pH 及萃合物中的水对萃取过程的影响，已经介绍了很多，本节着重介绍酸与水本身被萃取的问题。

5.4.1　强无机酸的萃取

强酸在溶液中处于完全电离状态，萃取酸关键是萃取氢离子，所以萃取强酸都是用碱性萃取剂，它能提供孤对电子与质子配位生成一个大阳离子，根据电中性原则，大阳离子与酸根阴离子生成离子缔合体后进入有机相，显然萃酸能力取决于萃取剂的碱性，碱性越强萃酸能力越强。

5.4.1.1　胺类萃取剂萃取强酸

烷基胺的氮原子的碱性强于氧原子，它们萃酸能力较强。其萃酸的通式可表示为：

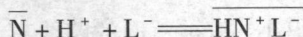

$$\overline{N} + H^+ + L^- \Longrightarrow \overline{HN^+ L^-}$$

在溶液中质子以水化状态存在，烷基胺与质子配位时取代了它周围的水化分子。生成的 HN^+ 为胺的共轭酸，它的电离常数以 K_{Ba} 表示，K_{Ba} 越小，表示胺结合质子后越难电离；同理，pK_{Ba} 越小，则表示胺与质子的键合越不牢固。而被萃强无机酸的酸性用 K_a 及 pK_a 表示，K_a 越大，pK_a 越小，表示无机酸的酸性越强。如 $pK_{Ba} \gg pK_a$，即无机酸的酸性大大强于烷基胺的共轭酸的酸性，则无机酸越容易被萃取。

强无机酸能完全电离，因此同一碱性萃取剂萃取它们质子的行为相似，酸的被萃取能力关键取决于它们的阴离子的水化能力，常见无机酸根水合能顺序为：

$$ClO_4^- < NO_3^- < Cl^- < HSO_4^-$$

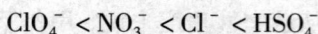

所以稀的含叔胺有机相对它们的萃取顺序为：

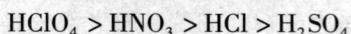

$$HClO_4 > HNO_3 > HCl > H_2SO_4$$

由于胺类萃取剂萃取强无机酸是按形成离子对机理萃取，所以要求稀释剂有较强的极性。当用三辛胺萃取硫酸时，稀释剂的影响顺序为：

硝基苯 > 二氯乙烷 > 氯苯 > 甲苯 > 对二甲苯 > 惰性稀释剂

当使用惰性稀释剂时，萃合物达一定浓度就可能从有机相中分离出来，形成第三相。

5.4.1.2　中性萃取剂萃取强酸

用中性含磷或含氧萃取剂萃取强酸时，配位原子均为氧。由于萃取剂的碱性较胺类弱，故一般不能将质子结合的水合水置换出来。它们与质子的作用实际是通过氢键与质子的水化水结合，形成大的含水阳离子与无机酸根结合后进入有机相。

TBP 萃取强酸的顺序为：

$$HClO_4 > HNO_3 > H_3PO_4 > HCl > H_2SO_4$$

TOPO 萃取强酸的顺序为：

$$HCl > H_2SO_4 > HNO_3$$

碳氧键比磷氧键弱，所以即使萃酸，分配比也很小。碳氧萃取剂萃取无机酸的顺序为：

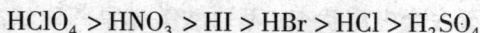

$$HClO_4 > HNO_3 > HI > HBr > HCl > H_2SO_4$$

因为萃合物含水，所以极性溶剂特别是含羟基的或含氧的，最有利于用作稀释剂，TBP 本身具有很强的极性，因此纯 TBP 对硝酸的萃取率很高，如果以煤油为稀释剂，萃取率急剧下降。

萃取水合质子的结果是大量水进入有机相，但负载有机相容易用水反萃，对于用萃取法回收酸却是有利的。

5.4.2　弱酸的萃取

弱酸在水中的电离常数很小，故被萃取的路线有两种，当用碱性较强的伯胺萃取时，可能以离子对形式萃取，但在大多数情况下是按萃取剂与酸分子形成氢键溶剂化萃合物被萃取。

萃取弱酸在化工行业有很大应用价值，典型的代表是用碳氧萃取剂萃取纯化磷酸，另外，萃取有机酸、硼酸均很有应用价值。

在冶金领域比较有意义的是萃取氰氢酸。将贵金属生产中的废 NaCN 溶液调 pH 至 4 时，转变为 HCN，可用萃取法代替挥发吸收法回收，试验结果见表 5 - 10。结果表明 Cyanex 923 是最有效的萃取剂，以煤油为稀释剂，在 O/A = 5∶1，含 200 mg/L HCN 的溶液，经四级萃取可降至 10 mg/L 以下，以稀的 NaOH

溶液反萃负载有机相,可有效富集回收 NaCN。

表 5 – 10 中性磷氧萃取剂萃取 HCN

萃 取 剂	浓度/%	D_{HCN}
Cyanex 923 (主成分:三烷基氧化膦)	25	3.5
	50	6.9
	100	11.9
BPDB (丁基磷酸二丁酯)	25	2.1
	50	4.0
	100	7.2
TBP	25	1.7
	50	3.9
	100	8.1

5.4.3 提高反萃酸浓度的途径

萃取回收酸的反萃剂只能用水,因此限制了回收酸的浓度。研究提高反萃回收的酸浓度是一个有现实意义的课题,目前开发的技术主要有:

5.4.3.1 改变有机相组成

选择有机相内的某组分如萃取剂或稀释剂为低沸点有机溶剂,反萃前用蒸发法使其进入气相回收,从而使反萃容易进行,可在大相比下反萃得到较浓的酸,这种方法的缺点是过程变烦琐、使过程的经济性受到一定影响。

5.4.3.2 温度摇摆法

温度摇摆法是基于萃酸和反酸过程有较大的温度效应差,因此控制不同的相应温度分别使萃取与反萃均处于最佳温度条件,从而达到提高反萃回收酸的浓度的目的。

例如,以色列采用二异丙醚萃取提纯磷酸,在5℃下萃取,30℃下反萃,使萃取—反萃循环的传质效率大为提高。

在研究叔胺萃取无机酸时,对温度效应取得了如下认识:

(1)支链烷基叔胺在不同温度下萃取酸的平衡常数差异大于直链叔胺。

(2)负荷低的有机相比负荷高的温度效应大。

(3)用同一种萃取剂,对不同酸萃取的温度效应有 $H_2SO_4 > HCl > HNO_3$ 的顺序。

(4)温度效应随改性剂辛醇用量增加而下降。

5.4.4 酸被萃取对金属萃取过程的影响

5.4.4.1 酸被萃取的负面效应

在萃取金属离子过程中，酸被萃取使有机相的自由萃取剂浓度降低，从而使金属的分配比下降，这是最明显的酸共萃造成的负面影响。酸萃取还会使平衡水相的酸度或 pH 发生变化，因而影响萃取效果，实践中为了避免这一负面影响，是预先用不含金属离子的空白水相料液与有机相接触，这种已为"酸饱和"的有机相再与实际料液接触时，可使平衡水相的酸度（或 pH）稳定不变化。

5.4.4.2 萃取酸的积极作用

萃取酸在冶金工业中也有积极的一面，比如在从溶液中电积金属时会产生酸，贫电解液循环利用时定期排出的废液，则可用萃取法分离回收其中的酸。硝酸容易萃取回收，但冶金工业用硝酸的体系不多；硫酸最难萃取，故介绍一个萃取分离硫酸的实例[10]供参考。

采用萃取法的湿法炼铜厂，其电解贫液返回用于作负载铜的有机相的反萃剂，在循环多次后，其中的杂质镍、铁、砷、锑逐渐积累，为保证电解铜的质量，每天需排除部分电解液进行处理。例如，伊朗的一家铜公司，排出的含杂质电解贫液中含 H_2SO_4 180 ~ 250 g/L，Ni 3 ~ 5 g/L，Cu 8 ~ 16 g/L，显然，如直接用石灰中和是非常不经济的，理想的处理方法是用萃取法先萃取分离酸，在比较了 Cyanex923 及三(2 - 乙基己基)胺(TEHA)的萃酸效果基础上，选择了叔胺作萃取剂。有机相组成为 43%(V/V)的 TEHA，40%(V/V)正辛醇，17% 煤油，室温下按 O/A = 2.5∶1 经二级萃取，水相中硫酸浓度由 200 g/L 降至 30 g/L 左右。负载有机相用热水在 70℃ 反萃，在 O/A = 0.83 经五级反萃，回收的硫酸浓度为 56 g/L，返回流程利用。

萃酸之萃余液再用石灰乳中和调 pH 至 1.8，以 32% 的 LIX984N 萃取回收铜。萃铜余液再用石灰乳调 pH 至 4 后以 20% 的 LIX984N 萃取回收镍。萃镍余液最终用石灰乳调 pH 至 7 后过滤排放。回收流程中只产生一种石灰废渣，溶液中的有价成分硫酸、铜、镍得到回收利用。

显然，萃取分离硫酸是关键环节，选择碱性合适之萃取剂及温度摇摆法反萃是萃取取得成功的关键。

5.4.5 水的萃取

质子或离子以水合方式将水带入有机相的情况已讨论了很多。除此之外，水还可以简单溶解的方式直接进入有机相，水与某些溶剂的互溶性见表 5 – 11。

在连续作业中，由于分相不彻底造成有机相的夹带也使部分水进入有机相。

虽然萃合物含少量水会使其分配比下降，但总体而言，水在萃取过程中的作用是利大于弊，在有些情况下，水进入有机相的量还比较多，作用还比较重要（详见第 7 章）。

表 5 – 11　水与某些溶剂的互溶度(20℃)

溶　剂	溶剂在水中 $w/\%$	水在溶剂中 $w/\%$
正辛烷	6.6×10^{-7}	0.0095
四氯化碳	0.08	0.008
氯仿	0.82	$0.06^{①}/100$ g
氯苯	0.049	0.0327
四氯乙烯	$0.04^{②}$	0.02
三氯乙烯	$0.1^{②}$	$0.02^{②}$
2 – 庚醇	5.8	5.80
2 – 乙基己醇	0.1	2.6
异辛醇	$0.06^{②}$	3.80
癸醇	0.06	0.99
异癸醇	<0.01	2.4
甲基异丁基酮	2.0	1.0
硝基苯	0.19	0.24
TBP	$0.042^{②}$	$6.4^{②}$

注：①10℃；②25℃。

参考文献

[1] 徐光宪，袁承业. 稀土的溶剂萃取[M]. 北京：科学出版社，1991.

[2] Gordon M Ritcey. Solvent Extraction Principles and Applications to Process Metallurgy[M]. 2nd. Volume 1. Ottawa, Canada, G. M. Ritcey & Associates Incorporated, 2006.

[3] Joa H P, et al. Purification of the Leach Liquor of ZnSO$_4$ by Solvent Extraction with D2EHPA[C]//Fernando Valenzuelal. Bruce A. Moyer, Proc. of ISEC'2011, Santiago, Chile, GeCAMIN.

[4] 王开毅，成本诚，舒万艮. 溶剂萃取化学[M]. 长沙：中南工业大学出版社，1991.

[5] 徐光宪，袁承业. 稀土的溶剂萃取[M]. 北京：科学出版社，2010.

[6] 朱屯. 有机磷酸萃取剂的结构及其立体效应[J]. 无机化学学报，2000，16(2)：305 – 309.

[7] 马荣骏. 萃取冶金[M]. 北京：冶金工业出版社，2010.

[8] 徐光宪. 稀土[M]. 第二版. 北京：冶金工业出版社，1995.

[9] 朱屯. 萃取与离子交换[M]. 北京：冶金工业出版社，2005.

[10] Davoud F, Hagh Shenas, et al. Recovery of Sulphuric, Copper and Nickel from Copper Electrorefining Bleed Solutions[C]// Fernando Valenzuelal, Bruce A. Moyer, ISEC'2011, Santiago, Chile, GeCAMIN.

第6章　稀释剂与相调节剂

唐瑞仁　中南大学化学化工学院

目　录

　　合理地选择使用稀释剂与相调节剂，可以改善有机相的物理性能，如：降低黏度增加流动性；扩大它与水相的密度差以利于两相的分离澄清；改变界面性质；甚至改善萃取或分离效果，提高萃取过程效益与经济指标。

6.1　稀释剂对萃取过程的影响[1,2]

　　稀释剂与被萃物不发生直接的化学结合作用，随着研究的深入，人们发现稀释剂对萃取过程的影响非常复杂，很多现象还不能从理论上进行系统解释。稀释剂的主要物理常数，如电导率、密度、闪点、界面张力等，可以作为选择和使用稀释剂时的重要参考。

6.1.1　稀释剂种类的影响

　　常用稀释剂主要有煤油、260#和200#溶剂油、苯、甲苯、二甲苯、氯仿和四氯化碳等。纯的化合物仅在科学研究中使用，实际上使用的是芳烃、烷烃和/或环烷烃的混合物。

　　市售煤油中常含有少量烯烃，使用前用浓硫酸处理，使其中的烯烃与硫酸反应生成烷基硫酸酯溶于水除去。

表 6 – 1 为用 4 – 叔丁基 2 –（α – 甲基苄基）苯酚（t – BAMBP）[3]从高钾卤水中萃取分离铷时，稀释剂为 D60 溶剂油、四氯化碳、轻质石蜡、二甲苯、200#煤油、磺化煤油对萃取效果的影响。从表 6 – 1 铷萃取率 q_{Rb} 和铷、钾分离系数 $\beta_{Rb/K}$ 看出，D60 溶剂油、200#溶剂油、磺化煤油对铷钾分离的效果较佳，加之 D60 溶剂油毒性最小，闪点较高，作为稀释剂较合适。

表 6 – 1　不同稀释剂对高钾卤水中铷的分离效果影响

稀释剂	$\beta_{Rb/K}$	$q_{Rb}/\%$	$q_K/\%$
D60 溶剂油	19.58	71.8	11.43
四氯化碳	17.2	54.65	6.50
轻质石蜡	14.44	69.47	13.61
二甲苯	15.28	48.82	4.89
200#煤油	20.09	68.08	9.73
磺化煤油	19.61	68.33	9.86

烷烃和芳香烃类稀释剂密度小于 1，在水相的上层，称为轻质稀释剂。在敞开式的溶剂萃取设备中由于蒸发造成稀释剂损失。从经济和环境保护角度考虑是不利的。如果使用重质稀释剂如卤代烃，在达到分相平衡后，有机相在水相下方，使有机相的蒸发损失可能会少一些。有研究表明，重质稀释剂的使用比常用的轻质稀释剂在某些方面有优势。

研究发现[1]，重质稀释剂四氯乙烯与常规稀释剂相比，在 Cu – Fe – LIX64N 萃取体系中具有更好的铜萃取动力学效应，更快的相分离速度，更高的铜铁分离效率；四氯乙烯与 Escaid 100、Norpar 12、煤油及 Chevron 稀释剂相比，反萃效率得到改善，且对铁的排斥比增加，如图 6 – 1 和图 6 – 2 所示。但是，使用四氯乙烯也存在缺点：①成本相对较高（是轻质稀释剂成本的 2 ~ 3 倍）；②蒸发率高；③挥发性高。四氯乙烯在水中的溶解度为 150 g/m³，但在浸出液和反萃液中却下降为 30 ~ 50 g/m³。在其他一些金属萃取体系中，对比使用四氯乙烯与常规稀释剂结果，上述现象也同样存在。

重质稀释剂几乎不用于商业，有关这种稀释剂的数据寥寥无几。因此，重质稀释剂运用于实际的溶剂萃取装置中的可行性难以预测。

其中一个主要的原因可能是由密度差异引起的两相混合分散的问题。此外，还有一个不足之处在于溶剂的损失。考虑到环境和成本的因素，在萃取冶金中溶剂的回收是十分必要的。除了在第 15 章以后各章中提到的回收方法外，还可以借鉴食品和金属清理行业中的工艺技术，这些行业中都具有回收系统。其基本原理都是基于遇冷的表面冷凝浓缩或通过对过滤介质的表面处理改性，使其亲油性加强，含油水相通过时，由于润湿聚结作用而实现油水分离。

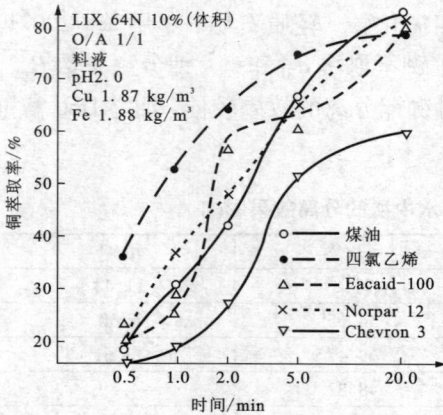

图 6-1　重质稀释剂与铜萃取

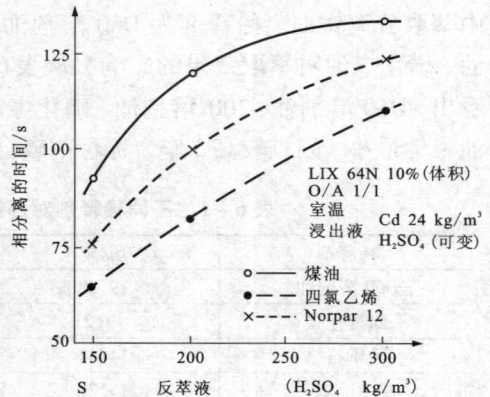

图 6-2　重质稀释剂与铜
反萃中的相分离时间

6.1.2　稀释剂中芳烃含量的影响

稀释剂中的芳香烃或脂肪烃的相对含量对金属萃取有着相当大的影响。

图 6-3 为 P204 萃取钴镍时，稀释剂中芳香烃含量对负荷有机相中钴镍比的影响。

稀释剂中芳烃含量对金属的分离因素也有影响，表 6-2 是稀释剂对 Cyanex 272 萃取钴、镍的分离因素 β 的影响[4]。结果显示，芳香烃含量越高，分离因素 $\beta_{Co/Ni}$ 越大。

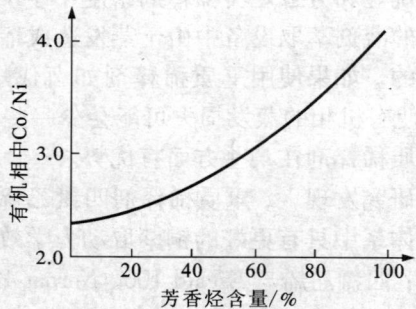

图 6-3　15% P204 + 5% TBP 萃取
钴镍时芳香烃含量对有机相钴镍比的影响

表 6-2　稀释剂中芳烃含量对 Cyanex272 分离钴、镍能力的影响

芳香烃含量/%	0	10	20	30	40	50	60	70	80	90	100
$\beta_{Co/Ni}$	3970	4030	4090	4160	4220	4280	4350	4420	4480	4550	4620

注：温度，50℃；稀释剂(%)，从 100% MSB210 到 100% Aromatic 150；pH，5.5。

埃克森美孚公司报告了自 2008 年以来系统研究有关低芳香烃稀释剂(芳烃小于 0.5%)和传统碳氢稀释剂(芳烃的质量分数 10%~20%)在萃铜过程中的有关性质和在萃取性能上的区别[6-8]，重点研究的对象为：

Escaid 100：含有 18% 芳烃石油馏分，挥发性相对较高；

Escaid 110：脱芳烃石油馏分，中等程度挥发性；

Escaid 115：脱芳烃石油馏分，挥发性低于 Escaid 110。

由于萃取过程是在开放的空间进行的，溶剂会有挥发和损失。这三种稀释剂的累积损失测定结果如图 6 - 4 所示。

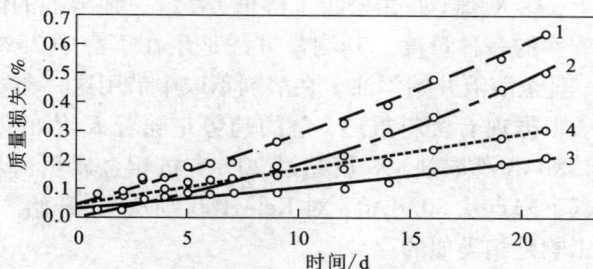

图 6 - 4　稀释剂的累积损失

1—Escaid™ 100；2—Escaid™ 110；3—Escaid™ 115；4—参比溶剂 A

（参比溶剂 A 为宽流程高沸点煤油）

稀释剂累积损失的顺序是：Escaid 115 < Escaid 110 < Escaid 100。累积损失量与稀释剂的芳烃含量有关。以 LIX984N 为萃取剂，比较了用三种稀释剂在同一萃取条件下萃取同一种料液的最大铜负载量，表明不同芳烃含量之稀释剂对铜迁移量的影响不大。

用这三种稀释剂分别同 10%、22%、27% 的 M5774 萃取剂配制的有机相，分别同来自矿山的实际料液与合成料液进行混合，测得平衡时间 15 s 及 30 s 的萃取率相差也不大。但用这三种稀释剂与 LIX984N 配制的有机相与实际料液进行的萃取—反萃连续运行 5 天的结果发现，芳香烃含量高的稀释剂配制的有机相产生的污物量明显多一些，其结果见表 6 - 3。

表 6 - 3　三种稀释剂的污垢形成

稀释剂	Escaid™ 100	Escaid™ 110	Escaid™ 115
污垢体积/有机相体积	0.085	0.040	0.008

这是因为，当含芳香烃溶剂与硫酸接触时，芳香烃会被磺化生成芳香族磺酸盐，导致更多污垢形成。

湿法炼铜的稀释剂在反萃取过程中有可能被作为反萃剂贫电解液中的高锰酸根离子氧化生成苯甲酸及其衍生物，这些氧化产物都有类似芳香族磺酸盐这类表面活性剂的效果。

总之，稀释剂中的芳香烃的作用是复杂的，对其褒贬还难于定论。但有一点可以肯定，从安全与环保的角度出发，在可能不用芳香烃含量高的试剂时，最好不要使用。

稀释剂中芳香烃含量对不同类型的萃取剂有不同的影响，例如对 D2EHPA，LIX 和 Kelex 类萃取剂，稀释剂中芳烃含量超过 25% 会导致金属萃取率下降，但对胺类和 TBP 的影响却相反。

在石油工业上，用 K_B 值(贝壳松脂丁醇值)表示一种溶剂的溶剂化能力，实质上它是溶剂芳香率的一种量度。其测量方法是用在丁醇中 20% 栲利树脂的标准溶液滴定溶剂，直至溶液开始浑浊。在溶剂萃取中借用这一参数研究稀释剂对萃取性能的影响。根据现有资料报道，总的趋势是随着 K_B 值的增加萃取剂的萃取能力下降，对 LIX64N 萃取剂，K_B 值超过 20，有机相金属负荷量迅速下降，而对于胺类萃取剂其下降点从 80 开始，对 Kelex100 则从 92 开始。一般 K_B 值的影响与芳烃含量的影响是相类似的。

加拿大的 Ritcey 与 Lucas 研究认为随稀释剂中芳香烃含量增加，稀释剂的惰性减弱，稀释剂有可能以某种方式进入萃合物。英国伯明翰大学化工系的 N. T. Balley 等在研究壬基磷酸从含铝的酸浸液中萃铝时发现，芳香烃含量相差很大的稀释剂可以得到完全相同的萃取结果。这至少说明稀释剂对萃取的影响并不能完全归因于芳香烃含量的差别，必须从不同的角度去考察研究这个问题。

6.1.3　稀释剂物理性质的影响

本节讨论的稀释剂物理性质主要是黏度、密度及闪点。

有机相的物理性质，一方面决定了它的分相性能，另一方面也影响到生产的安全、设备的投资及溶剂存储量，而有机相的物理性质却有赖于用稀释剂进行调节。

众所周知，有机相金属负荷高，则密度增加，随着萃取过程的进行，有机相与水相之密度差会缩小，因而会影响到分相性能。因此恰当选择稀释剂的密度尤为重要，这一点在使用高的萃取剂浓度和高的金属负荷时要格外注意。一般而言：芳香类稀释剂的密度要高于脂肪族稀释剂的密度，目前工业上常用的稀释剂密度均小于 1。

有机相的密度通常是随着萃取剂在有机相中浓度的升高而增大。从图 6-5 中可见，随着 D2EHPA 及其盐在有机相(稀释剂是以脂肪烃和环烷烃为主的 Shell 140FN)中浓度增加，有机相密度增加。当萃取剂浓度或负荷金属离子浓度高时，密度大的稀释剂会影响两相的分离，这时应选择密度小的稀释剂。

溶剂的负荷对黏度也有影响，一般随有机相金属负荷量的增加，黏度显著增加。在这种情况下，为了减少黏度的影响和增加分相速度，只有两种方法：提高操作温度或者选择低黏度的稀释剂。日本静冈大学 T. Sato 研究发现，在用三辛基甲基氯化铵从盐酸溶液中萃取二价金属时，分配比 D 甚至是稀释剂的绝对黏度的函数，在绝对黏度 $\eta_d < 1$ mPa·s 时，η_d 增加，D 增加，$\eta_d > 1$ 后，D 变化较小，当稀释剂的绝对黏度接近水的黏度时，D 变为常数。在 $\eta_d < 1$ mPa·s 范围内，有经

验关系式：

$$\lg D/D_0 = A(\eta_d - 1)^2$$

式中：D_0 是用邻二氯苯作稀释剂时的分配比；A 为斜率。这一结果预示有机分子间的作用力可能是稀释剂影响萃取性能的因素。

图 6-6 表明，随着 TBP 中铀浓度增加，有机相的黏度显著增加，类似的情况在其他体系中也可以见到。由于只有黏度小才能增加相分离速度，在这种情况下必须采用低黏度和表面张力小的稀释剂。例如在一定条件下用 D2EHPA 萃取分离钴镍时所用稀释剂的黏度分别为 3.14 mPa·s、2.10 mPa·s、1.67 mPa·s，其分相澄清时间分别为 128.4 min、28.4 min、3.5 min。

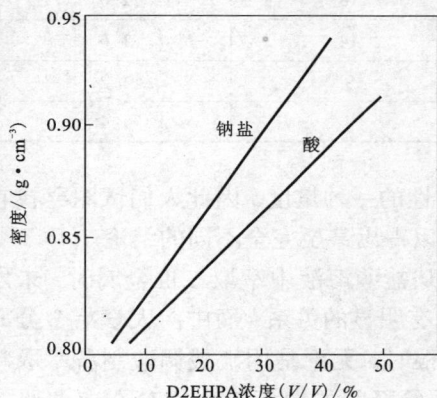

图 6-5　D2EHPA 及其盐在有机相中的浓度与有机相的密度关系(27℃)

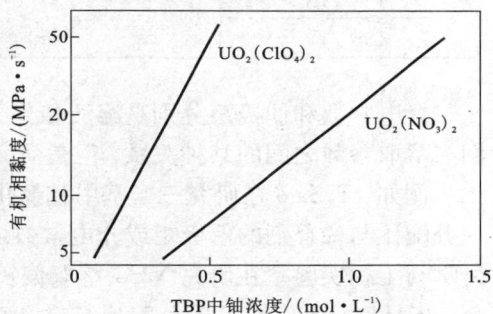

图 6-6　有机相中铀的浓度对黏度的影响

稀释剂的闪点是保证萃取过程在安全状况下运行的基本条件，早期采用的低闪点稀释剂，现在均已被淘汰。

6.1.4　稀释剂的极性与有机相中萃取剂的聚合作用

6.1.4.1　稀释剂的极性对萃取过程的影响

考虑到有机分子间的作用力，人们很自然地注意到稀释剂的极性对萃取过程的影响。表 6-4 为用 Aliquat336 萃取稀土时，不同极性稀释剂对萃取稀土的影响，随稀释剂极性增加，萃取率及镧镨分离系数均下降。

极性的影响可以归因于稀释剂与萃取剂分子之间存在氢键与范德华力，因而产生溶剂化作用。例如用氯仿作 TBP 的稀释剂，它们之间形成分子间氢键，从而削弱了磷氧键的电子云密度或者降低了游离 TBP 浓度，故分配比显著下降。

不同的溶剂对胺的碱性次序的影响，也说明了稀释剂分子与萃取剂分子间的相互影响。例如，不同的稀释剂中有如下碱性强弱顺序：

在苯中：$(C_4H_9)_2NH > (C_4H_9)_3N > C_4H_9NH_2$

在氯苯中：$(C_4H_9)_3N > (C_4H_9)_2NH > C_4H_9NH_2$

在二丁醚中：$(C_4H_9)_2NH > C_4H_9NH_2 > (C_4H_9)_3N$

表 6-4　稀释剂的极性对 Aliquat 336 萃取稀土的影响

稀释剂	极　性	$q/\%$	$\beta_{La/Pr}$
甲苯		27	2.7
二甲苯		24	2.8
辛烷	由小至大	18	2.0
标准矿物油		18	2.6
乙醚		14	1.6
甲异丁酮		9	1.2
乙酸丁酯		4	1.4

　　介电常数和偶极矩分别是溶液和分子极性的一种量度，因此人们试图寻找它们与萃取参数之间的某种关系，但是研究可以得出甚至完全不同的结论。

　　例如，T. Sato 在研究三辛基甲基氯化铵从盐酸溶液中萃取二价金属时，未发现分配比与稀释剂的偶极矩或介电常数之间有明显的关系，而中南大学冶金分离科学与工程实验室在研究 N235 萃取偏钨酸根时，无论是用硫酸调酸制备萃取料液，还是用盐酸，均发现分配比与常用醇类稀释剂的偶极矩之间存在双曲线关系，且硫酸调酸时这一规律更为明显。这些结果示于图 6-7。

　　表 6-5 表明：在大部分情况下，随着稀释剂介电常数的增加，萃取效果（D 或 q）下降，但冠醚类却相反；胺类情况较复杂，有时分配比随介电常数增加而下降，有时却相反。这说明不能简单地将稀释剂对萃取能力的影响单纯归因于介电常数的影响。

表 6-5　若干体系萃取能力与介电常数的关系

稀释剂	介电常数	D2EHPA Du	TOA Du	Primene JM-T Du	Amine S-24 Du	穴醚(2,2,1) $q_{Na}/\%$	TBP Du
煤油	2	135		3	110		1.77
环己烷	2.02		130				2.10
四氯化碳	2.24	17					1.53
苯	2.28	13	47	10	20	0	1.89
氯仿	4.81(5.1)	8	0.09	90	2	44.2	0.10
邻二氯苯	9.93					64.8	
硝基苯	34.8					99.5	0.56
水相		pH=1 H_2SO_4	8 mol/L HCl	H_2SO_4	H_2SO_4	$NaClO_4$	4 mol/L HNO_3

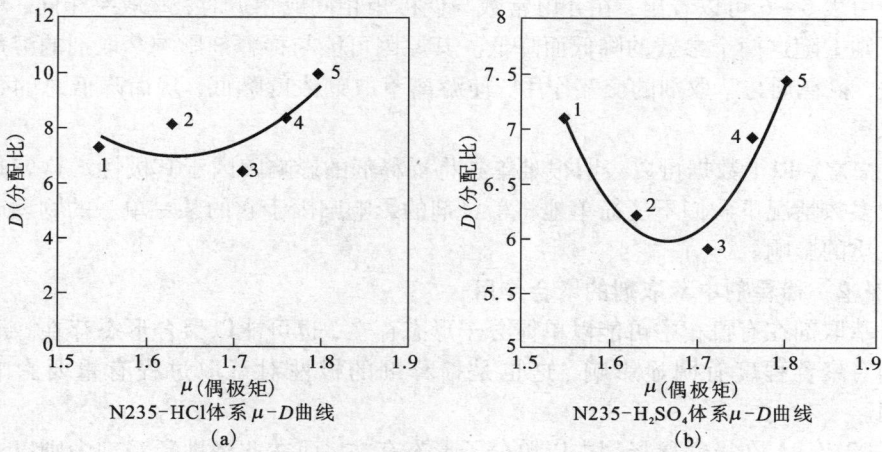

N235-HCl体系 $\mu-D$ 曲线
(a)

N235-H$_2$SO$_4$体系 $\mu-D$ 曲线
(b)

图 6-7　N235 萃取钨时分配比与稀释剂偶极矩的关系
1—正己醇；2—癸醇；3—异辛醇；4—正辛醇；5—戊醇

表 6-6 为 N. T. Balley 研究铝萃取时，其萃取率与稀释剂的介电常数偶极矩及芳香烃含量的关系。

表 6-6　单壬基磷酸萃取铝时稀释剂的影响

稀释剂	极性(偶极矩)	介电常数	芳香烃含量/%	萃取率/%
Escaid 100	0.8	2.00	20	70
Escaid 110	0.08	2.00	0.8	69
Escaid 120	0.08	2.00	0.9	69
煤油	0.08	2.00	2.0	69
Exsol D 200/240	0.08	2.00	0.0	69
甲苯	0.31	2.24		63
Solvesso 150	—	—		60
Solvesso 200	—			55
正丁基醋酸脂	1.84	5.10		54
醋酸乙脂	1.88	6.40		50
甲基乙基酮	2.76	15.45		54
甲异丁酮	2.79	13.11		48
乙酰苯	3.02	17.39		48
2-辛醇	1.67	10.30		43
对壬基酚	—			27

注：①Al 浓度 10 g/L，料液酸度 0.01 g/L(H$^+$)。

由表 6-6 可以看出,在介电常数与偶极矩相同或相近时,萃取率相同,萃取率原则上随这两个参数的降低而降低。其原因可能与稀释剂影响萃取剂的溶剂化有关,稀释剂与萃取剂的交互作用,使游离萃取剂浓度降低,从而降低总的金属萃取率。

总之,以上数据可以表明很难单独将稀释剂的影响归因于其极性。这就是说在大多数情况下我们不能简单地将稀释剂的影响归因于它的某一单一的物理或化学性质的影响。

6.1.4.2 稀释剂中萃取剂的聚合作用

萃取剂在有机相中可能以单体分子形态存在,也可能以聚合形态存在。而稀释剂对聚合程度有明显影响,这也是稀释剂的极性对萃取过程有重要影响的原因。

D2EHPA 在极性稀释剂中以单分子形态存在,而在非极性稀释剂中则以二聚合形态存在,有的报道甚至认为还有四聚合形态化合物存在。

通常,酸性萃取剂的聚合程度与稀释剂中的极性或介电常数有关。例如,羧酸在极性小的稀释剂中时,其缔合程度大,反之在极性大的溶剂中,缔合程度小;脂肪羧酸和磺酸在非极性稀释剂中一般是二聚合的。例如,P204 在苯(介电常数 2.28)中的二聚合常数为 4000,而在氯仿(介电常数 4.81)中的二聚合常数为 500。分子间的氢键对提高它们的二聚合作用有利。

烷基胺也有聚合作用,而稀释剂的性质和它的溶剂化能力是影响烷基胺聚合度的主要因素。

当然聚合程度并不全取决于稀释剂的性质,它也与萃取剂分子的碳链长度、萃取剂的浓度有关。

萃取剂在有机相的聚合作用如果导致能生成金属可萃配合物的那种形式的萃取剂的成分降低,会对萃取过程造成不利影响。当然这还要取决于聚合物和萃合物的相对稳定性。聚合作用对萃取过程的影响,可以 D2EHPA 为例予以说明。在二聚合情况下,萃取反应为:

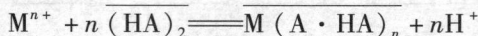

$$M^{n+} + n\overline{(HA)_2} \Longrightarrow \overline{M(A \cdot HA)_n} + nH^+$$

而对单分子占优势的情况,萃取反应为:

$$M^{n+} + n\overline{HA} \Longrightarrow \overline{MA_n} + nH^+$$

一般来说 $\overline{MA_n}$ 的被萃取能力低于 $\overline{M(A \cdot HA)_n}$,所以总的趋势是在非极性溶剂中的萃合常数大于在极性溶剂中的萃合常数。

稀释剂对中性磷型萃取剂萃取金属的能力有类似影响。如 TBP 萃取金属时,在低负载情况下,用非极性稀释剂时的分配比比用极性稀释剂时的分配比为高。

同一萃取剂在不同稀释剂中的萃取能力往往不同,本质上是稀释剂对萃取剂的溶剂化作用造成的。如在一定条件下分别用伯胺(如 Primene JMT)的煤油溶液或氯仿溶液萃取铀,分配比分别为 3 和 9。又如,用三辛胺在一定条件下分别用煤油和氯仿作稀释剂萃取铀时,分配比分别为 30 和 5。用氯仿作稀释剂时伯胺萃取铀的分配比增高,这是由于氯仿 H—CCl$_3$可通过氢键与胺缔合,抑制了伯胺分子自身的缔合,从而提高了伯胺的有效浓度,使它的萃取能力提高。叔胺的氮原子上无氢,本身不发生缔合。但氯仿可与叔胺通过氢键发生缔合(R$_3$N···H—CCl$_3$),从而降低了叔胺的有效浓度,使其萃取铀的能力降低。

6.1.5　萃取剂与萃合物在稀释剂中的溶解

稀释剂是构成连续有机相的溶剂,萃取剂与萃合物在其中的溶解性能自然对萃取过程有重要影响。

一般希望萃取剂与萃合物在稀释剂中溶解度大一些,在水中溶解度小一些。为此采取增大萃取剂的碳链长度或支链化程度的措施。显然同一萃取剂在同一水相与不同的稀释剂之间的分配常数不同,通常其值大一些对萃取过程是有利的。

但就酸性配合萃取体系而言,则不尽然。分配比 D 与 Λ/λ^n 有关,根据相似相溶原理,一般 λ 大,Λ 也大,但 λ 有 n 次方,所以当萃取剂的两相分配常数越大,分配比反而越小。表 6–7 列出了螯合剂 PMBP 萃取三价铈的分配比。

表 6 –7　稀释剂对 PMBP 萃 Ce(Ⅲ) 的影响

稀释剂 (PMBP)$_M$	分 配 比		
	环己烷	苯	氯仿
0.1	27.9	4.8	3.34
0.05	21.9	0.70	0.62
0.025	10.9	0.12	0.48

因 PMBP 在稀释剂中的 λ 值为氯仿 > 苯 > 环己烷。所以铈的分配比都有与上述关系相反的顺序。

第 3 章介绍的溶解度参数 δ 可以用来描述稀释剂和萃取剂之间的溶解性能,并研究金属萃取程度与 δ 的关系。图 6 – 8 至图 6 – 10 为不同萃取剂体系时 δ 值对金属萃取的影响。

第 3 章还介绍了英国的 Hansen 教授将溶解度参数分解为 δ_d、δ_p、δ_h,它们与溶解度参数 δ 的关系为:

$$\delta^2 = \delta_d^2 + \delta_p^2 + \delta_h^2$$

式中:δ_d为色散力的贡献;δ_p为极性的贡献;δ_h为氢键的贡献,而且他估计 $\delta_h = 5000n/(M/d)$(其中 n 为分子中 OH 基的数目,d 为密度),而 δ_p采用 Bottcher 推导的方程进行计算。

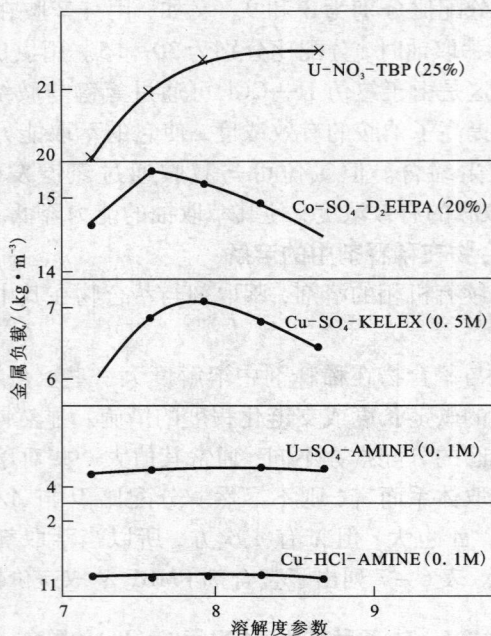

图 6 - 8　溶解度参数及其对溶剂负荷的影响

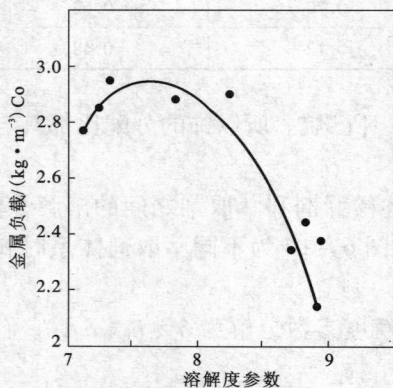

图 6 - 9　溶解度参数对 LIX64N
萃铜负荷的影响

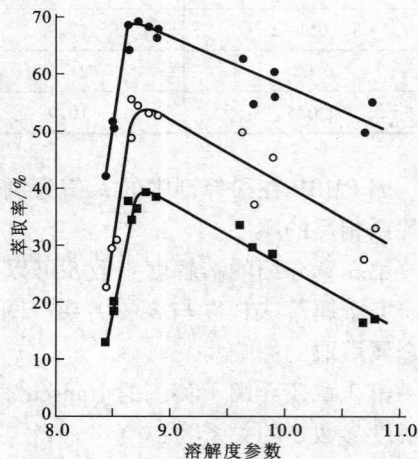

图 6 - 10　溶解度参数对不同酸度时
单壬基磷酸萃铝的影响

●—0.001 mol/L HCl；○—1.0 mol/L HCl；
■—3 mol/L HCl

$$\delta_p^2 = \frac{12.108}{(M/d)^2}\left(\frac{\varepsilon-1}{2\varepsilon+n_D^2}\right)(n^2+2)\mu^2$$

式中：ε 为介电常数；n_D 为 Na 光谱 D 线的折射率；μ 为偶极矩。知道了 δ_p、δ_h 及 δ 可以计算 δ_d。因此可以进一步研究金属萃取程度与 δ_h、δ_p 及 δ_d 的关系，借以判断在研究的萃取体系中，稀释剂的某种性质对萃取的影响。T. Sato 的研究结果也证明，Aliquat 336 从盐酸溶液中萃取二价金属离子时，D 与稀释剂的溶解度参数 δ 之间有抛物线关系，δ 是估计 D 的重要因素。

6.2　三相的生成与相调节剂

6.2.1　三相生成的原因

在溶剂萃取过程中有时在两相之间形成一个密度居于两相之间的第二有机液层的现象称之为三相。早期的研究认为，产生三相的主要原因应归于稀释剂对萃合物或其衍生物的溶解能力较差。在使用脂肪胺或烷基磷酸如 D2EHPA 时常有第三相产生。具体说来，可能的原因有：

（1）第二萃合物的形成。例如在 TBP - 煤油体系中萃取铀，正常的萃合物为 $UO_2(NO_3)_2 \cdot 2TBP$，但当水相硝酸浓度过高时，生成第二种萃合物，$H[UO_2(NO_3)_3 \cdot 2TBP]$，从而形成三相。实践证明，水相铀浓度对三相的生成影响不大，而硝酸浓度影响较大。当水相铀浓度为 300 g/L，有机相为 20% TBP - 煤油时，水相硝酸浓度增加到 9.3 mol/L，开始出现第三相，且随着水相硝酸浓度的增加而显著增加。又如用叔胺萃取铀，两个有机相中分别含有两种铵盐，即 $(R_3NH^+)_2UO_2Cl_4$ 和 R_3NHCl，此时如增加水相金属离子浓度，使 R_3NHCl 全部变成 $(R_3NH^+)_2UO_2Cl_4$，则三相消失。

（2）萃合物在有机相中的溶解度有限。当被萃金属离子浓度过高时，就可能形成三相。例如用 D2EHPA 萃取稀土，如酸度过低，料液过浓，或相比过小，这时生成的 P204 - RE 内配盐就有可能析出形成三相。

用 TBP 萃取硝酸钍时，三相的产生是这方面的一个典型例子。如钍浓度过高，则因形成的 $Th(NO_3)_4 \cdot 2TBP$ 配合物在煤油中的溶解度较小，而析出形成第三相。如图 6 - 11 所示，在 TBP 浓度为 100% 时，无三

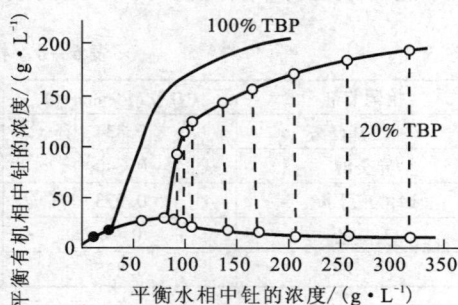

图 6 - 11　TBP - 煤油萃取 Th(NO₃)₄ 时，第三相的形成

20% TBP；水相酸度 5 mol/L；O/A = 1:1；25℃

相生成，而 TBP 浓度为 20% 时，当平衡水相钍的浓度超过 80 g/L 则出现第三相。

此时有机相分成富煤油和富 TBP 的两相,同时,硝酸浓度增加,第三相体积也增加,TBP 与硝酸盐形成的配合物也进入第三相。

(3)萃合物在有机相内的聚合作用,也是三相产生的一个原因。例如用胺类萃取剂时,若以煤油等非极性溶剂作稀释剂,则因为胺盐在非极性溶剂中容易聚合,聚合物在有机相溶液中的溶解度又较小,因而析出形成第三相,此时如用极性溶剂作稀释剂,或者在有机相中添加极性改善剂高碳醇,则可避免这一现象的出现。

(4)反应温度过低也是三相生成的可能原因,一般温度增加,萃合物在有机相中之溶解度增加,故有些萃取体系要求在一定的温度下进行。如国外用叔胺萃取钨时,一般在 40℃ 下进行,而国内采用添加仲辛醇的办法,可使该体系萃取段在常温下进行。

(5)水相阴离子的种类对生成三相的难易程度也有影响。一般相同的烷基胺与无机酸生成的盐,生成三相的倾向有下列次序:硫酸盐 > 酸式硫酸盐 > 盐酸盐 > 硝酸盐。

用 D2EHPA 作萃取剂时,也观察到类似的倾向。

6.2.2 相调节剂

6.2.2.1 相调节剂消除三相的作用

相调节剂又称之为极性改善剂。相调节剂为一类如醇、烷基苯酚及酯的一些有机化合物,将它们加入到有机相中,可以改进溶剂萃取体系的物理和化学特性。常用的相调节剂见表 6 - 8,其中异癸醇及壬基酚是国外普遍采用的相调节剂,而国内却多采用仲辛醇,尽管仲辛醇中含有具有腐烂苹果臭味的 2 - 辛酮,但由于它价廉易得,故仍获得较广泛的应用。

表 6 - 8 相调节剂

相调节剂	密度/(g·cm^{-3})	沸点/℃	闪点/℃
2 - 乙基己醇	0.834	185	85
异癸醇	0.840	220	104
磷酸三丁酯	0.973	178	193
壬基酚	0.94	283	≥140
仲辛醇	0.835	178	88

使用不同的相调节剂和浓度时,其消除三相的能力不同,例如我们实验室在研究 N263 萃取硫代钼酸根与钨的分离时,发现 TBP 与仲辛醇对萃合物析出有不同的影响,如表 6 - 9 所示用仲辛醇作相调节剂,总有萃合物从有机相析出,而用 TBP 作相调节剂,由于它的极性强,含量达 15% 时已无萃合物析出。而且有趣的是,当仲辛醇与 TBP 混合使用时,萃钼率显著增加,说明产生了协萃效应。

表 6 - 9　相调节剂对 N263 萃钼的影响

相调节剂用量（体积分数）/%	仲辛醇		TBP		TBP + 仲辛醇	
	萃钼率/%	现象	萃钼率/%	现象	萃钼率/%	现象
6	93.93	萃合物析出严重				
8	93.98	萃合物析出				
10	93.47	萃合物析出			98.34	萃合物少量析出
12	93.05	萃合物析出				
15	91.67	萃合物析出	94.0	有机相均匀	98.55	有机相均匀
20			94.0	有机相均匀	98.10	有机相均匀

①萃取剂：1.2% N263；稀释剂：煤油；料液：[WO₃] 79.88% g/L；[Mo] 0.246 g/L；pH = 8.30；萃取条件：O/A = 1∶1，t = 20℃，混合时间 5 min。

6.2.2.2　相调节剂对萃取过程的影响

如前所述在萃取过程中加入相调节剂一方面可以解决三相的问题，另一方面也会影响有机相的萃取性能。

表 6 - 10[4]列出了不同的相调节剂对萃取剂 Cyanex272 体系对钴、镍分离系数的影响。

表 6 - 10　相调节剂对 Cyanex272 萃取钴、镍分离系数的影响

调节剂	稀释剂	金属离子平衡浓度/(g·L⁻¹)				分离系数 $\beta_{Co/Ni}$
		水相		有机相		
		Co	Ni	Co	Ni	
不加	Aromatic150	0.44	96	10.1	0.34	6480
TBP	Aromatic150	0.71	98.5	10	0.23	6030
NP	Aromatic150	1.07	98.6	9.5	0.28	3130
IDA	Aromatic150	1	98.3	9.8	0.51	1890
TOPO	Aromatic150	1	99.7	9.2	0.65	1410
不加	MSB210	0.37	97.5	9.9	0.39	6690
TBP	MSB210	0.54	96.9	9.2	0.48	3440
NP	MSB210	0.86	95.1	9.2	0.57	1790
IDA	MSB210	0.96	96.2	9.2	0.9	1020
TOPO	MSB210	0.82	97.8	9.1	1	1030

注：①TBP——磷酸三丁酯；NP——对壬基酚；IDA——异癸醇；TOPO——三辛基氧化磷。

②实验条件：料液(g/L)：9.9Co，98.3Ni 的硫酸盐；有机相：20% 萃取剂，采用实验用稀释剂；改性剂浓度：10%；相比：O/A = 1∶1；混合时间：5 min；温度：55℃；平衡 pH：5.5。

烷基水杨醛肟的特点是萃取铜（Ⅱ）容量大，而萃取铁（Ⅲ）能力极弱，铜铁分离效果极佳，是一种选择性很高的铜萃取剂。但烷基水杨醛肟的不足之处是反萃困难。吕文东[5]等人选择月桂醇、仲辛醇及壬基酚作调节剂，研究三种调节剂对烷基水杨醛肟萃取铜铁的影响。结果表明，不加调节剂，用单一醛肟萃取时，在有机相中出现沉淀物；加调节剂，反萃性能得到改善，无沉淀物，再生有机相透明，同时加快分相速度。所加入的三种调节剂都不同程度地降低了水杨醛肟的萃取强度，三种调节剂使其萃取强度降低的顺序是月桂醇＞仲辛醇＞壬基酚。壬基酚对萃取率的影响最小。

Cognis 公司在调节剂改善醛肟性能方面进行了 30 多年的系统研究，推出了一系列性能优良的萃取剂，并将调节剂称为改质剂，使之与醛肟混合配制好后推向市场（详见第 16 章）。

中南大学冶金分离科学与工程实验室研究了 TBP 浓度对 N263 萃取硫代钼酸盐时，钼与钨的萃取率的变化规律，其结果示于图 6 – 12。随 TBP 浓度增加，钼萃取率下降幅度很小，而钨萃取率下降很快，因而钨钼分离系数明显增加。

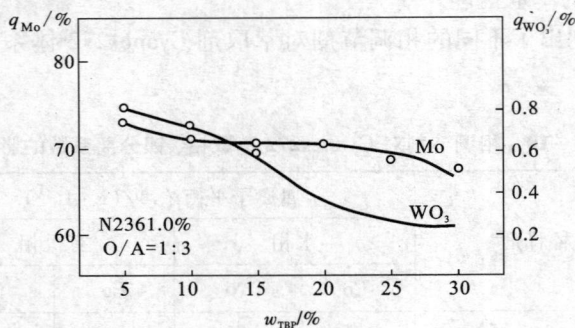

图 6 – 12　相调节剂浓度对钼与钨的萃取率变化的影响
料液：WO_3 93.29%，$w_{Mo}/w_{WO_3} = 0.051\%$

又如 2 – 乙基己醇、异癸醇、TBP 三种相调节剂对 D2EHPA 萃取稀土元素也有类似影响，它们均使稀土元素的萃取分配比降低，而且影响的大小按三种调节剂的这一排列顺序而降低，即 TBP 的影响很小，2 – 乙基己醇的影响最大。相调节剂也会影响从有机相中洗涤共萃的杂质元素，例如表 6 – 11 列出了 D2EHPA 萃取钴，用钴盐作洗涤剂时，相调节剂异癸醇及 TBP 对从有机相中洗涤共萃的镍的影响。以异癸醇作相调节剂时，有机相的金属总负荷量高，但有机相的钴镍比小；而用 TBP 作相调节剂时，却得到完全相反的情况，即低的总金属负荷和高的钴镍比。

表 6 – 11　含钴镍的 15％的 D2EHPA 洗涤

洗涤剂	相调节剂	$\rho_{Co}/(kg \cdot m^{-3})$	$\rho_{Ni}/(kg \cdot m^{-3})$	接触次数
$Co(NO_3)_2$ 20 kg/m³Co	异癸醇(A) 5％(体积分数)	20.8	2.0	1
		21.6	1.5	2
		22.4	1.4	3
$CoSO_4$ 27 kg/m³Co	TBP(B) 5％(体积分数)	16.0	0.1	1
		16.1	0.04	2
		16.0	0.03	3

注：A：有机相分别含 8.4 及 4.5 kg/m³的钴与镍；B：有机相分别含 12.9 及 3.8 kg/m³的钴与镍。

相调节剂与稀释剂一样对分相性能有重要的影响。如中南大学冶金分离科学与工程实验室研究 N1923 萃取钨新工艺时，采用异辛醇作相调节剂，随着醇浓度的增加，分相时间明显缩短(表 6 – 12)。

表 6 – 12　异辛醇浓度对 N1923 萃钨分相性能影响

有机相组成(体积分数)		分相时间	萃取率/％
醇/％	煤油/％		
5	85	11′20″	99.49
10	80	3′10″	99.16
20	70	1′45″	99.30
30	60	1′20″	99.14
40	50	1′10″	99.40

注：萃取剂：10％ N1923 用硫酸酸化；料液：$WO_3$112.49 g/L；萃取：O/A = 1∶1；t =室温，τ =5 min。

6.2.2.3　相调节剂的副作用

在南非和美国叔胺萃铀工厂中曾发现在其萃取槽澄清器壁上生长出灰白色的真菌，这种海绵状的物质，可生长到约 3 cm 厚，而异癸醇被认为是这种真菌的营养液。为此用含 35％的芳香稀释剂 SolVesso150 代替异癸醇。

但 SolVesso150 的表面张力较大，密度也较大，故引起较慢的相分离速度，且由于夹带增加造成的有机相损失增加。另一方面，应用 SolVesso 的成本也高一些。

除此之外，芳香物质对橡胶零部件的腐蚀作用也比异癸醇为大，对油漆的溶解作用也较严重。理想的稀释剂是具有高闪电、低黏度、窄的馏程、低的挥发率和高稳定性的碳氢化合物[6]。这些物理性质要求也原则上适用于极性相调节剂的选择。

　　因此，选择适当组分的相调节剂，始终是溶剂萃取中的一个重要问题。

参考文献

[1] Gordon Ritcey. Solvent Extraction[M]. Volume 1, Chapter 4, 2nd, Ottawa, Canada, 2006.

[2] 张启修. 冶金分离科学与工程[M]. 北京：科学出版社，2004：43 – 53.

[3] 杨玲，王林生，赖华生. 不同稀释剂中 t – BAMBP 萃取铷铯的研究[J]. 稀有金属，2011，35(4)：627 – 634.

[4] 朱屯. 萃取与离子交换[M]. 北京：冶金工业出版社，2005：290.

[5] 吕文东，都志峰，王继民. 湿法炼铜中的萃取剂[J]. 广东有色金属学报，2004，14(2)：114 – 117.

[6] Marco A Haig, Andrew M Outhie. Copper Solvent Extraction Diluent Choice—Optimised Properties Equals Optimised Plant Performance[C]. ISEC'2011 Charpter1, 1 – 12, Santiago, Chile.

[7] Marco A Calzada, Ralph Kowalik, Pierre Yres Guyomar. Comparison of Low Aromatic and Traditional Hydrocarbon Extraction Diluents in Copper Production[C]. ISEC'2011, Charpter 1, 1 – 8, Santiago, Chile.

[8] 胡劲文. Escaid 溶剂用于金属溶剂萃取领域[C]. CYTEC 2012' 湿法冶金技术研讨会文集，上海，2012：11.

第 7 章　萃取过程的界面化学

张启修　中南大学冶金与环境学院

目　录

在多相体系中，相与相之间的分界面称为界面。习惯上将气液、气固界面称为表面，其他的称为界面，一般两者可通用。萃取科学关注的是有机溶液与电解质水溶液两相之间的界面。实验证明，两相交界处不是数学上的几何平面，通常是一个约几个分子厚度的过渡层，其中各组分的组成是连续变化的。溶剂萃取的两相界面实际上是一个非常薄的两相混合区，其厚度以纳米计。这个极薄的混合相区的成分及性质与两个主体相不同，它们对萃取过程有重大影响。

7.1   界面吸附与界面性质[1-4]

7.1.1   界面吸附

能使水的表面张力降低的物质称为表面活性物质。在低浓度下就能显著降低水的表面张力的物质称为表面活性剂。表面活性物质会在溶液表面上富集，产生正吸附。描述溶液表面吸附的重要物理量是吸附量，如图 7 - 1 所示。

设有 A、B 两相平衡共存，aa' 与 bb' 之间为相界面，组分 i 的物质的量为 n_i，则 $n_i = n_i^A + n_i^B$，其中 n_i^A 与 n_i^B 分别为 A 相与 B 相中组分 i 物质的量。aa' 面以上为 A 相，bb' 面以下为 B 相，aa' 与 bb' 之间称为界面相。为处理问题方便，吉布斯把界面相抽象成一个没有厚度的几何平面。在上述界面相中任一位置画一个平行于 aa' 与 bb' 的平面 ss'，以 σ 表示，设其面积为 S。于是有：

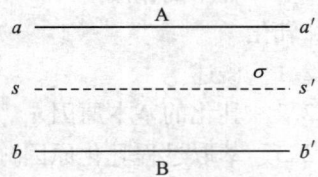

图 7 - 1   界面相与吉布斯相界面

$$n_i = n_i^A + n_i^B + n_i^\sigma$$

或

$$n_i^\sigma = n_i - (n_i^A + n_i^B)$$

n_i^σ 表示在界面相中某一平面 ss' 上组分 i 的过剩量。单位面积上组分 i 的表面过剩量称为吸附量，以 Γ_i 表示。$\Gamma_i = n_i^\sigma / S$，$\Gamma_i$ 值可正可负。Γ_i 为正时，为正吸附，为负时，则为负吸附，其单位是 mol/m^2。

对于多组分体系，吉布斯提出相对吸附量概念，若指定一个组分，例如组分 1 为参考组分，总可以选定一个合适的位置使图 7 - 1 的 ss' 的表面处该组分的表面过剩量为零，即 $\Gamma_1 = 0$，相对于组分 1，其他组分的表面过剩量值都是一定的。以 Γ_2 表示第二种组分的表面过剩量。对双组分体系而言，如溶剂与溶质的双组分体系，设溶剂为组分 1，其吸附量为零，则溶质的吸附量为 Γ_2，热力学可推导出：

$$\Gamma_2 = -\frac{1}{RT}\left[\frac{\partial\gamma}{\partial \ln c_2/c_1^{\ominus}}\right]_T$$

这是吉布斯吸附公式最常见的形式。γ 为溶液的表面张力。

若 $\dfrac{\mathrm{d}\gamma}{\mathrm{d}c} < 0$，则 $\Gamma_2 > 0$ 为正吸附，若 $\dfrac{\mathrm{d}\gamma}{\mathrm{d}c} > 0$，则 $\Gamma_2 < 0$ 为负吸附。

根据吉布斯吸附公式，可从实验数据经计算后得到 $\Gamma_2 - c_2$ 关系曲线，简写为 $\Gamma - c$ 曲线，即吉布斯吸附等温线，如图 7-2 所示。

它表明低浓度吸附时吸附量与浓度呈直线关系，随着浓度的增加，曲线趋于水平，此时 $\Gamma_2 = K = \Gamma_\mathrm{m}$，$\Gamma_\mathrm{m}$ 称为饱和吸附量，为一常数，与溶液本体浓度无关。饱和吸附量是表面活性剂的一个重要参数。

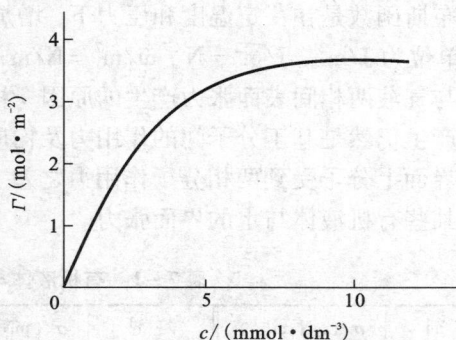

图 7-2　$\Gamma_2 - c_2$ 关系曲线

实验发现，同系物的各不同化合物，例如具有不同长度的直链脂肪酸，其饱和吸附量大致是相同的，因此可以推想，在达到饱和吸附时，这些表面活性物质分子在界面上是定向整齐地排列的，亲水端朝极性大的一相，憎水端朝着极性小的一相，这样一方面可使表面活性物质分子处于稳定状态，另一方面也降低了两相交界处的表面能。达到饱和吸附时，与表面浓度相比本体浓度是很小的。在吸附量不大时，表面活性物质在表面上排列不会那么整齐，每个分子有相当的活动范围，但基本取向不变。

表面活性剂的饱和吸附量反映了它的表面吸附能力，它具有如下规律：

①截面积小的表面活性剂分子的饱和吸附量较大。

②其他因素相同时，非离子型表面活性剂的饱和吸附量大于离子型的。

③加入无机盐可明显增加离子型表面活性剂的吸附量。

④同系物的饱和吸附量差别不大。

⑤温度升高，饱和吸附量减小。

7.1.2　界面性质

萃取工艺中有机相中的萃取剂、助溶剂，合成萃取剂时残存的原料，使用过程中的降解产物基本上都是一些表面活性剂，由于它们在界面上的吸附及相互作用，界面性质与主体相有很大差别，这些界面性质包括界面张力、黏附功、电位、黏度等。

7.1.2.1　界面张力

其定义为在液液界面上或其切面上垂直作用于单位长度上的使界面积收缩的力,单位为 N/m 或 mN/m。萃取过程中,分散相一般呈液珠状态,其原因在于界面张力的作用使界面处于最小的球面。如果从热力学角度来描述界面张力,则界面吉布斯函数是在一定温度和压力下,增加单位面积时,体系吉布斯函数的增加量,单位为 J/m^2。$J/m^2 = N \cdot m/m^2 = N/m$,它们有相同的量纲与数值。

与气液两相间表面张力产生的原因一样,有机溶液与电解质溶液之间界面张力的产生仍然是基于分子间的作用力及构成两相物质的性质差异而引起的。它反映了界面上分子受到两相分子作用力之差。温度升高,界面张力下降。表 7-1 列出了某些有机液体与水的界面张力。

表 7-1　有机液体与水的界面张力

溶 剂	$\sigma/(mN \cdot m^{-1})$	溶 剂	$\sigma/(mN \cdot m^{-1})$	溶 剂	$\sigma/(mN \cdot m^{-1})$
正丁醇	1.8	甲基己酮	14.1	间二甲苯	37.9
正戊醇	4.4	硝基苯	25.7	四氯化碳	45.0
正己醇	6.8	Escaid 100	29.1[①]	四氯乙烯	47.5
正庚醇	7.7	二氯乙烷	31.0	2,5-二甲基己烷	46.8
正辛醇	8.5	苯	35.0	正庚烷	50.2
乙醚	10.7	甲苯	36.1	正辛烷	50.8
甲戊酮	12.4	Escaid 350	36.3[①]	正己烷	51.1

注:① 水相 1 mol/L Na_2SO_4。

表 7-2 至表 7-5 列出了某些萃取有机相与硝酸铵溶液的界面张力。

Cyanex272 属二烷基膦酸,其酸性比二烷氧基类的 D2EHPA 弱得多,因此它像螯合类萃取剂一样,在相当宽的 pH 范围内,pH 变化对界面张力没有影响。

表 7-2　D2EHPA-正庚烷体系的界面张力

有机相体积分数/%		pH	$c_{NH_4NO_3}$ /(mol·L^{-1})	界面张力 /(N·m^{-1})	温度 /℃
D2EHPA	正庚烷				
0.3	99.7	0.53	1.0	0.031	室温
0.3	99.7	0.72	1.0	0.029	室温
0.3	99.7	4.99	1.0	0.023	室温
0.3	99.7	5.97	1.0	0.023	室温

表 7 – 3　Cyanex272 的界面张力

有机相体积分数/%		pH	$c_{NH_4NO_3}$ /(mol·L^{-1})	界面张力 /(N·m^{-1})	温度 /℃
Cyanex272	正庚烷				
0.3	99.7	0.61	1.0	0.025	室温
0.3	99.7	1.69	1.0	0.025	室温
0.3	99.7	2.77	1.0	0.025	室温
0.3	99.7	5.01	1.0	0.025	室温
0.3	99.7	6.00	1.0	0.025	室温

表 7 – 4　Acorga P17 – Escaid 100 体系的界面张力

有机相体积分数/%		pH	$c_{NH_4NO_3}$ /(mol·L^{-1})	界面张力 /(N·m^{-1})	温度 /℃
Acorga P17	Escaid100				
5.0	95	0.51	0.167	0.028	28
5.0	95	1.26	0.167	0.029	28
5.0	95	1.69	0.167	0.029	28
5.0	95	3.58	0.167	0.029	28
5.0	95	4.35	0.167	0.029	28

表 7 – 5　LIX63 – 正己烷体系的界面张力

有机相体积分数/%		pH	$c_{NH_4NO_3}$ /(mol·L^{-1})	界面张力 /(N·m^{-1})	温度 /℃
LIX63	正己烷				
0.003	99.997	2.0	0.167	0.046	28
0.015	99.985	2.0	0.167	0.042	28
0.05	99.95	2.0	0.167	0.036	28
0.3	99.7	2.0	0.167	0.030	28
0.6	99.4	2.0	0.167	0.026	28
1.5	98.5	2.0	0.167	0.026	28
3.0	97.0	2.0	0.167	0.024	28

　　显然从表 7 – 5 可以看出，随 LIX63 浓度的增加，界面张力下降。

　　有许多经验方程能用于描述界面张力等温线，计算 dσ/dc。借助于微分这些方程，并将有关 dσ/dc 项植于吉布斯等温线的适当表示式中，能直接计算表面过剩值。最大的表面过剩值能用于估计有机相中萃取剂活度或者萃取剂的缔合程度。

7.1.2.2　黏附功与内聚功

　　黏附是液液界面形成的一种方式，它指在两种不同的液体(如 A 和 B)相接触后，A 和 B 的表面消失，同时形成 A 与 B 的液液界面(AB)的过程。

若 A、B 和 AB 的表(界)面积均为单位面积，则黏附过程表面吉布斯函数变化为：

$$\Delta G = \gamma_{AB} - \gamma_A - \gamma_B$$
$$W_{AB} = - \Delta G$$
$$W_{AB} = \gamma_A + \gamma_B - \gamma_{AB}$$

式中：γ_A 与 γ_B 分别为 A 和 B 的表面张力；γ_{AB} 为 A 和 B 的液液界面张力；W_{AB} 称为黏附功，又称为黏滞能。

若为同一种液体间的黏附，则称为内聚，内聚功 $W_{AA} = 2\gamma_A$，显然内聚功反映的是同种液体间的相互吸引强度，而黏附功反映的是不同液体间的相互吸引强度，表 7 - 6 是几种有机液体的内聚功和它们与水的黏附功。

表 7 - 6　有机液体的内聚功及其与水的黏附功

有机液体	$W_{AA}/(\mathrm{mJ \cdot m^{-2}})$	$W_{AB}/(\mathrm{mJ \cdot m^{-2}})$
烷烃类	37 ~ 45	36 ~ 48
醇类	45 ~ 50	91 ~ 97
乙基硫醇	43 ~ 46	68.5
甲基酮类	约 50	85 ~ 90
有机酸类	51 ~ 57	90 ~ 100
有机酯类	约 50	约 90

显然，除烷烃类外，其他各类的 W_{AA} 值比 W_{AB} 值小许多，且不同类型有机液体的 W_{AA} 值相差不大。说明有机物的极性基是伸入液体内部的。由表 7 - 6 的数据可见，非极性有机物与水的黏附功较小，极性有机物与水之间的黏附功较大，说明前者与水的相互作用力小，后者与水的相互作用力强。这与在油 - 水界面上极性有机物分子定向排列，极性基向水，非极性基朝有机相的分析一致。

7.1.2.3　界面电位

在油水界面上吸附的表面活性物质，其亲水基穿过界面朝向水相一边引起附近的水的偶极分子取向，从而引起一个横跨界面的相体积的位差 φ。φ 的大小随体系不同而异，并与有关参数，如温度、pH、离子强度有关。正因为界面电位与分子取向及它们与水相中金属离子的交互反应有关，故界面电位的研究结果可以作为界面张力研究的补充，帮助人们更深入地研究萃取过程。

亲水偶极基团穿过界面朝向水相边的排列会影响界面相内的电荷分布，反过来影响界面相内的离子浓度。我们可以用染料在界面的吸附证明这一观点，如果在苯 - 水界面吸附酸性染料，此时界面相的酸性则会比水相内的强。已经证明，

如果离子浓度分布服从波尔兹曼分布, 则

$$c_s = c_b \exp\left(-\frac{\varepsilon\varphi}{kT}\right)$$

$$pH_s = pH_b + \frac{\varepsilon\varphi}{2.303kT}$$

式中: pH_s 与 pH_b 分别代表界面相及水相内的 pH, ε 为介电常数; c 为浓度; k 为波尔兹曼常数。只有当 $\varphi = 0$ 时, $pH_s = pH_b$。如果 $\varphi < 0$, 则 $pH_s < pH_b$。如果 φ 值达 200 mV, 则 pH_s 与 pH_b 能相差 3 ~ 4 个单位。

7.1.2.4　界面黏度

液液界面上的吸附在表面饱和的情况下将产生一个黏滞的单分子层。而测量液液界面的黏度是很困难的, 尽管如此, 界面黏度数据对解释萃取机理还是有价值的, 譬如, 知道界面上的膜是气体膜、液体膜还是固体膜是有用的, 而这种结论用界面黏度数据是容易得到的。

界面黏度的一个最重要的影响是在相内或单分子层的某一边, 例如当单分子层沿着液体表面流动时, 它下面的一些液体被带着一起移动, 反过来运动的主体相将拖住均匀的单分子层, 最终两个相反的作用力将达到平衡。这种现象能减少或防止运动的液滴中的循环, 这一点在考虑用表面活性剂的液 – 液萃取中(如微乳状液萃取)是非常重要的。

7.1.3　界面活性在认识溶剂萃取过程中的作用[3]

溶剂萃取体系中油水界面上由于表面活性剂的界面吸附而形成的表面过剩, 使界面性质不同于相内, 从而对萃取平衡、动力学及反应机理、分散与聚结性能均发生影响。这种情况称之为界面活性的影响。界面活性常以上一节介绍的各种参数来表征, 在解释溶剂萃取规律方面, 目前试验数据较多的为界面张力, 其次为界面电位。

在涉及界面张力对萃取过程的影响的论述中常常用到表面压这个术语, 实际上表面压是表面张力作用的结果, 其值 $\pi = \gamma_0 - \gamma$, γ_0 与 γ 分别为纯水和溶液的表面张力, 因此, 表面压等于表面张力的降低值, 其单位与表面张力的单位相同, 均为 mN/m 或 N/m。

界面张力变化的测量对判断配合物的化学成分, 揭示混合萃取剂之间、萃取剂与相调节剂之间的相互作用是有用的, 而且从定性角度能说明稀释剂的影响。

界面电位的数据总是与界面张力变化相关, 因此总是与界面张力结合来解释实验现象。它在解释分子的几何构型及在界面的取向方面是有用的。而且在解释萃取剂与金属离子的相互反应方面可以得到一些有价值的信息。界面 pH 概念就是界面电位理论衍生的一个重要概念。

界面黏度涉及界面吸附膜的性质。它随体系参数的改变而改变。但由于试验困难，积累的资料甚少。

通过综合应用反映界面活性的这些参数来处理界面平衡和动力学问题可能获得认识金属溶剂萃取配位化学的一些重要结论。

本章仅以 DHEPA 萃取铀酰离子(UO_2^{2+})的界面活性的研究为例，简单介绍界面活性的测量结果对认识萃取过程的作用。

以庚烷为稀释剂时，发现 DEHPA – 庚烷 – 水系的界面张力由无 UO_2^{2+} 离子时的 3.9 mN/m 增加到 UO_2^{2+} 浓度为 10^{-2} mol/L 时的 12.7 mN/m，此数据表明金属配合物的界面活性小于萃取剂本身。

如果添加 TBP 至 DEHPA – UO_2^{2+} 体系中，则体系的界面张力增加，分配比显著增加，而铀的萃取速度却减小。

图 7 – 3 为 DEHPA – 庚烷 – 水 – UO_2^{2+}（pH = 1.37）体系的界面电位随铀酰离子浓度变化的

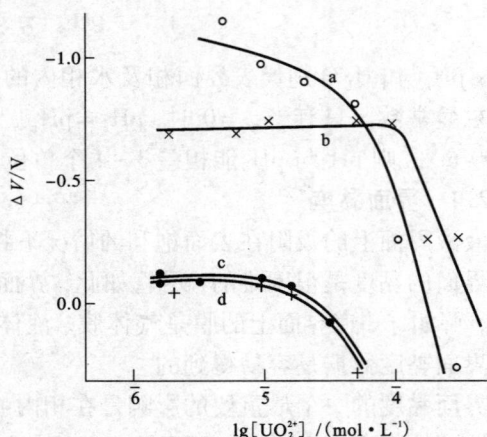

图 7 – 3　DEHPA – 庚烷 – 水 – UO_2^{2+} 体系（pH =1.37）界面位与 UO_2^{2+} 浓度的关系

(a) DEHPA(0.05 mol/L)；(b) DEHPA(0.05 mol/L) + NaNO_3(0.012 mol/L)；(c) DEHPA(0.05 mol/L) + TBP(0.1 mol/L)；(d) DEHPA(0.05 mol/L) + TBP (0.1 mol/L) + NaNO_3(0.012 mol/L)

关系，观察到随 UO_2^{2+} 浓度变化，体系的界面电位很高，其值在 0.25 ~ 1.0 之间变化。在添加 TBP 后，界面电位变得较正，在恒定有机相浓度的情况下，随水相 UO_2^{2+} 浓度增加，界面电位向更正的值变化。联系到上面提及的增加 TBP 浓度可增加体系的界面张力的研究结果，可以得出加进有机相的 TBP 与 DEHPA 之间有交互反应的结论，其结果是使主体相的 DEHPA 活度下降，反过来使界面区的 DEHPA 浓度下降。

与交互反应有关的是添加 TBP 使铀的萃取速度降低。但如果向水相中添加硝酸钠，则会使 TBP 降低铀萃取速度的影响颠倒过来。尽管添加盐对界面张力没有实质性影响，但在 UO_2^{2+} 浓度较低时却使界面电位减小，此时硝酸钠的影响是使 TBP 的行为好像是 $UO_2(NO_3)_2$ 的相转移剂，在有机相内产生一个快速的配体交换反应，总的结果使铀的萃取速度加快。

在所有 DEHPA/TBP/庚烷/H_2O/ UO_2^{2+} 体系的试验中，添加硝酸盐均降低界面黏度，这归因于硝酸根破坏了界面区水的结构。

7.2　乳化[4,5]

7.2.1　概述

乳状液是一种或一种以上的液体以液珠状态分散在另一种与其不相混溶的液体中构成的体系。被分散的液珠称为分散相或内相，直径通常大于 0.1 μm。分散相周围的介质称为连续相或外相。显然，乳状液是一种多相系统，具有很大的液液界面，很不稳定。如果加入乳化剂，则可显著地增加其稳定性。

乳状液一般由两类液体组成，一类是水，一类是油。相应的乳状液的类型一般有两种。一种是水包油型，以 O/W 表示，水为连续相。另一类为油包水型，以 W/O 表示，是以油为连续相，在一定条件下，它们是可以转型的。此外还有较为复杂的体系，称为多重乳状液，如 W/O/W 或 O/W/O 等。

金属溶剂萃取过程是一种典型的发生在油—水两相间的反应—传质过程。为了保证萃取过程有正常的传质速度，要求两相有足够的接触面积，这样势必有一个液相要形成细小的液滴分散到另一相中。在正常情况下当停止搅拌后，由于两相的不互溶性及密度差，混合液会自动分为两个液层，这一过程的速度很快，因此萃取作业才能实现连续化。

然而在实际萃取作业中，由于搅拌（混合）过于激烈，分散液滴直径达到 0.1 μm 至几十微米，形成通常意义所说的乳状液，在一定条件下，这种乳状液会变得很稳定，不分相或需经过很长时间才分相，使连续萃取作业无法进行，这一现象就称为乳化。

在溶剂萃取作业中，到底哪一相成为分散相，哪一相成为连续相，视具体情况而定，一般存在如下规律：

（1）假设液珠是刚性球体，则因为尺寸均一的刚性球体紧密堆积时，分散相的体积分数（分散相体积对两相总体积的比值）不能超过 74%，因此对于一定的萃取体系，如相比小于 25/75 则有机相为分散相，相比大于 75/25，则水相为分散相。

（2）搅拌桨叶所处的一相易成为连续相。

（3）亲混合设备所用材料的一相易成为连续相。

实际上，界面张力对决定乳状液的类型有很大影响，故在必要时必须通过仔细的实验进行测定。

7.2.2　乳化的基本原因

因为表面活性剂能使界面张力降低，如果表面活性剂使水的界面张力降低，则形成 O/W 型乳状液，如果表面活性剂使油的界面张力降低，则形成 W/O 型乳状液。

但是表面活性剂并不一定能使乳状液都很稳定，决定其稳定性的关键因素，即造成乳化的关键因素是界面膜的强度和紧密程度。所以表面活性物质使界面张力降低，使它们在界面上发生吸附，这时如果此表面活性物质的结构和足够的浓度使得它们能定向排列形成一层稳定的膜，就会造成乳化。此时的表面活性物质就是一种乳化剂。萃取过程中有能成为乳化剂的表面活性物质的存在，是形成乳化的主要原因。换言之，表面活性物质的存在，是乳化形成的必要条件，界面膜的强度和紧密程度是乳化的充分条件。研究萃取过程乳化的成因就是要寻找乳化剂的成分。

7.2.3　萃取过程乳化原因分析

7.2.3.1　有机相中的组分可能成为乳化剂

有机相中存在的表面活性物质有可能成为乳化剂。有机相中表面活性物质的来源有：

（1）萃取剂本身，它们有亲水的极性基和憎水的疏水基（非极性基）。

（2）萃取剂中存在的杂质及在循环使用过程中由于无机酸和辐照等的影响使萃取剂降解所产生的一些杂质。

（3）稀释剂、助溶剂中的杂质，例如煤油中的不饱和烃，以及在循环使用中降解产生的杂质。

这些表面活性物质可以是醇、醚、脂、有机羧酸和无机酸脂（如硝酸丁酯、亚硝酸丁酯）以及有机酸的盐和胺盐等。它们在水中的溶解度不一，有可能成为乳化剂。如果它们是亲水性的，就有可能形成水包油型乳状液，如果它们是亲油性的，就可能形成油包水型乳状液。但绝不能认为所有这些表面活性物质一定都是乳化剂，否则，萃取作业将无法进行。是否能成为乳化剂，还与下列因素有关：

（1）萃取过程中哪一相是分散相，如表面活性物质亲连续相，则乳状液稳定，它有可能成为乳化剂。如果它刚好亲分散相，反而会有利于分相。

（2）存在的表面活性物质能否形成坚固的薄膜，即它们的结构和浓度如何，如果亲连续相的表面活性物质又能形成坚固的界面膜，则可能成为乳化剂。

（3）体系中存在的各种表面活性物质之间会相互影响，其对界面张力产生的总影响是决定萃取过程分相难易及是否产生乳化的关键因素。例如：

①许多中性磷（或膦）酸酯萃取剂在长期与酸接触或辐射的作用下，能缓慢降解，产生少量酸性磷（或膦）酸酯，如 TBP 中的磷酸一丁酯、二丁酯，它们是表面活性剂，同时又能与金属离子生成能导致乳化的固体或多聚配合物，提高液滴界面膜强度，因此使乳化液稳定。

②在用 TBP 萃取硝酸铀酰时，稀释剂煤油降解所产生的含氧化合物与铀酰离子可形成稳定的复合物，它是产生乳化的主要原因，而且用硝酸氧化过的煤油比未用硝酸氧化过的煤油更易引起乳化。

7.2.3.2　固体粉末、胶体可能成为乳化剂

极细的固体微粒也可能成为乳化剂，这与水和油对固体微粒的润湿性有关。根据其对水润湿性能的不同，固体也分为憎水和亲水两类，当然这与它们的极性有关。

在萃取过程中，机械带入萃取槽中的尘埃、矿渣、炭粒以及存在于溶液中的 $Fe(OH)_3$、$SiO_2 \cdot nH_2O$、$BaSO_4$、$CaSO_4$ 及繁殖的细菌等都可能引起乳化。

例如 $Fe(OH)_3$ 是一种亲水性固体，水能很好地润湿它，所以它能降低水相表面张力，是 O/W 型乳化剂，如图 7-4 所示，此时固体粉末大部分在连续相——水相中，而只有极微量被分散相——有机相所润湿。

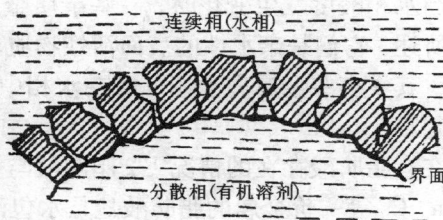

图 7-4　亲水性固体形成乳状液示意图

而炭粒是憎水性较强的固体粉末，是 W/O 型乳化剂。固体粉末大部分也是在连续相——有机相中，而只有微量被分散相——水相所润湿。

固体如不在界面上而全部在水相中或有机相中时，则不产生乳化。

当固体润湿的一相，恰好是分散相而不是连续相时，则可能不引起乳化。所以萃取体系中，如有固体存在，应能使润湿固体的一相成为分散相。这就是矿浆萃取时，往往控制相比是 1/3 到 1/4，甚至更高的原因。因为矿粒多数属亲水性，采用高的相比，则能润湿固体的水相刚好为分散相，此时小水滴润湿固体矿粒，且在颗粒上聚结成大水滴，反而有利于分相。

实验证明，湿固体比干固体乳化作用大，絮状或高度分散的沉淀比粒状的乳化作用更强。当用酸分解矿石时，表面看起来是清澈的滤液中，实质上有许多粒度 <1 μm 的 $Fe(OH)_3$ 等胶体粒子存在。当两相混合时这部分胶体微粒就在相界面上发生聚沉作用，生成所谓触变胶体(胶体粒子相互搭接而聚沉，产生凝胶，但不稳定，在搅拌情况下又可分散)，它们是很好的水包油型乳化剂，由界面聚沉产生的这种触变胶体越多，则乳化现象越严重。

某厂用含钇稀土草酸盐煅烧成氧化物，然后溶于盐酸，用环烷酸萃取制备纯氧化钇，发现由于草酸盐煅烧不完全，有游离碳粒子存在，从而引起乳化。另外在用 P204 萃取分离稀土，P350 或 TBP 萃取分离铀、钍、稀土时均发现由于料液不清，悬浮固体微粒引起乳化，且乳状液破灭后在相界面积累一层污物的情况。

因此，我们只能说，固体粉末可能引起乳化，但并不一定发生乳化，将视萃取条件及固体粉末的性质和数量而定。

7.2.3.3 水相组成或酸度变化对乳化的影响

萃取时水相中存在着各种电解质，除了被萃取的金属离子外，还有一些其他的金属离子，此外有机相中的一些表面活性物质，也或多或少溶解在水相中。它们的存在都有可能成为产生乳化的原因。

由于电解质可以使两亲化合物溶液的界面张力降低，所以可能造成乳化。实验证明：少量的电解质可以稳定油包水型乳状液。

当水相酸度发生变化时，一些杂质金属离子例如铁可能水解成为氢氧化物。如前所述，它们是亲水性的表面活性物质。常常有可能成为水包油型乳状液的稳定剂。其中有些金属离子还可能在水相中生成长链的无机聚合物，使黏度增加，分相困难。

在有脂肪酸存在的情况下，脂肪酸与金属离子生成的盐是很好的乳化剂。如 K、Na、Cs 等一价金属的脂肪酸盐是水包油型乳状液的稳定剂。因为这些离子的亲水性很强，此外，这类盐分子的极性基部分的横切面比非极性基部分的横切面为大，较大的极性基被拉入水层而将油滴包住，因而形成了油分散于水中的乳状液，如图 7-5(a) 所示。与其相反，Ca、Mg、Zn、Al 等二价和三价金属离子的脂肪酸盐都是油包水型乳状液的稳定剂。这些离子的亲水性较弱，它们的脂肪酸盐分子的非极性基碳链不止一个，因而大于极性基，分子大部分进入油层将水包住，因而形成水分散于油中的乳状液，如图 7-5(b) 所示。因此应用脂肪酸作萃取剂时，更应注意萃取剂引起乳化的问题。

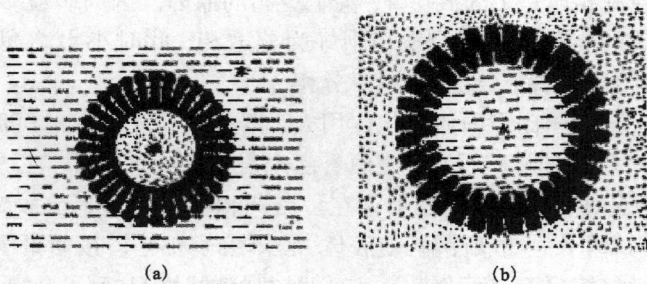

(a)   (b)

图 7-5　脂肪酸盐引起乳化示意图

7.2.3.4 料液金属离子浓度与有机相萃取剂浓度对乳化的影响

有些萃取剂，由于它们的极性基团之间的氢键作用，可以相互连接成一个大的聚合物分子，例如用环烷酸铵作萃取剂时发生下述聚合作用：

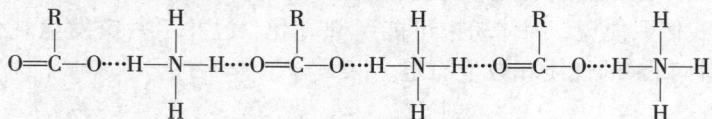

它们的存在使有机相在混合时使整个分散系的黏度增加，从而使乳状液稳定，难于分层。所以用这类萃取剂时，一定要稀释。萃取剂的浓度不能太高。如果破坏氢键缔合形成的条件，例如用环烷酸的钠盐代替环烷酸的铵盐，则可减少乳化趋势。

同样，水相料液浓度过高，则使有机相中金属浓度升高，从而使黏度增加，引起乳化。例如，当用环烷酸萃取稀土时，若水相稀土浓度过高，有机相稀土浓度过大，则容易出现乳化。所以用环烷酸生产氧化钇，当洗涤段洗水的酸度过高或洗水流量过大时，将会使已萃取的稀土洗下过多，从而造成萃取段水相稀土浓度不断积累提高，以致逐步引起乳化。环烷酸及酸性磷型萃取剂在使用前需进行皂化处理。当皂化度过高，则有机相的金属浓度也增加，容易引起黏度增加，同样也可能引起乳化。因此，必须控制好料液的稀土浓度、洗水酸度和流量以及萃取剂的浓度等。

7.2.3.5　其他物理因素的影响

太过激烈的搅拌常常使液珠过于分散。强烈的摩擦作用，又使液滴带电，难于聚结，因而更有利于稳定乳状液的生成。因此，适当控制搅拌桨的转速，选择恰当的桨叶的形状，调整搅拌桨的高低，都是应当予以注意的。

此外，温度的变化也有影响，升高温度，液体的密度下降，黏度也下降。因此在温度变化时，两相液体的密度差和黏度会发生变化，从而影响分相的速度。如用 P350 萃取时，如温度太低，则有机相发黏，难于分相。

7.2.4　乳状液的鉴别及乳化的预防和消除

乳状液的鉴别是采取预防措施和消除乳化的第一步。乳状液的鉴别分三步进行：首先观察乳状液的状态，鉴别乳化物的类型；其次，分析乳状物的组成；最后进行必要的乳化原因的探索试验。在此基础上进行防乳和破乳试验。

7.2.4.1　乳状液的鉴别

1）稀释法鉴别

将两滴乳状液分别放在干净的玻璃片上，分别加入一滴水相和一滴有机相，用细玻棒轻轻搅动。如水相和乳状液混匀，则乳状液是 O/W 型；如有机相和乳状液混匀，则乳状液是 W/O 型。这是因为加入的水相或有机相液滴与乳状液的连续相能混匀。但与乳状液的分散相不能混匀，在低倍显微镜下做此试验，可以更好地观察结果。

2）电导法鉴别

乳状液的电导主要由连续相的电导决定。如连续相是有机相则电导小，连续相是水相则电导大。分别测量有机相、水相及乳状液的电导。乳状液的电导与某一相的电导值接近，则该相为乳状液的连续相。但要注意，W/O 型乳状液，当分散相体积分数大时，例如微乳状液的情况，则其电导可能并不太小。若 O/W 型乳状液的稳定剂不是离子型的，电导也不见得高。

3）染色法鉴别

将两滴乳状液分别放在玻璃片上，分别加入一滴油溶性染料（例如苏丹红Ⅲ号）和一滴水溶性染料（例如蓝墨水）。用细玻棒轻轻搅动，如加入油溶性染料使整个乳状液皆着色，则乳状液为 W/O 型，反之则为 O/W 型。

4）滤纸润湿法

将一滴乳状液放在滤纸上，如滤纸被润湿后只剩余一小油滴，则乳状液属O/W型，如滤纸不润湿，则属于 W/O 型，对于分散相浓度小的乳状液，此方法不合适。对于苯等能在滤纸上展开的液体，此法显然没用。

7.2.4.2　乳化的预防和消除

1）原料的预处理

加强过滤，尽量除去料液中悬浮的固体微粒或硅溶胶、铁溶胶等有害杂质。含有硅胶的溶液极难过滤，加入适量的明胶（$0.2 \sim 0.3$ g/L），利用明胶与硅胶带相反的电荷，可以使硅胶凝聚，改善过滤性能。显而易见，明胶加入过量，同样引起乳化。采用超滤膜技术，可以有效地除去溶液中存在的铁溶胶与硅溶胶。

对于料液中存在的可能因析出沉淀而引起乳化的金属离子，也可采取预先除去它们的办法，或者采取相关措施抑制它们的析出。例如用环烷酸从混合稀土的氯化物溶液中制备纯氧化钇时，往往要预先除铁。笔者在用 P350 从盐酸体系中萃取铀和钍时，由于杂质钛会引起乳化，所以采用水解除钛法，使钛优先水解除去。也可以适当调节料液酸度，避免沉淀析出引起乳化。

含有价金属的矿物往往粘附有一些浮选剂，它们有时也成为乳化剂甚至使有机相中毒，我们研究硫代钼酸盐萃取分离钨钼，进行工业试验时，运行 8 h 后，两相出现不分相的严重乳化现象，槽外分相后，无论用什么办法处理，此有机相的分相性能也无法恢复，表明有机相中毒，后试验用氧化焙烧的办法或浸出液多段吸附脱除法将浮选剂除去后，萃取作业才转入正常。

2）有机相的预处理和组成的调整

新的有机相或使用过一段时间后的有机相，由于其中可能有引起乳化的表面活性物质的存在，所以应该在使用前进行预处理。处理的方法，一般使用水、酸或碱液洗涤，要求高时用蒸馏或分馏的方法。例如用环烷酸提取氧化钇的工艺中，使用新配好的有机相，容易产生乳化，如果用稀盐酸洗涤有机相，在两相界面间会产生一种薄膜状乳化物，除去这种乳化物，并用水洗有机相后再使用，乳化就不容易产生。在应用 P350 从盐酸溶液中萃取铀、钍时，发现使用循环过多次并存放一年多时间的有机相，有严重乳化现象和泡沫产生，界面也有很多乳状物。将此有机相先用 5% 的 Na_2CO_3 溶液处理，水洗几次之后，再萃取时就没有乳化和泡沫产生。

　　向有机相中加入一些助溶剂或极性改善剂,改变有机相组成也可以防止乳化。例如在用 P204 – 煤油从盐酸或硝酸溶液中萃取稀土时,加入少量的 TBP 或高碳醇通常可以预防乳化,一般认为是由于改善了有机相的极性,降低了有机相黏度的缘故。有的人还认为 P204 和 TBP 对轻稀土有协萃作用,生成的协萃配合物在有机相中的溶解度增大,是克服乳化的原因之一。环烷酸萃取制备纯氧化钇时,向有机相添加辛醇或混合高碳醇是利用助溶剂破乳的典型例子之一。譬如将24% 的环烷酸在非极性溶剂煤油中的溶液,加等物质的量的浓氨水转化成环烷酸铵盐,有机相就成为胶冻状,流动性很差。这说明环烷酸铵盐在非极性溶剂中是高度聚合的,它可能通过氢键缔合形成多聚分子,用这样的有机相去萃取硝酸稀土溶液就会造成乳化,引起分相困难。如果往环烷酸煤油溶液中添加一定量的辛醇,在皂化时,形成微乳状液(见7.4),流动性良好,萃取过程分相性能也大为改善。也可以调整有机相的皂化度,避免乳化的发生。

　　3)转相破乳法

　　所谓转相就是水包油型的乳状液转为油包水型,或者使后者转变为前者。因为乳化的本质原因是有成为乳化剂的表面活性物质存在。如表面活性物质所亲的一相刚好为分散相,则这样的乳状液不稳定。如果体系中含有亲水性的乳化剂,为了避免形成稳定的水包油型乳状液,则需加大有机相的比例。使有机相成连续相,这样可能达到破乳的目的。例如当料液中含有较多的胶态硅酸时,或矿浆萃取时料浆中含较多亲水固体微粒时,加大有机相的比例就可能克服乳化。在用 P350 从盐酸体系中萃取分离铀、钍和稀土时,增大有机相的比例成功地解决了乳化问题,就是利用了这一原理。

　　4)化学破乳法

　　加入某些化学试剂来除去或抑制某些导致乳化的有害物质的方法叫化学破乳法。

　　(1)加入配合剂抑制杂质离子的乳化作用:例如为了消除硅或锆的影响,可考虑在水相中加入氟离子,使之生成氟配离子而不产生乳化。而在萃铀工艺中,F^- 往往是有害的乳化剂,此时可加入 H_3BO_3,使之生成 BF_4^- 从而消除它的乳化作用。但需要注意的是,加入的配合剂不应与被萃取元素发生配合作用,否则影响萃取效果。

　　(2)加入表面活性剂破乳:表面活性物质可以成为乳化剂,但在一定条件下又可能成为破乳剂。如为了破乳,有时加入戊醇等极性稀释剂。其原因:一是戊醇起到反相破乳作用。因戊醇是亲水性表面活性物质,当乳状液是 W/O 型时,加入戊醇使乳状液在变型时加以破坏。二是因戊醇有更大的表面活性,可以将原先的乳化剂顶替出来,但它又形成不了坚固的保护薄膜,所以使分散液滴易于聚集,达到破坏乳状液的目的。这种情况又称为顶替法。

　　(3)其他化学破乳法:例如加入铁屑使 Fe^{3+} 还原成 Fe^{2+},从而防止 Fe^{3+} 水解引起的乳化作用。此时铁屑则为一种破乳剂。在 TBP – HCl – HNO₃ 体系中萃取分离锆铪时，加入 Ti^{4+}，可以抑制磷引起乳化作用。这里与用 P350 – HCl 体系萃取铀、钍情况相反，Ti^{4+} 成了一种化学破乳剂。

5）控制工艺条件破乳

如前所述，控制相比可以利用乳状液的转型达到破乳的目的，也可以用改变萃取方式的方法防止乳化的产生。例如我们实验室研究萃取硫代钼酸盐实现钨钼分离时，开始用逆流反萃，在负载有机相进料端，由于含硫代钼酸根最高的有机相与氧化能力已消耗到很弱的反萃剂（NaClO 碱性溶液）相接触，产生元素硫，造成严重乳化现象。为此改用并流反萃，此时氧化产物为钼酸根与硫酸根，故乳化作用不再发生。

除此之外，还可以控制一些工艺条件来预防和消除乳化。

酸度：溶液 pH 升高时，某些金属离子会水解，生成氢氧化物沉淀，如前所述，它是良好的乳化剂，所以从控制乳化的发生角度考虑，控制酸度的变化也是重要的，必要时，在不影响萃取作业正常进行的前提下，还可以加酸破乳。

温度：提高操作温度，可降低黏度，从而有利于破乳，但是温度高会增大有机相的挥发损失，某些情况下，还会降低分离系数，所以除了冬季用必要的保温措施来预防乳化外，一般不希望采取提高作业温度的方法来防止乳化。

搅拌：过激的搅拌造成乳化，已在前面予以说明，为了防止因这种原因而造成的乳化，应该适当降低搅拌桨速度，选择合理的搅拌桨类型。转速太低时，混合不均匀，这可以采取低转速大桨叶的办法加以克服。

此外，在萃取过程中添加合适的盐析剂，选择合适的萃取设备材质，也可达到防止乳化的目的。

7.3 胶团、反胶团与微乳状液

7.3.1 表面活性剂对溶液体相性质的影响[1]

表面活性剂除了影响界面性质外，对溶液的体相性质也有很大影响。它们往往使溶液的体相性质出现一些反常现象。早期对脂肪酸钾盐的电导研究可以很恰当地说明这种影响。图 7 – 6 表示在 18℃ 与 90℃ 时，这些盐的当量电导与其浓度之间的关系。由图可见，十二酸以下的皂的性质相当正常，并无显著特点，十二酸及其以上酸的皂却不然，在低浓度时它们的当量电导很快下降，经过一个最低点后又渐渐上升。这些曲线与Ⅲ型的 $\sigma – c$ 曲线（图 7 – 7）相似。

表面活性物质溶液的其他相关性质（物理化学中统称为依数性质），如渗透压、冰点等同样也出现一些反常现象。为什么表面活性物质溶液的体相性质会出现反常现象。20 世纪 40 年代，McBain 提出了在当时具有革命意义的胶体电解质概念以解释这些反常现象。按照这一观点，认为在这种溶液中形成了胶团，故使溶液性质反常。

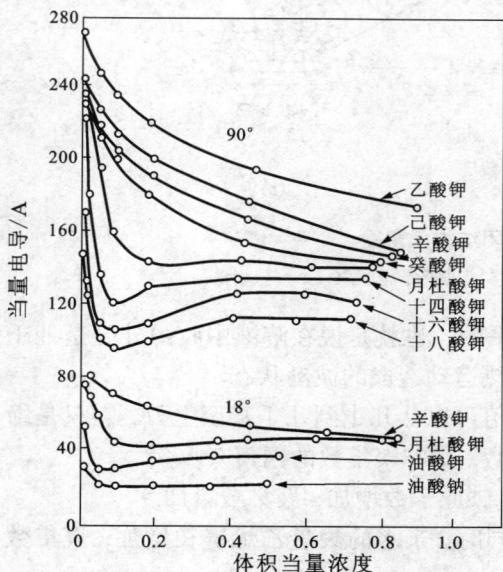

图 7 – 6　在 90℃与 18℃脂肪酸钾盐的
当量电导与浓度关系

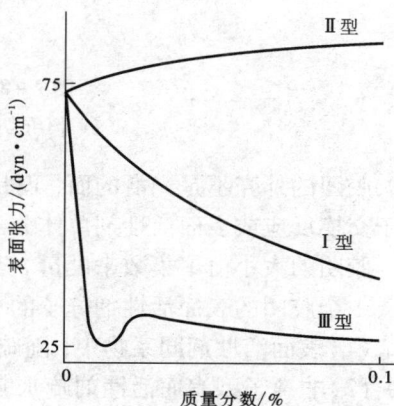

图 7 – 7　表面张力—浓度
曲线的主要类型

7.3.2　胶团形成原因及其结构与形状

当溶液中表面活性剂达到一定浓度时，表面吸附达到饱和，溶液表面张力不再明显下降，过剩的表面活性剂就在溶液内部形成胶团。此时有下列平衡存在：

$$nS \Longleftrightarrow S_n$$

$$[S_n]/[S]^n = K$$

$[S_n]$代表胶团浓度，n是胶团大小的一种量度，称为聚集数。经典胶团的结构模型认为，胶团近似球形，表面活性剂分子的极性头向外，疏水基团向内自由接触，这样使界面能降至最低。胶团核心几乎没有水存在。形成胶团时溶液中表面活性剂的浓度称为临界胶团浓度或 CMC 值，一般为 $0.1 \sim 1.0$ mol/L。

现在的研究表明，胶团有离子型与非离子型之分。离子型表面活性剂的胶团结构如图 7 – 8(a)所示，其外层的反离子一部分与离子头基结合，形成紧密层，还有一部分处于扩散层中，以保持胶团的电中性。

非离子型表面活性剂的胶团结构如图 7 – 8(b)所示。与 7 – 8(a)的情况不同，它没有双电层结构，其外壳由柔顺的聚氧乙烯链及醚键原子结合的水构成。

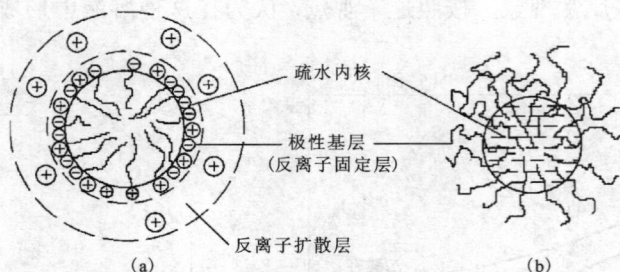

图 7-8　胶团结构示意图
(a)离子型胶束；(b)非离子型胶束

　　胶团的外壳不是光滑的面，而是不平的。也就是说在溶液中胶团外壳是处于由于交换反应或表面活性剂单体分子的热运动造成的波动状态。

　　胶团的大小由聚集数来度量。其数值可以从几十到几千甚至上万，它只是缔合成一个胶团的表面活性剂分子的平均数。影响聚集数的因素有：

　　(1)表面活性剂同系物中，随疏水基碳原子数增加，聚集数增加。

　　(2)非离子型表面活性剂疏水基相同时，亲水的聚氧乙烯链长增加，聚集数降低。

　　(3)加入无机盐对非离子型胶团的聚集数影响不大，但却能使离子型胶团的聚集数增加。

　　(4)提高温度对离子型胶团的聚集数影响不大，仅略有降低；而对非离子型的胶团影响很显著，总是使聚集数增加。

　　胶团的形状有球状、椭球状、扁球状、棒状、层状等。在超过 CMC 值的一段浓度范围内，胶团为对称球形。在浓度较高或其他情况下，胶团的形状是不对称的，呈扁球或椭球形状，在 10 倍于 CMC 值或更浓的溶液中，胶团一般为非球形。表面活性剂浓度更大时，棒状聚集成六角束。图 7-9(a)~图 7-9(e)反映了随表面活性剂浓度的增大，胶团形状的变化。

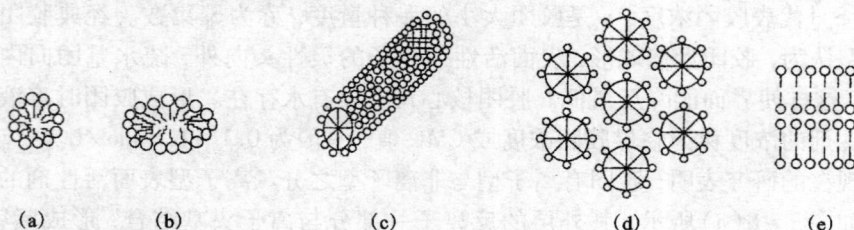

图 7-9　胶团的形状
(a)球形；(b)扁球；(c)棒状；(d)六方柱状；(e)层状

　　当表面活性剂浓度超过 CMC 值非常多时，长的可变形的柱状胶团可以缠绕起来形成胶束有机凝胶。这种胶凝作用伴随黏度的增加而增加。有机凝胶实际上是在有机相中形成的胶冻，在油－水体系中除了有机凝胶外尚可形成在水中的胶冻，有机凝胶的胶冻组织如果由许多晶粒构成，则成为结晶有机凝胶。在一定的条件下油水体系中还会有液晶及无定形沉淀生成。

7.3.3　反胶团及微乳状液[4-6]

　　表面活性剂在非水介质中也会形成聚集体，此时，表面活性剂分子的极性头向内排列，而非极性头向外朝向有机相，因此聚集体内可以有水存在，最新的研究表明，水分子在聚集体的内核形成一个水池，水池内的水量等于或少于表面活性剂分子极性部分的水合水，故称之为反胶团。图 7－10 为阴离子表面活性剂 [二 2－乙基己基]磺基琥珀酸钠(简称 AOT)的反胶团示意图。

　　反胶团有加溶水的能力，以 W_o 代表反胶团溶液中加溶水的量，即水与表面活性剂的物质的量比，对于 AOT－异辛烷－水体系，W_o 的最大值在 60 左右。高于此值，透明的反胶团溶液就会变成混浊的乳浊液，发生分相。

　　反胶团一般小于 10 nm，比胶团要小，它们依据表面活性剂的类型以单层分散或多层分散的形式存在，其形状可以从球形到柱形，一般随被加溶水量的增加从非对称球形向球形转变。深入的研究表明其形状与平衡离子种类及它们的水合离子半径

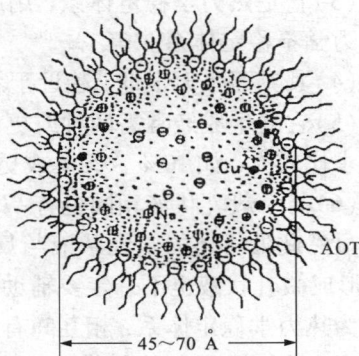

图 7－10　AOT 反胶团示意图

有关。反胶团的大小还取决于盐的种类和浓度、溶剂及表面活性剂的种类和浓度、温度等。但较好的参数是 W_o，球形反胶团的半径随 W_o 增加而增大，有如下的关系：

$$r = 3\frac{W_o V_w}{A_o}$$

式中：r 为胶团半径；V_w 为水的分子体积；A_o 为每个表面活性剂分子所占有的面积。

　　反胶团内的水的物理化学性质与主体水相不同。加溶到反胶团内的水的黏度是主体水的 200 倍，其极性与氯仿相似，随 W_o 增大，其流动性增加与主体水的差异逐渐消失，另外反胶团内的水由于表面活性剂分子的极性头电离具有很高的电荷浓度，加溶后的水的 pH 不同于主体水的 pH。

　　反胶团有能力加溶更多的水形成更大的聚集体，即生成所谓 W/O 型微乳状

液。虽然反胶团与微乳状液之间有一定的差别，早期的胶体化学研究发现液珠大小范围为 100～600 Å 的乳状液是透明的，后称其为微乳状液。而反胶团也是透明的，因而有些文献中认为反胶团就是微乳状液。

随着对溶剂萃取研究的深入，目前逐渐开展了从配位化学和界面化学的观点和方法去研究萃取有机相配合物的微结构，以便透彻了解萃取机理。萃取文献中胶团、反胶团、微乳状液这些术语出现的概率也逐渐增多，因此从本质上弄清它们的概念是必要的。

徐光宪教授研究环烷酸萃取机理时，对微乳状液的特征作了如下介绍：

（1）其外观为透明或半透明的一相；

（2）其分散颗粒的体积通常为 2000～100 Å，比一般胶体颗粒（>2000 Å）小，但比典型的胶团（<100 Å）大。

（3）它是热力学稳定体系，用超速离心方法也不易使其分相，而一般胶体却是热力学不稳定体系。

（4）其界面张力很低，趋近于零，其具体测定值为 10～9 N/cm。

（5）它的生成经常需两种或更多种表面活性剂存在，而且表面活性剂的浓度也要求比较大，如 10%～20% 或更大。

（6）与一般乳状液相同也有 W/O 型或 O/W 不同类型。

显然此处所述的微乳状液与反胶团也并不是一回事。实际上现在的研究表明，形成微乳状液也不一定要辅助表面活性剂存在。胶团、微乳状液、反胶团三者均为热力学稳定体系，相互间有天然的内在联系，有许多相似之处，但并不是一回事。在一定的条件与范围内，反胶团与微乳状液同时存在，它们之间的界限确实可以变得很模糊。这大概就是文献中有时将微乳状液等同于反胶团的原因。在实际工作中关心的是这些含水胶体组织的增溶作用，即它对提高萃取能力的影响，及由此而引起的萃取体系的一系列性质和行为的变化。另外也有文献将这些胶体组织笼统称为胶团。本节在介绍相关内容时，完全尊重原文作者的提法，而不去探究到底用哪一名词较为妥帖。

7.4 界面污物（界面絮凝物）[7-11]

7.4.1 污物及其影响

连续萃取作业中，常常在两相之间出现一层稳定的高黏度胶体分散组织，它们看起来像浆糊、乳浊液或胶冻，有时它也部分漂浮在有机相的上部，如图 7-11 所示。通常将其视作为多相乳状物并通常称作絮凝物或污物（crud），在国外文献中也有用泥流（gunk）、凝块（grungies）或凝团（grumos）等术语来表述这种多相乳状物。

在相界面间形成的污物，会逐渐在相界面之间延展铺开而占据整个界面区

图 7 – 11 界面絮凝物

间。当污物量不大，只是一个薄层时，对细液滴的聚结甚至还会有好处。在钽铌矿浆萃取时所产生的黑皮就是很薄的一层污物，由于量不大，并不需要特殊处理。但污物量大的时候，则会严重影响萃取的效率，它们会在萃取澄清槽内逐级扩展开来，延长分相时间。其对萃取过程的不利影响可归纳为如下方面：

（1）它们会造成昂贵萃取剂的损失，增加操作成本。

（2）为了破坏絮凝物，有时需调整流比，故会增加萃取剂的存槽量，同时由于料液流量下调，使萃取槽的处理能力与产量下降。

（3）污物在系列萃取槽内扩展，甚至进入反萃液，因而影响产品质量。例如在湿法炼铜工艺中，反萃液中的污物在下一步电解作业中会引起阴极铜烧板。

（4）污物引起分相速度减慢，澄清时间不够，从而恶化分离效果。

7.4.2 污物的组成及其形成原因

7.4.2.1 污物的组成

一般认为污物是一种稳定的乳状液，它由有机相、水相及不溶的固体所组成。严格来说，按乳状液理论，这种多相乳状物应认为是乳状液的分层现象，在萃取混合时形成的乳状液可分裂成两层乳状液，称之为分层。一层为很浓的乳状物，另一层则为稀的乳状液，萃取中的污物即为这种浓的分层乳状物。

俄罗斯门捷列夫化工大学的约托夫等人对 P204 体系中胶体组织的形成、性质及它们对污物生成的影响进行了专门的实验研究。他们的研究结论认为：在不同的萃取体系中各种胶体组织能参与污物的形成。这些胶体组织有：

（1）胶冻：例如在含有机磷萃取剂（TBP 及二丁基磷酸）及 Si、Zr 等元素的萃取体系中，可能出现这种胶冻（water gels）。

（2）胶束有机凝胶（micellar organogels）：例如 D2EHPA 钠盐有可能形成这种胶体组织。

（3）结晶有机凝胶（crystalline organogels）：例如在 D2EHPA/Cu(OH)$_2$/癸烷/水体系中，Cu(OH)D2EHPA 碱式盐会生成一种在有机相中的胶冻（即有机凝胶），因为在这种胶冻中有许多小晶粒构成的胶体组织，故称其为结晶有机凝胶。Cu(OH)D2EHPA 有机凝胶粒子一般小于 0.1 mm，呈蓝色，透明或稍微发暗，它们是一类非触变性胶体，实验证明它能变成萃取中的污物。

（4）松散无定形沉淀：这种沉淀由 D2EHPA 的碱式盐与有机溶剂组成，在 D2EHPA（工业级）/镧系氢氧化物/癸烷/水体系中，在一定的 D2EHPA 与氢氧化物浓度比范围内会产生这种沉淀。例如对 $Nd(OH)_3$ 而言，在 $[D2EHPA]/[Nd(OH)_3] \leqslant 1.5$（工业 D2EHPA 浓度为 0.3 mol/L）时，相应于有 D2EHPA 的单取代碱式盐 $Nd(OH)_2D2EHPA$ 存在，此时会有松散无定形沉淀产生，如果 $[D2EHPA]/[Nd(OH)_3]$ 的比值较高则产生致密结晶沉淀和有机溶液。而这种松散无定形沉淀会参与污物的形成。

（5）由水中的胶冻（water gels）或结晶有机凝胶或无定形沉淀所稳定的乳状液参与污物的形成。

7.4.2.2　污物形成原因

乳状液分层并不意味乳状液的完全破坏，综合铜萃取中污物的研究及其他相关研究，有关影响浓的分层乳状液稳定性的因素，即形成污物的影响因素可归纳如下：

（1）由浸出液带来的微细的矿粒，例如：云母（白云母）——$(K, Na)(Al, Mg, Fe)_2(Si_{2.1}Al_{0.9})O_{10}(OH)_2$；高岭土——$Al_2Si_2O_5(OH)_4$；$\alpha$ - 石英——结晶 SiO_2。

它们的粒径小于 1 μm，平均为 0.15 ~ 0.40 μm。

（2）在萃取过程中由化学反应产生的沉淀，例如：胶体硅——$[Si(OH)_4]_x$；黄钾铁矾——$2(A)Fe_3(SO_4)_2(OH)_6$（A 为 K, Na, NH_4）；石膏——$CaSO_4$。

如前所述，萃取过程中产生的新鲜沉淀是很强的乳化剂。图 7 - 12 表明，由于氢键作用，胶体硅可在界面聚集，影响界面性质，形成水包油的稳定乳状物。

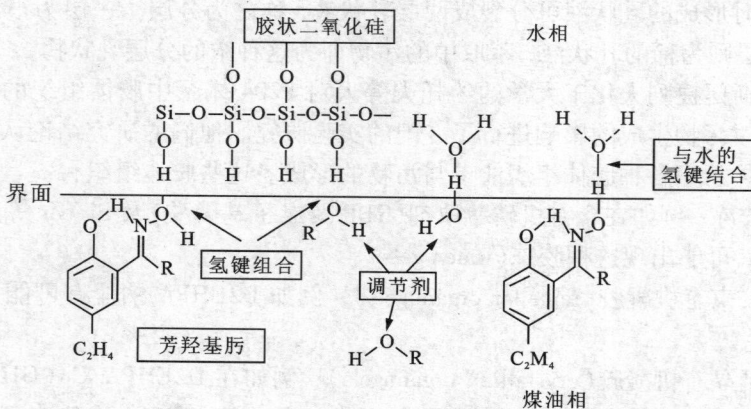

图 7 - 12　界面上胶体硅的吸附

（3）料液中腐殖酸含量过高也可导致絮凝物生成，这种絮凝物又称为生物絮凝物，其特点是体积很大。例如我国某矿山由于居民生活垃圾场放在废石堆上，腐烂垃圾产生的腐殖酸全部流进萃取料液池，污染了含铜废水，使浸出液有机碳含量达 40 mg/L，故投产数天后絮凝物大量产生，呈乳凝状，充满沉清室中有机相层，无法正常生产，最后将废石堆水开路，不让其进入料液池才使工厂生产恢复正常。

（4）有机相的组分也可能稳定乳状液，这是形成絮凝物的重要因素，但此问题很复杂，与其他条件有很大关系，大概可以归纳成几个方面：

①有些石油产品含有硫，用此类产品作稀释剂就有可能形成絮凝物。

②由于氧化或其他原因，萃取剂降解，降解产物为表面活性剂，所以两相界面张力降低，表面活性剂在界面取向使分散相表面膜的破裂受到抑制，妨碍了小液滴的聚结，故澄清时间延长，严重情况下，形成污物。如铜电解液中的二价锰离子在电解时被氧化成高价锰离子，含高价锰离子的贫电解液与有机相接触能氧化破坏有机相，从而导致漂浮絮凝物产生。

③不同的萃取剂及添加剂与同种料液接触产生絮凝物的多少也有很大差别，表 7-7 的数据在某种程度上回答了这一问题。

表 7-7 各种萃取剂萃铜时对絮凝物形成速率的影响/(mm·h^{-1})

萃取剂	有机相连续	水相连续
醛肟 + C$_{20}$醇(低支链)	3.4	5
醛肟 + 异 C$_{18}$有支链的醇	2.2	0.75
醛肟 + 十三醇[Acorga5397]	1.6	0.75
醛肟 + 甲基月桂酸盐	14	11.5
醛肟 + 酯[AcorgaM5640]	0.57	1.0

（5）空气也对形成絮凝物有间接影响，如果浸出液带入混合室的固体粒子只有部分为水润湿，它表面的疏水部分会吸附空气，这部分固体成为絮凝物的组分后，絮凝物密度低于有机相，于是就浮到有机相表面。这种由空气/矿物/有机物/水组成的絮凝物就是形成所谓"漂浮絮凝物"的原因。空气的一个主要来源是混合室激烈搅动的旋涡，因此正确的搅拌设计也是很重要的。

（6）其他因素：分散相的类型，即水相连续还是有机相连续对污物的形成有明显影响，因固体是污物中的重要成分，所以如前所述，由于分散相的类型对固体微粒引起的乳化稳定性有很大影响，故可能导致污物产生。

水相中电解质的浓度也是一个影响因素，这与电解质的静电效应有关。

7.4.3 界面污物的预防及处理

文献[6]的作者对芬兰的 Harjavalta 镍厂、Kokkola 钴厂及 Kokkola 锌厂、澳大利亚的 Bulong 镍、钴厂及赞比亚的 Skorpion 锌厂的溶剂萃取生产中污物的情况进行了调查，总结了它们预防及处理污物的经验。

7.4.3.1 浸出液进入萃取工序前对杂质与固体的控制

1）浸出

在磨矿工序就应注意尽量减少原料的过磨，进入浸出工序的矿需混匀以保证浸出工序有稳定、均匀的原料，从而使后续工序得以稳定。有效地控制浸出温度和搅拌强度，既保证有高的浸出率，又不要使 pH 过低而增加杂质的浸出。

2）从浸出液中除去固体和杂质

过滤之前应安排澄清作业，一般用浓密机较好。浓密机的溢流再经过滤机过滤，利用合适的浓密机与过滤机组合，浸出液中任何类型的固体均可除去。

但是这一貌似简单的问题在国内的许多湿法冶炼厂并未引起重视与解决，浸出液的过滤精度往往达不到萃取要求，笔者针对国内情况，在萃取车间设计时，在浸出液进入萃取槽之前安排一台精滤器，将溶液中残存的极细颗粒全部滤除。目前成都易态科技有限公司生产的过滤精度达 $0.x \sim 1\ \mu$ 的不对称金属间化合物膜，从根本上解决了浓密机溢流液的过滤问题。

3）从浸出液中预沉淀除杂

浸出液中杂质含量较高时会自发析出它们的沉淀，例如从硫酸浸出液中可能析出硫酸钙。为了避免它们在萃取槽中析出，恰当的方法是利用温度对产生沉淀的影响，让杂质在浓密机中或特殊结构的冷却塔中预先沉淀析出。可以利用浓密机的溢流作为冷却塔的冷却液，这有利于热能的回收及水平衡。

7.4.3.2 溶剂萃取工序控制杂质与污物

1）在萃取段前设立独立的除去固体与污物的萃洗级

通常由固体引起的污物发生在萃取段的水相进料级，因此在萃取段之前设计一个独立的萃洗级，此级用不含萃取剂的空白有机相与料液循环接触，此时形成的污物只会造成便宜的稀释剂的损失，而且形成的污物不会向后面的萃取段迁移。这种洗涤段形成的污物应用专门设计的装置除去。洗涤级的清洗也不会影响萃取主工艺。1990 年起，芬兰的镍、钴厂就开始采用这一措施，澳大利亚的镍厂也采用了这种技术。

2）杂质的溶剂萃取

在主萃取工艺之前设立一个与主萃取工艺分开的杂质萃取工艺也是一个可取的方案。在钴与镍的生产中，这是一个很普通的方法，但在铜萃取中却并非如此，例如铜萃取中萃取剂不萃二价铁，所以铁留在萃余液中，但是在北美和南美的一些工厂里，浸出液中铁离子达到 $30 \sim 40\ g/L$，此时溶液中的三价铁离子不能简单用还原法处理，三价铁对过程影响很大，会降低电效，形成污物等，因此用萃取法控制三价铁离子浓度是一个可供选择的方案。

3）从设备方面采取措施减少污物与杂质的影响

在这方面主要的问题来源于混合，空气吸入和结构材料。常用的方法是所有的泵、混合器和沉清槽均加盖或用空气阀以减少气体的吸入。

设备和管道材料也是重要的，玻璃钢、高密度聚乙烯、聚四氟乙烯材质对控制与减少固体在澄清器及管壁上的粘附都是有效的。如果萃取过程可能会产生沉淀，则不要使用不锈钢，因为不锈钢表面锈蚀后结垢会加剧。

在澄清器内安装喷雾器能有效压实有机相内松软的污物。喷雾结合有控制的温和的搅拌可使污物变密实。

4）萃取剂、相调节剂及稀释剂的选择

在溶剂萃取过程中，污物和杂质的转移可以通过合适的萃取剂、稀释剂及相调节剂的选择予以控制。从环境、过程及工作安全出发，未来非芳香族的高闪点稀释剂有较好的应用前景。如果有污物，则用脂基相调节剂比醇基的优越，实际上在铜萃取过程中试剂的选择已逐渐在改变，有许多不同的萃取剂和萃取剂－相调节剂混合物可供选择，如 M5640、M5774、M5910、LIX973、LIX984 等。

5）有效的过程控制

国外已经用高水平的在线分析仪取代了较简单的 PID 控制。利用在线分析仪可以直接调控过程控制系统自动改变过程的参数，包括浸出液及有机相的流量、pH 和相连续状态。这种自控原理在 Outotec 的镍、钴溶剂萃取过程中已经应用了 20 年，取得了非常好的效果，使用这种控制技术，生产能力提高了 17%，而且获得高的产品质量，生产及管理人员还相应减少。

应用在线分析还可控制有机相的金属负荷量、富电解液的金属浓度、控制电解循环系统的进料，及电解贫液的自动排放。文献[5]的作者预言这种自动控制技术包括在线分析及高水平的生产过程模型在未来若干年内在浸出液流量大于 500 m³/h 的大型铜、锌和铀萃取工厂会获得普遍应用，它代表了溶剂萃取过程的实质性进步。

7.4.3.3 污物及被污染有机相的处理

污物中夹带有大量的有机相，分离污物后的有机相中由于存在降解产生的表面活性剂，其分相性能也大为下降，在铜的溶剂萃取作业中是用酸性活化黏土处理它们。活性黏土像黏结剂，将有机相中的降解产物牢固地结合在一起。

实际有效的处理方式是将活性黏土处理与所谓三相离心机的应用结合起来。这种离心机可将有机、水溶液及固体三相彻底分开，分别从三个出口排出。无论是被表面活性剂污染的有机相还是从萃余液池中回收的有机相均可用此法处理。从离心机中排出的固体是稍微润湿的粒状固体物。Keith Barnard 等的研究证明[10, 11]，有机相降解产物在有机相连续的条件下对产生污物影响更大，含有高岭土及无水硫酸钙的黏土是最有效的活性黏土，有机相与活性黏土的比例是显著影响黏土处理效果的因素(详见第 16 章)。

7.5　生成微乳状液对萃取过程的影响

7.5.1　微乳状液(ME)的生成对萃取机理的解释[7]

7.5.1.1　萃取剂的表面活性

一些重要的萃取剂和许多表面活性剂的结构非常相似,因此萃取体系有形成 ME 的必需条件。表 7 - 8 列出了几种常用萃取剂与表面活性剂的对比资料。它们的分子都有一个亲油基团和亲水基团,因此有的萃取剂本身就是一种典型的表面活性剂。

表 7 - 8　几种常用萃取剂与表面活性剂的对比

萃　取　剂	表面活性剂
1. 季铵盐类,如 N263 $[CH_3(CH_2)_{7\sim11}]_3 N^+ Cl^-$ | CH	阳离子表面活性剂,如 $[C_{16}H_{33}-NBr]$ | $(CH_3)_3$
2. 脂肪酸和环烷酸的碱金属盐或铵盐	阴离子型表面活性剂,长链脂肪酸盐,如油酸钠
3. 酸性磷萃取剂,如 P204 $RO-P(=O)-RO-OH(M^+)$	磷酸盐,表面活性剂 $RO(CH_2CH_2O)_n-P-O^- M^+ (=O)$

7.5.1.2　皂化环烷酸是微乳状液体系

环烷酸用于萃取金属离子之前必须先用氨水或氢氧化钠进行皂化处理。皂化环烷酸有下列特点:

(1)皂化后萃取剂体积显著增大,油相中大概含有 50% 以上的水。

(2)皂化环烷酸萃取金属离子后,相体积又明显减少,油相中大量水又重新回到水相。

(3)有机相中的碱含量比 HR 中的含量高出许多。

这一奇怪的现象引起了人们的极大兴趣,比较皂化环烷酸与典型 ME 体系(表 7 - 9)发现它们极其相似。

为此对这一体系进行了进一步仔细的研究。

1)有机相中含 H_2O 的实验证明

皂化环烷酸的含水量从 5% 起可达 20%(K、Na、Li 皂)或 50%(NH_4 皂)而外观始终保持清澈透明。用重水(D_2O)代替 H_2O 配碱并皂化环烷酸,对皂化环烷酸进行红外光谱研究,谱图上发现 D_2O 取代 H_2O,在近红外区(1.4 μm 及 1.9 μm)定量测水,更进一步证实了有机相中存在水。但是水在油中溶解度有限,这种外观透明的"溶液"不可能是水在有机相中的真分子溶液。

表 7 - 9　皂化环烷酸与典型 ME 体系比较

皂化萃取剂组成	典型 ME 体系组成
环烷酸盐(K、Na、NH₄、Li)	油酸钾
仲辛醇	正己醇
煤油	己烷
水	水

2)皂化有机相的物理性质研究

(1)光散射的研究证实,从不同角度观察,有机相呈现不同的颜色,证明它不是真溶液体系。

(2)用二甲酚橙进行显色研究,二甲酚橙是一种水溶性指示剂,它不溶于未皂化的环烷酸,但却溶于皂化后的环烷酸,并呈现出特征的玫瑰红色。

(3)用 1600 × 的显微镜观察显色有机相看不到染色水滴,此显微镜的分辨率为 2000 ~ 3000 Å,因而证明分散水滴直径小于 2000 Å。

(4)在 0℃用超速离心机(42000 r/min)离心皂化有机相五分钟,没有任何水相析出,表明它不是一般乳状液,而是异常稳定的一种液 - 液分散体系。

以上这一切研究证明,皂化环烷酸不是水在油中的真溶液,而是水以自由水滴形式分散在油相中的微乳状液,并设想提出了它的结构模型(图 7 - 13)。

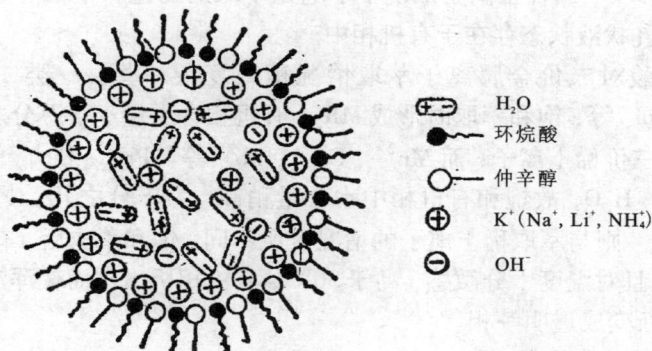

图 7 - 13　皂化环烷酸微乳状液结构模型示意图

7.5.1.3　微乳状液萃取金属离子机理

1)环烷酸体系

环烷酸体系萃取稀土的机理可用图 7 - 14 进行形象解释。

大量生产实践证明,稀土的饱和萃取量为环烷酸铵浓度的三分之一。在煤油

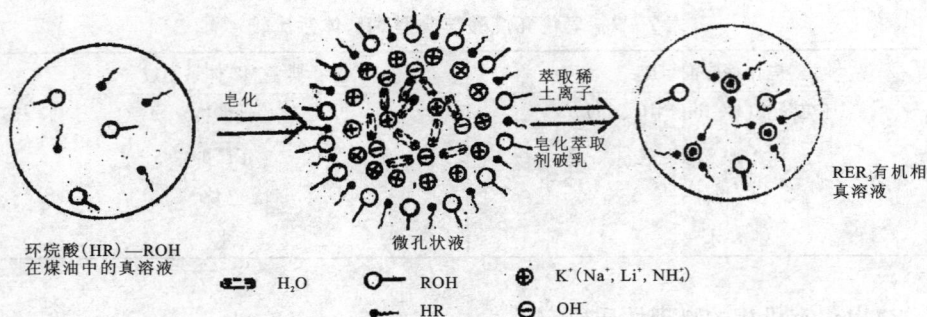

图 7-14　皂化环烷酸萃取稀土机理图

－CCl$_4$ 或其他惰性溶剂中未皂化的环烷酸是以二聚分子的形式存在，但加入仲辛醇后，就有一部分转为与仲辛醇缔合的单分子，皂化成环烷酸盐后形成微乳状液，二聚环烷酸分子已不存在。皂化环烷酸萃取稀土离子的过程实际上是油水界面上的离子交换反应：

$$3\ \overline{NH_4R} + RE^{3+} \Longrightarrow \overline{RER_3} + 3NH_4^+$$

此时由于离子型表面活性剂 $RCOO^-NH_4^+$ 的消失，导致微乳状液破乳，使其中所含的大量水从有机相析出，返回水相。

近红外光谱研究证明，皂化萃取剂萃取稀土时，稀土离子被萃取多少，微乳状液相应破乳多少，当稀土离子浓度小于皂化萃取剂的饱和萃取容量时，过剩的萃取剂仍以微乳状液状态存在于有机相中。

皂化环烷酸对二价金属离子萃取情况稍微复杂一些。一类二价离子，如 Ni^{2+}、Zn^{2+}、Cu^{2+} 等，饱和萃取时形成 MR_2，有机相含水量小于万分之二，其过程类似于大部分三价稀土离子；而 Mn^{2+}、Cd^{2+}、Pb^{2+} 等与 Pr^{3+}、Eu^{3+} 等稀土离子类似，生成 $MR_2 \cdot H_2O$，故饱和有机相中水含量稍高，为千分之几。另一类二价离子如 Ca^{2+}、Mg^{2+} 则与萃取稀土离子的情况有所不同，饱和萃取后，有机相还含有 1% 以上的水，且对温度十分敏感，高于 30℃，有机相析出水而变浑浊，温度降低后，体系又重新变成透明一相。

2）酸性磷型萃取体系

研究了 P204(1 mol/L) –15% 仲辛醇(ROH) – 煤油及 P204(1 mol/L) –15% TBP – 煤油，情况与环烷酸类似。皂化后有机相含 20% 甚至 50% 浓度的 $NH_3 \cdot H_2O$ 或 NaOH 水溶液，外观清澈透明，不析出水相。对其物理性质的研究表明，皂化 P204 萃取剂同样是生成了一个油包水型的微乳状液体系。此时 P204 形成了离子缔合物 $(RO)_2P-O^-NH_4^+(Na^+)$，用它萃取稀土离子时，萃取反应发生在微乳状液界面上。同样萃取稀土离子后生成稳定的螯合物，由于螯合物不具有表面活性剂性质，故引起 ME 破乳，其中的水进入水相中。

皂化 P204 萃取二价金属离子生成的萃合物组成为 MR_2，对某些离子饱和萃取后有机相含水量 <0.02%，另一些二价离子即使达到饱和萃取，仍含有 1% 的水，且用超高速离心机在 0℃，离心 5 min 也不析出水，表明还有微乳状液结构存在。

其他酸性磷型萃取剂如 P507 也与 P204 体系的情况相同。

3）离子缔合体系

N263 – 仲辛醇 – 煤油体系萃取分离稀土时，如使用有机相与含盐析剂（如 NH_4NO_3）的水相预平衡，有机相的含水量可达百分之几。用这种含水萃取剂与稀土料液（同样含盐析剂）平衡，发现萃取稀土的过程也是一个顶替水的过程，当稀土含量达到饱和时，有机相中含水量小于 0.02%，表明季铵盐萃取过程，同样伴随有机相中微乳状液的生成和破乳。

7.5.2　用微乳状液原理解释萃取过程中的三相问题[12]

在第 6 章中介绍了萃取过程中三相的形成问题，长期以来人们一直都是从溶解度的角度来研究萃取过程中的三相，因而工作的重点一直致力于从定量角度寻找体系中溶解度最小的萃合物，而很少注意从相行为与结构角度研究三相。"三相"有时是表示有机相劈裂为两个有机液层的现象，有时却是特指处于轻有机液层下部的重有机液层。

在 2002 年的国际溶剂萃取会议上，美国宾州大学 K. Osseo – Asare 发表了微乳状液与三相的生成论文，从相行为与结构的角度讨论了三相的本质。

任何一种微乳状液均有三个基本组分：水、油及表面活性剂。为此，该文作者首先从 Kahlwei 等人绘制的假设的水 – 油 – 表面活性剂体系的简单三元相图入手，分析了这一体系中三相区的情况（图 7 – 15）。图中 ABC 三角形为一个三元相图，在 ABC 三角形内，由 a、b、c 所包围的面积表示一个三相区，凡组成在

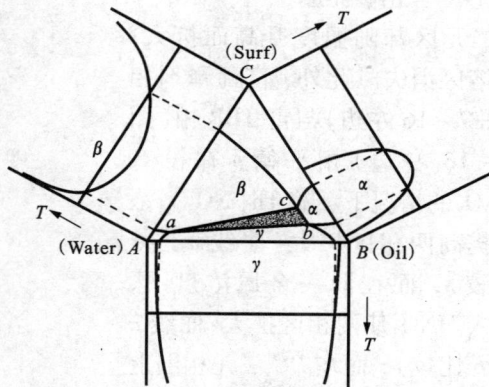

图 7 – 15　水 – 油 – 表面活性剂
体系的简单三元相图

A—水；B—油；C—表面活性剂

这个区域内的混合物将分成三个相，即 a 相、b 相与 c 相。α、β、γ 为相应的两相

区，在 α 区相 b 与相 c 平衡，溶解度曲线说明，B 与 C 两组分在低温时不能完全互溶，随温度升高互溶性增加，α 区缩小。在 β 区，相 a 与相 c 平衡，溶解度曲线说明 A 与 C 两组分在低温时完全互溶，但随温度升高，互溶性反而降低，β 区扩大。而在 γ 区，相 a 与相 b 平衡，溶解度曲线表明 A 与 B 两组分在所研究的范围内完全不能互溶。

事实上，随温度、表面活性剂和油的变化，图 7 - 15 中三相区 abc 的形状和大小会发生变化，这种变化将反映到相应的二元相平衡的变化。例如随温度升高，A—C 图上 β 区扩大，而 B—C 图上 α 区缩小，从而影响到三相区的 ac 边拉长，bc 边缩短。同样，油的疏水性越强，BC 图上的 α 区越大，故如从芳香化合物油换为脂肪烃化合物油，则三相区 abc 应扩大。这些实验结果表明从相行为角度观察微乳液体系，其三相区的行为及大小是随体系的条件而变化的，从这一观点出发很难说三相是某一溶解度最小的化合物析出的现象。

在此基础上，该文作者比较了 TBP 体系的二元相图（图 7 - 16，图 7 - 17）。图 7 - 16 相当于图 7 - 15 中的 BC 二元区，其中，TBP 相当于图 7 - 15 的组分 C，煤油相当于组分 B。图 7 - 17 相当于图 7 - 15 中的 AC 二元区，但与图 7 - 15 的 A—C 图性质相反，由于水与 TBP 互溶度很小，它们的溶解度曲线实际上类似于图 7 - 15 的 B—C 二元区的状况，即随温度升高，互溶区扩大，二元相区缩小，250℃ 以上时水与 TBP 互溶；而图 7 - 15 中 A—C 二元区却随温度升高而扩大，互溶区消失。此外，富稀释剂相（图 7 - 16 左边）与富 TBP 相（图 7 - 16 右边）相平衡。在没有 HNO_3 的情况下，随 $Th(NO_3)_4$ 浓度提高两相区扩大（曲线 a 与 c 比较），而在同一金属浓度下，加入 HNO_3 使两相区扩大（曲线 a 与 b 比较），而在 BC 二元相图上两相区的扩大，参考图 7 - 15，它意味着形成三相的范围增大。

图 7 - 18 为分别以正己烷（C_6）、正辛烷（C_8）及正十二烷（C_{12}）为稀释剂时 50% TBP 萃取盐酸的等温线。实际上这三种体

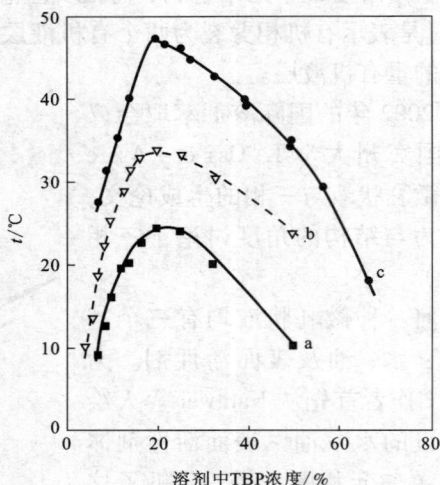

图 7 - 16 TBP – 煤油 – 水 – HNO$_3$ – Th(NO)$_4$ 体系的伪二元系相图

a: 0.69 mol/L Th(NO$_3$)$_4$; b: 0.69 mol/L Th(NO$_3$)$_4$ +0.96 mol/L HNO$_3$; c: 0.86 mol/L Th(NO$_3$)$_4$

系均产生了三相。为便于讨论问题,将它们叠加在一张图上。随水相浓度增加至某一点开始形成三相,上面的一层有机相含盐酸少,而下面的一层有机相含盐酸浓度高。就生成三相的难易而言,C_{12}烷最易生成三相,C_6烷在盐酸浓度较高时才生成三相,就两个有机相液层的含酸浓度而言,下层有机相中有$[C_{12}] < [C_8] < [C_6]$关系,而上层有机相的情况则相反。有$[C_{12}] > [C_8] > [C_6]$的关系,这种情况也与微乳状液的相行为完全一致。即疏水性越强的碳氢化合物对形成三相越敏感。

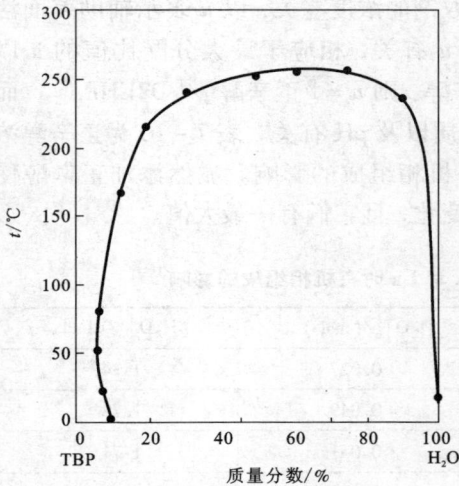

图 7 - 17　TBP - 水系二元相图

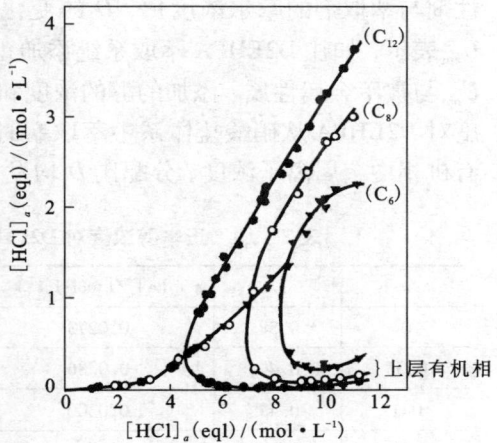

图 7 - 18　不同烷烃中 50% TBP 萃取盐酸的等温线

　　目前有关形成三相的报道已涉及有机磷酸酯、醚及胺等萃取剂,而 TBP 是最易形成三相的一种萃取剂,以往的研究已经证明,对高酸与高金属盐浓度的溶液,TBP 的萃合物以离子对形式存在,这种离子对化合物是具有两亲性的表面活性剂,与典型表面活性剂一样,它自身能参与非极性有机溶剂中反胶团的生成。K. Osseo - Asare 认为,随酸及金属被萃取量的增加,黏度急剧增加;体系电导发生激烈变化,水分子被萃取使有机相体积增大是 TBP 体系中存在反胶团及微乳状液的证据。而在油相中存在的反胶团之间会发生交互作用,引起这种交互作用原因可能是溶解的水滴之间的范德华力或者是疏水的表面活性链之间的空间交互作用力,在这种交互作用力足够大的情况下,反胶团开始产生聚结作用而“挤”出油分子,甚至发生相分离——一种沉淀或者凝胶作用。其结果是有机相分裂为两相,上部为无胶团有机相,而下部为较重的富集有胶团的有机相。这就是从相行为角度考虑三相形成的本质而得到的结论。它有力地支持了该文作者在 1991 年提出的观点"溶剂萃取中的三相相当于微乳状液流体系统中的中间相"。

7.5.3　胶体组织对萃取参数的影响[13-15]

近十年来许多文献相继报道了萃取体系中胶体组织,如胶团、微乳状液、液晶对金属萃取过程热力学及动力学特征的影响。许多金属萃取剂都具有表面活性剂的性质,当往萃取体系中添加辅助表面活性剂时,萃取体系的热力学参数如分配比、萃取剂的负荷容量以及动力学参数如传质速率均会发生变化。

7.5.3.1　分配比 D 及 $\beta_{A/B}$ 的变化

分配比的变化与辅助表面活性剂与萃取剂的浓度有关,以 u 表示辅助表面活性剂与萃取剂的摩尔浓度比,D 的变化与 u 有关,相应于最大分配比值的 u 以 U_{opt} 表示,如往 D2EHPA 萃取系统添加正辛醇,则 u = [正辛醇]/[D2EHPA]。而 U_{opt} 与被萃金属性质、添加的醇的浓度和性质以及 pH 有关。表 7-10 为正辛醇浓度对 D2EHPA 从硝酸盐体系中萃取镧时有机相组成的影响。显然添加正辛醇使有机相中金属离子浓度、分配比 D 均发生变化,且它们有一最大值。

表 7-10　正辛醇浓度对 D2EHPA 萃 La 时有机相组成的影响[①]

u	D	$[La]_o/(mol\cdot L^{-1})$	$[H_2O]_o/(mol\cdot L^{-1})$	$[H_2O]_o/[La]_o$
0	0.38	0.0273	0.027	1.34
0.05	0.40	0.0286	0.049	1.72
0.1	0.43	0.0300	0.051	1.71
0.2	0.37	0.0271	0.051	1.88
0.4	0.31	0.0237	0.052	2.19
0.6	0.28	0.0221	0.057	2.58
1.0	0.23	0.0186	0.058	3.12

注: ①　[La(NO₃)₃] = 0.1 mol/L, pH = 2.0, 有机相[D2EHPA] = 0.2 mol/L(在甲苯中)。

表 7-10 还同时列出了随 u 的变化有机相中含水量的变化及有机相中水与 La 的摩尔浓度比。显然 D 的变化与加入辛醇引起的有机相水含量变化息息相关。

测定有机相中胶体颗粒大小的实验结果指出,在有机相中由于添加了醇因而形成了反胶团与微乳状液,而对有机相中水含量的变化规律的研究,如醇的种类(碳链长度)及浓度的影响、水相酸介质的种类及被萃金属性质的影响,均与反胶团、微乳状液中水含量变化的规律符合,因此结论很明显,是添加醇引起有关胶体组织形成,从而导致了分配比的变化。

分配比变化影响到 $\beta_{Co/Ni}$ 发生变化,俄罗斯门捷列夫化工大学的 Oxana A. 等人研究了添加辅助表面活性剂对分离系数的影响。

实验发现添加辅助表面活性剂引起 D 变化故 $\beta_{A/B}$ 也随之变化。表 7-11 为

TBP 从硫酸介质中在 NH₄CNS 存在下萃取分离锆、铪时分离系数的变化,可见可利用胶体组织生成改善分离效果。

表 7 - 11　TBP 萃取分离 Zr、Hf 时表面活性剂对 $\beta_{Zr/Hf}$ 的影响[1]

醇种类	醇浓度	D_{Hf}	D_{Zr}	$\beta_{Zr/Hf}$
—	—	1.00	0.053	18.87
丁醇	0.0365	1.45	0.13	11.15
异戊醇	0.0365	2.72	0.12	22.64
己醇	0.0365	2.93	0.10	29.25
辛醇	0.0365	3.00	0.08	37.50
癸醇	0.0365	1.84	0.05	36.80

注:① 　[M] = 0.075 mol/L,[H₂SO₄]/[MO₂] = 2.0,[NH₄CNS] = 100 g/L,有机相[TBP] = 1.46 mol/L,稀释剂为甲苯。

俄罗斯 Novosibirsk Boreskov 催化剂学院的 E. S. Stoyanov 研究了用 D2EHPA 萃取分离 Co - Ni 时混合胶团的组成和结构,认为通过控制含 Co 混合胶团形成条件,可促进 Co/Ni 分离系数的提高。

但是另外的文献证实添加 TBP 或异癸醇至含酸性萃取剂体系会导致 Co/Ni 分离系数剧烈降低,其原因可能是极性改善剂能增加有机相水含量,因而有利于混合胶团形成,胶团造成 $\beta_{Co/Ni}$ 降低。

7.5.3.2　对萃取能力的影响

美国阿拉巴马州 Auburn 大学化工系 Ronald D. Neuman 等人采用动力学光散射、傅利叶转换红外光谱、小角度中子散射(SANS)、光折射等一系列现代测试研究手段及表面化学性质、表面张力的测定,确切地证明了反胶团在液 - 液萃取中的作用,他们的研究证明在用酸性有机磷型萃取剂的萃取体系中,形成反胶团是一种普遍的现象。通过对 D2EHPA/正庚烷/Ni(NO₃)₂ 体系的研究清楚地证明 Ni 的萃合物缔合形成小的圆柱状的反胶团,它具有 Ni - D2EHPA 和 Na - D2EHPA 的混合组成,每一个 D2EHPA 单分子增溶 5 ~ 6 个水分子,游离水与键合水存在于反胶团的核心中,少量的水是被夹在萃取剂的碳氢链的界面层之间。圆柱状的反胶团存在于萃取体系的扩散液液界面区,反胶团的形成促使了萃取能力的提高。

图 7 - 19、图 7 - 20、图 7 - 21 是 D2EHPA 在甲苯中溶液萃取钇的等温线(图中 u 表示[n - 丁醇]/[HDEHP])。

Oxana A. 等人的这些实验结果表明金属负荷容量取决于添加的表面活性剂性质、u 值及水相介质种类。图 7 - 21 说明,添加丁醇时盐酸介质中钇的负荷容量最高,而图 7 - 19、图 7 - 20 表明,水相为盐酸时有机相负荷容量最高。其 U_{opt} = 0.2,如果用辛醇取代丁醇,则负荷容量降低。此外不同金属其等温线变化的斜率也并不一样。

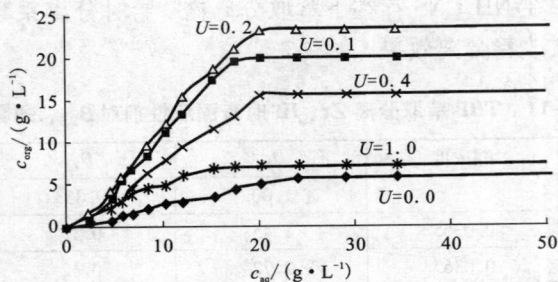

图7-19 添加正丁醇时 D2EHPA 从盐酸中萃 Y 的等温线

[D2EHPA] = 0.2 mol/L; 稀释剂: 甲苯; pH = 2

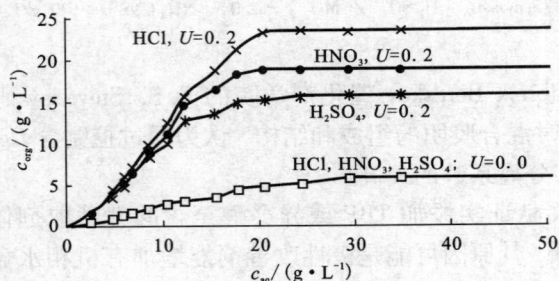

图7-20 添加正丁醇时 D2EHPA 从不同介质中萃 Y 的等温线

[D2EHPA] = 0.2 mol/L; 稀释剂: 甲苯; pH = 2

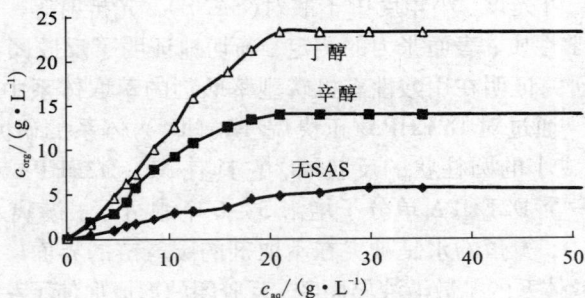

图7-21 添加辛醇或丁醇对 D2EHPA 从盐酸中萃 Y 的影响

[D2EHPA] = 0.2 mol/L; 稀释剂: 甲苯; $u = u_{opt}$(丁醇0.2, 辛醇0.1); pH = 2

7.5.3.3 对萃取速度的影响

1983 年文献报道了用 Kelex 100 萃取 Ge(Ⅳ)和 Fe(Ⅲ), D2EHPA 萃取 Al(Ⅲ)和 Fe(Ⅲ)时如果添加表面活性剂形成 W/O 型微乳状液时, 它们的萃取速度几乎增加一倍。而 1989 年又有报道称, 用 Kelex 100 萃取 Ni(Ⅱ)和 Co(Ⅱ),

添加表面活性剂形成 ME，萃取速度反而下降。前者是应用十二烷基磺酸钠（NaLS）/正戊醇或者十二烷基苯磺酸钠（NaDBS）/正丁醇，而后者应用一种阳离子表面活性剂（乙基三甲基溴化胺），这表明 ME 对萃取速度的影响是复杂的。

英国帝国理工学院化工系 E. V. Brejea 等人研究了 D2EHPA 萃取 Zn 和 Al 的情况，发现当形成 W/O 乳液体系时，铝的萃取速度有较大幅度提高，锌萃取速度不变，究其原因在于这两种金属的萃取速度控制步骤不同，Al^{3+} 离子六个配位水的脱除是速度控制步骤，反胶团核心形成水池有利于 Al^{3+} 脱水，故有助于 Al 的萃取，而 Zn 的萃取机理无脱水步骤，故形成反胶团无影响。

另一方面用 NaLS 形成 O/W ME 时，两种金属离子的萃取速度均增加，此时 D2EHPA 溶于水，故除发生界面萃取反应外，在水相内也有萃取反应，故总的结果使萃取速度增加。

图 7-22 说明不添加表面活性剂时，La、Pr、Er、Dy、Y 的萃取动力学曲线重合在一起，因此不可能实现动力学分离，而添加辛醇后，由于胶体组织的影响这五个元素的动力学曲线分开为三组，因此可以利用此性质实现动力学分离。

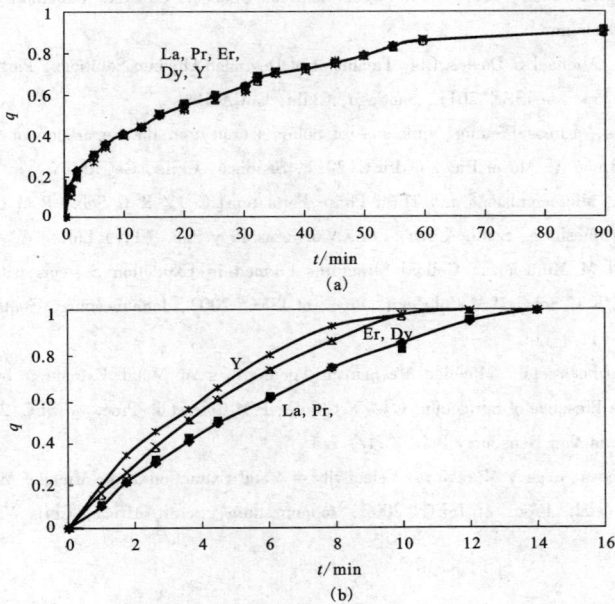

图 7-22 辛醇对 D2EHPA 从盐酸介质中萃取镧系元素动力学影响

(a)无辛醇；(b)添加辛醇；$[RECl_3] = 0.1$ mol/L；pH = 2；$[D2EHPA] = 0.2$ mol/L；稀释剂：甲苯

参考文献

[1] 颜肖慈, 罗明道. 界面化学[M]. 北京: 化学工业出版社, 2005.

[2] M Cox, D S Flett. Metal Extractant Chemistry[M]//Handbook of Solvent Extraction eds. T. C. Co. , M. H. I. Baird and C. Hanson. John Wiley and Sons, 1983: 53 - 89.

[3] M Cox, D S Flett. The Significance of Surface Activity in Solvent Extraction Reagents//Proc. of ISEC'1977, CIMM, CIM Special Pub. Vol. 21, 1979, Vol. I: 63 - 72.

[4] 张启修. 冶金分离科学与工程[M]. 北京: 科学出版社, 2004.

[5] Neilesh Syna, Bruno Courtaud, Nicolas Golles, Mamane lbrahim. Laboratory and Pilot Studies to Combat Process Emulsions at Cominak Uranium Solvent Extraction Plant.

[6] 徐光宪, 王文清, 等. 萃取化学原理[M]. 上海: 上海科学技术出版社, 1984.

[7] H Watarai. Complex Formation and Aggregation at Liquid - liquid Interfaces[C]//Bruce A. Moyer ISEC' 2008. West Montreal Quebec. Canada. Canadian Institute of Mining, Metallurgy and Petroleum, 2008, 83 - 90.

[8] H Laitala, E Ekman, G Karcas. Some Practical Aspects for Impurity and Crud Control in Solvent Extraction Processes[C]//Bruce A. Moyer Proc. of ISEC'2008, 473 - 478. West Montreal Quebec. Canada. Canadian Institute of Mining, Metallurgy and Petroleum.

[9] Tore Hartmann. Crud Treatment and Clay Treatment with one Multipurpose Solid Bowl Centraifuge// Bruce A. Moyer Proc. of ISEC' 2008, 503 - 508. West Montreal Quebec. Canada. Canadian Institute of Mining, Metallurgy and Petroleum.

[10] Keith R Barnard, Michael G Davies. Clay Treatment of Degraded Organic Solutions, Part 1 and Part 2[C]// Bruce A. Moyer Proc. of ISEC'2011, Santiago, Chile, GeCAMIN.

[11] Sebastian Ruckes, Adreas Pfeunig. Influence of Solids (crud) on the Separation of Liquid Two - Phase Systems[C]// Bruce A. Moyer Proc. of ISEC'2011, Santiago, Chile, GeCAMIN.

[12] K Osseo - Asare. Microemulsions and Third Phase Formation[C]// K C Sole, P M Cole, etal. Proc. of ISEC'2002, Johannesburg, South Africa, Chris Van Rensburgy Pub. (Pty) Ltd.

[13] E V Yurtov, N M Murashova. Colloid Structures Formed in Extraction Systems with Organophosphorus Extractants[C]//K C Sole, P M Cole etal. Proc. of ISEC'2002, Johannesburg, South Africa, Chris Van Rensburgy Pub. (Pty) Ltd.

[14] Oxana A Sinegribova etal. Micellar Mechanism Peculiarities of Metal Extraction by Organophosphorus Extractants in the Presence of Surfactant[C]//K C Sole, P M Cole etal. Proc. of ISEC'2002, Johannesburg, South Africa, Chris Van Rensburgy Pub. (Pty) Ltd.

[15] Oxana A Sinegribova, ol'ga V Muraviova. Selectivity of Metal Extraction at the Micellar Mechanism[C]//K C Sole, P M Cole etal. Proc. of ISEC' 2002, Johannesburg, South Africa, Chris Van Rensburgy Pub. (Pty) Ltd.

第8章 扩散与相际传质

邱运仁 中南大学化学化工学院

目 录

从传质理论的角度认识萃取过程,可以分为三个步骤:

(1)溶质从水相主体扩散到界面附近水相一侧;

(2)溶质从界面的水相侧通过界面进入到有机相一侧;

(3)溶质从界面的有机相一侧扩散到有机相主体。

本章所指的传质过程的特征是指被传递的物质在这三个阶段有相同的形式,即由一相进入另一相时它本身不发生变化,传质过程是一种简单的物理分配。

在液相中的传质必须靠溶质在溶剂中的扩散来完成。为此,首先介绍溶质在溶剂中的单相扩散过程,即二元体系中的扩散,在此基础上再介绍在两相中的传质,即相间传质。

8.1 二元体系中的扩散[1, 2]

8.1.1 分子扩散

在静止或滞流流体内部,若某一组分存在浓度差,该组分会由浓度较高处向浓度较低处传递,这种现象称为分子扩散。在一定温度、一定总压下,由两组分 A 和 B 组成的溶液,若组分 A 只沿 z 方向扩散,浓度梯度为 $\dfrac{dc_A}{dz}$,则任一点处组分 A 的扩散通量与该处 A 的浓度梯度成正比,此定律称为费克定律(费克第一定律），其数学表达式为：

$$J_A = -D_{AB}\frac{dc_A}{dz} \tag{8-1}$$

式中：J_A 为组分 A 的分子扩散通量，$kmol/(m^2 \cdot s)$；c_A 为组分 A 的浓度，$kmol/m^3$；z 为扩散方向上的距离，m；D_{AB} 为组分 A 在 B 中的扩散系数，m^2/s；负号表示扩散方向与浓度梯度方向相反，即扩散沿着浓度降低的方向进行。

费克第一定律只适应于浓度不随时间而变的稳态扩散过程。实际上，在大多数扩散过程中，浓度一般会随时间而变，即扩散在非稳态条件下进行。对于非稳态扩散，要用费克第二定律来描述。费克第二定律指出，在非稳态扩散过程中，浓度 c_A 随时间 t 的变化率等于该处的扩散通量 J_A 随距离变化率的负值，即

$$\frac{\partial c_A}{\partial t} = -\frac{\partial J_A}{\partial z} \tag{8-2}$$

当扩散系数不随浓度而变时，式（8-2）可表示成：

$$\frac{\partial c_A}{\partial t} = D_{AB}\frac{\partial^2 c_A}{\partial z^2} \tag{8-3}$$

式（8-3）为偏微分方程，求解时应先作变换转化为常微分方程，再结合边界条件和初始条件求解[3]。

在垂直于 A 的扩散方向取两个截面 1-1 及 2-2，两截面间的距离为 z。对式（8-1）积分，在 D_{AB} 为常数时，得：

$$N_A = \frac{D_{AB}}{z}(c_{A_1} - c_{A_2}) \tag{8-4}$$

式中：$c_{A_1} > c_{A_2}$。

8.1.2 涡流扩散

物质在湍流流体中的传递，主要依靠流体质点的无规则运动。湍流中产生的旋涡，引起各部位流体间的剧烈混合，在浓度差推动下，物质便朝着浓度降低的方向进行传递。这种凭借流体质点的湍动和旋涡来传递物质的现象，称为涡流扩散。湍流流体中的传质，涡流扩散起主要作用，由涡流扩散产生的扩散通量可表示为：

$$J_{Ae} = -D_e\frac{dc_A}{dz} \tag{8-5}$$

式中：J_{Ae} 为组分 A 的涡流扩散通量，$kmol/(m^2 \cdot s)$；D_e 为涡流扩散系数，m^2/s；$\frac{dc_A}{dz}$ 为组分 A 沿 z 方向的浓度梯度，$kmol/m^4$。涡流扩散系数 D_e 值与流体流动状态及所处的位置以及壁面粗糙度有关。

8.1.3 扩散系数

根据费克定律可知，溶质的扩散通量取决于溶质在溶剂中的扩散系数与沿扩

散方向上的浓度变化，在一定操作条件下，扩散系数的大小决定了萃取过程传质系数的大小。因此，了解溶质在不同溶剂中扩散系数的大小，对研究萃取过程具有重要意义。

8.1.3.1　电解质的扩散系数

常见电解质在水中的扩散系数见表 8－1 所示。

表 8－1　常见电解质在水中的扩散系数

溶质	$t/℃$	浓度/(kmol·m^{-3})	$D_{AB}/(10^{-9}$ m^2·s^{-1})
HCl	12	0.1	2.29
H$_2$SO$_4$	20	0.25	1.63
HNO$_3$	20	0.05	2.62
		0.25	2.59
NH$_4$Cl	20	1	1.64
H$_3$PO$_4$	20	0.25	0.89
HgCl$_2$	18	0.25	0.92
CuSO$_4$	14	0.4	0.39
AgNO$_3$	15	0.17	1.28
CoCl$_2$	20	0.1	1
MgSO$_4$	10	0.4	0.39
Ca(OH)$_2$	20	0.2	1.6
Ca(NO$_3$)$_2$	14	0.14	0.85
LiCl	18	0.05	1.12
NaOH	15	0.05	1.49
NaCl	18	0.4	1.17
		0.8	1.19
		2	1.23
KOH	18	0.01	2.2
		0.1	2.15
		1.8	2.19
KCl	18	0.4	1.46
		0.8	1.49
		2	1.58
KBr	15	0.046	1.49
KNO$_3$	18	0.2	1.43

8.1.3.2 非电解质的扩散系数

对于非电解质稀溶液(在实际工程中,溶质 A 的浓度在 5% 以下,可视为稀溶液),且溶质为较小分子时,威尔基(Wilke)-张(Chang)估算扩散系数的经验公式为:

$$D_{AB} = 7.4 \times 10^{-12} (\phi M_B)^{1/2} \frac{T}{\mu_B V_A^{0.6}} \qquad (8-6)$$

式中:M_B 为溶剂 B 的摩尔质量;μ_B 为溶剂 B 的黏度,mPa·s;ϕ 为溶剂 B 的缔合因子。对于水,$\phi = 2.6$;甲醇,$\phi = 1.9$;乙醇,$\phi = 1.5$;苯,$\phi = 1.0$;对于非缔合溶剂,$\phi = 1.0$;V_A 为溶质在正常沸点下的分子体积,cm^3/mol;T 为绝对温度,K。

当溶质为大分子时,溶质 A 在溶剂 B 中的扩散系数可用下式进行估算:

$$D_{AB} = \frac{9.96 \times 10^{-12} T}{\mu_B V_A^{1/3}} \qquad (8-7)$$

式中:μ_B 为溶剂 B 的黏度,mPa·s;V_A 为正常沸点下溶质 A 的分子体积,cm^3/mol;T 为绝对温度,K。

8.2 相际传质

8.2.1 对流传质机理

在液-液萃取过程中,在搅拌或振动的情况下,分散相无论分散成多小的液滴,两相之间总存在一个相界面。由于金属萃取剂都是含极性基团的有机化合物,这些萃取剂分子在相界面会形成有序排列,其极性基团伸入水相一侧,而非极性碳—氢链留在有机相一边,如图 8-1 所示。

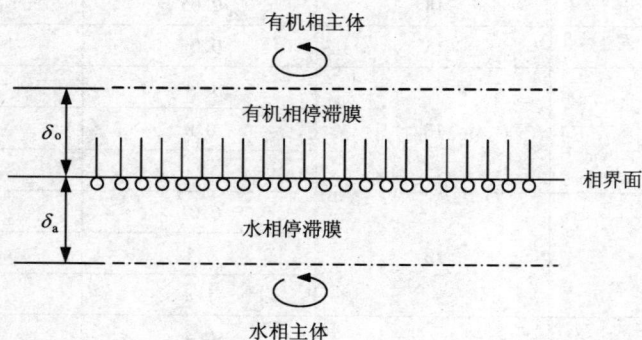

图 8-1 液-液界面模型

可以想象,在靠近界面附近会形成两个非常薄的膜层,在主体相被搅动的情况下,它们仍可视为两个不动的停滞层,称为扩散膜或能斯特膜,其厚度与搅拌强度成反比,但永远不会为零,数值为 $10^{-2} \sim 10^{-4}$ cm。

　　当萃取化学反应发生在相内时,反应物(如溶质)和生成的萃合物必须穿过相界面由一相进入另一相;当萃取化学反应发生在界面时,同样也存在反应物由水相主体扩散至界面及反应产物由界面扩散进入有机相主体的过程。因此,界面的物理化学性质对在界面附近的两个停滞层内的传质过程(即膜扩散过程)具有十分重要的作用。

　　运动着的流体和相界面之间的传质过程称为对流传质,实际上大多数传质过程是在湍流条件下进行的,此时对流传质由涡流扩散与分子扩散共同完成,在接近界面处的停滞膜内主要表现为分子扩散,在湍流主体相内主要为涡流扩散,而在湍流主体相与停滞膜之间的过度层内,分子扩散与涡流扩散均起作用。因此,湍流流体中扩散包含分子扩散与涡流扩散,其扩散通量可表示为:

$$J_A = -(D_{AB} + D_e)\frac{dc_A}{dz} \qquad (8-8)$$

式中:D_{AB}为分子扩散系数,m^2/s;D_e为涡流扩散系数,m^2/s。

　　涡流扩散系数D_e不是物性常数,它与湍动程度有关,且随位置而变,其值难以测定与计算,因而常将分子扩散与涡流扩散两种传质作用综合考虑。

8.2.2　对流传质模型与传质系数[1,2]

　　确定对流传质系数是计算对流传质速率的关键,对流传质系数的确定比较复杂,但可通过对对流传质过程作一些假定使问题简化,再建立对流传质的数学模型,其中有代表性的是双膜理论,双膜理论至今仍被广泛用于萃取过程计算。

8.2.2.1　双膜模型

　　双膜模型又称停滞膜模型,由惠特曼(Whiteman)于 1923 年提出,为最早提出的一种模型。根据图 8-1 对两相界面的描述,双膜模型的基本假设为:

　　(1)相互接触的两相间有一个稳定的相界面,在界面两侧存在两个稳定的停滞膜;

　　(2)在两相界面上没有传质阻力,传质组分达到平衡;

　　(3)整个传质阻力集中于两停滞膜内,传质过程通过溶质在停滞膜内的分子扩散来实现;

　　(4)传质过程是稳定的。

　　根据这些假设,溶质组分沿扩散方向的浓度分布如图 8-2 所示。

　　将式(8-4)用于双膜模型的水相膜层,在稳态情况下,得到溶质 A 的传质通量为:

$$N_A = \frac{D_{Aa}}{\delta_a}(c_a - c_{ai}) \qquad (8-9)$$

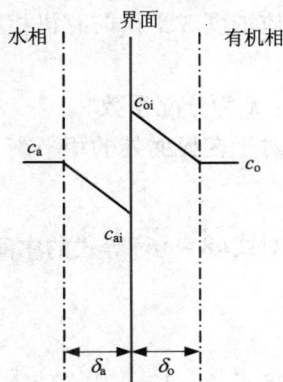

图 8-2　双膜模型示意图

式中：D_{Aa} 表示溶质在水相中的扩散系数，m^2/s；δ_a 为水相有效停滞膜厚度（水膜层厚度），m；c_a、c_{ai} 分别表示溶质在水相主体和水相界面处浓度，$kmol/m^3$。

式（8-9）可简写成：

$$N_A = k_{La}(c_a - c_{ai}) \tag{8-10}$$

其中，

$$k_{La} = D_{Aa}/\delta_a \tag{8-11}$$

k_{La} 为水相分传质系数，m/s。

同样，把式（8-4）用于双膜模型的有机相膜层，在稳态情况下，得到溶质 A 的传质通量为：

$$N_A = \frac{D_{Ao}}{\delta_o}(c_{oi} - c_o) \tag{8-12}$$

式中：D_{Ao} 表示溶质在有机相中的扩散系数，m^2/s；δ_o 为有机相有效停滞膜厚度（有机膜层厚度），m；c_o、c_{oi} 分别表示溶质在有机相主体和有机相界面处浓度，$kmol/m^3$。

式（8-12）也可表示成：

$$N_A = k_{Lo}(c_{oi} - c_o) \tag{8-13}$$

式中

$$k_{Lo} = D_{Ao}/\delta_o \tag{8-14}$$

k_{Lo} 为有机相分传质系数，m/s；

在稳态情况下，溶质 A 通过双膜层的传质通量应相等：

$$N_A = k_{La}(c_a - c_{ai}) = k_{Lo}(c_{oi} - c_o) \tag{8-15}$$

将式（8-15）写成推动力比阻力的形式：

$$N_A = \frac{c_a - c_{ai}}{1/k_{La}} = \frac{c_{oi} - c_o}{1/k_{Lo}} \tag{8-16}$$

$1/k_{La}$ 与 $1/k_{Lo}$ 分别为溶质通过水相膜阻力和有机相膜的阻力，s/m。假定与水相溶质浓度成平衡的有机相浓度可用下式表示：

$$c_o^* = \lambda c_a \tag{8-17a}$$

式中：λ 为分配系数。

对于在界面处的相平衡，则有

$$c_{oi} = \lambda c_{ai} \tag{8-17b}$$

对式（8-16）等式的中间项 $\left(\dfrac{c_a - c_{ai}}{1/k_{La}}\right)$ 分子分母同时乘以 λ，可得：

$$N_A = \frac{\lambda(c_a - c_{ai})}{\lambda/k_{La}} = \frac{c_{oi} - c_o}{1/k_{Lo}} \tag{8-18}$$

然后将式（8-17a）及式（8-17b）代入，则式（8-18）可表示为：

$$N_A = \frac{c_o^* - c_{oi}}{\lambda/k_{La}} = \frac{c_{oi} - c_o}{1/k_{Lo}} \tag{8-19}$$

对式(8-19)用合分比定理可得:

$$N_A = \frac{c_o^* - c_o}{\dfrac{\lambda}{k_{La}} + \dfrac{1}{k_{Lo}}} = \frac{c_o^* - c_o}{\dfrac{1}{K_{Lo}}} \qquad (8-20)$$

则传质通量可表示为:

$$N_A = K_{Lo}(c_o^* - c_o) \qquad (8-21)$$

式中: c_o^* 为与水相平衡时的有机相浓度, $kmol/m^3$; $c_o^* - c_o$ 为以有机相浓度表示的推动力; K_{Lo} 为基于有机相的总传质系数, m/s; 传质系数的倒数为传质阻力, 所以它与分传质系数的关系为:

$$\frac{1}{K_{Lo}} = \frac{\lambda}{k_{La}} + \frac{1}{k_{Lo}} \qquad (8-22)$$

当 $\dfrac{\lambda}{k_{La}} \ll \dfrac{1}{k_{Lo}}$ 时, $\dfrac{1}{K_{Lo}} = \dfrac{1}{k_{Lo}}$, 传质过程的阻力集中在有机膜层, 传质为有机膜控制, 即 $K_{Lo} = k_{Lo}$。

同理, 传质通量也可表示为:

$$N_A = K_{La}(c_a - c_a^*) \qquad (8-23)$$

式中: c_a^* 为与有机相浓度成平衡的水相浓度, $kmol/m^3$; $c_a - c_a^*$ 为以水相浓度表示的推动力; K_{La} 为基于水相的总传质系数, m/s; 同样, 它与分传质系数的关系为

$$\frac{1}{K_{La}} = \frac{1}{k_{La}} + \frac{1}{\lambda k_{Lo}} \qquad (8-24)$$

当 $\dfrac{1}{k_{La}} \gg \dfrac{1}{\lambda k_{Lo}}$ 时, $\dfrac{1}{K_{La}} = \dfrac{1}{k_{La}}$, 传质过程的阻力集中在水膜层, 传质为水膜控制, 即 $K_{La} = k_{La}$。

8.2.2.2 双膜模型的改进与发展

1. 溶质渗透模型

希格比(Higbie)认为在高强度传质设备中, 液膜内的扩散是非稳态的。他于1935 年提出了溶质渗透模型理论。该理论认为: 两相在高度湍动状况下互相接触时, 液相主体中的湍流微元运动至界面与另一相接触并进行传质, 由于接触时间很短, 溶质还没有穿透该湍流微元, 这批湍流微元就被另一批新的湍流微元所取代。所以, 在接触时间内, 溶质是通过不稳态扩散向湍流微元中渗透, 接触时间越长, 渗透越深。

希格比假设所有湍流微元与另一相的接触时间相等, 引入溶质渗透时间, 经数学分析得到传质系数 k_L 的表达式:

$$k_L = 2\sqrt{D_{AB}/\pi \tau_0} \qquad (8-25)$$

上式中, τ_0 为暴露时间, s。由式(8-25)可知, 传质系数与分子扩散系数的

平方根成正比，由于该模型的暴露时间 τ_0 的求算比较困难，因而限制了其应用。

2. 表面更新模型

丹可沃茨（Danckwerts）于 1951 年对希格比的溶质渗透模型进行了修正，提出了表面更新模型。该模型同样认为溶质向液相内部的传质为非稳态分子扩散过程，但他否认表面的流体微元有相同的暴露时间，认为流体微元的停留时间从 0 到∞ 都有可能，也即表面流体微元的年龄不同。他引入表面年龄分布函数来表示组成表面流体微元的不同年龄。丹可沃茨引入模型参数 s_d 来计算传质系数，s_d 定义为单位时间内表面流体微元被更新的分率，称为表面更新率。其计算传质系数 k_L 的表达式为：

$$k_L = \sqrt{D_{AB} s_d} \qquad\qquad (8-26)$$

表面更新模型参数 s_d 可通过一定的方法测得，它与流体动力学条件及几何形状有关。溶质渗透理论认为表面更新过程是每隔 τ_0 时间发生一次，表面更新理论认为表面更新是随时进行的过程。

8.3 传质过程中的界面现象[5]

在研究通过界面的相际传质时，通常假设界面上萃取达到平衡，没有传质阻力。实际操作过程中由于两相接触时间不够充分，在界面上未必达到平衡，因而在相界面会产生传质阻力。另一方面，由于传质引起的界面扰动现象又可能强化传质。界面现象是由于传质时各点浓度发生变化所引起界面张力无规则变化的结果，这种现象还与界面张力随溶质浓度的变化速率有关。由于相界面上浓度不完全均匀，界面张力会有差异，这样，界面附近的流体就开始从张力低的区域向张力较高的区域运动[6]。因此，研究界面现象对了解萃取传质过程及考虑工程实际问题具有重要意义。

8.3.1 界面扰动

Lewis 和 Pratta 在使用悬滴法测量相际界面张力时注意到波纹、不稳定的脉动及悬滴表面运动等现象，并观察到异常高的传质速率和明显的界面湍动。其实，在相际传质过程中，常常伴随着自然对流、界面湍动和乳化等界面现象，这些是界面张力或者密度的局部变化所引起的，能够显著促进两相传质。

液 – 液界面处往往存在剧烈活动的区域，在两相接触后的几秒内，界面开始表现出很强的活动能力，例如，在盛水的表面皿的边缘缓慢地加入一滴丙酮，此时可以看到：由于发生传质，在水的表面会产生波纹，当丙酮扩散至与水完全混溶，波纹就消失了。这种现象不是由于两相流体的湍流运动造成的，通常称为界面扰动或 Marangoni 效应，这种界面扰动能够极大地强化传质效果，因而具有很高的实用价值。

一般认为，界面上发生传质时，界面浓度不可能完全均匀，因此界面张力也不是处处相等。根据热力学原理，界面张力较低的表面会扩展，使整个表面趋于表面能最低的稳定状态，此过程是自发的，这就是产生界面扰动的根本原因。根据这一认识，可以解释丙酮加入水中引起的波纹现象。如图 8 - 3 所示，由于丙酮比水的表面张力小得多，所以在水面上加一滴丙酮时，瞬间形成界面张力很低的区域，并迅速扩展，由于扩展液体动量很大，可以在中央部分把液膜拉破，并把下面的液体暴露出来，从而形成了一个表面张力低的扩展圆环和表面张力高的中心。从而促使液体又从表面张力低的主体和扩展着的液膜流向圆环中心，它们的动量使中心部分的液面隆起，即产生波纹。

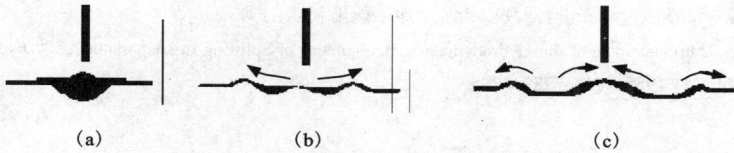

图 8 - 3　波纹形成示意图

（a）形成界面张力最低的区域；（b）此区域迅速扩展形成圆环，在中心点露出液体主体；
（c）当中心区域逆向运动时形成大的波纹

8.3.2　界面扰动形成条件

Andrei Okhotsimskii 等利用纹影技术研究了界面对流产生的条件，根据 Marangoni 准数可判断是否产生界面扰动，Marangoni 准数表示如下：

$$Ma = (g\Delta\rho D_{AB}^{\frac{1}{2}} t^{\frac{3}{2}})/\mu \qquad (8-27)$$

式中：$\Delta\rho$ 为两相密度差，kg/m^3；t 为接触时间，s；μ 为溶液黏度，$Pa\cdot s$。

当 $Ma > 0$ 时，才能产生界面扰动；$Ma < 0$ 时，会抑制界面扰动的产生。所以 $Ma = 0$ 是产生界面扰动的一个分水岭。实际上产生界面扰动时，Ma 远大于 0。

8.3.3　界面扰动对传质过程的影响[5]

在萃取过程中，当两相进行传质时，由于传质的不均匀性，界面浓度并不均匀，导致界面张力梯度的产生，从而引发界面层内液体发生运动，即 Marangoni 对流。界面扰动现象总是和同时发生的传质联系在一起，当传质过程很快时，这种效应更为明显，反过来，当存在显著的界面扰动时，传递速率也很高。

界面扰动现象的产生与传质方向密切相关，当溶质从分散相朝着连续相方向传递时，界面活动性加强；而当溶质由连续相向分散相传递时，一般不产生界面扰动。化学反应与表面活性物质会影响界面扰动，一般而言，发生化学反应时，界面扰动最明显，这可能与化学反应引起两相密度差变化以及反应热引起界面温度变化有关；而表面活性物质会抑制界面的不稳定性，阻止界面扰动，其原因可能是它们在水面形成的单分子层，堵塞传质表面，形成传质的界面阻力，或者降低了界面活动性，使界面变得僵硬，界面运动变弱，故传质系数降低。但另一方面，由于表面活性剂降低液滴表面张力，使液滴容易变形，对传质又可能产生一些有利影响。

参考文献

[1] 夏清，陈常贵. 化工原理[M]. 天津：天津大学出版社，2007.

[2] 贾绍义，柴诚敬. 化工传质与分离过程[M]. 第2版. 北京：化学工业出版社，2007.

[3] 陈涛，张国亮. 传递过程基础[M]. 第2版. 北京：化学工业出版社，2002.

[4] 汪家鼎，陈家镛. 溶剂萃取手册[M]. 北京：化学工业出版社，2001.

[5] 李洲. 液-液萃取过程和设备[M]. 北京：原子能出版社，1993.

[6] Hinze J O. Fundamentals of the Hydrodynamics Mechanisms of Splitting in Dispersion XE "Dispersion" Process [J]. AIChE J, 1955, (1): 289-295.

第 9 章 萃取过程动力学

张贵清 中南大学冶金与环境学院

目 录

9.1 概述

在第 7 章中提到萃取体系中的界面性质会影响萃取过程的速度,而表面活性物质的存在会影响界面性质。第 8 章则系统介绍了没有化学变化发生,即简单物理分配体系中萃取过程的速度。该章介绍的建立在稳定状态扩散和扩散层线性浓度梯度假设基础上的双膜模型对研究萃取过程动力学是非常重要的。本章将在此基础上系统分析、讨论萃取过程动力学。

溶剂萃取动力学研究萃取过程的速度及其控制步骤,描述两相从开始接触至达到平衡的萃取过程。研究萃取动力学具有多重意义。一方面,萃取速度对于选择萃取设备的类型、萃取设备的大小及有机相用量具有实际意义,萃取速度越快，在萃取器中停留的时间越短，需要的萃取器容积越小，因此只有知道了萃取速度才能确定萃取器的大小；另一方面，不同物质在萃取动力学上的差异提供了一种不同于萃取平衡的分离途径，当两种物质萃取速度相差较大时，可以利用这种差异实现动力学分离。

萃取动力学的研究相当不充分，其原因是多方面的。一方面，萃取动力学研究非常复杂，研究涉及液－液多相反应，影响因素很多，受实验技术和研究方法等限制，采用不同的研究方法往往会得到不同的结论。另一方面，生产实践对解决问题的迫切性不足，对于大多数实际应用的萃取体系而言，萃取速度一般很快，萃取过程在几分钟内即可达到平衡。因此，在相当一段时间内人们对萃取动力学重视不足。随着萃取工业的发展，人们发现在核燃料萃取中，减少两相接触时间对于减缓萃取剂的辐照降解现象有益；另外，在羟肟类萃取剂萃取铜的大规模工业应用实践中观察到某些元素有极慢的萃取速度。解决上述问题具有重要的工业实际意义，因此萃取动力学的研究才逐渐活跃起来。

9.2　基本概念

溶剂萃取动力学与萃取过程中各种化学反应的速度以及参与化学反应的粒子的扩散速度相关。

9.2.1　化学反应在萃取速度控制中的作用

如果将溶剂化与水化作用考虑在内，由于被萃取物质在萃取前后的溶剂化环境不同，即使在不互溶的两种液相中的中性分子的简单分配过程也可以认为存在化学变化。在螯合物萃取中，有机相中的螯合萃取剂从水溶液中萃取金属阳离子，萃取时水合金属离子中的溶剂化水分子被具有螯合基团的萃取剂取代，形成新的溶解于有机相的配位化合物，另外，有机相中有机弱酸萃取剂发生电离、萃取剂－金属离子萃合物形成及形成胺盐的萃取均为典型的具有化学反应特征的萃取过程。当整个化学反应过程中至少有一个化学反应步骤的速度比扩散速度慢时，萃取动力学将取决于这个慢化学反应的速度。

由于溶剂萃取涉及互不混溶的两相，因此化学反应至少在理论上认为可以发生在两相的主体内，也可能发生在两维区域，即将两相分开的液－液界面上，或界面附近很薄的区域内。当界面化学反应为主时，情况与多相催化反应和某些电极过程类似。但针对发生在液－液界面上化学反应研究的技术开发非常少。因此，关于液液界面化学反应的知识非常有限，很大程度上均来源于间接证据和理论推测。

9.2.2　扩散过程在萃取反应速度控制中的作用

在有实际意义的大多数溶剂萃取过程中，两相混合搅拌良好，从相主体到界面附近区域的物质扩散非常快，因此相内主体中的扩散可以忽略。然而，根据第

8 章介绍的双膜模型，系统内依然存在参与反应的物质在相界面水相侧和有机相侧的两个具有一定厚度的薄的停滞层内的扩散。双膜模型在受界面附近扩散控制的萃取动力学的研究中非常有用，本章所有萃取过程中的传质分析均采用双膜模型。

在界面上发生萃取反应时，即使在最高效的搅拌系统中进行，参与反应的物质也必须通过扩散层的扩散实现向界面迁移或迁离界面。当迁移所需要的时间能与化学反应所需要的时间相当或者更长时，通过扩散层的扩散控制了整个萃取过程的动力学。经验表明膜扩散成为很多实际萃取过程中占主导地位的速度控制因素。需要注意的是，虽然扩散膜的厚度很小，但由于其厚度比分子尺寸大几个数量级，因此扩散膜必须被看作是宏观的。

9.3　化学动力学基础

化学反应速度用单位时间内反应物或生成物浓度变化表示，其单位为 $mol/(dm^3 \cdot s)$。例如，对于一般的反应：

$$x\mathrm{X} + y\mathrm{Y} \Longrightarrow z\mathrm{Z} + w\mathrm{W} \qquad (9-1)$$

其反应速度可以用 X、Y、Z、W 四种物质的浓度变化表示，即可以分别用 $-\dfrac{d[\mathrm{X}]}{dt}$、$-\dfrac{d[\mathrm{Y}]}{dt}$、$\dfrac{d[\mathrm{Z}]}{dt}$ 或 $\dfrac{d[\mathrm{W}]}{dt}$ 表示，用反应物浓度表示时，加一负号是为了使反应速度始终为大于零的数。

例如以 X 的浓度变化表示反应速度方程式时，有

$$-\frac{d[\mathrm{X}]}{dt} = k_x [\mathrm{X}]^p [\mathrm{Y}]^q \qquad (9-2)$$

式中：k_x 为速度常数或速率常数。

也可以用 Y 的浓度变化表示反应速度，此时，

$$-\frac{d[\mathrm{Y}]}{dt} = k_y [\mathrm{X}]^p [\mathrm{Y}]^q \qquad (9-3)$$

但 k_x 的数值并不等于 k_y 的数值。

速度方程式中各浓度项的指数之和 $p+q$，称为该反应的级数，而 p 及 q 分别是 X 和 Y 的级数。

化学反应可包括若干反应步骤，这些步骤为基元反应，也就是说测定的总反应是由几个基元反应组成的，总的反应速度由最慢的基元反应控制，这个基元反应称为该反应的速度控制步骤。

显然，速度方程式中只能包括与速度控制步骤有关的化学组分。因此速度方程式中的指数不等于总化学反应方程式中的计量系数，即式（9-2）和（9-3）中 p 和 q 并不等于式（9-1）中的 x 与 y。只有基元反应中这两者才相等。因此速度方

程只能根据试验结果进行推导,而不能按反应方程式随意写出。

速度方程式中的速率常数 k 不随该基元反应中反应物或产物的浓度而变化,但受温度的影响而变化,在确定了反应的速度方程式以后,可根据试验数据用作图法求解。而研究反应的速率以确定反应的速度方程,可以为研究反应机理提供重要线索,之所以说是提供线索,是由于不同的反应机理,有时会得到同样的速度方程。

溶剂萃取是多相反应,相比于气固及液固多相反应,动力学的研究很薄弱,本章选择介绍在动力学研究领域的三类普通反应的成熟研究结果作为讨论溶剂萃取反应动力学的借鉴[3]。

(1)第一类反应为不可逆 I 级反应,其反应式为:

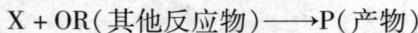

$$X + OR(其他反应物) \longrightarrow P(产物)$$

(2)第二类反应为可逆 I 级反应,其反应式为:

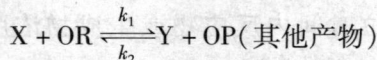

$$X + OR \underset{k_2}{\overset{k_1}{\rightleftharpoons}} Y + OP(其他产物)$$

(3)第三类反应为链式 I 级反应,反应过程可表示为:

$$X \xrightarrow{k_1} Y \xrightarrow{k_2} Z$$

它们的有关数学表达式见表 9 - 1。

表 9 - 1　三类普通反应的速率表示

反应类型	速率表达式	溶液浓度关系	条　件
第一类反应	$-\mathrm{d}[X]/\mathrm{d}t = k[X]$　　(9 - 4)	$[X] = [X]_0 e^{-kt}$　　(9 - 5)	OR 为常数,逆反应速度为 0,$t = 0$ 时,$[X] = [X_0]$
第二类反应	$-\mathrm{d}[X]/\mathrm{d}t = k_1[X] - k_2[Y]$　　(9 - 6)	$[X] = [X]_0 (k_1 + k_2)^{-1} (k_2 + k_1 e^{-kt})$　　(9 - 7)	$k = k_1 + k_2$,OR 及 OP 均为常数,$t = 0$ 时,$[Y] = 0$ 且 $[X] = [X_0]$
第三类反应	$\mathrm{d}[Y]/\mathrm{d}t = k_1 [X]_0 e^{-k_1 t} - k_2[Y]$　　(9 - 8)	$[Y] = [X]_0 k_1 (k_2 - k_1)^{-1} (e^{-k_1 t} - e^{-k_2 t})$　　(9 - 9)	开始无 Y、Z,$t = 0$ 时,$[X] = [X_0]$

由式(9 - 4)可知第一类反应的反应速度仅仅与反应剂的浓度有关。在溶剂萃取体系中,那些分配系数很大的中性化合物在两个不互溶的液相中的简单分配过程可以按这类反应处理。

而式(9 - 6)表示正反应与逆反应均为 I 级反应,在平衡时($t = \infty$)过程的净速度为零,所以根据式(9 - 6)有 $k_1 [X]_{eq} = k_2 [Y]_{eq}$,下标 eq 表示反应达到平衡态时的浓度。此时反应的平衡常数等于正、逆反应的速率常数之比,即 $K = k_1/k_2 = [Y]_{eq}/[X]_{eq}$,式(9 - 7)可以变换为 $\ln\{([X] - [X]_{eq})([X]_0 - [X]_{eq})^{-1}\} = -(k_1 + k_2)t$ 的形式[3]。将 $\ln([X] - [X]_{eq})$ 对 t 作图,则会产生斜率为 $-(k_1 +$

k_2)的直线,如果反应平衡常数 K 已知,则可由 K 与 k_1、k_2的关系根据直线的斜率计算反应的速率常数。

在溶剂萃取体系中,对于萃取平衡常数不很大的中性分子在不互溶的两相中的分配过程以及一些低浓度金属离子的萃取过程的反应速度可按这类可逆 Ⅰ 级反应处理。

对于第三类反应,当中间产物浓度[Y]恒定,即 $d[Y]/dt = 0$ 时,对溶剂萃取过程动力学非常有意义。当这类反应的中间产物活性很大而且浓度很低时,可作稳态近似处理。当中间产物是一种界面吸附物时,可以常常遇到这种情况,此时 $k_2 \gg k_1$,由式(9-9)有:

$$[Y] = [X]_0 e^{-k_1 t} k_1/k_2 \tag{9-10}$$
$$[Z] = [X]_0 \{1 - (1 + k_1/k_2) e^{-k_1 t}\} \tag{9-11}$$

9.4　萃取过程动力学的影响因素[1,2,4]

9.4.1　生成配合离子的影响

在金属离子的萃取过程中,配合物会发生变化,如金属离子与溶于有机相的配合剂形成配合物,或水相中的配体被有机相中另外一种疏水性更强的配体所取代。配体或配位水分子易于被其他配体所交换的配合物,被称为活泼配合物;反之,惰性配合物则表现为配体交换速度非常慢。需要注意的是,"活泼的"和"惰性的"指反应速度的快慢,与热力学中"稳定"和"不稳定"的概念不同。虽然在很多情况下,热力学稳定性与配合物的稳定性正相关,但是配合物热力学很稳定但动力学很活泼,或热力学不稳定但动力学很不活泼的情况也非常多。

配体交换反应的动力学研究试图阐明这些反应的机理。虽然这些研究结论来源于均相溶液的研究,但其中很多信息能有效应用于界面膜扩散过程可以忽略的溶剂萃取系统。

9.4.1.1　水合离子中的水交换和配合物形成

水合金属离子形成配合物的基本原理可以总结为[4]:

对于给定的金属离子,配合物形成的速度和活化参数与该金属离子的水交换速度和活化参数相似,通常配合物形成的速度常数比水交换速度常数低一个数量级。而且对于一个给定的金属离子,配合物形成速度与配体的种类关系很小或者没有关系。

按照已被人们普通接受的爱根(Eigen)机理的观点,配合物的形成可以近似地描述为水合金属离子和配体首先在水合物球体外层结合形成配合物的快速平衡,配合物形成速度取决于配体与水分子的交换步骤。水分子从初始水合物球体中释放出来后,配体才会与阳离子发生键合生成内层配合物。对于一个配位数为 6 的一价阳离子来说,其反应机理可表示如下:

$$M(H_2O)_6^+ + L^- \xrightarrow{K_{ass}} (L^-, M(H_2O)_6^+) \xrightarrow{k} M(H_2O)_5L + H_2O \quad (9-12)$$

$$\quad\quad I \quad\quad\quad\quad\quad\quad II \quad\quad\quad\quad\quad\quad III$$

$$\quad\quad \uparrow \quad\quad\quad\quad \uparrow \quad\quad\quad\quad \uparrow$$

$$\quad\quad 快 \quad\quad 球体外壳的结合 \quad\quad 慢$$

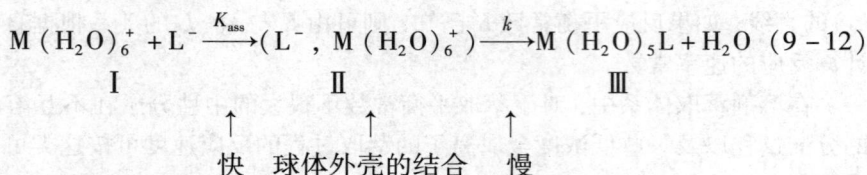

该机理相应的速率方程为:

$$u = \{K_{ass}k[M^+][L^-]\}/\{1 + K_{ass}[L^-]\} \quad\quad\quad (9-13)$$

式(9-13)中,略去了配位水分子,I与II之间的反应是水合金属离子隔着水分子与配体缔合形成外层配合物的缔合反应,其平衡常数为 K_{ass}。通常 K_{ass} 是一个较小的数,故式(9-13)可简化为:

$$u = K_{ass}k[M^+][L^-] \quad\quad\quad\quad\quad\quad (9-14)$$

式(9-14)显示,该过程是二级反应。另外,由于不同种类物质的平衡常数 K_{ass} 相差很小,它主要取决于电荷密度,因此可以预见 K_{ass} 与进入的配体性质只有很小的关系。而从II到III的反应是从外层配合物转变为内层配合物的反应,与配体种类无关,是金属离子的特性反应,其速率常数为 k。

一旦从理论推导或试验求出 K_{ass} 值,则能计算出成为速度控制步骤的水交换速度常数。反应速率常数 k 的值与独立估算的水交换过程的速度常数值能很好地吻合:

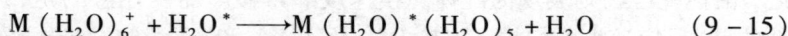

$$M(H_2O)_6^+ + H_2O^* \longrightarrow M(H_2O)^*(H_2O)_5 + H_2O \quad\quad (9-15)$$

在式(9-15)中, H_2O^* 表示初始存在于金属离子配位层外围的水分子,由于交换的结果进入到第一个配位层中。因此,水合离子与配合剂反应的动力学与水分子交换倾向的性质成正相关。更加重要的是,由于大多数金属离子的水交换常数是已知的,因此我们可以预测水合离子生成配合物的速度。

阳离子性质不同,金属离子的水交换速度相差很大,其范围从大约 10^{10} s^{-1}(Cu^{2+} 或 Cr^{2+})至小于 10^{-7} s^{-1}(Rh^{3+})。图9-1为不同水合金属阳离子的水交换速度的对数值[5]。

在溶剂萃取中最为简单的情况,即一个有机配合剂(配体)与水合金属离子反应,当水交换速度常数小于 10^2 s^{-1} 时,该配合反应速度就被认为足够慢以至于与控制总萃取动力学的通过界面膜的扩散速度相当。一种例外的情况是,反应系统高效率搅拌(扩散层厚度降低至 10^{-4} cm)时,配合反应速度常数高达 10^6 s^{-1},仍是萃取速度控制步骤。而在其他所有情况下,可以认为与膜扩散速度相比,离子反应瞬间即可完成,因此膜扩散为控制步骤。当水合金属阳离子与其全部的配位水分子一起萃取进入有机相时,扩散速度也可能成为起决定作用的速度控制因素。需要说明的是,当其他慢化学反应过程,如金属阳离子的水解反应,有机相中萃取剂或金属配合物的聚合,界面的吸附和脱附过程,酮-烯醇的转换反应,以及

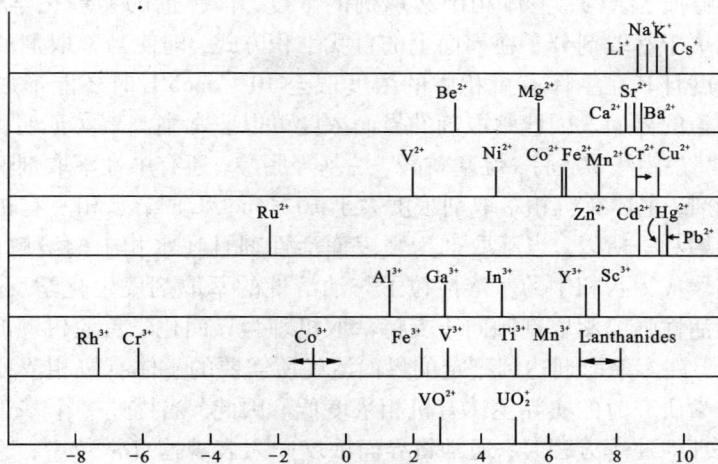

图 9 – 1　水合金属阳离子的水交换常数的对数值(25℃)

其他控制溶剂萃取系统的慢反应等成为萃取过程速度控制步骤时,上述几种考虑均不能成立。

9.4.1.2　配体置换反应

对于发生在八面体配合物中的置换反应,很难总结出普遍规律,因为对于每一个化学反应系统,其反应机理均是不同的。遗憾的是实际上有很多的溶剂萃取过程是八面体配合物的配体置换反应[参见式(9 – 12),L 为八面体配合物中的萃取剂]。然而,我们从试验中可以观察到,至少对于液相反应来说,各种配体的反应速度与该配合物的热力学稳定性高度相关,即配合物热力学越稳定,该配合物与萃取剂反应越慢。一个典型的例子是磷酸酯类萃取剂 HDEHP 从水溶液中萃取三价镧系元素和锕系元素阳离子。当水相介质中仅含有配合能力弱的配体(Cl^-,NO_3^-)时,萃取速度非常快;当水相介质中存在配合能力强的配体(如 EDTA)时,萃取速度非常慢。

对于平面四边形配合物来说,萃取机理相对更为明确。目前已经积累了大量关于具有 d^8 电子结构的过渡金属离子如 Pt(Ⅱ)、Pd(Ⅱ)、Au(Ⅲ)、Ni(Ⅱ)和 Rh(Ⅰ)配合物的配体取代反应的试验数据。该过程中,过渡状态是具有三角双锥体结构的 5 配位数的配合物,其中将要进入的基团位于三角平面上。相对于界面膜的扩散速度,结构为平面四边形配合物的配体取代反应通常很慢,因此,在良好搅拌系统中的平面四边形配合物的萃取动力学通常是由化学反应速度控制。

9.4.2　液 – 液界面性质的影响

由于在界面上发生萃取剂基团的优先定向排列,使绝大部分的萃取剂均会被吸附在界面上,导致界面张力下降。萃取剂在界面上的吸附程度与其亲水、疏水基团的化学性质、结构，主体相中萃取剂的浓度，稀释剂的物理化学性质相关。界面浓度取决于萃取剂分子在界面上的自我堆积方式，即使当萃取剂的表面活性仅为中等强度且其在主体有机相中的浓度低至 10^{-3} mol/L 时还能形成一个被萃取剂完全覆盖的界面。因此萃取剂的界面浓度可以非常高。事实证明，当采用烷基铵盐、烷基萘磺酸、羟肟、烷基磷酸、烷基羟肟酸、还有中性萃取剂例如冠醚和TBP 为萃取剂，主体有机相萃取剂浓度大于 10^{-3} mol/L 时，水相－有机相界面上均被萃取剂饱和。所以，当萃取剂为强表面活性剂且在水相中的溶解度很低时，界面区域必然成为水相中的水溶性粒子与油溶性的萃取剂发生化学反应的区域，这就是表面活性强的萃取剂倾向于支持萃取机理为界面化学反应机理的原因。

实际上，许多萃取剂达到稳定的界面浓度所需要的主体有机相浓度远远比通常萃取动力学研究时的实际主体有机相浓度低。因此，当描述一个基于界面化学反应萃取机理的速率方程时，通常将界面浓度归入表观速度常数中，这可以使速率方程大为简化。

为了方便起见，我们往往假定液－液界面为一个突变的、与主体相化学物理性质截然不同的不连贯区域。这种假想的厚度为零的界面，对于定义表面吸附粒子的浓度非常有用，因为此时界面浓度可以 mol/cm^2 表示。需要特别提醒的是，在本章后面部分我们所指的界面浓度是指与假想界面紧紧相邻区域（扩散膜的极限厚度）的体积浓度。

实际微观界面区域的物理厚度可按照界面分子、离子间相互作用力所影响的范围进行估算。虽然在主体有机相内，分子或离子不会产生净的作用力，但是当分子或离子迁移至界面上时，分子或离子间作用力在界面上是不平衡的。在界面的水相侧，存在带电的或具有极性基团的单分子层，离子或分子的作用力可延伸到几纳米外。而在界面的有机相侧，范德华力起主要作用，其作用区域延伸到几十纳米外。范德华力随分子间距离的七次方减少，所以一旦分子离界面有几个分子直径远的距离时，分子基本承受对称的力。

鉴于在界面上萃取剂的极性或者离子化基团面向水相侧的认识，可以想像在界面区会产生结构更为紧凑的水，即萃取剂的极性头会极化界面附近的水分子，产生一个结构紧凑、黏度更大的界面水层，如图 9-2 所示。这个可能具有几个分子厚度的界面水层，是萃取剂亲水基团与界面附近的水分子因氢键结合产生的。其结果是界面水层比主体水相黏度更大，扩散速度更小。从微观层面看，界面水相侧可以被视为一个特殊的介质，其化学性质仍然与主体水相相同，但物理性质更像一种结构更紧密的溶剂，比如说甘油[6]。因此，该界面水层比主体水相流动性更弱、介电常数更低、稠度更高、结构更紧凑。

这种界面水层的特殊性质会影响界面上发生的化学反应，以八面体水合离子的配体取代反应为例，其速度控制步骤是缔合基元反应。在水相主体中，缔合步

有机相

未电离的萃取剂分子

电离的萃取剂
分子(界面)

液液界面

3~10分子层
8~28 Å

水分子　　　　　　水相

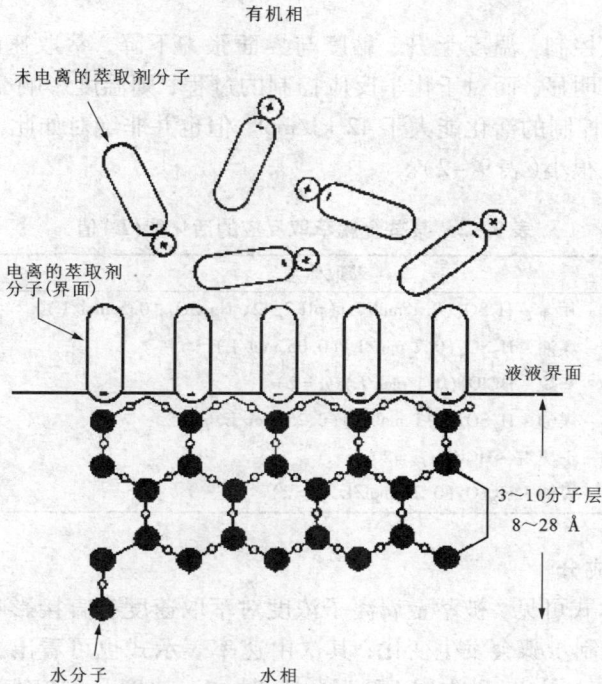

图 9 - 2　吸附在有机相 - 水相界面上的离子化萃取剂对界面结构的影响

骤非常快,对于大多数的八面体水合离子的配体取代反应,它不是速度控制步骤。而在界面处,因为黏度大的界面环境会降低缔合步骤的速度,所以使八面体水合离子的配体交换反应速度降低。换言之,由于这种具有特殊性质界面水层的影响,使本来不是速度控制步骤的八面体水合离子的配体交换速度变成了萃取过程的速度控制步骤。

综上所述,溶剂萃取过程的界面性质,不仅影响扩散过程,而且也影响化学反应发生的位置与速度,在研究萃取过程动力学方面具有重要的作用。

9.4.3　其他因素的影响[2]

上面详细分析了配合离子生成及界面性质对萃取动力学的影响。显然,影响配合离子生成的因素及影响两相界面积大小及性质的因素均能影响萃取过程动力学。在诸多影响因素之中,下列诸项是在文献中提及较多的因素,本节作一简单介绍。

9.4.3.1　搅拌强度与界面面积

搅拌强度与界面积的影响是区分萃取速度是由扩散控制还是化学反应控制的重要因素。在本章 9.5 节中将会进一步讨论这一问题。

9.4.3.2 温度

如果是扩散控制，温度上升、黏度与界面张力下降，萃取速度会有所上升，但影响不是那么明显，而对于化学反应控制的过程，则温度影响非常显著。一般而言，化学反应控制的活化能大于 42 kJ/mol，但也并非绝对如此，有的化学反应控制的活化能也很小（表 9 - 2）。

表 9 - 2　某些金属萃取反应的活化能(E)值

金属离子	萃取体系	$E/(kJ \cdot mol^{-1})$
Cu(II)	N530 - 甲苯 - H_2SO_4(0.1 mol/L)(pH 2.42，Na_2SO_4，0.5 mol/L)	43.05
Al(III)	P204 - 煤油 - H_2SO_4(0.2 mol/L)(0.05 mol/L)	79.50
Fe(III)	P204 - 辛烷 - $HClO_4$(0.1 mol/L)($\mu = 2$)	62.70
Fe(III)	P204 - 煤油 - H_2SO_4(0.1 mol/L)(0.25 mol/L，$\mu = 2$)	58.31
Am(III)	P204 - 正庚烷 - $HClO_4$($\mu = 2$)	51.10
Fe(II)	P507 - 煤油 - H_2SO_4(0.25 mol/L，$\mu = 2$)	83.14

9.4.3.3 水相成分

由速率表示式可见，被萃金属离子浓度对萃取速度有直接影响，随其浓度的变化，速度的控制步骤会发生变化；其次由速率表示式也可看出，水相酸度对萃取过程也有影响。图 9 - 3 为用 P507 萃 Co 时，Co 浓度及 pH 对萃取速度影响的实验结果。

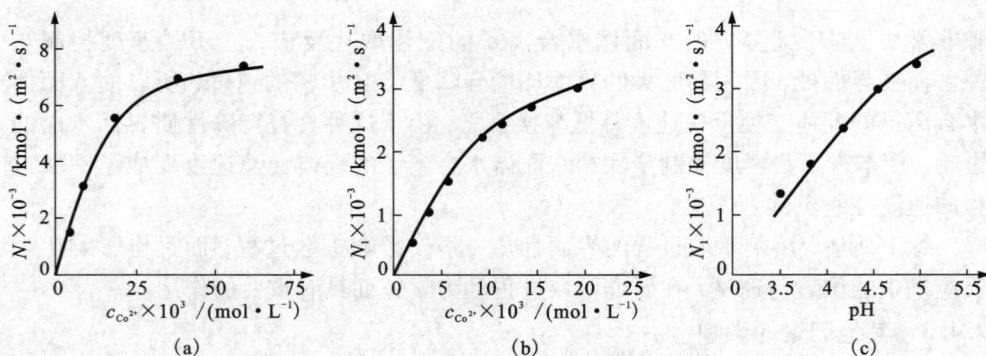

图 9 - 3　P507 萃 Co 时，萃取速度与 Co 浓度及 pH 关系

（a）、（b）：P507 浓度分别为 0.070 mol/L 及 0.035 mol/L 时，萃取速度与 $c_{Co^{2+}}$ 关系；

（c）P507 及 Co 浓度分别为 0.035 mol/L 及 0.02 mol/L 时，萃取速度与 pH 之关系

除此之外，水相中其他阴离子配位体对萃取速度有重要影响。例如用烷基磷酸萃取铁时，氯离子能加速 Fe^{3+} 的萃取，这是因为氯离子可取代 Fe^{3+} 的水化层水分子而生成动力学活性被萃物；又如 TTA - 苯从 $HClO_4$ 中萃铁的反应很慢，往水

相中加入 NH_4SCN 后，由于 SCN^- 与 Fe^{3+} 生成 $Fe(SCN)_3$，它能立即被萃入有机相，尔后被有机相中的 TTA 将 SCN^- 取代出来，从而使反应速度大大增加。

9.4.3.4 有机相组成

由速率表示式可见，萃取剂浓度对萃取速度有影响，图 9 - 4 为 P507 萃取钴时，萃取剂浓度与萃取速度的关系。

稀释剂对萃取速度也有影响，因为它影响萃取剂的聚合作用，从而影响到有机相内各组分的活度系数及反应的活化能。因而同一萃取剂用不同稀释剂时对同一水相同一金属离子萃取时的反应级数是不相同的。

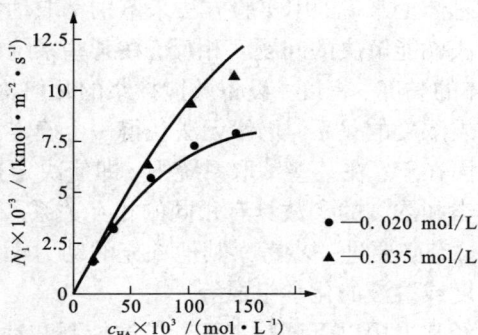

图 9 - 4 P507 浓度与萃钴速度关系

萃取剂分子在相界面上的几何排列情况对萃取速度也有影响。

9.5 萃取速度控制类型及其鉴别

9.5.1 萃取速度控制类型

萃取速度的控制分为三种类型，分别称为动力学控制区、扩散控制区及混合控制区。

1）动力学控制区

在系统充分搅拌的情况下，如一种或多种化学反应远慢于参与萃取反应的粒子迁向或离开界面的扩散速度，此时我们认为溶剂萃取动力学发生在动力学控制区，其萃取速度完全可以根据化学反应进行描述。

2）扩散控制区

与扩散过程相比，假如在两相系统中所有的化学反应都非常快，此时溶剂萃取动力学被认为发生在扩散控制区，其萃取速度可以简单按照界面膜扩散进行描述。工程上将其描述为"伴随瞬时化学反应的物质迁移"。扩散控制也可能发生在虽然化学反应速度相对较慢，但两相搅拌程度非常弱以致界面两侧扩散膜很厚的情况。

3）混合控制区

当化学反应和膜扩散过程的速度相当时，溶剂萃取动力学会发生在扩散 - 动力学混合区，在工程中往往描述其为"伴随慢速化学反应的物质迁移"。这是最为复杂的情形，因为萃取速度必须要根据扩散过程和化学反应速度两者进行描述，一个完整的数学描述必须同时求解扩散方程和化学动力学方程。

在实验和理论上明确界定萃取速度控制类型(扩散控制、动力学控制、或者混合控制)均是非常困难的[6, 7]。

9.5.2 萃取速度控制类型及其鉴别[1]

总体上来说,用实验方法来鉴别萃取动力学控制类型是一个不能仅用一种测量方法就能解决的问题。相反,在某些系统中即使研究了萃取速度与水力学参数(液体的黏度、密度、设备及搅拌桨的几何构型、搅拌速度)及参与萃取反应的化学物质浓度的关系,仍然无法获得一个确定的动力学控制类型的答案。造成困难的原因在于:在某些萃取系统中,即使决定速度的控制步骤不同,但萃取速度与水力学和浓度的参数具有相同的相互关系。为了得到控制萃取动力学类型的正确结论,有必要进一步考察其他补充的动力学信息,如界面张力、水相中萃取剂的溶解度或溶液的化学组成等。

经常采用以下试验来区分扩散控制和动力学控制:

(1)比较传热和传质系数。在同样实验设备的情况下若观察到搅拌速度对传热系数和传质系数的影响规律相同,则萃取为扩散控制。

(2)测定萃取活化能值。当速度受化学反应速度控制时,其活化能比扩散控制过程大(扩散系数随温度的变化小)。然而,该标准有时候是无效的,因为许多发生在萃取过程中的化学反应的活化能仅为每摩尔几千卡,即其活化能值与扩散过程中的活化能值相当。

(3)添加参比物质法。该方法是一种基于往溶液中添加参比物质的方法,溶液中同时含有需要考察扩散速度的粒子和另外一种萃取速度仅受扩散控制的惰性粒子。在萃取设备中考察目标粒子与参比粒子的传质速度与水力学条件的关系,当萃取过程为扩散控制时,目标粒子与参比物质的传质速度与水力学条件的相互关系类似,当萃取过程为动力学控制时,二者传质速度与水力学条件的相互关系大相径庭。

(4)考察萃取速度与两相搅拌速度的相互关系。这类方法得到广泛的应用。图9-5为典型的萃取速度与搅拌速度的关系图。使用恒定界面搅拌室(Lewis池)或增强搅拌池技术均可获得上述曲线(参见第12章)。一般来说,受扩散控制过程的特点在于随着两相搅拌速度的增加萃取速度随之增加(见图9-5A区)。另一方面,当萃取速度与搅拌速度无关

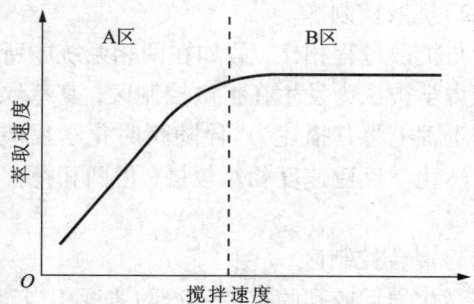

图9-5 典型的固定界面搅拌池中
萃取速度与搅拌速度的关系图

时(见图 9 – 5B 区),有时候推断萃取过程可能处于动力学控制区。

方法 4 的依据是增加搅拌速度会降低扩散膜厚度,并且在低搅拌速度条件下,搅拌速度和扩散膜的厚度成反比关系。在第一阶段,它们的关系几乎是直线的。当过程全部或部分受扩散控制的情况下,萃取速度均会随搅拌速度的增加而增加。最终,扩散膜的厚度趋于零,萃取速度仅受化学反应控制,这时萃取速度与搅拌速度无关。然而遗憾的是,这种推理也可能会得出错误的结论。

因为就研究动力学的激烈搅拌的容器而言,当运用该方法时,会面临极大的不确定性。只有当总界面积已知且当系统处于界面化学反应区时,萃取速度才会随着搅拌速度的增加而增加。A 区中萃取速度的增加表明分散相液滴数量(与界面积成正比)的增加,并不是扩散膜的厚度减少。另外,尽管因为在高速搅拌下液滴形成速度与液滴聚结的速度相等,以及在分散相液滴内部的循环与混合不足,分散相的液滴数量最终会成为恒定值。B 区的曲线平稳段也不足以证明萃取一定发生在动力学控制区。这种现象尤其会发生在液滴形状小且萃取剂的表面活性强的时候。因此,曲线平稳段也可能是扩散控制区。所以,方法 4 同样会导致不确定或错误的结论。

最后需要强调的是,水力学参数和参与萃取反应的粒子浓度的共同作用决定萃取过程是动力学控制、扩散控制还是混合控制。因此,毫不奇怪不同的学者在不同的水力学和浓度条件下研究相同的溶剂萃取系统会得到迥然不同的萃取动力学控制类型的结论。

9.5.2.1　动力学控制

在动力学控制的萃取体系中,可以根据化学反应发生在相主体或者在相界面上来讨论萃取动力学。原则上存在很多可能的萃取机理,但依据涉及萃取反应的试剂性质可以得出一些大致的规律。由于在很多金属的萃取中会发生配体取代反应,其速率方程与溶液中的配位反应的速度相似。在大多数的萃取过程中,配位的水分子或者配体被更亲有机相的配体(萃取剂)或者有机稀释剂部分或者全部取代。当萃取剂在水相中几乎不溶解且其表面活性强时,由于萃取剂在界面上的浓度最高,所以配体取代反应在界面上发生的可能性高于其在相主体中发生的可能性。

本节描述 3 种简单的受化学反应控制的萃取过程的情况。这些简单的情况为弱酸性萃取剂 RH 萃取单价金属阳离子 M^+(溶剂化的水分子被省略)。整个萃取反应表示如下:

$$M^+ + \overline{RH} \longrightarrow \overline{MR} + H^+ \tag{9 – 16}$$

萃取平衡常数 K_{ex} 等于:

$$K_{ex} = [\overline{MR}][H^+]/([M^+][\overline{RH}]) \tag{9 – 17}$$

假定所有的溶质离子均为理想溶液中的粒子。

1) 相内化学反应为控制步骤

因为萃取剂的水溶性，水相中总存在 RH，即使浓度低，在相内也可以发生配合物的生成反应。萃取反应的速度控制步骤如下：

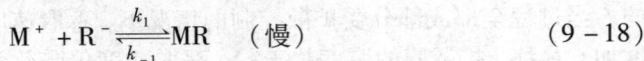

$$M^+ + R^- \underset{k_{-1}}{\overset{k_1}{\rightleftharpoons}} MR \quad （慢） \tag{9-18}$$

反应速度 u 的表达式为：

$$u = -d[M^+]/dt = k_1[M^+][R^-] - k_{-1}[MR] \tag{9-19}$$

为了能够简单地根据起始浓度的数据推导出速度表达式，必须考虑以下（瞬时建立的）平衡：

（1）$RH \rightleftharpoons \overline{RH}$；萃取剂的分配常数

$$K_{DR} = [\overline{RH}]/[RH] \tag{9-20}$$

（2）$RH \rightleftharpoons R^+ + H^+$；电离常数

$$K_a = [R^-][H^+]/[RH] \tag{9-21}$$

（3）$MR \rightleftharpoons \overline{MR}$；萃合物的分配常数

$$K_{DM} = [\overline{MR}]/[MR] \tag{9-22}$$

将式(9-20)~式(9-22)代入式(9-19)，得出速度表达式为：

$$u = k_1 K_a K_{DR}^{-1}[M^+][\overline{RH}]/[H^+] - k_{-1}K_{DM}^{-1}[\overline{MR}] \tag{9-23}$$

在等式(9-23)的右边，第一项代表萃取的正向反应速度，第二项为逆向反应速度，萃取表观速度常数如下所示。

$$k_1 K_a K_{DR}^{-1} 和 k_{-1}K_{DM}^{-1} \tag{9-24}$$

与水溶液中相同的金属离子和含有相同配合基团的水溶性配体间的反应速度常数的文献值相比较，发现萃取反应表观速度常数与水溶液中配合物生成反应速度常数是一致的，但仍不能证明设想的机理是正确的。

溶剂萃取速度常数的表观值通常采用测量 M^+ 的萃取速度与$[\overline{RH}]$（$[H^+]$恒定）、$[H^+]$（$[\overline{RH}]$恒定）、$[\overline{MR}]$（$[H^+]$和$[\overline{RH}]$恒定）的关系进行估算。通常假定萃取反应是对$[M^+]$的一级反应。表观速度常数可根据 $\ln([M^+]-[M^+]_{eq})/([M^+]_0-[M^+]_{eq})$ 对 t 作图获得的直线斜率进行估算。

上式中下标 0 表示水相中的初始浓度。而$[M^+]$表示某 t 时刻的水相浓度。

当符合上述机理时，正向萃取速度的对数值与比界面积 $S(S=Q/V)$，有机相中萃取剂浓度和水相酸度的相互关系有如图 9-6 所示的特征。结果表明，相内化学反应控制的萃取过程，其速度与搅拌强度和界面大小均无关。

2) 界面化学反应为控制步骤

其速度控制步骤可表示如下：

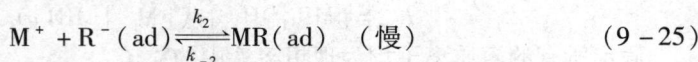

$$M^+ + R^-(ad) \underset{k_{-2}}{\overset{k_2}{\rightleftharpoons}} MR(ad) \quad （慢） \tag{9-25}$$

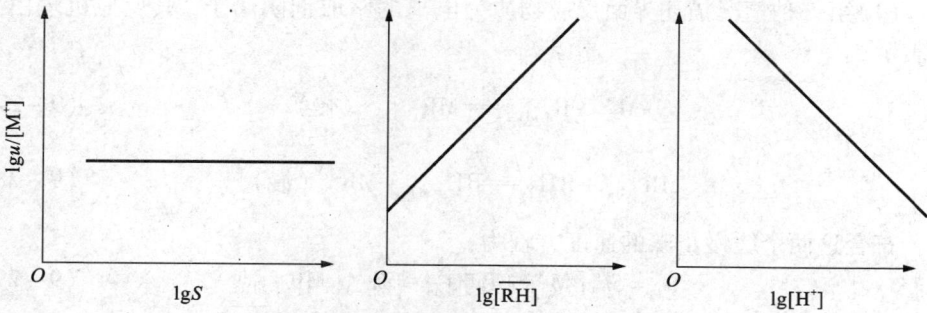

图 9 - 6　水相相内萃合物生成为速度控制步骤的特征

（纵坐标为以水相金属离子浓度表示的正向萃取速度的对数）

其中（ad）指在液 - 液界面吸附的粒子。反应速度 u 表示如下：

$$u = -d[M^+]/dt = k_2 S_a [M^+][R^-]_{ad} - k_{-2} S_o [MR]_{ad} \qquad (9-26)$$

其中 S_a 和 S_o 分别代表水相边及有机相边的比界面积，即界面积 $Q(cm^2)$ 分别与水相体积 V_a 和有机相体积 V_o 的比值。为使过程简化，在接下来的处理中假定 $V_a = V_o = V$ 且 $S = S_a = S_o$。

如以水相金属离子浓度表示的正向反应速度的对数值，与 $\lg S$，$\lg[\overline{RH}]$，$\lg[H^+]$ 之间的关系作图，则属于这种反应机理的萃取反应有如图 9 - 7 所示的特征。

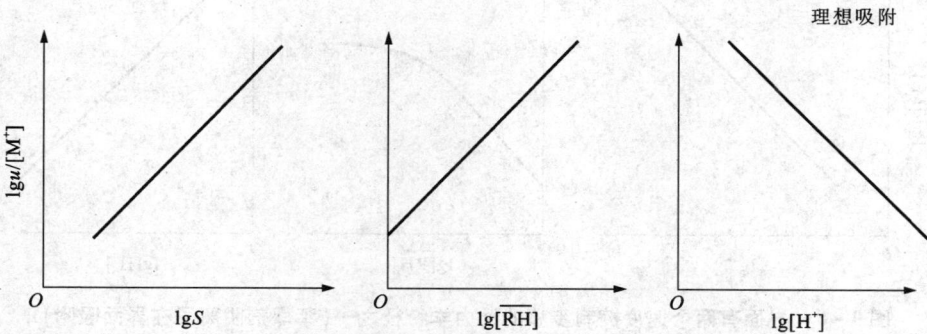

图 9 - 7　萃取剂在界面理想吸附时，界面萃合反应为速度控制步骤时的特征

（纵坐标同图 9 - 6）

3）两个界面速度为控制步骤

具有两个界面速度控制步骤：①界面吸附的萃取剂分子与金属离子形成界面配合物。②界面配合物从界面迁移到主体有机相，同时主体有机相萃取剂分子填补界面空缺。对于此机理，又有两种可能性。

（1）第一种情况描述界面反应物质为电离的萃取剂阴离子，其反应机理由下式表示：

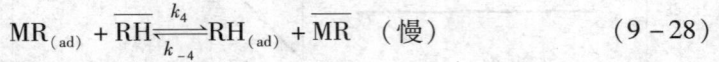

$$M^+ + R^-_{(ad)} \underset{k_{-3}}{\overset{k_3}{\rightleftharpoons}} MR_{(ad)} \quad （慢） \tag{9-27}$$

$$MR_{(ad)} + \overline{RH} \underset{k_{-4}}{\overset{k_4}{\rightleftharpoons}} RH_{(ad)} + \overline{MR} \quad （慢） \tag{9-28}$$

符合这两个缓慢步骤的速度方程为：

$$u_1 = Sk_3[M^+][R^-]_{ad} - Sk_{-3}[MR]_{ad} \tag{9-29}$$

$$u_2 = Sk_4[MR]_{ad}[\overline{RH}] - Sk_{-4}[RH]_{ad}[\overline{MR}] \tag{9-30}$$

当金属离子浓度足够低导致界面吸附的金属配合物的浓度很低时，在稳定状态下，有：

$$u_1 = u_2$$
$$u = \{Sk_3 k_4 K_a^* \alpha_2 [\overline{RH}][M^+][H^+]^{-1}\}\{k_{-3} + k_4[\overline{RH}]\}^{-1}$$
$$- \{Sk_{-3} k_{-4} \alpha_2 [\overline{MR}]\}\{k_{-3} + k_4[\overline{RH}]\}^{-1} \tag{9-31}$$

式中：α_2 为朗格缪尔吸附常数；K_a^* 为吸附的萃取剂的离解反应平衡常数，$K_a^* = [R^-]_{ad}[H^+][RH]_{ad}^{-1}$。

属于此种机理的正向萃取反应速度的对数值与 $\lg S$、$\lg[\overline{RH}]$、$\lg[H^+]$ 的关系，有图 9-8 所示的特征。

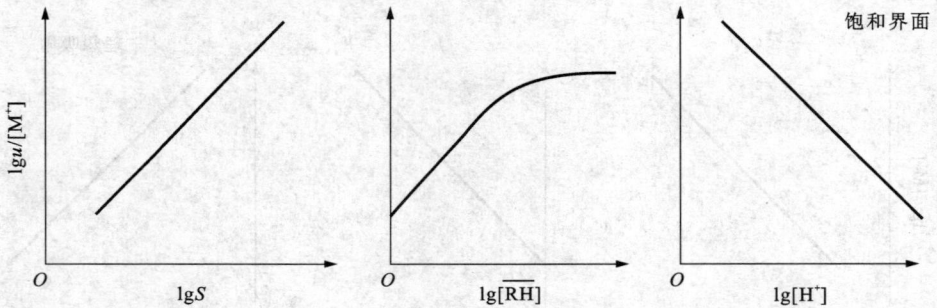

图 9-8　界面有两个速度控制步骤的动力学特征之一（萃取剂阴离子在界面吸附）
（纵坐标同图 9-6）

（2）与第 1 种情况不同，第 2 种机理假定界面反应物质为吸附在界面上未电离的萃取剂分子，此时下列关系式成立：

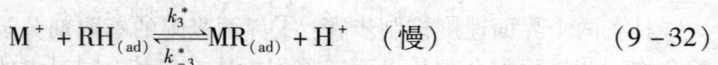

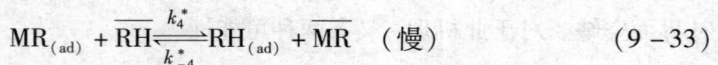

$$M^+ + RH_{(ad)} \underset{k_{-3}^*}{\overset{k_3^*}{\rightleftharpoons}} MR_{(ad)} + H^+ \quad （慢） \tag{9-32}$$

$$MR_{(ad)} + \overline{RH} \underset{k_{-4}^*}{\overset{k_4^*}{\rightleftharpoons}} RH_{(ad)} + \overline{MR} \quad （慢） \tag{9-33}$$

慢步骤的速度方程［式(9-32)和式(9-33)］为：

$$u_1 = k_3^* S [M^+][RH]_{ad} - k_{-3}^* S [MR]_{ad}[H^+] \qquad (9-34)$$

$$u_2 = k_4^* S [MR]_{ad}[\overline{RH}] - k_{-4}^* S [RH]_{ad}[\overline{MR}] \qquad (9-35)$$

假定稳定状态下，$u_1 = u_2$，可推导出：

$$
\begin{aligned}
u &= u_{(正向)} - u_{(逆向)} \\
&= (Sk_3^* k_4 \alpha_2 [\overline{RH}][M^+])(k_{-3}^*[H^+] + k_4[\overline{RH}])^{-1} \\
&\quad - (Sk_{-3}^* k_{-4}\alpha_2 [\overline{MR}][H^+])(k_{-3}^* + k_4[\overline{RH}])^{-1} \qquad (9-36)
\end{aligned}
$$

图 9-9 显示了这种情况下的动力学特征。

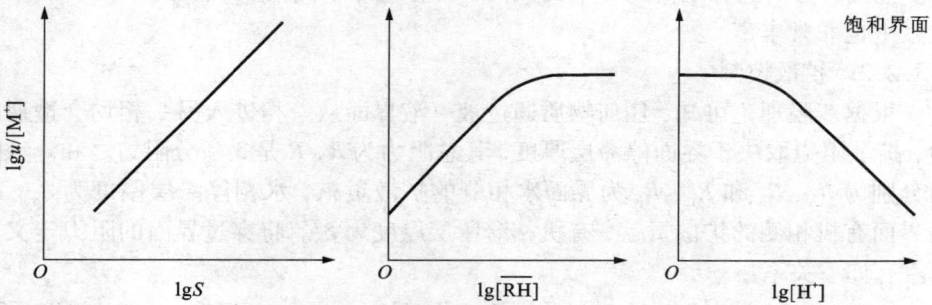

图 9-9　界面有两个控制步骤的动力学特征之二(萃取剂分子在界面吸附)
(纵坐标同图 9-6)

图 9-7 至图 9-9 说明，凡属界面化学反应控制的过程，其萃取速度与搅拌强度无关，但随两相界面积的增大而加快。

以上描述的三种情况代表了常见的无扩散贡献的溶剂萃取系统中的速度方程与反应机理，但必须再三强调：许多其他的反应机理和速度方程也可能存在。通过实验决定溶剂萃取速度方程，然后以此为基础来确定萃取机理时，上述三种情况对于降低有关机理的误判很有帮助。只有通过在广泛的萃取剂浓度范围和不同的比表面积条件下研究萃取速度，才能部分减少对萃取机理和速度的误判。关于系统中粒子以及系统的物理化学性质的更多信息对于鉴定和支持某一种机理来说很有必要。举例说明，一种易溶于水且在界面上吸附弱的萃取剂通常更容易发生情况 1 的控制。换一种说法，一种不易溶于水且界面吸附强的萃取剂会增加情况 2 和情况 3 所描述的萃取机理的可能性。

在这里采用简单的化学系统(M^+、RH、R^-)来推导出情况 1 至情况 3 中的数学式，虽然这有利于体现出相似性和差别，但是，上述情况只能粗略地描述文献中所报道的复杂而又多样的化学体系。实际上，只需要对上述 3 种情况的描述稍加改动，就不难推导出适合其他复杂情况的方程式。比如，借助于情况 1 的帮助，可以推导出描述双硫腙及其衍生物萃取二价金属离子如 Zn^{2+}、Ni^{2+} 和 Co^{2+} 的萃取动力学方程。为了获得描述羟肟萃取金属离子如 Cu^{2+} 和 Fe^{3+}，羟肟酸萃取 Fe^{3+}，烷基磷酸酯萃取三价镧系和锕系元素金属等的动力学方程式，必须将小的改动引入到情况 2 和情况 3 中。中性或荷负电离子被中性萃取剂或烷基胺盐萃取等其他化学反应体系则被描述为水相配合反应或界面反应（一步或二步机理）为速度控制步骤的反应机理。例如，TBP 萃取 $UO_2(NO_3)_2$，三烷基胺盐萃取 $FeCl_4^-$ 和 $Pu(NO_3)_4$。修正情况 1 至情况 3 中的方程式非常容易。在大多数例子中，这些修正包括正确书写被萃取离子的电荷（包括电荷为零和负电荷）；合适的情况下消除萃取剂的酸离解步骤；还包括附加的平衡方程式和附加的简单速度控制步骤等。然而，与情况 1 至情况 3 中无关的，具有完全不同的机理和速率方程在其他文献中也非常丰富。

9.5.2.2 扩散控制

根据双膜理论可知，任何物质通过液 - 液界面从一相进入另一相均会遭遇阻力，扩散阻力取决于界面停滞层厚度，其总阻力为 R，R 是 3 项分阻力之和。该阻力分别为 R_a、R_o 和 R_i。R_a 为界面水相侧的扩散贡献，水相停滞层厚度为 δ_a。R_o 为界面有机相侧的扩散贡献，有机相滞留层厚度为 δ_o。将穿过界面的阻力定义为 R_i。有如下关系：

$$R = R_a + R_i + R_o \qquad (9-37)$$

当界面膜为非坚固膜且萃取过程位于扩散控制区时，按双膜模型理论，R_i 相对于 R_a 和 R_o 可以忽略不计。如果萃取速度与两相的搅拌强度和两相界面积大小都有关系，萃取过程属于扩散控制类型或者混合类型。本节考虑动力学受界面膜扩散控制的两种简单情况（假设溶液总是处于良好搅拌状态）。

第一种情况：物质（分配前后不发生变化）在界面两相中的分配是快速的。速度受分配物质向界面膜或离开界面膜的扩散控制。由于界面上不存在阻力，界面上 A 在水相和有机相中的分配被认为是瞬时过程。A 是任意一种物质，可以是电中性的，也可以是荷电的，可以是有机物，也可以是无机物。该瞬时分配过程（界面平衡）的分配系数等于两相平衡时的测量值，且可用式（9-38）描述该过程：

$$A \rightleftharpoons \overline{A} \qquad (9-38)$$

显然，这是一个简单物理分配过程。在金属萃取化学领域不存在独立的简单的物理分配体系。但在有化学反应存在的萃取体系中可能包含有简单物理分配过程，如水溶性较大的萃取剂分子通过简单分配进入水相，或者在水相中生成的某种物质通过简单分配进入有机相。对这些分配过程的影响在第 8 章中已作了详细讨论，故本节仅简单作一介绍。

式（9-38）的平衡可用分配系数来描述：

分配系数 $\qquad\qquad K_{eq} = [\overline{A}]/[A] \qquad\qquad (9-39)$

按双膜理论，界面阻力 $R_i = 0$，界面上总是处于平衡状态，所以

$$K_{eq} = [\overline{A}]/[A] = [\overline{A}]_i/[A]_i \qquad (9-40)$$

为便于讨论,将图 8 - 2 移植至此,并标以图 9 - 10。因为扩散膜厚度 δ_o 及 δ_a 是无法测定的,所以只能利用图 9 - 10 进行定性的分析。

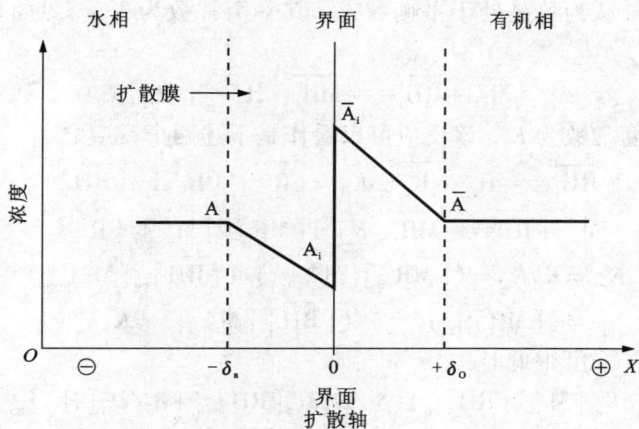

图 9 - 10　A 在水相和有机相间的分配过程的线性浓度分布

文献[1]介绍了描述此类过程的速率方程(9 - 41)(本章各方程中 D 均代表扩散系数)。

$$u = -\mathrm{d}[A]/\mathrm{d}t = u_{正向} - u_{逆向}$$

$$= Sk_{eq}[A]/(k_{eq}\delta_a/D_A + \delta_o/D_{\overline{A}}) - S[\overline{A}]/(k_{eq}\delta_a/D_A + \delta_o/D_{\overline{A}}) \qquad (9-41)$$

因此,受扩散控制的 A 的萃取动力学可以描述为假一级速率过程,其表观速率常数为:

$$k_1 = k_{eq}/(k_{eq}\delta_a/D_A + \delta_o/D_{\overline{A}}) \text{ 和 } k_{-1} = 1/(k_{eq}\delta_a/D_A + \delta_o/D_{\overline{A}}) \qquad (9-42)$$

即

$$k_1 = k_{eq}/(k_{eq} \cdot \frac{1}{k_{La}} + \frac{1}{k_{Lo}}) = k_{eq}/(\frac{k_{eq}}{k_{La}} + \frac{1}{k_{Lo}}) \qquad (9-43)$$

$$k_{-1} = 1/(k_{eq} \cdot \frac{1}{k_{La}} + \frac{1}{k_{Lo}}) = 1/(\frac{k_{eq}}{k_{La}} + \frac{1}{k_{Lo}}) \qquad (9-44)$$

式中:k_{La}、k_{Lo} 分别为水相及有机相中的传质系数。

式(9 - 43)及式(9 - 44)表明,当 λ 值很高时(即 A 倾向于分配到有机相中):

$$k_1 \approx k_{La} = D_A/\delta_a, \ k_{-1} = 0$$

此时萃取速率仅受水相扩散阻力控制。相反,当 λ 值很小时:

$$k_1 \approx 0 \text{ 和 } k_{-1} \approx k_{Lo} = D_{\overline{A}}/\delta_o$$

此时萃取速率仅受有机相扩散阻力控制。

第二种情况:在界面上的金属阳离子和未离解的萃取剂间发生快速化学反应。萃取速度受参与反应物质向界面或离开界面的扩散控制。

萃取的总反应按式(9-45)表示：

$$M^+ + \overline{RH} \Longrightarrow \overline{MR} + H^+ \qquad (9-45)$$

虽然仅在萃取过程结束时主体相才能达到平衡，但发生在界面或界面附近区域的化学反应被认为总是处于平衡状态，其平衡常数为 K_{ex}。界面化学反应平衡表示如下：

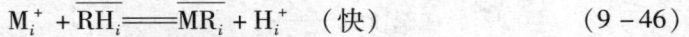

$$M_i^+ + \overline{RH}_i \Longrightarrow \overline{MR}_i + H_i^+ \qquad (快) \qquad (9-46)$$

其界面平衡常数为 K_i，该反应可以看作是下述两个反应之和。

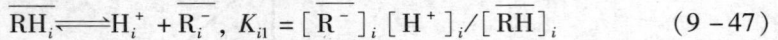

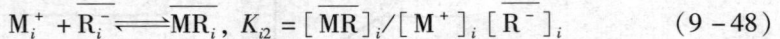

$$\overline{RH}_i \Longrightarrow H_i^+ + \overline{R}_i^-, \ K_{i1} = [\overline{R}^-]_i [H^+]_i / [\overline{RH}]_i \qquad (9-47)$$

$$M_i^+ + \overline{R}_i^- \Longrightarrow \overline{MR}_i, \ K_{i2} = [\overline{MR}]_i / [M^+]_i [\overline{R}^-]_i \qquad (9-48)$$

$$K_{ex} = K_{i1}K_{i2} = ([\overline{MR}_{eq}][H^+]_{eq})/([\overline{RH}]_{eq}[M^+]_{eq})$$
$$= ([\overline{MR}]_i[H^+]_i)/([\overline{RH}]_i[M^+]_i) = K_i \qquad (9-49)$$

当金属离子浓度很低时：

$$u = (SK_{ex}[M^+][\overline{RH}]_{eq})(\delta_a/D_A K_{ex}[\overline{RH}]_{eq} + \delta_o/D_{\overline{A}}[H^+]_{eq})^{-1}$$
$$- (S[\overline{MR}][H^+]_{eq})(\delta_a/D_A K_{ex}[\overline{RH}]_{eq} + \delta_o/D_{\overline{A}}[H^+]_{eq})^{-1} \qquad (9-50)$$

结果表明，在低浓度体系中某种物质的萃取速度可以像不发生化学变化的物质在不互溶的两相中的简单分配一样进行处理。

膜扩散速度通常低于许多配体取代反应速度。因此，速率方程如式(9-50)，通常优先用于解释速度控制步骤为膜扩散的萃取过程。

当发生在系统中的快的化学反应所具有的化学计量关系与式(9-46)显示的化学计量关系不同时，难以获得扩散方程的解析方法。此时，可以通过迭代法求其数值解。实际上，更加复杂的体系如非稳态扩散和非线性浓度梯度体系也可以基于同样的原理进行处理。

9.5.2.3 混合控制

当化学反应的一个或多个步骤的速度与通过界面膜的扩散速度相当时，萃取过程属于混合控制。实际上，相对于受动力学控制和扩散控制，溶剂萃取过程受混合控制的情况更多，动力学控制和扩散控制仅是混合控制的极端情况。在达到极限条件之前，在等温萃取体系中，提高扩散速度可通过强化搅拌来实现，而提高化学反应速度可通过增加反应剂的浓度来实现。对于每一个萃取体系来说，决定其速度控制区的操作条件范围均是特定的，而且取决于试验萃取设备的水力学条件。

混合控制过程的数学描述相当复杂，因为与化学反应控制和扩散控制相关的所有困难及不确定性均存在于混合控制过程。为全面描述混合控制的萃取动力学，必须同时求解扩散方程和化学动力学方程。

我们现在仅处理一种混合控制区的简单情况。同样，稳定状态扩散和扩散层线性浓度梯度的基本假设是处理方法的前提。这里涉及的情况是 9.5.2.2 节中描述的第 1 种情况的延伸。

此类反应的特征是非荷电物质在两相间的界面分配反应是慢反应。速度受慢的界面分配反应和参与反应物质向界面或离开界面的扩散二者的控制。

慢界面化学反应和相应的通过界面的扩散通量 J_i 为：

$$A_i \xrightarrow[k_{-1}]{k_1} \overline{A}_i \tag{9-51}$$

$$J_i = k_1 [A]_i - k_{-1} [\overline{A}]_i \tag{9-52}$$

其速率方程为：

$$
\begin{aligned}
u &= -d[A]/dt = u(\text{正向}) - u(\text{逆向}) \\
&= Sk_1 [A] (k_1 \delta_a/D_A + k_{-1} \delta_o/D_{\overline{A}} + 1)^{-1} \\
&\quad - Sk_{-1} [\overline{A}] (k_1 \delta_a/D_A + k_{-1} \delta_o/D_{\overline{A}} + 1)^{-1}
\end{aligned}
\tag{9-53}
$$

比较式（9-53）和（9-41）发现，在式（9-53）和式（9-41）中反应速度均是 S，$[A]$ 和 $[\overline{A}]$ 的函数，但在式（9-53）中，由于慢界面化学反应的存在使速率方程的分母中增加了附加项。式（9-53）表明，速率方程不可能仅仅是扩散控制或仅仅是慢的分配反应控制，而是二者的联合控制。

当速率常数是一个大的数值（快反应）时，将式（9-53）的分子和分母中各项同时除以 k_{-1}，由于 $k_1/k_{-1} = K_{ex}$，且 $(k_{-1})^{-1}$ 可以忽略，从而可以获得同扩散控制的速率方程式（9-41）完全相同的方程式。另一个极端情况是当界面膜扩散非常快，速率方程变为：

$$u = Sk_1 [A] - Sk_{-1} [A] \tag{9-54}$$

萃取速度仅受慢化学反应控制。

9.6　铜萃取动力学研究[2]

由于肟类萃取剂萃铜的速度较慢，因此在金属萃取领域内，对铜萃取动力学的研究最为活跃。为此，本书对此作一简单介绍，以利于读者加深对萃取动力学的认识。

9.6.1　肟类萃铜的反应级数

研究动力学的方法主要有三种：AKUFVE 仪器，Lewis 池，单液滴法。有关这些方法的介绍可参考第 12 章、13 章，此处仅介绍用这三种方法的试验结果。表 9-3 归纳了若干肟类萃取剂 LIX65N 及 LIX64N 萃铜的表观反应级数的测定结果。

显然不同的实验得到的结果并不一致，除了不同的实验方法和实验条件并不完全相同是一原因外，萃取体系本身也存在一些造成萃取速度不同的因素。M. Cox 与 D. Flett 对不同作者关于这个问题的分歧原因概括为四个方面：

表 9 - 3　羟肟萃铜的表观反应级数

萃取剂	实验方法	反应级数		
		H^+	RH	Cu^{2+}
LIX65N	AKUFVE	- 0.9	1.01	1
	Lewis 池	- 0.6	1.10	1
	单液滴法	ND	0.5	1
LIX64N	AKUFVE	- 1.0	1.5	1
	单液滴法	0	0.5	1
LIX65N	单液滴法	- 1.0	—	1
	Lewis 池	- 2.0 ~ 0	2.0 ~ 1.0	1.0 ~ 0

1) 萃取剂中杂质的影响

已经证明合成萃取时残留的壬基酚会使萃取速度降低。在不同的试验中, 萃取剂的杂质含量或多或少有所不同, 因此对不同试样的萃取速度与其浓度的关系作定量比较是不大可能的。

2) 萃取剂的分子构型的影响

一个明显的事实是, 醛肟类萃取剂 P1 萃铜的速度显著大于酮肟, 其原因在于醛肟的分子构型使它在两相界面上有非常有利的几何排列。

3) 萃取剂在有机相内聚合状态的影响

羟肟在有机相内的聚合对动力学有非常重要的意义。而聚合状态与萃取剂浓度及所用的稀释剂有关, 因而忽略聚合情况来研究萃取速度与萃取剂浓度的关系, 往往会得到不同的萃取级数。

4) 水力学因素影响

流体动力学的影响会使在 pH 大于 2 的情况下, 用单液滴法得到的反应级数是不可靠的, 这一点已为试验及计算所证明。表 9 - 3 中速度与 pH 关系的非常矛盾的结果由此可以得到说明。

澳大利亚 CSIRO 对研究萃取动力学的 Lewis Cell 技术作了改进, 这种改进的 Lewis Cell 在很大的搅拌速度范围内, 在达到湍流的情况下, 能提供恒界面积。应用改进的 Lewis Cell 的最新研究表明[8], 用 LIX984N 萃取铜时, 在 pH 为 0.4 ~ 1.8, 铜离子浓度为 0.1 ~ 0.5 g/L、LIX984N 浓度为 0.1% ~ 5% 的范围内, 萃取为一级反应, 经验速率方程可表示为式(9 - 55):

$$u = K_{exp} \frac{[Cu^{2+}][\overline{HL}]^{1.1}}{[H^+]^{0.9}} \tag{9 - 55}$$

萃铜反应与[H^+]、[Cu^{2+}]均为一级反应关系的结论与大部分铜萃取文献报道的相一致。与萃取剂的浓度亦呈一级反应关系表明萃取是在界面饱和情况下发生的界面反应。

9.6.2 反应速度的控制步骤

Hummelstedt 认为,铜离子配位水的交换反应是速度控制步骤。实验观察到,从氯化物溶液中萃取铜比从硫酸溶液中萃取铜快,这与动力学活性物质铜氯配离子的配位体氯离子比水化铜离子的配位水容易交换密切相关。这一实验事实间接地支持了配位水的交换反应是速度控制步骤的观点。

而 R. F. Dalton 等人认为羟肟首先与水合铜离子反应形成带电的共轭酸 $[(HR)_2Cu]^{2+}$,然后释放出 H^+。反应式如下:

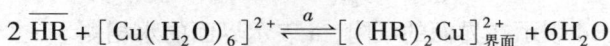

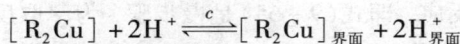

$$2\,\overline{HR} + [Cu(H_2O)_6]^{2+} \overset{a}{\rightleftharpoons} [(HR)_2Cu]^{2+}_{界面} + 6H_2O$$

$$\uparrow\downarrow b$$

$$[\overline{R_2Cu}] + 2H^+ \overset{c}{\rightleftharpoons} [R_2Cu]_{界面} + 2H^+_{界面}$$

并认为 b 步骤即从共轭酸中释放出 H^+ 而形成电中性螯合物是整个过程中的决定性步骤。

而中科院上海有机所的研究认为,从共轭酸中释放出 H^+ 的反应应分两步进行,其中每一步分别释放出一个 H^+。萃取历程用下列各式表示:

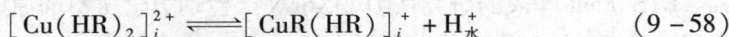

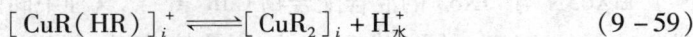

$$\overline{HR} \rightleftharpoons HR_i \tag{9-56}$$

$$2HR_i + Cu(H_2O)_6^{2+} \rightleftharpoons [Cu(HR)_2]_i^{2+} + 6H_2O \tag{9-57}$$

$$[Cu(HR)_2]_i^{2+} \rightleftharpoons [CuR(HR)]_i^+ + H^+_水 \tag{9-58}$$

$$[CuR(HR)]_i^+ \rightleftharpoons [CuR_2]_i + H^+_水 \tag{9-59}$$

$$[CuR_2]_i \rightleftharpoons [\overline{CuR_2}] \tag{9-60}$$

第四步反应(9-59)是决定速度的一步,它与 D. S. Flett 等人测得的正反应速度常数与 Cu^{2+} 及 LIX65N 浓度的一次方成正比,与水相 H^+ 浓度的一次方成反比的关系相符合(表9-3 第一例)。

澳大利亚墨尔本大学研究了在中性胶团体系中,P50(5-壬基-2-羟基苯醛肟)萃铜的动力学[9],认为萃取反应方程为:

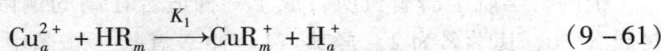

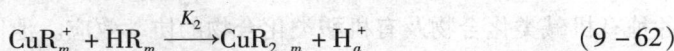

$$Cu_a^{2+} + HR_m \overset{K_1}{\longrightarrow} CuR_m^+ + H_a^+ \tag{9-61}$$

$$CuR_m^+ + HR_m \overset{K_2}{\longrightarrow} CuR_{2,m} + H_a^+ \tag{9-62}$$

上式中,下标 m 代表胶团相,根据他们的试验结果,认为第一步,即中间产物 CuR_m^+ 的生成是该体系中速度的限制性步骤。

而三年后,澳大利亚 CSIRO 发表的研究论文提出了完全不同的观点[8]。他们利用改进的 Lewis Cell,研究 LIX984N 萃铜的动力学。试验结果表明:当有机相的雷诺数低于4000,水相雷诺数低于8000 的情况,铜萃取速度为扩散控制,随搅拌速度增加，萃取速度呈线性增加；在高的雷诺数范围内，萃取速度由化学反应控制（动力学控制），此时萃取速度与搅拌速度无关，且表观活化能很大，在 15 ~ 30℃范围内达 67 kJ/mol。一般认为活化能为 8 ~ 10 kJ/mol 为扩散控制，大于 50 kJ/mol 为动力学控制，在两者之间为混合控制区。

他们认为萃取反应按下列历程进行。

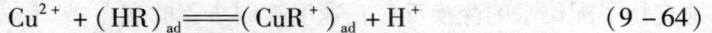

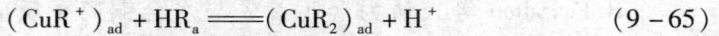

$$HR \Longrightarrow HR_{ad} \Longrightarrow HR_a \qquad (9-63)$$

$$Cu^{2+} + (HR)_{ad} \Longrightarrow (CuR^+)_{ad} + H^+ \qquad (9-64)$$

$$(CuR^+)_{ad} + HR_a \Longrightarrow (CuR_2)_{ad} + H^+ \qquad (9-65)$$

$$(CuR_2)_{ad} \Longrightarrow \overline{CuR_2} \qquad (9-66)$$

上式中，下标 ad 表示在界面的吸附，a 表示界面的水相侧。

尽管他们也认为配位反应分两步进行，但认为 LIX984N 的第二个配体在界面水相一侧发生的配合反应，即式（9-65）是慢步骤，为萃取反应的控制步骤。

9.6.3 萃铜的动力学协萃

最早在工业上获得广泛应用的铜萃取剂是 LIX64N，它是 LIX65N 与 LIX63 按一定比例配成的混合物。LIX65N 的学名是 2-羟基-5 壬基二苯甲酮肟，它有很好的萃铜能力，但是萃取速度太慢，往其中加入 5,8-二乙基-7 羟基-6-十二烷基酮肟（LIX63）后萃取动力学得到了明显的改善。这种效应称为动力学协萃。LIX64N 的成功应用引起了人们对动力学协萃的研究兴趣。

D. S. Flett 等人的研究认为 LIX64N 产生动力学协萃的原因是由于在界面上形成了 LIX65N 与 LIX63 的混合配合物 $CuR^{65}R^{63}$。这种中间配合物转入有机相后随即发生被 LIX65N 的取代反应生成最终产物 CuR_2^{65}。R. L. Atwood 等人和 R. J. Whawell 等人的研究结论则认为是由 LIX63 的肟基氮原子与 LIX65N 的羟基氢原子发生质子化所引起的。

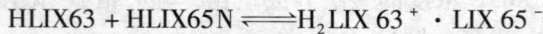

$$HLIX63 + HLIX65N \Longrightarrow H_2LIX\,63^+ \cdot LIX\,65^-$$

这种质子化作用使得 LIX65N 的羟基上的氢的解离增强，从而加速了萃取反应。

中国科学院上海有机所合成了一种适合在高的铜浓度，低 pH 下使用的铜萃取剂 N530，其学名为 2-羟基-4-仲辛氧基-二苯甲酮肟，并研究了分别添加各种有机碱类化合物及有机酸类化合物的协萃效应。他们认为，由于带电共轭酸 $[CuR(HR)]_{界面}^+$ 释放质子形成中性螯合物是速度的决定步骤，而添加的有机碱能吸收质子，故可以使反应加速。添加酸性较强的有机酸，如烷基磷酸与磺酸也有动力学协萃作用，原因在于相转移催化作用。即在靠近界面的水相侧，发生有机酸 (HR′) 与铜离子的快速交换反应，它进入有机相后发生螯合萃取剂 $(HR)_{螯}$ 置换出 $(HR′)_{酸}$ 生成电中性螯合物的反应。全过程可示意如下：

有机相　$\overline{2HR'_{酸}} + \overline{CuR_2}$ ⟵ $\overline{CuR'_2} + \overline{(HR)_{2(聚)}}$

界面　〰〰〰〰〰〰〰〰〰〰〰〰〰〰〰〰〰〰〰〰〰〰

水相　$2HR'_{界} + Cu^{2+}$ ⇌ $CuR'_{2界} + 2H^+$

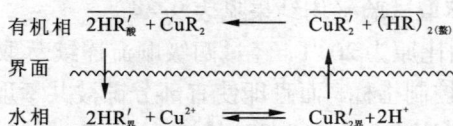

　　由于把相间反应转化成有机相内部的反应，故使反应大大加速。而反萃取时，界面上的$\overline{CuR_2}$与 H^+ 发生界面反应，由于长碳链有机酸一般都有强烈的表面活性，在界面上 CuR_2 起着排挤作用，故添加有机酸类化合物使反萃取速度减慢。

9.7　动力学分离

　　利用动力学研究结果除了可采取相应措施使反应速度加快，及为设备设计提供基本参数外，还可利用被萃物的速度差别实现元素间的相互分离。这种方法称为动力学分离。

　　1947 年，Barnes 在研究双硫腙－氯仿溶液萃取 Cu(Ⅱ)和 Hg(Ⅱ)时，发现在低 pH 下 Hg(Ⅱ)萃取很快，不到一分钟就达到平衡，而 Cu(Ⅱ)的萃取很慢，因而可将 Cu(Ⅱ)和 Hg(Ⅱ)分开。这是最早报道的存在萃取速率差异的体系。

　　萃取动力学过程研究中呈现出的金属动力学行为的差异提供了一个不同于萃取平衡的金属分离途径，即对于某些伴生元素及性质相似元素的萃取分离，从热力学的观点看，可以通过元素间的分离系数的差别来进行分离，而从动力学的角度看，可以利用萃取平衡时间上的差异进行分离。

　　一个应用动力学分离成功的例子是长沙矿冶研究院开发的 P204 萃取分离铟、铁的工艺。三价铟被 P204 萃取的速度极快，不到一分钟几乎能定量萃取，而三价铁此时的萃取率还不到 5%。为此他们利用清华大学生产的单筒离心萃取器在工业规模实现了这一分离工艺。详细情况可参见第 19 章。

　　在 2011 年的国际溶剂萃取会议上，加拿大 CESL 技术资源部与澳大利亚 CSIRO 矿物部报道了他们联合开发的动力学分离钴镍的新工艺[10,11]。

　　萃取料液为高压浸出加拿大 Mesaba 铜－镍精矿的硫酸浸出液，采用常规萃取工艺提取铜后，再净化除去铝、铁、锌、镉杂质。典型的送往萃取钴、镍的溶液成分含镍 21.2 g/L、钴 0.78 g/L、锰 0.11 g/L、镁 4.25 g/L、钙 0.6 g/L。研究发现，钴的萃取速度大于镍的萃取速度，钴的萃取率为接触时间的函数，先升后降，其最大值与料液 pH 有关。pH 在 4.5~5，其萃取高峰值为 45~60 s，而镍的萃取率随接触时间延长逐渐增加，没有峰值出现。采用的有机相为含 0.28 mol/L LIX63 及 0.2 mol/L Versatic 10 的协萃体系，稀释剂为 Shellsol D80。

　　在管道反应器中进行二级顺流连续试验，两相在一个停留时间只有 8~15 s，而混合相当猛烈(桨叶端速为 2.5~3.1 m/s)的小混合箱中混合后进入管道反应器。四个星期的连续萃取试验平均结果见表 9 - 4。

显然，料液中镍钴比原为 20∶1，经过两级顺流连续萃取，萃余液中镍钴比达 768∶1，超过 667∶1 的控制指标，而且即使有部分镍被共萃取，其他杂质也不被萃取。负载有机相中钴镍比为 0.74∶(0.98 ~ 1.2)。反萃试验结果表明，钴与镍的反萃速度也有差别。低温、低酸度及短的停留时间有利于钴的反萃，例如，用 3 g/L 硫酸，停留时间 45 s，72% 的钴被反萃下来，而镍只有 3% 被反萃下来；反萃液中钴镍比为 16，当反萃剂的硫酸浓度增至 5 g/L 时，虽然钴反萃率增至 95%，但镍的反萃率也增加，反萃液中钴镍比降为 4 ~ 5。增加相比，可使反萃液中游离酸浓度降低，反萃液体积减少，反萃液中钴镍比增加，但钴反萃率降低。高温、高的酸度及长的停留时间，可使镍反萃彻底。例如，用 50 g/L 硫酸，相比为 1，在 45 ~ 50℃，停留时间 8 min 以上，镍的反萃率可达 99%，反萃镍后的有机相中残留镍浓度低于 0.2 g/L，循环试验结果表明不影响下一周期中选择性萃钴。

表 9 - 4　各级中各元素之萃取率与萃余液的镍钴比

级	萃取率/%					萃余液镍钴比
	Ni	Co	Mn	Mg	Ca	
E1	5.3	71.5	<0.1	<0.1	<0.1	90∶1
E2	9.4	89.7	<0.1	<0.1	<0.1	768∶1
E3	14.2	96.9	<0.1	<0.1	<0.1	—

由于制取纯钴产品对钴镍比要求很高，所以推荐两种方案用于反萃，一种为用一级低酸选择反钴，再用两级逆流高酸反镍，分别得到富钴液及富镍液再进一步处理；另一种方案为用高酸三级逆流反萃，使镍、钴共反萃下来，再用 Cyanex272 从反萃液中萃钴分离镍。此时由于有机相中杂质锰、镁、钙已极少，故可得到纯的钴与镍溶液。

以上试验表明，巧妙地利用萃取与反萃阶段的速度差别，可以简化分离工艺，达到用一般平衡分离法不能达到的效果。

参考文献

[1] Jan Rydberg, Michael Cox, Claude Musikas, Gregory R Choppin. Solvent Extraction Principles and Practice [M]. New York, Basel, Marcel Dekker, Inc. 2004: 203 - 243.

[2] 张启修. 冶金分离科学与工程[M]. 北京：科学出版社，2004：35 - 42.

[3] 大滝仁志，田中元治，舟桥重信著. 俞开钰译. 溶液反应的化学[M]. 北京：高等教育出版社，1985：189 - 207.

[4] Eigen M, Wilkins R W. Mechanisms of Inorganic Reactions[C]. Vol. 49, Adv. Chem. Ser., American

Chemical Society, Washington, DC, 1965.

[5] Adam Fischman, Shane Wiggett, et al. 2012 镍红土矿的湿法冶金工艺——溶剂萃取流程和工艺发展趋势的评述[C]. 北京意特格冶金技术开发有限责任公司编 CYTEC. 2012 年上海湿法冶金技术研讨会文集, 2012: 179 –186.

[6] Danesi P R, Chiarizia R, Vandergrift G F J. Phys. Chem., 1980, 84: 3455.

[7] Danesi P R, Chiarizia R. The Kinetics of Metal Solvent Extraction[J]. Crit. Rev. Anal. Chemj., 1980, 10: 1.

[8] Wensheng Zhang, Fuping Hao, Yoko Pranolo, Chu Yong Cheng, Dave J Robinson. A Study of Copper Extraction Kinetics with LIX984N using a Lewis Cell[C]. ISEC'2011, Santiago, Chile, Charpter 7.

[9] Sarah Glasson, Geoff W Stevens, Jilska M Rorera. The Kinetics of Cu(Ⅱ). Extraction by 5 – Nonyl – 2 – Hydroxy – Benzalooxime(P. 50) in a Micelle System[C]. Proc. of ISEC'2008 Volume Ⅱ: 1201 –1206.

[10] Tanaice Mcloy (Canada), Keith R Barnard (Australia), et al. Separation of Cobalt from Nickel in an Impure Sulphate Solution. Part I – Extraction[C]. Proc. of ISEC'2011, Santiago, Chile, Charpter 2.

[11] Tanaice Mcloy (Canada), Keith R Barnard (Australia), et al. Separation of Cobalt from Nickel in an Impure Sulphate Solution. Part I – Stripping[C]. Proc. of ISEC'2011, Santiago, Chile Charpter 2.

第二篇　萃取冶金试验研究方法

第 10 章　有机相的检测

唐瑞仁　中南大学化学化工学院

目　录

　　对萃合物进行结构分析之前，要将萃取剂与被萃溶液充分混合振荡多次直至达到饱和萃取后收集有机相，然后通过挥发操作去掉其中的有机溶剂(稀释剂)，得到相应的萃合物(可以为固体或液体)，进行必要的纯化后，再对萃合物进行定性和定量分析。

10.1 饱和有机相中元素定量分析

10.1.1 有机相中有机元素的定量分析

有机元素通常是指构成有机物的碳(C)、氢(H)、氧(O)、氮(N)、硫(S)、磷(P)等元素。通过萃合物中有机元素的含量测定,确定萃合物中有机元素的组成比例,再结合金属元素含量测定,得到该萃合物的实验式与分子式。有机元素的测定方法和金属元素的测定方法是不相同的。有机元素中氧的百分含量不能直接测定,是在测得其他所有元素的含量后,从100%减去其他元素总的数值得到的。

随着科学技术的不断发展,自动化技术和微机控制技术日趋成熟,元素分析自动化便随之应运而生。有机元素分析的自动化仪器最早出现于 20 世纪 60 年代,后经不断改进,配备了微机和微处理器进行条件控制和数据处理,方法简便迅速,逐渐成为元素分析的主要手段。

现在对样品中有机元素进行定量分析,主要是通过元素分析仪来完成的。元素分析仪主要采用微量燃烧(C、H、N、S 等有机元素在高温有氧条件下发生燃烧后分别转化为相应的稳定形态 CO_2、H_2O、N_2、SO_2)和自动气相色谱方法实现多样品的自动分析,通过自动在线测定和计算可提供数据处理、计算、报告、打印及存储等功能。该方法可测定固体、液体样品,仪器状态稳定以后,几分钟就可以完成一次样品测定,同时给出所测定元素在样品中的百分含量,还可以自动连续进样,具有所需样品量少(几毫克)、分析速度快、适合进行大批量分析的特点。但是要求样品的纯度很高,因为样品中任何杂质在测试条件下也可燃烧产生干扰,因此进行元素分析前需要准备高纯度样品。

元素分析在萃合物的结构确定中有两个主要作用:

(1)验证萃合物的分子组成及分子式。例如,研究萃取剂 N, N—二丁基十二酰胺(DBDOA,分子式为 $C_{20}H_{41}NO$)与硝酸铀酰(Ⅵ)形成萃合物时[1],根据红外光谱、核磁共振等检测及文献中有关配位化学理论推测出萃合物的结构是:$[UO_2(NO_3)_2] \cdot 2DBDOA$,即萃取剂与硝酸铀酰(Ⅵ)生成 2:1 的萃合物,分子式为 $C_{40}H_{82}N_4O_{16}U$。通过元素分析可以支持或否定上述推测。

样品准备:将萃取剂 N, N-二丁基十二酰胺(DBDOA)甲苯溶液与水相 U(Ⅵ)混合振荡,分相,去掉水相,加入新的水相再振荡直至饱和萃取,挥发有机溶剂,用正己烷重结晶或洗涤数次,干燥,得纯样品。

元素分析测得各元素百分含量结果为 C 47.13%、H 8.28%、N 5.45%;根据分子式 $C_{40}H_{82}N_4O_{16}U$ 计算得到的上述三种元素理论值为 C 47.24%、H 8.07%、N 5.51%。理论值与实验值相符,元素分析结果支持萃合物组成的上述推测。

(2)推测萃合物的分子式。

例如,2 - 乙基己基膦酸单(2 - 乙基己基)酯(P507)(分子式 $C_{16}H_{34}O_3P$)与

Mn 的萃合物的分子式确定[2]。

样品准备：将分析纯 $MnCl_2 \cdot 4H_2O$ 溶解配成 $MnCl_2$ 溶液，滴加氢氧化钠调 pH = 10 左右，加入萃取剂 HEH(EH)P 的乙醚溶液，于 15℃ 下搅拌反应 0.5 h，静置分相，抽滤除去不溶性杂质。有机相中加入丙酮使固体萃合物析出。收集固体萃合物，用丙酮多次重结晶得纯萃合物。萃合物在真空干燥箱(80~85℃)中干燥，制得用于元素分析测试的样品。

元素分析结果为 C 57.95%，H 9.97%，P 9.23%，Cl 0.008%；通过原子吸收法测得 Mn 为 8.38%。

分析：由于 Cl 的量极少，应为误差所致，表明萃合物中不含氯。用 100% 减去 57.95%、9.97%、9.23% 及 8.38% 等于 14.47%，说明 O 的含量为 14.47%。

然后用相应含量除以各元素的原子量，得各原子个数之比，将个数最小的 Mn 定为 1，其他与之比较得各元素的原子数。由于误差等原因，得到的原子个数有可能不是整数，要进行修正，修正时要考虑萃取剂是一个整体，原子比要与萃取剂结构相符合。计算过程及结果见表 10-1。由表 10-1 可见 H 的个数应为 68 而不是 66，这是因为氢原子量小，产生两个氢的误差之故。

结论：萃合物的分子式为 $C_{32}H_{68}P_2O_6Mn$(2 mol P507 与 1 mol 锰结合)。

要说明的是元素分析对样品纯度要求极高，如果得不到很纯的样品，进行元素分析是没有意义的。

表 10-1　元素分析结果推导分子式

元素	含量/%	物质的量	原子个数	修正值
C	57.95	57.95/12 = 4.8125	31.5781	32
H	9.97	9.97/1 = 9.97	65.4199	68
P	9.23	9.23/31 = 0.2977	1.9534	2
O	14.47	14.47/16 = 0.9044	5.9344	6
Mn	8.38	8.38/55 = 0.1524	1	1

10.1.2　有机相中金属元素的定量分析

萃合物中金属离子的测定可以采用原子吸收光谱、X 射线荧光光谱、电感耦合等离子体发射光谱(ICP-OES)仪等进行定量分析。通常可以将样品送到有关测试机构进行测试。

结合有机元素与金属元素的定量分析结果，可以得到被萃物中金属与有机物各元素组成(参照 10.1.1 的例子)。

10.2　有机相中水分的测定

有机相中水的分析测定有助于分析萃合物的组成及萃取机理信息。下面简单介绍最常用的卡尔·费休氏滴定法测水量的方法。

1935 年，Karl Fischer 发现了一种用滴定法测定含水量从 1 μg/g 到 100% 的样品的方法。所用试剂为卡尔·费休试剂（简称 K.F 试剂），其主要成分是碘、二氧化硫、溶剂和有机碱（主要为吡啶或咪唑），溶剂主要是醇类。该方法测定水分含量的用途广泛、结果准确可靠、重复性好，能够最大限度地保证分析结果的准确性。而且该方法滴定时间短，一般情况下测定一个样品仅需 2～5 min，适应现代化生产中快速检测的要求。因而卡尔·费休氏水分测定法得到了各界的一致认可，现在已成为国际上通用的经典水分测定法，并根据相关原理，开发出了相应的水分测定仪。

1）基本原理

卡尔·费休水分测定法是一种非水溶液中的氧化还原滴定法，其滴定原理是碘和二氧化硫氧化反应时需要一定量的水参与反应，化学反应方程式如下：

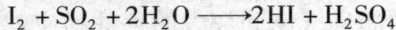

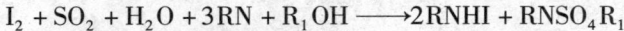

$$I_2 + SO_2 + 2H_2O \longrightarrow 2HI + H_2SO_4$$
$$I_2 + SO_2 + H_2O + 3RN + R_1OH \longrightarrow 2RNHI + RNSO_4R_1$$

卡氏试剂中由于含有分子碘而呈深褐色，当含有水的试剂或样品加入后，由于化学反应，生成甲基硫酸化合物（$RNSO_4R_1$）而使溶液变成黄色。国家标准通常规定用"永停法"来确定卡氏反应的终点，原理为：在反应溶液中插入双铂电极，在两电极之间施加一固定的电压，若溶剂中有水存在，则溶液中不会有电对存在，溶液不导电，当反应到达终点时，溶液中存在 I_2 和 I^- 电对，即

$$2I^- \Longrightarrow I_2 + 2e$$

因此，这时溶液的导电性会突然增大，在设有外加电压的双铂电极之间的电流值突然增大，并且稳定在事先设定的一个阈值上，即可判断到了滴定终点，仪器便会自动停止滴定，从而通过消耗 K.F 试剂的体积计算出样品的含水量。

2）溶剂的选择

由于卡尔·费休氏滴定法是测量有机物样品中水分含量，因此需要使用一种非水物质作为溶剂溶解样品。此反应是可逆反应，为了使反应向右进行，反应系统中加入了过量的 SO_2，无水甲醇可以溶解大量 SO_2，因此无水甲醇便成了首选的溶剂。

另外，甲醇作溶剂还有防止副反应发生的作用。Karl Fischer 用吡啶（现改用咪唑）来吸收反应生成的 HI 和 H_2SO_4 以确保反应的顺利进行。这样可以将这个反应描述成两步：

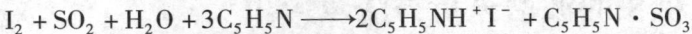

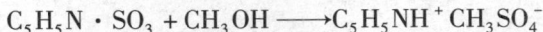

$$I_2 + SO_2 + H_2O + 3C_5H_5N \longrightarrow 2C_5H_5NH^+I^- + C_5H_5N \cdot SO_3$$
$$C_5H_5N \cdot SO_3 + CH_3OH \longrightarrow C_5H_5NH^+CH_3SO_4^-$$

在第一步反应中，K.F 试剂和水反应生成不稳定的硫酸酐吡啶（$C_5H_5N \cdot SO_3$），它容易分解成吡啶和三氧化硫。作为溶剂的无水甲醇可与其反

应生成稳定的甲基硫酸氢吡啶($C_5H_5NH^+CH_3SO_4^-$)。因此，可以说甲醇不仅是作为溶剂，还参与了反应。

滴定的总反应式可以写成：

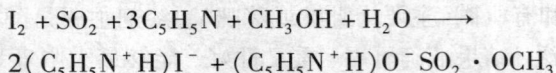

$$I_2 + SO_2 + 3C_5H_5N + CH_3OH + H_2O \longrightarrow$$
$$2(C_5H_5N^+H)I^- + (C_5H_5N^+H)O^-SO_2 \cdot OCH_3$$

由此可见，甲醇作溶剂不仅有溶解大量 SO_2 的作用，还有防止副反应发生的作用。

但是有一些样品不溶于甲醇，要测定这些样品的含水量，就需要选择其他溶剂或配合使用多种溶剂使样品溶解，并将水分释放出来。现在，人们常常应用多元溶剂来溶解以前在甲醇中不易溶解的样品，从而也就扩大了卡氏法测定水分的应用范围，在此就不做详细介绍，具体应用时可以查阅有关参考资料。

3）方法的缺点

（1）试剂中含有难闻恶臭气味和较大的毒性物质，有损于测试者的健康和环境。

（2）由于存在下列反应，溶液在储存过程中会产生副反应，消耗了试剂中的碘分子，导致分析结果偏高，故试剂不宜长期储存。

$$I_2 + SO_2 + 3C_5H_5N + 2CH_3OH \longrightarrow 2C_5H_5NHI + C_5H_5NSO_3CH_3$$

（3）试剂中含有甲醇，由于甲醇可与含羰基（—C$=$O）有机物发生生成醇醛或醇酮缩合反应而生成水使测量不准确或终点不明确，因此其应用范围受到限制。

为了保证反应的正向进行，试剂中二氧化硫、有机碱和醇类物质都是过量的。

此外，还通过对试剂的化学稳定性研究发现其他试剂，如乙醇、2-丙醇或甲氧基乙醇，能取代甲醇改善试剂的稳定性。

此外，还有其他一些水分测定方法，例如：热干燥法，其原理就是通过水分的挥发来计算水的含量；蒸馏法，采用沸腾的有机液体，将样品中水分分离出来，以计算水分的质量，等。

如果水作为配体与金属离子形成配合物，通常将配合物进行差热分析，可以反映水在加热的过程中失水的情况。同时，在元素分析时也可以测定配合物水分的含量。

10.3 有机相的波谱分析方法及应用

10.3.1 概述

近几十年发展起来的波谱方法已成为研究物质结构非常重要的手段。其中，红外光谱和拉曼光谱、核磁共振谱、质谱、紫外可见光谱等广泛用于有机分析。

除质谱外，这些波谱方法都是利用不同波长的电磁波对有机分子作用而产生的吸收光谱进行结构鉴定，称之为吸收光谱，它是一种基于物质对光选择性吸收而建立起来的方法。如紫外可见光谱（UV/vis），是分子吸收紫外光或可见光后而引起分子中电子能级跃迁而产生的电子光谱；红外光谱（IR）是分子吸收红外光能后，引起分子振动能级或转动能级跃迁而产生的分子光谱；核磁共振谱（NMR），则是某些原子核吸收了电磁波后，引起核的自旋能级跃迁而产生的波谱。紫外光、可见光及红外光统属于电磁波的区域范围，故 UV/vis、IR 及 NMR 皆为电磁波谱。可以用波长（λ）、频率（v）和能量（E）等来描述它们各自所处的电磁波区域（表 10 - 2）。

电磁波的频率可以用波数（σ）来表示，有时也用 $\bar{v}$ 表示波数。

波数的单位是 cm^{-1}，定义为电磁波在 1 cm 的行程中振动的次数。波数 σ 与波长 λ 成反比，而与频率 v 成正比。

表 10 - 2　电磁波区域划分

光谱区		γ射线	X射线	远紫外	近紫外	可见	近红外	中红外	远红外	微波	无线电波	（及核磁波）
波长	λ/nm	<0.1	0.1	10~200	200~400	400~760						
	λ/μm						0.76~2.5	2.5~25	25~1000			
	λ/cm									0.1~10	>10	
跃迁类型		核与内层电子		价　电　子			分子振动与转动			分子转动电子振动	核自旋	

从表 10 - 2 中可以看出：常用于测定有机共轭分子结构的近紫外光谱区域（波长范围为 200 ~ 400 nm）的电磁波能量高，相当于红外光谱（波长 2.5 ~ 25 μm）的 10 倍以上。分子转动与分子振动所需的能量对应于红外光的能量，其中使分子转动所需的能量，大约为使分子振动（波长 0.01 ~ 10 cm）所需能量的 1/10 ~ 1/100。核磁共振（NMR）处于无线电波谱区，所吸收的能量（波长大于 100 cm）最低。

波谱法在测定分析有机化合物结构时具有微量、快速及不破坏被测试样品的结构等优点，它的出现对分析复杂的有机化合物起到了十分重要的作用。下面简单介绍红外光谱、紫外可见光谱、拉曼光谱和核磁共振的基本原理及应用。

10.3.2 红外光谱

红外光谱(Infrared Spectroscopy)简称 IR。红外光的能量对应分子转动与分子振动的能级跃迁。根据红外光谱,可以定性地推导化合物的分子结构,鉴别分子中所含的基团(官能团)。因此在萃取机理的研究中,可以根据萃取剂分子官能团的红外吸收位置或强度的变化来推导萃取反应机理或萃合物的结构。红外光谱具有迅速准确、样品用量少等优点,多用于定性分析。用于定量分析时,存在灵敏度较差,准确度不足等缺点。

10.3.2.1 基本原理

当红外光透过试样时,某些频率的光被分子吸收。分子吸收红外光后产生的跃迁与分子内部的振动能级变化有关。分子中不同的键(如 C—C、C=C、C—O、C≡C 、C—H、O—H 和 N—H 等)具有不同的振动频率,其产生跃迁所需吸收的红外光不同。这样就可以通过红外光谱的特征吸收频率来鉴定这些键是否存在,从而对化合物的结构进行表征。

红外光谱图的纵坐标是红外光百分透过率 T。百分透过率的定义是辐射光透过样品物质的百分率,即 $T = I/I_0 \times 100\%$(I 是透过光强度,I_0 为入射光强度)。T 越小,说明红外吸收越强。

红外光谱图的横坐标为波数:(用 $\bar{v}$ 表示,波数大,频率也大),单位是 cm^{-1}。图 10 – 1 是邻二甲苯的红外光谱图。

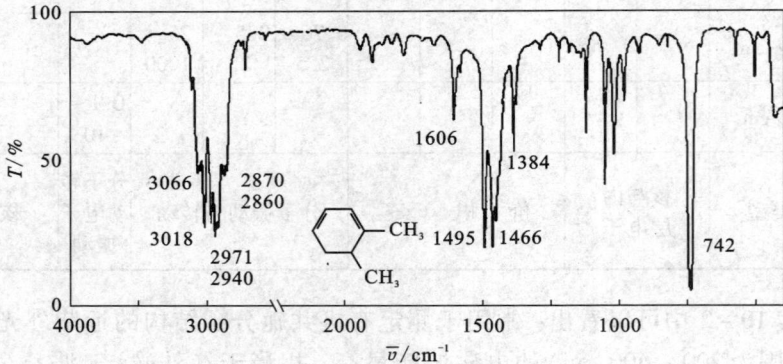

图 10 – 1 邻二甲苯的红外光谱图

产生红外吸收的分子振动主要有伸缩振动(stretching)和弯曲振动(bending)两种形式。改变键长的振动称为伸缩振动(streching vibration),用符号 v 表示,分为对称(symmetrical)伸缩振动 v_s 和不对称(asymmetrical)伸缩振动 v_{as};而改变键角的振动称弯曲振动(bending vibration),用符号 δ 表示。

通常情况下对一定的化学键来说,不同类型振动的强弱顺序为:$v > \delta$,$v_{as} > v_s$。

1）红外光谱峰数

化合物的 IR 吸收峰的数目，取决于分子的振动自由度数。如 H_2O，为非线性分子，振动自由度等于 3，因此水分子的 IR 谱图可出现 3 个吸收峰：3756 cm^{-1}、3652 cm^{-1} 和 1595 cm^{-1}。但实际上，一个化合物的 IR 峰的数目往往少于上述理论计算，其原因是多方面的：

（1）只有引起分子偶极矩（μ）变化的振动才产生红外吸收；如乙烯、乙炔等碳碳键的对称伸缩振动，$\Delta\mu=0$，故不显示红外吸收峰。

（2）有些振动频率相同的峰会发生简并。

（3）一些弱而窄的细瘦峰会被与之频率相近的强而宽的吸收峰所覆盖。

2）红外光谱峰位置

红外吸收峰的位置取决于各化学键的振动频率。如原子分子的振动频率与组成化学键的原子的折合质量（或原子量）和化学键的键力常数关系可由下式表示：

$$\nu=\frac{1}{2\pi}\sqrt{\frac{K}{\mu'}}$$

由上式可见，红外光谱的振动频率（波数）与原子折合质量 $\mu'[\mu'=m_1m_2/(m_1+m_2)]$ 的算术平方根成反比（m、m_2 为化合键两端的两个原子的原子量），而与键力常数 K 的算术平方根成正比。例如，按以上公式计算得到的 C—H 键伸缩振动频率为 3040 cm^{-1}，实验值为 2960～2850 cm^{-1}。如果用重氢取代氢，折合质量增加，其吸收频率变为 2150 cm^{-1}，红外吸收向低波数移动。一般来讲，键力常数基本反映了原子相连的化学键的强度，如 C—C 单键，K 值约为 4.5 N/cm（吸收频率 990 cm^{-1}），C=C 双键约增加 1 倍，为 9.7 N/cm（吸收频率 1600 cm^{-1}）。C—O 单键 K 值约为 5.75 N/cm（相当于吸收频率 1200～1000 cm^{-1}），C=O 双键也基本上增加 1 倍，为 12.06 N/cm（吸收频率 1600～1900 cm^{-1}）。

由于不同类型键的振动需要不同的能量，因而每一种官能团都会有一个特征的吸收频率。同一类型化学键的振动频率是非常接近的，总是出现在某一范围内。例如，R—NH_2 当 R 从甲基变为丁基时，N—H 键的振动频率都在 3372～3371 cm^{-1}，没有很大的变化。所以红外光谱主要用于鉴定有机分子中存在的官能团。

3）红外光谱峰强

红外吸收峰的强度取决于振动时偶极矩变化（$\Delta\mu$）的大小。$\Delta\mu$ 值越大，吸收峰越强，在谱图上表现为峰"谷"越深。也就是说，吸收峰的强度与成键原子之间电负性的差值有关，如 C—O、C—N、C=O、C≡N 等吸收峰很强，而 C—C 键吸收峰则较弱。不过，影响红外吸收强度的因素很多，如振动能级的跃迁概率、仪器狭缝的宽度，以及测定时的温度、溶剂等。红外吸收峰的强度通常用下列符号表示：vs（very strong）很强；s（strong）强；m（medium）中强；w（weak）弱；vw（very weak）很弱等。

在阅读有关化合物结构的 IR 文献时，不仅有峰位、峰强的说明，还常常会看到对峰型的标注，如宽、肩、尖、可变等字样，分别表示所出现的峰型为宽峰、肩峰、尖峰或位置变化较大的峰。

10.3.2.2 红外吸收与分子结构的关系

利用红外光谱鉴定有机化合物实际上就是确定基团和频率的关系。在进行红外分析时，一般把红外光谱图分为两个区，即官能团区和指纹区。$4000 \sim 1400$ cm^{-1}的官能团区称为红外光谱的特征区，有机化合物分子中的官能团在这个区域中都有特定的吸收峰(主要是伸缩振动)，该区域在分析中有很大的价值。在低于 1330 cm^{-1}的区域($1330 \sim 400$ cm^{-1})，主要是弯曲振动的跃迁，吸收谱带较多，相互重叠，不易归属于某一基团，吸收带的位置可随分子结构的微小变化产生很大的差异。因而该区域的光谱图形千变万化，但对每种分子都是不同的，故将该区域称为指纹区。在指纹区内，每种化合物都有自己的特征图形，这对于结构相似的化合物，如同系物的鉴定是极为有用的，一些官能团的红外吸收见于表 10 – 3。

表 10 – 3 一些官能团的红外吸收

键的振动类型	频率/cm^{-1}	强　度
C—H 烷基(伸缩)	$3000 \sim 2850$	强
—CH$_3$(弯曲)	$1450, 1375$	中
—CH$_2$—(弯曲)	1465	中
烯烃(伸缩)	$3100 \sim 3300$	强
芳烃(伸缩)	$3150 \sim 3050$	强
芳烃(面外弯曲)	$1000 \sim 700$	强
醛基(CH)	$2900 \sim 2800, 2800 \sim 2700$	弱
C＝C 烯烃	$1680 \sim 1600$	中 – 弱
C＝C 芳烃	$1600 \sim 1400$	中 – 弱
C≡C 炔烃	$2250 \sim 2100$	中 – 弱
C＝O 醛基	$1740 \sim 1720$	强
(C＝O)酮	$1725 \sim 1705$	强
(C＝O)羧酸	$1725 \sim 1700$	强
(C＝O)酯	$1750 \sim 1730$	强
(C＝O)酰胺	$1700 \sim 1640$	强
(C＝O)酸酐	$1810; 1760$	强
C—O 醇、醚、酯、羧酸	$1300 \sim 1000$	中
O—H 醇、酚(游离)	$3650 \sim 3600$	中

续表 10 – 3

键的振动类型	频率/cm^{-1}	强　度
O—H 醇、酚（氢键）	3400 ~ 3200	中
O—H 羧酸	3300 ~ 2500	中
N—H 伯胺和仲胺	3500	中
C≡N 氰基	2260 ~ 2240	中
NO$_2$ 硝基	1600 ~ 1500；1400 ~ 1300	强
亚砜（S=O）	1070 ~ 1030	强
硫酮（C=S）	1250 ~ 1050	强
膦（P—H）	2440 ~ 2350	中
磷酸酯（RO）$_3$P=O	1300 ~ 1250	强（P=O）
膦酸酯 R$_3$P=O	1250 ~ 1150	强（P=O）
硫代磷酸酯（P=S）	850 ~ 750；700 – 600	中
C—F（单氟化合物）	1100 ~ 1000	中
C—F（多氟化合物）	1400 ~ 1000	强
C—Br	600 ~ 500	弱
C—I	约 500	弱
SO$_4$	1135，985	弱
NO$_3$	1370 ~ 1400	弱

10.3.2.3　影响谱带位置的因素

以羰基的吸收频率为例，说明影响同一类基团中谱带位置的因素主要有如下四个方面。

1）诱导效应

由于取代基具有不同的电负性，通过静电诱导作用，引起官能团电子云密度变化，导致分子中化学键的键力常数 K 的变化，改变了基团的特征频率，例如，下列化合物中羰基的吸收峰变化如下：

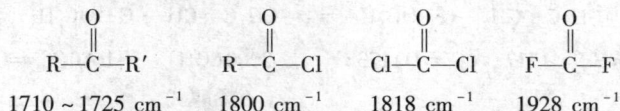

$$
\begin{array}{cccc}
\underset{\substack{\|\\ \text{R—C—R}'}}{\overset{\text{O}}{}} & \underset{\substack{\|\\ \text{R—C—Cl}}}{\overset{\text{O}}{}} & \underset{\substack{\|\\ \text{Cl—C—Cl}}}{\overset{\text{O}}{}} & \underset{\substack{\|\\ \text{F—C—F}}}{\overset{\text{O}}{}} \\
1710 \sim 1725\ \text{cm}^{-1} & 1800\ \text{cm}^{-1} & 1818\ \text{cm}^{-1} & 1928\ \text{cm}^{-1}
\end{array}
$$

吸电子诱导效应使得羰基极性增加，相当于键力常数 K 增加，羰基的吸收向高波数移动。

2）共轭效应

下列化合物中，由于苯环和氨基的供电子共轭效应引起电子离域（羰基碳电正性向苯环或氨基离域），结果使原来的羰氧双键变长，键力常数 K 减小，振动频率降低：

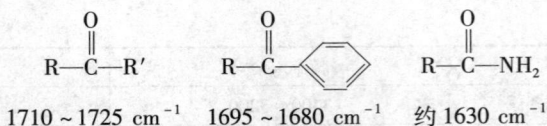

$$\underset{\substack{\|\\ \text{O}}}{\text{R—C—R}'} \qquad \underset{\substack{\|\\ \text{O}}}{\text{R—C—}}\bigcirc \qquad \underset{\substack{\|\\ \text{O}}}{\text{R—C—NH}_2}$$

$$1710 \sim 1725 \text{ cm}^{-1} \qquad 1695 \sim 1680 \text{ cm}^{-1} \qquad \text{约 } 1630 \text{ cm}^{-1}$$

3）空间效应

化合物 B 中，三个甲基空间位阻会使得羰基和碳碳键共轭效应受到限制，共轭效应受到破坏，羰基吸收频率增大，如：

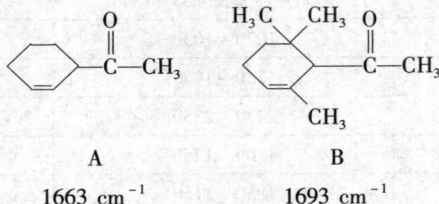

$$\begin{array}{cc} \text{A} & \text{B} \\ 1663 \text{ cm}^{-1} & 1693 \text{ cm}^{-1} \end{array}$$

4）氢键

醇、酚、羧酸和胺等化合物含 O—H、N—H 官能团，能够形成氢键，使 O—H（N—H）键长伸长，键力常数 K 减小，其吸收频率降低。氢键的强弱与其浓度有关，当醇和酚浓度小于 0.01 mol/L 时，羟基处于游离态，在 $3630 \sim 3600 \text{ cm}^{-1}$ 出现吸收峰。当浓度增加时，会产生二聚体，于 3515 cm^{-1} 出现吸收峰。如果浓度再增加，还会形成多聚体，则于 3500 cm^{-1} 出现宽峰。

与在羧酸溶液中一样，稀溶液中 C ＝O 吸收大约在 1760 cm^{-1}。在浓溶液、纯液体和固体中，由于 C ＝O 和 O—H 氢键产生二聚体，结果使两个峰均向低波数位移，其吸收分别在 $1730 \sim 1710 \text{ cm}^{-1}$ 和 $3200 \sim 2500 \text{ cm}^{-1}$ 范围内。后者为一个宽而强的谱带。分子内形成的氢键可使谱带大幅度向低频方向移动。例如乙酰乙酸乙酯的烯醇式中羰基与羟基由于形成氢键而使羰基的吸收向低频方向移动 88 cm^{-1}，由酮式中的 1738 cm^{-1} 到烯醇式中 1650 cm^{-1}，羟基的吸收也移到了 3000 cm^{-1}。

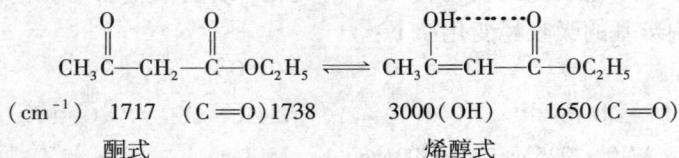

$$\underset{\substack{\|\\ \text{O}}}{\text{CH}_3\text{C}}\text{—CH}_2\text{—}\underset{\substack{\|\\ \text{O}}}{\text{C}}\text{—OC}_2\text{H}_5 \Longleftrightarrow \text{CH}_3\underset{\substack{|\\ \text{OH}}}{\text{C}}\text{=CH—}\underset{\substack{\|\\ \text{O}}}{\text{C}}\text{—OC}_2\text{H}_5$$

（cm^{-1}） 1717 （C＝O)1738 3000(OH) 1650(C＝O)

酮式 烯醇式

10.3.2.4 在萃合物结构分析中的应用

红外光谱图通常是十分复杂的，要对每一个吸收峰进行逐一解析是不可能的，即使专业人员也难以做到。但是，萃取反应是萃取剂与金属离子的配位反应，萃取剂发生反应时起作用的是官能团，红外光谱图中官能团区（$4000 \sim 1400$ cm^{-1}）的吸收是容易识别的，也不复杂。因此只要通过比较萃取剂官能团的吸收峰在萃取前后在谱图上发生的位置和强度的变化，就可以推测萃取剂分子中与金属离子发生配位作用的官能团或原子。现用以下的实例作说明：

1）N, N - 二丁基十二酰胺（DBDOA）与硝酸铀酰萃合物的红外光谱[1]

萃取剂 DBDOA 的官能团为酰胺基，比较分析图 10 - 2（a）和（b），图（a）中 1650 cm^{-1}（峰 1）强而尖的峰为 C ＝O 伸缩振动吸收峰。而在图（b）中，此峰向低波数移动了 70 cm^{-1}，为 1572 cm^{-1}（峰1），表明萃取剂通过羰基直接与 UO_2^{2+} 配位。图 10 - 2（b）中，1521 cm^{-1}（峰 2）、1278 cm^{-1}（峰 3）、1029 cm^{-1}（峰 4）分别对应于配位硝酸根的 NO_2 非对称伸缩振动、NO_2 对称伸缩振动和 NO 伸缩振动，NO_2 的非对称伸缩振动和对称伸缩振动相差约 244 cm^{-1}，表明硝酸根

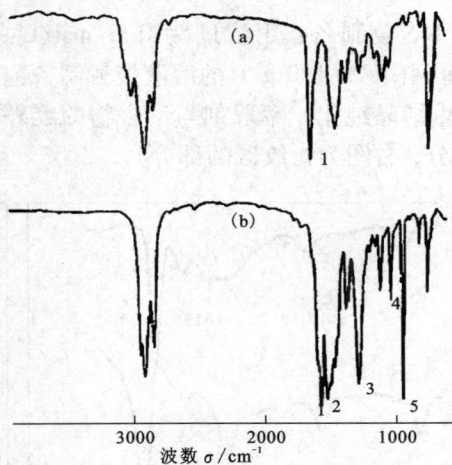

图 10 - 2　DBDOA（a）及其萃合物（b）红外光谱

是共价配位的。935 cm^{-1}（峰 5）强而尖的峰指认为是 UO_2^{2+}（非对称伸缩振动）。铀酰离子配位时通常用 $f^2d^3sp^2$ 不等性杂化轨道，其中第一组杂化轨道共两个，成分是 fd^ns^{1-n}，构型是直线形，即铀酰离子的结构 $[O ＝U ＝O]^{2+}$，第二组杂化轨道共六个，成分是 $fd^{3-n}s^np^2$ 构型，是与第一组杂化轨道垂直的平面六角形。为了满足六方双锥的配位结构，UO_2^{2+} 与酰胺类中性萃取剂形成的萃合物中硝酸根为双齿配位的。因此，推测萃合物的结构如下：

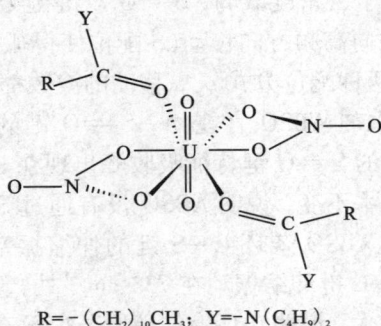

R=-$(CH_2)_{10}CH_3$;　Y=-$N(C_4H_9)_2$

图 10 - 3　萃合物 DBDOA 与硝酸铀酰萃合物的可能结构

2）苯并噻唑亚砜（ABSO）萃取 Pd（Ⅱ）的红外光谱[1]

萃取剂苯并噻唑亚砜（ABSO）结构式如下：

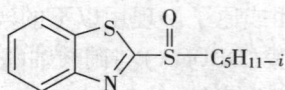

萃合物制备：用浓度为 0.5 mol/L 的 ABSO 多次与盐酸浓度 0.1 mol/L、Pd(Ⅱ)浓度为 1.0 g/L 的溶液接触制备饱和萃合物，待溶剂挥发后得到固体萃合物，重结晶纯化。萃取剂与萃合物的红外光谱如图 10 - 4 所示(左图为官能团区的部分，右图为指纹区的部分)。

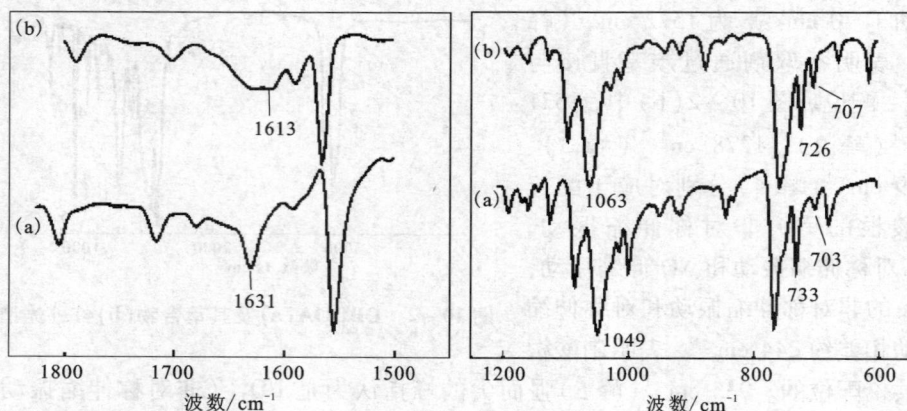

图 10 - 4　ABSO 萃取剂和 Pd - ABSO 萃合物的红外光谱图
(a)ABSO；(b)萃合物

理论上亚砜基—S =O 的硫、氧原子都有孤对电子，因此硫、氧原子均有可能与被萃金属形成配位键。如果通过氧原子配位，则 $v_{S=O}$ 向低频方向移动(O 原子配位后，O 原子孤对电子云密度减弱，S =O 双键键力常数变小)；相反，如果通过硫原子配位，则 $v_{S=O}$ 向高频方向移动(S 配位使得孤 O 电子云向硫偏移，S =O 双键力常数变大)，且两种配位方式 $v_{S=O}$ 移动的波数都较大。

在图 10 - 4 上，萃取剂 ABSO 官能团—S =O 键的特征吸收峰在 $v = 1049$ cm^{-1}；萃取钯后，萃合物的 S =O 键特征吸收峰出现在 $v = 1063$ cm^{-1} 处，向高频方向移动不大，且强度基本不变，说明 ABSO 没有通过 S =O 键的硫或氧原子与 Pd(Ⅱ)配位；另一方面，ABSO 杂环 C—S 键的伸缩振动位于 750 ~ 690 cm^{-1} 范围，苯并噻唑基上 C—S—C 键伸缩振动在 733 cm^{-1} 处，形成萃合物后出现在 726 cm^{-1}，位移及强度变化不大，说明杂环上的硫原子也没有参与配位。从共轭效应角度来说，可以认为苯并噻唑环上 2 位硫原子的负电荷既可集中在硫原子上，又可离域到氮原子，使得配体上的硫原子和氮原子都可以是亲核加成反应的活性位(都有和金属配位的可能)。从图 10 - 4 的数据可知，苯并噻唑基上—C =N—键特征峰在萃取钯前后变化明显，$v_{C=N}$ 由萃钯前的 1631 cm^{-1} 向低频移动到 1613

cm^{-1} 处，且吸收强度减弱很多（由一个中等强度吸收到一个弱的吸收），参照文献有关苯并噻唑基与金属配位特性，与报道的苯并噻唑基中氮原子与金属配位的情形相符，说明萃取剂 ABSO 中杂环氮与 Pd(Ⅱ)发生了配位反应。

10.3.3 拉曼(Raman)光谱

拉曼光谱是分子的散射光谱，由于 Raman 效应太弱等原因，使这种研究分子结构的手段的应用和发展受到严重的影响。直到 1960 年激光问世并将这种新型光源引入 Raman 光谱后，使它克服了以前的缺点，并配以高质量的单色器及高灵敏度的光电检测系统。从而，使激光 Raman 光谱的进展十分迅速，成为分子光谱学中的一个重要分支。

10.3.3.1 基本原理

光的散射现象：一束单色光通过透明介质，在透射和反射方向以外出现的光称为散射光。当介质中含有大小与光的波长差不多的微粒聚集体时，引起 Tyndall 散射。当散射的粒子为分子大小时，发生 Rayleigh 散射(瑞利散射)，其频率与入射光相同，强度与入射光波长的四次方成反比。另外，在 1928 年印度物理学家 Raman 发现了与入射光频率不同的散射光，这种散射光称为 Raman 散射。它对称地分布于 Rayleigh 线两侧，其中频率较低的称为 Stokes 线(斯托克斯线)，频率较高的称为反 Stokes 线(anti - Stokes)。Stokes 线的强度要比反 Stokes 线强很多。

Stokes 线或反 Stokes 线的频率与入射光频率之差 Δv，称为 Raman 位移。同一种物质分子，随着入射光频率的改变，Raman 线的频率也改变，但 Raman 位移 Δv 始终保持不变，因此 Raman 位移与入射光频率无关。它只与物质分子的振动和转动能级有关：不同物质分子有不同的振动和转动能级，因而有不同的 Raman 位移，同一振动方式产生的拉曼位移频率和红外吸收频率是相等的。这是拉曼光谱可以作为分子结构定性分析的依据。

以 Raman 位移(波数)为横坐标，用波数表示；强度为纵坐标，而把激发光的波数作为零(频率位移的标准，即 v_0)写在光谱的最右端，并略去反 Stokes 谱带，便得到类似于红外光谱的 Raman 光谱图。

图 10 - 5 是甲醇的 Raman 光谱图。利用 Raman 光谱可对物质分子进行结构分析和定性检定。

10.3.3.2 拉曼活性与红外活性的比较

Raman 光谱与红外光谱都是研究分子的振动，但其产生的机理却截然不同。如前所述，红外光谱是极性基团和非对称分子，在振动过程中吸收红外辐射后，发生偶极矩变化而形成的。也就是说只有产生偶极矩变化的振动是红外活性的，即红外光谱谱带强度正比于振动中原子通过它们平衡位置时偶极矩的变化。

Raman 光谱产生于分子诱导偶极距的变化。非极性基团或全对称分子，其本身没有偶极距，当分子中的原子在平衡位置周围振动时，由于入射光子的外电场

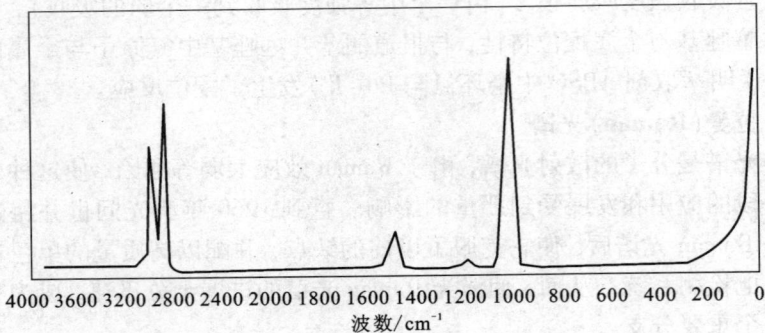

4000 3600 3200 2800 2400 2000 1800 1600 1400 1200 1000 800 600 400 200 0

波数/cm^{-1}

图 10 – 5　甲醇的 Raman 光谱

的作用，使分子的电子壳层发生形变，分子的正负电荷中心发生了相对移动，形成了诱导偶极距，即产生了极化现象。拉曼活性取决于振动中极化度是否变化，只有极化度有变化的振动才是拉曼活性的。

所谓极化度就是分子在电场（如光波这种交变的电磁场）的作用下分子中电子云变形的难易程度。拉曼光谱强度与原子在通过平衡位置前后电子云形状的变化大小有关。拉曼谱线强度正比于诱导偶极矩的变化。

在分子中，某个振动可以既是拉曼活性，又是红外活性；也可以只有拉曼活性而无红外活性，或只有红外活性而无拉曼活性。

一般可用下面的规则来判别分子的 Raman 或红外活性：①凡具有对称中心的分子，如 CS_2 和 CO_2 等线性分子，红外和 Raman 活性是互相排斥的，若红外吸收是活性的则 Raman 散射是非活性的，反之亦然。②不具有对称中心的分子，如 H_2O、SO_2 等，其红外和 Raman 活性是并存的。当然，在两种谱图中各峰之间的强度比可能有所不同。③少数分子的振动其红外和 Raman 都是非活性的。例如平面对称分子乙烯的扭曲振动，既没有偶极距变化，也不产生极化率的改变。表 10 – 4 是 CO_2 基本振动模式。线性 CO_2 分子有 4 种基本振动形式，简并后有 3 种。

表 10 – 4　CO_2 的振动模式和选律

振动模式	O＝C＝O	极化率	拉曼	偶极距	红外
对称伸缩	O→C←O	变化	活性	不变	非活性
非对称伸缩	O→←C←O	不变	非活性	变化	活性
弯曲	O→O ＋	不变	非活性	变化	活性
	C→C －	不变	非活性	变化	活性
	O→O ＋	不变	非活性	变化	活性

10.3.3.3　红外光谱与拉曼光谱的比较

大多数有机化合物具有不完全的对称性,因此它的振动方式对于红外和 Raman 都是活性的,并在 Raman 光谱中所观察到的 Raman 位移与红外光谱中所看到的吸收峰的频率也大致相同。例如,图 10 - 6 是反式 1,2 - 二氯乙烯红外和 Raman 光谱的一部分。它的 $v_{C=C}$ 是红外非活性的,IR 谱图中在 1665 cm^{-1} 出现一个弱峰(峰 1),而在 Raman 光谱中却出现一个强吸收 1580 cm^{-1}(峰 2)。同样,C—Cl 对称伸缩振动是红外非活性的,没有吸收;在 Raman 光谱中的吸收很清楚(峰 3,845 cm^{-1})。C—Cl 不对称伸缩振动(920 cm^{-1})是

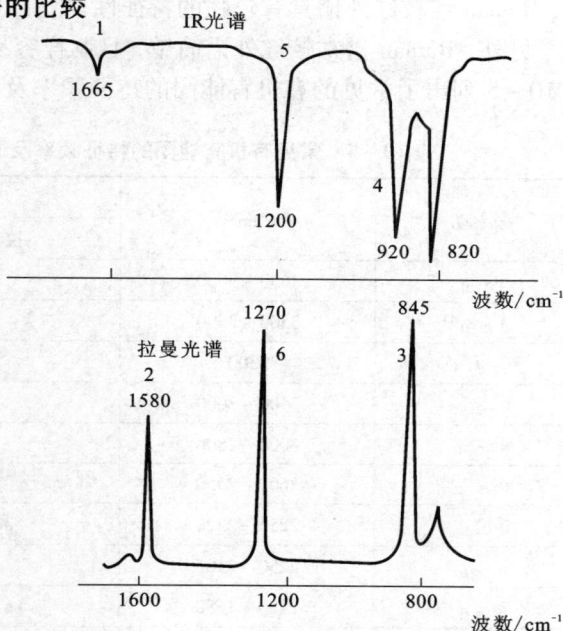

图 10 - 6　反式 1,2 - 二氯乙烯的
红外和拉曼光谱(部分)

红外活性的,Raman 却是非活性的。两种 C—H 弯曲振动(δ_{C-H})分别出现在 1200 cm^{-1}(红外中的峰 5)和 1270 cm^{-1}(Raman 中的峰 6)。

N—H、C—H、C≡C 及 C =C 等伸缩振动在 Raman 与红外光谱上基本一致,只是对应峰的强弱有所不同。如果有一些振动只具红外活性,而另一些振动仅有 Raman 活性,那么,为获得更完全的分子振动的信息,通常需要红外和 Raman 光谱的相互补充。如强极性键—OH、—C =O、—C—X 等在红外光谱中有强烈的吸收带,但在 Raman 光谱中却没有反映。对于非极性但极易极化的键,如—N =C—、—S—S—、—N =N—及反式烯烃的内双键等在红外光谱中根本不能或不能明显反映,在 Raman 光谱中则有明显的反映。而 Raman 光谱对于饱和、不饱和烃的有些键和环的骨架振动则特征性更强。

红外光谱与 Raman 光谱都反映了有关分子振动的信息,但由于它们产生的机理不同,红外活性与 Raman 活性常常有很大的差异。两种方法互相配合互相补充可以更好地解决分子结构的测定问题。

—N =N—、—C≡C—、—C =C—等基团,由于它们振动时偶极距的变化均不大,因此红外吸收一般较弱,而它们的 Raman 谱线则一般较强。因此可以用 Raman 谱对这些基团的鉴定提供更为可靠、明确的依据。对碳链或环的骨架振

动,Raman 谱较红外谱具有较强的特征性。

另外,Raman 谱常较红外谱简单,且制样容易,固体、液体试样可直接测定。表 10 - 5 列出了常见的有机官能团的特征频率及 IR、Raman 峰的强度。

表 10 - 5 常见有机官能团的特征频率及 IR、拉曼峰的强度比较

振　动	v/cm^{-1}	强　度[①]	
		拉　曼	红　外
$v_{\text{O—H}}$	3650 ~ 3000	w	s
$v_{\text{N—H}}$	3500 ~ 3300	m	m
$v_{\equiv\text{C—H}}$	3300	w	s
$v_{=\text{C—H}}$	3100 ~ 3000	s	m
$v_{—\text{C—H}}$	3000 ~ 2800	s	s
$v_{—\text{S—H}}$	2600 ~ 2550	s	w
$v_{\text{C}\equiv\text{N}}$	2255 ~ 2220	m - s	s - 0
$v_{\text{C}\equiv\text{C}}$	2250 ~ 2100	vs	w - 0
$v_{\text{C}=\text{O}}$	1820 ~ 1680	s - w	vs
$v_{\text{C}=\text{C}}$	1900 ~ 1500	vs - m	0 - w
$v_{\text{C}=\text{N}}$	1680 ~ 1610	s	m
$v_{\text{N}=\text{N}(\text{脂肪族取代基})}$	1580 ~ 1550	m	0
$v_{\text{N}=\text{N}(\text{芳香取代基})}$	1440 ~ 1410	m	0
$v_{a(\text{C—})\text{NO}_2}$	1590 ~ 1530	m	s
$v_{s(\text{C—})\text{NO}_2}$	1380 ~ 1340	vs	m
$v_{s(\text{C—})\text{SO}_2(—\text{C})}$	1350 ~ 1310	w - 0	s
$v_{s(\text{C—})\text{SO}_2(—\text{C})}$	1160 ~ 1120	s	m
$v_{(\text{C—})\text{SO}(—\text{C})}$	1070 ~ 1020	m	s
$v_{\text{C}=\text{S}}$	1250 ~ 1000	s	w
$\delta_{\text{CH}_2}, \delta_{a\text{CH}_3}$	1470 ~ 1400	m	m
δ_{SCH_3}	1380	m - w s (在 C=C)	s - m
$v_{\text{CC}(\text{芳香族})}$	1600、1580 1500、1450 1000	s - m　m - w s 单取代 (间位:1,3,5)	m - s m - s 0 - w
$v_{\text{CC}(\text{脂环和脂肪链})}$	1300 ~ 600	s - m	m - w
$v_{a\text{C—O—C}}$	1150 ~ 1060	w	s
$v_{s\text{C—O—C}}$	970 ~ 800	s - m	w - 0

续表 10－5

振动	v/cm^{-1}	强度①	
		拉曼	红外
$v_{\mathrm{ASi-O-Si}}$	1110～1000	w－0	vs
$v_{\mathrm{sSi-O-Si}}$	550～450		w－0
$v_{\mathrm{O-O}}$	900～845	s	0－w
$v_{\mathrm{S-S}}$	550～430	s	0－w
$v_{\mathrm{Se-Se}}$	330～290	s	0－w
$v_{\mathrm{C(芳香碳)-S}}$	1100～1080	s	s－m
$v_{\mathrm{C(脂肪碳)-S}}$	790～630	s	s－m
$v_{\mathrm{C-Cl}}$	800～550	s	s
$v_{\mathrm{C-Br}}$	700～500	s	s
$v_{\mathrm{C-I}}$	660～480	s	s

注：① v—伸缩振动，δ—弯曲振动，v_{s}—对称振动，v_{a}—反对称振动；vs—非常强，s—强，m—中等，w—弱，0—非常弱或非活性。

10.3.3.4　在萃合物分析中的应用

图 10－7 是伯胺萃取 Cr(Ⅵ)前后的激光拉曼光谱[4]。萃取后，有机相中铬含量为 4.192 g/L。拉曼光谱萃取 Cr(Ⅵ)后，在 890 cm^{-1} 处出现了明显的新峰(峰1)，应是铬酸根被伯胺萃取而产生的特征峰。萃取剂拉曼光谱(a)中 3300 cm^{-1} 为 N—H 键伸缩振动吸收(峰2)，萃取后，此峰明显变弱，说明 [(b)中之峰3] N—H 参与萃取反应，或者说明了 N 原子与铬配位。2960～2870 cm^{-1} 的吸收为碳链上的伸缩振动吸收(峰4和5)，1455 cm^{-1} 为 C—H 键的变形振动(峰6和7)，萃取前后没有明显变化，说明这些基团没有参与萃取反应。

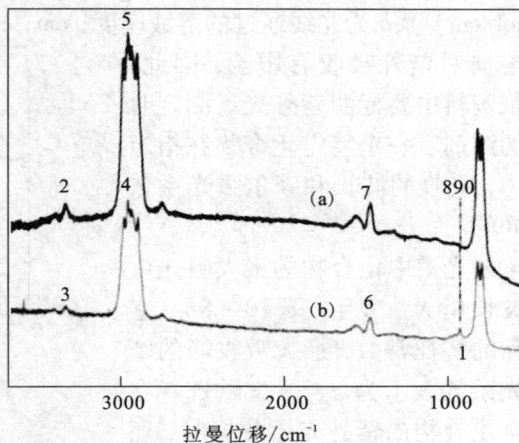

图 10－7　伯胺萃 Cr(Ⅵ)前后激光拉曼光谱 e
(a)萃取前；(b)萃取 Cr(Ⅵ)

和红外光谱一样，通过比较萃取剂萃取前后一些特征峰吸收的变化可以分析推测萃取分子与金属离子作用情况，得到萃取机理方面的信息。

10.3.4 紫外-可见光谱

紫外可见光吸收光谱简称紫外-可见光谱(UV-vis),可用紫外分光光度计测定。它在确定有机化合物的共轭体系、生色基和芳香性等方面比其他的仪器更有独到之处。

10.3.4.1 基本原理

1)紫外-可见光谱图

紫外-可见光谱是一种电子光谱。分子吸收能量后,电子能从成键轨道跃迁到反键轨道。

目前常用的紫外-可见分光光度仪测定范围为近紫外(200~400 nm)和可见(400~800 nm)两个光谱区。

紫外光谱图采用波长 λ 为横坐标,波长的单位常用纳米(nm)表示;摩尔吸光系数 ε(lgε)或者吸光度 A 为纵坐标。ε 定义为:1 L 溶液中含 1 mol 样品,通过样品的光路长度为 1 cm 时,在指定波长下测得的吸收值。若 ε 值的数据较大,常以其对数值 lgε 表示。化合物的摩尔吸光系数或者吸光度随波长的变化构成一条连续曲线。图 10-8 是蒽的紫外光谱图示意图。化合物分子的电子跃迁过程,其光强度变化遵循朗伯-比尔(Lambert-Beer)定律:

$$A = \lg(I_0/I) = \varepsilon bc$$

式中:A 为吸光度;I_0 为入射光强度;I 为透射光强度;ε 为摩尔吸光系数 L/(mol·cm^{-1});b 为光线通过的溶液厚度,cm;c 为物质的量浓度,mol/L。

溶剂对紫外吸收有影响,因此,在文献资料中要标明紫外光谱测定时所用的溶剂。一个特定化合物在指定溶剂中,吸收的波长和摩尔吸光系数是相同的。

紫外光谱中化合物的最大吸光度处的波长用 λ_{max} 表示(图 10-8),它是样品的特征常数,最大吸收峰的摩尔吸光系数表示为 ε_{max}。文献资料在报告某化合物的紫外光谱数据时,通常连同最大吸收波长、测定时所用溶剂等一并给出。

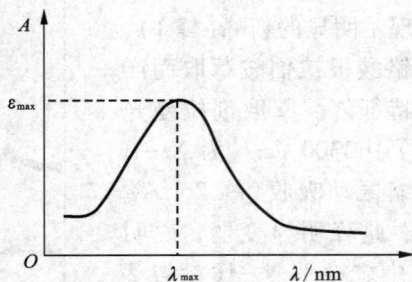

图 10-8 紫外光谱图

2)紫外光谱中的电子跃迁

紫外光谱是分子中的电子从基态跃迁到激发态所引起的。有机分子中除 σ、π 电子外,还有一类是孤对电子,存在于 N、O 等杂原子上,称为非键电子,用 n 表示。从不同成键轨道(σ, π, n)分别跃迁到反键轨道时(π*, σ*),分子吸收的光能是不同的。只有 n→π* 及共轭双烯(或多烯)结构中 π→π* 跃迁吸收的能量在 200 nm 以上，吸收范围在近紫外区（200 ~ 400 nm）；其他形式的跃迁所需吸收的紫外光都在 200 nm 以下，在远紫外区，不在紫外光谱研究范围之内。

产生紫外吸收中的电子跃迁有以下几种情形：

有机分子的紫外 – 可见吸收光谱是由于 $\pi \rightarrow \pi^*$ 或 $n \rightarrow \pi^*$ 跃迁所产生的。

（1）$\pi \rightarrow \pi^*$ 跃迁。含有碳碳双键的化合物会发生此类跃迁。非共轭双键吸收波长常低于 200 nm，吸收强度很大；共轭双键吸收波长红移（红移的解释参见紫外光谱的常用术语小节）。例如：

乙烯　　　　　 1,3 – 丁二烯　　　　 β – 胡萝卜素

λ_{max}　 175 nm（ε10000）　217 nm（ε21000）　453 nm（ε130000）

（2）$n \rightarrow \pi^*$ 跃迁。含有 $C=O$、$C=S$、$C=N$、$N=O$、$N=N$ 等结构的化合物中，N、O 等杂原子上有孤对电子，除了存在波长短、强度大的 $\pi \rightarrow \pi^*$ 跃迁外，还可进行 $n \rightarrow \pi^*$ 跃迁。$n \rightarrow \pi^*$ 跃迁所需能量较小，吸收波长较长（300 nm 附近），但吸收峰强度较弱（ε10 ~ 50）。例如：

乙醛　　　　　 丙酮　　　　　 硝基甲烷

λ_{max}　 $\pi \rightarrow \pi^*$　 180 nm（ε10000）　189 nm（ε900）　210 nm（ε5000）

$n \rightarrow \pi^*$　 290 nm（ε17）　279 nm（ε15）　274 nm（ε17）

$\pi \rightarrow \pi^*$ 跃迁和 $n \rightarrow \pi^*$ 跃迁之间的这种差别对判断跃迁类型十分有用。因此紫外 – 可见光谱是测定有机化合物中重键（双建、三键）结构的一种重要方法。

（3）配位体场的 $d \rightarrow d^*$ 跃迁。过渡金属离子（中心离子）的价电子中具有兼并的（即能量相等的）d 轨道，而 H_2O、NH_3 之类的偶极分子或 Cl^-、CN^- 这样的阴离子（又称配位体）按一定的几何形状排列（即配位）在过渡金属离子周围时，将使这些原来能量相等的 d 轨道分裂为能量不同的能级。

若 d 轨道原来是未充满的，则可以吸收电磁波，电子由低能级的 d 轨道跃迁到高能级的 d^* 轨道而产生吸收谱带，这类跃迁吸收能量较小，多出现在可见光区。

如 $Ti(H_2O)_3^{3+}$ 水合离子的配位场跃迁吸收带 λ_{max} 为 490 nm，在可见光区。

3）紫外光谱的常用术语

（1）生色基和助色基。分子中能引起电子跃迁的不饱和基团（如 $C=O$、$C=C$、$C=N$、$-N=N-$、$-NO_2$、$-NO$）等，皆能产生紫外吸收，故称为生色基（chromophore）。对于与生色基团相连的 —OH、—NH_2、—X、—OR 等，虽然它们本身无紫外吸收，但常可增加生色基团的吸收波长及强度，故称其为助色基（auxochrome）。例如苯环：λ_{max} 250 nm、ε230；而苯酚则为 λ_{max}270 nm，ε1450。

（2）红移和蓝移。红移（red shift）又叫深色位移，指因受取代基或溶剂的影响，使吸收峰向长波方向移动的现象；蓝移（blue shift）亦称浅色位移，指因受取

代基或溶剂的影响，使吸收峰向短波方向移动的现象。

（3）增色效应和减色效应。使吸收强度增加的效应称为增色效应（hyperchromic effect）；反之，称为减色效应（hypochromic effect）。

为了研究化合物的结构，通常借助于 IR 可检出可能存在的官能团，而利用 UV/vis 则很容易获得关于化合物中是否存在共轭体系以及某些羰基官能团的信息。

10.3.4.2　紫外光谱的应用

紫外光谱可以提供萃取剂分子中共轭体系的存在与否的信息及金属离子的吸收，但它不能提供萃取剂是如何与金属离子作用的信息。它对萃合物的组成及萃取机理研究作用有限。通过比较萃取剂萃取前后谱图的变化，可以确定萃取剂与金属离子之间是否发生了作用。

1）聚乙二醇（PEG）– 硫酸铵（$(NH_4)_2SO_4$）– 邻苯三酚红（PR）萃 Bi^{3+} [5]

为了了解 PR 及其与 Bi^{3+} 的配合物在 PEG 相中存在的形式，实验中分别用含 PR 的 PEG 样品及它与 Bi^{3+} 形成的配合物的 PEG 相样品，测定了它们在可见光区 $400 \sim 700$ nm 的吸收光谱。由测定结果可知，PR 的 λ_{max} 在 480 nm，PR 与 Bi^{3+} 生成配合物的 λ_{max} 在 520 nm。同时，通过实验证明，改变萃取前料液的酸度（pH $1 \sim 7$）时，PR 和 Bi^{3+} 形成的配合物紫外光谱吸收中的 λ_{max} 位置无变化（均为 520 nm），说明在不同的酸度（pH $1 \sim 7$）条件下，存在于 PEG 相中的 PR 和 Bi^{3+} 形成的配合物的结构固定不变。

PR 为具有一个 —SO_3H 和三个 —OH 的四元弱酸（H_4R），文献曾报道在不同酸度溶液中的三种离解形式 [H_4R（pH 0.8），H_2R^{2-}（pH $7.90 \sim 8.65$），R^{4-}（pH 14）]的 UV/vis 光谱。将测定结果与其四种形式的 UV/vis 光谱进行比较，发现 PR 在 PEG 相中的吸收光谱与水溶液中的 H_4R 吸收光谱相似（λ_{max} 相近，约 480 nm），说明在 PEG 相中 PR 是以不带电荷的 H_4R 形式存在的。

同时，通过摩尔比法和连续变化法（参见 11 章）测得 PEG 相中 Bi^{3+} 与 PR 配合物的配合比为 1:3。因此配合物是以 $Bi(PR)_3$ 的组成形式存在于 PEG 相中。

2）环状亚砜衍生物与 Au（Ⅲ）萃合物紫外光谱 [6]

合成了一种 α – 十二烷基四氢噻吩亚砜（DTMSO）萃取剂，制备了其与 Au（Ⅲ）在高酸度盐酸介质中形成的萃合物，研究了萃合物的组成和结构，确定了配位原子。

根据萃取前后紫外光谱的变化提供了萃取机理有关信息。比较在 4 mol/L HCl 介质中萃取剂 DTMSO（L）在萃金前后水相、有机相的紫外光谱（图 $10 - 9$）。4 mol/L HCl 介质中 $HAuCl_4$ 的特征吸收峰 λ_{max} 在 310 nm 附近，负载 Au（Ⅲ）有机相的紫外光谱与水相的差异较大，$\lambda_{max} = 310$ nm 处的峰消失，在 350 nm 处出现了新的吸收峰，发生红移，表明萃取过程配体（L）、金属（Au）发生了配位作用，形成了更稳定的配位键（LM），产生新的吸收峰。

10.3.5 核磁共振谱

核磁共振现象是由美国哈佛大学 Purcell E. M. 和斯坦福大学 Block F. 两位科学家在 1945 年几乎同时发现的，为此，他们荣获了 1952 年诺贝尔物理学奖。如今，核磁共振（NMR）谱是现代化学家分析化合物结构最为有效的化学方法之一。该技术取决于当化合物被置于磁场中

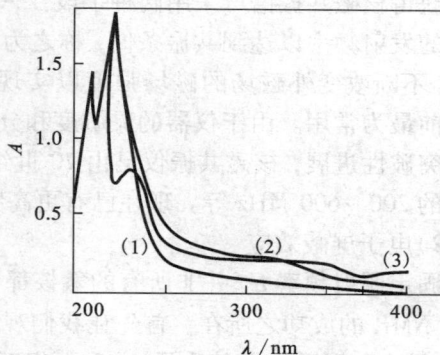

图 10-9 DTMSO 有机相的紫外光谱

（1）未负载的 DTMSO；（2）HAuCl$_4$ 溶液；

（3）负载有机相（4 mol/L）

时所表现的特定核的核自旋性质。在化合物中所发现的这些核，如 ^{1}H、^{13}C、^{19}F、^{15}N 和 ^{31}P，是具有磁矩的原子核（即自旋量子数 $I > 0$），能产生核磁共振。在核磁共振中最有用的是氢核和碳核，氢同位素中，^{1}H 质子的天然丰度比较大，核磁也比较强，比较容易测定。在组成有机化合物的元素中，氢是不可缺少的元素。这里将重点介绍氢核磁共振（^{1}H NMR）。

10.3.5.1 基本原理

1）核的自旋与共振

能自旋的原子核才会产生核磁共振信号，但并非所有的原子核都能自旋。^{1}H、^{13}C 和 ^{31}P 核的自旋量子数为 1/2，具有自旋现象，是核磁共振研究与应用的主要对象。下面以氢核为例来说明核磁共振原理。

能自旋的氢核若不处在外磁场中，其自旋取向是任意的，当处于外磁场 H_0 中时，会出现两种能级不同的取向：一种与外磁场方向相同，处于低能级 $E_1 = -\mu H_0$；另一种与外磁场方向相反，为高能级 $E_2 = +\mu H_0$。两种自旋状态能级差值为：

$$\Delta E = E_2 - E_1 = \mu H_0 - (-\mu H_0) = 2\mu H_0$$

式中：μ 表示核磁矩，随原子核的不同而呈现不同的值。上式表明，^{1}H 核由低能级向高能级跃迁所需的能量 ΔE 值与外磁场强度 H_0 有关，H_0 越强，ΔE 就越高。

核跃迁所需要的能量由电磁场提供。当电磁场发射频率为 υ 的电磁波照射上述处于 H_0 中的氢原子核，若能满足 $\Delta E = h\upsilon$，即

$$2\mu H_0 = h\upsilon \quad \text{或} \quad \upsilon = 2\mu H_0/h$$

时，^{1}H 核就吸收射频能量完成能级跃迁，这就是核磁共振现象。

获得核磁共振谱可采用两种手段：一种是固定外磁场的强度 H_0，不断改变电磁场的发射频率以达到共振条件，称之为扫频法；另一种是固定电磁场的发射频率 v，不断改变外磁场的磁场强度以实现共振，称之为扫场法。因后者较简便，故目前最为常用。由于仪器的灵敏度和分辨率与磁场强度成正比，随着超导磁体技术突破性进展，核磁共振仪已由 20 世纪 50 年代的 30 MHz、60 MHz 发展到 80 年代的 200～600 MHz 等。现在已有更高频率的核磁共振仪器问世。

2）电子屏蔽效应

固定照射频率 v，并非所有的氢核都会在相同的场强 H_0 下同时发生共振，这是 ^{1}H NMR 的成功之所在。首先让我们观察 1 - 硝基丙烷分子的 ^{1}H NMR 谱图（图 10 - 10），可以看出甲基质子（c）和两组亚甲基（b 和 a）质子发生共振的位置不一样，即不同质子所需磁场强度（或射频）不一样。其原因归结于它们所处的化学环境不同，它们不是等性的氢或不等价的氢。

有机分子中氢核的周围都有电子（或称电子云），在外加磁场 H_0 的作用下，这些电子会产生与磁场 H_0 方向相反的感应磁场，从而抵消了部分外加磁场 H_0 对质子的影响，这就产生了所谓的屏蔽效应。质子的化学环境不同，其核外电子云密度是不同的。质子周围的电子云密度越高，产生的感应磁场就越大，也就是屏蔽效应越大，质子相应地就会在较高磁场产生核磁共振现象。反之，若质子受某些因素（如与吸电子基团相连）的影响，使其周围的电子云密度降低，则呈现出去屏蔽效应。总之，化学环境不同的氢核，由于受到的屏蔽效应不同，就会在不同的磁场区域给出共振吸收信号。

图 10 - 10 中给出的 1 - 硝基丙烷的三组质子信号，图谱左边 a、b、c 为右边 a、b、c 放大图，下面数字即为对应横坐标所示化学位移值（见 10.3.5.2 中 1）。其中质子 a 与硝基（NO_2）直接相连，受其吸电子作用影响最大，核外电子云密度最低，信号出现在最低场（谱图中的左边），质子 c 离硝基（NO_2）最远，受硝基吸电子

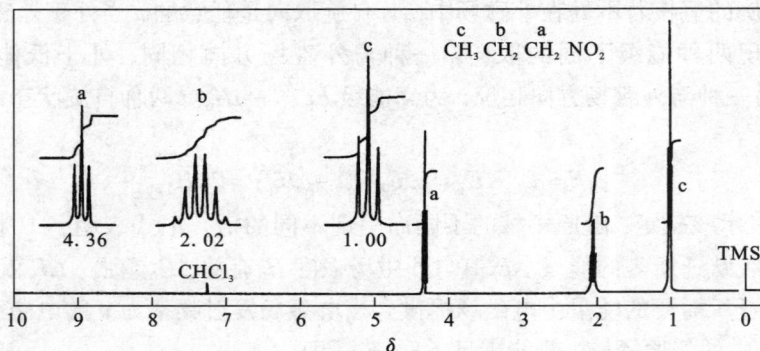

图 10 - 10　硝基丙烷的 ^{1}H NMR 图谱

作用影响最少，核外电子云密度相应较高，信号出现在最高场(谱图中的右边)。

图 10 - 10 的¹H NMR 信号表明，1 - 硝基丙烷分子中甲基质子(a)其核外电子云密度相同，称为等性质子，所以只给出一组信号(因自旋偶合裂分为三重峰，见 10.3.5.2 中 3)。因此，通过考察¹H NMR 图谱，可以获得有关化合物中存在的质子的类型。

10.3.5.2　主要参数

1)化学位移(chemical shift)——信号的位置

所谓化学位移，是指质子核磁信号出现的位置，是质子因所受的屏蔽效应不同而引起的信号位置的移动，它反映了质子处于不同的化学环境。但由于不同化学环境的质子受到的屏蔽效应的差别仅为百万分之几，很难测定出化学位移的绝对值，所以在实际操作中一般都选择适当的化合物作为参照标准。通常，把具有 12 个等性质子且其受到的屏蔽效应最大的四甲基硅烷[(CH₃)₄Si, Tetramethyl Si-lane，简称 TMS]作为参照物，令 TMS 的信号位置为原点"零"，将其他氢核信号的位置相对于原点的距离定义为化学位移 δ。

质子化学位移 δ 定义式如下：

化学位移

$$\delta = (\upsilon_{样品} - \upsilon_{TMS})/\upsilon_{TMS} \cdot 10^6 \approx (\upsilon_{样品} - \upsilon_{TMS})/\upsilon_{射频} \cdot 10^6$$

$\upsilon_{样品}$、υ_{TMS}(单位均为 Hz)分别为被测样品和参照物 TMS 的共振频率，$\upsilon_{射频}$ 为照射频率，其数值与 υ_{TMS} 的数值相近，单位是 MHz。因此按上式计算的 δ 值无量纲，乘以 10^6，是为了使 δ 值在 0 ~ 20 之间。

在¹H NMR 中横坐标用 δ 表示，按照左正右负的规定，$\delta_{TMS} = 0$ 的值在谱图的右端(图 10 - 10)，δ 值减小的方向即表示磁场强度增加的方向。屏蔽效应使质子的信号出现在低场(图的左边，δ 值大)，去屏蔽效应使质子的信号出现在高场(图的右边，δ 值小)。对有机化合物而言，大多数质子的 δ 为正值，一般在 0 ~ 10 之间。表 10 - 6 是一些常见类型质子的化学位移值。

仔细考察表 10 - 6 中各类质子的 δ 值，不难看出决定化学位移的屏蔽效应与电子云密度直接相关，而电子云密度的高低又与相邻原子或基团的类型联系在一起。因此熟记各类氢的化学位移，对推测化合物结构至关重要。

2)峰面积、质子的数目——信号的强度

观察对叔丁基甲苯的¹H NMR 谱图(图 10 - 11)，很容易发现三组信号 a、b 和 c 分别属于烃基质子和芳香型质子。不仅它们的信号位置不一样，而且它们的信号强度(吸收峰占有的面积)也不一样，a、b、c 三组吸收峰的面积(也称积分曲线，积分面积)为 8.8 : 2.9 : 3.8，即 9 : 3 : 4(对误差修正)，这也是三组峰信号强度之比，等于 a、b、c 三种质子的数目之比。

表 10 - 6　常见类型质子的化学位移(δ 值)

Y	CH₃—Y	R—CH₂—Y	R₂CH—Y	Y	CH₃—Y	RCH₂—Y	R₂CH—Y
R	0.9	1.3	1.5	CR=CR₂	1.7	1.8	2.6
Cl	3.1	3.5	4.1	C₆H₅	2.3	2.7	2.9
Br	2.7	3.4	4.1	CHO	2.2	2.2	2.4
I	2.2	3.2	4.2	COR	2.1	2.3	2.5
OH	3.4	3.5	3.9	COAr	2.6	2.7	3.5
OR	3.3	3.4	3.6	COOH	2.0	2.3	2.5
				COOR	2.0	2.2	
O—COR	3.8	4.0	5.0	CONH₂	2.0		
O—COAr	4.3	4.3	5.2	C=CR	1.8	2.1	
NR₂	2.5	2.6	2.9	C≡CN	2.0	2.3	
R—C≡CH	2~3		R₂C=CH₂	4.5~6.0	R₂C=CHR		5.2~5.7
Ar—H	6~9		R—CH=O	9~10	R—CO₂H		10~13
R—OH	1~6		ArOH	4~8	RNH₂, R₂NH		1~5

在实际工作中,核磁共振自动积分仪将图谱中各峰的面积转换成积分阶梯曲线,曲线的高度之比就是相应的质子数目之比(图 10 - 11)。

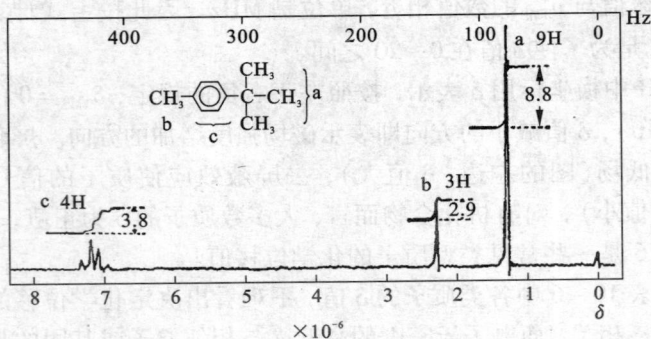

图 10 - 11　对叔丁基甲苯的¹H NMR 谱图

3)自旋耦合(spin coupling)——峰的裂分

由化学位移 δ 值可推测分子中所具有的质子类型,而由图谱峰的形状可得知邻近不等性质子的数目及相对位置,这是利用¹H NMR 图谱解析分子结构的基本出发点。观察高分辨¹H NMR 谱就会发现,等性质子往往出现的不是单峰(singlet, s),而是二重峰(doublet, d)、三重峰(triplet, t)、四重峰(quaterlet, q),甚至更为复杂的多重峰(multiplet, m)等。这种信号裂分的现象,是由于邻近不等性质子相互干扰造成的。

在一级谱中，氢原子受邻近碳上的氢的耦合产生的裂分峰的数目可用 $n+1$ 规律计算。根据这一规则，1 – 硝基丙烷的 ${}^1H$ NMR 谱裂分方式应该是 H_c 和 H_a 均受邻近 H_b 上两个氢质子的耦合，裂分形成三重峰。H_b 质子受邻近两个 H_a 耦合为三重峰，再受邻近三个 H_1 耦合为四重峰，应为十二重峰（$3 \times 4 = 12$），但显示出来的 H_b 则为六重峰。由自旋耦合所引起的吸收峰裂分的现象，称为自旋 – 自旋裂分（spin – spin splitting），简称自旋裂分（图 10 – 10）。

裂分信号中各小峰之间的距离，称为耦合常数，以 J 表示，单位为 Hz。从耦合常数的成因可以得知，J 的大小只与分子结构有关而与外磁场强度无关。因此，简单相互耦合的两组信号应具有相同的耦合常数。故通过研究 J，可找出各质子之间相互耦合的关系，进而确定出分子中各质子的归属。

在分析简单有机化合物的 ${}^1H$ NMR 信号裂分情况时，若不等性质子的化学位移差与耦合常数之比（$\Delta v/J$）大于 6，称之为一级谱图。

峰的裂分主要发生在同一碳或邻接碳上不等性质子之间，如：

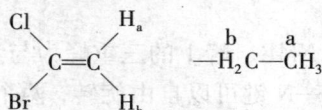

$$\begin{array}{c} Cl \quad\quad H_a \\ \diagdown \quad\quad \diagup \\ C = C \\ \diagup \quad\quad \diagdown \\ Br \quad\quad H_b \end{array} \qquad \begin{array}{c} b \quad\quad a \\ -H_2C - CH_3 \end{array}$$

以上结构中 H_a 与 H_b 彼此之间有自旋耦合作用，各自的信号都会发生裂分。当 H_a 与 H_b 之间距离超过三个共价键时基本上无自旋耦合（共轭体系中的质子例外）。等性质子之间存在耦合，但不发生裂分。以下质子只给出单峰：

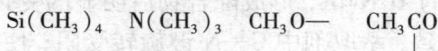

$$Si(CH_3)_4 \quad N(CH_3)_3 \quad CH_3O— \quad \underset{|}{CH_3CO}$$

活泼的羟基质子（如 $CH_3CH_2OH_a$ 中的羟基质子）信号往往是一个单峰。这是因为活泼的羟基（OH）质子通过氢键能快速交换：

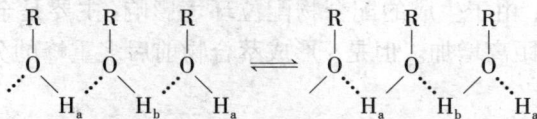

$$\begin{array}{ccccccc} R & R & R & & R & R & R \\ | & | & | & & | & | & | \\ O & O & O & \rightleftharpoons & O & O & O \\ \cdots & \cdots & \cdots & & \cdots & \cdots & \cdots \\ H_a & H_b & H_a & & H_a & H_b & H_a \end{array}$$

这样使得乙醇中的 CH_2 对 OH 质子的自旋耦合作用平均化，OH 质子没有裂分出现。因此，$CH_3CH_2OH_a$ 中的 a 质子不受 OH 质子的耦合，只受 CH_3 质子的耦合为四重峰。此外，在加入重水（D_2O）后，H 被 D 置换，H 的核磁共振信号消失。常用此判断活性氢的存在与否。

10.3.5.3　在萃合物分析中的应用

1）萃取剂 N，N – 二丁基癸酰胺（DBDEA）和萃合物（$UO_2(NO_3)_2 \cdot 2DBDEA$）的 ${}^1H$ NMR 谱（图 10 – 12）[1]

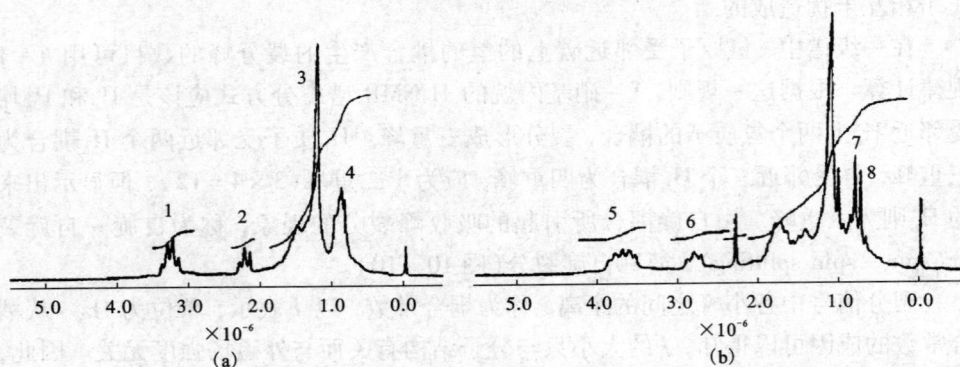

图 10 – 12   萃取剂 DBDEA 和萃合物的 ^{1}H NMR

(a)萃取剂；(b)萃合物

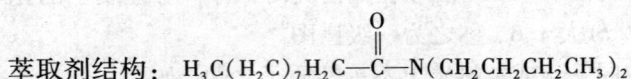

萃取剂结构：$H_3C(H_2C)_7H_2C—\overset{\displaystyle O}{\overset{\|}{C}}—N(CH_2CH_2CH_2CH_3)_2$

对图的分析如下：

图中(a)为萃取剂的 ^{1}H NMR。峰 1 的三重峰为与 N 相连的 $\alpha–CH_2$—的吸收峰(共 4 个 H)，这是由于 C—N 键可以自由旋转，两个丁基是等性的。分裂成三重峰。峰 2 为与羰基相连的亚甲基质子(共 2 个 H)，同样为三重峰，峰 1 的积分面积应是峰 2 的两倍。峰 3 为与羰基相接的长碳链的其他质子(共 17 个质子)。峰 4 为丁基上的其他质子峰(共 14 个 H)。

图中(b)为萃合物的 ^{1}H NMR，形成配合物后明显的变化在于，由于配合物的生成产生的空间因素所致，萃取剂中 C—N 键旋转受阻，使得 N 原子上 2 个取代丁基不等价，原来的峰 1 变成图(b)中 5(2 个 H)和 6(2 个 H)，图(a)中峰 4 变成图(b)中 7(7 个 H)和 8(7 个 H)。化学位移也略有变化，与 N 相连接的 CH_2 质子向低场移动，同时，由于生成的配合物配位环境影响(主要是金属离子的影响)，造成各吸收峰之间距离增加。但是，形成萃合物前后多重峰的分裂程度即耦合常数没有多大变化。

在 IR 和 UV/vis 图谱中，均不易直接观察到 H^+ 的存在及变化过程，核磁共振(NMR)测定，不但可以方便地检测各种氢及其数目，而且可以得到萃取配合物的分子结构及其动态变化方面的信息。因此在萃取过程及机理研究中有重要的应用。

2)苯并噻唑亚砜(ABSO)萃取 Pd(Ⅱ)[3] ^{1}H NMR

图 10 – 13 为 ABSO 萃取剂(a)和 Pd(Ⅱ) – ABSO 萃合物(b)的核磁共振 ^{1}H谱。

分析图 10 – 13，图(a)为 ABSO 的 ^{1}H NMR：苯环上 4 个芳香氢的吸收在图中

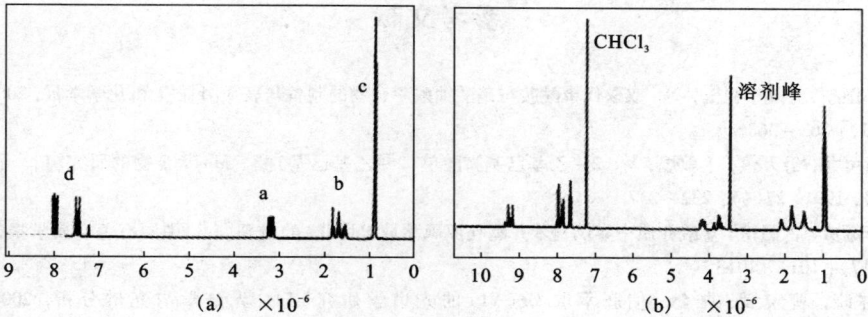

图 10 – 13　ABSO 萃取剂(a)和 Pd(Ⅱ)—ABSO 萃合物(b)的核磁共振¹H 谱

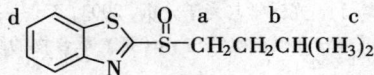

标为 d, 化学位移 δ 值分别为 8.04、7.97、7.54、7.47；异戊基共 11 个氢, 谱图上出现三个信号, 与硫相连 CH_2 上氢标为 a(化学位移 δ 值为 3.27 ~ 3.09, 2 个 H), 其中 CH_2CH 结构中共三个氢, 标为 b, 化学位移在 1.86 ~ 1.52 之间, 为多重峰；峰 c 为两个甲基峰, 为二重峰, 化学位移 0.91 ~ 0.88；共 6 个 H。

　　图(b)为 Pd(Ⅱ) – ABSO 萃合物的¹H NMR 谱图, 比较(a)和(b), 可以看出, 当萃取剂 ABSO 萃取 Pd(Ⅱ)后, 萃合物的¹H 峰向低场移动(化学位移数值增加), 萃合物苯环上 4 个氢原子的 δ 值分别为 9.37、9.25、7.99、7.87, 异戊基上氢的 δ 值为(4.22 ~ 3.71)(2H, CH_2—C)、(2.13 ~ 2.08)(2H, C—CH_2—C)、(1.86 ~ 1.174)(1H, —CH—)、(1.01 ~ 0.92)(6H, 2CH_3), 原因是杂环氮与 Pd(Ⅱ)发生配位后, 苯并噻唑基与亚砜的共轭系统受到影响, 从而使苯环及异戊基上的氢化学位移向低场移动。

　　结合萃合物的组成与红外光谱(10.3.2.4, 图 10 – 4)、核磁共振氢谱分析推断, 萃合物的可能结构为:

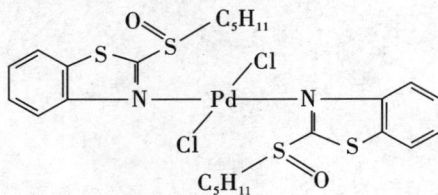

参考文献

[1] 孙国新，于涛，崔玉，等. 双取代单酰胺与硝酸铀酰萃合物的制备与表征[J]. 无机化学学报，2005，21(3)：363–368.

[2] 黄可龙，舒万银，丁敦煌，等. 2-乙基己基膦酸单(2-乙基己基)酯-Mn 萃合物的研究[J]. 金属学报，1991，27(4)：232–237.

[3] 李耀威，古国榜. 盐酸介质中异戊基苯并噻唑亚砜萃取 Pd(Ⅱ)的机理[J]. 中国有色金属学报，2007(17)：1014–1018.

[4] 林晓，曹宏斌，张懿. 伯胺萃取 Cr(Ⅵ)的光谱学研究[J]. 光谱学与光谱分析，2008，28(7)：1518–1521.

[5] 蔡红，张春莉，许秀丽，等. 光度法研究聚乙二醇·硫酸按·邻苯三酚红体系中铋(Ⅲ)、铁(Ⅲ)、铜(Ⅱ)、镍(Ⅱ)、钴的萃取分离[J]. 光谱学与光谱分析，2003，23(4)：345–347.

[6] 刘会冲，吴松平，古国榜，等. 环状亚砜衍生物与 Au(Ⅲ)萃合物的组成及结构研究[J]. 稀有金属，2005，29(4)：429–431.

[7] 李焕然，吴京洪，容庆新. 2-氨基苯并噻唑萃钯的性能和机理[J]. 中山大学学报(自然科学版)，1995，34(4)：42–47.

第 11 章　萃取平衡机理研究

唐瑞仁　中南大学化学化工学院

目　录

11.1　萃合反应研究方法

萃合物反应研究包括萃合物组成的测定，总萃合反应式的确定，相关反应平衡常数的计算。

11.1.1　等摩尔系列法

等摩尔系列法又称连续变化法或浓比递变法，是一种确定萃合物组成简便快速的方法，适用于所研究的体系中只生成一种萃合物的情况。

等摩尔系列法是在水相中被萃取物初始摩尔浓度与有机相中的初始萃取剂摩尔浓度之和保持恒定的前提下，连续改变萃取体系中被萃取物与萃取剂的浓度比进行萃取。当萃取反应达到平衡后，分析有机相中被萃取物的浓度，然后以有机相中被萃取物的平衡浓度对水相中被萃取物的初始浓度或有机相中萃取剂的初始浓度作图。从图中曲线的极大值所对应的有机相中被萃取物浓度与有机相中萃取剂浓度的比值求出萃合比，由此确定萃合物的组成。下面以 N263 萃钨[1] 机理的研究为例介绍等摩尔系列法的实验方法。实验测定时，配制一系列摩尔浓度不同（如 0.18 mol/L, 0.16 mol/L, 0.14 mol/L, 0.12 mol/L 等）的 N263 磺化煤油溶液和相应浓度的 Na_2WO_4 溶液，若在相比为 1 的条件下进行萃取，则可按下面的组合方式配制的有机相与水相进行混合萃取。

表 11 –1

实验编号	1	2	3	4	5	6	7	8
有机相中萃取剂初始浓度/($mol \cdot L^{-1}$)	0.18	0.16	0.14	0.12	0.10	0.08	0.06	0.04
水相中被萃取物初始浓度/($mol \cdot L^{-1}$)	0.02	0.04	0.06	0.08	0.10	0.12	0.14	0.16

此时体系中萃取剂与被萃取物的总物质的量恒定,但两者的摩尔比不同。分别进行一次萃取后静置分相,测定有机相中钨浓度。得到在酸性范围内 N263 萃钨的萃合比。根据实验所得数据得图 11 –1。

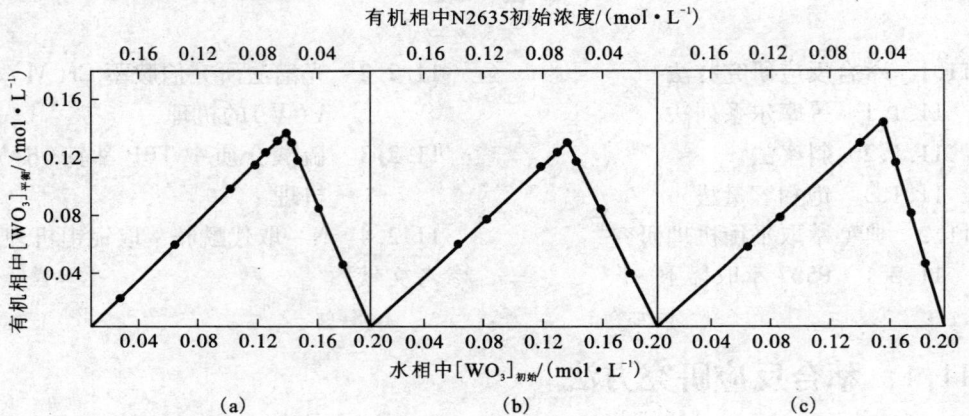

图 11 –1 有机相中钨的平衡浓度与萃取体系组成的关系曲线

($[N263]_{初始} + [WO_3]_{初始} = 0.2 \ mol/L$,相比 $R = 1$)

(a)水相平衡 pH 为 2.4~3.0,萃合比为 2.4;(b)水相平衡 pH 为 5.0~5.7,萃合比为 2;

(c)水相平衡 pH 为 1.0~1.1,萃合比为 3

由图 11 –1 中(a)的曲线极大值对应的坐标,可求得 $[WO_3]_0 / [N263]_0 = 2.4$,故由此可认为萃合物的组成为 $(R_4N)_5(HW_{12}O_{39})$。同样,由图 11 –1 中(b)和(c)的曲线极大值对应的坐标,可求得萃合比分别为 2 和 3,因此推断相应的萃合物组成为 $(R_4N)_6(W_{12}O_{39})$ 和 $(R_4N)_4H(HW_{12}O_{39})$。

11.1.2 斜率法

在萃合物组成和萃取平衡机理的研究中,斜率法应用较广。这种方法可以用于研究比较复杂的萃取体系。方法的原理简介如下:

考察一种酸性萃取剂萃取某种微量金属阳离子的过程,萃取反应方程为:

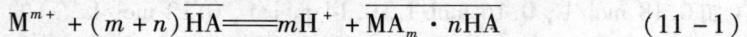

$$M^{m+} + (m+n)\overline{HA} \Longrightarrow mH^+ + \overline{MA_m \cdot nHA} \tag{11–1}$$

用斜率法可以求解平衡关系式中反应物与生成物的系数,确定萃合物的组成,推导出反应的平衡常数 K_{ex}。

$$K_{ex} = \frac{[\overline{MA_m \cdot nHA}][H^+]^m}{[M^{m+}][\overline{HA}]^{m+n}} \tag{11–2}$$

因为有机相中只有一种萃合物,所以可以将分配比引入 K_{ex} 表示式中。

$$K_{ex} = D\frac{[H^+]^m}{[\overline{HA}]^{m+n}} \qquad (11-3)$$

实验时控制萃取剂浓度远大于金属离子浓度,所以微量金属离子与萃取剂反应所消耗的萃取剂摩尔数与初始萃取剂浓度相比可以忽略不计,也就是说式 $(11-3)$ 可用初始萃取剂浓度代替平衡时有机相中游离萃取剂浓度 $[\overline{HA}]$,对式 $(11-3)$ 取对数,有:

$$\lg K_{ex} = \lg D - m\text{pH} - (m+n)\lg[\overline{HA}]$$

移项整理可得到两个关系式:

$$\lg D = \lg K_{ex} + m\text{pH} + (m+n)\lg[\overline{HA}] \qquad (11-4)$$

$$\lg D - m\text{pH} = \lg K_{ex} + (m+n)\lg[\overline{HA}] \qquad (11-5)$$

在恒定 $[\overline{HA}]$ 条件下,按式 $(11-4)$,改变 pH 可测得相应的分配比 D ,以 $\lg D$ 对 pH 作图,如反应符合式 $(11-1)$,参见图 11 - 2(a),则 $\lg D$ - pH 关系为一条直线,其斜率即为 m ;按式 $(11-5)$,恒定 pH,改变 $[\overline{HA}]$ 浓度,以 $\lg D - m\text{pH}$ 与 $\lg[\overline{HA}]$ 作图,参见图 11 - 2(b) 也应为一直线,其斜率为 $m+n$ 。因此可求出 m 及 n ,因原来定义 m 、 n 均为整数,故用斜率法求出 m 及 n 应归整为最接近的整数。在 m 、 n 较接近某整数时,可取近似整数值,否则应考虑测量值反映了有接近它的两个整数的两种化合物存在的可能性。

图 11 - 2(b) 的直线与纵轴之交点,即 $\lg[\overline{HA}] = 0$ 时之 $\lg D - m\text{pH}$ 即为 $\lg K_{ex}$,从而可求出反应平衡常数 K_{ex} 。

在求得 m 、 n 及 $\lg K_{ex}$ 后,如果认为精确度不够,可重复若干次试验并计算平均 K_{ex} 值。此时求得的 K_{ex} 实际上为浓度—活度平衡常数,为使结果接近热力学 K_{ex} 值,这类实验都采用尽量低的(如 $10^{-4} \sim 10^{-5}$ mol/L)金属离子浓度和它的 50 ~ 100 倍的萃取剂浓度。

实际上有时会出现直线斜率变化的情况,在 pH 提高至一定程度后,可能会产生如 $M^n(OH)^{m-i}$ 形式的局部水解离子的情况 $(i < m)$,故图 11 - 2(a) 中直线上部向下弯曲。在 $[\overline{HA}]$ 增加到一定程度后,也可能会出现萃合物中 HA 分子数增加,即 n 增加的情况,此时直线上部向上弯曲,如图 11 - 2(b) 的情况。

11.1.3 饱和容量法

本书 5.2.1 节介绍了饱和容量的概念,在有机相达到萃取饱和时,理论上认为此时有机相中的萃取剂几乎全部与被萃取物结合,形成了具有一定组成的萃合物。因此,根据有机相中萃取剂物质的量与被萃取物物质的量的比值,可以确定萃合物的组成。

以 N263 煤油溶液萃钨机理的研究为例[1,2]进行讨论。实验用的溶液为 60 g/L 的 Na_2WO_4 溶液,当溶液 pH 不同时, WO_4^{2-} 可以转化为含 W 原子数不等的

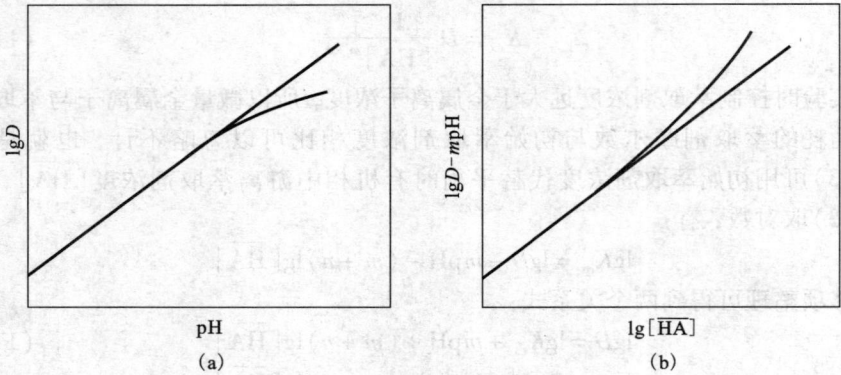

图 11－2

(a)平衡时的 $\lg D$ 与 pH 关系；(b)平衡时的 $\lg D - m\text{pH}$ 与 $\lg[\overline{\text{HA}}]$ 关系

各种同多酸根离子，故其萃取机理比较复杂。用饱和法研究时，将一定浓度的 N263 磺化煤油溶液分别与各种不同浓度的 Na_2WO_4 溶液多次接触，使有机相达到饱和萃取。分别测定水相原液、各次萃余液和饱和有机相中的钨含量。根据分析结果和有机相中 N263 已知物质的量，便可计算出萃合比(萃合物的组成比)。实验结果见表 11－2。

表 11－2　N263 萃取钨的萃合比(按 WO_3 与胺的摩尔比计算)

水相平衡 pH	1.0~1.1	2.5~3.2	4.8~6.0	6.9~7.7	8.3	>8.3
萃合比	3	2.4	2	1.2	0.5	<0.5

根据实验结果以及钨的水溶液化学知识可作出如下分析：

(1) 当水相平衡 pH 为 1.0～1.1，萃合比为 3，萃合物的组成可能是 $(\text{R}_4\text{N})_4\text{H}(\text{HW}_{12}\text{O}_{39})$，相应的萃取反应方程式可能是：

$$\text{HW}_{12}\text{O}_{39}^{5-} + \text{H}^+ + 4\,\overline{\text{R}_4\text{NCl}} \Longrightarrow \overline{(\text{R}_4\text{N})_4\text{H}(\text{HW}_{12}\text{O}_{39})} + 4\text{Cl}^- \qquad (11-6)$$

(2)当水相平衡 pH 为 2.5～3.2，萃合比为 2.4，萃合物的组成可能是 $(\text{R}_4\text{N})_5(\text{HW}_{12}\text{O}_{39})$，相应的萃取反应方程式可能是：

$$\text{W}_{12}\text{O}_{39}^{6-} + \text{H}^+ + 5\,\overline{\text{R}_4\text{NCl}} \Longrightarrow \overline{(\text{R}_4\text{N})_5(\text{HW}_{12}\text{O}_{39})} + 5\text{Cl}^- \qquad (11-7)$$

(3)当水相平衡 pH 为 4.8～6.0，萃合比为 2，萃合物的组成可能是 $(\text{R}_4\text{N})_6(\text{W}_{12}\text{O}_{39})$，相应的萃取反应方程式可能是：

$$\text{W}_{12}\text{O}_{39}^{6-} + 6\,\overline{\text{R}_4\text{NCl}} \Longrightarrow \overline{(\text{R}_4\text{N})_6(\text{W}_{12}\text{O}_{39})} + 6\text{Cl}^- \qquad (11-8)$$

(4)当水相平衡 pH 为 6.9～7.7，萃合比为 1.2，萃合物的组成可能是

$(R_4N)_5(HW_6O_{21})$，相应的萃取反应方程式可能是：

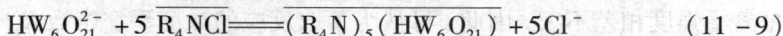

$$HW_6O_{21}^{2-} + 5\,\overline{R_4NCl} \xLeftrightarrow{\quad} \overline{(R_4N)_5(HW_6O_{21})} + 5Cl^- \qquad (11-9)$$

（5）当水相平衡 pH 为 8.3，萃合比为 0.5，萃合物的组成可能是 $(R_4N)_2(WO_4)$，相应的萃取反应方程式可能是：

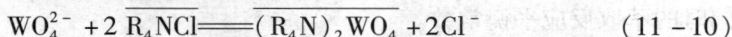

$$WO_4^{2-} + 2\,\overline{R_4NCl} \xLeftrightarrow{\quad} \overline{(R_4N)_2WO_4} + 2Cl^- \qquad (11-10)$$

（6）当水相平衡 pH 大于 8.3 时，萃合比小于 0.5。这时钨有可能以 $(R_4N)_2(WO_4)$ 的形式被萃取，但由于水相 pH 较高，OH^- 离子浓度较大，有可能与钨进行竞争萃取，萃取反应式可能是：

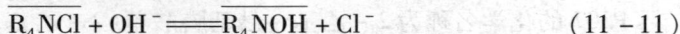

$$\overline{R_4NCl} + OH^- \xLeftrightarrow{\quad} \overline{R_4NOH} + Cl^- \qquad (11-11)$$

利用确定的萃取反应方程式，根据质量作用定律可写出萃取反应的平衡常数表达式，这样通过萃取实验可进一步计算萃取平衡常数。例如由式(11-6)可写出该反应式的平衡常数表达式为：

$$K_{ex} = \frac{\left[\overline{(R_4N)_4H(HW_{12}O_{39})}\right]\left[Cl^-\right]^4}{\left[\overline{R_4NCl}\right]^4\left[HW_{12}O_{39}^{5-}\right]\left[H^+\right]} \qquad (11-12)$$

又由式(11-7)可写出该反应的平衡常数表达式为：

$$K_{ex} = \frac{\left[\overline{(R_4N)_5(HW_{12}O_{39})}\right]\left[Cl^-\right]^5}{\left[\overline{R_4NCl}\right]^5\left[W_{12}O_{39}^{6-}\right]\left[H^+\right]} \qquad (11-13)$$

依此类推可写出式(11-8)~(11-11)各式的反应平衡常数表达式。为求得萃取平衡常数 K_{ex} 值，萃取实验在 $(35 \pm 0.1)\,℃$ 的恒温条件下进行，用不同浓度的 N263 磺化煤油溶液（内添加了一定量的磷酸三丁酯和仲辛醇作改质剂）与钨酸钠水溶液（$[WO_3] = 60\ g/L$，约 0.26 mol/L，$[Cl^-] = 0.4\ mol/L$）平衡一次。然后分析萃余液中钨和氯离子的浓度及有机相中钨的浓度。

实验部分数据见表 11-3。

表 11-3　N263 萃钨反应的浓度平衡常数

实验编号	有机相中 N263 浓度 /(mol·L^{-1})	水相初始 pH	萃余液中			萃取后有机相中钨浓度 (WO$_3$) /(g·L^{-1})	平衡常数 K_{ex}	lgK_{ex}
			钨浓度(WO$_3$) /(g·L^{-1})	Cl$^-$ 离子浓度 /(mol·L^{-1})	pH			
1	0.0773	2.3	25.7	0.494	3.4	39.2	1.37×10^{12}	12.1
2	0.0957	2.3	17.2	0.513	3.8	49.2	4.87×10^{12}	12.7
3	0.109	2.3	11.2	0.525	4.3	51.8	1.06×10^{12}	12.0
4	0.0773	2.3	17.2	0.446	3.6	39.3	4.08×10^{12}	12.6
5	0.109	2.3	6.50	0.479	4.5	50.0	1.21×10^{12}	12.1

由于表中各实验在萃取反应达到平衡时,水相中各离子的浓度相差不大,即总离子强度相差不大,因此,可认为萃取反应的浓度平衡常数 K_{ex} 值在一定温度下应是一个常数。根据上述实验的数据可求得式(11-6)的平衡常数对数值 $\lg K_{ex}$ 的平均值为 12.5 ± 0.3。利用同样的实验方法,可求得在其他不同 pH 下萃合比不同时的萃取反应平衡常数。

11.2 典型萃取平衡机理研究

11.2.1 P507 萃稀土[3]

P507 的化学名称为 2 - 乙基 - 己基膦酸单(2 - 乙基 - 己基)酯,简称异辛基膦酸单异辛酯。袁承业院士等人系统地研究了它(用 HR 表示)的正十二烷溶液在硝酸介质中对除钷以外的全部镧系元素及钇的萃取。采用气相渗透法(VPO)和核磁共振(NMR)证明了 P507 在脂肪烃中的聚合情况(存在形式)、利用斜率法研究了萃取的平衡反应,并在用饱和萃取法制备了异辛基膦酸单异辛酯和镧、钕固体配合物的基础上,通过元素分析(EA)、IR 和 NMR 谱测定了萃合物的组成。

1)萃取平衡

通过气相渗透法(VPO)测得 P507 在正己烷溶液中的分子量为 636.8,为其式量的 2.1 倍,与冰点下降法在正庚烷中测得的结果相符,说明 P507 在脂肪烃中是以二聚体存在。从它的质子核磁共振谱(^{1}H NMR)也观察到缔合质子(一分子 P507 上 OH 与另一分子 P507 的 P ═O 键形成一分子间氢键)的化学位移(12 ppm),重水交换后则消失,说明为 P507 的二聚体,可写为 $(HR)_2$。

取有机相为 0.5 mol/L P507 的正十二烷溶液,水相为 $(RE^{3+}) = 0.01$ mol/L, $[(H, Na)NO_3] = 1$ mol/L 的不同酸度的水溶液,萃取平衡后,以 $\lg D / [\overline{(HR_2)}]^3$ 对 $\lg[H^+]$ 作图,所得的直线斜率除 La 偏离较大外基本上为 -3(图 11 -3)。

计算时 $D = [\overline{RE(HR_2)_3}] / [RE^{3+}]$, $[H^+]$ 为水相酸度。

改变有机相萃取剂浓度,水相为 $[RE^{3+}] = 0.01$ mol/L, $[(H, Na)NO_3] = 1$ mol/L 的一定酸度的镧、铈、钕、钆、铒和镥的硝酸盐溶液,萃取平衡后,以 $\lg D / [\overline{(HR_2)}]^3$ 对 $[H^+]$ 作图,当 (HR) 在 $0.1 \sim 2.0$ mol/L 之间,得直线的斜率为 $2.6 \sim 2.8$。说明 $n = 3$,即三个配体与一个稀土离子配位,P507 萃取稀土元素的萃取反应可写为:

$$RE^{3+} + 3\,\overline{(HR)_2} \Longrightarrow \overline{RE(HR_2)_3} + 3H^+$$

热力学平衡常数为:

$$K^{\ominus} = \frac{[\overline{RE(HR_2)_3}][H^+]^3}{[RE^{3+}][\overline{(HR)_2}]^3} \cdot \frac{\gamma_{RE(HR_2)_3} \cdot \gamma_H^3}{\gamma_{RE} \cdot \gamma_{(HR)_2}^3}$$

实验中水相离子强度维持恒定，因此活度系数可视为常数，于是可以根据上述反应式得到浓度平衡常数。

$$K_{ex} = \frac{[\overline{RE(HR_2)_3}][H^+]^3}{[RE^{3+}][\overline{(HR)_2}]^3}$$

2）固体配合物组成

制得的 P507 和镧及钕的固体配合物，分别为白色和葡萄紫色的蜡状物，几乎不溶于水和无机酸；略溶于氯仿、四氯化碳、苯、正己烷和正十二烷（>1%），提高温度，可使溶解度增加；在乙醇和丙酮中的溶解极微，它们的熔点大于 400℃。

对蜡状物进行元素分析，其中 N 以 NO_3 的形式分析含量，从表 11-4 所列 P/RE 比（P 与 RE 之摩尔比）可见，固体配合物的组成可能是 RER_3 和 $RE(NO_3)R_2$ 的混合物。由于制备萃合物时的饱和萃取是在近中性条件下进行，NO_3^- 有可能进入萃合物中。因此，饱和萃取时的反应可能有两种：

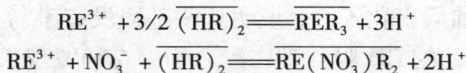

图 11-3　P507 在不同水相酸度时对镧系元素的萃取

25℃，$[(H, Na)NO_3] = 1$ mol/L

$$RE^{3+} + 3/2 \overline{(HR)_2} \Longrightarrow \overline{RER_3} + 3H^+$$

$$RE^{3+} + NO_3^- + \overline{(HR)_2} \Longrightarrow \overline{RE(NO_3)R_2} + 2H^+$$

表 11-4　P507 与镧和钕的固体配合物的元素分析/%

	元　素	C	H	N	P	RE	P/RE	NO_3^+/RE
镧的配合物	实验值	52.72	9.25	0.47	8.39	14.0	2.7	0.33
	LaR_3 计算值	54.64	9.74	—	8.81	13.17		
	$La(NO_3)R_2$ 计算值	47.35	8.44	1.73	7.63	17.11		
钕的配合物	实验值	51.33	9.13	0.63	7.73	14.36	2.5	0.38
	NdR_3 计算值	54.36	9.70	—	8.76	13.60		
	$Nd(NO_3)R_2$ 计算值	47.04	8.39	1.71	7.58	17.65		

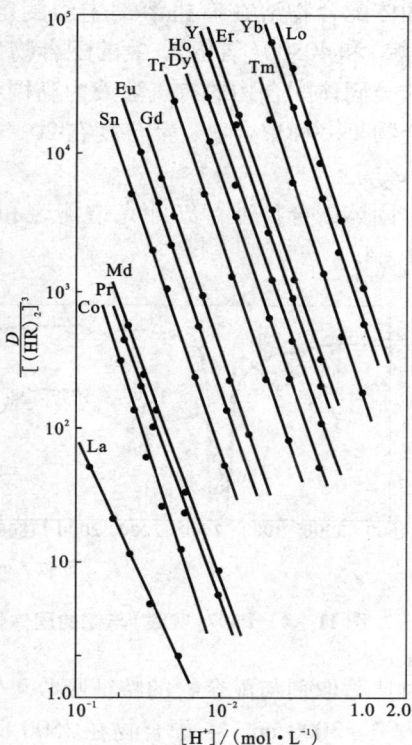

固体配合物溶在有机溶剂中经测定具有很高的分子量，镧配合物为22400（正己烷）和40800（氯仿），钕的配合物为17100（正己烷）和39900（氯仿）。从外观看这类固体配合物的有机溶液为黏稠状液体，溶剂挥发后呈丝状，因此这类固体化合物是一种聚合物，聚合度在20～40之间。它经80℃真空干燥后，仍含有微量水分。

对固体配合物进行红外光谱测定和分析，并与萃取剂的红外光谱加以比较（图11－4）。

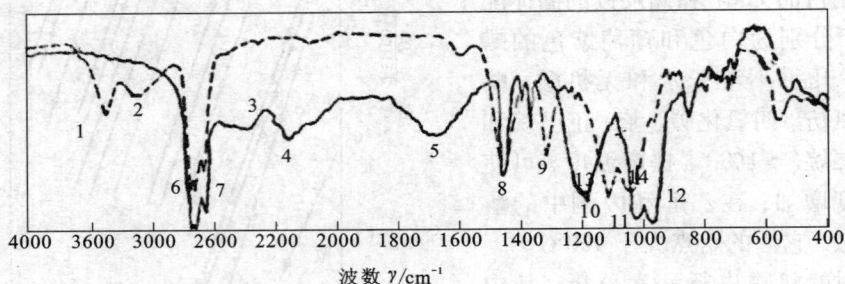

图 11 -4   P507（实线）与镧的固体化合物（虚线）的红外光谱（液膜制样）

对比萃取剂与配合物的特征吸收可知：

$4000 \sim 3000 \ cm^{-1}$：配合物在 $3500 \ cm^{-1}$（峰1）、$3300 \ cm^{-1}$（峰2）处出现 H_2O 的吸收带。

$3000 \sim 1500 \ cm^{-1}$：P507 的缔合 OH 基吸收宽带：$2600 \ cm^{-1}$（峰3）、$2300 \ cm^{-1}$（峰4）和 $1680 \ cm^{-1}$（峰5）在配合物中均消失，说明 OH 与 RE 配位。

$2920 \sim 2820 \ cm^{-1}$（峰6和7）为萃取剂中的甲基（—CH_3）和亚甲基（—CH_2—）的伸缩振动吸收萃取前后变化不大，说明这些基团没有参与 RE 的配位。

$1460 \ cm^{-1}$（峰8）处的 CH 吸收带在配合物中有加宽现象，很可能是配位型的 NO_2 不对称伸缩吸收带叠合在一起。配合物中在 $1322 \ cm^{-1}$（峰9）处出现一个新的吸收带，很可能是配位型的 NO_2 对称伸缩吸收带。P507 原有的 P═O 吸收（$1200 \ cm^{-1}$，峰10）和 P—O—C 吸收（$1040 \ cm^{-1}$ 峰11，$985 \ cm^{-1}$，峰12）在配合物中消失，而出现的不对称 O—P—O 吸收（$1125 \ cm^{-1}$ 峰13）和对称吸收（$1050 \ cm^{-1}$，峰14），说明磷氧键与 RE 配位。

在上述 IR 的变化中，配合物中出现的 $1322 \ cm^{-1}$（峰9）吸收带接近于离子型 NO_3 的特征频率，但是有更多的理由可以认为它是配位型 NO_3 的对称特征频率，因为 CH 吸收带 $1460 \ cm^{-1}$ 有加宽，在钕配合物中则可以看出确实存在着另一个特征吸收 $1490 \ cm^{-1}$（图11－5），这个位置属于配位型的 NO_3 的不对称特征频率，并且它的强度比 $1322 \ cm^{-1}$ 要强一些。钕配合物的红外光谱特征频率与镧配合物相似。

如从氯化物体系制备 P507 与镧的配合物，则 1322 cm^{-1} 处无吸收带，1460 cm^{-1} CH 吸收带也没有加宽现象。这也证明从硝酸体系中制备的配合物中的 NO$_3$ 是以配位型的形式存在，它的不对称伸缩吸收 v_1 和对称伸缩吸收 v_4 分别在 1490 和 1322 cm^{-1} 处。由于 $v_1 - v_4 = 168$ cm^{-1}，还可以认为它是双配位的。

P507 与硝酸镧配合物的质子核磁共振谱（图 11 – 6）表明，膦酸酯原有的缔合羟基氢的化学位移（$\delta = 12$ ppm，峰 1）消失，说明配合物中无缔合的膦酸酯，羟基氢均被金属离子置换。另外配合物的谱线较磷酸酯增宽，这是 RE 离子产生的位移。

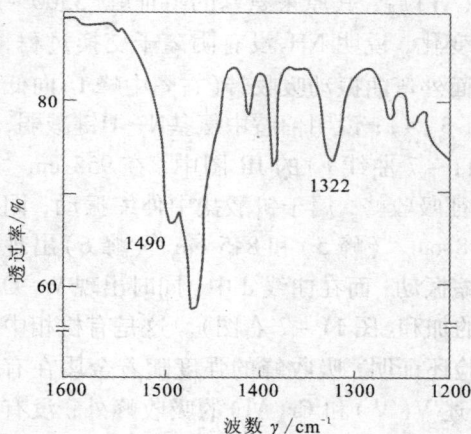

图 11 – 5　P507 钕配合物的 NO$_3$
特征频率波段的红外光谱

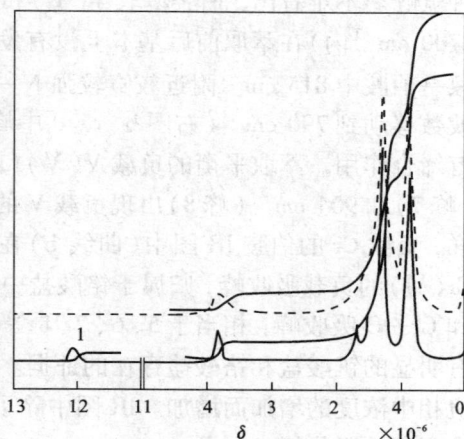

图 11 – 6　P507（实线）与镧的固体
配合物（虚线）的质子核磁共振谱

综上所述，固体化合物的组成为 $[La(NO_3)_{0.3}R_{2.7} \cdot mH_2O]_n$ 和 $[Nd(NO_3)_{0.4}R_{2.6} \cdot mH_2O]_n$，因此，可能存在两种聚合物分子 $(RER_3)_n$ 和 $(RE(NO_3)R_2)_n$。

11.2.2　光谱法研究伯胺萃 Cr(Ⅵ)、V(Ⅴ)的机理[4]

曹宏斌等人报道了伯胺萃取分离钒（Ⅴ）和铬（Ⅵ）的有关工作，应用了红外、拉曼和核磁共振等光谱方法研究伯胺对 Cr(Ⅵ) 和 V(Ⅴ) 萃取机理。

实验条件：料液 Cr(Ⅵ) 14 g/L，V(Ⅴ) 6 g/L，由 Na$_2$CrO$_4$ 和 Na$_3$VO$_4$ 配制。C$_{18\sim24}$ 混合伯胺（JM – T）溶于 CCl$_4$ 配成体积 15% 的萃取剂溶液。伯胺盐是用伯胺与体积比 10% 硫酸平衡后，用 50 g/L 硫酸钠洗到中性。萃取过程中相比为 1:1。

先考察了 pH 对萃取效率的影响，用不同 pH（2.0 ~ 6.5）料液进行了萃取平衡实验，平衡液的 pH 在 7 ~ 8.2 之间。实验结果表明，伯胺对 Cr(Ⅵ) 和 V(Ⅴ) 的萃取和分离效率与 pH 有很大关系，当萃取平衡 pH 在 7.8 ~ 8.2 之间时，两者分离效果最好。V(V)/Cr(Ⅵ)的分离系数大于75；伯胺萃取剂经硫酸酸化预处理后，氨基(—NH₂)与硫酸中的 H⁺ 质子化后生成阳离子—NH₃⁺。通常认为酸化伯胺盐与金属离子发生萃取反应是通过阴离子交换进行的。

pH 在 7~8 之间是一中性条件，在此条件下，伯胺氨基不可能形成铵盐。因此其萃取反应不可能是阴离子交换机理。

图 11－7 中 a、b、c、d、e 五个谱图为伯胺在研究体系中不同条件下的红外光谱图，左图为官能团区吸收，右图为指纹区吸收，只有在伯胺与硫酸平衡后的谱图 e 在 3300~2700 cm⁻¹出强吸收带，表现出铵盐(—NH₃⁺)的特征吸收。而在 b、c、d 三个有机相与含钒、铬的水相平衡后的谱图与萃取剂的谱图 a 均没有出现这种宽峰。不难看出，伯胺萃取 V(V) 和 Cr(Ⅵ)后，其原来氨基的特征峰(3300~2700 cm⁻¹内)在萃取前后基本上没有发生变化，说明 NH₂ 没有阴离子交换过程，只是伯胺中 815 cm⁻¹附近较宽较强 N—H 面外弯曲振动吸收带(右图中峰1)向低波数移动到 790 cm⁻¹(右图 b、c、d 中峰2、3、4)；说明伯胺中氨基N—H键减弱，有缔合作用。萃取平衡的负载 V(V)(图 11－7 曲线 c)的 IR 图中，在 955 cm⁻¹(峰7)和904 cm⁻¹(峰8)出现负载 V 的特征吸收峰，属于钒酸盐中伸缩振动；同样，负载 Cr 的伯胺 IR 图中(曲线 b)在 948 cm⁻¹(峰5)和 845 cm⁻¹(峰6)出现Cr(Ⅵ)的负载吸收峰，归属于铬酸盐中伸缩振动；而在曲线 d 中，同时出现 V—O和 Cr—O 吸收峰，相当于 5、6、7、8 等峰的加和(图 11－7 右图)。这是有机相中有明显的钒酸盐和铬酸盐存在的证据。实验还证明，吸收峰的强度随着金属在有机相中浓度的增加而增加。IR 图中除了上述 V(V) 和 Cr(Ⅵ)的吸收峰外，没有出现新的吸收峰。

因此，红外光谱表明伯胺对 V(V) 和 Cr(Ⅵ)萃取机理不是阴离子交换机制，而是一个分子缔合过程。反应式如下：

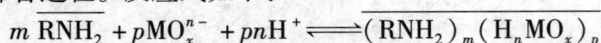

$$m\,\overline{RNH_2} + pMO_x^{n-} + pnH^+ \Longleftrightarrow \overline{(RNH_2)_m(H_nMO_x)_p}$$

为了支持以上观点，对伯胺萃 V(V) 和 Cr(Ⅵ)进行了拉曼光谱(图 11－8)测定。

萃取 V(V) 和 Cr(Ⅵ)后伯胺的光谱吸收峰发生了改变：萃 V 伯胺中拉曼光谱(b)在 987 cm⁻¹、963 cm⁻¹、和 925 cm⁻¹的吸收为 V=O 伸缩拉曼振动；而萃Cr(Ⅵ)伯胺的拉曼光谱(d)在 890 cm⁻¹出现铬酸盐的 Cr=O 伸缩拉曼吸收峰，与文献报道铬酸盐在水相中实验测得的结果 884 cm⁻¹相近。图 11－8 中伯胺萃V(V) 和 Cr(Ⅵ)的拉曼光谱 c 在此区域的吸收相当于 b 和 d 的加和，和红外光谱一样，萃取后伯胺的拉曼光谱中除了 V(V) 和 Cr(Ⅵ)的萃取峰外，没有其他新的吸收峰出现。

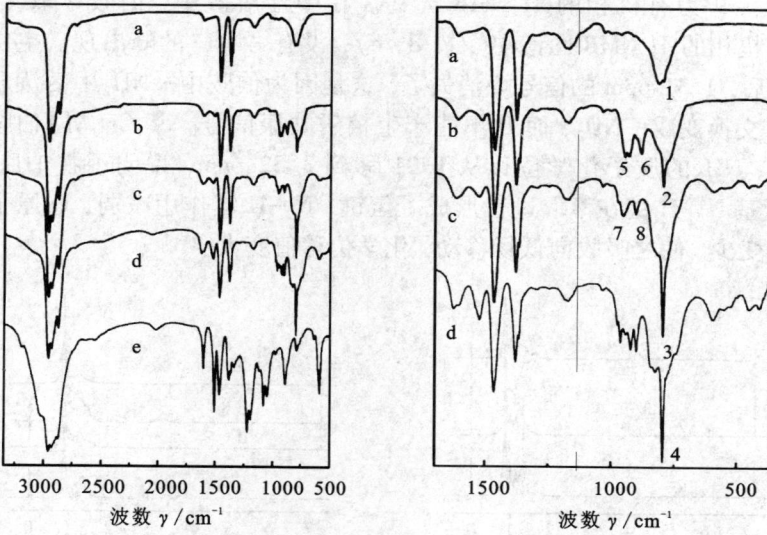

图 11 −7　有机相的红外光谱

a—伯胺；b—伯胺萃 Cr(Ⅵ)；c—伯胺萃 V(Ⅴ)；
d—伯胺萃 V(Ⅴ) 和 Cr(Ⅵ)；e—与 H_2SO_4 平衡后的伯胺

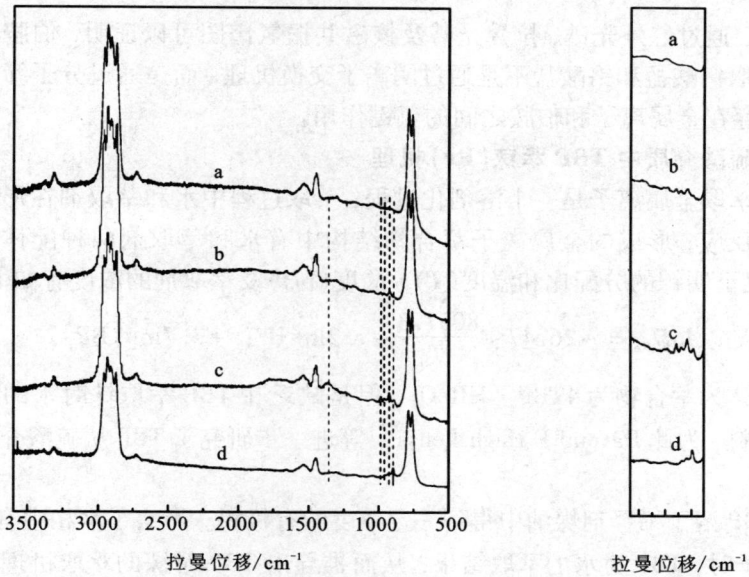

图 11 −8　有机相的 Raman 光谱

a—伯胺；b—伯胺萃 V(Ⅴ)；c—伯胺萃 V(Ⅴ) 和 Cr(Ⅵ)；d—伯胺萃 Cr(Ⅵ)

图 11 – 9 为有机相的 ^{1}H NMR 光谱。在中性溶液中，伯胺萃取 V（V）和 Cr（VI）有机相的 ^{1}H NMR 图谱中（右：d，e），没有—NH$_3^+$ 的峰出现。空白伯胺用 D$_2$O 交换后，1.31 ppm 的信号峰消失了，这是因为伯胺中—NH$_2$ 中活泼质子中 H 与氘氢 D 交换变成—ND$_2$，而 D 不能产生核磁共振信号。萃 Cr（VI）伯胺有机相氢谱 e 中，NH$_2$ 的质子化学位移从 1.31 移到 3.32 ppm，说明了在伯胺萃取 Cr（VI）时氨基 N—H 键在萃取过程形成了氢键，N—H 键作用减弱，H 原子核外电子云密度变少，使之吸收向低场移动，化学位移值变大。

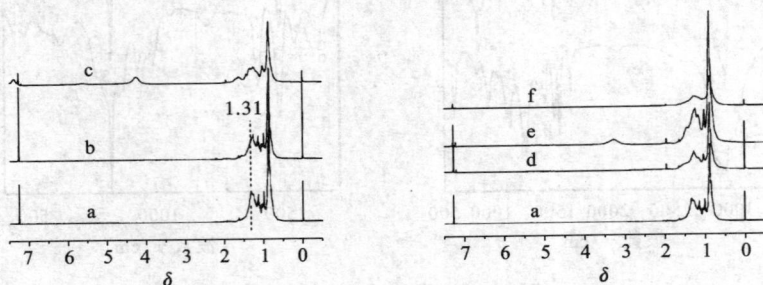

图 11 – 9 有机相的 ^{1}H NMR 谱图

a—伯胺；b—与 D$_2$O 交换的伯胺；c—与 H$_2$SO$_4$ 平衡后的伯胺；
d—萃取 V（V）后的伯胺；e—萃取 Cr（VI）后的伯胺；f—负载氧化 Cr（VI）伯胺

总之，通过红外光谱、拉曼光谱及核磁共振氢谱图可以证明，伯胺在近中性溶液中萃取钒酸盐和铬酸盐不是通过阴离子交换机理，而是通过分子缔合的溶剂化机理，存在金属离子和伯胺之间的氢键作用。

11.2.3　硫酸介质中 TBP 萃铼（Re）机理

TBP 萃取金属离子是一个溶剂化过程，萃取过程中水和萃取剂在形成萃合物时有竞争反应，形成的金属离子萃合物结构中有水和萃取剂两种配体。Sadrne-zhaad 等已证明铼的分配比和温度（T）、酸度（pH）及萃取剂的浓度有如下关系：

$$\ln D_{Re} = -26.47 + \frac{8057.3}{T} + 1.2\ln[H^+] + 3.7\ln[TBP]$$

因此认为萃合物为 4TBP·HReO$_4$，但是缺乏在 TBP 萃取铼时水的行为的定量分析资料，为此 Davoud F Haghshensa[5] 等进一步研究了 TBP 从硫酸介质中萃取铼的机理。

将 TBP 溶于稀释剂煤油中得到一定浓度的有机相。考察了水相中有无 SO$_4^{2-}$、ReO$_4^-$ 离子时，TBP 对水的萃取结果，从而推导出 TBP 对铼的萃取机理。实验中采用卡尔·费休法测定水的含量，用吡啶作碱。

图 11 – 10 为水相中不存在高铼酸（ReO$_4^-$）时，在不同浓度的硫酸溶液中，TBP 浓度变化时对其从水相中萃取水量的影响关系图。结果表明，水的萃取量是

随着 TBP 浓度的增加而增加的；当水相中酸度增加时，$\lg[H_2O]$对 $\lg[TBP]$ 作图所得直线斜率也稍有增加。当 H^+ 浓度分别为 0.00、0.17、1.01 和 4.01 mol/L 时，直线斜率分别为 1.67、1.71、1.73 和 1.98。斜率大小为此条件下 TBP 与水结合的分子数。

当溶液中含 4 mol/L 的酸时，每两个 TBP 分子与一个水分子形成配合物，即萃取剂 TBP 与水形成的配合物结构为：$2TBP \cdot H_2O$。用较低浓度 TBP 萃取水时，TBP 与水形成的萃合物组成是以一种混合的形式存在的，即为 $TBP \cdot H_2O$ 和 $2TBP \cdot H_2O$ 两种结构的混合体。

图 11-11 为水相中存在高铼酸但无硫酸时，TBP 浓度变化对其萃取水量的影响关系图。结果显示，水被 TBP 的萃取量基本上与酸度大小无关，铼离子浓度影响直线的斜率。说明在此条件下，不同浓度 TBP 萃

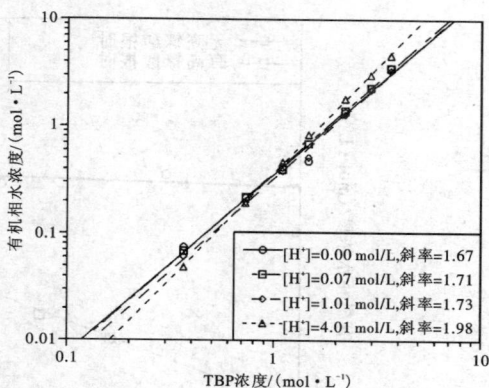

图 11-10 无高铼酸时 TBP 浓度对 TBP 萃水量的影响

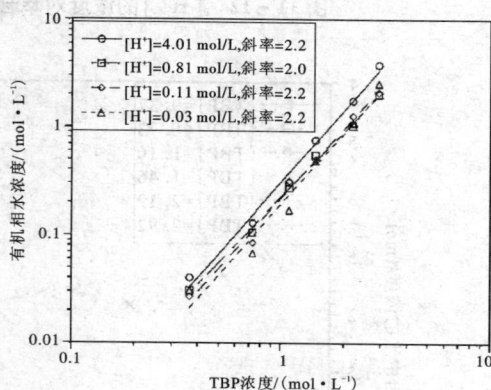

图 11-11 高铼酸存在时 TBP 浓度对水的萃取量的影响

取水时，TBP 与水形成的萃合物结构不变，为 $2TBP \cdot H_2O$。

进一步考察了高铼酸的存在，H^+ 浓度对 TBP 萃取水量的影响（图 11-12）。水相中有硫酸，也有 ReO_4^- 存在时，TBP 萃取水的量要比有硫酸但没有 ReO_4^- 存在时要低些。这是因为溶液中的部分 TBP 分子与 ReO_4^- 结合，减少了有机相中自由 TBP 分子数量。当 H^+ 浓度增加时，TBP 萃取水的量也明显增加，萃合物中水分子数也增加。

从图 11-13 可知，在 TBP 浓度较低，H^+ 浓度增加（硫酸浓度增加）对 TBP 萃取水量没有影响。TBP 浓度较高，H^+ 浓度最初增加时，水的萃取量先降低，随后增加。说明在高酸度时 TBP 萃取水的能力较强而导致其萃取水的量明显增加

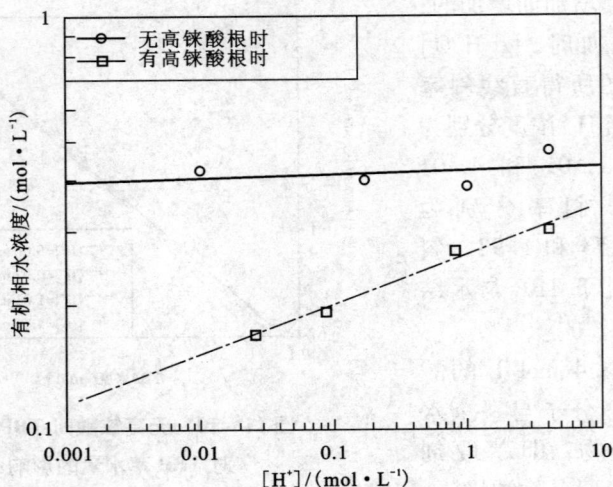

图 11 – 12   [H⁺]的浓度对萃合物中水含量的影响

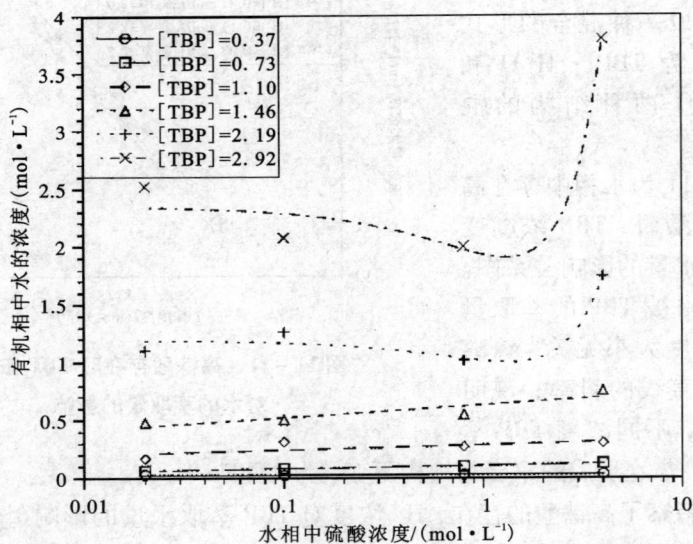

图 11 – 13   改变[H⁺]浓度，不同浓度 TBP 对萃水量的影响

([TBP] = 2.92 时的曲线)。

以上结果表明，在硫酸溶液中 TBP 萃取高铼酸时水参与萃取反应，因此对 Sadrnezhaad 的研究结论可作出修正，TBP 萃取铼酸的过程可以表示如下：

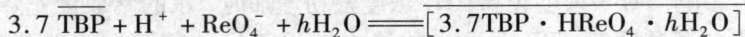

$$3.7\overline{TBP} + H^+ + ReO_4^- + hH_2O \Longrightarrow \overline{[3.7TBP \cdot HReO_4 \cdot hH_2O]}$$

为了测定 h，采用斜率法，$\lg D_{Re}$ 对 $\lg[H_2O]$ 作图。图 11-14 表示在 27℃时，$\lg D_R$ 对 $\lg[H_2O]$ 的变化曲线。不同 $[H^+]$ 浓度下（0.03，0.11，0.81，4.01），所得直线斜率是 1.7、1.7、1.8 和 1.6。

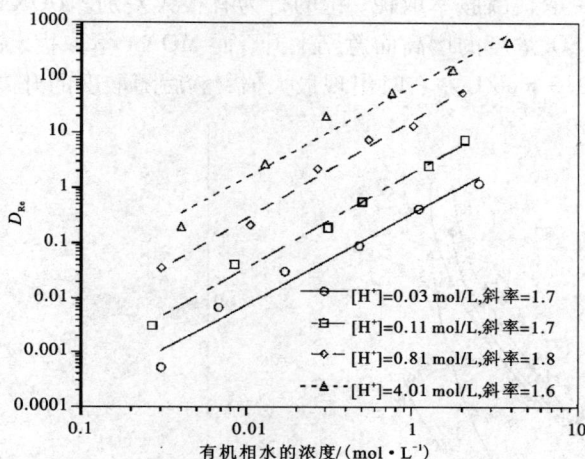

图 11-14 27℃时 $\lg D_{Re}$ 与 $\lg[H_2O]$ 的关系图

所得平均斜率 $\lg D_{Re}/\lg[H_2O]$ 约为 1.7。说明萃合物分子结构中水分子数分别为 1 和 2 的混合物（2 个水分子的配合物占 70%；1 个水分子的配合物占 30%，两者之和为 1.7）。这样可用以下式子来描述 TBP 萃取 ReO_4^- 的萃取反应式：

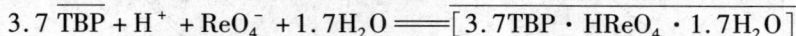

$$3.7\overline{TBP} + H^+ + ReO_4^- + 1.7H_2O \Longleftrightarrow \overline{[3.7TBP \cdot HReO_4 \cdot 1.7H_2O]}$$

得出萃取剂 TBP 分子数为 3.7，这表明萃取反应生成两种溶剂化物，一种为 4 mol TBP 与 1 mol $HReO_4$ 及 2 mol H_2O 的配合物，其量占 70%，另一种为 3 mol TBP 与 1 mol $HReO_4$ 及 1 mol H_2O 的配合物，量占 30%。反应方程分别表示为：

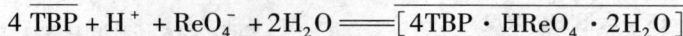

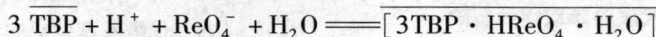

$$4\overline{TBP} + H^+ + ReO_4^- + 2H_2O \Longleftrightarrow \overline{[4TBP \cdot HReO_4 \cdot 2H_2O]}$$

$$3\overline{TBP} + H^+ + ReO_4^- + H_2O \Longleftrightarrow \overline{[3TBP \cdot HReO_4 \cdot H_2O]}$$

11.2.4 N-取代酰胺萃取铌钽机理[6]

有机相用 N,N-二仲辛基乙酰胺（DOAA）和 N-仲辛基乙酰胺（MOAA）配成所需浓度的二甲苯溶液。

水相用纯度 99% 的 Nb_2O_5 或 Ta_2O_5 溶于浓 HF 中制得高浓度铌或钽溶液，再用稀 HF 或 H_2SO_4 配制成所需浓度的溶液，用重量法标定金属浓度，以容量法测酸度。低浓度铌或钽溶液用纯度 99.99% 的金属氧化物配制。

1）水相酸度对 DOAA 与 MOAA 萃取铌、钽的影响

水相 HF 或 H_2SO_4 的浓度变化对 DOAA 与 MOAA 萃取铌、钽的影响见图 11-15~图 11-18。从图 11-15 和图 11-16 可以看出，水相 HF 浓度对铌、钽

萃取的影响是不同的。DOAA 与 MOAA 萃取铌的分配系数均随 HF 浓度的增高而上升(图 11 – 15),但它们萃取钽的分配系数均在 HF 浓度为 0.3 ~ 0.5 mol/L 之间出现最大值(图 11 – 17)。图 11 – 16 和图 11 – 18 的数据说明,水相 H₂SO₄ 浓度对不同结构的 N – 取代酰胺萃取铌、钽的行为有很大差别。DOAA 萃取铌、钽时,分配系数均随 H₂SO₄ 浓度的增高而急剧上升,而 MOAA 萃取铌、钽的分配系数都在 H₂SO₄ 浓度为 3.5 mol/L 左右时出现最大值,然后随酸度的升高而又明显下降。

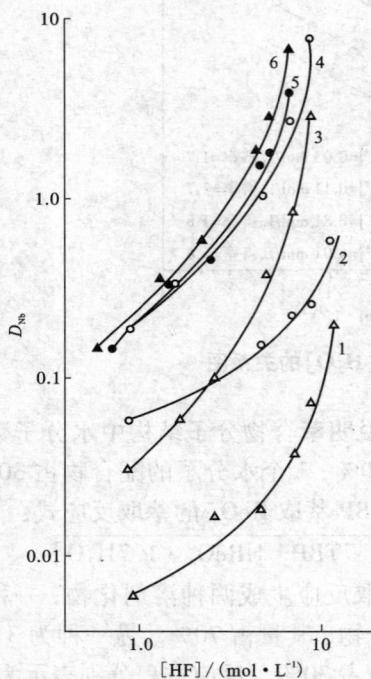

图 11 – 15 水相 HF 浓度对
N – 取代酰胺萃取铌的影响

[Nb] 6.32 × 10⁻⁴ mol/L;
1—MOAA 0.2 mol/L [H₂SO₄] 0;
2—DOAA 0.2 mol/L [H₂SO₄] 0;
3—MOAA 0.2 mol/L [H₂SO₄] 1.445 mol/L;
4—DOAA 0.2 mol/L [H₂SO₄] 1.445 mol/L;
5—DOAA 0.1 mol/L [H₂SO₄] 3.425 mol/L;
6—MOAA 0.1 mol/L [H₂SO₄] 3.425 mol/L

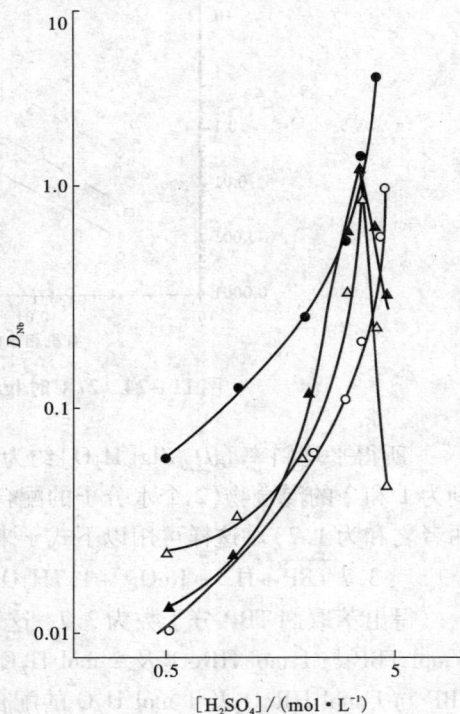

图 11 – 16 水相 H₂SO₄ 浓度对
N – 代酰胺萃取铌的影响

[Nb] 6.32 × 10⁻⁴ mol/L;
○—DOAA 0.1 mol/L [HF] 0.81 mol/L;
●—DOAA 0.1 mol/L [HF] 4.89 mol/L;
△—MOAA 0.2 mol/L [HF] 0.88 mol/L;
▲—MOAA 0.1 mol/L [HF] 4.88 mol/L

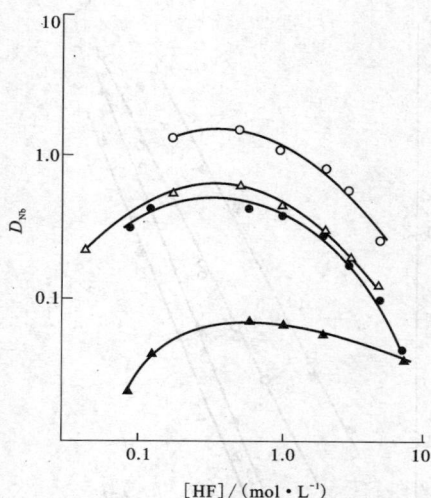

图 11 – 17 水相 HF 浓度对
N – 取代酰胺萃钽影响

[Ta] 8.40×10^{-5} mol/L, [萃取剂] 0.1 mol/L;
●—DOAA; ▲—MOAA [H_2SO_4] 0
○—DOAA; △—MOAA [H_2SO_4] 0.445 mol/L

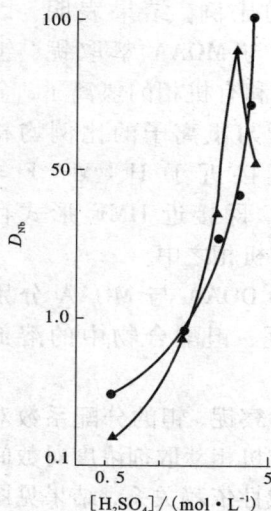

图 11 – 18 水相 H_2SO_4 浓度对
N – 取代酰胺萃取钽的影响

[Ta] 8.40×10^{-5} mol/L, [HF] 5.01 mol/L;
●—DOAA 0.1 mol/L;
▲—MOAA 0.1 mol/L

2) DOAA 与 MOAA 分别萃取 HF 和 H_2SO_4 的行为

为了阐明水相酸度对萃取剂萃取性能的影响,考察了 DOAA 与 MOAA 分别萃取 HF 和 H_2SO_4 的行为(图 11 – 19)。从图 11 – 19 可以看出,DOAA 萃取 HF 的效率总是大于 MOAA,两个萃取剂在 [H_2SO_4] < 2.5 mol/L 时均基本不萃取硫酸,但随 [H_2SO_4] 的升高,MOAA 萃取 H_2SO_4 的量显著增加,而 DOAA 的萃取效率则增大有限,且在 [H_2SO_4] > 3.5 mol/L 时又明显下降。

3) DOAA 与 MOAA 萃取铌、钽饱和有机相的组成测定

为研究萃取配合物的组成,测得饱和有机相中氢离子、金属离子(M)与氟

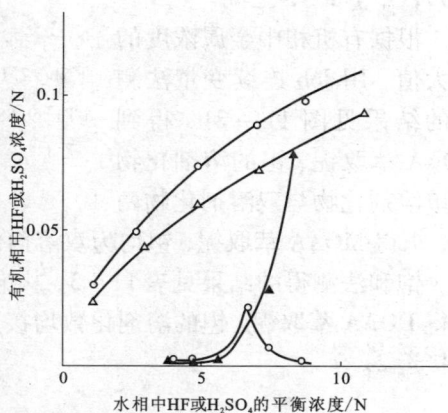

图 11 – 19 DOAA 与 MOAA 萃取 HF
和 H_2SO_4 行为(萃取剂量 0.1 mol/L)

○—DOAA; △—MOAA 萃取 HF; ●—DOAA;
▲—MOAA 萃取 [H_2SO_4] [因资料来源历史原因,
图中坐标保留原文曾使用的当量(N)单位]

离子的比例，结果表明，以DOAA 与 MOAA 萃取铌、钽时，饱和有机相的氢离子、金属离子与氟离子的比例均相近，都接近于 H : M : F = 1 : 1 : 6，即接近 HMF$_6$ 形式存在于有机相之中。

4）DOAA 与 MOAA 分别萃取铌、钽配合物中的溶剂化数

考察铌、钽的分配系数对数与有机相萃取剂浓度对数间存在线性依赖关系，结果见图11 - 20。

DOAA 萃取铌、钽的直线斜率分别为 1.94 与 1.98，均接近于 2。MOAA 萃取铌、钽的直线斜率则分别为 2.38 与 2.43，介于 2 ~ 3 之间。

根据有机相中金属浓度的最大值，用 Job 连续变量法测得的结果见图 11 - 21，得到 DOAA 萃取铌、钽的溶剂化物有单溶剂化物与双溶剂化物两种，求得 MOAA 萃取铌、钽均为双溶剂化物。

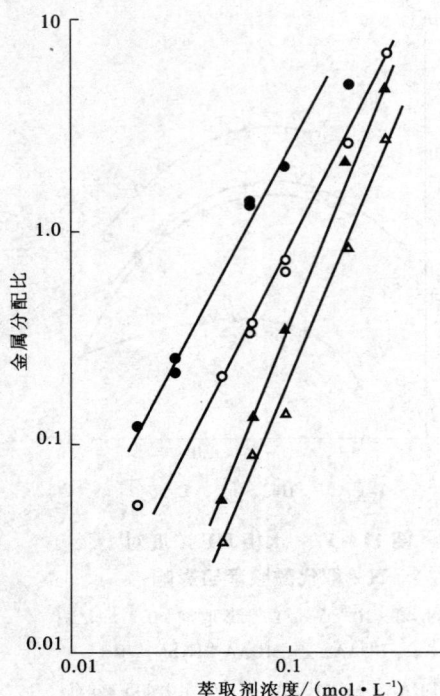

图 11 -20　铌、钽分配系数对 DOAA 与 MOAA 浓度的依赖关系

[Nb] 2.17 × 10^{-4} mol/L，[HF] 6 mol/L，[H$_2$SO$_4$] 3 mol/L；
[Ta] 9.88 × 10^{-5} mol/L，[HF] 1 mol/L，[H$_2$SO$_4$] 0.5 mol/L

○—DOAA - Nb 1.94　●—DOAA - Ta 1.98
△—MOAA - Nb 2.38　▲—MOAA - Ta 2.43

饱和法测得的结果见表11 -5，从饱和有机相的金属与萃取剂的摩尔数之比，求得 DOAA 萃取铌、钽的溶剂化数均接近 1.5，而 MOAA 萃取铌、钽的溶剂化数均接近 2。

表 11 -5　用 1 mol/L DOAA、MOAA 的二甲苯萃取铌、钽的饱和度

有机相	饱和度（M$_2$O$_5$ g/L）		摩尔比（金属/溶剂）	
	Nb	Ta	Nb	Ta
DOAA - 金属饱和	87.25	155.25	1 : 1.52	1 : 1.40
MOAA - 金属饱和	68.45	120.60	1 : 1.98	1 : 1.83

5）DOAA 与 MOAA 萃取铌、钽饱和有机相的红外光谱研究

为了讨论萃合物的结构，研究了 DOAA、DOAA – HF、DOAA – Nb、DOAA – Ta、DOAA – HClO₄、DOAA – HClO₄ – CHCl₃、MOAA、MOAA – HF、MOAA – Nb、MOAA – Ta、MOAA – HClO₄ 及 MOAA – HClO₄ – CHCl₃ 的红外光谱（图 11 – 22，图 11 –23，图 11 –24）。

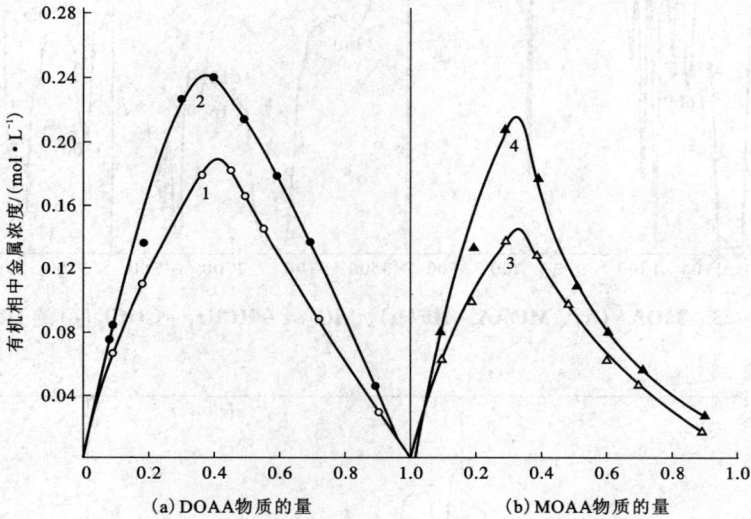

图 11 – 21   DOAA(a) 及 MOAA(b) 与铌、钽的 Job 曲线

(a)1—DOAA – Nb; 2—DOAA – Ta, M/S = 1/1.5

(b)3—MOAA – Nb; 4—MOAA – Ta, M/S = 1/2

[HF] = 5 mol/L, [H₂SO₄] = 4 mol/L

Nb 与萃取剂总浓度 0.611 mol/L; Ta 与萃取剂总浓度 0.80 mol/L

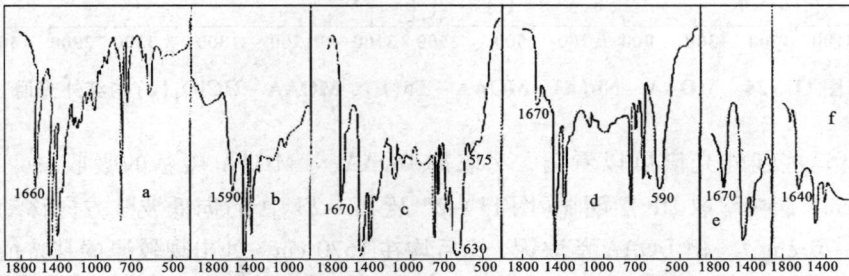

图 11 – 22   DOAA(a)、DOAA – HF(b)、DOAA – Nb(c)、DOAA – Ta(d)、
DOAA – HClO₄ (e)、DOAA – HClO₄ – CHCl₃(f) 的 IR 光谱

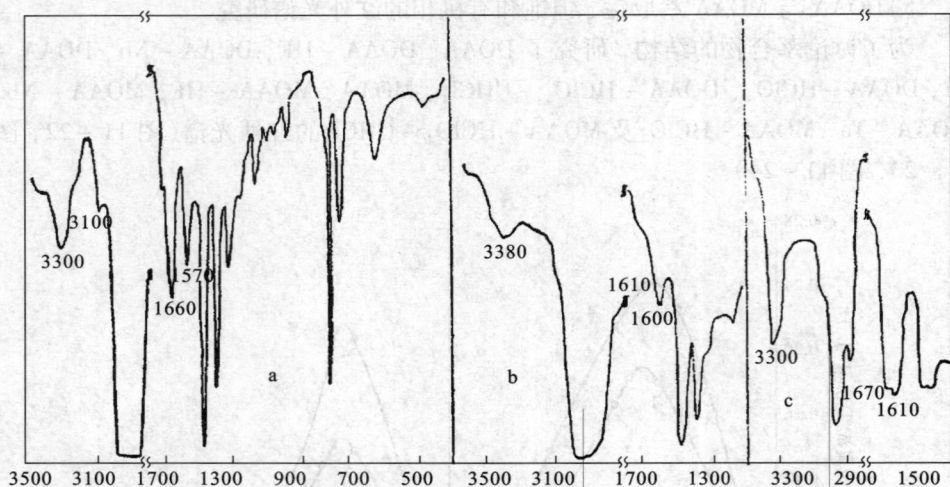

图 11-23 MOAA(a)、MOAA-HF(b)、MOAA-HClO₄-CHCl₃(c) 的 IR 谱图

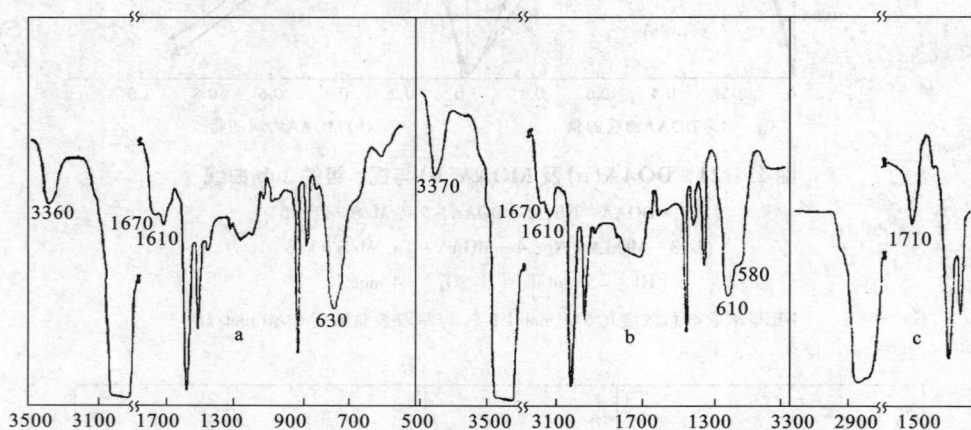

图 11-24 MOAA-Nb(a)、MOAA-Ta(b)、MOAA-HClO₄(c) 的红外光谱

从这些红外光谱可以看出，萃取剂 DOAA 与 MOAA 羰基的吸收（$\nu_{C=O}$）为 1660 cm^{-1}，在萃取 HF 后明显（图 11-22 及 11-23 中 b）向低波数方向移动，$\Delta\nu$ = 60~70 cm^{-1}。但 DOAA 萃取铌、钽后均在 1670 cm^{-1} 处出现较原羰基特征频率为高的吸收峰（图 11-22 中 c、d），这个吸收峰归属于 C=N 键的吸收（$\nu_{C=N}$）。说明 DOAA 萃取铌、钽不是单纯的羰基配合过程。同时，DOAA 或 MOAA 萃取铌、钽后的红外光谱在 1000~800 cm^{-1} 区间没有发现归属于 Nb=O（905 cm^{-1}）或 Ta=O（895 cm^{-1}）的特征吸收峰（实验测得 K₂MOF₅ 的 $\nu_{Nb=O}$ 为 970 cm^{-1}，$\nu_{Ta=O}$

为 930 cm^{-1}）。此外，DOAA 在萃取铌、钽后的红外光谱图在 630 与 590 cm^{-1} 处有分别属于 NbF$_6^-$ 及 TaF$_6^-$ 离子的特征吸收峰，而在 570 cm^{-1} 处有极弱的、类似于 NbF$_7^{2-}$ 离子的特征吸收峰，MOAA 在萃取铌、钽后也在 630、610 及 580 cm^{-1} 处出现类似的特征频率。

从上述五方面的研究结果可以看出，用 N – 取代酰胺从 HF – H$_2$SO$_4$ 中萃取铌、钽不论是微量还是常量，都是以不含 M＝O 基团的金属氟配酸形式进入有机相。在有机相高负载时，经测定饱和有机相的氢离子、金属与氟离子的比例，金属主要是以 HMF$_6$ 形式被萃取的。在金属浓度较低（10^{-5} ～ 10^{-4} mol/L）时，进入有机相的除 HMF$_6$ 外，还可能有 H$_2$MF$_7$。由图 11 – 16 和图 11 – 18 可以看出，在 MOAA 萃取铌、钽时，随硫酸浓度的增高而分配系数出现极大值。这可能与 MOAA 在 [H$_2$SO$_4$] > 3.5 mol/L 时大量萃取 H$_2$SO$_4$ 有关。这个极大值的出现也有助于说明铌、钽在有机相中是以氟配酸形式存在的。因为卤配酸的萃取受到有机相中总氢离子浓度的影响较大，HF 是很弱的酸，它大量进入有机相对总氢离子浓度的贡献甚小，因此对铌、钽的萃取分配影响不大；而 H$_2$SO$_4$ 是较 HF 强得多的酸，它进入有机相将大大增加总氢离子浓度，势必导致铌、钽的氟配酸萃取剧降，从而出现分配系数极大值。由于 DOAA 萃取 H$_2$SO$_4$ 的能力极差（图 11 – 19），所以它对铌、钽的萃取行为与 MOAA 差别很大。

由于在 DOAA 与 MOAA 萃取铌、钽的红外光谱中没有观察到铌、钽硫酸盐配合物的特征吸收。在 lgD_M – lg[H$_2$SO$_4$] 关系中（图 11 – 16、图 11 – 18），当 H$_2$SO$_4$ 浓度低时，存在斜率接近 1 的直线，说明由于氢离子浓度的变化而影响萃取平衡。当 H$_2$SO$_4$ 浓度高时，由于它的吸水性，极大地改变水相金属离子活度，促使可萃形式进一步生成，从而导致萃取分配系数急剧上升，因此，H$_2$SO$_4$ 在萃取过程中的基本作用是盐析效应。

至于 HF 对铌、钽萃取的影响，显然与铌、钽和氟离子的配合能力及水解效应有关。根据有关研究结果，认为在 HF 浓度低时，铌主要是以 NbOF$_5^{2-}$ 不可萃形式存在，而钽则以 TaF$_6^-$ 及 TaF$_7^{2-}$ 两种可萃形式出现；在 HF 浓度高时，铌的可萃形式 NbF$_6^-$ 增多，从而促使萃取分配系数上升，而钽则生成更高负电荷的不可萃多价配合阴离子。

N – 取代酰胺萃取铌、钽氟配酸的溶剂化数随前者的结构及配合条件而异。在配位体大大过量时，溶剂化数较高。用 DOAA 萃取时形成二溶剂化物，而 MOAA 萃取时则形成二与三溶剂化物（图 11 – 20）。在配位体与金属比例相近时，DOAA 与铌、钽分别形成一与二溶剂化物，而 MOAA 与铌、钽形成二溶剂化物（图 11 – 21 与表 11 – 5）。由此可见，有机相中萃取配合物组成主要是 HMF$_6$ · nS，也可能含 H$_2$MF$_7$ · nS，式中 M 为 Nb 或 Ta；S = DOAA，n = 1 与 2；S = MOAA，n = 2 与 3。

分析红外光谱（图 11 – 22 ～ 图 11 – 23）可以看出，只有在萃取 HF 时，DOAA

与 MOAA 的 $\upsilon_{C=O}$ 有显著下降，$\Delta\upsilon_{C=O}$ 为 $60 \sim 70$ cm^{-1}，说明是氧配位萃取。其余萃取后有机相的红外光谱均在 1670 cm^{-1} 处出现吸收峰，这可能是 C ═N 键产生的吸收 $\upsilon_{C=N}$。这与酰胺在与不同强度酸的相互作用下产生不同的结构有关，DOAA 与 MOAA 在 HF - H$_2$SO$_4$ 中对金属卤配酸的萃取可用下式表示：

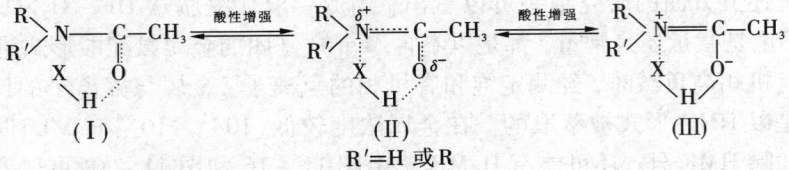

$$
\underset{(\text{I})}{\overset{\displaystyle R}{\underset{\displaystyle R'}{\diagup}}\hspace{-2pt}N-\overset{O}{\overset{\displaystyle\Vert}{C}}-CH_3 \;\underset{X\cdots H}{}}
\;\xrightarrow{\text{酸性增强}}\;
\underset{(\text{II})}{\cdots}
\;\xrightarrow{\text{酸性增强}}\;
\underset{(\text{III})}{\cdots}
$$

R′═H 或 R

　　式中的（Ⅰ）为取代酰胺的酮式结构，（Ⅰ）经（Ⅱ）过渡到烯醇式结构（Ⅲ），在酸的作用下有利于酮式结构向烯醇式结构转换。萃合物的结构主要取决于被萃取无机配合离子的酸度，即它们在有机相中的离子特征。酸分子中的氢离子总是与酰胺的羰基氧原子配位，随着被萃酸分子的酸性增强，烯醇式含量增加，萃取剂分子极性增加，其阴离子可与酰胺分子中带有一定正电荷的氮原子的偶极相互作用，形成与氮原子的"配位"，这种与氧、氮原子间的同时相互作用，简称双配位，但与一般螯合双配位是有区别的。HF 为弱酸，萃取剂主要以酮式结构存在（式Ⅰ），它的萃取是氧配位，在红外光谱上表现为 $\upsilon_{C=O}$ 的下降。可以预期，随着被萃离子酸性增强，极性增加，缔合愈弱，酸的阴离子与氮原子的相互作用增强，出现（Ⅱ）结构。当被萃离子的酸性再增强时，极性加大到萃取剂分子出现正、负电荷，形成 C ═N 双键，更趋于氧、氮双配位，在红外光谱中出现 $\upsilon_{C=N}$ 的吸收峰。通过考察 DOAA 与 MOAA 萃取 HClO$_4$ 后的红外光谱发现它们的羰基特征频率的改变情况确实与萃取铌、钽时完全一致，验证了上述萃取机理。MOAA 只有一个取代烷基，空间结构上具有有利条件，与强酸作用时容易形成（Ⅲ）结构，因此，在 MOAA 萃取 HClO$_4$ 的红外光谱中有 C ═N 基的特征吸收峰（1710 cm^{-1}）（图 11 -24 中 c），也证实上述机理。可以预期，当出现这类相互作用时应有利于萃取，也就是在这种情况下 MOAA 的萃取能力要大于不能形成（Ⅲ）式的 DOAA。这两个化合物对硫酸的萃取行为是很好的说明：MOAA 在硫酸浓度较高时形成式Ⅱ与式Ⅲ结构，所以它对硫酸的萃取大大超过 DOAA。同样，在硫酸浓度较高时，MOAA 萃取铌、钽的分配系数已接近 DOAA，特别在萃取钽时，硫酸浓度大于 1.5 mol/L 时就超过 DOAA（图 11 -16，图 11 -18）。

　　上述相互作用的"双配位"机理还可以从 MOAA 红外光谱 $\upsilon_{>NH}$ 的变化得到证实。在 MOAA 萃取 HClO$_4$（图 11 -24 中 c）时，原有的 $\upsilon_{>NH}$ 3300、3100 cm^{-1} 及 $\upsilon_{酰胺\,II}$ 1570 cm^{-1}（图 11 -23 中 a）完全消失，当 MOAA - HClO$_4$ 用氯仿稀释时（图 11 -23 中 c），由于减弱了 HClO$_4$ 与 MOAA 分子间的相互作用，萃取配合物由式Ⅲ转回式Ⅱ，红外光谱由 $\upsilon_{C=N}$（1710 cm^{-1}）转化为 $\upsilon_{C=O}$（1670 cm^{-1}），而 $\upsilon_{>NH}$ 又

重新出现。由于萃合物中的 N—H 键不再是原 MOAA 中的缔合 N—H 键，所以它的特征频率向高波数方向移动。此外，萃取后的有机相黏度低于原始有机相黏度的事实，也说明萃取前后有机分子缔合程度改变。

　　至于 DOAA，由于结构空间阻碍影响，能形成式Ⅲ结构，所以它萃取高氯酸后的红外光谱与 MOAA 的情况有较大差别，而与萃取铌、钽后的特征相似。这说明 DOAA 的萃取主要是按式Ⅱ进行的。

参考文献

[1] 王开毅, 成本诚, 舒万银. 溶剂萃取化学[M]. 长沙: 中南工业大学出版社, 1991.

[2] 张祥麟, 成本诚. N263 萃钨机理研究[J]. 稀有金属, 1980, (93): 23 - 28.

[3] 徐光宪, 袁承业. 稀土溶剂萃取化学[M]. 北京: 科学出版社, 2010.

[4] Xiao Lin, Hongbin Cao, Yuping Li, etal. Spectroscopic Study on the Solvent Extraction of Chromium (4) and Vanadium (5) by Primary Amine [C]. 16th International Solvent Extraction Conference, 2008: 1159.

[5] Davoud F Haghshenas, Dariush Darvishi, Eskandar K. Alamdari, etal. Mechanism of Rhenium Extraction with TBP in Presence of Sulphuric Acid [C]. 19th International Solvent Extraction Conference, Chapter 2, 2011, Santiago, Chile.

[6] 李树森, 袁承业. N - 取代酰胺萃取铌、钽的机理[J]. 化学学报, 1975, 33(1): 12 - 21.

第 12 章 萃取动力学研究方法

曾理　中南大学冶金与环境学院

目 录

12.1　概述

　　Danesi 和 Chiarizia 指出不同的实验技术和浓度条件可能会使一个反应由化学反应控制机理转变为扩散控制机理或混合控制机理；反之亦然[1]。萃取动力学的实验室研究是为了认识萃取过程中反应区位置、控制步骤及反应机理等内容，所以，选择合适的萃取动力学研究方法对实验结果可靠性的判断非常重要。目前，萃取动力学研究常用的实验方法有搅拌池法（增强搅拌池法、恒界面池法）[2-5]、单液滴法[6,7]（包括上升液滴法、落液滴法、生长液滴法）、旋转扩散池法（RDC）[8-10]、离心分配色谱法（CPC）[11]、AKUFVE 法[12]、停流法[13,14]、支撑液膜法[15]、中空纤维膜法[16]、层流喷射法等。在上述方法中，搅拌池法和单液滴法是研究萃取动力学最常用的两种方法，尤其是恒界面池法由于其在模拟实际萃取反应过程方面的优越性而得到最为广泛的应用，恒界面池法不仅可以考察两相接触面积的影响，而且实验时搅拌速度可在足够宽的范围内变化，因此是判别萃取速率控制模式最有效的手段之一。本章将对单液滴法和恒界面池法作比较详细的介绍。除了以上所述的"微观层面"上的萃取动力学研究方法外，本章还将介绍一种"宏观层面上"的萃取动力学实验研究方法。

对于扩散类型萃取过程，其主要特征就是萃取速度与两相搅拌强度和两相界面积都有关系。

在混合类型萃取过程中，萃取速度同化学反应速度和扩散速度都有关系，所以它也依赖于搅拌强度和两相界面积，在这种情况下，想要确定萃取过程究竟是属于扩散类型还是混合控制就比较困难了。

在具有相内化学反应的动力学类型中，萃取速度既不依赖于两相搅拌强度，也不依赖于两相的界面积。

在具有界面化学反应的动力学类型中，当两相组成一定时，萃取速度与搅拌强度无关，但同两相界面积呈正比，而当两相界面积恒定时，萃取速度同体系的组分浓度有关。

有的文献报道，萃取速度随着搅拌强度增加不断加快，出现不再增高的平台，是由扩散控制过渡到反应控制，如图 9 – 5 所示。实际上，扩散控制随着搅拌强度提高，也能出现不再增高的平台，实验证明，两相间扩散层（即停滞层）的扩散阻力，并不能因为搅拌强度的增高而完全消除。分散的过小的液滴内部液体的循环流动性很差，扩散层不会被消除，因此界面层中的扩散也不能完全消除。

此外，活化能也常常用来判别萃取过程的反应机制，一般认为活化能大于 50 kJ/mol，可能是化学反应控制；小于 10 kJ/mol，可能是扩散控制，两者之间则为混合控制。但这也不是绝对的，在萃取过程中，有的化学反应控制的复杂过程活化能也很低。

事实上，即使是同一体系，由于反应速率和扩散速率对反应物浓度的依赖关系不一样，控制机制可能因为反应物的浓度不同而发生变化。因此，判别萃取过程动力学类型时，应该利用多方面的数据进行判断。

12.2　"微观层面"的萃取动力学研究方法

"微观层面"的萃取动力学实验室研究是为了认识萃取过程中反应区位置、控制步骤、反应机理。

12.2.1　增强搅拌池法

增强搅拌池法又称高速搅拌池法，其转速可高达 20000 r/min。该法约在 20 世纪 60 年代提出。因它具有较高的机械搅拌强度，与实际工艺条件相似而受到萃取化学工作者的重视，但也正因搅拌强度高，体系界面积难以确定，在萃取动力学机理研究中其应用受到一定限制。该法研究萃取动力学中比较具有代表性的实验装置是 AKUFVE[17, 18]。1982 年，Watarai 等人对高速搅拌池法做了大胆的改进（图 12 -1），采用聚四氟乙烯微孔相分离器，在高速搅拌条件下选择性地抽滤出本体有机相，并将该有机相浓度与界面过剩关联而解决了界面积的求算问题。同时该法基本消除了扩散作用对传质带来的影响，使人们能够较容易观察反应速率常数与界面积的关系，从而能够较正确地认识反应机理。

在高速搅拌情况下，可认为消除了扩散对传质的影响，因此在讨论萃取动力学模式时，主要的问题是界面化学反应控制还是相内化学反应控制，或是二者兼而有之。理论上，只要搅拌速度足够快，分散的液滴直径可以变得足够小，通常为 200 μm，大概为扩散层厚度的 10 ~ 20 倍。然而，当搅拌速度快到一定值后，细小液滴间的聚结限制了其直径继续变小[19]。此时，搅拌速度对传质速率基本上没有什么影响了。

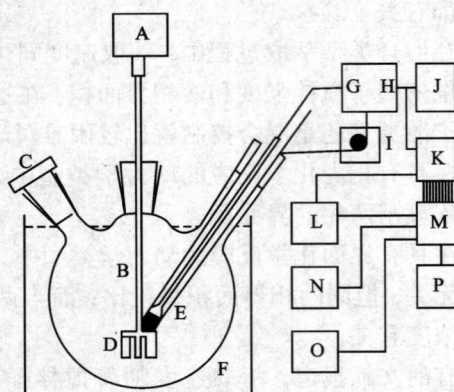

图 12 -1　增强搅拌池示意图

A—高速搅拌马达；B—搅拌杆；C—加料口；D—特氟龙搅拌棒；E—聚四氟乙烯相分离器；F—恒温水浴槽；G、H—检测系统（流动池 + 分光光度计）；I—蠕动泵；J—图表记录仪；K—交直流电转换器；L—计时器；M—微型电脑；N—磁盘驱动器；O—打印机；P—绘图仪

当采用图 12 -1 所示的实验装置进行萃取反应动力学研究时，反应器容积一般为 100 ~ 300 mL 不等，且内壁应设计有阻挡板，以免高速搅拌时液体整体旋转。实验在恒温下进行。循环泵和相分离器密切连接，这样可连续不断地将有机相从高速搅拌体系中抽滤出来，然后送入检测系统。检测系统主要由分光光度计或其他测试仪器组成，可以及时对通过的有机相中的萃取剂浓度或被萃物浓度进行跟踪检测。实验时，可将有机相先加入，再开动马达，转速稳定后，从加料口加入被萃物，同时记时，并令检测系统开始工作。

萃取剂因具有表面活性，极易在界面上吸附。当体系的搅拌强度增加时，相间界面积也增加，导致萃取剂在界面上的吸附总量也随之增加，从而使体相内萃取剂浓度降低。因此，可以通过检测本体有机相中萃取剂浓度的变化来判断界面积的变化[20]。

由李传博和郑卫芳最新设计改进的高速搅拌池如图 12 -2 所示[21]。反应容器尺寸为 3 cm × 3 cm × 6 cm。其中，水相体积为 15 mL，有机相体积为 30 mL。搅拌桨处于水相中。将聚丙烯短纤维填充在直径为 3 mm 的塑料管中，高度约

8 mm，作为分相器。因聚丙烯纤维的亲油性大于亲水性，故可以很好地将两相分开。用自制的分相器可连续取出高速搅拌体系中的本体有机相，当转速小于 2000 r/min、取样流量不大于 15 μL/s 时，有机相样品中水的含量为零。取样时间和取样间隔时间由双回路时间继电器控制，取样时间误差小于 0.1 s。由蠕动泵连续抽取取样，取样管线内的样品之间设有空气段间隔，避免了前后两段样品在管内流动时发生传质。

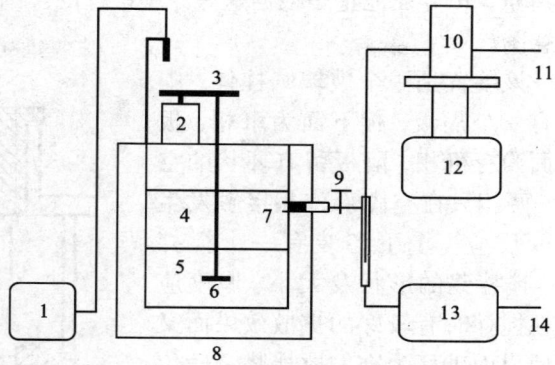

图 12-2 一种改进的高速搅拌反应装置示意图

1—测速仪；2—电机；3—传动轮；4—有机相；5—水相；6—搅拌桨；7—分相器；8—水浴槽；9—阀门；10—常闭型电磁阀；11—空气阻隔器；12—双回路时间继电器；13—蠕动泵；14—取样口

该反应装置具有一定的自动化程度，操作简便，所需料液少，能实现两相在剧烈混合时的分相、快速、准时取样。

高速搅拌池法作为萃取动力学研究的一种方法，其转速可高达 20000 r/min，基本上可以消除像液滴法、恒界面池法等由于扩散作用给实验结果带来的影响，为区分萃取是体相控制还是界面控制提供了途径。

高速搅拌池法与实践生产工艺相似，因而萃取过程的研究结果对实践具有指导意义。该法尤适用于慢反应体系的动力学研究。对于快反应，由于在高速搅拌状态下，两相间的有效接触面积很大，萃取过程在很短时间内完成，取样和数据处理则比较困难。

高速搅拌池法的局限性在于当搅拌速度超过临界值时，由于聚结效应，液滴直径和搅拌速度之间的比例关系也随之被打破，实验结果有时候对研究者判断反应控制步骤产生误导。

以高速搅拌法来研究萃取体系的报道不多，欲对这一方法作出更合理、更确切的评价还需要做更多的工作。如果能克服上述缺点，增强搅拌法对于慢反应体系萃取动力学研究无疑是一种非常有效的方法。

12.2.2 恒界面池法

恒界面池法是 Lewis 在 1954 年首先提出并使用的，故又称 Lewis 池法。该法易于操作，使用范围广，可用于各种萃取体系的动力学研究。在液-液界面恒定、界面状态稳定的情况下，测定相间传质与时间的关系便可确定萃取速率；根据速率与物料浓度、界面积的关系，便可确定速率方程及对萃取过程控制步骤给出判断。恒界面池正是根据这一原理设计的。图 12 - 3 为典型的恒界面池的装置示意图。

　　该装置是一个玻璃圆柱体,中间有一个隔板,板下面为水相,板上面为有机相,隔板留有环状的空隙,两相只在空隙部位相接触发生萃取反应。上下各装有一个搅拌器,搅拌桨的形状及大小、厚度应以在搅拌时有较好的扩散效果而又不使界面破坏为准。搅拌桨一般位于各相的中间位置,且在整个实验中其位置基本不变。两个搅拌器反方向旋转,两相液体在各自的室里均匀搅动。界面上的两相液体既有相反方向的旋转运动,同时也有上下翻转运动,尽量减少界面停滞层的厚度以保证界面膜层厚度最小,但是界面应该是平稳的,不相互混合,没有明显的波纹。

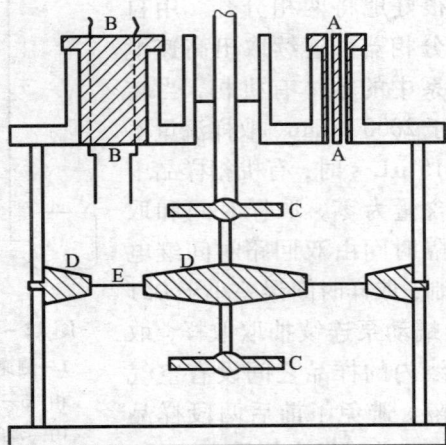

图 12 - 3　最初 Lewis 池设计示意图
A—带塞进料口;B—电极插孔;C—平叶搅拌桨;
D—静止挡板;E—环形相界面

　　用恒界面池研究萃取动力学,所测定的数据仅仅是不同时间间隔水相或有机相被萃组分浓度的变化,因而使用方法简单。实验测定前,一般要对装置进行调试,以确定较佳的转速,使得扩散较快而界面无明显扰动。两界面间挡板的存在使得 Lewis 池可以在一个较宽的转速范围内进行搅拌而界面无明显扰动。由于界面恒定,发生在界面上的反应及传质不会受到流体动力学的影响。因此,该方法可以用来清楚地判定反应发生在相内还是在界面以及反应受扩散控制还是化学反应控制。

　　恒界面池技术的关键是萃取过程中保证相界面积恒定和界面状态稳定。上述装置在实际应用中往往因搅速受限而难以消除扩散的影响,同时还因取样的耽搁、界面位置的变化给实验带来偏差。围绕这些问题,许多萃取化学工作者对恒界面池进行了改进[22-25]。国内外一些学者和研究单位从消除扩散和自动检测两方面同时改进设计了恒界面池,获得了较好效果。

　　例如,由郑重和李德谦设计的层流恒界面池脱离了 Lewis 最先设计的圆柱形结构,为 Lewis 恒界面池的新发展。该池横截面为长方形,搅拌桨分别位于池的两端,流体在导向板的作用下发生逆向层流运动[26-28]。由于层流运动没有垂直于相界面的流体运动,所以在较高的搅拌速度下,仍能保持相界面稳定,其结构如图 12 - 4 所示。由于传质速率在扩散控制时与相界面的两相流体运动速度有关,所以使用该恒界面池时,可以用界面附近的平均线性流速来衡量传质速率,故传质速率与流体的平均线性流速关系很容易重复,实验重现性好。在层流恒界面池中,两相的搅拌强度也必须控制在避免形成涡流的范围内,以确保两相间有固定的界面积。

图 12 – 5 为澳大利亚联邦科学与工业组织矿物部(CSIRO Minerals)研究人员设计改进的 Lewis 池装置示意图[29],并建立了可连接紫外及可见光(UV – Vis)在线自动分析检测系统。该实验装置能够在线检测萃取过程中待萃组分在有机相中的即时浓度。实验过程中,紧邻两相接触界面的有机相由泵通过一直径为10 mm的 PVC 管连续不断地泵入到 UV – Vis 检测仪中,并在被萃金属吸收峰波长处检测其吸收信号强度。检测值通过与负载标准金属浓度有机相的吸收曲线对比转换为金属的浓度。与电感耦合等离子体原子发射光谱法(ICP – AES)的分析结果对比表明,UV – Vis 在线检测分析方法可靠,可以应用于该恒界面池萃取金属的动力学研究。

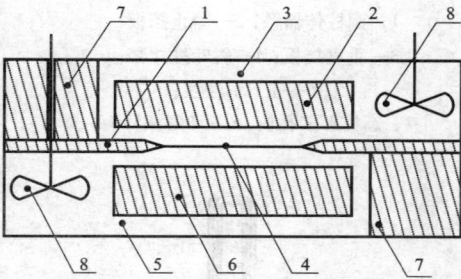

图 12 – 4　层流恒界面池剖面图

1—界面隔板;2—矩形导流板;3—轻相(有机相);4—相界面;5—重相(水相);6—矩形导流板;7—矩形导流板;8—搅拌桨

图 12 – 5　CSIRO Lewis 池与 UV – Vis 在线分析检测系统连接图

其他一些改进过的有代表性的恒界面池如图 12 – 6 ~ 图 12 – 9 所示。它们基本上都是从以下的某一方面或几方面进行改进:①搅拌桨的形状和尺寸;②设置挡板以阻止界面波动,从而使界面在搅拌时保持稳定。如果恒界面池设置了挡板,在保证两相接触界面稳定的基础上,搅拌速度可以在一个很宽的范围内变化。

恒界面池法最大的优点是不仅可以判断萃取过程的正向和逆向初始反应速率,还可以测定任一时刻萃取的净传质速率,这是其他萃取动力学研究方法所不能比拟的。同时恒界面池由于界面积恒定、实验重现性好以及可以对扩散造成的影响进行控制[33]等优点,使得利用该技术能对萃取过程的控制步骤做出大致的判断。尽管其他技术也能做到这一点,但恒界面池法具有更简便的特点。此外,恒界面池还易于实现自动控制以及与在线分析检测手段相结合[34, 35],使得研究结果更为准确可靠。

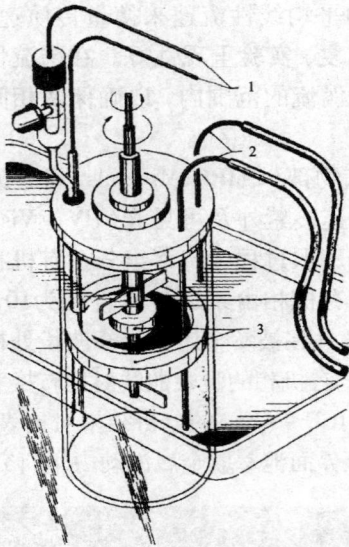

图 12 – 6　**Roddy 等设计的 Lewis 池**[24]

1—玻璃电极；2—取样探头；3—界面限制环

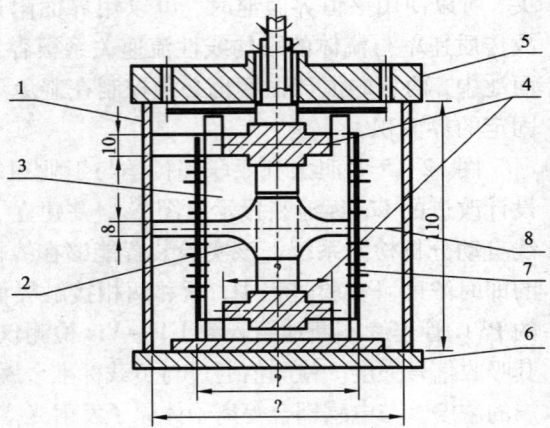

图 12 – 7　**Bulicka 等设计的 Lewis 池**[30]

1—圆柱体器壁；2—静止挡板；
3—垂直挡板；4—斜叶搅拌桨；
5、6—上、下法兰；
7—圆柱形多孔板；8—环形相界面

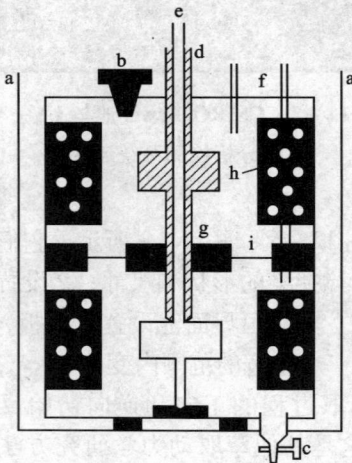

图 12 – 8　**Fleming 等设计的 Lewis 池**[31]

a—水套；b—加料口；c—出料口；d、e—
两相搅拌器；f—在线分析导管；g—水平
挡板；h—垂直挡板；i—相界面

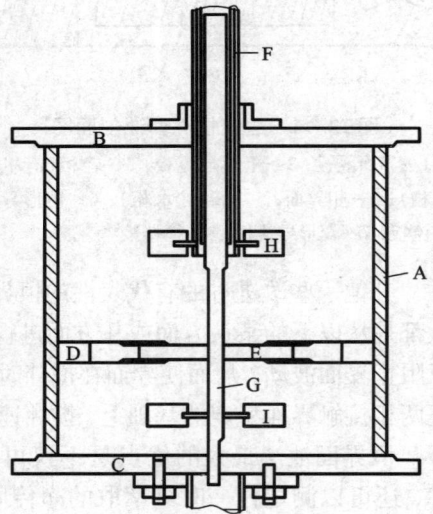

图 12 – 9　**Krishna 等设计的 Lewis 池**[32]

A—玻璃圆柱体；B—顶板；C—底板；D—可
移动界面环；E—中心挡板；F、G—两相搅拌
杆；H—两相搅拌叶轮

恒界面池法的局限性在于与实际萃取生产工艺有较大不同[36, 37]，且该技术不宜研究快反应的萃取动力学，也不适合研究萃取过程十分缓慢的情形，因为恒界面池的界面大小总是有限的。另外，在比较不同稀释剂和萃取剂的动力学时，应十分注意体系物化性质的差别。因为诸如密度、黏度等物理性质的不同会对搅拌速度提出不同的要求。

12.2.3　单液滴法

液滴法因在测定萃取反应初始速率时有它独到之处，同时，又具有仪器易于制作，操作比较方便等优点，多年来为许多萃取化学工作者所采用[6, 38]。

单液滴法通过使一相以液滴形式凭借重力或浮力穿过另一相逸出的实验装置测定反应速率。前者被称为下降液滴装置；后者被称为上升液滴装置。不同的萃取体系或过程（萃取与反萃）可选用不同的装置，一般取决于液滴和连续相的密度差。液滴穿过另一相时在其表面发生金属离子的萃取反应。

应用该法，相接触时间可控制在几秒钟内。通过测定液滴经过萃取柱所需时间和该时间内逸出的液滴数及总体积，可以初步求得萃取反应的速率。对一般反应来说，在这样的时间间隔内所测得的反应速率，可认为是其初始速率。

图 12 – 10 是几种上升液滴装置示意图[39]。其中图 12 – 10(a) 所示装置尤其具有造价低、易制作、易操作等优点。该装置整体为玻璃质，分两大部分。右部包括进料柱（一般装载有机相）、储料槽和一带有活塞的直角导管。左部为萃取柱

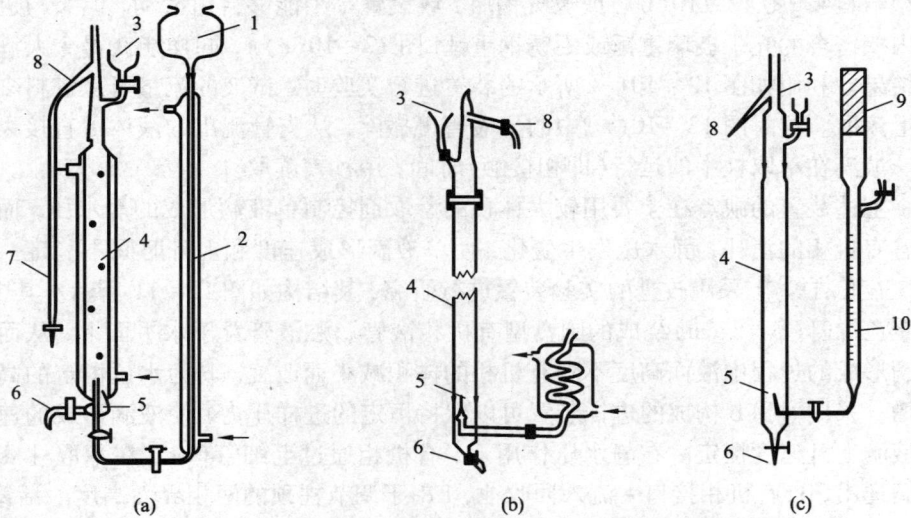

图 12 – 10　上升液滴装置及部件示意图

1—储料槽；2—进料柱；3—加液漏斗；4—萃取柱；5—毛细管喷嘴；6—液位调节活塞；7—集液管；8—溢流支管；9—重锤（充汞玻璃柱或不锈钢）；10—进料刻度管

（一般装载水相）。它包括柱顶、柱身和柱底三个独立部件。彼此以标准玻璃磨口连接。柱底有毛细喷嘴和液位调节活塞。实验时，柱体内的溶液由柱顶的加液漏斗加入。右部试液（常为有机相）凭借液位差从右柱下端导管进入左柱柱底，从毛细管喷嘴逐滴逸出。逸出的液滴经萃取柱到达柱顶汇集，并从溢流支管流出，收集在刻度集液管内。柱底的液位调节活塞与柱顶的加液漏斗配合，用来调节柱顶两相界面的位置，以保持液柱高度和液滴在柱内运行时间的恒定。左、右两柱体外部附有恒温水夹套。

采用单液滴法研究反应速率过快的萃取动力学时易产生较大的"端效应"影响。所谓"端效应"是指在液滴形成和逸出萃取柱聚结时发生在萃取柱两端的额外传质。液滴法的这种端效应在实验上是无法避免的，但其大小及其对初始速率的影响是可以估计的，端效应导致反应物浓度减小，故使初始反应速率的测定值偏低。如果反应速率过慢，则需要设计足够长的萃取柱以保证液滴在萃取柱中足够长的停留时间。相接触时间的改变可以通过改变萃取柱柱身长度或毛细管长度来实现。实验中，必须控制液滴的逸出速度恒定。因为，这不仅牵涉到液滴体积值的计算，而且还关系到"端效应"是否稳定。为此，左、右两柱应保持恒定的液位差。图 12 - 10（a）中，固定两柱体的相对高度，选用直径较大的储料槽进行实验，即可获得较好的效果。例如，实验中，若收集 10 mL 试液，储料槽直径为 10 cm，则实验前后液位降低仅 1.3 mm。在进料柱上连接一个稳定的压力装置，如微型给料泵［图 12 - 10（b）］或氮气钢瓶，或设置一个能够自由滑动、但又与进料柱内壁密合的充汞玻璃重锤或不锈钢重锤［图 12 - 10（c）］，同样能获得令人满意的结果。利用如图 12 - 10（c）所示的装置进行实验时，试液的流量可从进料刻度管上读取。这时图 12 - 10（a）中的集液管可撤除，从支管流出的液体可直接去测试。液滴在萃取柱中的运行（即相接触）时间，用秒表读取。

上述装置的缺点在于要用较大体积的萃取剂控制单液滴形成的静水压，而且随着有机相的消耗，静水压发生变化，使单液滴形成速度和上升时间不稳定。袁悦、王玉洁等[40]采用改进的实验装置进行研究，其结构如图 12 - 11 所示。其中 a 为聚乙烯管（$\phi = 3$ cm）绕成的圆盘型有机相液管。贮液管置于水平面上，从而在液滴形成的过程中液面高度不随有机相的体积减小而改变。b 为水位恒定的高位水槽。采用 a 和 b 构成的进样装置可以保持恒定的进样压力，使液滴形成的速度和液滴上升速度恒定。在静水压作用下，有机相通过毛细管口 c，在萃取柱 d 中逐滴逸出，自有机相接口 e 流入回收池，f 用于调节柱顶的两相界面高度。活塞 g 为不锈钢阀门，h 为恒温水夹套，实验温度控制在 (25 ± 1) ℃。

下降液滴法实验装置示意图如图 12 - 12 所示[41]。其中，萃取柱的高度可以变化，借此可改变两相间的接触时间。实验中，密度较大的相（常为水相）经毛细管形成液滴下落，在柱底部形成连续相，收集在集液管里。

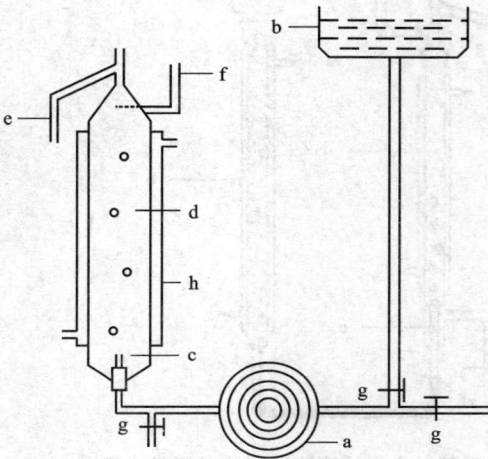

图 12-11　改进的上升液滴法实验装置

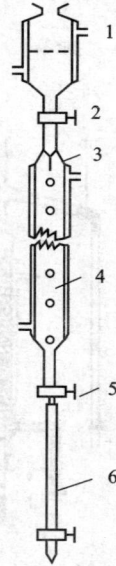

图 12-12　下降液滴装置示意图
1—高位槽；2、5—控制活塞；3—毛细管；
4—萃取柱；6—刻度集液管

下降液滴实验中，液滴逸出速度须与它形成连续相后从控制活塞流出的速度相等。所以该项技术的操作可能比上升液滴法麻烦些。

由于连续相一般置于固定萃取柱内，为了得到不同的液滴停留时间，许多研究者对单液滴法实验装置进行了一些改良，比如改变萃取柱长度从 20 cm 到 200 cm 不等，液滴时间从 2 s 到 30 s 不等。其他改进一般集中在毛细管材质选择、保持集液管直径恒定以及尽量消除端效应的影响几方面[42-44]。例如 Nasser 研究硝酸溶液中铀(Ⅵ)的萃取与反萃动力学所采用的液滴法实验装置如图 12-13 所示。

Ross 等人使用文丘里管设计的单液滴法研究装置如图 12-14[44]所示。由于连续相的流动方向与液滴运行方向相反，利用该装置可以任意调节液滴在萃取柱中的停留时间。实验过程中，通过向水相或者有机相添加示踪荧光剂，萃取过程中液滴内的浓度梯度变化可以通过与一激光分光荧光探测仪连接的光探针测定。

与恒界面池类似，单液滴法同样具有一定的传质界面面积，故该方法非常适合研究萃取过程发生在两相界面上的反应动力学及扩散性质，且方法所需的实验设备简单，易于操作，相界面易于控制。另外，单液滴法可以清晰地分辨出萃取过程中的分散相和连续相。采用逆流萃取实际拍摄得到的不同水相(或有机相)照片如图 12-15 所示[36]。

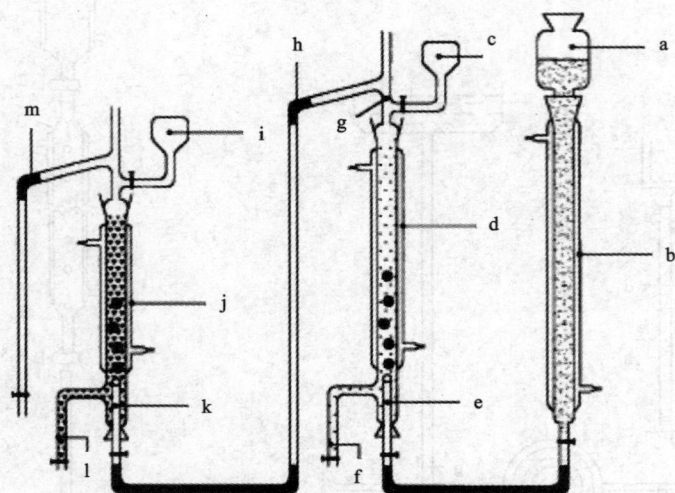

图 12-13 Nasser 设计的研究萃取与反萃动力学的液滴法实验装置示意图[43]

a—有机相储槽；b—带夹套有机相进料柱；c—水相储槽；d—带夹套萃取柱；e—毛细管喷嘴；f—水相出口；g—溢流口；h—有机相收集器；i—反萃剂储槽；j—带夹套反萃柱；k—负载有机相进口；l—反萃液出口；m—反后有机相收集器

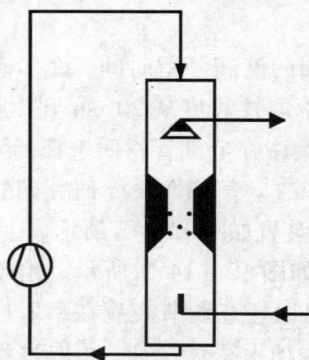

图 12-14 Ross 等设计的
单液滴法研究装置示意图

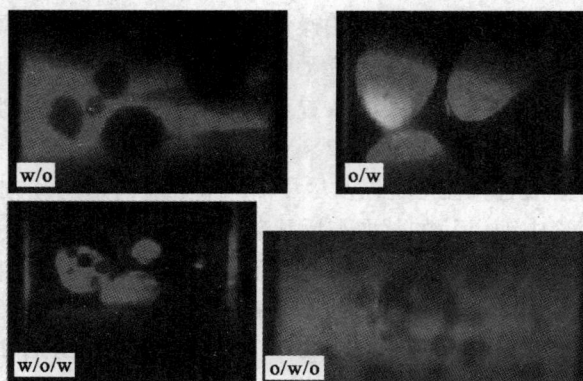

图 12-15 萃取过程中分散相与连续相照片

采用单液滴法进行动力学研究时，由于连续相的流体动力学与实际情况不一致，往往需要对研究获得的萃取动力学模型进行必要的修正[45-47]。另外，由于液滴振动及运行特点，其流体动力学也很难控制。

以上介绍的三种最常用的萃取动力学研究方法各有其优点和不足之处。三种方法的比较见表 12 - 1 所示。

表 12 - 1　三种常用萃取动力学研究方法比较

研究方法	界面	流体动力学	控制步骤判断	在线分析	实验重复性	实验可控性
增强搅拌池法	不恒定	模糊	较难	困难	较好	较难
恒界面池法	恒定	明确	容易	容易	良好	较好
单液滴法	恒定，但需要修正	较明确	困难	可行	良好	良好

增强搅拌池法更接近于实际萃取生产情况，而单液滴法可以清楚地辨别分散相与连续相。虽然科研工作者对增强搅拌池法及单液滴法进行了较多的研究工作，且关于单液滴法的传质动力学理论也越来越完善。然而，上述两种方法均不能很好地判断传质过程的控制步骤。与之相比，恒界面池法（Lewis 池）在定义明确的流体动力学条件下是一种判断萃取反应控制步骤的有效方法。经过科研工作者长期不断的研究，恒界面池法这项技术不仅在装置上得到了很大的改进，更重要的是理论上也得到了极大的完善。通过对恒界面池装置的不断改进及与现代在线检测分析方法结合，这项技术将会更好地服务于萃取动力学的研究。

12.2.4　其他方法

12.2.4.1　旋转扩散池法

在旋转扩散池中，水相和有机相被一张微孔膜分隔开，膜的微孔被有机相填满，两相通过膜表面接触并发生萃取反应。图 12 - 16 为旋转扩散池的示意图。

中空圆柱体底部有一张微孔膜并在其内填满有机相形成扩散池内室，再将该圆柱体置入水相充满的扩散池外室。圆柱体通过一马达使之旋转。旋转扩散池由于具有微孔膜的过滤层结构而可以对两相的流体动力学及界面上的反应物和生成物的扩散过程进行较好地描述。扩散层厚度 δ 可

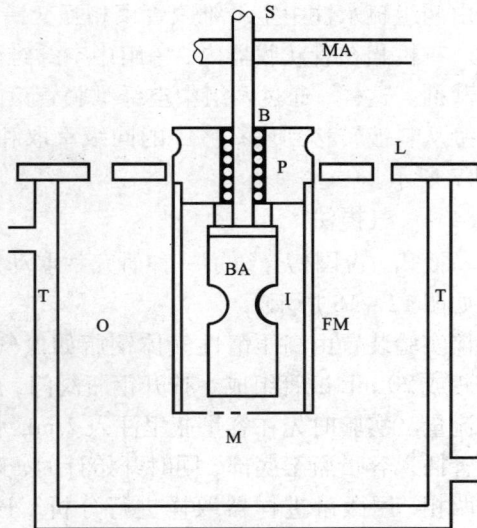

图 12 - 16　旋转扩散池横截面图
B—轴承；BA—内室挡板；FM—滤光套；I—内室；
L—带孔盖板；M—膜；MA—托杆；O—外室；
P—滑轮组；S—中空棒；T—恒温容器

以由列维奇公式计算得到：

$$\delta = 0.643\omega^{-1/2}D^{1/3}u^{1/6}$$

式中：ω 为旋转速度；D 为扩散系数；u 为运动黏度。假定膜孔内的有机相静止不动，故膜的厚度和膜孔隙率决定了扩散速度。

该方法主要的不足之处在于虽然可以对旋转圆柱体内的流体动力学进行与旋转圆盘类似的模拟，但关于柱体内和柱体外的流动状态的一致性至今并未得到试验证实[48]。

12.2.4.2 快速相接触法

该法的主要应用国家是俄罗斯。应用该法进行萃取动力学研究，两相接触时不发生搅拌，通过测量萃取反应过程中水相电导率的变化来判断水相离子的浓度变化。

实验过程中，水相通常置于一金属毛细管内，毛细管被压入装有有机相的恒温池的底部时开始计时。在非常短的时间间隔内(0.05~1 s)考察萃取反应动力学。所以，采用该方法时，反应物的消耗是非常小的，通常每次实验不超过 20 mL。然而，该方法对于水相浓度高的溶液以及多金属离子参与的萃取反应进行动力学研究并不适用。

12.2.4.3 中空纤维膜法

由两组疏水性中空纤维膜管束相互交错平行排列封于同一壳体中，组成一个膜器。有机相在管状膜器内，一组中空纤维膜中流动着水相料液，另一组中流动着反萃剂。这样，通过两组中空纤维膜管束间的有机相的传质作用实现了被萃组分直接从料液转移到反萃液中的同级萃取和反萃取过程[49]。其装置示意图如图 12-17 所示。

12.2.4.4 气搅法

易筱筠、古国榜介绍了一种研究萃取动力学的新方法，称为气搅法[50]。实验装置如图 12-18 所示。

该实验装置由高压惰性气体钢瓶如氮气钢瓶、转子流量计、毛细管、10 mL 容量瓶或 20 mL 试管组成。拧开钢瓶阀门，调节流量，稳定几分钟后微调达到要求的流量。实验时先在容量瓶里注入 2 mL 水相，然后小心注入 2 mL 有机相。把毛细管插入容量瓶至底部，同时开始计时，隔一定的时间抽出毛细管，体系迅速分成两相，用微量进样器取样进行分析。该法节约试剂，操作方便。据文献介绍，其研究结果与普通高速搅拌法相似，适合于慢萃取过程的研究。

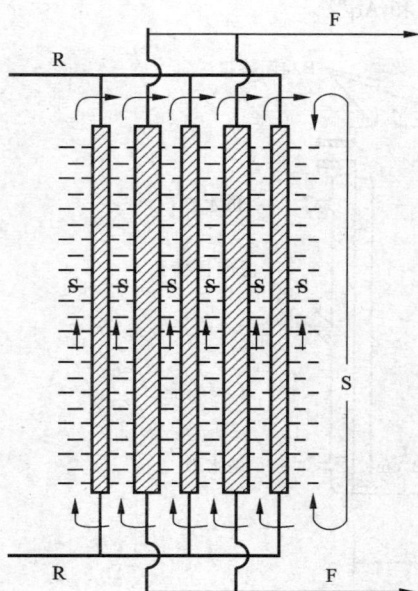

图 12－17　中空纤维膜萃取装置

F—水相料液；S—有机相；R—反萃剂

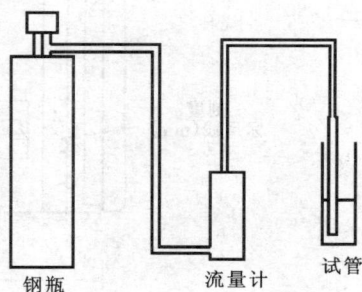

图 12－18　气搅法装置

12.3　"宏观层面"的萃取动力学研究方法[51]

　　与上述提到的几种"微观层面上"的萃取动力学研究方法不同，某些萃取剂生产厂家，例如氰特公司，都有一套固有标准的"宏观层面上"的萃取动力学实验研究方法，旨在测定标准搅拌条件下，较短时间内被萃金属如铜能达到的最大平衡分配，从而表征所生产的萃取剂的萃取性能。这种方法也可用于在萃取工厂检验有机相质量的变化。

　　该研究方法的实验装置设备如图 12－19 所示。首先将 400 mL 预先配制好的 10%（V/V）的新鲜有机相注入容器内，让它与水浴温度（25 ± 1℃）达到平衡，同时将 400 mL 含铜 6.0 g/L、铁 3.0 g/L 的 pH 2 的水相料液与水浴温度保持平衡。当两种溶液均达到 25℃时启动搅拌器，在搅拌水相/有机相混合相时预先设定转速为 1270 r/min；经过一个粗颈漏斗（通过容器盖上相同尺寸管口的 B24QF 接口）迅速地将水相料液倒入容器中，当倒入一半时启动秒表式记时钟。14 s 之后，将分液漏斗推向固定板（图 12－20），让大约 60 mL 混合相移入 250 mL 的分液漏斗中。这大约耗时 2 s，得到一个能够反映 15 s 后状态的样品，放出水相层以防止铜继续迁移，剩下的有机相样品标记为 Org[15]。同样，在 29 s 之后吸出另一份样品，标记为 Org[30]。继续搅拌达到 15 分钟，保证达到化学平衡，停止搅拌，让容器中的混合相分相,两相样品分别标记为 Org^{900} 和 Aq^{900}。

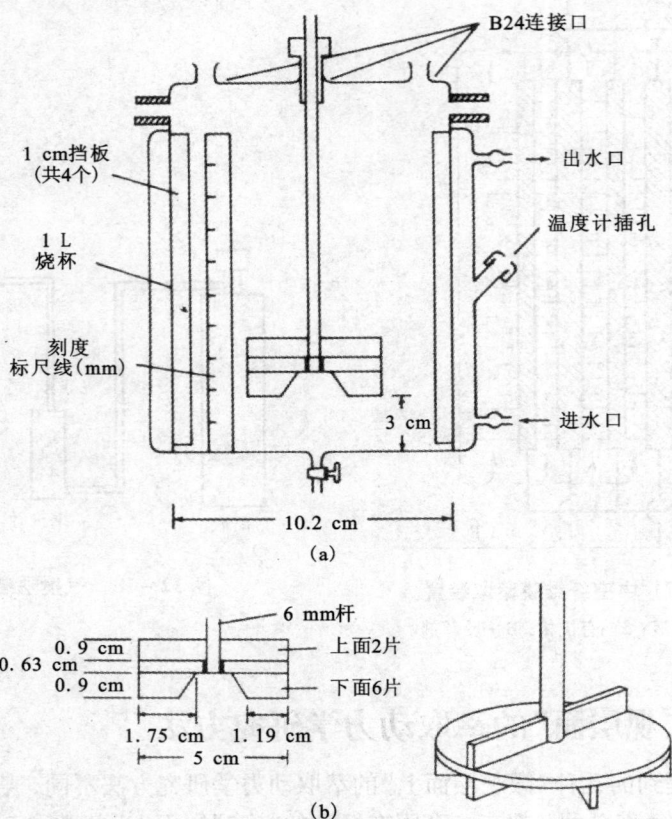

图 12 – 19 "宏观层面"上的萃取动力学研究设备图
(a)容器;(b)六叶圆盘桨

从 Org^{15} 和 Org^{900} 样品中各吸取 25 mL,在分液漏斗中反萃,分析反萃液中的铜浓度。萃取 15 s 达到的平衡程度由下式计算:

$$15 \text{ s 到达的平衡程度} = \frac{Org^{15}铜浓度 \times 100\%}{Org^{900}铜浓度} \tag{12-1}$$

同样,对 Org^{30} 取样并分析,可以得到 30 s 达到的平衡程度为:

$$30 \text{ 秒到达的平衡程度} = \frac{Org^{30}铜浓度 \times 100\%}{Org^{900}铜浓度} \tag{12-2}$$

图 12 – 19(a)中所示容器是一个内径 10 cm、深 14 cm 的圆形平底烧瓶,带有夹套。它装有一个旋塞,可以从底部放出液体。有磨砂的玻璃宽边,以便卡住一个合适的盖子,盖子上有入口可安插搅拌器、温度计以及添加样品。该容器还装有一个可拆卸的不锈钢障流器,它有 4 个等距安置的 10 mm 宽的竖板。这个容器

带水夹套,用一个适合的水泵将水从恒温控制的水浴中泵出。夹套外边有厘米标尺,以容器底部为零刻度。它可以是胶粘贴的纸标尺,或者是在制造容器时烧制而成。图 12 - 19(b)中涡轮直径为 5 cm,圆盘下面有 6 个等间距的叶片,上面有 2 个阻流叶片。安装涡轮时使叶片底部距离容器底部 3 cm,用 PTFE(聚四氟乙烯)衬垫将其固定在容器盖上。用高扭矩变速(600~2200 r/min)搅拌器电机以需要的速度驱动。搅拌器的设定和检测都用示速器,但是,初次最好用转速计大致测速,因为使用示速器时在正确速度的加倍上容易弄错谐波。搅拌器在初次使用之前应先设置所需的速度,方法是用 400 mL 烷烃稀释剂稀释后的萃取剂(有机相)和 400 mL 水的混合物进行搅拌。

图 12 - 20 为该动力学实验的取样方法示意图。对混合相取样时抬高分液漏斗,使取样真空管进入分液漏斗的开口,并让聚氯丁橡胶板将开口密封。经过旁路烧瓶连续抽真空,分散相就会从动力学容器吸入分液漏斗中。

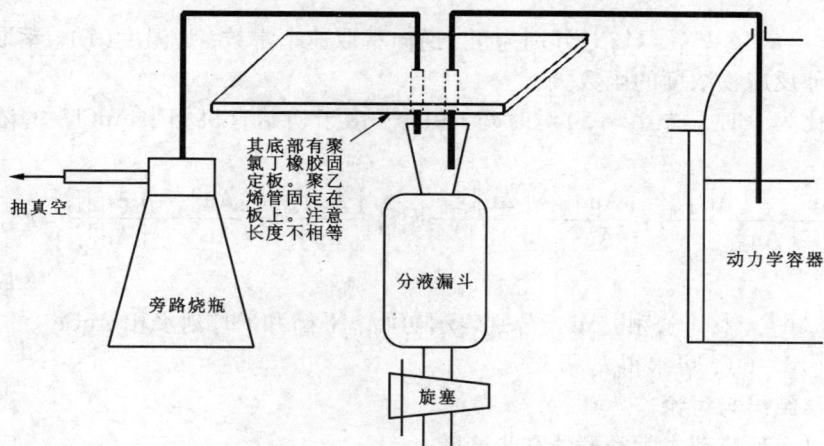

图 12 - 20　萃取动力学实验的取样方法示意图

12.4　萃取动力学研究过程实例

孙思修等人采用自制的恒界面池对伯胺 N1923 从盐酸介质中萃取 $AuCl_4^-$ 的动力学进行了研究[52],按设计体积比将两相置于恒界面池内,恒界面池用热水恒温,两相接触面积可通过选用不同的界面环进行变更。分别用电磁搅拌和旋转圆盘电极搅拌器正、反向搅拌两相,并以旋转圆盘电极的转速(r/min)表示搅拌强度。按设定时间取样,用罗丹明 B 分光光度法分析样品中三价金的浓度。分别考察萃取反应初始速度与搅拌强度、两相界面积、水相酸度、Cl^- 浓度以及温度的关系。

12.4.1 数据处理

萃取反应的级数直接影响到萃取速率常数,因为不同的反应级数有不同的反应速率方程。可以先从理论上假定反应级数,建立相应的萃取速率方程,再通过实验去论证假设是否成立。

根据现有的知识,在盐酸介质中,伯胺 N1923 萃取 Au^{3+} 的反应可表示为:

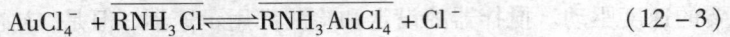

$$AuCl_4^- + RNH_3Cl \Longrightarrow \overline{RNH_3AuCl_4} + Cl^- \qquad (12-3)$$

如果以 Au(Ⅲ)的分配来表示传质过程,

则有:
$$Au(Ⅲ)_a \underset{k'_{-1}}{\overset{k'_1}{\rightleftharpoons}} Au(Ⅲ)_o \qquad (12-4)$$

即假设它是一个准一级反应,在固定比界面积 S_i 时,在最简单情况下,$S_i = S_a = S_o$,其净反应速率方程为:

$$u = \frac{d[Au]_a}{dt} = k_1[Au]_a - k_{-1}[Au]_o \qquad (12-5)$$

其中:$k_1 = k'_1 S_i$、$k_{-1} = k'_{-1} S_i$ 分别为正、逆向萃取速率常数,为温度(T)、萃取剂浓度和其他反应物浓度的函数。

相比为 1 时,式(12-5)对时间 t 积分,由于初始有机相中 $AuCl_4^-$ 的浓度为 0,则:

$$\frac{[Au]_a - [Au]_{eq}}{[Au]_a} \ln \frac{[Au]_a - [Au]_{eq}}{[Au]_t - [Au]_{eq}} = k_1 t, \quad \frac{[Au]_{eq}}{[Au]_a} \ln \frac{[Au]_a - [Au]_{eq}}{[Au]_t - [Au]_{eq}} = k_{-1} t$$
$$(12-6)$$

式中:$[Au]_a$、$[Au]_{eq}$ 和 $[Au]_t$ 分别表示初始、平衡和 t 时刻水相 $AuCl_4^-$ 的浓度。根据式(12-6),可求得 k_1 和 k_{-1}。

12.4.2 结果与讨论

12.4.2.1 反应动力学类型的初步判断

实验结果表明,当恒界面池转速约为 150 r/min 时,反应速度 u 与转速关系呈现动力学"坪区",即搅拌强度对萃取速度的影响极小,且相界面无明显扰动,故扩散传质的影响基本消除。由此可判断,此时 N1923 萃取 $AuCl_4^-$ 的动力学为化学反应步骤控制。以 $\frac{[Au]_a - [Au]_{eq}}{[Au]_a} \ln \frac{[Au]_a - [Au]_{eq}}{[Au]_t - [Au]_{eq}}$ 和 $\frac{[Au]_{eq}}{[Au]_a} \ln \frac{[Au]_a - [Au]_{eq}}{[Au]_t - [Au]_{eq}}$(图中坐标分别用 Z_1 和 Z_{-1} 表示)对 t 关系作图,得到两条过原点直线(图12-21),表明式(12-4)假定成立,即萃取金为准一级反应。

12.4.2.2 温度、萃取剂浓度、水相酸度及氯离子浓度对萃取速度的影响

氢离子浓度较高时(>0.3 mol/L)时,$AuCl_4^-$ 的萃取速率不受其影响;氯离子浓度的增加使 k_1 减小,k_{-1} 在一定范围内增加(图12-22),这说明氯离子与 Au(Ⅲ)生成 $AuCl_4^-$ 的配合反应影响了 N1923 萃取 $AuCl_4^-$ 的动力学过程。

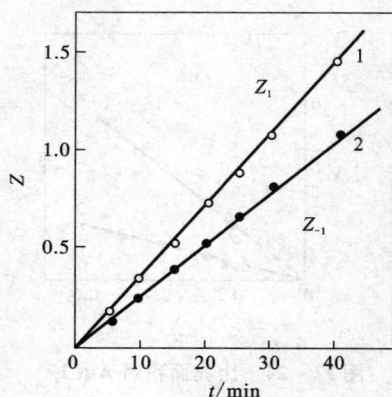

图 12 - 21　对 Au(Ⅲ)一级反应

$c_{AuCl_4^-}$：5.0×10^{-5} mol/L；c_{HCl}：

1.0 mol/L；c_{N1923}：0.01 mol/L

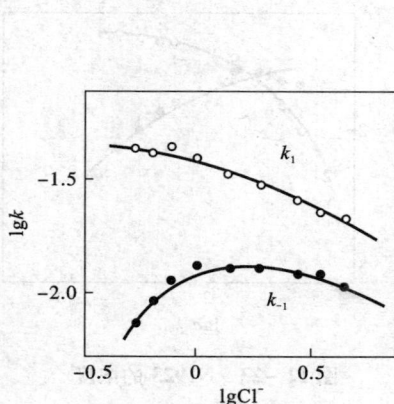

图 12 - 22　Cl$^-$ 浓度对速率常数的影响

$c_{AuCl_4^-}$：5.0×10^{-5} mol/L；c_{HCl}：

0.55 mol/L；c_{N1923}：0.01 mol/L

萃取剂 N1923 的浓度对萃取速率的影响如图 12 - 23 所示。N1923 萃取 $AuCl_4^-$ 的正向速率系数(对数值)$\lg k_1$ 与 $\lg c_{N1923}$ 关系为一曲线。随 c_{N1923} 增加，曲线斜率由 1 趋于 0；同体系的 $\lg k_{-1}$ - $\lg c_{N1923}$ 曲线斜率为 0 ~ -1。

温度对萃取反应的逆向速率影响较大，对正向速率影响较小。据阿累尼乌斯公式求得萃取剂 N1923 萃取 $AuCl_4^-$ 的反应活化能分别为 8.7 kJ/(mol·K)(正向反应活化能)和 23.7 kJ/(mol·K)(逆向反应活化能)。

12.4.2.3　萃取机理

N1923 分子中存在"两亲"基团，因而是很好的表面活性剂。经盐酸酸化后，N1923 可以定量地转化为胺盐(RNH_3Cl)。RNH_3Cl 的界面活性较高，水溶性较小，萃取反应往往发生在两相界面区。从萃取速率与比界面积的 S_i 关系(图 12 - 24)看，S_i 增加，速率常数呈线性增加，且直线过原点，这说明萃取反应为界面化学反应控制。

假设下述界面两步慢反应为控制步骤(见第 9 章)：

(1)界面萃合物生成反应：

$$AuCl_4^- + RNH_3Cl_{ad} \underset{k_{-11}}{\overset{k_{11}}{\rightleftharpoons}} AuCl_4 \cdot RNH_{3\,ad} + Cl^- \qquad (12-7)$$

(2)界面配合物迁移到主体有机相，同时主体有机相萃取剂分子填补界面空缺。

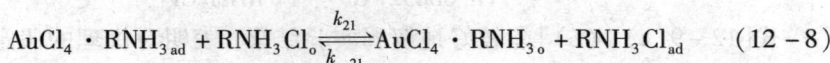

$$AuCl_4 \cdot RNH_{3\,ad} + RNH_3Cl_o \underset{k_{-21}}{\overset{k_{21}}{\rightleftharpoons}} AuCl_4 \cdot RNH_{3\,o} + RNH_3Cl_{ad} \qquad (12-8)$$

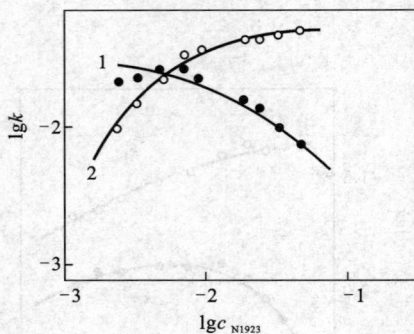

图 12 - 23   N1923 的浓度
对 AuCl$_4^-$ 萃取速率的影响

$c_{AuCl_4^-}$: 5.0×10^{-5} mol/L; c_{HCl}: 1.0 mol/L;

1—lgk_{-1} - lgc_{N1923}; 2—lgk_1 - lgc_{N1923}

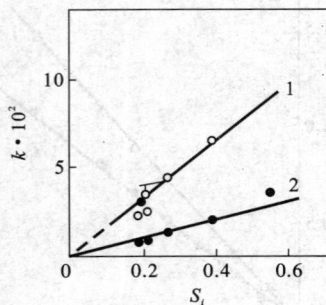

图 12 - 24   比界面积对 AuCl$_4^-$
萃取速率的影响

$c_{AuCl_4^-}$: 5.0×10^{-5} mol/L; c_{HCl}: 1.0 mol/L;

c_{N1923}: 2.5×10^{-2} mol/L; 1—k_1; 2—k_2

用稳态法[53]导出正、逆向萃取反应速率常数 k_1 和 k_{-1}:

$$k_1 = \frac{k_{11}k_{21}b_{ad}[RNH_3Cl]_o}{k_{-11}[Cl^-] + k_{21}[RNH_3Cl]_o}$$

$$k_{-1} = \frac{k_{-11}k_{-21}b_{ad}[Cl^-]}{k_{-11}[Cl^-] + k_{21}[RNH_3Cl]_o} \qquad [12 - 9(a)]$$

其中，k_{11}、k_{21} 和 k_{-11}、k_{-21} 表示式(12 - 3)中相应的两个基元反应即式(12 - 7)与式(12 - 8)的速率常数，$b_{ad} = [RNH_3Cl]_{ad}$，代表 RNH$_3$Cl 的界面浓度，实验条件下为常数[54]；$[RNH_3Cl]_o$ 为有机相中的胺盐浓度，因动力学过程其耗量甚少，故 $[RNH_3Cl]_o = c_{N1923}$。

根据式[12 - 9(a)]，将 lg$(1/k_1)$ - lg$[RNH_3Cl]_o$ 及 lg$(1/k_{-1})$ - lg$[RNH_3Cl]_o$ 关系与标准曲线 $Y = lg(1 + V)$，$X = lgV$ 拟合[55]，可得：

$$K_{11}b_{ad} = 0.0525$$

$$K_{-11}/K_{21} = 0.00832$$

$$K_{-21}b_{ad} = 0.0525$$

代入式[12 - 9(a)]，则：

$$k_1 = \frac{0.0525[RNH_3Cl]_o}{0.00832[Cl^-] + [RNH_3Cl]_o}$$

$$k_{-1} = \frac{4.37 \times 10^{-4}[Cl^-]}{0.00832[Cl^-] + [RNH_3Cl]_o} \qquad [12 - 9(b)]$$

式[12 - 9(a), (b)]能较好地解释实验结果，表明对机理的假定合乎实际。氯离子浓度在较大时(lg$[Cl^-] > 0$)，lgk_1、lgk_{-1} 与式[12 - 9(a)]偏离，可能是盐效应较强所致。

N1923 从盐酸介质中萃取三价金的总的平衡反应如式(12-3)所示。

其平衡常数

$$K_{ex} = \frac{[\overline{RNH_3AuCl_4}] \cdot [Cl^-]}{[AuCl_4^-] \cdot [\overline{RNH_3Cl}]} = D \cdot \frac{[Cl^-]}{[\overline{RNH_3Cl}]} \qquad (12-10)$$

故 $D = K_{ex}[\overline{RNH_3Cl}][Cl^-]^{-1}$,

而 $K_{ex} = (k_{11} \cdot k_{21})/(k_{-11} \cdot k_{-21})$,将 $K_{11}b_{ad}$、K_{-11}/K_{21}、$K_{-21}b_{ad}$ 的数值代入,知 $K_{11}/K_{-21} = 1$,$K_{21}/K_{-11} = 1/0.00832$,计算 $K_{ex} = 120.2$,与文献[54]报道的热力学研究结果一致。

参考文献

[1] Danesi P R, Chiarizia R. The Kinetics of Metal Solvent Extraction[J]. CRC Crit Rev Anal Chem 10: 1-126 (1980).

[2] Lewis I B. The Mechanism of Mass Transfer of Solutes Across Liquid - Liquid Interfaces[J]. Chem. Eng. Sci., 1954, 3: 248-259.

[3] Danesi P R. Armolex: An Apparatus for Solvent Extraction Kinetic Measurements[J]. Sep. Sci. Tech. 1982, 17(7): 961-968.

[4] Homer D. Interphase Trasfer Kinetics of Uranium using the Drop Method: Lewis Cell and Kinetics Mixer[J]. Ind. Eng. Chem. Fundam, 1980, 19(1): 103-109.

[5] Biswas R K, Singha H P. Purified Cyanex 272: Its Interfacial Adsorption and Extraction Characteristics Towards Iron(Ⅲ)[J]. Hydrometallurgy, Volume 82, Issues 1-2: 63-74.

[6] Whewell R J. The Kinetics of the Solvent Extraction of Copper(Ⅱ) with LIX Reagents - I: Single Drop Experiments[J]. J. Inorg. Nucl. Chem, 1975 (37): 2303-2307.

[7] Hughes M A. Rate of Extraction of Cobalt from an Aqueous Solution to D2EHPA in a Growing Drop Cell[J]. Hydrometallurgy, 1985 (13), (3): 249-264.

[8] Hughes M A, Biswas R K. The Kinetics of Vanadium (Ⅳ) Extraction in the Acidic Sulphate - D2EHPA - n - hexane System Using the Rotating Diffusion Cell Technique[J]. Hydrometallurgy 1991, 26: 281-297.

[9] Lazarova Z. Study on the Kinetics of Copper/LIX54 System Using a Rotating Diffusion Cell[J]. Solvent Extr. Ion Exch., 1995, 13(3): 525-540.

[10] Hughes M A, Biswas R K. The Kinetics of Manganese(Ⅱ) Extraction in the Acidic Sulphate-D2EHPA-n-hexane System using the Rotating Diffusion Cell Technique[J]. Hydrometallurgy 32, 1993: 209-221.

[10] Muralidharan S, Fresier H. CPC: Tool for Practical Separation of Metals and Fundamental Investigations of Chemical Mechanisms[C]. ISEC'96, Vol.1: 427-432

[12] Ekberg C, Persson H, Odegaard - Jensen A, et al. Redox Control in Solvent Extraction Studies Using a PEEK AKUFVE Unit[J]. Solvent Ertr Ion Exc, 2006, 24(2): 219-225.

[13] Fresier H. New Tools for Old Questions in Solvent Extraction Chemistry[C]. ISEC'96, Vol.1: 11-16.

[14] Genxiang Ma, Freiser H, Muralidharan S. Interfacial Catalysis of Formation and Dissociation of Tervalent Lanthanide Complexes in Two - Phase Systems[J]. Anal. Chem, 1997(69): 2827-2834.

[15] Valenzuela F, Cabrera J, Basualto C, Sapag - Hagar J. Kinetics of Copper Removal From Acidic Mine Drainage by a Liquid Emulsion Membrane[J]. Minerals Engineering 18, 2005: 1224-1232.

[16] Kumar A, Haddad R, Benzal G, Sastre A. M. Dispersion - Free Solvent Extraction and Stripping of Gold Cy-

anide with LIX79 Using Hollow Fiber Contactors: Optimization and Modeling[J]. Ind. Eng. Chem. Res., 2002, 41: 613 – 623.

[17] Flett D S, Cox M, Heels J D. Kinetics of Nickel Extraction by Hydroxy Oxime/carboxylic Acid Mixtures[J]. Journal of Inorganic and Nuclear Chemistry, 1975, 37: 2533 – 2537.

[18] Miller J D, Atwood R L. Discussion of the Kinetics of Copper Solvent Extraction with Hydroxyl oximes[J]. Journal of Inorganic and Nuclear Chemistry, 1975, 37: 2538 – 2542.

[19] Genwen Z, Suzanne M K. Correlation of Mean Drop Size and Minimum Drop Size with the Turbulence Energy Dissipation and the Flow in an Agitated Tank[J]. Chemical Engineering Science, 1998, 53(11): 2063 – 2079.

[20] 孙思修, 刘桂华, 杨永会, 沈静兰. 溶剂萃取动力学研究方法——高速搅拌法[J]. 化学通报, 1994, 11: 46.

[21] 李传博, 郑卫芳. 高速搅拌萃取装置池及有机相取样方法的研究[J]. 中国原子能科学研究院年报, 2009: 365 – 366.

[22] 孙思修, 薛梅, 杨永会, 沈静兰. 溶剂萃取动力学研究方法——恒界面池法[J]. 化学通报, 1996(7): 50 – 52.

[23] Nitsch W, Kruis B. The Influence of Flow and Concentration on the Mass Transfer Mechanism in Chelating Liquid/Liquid – Extractions[J]. Journal of Inorganic Chemistry, 1978, 40: 857 – 864.

[24] Roddy J W, Coleman C F. Mechanism of the Slow Extraction of Iorn(III) from Acid Perchlorate Solutions by Di(2 – Ethylehexyl) Phosphoric Acid in Noctane[J]. Journal of Inorganic and Nuclear Chemistry, 1971, 33: 1099 – 1118.

[25] Danesi P R, Chiarizia R. Transfer Rate of Some Tervalent Cations in the Biphasic System $HClO_4$, Water – Dinonylnaphthalenesulfonic Acid, Toluene(I): Transfer Rate of Iron(III) Determined by Chemical Reactions[J]. Journal of Inorganic and Nuclear Chemistry, 1976, 38: 1687 – 1693.

[26] Zheng Z, Lu J, Li D Q, Ma G X. The Kinetics Study in Liquid – Liquid Systems with Constant Interfacial Area Cell with Laminar Flow[J]. Chem Eng Sci, 1998, 53: 2327 – 2333

[27] 郑重, 李德谦. 层流型恒界面池[P]. ZL94220491.3, 专利批准日: 1995 年 3 月 31 日, 专利申请日: 1994 年 9 月 6 日.

[28] Zheng Z, Li D Q. A Constant Interfacial Cell With Laminar Flow, in Value Adding Through Solvent Extraction [C]. Proceedings of the International Solvent Extraction Conference (ISEC'96), Volume 1, Shallcross D. C, Paimin R, Prvcic L. M, The University of Melbourne, Melbourne, Australia, 1996: 171 – 176.

[29] Zhang W, Zeng L, Hao F, Pranolo Y, Cheng C Y. A Study of Copper Extraction Kinetics with LIX 984 N Using a CSIRO Lewis Cell[R]. CSIRO Internal report DMR 2009: 3639.

[30] Bulicka J, Prochazka J. Mass Transfer Between two Turbulent Liquid Phases[J]. Chemical Engineering Science, 1976, 31: 137 – 146.

[31] Fleming C A, Nicol M J. The Kinetics and Mechanism of Solvent Extraction of Fe(III) and Cu(II) by Oxine Reagents(I): The Aqueous – Phase Reaction Between Fe(III) and 8 – Hydroxy Quinoline[J]. Journal of Inorganic and Nuclear Chemistry, 1980, 42: 1327 – 1334.

[32] Krishna R, Low C Y, Newsham D M T, Olivera – Fuentes C G, Standart G L. Ternary Mass Transfer in Liquid – Liquid Extraction[J]. Chemical Engineering Science, 1985, 40: 893 – 903.

[33] Bandyopadhyay M, Datta S, Sanya S K. Correlation of Mass Transfer Coefficients for Tellurium(IV) Extraction with Instantaneous Reaction in a Modified Lewis Cell[J]. Hydrometallurgy, 1996, 42: 115 – 123.

[34] Coleman J W, Arai C F. Mechanism of the Slow Extraction of Iron(III) from Acid Perchlorate Solutions by Di (2 – ethylhexyl) phosphoric Acid in n – octane[J]. Journal of Inorganic and Nuclear Chemistry, 1971, 33: 1099 – 1118.

[35] Danesi P R, Chiarizia R, Muhammed M. Mass Transfer Rate in Liquid Anion Exchange Processes – I, Kinetic of the Two – Phase Acid – Base Reaction in the System Trilaurylamin – Toluen – HCl – Water[J]. Journal of Inorganic and Nuclear Chemistry, 1978, 40: 1581 – 1589.

[36] Lan L, Omar K, Matar C, Lawrence J, Geoffrey F H. Laser – induced Fluorescence (LIF) Studies of Liquid – liquid Flows, Part I: Flow Structures and Phase Inversion[J]. Chemical Engineering Science, 2006, 61: 4007 – 4021.

[37] Lisa G A, Tudose R Z, Kadi H. Mass Transfer Resistance in Liquid – Liquid Extraction with Individual Phase Mixing[J]. Chemical Engineering and Processing, 2003, 42: 909 – 916.

[38] 沈静兰, 等. 全国第五届冶金过程物理化学年会论文集(下册)[C]. 中国金属学会冶金过程物理化学学术委员会会议, 1984.

[39] 孙思修, 高自立, 盖会法, 沈静兰. 溶剂萃取动力学研究方法——液滴法[J]. 化学通报. 1986(1): 40 – 41.

[40] 袁悦, 王玉洁, 等. 三辛胺从硫酸体系中萃取 $Cr_2O_7^{2-}$ 的界面反应动力学研究[J]. 东北师大学报自然科学版, 2000, 32(4): 25 – 28.

[41] 孙思修, 盖会法, 高自立, 沈静兰. 溶剂萃取过程动力学研究 IV. 单液滴法研究 HEH(EHP)萃取 Co(II)的速率与机理[J]. 无机化学, 1986(2): 50.

[42] Brodkorb M J, Bosse D, Reden C, Gorak A, Slater M J. Single Drop Mass Transfer in Ternary and Quaternary Liquid – Liquid Extraction Systems[J]. Chemical Engineering and Processing, 2003, 42: 825 – 840.

[43] Nasser S. Equilibrium and Kinetic Studies on the Extraction and Stripping of Uranium(VI) from Nitric Acid Medium into Tri – phenylphosphine Oxide Using a Single Drop Column Technique[J]. Chemical Engineering and Processing, 2003, 43: 1503 – 1509.

[44] Roos M, Morters M, Bart H J. Bestimmung der Extraktionskinetik an Reagierenden Tropfenschwarmen[J]. Chem. Ing. Tech. 1998, 70: 1176.

[45] Zhu Z, Zhang W, Wang W, Cheng C Y. Mass Transfer Kinetics in Solvent Extraction: Equipment and Techniques[R]. CSIRO Internal report, 2008.

[46] Peteraa J, Weatherleyb L R. Modelling of Mass Transfer from Falling Droplets[J]. Chemical Engineering Science, 2008, 56: 4929 – 4947.

[47] Zaisha M, Tianwen L, Jiayong C. Numerical Simulation of Steady and Transient Mass Transfer to a Single Drop Dominated by External Resistance[J]. International Journal of Heat and Mass Transfer, 2001, 44: 1235 – 1247.

[48] Jan Rydberg, Michael Cox, Claude Musikas, Gregory Choppin. Solvent Extraction: Principles and Practice[M]. "Chapter 5", 2nd edition, Marcel Dekker Inc, 2004, New York BASEL: 246 – 247.

[49] 夏晔, 杜慧芳, 许丽红. 中空纤维膜器中二(2 – 乙基己基)磷酸萃取铈(III)的动力学研究[J]. 环境科学学报, 2001, 21(2): 152 – 156.

[50] 易筱筠, 古国榜. 研究萃取动力学的新方法——气搅法[J]. 华南理工大学学报, 2001, 29(1): 40 – 42

[51] 北京意特格冶金技术开发有限责任公司. 铜溶剂萃取 – 电积生产管理与操作资料汇编.

[52] 孙思修, 高自立, 沈静兰, 柴金岭. 伯胺 N1923 和三苯基氧化膦萃取金(III)的动力学. I. 一元萃取剂体系萃取 $AuCl_4^-$[J]. 化学学报, 1992, 50: 989 – 994.

[53] 胡英, 陈学让, 吴树森. 物理化学(中册). 北京: 高等教育出版社, 1983: 188.

[54] 柴金岭, 李文华. Au(III)/(H, Na)Cl/伯胺 N1923 体系活度问题探讨[J]. 山东师大学报(自然科学版), 1991, 6(2): 40 – 44.

[55] 沈静兰, 高自立, 孙思修. 标准曲线拟合法在研究萃取机理中的应用[J]. 化学通报, 1984(1): 37 – 44.

第13章 萃取过程的开发

张启修 中南大学冶金与环境学院

目 录

　　开发一个工业应用的全新的萃取过程，需进行大量的试验工作，特别是在没有类似的工业运行成熟工艺的数据作参考时，这一试验就更为重要，开发一个好的萃取过程往往要经过从实验室的小型试验逐步放大几个阶段。显然，这是一个耗费很多时间的过程，世界上第一个采用溶剂萃取的湿法炼铜厂——美国兰鸟工厂的开发过程耗时就达 4 年之久。一个新的萃取体系投入工业应用，既要有投资者的决心和魄力，也要有科技开发人员的科学精神与科学态度，还要有经验的工程技术人员精心的实施配合。本章在介绍若干重要试验方法的基础上，归纳介绍开发萃取过程的原则程序。

13.1　有机相中各组分的选择

13.1.1　萃取剂的选择原则

（1）理想的萃取剂应具备良好的萃取与反萃性能，它表现在：

①高的选择性：对目标金属离子有较大的分配比，相对于共存金属离子有高的选择性，这样就可经过较少的级数，投入较少的萃取剂，实现萃取分离的目标。

②高的萃取容量，在稀释剂中有高的溶解度，因而可以减少溶剂总投入量。

③反萃容易：这为后处理及萃取剂的循环利用带来很多方便。

④对料液及反萃剂有很好的稳定性，如果料液含放射性物质，则萃取剂应有抗辐射不降解性能，如料液或反萃剂的酸、碱度高，则要求萃取剂具有在长期循环利用时不降解性能。

⑤有好的萃取动力学性能，这样可减少设备投资。

（2）理想萃取剂应有良好的与水相分相的性能

①与水相接触时不生成稳定乳化液，因而有利于实现连续运行，减少污物的产生及萃取剂的损失。

②与稀释剂及相调节剂混合后具有好的聚结性能。为此要求萃取剂有低的黏度与密度，有合适的表面张力，具备这些优良的性质，则可减少搅拌动力消耗，降低设备投入成本及操作成本。

（3）理想萃取剂应有安全的储存与运输性能。为此要求萃取剂闪点高，不易燃，不易挥发且无毒，这对保护劳动安全、实现环境友好都是重要的。

（4）理想萃取剂应有较好的经济价值，这就要求它有较低的水溶性，从而减小循环使用过程中的溶解损失，减轻废水处理负担，同时也希望它的来源方便，价格能在用户生产成本允许接收的范围之内。

事实上，尽善尽美的萃取剂是没有的，在实际工作中只能权衡轻重而定。

13.1.2　稀释剂与相调节剂的选择原则

无论是对传质和动力学，还是对相澄清分离和溶剂夹带的影响，稀释剂与相调节剂在萃取段的影响有可能与它们在洗涤段和反萃段影响有很大的不同，而归根结底，选择相调节剂与稀释剂的决定性因素是相澄清分离速度。

到目前为止，稀释剂与相调节剂的选择与用量还只能依靠实验方法进行选择。此时，既要考虑试剂成本，也要考虑它们的物理性质，同时还要考虑它们对萃取、洗涤、反萃等各方面的影响。

选择合适的稀释剂与相调节剂，最终对萃取过程的成本会有实质性影响。

（1）因为稀释剂与相调节剂对动力学有显著的影响，故会影响到萃取设备类型的选择和设备大小。

（2）相澄清分离速度影响澄清器面积，因此影响到溶剂的存槽量及成本。

（3）由于它们影响萃取平衡，故影响到萃取级数的多少及投资成本。

因此，慎重而正确地选择稀释剂与相调节剂是实现最经济的工厂设计的前提条件。

具体的选择原则归纳如下：

1）对萃取剂与萃合物的溶解性能

（1）稀释剂应与萃取剂及相调节剂的互溶度大，因而有利于发挥其构成连续有机相的作用。

（2）对萃合物有高的溶解度，因而既可避免三相的生成又可提高有机相的负载容量。

（3）稀释剂为石油工业产品，其组分搭配合理不但有利于萃合物溶解，而且能使有机相有良好的聚结性能及相分离速度。稀释剂由烃类溶剂组成，一般含有芳香烃、脂肪烃及环烷烃。也有全部由脂肪烃构成的稀释剂，它们的极性一般低一些。Chevron 公司生产的 Chevron 3 及 Chevron 25，其 98% ~99% 的成分均为芳香烃试剂。

2）安全与经济性能

稀释剂在有机相中的量大，因此其安全性的要求更突出，具体而言就是要求其挥发度低一些，闪点要高一些，这既可减少火灾的危险，同时也可降低挥发损失。

与对萃取剂的要求一样，价廉易得是所有溶剂萃取工厂所希望的。

目前还不能从理论上，凭借稀释剂与相调节剂的性质进行选择，对任何一个特定的体系都必须应用实际料液通过试验进行选择，而且在萃取阶段表现出的行为与在洗涤与反萃阶段可能完全不同，在选择试验过程中需要考察它们对传质、动力学、相澄清分离及溶剂夹带的影响，而最终相澄清分相速度往往成为选择稀释剂及相调节剂的决定因素。

13.1.3 按实际料液特点选择有机相的组成[1, 2]

一个好的萃取剂应很好地与目标元素的冶金工艺相配合，迄今为止最为理想的是铜的溶剂萃取。它采用肟类萃取剂，与铜矿的硫酸浸出工序自然衔接，从浸出液中以阳离子交换形式提取铜，萃取剂释放的氢离子进入萃余液，使其酸度升高，适合返回浸出，反萃液可直接送往电解。在电解工序铜析出的同时，阳极区产生的氢离子使电解残液的酸度升高，这种含约 35 g/L Cu 及 160 ~ 190 g/L H_2SO_4 的贫电解液正好适合作负铜有机相的反萃剂。但要求所有的萃取过程都能如此理想是困难的，然而最起码的要求是一个萃取体系必须能适应浸出工序的需要。在多数情况下，萃取工序萃取剂的选择必须受制于浸出工序，因此，萃取过程开发时必须先熟悉料液的性质，包括料液组成、pH（或游离酸浓度）、温度（t）及处理量，其中 t、pH 可在适当范围内调整。但必须认识到它们的调整幅度过大会带来能耗及中和剂成本与废盐的处理等系列问题。因此料液的性质使萃取剂的选择范围缩小。例如,料液中无配阴离子存在,就可不考虑用胺类萃取剂,如酸度又不高,则可只考虑选择能按阳离子交换反应进行的萃取剂。如料液中有配阴离子存在,则应优先考虑选用胺类萃取剂,料液为硫酸体系时以伯胺类萃取剂为好,当料液为盐酸体系时,以季铵和叔胺为好。

个别例外的情况也有,例如,在高硫酸-氢氟酸体系中直接共萃钽铌与杂质分离,分别反萃铌、钽可以最短的流程直接得到符合金属生产需要的氧化铌与钽氟酸钾。这一萃取体系开发成功后,钽铌原料的碱法处理方法迅速被硫酸-氢氟酸分解法所取代,萃取剂的选择也集中在以氧为配位原子的试剂中进行。但随着环保要求对氟离子的限制更为严格,如开发成功无氟的钽铌原料处理工艺,应用的萃取剂及相应的萃取工艺又要做调整。

由于萃取工序是位于一个冶金工艺的中段,所以最后确定的萃取体系必须既考虑上游工序的情况,也要照顾下游工序的要求。一般浸出工序经液固分离后送往萃取工序的料液往往含有一定量的固体,它们可能造成萃取时的乳化及形成污物。但迄今对料液中的允许固体含量并无一个统一的标准,例如,在铜萃取中建议料液中固体含量不超过 10 ppm,而南非用胺从硫酸介质萃取铀的工厂规定固体含量应小于 20 ppm,而用烷基磷酸提铀时,料液中固体含量可达 300 ppm。

浸出液中可能存在一些有机物质,例如,堆浸时带进的腐殖酸以及浮选剂、絮凝剂,电镀厂待回收金属的废液中的添加剂,这些表面活性物质可能会使整个萃取体系的界面性质变化而恶化萃取效果。

为此,在料液送进萃取工序之前有时需增加精滤作业,或者脱有机物(如氧化、活性炭吸附等)作业。

反过来,萃取工序的萃余液返回浸出工序时,其中溶解或夹带的有机相又可能使细菌浸出工序中的细菌中毒死亡。当浸出工序采取浓密机进行固液分离时,返回浸出的萃余液中的有机相又会使沉降性能变差,这势必要扩大浓密机的设备容量,延长澄清时间,甚至反过来又增加浸出液中的悬浮固体量。

当料液中有几种金属离子时,可能会出现这样的情况,第一个工序的萃余液又送往下一工序萃取另一种金属离子,或者第一个工序的反萃液又送往下工序进行萃取分离。如果两个或三个萃取工序所用的萃取剂或有机相成分不同,则由于溶解或夹带会造成各萃取工序有机相的交叉污染,使有机相的组成发生变化,从而恶化萃取效果,在全流程半工业或工业试验时应密切注意这一现象并采取相应措施。

为某一过程所选择的萃取剂、稀释剂、相调节剂混合成一个均相的溶剂应用于萃取过程,此时有机相的综合性能是操作者最终最关切的问题,所有开发的萃取体系不但要有好的化学性能而且应有好的物理性能。例如:

（1）密度　萃取体系中两相的密度差至少应大于 $0.1\ g/cm^3$，因此选择的稀释剂的密度一般在 $0.8\ g/cm^3$ 附近较妥，为了兼顾萃合物的溶解度及较好的动力学与分相性能，原则上最好在稀释剂中除脂肪烃外有适当的芳香烃或者环烷烃。

（2）黏度　有机相的黏度应适当低，以保证：①良好的流动性；②应用较小的转速而获得良好的分散与混合；③容易相分离。一般水相黏度比较低，因而有机相的黏度希望低于 $2\ mPa \cdot s$ 为好。

（3）界面性质　稀释剂及相调节剂与萃取剂混合会使界面性质发生较大变化，界面张力是一种最简单易测的界面性质，纯试剂的界面张力与混合的有机相的界面张力有很大不同。界面张力会影响萃取速度、分相与聚结性能、乳化、污物形成等许多重要问题。

当研究者作出了萃取剂等的选择决定后，必须通过探索试验得出最后的结论。

13.2　溶剂的预处理

本书所指的预处理泛指在试验之前或者循环到萃取段之前对溶剂进行的处理，包括在其他专著中述及的预处理（国外专著中称为 conditioning）及预平衡。

13.2.1　预处理

合成的萃取剂是不可能很纯的，往往含有某些剩余的合成原料、合成反应的中间产品及副产品，通常它们比萃取剂的溶解度大，在萃取运行过程中会溶于萃余液，生成污物使分相性能及负载容量发生变化，使萃取过程变得不稳定，为此，可以利用其水溶性大的特点，用空白料液进行预处理。空白料液，即不含金属离子，仅含与料液浓度相近的酸（或碱）的溶液。用空白料液与萃取剂单级接触若干次以后，必要时再用纯水洗净备用。

有机相循环使用一定周期后，或新萃取剂存放时间过长后，会有一些降解产物积累，它们同样会使萃取过程的分相性能与负载容量发生变化，此时也可按同法处理，或用配置的酸、碱溶液反复循环处理。笔者在研究 P350 - 盐酸体系萃取分离钍、铀与稀土时，曾遇见这样的问题，用从仓库领出的存放一年的萃取剂萃取时，发现两相澄清分离速度很慢，有机相严重乳化且有泡沫产生，界面污物增多，为此在搪瓷反应釜中用5%的 Na_2CO_3 溶液处理。具体方法如下，先以自来水按 O/A = 1:1 搅拌 1 min，再用 5% Na_2CO_3 按 O/A = 2:1 ~ 1:1 搅拌 1 min，碱洗三次后，用去离子水水洗至中性后再使用就没有乳化和泡沫产生。

在用环烷酸萃取生产氧化钇的工艺中也遇到类似的问题，新配制的有机相容易发生乳化，此时如用稀盐酸洗涤有机相，在两相界面间会产生一种薄膜状乳化物，除去这种乳化物，并用水洗有机相后再使用，乳化就不易产生。

稀释剂与相调节剂也有类似问题，也应做类似处理。

13.2.2 预平衡

预平衡指的是为了维持萃取过程中水相的酸度或 pH 不发生大的波动而对有机相做的预处理。

1. 酸性萃取剂的皂化

例如用 P507 作萃取剂时，控制平衡水相的 pH 是实现分离的关键因素，而用氢型 P507 萃取时，反应释放的氢离子使水相平衡 pH 显著降低从而恶化分离效果，故一般在萃取之前先进行皂化处理，即将萃取剂部分转化成钠型或铵型，办法就是用 NaOH 或 $NH_3 \cdot H_2O$ 与有机相预平衡。

以氨水皂化为例，皂化时发生下列反应：

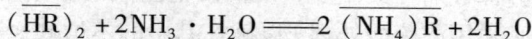

$$(\overline{HR})_2 + 2NH_3 \cdot H_2O \Longrightarrow 2\overline{(NH_4)R} + 2H_2O$$

通常有机相中的萃取剂并不需要百分之百皂化，单位体积有机相中实际转变为铵型的萃取剂的物质的量称为皂化值，以 mol/L 表示，如皂化值为 0.5 mol/L，表示 1 L 有机相中存在的铵型萃取剂的量为 0.5 mol；以铵皂形式存在的萃取剂浓度与有机相中该种萃取剂总浓度的比值称为皂化率，或皂化度。如控制皂化率为45%，即表示有机相中的萃取剂 45% 以铵型存在，55% 以氢型存在。控制皂化度，实际上也控制了萃取饱和度，其实质是将调控 pH 所需的碱预存于有机相中，使平衡水相 pH 稳定在所希望的范围内。

制铵皂可以直接用液氨。其具体步骤如下：

(1) 先测定配制好的萃取剂浓度，必要时应进行调整补充。

(2) 准确测定待皂化有机相的体积 V_o。

(3) 先加有机相体积 3%～4% 的去离子水。

(4) 在搅拌下缓慢通入液氨，所需液氨的量按下式计算：

$$通氨量 = V_o \times c_o \times 皂化值/59 \quad (kg)$$

其中 c_o 为有机相中萃取剂的体积百分浓度，59 为 1 kg 液氨的物质的量。

(5) 停止通氨后，再搅拌 5 min。

如用浓氨水皂化，则直接按 $c_o' \times V_o = c_{NH_3} \times V_{NH_3}$ 计算所需浓氨水体积 V_{NH_3}。式中 c_o' 为所需皂化值；c_{NH_3} 为浓氨水的物质的量浓度 mol/L；加浓氨水后需搅拌 15 min。

如需配制钠皂，则用 4～5 mol/L 的 NaOH 溶液代替浓氨水即可。

2. 碱性萃取剂预先萃酸

用胺类萃取剂时，例如用叔胺从氯化物溶液中分离钴镍，必须先萃盐酸形成叔胺的盐酸盐，下一步萃取时，这种叔胺盐以氯离子与 $CoCl_4^{2-}$ 配离子交换，实现萃取。如以不预先酸化的叔胺直接与料液接触，它会先萃取料液中的游离酸再发生萃取金属离子的反应，如料液中游离酸不足，则萃取反应的效果会显著恶化。

如用叔胺之硫酸盐萃取铀酰离子，以碳酸盐进行反萃，则反萃后的有机相内为叔胺的碳酸盐,返回下一个循环萃取时事先必须用硫酸做转型处理。

3. 中性萃取剂的预平衡

中性磷型萃取剂可以萃取强无机酸(见第 5 章),而且同时使大量水进入有机相,其后果是两相体积发生较大变化,水相平衡酸度可能降低,对于某些酸的浓度对分配比影响较大的体系,可能引起分配比较大的波动,为此在萃取之前先用有机相与空白料液预平衡,即先让萃取剂萃取了酸与水后再进入萃取段。这样既避免了水相酸度的波动,也避免了两相体积的变化。

13.2.3　工业煤油的处理

我国用于萃取的稀释剂种类不多,大多数企业倾向于用工业煤油作稀释剂,但工业煤油使用前必须用浓硫酸处理,以破坏其中的不饱和烃。浓硫酸与烯烃作用生成烷基硫酸:

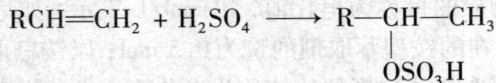

$$RCH\!\!=\!\!CH_2 + H_2SO_4 \longrightarrow R\!\!-\!\!\underset{\underset{OSO_3H}{|}}{CH}\!\!-\!\!CH_3$$

烷基硫酸溶于硫酸而被除去。

具体处理方法如下:工业煤油与浓硫酸按 $O/A = 5:1$ 充分混合两次,完全澄清分离后,先用水按 $O/A = 5:1$,轻微混匀搅洗一次,澄清分离水后,用 5% Na_2CO_3 溶液按 $O/A = 5:1$ 混合洗去残留的酸,最后再用水洗至中性。经这样处理过的煤油在光线照射下微显蓝色。这一处理过程称之为磺化处理,但实际上磺酸基并未结合上煤油分子。在选矿工业中应用的磺化煤油是用发烟硫酸或氯磺酸磺化煤油制得,此时磺酸基直接键合在煤油分子上,这种真正的磺化煤油并不能用作溶剂萃取的稀释剂。

除了烯烃外,各地产的煤油中烷烃的组成及芳烃含量也不一样,所以物理性质并不完全一致。

13.3　萃取及反萃过程平衡等温线测定方法[3]

13.3.1　测试方法

测定平衡等温线有两种方法:

1. 相比变化法

相比变化范围一般从 10:1 到 1:10,例如用 10 mL 料液与 100 mL 有机相接触(相比 10:1),一直达到平衡为止,待两相分层后,把两相分开,取样分析目标金属离子的含量。必要时,重复进行试验,最重要的是所有的试验中萃余液的 pH 必须维持不变,因此平衡后应测定水相 pH,如果必要可添加酸或碱调整 pH 后再重新振荡混合两相。

在分液漏斗或三角瓶中振荡混合无法控制某一相为分散相,因此无法考察相连续状况对分配的影响，如果需要考察相连续状况的影响，则应在烧杯中用搅拌的办法进行混合，作为连续相的溶液先注入烧杯，启动搅拌后再慢慢注入分散相溶液，配合选择恰当的试验相比，可得到包括相连续状况影响在内的分配数据。

以所得数据作图，横坐标为平衡水相的金属浓度，纵坐标为平衡有机相的金属浓度，为此可以得到一条抛物线形状的平衡等温线，靠近原点附近等温线几乎为一直线（图 13 - 1），此时有机相过剩。萃余液金属浓度低，平衡有机相中金属浓度也低，随着平衡水相金属浓度提高，对应有机相中金属浓度也提高，曲线逐渐趋于水平，对接近水平的曲线段作切线，它平行于横轴且其与纵轴的交点即为该浓度萃取剂的饱和容量。

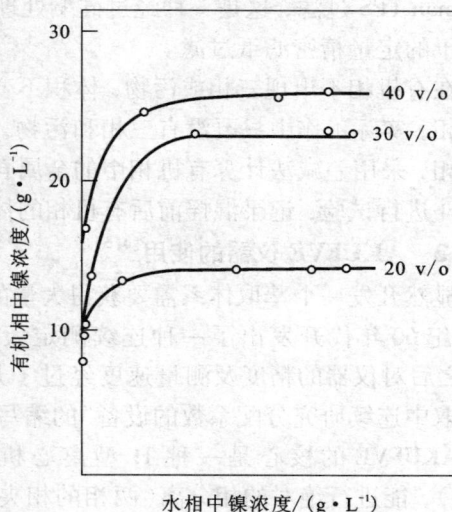

图 13 - 1　pH = 6，三种不同浓度的 DEHPA 萃镍的等温线

2. 多次接触法

选择一个合适的相比，固定用一份有机相与水相多次接触，平衡后，取样进行分析。如果每次有机相均取样，则有机相体积会逐渐减小，因此每次进料体积亦应相应减少，以保持每个试验点均在同一相比下进行。与相比变化法一样，关键是萃余液的 pH 应不变化。显然此法的缺点是有机相用量大，除非有机相不取样。

由这两种方法得到的平衡等温线所求出的饱和容量都是在一确定的萃取剂浓度下得到的，图 13 - 1 示出了三种浓度萃取剂的平衡等温线。

反萃过程的平衡等温线的试验测定法同样可用上述方法进行，只不过在绘制分配平衡等温线时，横坐标应为负载有机相的金属浓度，而纵坐标应为对应的反萃液中的金属浓度。

至于 pH 平衡等温线可同样按以上方法测定，只不过有意识地安排每一个试验点的平衡 pH 在一合适的范围内变化。绘制 pH 平衡等温线时，横坐标应为pH，纵坐标应为萃取率 q 或萃取比 E。

13.3.2　取样

溶剂萃取过程中的取样是保证测试数据可靠准确的另一个重要环节。为此最好用精密的针筒取样器或移液管取样。

由于有机相可能粘附在取样器的管壁上，故有机样品从取样器中放出后应该用已知体积的酒精或稀释剂冲洗取样器管壁，洗液与样品合并。在分析之前必须除去有机相样品中可能夹带的水相，或水相样品中可能夹带的有机相，为此分析之前如有可能应用离心机分离。为了除去有机相中的水分可用专用相分离滤纸 Whatman 1PS 过滤，这是一种经过硅酮处理的高度疏水性滤纸。对于水相样品则可用干的定量精密滤纸过滤。

在有机相不出现三相或污物，体积不变化的情况下，大部分试验可以不分析有机相，实际工作中只要没有三相和污物，有机相体积即使变化，也可以不分析有机相，采用差减法计算有机相中的金属含量，此时应该用有精密刻度的梨形分液漏斗进行试验，记录混摇前后有机相的体积即可。

13.3.3　AKUFVE 仪器的使用[4, 5]

显然开发一个萃取体系需要获得大量的数据，试验工作量很大，为此瑞典于 20 世纪 60 年代开发出了一种连续测定大批量分配数据的仪器，称为 AKUFVE 仪，之后对仪器的精度及测量速度经过了几次改进，AKUFVE 是瑞典文"在液 – 液萃取中连续研究分配系数的设备"的缩写。

AKUFVE 的核心是一种 H 型离心机，它具有很高的转速（5000 ~ 50000 r/min），能进行绝对的相分离（两相的相夹带均 <0.01% ），混合时间 0.3 ~ 5 s，对于具有不同密度、黏度、表面张力的体系，可以通过调整进料速度、出口相的反压及转速控制相界面的合适位置，以实现彻底的相分离。其材质为钛涂钯或 PEEK（聚醚酮），因而耐强腐蚀液体。

对马达转速、各种进出口阀门控制及流量、温度、pH、氧化还原电位、浓度的测量，AKUFVE 均配备了可靠的控制系统。

H 离心机与其上部的混合室相连接，如果需要，还可向混合室中添加有关化学试剂。图 13 – 2 为配备 H—33 离心机的 AKUFVE 系统的外形，图 13 – 3 为它的液流系统图。

该仪器连接有在线检测仪器（同位素测定或分光光度测定）也可取样进行离线测试（原子吸收、光谱等）保证了快速连续测定。

绝对的相分离，可靠的控制系统及现代检测仪器保证了测定数据非常准确可靠。

该仪器可以自动检测及绘制分配曲线（图 13 – 4），用以鉴别萃合物，研究与不同溶剂的交互反应，测定有关配合物的分配常数、稳定常数，并根据分配常数、稳定常数与温度关系测定反应的焓和熵，由它们与离子强度的关系测定活度系数；应用 AKUFVE 测定浓度—时间相互关系进行动力学研究。

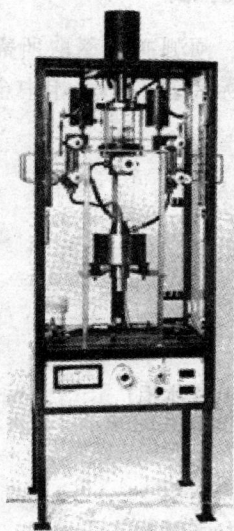

图 13 − 2　配备 H—33
离心机的 AKUFVE 系统

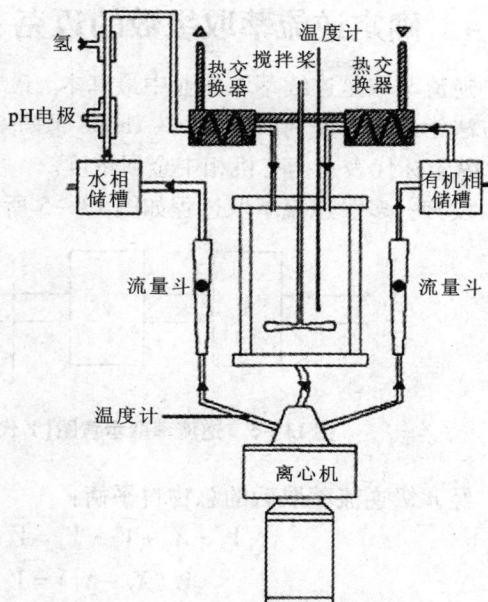

图 13 − 3　AKUFVE 设备的液流系统图

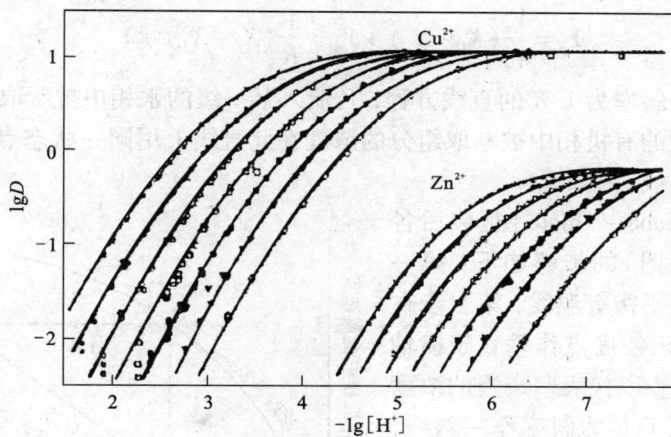

图 13 − 4　不同含量的乙酰丙酮及 1 mol/L NaClO$_4$ 的苯溶液萃
Cu、Zn 的分配比与[H$^+$]的关系

目前国外很多国家都应用这种仪器进行研究，不但提高了研究的水平与效
率，而且节省了劳动力。

13.4 确定逆流萃取级数的迈克－齐利图解法

逆流萃取是连续萃取作业中最基本、最常用的方式，预测逆流萃取所需级数的方法为迈克－齐利(McCabe – Thiele)图解法。其横坐标代表平衡水相中金属浓度，纵坐标代表平衡有机相中金属浓度。

设有一多级逆流萃取过程如图13－5所示。

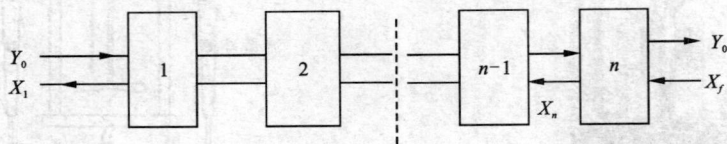

图13－5 逆流萃取示意图(Y代表有机相，X代表水相)

经 n 级逆流萃取后的总物料平衡：

$$V_a \cdot X_f + \overline{V}_s \cdot Y_o = V_a \cdot X_1 + \overline{V}_s \cdot Y_n$$

$$V_a(X_f - X_1) = \overline{V}_s(Y_n - Y_o)$$

$$\frac{V_a}{V_s}(X_f - X_1) = Y_n - Y_o$$

$$Y_n = \frac{V_a}{V_s}(X_f - X_1) + Y_o = \frac{1}{R}(X_f - X_1) + Y_o \tag{13 - 1}$$

这是一条斜率为 $1/R$ 的直线方程，凡流入某一级的水相中被萃取组分的浓度和流出同一级的有机相中被萃取组分的浓度在此直线上用同一状态点表示，这条直线即为操作线。

绘制 McCabe – Thiele 图(以后各章简称 M – T 图)的步骤如下：第一步先画出浓度平衡等温线，第二步在 X 轴上，从料液浓度点作垂直于横轴之直线，第三步以代表萃余液的浓度点为起点，以 $1/R$ 为斜率作一斜线，这条斜线即为操作线，它与代表料液浓度的直线相交于 A 点(图13－6)。当 Y_0、X_1 均不为零时，操作线起点在平衡线下方靠近原点附近的某处。当 Y_0 为零、X_1 不为零时，它落在 X 轴上；当 Y_0、X_1 均为零时，坐标原点即

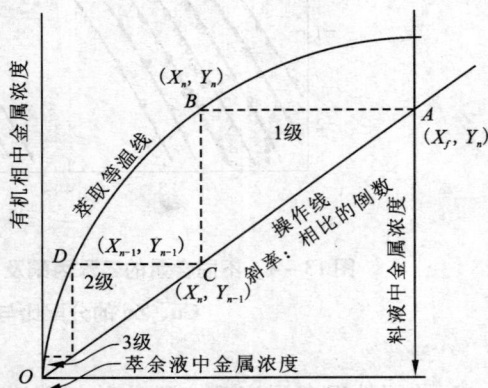

图13－6 McCabe – Thiele 图解

为操作线起点。

显而易见,进入第 n 级的水相组分浓度 X_f 与离开第 n 级的有机相浓度 Y_n 为在操作线上的 A 点(X_f,Y_n),而离开第 n 级的水相组分浓度 X_n 与离开第 n 级的有机相组分浓度 Y_n 处于平衡状态,故应为过 A 点的水平线与平衡线的交点 B(X_n、Y_n)。从 B 点作垂直线交操作线于 C,其坐标(X_n,Y_{n-1})表示进入第 $n-1$ 级的水相组分浓度 X_n 与离开第 $n-1$ 级的有机相组分浓度 Y_{n-1}。从 C 点作水平线交平衡线于 D,其坐标(X_{n-1},Y_{n-1})代表离开该级的水相和有机相平衡浓度,如此继续下去,一直作到水相出口浓度接近于 X_1 为止,所得之阶梯数,即为所求理论级数。图 13-6 上所画的阶梯数为 3,即所求理论级数为 3。

13.5 串级试验

用图解法确定萃取所需级数后,即可用分液漏斗以间歇操作方式模拟连续多级萃取过程。

13.5.1 模拟试验方法

1)齐头式模拟法

以三个分液漏斗模拟三级逆流过程为例,如图 13-7 的每一方框代表一个漏斗,每行上方相应之 1#、2#、3# 代表三个漏斗编号,料液浓度为 100,萃取比 $E=2$,则可根据下述两式计算每萃取一次后,有机相及水相中被萃物之量,F 表示料液,S 代表有机相,且不含被萃物,E 代表萃取液(负载有机相),R 代表萃余液,各方框及箭头上之数字为根据以下两式计算的结果。借助这些计算结果可帮助我们理解模拟试验方法的原理。

$$q = \frac{E}{E+1} \qquad \phi = \frac{1}{E+1}$$

实验开始先向 1# 漏斗按相比加入料液与新鲜有机相,振荡平衡后静置分相,水相转入 2# 漏斗,有机相移去,再在 2# 漏斗中按相比加入有机相,振荡平衡分相,水相转入 3# 漏斗,有机相转入 1# 漏斗,在 1# 中加入料液,3# 中加入有机相,振荡 1#、3# 后静置分相,1# 中之有机相移去,水相转入 2#,3# 中之水相弃之,有机相转入 2#,振荡后静置分相,如此继续按箭头方向进行下去,每出料一次,就称之为一排。由图 13-7 的数据可以看出,随着振荡排数增加,相邻两排出口浓度逐渐接近,当相邻两排水相及有机相出口中被萃组分浓度、酸度不再发生变化时,则体系达到稳态平衡。

2)宝塔式模拟法

如果同样用这三个漏斗,加料从中间 2# 漏斗开始,则形成如图 13-8 之操作方式,称之为宝塔式模拟法。同样随着振荡排数增加,相邻两排出口浓度逐渐接近,但与图 13-7 相反,浓度变化顺序是由高值逐渐减少向稳态值靠拢。

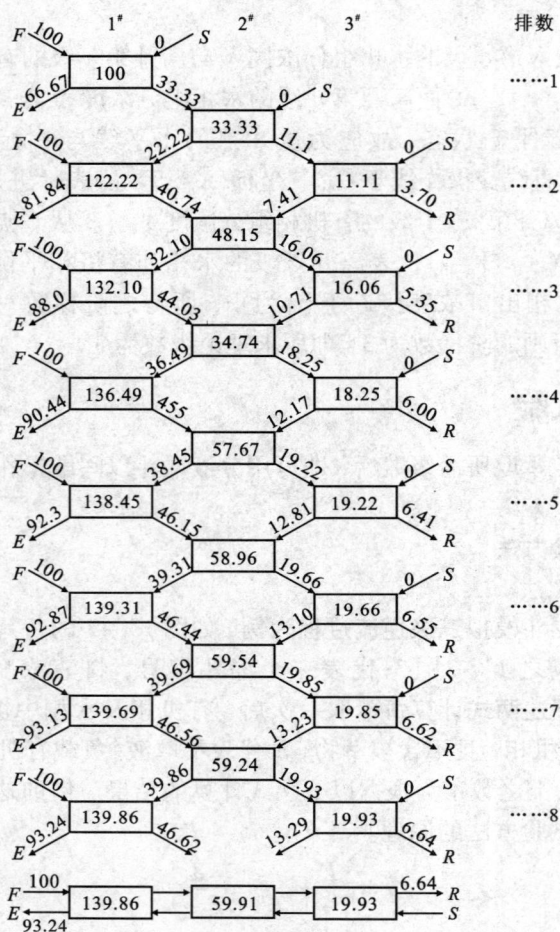

图 13-7   齐头式逆流模拟实验相浓度逐级变化图

$$E = 2,\ O/A = 1:1$$

上述这两种方法都是经典模拟实验方法，在整个操作过程中，漏斗之位置不变，不易弄混淆。当萃取比离 1 越远，越易达到稳态平衡，一般当振荡排数是级数的 2 ~ 3 倍时，大约可到达稳态，可以开始取样分析。

3）"矩阵"模拟法

实际工作中，有时用 $N+1$ 个漏斗模拟 N 级连续萃取，每排同时出水相和有机相，速度比上述两法快一倍，其操作模式如图 13-9 所示，故称为"矩阵"模拟法。图 13-9 表示用 4 个漏斗模拟三级逆流萃取，第一排在 1#、2#、3# 三个漏斗中同时进有机相和料液，振荡平衡后，3# 之水相弃，2# 之水相进 4#，同时在 4# 进新有机相，1# 之水相进 3#，有机相移去，2# 进料液，之后进行第二排振荡，平衡后

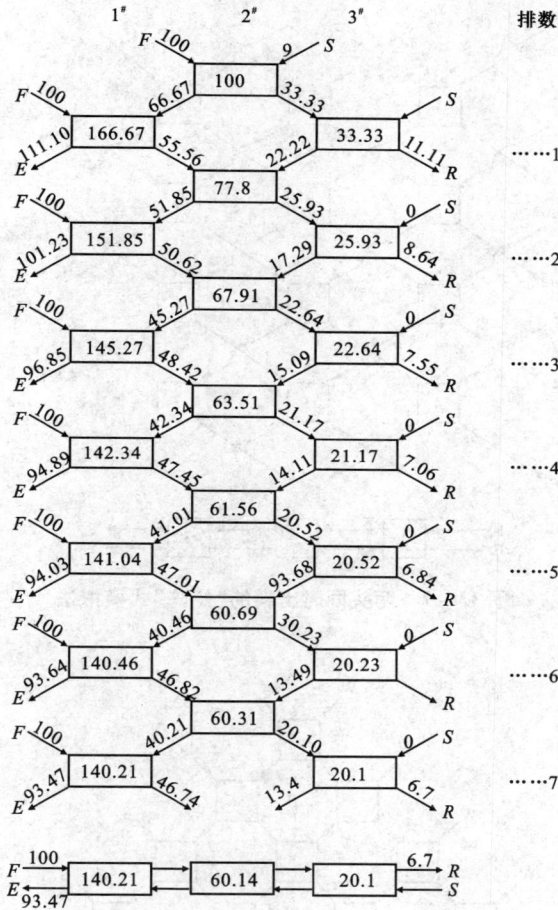

图 13-8　宝塔式逆流式模拟实验相浓度逐级变化图

4#水相弃，3#水相进 1#，同时在 1#进新有机相，2#水相进 4#，有机相移去，在 3#进料液，再振荡第三排，依此类推，直至稳态平衡达到。这种操作方式有下列特点：

（1）每次除有机相出口外，都只有水相转移漏斗，而有机相留在漏斗中，可减少损失。

（2）每一排都是两头同时有溶液排出。

（3）N+1 个漏斗按序号排列位置不动，但每次空一个漏斗不用。

（4）水相不是进入下一个编号漏斗，而是跳过下一个编号漏斗进入次下一个编号漏斗，或排出。

4）分馏萃取模拟实验

图 13-10 为五级萃取四级洗涤的分馏萃取模拟法，实验步骤如下：

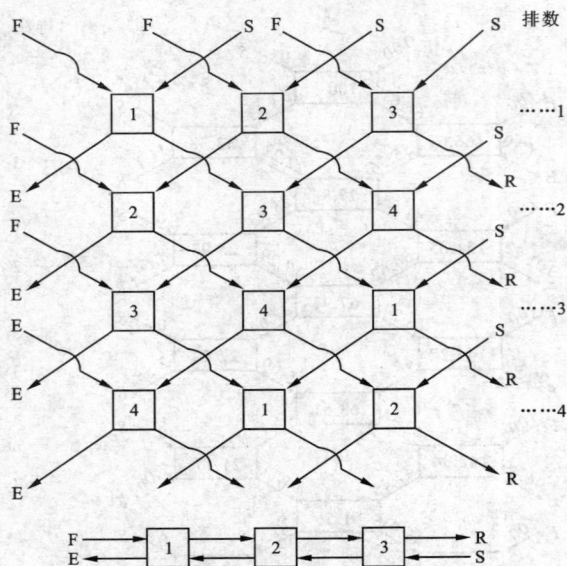

图 13-9 两头同时出料的"矩阵"式模拟法

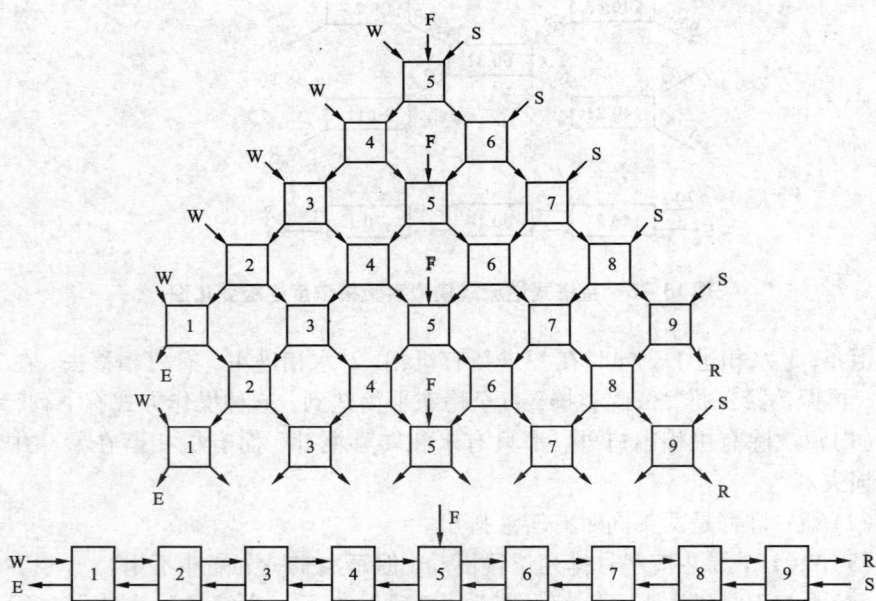

图 13-10 分馏萃取模拟法

（1）取 9 个分液漏斗，分别编成 1、2、3、4、5、6、7、8、9 九个标号，开始操作时，按图所指的箭头方向进行。

（2）从第5号分液漏斗做起，即加入有机相、料液和洗涤剂振荡之，待两液相澄清分层后，有机相转入第4号，水相转入第6号。

（3）在第4号加入洗涤剂，第6号加入新有机相，第2次振荡6、4两号漏斗，静止分层，第6号的有机相移入5号，水相移入7号，而第4号的有机相移入3号，水相移入5号。

（4）在第3号加入洗涤剂，第7号加入新有机相，第5号加入料液，第3次振荡3、5、7号漏斗，随后静止分层，它们的水相分别转入4、6、8号，而有机相移入2、4、6号，在第8号加入新有机相，第2号加入洗涤剂。

按上述步骤继续做下去，一直到体系达到稳态平衡。

由图13-10可见，水相总是向右移动，而有机相总是向左移动。料液总是加入第5号漏斗。在图示的操作中1、2、3、4级是洗涤级，而5、6、7、8、9级是萃取级。

这种操作法的特点，每次振荡约 $N/2$ 个漏斗，进料级的位置固定不变，开始出料时，记录振荡排数，排数为级数2~3倍时，可以取样分析，如出料口溶液浓度、酸度不再变化，即认为达到稳态。

13.5.2 小型连续试验设备

小型连续运行的设备有几种[3]，但在国内市场上不可能购得这类设备，必须靠自己设计加工。尽管工业萃取设备按比例缩小后加工成小型设备并不困难，但塔式设备的放大性能差，小型塔式设备由于壁效应，其运行数据用于放大并不可靠。因为混合澄清槽是最易制造的接触器，而且简单易操作，故国内外均推荐应用小型混合澄清槽作为小型连续运行设备，根据小型连续运行结果才能最终决定萃取体系是否可推荐用于半工业或工业试验。

与工业混合澄清槽不同，小型设备应各级单独配备数显无极调速马达，及多种形式的搅拌桨，各液流最好用小型计量泵与转子流量计配合计量。在级数配置上应留有调整余地。其构造材料最好用耐热有机玻璃或透明聚氯乙烯材料，但后者不耐TBP腐蚀。

多级混合澄清槽连续运行系统示意图参见图4-4，萃取段为 n 级，$n+1$ 级为进料级，洗涤段为 m 级。其操作过程介绍如下：

1）开槽

以分馏萃取为例，在萃取段可以先在每一级的槽内加入一部分有机相，然后在搅拌下让料液按流比要求加入进料级的混合室，至水相开始从第一级溢出时，再让有机相按流量的要求加入第一级混合室。在洗涤段是先在每一级槽内加入一部分洗涤液，然后在搅拌下让负载有机相进入第 $n+1$ 级混合室，至有机相从第 m 级溢出时，再让洗涤液按流比的要求加入第 m 级混合室。

有时为了加快达到槽体平衡，可以采用负载有机相充槽的启动方式。

无论用什么方式充槽，充槽溶液用量按接近工艺要求的相比考虑。

当各种溶液正常进料，相界面调整合乎要求后，槽子可投入正常运转。

2）正常运转

液面控制是保证纯度稳定和实收率指标的重要操作环节。调节各级搅拌器转速、桨叶大小和位置高低，使各级溶液由潜室进入混合室的抽力基本平衡，是保证相界面稳定的重要环节。如各级抽力不平衡，则可能出现冒槽或某级水相（或有机相）流空现象，破坏槽体平衡。

各级相界面位置，还可用调节混合相出口堰位置进行调节。澄清室水相界面应该低于混合相出口位置。

坚持定时取样分析可以随时判断操作控制存在的问题，有条件的可以安装自动在线分析仪器。

3）停槽

正常停槽应先关闭料液及有机相进口，然后再切断其他溶液进口，将各出口管道阀门关闭，再停止搅拌。

13.6 萃取过程开发步骤

开发一个新的萃取过程一般需经过探索试验，实验室系统条件试验，小型连续运行试验，半工业或工业试验几个阶段。

13.6.1 探索试验

探索试验阶段的任务就是初步确定有机相的成分，即选定萃取剂与稀释剂，必要时还应确定相调节剂的种类。

第一步应先根据 13.1.3 节的介绍及文献调研的结果，参照 13.1.1 节介绍的原则，确定适用的萃取剂。

第二步，进行稀释剂适配性试验。方法是用萃取剂与几种候选稀释剂配成萃取剂浓度相同的几份有机相，在完全相同的条件下进行试验。试验可在刻度分液漏斗中进行，也可在刻度烧杯中进行，但应注意保持同样的振荡强度或搅拌强度，注意保持同样的加料方式，以便有相同的连续状态，并保持同一试验温度。在探索试验阶段，一般先固定萃取剂浓度为 0.1 mol/L 或 5%（V/V），按 O/A = 1:1，平衡时间 5 min 进行试验。如果根据试验者的知识与经验，或者文献调研的结果，需要添加相调节剂，则可暂按 2% ~ 5%（V/V）的比例添加 TBP 或仲辛醇，进行对比试验。

第三步，进行相调节剂的适配性试验。一种情况是在第二步的稀释剂试验中，由于未添加相调节剂而出现了三相。此时最简单的方法是放掉萃余液，往含两个有机液层的有机相中，用滴定管滴加相调节剂，然后搅拌 5 min，静置分层，如两个有机液层还存在，则继续补充滴加相调节剂，搅拌静置。如此继续，直至两个液层消失，有机相成为均匀的液相为止。此时总的相调节剂滴加量即为所需的相调节剂体积。第二种情况是在第二步的稀释剂试验中，有机相中已配有相调节剂，但仍出现三相，则应按同样方法，滴加相调节剂，此时，相调节剂的总和则为相调节剂的需要量。

所有的试验应包括萃取与反萃两阶段的考核与观察，反萃剂暂可根据试验者的经验与知识选定。

在试验前，所选择的萃取剂及参与筛选的相调节剂均应参考 13.2 节的介绍，先进行必要的预处理和(或)预平衡。

探索阶段对有机相性能的考核，除了对水相进行分析，测定分配比、分离系数及萃取率及反萃率外，也应注意一些物理现象的考核，如分相时间，分散相完全聚结至分散带厚度消失时间；有机相体积的变化，颜色的变化乃至是否有温度的变化等。

13.6.2　系统条件试验

系统条件试验又称为间歇台架试验。其任务是研究选定体系的基本规律，最好将两相置入三角瓶中，塞紧瓶塞后，在恒温振荡器中振荡，在分液漏斗中分液后取水相样分析，如有机相体积变化，则在计算有机相浓度时将体积变化考虑进去。条件试验内容有：

1)萃取剂浓度及相比的影响

萃取剂的浓度原则上取决于料液中萃取对象金属的浓度，即料液金属浓度低，则选用的萃取剂浓度也相应低一些，反之亦然。

当料液中共存的其他离子也能被萃取时，选择合适的萃取剂浓度及相比，可使目标离子在接近饱和情况下被萃取，从而抑制其他离子的萃取。

合适的萃取剂浓度及相比，应该通过试验确定。可选择在料液金属浓度上下设定 3~4 个萃取剂浓度作为萃取剂浓度试验范围。推荐采用相比变化法，作出不同萃取剂浓度的平衡等温线。同时得到萃取剂浓度及相比对金属在两相分配的信息。而最优的萃取剂浓度在连续萃取循环中才能最后确定。

通过平衡等温线求出萃取剂的饱和容量，实际操作中一般控制操作容量适当低于饱和容量。操作容量与饱和容量之比称为饱和度。

2)相调节剂浓度的影响

对需加入相调节剂的体系，在探索阶段已经确定了它的基本用量，即确定了它与萃取剂的比例。因为根据现有研究，相调节剂的作用并不限于消除三相，所以在条件试验阶段，尚应配合选定的萃取剂浓度，考察相调节剂浓度的影响。

为此，可以在基本用量基础上，适当增加相调节剂的用量，在其他条件完全相同条件下进行萃取试验，以最终确定相调节剂的合适用量。

3)反萃剂的比较及反萃剂浓度与相比的确定

如果有必要,可以在探索试验阶段的基础上,进行反萃剂的筛选试验。因为反萃液直接与下游工序相衔接,反萃液中目标金属的浓度,其中盐或酸的含量均对下游工序有影响,因此至少应该进行反萃剂浓度与相比对反萃过程的影响试验。试验范围的选择应根据下游工序的要求决定,一般而言,反萃相比均应大于1。

4)萃取与反萃取动力学性能考察

这里所说的是宏观动力学性能,即萃取与反萃取平衡时间的考察。最简单的方法是在温度与其他条件完全相同的情况下进行平衡时间试验,在 0.5 ~ 15 min 内,以适当的间隔点进行测定,并以萃取率—时间关系作图。由于金属萃取速度与搅拌类型及搅拌强度有关,所以这种测定结果不能直接用于连续过程,但是可以借助这一试验结果判断体系的实用价值及指导连续萃取设备的选择。试验可以在分液漏斗中进行,但最好在第 12 章介绍的宏观萃取动力学试验设备中进行,在那种设备中,可以同时测定分相性能,可以考察相连续状况的影响。不过试验点除了规定的 15 s、30 s 及 900 s 外,可增加 90 s、180 s、300 s 三个试验点。

5)杂质行为的考察

除了目标金属离子的浓度外,对反萃液中杂质元素的含量也应分析,如果其含量已超过下游工序允许的限度,则应考虑增加洗涤段。洗涤的作用除了利用逆反应洗去萃入有机相的杂质外,还可以洗下负载有机相夹带的萃余液。洗涤剂一般可以用纯水,此时得到的洗余液在连续萃取作业中可以单独处理排放,洗涤时,可能萃取的目标金属离子也会洗下一部分,一般的解决措施是洗涤段的相比要尽可能大一些,洗涤剂的用量要尽量少,必要时要安排回收措施。另一种措施是用空白料液作洗涤剂,即不含金属离子、但其所含的酸及酸浓度应与萃取料液相同,从而可以采取分馏萃取操作模式。

在某些体系中也可以用稀碱液(如稀氨水、稀碳酸盐)作洗涤剂,甚至用一种含少量易萃组分 A 的盐溶液作洗涤剂,此时洗涤剂中的 A 进入有机相,将杂质离子(难萃组分 B)洗回到水相。

同理,在决定安排洗涤级后,除了合适的洗涤剂浓度外,其他因素如 pH、相比、接触时间及温度也应通过试验决定下来。

6)酸度或 pH 的影响

酸度或 pH 是溶剂萃取中的一个非常敏感的影响因素,对按阳离子交换、阴离子交换或溶剂化原理的萃取体系,其影响完全不一样,因此应根据所研究体系的类型,安排酸度或 pH 影响试验。用图解法分析它们对目标金属或伴随的其他杂质元素的萃取率或分配比的影响。对阳离子交换体系而言,其 q - pH 图又称 pH 平衡等温线是指导分析萃取—反萃过程规律的基本手段,在试验计划中更应予以突出安排。

7）温度的影响

从化学反应而言，温度的影响并非对所有萃取反应都有实质性意义，但对改善有机相的物理性能，对扩散过程，对改善分散与聚结性能，对减少相夹带及挥发损失都有重要影响。因此应安排进行温度影响试验。一般在恒温（水浴或气浴）振荡器中进行这项试验。

8）特殊因素试验

为了改善分配与分离性能，有时需要添加盐析剂，或者配合剂。有些体系萃取段的各项因素都很优越，但就是难于反萃，此时可能需采取特殊手段反萃，如还原反萃、沉淀反萃或者用配合剂反萃。所有这些问题都应在本阶段安排相应试验予以解决。

如前所述，在本阶段的各项试验中，除了考察分配性能外，对体系的物理性能与现象，特别是分相性能的考察同样应十分重视。

13.6.3　小型连续试验

小型连续试验是一个串级过程，其任务是初步考察，将萃取、洗涤、反萃三段串联起来，以多级方式运行，验证选择的级数是否符合要求；所选择的工艺条件在多级串联运行中是否能达到预期效果；考察在连续运行过程中的相分离状况及是否有污物产生等实际问题。

试验可分为两个阶段，第一阶段用分液漏斗以间歇方式模拟连续运行的情况（见 13.5.1），此法又称连续台架试验。显然这种方法获得的连续运行的信息是有限的，因此还必须进行第二阶段的试验，即在小型连续试验设备中（见 13.5.2）连续运行。一般至少需 24 h 连续流通 7 ~ 10 d。在这一阶段中应充分注意收集下列信息：

（1）溶剂体系包括萃取剂、稀释剂、相调节剂，与料液匹配情况是否需适当调整；

（2）平衡数据：收集 q、D、$\beta_{A/B}$、E 数据及分离对象在逐级分布情况，各级酸度或 pH 变化情况；

（3）动力学数据：搅拌强度，桨叶形式、尺寸，系统达到稳态运行的时间；

（4）萃取、洗涤、反萃各段的级数是否合适；

（5）洗涤段的实际效果；

（6）系统的物理特征，如相连续状况，分相时间与澄清速率，形成乳化的倾向，是否有污物产生；

（7）温度效应；

（8）溶剂的损失情况；

（9）如反萃液直接用于制取产品，应制备相应样品并进行分析；

（10）溶剂预处理及预平衡条件的合理性。

由于设备制造技术的进步，小型混合澄清器的尺寸可以很小，充填槽的溶剂量大为减少，因而从实际情况出发可以省略分液漏斗模拟试验这一步，直接在小型混合澄清器上进行小型连续试验。

13.6.4 放大试验及中间工厂试验

为了检查在混合澄清设备中的运行情况，可以不定期，特别是在运行稳定后，应安排取槽体样，所谓槽体样，一般指取每级（当级数多时，可间隔取）澄清室中水相进行分析，为保证可靠性，最好是多人同时取样。槽体样是萃取槽的运行剖面图，可以帮助直观了解运行情况，考察级数是否需要调整。必要时，也可直接在相应级的混合室取槽体样，同时分析有机相及水相样品。

在小型连续化试验通过后，在正式设计建厂之前，还应进行放大试验和/或中间工厂试验。所有设计人员需要考察的问题，都应在放大试验中解决，放大试验的规模应小到以最低的成本足以提供最大量数据；或者是以足够大的规模提供足够精确的数据用于设计一个中间工厂。一般而言，中间工厂试验的内容就是按一定比例建设一个生产厂，解决生产中暴露出来的新问题，通过较长期的试生产为放大正式建厂提供完整的资料。在生产规模不大，或现有同类型工厂的成熟经验可借鉴的工程项目，可以不必进行中间工厂试验，甚至可以在连续台架试验的基础上，适当放大小型连续运行设备规模，在此基础上直接设计建厂。

而对那些规模大、投资大或采用新萃取剂、新工艺的工程项目，应安排进行中间工厂试验。

放大和中间工厂试验的侧重点为从技术、经济、环境的视角审视系统的稳定性、可靠性，优化过程的技术参数及技术经济指标。

13.6.4.1 两相接触设备的选择及运行状况考察

分别为萃取、洗涤、反萃选择合适的接触设备，对于逐级接触设备，要适当留有调整余地。考察连续相是否稳定，连续相与分散相是否容易倒转，输入能量对分散、聚结性能的影响；对混合澄清槽而言，要考察搅拌桨叶的结构、形式及搅拌功率对混合—分散效果的影响，测定级效率。

考察澄清室的面积能否保证满足两相充分分离、澄清的要求，为大型工程项目安排的放大试验还应提供得到最大澄清单元容量的数据。考察各溶液进出口对流体通量的影响，如有污物产生，还应考察内置的栅栏对污物阻留的效果，及在水相连续情况下，污物在界面压缩的情况。

13.6.4.2 溶剂损失与过程优化

除了设备、管道泄漏造成不正常的溶剂损失外，一般溶剂损失来自下列五方面的途径：①溶解损失：主要是萃取剂及相调节剂在水相中的溶解；②水相夹带有机相造成的损失；③挥发损失；④在辐照、酸、碱反复作用及氧化作用下引起的萃取剂、相调节剂的降解损失；⑤由于形成污物造成的有机相损失。

在水相中的溶解损失是无法避免的，但由于水相中盐类的盐析效应，有机物在水相中的溶解度可大为减少。而其他几方面的损失，均有原因可循，因而可以有针对性地采取改进措施，加以控制。为此在放大试验阶段，应注重考察下列问题：

1）料液因素

由于料液本身含有固体，起氧化剂作用的物质如硝酸、高锰酸盐、钒酸盐、铬酸盐；或者含有腐殖酸、浮选药剂、矿物油，会间接引起溶剂的溶解损失。因此在放大试验的计划中应安排有针对性的精滤和消除有害物质的措施，并同时考察料液中的杂质元素在循环运行中的积累与危害程度，为工业设计提供可靠信息。

2）工厂及设备设计方面的因素

接触器类型选择不当，或者未根据萃取、洗涤、反萃三个阶段的不同特点选择不同的接触器；或者设备设计不当，转速过高，或澄清面积不够，或密闭性不好；或者未安排后澄清器，缺乏适当中转储槽，缺乏处理及回收有机相的配套设备如聚结器、气浮塔、撇沫器、活性炭柱、压滤机、离心机等，均可使溶剂损失增加，在放大试验中应采取相应措施，并为工业设计提供这方面的相关信息资料。

3）工艺因素

温度过高，连续相选择不当，或者其他工艺条件有不妥之处，也会造成溶剂损失增加，在放大试验中也应注意及时采取调整措施，并为建厂设计收集这方面的信息资料。

4）有机相的因素

在料液中存在有起氧化剂作用的物质时，应在有机相中添加比萃取剂、相调节剂更易被氧化的物质，以保护有机相，而这是一项比较复杂的工作，所以应适时安排补充试验，并在放大或中间工厂试验中验证。

稀释剂选择不当，萃取剂浓度太高，也会造成溶剂损失过大，在放大试验中应采取相应的优化措施。

高萃取剂浓度对过程有利也有弊，如：

（1）萃取剂浓度高，则有机相的负荷高，因而可以减小反萃成本；

（2）在同样级数下，有相对高的萃取效率，或者用较少的级数达到同样的萃取效率；

（3）溶剂损失会相应增加，从而增加操作成本，取决于溶剂投入量及减少损失、回收有机相的措施，增加萃取剂浓度有可能增加，也可能减少投资成本。

所以从经济角度考虑，不同的金属萃取工艺，在选择有机相负荷的饱和度方面有很大不同。有的工厂选择在饱和态下运行，可以提高分离效果，充分利用溶剂的萃取能力。但一般以稍微低于饱和容量运行较好，这样可以应对料液成分及流速的波动。另一方面也有一些体系选择在更低的饱和度下运行，如在萃余液返回用于浸出的情况，宁可萃取剂浓度低一些，或者饱和度低一些。又如在 Zr - Hf/HNO_3/TBP 体系，选择的饱和度要低于 90%，其目的是为了避免萃合物从有机相析出。

因此在放大试验阶段，有机相组成的优化，运行饱和度的选择都是重要的试验内容。

13.6.4.3 级数及流程配置调整

对大型萃取厂，接触器的投资在投资成本中占有很大的分量。提高萃取剂浓度可以减少相应级数，或者在级数不变的情况下，调整流程配置，可以适当增加产量(参见第 16 章)，因此配合萃取过程的优化，在为大型项目安排的放大试验中也应安排这方面的内容。

13.6.4.4 环境保护问题

溶剂萃取工厂的污水为低有机物含量及含酸(碱)和盐的废水，按照现行环保法律、法规的规定，必须在放大试验阶段，同时安排废水治理项目的试验。

这类污水对环境的危害及治理方法因不同体系而有很大区别，一般的原则是能设法回用的要尽量回用，实在无法回用的应处理达标后再排放。

13.6.4.5 过程控制

萃取过程中各种溶液的流量必须按比例控制；料液 pH、金属离子浓度及过程温度的控制与调节；酸在萃取—反萃循环中的转移及控制方法；萃取剂浓度的测定方法及补充量对于指导生产的正常运行都是重要的，特别是对于大型萃取工厂尤为突出。在放大试验阶段应在试验线上安装相应设施，并为正式建厂提供准确信息。

参考文献

[1] Flett D S, Cox M. Commercial Solvent Systems for Inorganic Processes//The C Lo, Malcoln H I Baird, Carl Hanson. Handbook of Solvent Extraction[M]. New York, John Wiley & Sons. Inc. 1983: 629 - 647.

[2] Gary A Kordosky. Development of Solvent Extraction Processes Metal Recovery—Finding the Best Fit Between the Metallurgy and the Reagent[C]//Bruce A. Moyer, ISEC'2008 West Montreal Quebec. Canada. A Publication of the Canadian Institute of Mining, Metallurgy and Petroleum. 3 - 16.

[3] Gordon M Ritcey. Solvent Extraction Principles and Applications to Process Metallurgy[M]. Volume 2. 2nd. Ottawa, Canada. G. M. Ritcey & Associates Incorporated, 2006.

[4] Reinhardt H, Rydberg J H A. The AKUFVE Solvent Extraction System//The. C. Lo., Malcolus H. I. Baird, Carl Hanson. Handbook of Solvent Extraction[M]. New York, John Wiley & Sons. Inc. 1983: 507 - 514.

[5] Jan Rydberg, Michael Cox. Claude Musikas and Gregory Choppin. Solvent Extraction: Principles and Practice[M]. 2nd edition. Marcel Dekker Inc. New York BASEL. 2004.

第 14 章 串级工艺设计

张启修 中南大学冶金与环境学院

目 录

在第 13 章中介绍了用图解确定萃取级数的方法及考察连续多级萃取效果的实验方法,这种把若干萃取器串联起来,使有机相和水相多次接触和反复平衡,从而大大提高分离效果的萃取工艺叫做串级萃取。除了逆流萃取,对于难分离的元素通常应用分馏萃取。对于级数多的工艺,为了减少试验工作量,或者优化工艺,科技工作者试图通过理论分析、计算的方法求解有关工艺参数,这种计算称为串级工艺设计。

14.1 逆流萃取的计算

可以应用 13.4 节中介绍的图解法推导逆流萃取的级数计算公式。假设逆流萃取过程各级中的分配比相同,即 D 为常数,则图 13-6 中的平衡线变为通过原

点斜率为 D 的一条直线，如图 14 - 1 所示。

操作线 CB 的斜率为 $\tan\alpha$ $=1/R$，显而易见，在理想情况下，$X_f = a + c + e + g$，因为

$$\tan\alpha = 1/R = b/c$$

故　　　　$c = b \cdot R$

同理　$e = d \cdot R, g = f \cdot R$

又　　　　$b/a = D$

∴　　　　$b = aD$

同理　$d = cD, f = eD$

故 $c = b \cdot R = a \cdot D \cdot R, e =$ $d \cdot R = c \cdot D \cdot R = a(D \cdot R)^2$, $g = f \cdot R = e \cdot D \cdot R = a(D \cdot R)^3$,

即　　　　　　　　　　$c = aE$　$e = aE^2$　$g = aE^3$

图 14 - 1　分配比为常数的 McCabe - Thiele 图解

$X_f = a + aE + aE^2 + aE^3$，如为 n 级，则 $X_f = a + aE + aE^2 + aE^3 + \cdots + aE^n$

按等比级数求和计算

$$X_f = \frac{X_1(E^{n+1} - 1)}{E - 1} \tag{14-1}$$

如果我们引进一个函数，即萃余分数 φ_X，定义其为水相出口组分 X 的质量流量与料液中组分 X 的质量流量之比，并假设萃取过程中水相体积不变，显然由式 (14-1) 知：

$$\varphi_X = \frac{X_1 \cdot V_a}{X_f \cdot V_a} = \frac{X_1}{X_f} = \frac{E - 1}{E^{n+1} - 1} \tag{14-2}$$

如有 A、B 两组分，则对 A 组分有

$$\varphi_A = \frac{A_1}{A_f} = \frac{(A)_1}{(A)_f} = \frac{E_A - 1}{E_A^{n+1} - 1}$$

当 $E_A \to 1$ 时，根据罗彼塔法则有

$$\lim\varphi_A = \lim\frac{E_A - 1}{E_A^{n+1} - 1} = \frac{1}{n+1} \tag{14-3}$$

而对 B 组分有

$$\varphi_B = \frac{B_1}{B_f} = \frac{(B)_1}{(B)_f} = \frac{E_B - 1}{E_B^{n+1} - 1}$$

通常 $E_B < 1, E_B^{n+1} \ll 1$

∴　　　　　　　　　　$\varphi_B \approx 1 - E_B \tag{14-4}$

式 (14-1) 是 A. Kremser 在 1930 年首先提出来的，所以称为 Kremser 方程，

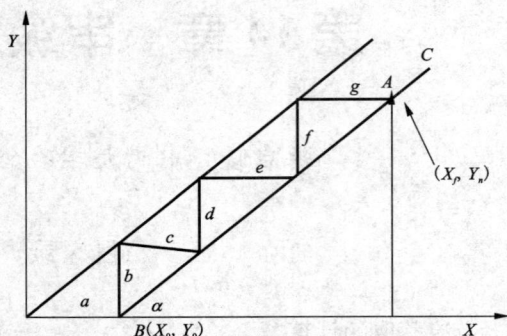

为了方便用 Kremser 方程进行计算，我们必须引进一个概念叫做 B 的纯化倍数，用 b 表示，定义

$$b = \frac{\text{水相出口中 B 与 A 的浓度比}}{\text{料液中 B 与 A 的浓度比}}$$

即

$$b = \frac{(B)_1/(A)_1}{(B)_F/(A)_F} = \frac{(B)_1/(B)_F}{(A)_1/(A)_F} = \frac{\varphi_B}{\varphi_A} \tag{14-5}$$

产品 B 的纯度 P_B 等于

$$P_B = \frac{(B)_1}{(B)_1 + (A)_1} = \frac{(B)_1/(A)_1}{(B)_1/(A)_1 + 1} = \frac{b(B)_F/(A)_F}{b(B)_F/(A)_F + 1} \tag{14-6}$$

14.2　阿尔德斯分馏萃取计算公式

1959 年阿尔德斯在他的名著《液液萃取》一书中推导出分馏萃取的基本方程：

$$\varphi_A = \frac{(E_A - 1)\left[(E_A')^m - 1\right]}{(E_A^{n+1} - 1)(E_A' - 1)(E_A')^{m-1} + \left[(E_A')^{m-1} - 1\right](E_A - 1)} \tag{14-7}$$

$$\varphi_B = \frac{(E_B - 1)\left[(E_B')^m - 1\right]}{(E_B^{n+1} - 1)(E_B' - 1)(E_B')^{m-1} + \left[(E_B')^{m-1} - 1\right](E_B - 1)} \tag{14-8}$$

式中 E 为萃取比，下标 A 及 B 分别代表易萃组分 A 及难萃组分 B，右上角 "'" 符号表示洗涤段。

阿尔德斯公式，在溶剂萃取工艺中有重大影响，它的成功之处在于，当知道 n、m、E_A、E_B、E_A'、E_B' 后可利用式(14-7)及式(14-8)计算 φ_A 及 φ_B，从 φ_A 和 φ_B 及料液组成就可计算产品的纯度和收率。

但是阿尔德斯公式不能解决串级工艺的最优化设计问题，且前提是假定各级萃取器中萃取比 E_A 和 E_B 是恒定的，这一假定与实际偏差较大。

14.3　徐光宪分馏萃取串级理论基础

14.3.1　概述

1）理论的产生与发展

稀土元素之间的分离系数很小，往往需经过数十级至上百级的连续萃取作业才可能得到纯的分离产品，因此给试验工作带来很大困难，而且经过长时间大量试验，所确定的工艺参数还不一定是最优化的工艺参数。

工艺的最优化是一个十分复杂的问题，对于一个指定的分离任务，如第 13 章所述，首先应进行单级最优化，选定最佳萃取体系，确定有机相组成，料液浓度、酸度，萃洗剂、反萃剂的组成等。在单级最优化基础上设计最优的串级工艺，这就是串级工艺最优化。还有设备的最优化、车间布置的最优化等。而且最优化会因条件、对象的变化而变化。因此不可能有绝对的最优化，只有相对的最优化。

　　阿尔德斯公式不能解决串级工艺的最优化设计问题,徐光宪院士针对串级工艺最优化设计的需要,提出了新的串级理论,国内习惯称之为稀土串级萃取理论,本章称之为徐光宪串级萃取理论,简称徐氏串级理论。这一理论在 20 世纪 70 年代提出后,经过在实践中的应用和检验,初步总结正式发表于冶金工业出版社 1978 年出版的《稀土》(上册)中。以后在实践中不断改进,陆续提出了纯度对数图解法,萃取比的极值概念及计算公式,串级萃取动态平衡的数学模拟和计算公式,系统整理总结发表于参考资料[1]。

　　该理论的计算公式达 167 个,常用公式也有 30 余个,各种符号达 72 个,限于篇幅,本书只能重点讨论此理论的应用,除了基本公式外,其余公式的推导请有兴趣的读者查阅原文。

　　2)理论假设的前提条件

　　为了推导有关公式,这一理论对分馏萃取过程提出了若干假设:

　　(1)两组分体系分离:公式的推导只考虑易萃组分 A 和难萃组分 B 的分离,如实际料液中有多个组分,该理论则将所有组分分为两组,即将多组分分离问题变为两个组的分离问题来处理。

　　(2)使用的设备为混合澄清槽,且假设进料级无分离效果。因每级的级效率不可能是 100%,且分馏萃取的级数本来就较多,增加一级不会产生什么坏影响,但却方便了公式的推导。

　　(3)假设萃取、洗涤过程均在有机相符合接近饱和萃取情况下进行,此时可借助 A、B 两者的交换萃取提高分离效果。

　　(4)采用平均分离系数:因萃取段各级的分离系数不等,洗涤段同样有这种情况,但是各级的分离系数值差别并不大,故推导公式中采用平均分离系数进行计算。萃取段的平均分离系数为 β,洗涤段的平均分离系数为 β'。

$$\beta = \frac{E_A}{E_B} \quad \beta' = \frac{E_A'}{E_B'}$$

　　(5)萃取体系的混合萃取比恒定。因各级萃取比 E_A、E_B、E_A'、E_B' 并不恒定,但在饱和萃取的情况下,大部分级中 A 与 B 的混合物的量是恒定的,因此在萃取段可用混合萃取比 E_M 代替 E_A 和 E_B,洗涤段用 E_M' 代替 E_A' 及 E_B',且各级之 E_M 或 E_M' 差别不大,实际用平均混合萃取比进行计算则可使问题简化。

　　(6)萃取运行过程中控制流比恒定。这一点不算是假设,而是在工业运行中必须控制的工艺参数。

14.3.2　徐光宪串级萃取理论要点

14.3.2.1　分馏萃取的槽模型与物料平衡

　　当分馏萃取达到稳态(平衡态)时,如果分析萃取槽各级水相和有机相中 A 与 B 两组分的浓度,可以清楚地看出 A 与 B 在萃取槽中的分布规律。将 A 和 B

的级样按顺序标出来的框图称之为槽模型。它实质上是平衡状态下萃取槽的一幅剖面图，可以由它判断槽体的运行状态，指出改进的方向。图 14 - 2 为以含 60% 左右的氧化钇为原料用环烷酸提纯时，用 90 级分馏萃取的槽模型。图中标出的是两相中稀土的总浓度。在这一分离体系中，易萃组分 A 为除钇外的稀土元素，难萃组分 B 为钇。由各级分析数据可以看出，除两头出口附近外，萃取槽的大部分级中水相及有机相中的稀土总浓度（A + B 的浓度）基本相同。但 A 与 B 的浓度由于交换反应在各级中并不相同，因此在第一级（水相出口级）得到纯钇，而在第 90 级出口中得到"少"钇混合稀土。

这种槽模型抽象化后，得到分馏萃取通用槽模型图，如图 14 - 3 所示，分为水相进料及有机相进料两种情况。

其中 $\overline{S}$ 称为最大萃取量，通常在萃取段进料级附近达到最大萃取量。W 称为最大洗涤量，通常在洗涤段($n + 1$)级附近达到最大洗涤量。

根据图 14 - 3，可以对分馏萃取过程进行物料平衡计算，以水相进料为例，有下列关系：

$$W = \overline{S} - \overline{M}_{n+m} \tag{14 - 9}$$

$$L = \overline{S} + M_1 \tag{14 - 10}$$

因此有：

$$L = W + \overline{M}_{n+m} + M_1 = W + 1 \tag{14 - 11}$$

定义 $\overline{S}$ 与 M_1 的比为回萃比，以 J_s 表示，则：

$$J_s = \frac{\overline{S}}{M_1} \tag{14 - 12}$$

定义萃取段的平均混合萃取比为 $E_M = \dfrac{\overline{A} + \overline{B}}{A + B}$

洗涤段的平均混合萃取比为 $E_M' = \dfrac{\overline{A'} + \overline{B'}}{A' + B'}$

按定义：E_M 与 J_s 有下列关系：

$$E_M = \frac{\overline{S}}{L} = \frac{\overline{S}}{\overline{S} + M_1} = \frac{J_s}{1 + J_s}$$

或

$$J_s = \frac{E_M}{1 - E_M} \tag{14 - 13}$$

定义 W 与 $\overline{M}_{n+m}$ 的比值为回洗比，以 J_w 表示，则：

$$J_w = \frac{W}{\overline{M}_{n+m}} \tag{14 - 14}$$

按定义 E_M' 与 J_w 有下列关系：

$$E_M' = \frac{\overline{S}}{W} = \frac{W + \overline{M}_{n+m}}{W} = 1 + \frac{1}{J_w}$$

萃余液 ↑　　　　　　　　$\overline{M}_F$ ↓　　　　　洗水 ↓

级\项目	1	2	4	10	20	25	39	46	53	60	67	70	73	77	82	86	89	90
水相 pH	0.83	3.6	4.4	4.51	4.58	4.58	4.60	4.61	4.61	4.69	4.69	4.69	4.61	4.68	4.70	4.92	5.38	7.41
水相 M	0.3648	0.6937	0.6967	0.7023	0.7033	0.6983	0.7058	0.7185	0.7154	0.7170	0.7175	0.7175	0.7205	0.7200	0.7235	0.7225	0.1667	0.0051
有机相 $\overline{M}$	0.0051	0.0889	0.2021	0.2046	0.2122	0.2021	0.2031	0.2031	0.2031	0.2011	0.2001	0.2001	0.1960	0.1950	0.1920	0.1920	0.1728	0.0758

空白有机 ↑　　　　　　　　　　　　　　　　负荷有机 →

图 14 – 2　提取纯 Y_2O_3 槽模型

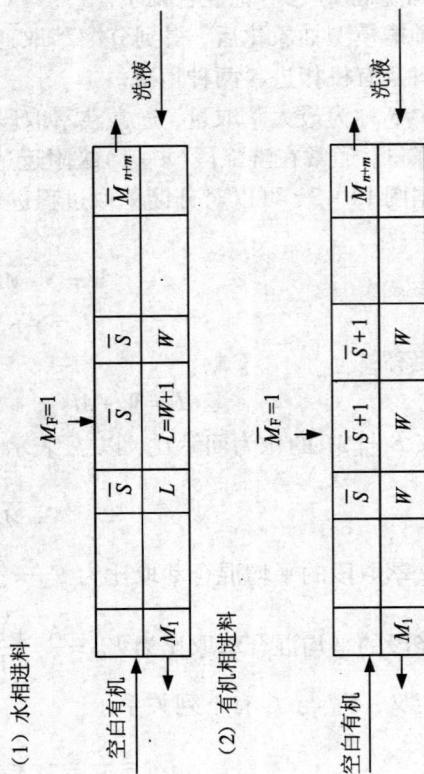

(1) 水相进料

$M_F=1$ →

空白有机 →	$\overline{S}$	$\overline{S}$	$\overline{S}$	$\overline{S}$	$\overline{M}_{n+m}$ ↑ 洗液
M_1 ↓	L	$L=W+1$	W		

(2) 有机相进料

$\overline{M}_F=1$ →

空白有机 →	$\overline{S}$	$\overline{S}+1$	$\overline{S}+1$	$\overline{S}+1$	$\overline{M}_{n+m}$ ↑ 洗液
M_1 ↓	W	W	W		

图 14 – 3　分馏萃取通用槽模型

或
$$J_w = \frac{1}{E_M' - 1}$$ (14-15)

为了避免与回流萃取、回流洗涤的概念混淆，笔者建议将 J_s 与 J_w 直接称为萃出比与洗出比，即萃取段最大萃取量与水相出口量之比称为萃出比，洗涤段最大洗涤量与有机相出口量之比称为洗出比。

14.3.2.2 理论采用的基本参数

(1)料液中 A 和 B 的分数(物质的量分数或质量分数)分别以 f_A、f_B 表示：
$$f_A + f_B = 1$$

(2)有机相出口分数以 f_A' 表示：$f_A' = \dfrac{\overline{M}_{n+m}}{M_F} = \dfrac{f_A Y_A}{\overline{P}_{A(n+m)}}$，其中 Y_A 为 A 的收率，

$Y_A = \dfrac{\overline{A}_{n+m}}{f_A M_F}$，$\overline{P}_{A(n+m)}$ 为产品 A 的纯度(以物质的量分数或质量分数表示)，

$= \dfrac{\overline{A}_{n+m}}{\overline{M}_{n+m}}$。

(3)水相出口分数以 f_B' 表示，$f_B' = \dfrac{M_1}{M_F} = \dfrac{f_B Y_B}{P_{B1}} = 1 - f_A'$，$f_A' = 1 - f_B'$，其中 Y_B 为 B

的收率，$Y_B = \dfrac{B_1}{f_B M_F}$。$P_{B1}$ 为产品 B 的纯度(以物质的量分数或质量分数表

示)，$P_{B1} = \dfrac{B_1}{M_1}$。

(4)纯化倍数：对于含有 A、B 两组分的体系，可用纯化倍数 a 和 b 来表示分离效果，它们等于：
$$a = \frac{(\overline{A})_{n+m}/(\overline{B})_{n+m}}{(A)_F/(B)_F} = \frac{\overline{P}_{A(n+m)}/\overline{P}_{B(n+m)}}{f_A/f_B} = \frac{\overline{P}_{A(n+m)}/(1-\overline{P}_{A(n+m)})}{f_A/f_B}$$

所以
$$\overline{P}_{A(n+m)} = \frac{af_A}{(af_A + f_B)}, \quad \overline{P}_{B(n+m)} = 1 - \overline{P}_{A(n+m)}$$ (14-16)

$$b = \frac{(B)_1/(A)_1}{(B)_F/(A)_F} = \frac{P_{B1}/P_{A1}}{f_B/f_A} = \frac{P_{B1}/(1-P_{B1})}{f_B/f_A}$$

所以
$$P_{B1} = \frac{bf_B}{(f_A + bf_B)}, \quad P_{A1} = 1 - P_{B1}$$ (14-17)

a 决定有机相出口中 A 的纯度和水相出口中 B 的收率，b 决定水相出口中 B 的纯度和 A 的收率。

a 与 b 的乘积 ab 称为总纯化倍数，它等于：
$$ab = \frac{\overline{P}_{A(n+m)} \cdot P_{B1}}{(1 - \overline{P}_{A(n+m)})(1 - P_{B1})}$$ (14-18)

总纯化倍数由两头产品的纯度决定,与料液组成无关。

(5)萃余分数:萃余分数 φ_B 及 φ_A 分别等于水相出口中 B、A 的质量流量与料液中 B、A 的质量流量之比,即 $\varphi_B = \dfrac{B_1}{B_F}$、$\varphi_A = \dfrac{A_1}{A_F}$,而萃取分数则分别为:$1 - \varphi_A = \dfrac{\overline{A}_{n+m}}{A_F}$,$1 - \varphi_B = \dfrac{\overline{B}_{n+m}}{B_F}$。

不难证明:

$$b = \frac{\varphi_B}{\varphi_A},\ a = \frac{1 - \varphi_A}{1 - \varphi_B} \tag{14-19}$$

$$\varphi_A = \frac{a-1}{ab-1},\ \varphi_B = \frac{b(a-1)}{ab-1} = 1 - \frac{b-1}{ab-1} \tag{14-20}$$

在分离效率较高的分馏萃取工艺中,通常 $a \gg 1$,$b \gg 1$,所以

$$\varphi_A \approx \frac{a}{ab} = \frac{1}{b},\ \varphi_B \approx 1 - \frac{1}{a}$$

$$b \approx \frac{1}{\varphi_A},\ a = \frac{1}{1 - \varphi_B} \tag{14-21}$$

产品的收率与纯化倍数有下列关系:

$$Y_A = 1 - \varphi_A = 1 - \frac{a-1}{ab-1} = \frac{a(b-1)}{ab-1} \tag{14-22}$$

$$Y_B = \varphi_B = \frac{b(a-1)}{ab-1} \tag{14-23}$$

14.3.2.3 极值概念

由图 14-3 所示的槽模型图可以直观地看出,J_s 和 J_w 越大,即 $\overline{S}$ 与 W 越大,则水相出口产品 B、有机相出口产品 A 的纯度越高,但 B 与 A 的直收率也相应降低。由式(14-13)$J_s = \dfrac{E_M}{1 - E_M}$ 及式(14-15)$J_w = \dfrac{1}{E_M' - 1}$ 可知,J_s 大意味 E_M 大,J_w 大意味着 E_M' 小。E_M 最大也不能等于1,E_M' 最小也不能等于1。这意味着 E_M 与 E_M' 的选择有一范围限制,即存在极值问题,根据 $(E_M)_{min} < E_M < 1$、$(E_M')_{max} > E_M' > 1$ 这两大基本极值关系式,串级萃取理论分别推导出了在水相进料情况下或有机相进料情况下的两套极值公式。

(1)当水相进料时,上述不等式中

$$(E_M)_{min} = \frac{(\beta f_A + f_B)(f_A - P_{A1})}{\beta f_A - P_{A1}(\beta f_A + f_B)} \tag{14-24}$$

当水相出口为高纯 B,则 $P_{B1} \approx 1$,$P_{A1} \approx 0$,

上式简化为:

$$(E_M)_{min} \approx \frac{(\beta f_A + f_B) f_A}{\beta f_A} = f_A + \frac{f_B}{\beta} \tag{14-25}$$

同样对洗涤段也有：

$$(E'_{M})_{max} = \frac{(f_{B} - \overline{P}_{B(n+m)})}{(\frac{f_{B}}{\beta'f_{A}+f_{B}} - \overline{P}_{B(n+m)})} \tag{14-26}$$

当有机相出口为高纯 A 时，$\overline{P}_{B(n+m)} \approx 0$，
可得简化式：

$$(E'_{M})_{max} = \beta'f_{A} + f_{B} \tag{14-27}$$

进一步，结合极值概念，根据式(14-12)及式(14-13)可知：

$$J_{s} > (J_{s})_{min}, \quad (J_{s})_{min} \approx \frac{\beta f_{A} + f_{B}}{f_{B}(\beta-1)} \tag{14-28}$$

$$\overline{S} > (\overline{S})_{min}, \quad (\overline{S})_{min} \approx \frac{1}{(\beta-1)} + f_{A} \tag{14-29}$$

$$W > (W)_{min}, \quad (W)_{min} \approx \frac{1}{(\beta-1)} \tag{14-30}$$

显然，最小洗涤量$(W)_{min}$与料液组成无关。

（2）当有机相进料时，上述不等式中，有相应关系：

$$(E_{M})_{min} = \frac{(\frac{f_{A}}{\beta f_{A}+f_{B}} - P_{A1})}{(f_{A} - P_{A1})} \tag{14-24A}$$

如水相出口为高纯 B，所以 $P_{A1} \approx 0$ 则式(14-24A)可简化为：

$$(E_{M})_{min} = \frac{1}{\beta f_{A} + f_{B}} \tag{14-25A}$$

$$(E'_{M})_{max} = \frac{(\frac{\beta'f_{B}}{\beta'f_{B}+f_{A}} - \overline{P}_{B(n+m)})}{(f_{B} - \overline{P}_{B(n+m)})} \tag{14-26A}$$

如有机相出口为高纯 A，所以 $\overline{P}_{B(n+m)} \approx 0$ 则式(14-26A)可简化为：

$$(E'_{M})_{max} = \frac{1}{f_{B} + \frac{f_{A}}{\beta'}} \tag{14-27A}$$

与水相进料同样处理，可得到有机相进料的另三个极值公式：

$$J_{s} > (J_{s})_{min}, \quad (J_{s})_{min} \approx \frac{1}{f_{B}(\beta-1)} \tag{14-28A}$$

$$\overline{S} > (\overline{S})_{min}, \quad (\overline{S})_{min} \approx \frac{1}{(\beta-1)} \tag{14-29A}$$

$$W > (W)_{min}, \quad (W)_{min} \approx \frac{1}{(\beta-1)} + f_{B} \tag{14-30A}$$

显然，最小萃取量$(\overline{S})_{min}$与料液组成无关。

14.3.2.4 最优化方程

徐光宪院士提出最优的串级工艺，就是在萃取器的总容积和日产量相同情况下，分离效果最好的工艺，或者说，在萃取器的总容积和分离效果相同情况下，使日产量最大、生产单位产品的原料消耗最低的工艺。

萃取段水相出口中 B 的日产量 Q_B 等于：

$$Q_B = 1.44 \frac{V(B)_1}{t(1+R)} \quad (kg/d) \tag{14-31}$$

式中：1.44 为把 g/min 换算为 kg/d 的换算因子；R 为相比；V 为每级混合室的有效体积（L）。

$$V = \frac{V_{萃总}}{n(1+\gamma)}$$

$V_{萃总}$ 为萃取段混合澄清槽的总体积（L）；γ 为澄清室与混合室的体积比；t 为接触时间。

将萃取段视为一个逆流萃取过程，因此在应用 Kremser 公式的基础上，经过数学推导，得出在萃取段的总容积和分离效果相同的情况下，要使日产量最大，E_B 必须满足的方程：

$$E_B = \frac{1}{\sqrt{\beta}} \tag{14-32}$$

称之为最优萃取比方程，同样洗涤段的最优萃取比方程为：

$$E'_A = \sqrt{\beta'} \tag{14-33}$$

串级理论推导的 E_B 与 E_M，E'_A 与 E'_M 的关系式为：

$$E_B = \frac{E_M}{\beta - (\beta - 1)P_B} \tag{14-34}$$

$$E'_A = \frac{E'_M}{\beta' - (\beta' - 1)\overline{P}_A} \tag{14-35}$$

在水相及有机相出口为高纯产品，$P_B > 0.90$ 时，按式（14-34）有 $E_B \approx E_M$，当 $\overline{P}_A > 0.90$ 时，按式（14-35）有 $E'_A \approx E'_M$。

根据式（14-13）及式（14-15）可得出：

$$J_s = \frac{E_M}{1 - E_M} \approx \frac{\frac{1}{\sqrt{\beta}}}{1 - \frac{1}{\sqrt{\beta}}} = \frac{1}{\sqrt{\beta} - 1} \tag{14-36}$$

$$J_w = \frac{1}{E'_M - 1} \approx \frac{1}{\sqrt{\beta'} - 1} \tag{14-37}$$

分别称式（14-36）及式（14-37）为最优回萃比（最优萃出比）及最优回洗比

（最优洗出比）公式。

14.3.2.5　级数计算及平均混合萃取比 E_M、E_M' 的选择

第13章介绍的图解求萃取级数的方法应用的是浓度平衡关系。其缺点是①分离系数很小时，很难数清级数；②纯组分 A 和 B 的平衡线与混合物中 A 和 B 的平衡线并不相同。徐光宪院士针对它的不足，提出了纯度对数图解法，在对数坐标图上以 P_B 为横坐标，$\overline{P}_A$ 为纵坐标，以纯度平衡线及纯度操作线作图可以求出萃取级数。

萃取段 A 的纯度平衡线方程为：

$$\overline{P}_A = \frac{\beta P_A}{1 + (\beta - 1)P_A} \qquad (14-38)$$

$$P_A = \frac{\overline{P}_A}{\beta - (\beta - 1)\overline{P}_A} \qquad (14-39)$$

表示平衡两相中 A 的纯度 $\overline{P}_A$ 与 P_A 的关系。对 B 而言，同样有：

洗涤段 B 的纯度平衡线方程为：

$$\overline{P}_B = \frac{P_B}{\beta' - (\beta' - 1)P_B} \qquad (14-40)$$

$$P_B = \frac{\beta'\overline{P}_B}{1 + (\beta' - 1)\overline{P}_B} \qquad (14-41)$$

对于恒定混合萃取比体系，萃取段 A 的纯度操作线方程为：

$$P_{A(i+1)} = E_M \overline{P}_{Ai} + (1 - E_M)P_{A1} \qquad (14-42)$$

对于 B 有：

$$P_{B(i+1)} = E_M \overline{P}_{Bi} + (1 - E_M)P_{B1} \qquad (14-43)$$

i 指第 i 级，当水相出口为高纯 B 时，P_{A1} 很小，式(14-42)可简化为：

$$P_{A(i+1)} = E_M \overline{P}_{Ai} \qquad (14-42A)$$

同样，洗涤段的纯度操作线方程为：

$$P_{B(j+1)} = E_M' \overline{P}_{Bj} - (E_M' - 1)\overline{P}_{B(n+m)} \qquad (14-44)$$

对于 A 也有：

$$P_{A(j+1)} = E_M' \overline{P}_{Aj} - (E_M' - 1)\overline{P}_{A(n+m)} \qquad (14-45)$$

j 指第 j 级，当有机相出口为高纯 A 时，$\overline{P}_{B(n+m)}$ 很小，式(14-44)可简化为：

$$P_{B(j+1)} = E_M' \overline{P}_{Bj} \qquad (14-44A)$$

纯度对数图解法避免了 E_A' 和 E_B 恒定的假设，即使对 β 和 β' 不恒定的体系，只要有实验测定的纯度平衡线，图解法也能适用。但图解法终归是比较麻烦的方法，然而利用图解法作基础，很容易推导出级数计算的公式：

$$n = \frac{\lg b}{\lg(\beta E_M)} + 2.303 \lg \frac{P_A^* - P_{A1}}{P_A^* - P_{An}} \qquad (14-46)$$

$$m + 1 = \frac{\lg a}{\lg(\beta'/E_M')} + 2.303\lg\frac{\overline{P}_B^* - \overline{P}_{B(n+m)}}{\overline{P}_B^* - P_{Bn}} \qquad (14-47)$$

式（14-46）及式（14-47）中的 $\overline{P}_A^*$、$\overline{P}_B^*$ 即为相应的平衡线与操作线的交点。

显然，正确的 E_M 和 E_M' 值是计算级数的基础。而 E_M 与 E_M' 相互之间有一定关系，是先计算 E_M，再由 E_M 计算 E_M'，或者反过来，则要视分馏萃取中是萃取段还是洗涤段是工艺的控制阶段来决定，即要考虑 J_s 和 J_w 的影响。J_s 与 J_w 同样不是独立变量，相互间有影响，一般如 J_s 比 J_w 小，则萃取段为控制阶段，J_w 比 J_s 小，则洗涤段为控制阶段。当萃取段控制时，用式（14-46）计算萃取级数时可简化为仅用第一项计算，而洗涤段级数计算不能简化。反之当工艺为洗涤段控制时，则式（14-47）计算洗涤段级数时，第二项可省略，而萃取段的级数计算则不能简化。实际上，当料液中 B 为主要成分，水相出口产品为高纯 B 时，按萃取段控制选择级数计算公式，当料液中 A 为主要成分，有机相为高纯 A 时，按洗涤段控制选择级数计算公式。

14.3.3 分馏萃取串级工艺设计步骤

1）确定萃取体系，测定分离系数

在第 13 章中，对如何确定萃取体系已进行了详细的讨论。对于稀土元素分离而言，关键是测定 β 与 β'。可以通过小试单级试验基础上初步串级得到的平均 β 及 β' 进行选择，如 β 与 β' 差不多，则选用较小者。也可根据有关文献数据，对所选体系之 β 与 β' 进行推算，为节省试验时间，也可应用多次单级试验测定的 β（β'）直接估算或者乘以 0.80～0.85 作为串级的 β（β'）进行估算。

2）计算分离指标

（1）第一种情况：A 为主要产品，规定了 A 的纯度要求 $P_{A(n+m)}$ 及收率 Y_A，其计算步骤按如下顺序：

A 的纯化倍数：

$$a = \frac{\overline{P}_{An+m}/(1 - \overline{P}_{An+m})}{f_A/f_B}$$

此时，B 的纯化倍数应按 $b = \dfrac{a - Y_A}{a(1 - Y_A)}$ 计算。

$$P_{B1} = \frac{bf_B}{f_A + bf_B}, \ P_{A1} = 1 - P_{B1}$$

有机相出口分数 $f_A' = \dfrac{f_A Y_A}{P_{A(n+m)}}$，水相出口分数 $f_B' = 1 - f_A'$。

（2）第二种情况：B 为主要产品，规定了 B 的纯度为 P_{B1} 及收率 Y_B，其计算顺序如下：

$$b = \frac{P_{\mathrm{B1}}/(1 - P_{\mathrm{B1}})}{f_{\mathrm{B}}/f_{\mathrm{A}}}$$

此时，A 的纯化倍数应按 $a = \dfrac{b - Y_{\mathrm{B}}}{b(1 - Y_{\mathrm{B}})}$ 计算。

$$\overline{P}_{\mathrm{A}(n+m)} = \frac{af_{\mathrm{A}}}{af_{\mathrm{A}} + f_{\mathrm{B}}}, \quad \overline{P}_{\mathrm{B}(n+m)} = 1 - \overline{P}_{\mathrm{A}(n+m)}$$

$$f'_{\mathrm{B}} = \frac{f_{\mathrm{B}} Y_{\mathrm{B}}}{P_{\mathrm{B1}}}, \quad f'_{\mathrm{A}} = 1 - f'_{\mathrm{B}}$$

（3）第三种情况：分别规定了两头产品的纯度 $\overline{P}_{\mathrm{A}(n+m)}$ 和 P_{B1}，未指明收率，其计算顺序如下：

$$a = \frac{\overline{P}_{\mathrm{A}(n+m)}/(1 - \overline{P}_{\mathrm{A}(n+m)})}{f_{\mathrm{A}}/f_{\mathrm{B}}}, \quad b = \frac{P_{\mathrm{B1}}/(1 - P_{\mathrm{B1}})}{f_{\mathrm{B}}/f_{\mathrm{A}}}$$

$$Y_{\mathrm{A}} = \frac{a(b-1)}{ab-1}, \quad Y_{\mathrm{B}} = \frac{b(a-1)}{ab-1}$$

$$f'_{\mathrm{A}} = \frac{f_{\mathrm{A}} Y_{\mathrm{A}}}{P_{\mathrm{A}(n+m)}}, \quad f'_{\mathrm{B}} = 1 - f'_{\mathrm{A}}$$

或

$$f'_{\mathrm{B}} = \frac{f_{\mathrm{B}} Y_{\mathrm{B}}}{P_{\mathrm{B1}}}, \quad f'_{\mathrm{A}} = 1 - f'_{\mathrm{B}}$$

3）计算混合萃取比，萃取量及洗涤量

（1）第一方案：由最优化方程计算 E_{M}、E'_{M}、$\overline{S}$ 和 W。

一般应先计算 E_{M} 及 E'_{M}，再根据回萃比（萃出比）公式计算萃取量 $\overline{S}$，尔后根据物料平衡计算洗涤量 W，因为优化的 E_{M} 及 E'_{M} 值视进料方式及水相出口分数 f_{B} 的大小有四种情况，故全部计算程序分四种情况，归纳于表 14-1。

（2）第二方案：由极值公式计算 E_{M}、E'_{M}、$\overline{S}$ 和 W。

如分馏萃取的两头均为高纯产品，当水相进料时，由式（14-30），$(W)_{\min}$ 为一常数，等于 $1/(\beta - 1)$；当有机相进料时，由式（14-29A），$(S)_{\min}$ 为一常数，其值也为 $1/(\beta - 1)$，因为在串级工艺设计中，可将这两个公式改写为 $W = \dfrac{1}{\beta^k - 1}$，$0 < k < 1$（水相进料），$S = \dfrac{1}{\beta^k - 1}$，$0 < k < 1$（有机相进料），因此按极值公式设计计算，可以应用下列两套计算公式。

①水相进料的情况，按下列顺序计算：

$$W = \frac{1}{\beta^k - 1} \quad (1 > K > 0)$$

$$\overline{S} = W + f'_{\mathrm{A}}$$

表 14 – 1　按最优化方程的计算程序

水相进料	如 $f'_B > \dfrac{\sqrt{\beta}}{1+\sqrt{\beta}}$ 应由萃取段控制	如 $f'_B < \dfrac{\sqrt{\beta}}{1+\sqrt{\beta}}$ 应由洗涤段控制
	$E_M = \dfrac{1}{\sqrt{\beta}}$	$E'_M = \sqrt{\beta'}$
	$E'_M = \dfrac{E_M f'_B}{E_M - f'_A}$	$E_M = \dfrac{E'_M f'_A}{E'_M - f'_B}$
	$\bar{S} = \dfrac{E_M M_1}{1-E_M} = \dfrac{E_M f'_B}{1-E_M}$, $W = \bar{S} - \bar{M}_{n+m} = \bar{S} - f'_A$	
有机相进料	如 $f'_B > \dfrac{1}{1+\sqrt{\beta}}$ 应由萃取段控制	如 $f'_B < \dfrac{1}{1+\sqrt{\beta}}$ 应由洗涤段控制
	$E_M = \dfrac{1}{\sqrt{\beta}}$	$E'_M = \sqrt{\beta'}$
	$E'_M = \dfrac{1 - E_M f'_A}{f'_B}$	$E_M = \dfrac{1 - E'_M f'_B}{f'_A}$
	$\bar{S} = \dfrac{E_M f'_B}{1-E_M}$, $W = \bar{S} + 1 - f'_A = \bar{S} + f'_B$	

$$E_M = \frac{\bar{S}}{(W+1)}$$

$$E'_M = \frac{\bar{S}}{W}$$

②有机相进料的情况，按下列顺序计算：

$$\bar{S} = \frac{1}{\beta^k - 1} \quad (1 > k > 0)$$

$$W = \bar{S} + f'_B$$

$$E_M = \frac{\bar{S}}{W}$$

$$E'_M = \frac{(\bar{S} + 1)}{W}$$

所选 k 值计算的 E_M 和 E'_M 必须满足关系式：

萃取段：　　　　　$1 > E_M > (E_M)_{min}$ 及 $1 < E'_M < (E'_M)_{max}$

水相进料：

$$(E_M)_{min} = \frac{(\beta f_A + f_B)(f_A - P_{A1})}{\beta f_A - P_{A1}(\beta f_A + f_B)} \approx f_A + f_B / \beta (水相出口为高纯 B 时用简化式)$$

有机相进料：

$$(E_M)_{min} = \frac{\left(\dfrac{f_A}{\beta f_A + f_B} - P_{A1}\right)}{(f_A - P_{A1})} \approx \frac{1}{\beta f_A + f_B} \text{（水相出口为高纯 B 时用简化式）}$$

洗涤段：

水相进料：

$$(E'_M)_{max} = \frac{(f_B - \overline{P}_{B(n+m)})}{\left(\dfrac{f_B}{\beta' f_A + f_B} - \overline{P}_{B(n+m)}\right)} \approx \beta' f_A + f_B \text{（有机相出口为高纯 A 时用简化式）}$$

有机相进料：

$$(E'_M)_{max} = \frac{\left(\dfrac{\beta' f_B}{\beta' f_B + f_A} - \overline{P}_{B(n+m)}\right)}{(f_B - \overline{P}_{B(n+m)})} \approx \frac{1}{f_B + f_A/\beta'} \text{（有机相出口为高纯 A 时用简化}$$

式）

显然，在 0 与 1 之间 k 可取若干值，每一个 k 值，对应计算出一套结果，所以这一过程非常烦琐，为此徐光宪院士的团队做了大量计算，在此基础上，筛选出有最优化效果的 k 值，表 14-2 即为部分结果，可供设计选择参考，带方框的 k 为在对应 f_A 及 β 下具最优化效果的 k 值，带 * 号的 k 为按最优化方程计算结果对应的 k 值。显然它们相当接近。

表 14-2　最优 k 值表

β	k / f_A	0.1	0.2	0.4	0.5	0.6	0.8	0.9
8	$\boxed{k}$	0.8	0.9	0.8	0.7	0.6	0.6	0.6
	$^*k$	0.61	0.79	0.83	0.74	0.67	0.57	0.54
12	$\boxed{k}$	0.8	0.8	0.7	0.6	0.6	0.5	0.5
	$^*k$	0.63	0.88	0.79	0.72	0.66	0.57	0.53
20	$\boxed{k}$	0.8	0.8	0.7	0.6	0.6	0.5	0.50
	$^*k$	0.66	0.97	0.76	0.69	0.64	0.56	0.53
40	$\boxed{k}$	0.8	0.8	0.6	0.6	0.5	0.5	0.5
	$^*k$	0.74	0.90	0.72	0.67	0.62	0.55	0.52

对一般串级工艺参数的计算，可以直接选取 $k = 0.7$ 左右进行计算。

4）计算级数

(1)料液中 B 是主要组分，水相出口为高纯产品 B 时，按下列公式计算：

$$n = \frac{\lg b}{\lg(\beta E_M)}$$

$$m + 1 = \frac{\lg a}{\lg(\frac{\beta'}{E'_M})} + 2.303 \lg \frac{\overline{P}_B^* - \overline{P}_{B(n+m)}}{\overline{P}_B^* - \overline{P}_{B_n}}$$

（2）料液中 A 是主要组分，有机相出口为高纯产品 A 时，按下列公式计算：

$$n = \frac{\lg b}{\lg(\beta E_M)} + 2.303 \lg \frac{P_A^* - P_{A_1}}{P_A^* - P_{A_n}}$$

$$m + 1 = \frac{\lg a}{\lg(\frac{\beta'}{E'_M})}$$

上列各式中，

$$P_A^* \approx \frac{\beta E_M - 1}{\beta - 1} + \frac{(1 - E_M)\beta E_M P_{A1}}{(\beta E_M - 1) + (1 - E_M)(\beta - 1)P_{A1}} \quad （近似式）$$

如产品为高纯 B，即 P_{A_1} 很小时，有：

$$P_A^* = \frac{\beta E_M - 1}{\beta - 1} \quad （简化近似式）$$

$$\overline{P}_B^* \approx \frac{\beta'/E'_M - 1}{\beta' - 1} + \frac{\beta'(1 - \frac{1}{E'_M})\overline{P}_{Bn+m}}{\beta' - E'_M + (E'_M - 1)(\beta' - 1)\overline{P}_{B(n+m)}} \quad （近似式）$$

如产品为高纯 A，即 $\overline{P}_{B(n+m)}$ 很小时，有：

$$\overline{P}_B^* = \frac{\beta'/E'_M - 1}{\beta' - 1} \quad （简化近似式）$$

如用精确公式计算级数，则必须知道 P_{A_n} 或 $\overline{P}_{B_n}$，因假定进料级无分离效果，所以在水相进料情况下，有：

$$P_{B_n} = f_B$$
$$P_{A_n} = f_A$$

$$\overline{P}_{B_n} = \frac{P_{Bn}}{\beta' - (\beta' - 1)P_{Bn}}$$

在有机相进料情况下：

$$\overline{P}_{B_n} = f_B$$
$$\overline{P}_{A_n} = f_A$$

$$P_{A_n} = \frac{\overline{P}_{An}}{\beta - (\beta - 1)\overline{P}_{An}}$$

5）确定流比

串级理论的公式是在进料量 $M_F = 1$ mmol/min 情况下推导出来的，知道了进

料量 M_F，萃取量 $\bar{S}$ 和洗涤量 W，如果知道相应溶液的浓度，则很容易算出它们相应的比体积流量，从而可以得到它们的流比。必须指出的是，酸性萃取剂萃取时，以皂化形式的萃取剂作为计算依据。M_F、$\bar{S}$、W 单位为 mmol/min（或 g/min），则相应溶液浓度单位为 mol/mL（或 g/mL），求出溶液比体积流量为 mL/min。

通常料液浓度 c_F 由单级试验确定，而公式推导是假设混合萃取比恒定，在接近饱和状态下进行交换萃取，所以有机相浓度通常可取饱和浓度，它可由单级试验确定，而洗液比体积流量的确定稍麻烦一些，因为洗涤量 W 是洗下之被萃物的量，必须换算为洗液的量，如果还知道洗液浓度则可求出洗液的体积流量。在用酸性萃取剂萃取三价稀土的情况时，因为已知反应 $RER_3 + 3HCl \Longrightarrow 3HR + RECl_3$，所以洗液量应为 $3W$，从而可计算洗液的比体积流量，即：

$$V_F = M_F / c_F \quad (\text{mL/min})$$
$$V_S = \bar{S} / c_S \quad (\text{mL/min})$$
$$V_W = 3W / c_H \quad (\text{mL/min})$$

6）结果汇总

绘出槽模型图，将进料级及相邻的左右两级、水相出口级、有机相出口级的 $\bar{M}$、M、$(\bar{M})$、(M) 的计算结果标示于槽模型图上，将 $M_F = 1$、V_F、V_W、V_S 之计算值也标于相应位置，以便与在连续运行设备中的结果进行比对。

14.3.4　徐氏串级理论在稀土元素分离中的成功应用

14.3.4.1　环烷酸－盐酸体系分离钆、钇

制作 X 光增感屏的基质材料要求纯度高于 99.99% 的 Gd_2O_3，拟从 99% 的 Gd_2O_3 原料进行提纯，主要杂质是 Eu_2O_3 和 Sm_2O_3，要求 Gd_2O_3 的收率达到 90%，试设计串级萃取工艺条件。

1）萃取体系的选择和 β 的估算

环烷酸盐酸体系已成功地用于氧化钇的提纯，在此体系中测得：

$$\beta_{Eu/Y} = 5.63, \beta_{Gd/Y} = 3.55 \quad (pH = 4.57)$$
$$\beta_{Eu/Y} = 4.21, \beta_{Gd/Y} = 3.19 \quad (pH = 5.01)$$

由此可以估算：

$$\beta_{Eu/Gd} = \frac{5.63}{3.55} = 1.59 \quad (pH = 4.57)$$
$$\beta_{Eu/Gd} = \frac{4.21}{3.19} = 1.32 \quad (pH = 5.01)$$

平均分离系数为：

$$\beta = (1.59 + 1.32)/2 = 1.46 \quad (pH = 4.5 \sim 5.0)$$

$\beta_{Sm/Gd}$ 与 $\beta_{Eu/Gd}$ 相近，所以 Eu、Sm 两种杂质可以作为一种杂质考虑，即

A 为 $Eu_2O_3 + Sm_2O_3$，B 为 Gd_2O_3

2）计算分离指标

已知：$f_B = 0.99$，$P_{B_1} = 0.9999$，$Y_B = 0.90$，因为 A 和 B 的分子量相差不多，所以用摩尔分数或质量分数表示的纯度可以不加区别。

解：
$$b = \frac{\dfrac{P_{B1}}{(1 - P_{B1})}}{\dfrac{f_B}{(1 - f_B)}} = \frac{0.9999/(1 - 0.9999)}{0.99/(1 - 0.99)} = \frac{0.9999/0.0001}{0.99/0.01} = 101$$

$$a = \frac{b - Y_B}{b(1 - Y_B)} = \frac{101 - 0.90}{101 \times 0.10} = 9.9$$

$$f_B' = f_B Y_B / P_{B1} = 0.99 \times 0.90 / 0.9999 = 0.89$$

$$f_A' = 1 - f_B' = 0.11$$

$$\overline{P}_{A(n+m)} = \frac{a f_A}{a f_A + f_B} = \frac{9.9 \times 0.01}{9.9 \times 0.01 + 0.99} = \frac{0.099}{1.089} = 0.09$$

$$P_{B(n+m)} = 1 - \overline{P}_{A(n+m)} = 1 - 0.09 = 0.91$$

3）计算混合萃取比、萃取量与洗涤量

试选择极值公式进行计算，计算了 $k = 0.5 \sim 0.9$ 的工艺参数。其结果列于表 14-3。下面仅列出 $k = 0.7$ 的计算过程。

$$W = \frac{1}{\beta^{0.7} - 1} = \frac{1}{(1.46)^{0.7} - 1} = 3.30$$

$$\overline{S} = W + f_A' = 3.30 + 0.11 = 3.41$$

$$E_M = \frac{\overline{S}}{(W + 1)} = \frac{3.41}{3.30 + 1} = 0.793$$

$$E_M' = \frac{\overline{S}}{W} = \frac{3.41}{3.30} = 1.033$$

$$(E_M)_{\min} = f_A + \frac{f_B}{\beta} = 0.01 + 0.99/1.46 = 0.01 + 0.678 = 0.688 < E_M(0.793)$$

（此时因 P_{A_1} 很小，故用近似公式）

$$(E_M')_{\max} = \frac{(f_B - \overline{P}_{B(n+m)})}{\left(\dfrac{f_B}{\beta' f_A + f_B} - \overline{P}_{B(n+m)}\right)}$$

$$= (0.99 - 0.91) / (\frac{0.99}{1246 \times 0.01 + 0.99} - 0.91)$$

$$= 1.070 > E_M'(1.033)$$

4）级数计算

因料液中 B 是主要成分，产品是高纯 B，故萃取段级数可用近似公式计算。

而洗涤段级数则不能用近似公式计算。所以需计算 $\overline{P}_B^*$ 及 $\overline{P}_{Bn}$，而因 $\overline{P}_{B(n+m)}$ 较大，$\overline{P}_B^*$ 也不能用简化近似公式计算。但可用近似公式计算：

即用
$$\overline{P}_B^* = \frac{\beta'/E_M' - 1}{\beta' - 1} + \frac{\beta'\left(1 - \frac{1}{E_M'}\right)\overline{P}_{B(n+m)}}{\beta' - E_M' + (E_M' - 1)(\beta' - 1)\overline{P}_{B(n+m)}}$$ 计算

将 $\beta' = \beta = 1.46$，$E_M' = 1.033$，$\overline{P}_{B(n+m)} = 0.91$ 代入上式，计算得：
$$\overline{P}_B^* = 0.996$$

计算 $\overline{P}_{Bn}$：因 $P_{Bn} = f_B = 0.99$，

$$\overline{P}_{B_n} = \frac{P_{Bn}}{\beta - (\beta - 1)P_{Bn}} = \frac{0.99}{1.46 - 0.46 \times 0.99} = 0.985$$

故
$$n = \frac{\lg b}{\lg(\beta E_M)} = \lg 101/\lg(1.46 \times 0.793) = 31.55 = 32(级)$$

$$m + 1 = \frac{\lg a}{\lg(\beta'/E_M')} + 2.303 \lg \frac{\overline{P}_B^* - \overline{P}_{B(n+m)}}{\overline{P}_B^* - \overline{P}_{B_n}}$$

$$= \lg 9.9/\lg(1.46/1.033) + 2.303 \lg \frac{0.996 - 0.91}{0.996 - 0.985}$$

$$= 6.6 + 2.1 = 8.7$$

故取 $m = 8$ 级。

有关串级工艺参数计算结果见表 14-3。

表 14-3　可供选择的串级工艺参数

k	0.5	0.58[①]	0.6	0.7	0.8	0.9
W	4.80	4.17	3.92	3.30	2.83	2.46
$\overline{S}$	4.91	4.28	4.03	3.41	2.94	2.57
E_M	0.846	0.828	0.819	0.793	0.767	0.743
E_M'	1.023	1.026	1.028	1.033	1.039	1.044
n	21.8	24.8	25.8	31.6	40.7	57
m	7.79	7.56	7.98	7.7	8.65	9.03
$n+m$	29.6	32.4	33.8	39.9	49.4	66.0
R	145.3	138.7	136.2	136.0	145.2	169.6

注：①$k = 0.58$ 是由最优化方程计算所得一组参数。粗略的优选指标为 R，$R = \overline{S} \times (n+m)$。

5) 流比的确定

根据环烷酸萃 Y_2O_3 的试验，可采用 30% 的环烷酸、20% 仲辛醇、50% 煤油，其中环烷酸 HA 浓度为 0.95 mol/L，环烷酸铵浓度为 0.75 mol/L，这样水相平衡 pH 可维持在 4.5～5.0。

因 $c_{NH_4A} = 0.75$ mol/L，故 $c_S = 0.75/3 = 0.25$ mol/L。

同样根据环烷酸萃钇的试验，水相浓度低时分离效果较好。一般以 $0.5 \sim 1.0$ mol/L 为宜。故本工艺选用 1 mol/L，即 $c_F = 1$ mol/L。

洗液酸度：$c_H = 2.1$ mol/L，洗液量为 $3W$。

故比体积流量分别为：

$$V_F = \frac{M_F}{c_F} = 1/1 = 1 \text{ mL/min}$$

$$V_S = \frac{\overline{S}}{c_S} = 3.41/0.25 = 13.64 \text{ mL/min}$$

$$V_W = \frac{3W}{c_H} = 3 \times 3.30/2.1 = 4.71 \text{ mL/min}$$

所以流比为 $V_S : V_F : V_W = 13.64 : 1 : 4.71$。

6）结果汇总

总计算结果见表 14-4。

表 14-4　环烷酸 - 盐酸体系分离铈、钇的槽模型

$V_S = 13.64$		$M_F = 1$，$V_F = 1$		$V_W = 4.71$
↓		↓		↓

级别	1	31	32	33	40
$\overline{M}$	3.41	3.41	$\overline{S} = 3.41$	3.41	$\overline{M}_{n+m} = 0.11$
M	$W_1 = 0.89$	4.30	$W + M_F = 4.30$	$W = 3.30$	3.30
$(\overline{M})$	0.25	0.25	0.25	0.25	0.00806
(M)	0.156	0.753	0.753	0.70	0.70

14.3.4.2　环烷酸 - 盐酸体系从混合稀土氧化物中萃取分离高纯氧化钇

某混合稀土氧化物含 Y_2O_3 约 50%（质量分数），其余稀土元素含量如表 14-5 所示，产品要求 Y_2O_3 纯度为 99.998%，收率 >95%，试设计串级工艺条件。

1）分离系数测定

用纯氧化钇和某地生产的混合稀土氧化物以 40:1 的质量比混合。盐酸溶解后，用 0.7 mol/L 环烷酸铵萃取，平衡水相稀土总浓度为 $0.7 \sim 0.8$ mol/L，相比为 3:1，在 25℃ 时测定各元素与钇的分离系数见表 14-5。其中以 La/Y 的分离系数为最小，进行工艺设计时以镧为依据，其他元素作为参考。pH 应选在 4.57 附近，此时 $\beta_{La/Y} = 1.58$。B 为钇，其余稀土为 A。

表 14-5 25℃各元素与钇的分离系数

名称	原料含量/%	分离系数		
		pH = 4.57	pH = 5.01	pH = 5.31
La	4.6	1.58	1.42	1.09
Ce	0.6	3.10	3.62	2.24
Pr	2.4	4.04	3.16	2.89
Nd	10.0	4.47	3.27	2.13
Sm	3.7	5.27	4.62	3.97
Eu	—	5.63	4.21	3.18
Gd	6.8	3.55	3.19	2.42
Tb	0.92	3.81	3.29	2.50
Dy	6.2	2.18	2.10	1.83
Ho	1.6	1.91	1.80	1.65
Er	4.6	2.22	2.06	1.68
Tm	0.83	3.50	3.26	3.29
Yb	2.0	2.81	2.29	3.16
Lu	0.2	—	—	—
权重平均		2.7	2.2	1.9

2）计算分离指标

在上一例题中，由于 Eu 与 Gd 的原子量接近，所以我们并不需要区别原料中 A 和 B 的质量分数与摩尔分数。而本例中 Y_2O_3 的分子量为 225.8，而其余混合稀土的平均分子量为 362，差别较大，所以必须先将原料组成换算成摩尔分数。因钇为难萃组分，其余稀土为易萃组分，故有：

$$f_B = \frac{50/225.8}{50/225.8 + 50/362} = \frac{0.221}{0.221 + 0.138} = 0.616$$

$$f_A = 1 - f_B = 0.384$$

因为 B 的纯度很高，所以 P_{B1} 可以不换算，但须注意在计算时，公式中各量须统一单位，故在计算 B 的纯化倍数时，f_B、f_A 均同 P_{B1} 一致，用质量分数表示，即

$$b = \frac{P_{B1}/(1 - P_{B1})}{f_B/f_A} = \frac{99.998/0.002}{50/50} = 49999$$

$$a = \frac{b - Y_B}{b(1 - Y_B)} = \frac{49999 - 0.95}{49999 \times 0.05} = 20$$

$$\overline{P}_{A(n+m)} = \frac{af_A}{af_A + f_B} = \frac{20 \times 0.384}{20 \times 0.384 + 0.616} = \frac{7.68}{7.68 + 0.616} = \frac{7.68}{8.296} = 0.926$$

$$\overline{P}_{B(n+m)} = 1 - \overline{P}_{A(n+m)} = 0.074$$

$$f'_B = f_B \times Y_B / P_{B1} = 0.616 \times 95\% / 99.998\% = 0.585$$

$$f'_A = 1 - f'_B = 0.415$$

3）计算 E_M、E'_M、$\overline{S}$ 和 W

本例由水相进料，选用最优化方程进行计算、设计。

因 $f'_B(0.585) > \dfrac{\sqrt{\beta}}{1+\sqrt{\beta}} = \dfrac{\sqrt{1.58}}{1+\sqrt{1.58}} = 0.557$，故由萃取段控制。

$$E_M = \frac{1}{\sqrt{\beta}} = \frac{1}{\sqrt{1.58}} = 0.796$$

$$E'_M = \frac{E_M f'_B}{E_M - f'_A} = \frac{0.796 \times 0.585}{0.796 - 0.415} = \frac{0.466}{0.381} = 1.223$$

$$\overline{S} = \frac{E_M f'_B}{1 - E_M} = \frac{0.796 \times 0.585}{1 - 0.796} = \frac{0.466}{0.204} = 2.284$$

$$W = \overline{S} - f' = 2.284 - 0.415 = 1.869$$

4）计算级数

因由萃取段控制，所以：

$$n = \frac{\lg b}{\lg(\beta E_M)} = \lg 49999 / \lg(1.58 \times 0.796) = \frac{4.699}{0.0996} = 47.2$$

$$m + 1 = \frac{\lg a}{\lg\left(\dfrac{\beta'}{E'_M}\right)} + 2.303 \lg \frac{\overline{P}_B^* - \overline{P}_{B(n+m)}}{\overline{P}_B^* - \overline{P}_{B_n}}$$

$$\overline{P}_B^* = \frac{\dfrac{\beta'}{E'_M} - 1}{\beta' - 1} + \frac{\beta'\left(1 - \dfrac{1}{E'_M}\right)\overline{P}_{B(n+m)}}{\beta' - E'_M + (E'_M - 1)(\beta' - 1)\overline{P}_{B(n+m)}}$$

因为在洗涤段，有机相出口产品 A 是非钇稀土氧化物 RE_2O_3，要把其中所含 Y_2O_3 洗回来，因此 β' 要取 RE_2O_3 对 Y_2O_3 的权重平均分离系数，即 β' 取 2.7。所以：

$$\overline{P}_B^* = \frac{(2.7/1.223) - 1}{2.7 - 1} + \frac{2.7(1 - 1/1.223) \times 0.074}{2.7 - 1.223 + (1.223 - 1)(2.7 - 1) \times 0.074} = 0.735$$

$$而\ \overline{P}_{B_n} = \frac{P_{Bn}}{\beta - (\beta - 1)P_{Bn}} = \frac{f_B}{\beta - (\beta - 1)f_B} = 0.504$$

故有：

$$m + 1 = \frac{\lg 20}{\lg(2.7/1.223)} + 2.303 \lg \frac{0.735 - 0.074}{0.735 - 0.504}$$

$$= \frac{1.301}{0.344} + 2.303 \lg \frac{0.661}{0.231} = 4.834$$

所以取 $n = 47$, $m = 4$。

5)求流比

有机相环烷酸浓度 25%，即 0.78 mol/L，其中环烷酸铵为 0.68 mol/L，所以 $c_S = 0.68/3 = 0.228$ mol/L。已知 $c_F = 1$ mol/L, $c_H = 2.1$ mol/L, $M_F = 1$ mol/L，则：

$$V_F = 1/c_F = 1 \text{ mL/min}$$

$$V_S = \frac{\overline{S}}{c_S} = 2.284/0.228 = 10 \text{ mL/min}$$

$$V_W = \frac{3\overline{W}}{c_H} = 3 \times 1.869/2.1 = 2.67 \text{ mL/min}$$

为了更好地操作，将 c_H 调整为 2.16 mol/L，则 $V_W = 3 \times 1.869/2.16 = 2.6$ mL/min。

6)结果汇总(略)

14.3.4.3 P507 - 盐酸体系分离钐、铕

某分离工艺所得负载有机相含 Sm_2O_3 约 50%，Eu_2O_3 与其他稀土氧化物占 35%，另有 15% 为 Y_2O_3，试设计直接从这种负载有机相制备 99.9% 的 Sm_2O_3，其收率达 99% 的串级工艺条件。

1)分离系数的确定

从文献查到采用 50% P507 - 50% 煤油，皂化度为 0.54 mol/L 的有机相，可用于萃取分离钐与铕。在串级试验中得到的部分各级分离系数值见表 14 - 6(a)、(b)所示。萃取段和洗涤段的平均 β 值接近，取较小值 2.29 作为设计的依据。

表 14 - 6(a)　萃取段的分离系数实测值

编号	1	2	3	4	平均值
分离系数 β	2.37	2.49	2.46	2.45	2.42

表 14 - 6(b)　洗涤段的分离系数实测值

级数	1	2	3	4	5	6	7	8	9	10	11	12	13	14	均值
β	2.41	2.33	2.33	2.10	2.00	2.41	2.40	2.42	2.42	2.42	2.31	2.23	2.14	2.06	2.29

2)分离指标计算

在 P507 - 盐酸体系中，随镧系原子序数的增加，萃取能力增大，钇的位置在重稀土中，故 Sm_2O_3 为 B，$RE_2O_3 + Y_2O_3$ 为 A。首先换算料液中 A 和 B 的摩尔分数如下：

$$f_B = \frac{50/362}{85/362 + 15/225.8} = \frac{0.138}{0.235 + 0.066} = 0.458$$

$$f_A = 1 - f_B = 0.542, \quad P_{B1} = 0.999$$

$$P_{A1} = 1 - P_{B1} = 0.001, \quad Y_B = 0.99$$

$$b = \frac{P_{B1}/P_{A1}}{f_B/f_A} = \frac{0.999/0.001}{0.458/0.542} = \frac{999}{0.845} = 1182.25$$

$$a = \frac{b - Y_B}{b(1 - Y_B)} = \frac{1182.25 - 0.99}{1182.25(1 - 0.99)} = \frac{1181.26}{11.8225} = 99.92$$

$$\overline{P}_{A(n+m)} = \frac{af_A}{af_A + f_B} = \frac{99.92 \times 0.542}{99.92 \times 0.542 + 0.458} = \frac{54.157}{54.157 + 0.458} = 99.16\%$$

$$\overline{P}_{B(n+m)} = 1 - \overline{P}_{An+m} = 0.84\%$$

$$f_B' = \frac{f_B Y_B}{P_{B1}} = \frac{0.458 \times 0.99}{0.999} = 0.454, \quad f_A' = 1 - f_B' = 0.546$$

3）计算 E_M、E_M'、$\overline{S}$ 和 W

按最优化方程计算，有机相进料按表 14 - 1 计算。

因 $f_B' > \dfrac{1}{1 + \sqrt{\beta}} = \dfrac{1}{1 + \sqrt{2.29}} = \dfrac{1}{1 + 1.513} = 0.398$，故分离体系由萃取段控制。

$$E_M = \frac{1}{\sqrt{\beta}} = \frac{1}{2.29} = 0.661$$

$$E_M' = \frac{1 - E_M f_A'}{f_B'} = \frac{1 - 0.661 \times 0.546}{0.454} = \frac{1 - 0.361}{0.454} = 1.407$$

$$\overline{S} = \frac{E_M f_B'}{1 - E_M} = \frac{0.661 \times 0.454}{1 - 0.661} = \frac{0.3}{0.339} = 0.885$$

$$W = \overline{S} + f_B' = 0.885 + 0.454 = 1.339$$

4）计算级数 n 与 m

因体系由萃取段控制，所以萃取段级数由近似公式计算：

$$n = \frac{\lg b}{\lg(\beta E_M)} = \lg 1182.25/\lg(2.29 \times 0.661) = 17.07, \quad 取 \ n = 17$$

洗涤段级数应由精确公式计算，由于 B 的纯度与收率均高，所以 $P_{B(n+m)}$ 很小，故可用简化之近似公式计算 P_B^*。

$$\overline{P}_B^* = \frac{\beta'/E_M' - 1}{\beta' - 1} = \frac{2.29/1.407 - 1}{2.29 - 1} = \frac{0.628}{1.29} = 0.487$$

$$\overline{P}_{B_n} = f_B = 0.458$$

$$m + 1 = \frac{\lg a}{\lg(\beta'/E_M')} + 2.303 \lg \frac{\overline{P}_B^* - \overline{P}_{B(n+m)}}{\overline{P}_B^* - \overline{P}_{Bn}}$$

$$= \lg 99.92/\lg(2.29/1.407) + 2.303 \lg \frac{0.487 - 0.0084}{0.487 - 0.458}$$

$$= \lg 99.92/\lg 1.628 + 2.303 \lg \frac{0.4786}{0.029} = 9.45 + 2.8 = 12.25$$

取 $m = 11$。

5）计算流比

已知料液稀土浓度为 0.301 mol/L，$M_F = 1$ mol/L 有机相 P507 之皂化值为 0.54 mol/L，则 c_S 值为 0.54/3 = 0.18 mol/L，$c_{HCl} = 2$ mol/L。则：

$$V_F = 1/c_F = 1/0.301 = 3.32 \text{ mL/min}$$

$$V_S = \bar{S}/c_S = 0.885/0.18 = 4.92 \text{ mL/min}$$

$$V_W = 3W/c_H = 3 \times 1.339/2.0 = 2.00 \text{ mL/min}$$

故流比为 $V_{料}:V_{有}:V_{洗} = 3.32:4.92:2$。

本例用最优化方程计算，但同样可用基本的极值公式检验计算之可靠性，因 P_{A1} 及 $P_{B(n+m)}$ 均很小，故可用简化公式计算 $(E_M)_{min}$、$(E'_M)_{max}$。

$$(E_M)_{min} = \frac{1}{\beta f_A + f_B} = \frac{1}{2.29 \times 0.542 + 0.458} = 0.589$$

$$(E'_M)_{max} = \frac{1}{f_B + \dfrac{f_A}{\beta'}} = \frac{1}{0.458 + 0.542/2.29} = 1.440$$

符合 $1 > E_M > (E_M)_{min}$ 及 $1 < E'_M < (E'_M)_{max}$ 关系，证明计算结果是可靠的。

6）结果汇总（略）

14.3.5　讨论

14.3.5.1　对徐氏串级理论的基本认识

任何理论产生与发展的动力均来自于社会生产发展的需要，串级理论也毫不例外。由于现代技术对高纯稀土化合物的需要量激增，应用萃取法分离稀土元素的任务更显得日益重要。稀土元素之间的分离系数很小，因此为了获得高纯稀土化合物往往需要经过上百级的萃取作业。如纯粹采用试验的方法，除了要花费大量的人力、时间、经费反复试验外，所确定的工艺并不一定是最佳工艺，这就是串级萃取理论渊源于稀土萃取研究，而反过来又在稀土萃取中立即获得广泛应用的原因。

串级工艺设计的基本任务就是根据最基本的单级试验结果及资料上的数据，通过计算确定工艺所需级数与流比。

设计计算最重要的基础是平均分离系数 β 和 β'，其次是将产品纯度、收率、料液成分等已知条件联系在一起的分离指标，其中尤以纯化倍数 a 与 b 和两相出口分数 f_A 与 f_B 更为重要。而将这些基础数据与级数和流比计算联系起来的纽带是萃取比 E_M 和 E'_M。徐氏串级理论提出了两种方法计算萃取比。一种称之为极值公式法，另一为最优化方程计算法。前者是基于 β 先计算萃取量 $\bar{S}$ 或洗涤量 W，然后根据定义计算萃取比 E_M 和 E'_M；后一方法是基于 β 先计算萃取比 E_M 或 E'_M，然后再根据相关公式计算 $\bar{S}$ 和 W。因此无论用哪一种方法，平均分离系数的选择成为了计算正确与否的关键。

实际上所谓优化设计是相对的，故极值法具有较大的灵活性与适应性，它能同时提出若干设计方案供选择比较，而用最优化方程设计的方案包括于其中。

14.3.5.2　理论的适用范围

稀土串级理论是一个关于 A、B 两组分在混合澄清槽中用分馏萃取实现分离的理论，尽管公式很多，但均是根据五个基本前提推导出来的。这五个前提是 β (β')、E_M (E'_M) 及流比 R 恒定，进料级无分离效果和饱和萃取情况下两相中 A、B 的交换平衡。因此原则上说，它不仅适用于阳离子交换萃取体系分离稀土元素，也适用于其他能满足以上前提条件的萃取体系。

串级理论对于分离系数较小，需用级数较多的萃取体系，可以节省大量的试验时间，获得优化的工艺参数。而对于易分离组分体系，可以直接应用图解法和 Kremser 方程计算。因此，根据稀土串级萃取理论的限制性前提及推导过程，它应该在周期表上一些难分离元素的分离中获得应用。

但需注意的是，当 A、B 两组分的分子量相差较大时，必须区别用摩尔分数和用质量分数表示的料液组分分数及其他参数，否则会造成很大的误差。例如用摩尔分数计算时是萃取段控制的情况，用质量分数计算时会得出洗涤段控制的错误结论。因为对于分子量相差较大的 A、B 两组分而言，E_M 及 E'_M 恒定的假设只有在用物质的量浓度表示时才成立，所以在设计计算时还是应选择以摩尔为单位来统一表示各参数进行计算。

在理论的推导过程中，应用了一些简化的假设和近似计算法，因此具体应用时必须注意设计任务的具体条件是否与这些简化条件相符合。简化计算分两类，一类为级数计算公式，它决定于分馏萃取体系中哪一段为控制步骤。第二类的简化计算公式的应用决定于出口产品的纯度，出口产品为高纯产品时就可用简化公式计算。

应用串级理论的难点在于平均分离系数的选择，因为 β (β') 是整个设计计算的基础，如选择不当，将影响以后级数及流比的计算，并产生较大的误差，也达不到预期分离效果，本书介绍的三个应用实例，分别采用了三种方法选择分离系数：①根据相关数据进行推算；②用单级试验测定的 β 进行计算；③用初步串级实测的 β 数据进行计算。

14.3.5.3　关于流比计算

串级理论的流比计算是根据 $M_F = 1$ ($\overline{M}_F = 1$) 的规定分别按 $V_F = \dfrac{1}{c_F}$、$V_S = \dfrac{\overline{S}}{c_S}$ 及 $V_W = \dfrac{3W}{c_H}$ 计算的。因此确切地说，计算出的流量称为比体积流量更恰当。

在三种流量的计算中，料液比体积流量及有机相的比体积流量均容易计算。

由于串级理论只计算了稀土的最大洗涤量 W，而不知道所用的洗涤剂的量，所以不能直接用 $\dfrac{W}{c_H}$ 来计算萃洗剂的比体积流量，好在用酸性萃取剂萃取时，洗涤剂均为酸，且洗涤反应与反萃反应相同，因此萃三价元素时可用 $3W$、萃二价元素时可用 $2W$ 代表一价酸作洗涤剂的量，故萃洗剂的比体积流量也不难求出。

　　但如果将此理论推广至其他体系，洗涤过程有时并不能用一个定比化学反应表示，此时就不能用上述办法简单处理。

　　在讨论及应用串级理论时，应注意各符号的意义与计算时统一单位，为方便读者阅读，表 14 – 7 列出了有关符号及单位。

表 14 – 7　符号一览表

符号	名　称	单　位
A	易萃组分	
A	水相中 A 的质量流量	mmol/min 或 g/min
$\overline{A}$	有机相中 A 的质量流量	mmol/min 或 g/min
A_F	水相料液中 A 的质量流量	mmol/min 或 g/min
$(A)_F$	水相料液中 A 的浓度	mol/L 或 g/L
$(A)_i$	第 i 级水相中 A 浓度	mol/L 或 g/L
$(\overline{A})_i$	第 i 级有机相中 A 浓度	mol/L 或 g/L
$(\overline{A})_{n+m}$	有机相出口 A 的浓度	mol/L 或 g/L
a	A 的纯化倍数 $=\dfrac{\overline{P}_{A(n+m)}/\overline{P}_{B(n+m)}}{f_A/f_B}$	
B	难萃组分	
B	水相中 B 的质量流量	mmol/min 或 g/min
$\overline{B}$	有机相中 B 的质量流量	mmol/min 或 g/min
$(B)_F$	水相料液中 B 的浓度	mol/L 或 g/L
$(B)_1$	水相出口中 B 的浓度	mol/L 或 g/L
b	B 的纯化倍数 $=\dfrac{\overline{P}_{B1}/\overline{P}_{A1}}{f_B/f_A}$	
E_A	萃取段 A 的平均萃取比 $=\overline{A}/A$	
E'_A	洗涤段 A 的平均萃取比 $=\overline{A}'/A'$	
E_B	萃取段 B 的平均萃取比 $=\overline{B}/B$	
E'_B	洗涤段 B 的平均萃取比 $=\overline{B}'/B$	
E_M	萃取段的平均混合萃取比 $=\dfrac{\overline{A}+\overline{B}}{A+B}$	

续表 14-7

符号	名　称	单　位
E_M'	洗涤段的平均混合萃取比 $= \dfrac{\overline{A'}+\overline{B'}}{A'+B'}$	
f_A	料液中的 A 的摩尔分数	（或质量分数）
f_A'	有机相出口分数 $\dfrac{\overline{M}_{n+m}}{M_F}=f_A Y_A / \overline{P}_{A(n+m)}$	有机相出口分数 $\dfrac{\overline{M}_{n+m}}{M_p}=f_A Y_A / \overline{P}_{A(n+m)}$
f_B	料液中 B 的摩尔分数 $= 1 - f_A$	（或质量分数）
f_B'	水相出口分数 $= \dfrac{M_1}{M_F}=f_B Y_B / P_{B1} = 1 - f_A'$	
i	级别	
J_S	回萃比 $= S/M_1$（萃出比）	
J_W	回洗比 $= W/\overline{M}_{n+m}$（洗出比）	
M	A 和 B 的混合物	
$\overline{M}_F$	有机相料液的质量流量	mmol/min 或 g/min
M_F	水相料液的质量流量	mmol/min 或 g/min
$(M)_1$	水相出口中 (A+B) 的浓度	mol/L 或 g/L
$(\overline{M})_{n+m}$	有机相出口 (A+B) 的浓度	mol/L 或 g/L
M_1	水相出口中 (A+B) 的质量流量	mmol/min 或 g/min
$\overline{M}_{n+m}$	有机相出口中 (A+B) 的质量流量	mmol/min 或 g/min
m	洗涤级数（不包括进料级）	
n	萃取级数（包括进料级）	
$\overline{P}_{A(n+m)}$	有机相出口产品中 A 的纯度	摩尔分数或质量分数
$\overline{P}_{B(n+m)}$	有机相出口产品中 B 的摩尔分数或质量分数，$\overline{P}_{B(n+m)}$ $= 1 - \overline{P}_{A(n+m)}$	
P_{B_1}	水相出口产品中 B 的纯度	摩尔分数或质量分数
P_{A_1}	水相出口产品中 A 的摩尔分数或质量分数，$P_{A_1} = 1 - P_{B_1}$	
$\overline{Q}_A$	有机相出口中 A 的日产量	kg/d
Q_B	水相出口中 B 的日产量	kg/d
Q_F	原料稀土氧化物的日处理量	kg/d
R	萃取段流比 $R = \dfrac{\overline{V}_S}{V_F + V_W}$	
R'	洗涤段流比 $R' = \dfrac{\overline{V}_S + \overline{V}_F}{V_W}$	
r	澄清室与混合室的容积比	

续表 14 – 7

符号	名　称	单　位
$\bar{S}$	最大萃取量(A 和 B 的总量)	mmol/min 或 g/min
$\bar{S}_B$	B 的最大萃取量	mmol/min 或 g/min
t	萃取段混合时间	min
t'	洗涤段混合时间	min
V	每级混合室的有效体积	L
$V_{萃总}$	萃取段混合澄清槽总容积	L
$V_{洗总}$	洗涤段混合澄清槽总容积	L
V_a	水相体积 水相流量	mL mL/min
V_F	水相料液体积 水相料液流量	mL mL/min
$\bar{V}_F$	有机相料液体积 有机相料液流量	mL mL/min
V_S	有机萃取剂体积 有机萃取剂流量	mL mL/min
V_W	洗液体积 洗液流量	mL mL/min
W	最大洗涤量	mmol/min 或 g/min
Y_A	A 的收率	
Y_B	B 的收率	
β	萃取段的平均分离系数 $= E_A/E_B$	
β'	洗涤段的平均分离系数 $= E'_A/E'_B$	
φ_A	分馏萃取中 A 的萃余分数 $= A_1/A_F$	
φ_B	分馏萃取中 B 的萃余分数 $= B_1/B_F$	
$1-\varphi_A$	分馏萃取中 A 的萃取分数 $= \bar{A}_{n+m}/A_F$	
$1-\varphi_B$	分馏萃取中 B 的萃取分数 $= \bar{B}_{n+m}/B_F$	
ψ_A	逆流萃取中 A 的萃余分数	
ψ_B	逆流萃取中 B 的萃余分数	

参考文献

[1] 徐光宪, 袁承业, 等. 稀土的溶剂萃取[M]. 北京: 科学出版社, 1991.

第三篇　萃取冶金工业实践

第 15 章　萃取设备

邱运仁　中南大学化学化工学院
张启修　中南大学冶金与环境学院

目　录

为了满足不同工艺的需要及提高设备的效率,目前已开发了多种萃取设备。

冶金中应用的萃取设备主要为各种类型的混合澄清槽, 萃取设备的研究与设计已发展成为萃取学科的一个重要分支, 并形成了一支专门的研发队伍。本章仅作一简单的介绍, 对此问题有兴趣的读者可参考所附的文献[1, 2]。

15.1　萃取设备分类

萃取设备的类型很多, 可按照不同分类方法进行分类: 按两相接触方式可分为逐级接触式和连续接触式, 按相分散的驱动力可分为重力式、机械搅拌式、脉冲式和离心力式; 按设备结构形式可分为塔(或柱)式和槽(或箱)式[3]。表 15 - 1 为萃取设备的分类, 本章的第 4、5、6 三节还将介绍一些有代表性的设备。

表 15 - 1　萃取设备的分类

产生逆流方式	重　　力					离心力
相分散的方法	重力	机械搅拌	机械振动	脉冲	其他	离心力
逐级接触设备	筛板柱	多级混合澄清槽 立式混合澄清槽 偏心转盘柱(ARDC)	空气脉冲混合澄清槽			圆筒式单级离心萃取器 多级离心萃取器
连续接触设备	喷淋柱 填料柱 筛板柱	转盘柱(RDC) 带搅拌器的填料萃取柱 (Scheibel 萃取柱) 带搅拌器的筛板萃取柱 (Oldshue-Rushton 萃取柱) 带搅拌器的多孔萃取柱 (Kuhni 萃取柱) 淋雨桶式萃取器	振动筛板柱(Karr 萃取柱) 带溢流口的振动筛板柱 反向振动筛板柱	脉冲填料柱 脉冲筛板柱 控制循环脉冲筛板柱	静态混合器 超声波萃取器 参数泵萃取器 管道萃取器	波式离心萃取器

15.2　萃取设备计算的基本概念

15.2.1　级效率

级效率表示某级的实际萃取效果与理想级之间的差别, 常用基于某一相(有机相或水相)经过该级(或萃取设备)的实际浓度变化与达到平衡时浓度变化之比的百分率来表示。级效率不仅取决于设备结构和两相流体力学状况, 也与物性有关。在同样操作条件下, 同一设备各级效率不一定相同, 不同组分在同一级的级效率也不一定相同。因此, 级效率很难准确预测, 多数情况下只能假设各级中所有组分的级效率相等, 其值按关键组分决定[4]。

1) 总级效率 E_o。

在相同条件下, 达到相同萃取率所需理论级数与实际级数之比, 称为设备的总级效率，即有：

$$E_o = \frac{N_T}{N_P} \qquad\qquad (15-1)$$

式中：N_T、N_P 分别表示所需要的理论级数和实际级数。

2）Murphree 效率[5]

Murphree 效率定义为某相（水相或有机相）经过 1 个萃取级的实际浓度变化与该相达到萃取平衡的浓度变化之比值。图 15－1 表示在达到理想平衡状态下离开第 n 级的有机相浓度 y_n^* 应与水相浓度 x_n 平衡，但实际离开第 n 的有机相浓度仅为 y_n 其值小于 y_n^*。这相当于平衡线下移至效率线的位置，即只处于一个准平衡状态，级效率小于 100%，故第 n 级的 Murphree 效率可表示为：

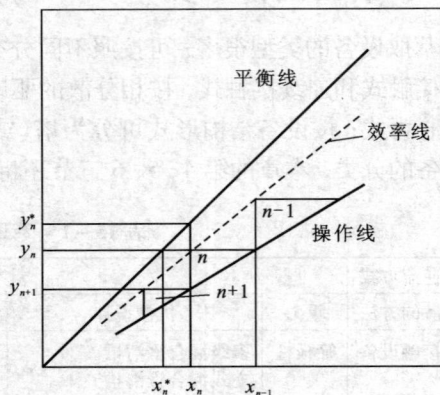

图 15－1 Murphree 效率

$$E_{Mx,\,n} = \frac{x_{n-1} - x_n}{x_{n-1} - x_n^*} \qquad\qquad (15-2a)$$

$$E_{My,\,n} = \frac{y_n - y_{n+1}}{y_n^* - y_{n+1}} \qquad\qquad (15-2b)$$

式中：$E_{Mx,\,n}$、$E_{My,\,n}$ 分别为用水相中溶质浓度和用有机相中溶质浓度表示的第 n 级的 Murphree 效率；x_n、y_n 分别表示第 n 级的水相溶质组分浓度和有机相溶质组分浓度；x_n^* 为理想状态下与第 n 级有机相出口浓度，y_n 平衡的水相中溶质组分的浓度；y_n^* 为理想状态下与第 n 级水机相出口浓度 x_n 平衡的有机相溶质组分的浓度。

3）确定级效率的方法

计算级效率有许多不同的方法，常用的是第 13 章介绍的迈克－齐利（M－T）图解法。

（1）图解法。

图 15－2（a）为用 M－T 图计算铜萃取段的级效率的例子，图中 AB 长度除以 AC 长度就是萃取段的总级效率。

图 15－2（b）中虚线所示的是 100% 的级效率，它意味着流出该级的水相和有机相铜浓度均在 C 点对应的坐标轴上。

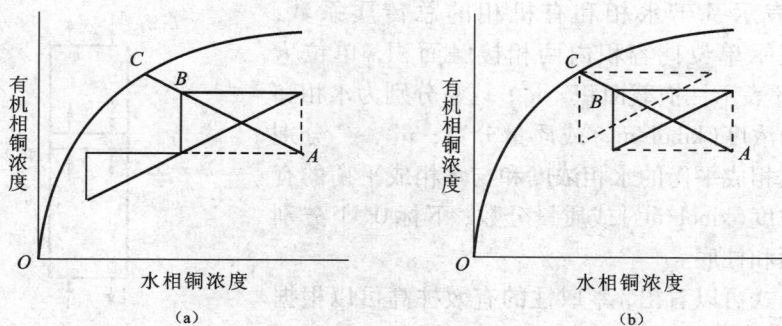

（a）　　　　　　　　　　　　　　（b）

图 15 - 2　图解法计算萃取级效率

（2）格拉布采样法。

对混合室的进料液和流出液进行采样与分析,将分析结果与实验室按液流相比充分混合至平衡所得实验结果进行比较来计算级效率。按图 15 - 3 取样,分析数据按式(15 - 3)计算出级效率。

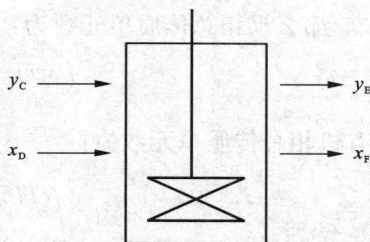

$$E = \sqrt{\frac{(y_E - y_C)^2 + (x_D - x_F)^2}{(y_B^* - y_C)^2 + (x_D - x_A^*)^2}} \quad (15 - 3)$$

图 15 - 3　间歇法计算级效率

式中：x_A^* 为达到两相平衡的混合槽水相中溶质组分浓度；y_B^* 为达到两相平衡的混合槽有机相中溶质组分浓度；y_C 为进入混合槽的有机相中溶质组分浓度；x_D 为进入混合槽的水相中溶质组分浓度；y_E 为流出混合槽的有机相中溶质组分浓度；x_F 为流出混合槽的水相中溶质组分浓度。

如果显示级效率低,应当再用迈克 - 齐利图解法或者格拉布采样法进行复查,以确定级效率。

15.2.2　传质单元数和传质单元高度

在柱式萃取设备中,分散相和连续相逆流流动,分散相的聚结和两相的分离是在萃取柱的一端实现的。图 15 - 4 是一个柱式萃取设备的示意图[6-8]。

对于稳定传质过程,两相在柱内任意点的浓度保持恒定,根据传质速度方程式可得：

$$H = \frac{L}{K_{La}aS} \int_{x_1}^{x_0} \frac{dx}{x - x^*} \quad (15 - 4a)$$

$$H = \frac{V}{K_{Lo}aS} \int_{y_1}^{y_0} \frac{dy}{y^* - y} \quad (15 - 4b)$$

式中：H 为萃取柱有效高度,m；L、V 分别为水相和有机相体积流量,m^3/s；K_{La}、

K_{Lo}分别表示基于水相和有机相的总传质系数，m/s；a 表示单位柱容积内两相接触面积，单位为 m^2/m^3；S 表示柱横截面积，m^2；x、y 分别为水相和有机相的浓度（$kmol/m^3$）或质量分数；x^*、y^* 分别为与有机相成平衡的水相浓度和与水相成平衡的有机相的浓度（$kmol/m^3$）或质量分数；下标 0、1 分别表示柱顶和柱底。

从上式可以看出，萃取柱的有效柱高可以根据两部分的乘积计算。我们把 $\int_{x_1}^{x_0} \dfrac{\mathrm{d}x}{x - x^*}$ 和 $\int_{y_1}^{y_0} \dfrac{\mathrm{d}y}{y^* - y}$ 称为传质单元数，并用 NTU 表示，反映萃取过程难易程度。那么水相总传质单元数为：

$$(NTU)_{(a)} = \int_{x_1}^{x_0} \frac{\mathrm{d}x}{x - x^*} \qquad (15-5a)$$

有机相总传质单元数为：

$$(NTU)_{(o)} = \int_{y_1}^{y_0} \frac{\mathrm{d}y}{y^* - y} \qquad (15-5b)$$

对于萃取要求高或传质推动力小的体系，所需要的传质单元数较多；对于萃取要求低或传质推动力较大的体系，所需的传质单元数较少。

通常把 $\dfrac{L}{K_{La}aS}$ 和 $\dfrac{V}{K_{Lo}aS}$ 定义为传质单元高度，用 HTU 表示，反映萃取设备效能的高低，即传质速率的大小。水相总传质单元高度为：

$$(HTU)_{(a)} = \frac{L}{K_{La}aS} \qquad (15-6a)$$

有机相总传质高度为：

$$(HTU)_{(o)} = \frac{V}{K_{Lo}aS} \qquad (15-6b)$$

由式（15-6）可知，传质系数 K_{La} 和 K_{Lo} 越大，则所需传质单元高度越小；流速（L/S 或 V/S）越大，则完成一定分离任务所需要的传质量越大，相应的传质单元高度值也越大。

15.2.3 理论级当量高度

传质单元数的计算方法虽然比较符合连续逆流传质过程的实际情况，但往往比较麻烦，而且对于多组分复杂体系的萃取，尚无成熟的计算方法。因此常常采用理论级当量高度（HETS）的方法进行估算，理论级当量高度表示两相逆流通过这样高的一段萃取柱后，其有机相和水相达到平衡，其萃取效果相当于一个理论级。HETS 的大小反映传质过程的快慢。传质速率高，HETS 值小；传质速率低，

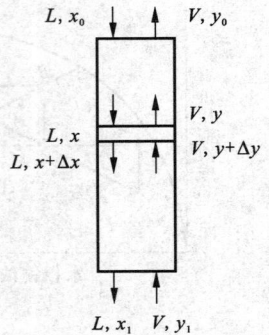

则 HETS 值大。此时萃取柱有效高度 H 可以表示为：

$$H = N_T \cdot HETS \qquad (15-7)$$

式中：N_T 为萃取过程所需要的理论级数；HETS 为理论级当量高度，m。其中理论级数 N_T 表示萃取分离要求的高低和分离的难易程度。

15.2.4 液泛现象

萃取设备多数选择逆流操作，依靠两相的密度差，在重力场或者离心场作用下实现两相的逆流流动。在逆流柱式萃取设备内，分散相和连续相的流量不能任意加大。流量过大，一方面会引起两相接触时间减小，降低萃取效率。另一方面，当两相速度加大增大到一定值时，因一相会被另一相夹带，致使在一相的出口中混有大量另一相物质，即出现分散相被连续相带走或连续相被分散相带走的现象，这种现象称为液泛。液泛现象决定了逆流萃取设备操作流量的极限，是生产操作和设计中的关键问题。

通常把产生液泛时的流量称为液泛流量。显然液泛流量与萃取体系、萃取操作条件及槽结构直接相关。液泛流量可以根据给定萃取体系及操作条件由实验确定，在实际操作中，必须控制实际流量低于液泛流量。

另外，如在混合澄清槽中由于搅拌输送能力不足或各相口截面设计较小导致两相流通不畅时，水相会在槽体水相进口附近的几级中积累，有机相会在其进口级附近的几级中积累，最后导致水相从有机相的出口流出，有机相从水相出口流出的现象，即产生液泛。在脉冲筛板柱中有同样的情况，当脉冲强度不够时也会出现这种两相流通不畅所形成的液泛。

总之，外部输入能量过大或过小都会造成两相液流背离逆流运动规则的现象，即产生液泛。

15.3 影响萃取设备效率的因素

衡量萃取设备的性能，通常要考虑两个因素：单位面积（或体积）的处理能力与效率。柱式设备的效率通常用理论级当量高度（HETS）来表示，萃取设备的效率因素定义为单位面积或体积的处理能力除以理论级当量高度。如果处理能力大、理论级当量高度又小，萃取设备的效率因素就大。

为了提高萃取设备的效率，必须提高萃取设备内的传质速率，以减小 HETS。从传质方程式知，传质速率与两相之间的接触面积、传质系数及传质推动力等因素有关[7-9]。

1）相际接触面积

萃取设备内液 - 液两相之间的接触面积是影响传质速率的主要因素之一，而单位体积的相际接触面积 a 主要取决于分散相的滞存率和液滴尺寸，其关系为：

$$a = \frac{6\varphi_d}{d_p} \qquad\qquad (15-8)$$

式中：a 为单位体积液体具有的相际接触面积（比接触面积），m^2/m^3；φ_d 为分散相的滞存率；d_p 为液滴的平均直径，m。

分散相的滞存率是指滞存的分散相体积与塔有效萃取段容积之比。由式（15-8）可见，在分散相的滞存率愈大，液滴尺寸愈小的情况下，相际接触面积愈大，传质效率越高，但滞存率越大，塔内压降也越大，越易发生液泛现象，而且在萃取体系一定时，分散相的滞存率的增加会导致分散相液滴平均直径的增加（图15-17），从而引起传质效率降低。分散相液滴也不宜过小，液滴过小难于再聚结，使两相分层困难，也易产生被连续相夹带的现象；而且太小的液滴易产生乳化现象，这是在萃取操作中不希望出现的现象。

分散相液滴的大小与设备的类型、分散装置的开孔尺寸、物系的分散与聚结特性以及外加能量的大小有关。

2）传质系数

除了相际接触面积外，萃取设备的效率还与相际传质系数的大小密切相关。萃取过程的传质，包括相内传质和通过界面的传质。通常，液滴外侧的连续相处于湍流状态，分传质系数较大，而液滴内的分传质系数较小。液滴在连续相中相对运动时，由于相界面产生的摩擦力会引起滴内环流，滴内环流大大提高了滴内分传质系数。液滴尺寸过小或存在少量表面活性剂都会抑制液滴内环流（图15-19），降低液滴的沉降速度，同时也减小了液滴的分传质系数。

促进液滴聚结和再分散，滴内的分传质系数可大为提高，因为两个液滴聚结之后再分散，有利于表面更新。

由于湍流运动的不规则性以及液滴表面传质速度的不规则变化，在同一时刻液滴表面不同点或不同时刻同一液滴表面的溶质浓度不同，这种界面浓度的变化会导致界面张力的变化，使液滴表面受力不平衡而产生抖动，从而增强界面湍动程度、提高传质系数。

3）纵向混合

在混合—澄清槽等逐级接触设备中，浓度呈阶梯变化，浓度分布和逐级逆流接触时的理想情况比较接近。而在连续逆流萃取过程中，两相逆流流动的情况比较复杂。在萃取柱内实际流动状况并不是理想的活塞流，无论是连续相还是分散相，总有部分流体的停留时间偏离平均停留时间，或向相反的方向流动，或产生不规则的旋涡流动，在柱式设备中部分液体朝着与原流相反的方向流动的现象称为纵向混合（或称轴向混合）[9]。由于纵向混合，两相入口处的浓度突然变化，即发生浓度突跃。

纵向混合降低了传质推动力，从而降低了传质速率，同时也降低了萃取设备的生产能力。图 15-5(a)表示了作理想活塞流动时与存在纵向混合时萃取塔的浓度分布曲线。图 15-5(b)画出了两种情况下的 $y-x$ 图的差异。通常把活塞流动下的传质推动力称为表观推动力,存在纵向混合下的传质推断力称为真实推动力。由图 15-5 可以看出,存在纵向混合时的真实推动力要比表观推动力低得多[10]。

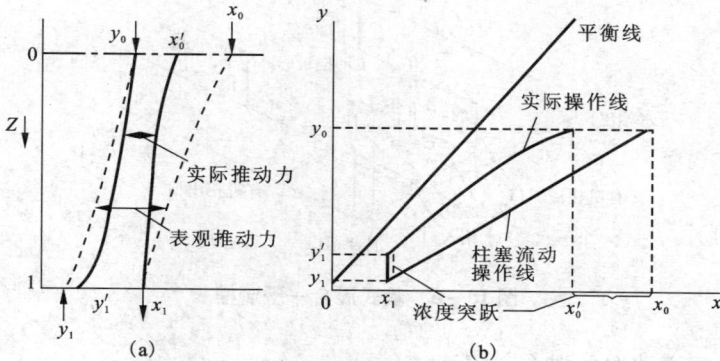

图 15-5 萃取塔的纵向混合
(实线—纵向混合存在时的浓度分布曲线和操作线;
虚线—理想活塞流时的浓度分布曲线和操作线)

影响纵向混合的因素很多,与柱的类型、柱径和外加能量的大小有关,也和流体性质、相比和流速等因素有关。一般纵向混合随外加能量的增大而增大,随柱径的增大而增大。

此外,液-液萃取过程由于两相密度差较小、黏度较大,纵向混合对传质过程的不利影响比气-液传质过程更为严重。对于一些大型工业规模的萃取柱,大约有90%的柱高都是用来补偿纵向混合的。大型萃取设备内的纵向混合程度比小型设备内可能要大得多,因而在萃取设备的放大中,要考虑纵向混合;否则,在小柱内测到的传质数据不能直接用于工业萃取设备的放大设计。

15.4 混合—澄清槽

混合—澄清槽是一种常见组合式萃取设备,每一级均由一混合室与一澄清槽组成。原料液与萃取剂进入混合室在搅拌作用下使一相液体分散在另一相中,充分接触后进入澄清槽。在澄清槽内依靠两相液体的密度差使两液相得以分层[1]。

15.4.1 常用混合—澄清槽简介

1) 箱式混合—澄清槽

箱式混合—澄清槽把多组混合—澄清槽组成一个整体同时把搅拌和液流输送结合起来,流体间的流动靠级间密度差来推动。涡轮搅拌器的桨叶直径大约是混合室的一半,通常不需要反向挡板。混合室通常为正方体,混合室的体积是由物料所需的停留时间所决定。槽体结构紧凑,便于加工制造。其结构如图 15 – 6 所示。

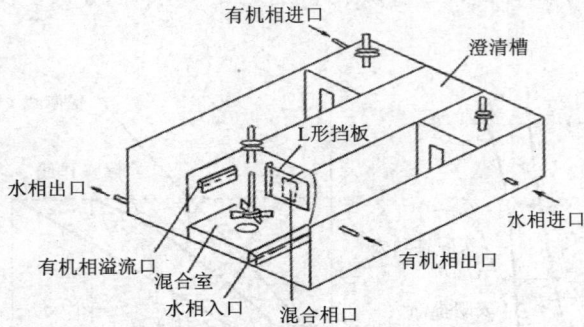

图 15 – 6　箱式混合—澄清槽

2)带浅层澄清器的混合—澄清槽

该混合—澄清槽采用带有垂直挡板的圆形混合槽,四周设有挡板,靠近混合槽底部安装了封闭式叶轮,它具有混合和泵吸两相液流的作用。两相从混合室下部被涡轮吸入,充分混合后从混合室的上部流出,经过栅栏分配流入澄清室。浅层澄清器的混合—澄清槽可减少有机相的存槽量,其结构如图 15 – 7 所示。

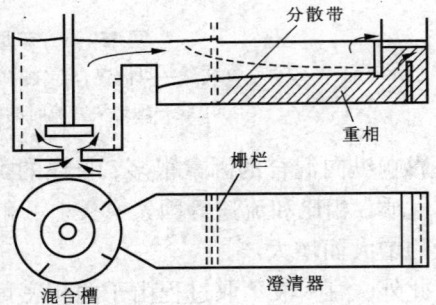

图 15 –7　浅层澄清的混合—澄清槽

3)Davy Powergas 混合—澄清器

Davy Powergas 混合—澄清器是泵混合式,搅拌器安装在导管之上,依靠搅拌器的转动,液体通过导管被抽吸上来并得到混合,混合相由混合器顶部一通道流出,经挡板折流沟向下流入澄清室。在混合槽顶部装设折流挡板,目的是消除混合槽内的旋涡并促进循环。澄清槽中设置的混合相进口挡板用以使混合相平稳地进入澄清槽的分散带。其结构如图 15 –8 所示。

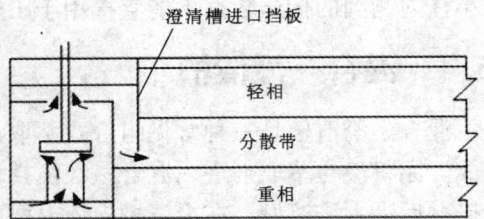

图 15 –8　Davy Powergas 混合—澄清器

4）I. M. I 混合—澄清槽

I. M. I 混合—澄清槽是泵混型萃取设备，在混合室内除用搅拌叶轮粉碎两相外，在同一根轴上还安装了一个轴流泵，将混合液提升到一定高度，然后借助重力流入澄清槽。澄清槽内安装了防湍流挡板，可以加快澄清速度。其结构如图 15 -9 所示。

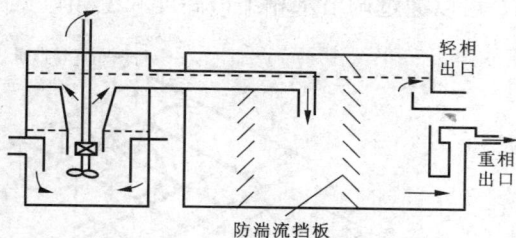

图 15 -9　I. M. I 混合—澄清槽

5）Kemira 混合—澄清器

这种设备是泵混式混合—澄清器，其泵吸设备和搅拌器是分开的，但安装在同一根轴上。重相从底部流进混合器，而轻相在重力作用下自动由上级澄清槽流入混合器，两相逆流流动不需要外部泵输送，在每一级内均可以控制有机相的循环。其结构如图 15 -10 所示。

6）Denver 混合—澄清槽

该设备用泵进行两相的输送和混合，其容量可通过调节间隙的大小进行控制；并且可以在任一相连续的条件下进行循环操作。其结构如图 15 -11 所示。

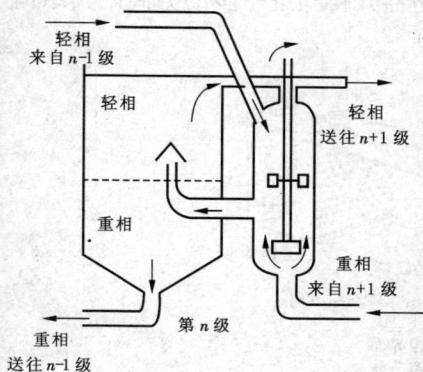

图 15 -10　Kemira 混合—澄清器

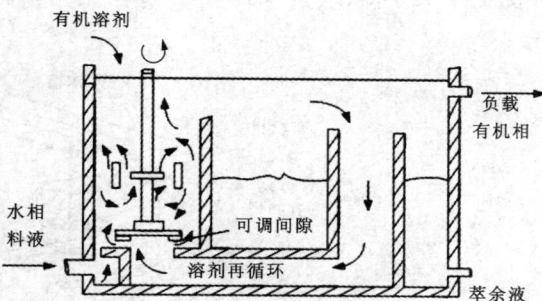

图 15 -11　Denver 混合—澄清槽

7）全逆流混合—澄清槽

全逆流混合—澄清槽的混合室内不设假底，只有一个上相口和一个下相口，有机相和水相在混合室和澄清室中均呈逆向流动，两相的流动主要依靠相间密度差所形成的推动力。其结构如图 15 -12 所示。

全逆流混合—澄清槽中的两相在两室内均呈逆流流动。采用大桨叶慢转速搅拌混合，这种较低的混合强度加快了分相速度。除此之外，在不需要相循环的情况下，可以通过调节水相出口高度和上相口宽度来改变混合室的两相接触比。

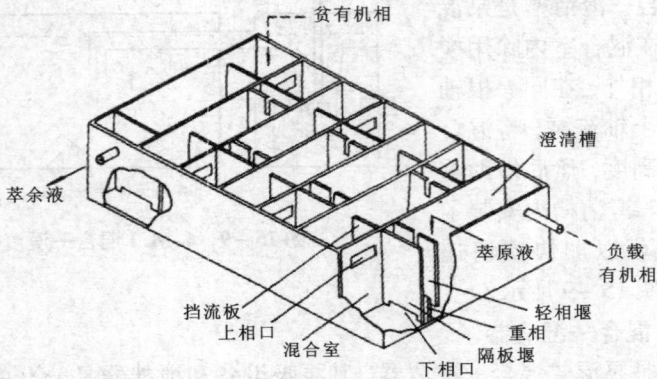

图 15 – 12　全逆流混合—澄清槽

8) Krebs 型混合—澄清器

此种设备两相的混合可以采用不同类型的搅拌器，以得到最佳的混合效果和传质速率；采用减弱扰动的"锥体泵"抽送流体，可使泵在一个相当宽的流量范围内具有稳定的工作特性。混合—澄清器顶部安装的溜槽可以使两相在未进入澄清槽之前就已经开始分离，然后两相分别进入澄清器并得到进一步的分离。其结构如图 15 – 13 所示。

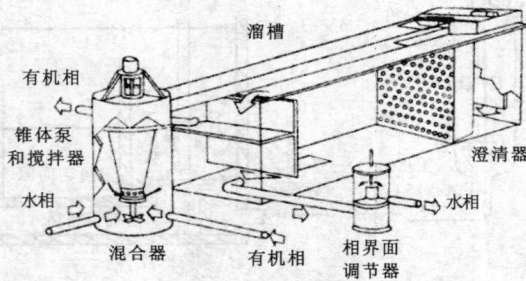

图 15 – 13　Krebs 型混合—澄清器

(9) CMS(Combined Mixer – Settler) 萃取器

由单一容器组成的 CMS 单元包括上澄清区、下澄清区和充满分散系的中心区。混合和澄清在一个容器内完成。中心区内装设的泵式搅拌器同时起搅拌和泵吸作用。在中心区上、下端装置的挡板抑制湍流并促进澄清分相。其结构如图 15 – 14所示[2]。

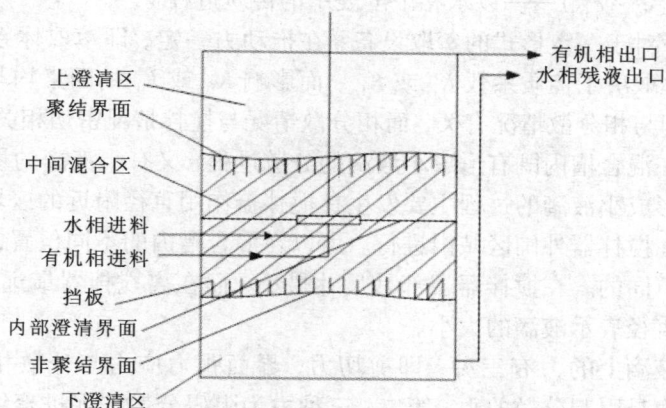

图 15 – 14　CMS(Combined Mixer – Settler)萃取器

10)垂直稳定流混合—澄清槽

混合室前安装有一台泵(称为 DOP 泵),用于将两相送入第一混合室,也用于水相或有机相的内循环。泵的结构如图 15 – 15 所示。两相在泵内经初步混合再从混合室下部进入混合室,混合室内安装一个有一定宽度的双螺线形搅拌桨,以较慢的转速旋转,产生具有垂直效果的循环,既能将两相混合,又可以将混合相向上推出,所以称为垂直稳定流(VSF),如图 15 –16 所示。

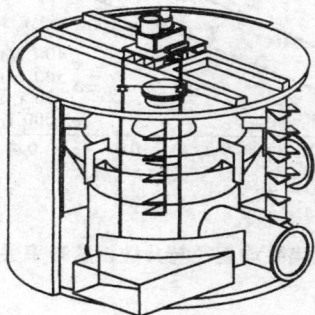

图 15 – 15　芬兰奥托昆普 DOP 泵

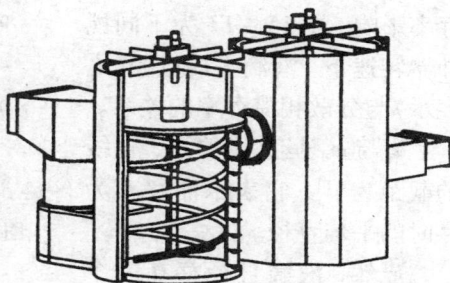

图 15 – 16　垂直稳定流双螺线形搅拌桨

15.4.2　混合—澄清槽中的传质与相分离

15.4.2.1　混合槽中的传质

萃取和反萃过程均是通过在混合槽中将一相分散在另一相中的传质过程实施。第 8 章中推导的传质通量表达式[即式(8 – 19)、式(8 – 21)两式]为:

$$N_A = K_{Lo}(c_o^* - c_o) ——以有机相浓度表示的传质过程$$

$N_A = K_{La}(c_a - c_a^*)$ ——以水相浓度表示的传质过程

它表明, 对于一定形式的萃取设备, 在推动力一定, 即萃取体系一定的情况下, 传质速率取决于传质系数 K_{Lo} 或 K_{La}, 而影响 K_{Lo} 或 K_{La} 的因素均与两相接触表面积相关, 即与相分散情况有关, 而相分散情况与搅拌情况密切相关。

实际上在混合槽内既有形成小液滴的分散过程, 又有小液滴的聚结过程。分散相被破碎形成小液滴的过程主要发生在搅拌器作用直径附近的区域内, 而液滴聚合则主要在搅拌器外围区域内进行。所以在混合槽内的不同位置, 分散液滴的尺寸大小是不同的。在搅拌器端部其尺寸最小, 而在离搅拌器最远的位置最大, 通常用平均直径表示液滴的大小。

作用在液滴上的力有三种, 即剪切力、界面张力应力与分散相内的黏性应力。第一种力是引起分散的力, 第二、三种力为阻碍分散即促进聚结的力。这两类力的比值达到某一定值时(取决于设备特性及分散系的物性)则可达到分散平衡。

液滴平均直径是萃取体系的物性, 如连续相的密度、黏度、两相密度差、两相界面张力、搅拌输入功率及分散相滞存率(以 φ_d 表示)的函数, 在一定的萃取体系, 液滴的平均直径主要受搅拌强度及分散相滞存率影响, 图 15 – 17 为不同搅拌器转速下, 液滴平均直径(d_p表示)与分散相滞存率的关系。

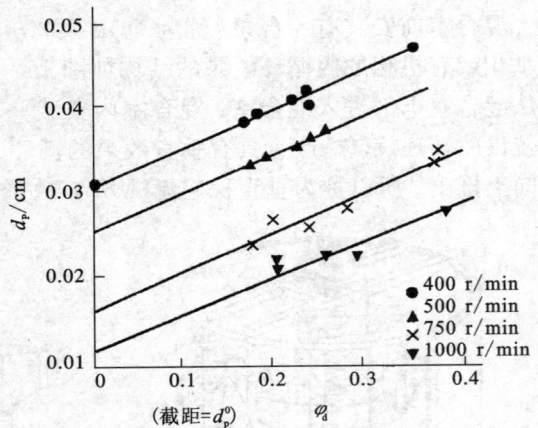

d_p 与 φ_d 呈直线关系, 直线的截距为 d_p^0, 它表示滞存率为零时的平均直径。

图 15 – 17　液滴平均直径与分散相滞存率关系

显然, 液滴直径存在一个分布范围。一般认为, 在混合槽内距搅拌器端部越远, 液滴尺寸越大, 而实际情况更复杂, 因为液滴和搅拌槽槽壁有碰撞作用, 这种作用可导致生成小的液滴, 液滴相互碰撞产生聚结的同时也会产生二次雾沫, 而通过再聚结也可能生成大尺寸的液滴, 所以在液 – 液分散系内存在一个液滴分布问题。根据目前的研究结论, 在分散系内不同尺寸的液滴最初呈正态分布, 由于液滴碰撞产生的重复破碎使较小尺寸液滴的比例增加, 在达到分散平衡时就成为了对数正态分布。

液滴平均直径可以用高速摄影技术测定。知道液滴平均直径即可按式(15 – 8)计算两相实际接触的比表面积。

而分散相的滞存率在间歇操作的情况下可直接由两相在混合槽内的体积比算出。而在连续操作的情况下，由于不同尺寸液滴的非均匀分布，分散相的滞存率并不等于分散相的流量与两相总流量的比值，其大小与搅拌情况有关。其计算方法可参考文献[2]的 324 页。

在混合槽中液滴的聚结过程是分散的逆过程。聚结作用使混合槽内不断发生分散—聚结—再分散的循环，从而使两相接触表面不断更新，因而有利于传质。阻碍聚结的因素是液滴摆动的动能，而促使聚结的因素是其黏滞能。据第 7 章可知两种不同液体间的黏滞能 $W_A = \gamma_A + \gamma_B - \gamma_{AB}$，式中 γ_A 与 γ_B 分别为液体 A 与 B 的表面张力，γ_{AB} 为 A 与 B 间的界面张力。当两液滴碰撞时，若液滴摆动的动能小于黏滞能时，这一碰撞将导致聚结，反之不发生聚结而趋向分散。由于金属萃取体系内总是存在许多表面活性物质，它们对界面张力有很大影响，因此对液滴的碰撞聚结性能有明显影响。用聚结频率 f_i 表示能导致聚结的有效碰撞频率，定义：

$$f_i = 每秒分散相聚结的体积/分散相的总体积$$

它是搅拌器转速、搅拌桨直径、分散相的滞存率和体系物性的函数。由前面的讨论可以认为体系的物性及搅拌器的转速是 f_i 的主要影响因素。图 15 – 18 显示了简单的油 – 水体系中搅拌器转速对 f_i 的影响。

除此之外，实验表明传质方向也影响聚结速率，从分散相向连续相传质时可加速聚结，而从连续相向分散相传质时则减缓聚结。因此，在金属萃取过程中控制分散相的类型是非常重要的问题。

搅拌只能间接地影响分散相的传质。当液滴通过连续相运动时，界面上的拽力使液滴产生内循环，而表面活性物质在液滴表面的吸附可阻止液滴内部循环的形成，如图 15 – 19 所示。

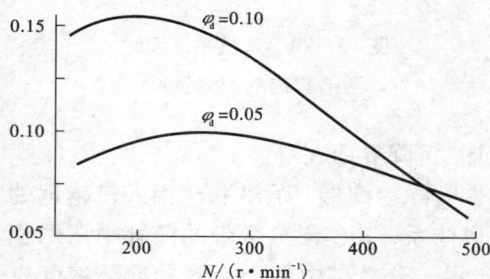

图 15 – 18　搅拌器转速对聚结频率的影响

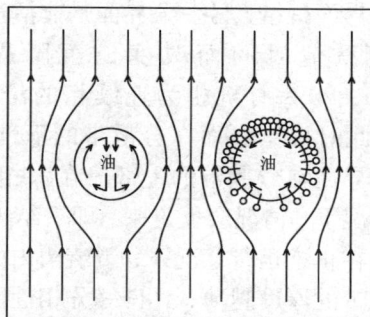

图 15 – 19　有机液滴的内部环流和表面活性剂对内部环流的抑制

除此之外，液滴直径太小，内循环也不明显，有液滴内循环时，液滴内的传质为涡流扩散，而无内循环时为分子扩散。

混合槽内的传质过程可以归纳如下：

（1）两相的比接触面积随搅拌强度的增加而加大，即 $a \propto N^a D^b$ 而变化，N 为转速，D 为搅拌桨直径。

（2）如果提供足够的搅拌强度，使连续相处于高度湍流状态，涡流扩散占优势，则可得到相当高的连续相传质系数。

（3）在一定的范围内加强搅拌，有助于提高分散相的传质系数，但过度的搅拌使液滴过小，成为"刚性"小球，内环流消失，反而会使分散相的传质系数下降。

（4）金属萃取过程中，由于表面活性物质的存在，选择油相还是水相作为分散相对提高传质效率至关重要。

15.4.2.2 澄清槽中的聚结分相

1）澄清的基本过程

在连续操作的混合澄清槽内澄清是连续进行的。澄清的本质是液滴聚结，在重力作用下分为两个相，由于没有能量输入，此时妨碍聚结的因素仅仅是混合相进入澄清室及轻相与重相溢流出澄清室的冲击作用。而黏滞能在澄清过程中对促进聚结有很大影响，也就是体系的物性起重要作用。澄清槽中液滴的聚结包括液滴与液滴碰撞形成的聚结及液滴在相界面上的聚结。

在连续澄清过程中，在初步分层后，在两相之间有一层明显的分散带，分散带有两个明显的界面，其一称为活性界面，即聚结界面，在此界面上产生大液滴—界面聚结，另一个界面是非活性的，是随澄清时间而改变的沉降界面，图 15 - 20 为有机相为连续相的澄清状况，此时聚结界面在分散带的下部，而沉降界面在分散带的上部。在水相连续

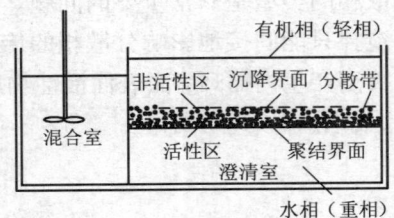

图 15 - 20 有机相连续时澄清室内的澄清状况

的情况下，情况会反过来，即聚结界面在上，沉降界面在下。

在正常运行状况下，澄清槽内的分散带实际为楔形，距离混合相入口越远处分散带的厚度越薄，具良好分相性能的萃取体系，其楔形分散带的前部距离两相溢流出口有一段相当距离，如图 15 - 21 所示。分散带中的小液滴的聚结速度决定了分散带的厚度。

2）改善澄清性能的途径与措施

为了改善澄清槽内的澄清操作，可以从两个方面入手，其一是减少分散带中

的小液滴，其二是加速小液滴
的聚结。其具体措施可以为：

（1）混合室采用适宜的搅
拌强度，包括调整转速与桨叶
构造以及一些特殊构造的泵。

（2）改善混合槽的设计。如
图 15 –23 所示，在澄清室内靠
近混合室的室壁一定距离处设
置一个挡板，形成一个作为混
合相流道的挡板折流沟，此折
流沟起缓冲引流作用，以减少
混合相进入产生的冲击作用。

（3）在混合相与澄清室之间
放进"预聚结"元件，如填料以
使小液滴预聚结。

（4）改进澄清槽的形式与结
构设计。如用浅层澄清槽；改变
液流方向的澄清槽；在澄清槽
内安装栅板或挡板；在澄清槽
内适当位置放置亲分散相的填
料；在澄清室的远端设置轻相
堰或重相堰。

（5）限制澄清室的出口液流
的线速度。出口液流线速度大，
则澄清槽的处理能力大，但增
加澄清室液流出口速度会增加

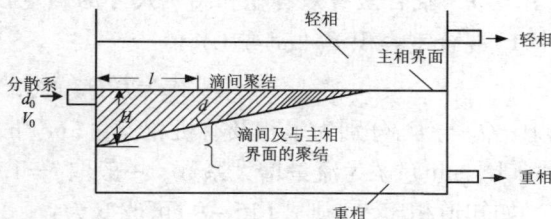

图 15 –21 连续澄清槽中的聚结楔
（重相为分散相）

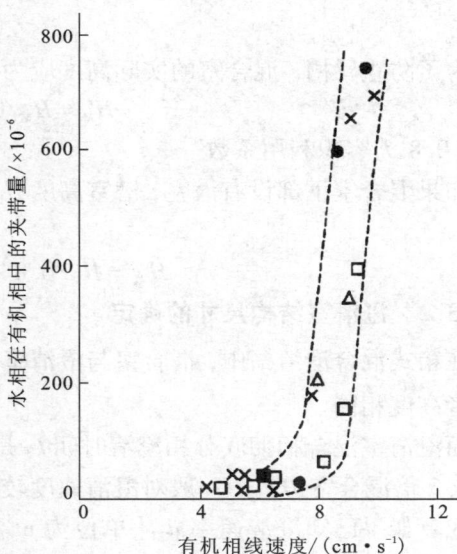

图 15 –22 相夹带量与澄清液流线速度的关系

相夹带，图 15 –22 为 LIX64N – Escaid100 萃取体系中，在有机相连续的条件下，
水相在有机相中的夹带量与澄清有机相流出澄清槽的线速度的关系。一般线速度
超过 6 cm/s 时，夹带量就会大大增加。显然澄清效果对改善分相质量或经济效
益有直接影响。

15.4.3 箱式混合—澄清槽槽体设计计算方法[10 –17]

箱式混合澄清槽是在冶金工业中应用最为广泛的萃取槽，除了小型连续试
验、半工业或工业试验应用这种萃取槽外，生产规模也常采用这种设备，本章介
绍设计基本方法。在 24 章将具体介绍铜萃取混合—澄清槽的设计实例。

15.4.3.1 混合室有效容积和结构尺寸的确定

1）混合室容积 V_M（m^3 或 L）

$$V_M = f(Q_W + Q_0)t \qquad (15-9)$$

式中：Q_W 与 Q_0 分别为水相及有机相流量（m^3/h，L/min）；t 为两相在混合室停留时间（h，min）；f 为流量增大系数，一般取 $f = 1.1$。

如知道相比 R，则式（15-9）可改变为：

$$V_M = f(1+R)Q_W t$$

2）混合室尺寸计算

混合室通常为立方体，故混合室边长 $L = \sqrt[3]{V_M}$，即边长与有效高度 H_M 均为 $\sqrt[3]{V_M}$。

为了防止冒槽，混合室的实际高度应为：

$$H_M' = H_M/0.8 \qquad (15-10)$$

式中：0.8 为容积利用系数。

如果混合室下部设有潜室，潜室高度 H_f 为 10% H_M，所以混合室的总高度 $H_总$ 应为：

$$H_总 = H_M/0.8 + 0.1H_M$$

15.4.3.2 澄清室结构尺寸的确定

在箱式混合澄清槽中，混合室与澄清室相连，即澄清室的宽度等于 $L = \sqrt[3]{V_M}$，且两者高度相同。

而澄清室混合相彻底分相澄清时间 $t_澄$ 是已知的，如 $t_澄 = 5\ t$ 则澄清室的长度 L'' 可取 5 倍混合室边长。一般对澄清速度较快的体系可取 $L'' = (3 \sim 4)L$。

或者如果已知澄清速率 $u_澄$［单位为 $m^3/(m^2 \cdot h)$］，则澄清室面积 S 可按式（15-11）计算。

$$S = Q'/u_澄 \qquad (15-11)$$

式中：Q' 为要求处理的量（m^3/h，L/min）。

已知面积 S 及短边长 L，则可计算澄清室的长边长 L''。

$$L'' = S/L \qquad (15-12)$$

15.4.3.3 各相口位置的确定

各相口的位置和结构尺寸确定必须考虑下列因素：

（1）要求各相口有足够的流通截面积，保证流动通畅。

（2）防止液流短路，即防止混合室内的两相未经充分混合便进入澄清室。

（3）防止液流返混，即防止已进入澄清室的混合相或已澄清的某相又返回同一级的混合室。

如设计的箱式混合澄清槽的一个级的剖面图如图 15-23 或图 15-24 所示。

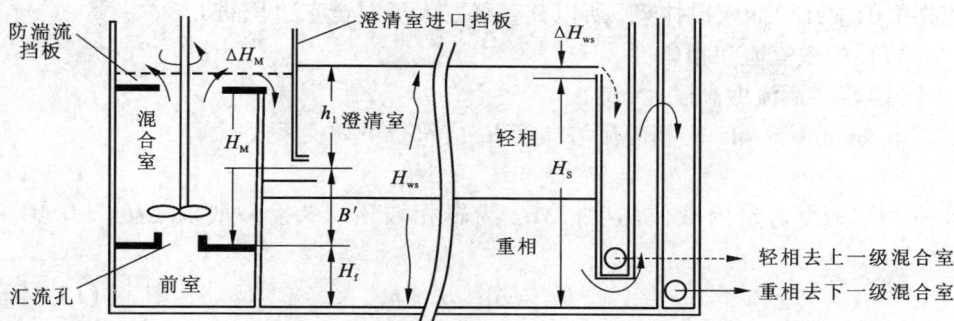

图 15 - 23　泵混合箱式混合澄清槽剖面图

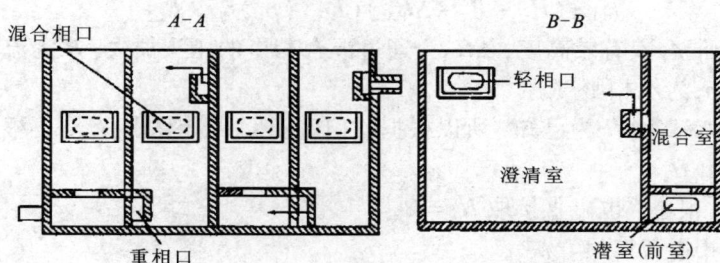

图 15 - 24　四级小型箱式混合澄清槽剖面示意图

1）混合相口

混合相口的位置应开在混合室有效高度的 1/2 至 2/3 处，同级澄清室内的两相界面应略低于混合相口。

而混合相口的大小可根据锐孔流体力学公式进行计算。

$$Q'_M = m_M F / \sqrt{2g\Delta H_M} \qquad (15-13)$$

式中：$Q'_M = fQ_M$，f 为流量增大系数，一般取 $f=1.1$；Q_M 为混合相流量（m^3/s）；m_M 为混合相口流量系数，一般为 0.6；F 为混合相口截面积（m^2）；g 为重力加速度（9.81 m/s^2）；ΔH_M 为通过混合相口的压头损失（m 液柱），一般小型试验槽取 0.002 m，大型生产槽取 0.005 m。

混合相口的截面积也可根据经验公式（15 - 14）计算：

$$F = Q'_M / u_M \qquad (15-14)$$

式中：u_M 为通过混合相口的液流速率，一般小型试验槽取 0.035 ~ 0.05 m/s，而大型生产槽取 0.1 ~ 0.2 m/s。

在图 15 - 23 所示情况下，防湍流挡板的中孔面积、作为流体通道的挡板折流沟的宽度及混合相口截面积均应满足式（15 - 13）计算的 F 值的要求。其中防湍流挡板的中孔要插入搅拌桨，所以其直径要大于混合室边长的 1/3。

2）轻相溢流堰和相口

（1）轻相溢流堰高度。

由图 15 - 23 知，轻相溢流堰高度 H_s 应符合下列关系式：

$$H_s = H_{ws} + \Delta H_{ws} \qquad (15-15)$$

式中：H_{ws} 为澄清室内液位高度；ΔH_{ws} 为轻相堰顶压头。一般取 $\Delta H_{ws} = 0.01 \sim 0.015$ m。

$$H_{ws} = H_f + B' + h_1 \qquad (15-16)$$

B' 为混合相口高度，一般按 $B' = (1/2 \sim 2/3) H_M$ 取值。根据混合室与澄清室之间的压力平衡关系，可推导出 h_1 的计算公式：

$$h_1 = (H_M - B' + \Delta H_M)(R\rho_o + \rho_w)/\rho_o(R+1) \qquad (15-17)$$

式中：H_M 为混合室有效高度；ΔH_M 为通过混合相口的压头损失；R 为流比；ρ_o 为有机相密度；ρ_w 为水相密度。

由于潜室高度 H_f 为已知，所以根据式（15 - 16）可计算出 H_{ws}，再根据式（15 - 15）可计算出 H_s。

若 ΔH_{ws} 很小，也可直接取 $H_s = H_{ws}$。

（2）轻相溢流口尺寸。

按生产经验数据，轻相通过轻相堰的流速 $u_0 = 0.1 \sim 0.2$ m/s，故可计算相口截面积及边长 a 与 b。

$$F = Q'_o/u_0 = a \times b \, (b \approx \Delta H_{ws}) \qquad (15-18)$$

实际上，为了加工方便，轻相堰上的轻相溢流口多采用全宽度，即 a 边长等于混合室或澄清室的宽度。至于图 5 - 23 右下部所示的去上一级混合室的轻相出口（为级间的轻相通道），可用下式计算：

$$Q'_o = m_o F \sqrt{2g\Delta H_o} \qquad (15-19)$$

式中：$Q'_o = 1.1 Q_o$；m_o 为轻相口的流量系数，一般取 $m_o = 0.4$；ΔH_o 为轻相口的静压降，可取经验值，小型槽取 0.002 m，大型槽取 0.005 m。

在求出 F 值后，其高、宽在混合室及潜室结构允许范围内确定。

3）重相口和重相堰

（1）重相堰高度近似计算。

根据静力学平衡关系，可推导出重相堰高度计算公式，忽略掉重相堰顶压头及轻相堰顶压头后，得到重相堰高度 H_{ww} 的近似计算式为：

$$H_{ww} = [(r-1)/r] h_w + (H_s - H_f)/r \qquad (15-20)$$

式中：h_w 为澄清室内的界面高度，按图 15 - 23 应等于 $H_f + B'$；H_f 为潜室高度；H_s 为轻相溢流堰高度；r 为比重度，可取经验值，等于 ρ_w/ρ_o。

（2）重相口计算。

重相口为级间重相的通道，潜室顶板上的圆孔也可归为重相口，它的专有名称为汇流孔，汇集了轻重两相的流入。其面积可用经验公式计算，即

$$F = Q'_\mathrm{w}/u_\mathrm{w} \qquad (15-21)$$

式中：u_w 为重相通过重相口的流速，小型实验槽取值为 0.035~0.05 m/s，大型生产槽取值为 0.1~0.2 m/s。

Q'_w 的取值应注意区分级间重相通道的重相孔与潜室顶板的汇流孔两种情况。

在级间重相通道的情况下，$Q'_\mathrm{w} = 1.1Q_\mathrm{w}$，而在汇流孔的情况下应用 $Q' = 1.1(Q_\mathrm{w} + Q_\mathrm{o})$ 代替 Q'_w，通常可取汇流孔直径为混合槽边长的 1/4。

因为混合室中搅拌有抽吸作用，产生的抽吸压头会对计算结果有影响，所以在实践中一般常结合经验进行计算。

图 15-22 所示的箱式混合澄清槽，与图 15-21 所示萃取槽的构造不同，混合相不是通过上部溢流，而是通过混合室与澄清室的隔板上的混合相口直接进入澄清室，也不设置溢流堰，在设计各相口时，同样按上述方法计算相口的位置及面积，确定相口的尺寸。各相口均为矩形，宽度 a 大于高度 b，各孔口外侧安置向上开口（用于轻相、混合相）或向下开口（用于重相）的挡板盒。

15.4.3.4　搅拌桨形式及搅拌速度

为实现良好的混合和传质，要求有合适的搅拌强度。加大搅拌强度，可减小分散相的液滴尺寸，同时增强连续相扰动，从而加速传质；但是搅拌强度过大，反而不利于传质，因为随着搅拌强度的增加，分散液滴直径变小，最后呈刚性球状，这时液滴的内循环受到抑制，同时液滴间的碰撞机会减少，液滴周围液体的湍流程度下降，会导致传质系数的减小；同时，由于分散相液滴过小，还会造成分相困难，从而延长澄清时间。随着搅拌强度的增大，澄清室分散相厚度增加[1]。而搅拌强度与搅拌桨的形式、直径、转速有直接的关系。

大型混合—澄清槽上的机械搅拌器为泵式搅拌器[15]。泵式搅拌器有半开式和闭式两种，较多的为直叶半封闭式，如图 15-25 所示。

混合室和搅拌桨的尺寸要有一个合理的比例，否则将对澄清不利。搅拌桨直径一般为混合室宽度或者直径的 1/3~3/4，桨叶高度为直径

图 15-25　直叶半封闭式叶轮

的 0.2~0.3，距离底部为槽深的 1/3~1/2，应根据抽吸能力来确定。

对搅拌桨放大，如果依照小型试验槽选定的单位混合室体积功率，按功率相同的原则放大，往往导致大型槽的搅拌功率偏大，尤其是放大倍数大时可能导致搅拌强度过大。但若按相同搅拌桨端速度进行放大，搅拌强度又易偏小，易导致级效率下降，故以兼顾两者为好[16]。搅拌功率 P 可采用下式公式计算：

$$P = \xi D^5 N^3 \rho_\mathrm{m} \times 10^{-3} (\mathrm{kW}) \qquad (15-22)$$

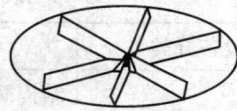

式中：ξ 为功率准数，与雷诺数 Re_M 有关；ρ_m 为两相平均密度，kg/m^3；按 $\rho_m = x\rho_m + y\rho_o$ 计算，x、y 分别为水相及有机相的体积分数；N 为搅拌桨的转速，r/s；D 为搅拌桨的直径，m。

放大搅拌桨时，首先按几何相似的方法确定直径 D，再按下式

$$N^n D = 常数 \qquad (15-23)$$

计算确定 N。$n=2/3$ 时为单位体积搅拌功率相同，而 $n=1$ 时为端速度相同，可认为是两个极端情况。当放大倍数不大，n 以接近 $2/3$ 进行计算为妥。放大倍数大，可取偏向 1 的值。

各种搅拌桨叶在方形槽中的功率准数 ξ 见表 15-2。

表 15-2　各种搅拌桨叶在方形槽中的功率准数 ξ 值

桨叶类型	双叶平桨	双叶梯形桨	六叶平桨	六叶圆盘桨	半封闭六直叶泵式桨
ξ	2.3	2.0	3.7	4.2	2.6

15.5　萃取柱

15.5.1　萃取柱的分类、特点及适用范围

1）萃取柱的分类[18]

萃取柱可按照两相分散方法以及两相的接触方式分类，参见表 15-1。

2）萃取柱的特点及适用范围

根据不同的使用场合可选择不同的萃取柱，表 15-3 列举了萃取柱的特点及适用范围。

表 15-3　萃取柱的特点及适用范围

设备分类		特点	适用范围
无机械搅拌的萃取柱		结构简单，设备费用低；操作和维修费用低；容易萃取腐蚀性物料，但是传质效率低，需要高的厂房；对密度差小的体系处理能力低，不能处理流比很高的情况	石油化工 化学工业
机械搅拌萃取柱	脉冲筛板柱	HETS 低，处理能力大，结构较简单，柱内无运动部件，工作可靠	核化工，湿法冶金，石油化工
	转盘柱	处理量较大，效率较高，结构较简单，操作和维修费用较低	石油化工，湿法冶金，制药工业
	振动筛板柱	HETS 低，处理能力大，结构简单，操作弹性好	制药工业，石油化工，湿法冶金，化学工业

15.5.2　典型萃取柱的结构和性能

1)简单的重力作用萃取柱[19]

(1)喷淋柱。

喷淋柱是一种最简单的连续逆流萃取设备,它由空的柱壳和两相的导入及排出装置构成。重相及轻相分别自塔顶及塔底加入,两相在密度差的作用下逆流流动。可以通过移动液封管的高度来调节界面高度。其结构如图 15 - 26 所示。

这种萃取柱处理能力比较大,并随着两相密度差的增加而增大,随着连续相黏度的增加而减少。通过分布器形成的分散相液滴直径,对处理能力有很大影响。由于萃取柱内没有内部构件,两相接触时间较短,传质系数比较小,而且连续相纵向混合严重,因此喷淋柱的萃取效率一般很低。

(2)填料柱。

填料柱的结构如图 15 - 27 所示,由于萃取柱内填料的存在,这种萃取柱的传质效率比较高。较高的填料柱通常隔一定距离安装一个液体再分布器,并通过选择合适的填料尺寸来减小壁效应。由于填料柱内填料的存在,处理能力较喷淋柱小。

这种萃取设备结构简单,造价低廉,操作方便,适于处理腐蚀性流体。填料的加入增进了相际间的接触,减少了轴向混合,提高了传质速率。

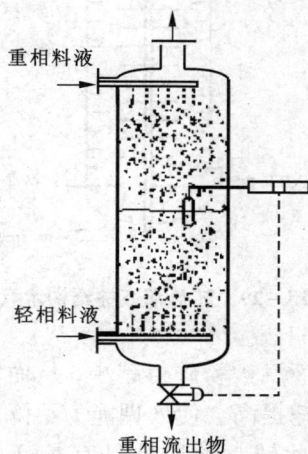

图 15 - 26　喷淋柱结构示意图

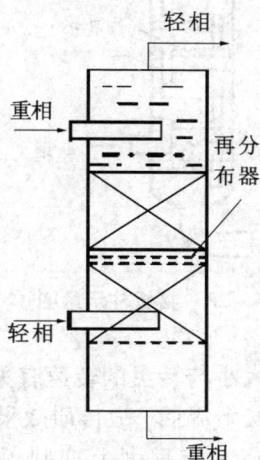

图 15 - 27　填料柱示意图

(3)筛板柱。

筛板柱的结构如图 15 - 28 所示,在一竖直的柱体内设有多层筛板,并且在每块筛板的一侧安装着一个拱形溢流管。由于筛孔的喷射作用使分散相分散成较细的液滴而与连续相密切接触。根据轻或重相作为分散相的不同选择,柱内连续相在筛板间的流动方式不尽相同。轻相作分散相时，通过筛板上的小孔并分散成小液滴，重相从上一层筛板的溢流管中流下，沿着水平方向流过筛板上方，与分散相液滴接触并传质。

筛板柱的萃取效率较填料柱有所提高，结构简单，价格低廉，可处理腐蚀性料液。适用于萃取工程所需要理论级数少、处理量大及物料具有腐蚀性的场合。

2）机械搅拌萃取柱[20]

（1）转盘萃取柱（RDC）。

转盘萃取柱的基本结构是在柱体内壁上等距离地装有若干个环形挡板（固定环），固定环使塔内形成许多分割开的空间。在柱中央的转轴上安装着旋转圆盘，其位置介于相邻的两个固定圆环之间。转轴由塔顶的电动机带动。其结构如图15-29所示。

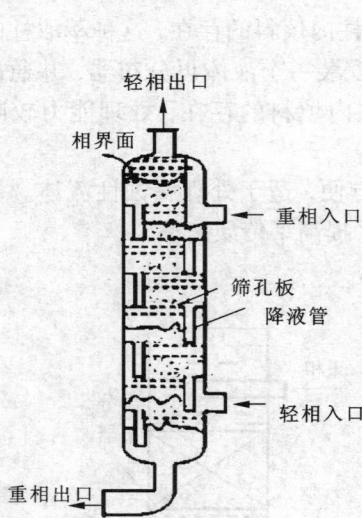

图15-28 筛板柱示意图

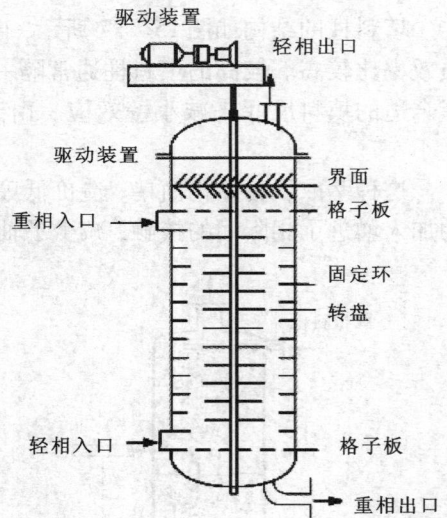

图15-29 转盘萃取柱结构示意图

液滴的大小与转盘的转速有关，转速越高，液滴被粉碎得越小，从而增大了传质系数及接触界面，故传质效果越好。但是转速提高会使处理能力下降。另外因为固定环在一定程度上抑制了轴向返混，因此转盘萃取柱具有较高的萃取效率。

（2）Scheibel萃取柱。

Scheibel萃取柱柱内交替排列有混合区与分相区，混合区由安装在垂直轴上的双叶搅拌桨构成，在搅拌桨之间为分相区。在紧靠叶轮的上、下方都安装有环形挡板，使两相混合比较均匀，传质效果更好。其中第三代Scheibel萃取柱结构如图15-30所示。

（3）Oldshue – Rushton 萃取柱。

这种萃取柱柱内装有水平的定环挡板将其分成许多室，定环由垂直挡板固定，在中心轴上装有涡轮型搅拌桨。在柱壁上安装了垂直的折流板以提高混合效率。其结构如图 15 – 31 所示。

该萃取柱可以处理含有悬浮固体的流体。停留时间、通量和效率可以由定环的内径控制。

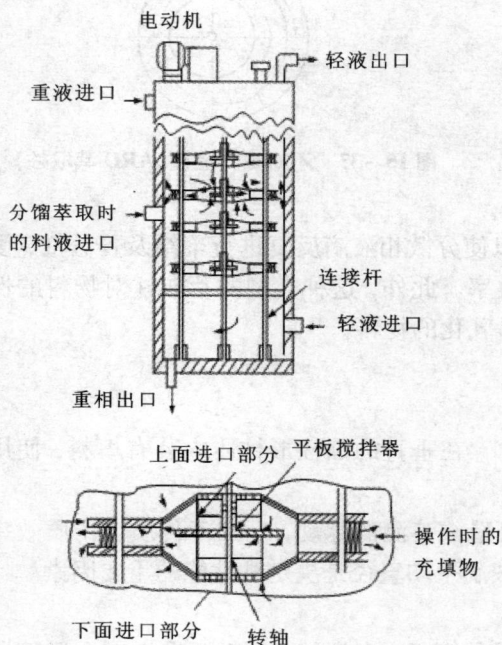

图 15 – 30 Scheibel 萃取柱

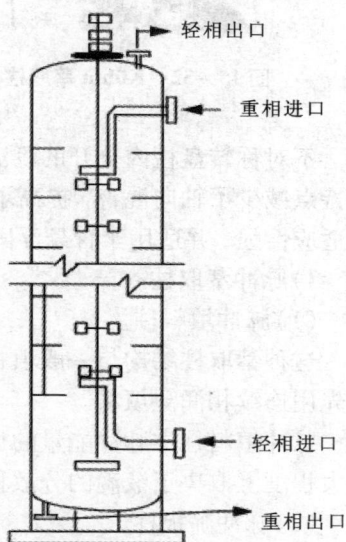

图 15 – 31 Oldshue – Rushton 萃取柱

（4）Kühni 萃取柱。

柱结构如图 15 – 32 所示，搅拌器为离心透平式。利用封闭的透平叶轮改善径向混合特性，使两相在混合室内得到充分的混合和良好的传质。这种萃取柱特别适用于有反应的萃取以及流比大的场合。通量和效率主要取决于透平的转速与多孔板的开孔率。

（5）不对称转盘柱（ARD 萃取柱）。

这种萃取柱柱内安装了偏心的转轴。混合区和澄清区由塔内安装的不对称垂直挡板分割而成。混合区分割成许多小室，每个小室有装置在同一转轴上的转盘型混合搅拌器。澄清室的许多小室之间用水平挡板隔开。其结构如图 15 – 33 所示。

图 15 – 32   Kühni 萃取柱

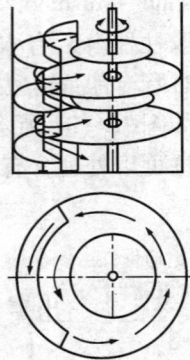

图 15 –33   不对称转盘柱(ARD 萃取柱)

不对称转盘柱内分开的澄清区可以使分散相液滴反复进行聚结及再分散,设计特点减少了轴向混合,提高了萃取效率。此外,这种类型的萃取柱对物料的性质适应性强,并适用于含悬浮固体或易乳化的物料。

3)脉冲萃取柱

(1)脉冲填料柱。

这种萃取柱结构与一般填料柱相似,在垂直的圆柱形柱体内装有填料,使用前先用连续相润湿填料。

脉冲填料柱中脉冲能量的加入,可造成液滴的脉动,有利于传质。传质效率很大程度上取决于液滴的分散程度。液滴平均直径是决定柱性能的重要因素。

(2)脉冲筛板柱。

脉冲筛板柱的柱内安装了一组水平的筛板,在柱的上、下两端设有上澄清段和下澄清段。在柱体的相应部位装有各液流的入口管、出口管、脉冲管和用于冲洗、放空、排空的管线以及各种参数的测量点。其结构如图 15 – 34 所示。

通过周期性的上、下脉冲作用,脉冲筛板柱柱内流体得到很好的分散和混合,并且能使流体通过筛板,实现两相逆流流动。因此,这种萃取柱具有传质效率高、处理能力较大的优点。

4)振动筛板柱

Karr 和罗德成发展的开型振动筛板柱结构如图 15 – 35 所示,由一组开孔的筛板和挡板组成,筛板安装在中心轴上,由装在塔顶的传动机械驱动中心轴进行往复运动。

这种萃取柱可以较大幅度地增加相际接触面积,克服了脉冲筛板柱能量消耗较大的缺点。传质效率高,流体阻力小,操作方便,生产能力大,并且液体在柱内分散均匀,混合良好,纵向扩散系数比较小,而且柱径的影响比较小。

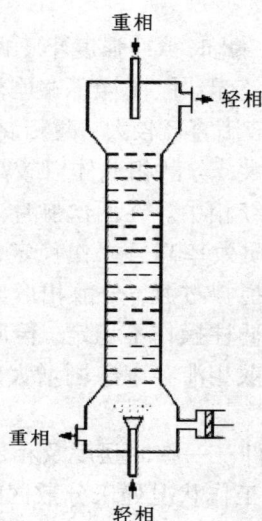

图 15-34　脉冲筛板柱

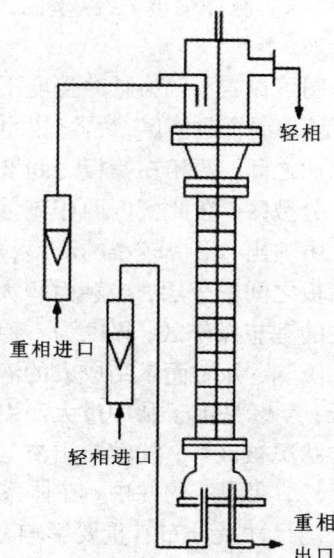

图 15-35　振动筛板柱示意图

15.5.3　脉冲筛板柱中的传质

冶金工业中有一些需要密闭防氧化的体系，或者有放射性物料的体系需要采用柱式萃取设备，首选的对象就是脉冲筛板柱。如图 15-34 所示，柱内安装有一组水平的筛板，与普通筛板柱不同的是没有降液管。柱内流体在外施加的脉冲力场作用下进行周期性的上下脉动，使液体在得到很好的分散与混合时又能通过筛孔实现两相逆流运动，最后分别在设于柱顶及柱底的两个澄清段中澄清后流出柱外。

柱中部设有筛板的所谓"板段"部分，是柱的关键区域，其结构与材料影响脉冲筛板柱的性能。小型柱常用的筛板孔径为 2 mm 左右，板间距 25 mm，而工业柱筛板孔径为 3~6 mm，板间距约为 50 mm，开孔率一般为 20%~25%。

脉冲柱的操作特性见图 15-36。横坐标为脉冲柱的振幅 A 与振动频率 f 的乘积，称

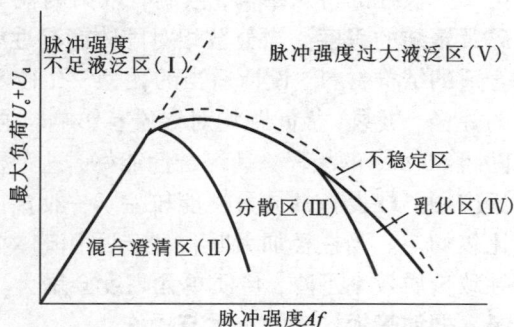

图 15-36　脉冲筛板柱的操作特性曲线

为脉冲容量(脉冲强度),纵坐标为最大负荷,用分散相的流量与连续相的流量之和表示。

由图可见:Ⅰ区为脉冲强度不足引起的液泛区,此时脉冲强度小于两相总流量;Ⅱ区为混合澄清区,尽管脉冲强度大于两相总流量,但搅拌不够剧烈,故在两次脉冲之间,两相在筛板之间澄清、分层。由于液滴直径较大,两相混合较差;Ⅲ区为分散区,在此区内两相流量较大,脉冲强度大,分散相流体以较高的流速从筛孔中喷出,形成较小的液滴,均匀地分散在连续相中。在两次脉冲之间,两相在筛板之间不分层,接触面积大,混合均匀,传质效率高且操作稳定,为脉冲筛板柱的理想操作区;Ⅳ区为不稳定区,其特征为搅拌过渡,分散相形成不均匀的乳化液滴,并时而聚结成大的液团,此区域内脉冲柱操作不稳定,传质效率也比较低;Ⅴ区是由于脉冲过大而引起的液泛区,分散相滞存率急剧增大,两相连续操作状况被破坏,柱端流出液的相夹带严重。

显然,在固定的柱中,在体系一定时,操作条件——脉冲强度及相比对控制液滴平均尺寸及分布有重要影响,当脉冲筛板柱的工作状况处于分散区时,此时柱的板段内,在处于不断运动的液滴之间不断地发生碰撞,形成分散—聚结—再分散—再聚结的循环,表面不断更新,因此传质单元高度小,从而可获得较好的传质效果。

体系的物性是决定操作状态的重要因素,如黏度、界面张力及两相密度差等。黏度直接影响扩散系数的大小,界面张力影响液滴的分散效果,而两相密度差会影响两相的相对运动速率,从而影响界面滞流的程度,一般两相密度差大一些比较有利。当体系内相连续状况不同时,由于传质方向的改变,体系物性的影响也有所不同,但归根结底它们的影响结果还是集中体现在传质单元高度和传质单元数的变化上。

由于筛板柱的特殊结构,液滴有较高的概率与固体表面接触,因此会增加液滴破碎及聚结的程度。当分散相对固体润湿性能强时有利于分散相的聚结,所以选择合适的结构材料、设计适当的孔型、孔径及开孔率至关重要。除此之外,脉冲柱的柱径、板数、板间距均对传质有影响。通常认为孔径3.2 mm,开孔率23%和板间距50 mm的板段,其综合性能好,这种板段称为标准板段,在生产中获得了广泛应用。柱设备的放大性能较差,一般直径小的柱,两相流体在柱截面上的分布比较均匀。当柱径加大时,由于两相流体在柱截面上的分布不均匀,轴混合加剧导致传质效率下降,传质单元高度会增大。

15.5.4 振动筛板柱中的传质与操作

振动筛板柱是冶金工作者关心的另一种萃取柱,它的筛板固定在轴上通过往复上下运动使两相混合。影响传质速率的因素主要有筛板往复运动的强度、传质方向及筛板材料。

同样以 A 表示振幅、f 表示频率，则 Af 表示混合强度，混合强度增加，液滴直径变小，分散相滞存率增加、相接触面积增加，这些有利因素会导致理论级当量高度 $HETS$ 变小，但同时又可导致轴混增强，使 $HETS$ 变大，另外 $HETS$ 降低时还会引起设备通量变小。因此可用一个指标 η 即体积效率表示这种综合影响。规定：

$$\eta = \frac{u_c + u_d}{HETS} \tag{15-24}$$

式中：u_c 及 u_d 分别表示连续相及分散相的流速。η 值最大时传质效率最高。

传质方向对传质效果的影响十分显著。一般而言，由分散相向连续相传质时，聚结作用增强、液滴直径变大，传质面积会减小，与连续相向分散相传质相比尽管分传质系数会稍大一点但总传质系数会降低。对于有化学反应发生的金属离子萃取，情况会更复杂一些。

由于筛板的往复运动，分散相液滴除了相互间的碰撞外，它们与固体板及其孔壁的碰撞概率都会因板的往复运动而增加，因此筛板的润湿性能对传质效率的影响更为重要。润湿作用会强化液滴碰撞固体界面而引起的液滴聚结，从而使 $HETS$ 增大及柱通量增加。

由于实际体系的复杂性，设计工业振动筛板柱之前应在小设备上进行试验，根据取得的数据再进行放大设计。应取得的数据有：

（1）液泛点与振动频率、振幅、板间距及相比的关系。

（2）测定 $HETS$。

（3）计算最佳体积效率 η。

实验柱的操作步骤如下：

（1）将原料和萃取剂分别加入原料槽和溶剂槽。

（2）启动电源。

（3）启动调速旋钮，从零开始缓慢增加，观察装置是否运行正常，正常运行数分钟后停止。

（4）检查阀门和连接管路，关闭排空阀。

（5）启动重相泵，让连续相充满塔体，并根据工艺调节其流量。

（6）启动轻相泵，根据工艺要求调节轻相流量。

（7）待分散相在塔顶凝聚一定厚度的液层后，调节界面调节阀（连续相管路上阀门）使相界面稳定。

（8）检查偏心转盘与振动柱连接是否牢固，缓慢调节振幅与频率，调节至工艺所需的振幅及频率。

（9）对萃取相和萃余相进行取样分析，计算萃取效果。

（10）运行结束后，关闭电源，排放塔内积液。

15.6 离心萃取器

离心萃取器是利用离心力的作用使两相快速混合、快速分离的萃取设备。与通常的混合—澄清槽和萃取柱相比，离心力比重力大很多，因而其相分离能力很强。正是这一特点使离心萃取器得到广泛的应用。

离心萃取器可有多种分类方法，例如按轴安装方式可分为立式和卧式；按转鼓的转速可分为高速(每分钟几万转)和低速(每分钟几千转)；按每台装置所包含的级数可分为单台单级和单台多级；按两相在离心萃取器内的接触方式分为逐级接触式和连续接触式两大类。

15.6.1 连续接触离心萃取器

1)波式(Podbielniak)离心萃取器

波式离心萃取器是一种卧式逆流萃取设备，主要由一水平转轴和一绕其高速旋转的圆柱形转鼓以及固定外壳组成，如图15-37所示。其转鼓里装有带筛孔的同心圆筒，重相从转鼓中心引入，从里向外流动；轻相经中心的轴封由转鼓的外缘引入。在离心力的作用下，重相通过同心圆筒的筛孔甩到转鼓边缘经中心轴封引出，轻相被重相挤向中心，在同心圆筒筛孔处两相发生激烈的逆流接触传质。该设备转速高，处理量大，效率较高，提供较多理论级，结构紧凑，占地面积小；其缺点是能耗大，结构复杂，设备及维修费用高；适用于要求接触时间短，物流滞留量低，易乳化，难分相的物系[21]。

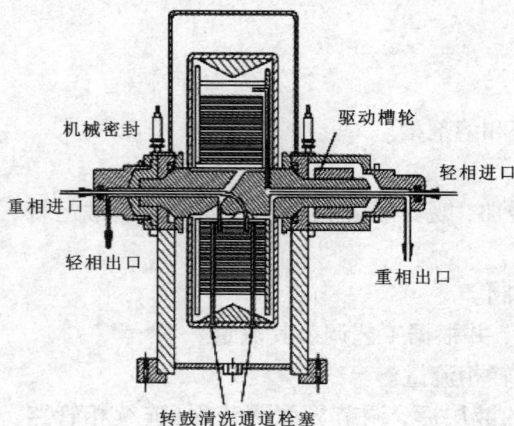

图15-37 波式离心萃取器示意图

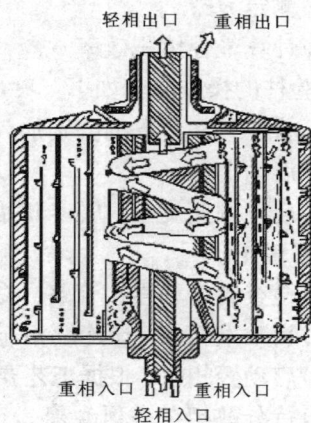

图15-38 德拉瓦式离心萃取器示意图

2)德拉瓦式(Delaval)离心萃取器

德拉瓦式离心萃取器，如图15-38所示。该设备是立式操作的，转鼓内设置了许多同心筒，每个筒均在一端开孔，单数筒的孔在下端，双数筒在上端。在转鼓的两端各有轻重液的进出口。重液进入转鼓后，沿螺旋形通道往外顺次流经各筒，最后经溢流环到向心泵室，被向心泵排出转鼓。轻液由装于主轴端部的离心泵吸入，从中心管进入转鼓，从其下端进入螺旋形通道，向内顺次流过各筒，经出口排出转鼓。转鼓两端有轻重液的进出口装置和机械传动部分，该设备萃取效率高，但结构比较复杂[22-23]。

15.6.2 逐级接触离心萃取器

1) 圆筒式离心萃取器

圆筒式离心萃取器是一种立式萃取器，其种类很多，例如 SRL 型、XS 型、WAK 型、ANL 型、BXP 型等。它们的结构和原理都大同小异。目前研究应用较多的是 SRL 型离心萃取器，如图 15-39 所示。

SRL 型离心萃取器主要由混合室、转筒、轴和外壳组成。混合室内装有桨叶，依靠桨叶的搅拌作用使两相液体混合。两相并流进入混合室进行充分混合，然后将混合浆送入澄清室。在离心力作用下，重相甩到筒壁附近，轻相在轴附近。澄清后的两相分别经由溢流堰进入收集室，并经各自的排出口排出。圆筒式离心萃取器结构简单，效率高，易于控制，运行可靠。与其他离心萃取器比较，占地面积稍大一些，所用的轴承较多，损坏的概率大[24]。

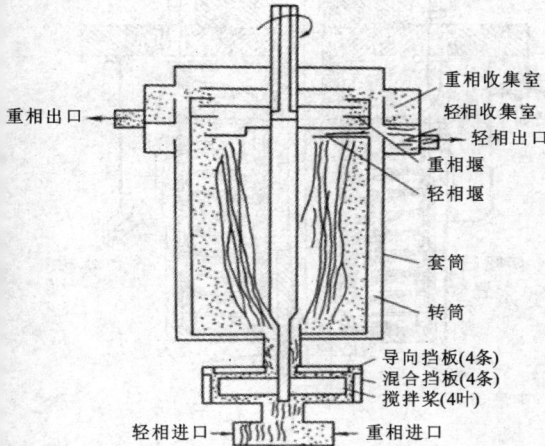

图 15-39　SRL 型离心萃取器示意图

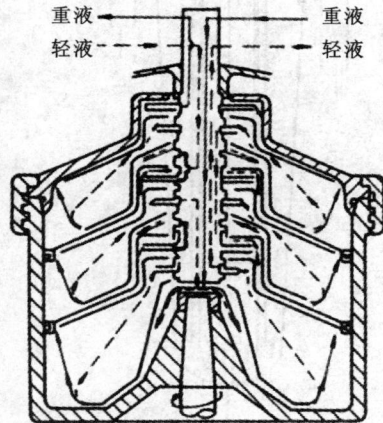

图 15-40　鲁威斯达式离心萃取器示意图

2) 鲁威斯达式(Luwesta)离心萃取器

鲁威斯达式离心萃取器，如图 15-40 所示为三级离心萃取器。其主体是固定在壳体上并随之作高速旋转的环形盘，壳体中央有固定不动的垂直空心轴，轴上也装有圆形盘，盘上开有若干喷口。原料液与萃取剂均由空心轴的顶部加入。重相沿空心轴的通道向下流至萃取器的底部进入第三级的外壳内，轻相由空心轴的通道流入第一级。在空心轴内，轻相与重相混合，再经空心轴上的喷嘴沿转盘与上方固定盘之间的通道被甩至外壳的四周。重相由外部沿转盘与下方固定盘之间的通道而进入轴的中心，并由顶部排出。轻相最后进入空心轴的排出通道也由萃取器的顶部排出。该设备可以靠离心力的作用处理密度差小或易产生乳化现象的物料。该设备结构紧凑，占地面积小，效率较高。缺点是动能消耗大，设备费用比较高[25]。

3）管式高速离心萃取器

管式离心萃取器是根据离心力与转鼓半径和转速的平方都成正比的关系原理制成，如图 15-41 所示。其工作原理是：料液由底部进入转鼓内，筒内有沿辐射方向排列的三角挡板，可以带动液体与转筒以同一速度旋转。在离心力作用下，料液分层，重液在外，轻液在内。重液沿筒壁和挡板的外侧向上流动，经出口流出。轻液沿三角挡板的中心内侧由另一出口流出。该离心萃取器具有构造简单、紧凑和维修方便等优点，其缺点是生产能力小。它适合于分离含微细颗粒的乳浊液[26]。

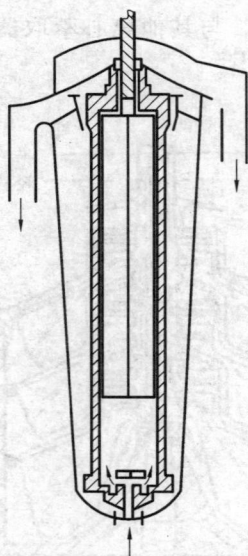

图 15-41　管式高速离心萃取器示意图

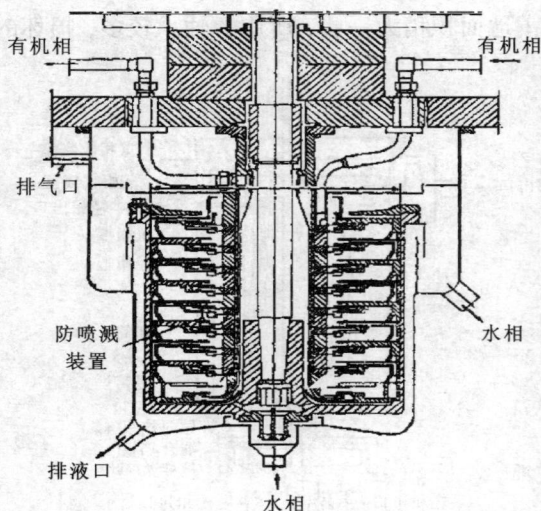

图 15-42　LX 系离心萃取器示意图

4）LX 系离心萃取器

LX 系离心萃取器是一种较新型的多级离心萃取器，如图 15-42 所示。这种离心萃取器主要由一转筒组成，转筒内部分为若干级，每一级由一个混合室和一个澄清室组成。混合室内有一固定不转的搅拌圆盘，由于转筒与搅拌圆盘之间有很高的相对速度，既保证两相的充分混合又保证两相顺利地从一级流入下一级。

澄清室由两个溢流斜槽组成，分别走轻、重相，两相界面通过环形堰控制。轻相由轻相堰溢流直接进入下一级，重相沿级间通道返流到前一级。其优点是结构紧凑，缺点是转鼓复杂，处理量较小。

15.7　萃取设备的比较与选择

　　根据要处理体系的物理化学性质、处理量、和萃取要求以及设备的处理能力和传质效率等来选择合适的萃取设备。

　　(1)各种萃取设备的比较见表 15 - 4，各种萃取柱负荷的比较见表 15 - 5。

表 15 - 4　各种萃取设备的比较

设备分类	特　　　点				
混合—澄清槽	两相接触好，级效率高；处理量大，操作弹性好；在很宽的流比范围内均可稳定操作；放大设计方法比较可靠。溶液滞留量大，需要的厂房面积大；投资较大；级间可能需要用泵输送流体				
萃取柱	直径/mm	萃取段高度/mm	总通量/($m^3 \cdot m^{-2} \cdot h^{-1}$)	$HETS$/m	体积效率
脉冲萃取柱	49	640	70.0	0.212	226
喷淋柱	31	920	170.0	0.814	167
转盘萃取柱	49	640	41.2	0.194	171
填料柱	31	920	33.2	0.575	45.5
筛板萃取柱	49	640	66.5	0.425	127
喷射柱	31	790	117.1	0.385	172

表 15 - 5　各种萃取柱负荷的比较

萃取柱	最大通量/($m^3 \cdot m^{-2} \cdot h^{-1}$)	最大柱径/m	最大可能的处理量/($m^2 \cdot h^{-1}$)
Scheibel 萃取柱	约 20	1	16
Graesser 萃取柱	约 10	1.8	25
ARD 萃取柱	约 20	4	250
Lurgi 萃取柱	约 30	8	1400
脉冲填料柱	约 40	2	120
RDC 转盘柱	约 40	8	2000
Kühni 萃取柱	约 50	3	350
脉冲筛板塔	约 60	3	420
振动筛板塔	80 ~ 100	1.5	< 180

　　注：上述数据的条件：较高的界面张力为 0.03 ~ 0.04 N/m，黏度和水相近，相比为 1:1，两相密度差约为 0.6 g/cm³。

（2）萃取设备的选择。

由于萃取设备种类很多，故在选择设备时通常应考虑如下因素：

①体系的物性。如密度、界面张力、是否易乳化等。对于密度差较大、界面张力较小的，可选用无外加能量的设备；对密度差较小、界面张力较大的物系，易选用有外加能量的设备。

②完成给定分离任务所需要的理论级数。当需要的理论级数不超过 2~3 时，各种萃取设备均可满足要求；当需要的理论级数较多，如超过 4~5 级时，可选用筛板柱；当需要的理论级数更多时，可选用有外加能量的设备，例如混合—澄清器、脉冲柱、转盘柱等。

③萃取剂的停留时间。当萃取过程动力学较快，希望萃取剂与原液接触时间短，可选用离心萃取器；相反，停留时间较长时，一般都要用混合—澄清器。

④生产能力。处理量较小时可用填料柱、脉冲柱；处理量大时，可选择混合—澄清槽、筛板柱及转盘柱。

⑤厂房条件。如面积大小和厂房高度等。

⑥设备投资和维修的难易。

⑦设计和操作萃取设备的经验等。

参考文献

[1] Teh Cheng Lo, Malcom H L Baird, Carl Hanson. Handbook of Solvent Extraction[M]. New York: John Wiley & Sons Inc, 1983.

[2] 李洲, 秦炜. 液 – 液萃取[M]. 北京: 化学工业出版社, 2013.

[3] 马荣骏. 萃取冶金[M]. 北京: 冶金工业出版社, 2009.

[4] Godfrey J C, Slater M J. Liquid – Liquid Extraction Equipment[M]. New York: John Wiley & Sons Ltd, 1995: 15 – 43.

[5] Murphree E V. Rectifying Column Calculation[J]. Industrial & Engineering Chemistry, 1925, 17(7): 747 – 750.

[6] 李以圭, 费维扬, 杨基础. 液 – 液萃取过程和设备[M]. 北京: 原子能出版社, 1993: 86 – 89.

[7] 陈红钫, 刘家祺. 化学分离过程[M]. 北京: 化学工业出版社: 1995: 167 – 170.

[8] 夏清, 陈常贵. 化工原理[M]. 天津: 天津大学出版社, 2007: 235 – 237.

[9] 贾绍义, 柴诚敬. 化工传质与分离过程[M]. 第二版. 北京: 化学工业出版社, 2007: 338 – 339.

[10] 汪家鼎, 陈家镛. 溶剂萃取手册[M]. 北京: 化学工业出版社, 2001.

[11] 朱屯. 现代铜湿法冶金[M]. 北京: 冶金工业出版社, 2002: 128 – 133.

[12] 庞春芬. 铜萃取车间的重大火灾危害分析与研究——以河南省灵宝市某企业为例[J]. 河南科学, 2010, 28(3): 289 – 292.

[13] 泰勒 A, 詹森 M L. 溶剂萃取的混合 – 澄清槽萃取箱设计[C]. 北京铜湿法冶金技术研讨会文集, 2008: 94 – 103.

[14] 徐庆新. 混合 – 澄清器设计参数的探讨[J]. 新技术新工艺, 1999(3): 34 – 36.

[15] 傅爱华. 液 – 液混合澄清萃取器的研究动态与发展方向[J]. 化学工业与工程技术, 2004, 25(4): 9 – 11.

[16] 孙倬主. 有色金属冶炼设计手册·铜镍卷[M]. 北京: 冶金工业出版社, 1996.

[17] 汪焰台. 混合 – 澄清器的研究和展望[J]. 湿法冶金, 1994, 3(51): 6 – 13.

[18] Robert H Perry. Chemical Engineer'Handbook[M]. New York: McGraw – Hill, 1973.

[19] Treybal R E. Liquid Extraction[M]. 2nd ed. New York: McGraw – Hill, 1963.

[20] Philip A Schweitzer. Handbook of Separation Techniques for Chemical Engineers[M]. New York: McGraw – Hill Professional, 1997.

[21] 李洲, 费维扬, 杨基础. 液 – 液萃取过程和设备[M]. 北京: 北京原子能出版社, 1981: 339 – 423.

[22] 段五华. 核用离心萃取器的研制和应用进展[J]. 科技导报, 2006, 24(6): 55 – 57.

[23] 段五华. 离心萃取器在有色冶金中的应用[J]. 有色金属, 2006, 58(3): 54 – 58.

[24] 叶春林. 圆筒式离心萃取器[M]. 北京: 原子能出版社, 2007: 2 – 8.

[25] 李以圭, 费维扬, 杨基础. 液 – 液萃取过程和设备[M]. 北京: 原子能出版社, 1993: 516 – 517.

[26] 李中, 袁惠新. 萃取设备的现状及发展趋势[J]. 过滤与分离, 2007, 17(4): 42 – 45.

第 16 章　铜萃取

杨佼庸　北京意特格冶金技术开发有限责任公司

目　录

16.1　湿法炼铜工业概况[1]

　　由铜矿石浸出生产铜的方法早有报道。中国的历史可以追溯到宋朝。最早从矿石浸出液中用铁置换生产金属铜的工厂是在 18 世纪西班牙南部的胡尔瓦（Huelva）。最早用电积法从铜浸出液直接生产阴极铜的工厂分别是 1912 年智利的丘基卡马塔（Chuguicamata）和 1915 年美国亚利桑那的英斯皮雷申（Inspiration）联合铜业公司。19 世纪 60 年代中国的广东马坝冶炼厂从铜精矿焙砂浸出液直接电积生产阴极铜。但是，由于溶液中金属离子杂质及酸的积累问题难解决，这些工厂的生产只维持数年就关闭了。直到 60 年代末，对铜有高选择性的酮肟萃取剂出现，从酸性浸出液提纯和富集铜，然后加上电积，才使湿法生产高纯阴极铜的工艺变成现实。第一个工业规模萃取工厂于 1968 年 3 月在美国亚利桑那州兰彻斯特公司的兰鸟矿建成投产，生产能力为 6000 t/a。1974 年第一个大型萃取工厂在赞比亚投产，年产量为 100000 t/a。1980 年后，随着改质醛肟萃取剂的出现，强化了萃取过程，使萃取级数大大减少，由此开始一批新的萃取工厂相继在美国、墨西哥、智利建成投产。浸出—萃取—电积的湿法炼铜工艺近 40 多年的发展证明，它已经与传统的火法炼铜方法一起，成为全球铜工业生产的主要工艺。图 16 – 1 是现代湿法炼铜工厂的典型设备配置。

　　2008 年世界金融危机爆发前统计，全球有超过 65 个重要的湿法炼铜厂，当

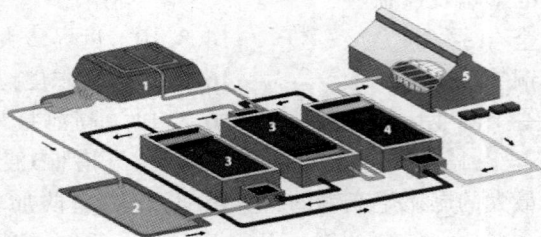

图 16 - 1 浸出—萃取—电积工厂典型设备配置图

1—堆浸场；2—浸出液池；3—萃取箱；4—反萃箱；5—电积车间

年阴极铜产量达 332.2 万 t。预计 2015 年采用萃取工艺生产的阴极铜将达 460 万 t，占全球矿产阴极铜的 22%。

湿法炼铜工艺始于低品位氧化铜矿的开发，以后发展到次生硫化矿的利用，现在由铜精矿高压浸出得到的浓溶液也可用这一工艺处理。

16.2 铜溶剂萃取原理[2-4]

16.2.1 铜萃取行为

铜萃取是铜的浸出—萃取—电积工艺的关键工序，它承担着铜的提纯和浓缩任务。

矿石浸出含杂质的富铜液送往溶剂萃取工序，铜被有机相中的萃取剂萃取，实现铜与杂质分离，含杂质和再生硫酸的萃余液返回浸出。负载(铜)有机相用硫酸反萃，产出符合电积要求的高浓度纯铜电解液，送往电积工序生产阴极铜。反萃后的再生有机相返回萃取，循环使用。

溶剂萃取化学反应如下：

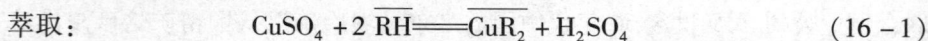

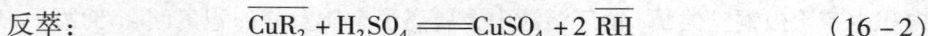

萃取：
$$CuSO_4 + 2\overline{RH} \Longrightarrow \overline{CuR_2} + H_2SO_4 \qquad (16-1)$$

反萃：
$$\overline{CuR_2} + H_2SO_4 \Longrightarrow CuSO_4 + 2\overline{RH} \qquad (16-2)$$

富铜电解液进入电积工序，铜离子在电解槽的阴极析出金属铜，阳极释放出氧气，同时氢离子进入溶液，其电化学反应为：

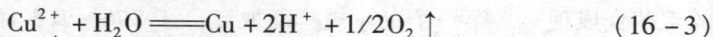

$$Cu^{2+} + H_2O \Longrightarrow Cu + 2H^+ + 1/2O_2 \uparrow \qquad (16-3)$$

显然，铜的萃取/反萃属于可逆过程。溶液的酸度决定反应过程的方向。当料液酸度低(高 pH)时，铜离子与萃取剂反应朝萃合物生成的方向进行，有利于萃取反应。而在高酸度条件下萃取配合物中的铜被反萃下来，实现有机相再生。所以，加上浸出和电积组成的浸出—萃取—电积流程，正是应用上述反应原理，形成 3 个闭路循环工序，如图 16-2 所示。根据以上萃取反应式，这个工艺生产铜，理论上硫酸是不会消耗的，因为萃取和电积铜的同时释出等当量硫酸，这些硫酸又可以返回浸出和反萃。生产中酸的消耗，实际上是矿石中其他杂质(如铁等)和脉石的钙、镁、铝等消耗的酸,而这些消耗的硫酸是不能再生的。

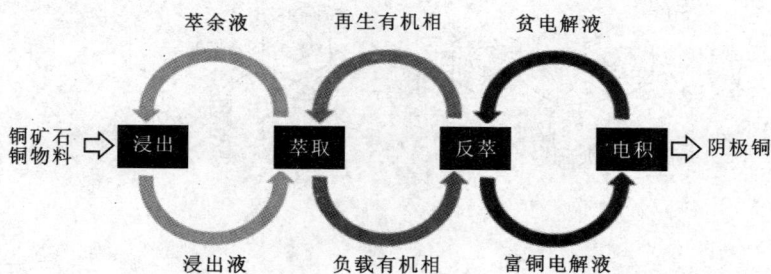

图 16-2 浸出—萃取—电积流程

16.2.2 铜萃取螯合物的结构式

铜的特效萃取剂有羟酮肟及羟醛肟两大类,均属于螯合萃取剂。它们对酸性溶液中铜离子的螯合是通过羟基中氧的共价键和肟基中氮的配位键来实现的。早期的芳羟酮肟萃取剂有反式羟酮肟图[16-3(a)]、顺式羟酮肟图[16-3(b)]之分,而只有反式羟酮肟才能与铜生成萃合物,其结构式如图 16-3(c)所示。

事实上,芳羟酮肟已经淘汰,现在合成的酮肟中基本上都是反式结构的成分。它们与醛肟一样,与铜的螯合物的结构均为图 16-3(d)所示。差别是酮肟的 R_2 是 CH_3,醛肟的 R_2 是 H。

16.2.3 萃取过程的纯化与浓缩作用

在铜矿石酸浸液中与铜离子共存的杂质元素有铁及砷、锌、锑、锡、铅、硒、碲、铋、镍等,羟肟萃取剂的成功之处在于它对这些元素有极高的排斥作用,这也是保证产出高质量阴极铜的关键。这些元素中,以铁的含量最高,但是只有三价铁离子能与肟生成螯合物,而这种螯合能力非常弱,其他元素被萃取的可能性可以忽略不计,因此在考察羟肟萃铜过程的净化作用时,只选择对铁的分离效果作为考察指标。

由于羟肟对铜的高选择性,在两相混合过程中,铜离子能把进入到有机相中的少许铁置换出有机相,从而使系统在一个低位稳态状况运行。但长期循环运行的结果,铁会逐渐在系统中积累,特别是处理高铁含量溶液时,铁积累的问题更不能忽视,因此需定期排放一定的贫电解液进行处理,以保持系统在低铁浓度稳态运行。

少量进入电解液的铁也不会在阴极析出,但由于铁离子在两电极之间的氧化还原反应,会使电流效率有所降低。而另一方面,Fe^{3+}/Fe^{2+} 电偶可以维持电解液的电位在一合适范围,因此允许少量铁离子从浸出液中转移到反萃液中对总的过程还是有利的。

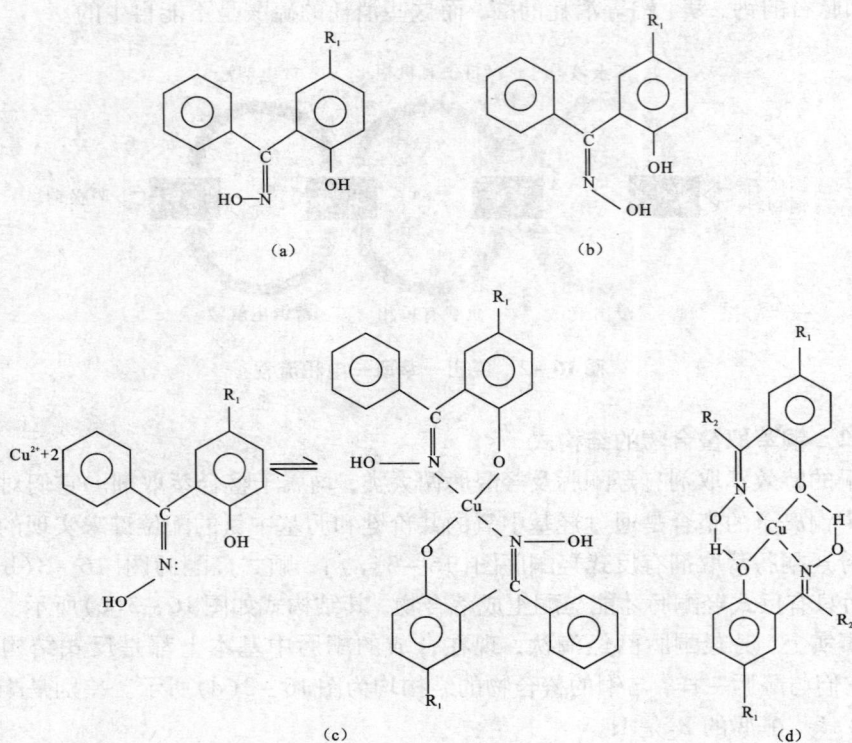

图 16 - 3　羟肟与铜离子的螯合物

(a)反式羟肟；(b)顺式羟肟；(c)芳羟酮肟 - 铜螯合物；(d)(酮)醛肟 - 铜螯合物

浸出液通常含铜 1 ~ 10 g/L，不能达到电积铜的浓度要求。因此在萃取流程中，通过贫电解液铜含量(35 g/L 铜)和反萃相比的控制，使产出的富硫酸铜溶液的含铜量达到电积液对铜浓度要求，如 45 g/L 铜以上。

16.2.4　铜萃取过程的考察指标

按常规，考察铜铁分离效果应该用分离系数 $\beta_{Cu/Fe}$ 这一指标。但在特殊高的对铜选择性体系中 $D_{Cu} \gg 1$，而 $D_{Fe} \ll 1$，因此 $\beta_{Cu/Fe}$ 非常大，用其来判断萃取过程意义不大，另一方面根据实际生产过程的需要，为了考察铜萃取生产过程中分离铁及萃取铜的效果及表征铜萃取剂的性质，在铜行业中专门规定了一些指标。

1)铜铁选择性

按 Acorga 萃取剂标准测试方法，铜铁选择性定义为在一个单级混合装置中，搅拌 15 min，保证达到真正的化学平衡，此时有机相中铜的浓度与铁的浓度之比称之为铜与铁的选择性。测试方法说明中介绍也可用其表示对铁的排斥比。

可以用公式 $S_{(Cu/Fe)} = [Cu]_0^{900}/[Fe]_0^{900}$ 表示。上标 900 表示平衡时间(900 s)，

显然这种表征方式适用于作为新鲜的(即完全空白的)萃取剂或稀释剂的性能测试指标。

在工业萃取箱的连续运行中,反萃后的再生有机(含有部分金属)与新鲜料液接触的混合时间短,一般直接用排斥比表示铜铁的分离效果。

2)排斥比(R_r)

排斥比又称抑制比。定义为串级萃取时,萃取段出口有机(即负载有机相)中铜与铁的浓度比。工业上常用它表示铜铁选择性。

即
$$R_r = [Cu]_{负载有机相} / [Fe]_{负载有机相} \qquad (16-4)$$

在某种意义上,$S_{(Cu/Fe)}$ 与 R_r 类似于在串级理论中所指的单级 β 和串级 β 的区别。

3)转移比(T_r)

定义为在一次"萃取—反萃取"循环中,铜的迁移量与铁的迁移量之比。铜的迁移量以 ΔCu 表示,铁的迁移量以 ΔFe 表示。它们分别用萃取段有机相出口(即负载有机相)中铜或铁的浓度与反萃段有机相出口(即再生有机相)中铜或铁的浓度差表示。

即
$$T_r = \frac{\Delta Cu}{\Delta Fe} = \frac{[Cu]_{负载有机相} - [Cu]_{再生有机相}}{[Fe]_{负载有机相} - [Fe]_{再生有机相}} \qquad (16-5)$$

4)铜的净迁移量(UOT)

它与上述迁移量的意义不同,定义为萃取剂体积分数为 1% 时,负载有机相与反萃后再生有机相中铜浓度之差,也就是 1% 萃取剂浓度的有机相在萃取/反萃一个循环所能转移走的铜量。

即
$$UOT = \frac{[Cu]_{负载有机相} - [Cu]_{再生有机相}}{100\ L\ 有机相中萃取剂的体积} \qquad (16-6)$$

UOT 为 unit operating transfer 的缩写,其单位为 g/L。

以此表征为有机相的萃取剂迁移铜的能力。整个指标除萃取剂自身的性质、料液浓度和 pH 影响外,还与萃取指标的设定,如萃取率高低有关。

5)等温点

指定温度下,两相经过 15 min 混合后达到萃取平衡时,有机相和水相中铜的浓度。因此有萃取等温点与反萃等温点之分。

有机相　　Org^{900} 的铜浓度

水　相　　Aq^{900} 的铜浓度

16.2.5　影响萃取回收率的因素[10, 20]

本节所说的萃取段的回收率就是指萃取率,它对湿法炼铜工艺的总收率有重大影响,本节着重讨论此问题。实际生产中,影响萃取回收率的因素有:浸出液铜浓度、溶液的 pH、萃取和反萃相比、用于反萃的贫电解液含铜和硫酸的浓度,萃取剂浓度以及混合室的级效率。浸出液含铜浓度和 pH，通常是由矿山的矿石性质决定，由于经济原因，很难人为控制。因此萃取过程可以控制的因素，实际上只有萃取剂浓度、相比和反萃液硫酸的浓度及萃取箱混合室的级效率。在流程配置不变的情况下，串级萃取过程影响萃取回收率的因素如下。

16.2.5.1 萃取剂浓度的影响

萃取剂浓度影响萃取率，可通过等温线位置的改变进行分析。由图 16－4 可以看出，当萃取剂浓度从 21%（V/V）提高到 24.9%（V/V）时，萃取等温线上移，而其他萃取条件不变，即萃取操作线未变，但萃取级数的阶梯曲线（虚线所示）左移，结果最终萃余液含铜降低。显然，在其他条件不变的情况下，有机相中萃取剂浓度增加有利于萃取回收率的提高（图 16－5），但是不能无限地增加萃取剂浓度。有机相的萃取剂浓度太大，不仅增加有机相黏度，还需要考虑经济的合理性。

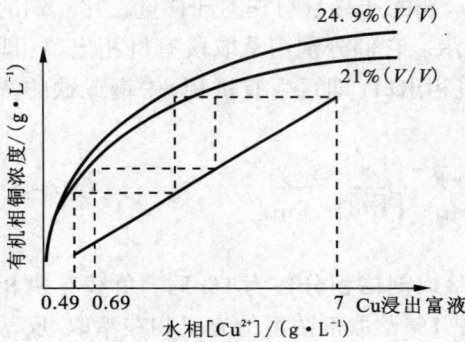

图 16－4　萃取剂浓度的影响

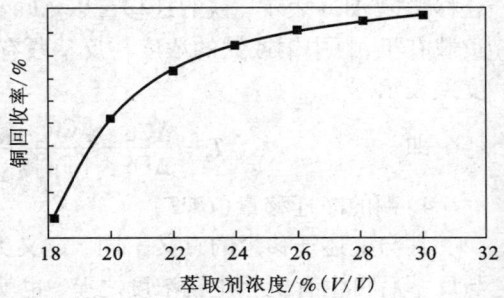

图 16－5　铜回收率与萃取剂浓度的关系

16.2.5.2 相比（O/A）的影响

相比的影响在 McCabe－Thiele 图中以操作线的斜率体现。图 16－6 表明，其他条件不变，即萃取等温线不变的情况下，萃取相比（O/A）从 0.75∶1.0 改变为 2.0∶1.0 时，操作线的斜率下降，因此使萃取级数的阶梯曲线左移。结果萃余液含铜浓度降低，即萃取回收率增加。

生产工厂的萃取箱容积通常是固定不变的，在一定的混合停留时间下，相比（生产上以流比表示）的变化会直

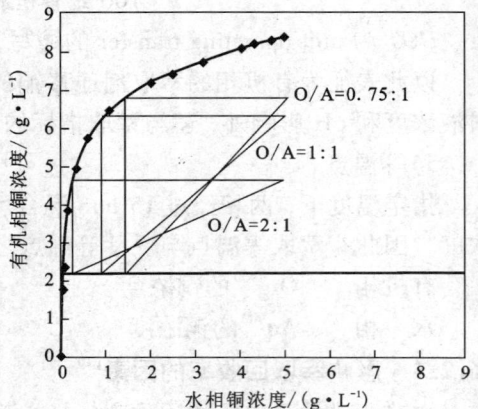

图 16－6　相比变化影响

接影响铜的萃取产量和萃取回收率。如增加萃取的 O/A，则富铜浸出液的流量势必要减小，萃取铜的产量并不一定增加，但是萃取回收率会提高。例如，一个在 25℃ 下运行的萃取体系，进料富铜浸出液的铜浓度为 8 g/L 时，有机相含 M5640 为 20%（V/V），采用两级萃取，一级反萃。萃取、反萃各级级效率均为 95%，萃取箱的总通量为 200 m³/h。反萃剂（贫电解液）的铜含量为 35 g/L，在萃取段流比改变时，要求反萃液（富铜电解液）的铜浓度约为 50 g/L，则提高萃取段流比时，反萃段的流比也势必要相应调整，根据实验测得的等温线用 $M-T$ 图计算的运行结果见表 16 - 1 所示。

表 16 - 1　流比变化时产能的变化

萃取 （O/A）	相比(O/A)			铜浓度/（g·L⁻¹）			回收率 /%	负有 饱和度 /%	UOT/ （g·L⁻¹）	昼夜铜 迁移量 /（t·d⁻¹）
	有机	料液	反萃剂	负有	萃余液	贫有				
0.9:1	94.74	105.26	38.98	10.58	2.43	4.4	69.63	94.9	0.31	14.1
1:1	100	100	40.49	10.46	1.94	4.4	75.75	93.7	0.3	14.5
1.1:1	104.76	95.23	41.08	10.28	1.52	4.39	81	92.1	0.29	14.81
1.2:1	109.1	90.91	41.48	10.07	1.17	4.38	85.38	90.3	0.28	14.9
1.3:1	113.04	86.96	41.11	9.82	0.90	4.36	88.75	88.1	0.27	14.81
1.5:1	120	80	39.22	9.23	0.65	4.33	91.88	82.8	0.25	14.1

将萃取相比与昼夜铜迁移量绘图，结果如图 16 - 7 所示。

由表 16 - 1 及图 16 - 6 可得出如下结论：

（1）增加相比可以降低萃余液的铜含量，从而增加铜的萃取回收率。

（2）过分强调降低萃余液浓度并不总是有利的，因为受萃取箱总通量限制，增加相比要降低进料液流量，从而导致萃取铜的产量下降。

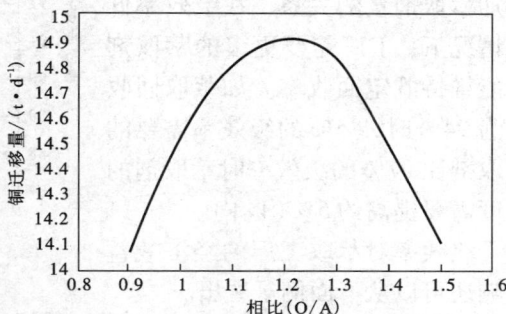

图 16 - 7　萃取相比与铜迁移量关系

（3）在不改变原有流程配置、不增加设备投资的前提下，适当对相比进行微调，可以优化连续运行效果，提高产能。本例显示，在 O/A = 1.2:1 时，昼夜铜迁移量达最大值。继续增大相比，尽管回收率提高，但昼夜铜迁移量下降，即产量下降。

16.2.5.3 级效率的影响[7]

现在工业上采用的萃取混合设备，其级效率都在95%以上。如果级效率低，会导致铜的净迁移量下降，工厂需要用更多的萃取剂才能维持既定的回收率，因而潜在的铁迁移量也增加，电解液开路排放量也随之增加，导致铜产量下降，结果是生产成本增加。以下举例说明，级效率低造成的影响。

假定工厂萃取配置为2级萃取，一级反萃。

料液3 g/L Cu，pH 2.0，反萃贫电解液30 g/L Cu，180 g/L H_2SO_4，富电解液45 g/L Cu，萃取相比O/A = 1:1，萃取剂是10%(V/V) Acorga M5774。用计算机模拟不同的级效率所得到的铜萃取回收率与铜的净迁移量见表16-2。

表 16-2 级效率对铜的萃取回收率与铜的净迁移量的影响

萃取级效率/%	萃取回收率/%	净迁移量/($g \cdot L^{-1}$)
85	87.7	0.263
90	90.6	0.272
95	93.3	0.280
97	94.3	0.283

不同的级效率最终会反映到对经济效益的影响。图16-8为不同级效率时，铜的萃取回收率与需要增加萃取剂量的关系。在级效率低的情况下，工厂需要更多的萃取剂才能维持既定回收率。如萃取回收率为94%时，85%的级效率需要的萃取剂比97%的级效率时萃取剂的浓度需要提高约5%(V/V)。

级效率对萃取工厂的经济效益影响还可以从下面例子看出。

工厂处理料液流量1800 m³/h，有机相夹带40 ppm，要获得相同的铜净迁移量情况下，不同的级效率造成不同的萃取剂消耗，结果列于表16-3。

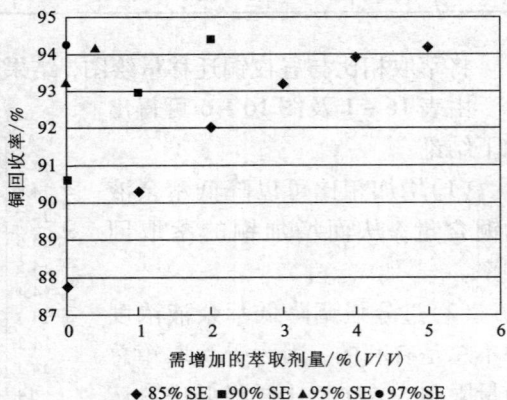

图 16-8 不同级效率对铜萃取回收率影响

由表16-3可看出，萃取级效率从85%增加到95%，每年萃取剂的消耗减少28112.6 kg。这是一笔可观的收入。

表 16 - 3　萃取级效率与萃取剂消耗关系(级效率 97% 为基准比较)

萃取级效率/%	萃取剂消耗量/(kg·a⁻¹)	年萃取剂消耗差额/kg
97	61114.2	0
95	63558.8	2444.6
90	73337.1	12222.9
85	91671.4	30557.2

16.2.5.4　料液 pH 及贫电解液酸度的影响

料液的 pH 及用于反萃的贫电解液酸度也影响萃取回收率。在不同的料液 pH 及反萃剂酸度作出的萃取或反萃等温线是不一样的。因此，在水相金属浓度及相比不变情况下，同样可用 $M - T$ 图分析它们对萃取回收率的影响。图 16 - 9 等温线表明，随料液 pH 从 0.5 ~ 2.0，铜的回收率急剧上升，但是 pH 大于 2，对萃取回收率几乎没有影响。所以实际生产中料液的 pH 控制在 1.5 ~ 2.0 比较合适。图 16 - 10 描述了反萃时贫电解液酸度影响的基本规律。可以看出，反萃用的贫电解液硫酸浓度为 180 ~ 190 g/L，对萃取回收率有较大的影响。因为反萃液硫酸浓度增加，会提高反萃率，即降低再生有机相含铜浓度，进而增加有机相中萃取剂的有效浓度。同样，反萃液的硫酸浓度不能无限地增加，因为超过 200 g/L 的硫酸浓度会对有机相造成破坏。

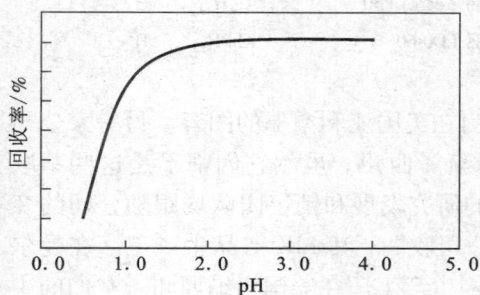

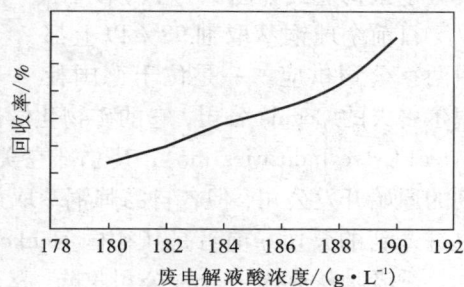

图 16 - 9　回收率与富铜浸出液 pH 的关系　　图 16 - 10　回收率与废电解液酸浓度的关系

16.2.5.5　温度的影响

对于铜的溶剂萃取工艺，温度的影响并不很重要。升高温度固然有利于萃取反应平衡和分相，然而温度高于 40℃，对萃取与反萃都不利。这不仅增加有机相蒸发损失，更有可能增加萃取剂的降解。当然，如果温度过低(5℃ 以下)会影响相分离。故在寒冷地区可考虑利用热交换器，使温度较低的浸出液同温度较高的贫电解液进行热交换。这样可以降低贫电解液温度，又可以提高进入萃取段的料液温度[8]。

16.3 铜萃取剂[9, 10]

16.3.1 概况

虽然能够萃取铜的萃取剂种类很多，但高选择性地从酸性稀溶液中萃取铜，也只有在羟酮肟萃取剂出现以后才成为可能。随后醛肟萃取剂的问世促进了铜萃取技术的蓬勃发展，使湿法炼铜工艺进入一个新的发展时期。

迄今为止，除铜萃取剂外，还没有出现一种对某种特定金属离子具有高选择性的萃取剂。40 多年来，羟肟类萃取剂还在不断发展。目前95% 以上的铜萃取工厂都是采用改质醛肟或醛肟/酮肟混合物萃取剂。

优良的萃取剂应该是：负载容量大，动力学速度快，选择性好，容易反萃，分相快，萃合物易溶于稀释剂，化学稳定性好，不易降解，水溶性小。

商业铜萃取剂的种类有多种，其分子结构通式如图 16 – 11 所示。

目前全球铜萃取剂 98% 以上都由两家公司供应。一是位于德国杜

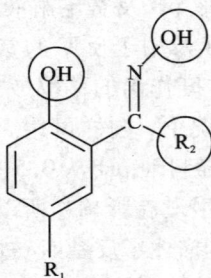

图 16 – 11 几种铜萃取剂的分子结构式

萃取剂名称	R_1	R_2
酮肟 LIX65N	C_9H_{19}	C_6H_5
酮肟 LIX84（原 SME529）	C_9H_{19}	CH_3
醛肟 Acorga P50	C_9H_{19}	H
醛肟 LIX860	$C_{12}H_{25}$	H

塞尔多夫的 Cognis 公司，它的矿物化学部门在美国亚利桑那的图森。另一家公司Cytec(Cytec Industries Inc)，其总部在美国新泽西州。虽然它们都不是这些萃取剂的原始开发公司，但各自品牌铜萃取剂的研究发展和销售团队均跟随公司的变更进入新的公司。前者是从德国 Henkel 公司收购，其 LIX 产品生产工厂在爱尔兰。后者是从英国 Avecia 公司收购，萃取剂生产工厂在美国田纳西州。它们的主要萃取剂产品列于表 16 – 4。由表 16 – 4 可看出，Cognis 的 LIX 产品以醛肟和酮肟混合物为主，Cytec 公司的 Acorga 产品以改质醛肟为主。此外，在中国销售的产品还有在印度生产的 CP – 150、在中国生产的 N902 和 ZJ988 萃取剂等。前两种是 M5640 的仿制品，后一种是 LIX984N 的仿制品。

表 16 – 4　Cytec Inc. 和 Cognis Inc. 铜萃取剂的主要产品

生产供应商	萃取剂名称	萃取剂主要组成	应用适应性
CYTEC	Acorga M5640	很强的酯改质醛肟	适用于高浓度含铜、低至中等 pH 的料液，Cu/Fe 选择性好
	Acorga M5774	中等强度的酯改质醛肟	中等浓度料液，适中 pH，非常高的Cu/Fe 选择性，特别适用于 Fe/Cu 比高的料液
	Acorga M5850	中等强度的混合改质醛肟	中等浓度料液，中等 pH，中等 Cu/Fe 选择性
	Acorga M5910	弱的酯改质醛肟	低至中等浓度料液，高 pH，非常高的 Cu/Fe 选择性
	Acorga PT5050	强的十三醇改质醛肟	中等浓度料液，中等 pH，中等 Cu/Fe 选择性
	Acorga PT5050MD	弱的十三醇改质醛肟	低浓度料液，高 pH，中等 Cu/Fe 选择性
	Acorga OPT5510	弱改质醛肟与酮肟混合物	低浓度料液，高 pH，中等 Cu/Fe 选择性
	Acorga OPT5520	中等强度的酯改质醛肟与酮肟混合物	中等浓度料液，高 pH，中等 Cu/Fe 选择性
	Acorga OPT5530	强酯改质醛肟与酮肟混合物	高浓度料液，高 pH，中等 Cu/Fe 选择性
	Acorga K2000Me	酮肟	低浓度料液，高 pH，可以在氨性溶液萃取铜
COGNIS（现为 BASF）	LIX 84	2 – 羟基 – 5 – 壬基苯乙酮肟	低浓度料液，高 pH，可以在氨性溶液萃取铜
	LIX 984	5 – 十二烷基水杨醛肟和 LIX84（1∶1）混合物	中等浓度料液，中等 pH
	LIX 984N	5 – 壬基水杨醛肟和 LIX84（1∶1）混合物	中等浓度料液，中等 pH
	LIX 973	5 – 十二烷基水杨醛肟和 LIX84（7∶3）混合物	中等浓度料液，高 pH，中等 Cu/Fe 选择性
	LIX 973N	5 – 壬基水杨醛肟和 LIX84（7∶3）混合物	中等浓度料液，高 pH，中等 Cu/Fe 选择性
	LIX 622	5 – 十二烷基水杨醛肟加十三醇改质剂	适用于含铜浓度高、低至中等酸度的料液，Cu/Fe 选择性好
	LIX 622N	5 – 壬基水杨醛肟加十三醇改质剂	适用于含铜浓度高、低至中等酸度的料液，Cu/Fe 选择性好
	LIX 664	5 – 十二烷基水杨醛肟加酯改质剂	适用于含铜浓度高、低至中等酸度的料液，Cu/Fe 选择性好
	LIX 664N	5 – 壬基水杨醛肟加酯改质剂	适用于含铜浓度高、低至中等酸度的料液，Cu/Fe 选择性好
	LIX 612N – LV	这是专利混合物	Cu/Fe 选择性≥4000
	LIX 54 – 100	β – 二酮	适用于氨性浸出液回收铜

16.3.2 铜萃取剂性能的改进

最先面世的酮肟类萃取剂由美国 General Mills 公司开发，首先生产出的萃取剂为 LIX63(5,8-二乙基-7-羟基-6-十二烷基酮肟)。这种萃取剂在酸性溶液中萃取铜时，有两个致命的缺点：一是萃取料液需要 pH 太高(pH>2)，这样高的 pH 浸出作业很难达到；二是对铜的选择性差，铜铁分离不好。后来经过一系列的改进，进入商业应用的萃取剂是 LIX64N，其基本配方是 LIX65N(2-羟基-5壬基二苯酮肟)加 1% LIX63。以后由此引申出多种配方产品如 LIX70、LIX71、LIX73 等。由于 LIX65N 含有顺式和反式羟肟，而只有反式羟肟才有萃取铜的活性。因而它的有效容量低，不能满足生产要求。后来荷兰壳牌公司加以改进，推出 SME529 (2-羟基-5壬基乙酰苯甲酮肟)，它是用甲基(CH₃)取代 R₂ 中的苯环(C₆H₅)，如第 5 章所述，得到的产物只有反式羟酮肟。使萃取剂的容量大大提高。20 世纪 70 年代 General Mills 公司推出的 LIX64N 萃取剂，和荷兰壳牌公司的 SME529，先后为德国 Henkel 公司收购，并改名为 LIX84，Henkel 公司以后又被 Cognis 公司收购。现 Cognis 公司又被 BASF 公司收购。LIX84 已取代 LIX64N 成为酮肟萃取剂的主要产品。酮肟萃取剂是一种能力较弱的萃取剂，需要在料液 pH 2 左右的条件下萃取铜，Cu/Fe 选择性较差，但容易反萃，而且容易分相，稳定性很好。早期的萃取工厂大都采用这种萃取剂，虽然这种萃取剂需要的萃取级数多一些，但那时对铜萃取工艺发展起了很大作用。它证明了溶剂萃取从稀酸性溶液中回收铜的可行性。

20 世纪 70 年代末出现的醛肟萃取剂，是英国帝国化学公司(ICI)和非洲英美矿业公司(现在的 Cytec 公司)研究合成的，并取得专利。基本试剂是 Acorga P50 (5-壬基水杨酸醛肟)。后来 Henkel 公司也推出 LIX860(5-十二烷基水杨酸醛肟)。醛肟萃取剂具有很强的萃取铜能力，可以在较高的酸度(低 pH)下萃取铜，甚至可以达到化学计量的负载能力，Cu/Fe 选择性好，但反萃困难，需要用很高的酸度，难以用常规的贫电解液反萃，最终导致铜的净迁移量低。所以商业应用的醛肟萃取剂都需要添加改质剂改善其反萃性能。醛肟萃取剂的出现，使铜萃取工艺产生革命性的变化，减少萃取/反萃级数，极大地降低了萃取工厂的一次投入萃取剂需要量。

16.3.3 铜萃取剂的改质剂[1, 12-14]

16.3.3.1 改质剂的种类

商业常用的改质剂有两种，即非螯合类改质剂和螯合类改质剂。

1)非螯合改质剂

最早是采用壬基酚，壬基酚是较弱的改质剂，需要添加的数量较多，进而减少萃取剂中活性组分肟的含量。高碳醇类通常是一种比壬基酚更强的改质剂。Acorga PT5050 就是用十三醇作改质剂。这种改质剂与壬基酚相比，十三醇改质的 P50 肟配方改善了 Cu/Fe 分离，肟的水解稳定性更好，在寒冷的条件下分相更快。Cytec 公司改质剂除十三醇、壬基酚或其他醇类外，Acorga 在 1978 年首先开发 3 - 二异丁酯（TXIB）非螯合改质剂并取得专利。Acorga M5640，Acorga M5774 等萃取剂产品就是用这种酯类非螯合改质剂改质过的 C₉ 醛肟。Cytec 的所有 Acorga 产品都是由 C₉ 醛肟与非螯合改质剂配制的。这些改质剂自身不参与铜的迁移，但极大地改善它们的反萃性能。各种不同的 Acorga 萃取剂是根据用户需求，用不同的非螯合改质剂以不同的浓度或不同比例配制的产品。

2）螯合改质剂

实际上是酮肟即 C₉ 酮肟（LIX84）。Cognis 公司的 LIX 产品，大多数是用这种螯合改质剂配制。这种改质剂在与醛肟混合物中，自身可以萃取迁移铜。在 Cognis 的 LIX 系列产品中，也有用非螯合改质剂，如十三醇改质的产品 LIX622 和 LIX622N。据称 LIX 664N 是用该公司的专利酯改质的另一种产品。十三醇改质的醛肟萃取剂，在有某些酮肟存在下，将加重萃取剂对料液的低 pH 和低温敏感性的缺点。改质剂混合组成的多数配方，都能极大地增加特定条件下萃取剂性能的优化。

所有的改质剂均为极性试剂，壬基酚的极性较弱，故添加量较多，势必减少萃取剂中活性肟的含量，醇类通常比壬基酚的极性强，改质效果更好（达到与酚改善后的同样效果，其用量比酚少 40%）。以后的试验表明，带支链的醇比直链醇更适宜作改质剂，1978 年 Acorga 的专利改质剂 TXIB 为 3 - 二异丁酯，被证明是这类非螯合改质剂中较理想的一种试剂。

主要的改质剂及它们改质后的若干萃取剂见表 16 - 5。

表 16 - 5　主要改质剂及它们改质后的若干萃取剂

改质剂		被改质的肟	改质剂/肟	商业萃取剂
类	名称			
非螯合类	壬基酚	P50（取代水杨醛肟）	1/1	P5100
	十三烷基醇	同上	2/1	PT5050
	异十八烷基醇	同上		M5615
	3 - 二异丁酯（TXIB）	同上		M5640
	十三烷基醇	LIX860（5 - 十二烷基水杨醛肟）		LIX622
螯合类	LIX84（2 - 羟基 - 5 - 十二苯乙酮肟）	同上	1/1	LIX984

16.3.3.2　改质剂的作用及机理

醛肟的萃取能力特别强，所以难于反萃，当初添加改质剂的目的就是为了解决反萃难的问题。由于改质剂均为极性试剂，故添加改质剂后，使以惰性溶剂煤油配制的有机相的极性增加。

醛肟在惰性溶剂中以二聚分子形式存在，在相界面上与铜离子发生反应生成铜-肟螯合物，这个螯合物有六个螯环，所以异常稳定。而极性改质剂通过氢键作用可以使二聚态的醛肟分子解聚，同样在反萃取中，它也可以利用与肟分子的氢键结合，使反萃取平衡向螯合物解离方向移动，解决醛肟反萃难的问题。因此最初称改质剂为平衡改质剂。图 16-12 为醛肟，其铜的螯合物及与改质剂以氢键结合的分子结构式。

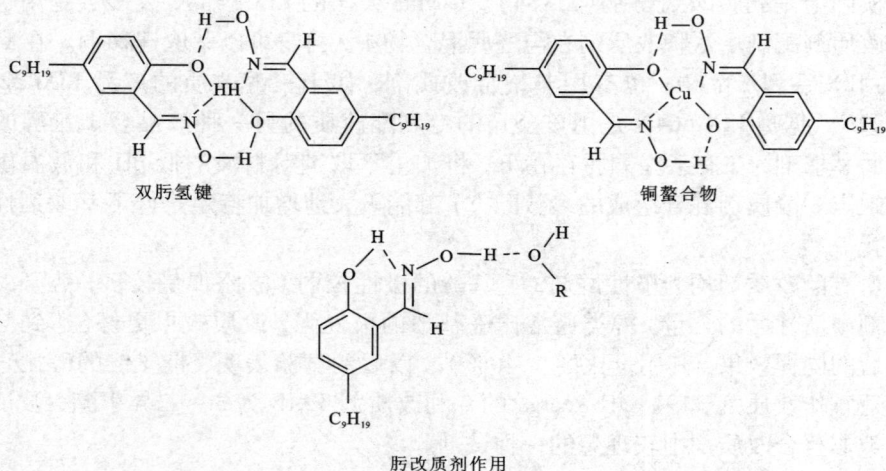

图 16-12　醛肟结构中氢键的键合

从图 16-13 可知，醛肟由于太强，其 q-pH 等温线处于太低 pH 范围，而酮肟由于太弱，其 q-pH 等温线又处于 pH 太高的范围，往醛肟中添加改质剂的作用，如图 16-14 所示，就是使它的 q-pH 等温线适当地向高 pH 方向移动，以利于反萃，取其折中位置可以满足不同原料、不同浸出方式的需要。

图 16-15 中的酮肟为 LIX84，醛肟为 P50，改质后的醛肟为 M5640。图 16-15 显示了它们在典型 2 级萃取、2 级反萃流程中的工作状态。比较 LIX84 与 P50 在萃取、反萃循环中铜负载情况的变化。P50 由于反萃困难，反萃后再生有机相中残留铜量明显高于 LIX84（黑色部分），所以反萃后的再生有机相负载铜的容量（斜线部分）明显低于 LIX84，而 P50 的总负载铜量，却显著大于 LIX84。说明醛肟较酮肟类萃取剂有较大的萃取能力。比较改质后的醛肟 M5640 发现，反萃后的有机相中剩余铜量尽管比 LIX84 高，但铜的总迁移量还是比 LIX84 大。所以改质后的醛肟可在高负载率的状态下运行，既保持了醛肟强的萃取能力的优势，又解决了反萃的困难。

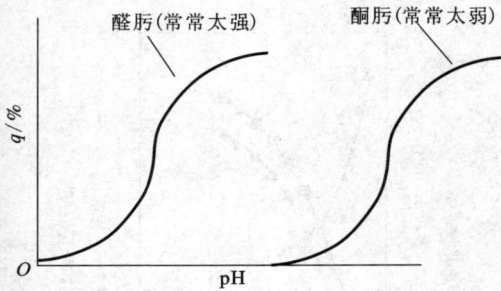

图 16－13　萃取能力与 pH 的关系

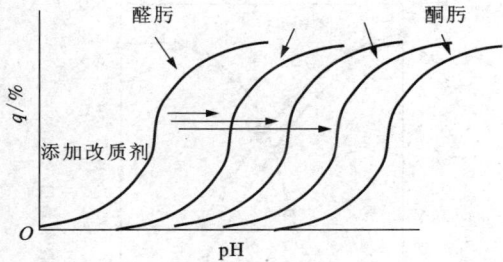

图 16－14　改质剂对醛肟的改性作用

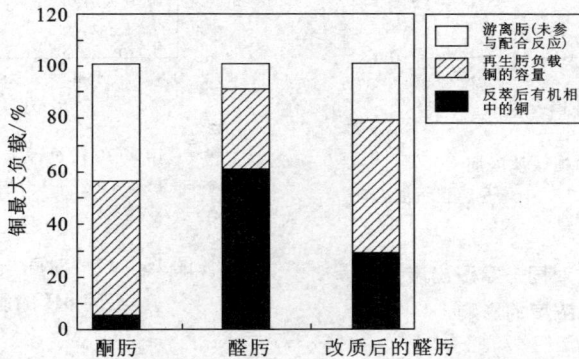

图 16－15　酮肟、醛肟及改质后醛肟在萃取、反萃后含铜情况

16.3.3.3　改质剂对萃取剂综合性能的影响[14]

经验表明，羟肟萃取剂的铜螯合物比母体的界面活性低。酮肟由于萃铜后游离肟比醛肟高，所以在界面上的肟浓度高，而有改质剂的醛肟萃铜后，游离肟与改质剂以氢键结合留在相内，界面上为游离出来的改质剂分子。试验证明无论是醇还是酯，作改质剂带高支链的效果总比带低支链或直链的好。由于带高支链改质剂体积大，故在界面上的活性分子数量相对较少。界面上活性分子的种类与数量的变化，使改质醛肟与料液接触时的界面性质发生很大变化，从而使萃取剂的其他性能也显示出与酮肟有很大区别。

1）铜的转移量与回收率

考察了一个两级萃取、两级反萃的流程配置运行情况。在流比均为 1:1，反萃得到的富电解液铜增量为 15 g/L，作反萃剂的贫电解液成分为铜 30 g/L，H_2SO_4 180 g/L，级效率均为 95% 时，用 $M-T$ 图解析法，比较了两种萃取剂萃取同一种料液时，铜的回收率的差别。结果示于图 16－16 及图 16－17。

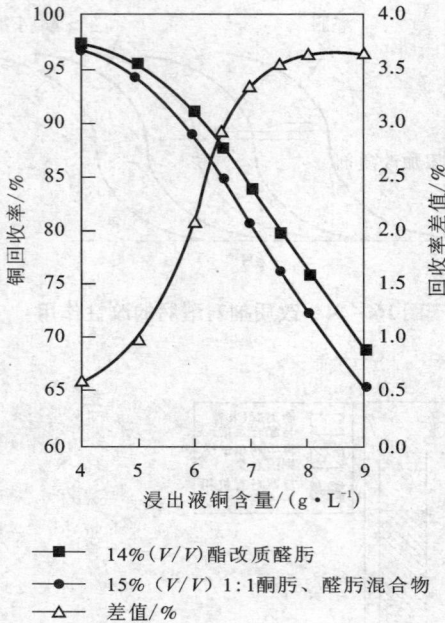

图 16 - 16   对同一富浸出液
不同铜浓度的影响

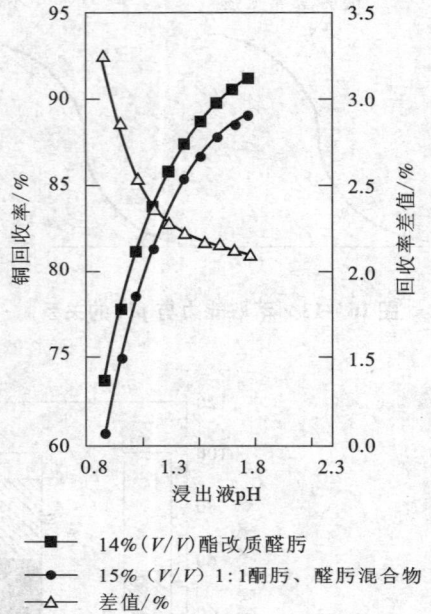

图 16 - 17   对同一富浸出液
不同 pH 的影响

图16-16 图例：
■—— 14%(V/V)酯改质醛肟
●—— 15%（V/V）1：1酮肟、醛肟混合物
△—— 差值/%

图16-17 图例：
■—— 14%(V/V)酯改质醛肟
●—— 15%（V/V）1：1酮肟、醛肟混合物
△—— 差值/%

显然用非螯合的酯作改质剂的萃取剂比用螯合酮肟作改质剂的萃取剂的萃取/反萃性能好。铜的转移量增加，意味萃取直接回收率增加，表16-6列出了三种类型萃取剂在相同条件下的萃取回收率。

表 16 - 6   不同类型改质剂对回收率的影响

萃取剂	改质剂类型	醛肟/改质剂	回收率/%
LIX973N	酮肟改质剂	2.3/1	86.25
Acorga Mak 5520	酯(TXIB)改质剂	2.3/1	87.58
Acorga Mak 5530	酯(TXIB)改质剂	4.4/1	89.18

以上试验条件为：料液含铜 7 g/L，pH 1.5，贫电解液含铜 30 g/L，H_2SO_4 180 g/L，富电解液含铜 45 g/L，萃取剂浓度 30% ，两级萃取，一级反萃。

2）铜铁选择性

添加改质剂后不同牌号萃取剂的铜铁选择性见表16-7。

表 16 - 7　若干商品萃取剂的选择性

萃取剂	改质剂	肟种类	铜铁选择性	
			料液 A	料液 B
P5100	壬基酚	C_9 醛肟	1859	386
PT - 5050	十三烷基醇	C_9 醛肟	5384	515
M5615	异十八烷基醇	C_9 醛肟	6024	976
M5640	3 - 二异丁酸酯	C_9 醛肟	7435	1210
LIX622	十三醇	C_{12} 醛肟	1444	208
LIX984	LIX84	C_{12} 醛肟	1370	120

注: 料液 A: 3 g/L Fe^{3+}, 3 g/L Cu^{2+}, pH = 2.0; 料液 B: 30 g/L Fe^{3+}, 3 g/L Cu^{2+}, pH = 2.0。

表 16 - 8 为中间工厂的数据, 流程配置为两级萃取, 一级反萃, 进料浸出富液含铜 2.3 ~ 2.5 g/L, 铁 3 ~ 3.2 g/L, pH = 1.75 ~ 1.85, 贫电解液含铜 33 ~ 35 g/L, 硫酸 180 ~ 184 g/L。

表 16 - 8　三类萃取剂的铜铁选择性

萃取剂类型	负载/%	萃取剂浓度/%	转移比	排斥比
十三烷基醇改质醛肟	79.0	5.6	1020	1610
酯改质醛肟	85.4	5.7	1120	1800
醛肟/酮肟混合物	79.3	6.2	550	770

结果表明, 酯改质剂的醛肟的萃取性能最好。

3) 试剂稳定性

萃取剂在反复循环使用过程中与浓度很高的贫电解液多次接触会引起肟分子的水解。表 16 - 9、表 16 - 10 分别列出了有关的萃取剂连续与含铜 30 g/L, 硫酸 150 g/L 的贫电解液在 30℃ 接触反萃取后, 各种改质的萃取剂的水解常数及半衰期。显然用酯改质的 C_9 醛肟 M5640 又一次被证明是性能优良的萃取剂。

表 16 - 9　三类萃取剂水解降解速率常数

萃取剂	水解常数(K)/h
酯改质的醛肟	1.5×10^{-5}
十三醇改质的醛肟	4.48×10^{-5}
醛肟/酮肟混合物	4.40×10^{-5}

表 16 – 10　各种萃取剂的半衰期

萃取剂	改质剂	半衰期/a
Acorga PT5050	十三烷基醇	3.82
Acorga M5615	异十八烷基醇	4.57
Acorga M5640	3 – 二异丁酸酯	10.96
LIX622	十三烷基醇	3.59
LIX984	LIX84	3.05

4）絮凝物的生成及相夹带量

硅是铜萃取中生成絮凝物的主要诱发因素，因此在混合—澄清萃取箱中直接用含硅的工业料液进行过絮凝物生成的考察试验。试验结果见表 16 – 11。

表 16 – 11　各种萃取剂产生絮凝物速率(mm/h)和夹带量(ppm)

萃取剂	有机相连续			水相连续		
	夹带量		絮凝物	夹带量		絮凝物
	水相中有机	有机相中水		水相中有机	有机相中水	
P50 + C$_{20}$醇（低支链）	311	792	3.4	50	350	5
P50 + 有支链的异 C$_{18}$醇	73	467	2.2	120	0	0.75
P50 + 十三醇（Acorga M5397）	147	675	1.6	90	117	0.75
P50 + 甲基乙桂酸酯	300	1125	14	360	3000	11.5
P50 + Kodaflex TX1B（Acorga M5640）	53	25	0.57	94	50	1.0
P50 + C$_9$酮肟	80	500	5.2	53	200	1.4

注：ppm = 10^{-6}（或 10^{-4}%，μg/g，μL/L，后同）。

显然，高支链醇类比部分支链高分子量醇(C$_{20}$)优越。值得注意的是，有很大体积的高支链 C$_{18}$ 醇，其夹带非常低。同样比较两种酯，也得到同样的结论，带高支链的酯 TXIB 比直链酯的甲基乙桂酸酯优越。

曾在美国西南部的一个矿山进行过平行比较试验。用两个并列萃取系统，都是2级萃取2级反萃，处理矿山供应的料液含 1.9 g/L Cu，pH = 2。一列萃取剂是用 C$_{12}$醛肟 – 酮肟混合物萃取剂(LIX984)，另一列用 Acorga M5640，即 C$_9$醛肟与 Kodaflex TX1B 酯改质剂的混合物。经过连续运作几天后得到的絮凝物的形成量(mm)和夹带量(ppm)见表 16 – 12。用 P50 – 酯改质剂的系统，产生絮凝物的数量非常低，比醛肟 – 酮肟系统少许多。

表 16 – 12 酯改质的 P50 醛肟(Acorga M5640)和醛肟 – 酮肟混合物比较试验

萃取剂	级	连续相	絮凝物/mm	夹带量/ppm	
				水中有机	有机中水
P50 + 酯（Acorga M5640）	E1	水相	4		470
	E2	有机相	10	50	
	S1	水相	6		470
C$_{12}$醛肟 + C$_9$酮肟（LIX984）	E1	水相	26		700
	E2	有机相	20	13	
	S1	水相	16		250

16.4 铜萃取的稀释剂

在溶剂萃取中稀释剂是溶解萃取剂和改质剂的有机溶剂，通常在有机相中占 80% 以上。早期对醛肟的试验表明，对于萃取系统性能的优化，稀释剂的成分有重要作用。像异链烷烃这样的脂肪族稀释剂往往使动力学性能优化；而萃取剂和金属螯合物的溶解度则在有三烷基苯之类的芳烃族稀释剂中最大。因此现在铜工业萃取过程使用羟肟时，稀释剂的成分既有脂肪族，又有芳烃族，但芳烃试剂对环保与安全是不利的，故最近埃克森美孚石油公司推出含芳香烃小于 0.5% 窄馏程高沸点煤油作为新一代稀释剂。

尽管配位体需要具有一定程度的表面活性，使其自身在有机/水相界面恰当地排列，然而在两相操作系统中，整个体系的表面活性维持低水平很重要，否则分相会变得很缓慢，需要建造大澄清槽，这是不经济的。因此，检测溶剂萃取的萃取剂和稀释剂对分相的影响是萃取剂和稀释剂制造商控制质量的重要任务。铜溶剂萃取工厂常用稀释剂的性能参见表 16 – 13。

通过多年铜萃取工业实践，越来越认识到稀释剂在溶剂萃取过程的作用已远非只是萃取剂的载体，除了降低有机相黏度，改善有机相的分散与聚结作用外，对萃取剂最大负荷能力、操作容量、反应速度、金属离子的选择性及相分离都有影响。在表 16 – 14 中列出了 M5640 和 LIX984 与不同稀释剂组成的有机相的最大负载容量、萃取及反萃速度、Cu/Fe 选择性和相分离的影响[15]。

由表 16 – 14 可以看出，同一种萃取剂与稀释剂组成的有机相的萃取与反萃结果是有差别的，但是 M5640 萃取剂对不同稀释剂的适应性要好一些。关于稀释剂对萃取剂性能的协同效应，目前尚未获得满意的解答。一般认为，它通过改善有机相的表面张力，进而增加萃取剂与水相铜离子的接触，从而有利于萃取剂与铜离子在相界面上的化学反应。

表16-13 铜溶剂萃取常用稀释剂的性能

厂家	壳牌化学公司 (Shell Chemicals)					菲利浦化工 (Phillips Chemicals)					埃克森美孚 (Exxon Mobil)	中国
牌号	Shell Sol2046	Shell Sol2046AR	Shell Sol2325	ShellD80	ShellD100	Orfom SX80	Orfom SX10	Orfom SX11	Orfom SX12	Orfom SX7	Dscaid110	260
密度/(kg·m⁻³)	811	810	811	790	805	820	783	792	820	820	795	810
蒸馏范围/℃	198~234	210~260	215~250	200~248	235~278	217~255	226~235	237~266	210~260	210~260	205~240	195~260
闪点/℃	78	84	87	80	105	82	89	93	70	85	80	68
黏度@20℃/(Pa·s)	1.8	1.8	1.9	2.6	3.2						2.09	2.4
表面张力/(mN·m⁻¹)	30	30	30	26	28							
成分/% 链烷烃	63	61	60	32	59.5	55	99	97	52	59	50①	10
成分/% 环烷烃	18	21	22	67.5	40	23	1	3	27	16	50	
成分/% 芳烃	19	18	18	0.5	0.5	20	1	0.5	21	25	<0.1	
应用地区	澳大利亚	南美洲	非洲	北美和南美	欧洲和澳洲	北美和南美	北美和南美	北美和南美	南美	南美	北美和南美	中国

注：①异构烷烃25%，正构烷烃25%。

395 第16章 铜萃取 / 395

表16-14 不同稀释剂对铜萃取性能影响

稀释剂	最大负载/(g·L⁻¹)		30 s萃取平衡速度/%		30 s反萃平衡速度/%		Cu/Fe选择性		萃取分相时间/s		反萃分相时间/s		备注
	M5640	LIX984	M5640	LIX984	M5640	LIX984	M5640	LIX984	M5640	LIX984	M5640	LIX984	
DSK1	5.58	4.84	91.3	95.4	95.5	95.4	1486	1083	71	27.1	26.1	16	
DRPT	5.61	5.12	96.1	86.2	96.7	96.8	2477	2506	175	199.1	52.5	34.1	
DRPF	5.41	5.06	94.4	82.2	95.9	66	2694	2565	42	34.5	19.9	22.5	有机相按10%(V)配制
DSR3	5.63	5.18	94.1	96.4	98.4	98.6	3315	3169	20	39	16.2	20.8	水相料液: 6 g/L Cu^{2+}
DSR5	5.72	5.17	91.3	89.5	99.1	84.4	3265	2873	29	32.5	21	11.9	3 g/L Fe^{3+}
工业煤油	5.44	4.85		76		77.8	1476	1031	117	110.6	40.9	38.7	pH 2.0
260煤油	5.66	5.11	95.6	89.5	96.5	66.4	2400	2414	18	19.7	16	21.6	
Escaid 100	5.5~5.9	5.1~5.4	95	93	95	93	≥2000	≥2000	≤60	≤70	≤60	≤80	

16.5　铜萃取设备[16-18]

16.5.1　铜萃取设备概貌

萃取设备必须具备不相溶的两相能充分混合接触,而又可以实现两相彻底分离。这两个互相矛盾的过程要求在同一个设备中完成,只有这样才能维持溶剂萃取工艺的连续进行。萃取设备种类很多,铜溶剂萃取常用的设备仍然以混合澄清萃取箱为主,这种设备结构简单,易于操作。其缺点是占地面积较大。

萃取箱由混合室和澄清室组成。混合室担负着有机相和水相的分散与混合任务。在此要求两相的分散液滴小,以利于两相的充分接触。对于大型萃取工厂,每一级的混合室都由2~3个单独箱体组成。第一个混合室(又称主混合室)内部有潜室,用隔板将有机相和水相进口分隔开,两相液体的混合与泵送由涡轮搅拌器完成。主混合室的搅拌强度要适当,既要使两相分散,又不会造成过细液滴的产生,同时又要考虑级间液体的抽吸与输送。根据经验,主混合室的蜗轮端边速度4~6 m/s较合适(目前已开发出7~9 m/s速度的混合室)。第二或第三个混合室结构简单,只要四周安装阻流板即可,通常用桨叶式搅拌,混合强度较小。它们主要是维持混合相的分散相状态,保证两相接触所需要的停留时间。澄清室的功能与混合室正好相反,从混合室来的混合相,需要在此分相。因此要有足够的澄清面积,此外,还要装上能促进相分离的栅板。分相后的有机相和水相将通过设置的有机相堰和水相堰溢流排出。

早期多数大型混合澄清室是用内衬316L不锈钢的混凝土槽或全部用316L不锈钢构造。如果浸出液中有氯化物存在,就要选用耐氯离子腐蚀的不锈钢,而这种不锈钢都比较贵。为了减少投资,现在的工厂采用混凝土槽衬玻璃钢或塑料(HDPE)。在智利许多工厂由于有氯铜矿或用含盐碱的地下水浸出,澄清室都是用高密度聚乙烯(HDPE)或玻璃钢(FRP)衬里的混凝土结构。这种结构的萃取箱造价比不锈钢便宜。在中国的一些工厂(10000 t/a 阴极铜以下)用硬 PVC 焊制。随 PVC 质量和焊接技术提高,已有较大型的萃取箱直接用 PVC 制作,其优点是耐腐蚀性好。

新建的大型工厂一次投入的有机溶剂数量很大,所以大型的常用的混合澄清萃取槽的澄清室都是浅池式(图15-7)。美国莫伦西萃取工厂一级混合澄清萃取槽的混合室由三个相连槽室组成,每室尺寸3.06 m×3.06 m×3.06 m。澄清室23 m×26 m×0.9 m(长×宽×高)。为了加速混合相的聚结分相,一般的澄清室都设有栅栏。有机相浓度20%以下时,澄清室的澄清速率通常在3.6~5 m³/(m²·h)。当冬天料液温度较低或有机相中萃取剂浓度超过25%时,必然会降低澄清速率,因此应考虑给料液加温。为了保持澄清室中液体呈稳定的层流,避免相界面产生湍流,有机相的线流速最好控制在3~6 cm/s。上述经验数字是萃取箱澄清室设计的重要参数。前者确定澄清室需要的有效面积，后者决定澄清室的长宽比尺寸。

16.5.2　萃取设备的发展

　　萃取设备的变化是渐进的，早期混合澄清室的混合室和澄清室都建在地面，澄清室就不得不用柱子支撑。这样对萃取箱的泄漏容易发现，但却增加了工厂投资。20 世纪 70 年代末，随着大型萃取工厂的出现，为了降低投资，澄清室的建造有了新的变化，很多工厂都将澄清室建在地面，而混合室建在低于地面的地方。所有溢流堰都设在澄清室远端。为了减少管道，级与级的配置只能交错排列。这种配置的缺点是混合室的动力安装不方便，混合相的停留时间较短。以色列 Bateman 公司推出的反向液流混合澄清器，目前已在智利 Gaby 工厂应用[18]（图 16 – 18）。共有两个系列，年生产阴极铜 150000 t/a。它的混合相离开传统的混合室后沿槽边溜槽纵向流至澄清室的远端，然后反方向回流到澄清室的另一端，分离后的两相分别通过水相和有机相调节堰排出，这种结构可以减少循环配管，而且混合室可以在同一端，方便车间设备布置。

　　20 世纪 90 年代法国 Krebs 公司将其在轴萃取工厂的 Krebs 萃取箱（图 15 – 13）用于铜萃取。1994 年在智利伊万矿应用。该矿能力为 2.8 万 t/a 阴极铜[16]。现在已推广到美国和澳大利亚铜萃取工厂。Krebs 萃取箱，澄清速率一般可以达到 9 m³/(m²·h)。这是因为它的混合室有一个锥形泵，将有机相和水相进行混

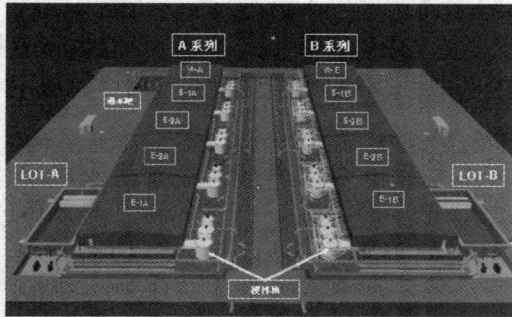

图 16 – 18　智利 Gaby 铜矿的两个萃取系列

合分散，而溶液的泵送则由位于锥形泵下部的涡轮完成。这样就可以避免两相混合与泵送时混合相液滴过粉碎。分散相提升到上部溜槽，该溜槽沿澄清室长度布置，分散相到达澄清室远端溜槽，进行初步相分离，分离的两相进入澄清室的相应位置，最后通过排液溢流堰进入相邻混合室。由于出口的溶液靠近混合室，故无须循环管，避免地下配管，因此减少了用于沟槽等建造的混凝土工程量。

　　芬兰奥托昆普公司设计的垂直平流混合澄清器（VSF）（图 15 – 15，图 15 – 16），这种设备的搅拌器是由两条对称的螺旋管固定在转轴上组成。双螺旋搅拌器装在混合室上半部。它的搅动能使中心液体向下流动，周围向上流动，两相垂直进行液液接触，分散相获得大小均匀的液滴。这种垂直流的分散模型，即使在有机相与水相之比少于 1.0 时仍能保持有机相连续作业。下部装有特殊的分散溢流泵

（DOP），它起着泵送与维持分散液流混合度的作用。内循环率可以达到新鲜料液的 20%，以此控制整个级效率。这种泵是垂直驱动，有机相和水相液流通过导流管进入，并在涡轮下直接排出。泵有盖板隔开，所以偶尔吸入空气也不会影响混合性能。另一优点，这种泵是低强度泵送，因此，没有空气夹带，可防止溶剂降解并减少絮凝物形成。维持平流作业的第三个因素是栏栅。它在预澄清器中使分散相紧密压缩，这种紧密的分散相层提前通过变换截面的区域，由此引起缓慢的垂直和水平移动，减少夹带量、增加设备级效率，大多数相分离都是在预澄清室中发生。VSF 萃取箱目前已在智利 Radomiro Tomic 矿山（年产阴极铜 300000 t/a）[17]、美国莫伦西矿、澳大利亚奥林匹坝等矿山应用，其处理能力已达 2700 m^3/h。由于它的独特设计，有机相在水相中的夹带量降至 5 ~ 10 ppm。水相在负载有机相的夹带少于 100 ppm，而常规混合澄清器却分别为 40 ~ 80 ppm 和 800 ppm。它的级效率达 97% 以上。

16.6 萃取流程配置及优化[8, 19-21]

本书第 4 章介绍了多级萃取的几种串级方式，即并流、逆流、分馏、回流、错流。由于铜萃取的级数很少，实际上只用到逆流及错流两种方式。铜萃取规模大，所用混合澄清萃取箱均是按一台设备为一级建造，各台设备之间用管道阀门连接。增加一级就意味增加一台萃取设备，除了要增加占地面积外，还会由于增加有机相的存槽量而使投资成本增加。另一方面常常面临矿石品位下降而造成料液浓度降低的问题，为了保证铜产量不变，有必要在原有萃取设备的基础上调整萃取级间配置。

围绕萃取流程配置问题，在铜萃取文献中，出现了一些关于萃取流程配置的专门术语，为了读者方便，本书对此问题作一系统总结介绍。

16.6.1 萃取流程配置的种类

铜萃取的级数很少，通常只需两级萃取，一级反萃。如果需添加洗涤级，通常也只添加一级洗涤。萃取流程的基本配置分三类。

1）标准串联流程

如图 16 - 19 所示，其基本形式为：此流程的两级萃取、一级反萃均为逆流方式。有机相液流形成闭合回路，根据级数不同，除了 2E + 1S 形式外，可以有 2E + 2S，3E + 2S 等形式。2S 表示反萃两级也是逆流方式。这种萃取、反萃均为逆流的萃取流程，也称为逆流串联萃取流程。

2）标准并联流程

如图 16 - 20 所示：此流程的萃取段为水相错流运行，但有机相液流仍然是一个闭合回路。E1 与 E2 的进料可以相同，也可以不相同。除了这种 1E + 1E + 1S 形式外，也可以有 1E + 1E + 1E + 1S 等形式。

如果有三个萃取级，两个反萃级，则两个反萃取级可为逆流运行，也可根据需要设计为错流运行。这种萃取段为错流而有机相在萃取段和反萃段之间形成闭合回路的流程称为标准并联流程。

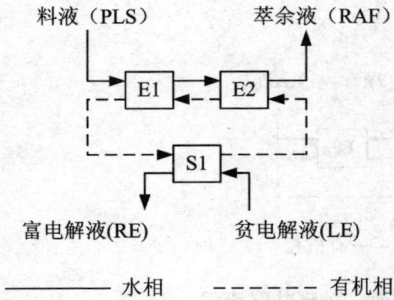

图 16 – 19　标准串联流程

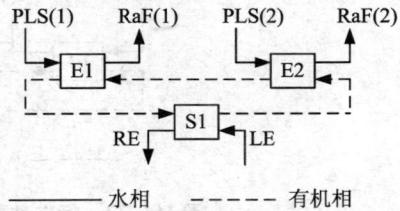

图 16 – 20　标准并联流程

3）标准串并联流程

例如在有三个萃取级的情况下，其中两个可以逆流串联运行，另一个可以水相错流运行，有机相是串联闭路循环，从而形成如图 16 – 21 所示的串并联流程。

显而易见，此流程采用了 E1、E2 两级逆流运行，E3 级采用水相错流运行的模式，这种萃取段既有串联逆流，也有并联错流的模式，就称为串并联流程。同样两个进料管路可以是同一种料液，也可以是不同的料液。但有机相仍然是在一个串联闭合回路运行。

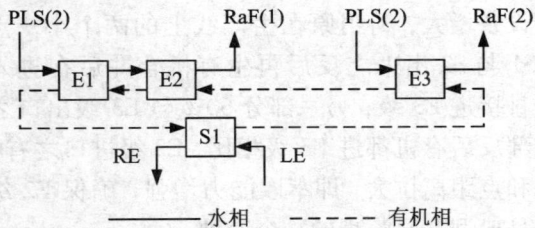

图 16 – 21　标准串并联流程

除了这种 2E + 1E + 1S 的模式外，如果萃取段增加为 4 级，反萃段增加为 2 级，萃取段以 E1 与 E2 为一组，E3 与 E4 为一组，分别按逆流方式串级，两个进料级分别在 E1 与 E3 级，两个萃余液则分别在 E2 与 E4 级，反萃的 2 级为逆流方式串级。显然这种 2E + 2E + 2S 模式也属于标准的串并联流程。

不言而喻，如果将萃取段改为 E1、E2、E3 以逆流方式串级，E4 单独进出料，这种 3E + 1E + 2S 模式也应归属于标准的串并联模式。

当萃取级数为 3 ~ 4 级，反萃级数为 2 级的情况下，应用上述三类基本的流程配置模式，可以演变出一些更为复杂的流程配置模式。

16.6.2　萃取流程配置的演变

16.6.2.1　标准并联流程的演变

图 16－22 的流程，E1 与 E2 各有一个进料口，各有一个出料口，与图 16－20 相同，但是其 E1 的萃余液分流了一部分作为 E2 级的进料，因此称之为半并联流程。

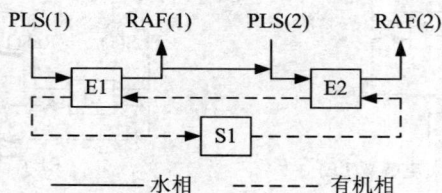

图 16－22　标准并联流程的演变——半并联流程

而图 16－23 是一个三级萃取二级反萃的情况，如果仅从水相的流动方向考察，无论是萃取段还是反萃段都是错流方式运行，同样视需要，各级进料浓度可以不同，也方便调整流比，因此是一个典型的并联流程；但仔细考察有机相的流动方向，不难看出，负载有机相分流各 50%，分别进入两个反萃级，因为反萃级进的贫电解液相同，出来的富电解液的铜浓度也要求相同，这样可以不用将原有反萃设备增大，利用原在生产线上的两个小一点的萃取箱，就可增加产量。同时，S1 与 S2 出来之反后再生有机合并后在进入萃取段时，再分流，一部分如 40% 直接进 E3 级，另一部分 60% 与 E3 级出口之负载有机相合并后进入 E2 级，与全部反后有机都进 E3 级相比，E2 级进口之有机相含铜量相对降低，离等温线的饱和点距离拉大，即萃取能力增强，确保 E2 级出口之萃余液含铜也较低。因此它是典型并联流程的一个变种。

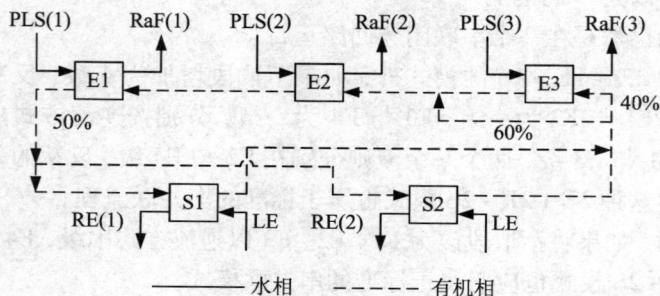

图 16－23　有机相分流的并联流程

16.6.2.2 标准串并联流程的演变

1)有机相不分流的流程

图 16-24 是一个三级萃取、一级反萃的串并联流程, 但它不同于图 16-21 的常规串并联流程。尽管它也有两个进料级, 但其 E1 级出口萃余液不是进 E2 级, 而是跳过 E2 级直接进入 E3 级, 从而使 E1 与 E3 形成逆流萃取模式, 而 E2 成为平行于它们的一个错流级。这样形成的交错串并联方式使进 E3 级的水相比图 16-21 的高, 充分利用了有机相的萃取能力。

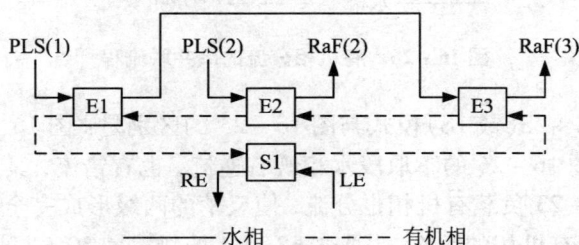

图 16-24 标准串并联流程的演变——交错串并联流程(1)

同理, 如果有四个萃取级, E1 级的萃余液可以跳过 E2 及 E3 进入 E4 级, 与 E4 形成逆流模式, 而 E2 与 E3 为分别平行与它们的错流级。这种情况自然也属于交错串并联。

除了上述变异的 2E+1E+1S 及 2E+1E+1E+2S(或 1S)两种模式外, 在四级萃取的情况, 如果 E1 与 E4 以逆流方式串级, E2 与 E3 也以逆流方式串级, 即萃取段的两个逆流串级段以"夹心"交错方式连接, 如图 16-25 所示, 则这种 2E+2E+2S 模式也是一种交错串并联流程。

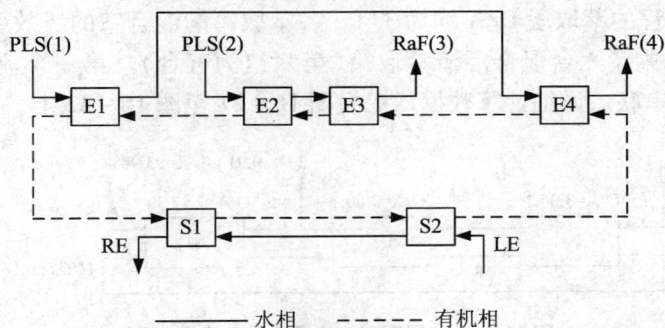

图 16-25 标准串并联流程的演变——交错串并联流程(2)

2)有机相分流的串并联流程

图 16-26 为有机相分流的串并联流程。

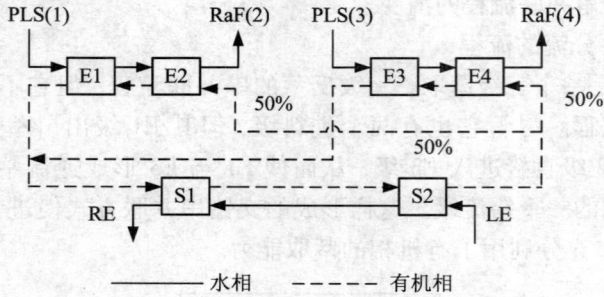

图 16 – 26 有机相分流的串并联流程

这种 2E + 2E + 2S(或 1S) 模式与图 16 – 23 的区别是：图 16 – 23 的萃取段水相完全错流，而图 16 – 26 的萃取段水相既有逆流，也有错流，其反萃的两级为逆流模式；且图 16 – 23 负载有机相也分流，使反萃的两级形成完全错流模式。另外图 16 – 26 中反后有机相的 50% 只通过 E3、E4 两级，另 50% 只通过 E1、E2 级，从而使萃取段各级 O/A 均减少一半。

16.6.3 萃取流程设计的评估

Cytec 公司开发并已经取得专利的溶剂萃取流程设计和评估的计算机程序（MEUM™），能够成功地模拟许多系统，包括铜萃取工厂最简单流程到最复杂的萃取系统。20 多年来一直用于铜萃取流程的模拟。它是指导新萃取工厂流程设计、考察并提出老厂改造方案、优化萃取工厂操作参数等方面很有价值的工具。

以下介绍用 MEUM 程序对六个不同流程配置的计算结果。这些流程均采用 30%（V/V）的 M5640，进料浓溶液（PLS）含铜 15 g/L，pH = 2，贫电解液含铜 35 g/L，硫酸 190 g/L，富电解液含铜 45 g/L。除第五组流程萃取段 O/A = 1.5:1 外，其余各流程的萃取段 O/A 均为 3:1。各萃取箱的混合室的级效率均为 95%，每一个流程均配备六台混合澄清萃取箱（第六组为五台）。第一个流程为两系列标准 2E + 1S 串联。详细计算数据均标在图 16 – 27 至图 16 – 32 上。

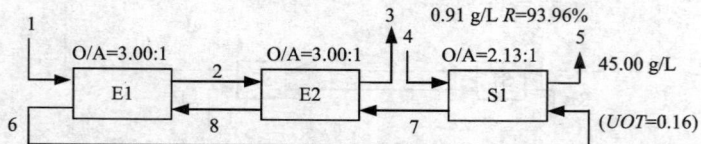

图 16 – 27 两系列标准 2E + 1S 串联流程

1—PLS 铜料液；2—E1 级水相；3—E2 级水相（萃余液）；4—废电解液铜料液；5—S1 级水相（富电解液）；6—E1 级有机相（荷载有机相）；7—S1 级有机相（再生有机相）；8—E2 级有机相

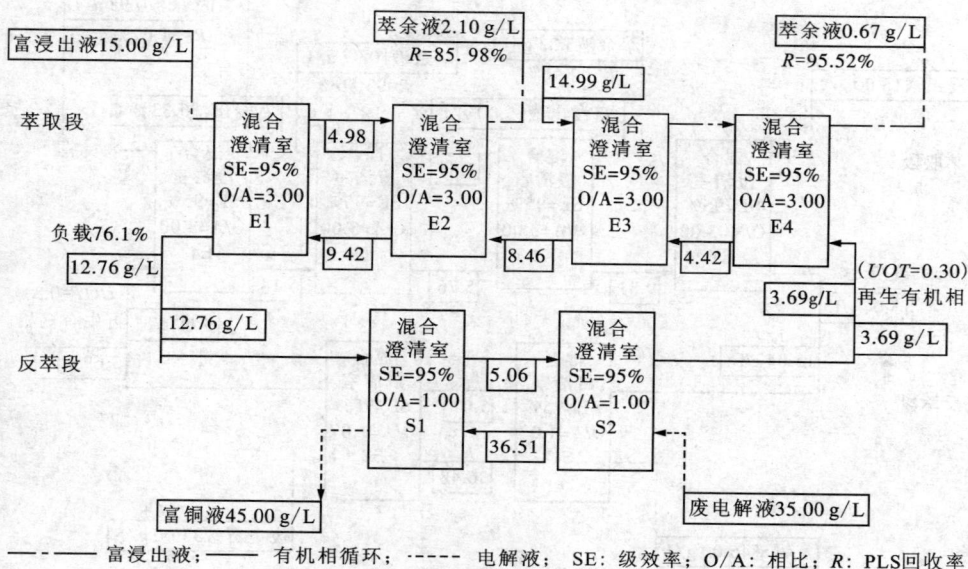

图 16 - 28　2E + 2E + 2S

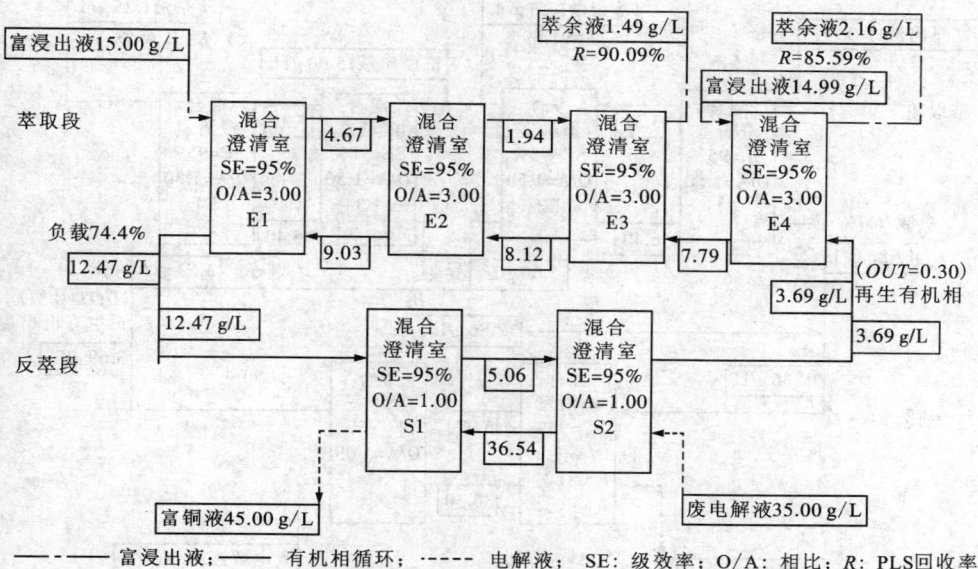

萃取段

反萃段

富浸出液15.00 g/L

萃余液2.10 g/L
R=85.98%

萃余液0.67 g/L
R=95.52%

14.99 g/L

混合澄清室 SE=95% O/A=3.00 E1

混合澄清室 SE=95% O/A=3.00 E2

混合澄清室 SE=95% O/A=3.00 E3

混合澄清室 SE=95% O/A=3.00 E4

4.98

9.42

8.46

4.42

负载76.1%

12.76 g/L

12.76 g/L

(UOT=0.30)
再生有机相

3.69g/L

3.69 g/L

混合澄清室 SE=95% O/A=1.00 S1

混合澄清室 SE=95% O/A=1.00 S2

5.06

36.51

富铜液45.00 g/L

废电解液35.00 g/L

——·—— 富浸出液;　—— 有机相循环;　----- 电解液;　SE:级效率;　O/A:相比;　R:PLS回收率

图 16 - 28　2E + 2E + 2S

萃取段

反萃段

富浸出液15.00 g/L

萃余液1.49 g/L
R=90.09%

萃余液2.16 g/L
R=85.59%

富浸出液14.99 g/L

混合澄清室 SE=95% O/A=3.00 E1

混合澄清室 SE=95% O/A=3.00 E2

混合澄清室 SE=95% O/A=3.00 E3

混合澄清室 SE=95% O/A=3.00 E4

4.67

1.94

9.03

8.12

7.79

负载74.4%

12.47 g/L

12.47 g/L

(OUT=0.30)
再生有机相

3.69 g/L

3.69 g/L

混合澄清室 SE=95% O/A=1.00 S1

混合澄清室 SE=95% O/A=1.00 S2

5.06

36.54

富铜液45.00 g/L

废电解液35.00 g/L

——·—— 富浸出液;　—— 有机相循环;　----- 电解液;　SE:级效率;　O/A:相比;　R:PLS回收率

图 16 - 29　1E + 3E + 2S

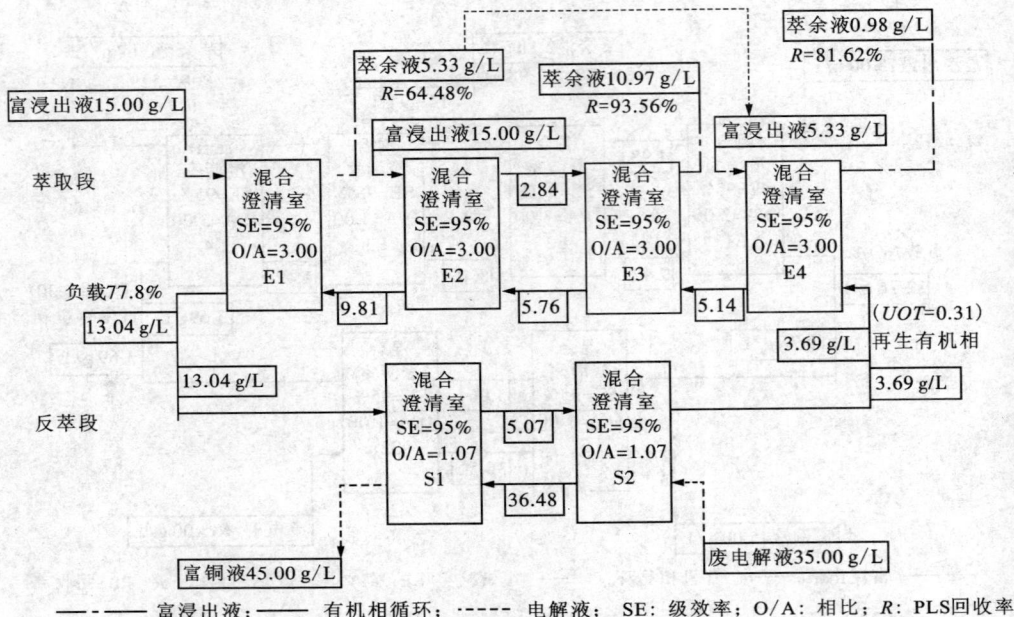

图 16-30　2E+2E+2S

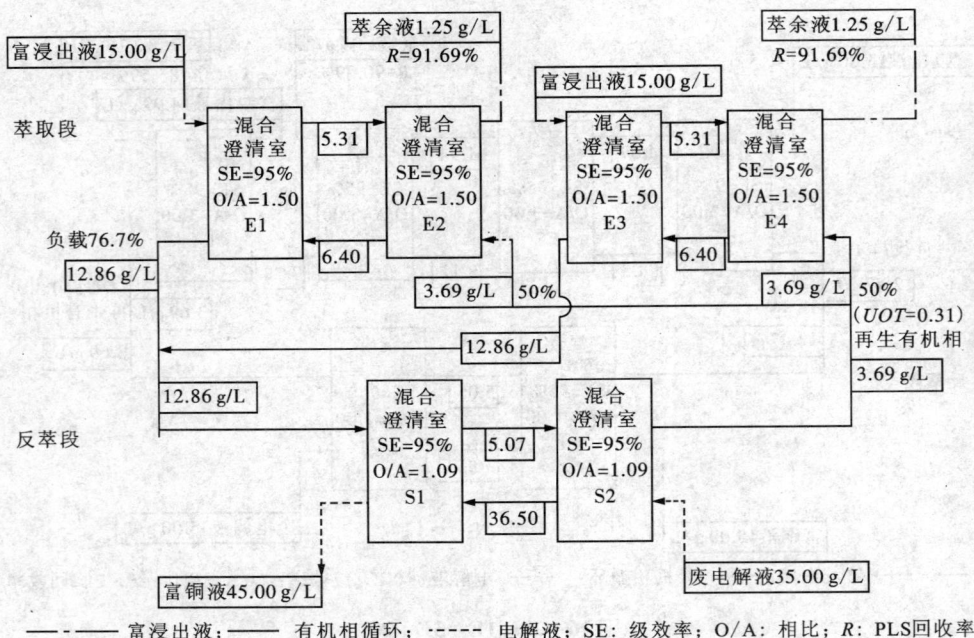

图 16-31　2E+2E+2S(有机相分流降低每个萃取单元内的流量)

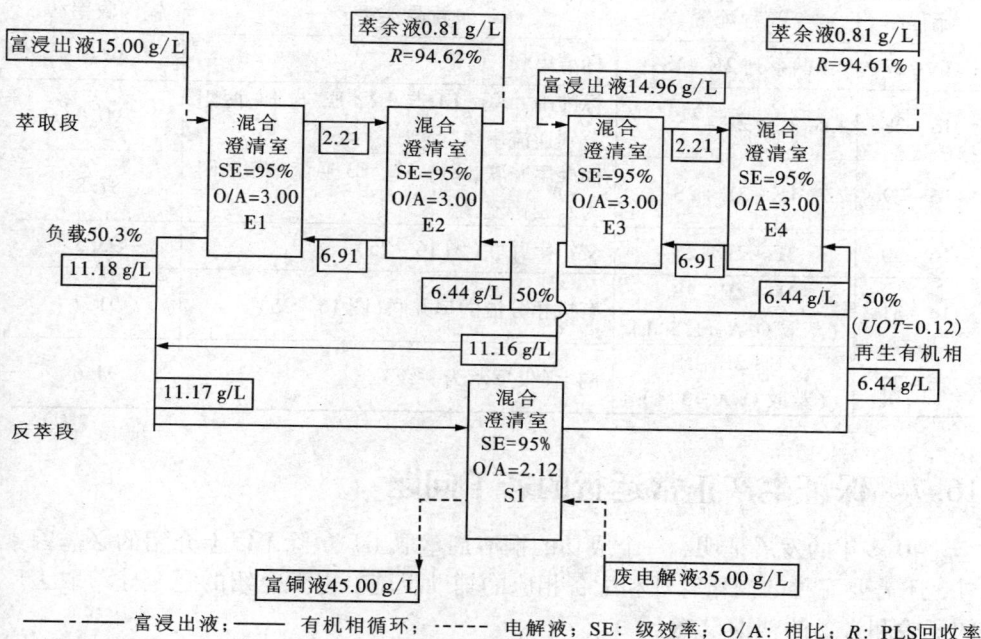

——— 富浸出液；——— 有机相循环；----- 电解液；SE：级效率；O/A：相比；R：PLS回收率

图 16 – 32　2E + 2E + 1S(有机相分流每个萃取单元内流量相同，反萃流比增加)

这些配置哪一个最好呢？这在很大程度上取决于对特定工厂的其他考虑。如果是用现有的混合—澄清萃取箱，那么不同单元之间的处理流量可能受到限制，于是一种有机相分流系统可能更好。如果是一个新厂，两个独立的系统也许更好。通过改变每个配置的流量分配，也可能确定每个推荐系统的最佳操作方案。

第六个流程与第五个流程相比，在料液流量不变的情况下，第五个流程减少了有机相的流量，其萃余液浓度相对比较高，尽管有机相的负载率可以提高，但回收率还是低一些，且多一级反萃。当然第六个流程的有机相用量比第五个流程多一倍。在大规模生产中，增加一台萃取箱的投资很大，因此应从实际出发，在增加设备投资还是增加有机相用量投资之间进行权衡比较。至于第六个流程与二、三、四 三个流程相比，因萃取相比完全相同，显然萃取设备少一台的第六个流程要占优势。

表 16 – 15 汇总了计算的这六个流程的回收率。

表 16 – 15   六个流程计算所得回收率的汇总

流程图	流程配置	配置类型	铜回收率/%
16 – 27	两系列 2E + 1S	标准串联	94.0
16 – 28	2E + 2E + 2S	标准串并联，E1 与 E2，E3 与 E4 两组分别逆流串级	90.8
16 – 29	1E + 3E + 2S	标准串并联，E1，E2，E3 逆流串级，E4 为水相错流	87.8
16 – 30	2E + 2E + 2S	交错串并联（图 16 – 25）	93.5
16 – 31	2E + 2E + 2S（萃取 O/A = 1.5∶1）	有机相分流的串并联（图 16 – 26）	91.7
16 – 32	2E + 2E + 1S（萃取 O/A = 3∶1）	同上（仅反萃为一级）	94.6

16.7   保证生产正常运行的若干问题

40 多年的发展证明，一个成功的铜溶剂萃取工厂，除了以上介绍的必需因素外，还需要完善的操作管理和配备相应的辅助设施。以下介绍的是全球萃取工厂的经验和必备的辅助设施。

16.7.1   正确选择连续相

相连续性的选择对萃取生产过程有很大的实际意义。一般的规则是，水相为连续相的萃取率比有机相为连续相要高，但是水相夹带有机相的数量也大。因此，通常是以不希望被夹带的相作为连续相进行操作。以两级逆流萃取为例，料液从 E1 级进，再生有机相从 E2 级进入，萃余液从 E2 级排出，负载有机从 E1 级流出。所以 E1 级按水相连续进行操作，可提高铜萃取率，排出的水相即使夹带有机相，它直接进入 E2 级，对有机相的损失没有影响，而作为分散相的负载有机相夹带水相较少，因此随负载有机带进反萃级的杂质可以降至最低，从而减小电解液杂质积累。E2 级，或萃余液流出的任何萃取级应按有机相连续进行运转，可使排出的萃余液夹带有机相损失降至最低（在特殊情况下亦可按水相连续来运转）。反萃级（S1）总是按有机相连续进行操作，以防止有机相随富铜液带进电解车间。但这仅仅是在正常情况下的一种安排。

相的连续性还会影响澄清室中絮凝物的分布。一般情况下，有机相为连续相，絮凝物会分布在两相的界面，并趋于压缩状态。水相为连续相，絮凝物常常会分散在有机相层，甚至漂浮在有机相液面。所以萃取工厂，除非特殊需要，都是尽量采用有机相为连续相。生产中相的连续性测定，一些较大工厂是在混合室安装导电仪器探头，当水相连续时导电仪指示灯发亮，而有机相连续时仪器没有反应。此外，还可以从混合室取样观察。操作者在混合室取样后置于量筒内静置。有机相连续时相界面缓慢上升,分相后界面呈弯月状,水相清亮。水相连续时,分相很快。分相过程没有明显的界面,而且界面拖曳水泡。分相完成后,水相稍有混浊,不清亮。

相的连续性及絮凝物分布见图 16 - 33。

一般而言,叶轮启动前,浸没涡轮的相即为连续相。这种情况只是在两相流比接近时才能维持(O/A = 1:1),在流比与 1 相差较大时,通常流量大的一相容易成为连续相。若希望流量小的相为连续相,必须增加该相的内循环,使混合室的相比接近 O/A = 1:1 的水平。涡轮位置对于相型的作用有时候也会失败,比如当转速降低时,水相形成分散相。逐渐加大涡轮转速,有机相就会转变成分散相,即使其体积占 90%,仍有可能形成分散相。生产过程有时候会发生相型变化。为了在生产过程中调整获

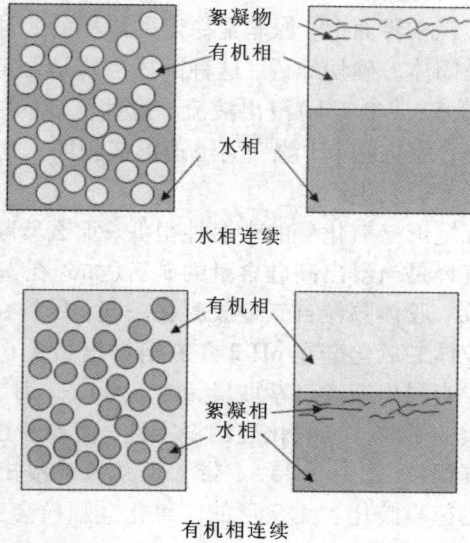

图 16 - 33　相连续性及絮凝物分布

得希望的那一相为连续相,通常是将希望连续的那一相流量加大,直至混合室内的相型符合要求,再逐步将两相流量调整至生产需要的流量水平。

16.7.2　絮凝物

絮凝物是一种在溶剂萃取厂的澄清室中出现的凝胶状结晶物质,它是由固体悬浮物与有机相和水相组成的非稳定性乳状物。第 7 章已经用了较多的篇幅讨论絮凝物问题,本章结合铜萃取的实际状况,进一步展开对此问题的讨论。自从第一代萃取剂(酮肟和未经改质的醛肟)的商业运转开始以来,絮凝物一直是铜溶剂萃取工厂一个挥之不去的事实。溶剂萃取厂少量的絮凝物有助于分散带在溢流堰前分解。但是系统中絮凝物数量累积过多就会出现问题。当絮凝物在溶剂萃取系统内循环,就会在澄清室积累。清除絮凝物会增加操作费用。如果有过量的絮凝物形成或者对它管理不当,也可能影响铜的电积生产。

16.7.2.1　絮凝物的生成[22]

絮凝物的生成和数量有环境特性,会随着矿物种类、颗粒大小和表面活性物质的类型不同而变化。在溶剂萃取厂的混合—澄清萃取箱内若含有各种固体悬浮

物,有机相和水相溶液相互混合时就有可能生成絮凝物。

固体的来源包括:①进料的浸出富液中残存的悬浮亚微米颗粒;②溶剂萃取厂周围的扬尘和腐殖酸等污物;③水相因 pH 变化,澄清室中一些杂质离子水解产生的沉淀物;④微生物作用。

在具有高硅含量的浸出富液流中可以产生一种特殊的界面絮凝状的聚集物,它们堆积在界面上,像非常稳定的浓稠的奶油状乳液。这种絮凝物仅含有极微量的结晶固体。确切地说,这种固体主要是无定形的 SiO_2,它们来自具有高 SiO_2 含量的(0.5~1.0 g/L)浸出液流。这些流动的浸出液含有胶状的 SiO_2 颗粒,它们在萃取混合室内随 pH 改变而迅速形成胶团,尤其是在被夹带进入反萃与贫电解液接触时就会发生。

无定形二氧化硅的水溶性很低,那么絮凝物中无定形二氧化硅来源的一种可能的解释是当浸出高硅含量的矿石(如硅孔雀石)时,生成硅酸并开始聚合形成胶体颗粒。胶体颗粒自然地胶凝在一起,尽管在稳定的条件下其速度很慢。

胶体二氧化硅在 pH 2 左右溶解度最大(图 16-34),这同许多浸出液的 pH 巧合。当浸出液通过萃取段,由于 Cu^{2+} – H^+ 阳离子交换,水相 pH 下降。pH 的变化改变了胶体二氧化硅的稳定性,使颗粒迅速地胶凝在一起,形成无定形的二氧化硅颗粒(图 16-35)。带入反萃级的浸出富液也会引起夹带水相中胶体二氧化硅迅速凝胶化。无定形的二氧化硅颗粒会变成这种独特的、像奶油状的界面絮凝物。

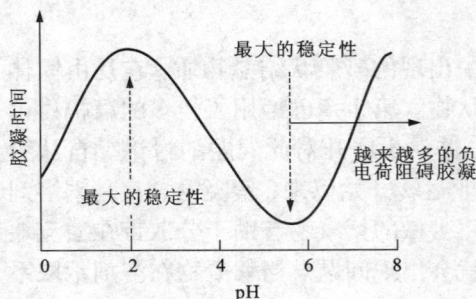

图 16-34 胶体二氧化硅溶解度与 pH 关系

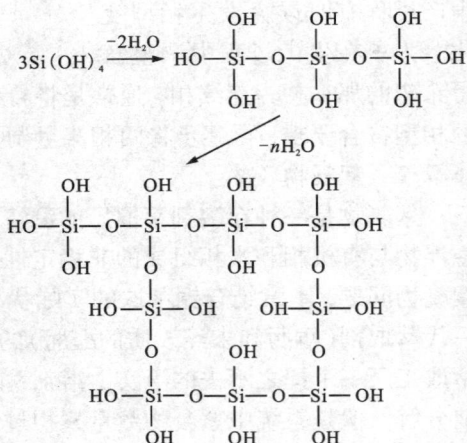

图 16-35 胶体二氧化硅胶凝作用

有些工厂操作表明,由于腐烂的微生物的存在也会生成絮凝物。最近有文献也讨论过因为生物的降解作用而导致絮凝物增加的现象。

植物降解产生的腐殖酸可能促进絮凝物的生成，因此在为浸出堆场和溶液贮池作准备和选址时需多加注意。

几十年的操作经验和实验室控制试验表明，在铜萃取的条件范围内，混合室内相的连续性或混合室混合速度同含有结晶固体的界面絮凝物的形成没有关联。混合室相连续性和混合速度可能影响萃取厂中絮凝物的存在形态，但不影响生成絮凝物的数量。不含萃取剂的有机溶液（仅仅是稀释剂）也能产生絮凝物。铜溶剂萃取系统中的改质剂的存在不会产生更多的絮凝物。

16.7.2.2　絮凝物的控制

显而易见，在铜萃取中处理凝絮物的最佳方法是限制或控制固体的生成。因为絮凝物的生成主要同浸出液（料液）中亚微米粒级的固体颗粒存在有关。这种控制很难实现。最典型的操作将是尽量减少浸出液中的固体颗粒，即增加在料液池的停留时间，让颗粒自然沉降，或在浸出液池中添加絮凝剂帮助颗粒絮凝和沉降。

随着 pH 迅速改变，水溶液中可能产生沉淀，从而会形成絮凝物。萃取反应时的 pH 变化不能避免，但是，在反萃级，可以通过降低再生有机相夹带贫铜液进入萃取级，避免 pH 的降低。同样，控制 E1 级负载有机相夹带的水相数量，减少有害杂质进入反萃段。

界面絮凝物通常聚集在澄清室溢流堰前的有机相与水相界面。多数工厂会用隔膜泵直接从澄清室间断地抽出凝絮物。抽出絮凝物的频度则因工厂而异。有些工厂开发了具有调节功能的泵吸系统。必要时上下移动吸口，穿过溢流堰一次在多处除去凝絮物。其他工厂靠工人用简单的吸管在澄清室的不同部位移动，吸出不同深度的絮凝物。

有些工厂则让有机相从澄清室溢流出来除去絮凝物，并将它收集在桶中。清洁的有机相直接返回萃取厂，留下的絮凝物进行处理。

絮凝物并非总能在有机相/水相界面很好地聚集。它可能在整个有机相中分散，有时会漂浮在有机相上部。为了使絮凝物保留在有机相/水相界面，其方法包括：①混合室应该按有机相连续方式运行；②改善混合室进口管线设计，尽量减少空气被吸入混合室；③避免分散带的积累；④增加有机相在澄清室的停留时间。

16.7.2.3　絮凝物的处理

絮凝物一旦从系统中除去就必须进行处理，以便回收有机相。采用的技术因厂而异，常规的技术包括应用离心机、压滤机或者搅拌槽。

不同的工厂开发了一些不同的技术使固体和水相与有机相分离。其中，CODELCO 法是添加过量的有机相到搅拌槽中，然后在有机相连续的条件下让絮凝物和有机相低速混合较长时间。而直布罗陀矿业公司则用蒸汽加热溶液，帮助离心机中絮凝物的分离。其他工厂则在搅拌槽中添加电解液帮助絮凝物分离。

目前最常用的方法如图 16 - 36 所示。先将絮凝物用泵泵进贮槽，适当喷洒萃余液，使其中的有机相、水相和固体分离。然后将有机相和尚未分离的絮凝物排入搅拌槽，与来自萃取系统的被污染的有机相一起处理。有时候，一些工厂从萃取箱澄清室直接抽吸絮凝物泵入压滤机过滤。排出的有机相和水相进入分离槽分离后，有机相还要在搅拌槽中用活性白土处理，过滤后才能返回生产系统。由于絮凝物黏度太大，过滤时要添加助滤剂，如硅藻土。现在一些大型萃取工厂最受欢迎的是德国制造的 Flottweg 三相分离离心机[23]，如图 16 - 37 所示。这种设备可以直接过滤絮凝物，分别产出有机相、水相和固体渣。过滤后的有机相用活性白土处理后可以返回萃取系统，操作十分方便。只是，这种设备价格较高，对一些小萃取工厂可能难以接受。

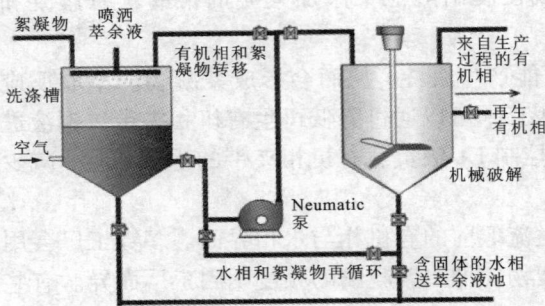

图 16 - 36　搅拌槽处理絮凝物

图 16 - 37　过滤絮凝物的三相离心机

16.7.3　相夹带[24]

16.7.3.1　相夹带可能导致的问题

有机相夹带水相一直是、并将继续是溶剂萃取厂生产中十分重要的问题。根据夹带水相的类型不同，可能产生两种情况：

负载有机相夹带浸出液（确切地说是夹带 E1 级的平衡水相）。当浸出液被 E1 级的负载有机相夹带时，浸出富液中的铁、锰和其他杂质被带进电解液。它们可能对铜的生产、阴极产品质量、有机相质量、电解液添加剂补充费用和电流效率造成影响。

再生有机相夹带贫电解液，再生有机相夹带的水相是含铜溶液，后者会随萃余液排出，其中的铜和酸以及电解添加剂如钴都会损失。除此之外，还可造成下列影响：

（1）由于夹带电解液中的酸导致萃取段 pH 下降，从而造成铜的萃取率下降。

（2）造成浸出液铜回收率计算不准确。因为夹带的含铜溶液中的铜进入萃取系统，这些额外的铜，在计算时没有考虑。

（3）混合室的级效率计算不准确。因为绘制等温线时没有考虑夹带溶液中的酸和铜对平衡等温线的影响。

利用物理测量或者基于铁、锰浓度的质量平衡计算，很容易估计负载有机相夹带的浸出液量。但是对再生有机相夹带的含铜溶液的估计往往不被人注意。

16.7.3.2　降低相夹带的技术

（1）经典的方法是混合室按水相连续方式运转，但这会使有机相损失增加，所以应从实际情况出发，权衡利弊。

（2）增加澄清室中有机相的厚度，以增加有机相在澄清室的停留时间。

（3）利用物理方法如栅栏、聚结器、洗涤级帮助被夹带水相的聚结或稀释。

（4）尽量降低混合器速度，以增加混合室内液滴的尺寸。

（5）控制级间絮凝物的运动，使之不会影响混合和分相。

（6）监控有机相的界面张力并用黏土处理，除去有机相的污染物，以避免分散带过大和从有机相堰溢流。

无论水相夹带有机相还是相反，它们都不会影响铜溶剂萃取工艺过程（正常情况下，有机相夹带水相 300 ppm 左右，水相夹带有机相 200 ppm 左右）。但是它们却对随后的阴极铜质量和生产费用造成很大的影响。正如前面提到的浸出富铜液中的一些有害杂质如铁、锰、氯离子等，除铁离子少量萃取外，它们大多不会被铜萃取剂萃取，这些杂质主要是通过有机相夹带的料液进入生产系统，经反萃后将杂质带入电解液，给铜电积造成危害，甚至破坏有机相。所以现在所有铜萃取工厂设计，都配备相关辅助设备减少负载有机相对料液的夹带，如图 16-38、图 16-39 和图 16-40 所示。

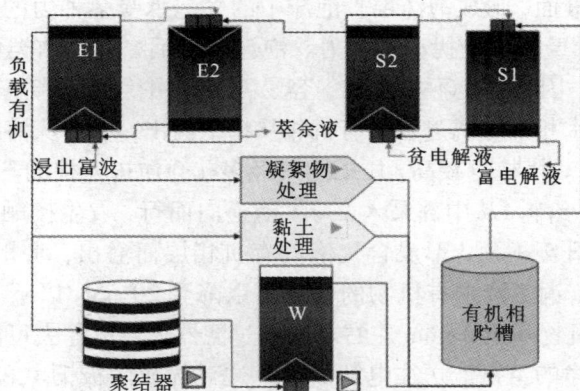

图 16-38　负载有机相除去夹带料液的辅助设备配置

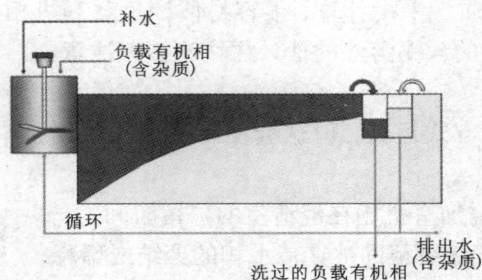

图 16-39　洗涤级萃取箱

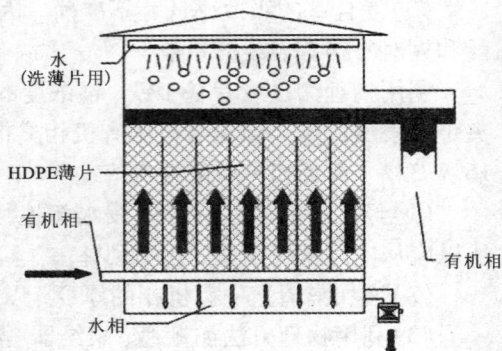

图 16-40　有机相聚结器

反萃富铜液常常夹带 300 ppm 有机物。它们被带进电积系统，会对电积操作带来危害，影响阴极铜质量。所以，反萃获得的富铜液送往电解液槽之前，要除去被夹带的有机物，使其达到 5 ppm 以下。这些设备包括气浮设备和过滤设备。所用的气浮设备有两种：詹姆森气浮槽和气浮柱。詹姆森气浮槽如图 16-41 所示。它没有机械传动部件，槽体为带圆锥底的圆筒。圆筒中央插入类似常称文丘里管（其内壁由三段构成：圆锥形收缩管、带孔圆形喉管和圆锥形扩大管）的导管。料液泵入导管上部，经收缩喉管喷射而出，此处因流速高而静压低，故吸入空气。在湍流剪切作用下，空气在液流中被切割成微小气泡。疏水的有机相液滴，因其表面疏水亲气而附着在水-空气界面上，随气泡运动。含气泡的料液经导管进入槽体。导管浸入液面之下，出口距液面有一段距离。气泡离开导管后，因浮力而上升至液面，形成泡沫层。泡沫中的气泡承受多种力的作用：内外气压差、表面张力、膜壁应力及扰动的外力。泡沫破裂后，有机油类仍存在于泡沫层中，而水则下泄。因而它是不稳定的，容易互相兼并，甚至产生破裂。这样，就完成了有机相与水相的分离过程。有机相从槽顶溢出，水相从槽底放出。气浮塔如图 16-42 所示。塔柱身较高，压缩空气经多孔介质进入柱的下部，在料液中形成气泡。反萃液（给料）从中部泵入，与气泡逆向而行，发生接触，携带有机相液滴的负载气泡上升至柱顶，形成含气泡的有机相层而溢出，水相由虹吸管排出。通过气浮处理，富铜溶液中有机物的含量可以降到 20 ppm 以下。再经过双滤料砂滤器过滤，有机物降至 2 ppm 左右。这种过滤器还可以除去可能带入的絮凝物杂质。过滤后干净的富铜液送往电解液槽。这对优质阴极铜电积生产至关重要。从萃余液中回收有机物的要求没有富铜液那么严格。因为返回浸出的萃余液的有机物含量对堆浸没有大的影响。萃余液的处理主要是为了回收有机相，降低生产成本，通常用气浮塔或在萃余液池澄清即可。

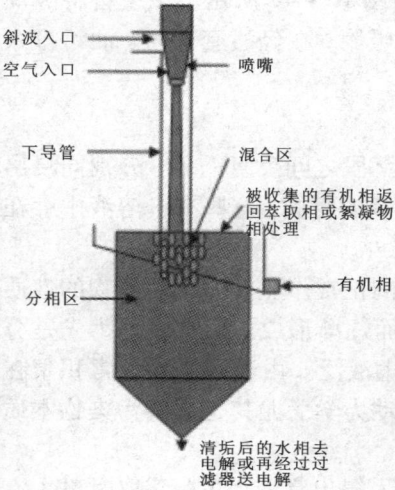

图 16 - 41　詹姆森气浮槽

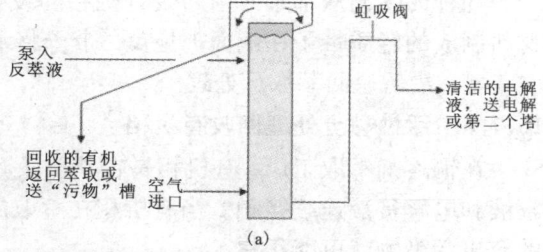

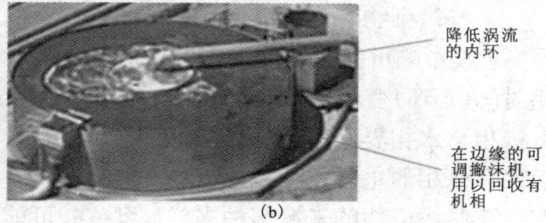

图 16 - 42　气浮塔

(a)气浮塔概貌；(b)塔上部之撇沫槽

双滤料过滤器是间断操作的过滤器，如图 16 - 43 所示。其上部安置各层网板，网格板有助于从滤液中聚集并回收有机相。下部放置粒度合适的固体颗粒（例如：上层为无烟煤，下层为石榴石）。给入料液一段时间后停泵，改为反向送入洗涤液，冲洗过滤介质，排出附着在过滤介质上的有机物，送回收工段。经过过滤的富铜溶液中，有机物含量可降低至 2 ppm 左右，不会对电积产生不良影响。

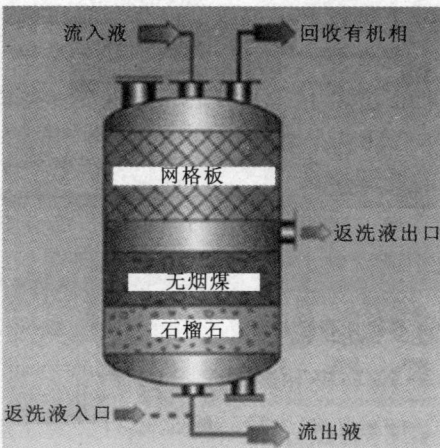

图 16 - 43　双滤料过滤器

图 16 - 44　萃余液池回收有机物装置

一种简易的从萃余液中回收有机相的设备如图 16－44 所示。该设备将吸油材料制成的轻质带子在液面上拖曳，带子将油污吸附，在经过套环时，油污排入收集槽，最后返回萃取厂处理。

16.7.4　活性黏土处理回收有机相[25]

在铜溶剂萃取工厂，有机相是在萃取段和反萃段之间反复循环，分别同浸出富液和电解贫液连续接触。当有机相在萃取厂循环的时候，这些有机溶液中存在的有机污染物就可能积累。

某些污染物有表面活性，它可能影响萃取厂的正常作业。由于污染物的性质不同，其影响可能是突然发生，或者随时间推移而逐渐形成。通常表现为先是分相时间（PDT）变长，夹带增多，有时候使系统产生液泛。由于污染物常常积聚在有机相与水相界面，它们也可能影响萃取和反萃动力学。尤其是这些污染物本质上比有机相的主体成分有更大的极性。

这些污染物的来源多种多样，腐殖酸可能进入浸出富液，并在萃取时进入有机相。过量的絮凝剂和其他工艺添加剂也可能通过各自的途径进入有机相。电动机润滑油、齿轮润滑油和其他含有大量表面活性剂的润滑剂如果进入有机相都可能造成严重的分相问题。

以沥青乳液为主的抑尘剂也是表面活性剂的来源，它也可能进入浸出液和有机相。"黑"酸中的元素硫和铁也是污染物的重要来源，它是由添加到浸出原液或在电解液补充硫酸时带入。

有机相降解也可能产生表面活性污染物。有机相跟紫外线或浓硫酸溶液接触会产生高表面活性的物质，烃类稀释剂生物氧化产生的羧酸也会给萃取系统带来麻烦。浸出富液中可能存在的某些"杂质"元素，如锰和硝酸盐，也会和有机物起作用使其氧化或硝化。

为了解决污染物对有机相的影响，19 世纪 70 年代末首先由科宁公司（当时是汉高公司）提出用黏土处理有机相，1980 年当亚利桑那州约翰·坎普矿出现问题的时候，这一方法被用来协助解决有机相的处理。

自从约翰·坎普矿利用酸活化黏土成功之后，现在全世界的萃取工厂都采用这种方法处理被污染的有机相。定期对有机相进行黏土处理已经成为现代铜萃取厂的标准作业。

16.7.4.1　活性黏土处理有机相原理

1）黏土结构与性质

最有效的活性白土是蒙脱石，其特征是一种分层的片状硅酸盐具有可膨胀的 2∶1 晶胞结构。在蒙脱石类矿物中最常用的一种就是蒙脱石 $Na_x(H_2O)_4\{(Al_{2-x}MgO_{0.33})[Si_4O_{10}](OH)_2\}$。

蒙脱石晶格有很多层，每一层包括两个反向排列的四面体，其间夹一个八面体。四面体(通常)由氧阴离子按四面体的形状包围 Si^{4+} 阳离子构成。八面体(通常)由 Al^{3+} 离子被按八面体排列的氧阴离子包围而成,其中两个氧阴离子被邻近的二氧化硅四面体共享。诸如 Mg^{2+} 和 Fe^{2+} 这样的阳离子可以取代八面体层中的 Al^{3+}。

蒙脱石的特征是任何一层硅酸盐中都有最高的 c.e.c 值(阳离子交换容量),以及很高的表面电荷密度。Mg^{2+} 取代八面体层中的 Al^{3+} 会使层内呈负电荷。为了抵消这种负电荷,层与层之间就会有碱金属或碱土金属阳离子(如 Na、Ca)产生静电连接。其示意结构如图 16-45 所示。

就蒙脱石而言,各层总的负电荷较低,因而,层和层际阳离子之间的吸引力很弱。其结果是,这些层际阳离子能够交换;如果这些阳离子被质子交换,层间的距离(D)可能增大。

当用酸活化黏土时,八面体层外缘的结构性

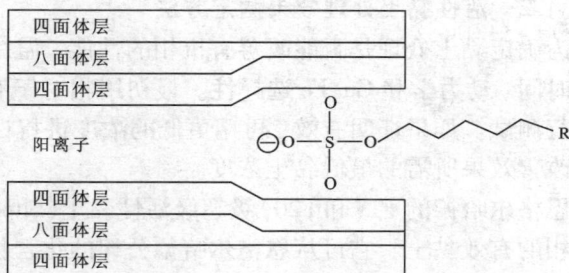

图 16-45 蒙脱石的结构示意

阳离子被酸浸出,使得该层部分破坏,结果在黏土的晶体结构中形成孔隙。与此同时,层际间阳离子(Na^+、K^+、Ca^{2+}、Mg^{2+})被 H^+ 和酸性更强的其他阳离子(如 Al^{3+} 和 Fe^{3+})交换。其结果是层之间的结合减弱,层间距(D)增大。这些结果的共同作用就使黏土的结构松开,因而使更多的层际间区域可供利用,于是极性增大,会形成细孔/空腔,后者很容易吸附像表面活性剂那样高极性的有机物分子。

2)黏土吸附有机污染物机理

当非极性溶剂(如铜萃取用的稀释剂)中所含的极性有机化合物与活性黏土接触时,就会被吸附并与层间的酸性无机阳离子相结合。该污染物与黏土细孔或空穴大小的物理配合越接近,则结合越紧。一但污染物被静电力结合,它就可能在过滤时与黏土一道从有机相中除去。

然而游离的肟(铜萃取剂)也具有表面活性剂的结构,有一个极性的头和一个非极性的尾。因而肟会跟污染物竞争黏土上的位置。但它与黏土的结合不如极性更大而体积更小的污染物与黏土的结合紧密,然而其浓度显然比造成麻烦的污染物高得多。所以如果有充裕的时间,肟会吸附在黏土上,并可能部分取代已被吸附的表面活性剂,造成萃取剂的损失。

为此,在进行黏土处理时应采用最短的接触时间以便最有效地除去污染物和尽量减少肟在黏土中的损失。在实验室用 5 min 的接触时间足以进行有效的黏土处理。另一方面，也应当用尽可能少量的黏土来恢复有机相的良好物理性能。黏土过量也会导致萃取剂的额外损失。通常，对负载有机相处理比对再生有机相处理更合适，因为负载有机相的游离肟更少，可以减少萃取剂的损失。

同理，极性很强的水也会与污染物竞争吸附，为最大限度地提高黏土处理效果，有机相在黏土处理前应尽可能除去夹带的水分。

黏土中吸附的有机相无法再回用，因为，如用新鲜的稀释剂洗涤黏土处理产生的滤饼，被吸附的污染物又会进入有机相，这些回收的有机相返回萃取系统会抵消黏土处理的效果。

16.7.4.2 活性黏土处理效果测定方法

为确定黏土处理是否能改善有机相的性能，需在黏土处理之前和之后，测量分相时间、动力学和 Cu/Fe 选择性。最初用相对于有机相 1%(w/V) 的黏土量处理进行测试。如果证明有效，再用更低的浓度进行试验比较，以确定为获得所期望的改善效果所需的最低黏土浓度。

恩格尔哈德的 F1(和 F20)级超级活性黏土(Superfiltrol)被证明是净化铜萃取有机相的有效黏土。它可从恩格尔哈德公司的化合物催化剂集团得到。另一种行之有效的黏土材料是智利 Zeomundv S. A. 公司生产的 Zeooeg。它主要是片沸石，一种具有片状结构的天然沸石，在某些方面与蒙脱石类黏土相似。

为了进行测试需要一个有效的混合容器和搅拌器。科格尼斯公司的 1 L 的带挡板的烧杯和 QC 涡轮搅拌器是合理的选择，它曾用于 LIX 试剂的质量控制测试。典型的配置如图 16 – 46 所示。进行测试时在烧杯中加 400 ~ 500 mL 有机相，调整涡轮的高度，使其顶部位于有机相表面下约 1 cm。启动搅拌器并将转速调至 1750 r/min。在 5 s 种内加入黏土，再将混合物搅拌 60 s。然后用 Whatman 4 号滤纸(滤油滤纸)立即过滤有机相以除去黏土，必须注意将处理过的有机相中的黏土完全除尽。残存的痕量黏土会影响净化有机相的性能测试，出现相倒转(flipping)以及极快的分相时间。

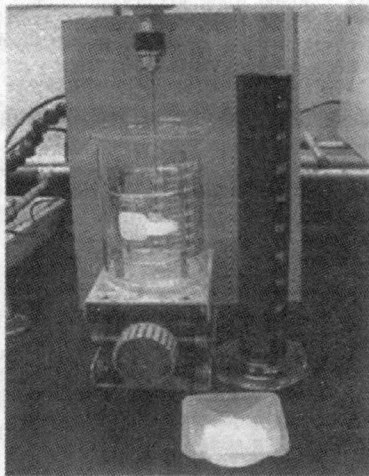

图 16 – 46　黏土处理装置

然后用第 12 章介绍的宏观动力学试验装置对动力学、分相时间和 Cu/Fe 选择性进行评价。

至于是否应对再生有机相或负载有机相进行黏土处理，目前尚无正式的标准。负载有机相可能更好，原因很简单：大部分肟已化合成铜配合物，因而能被黏土吸附的已经很少。

如果发现用 1%（w/V）的黏土处理没有明显效果，则应当检查有机相夹带的水相有多少。水会被黏土优先吸附，结果恶化黏土处理的效果。如果夹带的水相较多，试验室内在黏土处理前用分相纸过滤使有机相除水，可能会改善效果。

在黏土处理的时候，黏土中少量的铁会被萃取。为了避免这些铁进入电解车间，建议将黏土处理过的有机相加到再生有机相中，这样在萃取段，铁可能从有机相中被排除。为了尽量降低从黏土中萃取铁的机会，同样，黏土处理负荷有机相更合适。

16.7.4.3 活性黏土处理工艺

在萃取工厂用于添加和混合黏土及有机相的设备很简单，它是由搅拌槽、泵和管道构成的系统。最关键的设备就是脱除有机相中黏土的过滤机以及与之配套的滤布和助滤剂等。

1）压滤机

最常见、最有效的过滤设备就是板框式压滤机。它可用于难过滤的细粒物料，其优点是：操作简便、投资低，每套装置的占地面积和净空高度小，只需简单地改变板和框的数量就能调节过滤机的生产能力；另外，它容易清洗，滤布也很容易拆下来清洗或更换。但是，板框压滤机也有缺点：人工排除滤饼，意味着劳动强度大；压滤机操作时也可能产生滴、漏现象。

2）滤布的选择

衡量滤布优劣的判别标准主要有两条：孔隙适合、材料适合。固体颗粒在滤布上堆积时，大于滤孔者被挡住，小于者应很快通过孔眼，不粘附在纤维上。孔隙愈小，滤液愈清，同时透气性愈差，过滤阻力愈大。此外，滤布应有足够的机械强度，以免产生破洞。

表 16-16 及表 16-17 为斯卡帕过滤产品指南提供的资料。

表 16-16　纱线种类对过滤介质的影响

纱线性质		最大流量	最大停留时间	滤饼最好卸料	滤饼最低水分	对堵塞的抗拒
织法	平纹	4	1	4	4	4
	斜纹	2	3	2	2	2
	经纱	3	2	3	3	3
	缎纹	1	4	1	1	1
纱线	单丝	1	3	1	1	1
	复丝	2	2	2	2	2
	绕制纤维	3	1	3	3	3

注：表中 1 最好，4 最差。

表 16 –17　斯卡帕滤布

滤布代码	类型	材料	重量	透气率	织法	纱线
46K	编织	聚丙烯	520 g/m²	0.2 m³/m²/min	斜纹	复丝/绕制纤维
HP28K	编织	聚丙烯	310 g/m²	5.0 m³/m²/min	斜纹	单丝/复丝
HP41	编织	聚丙烯	315 g/m²	16.0 m³/m²/min	缎纹	单丝/单丝
HP9K	编织	聚丙烯	250 g/m²	25.0 m³/m²/min	斜纹	单丝/单丝

澳大利亚的许多工厂已经证明,诸如具有像 46K 那样性能的滤布用于板框压滤机的黏土处理非常有效。

3)助滤剂的选择

压滤机的最大问题是很难过滤黏性很强的絮凝物。因此需要添加助滤剂改善它的过滤性能。通常是先在滤布上加入助滤剂,使滤布形成滤料层,然后再泵入絮凝物。

使用助滤剂分两步操作。首先,形成滤料层,即很薄的保护层,方法为用流体(在此为有机相)反复循环直到它在滤布上积聚。然后在过滤中以间歇方式(混合)或者连续方式补加助滤剂。这些助滤剂颗粒形成新的表面,生成无数细微的渠道,它捕集悬浮的杂质而让清液通过,不会堵塞(图 16 – 47)。

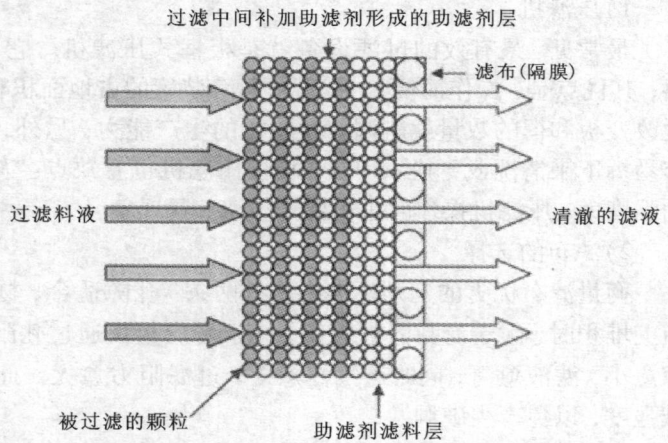

图 16 – 47　助滤剂在滤布上形成的过滤层

使用助滤剂有助于克服过滤速度慢、滤布堵塞及滤液不够清澈等问题。助滤剂通常是球状或纤维状固体,它能形成可渗透的滤饼,后者能够捕集极细小的固体或浆状、变形的物料。

好的助滤剂应具有下列性质:应是低容积密度的介质,以防止沉降并有助于在滤布表面均匀分布;应是刚性的、形状不规则、多孔的单一颗粒以形成高渗透性、不可压缩的滤饼;对被过滤的液体呈化学惰性且不溶解。

铜萃取一直成功地采用硅藻土(DE),它是有效的助滤剂。萃取有机相过滤用硅藻土做助滤剂的优点是它对有机相呈惰性。

16.7.4.4　活性黏土处理系统的设计与操作

1）处理规模与设备连接

一套有效的黏土处理系统所需的全部设备就是一个搅拌桶、一台压滤机和一台适合于加料的高容积/压力泵。这套设备大部分容易买到，且花费不太贵。然而这套设备的选型定位、正确安装和配置对其操作效率和效果关系重大。

每个工厂在选择适合的过滤机时，操作者必须考虑在一定时限需要处理的容积流量。按通常的惯例，建议处理占有机相总流量2%~5%的小排出量。如果选择处理这个流量的过滤机，那么同时需要考虑是否会有更大批量的任务要承担。而且应注意黏土处理有机相不能与絮凝物处理共用一个系统。

也要想到有时候要处理全部有机相存量。根据工业经验，为有效地处理整个系统的有机相，可能需要有处理和过滤五倍于全部有机相存量的能力。

同样，黏土处理槽和过滤机料液泵的大小必须适中，以具备合理的循环时间，即不能用一次只能处理少量有机相的小桶，因为注入料液和添加黏土几乎是连续的过程。

在把设备连成一体的时候应想到使整个工艺过程尽可能连续运转。这只要保证连接设备的管道和阀门以合理的方式配置就能实现，即调节几个阀门的状态，就能使有机相直接引入所希望的位置，而不要过于频繁地开启和关闭过滤机的料液泵。如果出现这种情况，滤饼层可能碎裂，因而使过滤机的操作失效。

2）为黏土处理收集有机相

萃取工艺任何部位的有机相均可进行黏土处理，但是最好用负载有机相进行，这样可以降低"好的"肟被黏土吸附以及减少铁被萃取的机会。

准备用黏土处理的有机相或者来自运转的萃取工厂，或者从系统的其他部位回收，如萃余液池，工厂污水坑，储槽以及絮凝物处理工序，这些有机相应当收集在一个集中的有机相处理槽内。让有机相在其中静置，使其夹带的水相聚结，收集在桶底便于排出。为此，最好采用带有锥形底的桶，有助于夹带水相的收集和排放。达到充分聚结所需的时间应根据具体情况进行测定，关键是，对于准备用黏土处理的有机相需保证基本上没有夹带水相。至于处理絮凝物回收的有机相，如需用活性黏土处理，则应完全排除水分后再进入黏土处理系统。

根据萃取工厂有效运转的一般规律，脱离萃取系统的任何有机相都应该使用黏土处理，然后才能返回系统。通常，脱离萃取系统的有机相，其质量很差，它们是萃余液或电解液的夹带物，以及凝絮物的组成部分，由于污染物的积累而有较大的极性。应特别注意，进入电积电解槽回收的有机相，由于阳极的高氧化环境，它们很难挽救，用黏土处理也无效，只能从工艺过程中排除。

3）工厂有机相黏土处理操作

如果收集的有机相已经不含残留的水相，可以先让它从压滤机至料液槽间反复循环，以检查确认压滤机可供使用，以及过滤和泵送设备没有大问题（如泄漏等），然后再添加硅藻土或黏土等。

当有机相通过压滤机反复循环时，槽内物料可以搅拌，并将所需数量的助滤剂——硅藻土加到槽中。通过压滤机的反复循环，直到循环有机相中看不到硅藻土为止。添加硅藻土的数量应该足够在滤布上形成 1~2 cm 厚的滤料层。

之后在有机相通过压滤机至料液槽反复循环过程中将需要剂量的黏土加入处理槽中。添加黏土或者用人工通过倾卸溜槽从袋中直接倒入处理槽，或者用螺旋加料机将事先量好的剂量从黏土贮料槽送入处理槽。作为安全措施，在黏土处理区及其周围工作的人员要带防毒面具，防止吸入含有极细石英颗粒的黏土。

黏土处理过的有机相通过压滤机反复循环，直到取样表明黏土已完全从有机相中除去为止。然后将压滤机的排出液送入萃取厂的再生有机相槽，使其能进入萃取级。这样做有两个好处：其一，如果过滤后的有机相还有残存的黏土，它会在同水相接触时从有机相中被冲洗出去；其二，如果有从黏土中萃取的铁，它会被水相中存在的铜置换取代。

为了有助于加快过滤周期，可以采用助滤剂连续加料。

上面介绍的黏土处理作业是间歇操作，除了能从萃取系统外回收有机相进行间歇处理外，也可以从萃取流程中以连续分流的方式引出系统的有机相，通过含有硅藻土和黏土的压滤机。过滤萃取系统有机相，这种有效的物理作用也许还有额外的好处，如除去有机相中可能积聚的悬浮固体。

4）黏土处理频率的确定与监测

每个萃取工厂的情况不一样，处理的浸出液和电解液数量各不相同。每个厂的许多其他参数也各具特色，如所用有机试剂的种类、系统温度以及浸出、澄清和电积过程添加的化学试剂等均不同。因此，污染物积累的速度、它们的类型以及有机相组分的降解都会因厂而异。这就意味着需要某种简便易行的方法定期地评估有机相的"良好"状态。

正在运转工厂的黏土处理频率和数量通常由生产线上的分相时间（PDT）来控制，一般可以 60~90 s 分相时间来判断。

除了对运转工厂混合室的样品进行定期的分相时间测量之外，至少每周一次还应对工厂的负载有机相和浸出液取样，在实验室温度下测定达到平衡后的分相时间。

实验室测定过程，可以按水相连续（AC）和有机相连续（OC）状态进行考察。测试的结果和观察也可以揭示萃取工厂的其他问题和状态。

如果观察到不利的时间和现象，就应当按上面所述对有机相样品进行黏土处理，以确定分相时间是否得到改善。

分相时间测试通常能表明是否有降解产物或表面活性剂存在。如果在"正常的"操作处理范围内,分相时间不能较快地改善,那么就应该进行更详细的分析。当然,界面张力(IST)分析应该定期进行,以确定工厂有机相的良好状态及黏土处理方案的效果。

黏土处理会使受污染有机相的界面张力得到改善,参见表 16-18 所列的一个工厂的实例,有机相界面张力分析表明,该有机相的状况曾经极差。

表 16-18　有机相处理对界面张力和黏度的影响

有机相样品	界面张力/(10^{-5}N·cm^{-1})	黏度/cP
工厂的负载有机相	19.3	3.03
实验室黏土处理后有机相(50 g/L)	24.0	3.03
工厂黏土处理后的有机相(50 g/L)	24.1	2.99

在处理含 HNO_3 的浸出液时,由于萃取剂被氧化(称为硝化,参见 16.7.5 节),更需注意用活性黏土进行处理,表 16-19 为一个实例的数据。

表 16-19　用硝化有机相进行黏土处理的试验结果

黏土浓度/%(w/V)	萃取分相/s	反萃分相/s
0	281①	97
1	341②	75
5	105③(297④)	90
7.5	203⑤	50

注:①整个有机相呈稳定的鱼卵状物;②在水相中有机相呈稳定的网状并有稳定的鱼卵状物;③初步分相;④松散的稳定网;⑤清晰的分相。

在硝化可能是潜在问题的地方,从运转一开始就应将严格的黏土处理方案纳入常规的工厂运行管理规程。保持有机相好的质量比出现大量降解问题后才去解决要容易得多。

5)消防泡沫对有机相的污染及处理

铜溶剂萃取厂发生火灾的一个后果,就是许多有机相被灭火泡沫严重污染,能否用黏土处理来回收这种有机相是一个必须关注的问题。

用水相料液与"收到的"被污染的有机相接触,结果生成乳状液,似乎几天都很稳定。用1%浓度的黏土处理这种有机相没有明显改善。

为了检测大量黏土处理的效果,用5%(w/V)的黏土进行试验。用5%(w/V)处理后的分相时间按有机相连续混合萃取分相时间为85 s,按水相连续混合萃取分相时间为70 s,与未被污染的有机相的性能基本一致。按水相连续混合经过处理的有机相，反萃分相时间为 53 s。根据这些结果，工厂受消防泡沫污染的有机相采用 5% 的黏土进行处理，处理后的有机相在溶剂萃取工厂中运行非常好。

16.7.5 浸出液中有害物质对萃取过程的影响及对策

16.7.5.1 锰的影响

1）锰对萃取生产破坏作用的发现

1968 年第一个铜溶剂萃取工厂投产后，经过近 30 年的发展，直至 1994 年，才有北美的四个工厂报告它们受到浸出液中锰的严重影响。如智利的楚丘卡玛塔承认，所用矿石及富浸出液中含有锰，但是由于 Mn^{2+} 本身不被萃取，所以对锰的问题并未引起重视。这些工厂在扩大试验及建厂设计时都忽略了此问题，直至生产状况恶化以后才引起重视。

Mn^{2+} 进入电解液后，在阳极被氧化成高价态，如生成七价的 MnO_4^-，及可能存在的 Mn^{3+}，它们是氧化剂，能氧化破坏萃取剂。MnO_4^- 使溶液电位增加，从而又使 Cl^- 被氧化生成氯气，所以富浸出液中过高的 Cl^- 含量及低的温度，往往又助长了锰的危害。

Mn^{2+} 本身并不为肟类萃取剂所萃取，为何又能进入电解液？经研究发现，浸出富液中的聚合二氧化硅是导致含锰水相进入电解液的元凶，它能在水相为连续相的运转过程中形成漂浮的悬浮物，这种悬浮物随有机相迁移至反萃级，在那里破解，于是锰便进入电解液。

2）锰的危害

锰的危害，既涉及它对萃取剂的氧化所造成的危害，也涉及它对电积过程的影响，这些影响相互之间有一定关联，最终导致萃取—电积产生极大的破坏。

（1）对萃取过程的影响。

①MnO_4^- 氧化肟类萃取剂，使其降解生成醛或酮类化合物，因而使活性萃取剂浓度降低，其直接后果是萃余液铜浓度升高，铜萃取回收率下降。

②萃取剂降解产物都是表面活性剂，萃取动力学研究已证明，有机相的表面性质的变化将引起反应动力学发生改变。事实上，在铜萃取过程中已经观察到，由于锰的影响，反应速度下降，而混合时间不变，所以减少了铜的迁移量，同样其后果也是使萃余液铜含量增加，铜萃取回收率下降，这种影响与萃取剂浓度降低的影响一起，严重时会使铜回收率降低 70% ~90%。

③表面性质的改变，不但对反应动力学造成负面影响，而且由于界面张力降低，会使萃取体系的综合性能发生很多不利的变化。例如降低有机相的疏水性，使有机相的聚结能力降低，分散时间延长。最终使生产过程产生一系列混乱的局面。例如：

a. 产生稳定的混合相，澄清室内形成较深的稳定的分散带；

b. 水相与有机相相互夹带严重，有机相中夹带水相最高可增加到 20000 ppm，水相中夹带有机相也可达到相同水平；

　　c. 相连续状况很难控制，特别是在萃取段相连续性极易改变；

　　d. 从电解液中回收有机相的回收率很低，在反萃系统内形成比表面积大的絮凝物，它们被有机相吸附后将进一步降低其疏水性，导致采用气浮法或聚结法除去有机相的效率下降；

　　e. 萃余液中有机相损失增加，漂浮悬浮物增加，蔓延至整个系统。

　　（2）对电积过程的影响。

　　①直接氧化腐蚀阳极的保护层，在阳极表面产生松散的 PbO 和 Pb（OH）$_2$ 而不是致密的 PbO_2，并从阳极表面剥落，从而加速阳极腐蚀，其后果是阴极铜的铅含量超标。

　　②Mn^{2+} 氧化成 Mn^{4+}，因而在电解液中生成无定形的 MnO_2 沉淀，这些沉淀会在阴极铜表面不平处或胶体颗粒上优先形成，如前所述，这些胶体颗粒主要是二氧化硅。结果 SiO_2 和 MnO_2 混合在一起形成一种非晶态体积庞大而不容易沉降的悬浮固体，在电槽内使阴极铜表面长瘤子。电解槽中的阴极表面产生有机物灼烧，阴极铜产品质量降低，不锈钢板的阴极铜难以剥离。

　　③高价锰离子使电解液的电位升高而加速电解槽内氯化物的氧化，生成氯气并释放到电解车间内，使电解车间操作环境恶化。锰离子浓度越高，电解液中氯化物浓度越高，这种影响越严重。图 16-48 为溶液电位为 500~800 mV 范围内，氯化物浓度与释放氯气的关系。

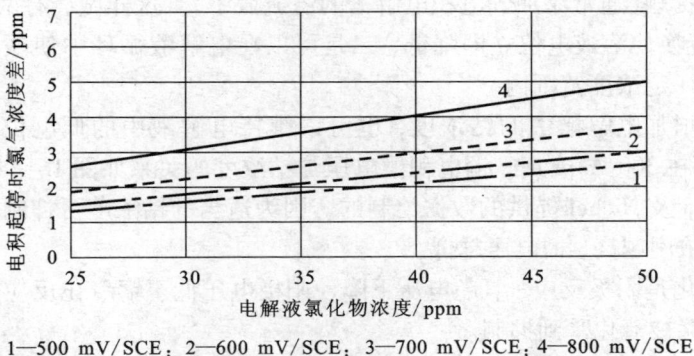

1—500 mV/SCE；2—600 mV/SCE；3—700 mV/SCE；4—800 mV/SCE

图 16-48　电积时氯气的释放与氯化物浓度及 E_h 的关系

　　（3）控制及消除锰的影响与危害的措施。

　　从 1994 年起至今，近 30 年来许多工厂在解决锰的危害方面积累的经验，使我们能够有一套比较成熟的技术处理方案。在设计新的工厂时，设计内容、工厂布局和配套设施方面都应要包括防止"锰害"的内容。在强化生产管理方面应加强铁、锰、二氧化硅的在线分析与监测,定期、及时对絮凝物处理。可用于设计及技术改造的消除锰的影响及危害的具体措施可归纳如下:

①用化学方法抑制锰。

a. 往电解液中添加一种组分,它能降低溶液电位,并被高价锰优先氧化。最容易得到的合适组分是亚铁离子。最理想的方法是适当控制铁的萃取,使反萃富铜液保持一定浓度的铁。转入电解液中的亚铁离子与高价锰离子发生下列反应:

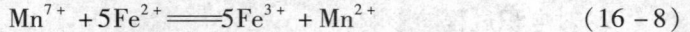

$$Mn^{7+} + 5Fe^{2+} \Longrightarrow 5Fe^{3+} + Mn^{2+} \qquad (16-8)$$

为获得低浓度的 Mn^{7+},必须维持高浓度的 Fe^{2+}(或总铁)。至少必须保持铁锰比 8:1 或 10:1。这大约是化学计量的两倍。电解液总铁含量至少要保持 1 g/L。

而楚丘卡玛塔的工厂在 0.4~0.5 g/L 总铁的条件下运转,这样可以使电解车间维持高电流效率。由于总铁浓度如此低,所以,他们在还原塔中让贫电解液与废铜接触,使溶液电位降低,从而使贫电解液中的锰还原为 Mn^{2+},进入反萃时就不会对有机相造成破坏。

电解液中锰,产生有害影响的浓度取决于铁的浓度。对于溶液含铁 2 g/L 的工厂,锰的最大安全浓度为 200 ppm。楚丘卡玛塔的工厂,在 400 ppm 铁的条件下,锰的最大安全浓度仅为 40 ppm。

很多工厂是往电解液中添加硫酸亚铁,以提供控制锰氧化所必需的亚铁量。这是个高成本的方案,只有在紧急情况下才用。添加铁的另一个方法是用废铁,它与电解液接触(通常添加到电积电解槽的溢流堰中)。这样做会有两个效果:一是因铜/铁置换使溶液电位立即降低;二是可以在电解液循环中使铁累积。但是需要控制在一定浓度范围内。

b. 适当增加电解槽中的钴浓度,也可以维持电解液中的低电位,而不致使 Mn^{2+} 氧化。在 300 A/m^2 时,铜电积槽电压与钴浓度的关系如图 16-49 所示。它是根据 Gupta 及 Nichel 提供的数据绘制的。因为适当的钴浓度可抑制阳极氧的超电压,故钴浓度越高,槽电压越低。

锰的氧化是阳极反应,氧超电压下降使阳极电压低至锰氧化反应所需电压之下,从而使锰被氧化受到抑制。

尽管这种控制锰被氧化的方法未被广泛采用,然而,当有大量锰时,这是管理溶液电位的简易方法。所有刚果和许多赞比亚工厂都有钴回收厂,它的部分钴溶液可添加到铜电积槽,以降低其槽电压。当电解液铁锰比低于 4:1 时,2 g/L 的钴就能降低溶液电位,而不会出现锰被氧化的问题。

②增加洗涤级可以减少锰的影响。

在铜萃取—反萃回路中,安排洗涤级,本来的目的是控制铜电积系统的氯化物,其基本安排是用稍加酸化的水洗涤负载有机相夹带的水相。对于含有高浓度

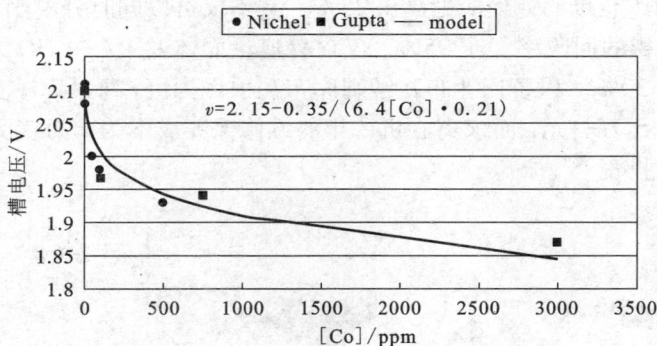

图 16-49　电积槽电压与钴浓度的关系

氯化物的富浸出液工厂或者使用不锈钢阴极的工厂，此工序至关重要。洗涤的同时也能将有机相夹带的含锰水相洗下来，因此可以减少进入反萃级的锰量。

　　一般洗涤水用贫电解液酸化，此时贫电解液中的铜离子也能将负载有机相中铁排挤出来。洗水维持硫酸酸度 10 g/L 比较合理。

　　③控制絮凝物的产生及絮凝物的处理。

　　来自于浸出工序的含铜富浸出液中，可能存在胶状二氧化硅。它们在水相连续情况下，会产生松散的漂浮絮凝物。二氧化硅也可能被有机相吸附，进而随负载有机进入反萃级，最后进入电解槽。往往在这种情况下，锰会加剧对有机相破坏。在用黏土处理负载有机相时，也可能有黏土颗粒逸出，并在有机相富集。漏滤的黏土颗粒也会加剧絮凝物产生。大量漂浮絮凝物导致大量的水相夹带。在这种情况下，唯一的方法是使所有混合室都按有机相连续操作，使絮凝物被压缩在相界面，而减少夹带。自然，减少混合室吸入空气量，减少有机相处理过程中黏土的逸出，对减少絮凝物量也是有益的。

　　为了将絮凝物的量降至最低，预先在富浸出液池中用絮凝剂降低其中的可聚合二氧化硅含量，并在负载有机相进入反萃级之前用合适的聚结器捕集和除去其中的絮凝物是有效的措施。

　　为了便于收集处理絮凝物，在萃取箱澄清室内可安装一个收集集流管，调节水相溢流堰将相界面控制在收集管的位置，用抽吸泵将网状絮凝物排出处理。

　　由于三相离心机设备与使用技术的完善，目前最佳的处理方案是将絮凝物处理与黏土处理这两个各自独立的系统，通过共用一台三相离心机，结合成为一个综合处理絮凝物，除去降解产生的表面活性物质并回收有机相的综合系统[27]（图16-50）。当处理来自萃取工序分流的有机相时，三相离心机可以将有机相、水相及少量润湿的颗粒状的固体排出。分离出来的有机相在另一搅拌槽进行活性黏土处理，然后再泵入三相离心机过滤。处理好的有机相返回萃取工序使用。三相离心机比两相离心机的处理能力高出25%。它不仅可以同时分离固体渣、水相和有机相，有机相的回收率大于95%，仅含有痕量固体及1%(*V/V*)的水分。有机相的消耗下降30%。以赞比亚布瓦纳姆库布瓦项目为例，每月因减少有机相损失节约的费用为5万美元，而该离心机一年的维修保养成本为2万美元。四个月的时间就可收回投资[28]。

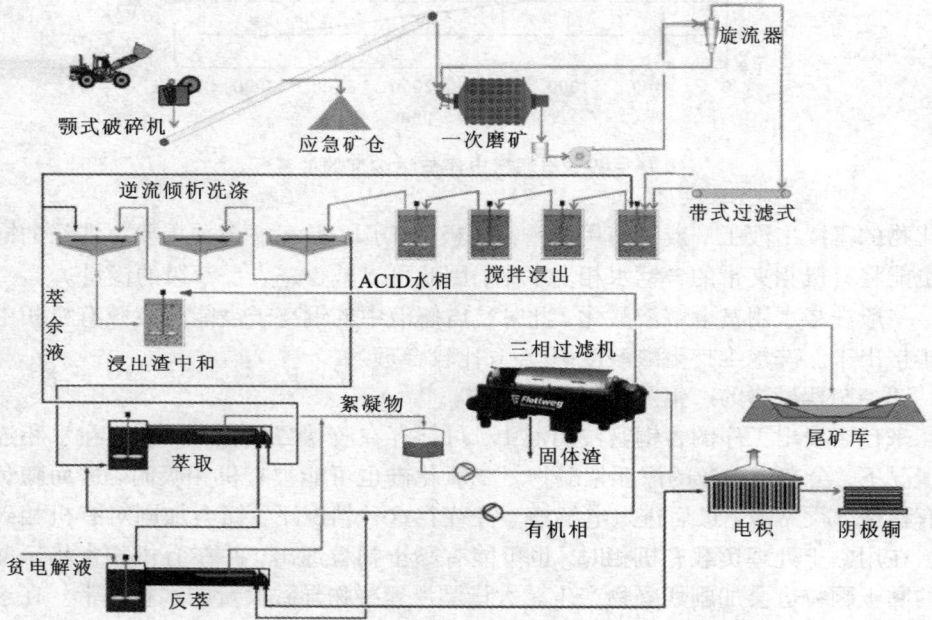

图16-50 铜萃取工厂的三相离心机安装示意图

④强化聚结，改善分相，减少夹带。

无论负载有机相夹带的料液或反萃富铜液夹带的有机相，均以细小液滴被包裹。只有将这些液滴聚结成较大的液滴，它们才可以从被包裹的母体溶液中分离出来。现在一些大型萃取工厂都有这种设施。这些设施包括：

a. 在萃取箱澄清室内安装尖桩栅栏，可以使液流速度在此增加10倍，产生碰撞聚结。如果设置多重栅栏可分裂和重新混合液流，结果可进一步改善聚结性能，加速混合相分离。

b. 用深床聚结器处理负载有机相或富电解液。深床聚结器高约4 m，填充聚丙烯丝网作为填充料。楚秋卡玛塔的经验证明它能将水相夹带从15000 ppm降至400 ppm。如用于富电解液处理，可以使富电解液夹带的有机相回收85%~90%。

c. 采用MMS公司开发的类似深床型的聚结器，内置不同的聚结材料，安排不同的湍流模式。多个工厂的使用经验证明，可以从负载有机相除去 95% 的夹带水相。

作为聚结、回收有机措施的补充手段，是从萃余液中回收有机相。一般的处理方法是在萃取段水相出口级安装一台气浮塔或萃余液后澄清室。经过气浮塔或澄清之后的萃余液，再排入工厂的萃余液池。萃余液池容量大，可容许萃余液停留 8~24 h，这一时间比在后澄清室中长 15~50 倍，所以大多数工厂都不设后澄清室而是从萃余液池中回收漂浮的有机相。为此，萃余液池需安装一个浮动的撇清器和倾析系统，或者是用浮动的"绳索拉布"（图 16-44），从萃余液池中回收有机相。所有回收的有机相必须经过黏土处理之后才能返回系统使用。

⑤减少阳极的腐蚀。

减少阳极腐蚀可采取两个措施：a. 定期清洗电解槽，并对阳极除垢。b. 向电解液中添加凝聚剂，如瓜尔胶。这能使阴极铜表面光滑同时也可除去絮状沉淀，减少固体微粒沉积，避免阴极表面瘤子生成。

16.7.5.2　硝酸盐对铜萃取的影响[29]

1）问题的由来

在智利，由于独特的地质条件，氧化铜矿床中沉积有少量硝石，硫酸浸出氧化铜矿时，它们溶于富浸出液中。由于萃余液返回浸出，随水溶液在浸出—萃取之间反复循环，硝酸盐在溶液中逐渐积累。当硝酸盐达到一定浓度时，它们对工艺过程的负面影响逐渐暴露出来，使生产无法正常进行。其现象为：

（1）工厂生产能力仅能达到设计能力的 60%；

（2）阴极铜质量差，结晶不规则，甚至呈海绵状；

（3）有机相对铜的净迁移量急剧下降；

（4）有机相的物理性能不佳；

（5）萃取剂和稀释剂的耗量高。

在一家萃取厂使用的有机相为 LIX622N（LIX622N 为 5-壬基水杨醛肟，添加了十三醇作改质剂），稀释剂为 Orforn SX12，运转一段时间后，出现不正常的现象，有机相样品中除萃取剂、稀释剂外，出现了 5-壬基水杨醛、3-硝基-5-壬基水杨醛肟、和 2-硝基-壬基苯酚。分析结果表明，萃取剂发生了水解、降解产物即为 5-壬基水杨醛；同时出现硝基取代产物，表明萃取剂已为硝酸氧化。

2）硝酸氧化萃取剂的机理

与锰一样，硝酸也是氧化剂，但它们对萃取剂的氧化机理不一样。

化学家们在深入研究芳香化合物硝化反应动力学的过程中发现，真正起作用的是由以下形式离解产生的硝鎓离子 NO_2^+：

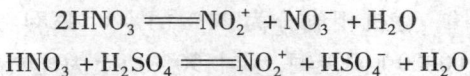

$$2HNO_3 \Longrightarrow NO_2^+ + NO_3^- + H_2O$$

$$HNO_3 + H_2SO_4 \Longrightarrow NO_2^+ + HSO_4^- + H_2O$$

因此，硝化过程可用下式表示：

因此，LIX622N 被硝镓离子氧化后的产物为 3 – 硝基取代物 – 硝基醛肟（图 16 – 51）。

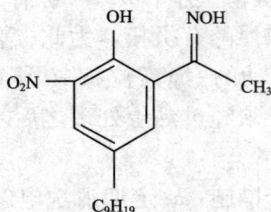

图 16 – 51 ´硝基醛肟

硝基醛肟是一种非常强的氧化剂。它非常强烈地键合铜，在溶剂萃取厂使用的典型硫酸浓度条件下很难萃铜，萃取反应无法逆向进行。当硝基醛肟在有机相中的浓度累积到一定高时，铜的传递能力明显下降。

3）应对措施

智利巴亚斯铜萃取厂发现生产反常现象后，即与萃取剂供应商 Cognis 公司合作，在查明是硝镓离子的氧化作用造成的后果后，前后采取了一系列应对措施。

（1）用 LIX84 – 1 代替 LIX622N。LIX84 – 1 是 2 – 羟基 – 5 – 壬基苯乙酮肟，其抗水解性能优于醛肟。

（2）改变流程配置。将原来的一级洗涤、两级反萃改为两级洗涤、一级反萃。减少反萃级数，即减少了强酸与有机相的接触时间，间接地减少了有机相的水解趋势。减少了硝酸根和氯根向富电解液的迁移量，增加一级洗涤，即增加了从有机相中洗出夹带水相及降解产物的强度，因而既降低富电解液中硝酸根与氯根的浓度，又减少了负载有机相中的表面活性杂质的数量。

（3）向富电解液中添加硫酸亚铁。用 Ag/AgCl 标准电极测量富浸出液中的溶液电位，其值达 800 mV 以上，添加硫酸亚铁以后，电位值降至 600 mV 以下，系统中有机相降解/硝化几乎立即消失，与此同时，控制萃余液 pH 始终在大于（等于）1 的水平。

自从采取了这一系列措施后，工厂生产一直稳定运行，目前萃取厂处理能力大约为 1800 m^3/h 料液，其成分为含铜 4.73 g/L，铁 1.06 g/L，NO_3^- 21.5 g/L，Cl^- 10 g/L，pH 为 2.0；有机相成分为 24%（V/V）LIX84 – 1，SX12 为稀释剂。2002 年，矿山生产了 60000 t 阴极铜，其中 90% 以上为优质品。

16.7.5.3　抗氧化萃取剂的开发[30, 31]

针对 HNO_3 及 MnO_4^{2-} 对萃取剂的氧化破坏作用，Cytec 公司开发了两种萃取剂，一是改善醛肟萃取剂抗硝酸离子氧化的 ACORGA NR 系列。这种萃取剂无论萃取或反萃，在较高的硝酸离子存在下，醛肟的活性不会被破坏。

二是抗氧化萃取剂 Acorga OR 系列。锰的存在导致电解液氧化还原电位相当高，造成萃取剂氧化降解现象时有发生。CYTEC 工业有限公司研发出一个新配方，ACORGA OR 系列萃取剂，能强化对肟的保护作用，免受高氧化还原电位的影响而致使萃取剂降解。采用这种萃取剂可以不必严格控制贫电解液的 Fe^{2+}/Mn 比，即使贫电解液在高的氧化还原电位(ORP)下进行反萃，也不必担心萃取剂被氧化。

16.7.5.4　铁的影响及控制

尽管现在的铜萃取剂有很高的铜铁选择性，但是铁还是能进入电解液，现有资料证明，80%的铁都是由于与萃取剂的化学作用而进入电解回路中的，由于夹带引起的铁迁移只占20%。

如前所述，在电解液中保持一定的铁离子浓度是有利的，它可以抑制电积时高价锰的形成。但在湿法炼铜闭路循环过程中，铁终归还是会积累，直至达到允许的限度，因此任何一个工厂的操作规程中都要安排定期排出部分贫电解液，将铁开路。

铁离子不会在阴极析出，但在阳极氧化、阴极还原的条件下，铁存在 Fe^{2+}/Fe^{3+} 之间的反复循环，可使电流效率下降。图 16-52 为不同电流密度下三价铁离子浓度与电流效率的关系。从图中可看出，铁离子浓度越高，电流效率越低。通常情况下，电解液中铁浓度控制在 3 g/L Fe 以下。

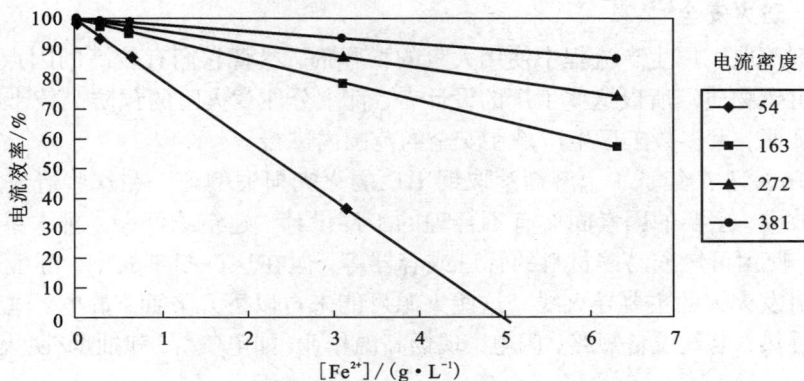

图 16-52　不同电流密度(A/m^2)下[Fe^{3+}]与电效之关系

控制铁在电解液中的积累, 通常采用以下方法:

(1) 选择具有高选择性的萃取剂, 如 Acorga M5774。

(2) 负载有机相采用较高的铜负载率, 铜负载率90%以上。

(3) 当料液 Fe/Cu 比很高时, 增加洗涤级。

(4) 负载有机相通过聚结塔处理, 减少水相夹带。

墨西哥的 MDC 工厂, 浸出液成分为 Cu 1.8 g/L, Fe 44 ~ 48 g/L, pH 0.9 ~ 1.1。采取以上措施后, Cu/Fe 比从 100∶1 提高至 200∶1。贫电解液排放率, 从 50 L/min, 降至 20 ~ 30 L/min。电解液铁的浓度从原来的 7 ~ 8 g/L, 降至 5 ~ 6 g/L。不仅提高了电流效率, 同时降低了操作费用。

北美某些铜矿山为了减少排放贫电解液的经济损失, 采用特种分离膜技术, 处理排放的贫电解液, 利用膜对各组分的截留率不同, 让铁含量低的透过液直接返回电解槽, 而铁含量高, 钴、铜、硫酸含量均较低的截留液送去处理后排放。现场试验的数据见表 16 – 20 所示。

表 16 – 20　贫电解液脱杂的现场试验数据

元　素	Cu	Fe	Mn	Co	H_2SO_4
贫电解液/$(g \cdot L^{-1})$	38.7	1.14	0.018	0.067	199.9
截留液/$(g \cdot L^{-1})$	48.1	2.89	0.028	0.098	196.0
渗透液/$(g \cdot L^{-1})$	34.1	0.44	0.014	0.055	200.5
截留率/%	12	61	22	18	0
与铁比较的截留率差/%	49	0	39	43	61

16.7.6　防火安全[32, 33]

溶剂萃取工厂生产流程中使用大量的稀释剂, 尽管它们有较高的闪点, 但仍然属于可燃物质。所以这些工厂的设计者, 都十分注意火险的预防。数十年的生产实践证明, 大多数工厂生产是在安全的范围内进行。

表 16 – 21 汇集了 4 个溶剂萃取铜工厂的火灾损失例证。在这些造成严重损失的事故中, 主要的因素固然有不合理的工厂设计、建筑物间距、排水系统、防洪措施, 使用可燃或易碎材料的管道或容器等, 但在这许多事故中, 环境的火源常常是引发火灾的主要导火线。这些火源可能来自以下几方面: 静电、电气或机械设备过热, 电气设备短路, 闪电, 现场高温作业(如电气焊)和抽烟/明火等。

表 16 – 21　铜溶剂萃取工厂的火灾事故

地点	日期	工 艺	防火措施	事 故	原 因	后 果
澳大利亚	1999	溶剂萃取铀和铜。户外作业，高密度聚乙烯塑料管	部分用泡沫水喷淋装置，人工用泡沫监控喷嘴施救	溶剂从塑料管溢出。火势蔓延至整个地区。用破旧塑料管添加溶剂	未报道	工厂部分损毁，报道称损失逾 4000 万美元，停产 9 个月
澳大利亚	2001	煤油当稀释剂萃取铀、铜。户外作业，高密度聚乙烯塑料管	部分用泡沫水喷淋装置，人工用泡沫监控喷嘴施救	用破裂塑料管添加溶剂，溶剂从塑料管溢出。火势蔓延至整个地区	可能是非导电性的塑料管内部净电火花	整个工厂严重损毁，报道称损失逾 1 亿美元，停产 2 年
美国	2003	用溶剂萃取铜。户外作业	未知	溶剂着火殃及混合澄清室	未报道	4 个混合—澄清室部分损毁，据 AP 报道损失 500 万 ~ 1000 万美元
墨西哥	2003	用溶剂萃取铜。户外作业	未知	溶剂着火殃及混合澄清室	未报道	未报道

　　防止火灾是任何溶剂萃取工厂（车间）日常生产管理的重要内容，对于湿法炼铜如此大规模作业，此问题显得尤为重要。有关湿法炼铜厂厂房的防火设计见第 24 章，对于转入正常生产的工厂，关键是加强生产安全管理，其要点为：

　　①加强电气设备的安全管理；

　　②对必须进行的现场设备维修，应准备可靠的防范及应急措施；

　　③加强安全教育，厂区内严禁吸烟；

　　④加强稀释剂、萃取剂等危险品的仓库管理。

16.8　典型湿法炼铜工厂

　　世界部分湿法炼铜企业名录[50]见表 16 – 22，对其中有代表性的工厂简介如下。

表 16-22 世界部分湿法炼铜企业

公司	厂名	投产年份	浸出方法	矿石品位/%	产量/(kt·a⁻¹)	Cu/(g·L⁻¹)	pH	萃取系列	每列料液流量/(m³·h⁻¹)	萃取剂	萃取	反萃	洗涤	备注
Freeport McMoran	Morenci – Central	1987			7	2.22	1.51	1	2950	ACORGA M5910	2E + PE	1		
	Morenci – Stargo	1988			120	2.6	1.60	6	1890	LIX618NLV	5串并联,1个串联	1		
	Morenci – Modoc	1992			80	2.24	1.66	2	3070	ACORGA M5910	2E + PE	1		
	Morenci – Metcalf	1989			60	2.3	1.63	2	2700	ACORGA M5910	2E + PE	1		
	Safford				70					ACORGA M5910				
	Chino	1988	堆浸	0.25	35	2.2	1.9	2	1360	ACORGA M5910	2	1		
	Tyrone	1984	堆浸	0.4	50	1.6	1.9	4	1987	ACORGA M5910	2	1		
	Sierrita	1975	堆浸		20	0.96	2.08	6	1783 + 263	ACORGA M5910	2/3	1	1	美国
	Bagdad	1970	堆浸		7	1.4	2	4	216	ACORGA M5910	2E + PE	1		
	Miami	1979	硫酸高铁熟化处理	0.55	10	2.8	2	2	1930	ACORGA M5910	2E + PE	1		
	Tohono									ACORGA M5910				
ASARCO	Ray	1980	废石堆浸分层堆浸	0.7	45	5.0 / 0.96	1.8 / 2.2	1 / 2	680 / 680	M5397	2 / 1	2 / 2		
	Silverbell	1997	堆浸	0.4	20	1.4	2.0	2	1000	ACORGA M5910	2	1		
BHPBilliton	Miami		堆浸	0.55	2	2.8	2	2	1930	LIX 612 NLV	2串并联	1		
	Pinto Valley	1981	废矿堆浸	0.1	2	0.8	2.1	2	820	LIX 612 NLV	2	1		
Quadra	Carlota				20					ACORGA M5774				
	Mineral Park		矿山废水		2	$c_{Cu}/c_{Fe} = 0.2 : 1.6$	2	2	1440	ACORGA M5774	PE + PE + PE	1		

续表 16-22

公司名称		投产年份	浸出方法	矿石品位/%	产量/(kt·a⁻¹)	料液成分		萃取系列	每列料液流量/(m³·h⁻¹)	萃取剂	流程级配			备注
公司	厂名					Cu/(g·L⁻¹)	pH				萃取	反萃	洗涤	
Soc. Min. Pudahuel		1980	薄层浸出		15	3.0	1.9	3	200	LIX 984	2	2		智利
Centromin, cerro de Pasco		1980	矿山水		6	1.0	2.0	2	360	M5640	3	2		秘鲁
Anglo American	El Soldado				8					LIX 9790				
	Los Bronces				37					PT5050MD				
	Manto Verde	1995	制粒堆浸	0.82	62	5.5	1.4	1	1150	M5640	2E	2S	1W	
	Mantos Blancos	1995			42	7	1.4	1	800	M5640	2E	2S		
Antofagasta Minerals	El Tesoro				80					LIX 84I				
	Michilla				40					LIX 84I/LIX 860NI				智利和秘鲁
Barrick Chile	Zaldivar	1995	90% 11.5 mm 制粒熟化堆浸	1.4	110	3.8	2.4	4	1200	LIX 984NC/M5774	2E	1S		
BHP Billiton	Cerro Colorado	1994	堆浸	1.2	100	3.5	1.5	5	800	LIX 84IC/LIX 860NIC	2E	1S		
	Escondida Oxidos	1998	制粒堆浸		120	c_{Cu}/c_{Fe} =6:10	1.2 ~ 1.5			M5640				
	Sulphide Leach		制粒细菌浸出	0.4	190	3.5	2	2	2250	M5850	2E + PE	1S	1W	
	Spence				180					LIX 84I				
Cemin	Dos Amigos	1997	98% ~ 20 mm 细菌堆浸		10	3.6	2.1	1	180	LIX 9790N	2E + PE	2S		

续表 16-22

公司	厂名	投产年份	浸出方法	矿石品位/%	产量/(kt·a⁻¹)	料液成分 Cu/(g·L⁻¹)	pH	萃取系列	每列料液流量/(m³·h⁻¹)	萃取剂	萃取	反萃	洗涤	备注
Cerro Dominador	Catemu				20					LIX9790/LIX84I/M5910				
	Santa Margarita				15					M5640				
Cerro Negro	Cerro Negro				6					M5640				
CODELCO	El Teniente	1995	天然浸出 矿坑水	硫化矿，冶炼灰尘	5	1.2	2.8	1	367	LIX84I/LIX 860NI	2	1		
	El Salvador				20					LIX84I/LIX 860NI				
	SBL (Sulphide Low Grade)				18					M5774				智利和秘鲁
	Chuquicamata Oxidos				125					M5774				
	Gaby		制粒堆浸	0.41	150	c_{Cu}/c_{Fe} =5:23	1.5	2	1650	M5774	2E	1	1	
	Radomiro Tomic	1997	矿石破碎 -12.5 mm 制粒熟化堆浸	0.4	300	6	1.2~1.6	3/1	1200~1500	M5774	2	1/2	1	
Collahuasi	Collahuasi				50					M5640				
Freeport Mc Moran	El Abra	1996	堆浸	0.79	170	5.46	1.62	4	1400	LIX 84I/LIX 612NLV	2	2		
	Cerro Verde	1977	堆浸		90	3.14	1.90	4/1	328/1150	LIX 984NC/612NLV	2 + PE/2	2/2	1	
Haldeman	Sagasca				12					LIX984N				

续表 16 - 22

公司名称 公司	公司名称 厂名	投产年份	浸出方法	矿石品位/%	产量/(kt·a⁻¹)	料液成分 Cu/(g·L⁻¹)	料液成分 pH	萃取系列	每列料液流量/(m³·h⁻¹)	萃取剂	流程级配 萃取	流程级配 反萃	流程级配 洗涤	备注
Mantos de la Luna	MDLL			0.25	14					M5640				
	LIPESED				0					M5640				
Pucobre	Biocobre				9					LIX984N				
MILPO	Rayrock				6					M5640				
	Chapi				8					M5640/M5774				
Teck Cominco	Quebrada Blanca	1994	细菌堆浸		80	3	1.9	3	1000	LIX 984N	2	1		智利和秘鲁
	Andacollo	1996			18	3.13	1.8	1	827	LIX 984N	2 + PE	1		
Centenario Copper	Franke				15					LIX 984N				
Xstrata	Lomas Bayas				60					LIX 84I				
Duck	Sierra Miranda				2					984N				
	Tintaya	2002	搅拌浸出,堆浸		25	6.2	2	6	698	M5640	2	2		
Southern Perú	Toquepala				38					LIX 984NC/M5910				
Cia Minera de Cananea		1980	堆浸		12.7	2.5	2.0	1	730	M5640	2E + PE	1		墨西哥

续表 16-22

公司	厂名	投产年份	浸出方法	矿石品位/%	产量/(kt·a⁻¹)	Cu/(g·L⁻¹)	pH	萃取系列	每列料液流量/(m³·h⁻¹)	萃取剂	萃取	反萃	洗涤	备注
Grupo Mexico	Cananea (at regular rate)	1988 扩建	堆浸	0.25	42.3	$c_{Cu}:c_{Fe}$ =2.3:48	0.9 ~ 1.1	5		65% ACORGA M5774	2×2E +PE	1		墨西哥
	Nacozari				22					75% ACORGA M5774	3×2E	2		
Grupo Frisco	Minera Maria				5					50% ACORGA M5774				
Grupo Penoles	Milpillas				30					ACORGA M5774				
Frontera	Piedras Verdes				10					LIX 984N				
	Gibraltar Mines	1986	废石细菌浸出	0.14 ~ 0.15	6	1.0	2.0	1	690	PT5038	2 / 1	1 / 1		冬季液温5℃ 串并联 加拿大
Vale	Vale demo plant				5					LIX9790				巴西
MCM	MCM				1					M5850				
Caraiba Metais	Caraiba				7					M5850				
Vedanta	KCM				45					M5774				
FQM	Kansanshi				120					40% OPT5510 & 984N				赞比亚
Mopani	Mopani – Nkana I (Co/Cu)				20					984N				

续表 16－22

公司名称		投产年份	浸出方法	矿石品位/%	产量/(kt·a⁻¹)	料液成分		萃取系列	每列料液流量/(m³·h⁻¹)	萃取剂	流程级配			备注
公司	厂名					Cu/(g·L⁻¹)	pH				萃取	反萃	洗涤	
	Mopani - Nkana II (oxide agitated leach)				10					984N				
	Mopani - Nkana II (stope - leach)				2					984N				赞比亚
	Mopani - Mufilera I				10					984N				
	Mopani - Mufilera II				10					984N				
	Mopani - Mufilera III				10					984N				
Metorex	Kabwe (Sable Zn)				6					984N				
Metorex	Ruashi Etoile Phase II				25					984N				
Chemaf	Usoke Plant				15					984N				
SOMIKA	SOMIKA				5					984N				
FMC	Tenke Fungurume				70					984N				刚果(金)

续表 16-22

公司名称		投产年份	浸出方法	矿石品位/%	产量/(kt·a⁻¹)	料液成分		萃取系列	每列料液流量/(m³·h⁻¹)	萃取剂	流程级配			备注
公司	厂名					Cu/(g·L⁻¹)	pH				萃取	反萃	洗涤	
OMG	Kokkola				15					M5640X				芬兰
Immet	CobreLas Cruces				26					973N				西班牙
Russian Copper	Gumeshevsky Russia				15					984N				俄罗斯
BHAS. Port Pire		1984	Cl/SO₄²⁻/O₂ 搅拌浸出		3.5	35	1.5	1	20	M5640	2	2		南澳
Birla	Nifty (Closed down Jan 2009)				0					984N				
Straits	Whim Creek (Only 2 years approx mine life left)				5					984N				
Copper Co	Lady Annie (gone into admini-stration)				10					984N				澳大利亚
Matrix	Mt Cuthbert (gone into admini-stration)	1996	矿石破碎80% -25 mm 堆浸	1.8	设计 4.5	3	2	240	1	984N	2	1		
BHAS	Port Pirie				4					860 (C12)/84				

续表16-22

公司名称		投产年份	浸出方法	矿石品位/%	产量/(kt·a⁻¹)	料液成分		萃取系列	每列料液流量/(m³·h⁻¹)	萃取剂	流程级配			备注
公司	厂名					Cu/(g·L⁻¹)	pH				萃取	反萃	洗涤	
Compass	Browns (gone into admini-stration)				0					M5774				澳大利亚
BHPBilliton	Olympic Dam				18					860 (C12)				
OZ Minerals	Sepon				60					973N				老挝
MICCL	Monywa				5					973N				缅甸
紫金矿业		2006	细菌堆浸	0.4	10	3.2	0.9	1	390	984N/ZJ988	2E+PE	1S	1W	
灵宝黄金			金精矿焙烧	2	15	5	1.2	1	350	LIX973N	2E	2S	1W	
中原黄金			金精矿焙烧	2	10	8	1.0	2	60/40	LIX973N	2E	1S	1W	
玉龙铜矿		2008	堆浸	1.5	10(设计)	4	1.3	1	400	M5640	2E	1S	1W	中国
尼木铜矿		1999	堆浸	0.5	1.5	1.6	1.5	1	110	M5640	3PE	2S		

注: E—串联萃取级; PE—并联萃取级。

16.8.1 世界第一个商业运行的铜萃取工厂[34]

美国兰彻斯(Ranchers)公司兰鸟浸出—萃取—电积工厂是世界第一家铜萃取工厂。浸出系统由 9 个面积约 5600 m², 深为 0.6 m 的浸出池和体积为 21 m × 61 m × 1.8 m 的氯丁橡胶衬里的贮液池组成。露天开采矿石每天 1100 t。矿石运往浸出池, 每池浸出周期 15 天, 累计约浸出 135 天。浸出液含铜 1.8 ~ 2.4 g/L, 泵入贮液池, 再经硅藻土过滤后进入萃取原液槽。萃取设备安装在室外, 有机相由 9.5% LIX64N 与 Napolem470 稀释剂组成。萃取相比 O/A 约为 2.5∶1, 澄清室面积为 82 m², 澄清速率为 5.7 m³/(m²·h), 萃取段控制有机相为连续相。三级萃取, 二级反萃, 负载有机相含铜 1.37 g/L。萃取总流量约 1620 m³/h。萃余液含有机 250 ppm, 通过气浮槽用 Dowfront 250 回收有机相后返回堆浸液池。反萃液为贫电解液, 含铜约 30 g/L, 含硫酸 140 g/L, 反萃富液含铜 34 g/L 送电解。再生有机相含铜约 0.15 g/L。典型生产数据见表 16 – 23, 铜在各级的分布见表 16 – 24。

表 16 – 23 典型生产数据

物料名称	流量 /(m³·min⁻¹)	含量/(g·L⁻¹)			
		Cu	H₂SO₄	Fe	Fe³⁺
浸出液	6.53	0.65	7.9	2.4	2.1
循环溶液	1.27	1.85	3.5	2.4	2.1
萃取厂料液	4.67	3.02	4.5	2.4	2.1
萃余液	4.67	0.40	8.0	—	—
负载有机相	10.05	1.37	—	—	—
反萃后有机	10.05	0.15	—	—	—
富电解液	2.40	34.2	142.5	2.6	2.0
贫电解液	2.40	29.1	150.1	—	—

表 16 – 24 铜在各级的分布

级数	萃取段含铜量/(g·L⁻¹)		反萃段含铜量/(g·L⁻¹)	
	水相	有机相	水相	有机相
1	1.73	1.37	34.2	0.48
2	0.88	0.77	30.50	0.15
3	0.40	0.37	—	—
料液(或反萃剂)	3.02	—	29.10	—
再生有机(或负载有机)	—	0.15	—	1.37

该厂原设计能力为 13.6 t/d, 实际生产 20.4 t/d, 酸耗 5.5 t/t 铜, 全厂 98

人，三班作业，每班萃取、电积各 1 人操作。

16.8.2　世界上最大的尾矿生产铜的工厂[35]

赞比亚联合铜业有限公司拥有世界上最大的从浮选尾矿浸出—萃取—电积生产电解铜的工厂，即赞比亚恩昌加铜业公司钦戈拉溶剂萃取电积厂，该厂于 1974 年建成投产，由戴维公司承包工程设计和建没，是世界上最大的铜搅拌浸出工厂。投产时阴极铜年产量约 6 万 t。经过三期扩建，阴极铜生产能力为 100000 t。尾矿含总铜 1% 左右，其中的酸溶铜 0.6% ~0.8%。

该厂浸出槽为直径 10.6 m，高 18 m 的空气搅拌帕秋卡槽。浸出矿浆排入浓密机进行逆流倾析洗涤。浸出渣用带式过滤机过滤。最初采用 LIX64N 萃取剂，现在用 60% LIX984N、40% Acorga PT5050 萃取剂。

处理的物料为浮选尾矿（含铜 0.68%）、堆存尾矿（含铜 2.25%）和部分废石。矿物用稀硫酸预浸，后送往帕秋卡槽进行两段浸出，每段有四台帕秋卡槽（直径 10.6 m，高 18 m）。浸出矿浆在直径 76 m 浓密池逆流倾析洗涤，浓密机底流（浓度 60% ~70%）加石灰中和后泵往尾矿坝，浓密池上清液含悬浮物约 200 ppm，通过砂滤器获得清液（含悬浮物 10 ppm）送萃取工厂。

日处理矿石量 30000 t，浸出液流量 3200 m³/h，浸出液含铜 5 g/L，铁 0.4 g/L，锰 0.2 g/L，pH 1.8 ~2.0。有四个萃取系列，其中两列串联，两列串并联。每个系列三级萃取，二级反萃。萃取剂两列为 18% LIX984N，另两列为 Acorga PT5050。稀释剂为 Escaidl00，每个系列水相流量约 800 m³/h，有机相流量 880 m³/h。萃取澄清速率为 3.6 m³/(m²·h)。反萃贫电解液流量 200 m³/h，通过电解液循环来维持混合室内相比为 1:1。反萃澄清速率为 4.8 m³/(m²·h)，反萃液含铜 30 g/L，含硫酸 180 g/L，富铜电解液含铜 50 g/L，含硫酸 150 g/L。萃取维持水相连续，反萃为有机相连续。

这个厂的主要技术指标为：浸出率 61.39%，萃取率 90%，反萃率 65%，铜单位迁移量（1% 萃取剂）0.266 g/L，总回收率 61%。萃余液中有机液含量为 13 ppm，电解液中有机溶液含量为 45 μg/g。界面絮凝物比预料的多，每年用泵抽几次存入地下污物池，然后用离心机回收夹带的有机相。

铜电积的平均电流密度 320 A/m²。溶剂萃取工厂带入电解液中的固体物对电铜质量有很大影响，特别是当电解液中有机含量夹带达 150 ~200 ppm 时，会与细粒固体一起在阴极板上部形成松散粉状沉积，即阴极烧板，这部分阴极通常含铅很高。

恩昌加（Nchanga）浸出工厂，属于 FQM Kansanshi 矿，2009 年生产阴极铜 120000 t。

16.8.3　巴格达德铜萃取工厂[36]

巴格达德铜萃取工厂和兰鸟萃取厂一样，属于早期铜萃取工厂，它是世界第一个采用堆浸—萃取—电积的工厂。露天矿石堆浸产生的富浸出液，流量为 864 m^3/h，含铜 1.4 g/L。萃取共有四个系列，每系列处理料液量为 216 m^3/h，且均为四级萃取，四级反萃。用 LIX 64N 萃取剂，萃取相比 O/A 为 2.0：1.5，前三级为水相连续，第四级为有机相连续，目的在于减少萃余液对有机相的夹带损失。絮凝物约含有机相 98%，含硅 2%。定期将一级的界面絮凝物抽出，过滤回收有机相。萃余液含铜 0.2 g/L，返回浸出。反萃液为贫电解液，含游离硫酸 130 g/L，反萃段第一级为有机相连续，其余三级均控制水相连续，反萃富铜电解液含铜 56 g/L，含硫酸 90 g/L，再生有机含铜 0.25 g/L。萃取箱均采用 316 L 不锈钢制造，澄清速率 3.6 $m^3/(m^2 \cdot h)$，混合室搅拌器功率为 7.8 kW。

该厂投资 500 万美元，日产电铜 18.1 t，原计划 7 年回收投资费用，据报道生产第一年即已回收。每公斤铜产品的生产成本为 22 美分，其中溶剂萃取为 7.7 美分，包括溶剂损失费 2.2 美分，溶剂损失量为处理 1000 m^3 料液损失 0.043 m^3。

现在已经改用 Acorga M5910，2 级萃取 1 级反萃。2009 年生产阴极铜 7000 t。

16.8.4　世界第一个矿石破碎/磨矿搅拌浸出工厂[37]

1975 年阿纳马克斯公司在亚利桑那州特温·布特建成一座年产 36000 t 阴极铜的萃取工厂，该厂是由韦斯坦·克纳普(Westen Knapp)和戴维(Davy)公司联合建造的，这是 80 年代世界第二大搅拌浸出—溶剂萃取工厂。日处理氧化矿量 9100 t(含铜 1%)，将矿石破碎并磨至 -200 目占 85% 的粒度，调成 60% 的矿浆，浸出每吨矿加入硫酸 82 kg，在五个内衬橡胶的机械搅拌槽内浸出。浸出矿浆浓度为 50%，在四个浓密池内进行逆流倾析洗涤，浓密池直径 122 m 用 316 L 不锈钢制造，还设有两台尺寸相同的浓密机用来调整浸出液的 pH(从 1.5 调至 2.5)和用于澄清，上清液通过压力砂滤器将悬浮物降至 4 ~ 10 ppm，溶液含铜 2.5 g/L；含硫酸 0.25 g/L，pH 2.5。

萃取有两个系列，每系列均为三级萃取、二级反萃，有机相由 12% ~ 14% LIX64N 与 Chevron 稀释剂(含芳烃 15%)组成。萃取料液流量为 1920 m^3/h，萃余液含铜 0.4 g/L，萃取段前二级控制水相连续，第三级为有机相连续。反萃液流量为 192 m^3/h，反萃液含铜 25 g/L，含硫酸 130 g/L，相比 O/A 为 10：1，反萃富铜液含硫酸 91 g/L，含铜 50 g/L。

该厂采用高容量操作，有机负载铜容量为 97%。这样就可以控制反萃液的铁在 0.003 g/L 的低浓度水平。如果将操作容量降至 66%，反萃液中的铁就会增至 0.014 g/L，即电解液中铁的积累增加四倍，也就是说，需要排放的电解液量将增加四倍。

该厂铜的总回收率为 78%，萃余液含有机相 30 ~ 35 ppm，电解液含有机相 100 ~ 150 ppm，有絮凝物产生。

电解车间的生产能力为每天产 100 t 阴极铜。有四个系列，为将电解液中铁控制在 3 g/L，需定期抽取 1/6 的电解液排放，所有管道均用不锈钢制造，内衬防腐材料。

16.8.5 世界上第一个薄层浸出厂[38]

普达霍尔矿业公司（SMP）罗阿吉雷矿是世界上第一个采用薄层浸出技术的浸出—萃取—电积厂。该矿有铜矿石 850 万 t，主要是氧化铜和辉铜矿的混合矿，平均品位 1.9% Cu（其中 1% 酸溶铜；0.9% 为酸不溶铜）。阴极铜生产能力为 16500 t/a。

矿石经三级破碎至 -6 mm。然后矿石加入滚筒内，用水润湿并喷洒 98% 浓硫酸混合。此过程不仅使破碎的细粒矿物团聚，同时也加速硫化铜矿的分解。日处理矿石 3000 t，滚筒直径 2 m，长 6 m，内衬橡胶，并带有卸料刮板，转速 5~6 r/min；制团水分 11%；浸出液池尺寸每个为 20 m×40 m；用桥式吊车装卸，矿层厚 2.4 m。有两台桥式吊车为堆浸池服务，通过抓斗将浸出过的矿渣排出。有 24 个水泥池。用"海伯伦"硫化塑料涂层防渗，并设有排液收集系统。在堆浸池中，熟化后的物料用萃余液喷淋。萃余液含 8 g/L H_2SO_4 和 0.3~0.5 g/L Cu。每个矿堆喷淋浸出 18 天为一循环，喷淋速率为 48 L/(h·m^2)。氧化矿和硫化矿浸出率分别为 90% 和 45%。由于当地气候适中，冬天最低气温为 -3.5℃。所以浸出池没有结冰。浸出后从薄层浸出池排出的矿渣，用卡车运往 1.5 km 以外的堆场。再循环浸出 120 天，二次浸出堆场的矿堆高 6 m，喷淋速率 3 L/(h·m^2)。第二次堆浸可回收残留铜约 50%，这些铜主要是铜蓝。酸耗为 2.2 t/t 铜。浸出液流量为 420 m^3/h。浸出液含铜 5.5 g/L，萃取剂采用 18% LIX984，稀释剂为 Escaidl00。两级萃取，相比 O/A 为 1:1，两级反萃，相比 O/A 为 4.5:1。萃取箱露天配置。萃余液含铜 0.5 g/L，返回浸出。反萃富铜液含铜 50 g/L。电解槽共 72 个，其中 64 个生产槽，8 个始极片槽。每天生产阴极铜 40 t。纯度为 99.98%，阴极铜含 Pb <2 ppm，S <5~6 ppm。电流效率 92%，实际电积电耗 1760 kWh/t 铜。1980 年 11 月产出了第一批电解铜，生产能力为 16500 t/a。

采用薄层浸出法有以下优点：

（1）可以浸出次生硫化铜，所以浸出率可高达 90%，与搅拌浸出具有同样的效率，但矿石不必细磨，不消耗搅拌动力。

（2）矿层渗透性好，不需要经过液固分离便可以获得清液，减少萃取界面絮凝物。

（3）投资比搅拌浸出少 50%，每公斤铜酸耗 3~4 kg，操作费用比搅拌浸出低 5%~15%。

该厂浸出、萃取，电积三部分投资为 1875 美元/t 铜。

这种矿石破碎—制粒熟化的浸出方法目前已经为大型工厂采用。

16.8.6 海拔最高的细菌浸出工厂[39]

科布拉达·布兰卡(Quebrada. Blanca)是目前为止世界上最高海拔采用细菌浸出处理硫化铜矿的浸出萃取工厂。

科布拉达·布兰卡位于智利北部 Iquigue 市东南 240 km，海拔 4400 m，最低气温 -20℃，年降雨量 100 mm，生产能力 75000 t/a 阴极铜。

该矿床由以斑铜矿为主的原生矿和以辉铜矿、蓝铜矿为主的次生富集矿带组成。前者有 2.5 亿 t，品位 0.5% Cu 的铜矿石。后者矿石 8900 万 t，品位 0.3% Cu。目前主要开采次生富集矿带。露天开采，年采矿石 630 万 t，剥离废石及氧化矿单独堆放，准备在 7 年后再堆浸。

矿石经三段破碎至 -6 mm 占 80%，每吨矿石加入 5 kg 硫酸，经 3 m×9 m 滚筒混合制团。用 2000 m 传送带送至堆场筑堆，堆高 6 m。堆场面积 170 m×104 m。第一次用 50% 面积，堆浸完毕，在原矿堆上再筑堆 6 m，继续浸出。如此反复堆积 8 层，每层 6 m。堆场底部 6% 坡度，铺高密度聚乙烯垫层，堆场周围砌筑防洪沟，用来排雨水。堆场上部根据设计要求铺设滴淋管，堆场分划为 50 m×100 m 小区布管，管间距 0.8 m，管中滴孔间距也是 0.8 m。冬季为防止浸出液冻结，将滴淋管埋入矿堆内，夏季放在矿堆表面。经过 210 d 浸出，回收率为 85%，浸出液含铜 3.5 g/L。

浸出液温度、滴淋速度、酸度、铜浓度由 Pudahuel 公司设计的软件自动控制，以保持细菌繁殖的最佳条件。富浸出液含铜 3 g/L，pH 1.9，铁 3 g/L。

萃取设计能力为 216 t 铜/d，共有三个萃取系列。每列包括二级萃取一级反萃。每列进浸出液流量 1000 m³/h，有机相流量 1000 m³/h，反萃贫电解液 240 m³/h。萃取第一级水相连续，萃取第二级和反萃级为有机相连续。萃取剂 13% LIX984，稀释剂 Orform SX12 平均回收率 93%。

反萃液经气浮塔和砂滤除有机相后送电积。采用不锈钢永久阴极，铅钙合金阳极。同名极距 95 mm。共有 4 个系列，每列 66 个电解槽。阴极铜尺寸为 1 m×1 m，每片 50 kg。电积槽设计寿命 14 年。

16.8.7 高纬度寒冷地区的直布罗陀(Gibralta)矿[40]

直布罗陀矿属于加拿大大不列颠哥伦比亚省直布罗陀矿业公司。位于北纬 52°31′，西经 122°17′的 Mckese 湖附近。冬天最低气温 -34℃。每年 10 月第一周开始结冰，至次年 5 月解冻，无霜期 5 个月。共有 5 个矿堆，1#、3#、5#以硫化矿为主，黄铜矿平均品位 0.1%~0.12% Cu，分别有矿石 2500 万 t、3400 万 t、5800 万 t，堆高约 60 m。4#矿堆是氧化铜矿，共有 100 万 t 平均品位 0.75%，堆高 10 m。4#矿堆设计浸出率 75%。通常只有夏天浸出。其他矿堆一年四季浸出，采取滴浸和灌浸。冬天为了维持浸出作业，在堆场上按一定网距布套管，深埋约 1.5 m，然后浸出液从套管注入。堆场积雪有助保持堆内温度，不清扫，浸出液温度冬天 5℃ 左右，夏天也只有 16℃。由于大部分入堆矿石属硫化矿，故以细菌浸出为主。设计浸出率为 10 年 32%，实际上自 1987 年投产以来，浸出率已达 43%。

萃取工厂采用串并联作业（PE + 2E + 1S），每列料液流量为 450 m^3/h。两列总处理料液量为 900 m^3/h，有机相流量为 450 m^3/h。料液含铜 0.6 ~ 0.9 g/L，有机相浓度 6% PT5038。铜平均回收率 90%。

电积采用永久阴极，阴极尺寸 1.016 m × 0.978 m。Pb – Ca 合金轧制板为阳极。每个电解槽有 31 片阳极，30 片阴极。电流密度 320 A/m^2，电流效率 85%。半自动剥板机剥阴极铜，生产周期 6 天，年产阴极铜 6000 t。

16.8.8　硫酸高铁熟化堆浸厂[41]

塞浦露斯公司迈阿密（Cyprus Miami）矿原称茵斯皮雷申（Inspiration）矿，位于美国亚利桑那州菲尼克斯市以东 128 km 处。矿床严重蚀变，次生矿物为主，硅孔雀石和辉铜矿为主要含铜矿物。从 1927 年就开始采用浸出方法处理。那时从浸出液回收铜的方法是直接电积或铁屑置换。70 年代中，公司共有 5 个铁屑置换工厂，每年生产 15900 t 置换铜，消耗铁屑很多（4.5 t/t Cu），硫酸消耗量大，9 t 硫酸/t 铜，而且排出废液含铁量很高（达 10 g/L）。所以 1978 年设计了能力为 20 t 铜/d 的从堆浸液回收铜的萃取工厂。设计料液流量 600 m^3/h，有机相 960 m^3/h。混合停留时间 2 min，澄清室澄清速率 3.6 m^3/($m^2 \cdot$ h)。使用萃取剂为 Acorga 5300（现改用 Acorga M5640），平均回收率达 95%。1982 年实际生产料液处理能力提高到 1050 m^3/h。成为当时单级处理能力最高的萃取工厂。由于取消了铁屑置换，浸出液中含铁的浓度稳定在 2.5 ~ 3.0 g/L，硫酸消耗也从 9 t/t 铜降至 3.5 t/t 铜。为了进一步强化低品位铜矿浸出，该矿发展了一种称为"三价铁熟化浸出"的方法。

用于熟化处理的矿石一般是含辉铜矿和氧化矿的混合矿石，品位在 0.3% Cu 以上。0.3% 以下送去常规堆浸场处理。熟化堆场每年筑 40 ~ 50 个低品位矿堆和 30 个高品位矿堆。每个矿堆面积为宽 76 m，长 140 m。矿石堆高 9 m，每堆矿石约 12 万 t。筑好堆后用松土机挖松被载重汽车压实的矿层，一般掘松 1.8 m 深。喷淋管配置后，开始喷熟化液，熟化液含 200 g/L H_2SO_4，2 ~ 3 g/L Fe^{3+}。放置 15 天熟化处理。然后按常规用萃余液喷淋浸出。堆场流出液含铜浓度由未经熟化处理的浸出液含铜 1.75 g/L 提高到 5 g/L Cu。1998 年产量 75000 t/a。料液含铜 2.8 g/L，铁 2.5 g/L，pH 2，固体悬浮物 10 ppm。有两个萃取系列，每列有 3 个萃取箱，1 个反萃箱，采用串并联配置。每列料液流量 1930 m^3/h，有机相流量 1090 m^3/h，反萃液流量 340 m^3/h。萃取第一级和并联的一个萃取级水相连续，并联的第二个萃取级和反萃级有机相连续。萃取剂是 18% M5640，稀释剂是 Conoco，1% 萃取剂，铜的净迁移量为 0.28 g/L。

16.8.9 圣·曼纽尔(San Manuel)矿堆浸和就地浸出工厂[42]

圣·曼纽尔矿原属玛格马(Magma)公司,后与澳大利亚 BHP 公司合并,现属 BHP 公司。该矿以地下采矿为主,露天矿有大量氧化铜矿,主要是硅孔雀石。为了回收露天采场的氧化铜矿,每天有 28000 t 品位 0.8% Cu 矿石和 68000 t 品位 0.3% 废石送去筑堆浸出,堆场面积 615124 m^2。堆底均用高密度聚乙烯铺垫防浸出液渗漏。单个典型堆场面积为 12000 m^2 左右。堆矿石约 11 万 t 氧化矿。经过一段时间浸出后,新矿石堆就建在老矿堆面上。如此反复,多层筑堆,最终堆高达 80 m 左右;喷淋速率 19 $g/(h \cdot m^2)$。富浸出液汇入集液池,泵往 37500 m^3 料液池供萃取工厂用。

圣·曼纽尔浸出—萃取—电积工厂的另一部分料液是来自就地浸出。由于有相当部分氧化矿石位于地下采矿区上方,而该矿又是采用矿块崩落法,致使这部分氧化矿石下陷,无法露天开采,这类矿石约有 2.7 亿 t,因此只能采用就地浸出方法回收其中的铜。首先在这个区域,按设计要求钻 300 m 左右深的注液井。在这些井中插入 PVC 管,井上部用钢管加固,PVC 管下部侧壁钻有分配孔,使溶液能顺利分布进入矿体。弱酸性浸出液,根据矿体渗透性给各个井注液。通过矿体渗透液将矿石中的铜矿物溶解,含铜浸出液在采场的运输巷道收集,流入地下集液池。在此通过溶液泵泵往地面料液池,与堆浸料液合并一起送往溶剂萃取工厂。萃取工厂共有 4 个系列,每列 2 级萃取 1 级反萃。每列料液流量 1045 m^3/h,有机相 840 m^3/h,反萃贫电解液 727 m^3/h。萃取第一级水相连续,萃取第二级和反萃级为有机相连续。料液含铜 0.74 g/L,铁 1.2 g/L,pH 2。有机相 4% LIX984,稀释剂 Philips SX -7。

就地浸出可省略矿石破碎工序,因而每磅铜生产费用仅为 44 美分。

1995 年地面氧化矿堆浸已经结束,此后全部 22000 t/a 的阴极铜均由就地浸出液产出。

16.8.10 世界最大堆浸厂[43]

CODELCO 的雷多米诺·托米克(Radomic Tomic)分部位于智利北部干旱的 Atacama 沙漠,海拔三千多米,距离 Calama 城 40 km。矿石储量 2.5 亿 t,其中难处理矿石 1.6 亿 t。氧化矿 0.9 亿 t,品位 0.41%。该矿采用露天开采,剥采比为 1.5:1。矿石经 7000 t/h 破碎机破碎至 -180 mm 后,由 890 m 皮带输送机送往容量为 6 万 t 储矿仓。再经能力为 5500 t/h 破碎机进行二段破碎,粒度小于 12.5 mm 的矿石,由两条皮带输送机送往熟化工序。制粒加入的硫酸量根据浸出需要控制。浸出采用薄层堆浸,它是目前世界上最大的薄层浸出厂之一。有两列供浸出矿堆,每列有 13 个堆场。每个堆场面积 1300 m×300 m。装卸矿石用一台卫星定位的履带式筑堆机。该机带有移动式皮带输送机和斗轮卸料机,日处理矿石 225000 t。矿堆表面布有滴淋管进行滴浸作业,浸出周期 45 天。浸出渣用斗轮卸料机卸往皮带运输机送往永久堆浸场继续堆浸。总回收率 78.2%，硫酸消耗 1.5 t/t 阴极铜。

　　雷多米诺·托米克 1997 年建成时，有三个溶剂萃取系列。2001 年 2 月第四 SX 系列投产标志 Radomiro Tomic 扩建和优化项目完成。该厂的四列有机相液流如图 16-53 所示，新系列 SX 产量估计为 75500 t 铜/a。为此，Radomiro Tomic 阴极铜产量从 180000 t/a 增加到 256000 t/a。此外，很快将有第二个废矿石浸出系列投入运作，届时阴极铜产量又增加 24000 ~ 28000 t/a。2009 年，笔者到该厂参观时，日生产阴极铜 890 t。

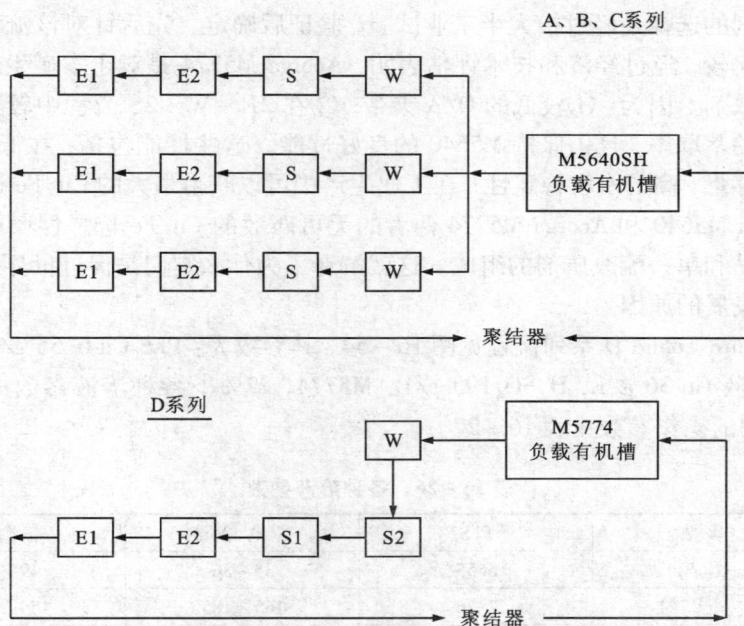

图 16-53　**Radomiro Tomic SX 工厂的有机相流**

　　D 系列配备有单独的有机槽，四个聚结器（Chngui Camata 聚结器）组。有机相流管道与 A、B、C 系列完全分开，除聚结器设备外在 SX 工厂和电解厂房之间的地区还需要扩大贮槽场地。第四系列还需要增加电解液过滤机数量。

　　D 系列用 Acorga M5774 萃取剂，2E + 2S + W 配置。与 A、B、C 系列的区别是这三个系列全都是 2E + W + S 配置，投产开始以来一直用 Acorga M5640HS 萃取剂，所有系列的稀释剂都是用 Escaid 100。

　　表 16-25 为 D 系列的设计和生产运作的一些流量参数。

表 16 - 25 D 系列额定、设计和生产流量/(m³ · h⁻¹)

液 流	额 定	设 计	生 产
PLS(料液)	1300	1500	1700
有机相	1391	1605	1700
贫电解液	524	605	570
洗水	4	100	20

Radomiro Tomic D 系列的运作与 A、B、C 系列不同,它有两个反萃级,用 Acorga M5774 取代 Acorga M5640。

萃取剂的选择是经过扩大半工业试验,验证后确定。先后针对该流程做了几种萃取剂比较,经过经济和技术评估表明,Acorga M5774 是对于本矿生产条件最适宜的萃取剂。因为:①较低的 O/A 夹带;②在 2E + W + 2S 流程中较其他萃取剂有较高的萃取率,且仍保持 M5640 的良好性能。这些性能包括:在低 pH 下有高的铜迁移量;高的水解稳定性;在工业生产中可以获得最大的 Cu/Fe 选择性。

Acorga M5640 和 Acorga M5774 两者的无可匹敌的 Cu/Fe 选择性归根于它们的专利产品和单一酯改质剂的组成。这就解释了为什么它们是促进世界铜萃取工业如此快发展的原因。

Radomiro Tomic D 系列流程见图 16 - 54,其参数为: PLS Cu 6.55 g/L, pH 1.4,贫电解液 Cu 36 g/L, H_2SO_4 195 g/L, M5774, 22%。各种溶液参数见表 16 - 26, D 系列的操作参数见表 16 - 27。

表 16 - 26 各种溶液参数

设 计 参 数	PLS	贫电解液	富铜液
Cu/(g·L⁻¹)	6.55	35 ~ 36	49 ~ 51
H_2SO_4/(g·L⁻¹)	2 ~ 6	165 ~ 185	154 ~ 164
Cl⁻/(g·L⁻¹)	20 ~ 23	—	< 20 ppm
总 Fe/(g·L⁻¹)	5	< 1.5	—
Mn/(g·L⁻¹)	0.5	—	< 5 ppm
Al/(g·L⁻¹)	8	—	—
SiO_2/(g·L⁻¹)	0.25	—	—
pH	1.4 ~ 1.8	—	—
Co/ppm	—	—	120 ~ 150
固体/ppm	5 ~ 40	—	—
温度/℃	12 ~ 24	—	30
密度/(kg·L⁻¹)	1.05 ~ 1.10	1.20	1.20
黏度/(Pa·s)	(1 ~ 2) × 10⁻³	0.003	0.003

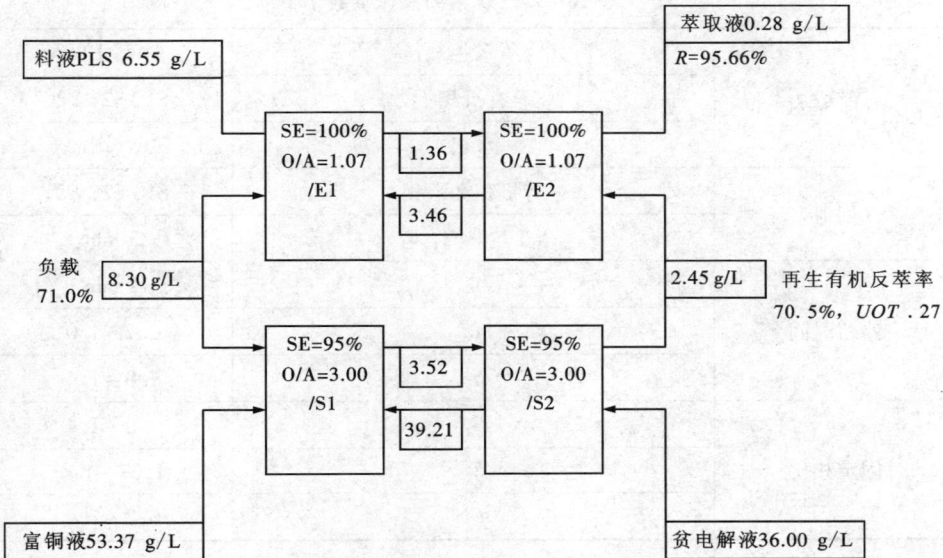

图 16-54 D 系列萃取流程图

D 系列生产系统有机相浓度 22%，有机相总存量约 3000 m³，萃取 O/A 相比 1.07：1，反萃 3.0：1。设计 PLS 铜浓度 6.55 g/L，pH 1.4，萃取率 90%。由工厂数据可以看出在 SX 系统中所有的级效率都很高。

Radomiro Tomic 是目前世界上最大和最成功的 SX—EW 工厂之一（图 16-55）。由于他们对 L—SX—EW 工艺不断地优化和改进，

图 16-55 RADOMIRO TOMIC L—SX—EW 工厂全貌

使每年铜产量从 2002 年开始达到或超过 300000 t 阴极铜。这个工厂的辅助设施很完善，包括负载有机相贮槽和 6 个聚结槽，用来作为负载有机相脱除夹带的水相。富铜电解液经过 3 台气浮塔和 10 个多滤料过滤器脱除富铜液中夹带的有机相。共有 1000 个电解槽，6 个区，其中 1 个区电积除有机，最后，送往电解铜生产槽的电解液含有机相仅 2 ppm。共 66000 片阳极板，60000 片阴极。每日生产阴极铜 800~900 t。

表 16 – 27 D 系列操作参数

连续性	水相	W, E1
	有机相	S1, S2, E2
	水相	W, E1
回流	有机相和水相	S1, S2, E2
	S_1, S_2, E_2, E_1	3 min
停留时间	W	2 min
	W	0.7 ~ 1.0
	S_1	1.0 ~ 1.4
	S_2	1.0 ~ 1.4
固定相比	E_2	1.07 ~ 1.4
	E_1	0.7 ~ 1.4

电解槽为两排背靠式配置，电解车间面积为 305 m × 39 m。吊车是全自动控制（世界仅有一台，是西班牙 Asturiana de Zinc 提供）。程序化管理包括整流器、阴极起吊、洗涤、取样、阴极铜剥离。采用不锈钢永久阴极。

酸雾用通风系统控制，它包括若干收集漏斗、气体洗涤和一个通风系统。阴极用自动阴极剥板机剥板，与自动桥式吊车均采用奥托昆普技术。这些机械按 7 天一个周期从电解槽中提取阴极。先把阴极提出来，用热水洗涤，然后送至剥离机的接受轨道。阴极用热水喷洒再洗一次。将铜阴极剥离并码垛，然后称重、取样、压成波纹状（corruguled）、捆扎和贴商标，以便在卸载传送带装运。装运时用叉车将成捆的阴极从电解车间运出。

16.8.11 米尔皮拉斯工厂[44]

2006 年 6 月拉巴伦拿（La Parrena）矿业公司投产的第一座铜萃取工厂，米尔皮拉斯工程的厂址位于墨西哥宰诺纳省，离加拿尼亚西部 25 km。这是一个地下采矿的矿山，通过浸出—萃取—电积生产铜（图 16 – 56）。该厂设计的生产能力是年产 6.5 万 t 阴极铜。永久性浸矿堆是筑在衬垫上，占地面积约 60 万 m^2，堆高 6 m，堆浸场距团矿制粒机约 400 m。

萃取—电积厂的设计能力是处理 1090 m^3/h 含铜 7 g/L 的浸出富液，回收率 92%。总生产能力是年产 6.5 万 t 达到伦敦金属交易所的 A 级的阴极铜。萃取系列的设计包括两级萃取和两级反萃（E_1、E_2、S_1、S_2）。溶剂萃取厂设计采用奥托昆普的垂直平稳流混合澄清槽（注册商标 VSF™）的逆流工艺。

萃取混合室为圆筒状 FRP—DOP 槽，每个萃取的混合—澄清室都有一个分散溢流泵(注册商标 DOP™)涡轮搅拌器和两个串联的 VSF—SPIROK™ 变速搅拌器。它们为两个萃取级的水相和有机相提供循环动力。为控制相连续性可以在 O/A (0.75 ~ 1.25):1 之间调节相比。

反萃级同时应用一个 DOP 涡轮搅拌器和一个 SPIROK 搅拌器,其尺寸与萃取级的混合器所用一样。在反萃级只有水相循环。

图 16 – 56 米尔皮拉斯工厂全貌

所有澄清萃取箱均加以覆盖,避免蒸发和尘土。这一套装置有一个可自动检测和人工喷水的消防系统。

溶剂萃取投产时使用的是 ACORGA® M5774 萃取剂。萃余液借重力流到萃余液储槽。该槽最初就安装了分流栅栏以降低流速。其设计还包括聚结栅栏和气泡发生器,有助于残留有机相液滴的聚结。槽子表面的有机相和絮凝物定期撇到收集槽中;然后将收集的液体送到絮凝物贮槽进行有机相回收。

负载有机相通过一个后澄清槽,其作用也是负载有机相的贮槽。进入的有机相通过一个分流栅栏使夹带减少,并让残存的固体和水相沉降;然后有机相通过流通口排入泵池,从那儿泵入反萃级。

有机相经过两级反萃,最终的富铜电解液通过一个后澄清槽,再进入过滤器以除去夹带的有机相。已过滤的富铜电解液储存在富电解液贮槽中,再用泵泵进板式热交换器,使进入净化电解槽的富铜液温度维持在 45℃ 以上。

净化电解槽排出的富电解液,进入生产系统的工业电解槽。电解槽流出的贫电解液槽,混合后进入循环槽。电解液的补充水在此加入。贫电解液经过电解液热交换器之后泵入反萃。在通往二级反萃的管路上用静态混合器(static mixer)调节电解液的酸度。

电积电解槽分成两个电气回路,各 80 个电解槽。每一路有两排电解槽,各 40 个。每个回路用两台并联的 6 脉冲半功率(G – pulse half – capacity)整流器供电。每个回路有 22 个净化槽和 58 个生产槽。在工程的第一阶段,每个回路将只有 30 个电解槽,且分成并联的两组,每组 15 个槽子。准备在一年之后对两个电解车间进行扩建。

每个电解槽有 85 片铅/钙/锡合金阳极和 84 片不锈钢永久阴极。

所有电解槽都用聚合物—酯—乙烯混凝土制造,分两路用直流电供电。从水力泵和电气的观点来看,电解槽分别是并联和串联的。用泵将电解液从循环槽打入两个电解车间,二者都有各自的泵。

电解液经过一个分配环路从对着中间通道那一端进入每个电解槽,这个分配环路能使电解液沿着电解槽的整个槽帮均匀输送。

酸雾用通风系统控制,它包括若干收集漏斗、气体洗涤和一个通风系统。

阴极用自动阴极剥离机收集和处理,它是自动桥式吊车的组成部分,二者均采用奥托昆普技术。这些机械按7天一个周期从电解槽中提取阴极。先把阴极提出来,用热水洗涤,然后送至剥离机的接受轨道。阴极用热水喷洒再洗一次。将铜阴极剥离并码垛,然后称重、取样、压成波纹状(corruguled)、捆扎和贴商标,以便在卸载传送带装运。装运时用叉车将成捆的阴极从电解车间运出。

16.8.12 高海拔地区氧化铜矿(廷塔雅)浸出厂[45]

廷塔雅位于秘鲁阿里奎帕(Areguipa)东北260 km,海拔4100 m。该地区平均气温6℃,最低 –14℃,最高25℃,风速可达135 km/h。

1985年,BHP廷塔雅,即现在的BHP比利顿廷塔雅就是在这个遥远的地区开始它的运营。年产30万t铜精矿,铜精矿平均品位30%。处理黄铜矿获得的铜精矿被送到马塔拉尼(Matarani)港运往不同的销售地。

在硫化矿提取过程中,氧化矿也在开采,堆存在氧化矿料场。自从1985年该矿山开业以来,这些氧化物就一直贮存在此。自1982年以来,技术部门为了从氧化矿中提取铜,评估了多种方案。最后确定的处理方案包括破碎、浸出(搅拌浸出和堆浸)、溶剂萃取和电积。2001年2月,该工程开始建设。破碎系统计划在2002年3月开始运转,第一批阴极铜在2002年5月产出。生产能力达到3.4万t阴极铜/a。图16–57为萃取和电积厂房。图16–58为处理氧化矿的工艺。

硅孔雀石和诸如孔雀石和蓝铜矿那样的碳酸盐矿将送去破碎和浸出系统以提取铜。建立一个细矿的搅拌浸出系统和一个粗矿的动态堆浸系统。因而减轻了渗透率下降这个令人烦恼的问题并且改善铜的回收。

廷塔雅氧化矿工艺与常规工艺的区别主要表现在破碎、浸出和废渣处理阶段。在破碎工段增添了湿式分离作业,用振动

图16–57 萃取和电积厂房

筛将粗、细粒级分开。细物料在搅拌槽浸出,然后在逆流固液分离工段(CCD)回收溶解的铜。搅拌浸出渣与选矿厂的尾矿混合后送去中和。粗矿石用动态堆浸法浸出(装料和卸料)。矿石先筑堆、循环浸出、水洗、排水。最后浸出渣从矿堆运到废矿场去中和。搅拌和堆浸的浸出液混合,供溶剂萃取厂回收铜。

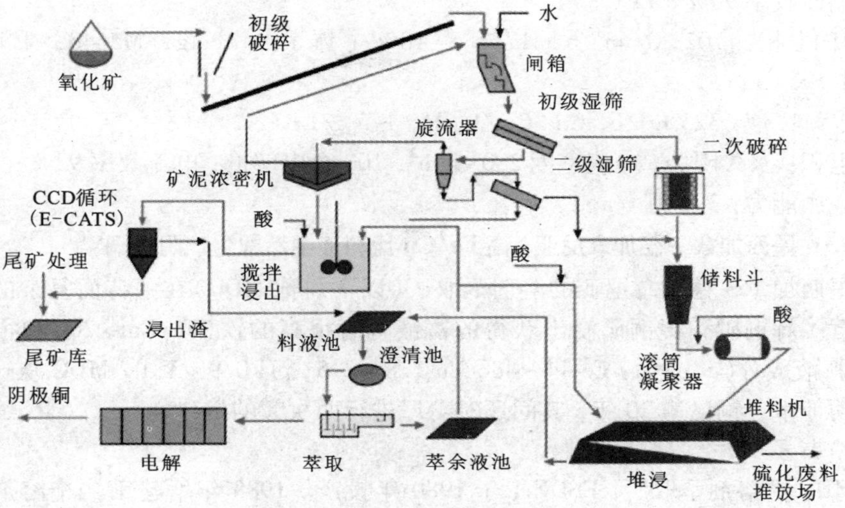

图 16-58 廷塔雅氧化矿工艺

溶剂萃取厂采用二级萃取和二级反萃的逆流萃取流程。富浸出液萃取铜后的萃余液返回浸出,因而形成一个十分环保的工艺,不允许对环境排放任何废弃物。溶剂萃取厂将回收料液中 90% 的铜。它所用的选择性萃取剂 (Acorga M5640) 在厂内闭路作业,将浸出工段浸出的铜转移到电积厂内,电积生产阴极铜。电积工艺采用常规设计。电积作业采用不锈钢永久阴极和 Pb/Ca/Sn 合金阳极,100 个电解槽,每槽 66 块阴极和 67 块阳极。

采用了最现代的方法控制电解槽产生的酸雾。现代电解厂常用的两种方法是:①添加可以降低表面张力的表面活性剂;②在电解液表面添加两层塑料球以减少酸雾。BHP 比利顿则采用另外的酸雾除去法。该法称为 SAME 系统,它是在每个电解槽上方装一个罩子收集酸雾,并在一个装有水喷头的逆流洗涤器中进行处理。酸雾得到回收,不含酸的空气则排入大气。智利的洛斯布朗塞斯 (Los Bronces) 公司目前还采用此法并获得极佳的效果。这三种方法可保障工厂区的环境洁净和安全,并且减轻酸雾对设备的危害。

设计操作参数

破碎:初碎 107 cm×140 cm 颚式破碎机 7671 t/d;

其中:堆浸 6367 t/d;

搅拌浸出 1304 t/d;

浸取:堆浸回收率 80%,周期 38 天,堆高 3~5 m;

搅拌浸出回收率 90%,周期 5 h;

浸出液:698 m^3/h, Cu 6.17 g/L, H^+ 1.85 g/L;

铜回收率 90% ，12℃；

有机相：702.3 m^3/h，17% ~ 18%（体积）Acorga M5640，稀释剂 Orform SX - 12；

电解废液：325 m^3/h，Cu 36 g/L，H^+ 175 g/L；

电积：永久阴极，电流密度 280 A/m^2，100 个电解槽，电流效率 92%；

生产能力：3.4 万 t/a。

16.8.13 墨西加拿 - 德加拿尼亚：高 Fe/Cu 比料液中萃取生产阴极铜[46]

墨西加拿 - 德加拿尼亚的溶剂萃取厂（以下简称 MDC）在独特而复杂的条件下运营。辉铜矿和黄铜矿浸出获得的富液含有很高的铁（Fe/Cu > 20）和很低的 pH。料液成分（g/L）为：Fe 44 ~ 48，Cu 1.8 ~ 2.5，pH 0.9 ~ 1.1。MDC 从这种料液成功地生产铜已逾 20 年，其间还对工厂进行两次大的扩建。

1）背景

MDC 铜溶剂萃取厂，ESDE I 于 1980 年投产。1988 年增建第二个溶剂萃取厂，ESDE II，增加 3 个系列。2001 年 ESDE II 的又一次扩建完成，又增加两个系列，总共具有 6 个系列。

ESDE II 的扩建包括改进控制系统和再建两个系列。运转的模式可以是串联，2E + 2S 或者是串并联 PE + 2E + 1S。萃取模式的灵活性使得当浸出富液浓度改变时，可变更萃取模式来维持产量。扩建使生产能力增加约 2.2 万 t/a。扩建时，还安装了 Jameson 槽（一种气浮塔）、黏土处理设施和絮凝物泵吸设备，以改善工厂的维护能力。在电解车间增加了 108 个聚合物的混凝土电解槽和一个带有红外线短路检测系统的桥式吊车。

采矿　　能力：300000 t/d；

　　　　矿石品位：0.25%；

　　　　矿山寿命：85 a；

萃取厂　阴极总产量 5.5 万 t/a；

　　　　ESDE I 串并联，PE + 2E + 1S；

　　　　ESDE II 两系列串并联，PE + 2E + 1S；

　　　　三系列串联，2E + 2S；

　　　　浸出液（g/L）：Cu 1.8 ~ 2.3，Fe 44 ~ 48，pH 0.9 ~ 1.1；

　　　　贫电解液（g/L）：Cu 30，H_2SO_4 190 ~ 200，Fe 5 ~ 6；

　　　　有机相：6% ~ 10%（V/V）Acorga M5774（主要）；

电积　　电解槽：两个电积车间共 278 个槽；

　　　　电流效率：75% ~ 85%；

　　　　阴极：不锈钢板永久阴极用自动剥片机剥阴极铜。

2）铁的控制

2000 年，MDC 实施一项积极的方案，对为更好地控制萃取厂中铁从浸出富液到电解液转移的若干方法进行评估。在 ESDE I 厂首先采用几个方法。为除去负载有机相夹带的浸出液安装了聚结器，并将萃取剂改为 Acorga M5774。

3）操作实践

MDC 的操作人员找到几种恰当的操作方法帮助他们处理高铁的低 pH 浸出料液。为尽量降低有机相中铁的化学负载，他们控制萃取剂浓度，萃取 O/A 相比和铜的回收率，使有机相铜的负载率至少达到理论上最大荷载量的 90%（对浸出富液而言）。这个目标在串并联系列和串联系列均得以实现。为控制铁的夹带，须采取特别措施防止絮凝物在 E1 的澄清室和 E2 级之间流动。因为夹带进入电解液的料液含铁可能是 44 ~ 48 g/L。E1 级混合室采用有机相连续操作，以改善絮凝物在溢流堰的堆积，而传统的方法是采用水相连续，从理论上可降低有机相对水相的夹带。偶尔也对澄清室表面进行喷水，使澄清室表面的絮凝物分散沉淀。

4）聚结器

由于浸出液中铁的浓度高，进入电解液的铁大部分是来自夹带。铁的夹带量将占 40% ~ 60%。其余的铁来自化学转移。许多其他的萃取厂，因其浸出液含铁低，铁的转移占 10% ~ 25%。2000 年 9 月，MDC 为负载有机相溶液安装了聚结器，以除去负载有机相夹带的浸出液。该系统为降低进入电解液的铁的转移，一直行之有效。

5）选择性萃取剂

2000 年 4 月，ESDE I 萃取厂开始采用 Cytec 公司提供的 Acorga M5774 萃取剂。中间工厂试验表明，Cu/Fe 选择性得到改善，夹带降低。工业试验成功之后，Cytec 公司承担了该厂 Acorga M5774 的供应。

6）运行结果

近几年来萃取厂运营的改进皆归因于良好的操作实践与采用新聚结器相结合，以及 ESDE I 厂选用新成分的萃取剂。在减少电解液排放的同时，电解液中的铁量也下降了，这表明进入电积系统的铁量大大下降。2000 年年初，电解液铁浓度多为 7 ~ 8 g/L，当时电解液的排放率为 50 L/min，而如今电解液铁浓度多为 5 ~ 6 g/L，电解液排放率为 20 ~ 30 L/min。

萃取的分相时间也极大地缩短，从 2000 年年初的近 7 min 降到最近几年的 2 ~ 3 min。有机相的表面张力是分相行为的表征，从 26 mN/m 提高到现在的 28 ~ 29 mN/m，无须用黏土处理。

聚结器能有效地除去负载有机相中夹带的水相。2000—2001 年，铁的化学转移减少近一半，Cu/Fe 转移比从 100:1 翻番至 200:1（至今还维持这个较高的选择性）。

正如所期待的那样，由于电解液含铁下降，电积电流效率也得以提高。

16.8.14　Mantoverde 铜矿[47]

Mantoverde 铜矿位于智利圣地亚哥北部 1000 km，距海岸 40 km。露天开采，矿石品位 0.45%。1995 年 L—SX—EW 工厂建成投产，年生产阴极铜 42130 t。年处理矿石量 540 万 t。萃取车间处理能力为 1150 m³/h，2 级萃取，1 级洗涤，2 级反萃。萃取剂 Acorga M5640，稀释剂 Escaid103。萃取剂实际消耗 1.1 kg/t 铜，萃取率 96%。电积车间采用 Kidd Creek 法，生产电流效率 94%。阴极铜的铅和硫的含量分别为 1 ppm 和 5 ppm。经过改造，2003 年，处理矿石量达到 850 万 t，阴极铜产量达到 60000 t。他们主要进行以下几个方面的改造。

1）堆浸

采用矿石破碎制粒堆浸工艺。将矿石破碎至 8～10 mm，然后制粒堆浸。将原来堆浸堆高从 6 m 提高到 10 m。增强喷淋速率，从原来的 5 L/(h·m²) 提高至 10 L/(h·m²)。

2）萃取/电积

有机相萃取剂浓度从 15% 增加至 19%。电解槽从 156 个增加至 168 个。电流密度从 260 增加至 300 A/m²。每槽阴极板数量从 57 块增加至 61 块。电解液比流量从 66 L/(h·m²)(阴极面积)增加至 138 L/(h·m²)。

16.8.15　埃斯康迪特氨浸—萃取—电积厂[48]

埃斯康迪特法是澳大利亚 BHP 实验室开发的铜精矿氨浸新方法。它是根据辉铜矿中一价铜的不稳定性，在常温常压下使铜精矿中的一价铜溶解，被浸出的铜用萃取—电积生产高质量电解铜。而铜精矿中不溶矿物如铜蓝、黄铁矿和脉石等，残留在浸出渣中。含铜品位低的浸出渣随后浮选生产出二次高品位铜精矿，贵金属均在二次铜精矿中回收。由表 16－28 铜矿物组成看出，只有含辉铜矿和斑铜矿为主的铜精矿才适合用这种方法。常规的浸出率 40%～50%，当浸出率在 25% 以下时，该方法经济上就不合算，所以黄铜矿和铜蓝为主的铜精矿不宜用这种方法。

表 16－28　铜矿物组成

矿物	分子式	一价铜含量/%	预计浸出率/%
辉铜矿	Cu_2S	100	50
斑铜矿	Cu_5FeS_4	80	40
黄铜矿	$CuFeS_2$	50	2
铜蓝	CuS	0	0

埃斯康迪特氨浸—萃取—电积厂建在智利安托法加斯塔(Antofagasta)南面的科罗索(Coloso)港。铜精矿从埃斯康迪特矿山用管道输送到浸出厂,管道长 165 km。浸出厂内经直径 52 m 浓密机浓密,底流经两台 80 m² 带式过滤机过滤后,送浸出。共有 4 个密封浸出槽(2 个 237 m³ 和 2 个 452 m³)。常温常压下浸出 3 h,浸出是放热反应,所以返回浸出萃余液通过热交换器用海水冷却。浸出液经浓密倾析除固体悬浮物后送萃取。料液含铜约 30 g/L。萃取 2 级、洗涤 1 级、反萃 1 级。萃取剂是 LIX54。由于铜精矿氨浸,料液铜浓度高,杂质很少,所以萃取过程实际上是将铜氨配离子 Cu(NH₃)²⁺ 从氨溶液转化为适合电积要求的硫酸铜溶液。为了防止氨及其他杂质被带进电解液,所以设有一级负载有机的洗涤。富铜液经气浮塔和双滤料过滤器处理后送电积车间。电积生产能力 8000 t/a,采用不锈钢永久阴极。共有 260 个电解槽,每槽 61 块,60 块阴极。电解液温度 45℃,产出阴极铜为 99.9995%。

浸出渣经浮选,产出二次铜精矿含铜 40%。

埃斯康迪特工厂 1995 年 1 月 11 日建成投产,总投资 2 亿美元。该厂于 1998 年 5 月因萃取剂降解严重等原因停产。该厂的工艺流程如图 16-59 所示。

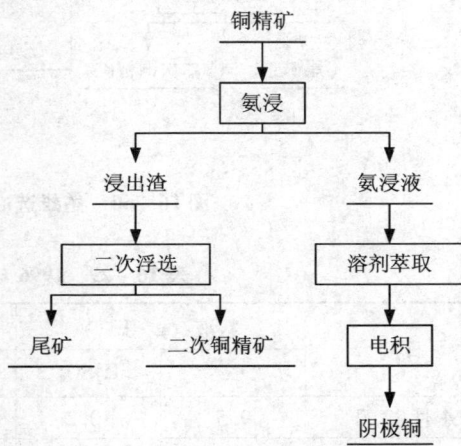

图 16-59　埃斯康迪特法流程图

16.8.16　硫化铜精矿焙烧—浸出—萃取—电积工厂——楚雄选冶厂[49]

楚雄选冶厂属于楚雄三江化学冶金公司,位于楚雄市东北约 3 km 处。于 1996 年 2 月投产,年产阴极铜 2500 t。

该厂主要处理高硅硫化铜精矿。精矿主要成分(%)为 Cu 25.2,Fe 4.8,S 7.1,SiO₂ 43.2,CaO 3.1,MgO 0.9,Al₂O₃ 3.8,Ag 150 g/t。其萃取原则流程如图 16-60 所示。由于原料含硫较少,选用回转窑焙烧。焙烧温度 650℃ 左右,废气用碱—石灰吸收。焙砂进行间断浸出及洗涤,有 2 个浆化槽,6 个搅拌浸出槽(ϕ3.5 m × 3.5 m)。浸出矿浆澄清过滤,滤液与洗液合并作萃取液送萃取工段。料液含铜 12 g/L 左右。二级萃取、一级反萃,有机相 16% M5640。该工艺主要改进在于浸出的高铜溶液萃取。生产实践表明,M5640 在高铜溶液以及酸度较高的条件下,对铜的负载能力很强,萃取回收率均在 85% 以上。表 16-29 为萃取生产指标,其结果与 ACORGA MEP 开发的 Minchem 计算机模型作出的萃取流程图 16-61 指标相吻合。

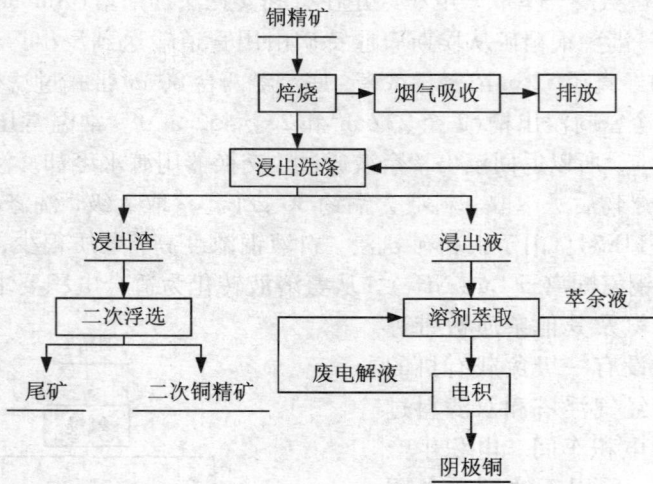

图 16 - 60　楚雄选冶厂萃取原则流程

表 16 - 29　1996 年萃取生产指标

日期	料液/(g·L^{-1})		萃余液/(g·L^{-1})		萃取率 /%
	Cu	H$_2$SO$_4$	Cu	H$_2$SO$_4$	
4 月 22 日	9.5	10.2	1.6	21.4	83.2
4 月 23 日	11.5	10.1	1.1	25.2	90.4
4 月 24 日	11.4	11.6	1.2	23.3	89.5
4 月 25 日	11.8	12.5	1.4	24.9	88.1
4 月 26 日	11.8	8.5	1.2	23.3	89.8
4 月 30 日	12.2	13.8	1.3	28.7	89.3
7 月 1 日	12.2	12.1	1.4	29.5	88.5
7 月 3 日	11.9	10.9	1.4	27.9	88.2
7 月 5 日	12.3	11.2	1.9	28.5	84.6
7 月 7 日	11.7	12.5	0.9	28.2	92.3
7 月 9 日	11.8	13.3	0.8	26.5	93.2
7 月 11 日	12.4	8.6	1.8	25.0	85.5

注: 有机相浓度 16%, 萃取相比 O/A = 3.0:1, 负载有机相含 Cu 6.76 g/L, 再生有机含 Cu 3.2 g/L。

楚雄选冶厂于 1999 年关闭。但是其硫化铜精矿焙烧浸出—萃取—电积生产阴极铜工艺后来在中国的黄金系统工厂得到很大发展, 如河南灵宝黄金股份有限公司(15000 t/a 阴极铜)、三门峡中原黄金冶炼厂(10000 t/a 阴极铜)、山东国大

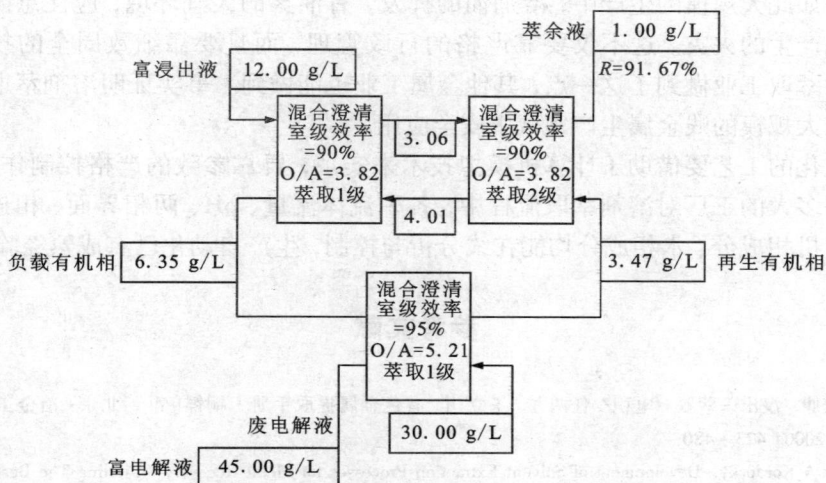

图 16-61　Minchem 计算模型图

黄金股份有限公司(5000 t/a 阴极铜)等。它们的主要原料是含铜金精矿(3% ~
5% Cu)。金精矿焙烧脱硫生产硫酸,焙砂搅拌浸出,浸出液送萃取回收铜,过滤
渣送去氰化回收金。这些萃取工厂的规模比较大。目前这些工厂总生产能力约占
中国溶剂萃取—电积生产阴极铜产量的 50%。

16.9　小结

铜萃取工艺的最大特征是对铜具有高选择性萃取剂的出现,因而使铜的湿法
冶金生产工艺发展成近乎理想的状态。这一工艺得到了蓬勃的发展,规模不断扩
大,适应的原料范围更加广泛。它已经成为铜工业生产的一种主要方法。预计
2015 年采用这种方法生产的阴极铜将达到全球矿产精炼铜的 22%。

肟类萃取剂属于酸性萃取剂,因此 $pH_{1/2}$ 同样是控制萃取工艺的关键条件。
但是这种萃取剂属于螯合萃取剂,因此它对 pH 的依赖关系与一般的酸性萃取剂
不同。当料液 pH 超过 2 时,它的萃取等温线几乎不会改变。正因如此,它的铜
铁选择性特别高,其他杂质元素也几乎不被萃取。

铜萃取剂可在酸性范围内使用,免除了皂化作业,简化了工艺,降低了成本。
由于没有新的盐类进入萃余液,所以萃余液可以成功返回浸出工序。

夹带、絮凝物的形成、萃取剂降解几乎是所有溶剂萃取工厂普遍要注意的问
题。不过经历了数十年的发展,已经有一系列新的技术措施,例如过滤、气浮、
聚结、三相离心机分离、黏土处理降解产物以回收有机相等经验、技术与设备,
使之可以维持大型铜萃取工厂的正常操作。

在如此大规模的生产中，溶剂油的挥发，有油雾的大气环境，应注意静电引发火花产生的火灾。这不仅要靠严格的行政管理，而且要靠细致周全的技术措施。铜萃取工业做到了这一点，其他金属工业也能做到。事实证明溶剂萃取完全可以在大规模的贱金属生产领域中安全应用。

优化的工艺要借助于计算机模拟技术来实现，要靠参数的严格控制作保证。现在许多大的工厂对溶剂萃取流程中，各种流体流量、pH、两相界面、相连续类型及有机相成分、水相成分均能在线分析与控制，生产自动化已有成熟经验。

参考文献

[1] 杨佼庸. 浸出—萃取—电积//任鸿九. 王立川. 有色金属提取手册·铜镍[M]. 北京：冶金工业出版社，2000：423 - 480.

[2] Gary A Kordosky. Development of Solvent Extraction Processes for Metal Recovery – Finding The Best Fit Between the Metallurgy and the Reagent[C]. Proc. of ISEC2008, Vol. 1：3 - 16.

[3] Avecia Inc. The Chemistry of Solvent Extraction[R]. Acorga Technical Library, 1998.

[4] 杨佼庸，刘大星. 萃取[M]. 北京：冶金工业出版社，1988.

[5] Owen Tinkler. Getting More Out of Your Copper SX Plant[R]. Cytec Hydrometallurgy Seminar, Shanghai：Nov. 2012：8 - 9.

[6] Gonzalo Lvarez B. Enhancement of the Recovery in SX. Study of Alternate[C]. Acorga. 铜湿法冶金技术研讨会. 北京：北京意特格冶金技术开发有限责任公司，2004.

[7] Matthew Soderstrom, Troy Bednarski, Enrique Villegas. Stage Efficiency in Copper Solvent Extraction Plants[R]. Technical Paper. Cytec.

[8] Andrew Nisbett, et al. Developing High – Performing Copper Solvent Extraction Circuits：Strategies, Concepts and Implementation[C]. Proc. ISEC2008, Vol. 1：93 - 99.

[9] Matthew Soderstrom. New Reagent Developments in Copper SX[C]. ALTA Metallurgical Services, Melbourne, Australia, 2006.

[10] Avecia MEP. Continued Evolution of Copper SX Reagents Has Dramatically Lowered Costs and Assisted in the Growth of the Industry[R]. Acorga notes issue 3, 2000, 10.

[11] C Mass, O Tinkler, T Moore, J Mejias. The Evolution of Modified Aldoxime Copper Extractants[C]. COPPER 2003 – COBRE 2003, Volume Ⅵ – Hydrometallurgy of Copper, Santiago, Chile.

[12] Tony Moore, Brian Townson, Charles Maes. 浓料液中铜的溶剂萃取[C]. 昆明：北京意特格冶金技术开发有限责任公司，1999.

[13] Dalton R F, Maes C J. Extractants, Modifiers and Cruds in Copper Solvent Extraction Plants[C]. SME 1996 Vancouver.

[14] John R Spence. Extractant Considerations in Copper SX/EW[R]. Acorga Technical Library, 1998.

[15] 罗爱平. 博士论文[D]. 长沙：中南工业大学，1998.

[16] Roger Williams, Alain A Sonntag. An Economic Comparison with Conventional Design From Krebs and Solvent Extraction[C]. ALTA Copper, 1995.

[17] B Nyman, E Ekman, R Kuusisto, et al. The OutoCompact SX Technology – An Ideal Approach to Copper Solvent Extraction[C]//P A Riveros, D G Dixon, D B Dreisinger, J H Menacho. Copper Cobre 2003, Canada,

Canadian Institute of Mining, Metallurgy and Petroleum. 2003：761 –774.

[18] Objetivos Y Metas, Minera Gaby S A. Un Anoy Medio de OperacionⅫ[R]. Seminario Tecnico Cytec, 2009, 10.

[19] Keith Cramer. Cytec Solutions for Hydrometallurgy and Mineral Processing[C]. Volume 13. 2007：9 – 14.

[20] Matthew Soderstrom, Troy Bednaski. Consideration for Circuit Configuration and Extractant Formulation Selection Cytec Solution for Hydrometallurgy and Mineral[C]. Volume 13. 2007：5 – 8.

[21] Hans Hein, Philippe Joly. Metallurgical Performance and Characteristics of Small and Medium Size Copper SX Plants in Chile[C]. Proc. ISEC'2011：1 – 8.

[22] Peter E Tetlow. Crud Formation and Techniques for Crud Control[R]. Acorga Notes ISSUE 9. 2003：5 – 7.

[23] Damien Shiels. Auxiliary Equipment in SX[C]. Acorga 铜湿法冶金技术研讨会. 北京：北京意特格冶金技术开发有限责任公司, 2004.

[24] Gonzalo Alvarez B. Estimating Aqueous Entrainment：Electrolyte in Oganic[R]. Acorga notes ISSUE 9, 2003：8 – 9.

[25] Kym Dudley, Phil Crane. Clay Treatment for Copper Solvent Extraction Circuits[C]. ALTA PERTH, AUSTRALIA, 2006.

[26] Graeme Miller. Methods of Managing Manganese Effects on Copper SX – EW Operations[C]. ALTA 2010. PERTH, AUSTRALA, 2010.

[27] Tore Hartman. Crud Treatment and Clay Treatment with one Multipurpose Solid Bowl Centrifuge[C]. ISEC' 2008, Quebec, Canada, Vol. 1：503 – 508.

[28] Anthory Mukutama, Nils Schwarz, Angus Feather. Operation at Bwana Mkubwa Solvent Extraction Plant[C]. ISEC2008, Quebec, Canada, Vol. 1：497 – 502.

[29] M Virnig, D Eyzaguirre, M Jo, J Calderon. Effects of Nitrate on Copper SX Circuits：A Case Study[C]//P A Riveros, D G Dixon, D B Dreisinger, J H Menacho, Copper Cobre 2003, Canada, Canadian Institute of Mining, Metallurgy and Petroleum, 2003：795 – 810.

[30] H Yanez, A Soto, T Bednarskki, M Soderstrom. Improved Nitration Resistance with ACORGA NR Series of Extractants[C]. Cytec Solutions for Hydrometallurgy and Mineral Processing, Volume 15, 2010：2 – 4.

[31] T Bednarski, M Soderstrom. Reagent Development：New ACORGA Formulations with Enhanced Stability[C]. Cytec Solutions for Hydrometallurgy and Mineral Processing, Volume 15, 2010：8 – 12.

[32] Larry J Moore. Using Principles of Inherent Safety for Design of Hydrometallurgy Solvent Extraction Plants [C]. ALTA 2005, PERTH, AUSTRALIA.

[33] Kari Ukkonen, Roy Forbes. Water Mist Fire Protection for Copper Solvent Process and other Industrial Hazards [C]. ALTA 2005, PERTH, AUSTRALIA, 2005.

[34] Power K L. Proc. Int. Solvent Extraction Conf. , 1971：1409.

[35] H T Lumbwe, et al. Recent Process Development Changes at the Tailings Leach Factory[C]. COPPER 95 – COBER95, Volume Ⅲ, Electctrorefining and Hydrometallurgy of Copper, CIM, 1995：727 – 741.

[36] Mcgarr H G. Engineering and Mining Journal, October, 1970：79.

[37] Rossifer G, Anamax. Twin Buttes Oxide Plant Operating Experience First Year[R]. Arizona Section of ALME Hydrometallurgical Division Spring Meeting, 1976.

[38] John R Burger. Sociedad Minera Pudahuel Produces Low – cost Copper at Lo Aguirre[J]. E&MJ, 1985, 186 (1)：44.

[39] Henry Salomon – De – Fridberg. Recent Changes to Operating Practices at Minera Quebrada Blanca[C]//S K

Young, D B Dreisinger, R P Hackl, D G Dixon. COPPER 99 – COBER 99: Hydrometallurgy of Copper, USA, TMS, 1999.

[40] Marilyn Scales. Solvent Extraction of Copper at Gibralta[J]. Canadian Mining Journal, 1988, 188(2): 16.

[41] Jose Hector Figueroa P, Jorge Enrique Ruiz H, Ramon Ayala F. Enhanced Leaching of Copper Sulfide Leach Dumps: Application at Cananea, Mexico[C]//S K Young, D B Dreisinger, R P Hackl, D G Dixon. COPPER 99 – COBER 99: Hydrometallurgy of Copper, USA, TMS, 1999.

[42] Joel K Witt, Phil E Cantrell, Manuel P Neira. Heap Leaching Practices at San Manuel Oxide Operations [C]//S K Young, D B Dreisinger, R P Hackl, D G Dixon, COPPER 99 – COBER 99: Hydrometallurgy of Copper, USA, TMS, 1999: 41 –55.

[43] Jackson Jenkins, William G Davenport, Brian Kennedy, Tim Robinson. Electrolytic Copper – Leach, Solvent Extraction and Electrowinning World Operating Data[C]//COPPER 99 – COBRE 99: Hydrometallurgy of Copper, USA, TMS, 1999: 493 –566.

[44] Alberto Cruz Rivera, Jorge Mejias, Radomiro Tomic. Expansion and Optimization Project[R]. Acorga notes. 2001, ISSUE 5: 2 –4.

[45] Adrian Hernander Pacheco, Jose Luis Noyola. The Milpillas Project[R]. Cytec Solutions: For Hydrometallurgy and Mineral Processing, May 2007, Volume 13: 2 –8.

[46] Jose Hector Figueroa P, Jorge Enrique Ruiz H, Ramon Ayala F. Enhanced Leaching of Copper Sulfide Leach Dumps: Application at Cananea, Mexico[C]//S K Young, D B Dreisinger, R P Hackl, D G Dixon, COPPER 99 – COBER 99: Hydrometallurgy of Copper, usability TMS, 1999: 13 –26.

[47] L Trincado, U Troncoso, C Vargas, G Zarate. Process Improvements at MANTOVERDE Heaplech – SX – EW Plant[C]//Courtney Young, Akram Alfantazi, Corby Anderson, Amy James, David Dreisinger, Bryn Harris. Vancouver, Hydrometallurgy, 2003, Volume 1, TMS, 2003: 343 –349.

[48] Lantinomineria. ESCONDIDA S New Cathode Factory, Ammonia Leach for Super – Pure Electrolytic Copper Production[J]. E & MJ, 1995, 196 (5): 24.

[49] Yang Jiaoyong. Practice in Small – Scale Solvent Extraction Plants of Copper[C]//D C Shallcross, R Paimin, L M Prvcic, ISEC'96, Vol. 1, Melbourne, University of Melboune, 1996: 807 –812.

[50] Owen Tinkler. Global copper SX – EW operations[C]. Beijing Seminar, 北京: 意特格冶金技术开发有限责任公司, 2010.

第 17 章 镍钴萃取

何焕华 金川集团股分有限公司
曾 理 中南大学冶金与环境学院

目 录

17.1 镍钴湿法冶金概述

17.1.1 引言

溶剂萃取应用于钴镍的提取始于 20 世纪 60 年代[1-3]。随着镍钴工业生产的发展，新萃取剂的不断推出和其他相应技术的进步，溶剂萃取分离提取镍钴已成为镍钴工业生产中的重要手段。

镍的工业资源为硫化镍矿和氧化镍矿。由于镍钴的性质近似，这些资源中一般都含有钴。50% 以上的钴均以类质同象或包裹体存在于含镍矿物和铜镍矿中。世界陆地镍资源储量见表 17 - 1[4]。

表 17 -1　世界陆地镍资源储量

国家和地区	储量/万 t	国家和地区	储量/万 t
古巴	2267.5(O)	希腊	90.7(O)
新喀里多尼亚	1499.9(O)	哥伦比亚	73.9(O)
加拿大	1342.3(S)	多米尼加	63.19(O)
印度尼西亚	1269.8(O)	博茨瓦纳	45.35(S)
菲律宾	1210.0(O)	南斯拉夫	20.40(O)
苏联	734.6(S)	阿尔巴尼亚	18.14(O)
澳大利亚	480.7(O, S)	芬兰	9.9(S)
巴西	426.3(O, S)	津巴布韦	9.9(S)
南非	263.0(S)	其他(含中国)	768.3(S)
美国	253.9(S)	共计	10847.7

注：表中(O)表示氧化矿，(S)表示硫化矿。

硫化镍矿资源的处理工艺，一般都经过选矿、熔炼、吹炼得到高品位的镍锍。镍锍在精炼过程中分离回收镍、铜和钴。钴在吹炼过程中，一部分进入吹炼炉渣，一部分进入镍锍，为了提高镍、钴的回收率，吹炼炉渣或返回熔炼(贫化)或单独处理得到富钴冰铜(含钴 2.5% ~ 3%),再从中回收其中的钴。加拿大 Voisey's Bay 镍矿中含钴较高,是目前世界上唯一直接采用湿法浸出浮选镍精矿工艺提取其中镍和钴的工厂,该方法使钴的回收率大幅度提高。

氧化镍矿的处理一般也有火法和湿法[5]。氧化镍矿经酸浸后的溶液,一般都是采用化学沉淀方法,使镍钴形成硫化物或氢氧化物沉淀,再从这些化合物中生产镍和钴。近十多年来,世界各国的许多研究者对氧化镍矿的酸浸液直接采用溶剂萃取提取其中镍和钴进行了大量研究,取得了重大进展。

海洋锰结核是未来镍、钴和铜生产的重要资源[4]。海底锰结核的处理工艺研究,国内外都在进行[6-9]。总的趋势,最终都会采用浸出(酸浸或氨浸)、溶剂萃取分离回收其中的镍和钴及其他有价元素。

世界近十年来的镍钴产量见表 17 - 2。

表 17 - 2　世界近十年镍钴产量/万 t

年份	2001	2002	2003	2004	2005	2006	2007	2008	2009	2010
镍	115.2	119.1	119.7	125.1	127.4	135.9	143.2	140.78	135.0	143.0
钴	3.997	4.121	4.490	4.954	5.483	5.363	5.336	5.682	5.985	7.636

17.1.2　镍钴湿法冶金生产中的主要溶液体系

17.1.2.1　硫酸盐体系

硫酸盐体系是镍钴湿法冶金生产中最主要的溶液体系。目前世界上镍钴生产厂家大多数都是从硫酸溶液体系中分离提取镍和钴。氧化镍矿中的镍和钴主要以固溶体形式存在于针铁矿的晶格中,在低浓度硫酸介质中,只有在高温(240℃以上)下才能使针铁矿完全分解和转化,在 SO_4^{2-} 与 FeOOH、H^+ 反应体系中可能生成一系列配离子或配合物,如 $FeHSO_4^{2+}$、$FeSO_4^+$、$Fe(SO_4)_2^-$、$FeH(SO_4)_2$ 等,在高于 200℃ 的温度及一定酸度下,铁最终生成无水氧化铁,即 Fe_2O_3。此时存在于 FeOOH 晶格中的镍、钴等金属可发生下述反应。

镍钴氧化物:

$$MeO + H_2SO_4 = MeSO_4 + H_2O$$

高压酸浸过程中,氧化镍矿中的 Fe、Mn、Mg、Al、Si 等都有一定量溶出,其总耗酸量可用下式估算[10]:

$$w_{H_2SO_4} = 4 + 6[w_{Al} - 0.8] + 3w_{(Ni+Co+Mn)} + 4w_{CO_2}/\%$$

式中:$w_{H_2SO_4}$ 为干矿消耗硫酸(100% 浓度)的质量分数,% ;w_{Al} 等皆为矿石中的元素的质量分数,% 。

而镍钴硫化物、高镍锍、镍精矿等含镍钴的硫化物物料,则在高压釜内进行加压氧化浸出(温度 150 ~ 160℃,压力 0.8 MPa),物料中的硫被氧化形成硫酸,其主要反应如下：

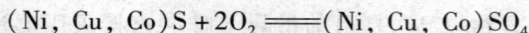

$$(Ni，Cu，Co)S + 2O_2 ===(Ni，Cu，Co)SO_4$$

高镍锍中除硫化物外，镍铜钴还有少量以金属相存在，在浸出过程中发生下列反应：

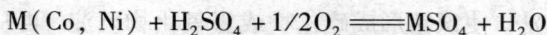

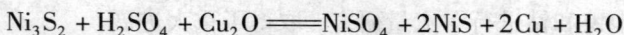

$$M(Co，Ni) + H_2SO_4 + 1/2O_2 ===MSO_4 + H_2O$$

$$2Cu + 1/2O_2 ===Cu_2O$$

$$Ni_3S_2 + H_2SO_4 + Cu_2O ===NiSO_4 + 2NiS + 2Cu + H_2O$$

物料中的铁在浸出过程中被氧化到高价而水解留在渣中。

其他一些金属杂质如锌等也会与镍钴一起转入溶液。铂族金属和金等惰性元素均留在渣中。

17.1.2.2　氯化物溶液体系

20 世纪 50 年代，加拿大鹰桥镍公司开始了用盐酸浸出高镍锍的试验研究，并于 1968 年在挪威建立了一个年产 6800 t 镍的中间试验厂。确立了以盐酸选择性浸出镍钴而铜及铂族金属留在浸出渣中，尔后采用溶剂萃取分离镍钴的生产工艺，浓盐酸浸出高镍锍时产生部分硫化氢气体；氯化镍溶液高温水解生成氧化镍，氧化镍再用氢还原产出金属镍产品，过程复杂，同时还需制备氢气，后经改进为氯气选择性浸出，溶剂萃取分离镍钴，镍钴氯化液分别电解生产镍和钴，阳极产出的氯气收集后返回浸出。这一工艺一直沿用至今。后来，日本住友公司新居滨镍精炼厂、法国勒阿弗尔精炼厂也先后采用氯化物体系萃取分离精炼镍钴。氯气浸出过程主要反应为：

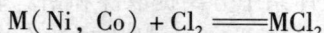

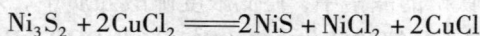

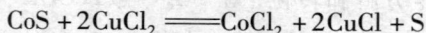

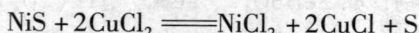

$$M(Ni，Co) + Cl_2 ===MCl_2$$

$$Ni_3S_2 + 2CuCl_2 ===2NiS + NiCl_2 + 2CuCl$$

$$CoS + 2CuCl_2 ===CoCl_2 + 2CuCl + S$$

$$NiS + 2CuCl_2 ===NiCl_2 + 2CuCl + S$$

高镍锍氯气选择性浸出后的残渣中，主要是铜硫化物、元素硫和铂族金属。氯气浸出过程中铁和其他一些电负性金属元素也会转入溶液。

17.1.2.3　氨–铵盐溶液体系

氨液体系引入镍钴湿法冶金是从 20 世纪 40 年代初 Caron 教授发明了氧化镍矿还原焙烧常压氨浸工艺以后开始的，并且用此工艺于 1944 年在古巴尼加罗建设了第一个生产厂。氧化镍矿还原焙烧后，镍和钴还原至金属状，在氨浸时鼓入二氧化碳和空气，发生如下反应：

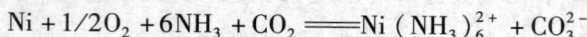

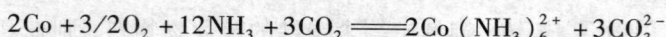

$$Ni + 1/2O_2 + 6NH_3 + CO_2 ===Ni(NH_3)_6^{2+} + CO_3^{2-}$$

$$2Co + 3/2O_2 + 12NH_3 + 3CO_2 ===2Co(NH_3)_6^{2+} + 3CO_3^{2-}$$

20 世纪 50 年代初，加拿大舍利特公司研究成功镍钴硫化物及精矿加压氨浸工艺并成功应用于工业生产。硫化矿加压氨浸时主要反应如下：

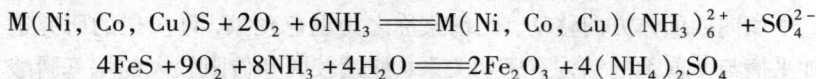

$$M(Ni, Co, Cu)S + 2O_2 + 6NH_3 \Longrightarrow M(Ni, Co, Cu)(NH_3)_6^{2+} + SO_4^{2-}$$

$$4FeS + 9O_2 + 8NH_3 + 4H_2O \Longrightarrow 2Fe_2O_3 + 4(NH_4)_2SO_4$$

该工艺可使原料中的硫最终以硫酸铵的形式回收利用，工厂既是镍钴生产厂，也是一个化学肥料厂。

17.1.3　钴镍分离的化学基础

钴和镍同属Ⅷ族的铁系元素，性质十分相似，它们的原子半径分别为 0.116 nm 和 0.115 nm，外层电子结构分别为 $3d^7 4s^2$ 及 $3d^8 4s^2$，两者的标准电极电位（还原电位）也相差无几：$Co^{2+} + 2e \Longrightarrow Co$，$\varphi^{\ominus} = -0.277$ V，$Ni^{2+} + 2e \Longrightarrow Ni$，$\varphi^{\ominus} = -0.250$ V，在酸浸含钴镍原料时，它们同时进入浸出液。它们均可以与各种无机及有机配体生成配合物。按照酸碱软硬规则，二价钴、镍离子均属交界酸，既能与软碱配体、也能与硬碱配体形成配合物。而三价钴离子则属于硬酸，故与硬碱配体生成稳定配合物。

由于钴镍性质很相近，分离它们有一定难度。但是仍可以利用它们在性质上的某些差异进行分离[10]。这些差异是：

(1) Co^{2+} 对水的交换速率 $K_{H_2O}(s^{-1})$ 为 10^6 数量级，而 Ni^{2+} 对水的交换速率 $K_{H_2O}(s^{-1})$ 在 10^4 至 10^5 数量级之间（见第 9 章图 9-1），这意味着 Ni^{2+} 的配位体交换的本征速率比 Co^{2+} 慢一些，或者说 Ni^{2+} 的水合离子比 Co^{2+} 的水合离子稳定，更难于脱水。而且 Co^{3+} 的 $K_{H_2O}(s^{-1})$ 约为 10^{-1} 数量级，如此之慢的本征交换速率使它成为一种动力学惰性离子。

(2) 钴有两种氧化价态，正二价与正三价，而镍在湿法冶金条件下只有二价一种氧化态。一般而言，三价离子比它的低价态与同一配体所生成的配合物稳定性强一些，而且随配体种类不同，它们的氧化态的稳定性也不一样，例如：

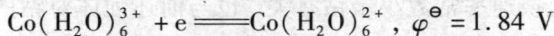

$$Co(H_2O)_6^{3+} + e \Longrightarrow Co(H_2O)_6^{2+}, \quad \varphi^{\ominus} = 1.84 \text{ V}$$

而 $Co(NH_3)_6^{3+} + e \Longrightarrow Co(NH_3)_6^{2+}$，$\varphi^0 = 0.10$ V，所以 $Co(H_2O)_6^{3+}$ 不稳定，它可以把水氧化成氧气，而自身被还原，相反 $Co(NH_3)_6^{3+}$ 却很稳定，空气中的氧气也能将 $Co(NH_3)_6^{2+}$ 氧化成 $Co(NH_3)_6^{3+}$。

(3) 二价钴容易在氯化物介质中生成四氯配阴离子 $CoCl_4^{2-}$，而二价镍离子在湿法冶金条件下不与氯离子生成配离子，因此可以从氯化物介质中用阴离子交换萃取剂分离镍与钴。

(4) 二价钴易形成四面体配合物，而二价镍易形成八面体或平面正方形配合物。实际上二价钴也能生成八面体配合物，但是在一定条件下它易转变成四面体构型，而二价镍的八面体构型配合物则很稳定。现有的研究证实，D2EHPA 与钴的配合物在粉红色的八面体构型与深蓝色四面体构型之间存在平衡关系，随着温度升高，平衡向四面体方向移动，此现象称之为温色现象，许庆仁的研究进一步证实，这种平衡与萃取剂的结构有密切关系，酸性较弱和位阻较大的烷基膦酸单烷基酯和二烷基膦酸类萃取剂，即使在较低的温度下，均以深蓝色的四面体构型存在。配位化学的研究已经证实，在四面体构型的配合物中配位体的空间位阻小于八面体构型。这意味着取代基对钴形成配合物的空间位阻效应要小于镍[11]。许庆仁的进一步研究表明，比较 P204、P507 及二烷基膦酸这三类萃取剂，随 C—P 键增多，取代基推电子能力增强，空间位阻也增大，钴和镍的萃取能力均下降，但对镍的影响总是比对钴大，所以镍萃取能力的降低比钴大，因而 $\beta_{Co/Ni}$ 增大[12]。

因此从配位化学角度分析，利用各种配体性质的差异，通过配体与钴、镍生成配合物可以扩大钴、镍之间的性质差异从而实现钴、镍分离，这就是钴、镍萃取分离的化学基础。

钴、镍均属于第四周期的过渡金属元素。它们与几十种配位原子为氮和（或）氧的配位体形成的配离子的稳定性顺序一般为：$Mn^{2+} < Fe^{2+} < Co^{2+} < Ni^{2+} < Cu^{2+} > Zn^{2+}$，这就是有名的 Irving – Williams 顺序。按照配合物的晶体场理论的研究，在考虑离子半径及电荷影响的基础上，结合考虑晶体场稳定化能（CFSE）和八面体变形的影响，认为各 Me^{2+}（$Ca^{2+} \sim Zn^{2+}$）离子的八面体型非低自旋配离子在水溶液中的稳定性顺序一般为：

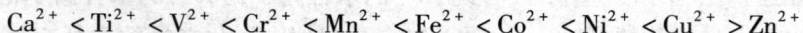

$$Ca^{2+} < Ti^{2+} < V^{2+} < Cr^{2+} < Mn^{2+} < Fe^{2+} < Co^{2+} < Ni^{2+} < Cu^{2+} > Zn^{2+}$$

与 I – W 顺序基本是一致的。而 Ca^{2+}、Mn^{2+}、Fe^{2+}、Cu^{2+}、Zn^{2+} 及第三周期的 Mg^{2+}、Al^{3+} 以及 Fe^{3+} 均是经常与 Co^{2+}、Ni^{2+} 离子共存于溶液中的杂质离子。由配离子稳定性变化的这一顺序可以进一步说明钴、镍萃取纯化的困难。就配离子稳定性而言，钴小于镍，但它们在酸溶液中的萃取顺序却是钴大于镍，这与前述的镍离子的水交换速率常数小于钴有关，也与前述配体对钴的空间位阻小于镍有关。至于在氨 – 铵盐体系中，由于钴以 $Co(NH_3)_6^{3+}$ 形式存在，它的动力学惰性，则使 Ni^{2+} 的萃取能力优于钴。

以上所述的杂质离子，就配合物的稳定性而言，有些小于钴（镍），有些大于钴（镍），就离子对水的交换速率常数而言，Mn^{2+}、Cu^{2+} 均大于钴，Mg^{2+} 介于钴、镍之间，Fe^{3+} 及 V^{2+} 小于钴、镍。因此与铜萃取不同，目前还难找到一种单一萃取剂在分离钴镍时同时与其他杂质一次彻底分离。这种情况决定了钴、镍湿法冶金工艺的复杂性。

17.1.4　镍钴的萃取剂

用于镍钴湿法冶金的萃取剂见表 17 – 3。各种萃取剂的性能见第 1 章。

表 17-3 镍钴萃取剂

种类		萃取剂结构	实例	萃取介质	萃合物
酸性磷型萃取剂	二烷基磷酸	RO—P(=O)(OR)—OH	D2EHPA（P204）	硫酸盐	CoR_2
	单烷基膦酸单烷基酯	RO—P(=O)(R)—OH	PC-88A P507 5709	硫酸盐	CoR_2
	二烷基膦酸	O—P(=O)(R)—OH	Cyanex 272	硫酸盐	$Co(HR_2)_2$
	二硫代次膦酸	R—P(=S)(R)—SH	Cyanex 301	硫酸盐	$NiR_2(H_2O)_2$ CoR_2
有机酸类萃取剂	羧酸	R—C(=O)—OH	Versatic™ 10	硫酸盐	$[CoR_2]\cdot 4RH$ $[CoR_2\cdot 2RH]_2$ $[NiR_2]\cdot 4RH$ $[NiR_2\cdot 2RH]_2$
螯合萃取剂	羟肟	OH NOH R^2 R^1	ACORGA™ K2000 LIX™84-1 PT5050	氨-铵盐	NiR_2
胺类萃取剂	叔胺	R^1 R^2 R^3 N	N235 Alamine 336	氯化物	$(RH)_2[CoCl_4]$
	季铵盐	CH_3R_3NCl	N263	氯化物	$(RR'N)_2[CoCl_4]$

17.2 镍钴的萃取

17.2.1 从硫酸盐溶液中萃取分离镍钴

在硫酸溶液中，镍、钴以阳离子或者水合阳离子形式存在，工业上从这种溶液中萃取镍、钴多采用酸性磷型萃取剂，按阳离子交换反应进行萃取。

17.2.1.1 D2EHPA(P204)萃取分离镍钴

用 D2EHPA 萃取分离镍钴最早是加拿大的 G. M. Ritcey 于 20 世纪 60 年代到 70 年代初开发的，并拟用于从羰基镍渣浸出液中分离镍钴。70 年代我国科研人员对 P204 萃取钴也进行了大量研究并在南京钢厂从钴硫铁矿烧渣回收钴的工艺中采用。但产品钴中的钴镍比不到 450/1，产品镍中的镍钴比不到 100/1。P204 萃取金属的萃取率与溶液平衡 pH 的关系如图 17 - 1 所示。

按图中各元素的 $pH_{1/2}$，它们被萃取的能力大小顺序为：

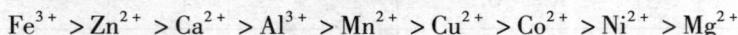

$$Fe^{3+} > Zn^{2+} > Ca^{2+} > Al^{3+} > Mn^{2+} > Cu^{2+} > Co^{2+} > Ni^{2+} > Mg^{2+}$$

由于实际条件的差异，图中各金属元素的萃取曲线位置可能发生变化。例如 1968 年由 G. M. Ritcey 等作的相应的曲线图，其金属元素的萃取顺序却是：

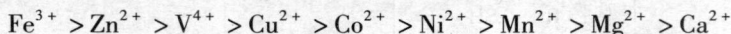

$$Fe^{3+} > Zn^{2+} > V^{4+} > Cu^{2+} > Co^{2+} > Ni^{2+} > Mn^{2+} > Mg^{2+} > Ca^{2+}$$

其中镁与钙的位置与图 17 - 1 比较发生了很大的变化。

从图 17 - 1 可见 Co^{2+} 与 Ni^{2+} 的萃取平衡曲线相距很近，钴镍的分离系数只有 3.0。随着钴镍分离系数更高的萃取剂如 PC - 88A (P507) 和 Cyanex 272 的推出和应用，如今 P204 已很少用来直接萃取分离钴镍。如金川有色金属公司从镍电解净化钴渣回收钴的过程中，P204 只作为萃取除去锌、铜、钙等杂质之用，钴镍的分离则采用分离系数较高的 P507 萃取钴来实现与镍分离。Voisey's Bay 是用 D2EHPA 分离钙、锌、铅及残余的微量铁、铜。

图 17 - 1 P204 的金属萃取率与溶液 pH 的关系

Flett[13] 利用 D2EHPA 萃取钴的温色现象及浓度对分配比的影响，对 D2EHPA 萃钴工艺作了改进，提高了钴的分配比，改善了分离效果，南非 Anglo 公司一直沿用此工艺至今。

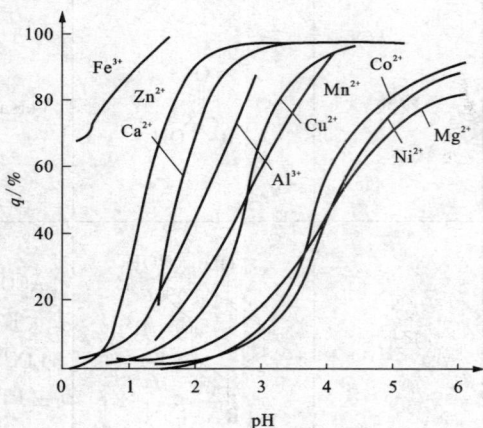

17.2.1.2　P507 萃取分离镍钴

P507(国外相同产品为 PC – 88A)萃取金属的萃取率与 pH 的关系曲线如图 17 – 2 所示。

比较图中各金属元素的 $pH_{1/2}$，它们被萃取能力的大小顺序是：

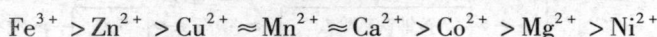

$$Fe^{3+} > Zn^{2+} > Cu^{2+} \approx Mn^{2+} \approx Ca^{2+} > Co^{2+} > Mg^{2+} > Ni^{2+}$$

与 P204 结构不同，P507 用一个推电子的 R(2 – 乙基己基)取代了一个吸电子的 RO 基，此时由于分子中酯氧原子的电负性影响被削弱，诱导效应使羟基中的 O—H 键增强，故酸性比 P204 弱。

从图 17 – 2 可见，Co(Ⅱ)、Ni(Ⅱ)的萃取率 – pH 平衡曲线相距较大，相同 pH 下的 Co(Ⅱ)、Ni(Ⅱ)分离系数为 41。我国在 20

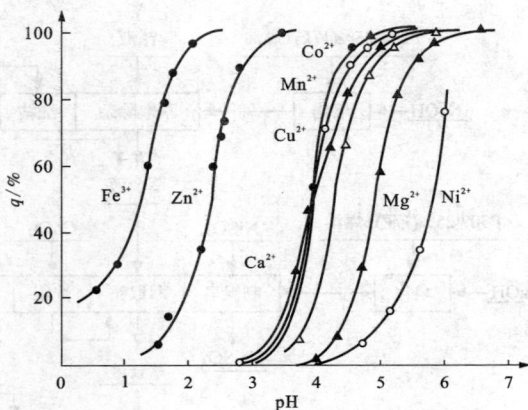

图 17 – 2　P507 萃取时 pH 与金属萃取率的关系

世纪 80 年代初用 P507 萃取分离镍钴已实现工业化。金川有色金属公司从硫化镍电解液净化钴渣中提取钴的工艺就是采用 P507 萃取分离镍、钴，其工艺流程见图 17 – 3。钴渣及其浸出液的成分见表 17 – 4。

表 17 – 4　钴渣及浸出液成分

成分	Ni	Co	Cu	Fe	Ca	Mg	Pb	Zn	Mn	Na
钴渣 /%	27 ~ 32	8 ~ 11	0.1 ~ 0.2	4 ~6	0.15	0.04	0.005 ~ 0.008	0.06 ~ 0.15	0.023 ~ 0.06	
浸出液 /(g·L⁻¹)	78 ~ 85	18 ~ 23	0.3 ~ 0.6	6 ~ 10	0.5 ~ 0.55	0.14 ~ 0.16	0.01 ~ 0.021	0.017 ~ 0.22	0.03 ~ 0.04	20

经除铁后的滤液，铁已降至 0.005 ~ 0.05 g/L，再送去 P204 萃取除杂。

萃取条件：有机相组成 P204 10%(V/V)，磺化煤油 90%(V/V)，皂化率 60% ~65%([H]⁺ 0.01 ~0.12 mol/L)；洗钴液酸度 1.20 mol/L HCl；反铜液酸度 2.5 mol/L HCl；洗铁液酸度 6 mol/L HCl(当[H]⁺ ≤4.5 mol/L 时更换新液)；流比：料液：有机相：洗钴液 =(1.6 ~1.7):1.0:0.11。P204 萃取除杂系统共安排：萃取段 10 级，洗钴段 6 级，反铜段 5 级，洗铁段 5 级，澄清段 3 级。

除杂后的萃余液成分为：Co/Fe > 12000，Co/Cu > 1500，Co/Mn > 1500，

钻渣

Na₂SO₄+H₂SO₄ → 还原溶解

NaClO₃+Na₂CO₃ → 黄钠铁矾除铁 → 铁渣 → 洗涤 → 洗水

P204 25%(*V/V*)+煤油

NaOH → 皂化 → 萃取除杂 → 洗钴 → 反萃铜 → 洗铁 → FeCl₃

滤液   盐酸   渣 (返火法冶炼)

萃余液

CuCl₂(回收铜)

P507 25%(*V/V*)+煤油   NiSO₄   CoCl₂   盐酸

NaOH → 皂化 → 制镍皂 萃取钴 洗镍 反萃钴 洗铁 → FeCl₃

Na₂SO₄

萃余液   CoCl₂   NH₄F

除油   电积 除钙镁 → 钙渣(返火法冶炼)

纯硫酸镍   电钴   沉钴 ← (NH₄)₂C₂O₄+H₂C₂O₄

送镍系统   草酸钴

煅烧

高纯氧化钴

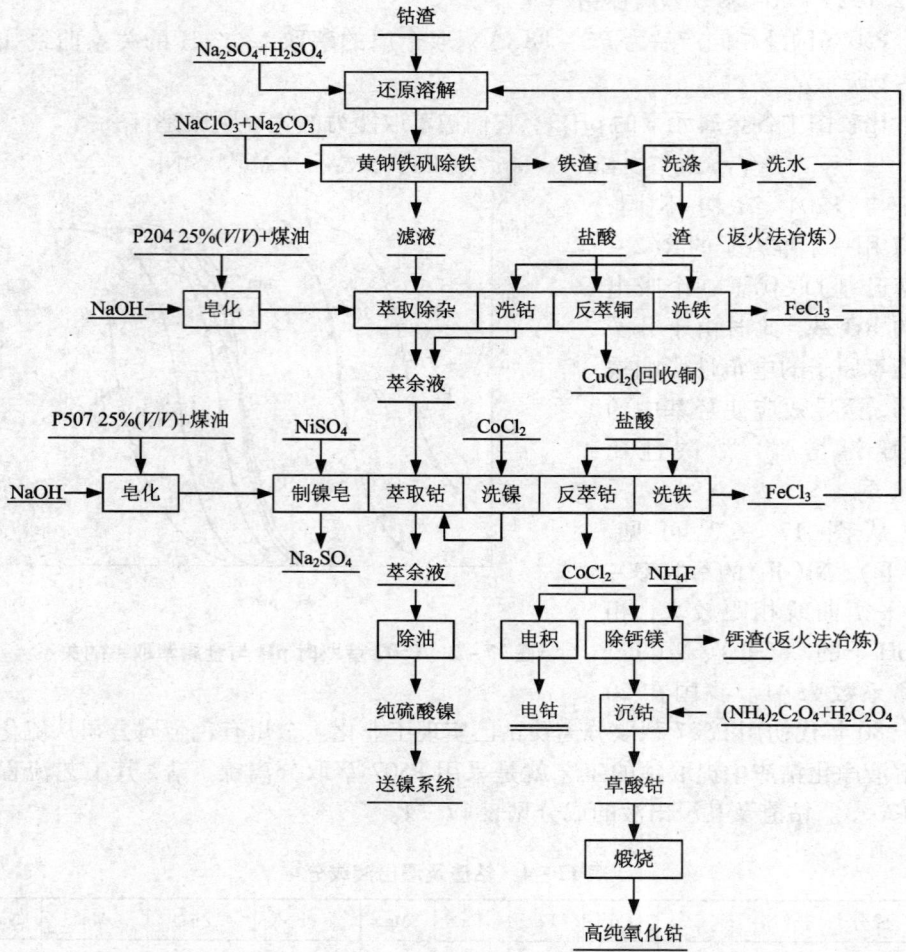

图 17－3　金川公司从钴渣生产钴工艺流程

Co/Zn > 23000，Ca < 0.02 g/L。然后再送往 P507 萃取工序萃钴。

P507 萃取钴的条件为：有机相 P507 25%(*V/V*) + 75%(*V/V*)磺化煤油，配制后氢离子浓度为 0.75 mol/L(当有机相[H⁺] > 0.78 mol/L 时补充煤油)；皂化率 60% ~ 65%([H⁺]0.21 ~ 0.23 mol/L)；制镍皂用的硫酸镍溶液含镍 35 ~ 40 g/L；洗镍用的钴液酸度 1.2 mol/L HCl；反萃钴：2.5 mol/L HCl；洗铁液为 6 mol/L HCl(内循环，当 < 4.5 mol/L HCl 时，更换新酸)。

P507 萃取钴系统共 33 级，除单级制钠皂外，澄清 5 级，制镍皂 5 级，萃取 5 级，洗涤 6 级，反萃钴 6 级，洗铁 5 级。

P507 萃取分离镍钴工序各种物料成分见表 17－5。

表 17 – 5 　P507 萃取分离镍钴工序各种料液成分/（g·L⁻¹）

成分	料液	硫酸镍溶液	氯化钴溶液	硫酸钠溶液	氯化铁溶液	反后有机相
Co	13 ~ 20	0.01 ~ 0.02	62 ~ 85	< 0.01	0.025 ~ 0.4	< 0.001
Ni	33 ~ 88	65 ~ 70	0.001 ~ 0.02	0.001 ~ 0.018	0.01 ~ 0.033	< 0.0001
Cu	0.0013 ~ 0.0007	0.0002 ~ 0.001	0.005 ~ 0.01		0.001 ~ 0.006	< 0.001
Fe	0.0006 ~ 0.0018	0.0003 ~ 0.001	0.0008 ~ 0.005		0.014 ~ 0.03	0.018 ~ 0.02
Mn	0.0003 ~ 0.001	0.00015 ~ 0.0005	0.0005 ~ 0.001		0.001 ~ 0.005	< 0.001
Zn	0.0002 ~ 0.009	0.0002 ~ 0.0001	0.0005 ~ 0.002		0.004 ~ 0.007	< 0.001
Ca	0.0008 ~ 0.005	0.001 ~ 0.0005	0.0008 ~ 0.001		0.008 ~ 0.04	< 0.001
Mg	0.21 ~ 0.35	0.15 ~ 0.35	0.005 ~ 0.03		0.007 ~ 0.052	< 0.005
Na	17 ~ 20	18 ~ 20	< 0.005		0.015 ~ 0.5	
Pb	0.0015 ~ 0.0028	0.0002 ~ 0.0015	0.0005 ~ 0.005		0.02 ~ 0.03	< 0.001
pH	2.5	4	1 ~ 2			

　萃取提钴后的硫酸镍溶液除油后送去生产电解镍或结晶硫酸镍。反萃得到的氯化钴溶液，根据市场需求送电积生产金属钴或送草酸沉淀，草酸钴经煅烧后生产氧化钴。

　文献[14]介绍了用 PC – 88A 从镍钼矿冶炼渣浸出液中萃取回收镍并制备氧化亚镍粉末的研究情况。镍钼矿经过焙烧脱硫—碳酸钠焙烧回收钼后，镍被富集在渣中，经硫酸浸出后的溶液成分（g/L）见表 17 – 6。

表 17 – 6 　镍渣硫酸浸出液成分

成分	Ni	Fe	Ca	Mg	Zn	Cu	Pb	Na
g/L	3.782	20.101	1.030	1.226	0.432	0.226	0.314	> 30

　该溶液经中和除铁，硫化钠除铜，氟化钠除钙、镁后，用 PC – 88A 萃取镍。有机相：30%（V/V）PC – 88A + 煤油；相比 O/A = 1∶3；pH = 6.7；温度30℃；接触时间 3 min；二级错流萃取的情况下，镍的萃取率达到99.6%。用 2 mol/L HCl 反萃，相比 O/A = 3∶1；接触时间 3 min，一级反萃率可达99.3%。得到的纯氯化镍溶液用高温水解的方法制备氧化亚镍。

17.2.1.3　5709 萃取分离镍钴

5709(异己基膦酸 1 - 甲庚基酯)是我国核工业部化工冶金研究院研发的产品,呈黄黏稠状,一元酸含量占 90%,二元酸含量占 3%,黏度 0.3 Pa·s,密度 0.9460 g/cm³。其结构式为:

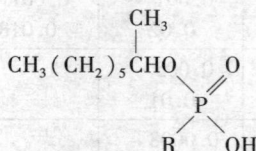

$$CH_3(CH_2)_5CHO-\overset{\overset{\displaystyle CH_3}{|}}{\underset{\overset{|}{R}\quad \overset{|}{OH}}{\overset{\displaystyle \|}{P}}}$$

其中,R 为 C_6H_{13},结构式具有与 P507 相似的结构及性质,但它合成工艺简便,价格低于 P507。其萃取金属的顺序是:

$$Fe^{3+} > Zn^{2+} > Fe^{2+} > Cu^{2+} > Co^{2+} > Ca^{2+} > Mg^{2+} > Ni^{2+}$$

阳离子萃取率与平衡水相 pH 的关系如图 17-4 所示。

清华大学核能技术研究所包福毅、公锡泰、何培炯等人针对金川二期扩建工程的镍精炼工艺采用 5709 萃取精炼镍钴全湿法精炼工艺,进行了大量研究并进行了半工业联动试验[15]。

5709 分离工艺原则流程如图 17-5 所示。

图 17-4　5709 阳离子萃取率与平衡水相 pH 的关系

(1)萃取除钴:有机相萃取剂 5709(10% ~ 12%)(V/V)磺化煤油;相比:O/A = 1:7 ~ 1:4;操作温度 55 ~ 60℃;进口水相 pH 5.9 ~ 6.2。萃取设备为 ϕ200 mm 高 4.5 m 的脉冲筛板萃取柱。三天连续萃取结果见表 17-7。

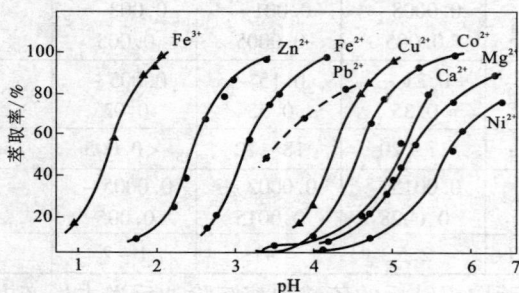

表 17-7　脉冲筛板柱连续运行取样分析结果/(g·L⁻¹)

料液	Ni	77.0	77.0	78.6	77.9	90.3	64.7
	Co	0.35	0.35	0.50	0.90	1.17	0.80
萃余液	Ni	77.9	76.2	77.9	76.2	78.2	64.8
	Co	0.001	0.001	0.005	0.005	0.001	0.010
负载有机相	Ni	2.63	2.23	2.16	2.75	2.09	1.02
	Co	1.19	1.65	1.79	3.03	2.76	3.01

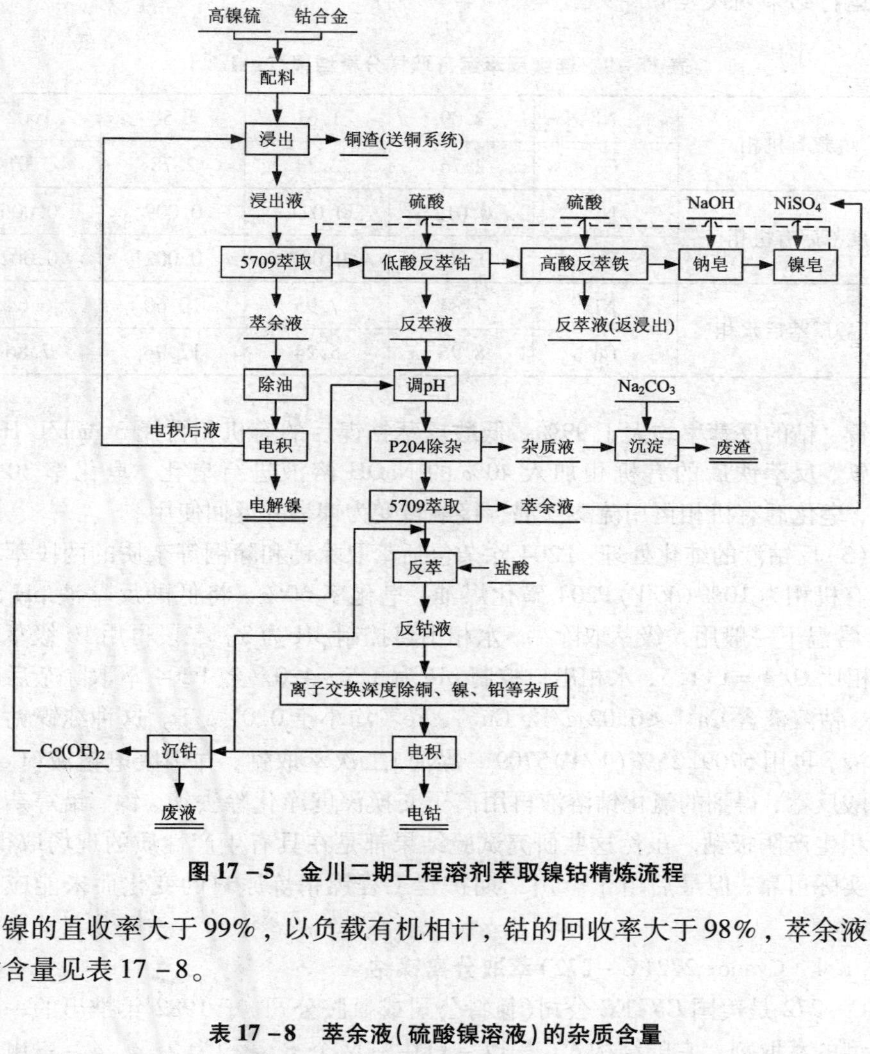

图 17－5　金川二期工程溶剂萃取镍钴精炼流程

镍的直收率大于 99%，以负载有机相计，钴的回收率大于 98%，萃余液中的杂质含量见表 17－8。

表 17－8　萃余液(硫酸镍溶液)的杂质含量

杂质元素	Cu	Fe	Pb	Zn	Ca	Mg
萃取前	0.01	0.01	0.00083	0.00025	0.46	0.085
萃取后	0.005	0.0004	0.0003	0.00032	0.43	0.007

萃取后的含镍溶液成分达到了生产 1 级电镍的要求，除油后即可送去电积镍。

(2)低酸反萃钴：低酸反萃钴在 $\phi 100$ mm，高 3 m 的脉冲萃取柱中进行。条件为：相比 $O/A = (4.0 \sim 2.7):1$；反萃液酸度 0.5 mol/L H_2SO_4；温度 35℃。连续

两天运行结果列入表 17 - 9。

表 17 - 9　连续反萃运行取样分析结果/(g·L^{-1})

负载有机相	Ni	2.09	1.61	1.50	1.02
	Co	2.76	2.34	2.78	3.01
反萃后有机相	Ni	0.012	0.021	0.009	0.006
	Co	0.002	0.002	0.002	0.002
低酸反萃后水相	Ni	7.84	7.95	10.60	6.64
	Co	8.96	5.24	12.96	7.86

镍、钴的反萃率均大于 99%，低酸反萃钴镍后的有机相再用 3 mol/L H$_2$SO$_4$ 反萃铁，反萃铁后的有机相加入 40% 的 NaOH 溶液进行皂化，皂化率 30% ~ 50%，皂化后有机相再用硫酸镍混合接触转变为镍皂并返回使用。

（3）反钴液的纯化处理：P204 除杂包括萃取除钙和除铜等杂质的两段萃取过程。有机相为 10%（V/V）P204 磺化煤油，皂化率 60%，将低酸反萃液 pH 调至 2.0，常温下一般用 5 级萃取除钙，水相出口控制 pH 为 3。二段再用 10 级萃取除铜，相比 O/A = 1∶1.5，水相出口控制 pH 为 3.5 ~ 4.0。经 P204 萃取除杂后的硫酸镍、钴溶液含 Ca^{2+} < 0.02 g/L，Cu^{2+}、Fe^{2+} 均小于 0.01 g/L。这种纯镍钴体系的溶液，再用 5709[25%（V/V）5709 - 煤油]二次萃取钴，并用废电钴液（CoCl$_2$）加盐酸反萃，得到的氯化钴溶液再用离子交换深度净化除去铜、镍、铅等杂质后送电积生产阴极钴。虽然这些研究试验结果都是在具有生产性质的现场取得的，比较实际可靠，但最后由于金川二期扩建工程镍精炼原料的变化而未能应用于生产。

17.2.1.4　Cyanex 272(C - 272)萃取分离镍钴

C - 272 是美国 CYTEC 公司（氰特公司或氰胺公司）于 1982 年推出的一种膦酸类型的萃取剂。它的结构式（表 17 - 3）中有两个 R 基均为 2，4，4 - 三甲基戊基，故 C - 272 的正式名称应为二(2，4，4) - 三甲基戊基膦酸。它有两个推电子的 R 基，故酸性比 P507 还弱，因此萃取能力下降，但分离系数提高，其 $\beta_{Co/Ni}$ 不但与 pH 有关，还与温度及稀释剂中芳烃含量有关。1985 年被用于钴镍工业生产后，由于它对钴镍的良好分离性能，目前世界上大多数钴生产厂都使用它萃取钴。

C - 272 萃取各单一金属的萃取率与 pH 的关系曲线如图 17 - 6 所示。

根据 pH$_{1/2}$，C - 272 萃取金属的顺序是：

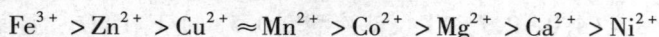

$$Fe^{3+} > Zn^{2+} > Cu^{2+} \approx Mn^{2+} > Co^{2+} > Mg^{2+} > Ca^{2+} > Ni^{2+}$$

我国清华大学核能与新能源技术研究院等单位研发的类似于 C – 272 的萃取剂二癸基次膦酸(DDPA)[22]是利用石化企业的副产品混合癸烯(主要成分为 2,7 – 二甲基 – 1 – 辛烯和 3 – 甲基 – 1 – 壬烯)和亚次磷酸钠合成。试验结果表明:用 10% DDPA(溶剂为环己烷)作萃取剂,经二级萃取,二级洗涤,钴镍分离系数可达 1.2×10^5。DDPA 对 Co^{2+}、Ni^{2+}、Mn^{2+}、Zn^{2+}、Mg^{2+} 和 Cu^{2+} 等多种金属离子都有较好的萃取能力(图 17 – 7)。

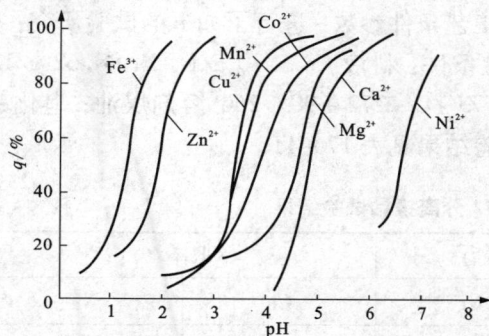

图 17 – 6　C – 272 萃取金属的 q – pH 关系曲线

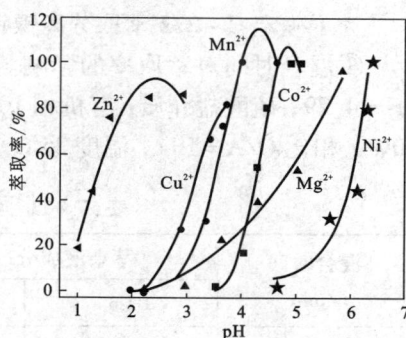

图 17 – 7　10% DDPA 萃取某些金属的萃取率与平衡 pH 的关系

DDPA 对钴镍的分离能力优于 P507,略低于 C – 272,但由于它合成的原料价廉,合成工艺较简单且安全无毒,其最终成本要远低于 C – 272。

C – 272 应用于有关钴、镍生产的几个实际生产流程介绍如下:

1)阜康冶炼厂由钴渣提钴

新疆阜康冶炼厂在生产镍的工艺中,用黑镍[即 Ni(OH)₂]沉钴以净化硫酸镍电解液。1995 年三月该厂委托北京矿冶研究院应用 C – 272 开发从钴渣酸浸液中萃取回收钴的工艺,并于 1996 年 5 月应用试验结果建设钴回收车间,同年 10 月建成投产[16 – 18]。试验的主要结果分述如下:

(1)C – 272 与 P507 镍钴分离系数的比较试验。试验条件:料液 Co 3.4 g/L; Ni 63.8 g/L, pH 4.2;有机相浓度各为 10% (V/V);稀释剂 260# 溶剂煤油;皂化率均为 70%;相比 O/A = 1:1;混合 5 min;温度 25℃,两级萃取。结果见表 17 – 10。

表 17 – 10　P507 与 C – 272 的 $\beta_{Co/Ni}$ 的比较

萃取剂	萃取后水相成分 /(g·L⁻¹)			有机相成分 /(g·L⁻¹)		D		$\beta_{Co/Ni}$
	Co^{2+}	Ni^{2+}	pH	Co^{2+}	Ni^{2+}	D_{Co}	D_{Ni}	
10% C – 272	0.0022	63.60	5.76	3.40	0.2	1545.45	0.0031	4.99×10^5
10% P507	0.032	62.77	5.78	3.37	1.03	105.31	0.016	6.58×10^3

结果表明：相同条件下，C-272 与 P507 相比，C-272 钴镍分离系数（$\beta_{Co/Ni}$）高出近两个数量级。

（2）镍钴分离试验研究。

黑镍除钴渣用镍电积阳极液酸溶后经 P204 萃取除杂，萃余液的典型组分为（g/L）：Ni 88.62，Co 3.70，Cu 0.0004，Fe 0.0003，Pb < 0.0001，Zn 0.0001，Mn 0.0028，Ca 0.085，Mg 0.63，pH = 4.29。

为了确定 C-272 萃取分离镍钴的工艺条件参数，进行了如下的试验研究：

①混合时间对萃取率的影响。试验条件：料液 Co 3.70 g/L，Ni 88.62 g/L，pH = 4.29；硫酸盐介质；有机相 10%（V/V）C-272 + 90% 260# 溶剂煤油；皂化率 70%；相比 O/A = 1:1，温度 25℃。试验结果见表 17-11。

表 17-11　C-272 分离镍钴试验结果

混合时间 /min	萃余液成分/（g·L^{-1}）		萃取率/%	
	Co	Ni	Co	Ni
1	0.18	85.82	95.15	3.16
3	0.059	86.54	98.41	2.36
5	0.049	87.35	98.68	1.43

结果表明，混合 3 min，Co 的萃取率可达 98% 以上。

②C-272 萃取钴的萃取等温线。试验条件：有机相为 15%（V/V）C-272 + 85% 260# 煤油；O/A = 1:1；皂化率 65%，混合 3 min；温度 25℃；料液成分：Ni 82.2 g/L，Co 4.51 g/L。

根据试验结果作出的萃取等温线及 M-T 图示于图 17-8。

由图 17-8 可见，在试验条件下，通过二级逆流萃取，可使溶液中的钴由 4.5 g/L 降到 0.01 g/L 以下。考虑到级效率，在续后的串级试验中，选择三级逆流萃取。

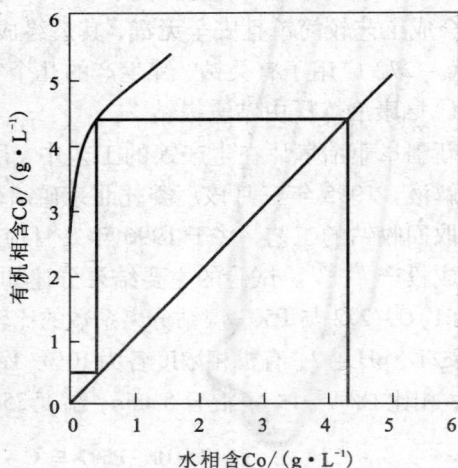

图 17-8　C-272 萃取钴的等温线及 M-T 图

③负载有机相的洗涤试验。C-272 萃取钴时有少量镍被萃取，试验采用 20 g/L 的 H_2SO_4 溶液进行洗涤。相比 O/A = 10:1，进行三级洗涤后，有机相中的镍

从 0.98 g/L 降至 0.012 g/L，Co/Ni 从 7.02 提高到 529.20，完全可满足生产 Y1 级氧化钴的要求。

④负载有机相的反萃试验。反萃剂为 100 g/L HCl 溶液，相比 O/A = 10∶1，混合时间 4 min，温度 25℃，经过两级逆流反萃，有机相中的 Co 可以从 4.23 g/L 降至 0.020 g/L 以下，考虑级效率问题，在续后的串级试验中选择三级逆流反萃。

为了避免反萃后有机相中夹带的少量 Cl⁻ 进入硫酸盐萃余液(Cl⁻ 的存在对镍电积产生不利影响)，反萃后有机相必须用纯水洗去 Cl⁻ 后返回下一周期萃取钴。

⑤串级试验的结果。试验条件：有机相 15%(V/V)C - 272 + 260# 煤油，皂化率 65%；萃取级数三级，相比 O/A = 1∶1；洗涤 3 级，相比 O/A = 10∶1，混合时间 4 min，温度 25℃。试验结果见表 17 - 12。

通过三级萃取，三级洗涤，钴的萃取率达 99.9% 以上，镍钴分离系数 $\beta_{Co/Ni}$ 达 2.5×10^5，萃取后的硫酸镍溶液除油后可送镍电积系统生产阴极镍。

根据串级试验结果，阜康冶炼厂投产设计工艺基本参数选定为：水相澄清 2 级，萃取 5 级，洗涤 5 级，反萃 4 级，洗 Cl⁻ 2 级共 18 级。萃取混合时间 4 min，有机相：5% C - 272 + 95%(V/V)煤油，相比 O/A = 1∶2.5，萃取温度 25 ~ 30℃。洗涤、反萃、洗 Cl⁻ 均在室温下进行。

表 17 - 12　C - 272 串级萃取分离镍、钴试验结果/(g·L⁻¹)

料液类别	Ni²⁺	Co²⁺	Cu²⁺	Fe³⁺	Pb²⁺	Zn²⁺	Mn²⁺
P204 除杂后液	88.2	5.5	0.0004	0.0003	< 0.0001	< 0.0001	0.0042
萃余液	80.8	0.0014	0.0002	0.0002	< 0.0001	< 0.0001	—
负载有机相	1.29	5.5					
洗后有机相	0.028	5.16					
洗液	12.60	3.4					

C - 272 萃取分离后得到的氯化钴溶液和硫酸镍溶液质量分别见表 17 - 13、表 17 - 14。两种溶液成分均满足生产要求。

表 17 - 13　氯化钴溶液成分/(g·L⁻¹)

样　号	Co	Ni	Cu	Fe	Mg	Mn	pH
96 - 10/12	72.93	0.045	0.0083	0.0023	0.0085	0.0037	2.32
97 - 14/5	65.27	0.038	0.0069	0.0039	0.0050	0.0041	1.56
97 - 12/7	80.42	0.0052	0.013	0.0049	0.0095	0.0045	1.83
1997 年 9 月平均	65.59	0.059	0.019	0.0051	0.0068	0.0048	1.87

表 17 - 14   硫酸镍溶液成分/$(g \cdot L^{-1})$

样号	Ni	Co	有机磷	Cl⁻	pH
96 - 10/12	85.64	0.0069	0.0015	0.204	5.95
97 - 14/5	91.62	0.0073	0.0021	0.475	6.07
97 - 12/7	80.08	0.0085	0.0017	0.192	6.01
1997 年 9 月平均	85.44	0.0091	0.0019	0.362	6.03

2）金川公司高镍锍提镍、钴工艺

（1）原则工艺。

金川公司新建 3 万 t 加压浸出电积镍工艺中，浸出液的除钴也直接选择了 C-272 萃取法，并于 2007 年投产，投产的流程如图 17-9 所示。

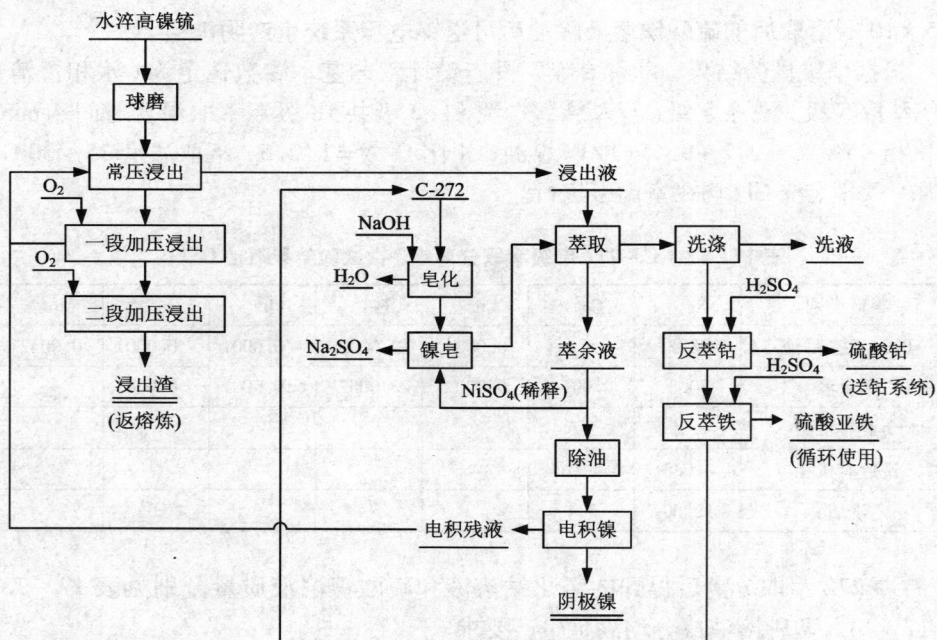

图 17 - 9   金川公司高镍锍加压浸出萃取净化除钴电积镍工艺流程

水淬高镍锍的成分：Ni 65% ~ 67%，Cu 2% ~ 3%，Fe 4.5% ~ 5.5%，Co 0.8% ~ 1.0%，S 23%。经一段常压，二段加压浸出后送萃取钴的浸出液成分如下（g/L）：Ni 100 ~ 130，Co 1.3 ~ 1.8，Cu < 0.01，Fe < 0.01，Ca < 0.1，Mg < 0.1，Zn < 0.0003，Pb 0.001，pH 6.1 ~ 6.2。

上述料液采用 ϕ70 mm 的离心萃取器（转速 2800 r/min）进行连续萃取试验[19]。

（2）试验结果。萃取工序的条件是：

参数	萃取	反萃钴	洗钴	反萃铁
级数	4	3	1	1
相比 O/A	1∶(1.2～1.5)	(15～20)∶1	10∶1	10∶1

有机相组成（V/V）：（8%～10%）C-272 +（92%～90%）磺化煤油，皂化率 40%～45%，温度 30～32℃。

料液温度：70～80℃；流量：1～1.3 L/min；

反萃剂：1 mol/L H_2SO_4　常温；

反萃铁液：2 mol/L H_2SO_4　循环使用；

连续萃取试验结果见表 17-15。

表 17-15　离心萃取器连续运行结果/（$g \cdot L^{-1}$）

	级号	Ni	Co	Cu	Fe	Ca	Mg	Pb
平衡水相	1	128.36	0.001	0.0004	0.0004	0.14	0.012	0.00002
	2	134.3	0.001	0.0004	0.0004	0.17	0.047	0.000063
	3	133.81	0.0012	0.0004	0.0004	0.18	0.091	0.000032
	4	130.81	0.01	0.0025	0.0004	0.20	0.19	0.00074
平衡有机相	1	3.52	0.0066	0.00033	0.00016	0.024	0.032	0.0001
	2	2.6	0.052	0.0007	0.00016	0.026	0.095	0.0001
	3	0.97	1.38	0.01	0.00026	0.005	0.005	0.00024
	4	0.066	2.95	0.058	0.00037	0.0052	0.12	0.0044
料液		132.32	1.0	0.07	0.0004	0.17	0.12	0.0016

结果表明，C-272 能深度净化除杂，采用 4 级萃取，1 级洗涤，3 级反萃，萃余液中的钴小于 0.001 g/L，完全能满足 1 级电镍的生产要求。

（3）生产实践中采用了 φ550 mm 的钛质离心萃取器（萃取段）和玻璃钢材质离心萃取器（反萃段），萃取四级，有机相组成（V/V）：10% C-272 +90% 260#溶剂油，皂化率 45%～50%，相比 O/A = 1∶4；洗涤一级相比 O/A = 10∶1；反萃三级，相比 O/A = 10∶1。钴的回收率（从原料高镍锍至钴的反萃液）大于 97%。

3）南非安格罗铂公司 BMR 工艺改造

南非安格罗（Anglo）铂公司 Rustenburg 贱金属精炼厂（RBMR）为了适应铂的产能从 200 万盎司提高到 350 万盎司，使回收伴生贱金属量增加的形势，决定对贱金属精炼厂的除钴工艺进行改进。该厂原采用芬兰奥托昆普工艺除钴（即黑镍除钴工艺），黑镍的制取生产成本高，同时占用了 7% 的镍生产能力，该厂从 1979

年起即用 D2EHPA 萃钴,是世界上第一家用萃取法生产钴的工厂[20]。

该厂是一个中等规模的贱金属精炼厂,年生产镍 21000 t,铜 12000 t,钴 2000 t 以及硫酸钠(芒硝)结晶 55000 t。得到的钴溶液送原钴厂处理。投产后,镍的年产量达 40000 t。该厂希望用 C-272 先萃取大部分钴,再将原有萃取系统改为连续的两个使用 D2EHPA 的萃取净化系统。第一个系统从钴中除去大量锰,第二个系统萃取钴使之进一步纯化。

由于该厂厂区面积有限,故决定委托 BATEMAN 工程有限公司与 MINTEK 应用 Bateman 脉冲萃取塔(BPC)及 C-272 萃取剂在半工业规模试验中考察从镍浸出液中提钴的可行性[20]。

试验料液的平均成分见表 17-16。

表 17-16 试验料液的平均成分/(g·L^{-1})

元素	Ni	Co	Cu	Mn	Fe	Zn	Ca	Mg	Na$_2$SO$_4$	pH
浓度	67.5	0.12 ~ 0.27	<0.005	<0.005	<0.005	<0.005	0.147	0.444	120 ~ 140	6.1 ~ 6.2

这种料液的特点是钴含量极低,Co/Ni 为 3×10^{-3},而 C-272 分离钴镁能力差,但料液中 Co/Mg 为 0.45 左右,因此得到合格的钴液难度较大。

所用有机相成分为 2.2% ~ 4.5%(V/V)C-272,稀释剂为 C$_{12}$ ~ C$_{13}$ n-paraffin(煤油)。反萃剂为 40 g/L 硫酸溶液。负载有机相用含有 45 g/L 钴和微量镍、钙、镁(钴精炼返回的)溶液洗涤,洗去其中的镍和镁。

试验用的脉冲萃取柱直径为 100 mm,两相接触部分高 6 ~ 7 m。比较了水相连续及有机相连续对分离效果的影响,即使在低流量、高相比条件下,采用水相连续萃取时,萃余液中钴含量仍不能达到小于 10 mg/L 的要求,故选定采用有机相连续条件进行萃取试验。在有机相中 C-272 浓度为 4.5%(V/V)时的流体力学条件见表 17-17。

表 17-17 有机相连续条件下的流体力学条件

总通量(m^3·m^{-2}·h^{-1})	30	40	50
料液流量/(L·min^{-1})	2.91	3.97	4.92
有机相流量/(L·min^{-1})	1.02	1.27	1.62
洗液流量/(mL·min^{-1})	7.5	10.5	13
混合桨叶端速/(cm·min^{-1})	152	152	122 ~ 152

萃取结果见表 17 – 18。

表 17 – 18　有机相连续情况下的萃取试验结果

通量 /(m³·m⁻²·h⁻¹)	负载有机相		萃余液含钴/(g·L⁻¹)
	Co/Ni	Co/Mg	
30	10.76	5.02	0.003
40	13.16	9.51	0.014
50	11.91	4.65	0.006
50	19.92	6.34	0.008

萃余液中镍、钴、镁的平均含量分别为 64.20、0.003、0.27 g/L，Co/Ni 比达 10^{-5} 数量级。

试验表明，与萃取塔内情况相反，在 BPC 塔内进行反萃应该是水相连续，在相比 O/A 约 20 条件下反萃，连续运行结果见表 17 – 19 及表 17 – 20。

表 17 – 19　反萃钴试验结果

试验号	通量 /(m³·m⁻²·h⁻¹)	混合强度 /(cm·min⁻¹)	分散相持液量/%	钴浓度/(g·L⁻¹)		钴反萃率 /%
				反后有机	反钴液	
2	25	202.8	58	0.02	9.72	97.7
3	25	187.2	62	0.05	11.98	94.3
4	25	171.6	25	0.03	11.08	95.4
6	30	176.0	31	0.01	12.21	98.1

表 17 – 20　连续三天的反萃液成分

天数	含量/(g·L⁻¹)							
	Ni	Co	Cu	Mn	Zn	Ca	Mg	Fe
1	1.22	11.08	0.13	0.08	0.47	0.08	0.84	0.04
2	1.26	11.44	0.23	0.13	0.55	0.03	0.32	0.62
3	2.32	14.29	0.16	0.13	0.42	0.004	0.45	0.40

试验结果证明了采用 BPC 塔以 C – 272 为萃取剂，完全可以从这种极低钴含量料液中将钴提取出来，从而取代原来的黑镍沉钴工艺[20]。

4) 南非 NKOMATIC 公司的萃取工艺

南非 NKOMATIC 厂也采用了 C – 272 萃取分离钴镍[21]。该厂属于 ARM 铂公司。其工艺原则流程如图 17 – 10 所示。

该厂的原料为含镍、铜、钴的硫化物精矿，经加压浸出，浸出液萃取除铜后的萃余液(经沉淀除铁后)即为钴、镍工段的料液，其成分见表 17 – 21。

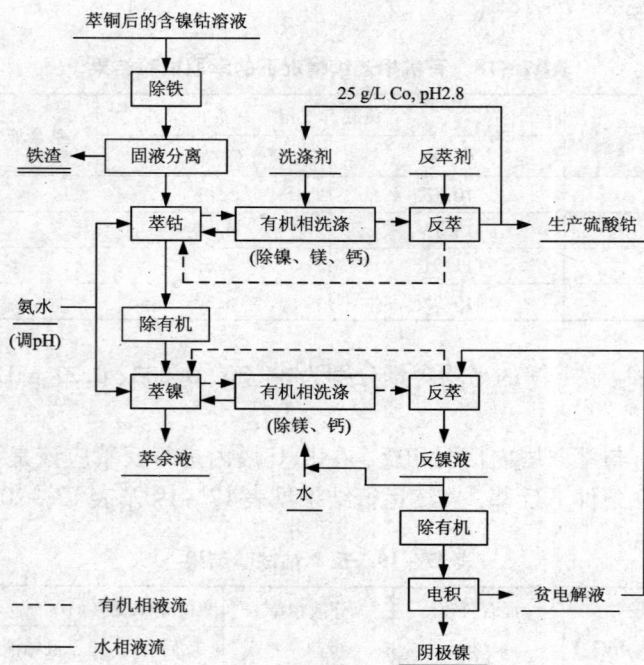

图 17 – 10　Nkomatic 萃取铜后溶液处理流程

表 17 –21　萃钴的料液组成

元素	Ni	Mn	Fe	Cu	Zn	Ca	Mg	Co
浓度/(g·L⁻¹)	32.7	0.31	0.001	0.007	0.121	0.576	3.58	1.87

　　南非 MINTEK 用萃取法从这种料液中提取分离钴、镍完成了半工业试验。由于料液杂质含量较高，钴含量又低，所以在流程中安排了两个萃取工序，先用 C –272萃钴，萃余液除油后再用 Versatic acid 萃镍。两个萃取系统均用南非 Sasolchem 生产的 $C_{12} \sim C_{13}$ n – paraffin 煤油为稀释剂。具体流程如图 17 –10 所示。萃取全部在混合澄清槽中以逆流萃取方式进行，每级混合室容积 500 mL。

　　为了检验工艺条件的可靠性与适应性，两个萃取工艺试验均在室温进行。低温对于分相澄清性能、反应动力学及产生镍铵硫酸复盐沉淀问题都是最为苛刻的环境。连续运行试验共计 400 h，纯硫酸镍溶液用隔膜电解产出金属镍，最终钴产品方案尚待进一步研究，试验情况及结果如下：

　　(1)钴萃取。

　　有机相含 C –272 7%(V/V)，余为稀释剂。萃取槽配置如图 17 –11 所示。

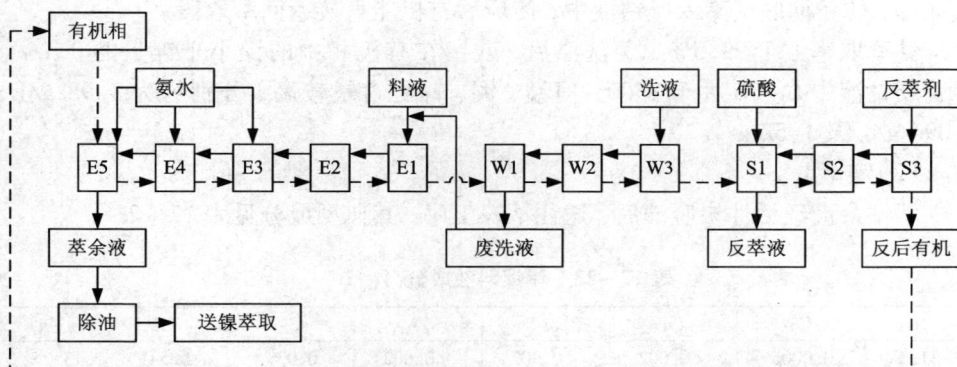

图 17 - 11　钴萃取系统配置图

①萃取段。

控制的工艺参数为 O/A = 1:1，萃取最后三级 pH 控制在 5.5 ~ 6.5，且 E5 级的 pH 比 E4 级、E3 级略高，以确保萃余液中钴含量小于 10 mg/L，为此在最后三级各级混合室中直接补加浓度为 400 g/L 的氨水调控 pH。$NH_3 \cdot H_2O$ 总消耗很低，仅仅为 0.88 kg $NH_3 \cdot H_2O$/kg 钴。杂质镁、钙及镍也可部分被萃取，但是在进料级(E1 级)，料液中的钴可将它们置换进入水相，故可控制在较小的萃取率，但锰、铁、铜、锌仍然有很高的萃取率。在萃钴系统中各元素的萃取率见表17 - 22。

表 17 - 22　主要元素在萃钴段的萃取率

元素	Ni	Mn	Fe	Cu	Zn	Ca	Mg	Co
萃取率/%	1.39	99.7	>99.5	>85	>99.5	0.25	2.44	99.7

②洗涤段。

萃钴工序安排了三级洗涤以进一步除去残留在有机相中的镍、钙、镁。洗液为稀的硫酸钴溶液(含钴 26 g/L)，其 pH 为 2.8。流比 O/A 约为 52，这表明洗液量很少，为了保证足够的传质面积，实际洗涤操作采用内回流方式，通过内回流控制表观相比接近 1。

在洗涤段严格控制相比及 pH 在 4.4 ~ 4.9 可以保证达到下列效果：a. 满足钴产品对镁、钙、镍含量的限制；b. 在废洗液中的钴含量至少降低 50%；c. 在废洗液中的钙浓度低于硫酸钙的饱和浓度。

③反萃段。

洗过的有机相进入三级逆流反萃段反钴，反萃剂为浓度 50 g/L 的稀硫酸，在 S1 级混合室直接补加硫酸，以控制出口 pH 为 2，以保证将洗涤段未能洗下的杂质如锌，能较彻底反萃入反钴液中，使反后有机能直接返回萃取段。

钴萃取率大于99.5%，经洗涤后，残留在有机相中的镍小于镍量的0.1%。尽管反钴液中Co/Ni大于1500，但锰、铜、锌的含量较高，分别约为3.98 g/L、0.094 g/L及1.52 g/L。

（2）镍萃取。

萃钴余液经活性炭脱油后，送往萃镍工序，其典型成分见表17－23。

表 17－23　萃镍料液成分/(g·L^{-1})

Ni	Co	Cu	Mn	Zn	Si	Ca	Mg
31.2	0.0005	<0.002	<0.002	<0.002	0.039	0.541	3.25

镍的萃取采用壳牌公司的羧酸(Versatic acid)，萃取剂浓度为30%(V/V)，稀释剂与钴的萃取相同。其萃取系统配置图如图17－12所示。

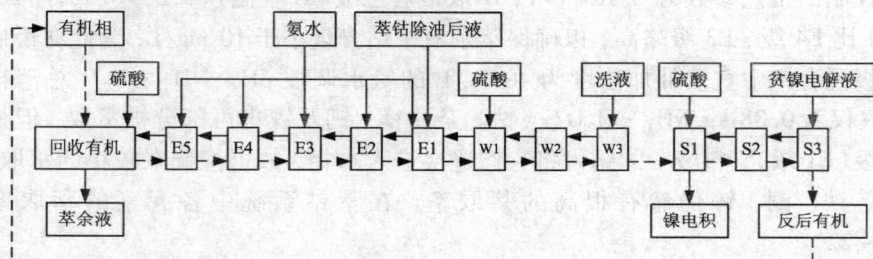

图 17－12　镍萃取系统配置图

①萃取段。

萃镍料液中镍浓度较高，若镍的萃取率达到99%，钙的萃取率势必会较高，而续后的洗涤段必须控制用大的相比，即要求用低的洗液流速，此时废洗水中的钙浓度如太高，则会产生石膏沉淀。因此萃取段的工艺条件的选择与控制比钴萃取要严格，因为它的重要任务是要保证在镍萃取率大于99%的前提下，共萃取的钙应小于3%。重要的措施除了正确选择相比、控制萃取段各级的pH外，级数选择也很重要。仅从萃取镍考虑，四级萃取就足够，但为了保证钙镍分离合格，实际安排了五级萃取。与此同时，从各级混合室中直接进浓度为400 g/L的氨水以调控pH。图17－13为萃取段各级中镍与

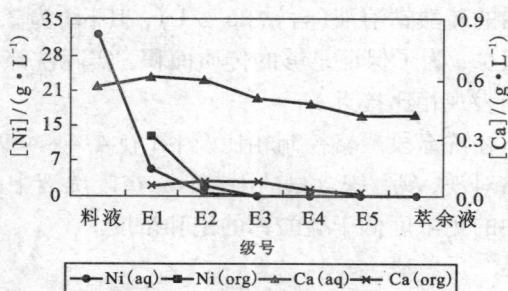

图 17－13　镍萃取工序萃取段镍、钙浓度变化图

钙的浓度实际变化情况，显然工艺条件控制非常成功。有机相中钙的浓度维持在很低的水平，各级平衡水相中钙的浓度也维持在不至于产生硫酸钙沉淀的低水平。

②洗涤及反萃段。

从 W3 级进洗液，洗液为部分反萃液用水稀释配制，其中含镍 3 g/L，pH 5.6。洗涤段的主要任务就是洗钙，从而可以减少进入电解回路中的钙，确保当贫电解液的排放量低于 5% 的情况下，电解液中钙浓度都在安全线以下。同样 pH 的控制是关键，在 W1 级直接从混合室进浓度为 300 g/L 的硫酸以维持 pH 为 5.9，洗后有机相中的钙小于 9 mg/L。

洗涤后的负载有机相用贫电解液反萃。在稳定状态下，反萃液的成分(g/L)见表 17-24。

表 17-24　反镍的贫电解液及反萃液的成分

元素	Ni	Mn	Fe	Cu	Zn	Ca	Mg	Co
贫电解液	66	0.003	0.001	0.001	0.001	0.21	0.29	0.05
反萃液	98	0.003	0.001	0.001	0.001	0.22	0.29	0.06

反萃液经除油后送镍电积工段生产纯镍。

17.2.2　从氯化物介质中萃取分离镍钴

在氯化物溶液中，水合钴阳离子 $Co(H_2O)_6^{2+}$ 的配位水能被氯根逐步取代而生成 $CoCl(H_2O)_5^+$、$CoCl_2(H_2O)_2$、$CoCl_3(H_2O)^-$、$CoCl_4^{2-}$ 等配合物，因而能与形成阳离子的含氧及含氮萃取剂生成电中性的离子对而被萃入有机相，萃取反应可以写作：

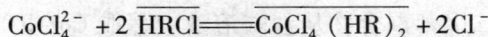

$$CoCl_4^{2-} + 2\overline{HCl} \Longrightarrow \overline{CoCl_4(HR)_2} + 2Cl^-$$

其中 HR^+ 为萃取剂质子化形成的阳离子。由于镍不易生成阴离子配合物，萃取率很低，因而在氯化物介质中的镍钴分离总是选择萃取钴。一般而言，所有能萃取铂族金属和金的氯配合物的萃取剂均可以从氯化物介质中萃取钴。但在实践中考虑到萃取钴的能力和经济因素等，几乎都选择了胺类萃取剂从盐酸介质中萃取分离镍钴。

各种胺对钴萃取能力的顺序是：叔胺 > 仲胺 > 伯胺。仲胺、伯胺萃钴能力很弱，直链烃叔胺对钴有较强的萃取能力。由于叔胺与钴配阴离子生成的离子对有较强的极性，在非极性有机溶剂中溶解度较低，易从有机相中析出，产生第三相，因此必须在有机相中加入极性改善剂。

水溶液中的 Cl^- 浓度对钴的分配比影响最大，用三异辛胺的甲苯溶液为有机相时，钴的分配比在 Cl^- 浓度升到 5 mol/L 之后，随 Cl^- 浓度的上升，分配比提高速度显著增加。而在盐酸介质中，由于盐酸自身能被萃取，与$CoCl_4^{2-}$竞争萃取剂，在高氯浓度下反而使钴的萃取呈下降趋势，从而分配比曲线在 HCl 为 8～9 mol/L 有一最大值。而在金属氯化物介质中不出现此最大值[23]。

由于叔胺需成胺盐后才能以离子对形式萃取钴，因而需预先与盐酸接触，当然也可以在被萃金属溶液中维持一定的盐酸浓度，在萃取过程中成盐。

Alamine 336 对各种金属的萃取率与水溶液中Cl^-浓度的关系如图 17 – 14[2]所示。

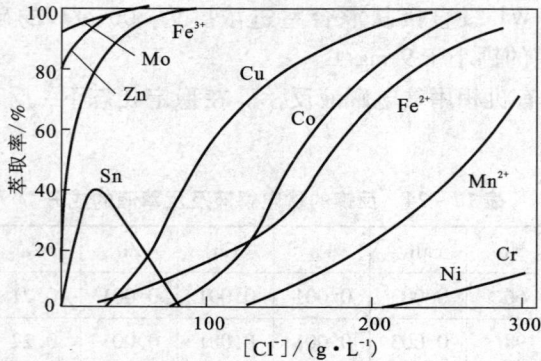

图 17 – 14　25% Alamine336 + 15%十二醇 + 60%煤油
从 pH 约为 2 的 $CoCl_2$ 水溶液中萃取各种金属

由图可见，利用水相中不同Cl^-浓度可以分离镍钴并可使它们与杂质元素分离。使用 Alamine 336 萃取时，水相介质既可采用纯盐酸溶液，也可采用氯化物（NaCl，$CaCl_2$）和盐酸的混合溶液，其中盐酸的量须满足胺全部成盐的需要，Cl^-浓度大于 3 mol/L 便可达到分离镍钴及纯化它们的效果。

用 Alamine 336 二甲苯混合物从盐酸溶液中萃取 Co(Ⅱ)的研究[24]显示，与以往用 TOA 的结果完全不同。当盐酸浓度提高到 10 mol/L 时，Co(Ⅱ)的萃取几乎达到 100%，未出现萃取率下降现象。研究者认为，尽管 TOA 是 Alamine 336 的主要成分，但由于 Alamine 336 含有二元及三元胺，因而有助于各种离子的迁移和有助于 Co(Ⅱ)溶剂化的趋势，从而更有利于钴的萃取。

在生产实践中，镍钴氯化物溶液中总会含有Fe^{2+}，由图 17 – 14 可见，一般应先把Fe^{2+}氧化为Fe^{3+}，再通过沉淀或萃取除去。

季铵盐与叔胺均为阴离子交换型萃取剂，萃取分离镍钴时，有许多相似之处。两者均利用Co^{2+}、Ni^{2+}与Cl^-生成配合物的难易来实现钴镍的萃取分离。但叔胺萃取时需要较高的Cl^-浓度，并要预先用盐酸接触成盐，而季铵盐萃取能力比叔胺强，它本身是一种氯化物盐类，故可在较高 pH 下萃取。在相同条件下，季铵与叔胺在氯化物体系中萃取钴的能力见表 17 – 25。

表 17 – 25　季铵与叔胺萃取钴的行为比较

水相中 Cl⁻ 浓度/(mol·L⁻¹)	胺类	溶剂	萃取率/%
5	三癸胺	溴代甲烷	6.18
7			67.7
5	氯化三癸基甲铵	溴代甲烷	82.6
7			99.8

17.2.2.1　叔胺萃取分离镍钴

1）N235 萃取分离镍钴

N235 是我国上海有机化学所于 20 世纪 50 年代末开发的混合烷基叔胺，它在盐酸介质中萃取金属能力的大小顺序是：

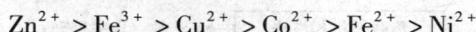

$$Zn^{2+} > Fe^{3+} > Cu^{2+} > Co^{2+} > Fe^{2+} > Ni^{2+}$$

20 世纪 60 年代初，上海冶炼厂从古巴进口的钴渣中提钴，采用盐酸溶解、仲辛醇萃取除铁、N235 溶剂萃取分离镍钴，这是我国镍钴工业中最早采用萃取法分离钴镍的工厂[26]。70 年代原成都电冶厂和福州冶炼厂也先后用 N235 从氯化物溶液中分离镍钴[27, 28]。

成都电冶厂金属钴的生产工艺原则流程如图 17 – 15 所示。

钴渣溶解前先经烘干脱水，使其中的二氧化硅不易浸出。中和除铁过滤后的溶液加入盐酸，控制酸度为 1 ~ 2 mol/L HCl，氯离子总浓度大于 230 g/L。

萃取有机相组成为 N235 25%（V/V），脂肪酸（改性剂）15%（V/V）。由于工艺过程冗长、复杂，再加上电积钴时产生氯气等问题，随着该厂原料的变化和厂址的搬迁，该工艺已成为历史。

原福州冶炼厂 20 世纪 70 年代也曾以进口的镍铁为原料生产镍钴。镍铁在盐酸介质中电化学溶解。在阳极电溶时，正电位的铜在阴极析出，使溶液中的铜可降至 0.01 ~ 0.05 g/L，含镍 20 g/L，含钴 5 ~ 25 g/L。溶液中的 Fe^{2+} 经氯气氧化至 Fe^{3+} 再用 50% 仲辛醇煤油溶液萃取除去，经 9 级萃取，水相中的铁可降至 0.1 g/L 以下，而后用 25%（V/V）N235 + 15%（V/V）脂肪醇 + 60%（V/V）煤油作萃取剂萃取钴，反萃得到的氯化钴溶液需进行二次萃取，使 $Co^{2+} > 100$ g/L，$Ni^{2+} < 0.03$ g/L。二次反萃液中尚含的少量铅和铜经进一步除去后，得到的氯化钴溶液送去电积生产 2 号电钴。该工艺也随原料的断绝早已成为历史。

随着我国镍钴合金需求的增长，从合金废料中回收镍和钴被提上日程。文献[29]介绍了用 N235 从钴镍合金碎屑的盐酸浸出液中萃取分离回收镍钴的试验研究。该研究用的合金成分（%）为：Co 40.10，Ni 13.04，Fe 28.76，Cr 17.84，Cu 0.45，Al < 0.01。浸出后的溶液经铁粉除铜、中和沉淀除铁铬后作为萃取的原液，

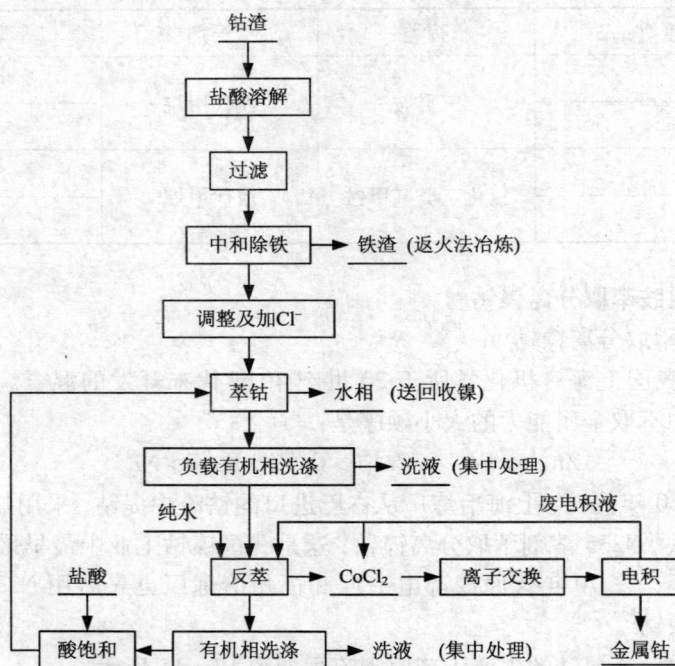

图 17 – 15　成都电冶厂钴生产工艺原则流程

其成分是: 23.96 g/L Co, 12.63 g/L Ni, 0.001 g/L Fe, 0.005 g/L Cr 和 0.001 g/L Cu。连续错流萃取的试验条件是: 有机相 30% (V/V) N235 + 20% (V/V) TBP + 50% (V/V) 煤油; 水相 4 mol/L HCl; 7 级萃取, O/A = 2∶1; 3 级洗涤 O/A = 10∶1; 反萃 3 级 O/A = 5∶1; 温度 35℃; 洗液用 6 mol/L HCl。上述条件下得到的萃余液含 Co 0.002 g/L, Ni 12.57 g/L, Fe 0.006 g/L, Cr 0.003 g/L 和 Cu 0.001 g/L。反萃得到的氯化钴溶液成分是: 115.78 g/L Co, 0.013 g/L Ni, 0.0009 g/L Fe, 0.001 g/L Cr 和 0.003 g/L Cu。钴的萃取率为 99.9%, 镍的回收率大于 99.7%。推荐的用盐酸浸出、溶剂萃取从合金碎屑中回收镍钴流程如图 17 – 16 所示。

　　海洋锰结核是未来提取镍钴的重要原料。在一些研究中也有采用锰结核经盐酸浸出后用 N235 萃取分离回收镍钴的工艺路线[30], 其有机相组成为 25% (V/V) N235 + 30% (V/V) TBP + 45% (V/V) 煤油。在相比 O/A = (2.5 ~ 2)∶1、混合时间 5 min, 经四级逆流萃取, 钴几乎完全被萃取, 萃取率均在 99.99% 以上, 低相比条件下萃取更完全。然而相比低时, 负载有机相的黏度增大, 相分离困难, 采用相比 O/A = 2.5∶1 较适宜。在高相比下, 相分离速度快, 钴萃取率为 99.99%, 萃余液中残留钴小于 0.005 g/L。负载有机相中含钴 10.34 g/L、镍 0.006 g/L。其

废合金碎屑

浸出 ← 盐酸

残渣 ← 过滤

滤液

置换铜 ← 铁屑

铜渣 ← 过滤

滤液

沉铁、铬 ← Na₂CO₃, NaClO₃, NiCO₃

铁、铬渣 ← 过滤

滤液

R₃N萃取钴

负载有机相　　　NiCl₂溶液

反萃　　　浓缩结晶

反后有机　反钴液　　NiCl₂·4H₂O

再生　　电积

金属钴

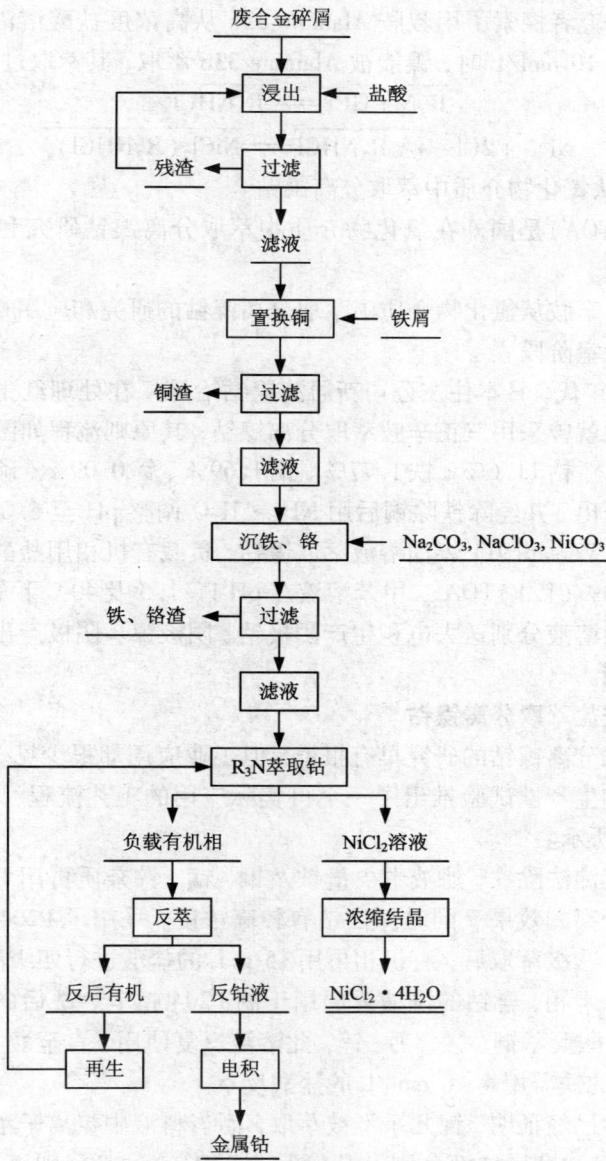

图 17-16　从合金废料中用 N235 萃取回收钴的流程

中的镍采用去离子水在高相比(O/A = 25:1)下进行两级逆流洗涤,有机相中的镍可降至 0.0001 g/L,而钴的洗脱率仅为 0.93%。洗涤后的有机相在室温下、O/A =7.5:1 用去离子水进行 5 级逆流反萃,钴的反萃率为 99.81%。萃取分离后得到的氯化钴和氯化镍溶液均可满足电积金属的要求。

近年还有研究者探索了用叔胺 Alamine 336 从高浓度盐酸溶液中萃取镍[31]。在盐酸浓度大于 10 mol/L 时，镍能被 Alamine 336 萃取，其萃取过程认为是：

$$\overline{R_3N} + HCl \Longrightarrow \overline{R_3NHCl}$$

$$Ni^{2+} + 2Cl^- + x\,\overline{R_3NHCl} \Longrightarrow \overline{NiCl_2(R_3NHCl)_x}$$

2) 用 TOA 从氯化物介质中萃取分离镍钴

三正辛胺(TOA)是国外在氯化物介质中萃取分离镍钴研究和生产中应用较多的叔胺萃取剂。

我国用三正辛胺从氯化物介质中萃取分离镍钴的研究和应用很少。近年的研究也停留在实验室阶段[32]。

20 世纪 20 年代，日本住友公司新居滨镍钴冶炼厂在处理红土矿产出的镍钴硫化物的过程中就曾采用三正辛胺萃取分离镍钴，其原则流程如图 17 - 17 所示。

含镍24.9%、钴11.6%、铁1.77%、铜1.69%、锌0.09%、硫24.5%的镍钴硫化物经加压浸出，并经除铁除铜后用 $NH_3 \cdot H_2O$ 调整 pH 至 6.6 ~ 6.9，然后用 60%(V/V)羧酸 Versatic911 煤油溶液萃取镍钴，负载有机相用盐酸反萃得到镍钴氯化液，再用40%(V/V)TOA 二甲苯溶液在 pH 1 ~ 1.5 及 40℃下萃取钴。得到的氯化钴和氯化镍溶液分别送去电积生产阴极钴、阴极镍。阴极产出的氯气送去生产盐酸返回使用。

17.2.2.2 季铵盐萃取分离镍钴

季铵盐萃取分离镍钴的研究早有报道，但工业应用却很少见。周学玺、朱屯等人通过研究和生产性试验推出了一个可实际应用的工艺流程[25,33]。其原则流程如图 17 - 18 所示。

料液先用沉淀法除铁，滤液中少量铁及铜、锰、锌杂质再用 P204 萃取除去，为了提高杂质分离的效果又同时保证钴有较高浓度，采用了 P204 的钴皂交换萃取除杂的工艺。八级萃取后，有机相再用 15 g/L 的盐酸进行四级洗涤，使有机相中的钴全部转入水相，含钴的洗液返回用于制 P204 钴皂。洗后的含杂质有机相再用 100 g/L 盐酸反萃铜、锰、钙、锌，此溶液反复使用，直至酸度降至 pH 等于 1。而有机相中的铁需用 4 ~ 6 mol/L 的盐酸反萃。

实验室试验已经证明，镍几乎不被萃取，而当料液中氯离子浓度大于 4 mol/L，钴的萃取随氯浓度增加而急剧上升(图 17 - 19)。试验分别用含钴 8.32 g/L、镍 15.87 g/L 的纯溶液在 O/A = 1:1、季铵盐(三癸基甲基氯化铵)浓度为 0.8 mol/L 的条件下进行。

混合硫化物
↓
加压浸出
↓
中和除铁锰
↓
硫化氢除铜铁
↓
萃取镍钴 → 萃余液 → 回收氨
↓
负载有机相
↓
反后有机　反萃镍钴 ← 盐酸
(Versatic 911)
↓
镍钴氯化物溶液
↓
萃取分离钴
↓　　　　　　↓
负钴有机　　NiCl₂溶液
↓　　　　　　↓
反萃钴　　　电积镍 → Cl₂
↓　　　　　　↓
反后有机　反钴液　金属镍
(TOA)
↓
电积钴 → Cl₂
↓
金属钴

制盐酸

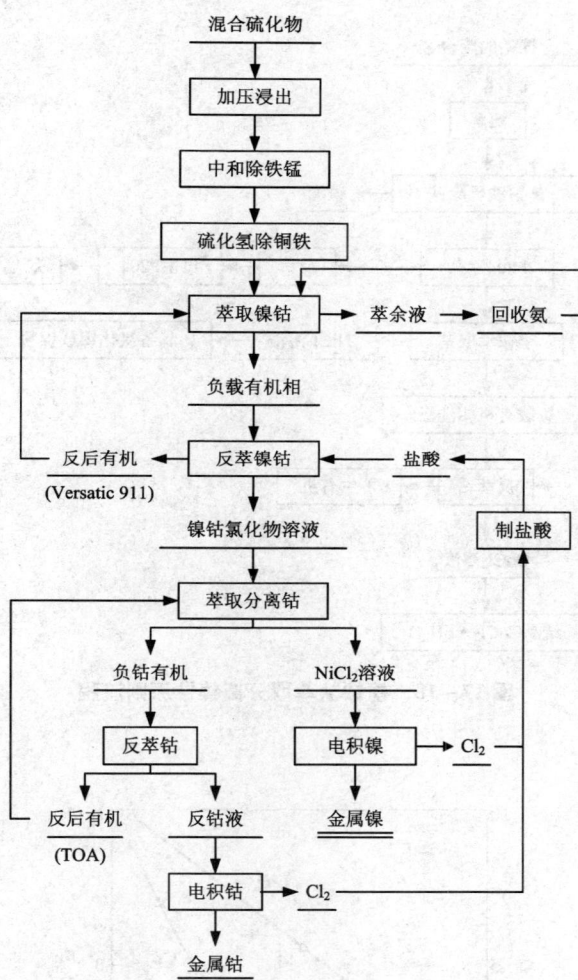

图 17 – 17　新居滨镍钴硫化物处理流程

　　在系统进行实验室条件试验的基础上，进行了三个月生产规模的连续运行工业试验。根据小试验取得的数据，串级模拟计算了工业试运行的条件。选取季铵盐浓度 0.7 mol/L，8 级萃取，3 级洗涤，5 级反萃。分别在萃取、洗涤段后各安排一个澄清级，以减少水相的夹带。工业运行的典型溶液成分见表 17 – 26。料液的氯根含量用氯化钠调控、流量为 400 ~ 500 mL/min，有机相以煤油为稀释剂，流量为 700 ~ 750 mL/min，洗水为用精盐配制的浓度为 160 g/L 的氯化钠溶液，流量为 200 ~ 400 mL/min。反萃剂为蒸馏水，流量为 65 ~ 75 mL/min。试验时室内温度为 10 ~ 25℃。

含镍钴的废合金

↓

溶解

↓

黄钠铁矾除铁 → 铁渣

↓

P204除杂 —盐酸→ 反萃 → 再生P204 → 制皂

↓

季铵萃取钴 → NiCl₂溶液 → 制备氯化镍或镍粉

↓

负载有机相洗涤

↓

水 → 反萃钴 → 再生有机

↓

CoCl₂溶液

↓

结晶CoCl₂·6H₂O

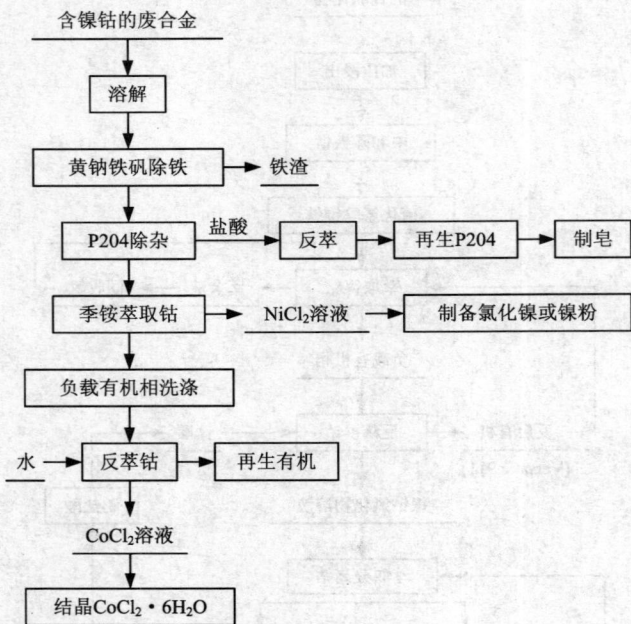

图 17-18 季铵盐萃取分离镍钴原则流程

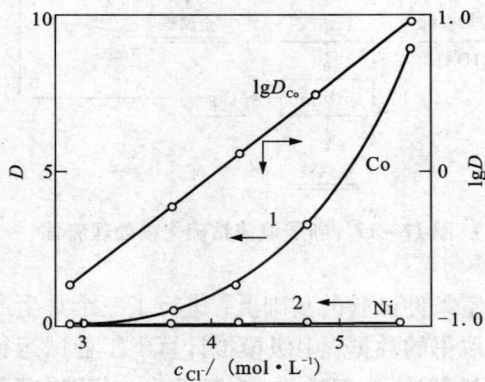

图 17-19 氯离子浓度对季铵萃取钴、镍的影响

表 17 - 26　典型溶液成分/(g·L⁻¹)

溶液类别	Ni	Co	Cu	Fe	Mn	Zn	Ca	Mg	Cl	Na	pH
料液	16.7	7.77	0.047	0.056	0.141	0.023	0.032	0.114	170	90	3
除杂液 1	18.20	8.84	0.003	0.0002	0.006	0.001	0.005	0.144	165		4.20
除杂液 2	16.60	8.37	0.006	0.0002	0.005	0.001	0.004	0.176	162		3.82
CoCl₂ 溶液	0.13	74.51	0.004	0.0008		0.004	< 0.001	0.003		4.51	4.65
NiCl₂ 溶液	17.68	0.031	0.001	0.0006	< 0.001	0.003					4.22

镍、钴回收率分别为 96.58% 及 97.79%，萃取段水相出口钴浓度小于 0.03 g/L，Ni/Co 大于 500，有机相出口镍浓度小于 0.08 g/L，Co/Ni 大于 200，经三级洗涤后有机相中镍小于 0.03 g/L，Co/Ni 大于 300。得到的氯化钴结晶成分见表 17 - 27。

表 17 - 27　氯化钴结晶的主要成分

样品	CoCl₂	Ni	Fe	Mn	Zn	重金属	碱与稀土	硫酸盐	硝酸盐	水不溶物
标准	98.0	0.1	0.02		0.2	0.05	0.3		0.01	0.05
2	98.4	0.095	0.004			0.001				0.21
10	98.4	0.23	0.002	0.02	0.2	0.01	0.3	0.02	0.01	0.03

试验证明季铵对钴的选择性强，对料液的适应性强，可在较低的Cl⁻浓度下(约 160 g/L)萃取分离镍钴，萃取过程既不受料液镍钴比的限制，也不受料液 pH 的制约，对两相流比要求不严，易于操作；季铵不必预酸化转型，负载有机相可用纯水反萃；工艺过程酸碱消耗少，能耗低，操作费用低。

一般认为季铵盐黏度大、负荷低，工业化应用难度大，但该研究结果表明，只要季铵浓度适当，两相流比适中，室温下即可正常运转。

17.2.3　从氨性溶液中萃取镍

铜、钴、镍等有色金属离子可以与氨形成稳定的配合物而溶解在氨 – 铵盐溶液中。这个体系非常适合处理含碱性脉石(如 MgO、CaO)的矿石。

镍、钴、铜离子氨配合物稳定常数见表 17 - 28[1]。

研究表明，在弱酸性条件下，即使有铵盐，金属离子仍为水合状态，因此，萃取行为与一般溶液没有太大的不同。但随 pH 升高(NH₃ 浓度提高)，镍、钴、铜离子与 NH₃ 逐渐生成配合物，金属配合物的萃取行为将发生较大的变化。

表 17-28   镍、钴、铜离子氨配合物稳定常数[①]

离子	$\lg K_1$	$\lg K_2$	$\lg K_3$	$\lg K_4$	$\lg K_5$	$\lg K_6$	$\lg \beta_6$
Ni^{2+}	2.8	2.24	1.73	1.19	0.75	0.03	8.01
Co^{2+}	2.11	1.63	1.05	0.76	0.18	-0.62	5.11
Co^{3+}	7.3	6.7	6.1	5.6	5.05	4.41	35.21
Cu^{2+}	4.15	3.5	2.89	2.13			$\lg \beta_4$: 12.64

注：①测定介质 2 mol/L NH_4NO_3，温度30℃。

17.2.3.1   LIX64N 从除铜、锌后溶液中萃镍

目前研究最多并得到应用的是羟肟类萃取剂从氨性溶液中萃取分离镍钴。美国硫出口公司(SEC)的一家工厂就曾用 LIX64N 从氨性溶液中萃取回收镍[34,35]。其工艺流程如图 17-20 所示。

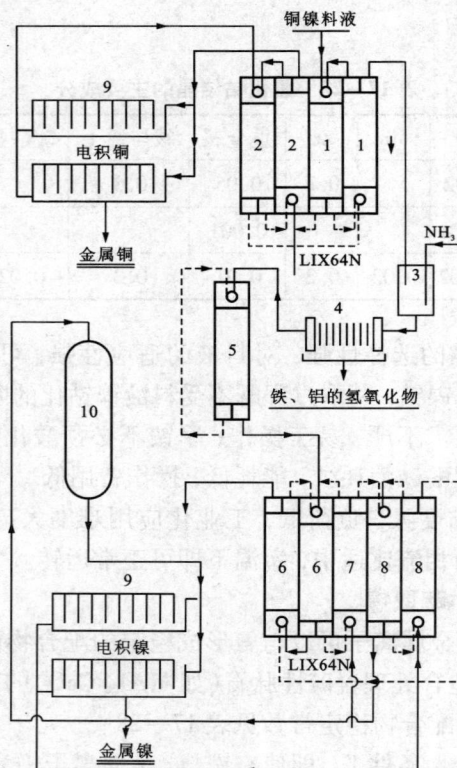

图 17-20   SEC 公司从电解精炼废液中回收铜镍流程

1—LIX64N 萃取铜；2—反萃铜；3—沉淀铁、铝；4—过滤；5—萃取锌；
6—LIX64N 萃取镍；7—水洗涤；8—反萃镍；9—电积；10—活性炭吸附

铜镍料液中含铜 70 g/L、镍 20 g/L、铁和铝共 1 ~ 3 g/L，并有少量锌，pH 为 1 ~ 2。稀释 4 倍后用含 30% (V/V) LIX64N 及稀释剂 Napoleum 470 的有机溶液在低 pH(1.6 ~ 2.2)下萃取铜，负载有机相用 155 ~ 170 g/L 硫酸反萃，获得含铜为 34 ~ 45 g/L 的电解液。萃铜余液用无水氨调 pH 至 8.2，沉淀铁和铝。上清液过滤后单级萃取锌(1 级)，萃锌后的余液用 9% (V/V) LIX64N 2 级萃取镍。第一级控制 pH 为 8.5，第二级 pH 为 9.5 ~ 10。负载镍有机相用硫酸酸化水(pH 3.5 ~ 5)1 级洗涤夹带的氨，镍的损失 3% ~ 5%。用硫酸两级反萃后的反镍液经除去残留有机相(控制在 0.0005% 以下)后送电积生产金属镍。

由于 LIX64N 在氨性溶液中萃镍时对氨的共萃严重，洗涤过程中镍的损失比较大，因此续后许多研究转向用 LIX84(2 - 羟基 - 5 壬基苯乙酮肟)萃取。

17.2.3.2　LIX84 在氨 - 铵盐体系中的应用

1987 年，澳大利亚昆士兰镍公司(QNI)的雅布鲁(Yabulu)镍精炼厂用 LIX84 直接从氨性溶液中萃取镍，反萃得到的硫酸镍溶液经电积后得到阴极镍。20 世纪 90 年代末期澳大利亚 Cawse 镍厂也采用了 LIX84 从氨性溶液中萃取分离镍，不过它的萃取料液是从红土矿加压酸浸液沉淀得到的镍钴氢氧化物经氨浸后的溶液。

1)LIX84 萃取提镍工艺

2005 年，Mackenzie[36]公布了用 LIX84 从氧化镍矿加压浸出沉淀得到的镍钴氢氧化物氨浸后的溶液中萃取分离钴、镍的情况。其工艺流程如图 17 - 21 所示。

混合氢氧化物经氨浸后的溶液成分为(mg/L)：Ni 12000 ~ 15000, Co 600 ~ 1000, Fe 1 ~ 2, Al 1 ~ 2, Mn 1 ~ 2, Cu 30 ~ 70, Zn 300 ~ 400, Cr 1。其特点为镍高钴低，Co/Ni 为 0.05 ~ 0.07。

萃取剂为 30% ~ 35% (V/V) LIX84，为降低其黏度，萃取及反萃的温度控制在 50 ~ 60℃，有机相萃镍饱和容量为 15 ~ 18 g/L，而实际有机相负载镍 12 ~ 15 g/L。

负载有机相可以用高浓度(280 ~ 290 g/L)氨溶液或者用稀硫酸和硫酸镍溶液反萃。用酸反萃的反应如下：

$$R_2Ni + 2H^+ \Longrightarrow Ni^{2+} + 2\overline{RH}$$

经多级反萃可获得含镍 70 ~ 100 g/L、pH 约 3.0 适合电积的反萃液。

2)LIX84 分离镍、铜工艺研究

文献[37]介绍了一种铜 - 镍 - 铁精矿氨性硫酸盐浸出液用 LIX84 从氨性溶液中分离镍和铜的研究。由于镍、铜含量接近，有两条途径分离铜、镍。其一为选择性分别萃取镍、铜，分别反萃；其二为镍、铜共萃，选择性反萃分离。经比较，第二条路线在经济上占优势，故选择了第二条路线。

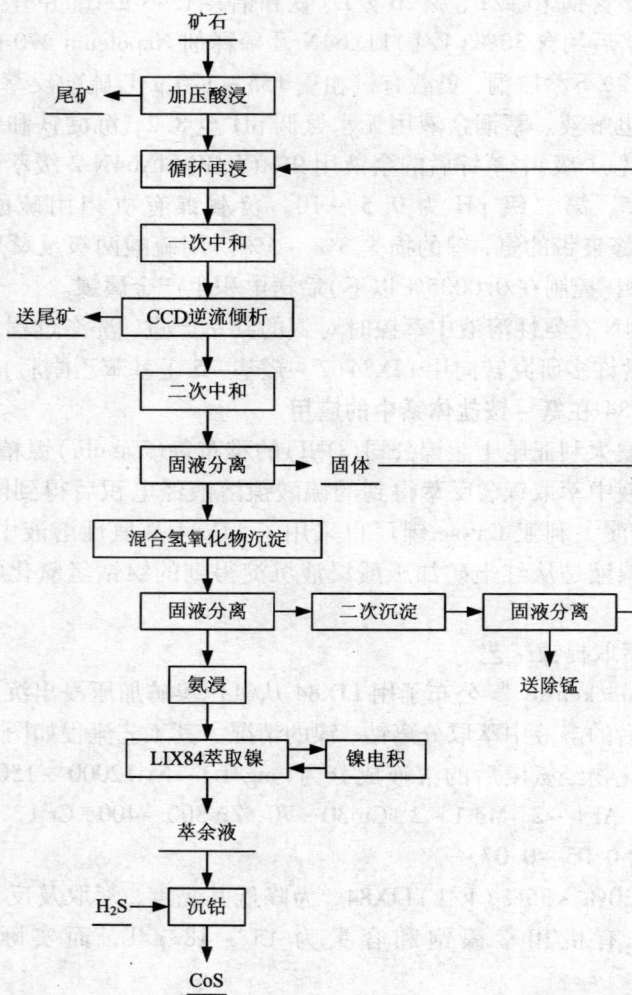

图 17-21　LIX84 从混合镍钴氢氧化物氨浸液中萃取分离镍钴工艺流程

在实验室单级优化工艺条件的基础上，用分液漏斗串级模拟试验验证了分离效果，在此基础上推荐的工艺流程如图 17-22 所示。

所用有机相为 40%(V/V) LIX84 + 60%(V/V) 煤油。煤油的主要成分为脂肪烃化合物。五个主要工序的工艺条件见表 17-29。

氨浸液[Cu, Ni, NH₃, (NH₄)₂SO₄]

LIX84的煤油溶液 → 铜镍共萃 → 萃余液 [回收(NH₄)₂SO₄]

负载有机(Cu, Ni, NH₃)

酸洗液 → 洗氨 → 洗余液 (循环使用后回收)

负载有机(Cu, Ni)

LIX84的煤油溶液

贫镍电解液 → 优先反镍 → 反镍液 (Cu, Ni) → 反镍液除铜纯化 → 纯镍液 → 送电解

负载有机(Cu)

贫铜电解液 → 反萃铜 → 纯铜液 → 送电解

反后有机

洗水 → 再生 → 洗余液 (循环利用后排放)

再生有机 (循环利用)

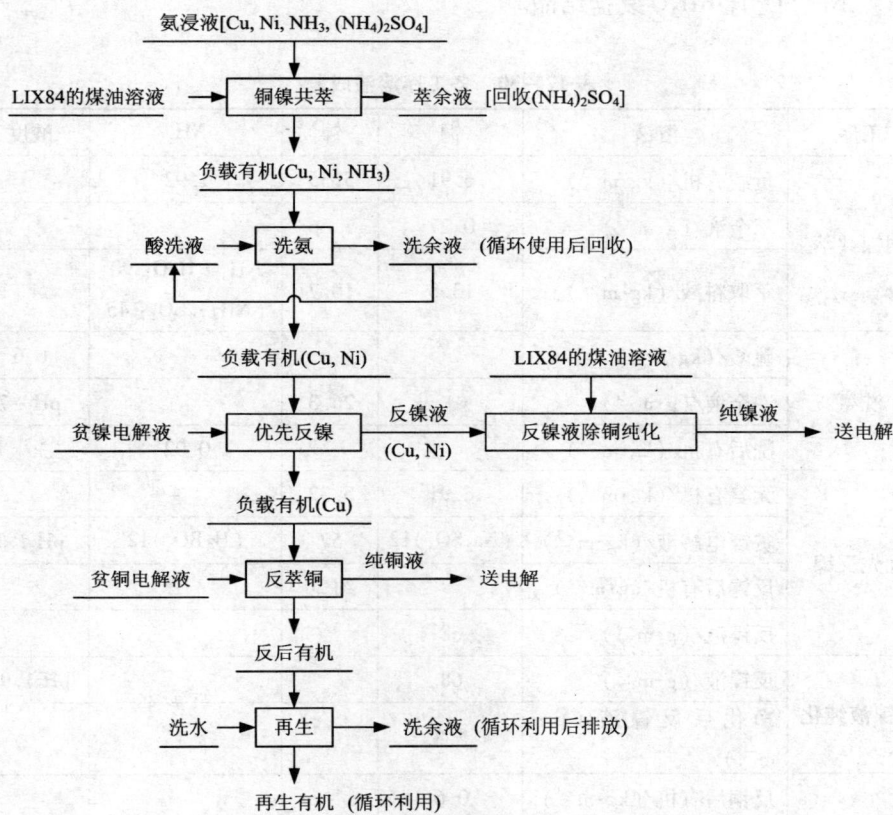

图 17 - 22 处理铜 - 镍氨浸液流程

表 17 - 29 各工序条件

工序	铜、镍共萃	洗氨	优先反镍	反镍液纯化	反铜
级数	2	1	4	1	3
O/A	2:1	1:1	1:2	1:5	1:1

各工序的溶液组成见表 17 - 30。

铜、镍共萃效果很好，共萃的氨也不多，选择用硫酸洗氨，此时发生反应：$2NH_3 + H_2SO_4 \Longrightarrow (NH_4)_2SO_4$，硫酸用量为 6 kg/m³ 时，除氨率即可达 98% 以上，但分相慢，以 6.75 kg/m³ 硫酸洗氨，则除氨率达 99.5%，但洗余液中含镍达 36 g/m³。故选择 6.6 kg/m³ 的硫酸按 O/A = 1:1 洗氨，此时洗余液中镍的损失降为 26.3 g/m³。如果不安排洗氨作业，则氨会在反镍工序进入反镍液而产生

$(NH_4)_2Ni(SO_4)_2 \cdot 6H_2O$ 复盐结晶。

表 17-30　各工序溶液成分

工序	溶液	铜	镍	NH_3	酸度
铜镍共萃	负载有机/(kg·m^{-3})	6.91	5.35	1.92	
	萃余液/(g·m^{-3})	0.27	1.66		
	萃取料液/(kg·m^{-3})	13.8	10.7	$NH_3 \cdot H_2O$: 90 $(NH_4)_2SO_4$: 45	
洗氨	硫酸/(kg·m^{-3})				6.6
	洗余液/(g·m^{-3})		26.3		pH~7
	洗后有机/(kg·m^{-3})			0.02	
优先反镍	无氨有机/(kg·m^{-3})	6.91	5.32		
	贫镍电解液/(kg·m^{-3})	(Na_2SO_4)12	57	(H_3BO_3)12	pH 1.7
	反镍后有机/(g·m^{-3})		约20		
	反镍液/(g·m^{-3})	68			
反镍液纯化	反镍液/(g·m^{-3})	68			pH 1.95
	净化后反镍液/(g·m^{-3})	2.3			
反铜	反铜后有机/(kg·m^{-3})	0.6			
	贫铜电解液/(kg·m^{-3})	30			(H_2SO_4) 180

　　洗氨彻底不但避免了镍铵复盐结晶，由于镍电解液的质量提高，还可以不用定期排放贫电解液进行处理。

　　除了洗氨工序外，反镍工序也是一个操作条件控制严格的工序。反镍用贫镍电解液作反萃剂，需将 pH 调至 1.7，此时反后有机还有 20 g/m^{3}镍，而共反下来的铜已达68 g/m^3。如果反萃剂的 pH 为 1.75，尽管共反萃下来的铜会少一些，但反后有机中残留的镍会达 162.5 g/m^3。

　　铜的反萃是彻底的，表面看反后有机中残留的铜还有 0.6 kg/m^3，但贫铜电解液反复循环使用时，此值几乎为一常数，因此铜反萃的实际反萃率接近100%。

　　3)LIX84 分离镍铜生产高浓度硫酸镍溶液

　　纯的硫酸镍溶液既可以通过电解生产镍板，也可以用高压氢还原的方法生产纯镍粉。目前用于生产金属镍的溶液一般含镍 70~100 g/L，考虑到高压氢还原的成本问题，如能在溶剂萃取工艺中将镍反萃液浓度提高到 150 g/L，则可有效提高单台氢还原设备的生产能力，降低生产镍粉的成本。Gary. A. Kordosky[38] 开发了用 LIX84 - INS 从红土矿中提镍的工艺。红土矿高压酸浸液除铁后，沉淀得到的镍、钴混合氢氧化物含少量杂质铜。沉淀用氨浸后，用 LIX84 - INS 共萃镍、铜，再分离镍铜。

试验用的料液为按工厂的实际料液成分配制的含镍、铜溶液，有机相为 27.9% (V/V) 的 LIX84 - INS，稀释剂为 Chevron Philips oxform SX - 12。连续试验在混合澄清槽中进行，槽模型图如图 17 - 23 所示。

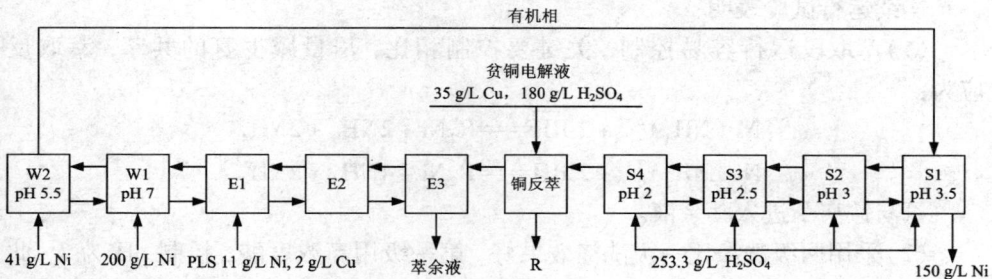

图 17 - 23　连续试验的设备连接图 (反萃段 pH 的控制条件)

萃取及洗涤段混合室 180 mL，澄清时间 3 min，镍反萃段由于反萃动力学慢，混合室容积为 600 mL，混合强度大，故澄清时间为 10 min，除反铜为有机相连续外，其余各段均为水相连续。反萃混合室温度为 50℃，第二洗涤级最终调试温度升至 45℃。

各工序进料成分见表 17 - 31，稳定运行操作条件见表 17 - 32。

表 17 - 31　各工段进料

	$\rho_{Ni}/(g \cdot L^{-1})$	$\rho_{Cu}/(g \cdot L^{-1})$	$\rho_{H_2SO_4}/(g \cdot L^{-1})$	pH
PLS	10.52	2.02		9.0
W1			200.0	
W2			41.0	
镍反萃剂			253.3	
铜反萃剂		36.73	159.8	

表 17 - 32　稳定运行操作条件

料液	30 mL/min	S1 pH	3.0
有机	33 mL/min	S2 pH	2.0
W - 1 洗水	0.068 mL/min	S3 pH	1.65
W - 2 洗水	0.11 mL/min	S4 pH	- 0.1

续表 17 – 32

S – 4 进反萃剂	3.0 mL/min	W1 pH	7.0
铜反萃剂	5.5 mL/min	W2 pH	5.5
反萃温度	50℃	S1 的反萃剂流速/(mL·min^{-1})	0.10
W2 温度	45℃	S2 的反萃剂流速/(mL·min^{-1})	0.66
		S3 的反萃剂流速/(mL·min^{-1})	0.30

连续运行试验表明：

(1)萃取段运行容易控制，关键要控制相比，尽量减少氨的共萃，萃取反应为：

$$Ni\,(NH_3)_4^{2+} + 2\,\overline{RH} = \overline{R_2Ni} + 2NH_3 + 2NH_4^+$$
$$Ni\,(NH_3)_6^{2+} + 2\,\overline{RH} = \overline{R_2Ni} + 4NH_3 + 2NH_4^+$$

氨与铵离子进入萃余液。

(2)采用两级洗涤比一级洗涤效果好，第一级用高浓度酸，控制 pH 为 7，此时大部分氨被洗下，产出高浓度硫酸铵流出液且没有镍、铜的损失。而第二级用较稀的酸洗涤，pH 为 5.5，以此保证氨的彻底去除，流出 W2 的硫酸铵浓度低，因此由夹带进入 S1 级的有机相中的硫酸铵少，以避免镍铵复盐在反萃级生成。当然有少量镍会洗入水相，但此水相进入 W1 级时，其中之镍又会被有机相萃走，而不至于造成损失。同理，从 E1 级进入 W1 级之负载有机相夹带的含杂质料液也会在 W1 级进入洗余液，而不至进入 W2 级，保证了离开 W1 的洗后有机的纯净。

用于洗涤的酸浓度至关重要，对不同工厂，应根据共萃的氨量及相比进行调整，注意在洗涤效率、镍的洗脱率与减少进入反萃段的氨量诸因素之间的平衡。

(3)为了得到高镍浓度，反萃剂的流量很小，以 253 g/L 的酸浓度反萃时，理论上只能得到含镍 151 g/L 的反镍液，但实际上由于在混合室中搅拌，水相体积由于蒸发而减少，所以实际得到的反萃液镍浓度在 143~168 g/L 之间。镍反萃率大于 92%。

为了彻底反萃镍，S4、S3 两级的 pH 控制较低，使少量铜被反萃下来，但反萃液进入 S2 及 S1 后，铜又被萃入有机相，从而保证了从 S1 出口流出的反萃液中不含铜，故无需单独设置反镍液的纯化级。因此在工业上应该用压力 pH 传感器精确控制反镍段各级 pH。

(4)铜反萃率达 40%~50%，因料液中铜浓度本来就很低，故这样的反萃率已能保证反后有机中剩余铜在控制标准以内，当然反铜液中会有部分镍，但这部分镍在铜电解回路中会进入贫电解液，而排出的贫电解液返回到洗涤段又被回收，故不会造成镍损失。

4）LIX84 从海洋多金属结核氨浸液中萃取分离铜、镍、钴

文献[39]报道了用 LIX84 从多金属结核氨浸液中萃取分离镍、钴、铜的研究。研究所用原料为大洋多金属结核的氨浸液，其成分（g/L）为：Co 0.264，Ni 2.44，Cu 8.9，Mn 0.0001，Zn 0.1。氨浸液处理工艺过程是用 LIX84 共萃铜镍，实现铜镍与钴的分离；负载有机相经洗涤除氨后，选择性反萃镍，实现镍与铜的初步分离；然后从含铜负载有机相中反萃铜，得到纯净的硫酸铜；选择性反萃镍得到的镍反液仍采用 LIX84 萃取并回收其中的铜，从而将铜、镍彻底分离，得到纯净的硫酸镍溶液。

各工艺过程的试验条件为：

铜镍共萃：萃取剂 12%（V/V）LIX84 + 88%（V/V）260 号煤油，萃取相比 O/A = 3:1，5 级；室温；碱洗相比 O/A = 3:1，1 级；酸洗相比 O/A = 2:1，1 级。

反萃镍：反萃剂为镍电解贫液，相比 O/A = 4:1，7 级。

反萃铜：反萃剂为粗镍液净化脱铜段的铜反萃液，相比 O/A = 1:1，4 级。

镍反萃液萃取净化脱铜：相比 O/A = 4:1，6 级。洗涤：用 pH 3 的去离子水，相比 O/A = 3:1，1 级。

净化脱铜段反萃铜用铜电解贫液，相比 O/A = 1:1，3 级反萃。

在上述条件下，在混合澄清槽中进行联动和连续试验，镍、钴、铜萃取回收率分别达到：99.0%，99.7%，99.9%，硫酸镍溶液含镍 85.9 g/L、钴 0.0001 g/L；硫酸铜溶液含铜 46.3 g/L，镍 0.008 g/L，钴 0.0001 g/L；其他杂质含量低，可分别满足铜、镍电积的要求。钴留在萃余液中，残留的镍铜均为 0.0001 g/L。

17.2.4　镍钴协同萃取

17.2.4.1　概述

尽管在弱酸性条件下，磷（膦）酸类萃取剂已在工业上实现了钴和镍的分离。在高浓度氯离子存在下，采用长链胺萃取剂（如 TOA）选择性萃取钴也可实现钴和镍的分离。然而，在一些情况下，单一体系还不能完全满足要求，例如，铝土矿的酸浸液中微量镍的分离与回收，废脱硫催化剂的酸浸液中镍和钴的回收，电解铜贫液中少量镍的除去以及近年来的热门研究课题红土镍矿硫酸高压浸出或堆浸液中镍的回收，等等。在这些体系中，水溶液的酸度较高，除了含有镍、钴、铜等有价金属外，还含有大量铁、铝、锰以及钙镁等杂质。目前，处理这类含镍溶液常用的方法有"沉淀—重溶—萃取"和"直接溶剂萃取"。沉淀—重溶—萃取法的主要缺点是金属共沉淀严重导致主金属回收率低及产品不纯，直接溶剂萃取法受到广泛重视[40]。由于缺乏选择性优良的特效萃取剂，镍钴与铁、铝、锰、镁、钙的萃取分离非常困难。为此，需要研究开发在相对低的 pH 条件下能够有效地将镍钴与杂质金属分离以及镍钴互相分离的萃取体系。最近几十年来研究开发的镍钴特效萃取剂，如 CLX50、ZNX50、DS6001 和 DS5689 由于各种原因而未能商

业化生产，说明开发一种新型、商业化的萃取剂是一个缓慢、昂贵和高风险的过程。

一个更好的可能途径是，应用两种或两种以上商业化萃取剂的混合萃取体系的协同效应，在较低的 pH 下将镍和钴提取并分离。从 20 世纪 60 年代至今，已有大量文章报道了有关镍钴的协同萃取分离的基础与应用研究，Flett 和 Ritcey 曾对此做过详细的归纳评述[41-43]。这些研究主要包括以下几个体系：①羧酸类萃取剂 + 螯合羟肟萃取剂（如 LIX63）；②酸性萃取剂 + 非螯合肟萃取剂；③磷酸类萃取剂 + 螯合羟肟萃取剂；④磺酸类萃取剂 + 螯合萃取剂；⑤酸性萃取剂 + 吡啶羧酸酯萃取剂。为讨论问题方便，本节中的酸性萃取剂的符号表示：HL——螯合酸性萃取剂；HA——有机酸萃取剂；HR——有机磷（膦）酸类萃取剂。

17.2.4.2 硫酸体系中重要的协萃体系

1）羧酸类萃取剂 + 螯合羟肟萃取剂体系[44-46]

20 世纪 60—70 年代，Flett 等人对螯合羟肟萃取剂 LIX63 与一系列的羧酸萃取剂，如环烷酸、α-溴代十二烷酸混合萃取镍、钴进行了研究。由表 17-33[45]的数据可以看出，无论 LIX63 加入到环烷酸或 α-溴代十二烷酸中，镍和钴的 $pH_{1/2}$ 均比相应的单一萃取剂的 $pH_{1/2}$ 低得多，而铁的 $pH_{1/2}$ 只稍微降低。对于 LIX63 + α-溴代十二烷酸体系，镍和铁（Ⅱ）的选择性发生逆转，这意味着在低 pH 下有可能优先选择性萃取镍。此外，与单一萃取剂体系相比，镍和钴的分离系数也增加，尤其是 LIX63 + 环烷酸体系，分离系数可达 50[46]。

表 17-33 LIX63/羧酸萃取剂萃取镍、钴的 $pH_{1/2}$

萃取剂	$pH_{1/2}$			$\Delta pH_{1/2}$		
	Ni^{2+}	Co^{2+}	Fe^{2+}	Ni^{2+}	Co^{2+}	Fe^{2+}
0.1 mol/L 环烷酸	6.80	6.99	2.75	0.00	0.00	0.00
0.1 mol/L α-溴代十二烷酸	3.70	4.70	1.70	0.00	0.00	0.00
10% LIX63 + 0.1 mol/L 环烷酸	2.20	3.05	1.78	4.60	3.94	0.97
10% LIX63 + 0.1 mol/L α-溴代十二烷酸	1.02	1.48	1.30	2.68	3.22	0.40

LIX63（HL）和不同羧酸类萃取剂组成的混合体系对镍的协同萃取反应可表示为：

$$Ni^{2+} + 2\overline{HL} + \overline{H_2A_2} \Longrightarrow \overline{NiL_2(AH)_2} + 2H^+$$

采用 LIX63 和几种羧酸组成的混合体系萃取镍时，羧酸的 pK_a 值越低，产生的协同效应亦越大[47]。但较慢的镍的萃取动力学制约了这类协萃体系的商业化应用。

采用 β-羟肟萃取剂 LIX70 和羧酸萃取剂 Versatic 911 体系对镍钴的协萃研

究结果表明，二壬基萘磺酸 DNNSA 的加入可以提高镍和钴的萃取率[48, 49]。

2）酸性萃取剂 + 非螯合肟萃取剂

几种羧酸类萃取剂和非螯合肟萃取剂组成的协萃体系萃取镍钴也有文献报道[50-52]。这类协萃体系对镍的协萃效应远远大于钴，镍钴各自 $pH_{1/2}$ 的差值（$\Delta pH_{1/2(Ni-Co)}$）由羧酸单独作萃取剂时的 0.2 个 pH 单位增加到 0.85 个 pH 单位。但由于非螯合肟萃取剂在体系中容易降解，这类协萃体系也未见工业化应用。

20 世纪 80 年代以来，研究人员对 D2EHPA 和一些非螯合肟萃取剂，如辛醛肟（CAO）和 2 - 乙基己醛肟（EHO）组成的协萃体系萃取镍钴进行了研究。结果表明，协萃体系对镍的选择性良好，镍的萃取速度大为提高，且反萃酸度较低，但并不足以在实际应用中实现镍和钴的分离。表 17 - 34 给出了 D2EHPA 和 EHO 协萃体系对镍、钴、铁、铝的萃取 $pH_{1/2}$[52, 53]。

表 17 - 34　0.5 mol/L D2EHPA 和 0.5 mol/L EHO 混合体系对金属的萃取（20℃）

金属	$pH_{1/2(D2EHPA)}$	$pH_{1/2(D2EHPA+EHO)}$	$\Delta pH_{1/2}$
Ni^{2+}	4.12	1.60	2.52
Co^{2+}	3.70	2.00	1.70
Fe^{3+}	- 0.32	- 0.40	0.08
Al^{3+}	1.53	1.51	0.02

表 17 - 34 的数据表明，对于这一协萃体系，由于镍和钴的 $pH_{1/2}$ 仍然高于铁和铝，因此，不可能在低 pH 下直接萃取镍钴。此外，非螯合肟萃取剂在体系中降解速度很快[54]。

3）磷酸类萃取剂 + 螯合羟肟萃取剂体系[55-58]

进入 20 世纪 90 年代后，螯合羟肟萃取剂 LIX63 和一系列的有机磷酸类萃取剂，如 D2EHPA、Cyanex272、PC-88A 等组成的协萃体系广泛应用于从废加氢脱硫催化剂硫酸浸出液中萃取镍、钴的研究。在较低的 pH 范围内（1.0 ~ 2.5），协萃体系均能优先选择性地萃取镍、钴而不萃取铝，协萃效应大小根据磷酸类萃取剂的 pK_a 不同有如下顺序：

D2EHPA（pK_a 3.01） > PC - 88A（pK_a 4.21） > Cyanex272（pK_a 5.22）

即随 pK_a 降低，LIX63 与其组成的协萃体系对镍、钴的协萃效应增大。

在这类协萃体系中，镍的萃取反应机理可以认为是 LIX63（HL）置换出镍与有机磷酸（HR）形成的萃合物 $\overline{Ni(HR_2)_2(H_2R_2)_n(H_2O)_{2-n}}$ 中的中性分子 H_2R_2 或水分子[47]。

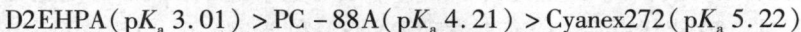

$$\overline{Ni(HR_2)_2(H_2R_2)_n(H_2O)_{2-n}} + 2\overline{HL}$$
$$\Longrightarrow \overline{Ni(HR_2)_2(HL)_2} + n\overline{H_2R_2} + (2-n)H_2O$$

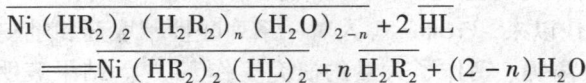

由于镍萃合物中所含水分子被 LIX63 取代，所形成的配合物的亲水性降低，从而增大了镍的可萃性，产生协同效应。

对于钴的萃取，则被认为是萃合物 Co（HR$_2$）$_2$ 与 LIX63 相互作用，由原来的四面体结构转变为八面体结构，生成的混合配合物具有更高的稳定性，增加了钴的萃取，产生协同效应。

$$Co（HR_2）_2 + 2\overline{HL} \Longrightarrow \overline{Co（HR_2）_2（HL）_2}$$

Elizalde 等人对 LIX63 分别和 D2EHPA 及二辛基次膦酸（DOPA）组成的协萃体系萃取镍的研究结果表明[59]，镍的 pH$_{1/2}$ 分别降低了 4.58 和 3.38 个 pH 单位。但需注意的是，由于 D2EHPA 的 pK_a 值较低，即酸性较强，LIX63 在 LIX63/D2EHPA 体系中不稳定[60]。另一个问题则是镍的萃取速率低，且反萃困难。

4）磺酸类萃取剂 + 螯合羟肟萃取剂体系

早在 20 世纪 70 年代，研究者们发现，当 LIX63 和萘磺酸（DNNSA）结合时，将大大增强镍和钴的萃取[61-63]，可以从 pH 1 左右的酸浸液中选择性地优先萃取镍钴，即利用协同萃取效应实现在酸性介质中镍和铁、铝的分离以及镍与钴的分离。对表面张力的研究表明，镍萃取的增强是由于磺酸盐在非极性有机溶剂中形成的反胶团，通过金属与萃取剂稳定结合，导致反应物质界面浓度增加，从而催化了金属的萃取。由于 LIX63 与镍的螯合不通过去质子化作用，从而使协同萃取能在低 pH 进行。萃取是通过纯 DNNSA（HA）胶团及 DNNSA + HL 混合胶团两个不同途径进行的[62]。

$$M^{2+} + \overline{（HA）_p} \Longrightarrow \overline{MA_pH_{P-2}} + 2H^+$$
$$M^{2+} + \overline{（HA）_p · nHL} \Longrightarrow \overline{MA_pL_nH_{p+n-2}} + 2H^+$$

其中，萃合物的化学计量被测定为 M∶HL∶DNNSA = 1∶3∶2[64]（M 为 Co 或 Ni）。

由于萃取过程容易乳化、镍反萃困难以及 LIX63 降解等方面的原因，该研究没有得到进一步的发展。80 年代至 90 年代之间，DNNSA 和一系列含氮螯合羟肟萃取剂组成的协萃体系广泛应用于 pH < 2.5 的酸性溶液中镍钴的萃取分离研究[65,66]，在这些协萃体系中，DNNSA 和氮烷基二甲基吡啶胺协萃体系不仅显示出了优良的镍钴选择性，而且提升了镍的萃取与反萃速率，然而不足之处仍然是相分离困难。90 年代以后，研究者发现 DNNSA 和 2,6 - 双 - （5 - 正壬基吡唑 - 3 - 基）吡啶（BNPP）混合体系对铜、镍、钴有很强的协萃效应[67]，在硫酸体系中，该体系可以优先选择性地萃取铜、镍、钴，与铁（Ⅱ）、铁（Ⅲ）、锰、钙、镁分离，其缺点是负载有机相中的铜不能反萃，且需要高酸和高温才能将镍和钴反萃。

5）酸性萃取剂 + 吡啶羧酸酯萃取剂体系

20 世纪 90 年代以来，Preston 等人对一系列酸性萃取剂和吡啶甲酸甲酯或烷基吡啶混合体系分离镍、钙作了大量的研究工作[68-70]。结果表明，协同效应大小遵从以下规律：对于酸性萃取剂来说，磷酸类 > 膦酸类 > 次磷酸类；对于吡啶酸酯来说，4 - 吡啶酸酯 >3 - 吡啶酯 >2 - 吡啶酯。

采用 D2EHPA 和 4 - 吡啶异癸酯混合体系，镍萃取率达 93%，而钙的萃取率不到 10%。负载有机相用稀硫酸在相比 10∶1 条件下反萃，不会产生石膏沉淀。而在羧酸类萃取剂与吡啶甲酸甲酯的协萃体系中，十碳酸（Versatic 10）/3 - 吡啶甲酸辛酯和十碳酸（Versatic 10）/4 - 壬基吡啶体系的 $\Delta pH_{1/2(Ca-Ni)}$ 分别达到了 3.07 和 3.55[71]。采用十碳酸（Versatic 10）/4 - 壬基吡啶体系对含 8.5 g/L 镍的生物浸出液（pH=6.0）进行四级逆流萃取，萃余液中镍浓度小于 0.6 g/L，钙、镁均不被萃取。对于镍钴萃取分离，在这类协萃体系中，协同萃取效应主要决定于羧酸的结构，其协同效应按如下顺序递增[72,73]：

正辛酸 <2 - 乙基己酸 < 十碳酸 <2 - 溴癸酸 <3,5 - 二异丙基邻羟基苯甲酸（DIPSA）

但镍钴分离效果并不理想，因为它们之中的 $\Delta pH_{1/2(Co-Ni)}$ 最大值仅为 0.75。

17.2.4.3　镍钴协萃体系的新发展

进入 21 世纪以后，镍钴协同萃取研究得到了进一步的发展，所研究的协萃体系以羧酸萃取剂/螯合羟肟萃取剂为主，有的已经成功应用于半工业化试验甚至即将应用于工业生产。其中最有代表性的当属澳大利亚联邦科学与工业组织（CSIRO）成楚永提出的 Versatic 10/LIX63 二元、Versatic 10/LIX63/TBP 三元及 Versatic 10/4PC 协萃体系。除此之外，羧酸类萃取剂/烷基吡啶或吡啶羧酸酯协萃体系也广泛应用于镍钙分离研究。以下主要就 Versatic 10/LIX63 二元、Versatic 10/LIX63/TBP 三元及 Versatic 10/4PC 协萃体系的特点及应用作比较详细的介绍。

1）Versatic 10/LIX63 二元体系[74,75]

研究发现，LIX63/Versatic 10 协萃体系对镍、钴、铜、锌、锰均有显著的协同效应，对钙则是反协同效应。当采用 0.5 mol/L Versatic 10/0.28 mol/L LIX63 混合体系时，镍、钴、铜、锌、锰的 $pH_{1/2}$ 比 0.5 mol/L Versatic 10 单独作萃取剂时分别降低了 2.79、3.50、> 2.0、1.99、1.17 个 pH 单位，$\Delta pH_{1/2(Mn-Ni)}$ 和 $\Delta pH_{1/2(Mn-Co)}$ 也分别达到 1.96 和 2.53 个 pH 单位，展示出优良的镍钴与锰、镁、钙的分离性能（图 17 -24、图 17 -25）。

负载有机相用硫酸反萃，30 s 内，73% 的铜、80% 的钴、95% 的锌及 97% 共萃的锰即被反萃，2 min，钴的反萃率提高到 94%，此时，镍的反萃率只有 18%，5 min 也只有 32%。Flett 曾在 20 世纪 70 年代提出镍的羟肟螯合物的一个特点是镍的反萃动力学慢[45,46]，并据此推断，LIX63/月桂酸协萃体系萃镍，LIX63 是萃取剂，月桂酸是协萃剂，起溶剂化作用，配合物组成为 NiL₂(HA)₂，其中，L 代表去质子化的 α - 羟肟，HA 代表月桂酸。最近，研究人员利用最新的三维虚拟同晶

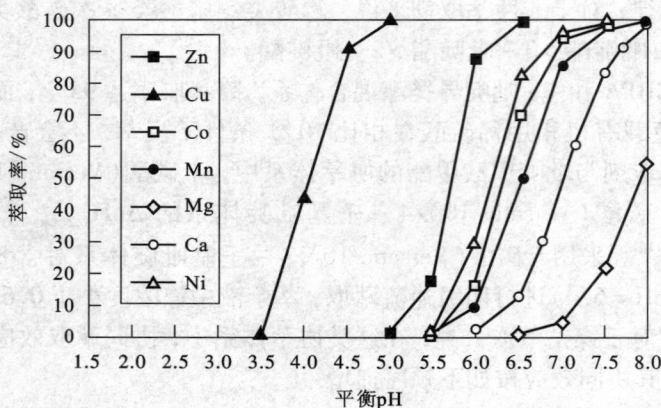

图 17－24　0.5 mol/L Versatic 10 的金属 pH 萃取等温线(相比 1∶1, 40℃)

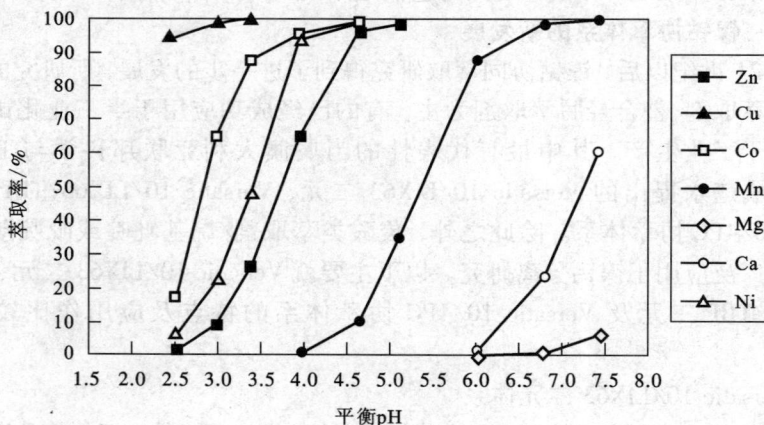

图 17－25　0.5 mol/L Versatic 10/0.28 mol/L LIX63 从合成的
红土镍矿酸浸液中萃取金属的 pH 等温线(相比 1∶1, 40℃)

分析技术得到了类似的羟肟－镍螯合物的 X 射线晶体结构[76]，该结构揭示了在羟肟－镍螯合物中，每两个羧酸配体阴离子与一个呈中性的 α－羟肟配体以分子内氢键结合，形成所谓"外球面"反应，一定程度甚至完全引发了协同萃取效应。成楚永等人通过研究指出[74]，在 Versatic 10/LIX63 协萃体系中，对于镍的萃取，LIX63 是萃取剂，Versatic 10 是协萃剂，因为不论是 LIX63 单独萃镍或者是该协萃体系萃镍，镍的反萃都很困难；对于钴的萃取，恰好相反，Versatic 10 是萃取剂，LIX63 是协萃剂，因为采用协萃体系萃取钴时，钴易于反萃，而 LIX63 单独萃钴时会发生"钴中毒"现象，即钴不能用酸反萃。这为协萃体系萃取金属的机理解释提供了一个新的视角，即一个协萃体系里面，某一种萃取剂对某些金属起萃取作用，而对其他一些金属则起溶剂化(协萃)作用。然而，若想完全弄清这类金属萃合物结构与溶液化学之间的关系，还需更进一步的研究。

加拿大巴甲矿业公司于 2007 年应用 LIX63 和 Versatic 10 协萃体系进行钴锌和锰、镁、钙分离的 Boleo 工程半工业试验，并成功运行两年[77]。Boleo 萃取原料液含锰 45 g/L，镁 25 g/L，锌 1 g/L，钴 0.2 g/L，由于料液中锰浓度太高，采用传统的萃取工艺很难使钴锌和锰、镁、钙分离。而 0.31 mol/L LIX63/0.5 mol/L Versatic 10 混合体系则使钴和锌的 $\Delta pH_{1/2}$ 分别达到 4.24 和 1.62。在原料液 pH 4.5，相比 1∶2 条件下，经过一级萃取，几乎 100% 的钴和 80% 的锌被萃取，锰的萃取率仅 1.55%(即负载有机相含 1.37 g/L 锰)，镁和钙不被萃取。为了进一步降低锰的萃取率，研究人员对有机相组成进行了优化，用 0.24 mol/L LIX63 和 0.33 mol/L Versatic 10 在 pH 5.5 的条件下，经过一次接触，钴和锌的萃取率分别达到 93% 和 70%，负载有机相中锰浓度仅为 0.28 g/L。钴和锌的萃取与反萃动力学均很快。该协萃体系半工业化试验的成功运行，为 Boleo 工程的钴、锌即将投产打下了关键基础。

尽管早有文献报道指出[45, 46, 74]，LIX63 和羧酸萃取剂协萃体系萃取镍钴时，镍的萃取与反萃速度慢，钴的萃取与反萃速度快，但一直未见利用该性质进行钴镍分离的开发研究[78]。直到最近，成楚永等人采用 0.20 mol/L LIX63 和 0.25 mol/L Versatic 10 混合体系对含 20 g/L 镍、1 g/L 钴的模拟工业料液进行了钴镍萃取分离研究，在 pH 4.5、相比为 1、30℃ 的条件下，萃取 1 min，钴的萃取率为 70%，镍的萃取率仅 4%。通过改变萃取方式，钴的萃取率超过 96%，而共萃的镍不到 10%，萃余液中的镍钴比大于 667。负载有机相反萃 1 min，钴的反萃率超过 90%，而镍的反萃率仅 10%(图 17－26)。图 17－26 表明，可以利用镍、钴在萃取与反萃动力学上的巨大差异来实现两者的萃取分离。

半工业连续试验采用两级逆流萃取和三级逆流反萃，萃取在两根圆管反应器里进行，反萃则是采用混合澄清槽。萃取料液为红土镍矿的高压酸浸液，含 7 g/L Ni、0.7 g/L Co、5 g/L Mn、12 g/L Mg 和 0.2 g/L Ca。镍和钴的萃取率分别为 11.7% 和 98.9%，萃余液中镍钴比由原料液中的 10∶1 增大到 796∶1，可以满足高品位电解镍的生产标准。该协萃体系与 Cyanex 272 相比，由于协萃体系在溶液 pH 4～5 时基本不萃取镁，大大减少了碱的消耗，从而使运行成本大为降低。

2) Versatic 10/LIX63/TBP 三元体系[79]

Versatic 10/LIX63 体系中添加 TBP 能显著改善镍的萃取与反萃动力学，当 TBP 在 0.5 mol/L Versatic 10/0.28 mol/L LIX63 体系中的浓度为 0.5 mol/L 时，负载有机相用硫酸反萃，2 min 内，镍的反萃率由未加 TBP 时的 17.7% 增加到 91%。该三元协萃体系的 $\Delta pH_{1/2(Mn-Ni)}$ 和 $\Delta pH_{1/2(Mn-Co)}$ 分别达到 2.62 和 2.11 个

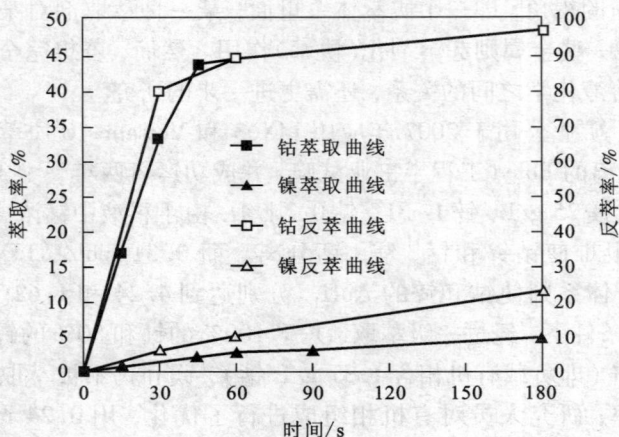

图 17 - 26 0.20 mol/L LIX63 和 0.25 mol/L Versatic 10
体系中镍和钴的萃取与反萃动力学

pH 单位，在改善镍的萃取与反萃动力学基础上，同样保持了优良的镍锰和钴锰分离性能（图 17 - 27）。

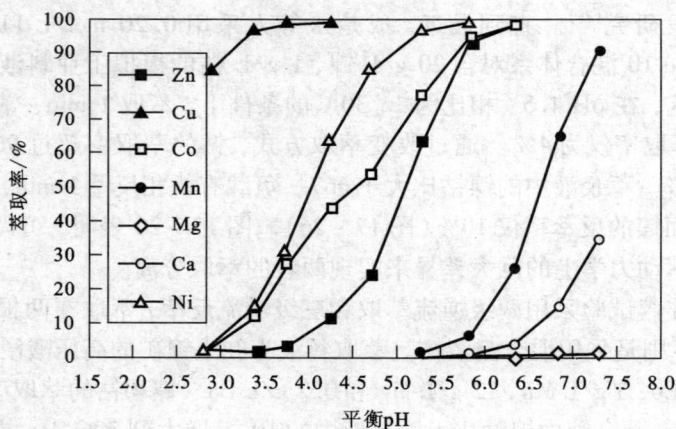

图 17 - 27 0.5 mol/L Versatic 10/0.28 mol/L LIX63/0.5 mol/L TBP
从合成的红土镍矿酸浸液中萃取金属的 pH 等温线（相比 1:1, 40℃）

　　TBP 的加入不仅可以改善镍的反萃动力学，也可以大大改善其萃取动力学。研究结果表明，TBP 的加入可以导致表面张力增大，其浓度在 0 ~ 0.5 mol/L 时，TBP 主要参与形成金属 - Versatic 10 萃合物，浓度在 0.5 ~ 1.0 mol/L 时，TBP 更多的是参与形成 Ni - LIX63 萃合物，使其疏水性变弱，表面活性增强，从而改善其反萃动力学[77]。若要彻底弄清楚 TBP 在改善镍反萃动力学上的机理与作用，今后还需做更加深入的研究。

采用 0.5 mol/L Versatic 10 + 0.35 mol/L LIX63 + 1.0 mol/L TBP 从含 5 g/L Ni、0.27 g/L Co、1.6 g/L Mn、30 g/L Mg、0.5 g/L Ca 和 8 g/L Cl 的模拟力拓公司红土镍矿酸浸液中分离镍钴与锰、镁、钙的萃取实验结果表明，经过一次接触，镍、钴萃取率分别达到 99.6% 和 96.9%，负载有机相仅含 6 mg/L 的锰、8 mg/L 的镁以及 1 mg/L 的钙。用 pH 5.3，含 1.3 g/L Ni 的洗水洗涤负载有机相，97.7% 的锰被淋洗下来，负载有机相所含锰降为 0.8 mg/L。超过 99% 的镍和钴在 pH 2.0 被反萃下来，显示出了良好的反萃性能。半连续工业试验采用三级萃取，每级 pH 分别控制在 5.5、6.1 和 6.5，温度为 40℃，镍、钴萃取率均达到 99.9% 以上，萃余液仅残留 5 mg/L 的镍以及不到 1 mg/L 的钴；通过两级洗涤，pH 分别控制在 5.4 和 5.0，负载有机相仅含 2 mg/L 的锰以及不到 1 mg/L 的镁、钙；用 50 g/L 的稀硫酸在相比 10∶1 及 40℃ 条件下进行两级反萃，镍和钴的反萃率均超过 95%。

在此基础上，成功进行了长达 280 h 的全连续工业试验，采用四级萃取，每级 pH 分别控制在 5.5、5.8、6.0 和 6.3，相比为 2∶1，温度为 40℃，几乎 100% 的镍和钴被萃取，负载有机相中锰、镁、钙的浓度分别仅为 34 mg/L，8 mg/L 和 1 mg/L；通过两级洗涤，pH 分别控制在 5.4 和 5.0，负载有机相锰、镁浓度均降至 5 mg/L 以下，钙浓度降至 1 mg/L；用含 55 g/L Ni 的 50 g/L 稀硫酸在相比 10∶1 及 40℃ 条件下进行三级反萃，镍和钴的反萃率分别达到 98% 和 99% 以上，反萃后有机相仅含 64 mg/L 的镍，反萃液中镍浓度达到 86 g/L，游离酸浓度小于 1 g/L。

3）羧酸类萃取剂 + 烷基吡啶/吡啶羧酸酯

溶剂萃取中，镍钙分离是一个长期困扰镍生产企业的问题。Preston 和 Preez 针对含 5 g/L 镍、镁，2 g/L 锰，0.5 g/L 钴、钙，0.1 g/L 铜、锌的硫酸体系[80]，采用 0.5 mol/L 4 - (5 - 壬基) 吡啶和 0.5 mol/L Versatic 10 混合体系萃取，结果发现，镍的 $pH_{1/2}$ 由 Versatic 10 单独作萃取剂时的 6.34 降低到 4.62，下降了 1.72 个 pH 单位，钙的 $pH_{1/2}$ 却上升了 0.65 个 pH 单位，这样，镍钙的 $\Delta pH_{1/2(Ca-Ni)}$ 达到了 3.45，显示出了优良的镍钙分离性能。Nagel 和 Feather 应用该协萃体系从生物浸出液中分离镍钙进行了小规模工厂运行试验[81]，采用四级萃取和一级反萃，镍钴萃取率分别达到 98% 和 92% 以上，钙、镁基本不被萃取。

澳大利亚 Bulong 镍萃取工厂曾采用 Versatic 10 萃取分离镍、钙[82]，由于 $\Delta pH_{1/2(Ca-Ni)}$ 比较小，负载有机相反萃时产生大量的石膏沉淀。当往 Versatic 10 里面加入 10% 的 CLX50 萃取剂（吡啶二羧酸二酯），$\Delta pH_{1/2(Ca-Ni)}$ 从 Versatic 10 单独作萃取剂时的 0.77 提高到 1.70，镍、钙分离系数也由 47 增加到 1216，负载有机相中共萃的钙浓度低至 10 mg/L，从而解决了石膏沉淀的问题。

成楚永等人对 Versatic 10 和 4PC 组成的协萃体系萃取金属进行了较为系统的试验研究，其结果如图 17 – 28 所示。

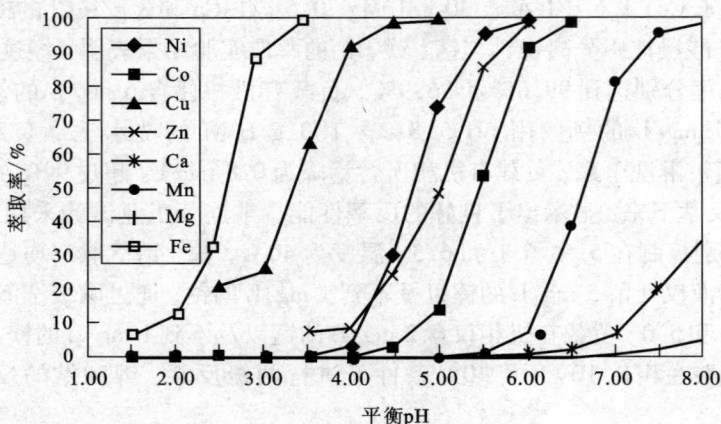

图例：
- ◆ Ni
- ■ Co
- ▲ Cu
- × Zn
- ＊ Ca
- ● Mn
- ＋ Mg
- □ Fe

纵轴：萃取率/%
横轴：平衡pH

图 17 – 28　Versatic10/4PC 协萃体系萃取金属的 pH 等温线

从图中可以看出，钴与锰的 $pH_{1/2}$ 分别为 5.47 和 6.63，两者的 $\Delta pH_{1/2(Mn-Co)}$ 达到 1.17 个 pH 单位，显示出了优良的钴锰分离性能。该协萃体系对图 17 – 28 中的贱金属萃取可以划分为三组，在较低 pH 范围（2 < pH < 4），铁、铜被萃取；在 4 < pH < 6 范围内，镍、锌、钴被萃取；锰、镁、钙则在高 pH 范围（pH > 6）内被萃取。研究结果表明，在半分钟内，几乎所有的铜、超过 95% 的镍以及 90% 钴被萃取，萃取在 90 s 时达到平衡。成楚永等人进一步采用 0.5 mol/L Versatic 10 和 1.0 mol/L 癸基 – 4 – 吡啶羧酸酯混合体系萃取镍、钴与锰、镁、钙分离[83]，在 pH 6.0，经过一次接触，镍、钴萃取率分别达到 99.4% 和 89.4%，只有 200 mg/L 锰、10 mg/L 镁和 48 mg/L 钙被萃取。应用该协萃体系从含 4 g/L Ni，0.1 g/L Co，1 g/L Mn，10 g/L Mg，0.7 g/L Ca 和 30 g/L Cl 的工厂浸出液中萃取镍钴的半连续工业试验结果表明，经过三级萃取，镍、钴萃取率分别达到 99.9% 和 99.1% 以上，用含 2 g/L 镍的溶液在相比 5∶1 和 pH 5.6 时进行两级洗涤，负载有机相中锰、镁浓度均降到 1 mg/L，钙浓度降到 3 mg/L，从而实现了镍钴与锰镁钙的优良分离。在定期酸化回收溶解至萃余液中的少部分 Versatic 10 的情况下，该协萃体系运行 1 年后，有机相损失不到 1%，表明该协萃体系十分稳定。

根据该协萃体系的试验结果以及红土矿酸浸液的特点，成楚永等人提出了一个全新的直接萃取法从红土镍矿酸浸液中回收钴、镍的原则流程，如图 17 – 29 所示。

相对于红土镍矿酸浸液，由硫化镍矿得到的溶液虽然锰、镁含量低，主金属含量高，且溶液中的铜、锌比红土矿料液要高，但萃取法从红土镍矿酸浸液中回

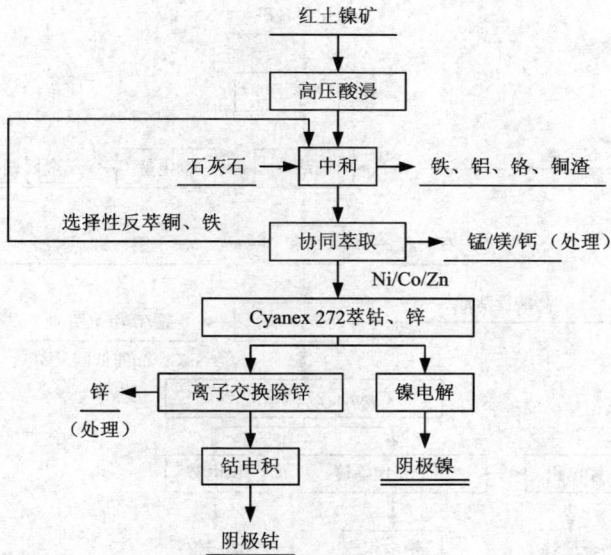

图 17-29 萃取法从红土镍矿酸浸液中回收镍钴的原则流程

收钴镍的原则流程同样适用于从硫化镍矿氧压酸浸液，只是在回收镍钴的同时，需考虑铜、锌的回收。萃取法从硫化镍矿中回收钴镍及有价金属的流程如图 17-30 所示。

图 17-29 与图 17-30 两个原则流程中最核心的部分是协同萃取，即采用 Versatic10/4PC 协萃体系在 pH 4.5～5.5 范围内萃取镍钴与锰镁钙分离。与传统的"沉淀—重溶—萃取"法从酸浸液中提取镍钴相比，协萃法提取镍钴具有工艺简单，一步除去主要杂质锰、镁、钙，环境污染小，金属回收率高，投资成本与运行成本低等一系列显而易见的优点，具有很大的工业应用前景。唯一需要注意的问题是，该协萃体系中的 Versatic 10 在萃取中少部分会溶解进入萃余液中，需定期从萃余液中进行酸化回收。

4）新癸酸/Nicksyn™ 协萃剂

将 MINTEK 研发的 0.5 mol/L Nicksyn™ 协萃剂加入到 0.5 mol/L 的新癸酸中，对镍可以产生大的协同效应，对钙产生较小的反协同效应，$\Delta pH_{1/2(Ca-Ni)}$ 可以达到 3.09，显示出优良的镍钙分离性能[84]。采用 0.25 mol/L Nicksyn™/0.5 mol/L 的新癸酸体系萃取，有关二价金属离子的 $pH_{1/2}$ 按如下顺序排列：

$$Cu(3.42) > Ni(5.08) > Zn(5.58) > Co(5.73) > Mn(6.62) > Ca(7.48) > Mg(8.25)$$

从中可以看出，镍钙的 $\Delta pH_{1/2(Ca-Ni)}$ 为 2.40，钴锰的 $\Delta pH_{1/2(Mn-Co)}$ 为 0.9，针对含 5 g/L 镍、镁，2 g/L 锰，0.5 g/L 钴、钙，0.1 g/L 铜、锌的合成浸出液，采用

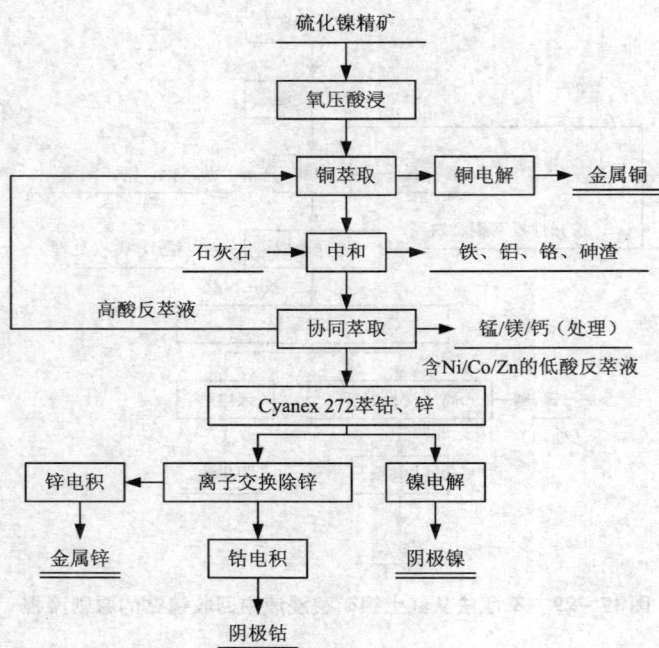

图 17 – 30　萃取法从硫化镍矿酸浸液中回收镍钴及有价金属的原则流程

该协萃体系，在相比 1∶1 及平衡 pH 5.9 的条件下，经过三级逆流萃取，镍的萃取率 99.9%，钴的萃取率 84.7%，共萃的锰、镁、钙分别为 2.7%、0.4%、1.5%。负载有机相用含 33 g/L Ni 的稀硫酸溶液在相比 4∶1 进行反萃，几乎 100% 的镍被反萃下来，得到的含 57 g/L Ni 的反萃液可以直接用于镍电解。该协萃体系可以很好地分离镍和钙，但不适合镍钴与锰、镁、钙的分离。

　　南非 MINTEK 矿物冶金研究所最近研发的 Nicksyn™/Versatic10 协萃体系可以很好地分离镍和钙[85]。萃取原料液含 18 g/L Ni，0.6 g/L Ca，0.54 g/L Mg，采用 1.25 mol/L Versatic 10 和 0.31 mol/L Nicksyn™ 协萃体系在相比 9∶10 条件下进行验证性试验，负载有机相镍浓度达到 20 g/L，共萃的钙由 Versatic 10 单独作萃取剂时的 150 mg/L 降至 14 mg/L，完全避免了萃取系统石膏沉淀的产生。该协萃体系运行 90 d 后，有机相组成并未发生改变，显示出了良好的稳定性。

17.2.4.4　镍钴协萃体系对比

　　几种主要协萃体系对镍、钙的萃取选择性对比见表 17 – 35。

　　从表中可以看出，大部分的协萃体系的 $\Delta pH_{1/2(Ca-Ni)}$ 超过 2 个甚至 3 个 pH 单位，它们应该能够很好地分离镍和钙。

表 17 - 35　不同协萃体系对镍、钙选择性对比

协萃体系	$pH_{1/2(Ni)}$	$pH_{1/2(Ca)}$	$pH_{1/2(Ca-Ni)}$
D2EHPA/n – octyl 4PC[①]	2.42	3.11	0.69
Versatic 10/n – octyl 3PC[①]	4.65	7.72	3.07
Versatic 10/CLX50	5.21	7.45	2.24
3 – nitro – 5 – nonylsalicylic acid / isodecyl – 4PC[①]	2.40	4.54	2.14
DNNSA / n – octyl – 3PC[①]	1.42	2.67	1.25
Versatic 10 / 4 – nonylpyridine	4.65	8.00	3.35
Versatic 10 / 4 – (5 – nonyl) pyridine	4.62	8.07	3.45
Versatic 10 / CLX50	4.89	8.20	3.31
Versatic 10 / n – decyl 4PC[①]	4.70	>8.0	>3.3
Versatic 10 / LIX 63	3.40	7.25	3.85
Versatic 10 / LIX 63 / TBP	4.01	>7.5	>3.49
Neodecanoic acid / Mintek synergist	4.78	7.87	3.09
Versatic 10 / Nicksyn™	4.48	6.95	2.47

注：①PC 为吡啶酯羧酸，下同。

表 17 - 36 为几种主要协萃体系萃取镍钴与锰、镁、钙分离的效果对比。

表 17 - 36　不同协萃体系分离镍钴与锰、镁、钙的效果

协萃体系	$\Delta pH_{1/2(Mn-Ni)}$	$\Delta pH_{1/2(Mn-Co)}$
Versatic 10 / CLX50	1.35	0.78
Versatic 10 / n – octyl – 3PC*	1.73	1.06
Versatic 10 / 4 – (5 – nonyl) pyridine	1.72	1.04
Versatic 10 / n – decyl – 4PC*	1.88	1.17
Versatic 10 / LIX 63	1.96	2.53
Versatic 10 / LIX 63 / TBP	2.62	2.11
Neodecanoic acid / Mintek synergist	1.52	0.89
Versatic 10 / Nicksyn™	1.30	0.61

注：镁、钙 q – pH 曲线在锰之后。

从表中可以看出，Versatic 10/LIX63 和 Versatic 10/LIX63/TBP 两个协萃体系分离效果最好，$\Delta pH_{1/2(Mn-Ni)}$ 和 $\Delta pH_{1/2(Mn-Co)}$ 在 1.96 ~ 2.62 个 pH 单位范围内。由于镍的萃取与反萃动力学很慢，Versatic 10/LIX63 体系并不适用于镍与锰、镁、钙的分离。其他几种协萃体系的 $\Delta pH_{1/2(Mn-Co)}$ 在 0.55 ~ 1.17 个 pH 单位范围。通常当 $\Delta pH_{1/2(Mn-Co)}$ 在 1 个 pH 单位左右时，负载有机相需要强化洗涤才能除去共

萃的锰，使得整个萃取过程并不经济。

几种主要的协萃体系对镍钴的萃取分离性能见表 17 – 37。

表 17 – 37 不同协萃体系分离镍钴效果

协萃体系	$pH_{1/2(Ni)}$	$pH_{1/2(Co)}$	$pH_{1/2(Co-Ni)}$
3，5 – di – tert – butylsalicylic / n – octyl – 3PC	3.75	4.50	0.75
DNNSA / n – octyl – 3PC	3.29	4.00	0.71
Naphthenic acid / 1 – octyl – 3PC（PE206）	4.25	4.90	0.65
Versatic 10 / n – decyl 4PC	4.70	5.47	0.77
Versatic 10 / LIX 63 / TBP	4.01	4.52	0.51
Neodecanoic acid / Mintek synergist	5.05	5.75	~0.7
Versatic 10 / Nicksyn™	4.70	5.40	~0.7

可以看出，表中所列协萃体系 $\Delta pH_{1/2(Co-Ni)}$ 在 0.5 ~ 0.7 个 pH 单位范围内。对于贱金属的萃取分离，这个差值并不足以达到经济可行的要求，因为需要多级数的洗涤才能洗去共萃的钴。研发更好的镍钴分离协萃体系仍然是今后的一个任务。

中南大学冶金与环境学院稀有金属冶金研究所冶金分离科学与工程有色金属行业重点实验室最近开发的 HBL110/有机酸直接萃镍协萃体系在解决镍钴与锰镁钙分离问题的基础上更进一步解决了镍与铁铝的分离问题[86]。该协萃体系具有优良的萃镍性能及镍铁、镍铝分离性能，能够从含 2 g/L 镍、30 g/L 铝和 1 g/L 三价铁的废催化剂硫酸浸出液中（pH < 2）选择性地萃取镍，镍的单级萃取率达到 96% 以上，镍铁、镍铝分离系数分别达 2524 和 4346，负载有机相用稀硫酸反萃，经 3 级逆流反萃，镍的反萃率在 99% 以上。该协萃体系在镍提取湿法冶金中展现出了极其良好的工业应用前景。表 17 – 38 为采用该协萃体系萃取 Ni^{2+}、Fe^{3+} 和 Al^{3+} 的试验结果。

表 17 – 38 HBL110 + 有机酸协萃体系萃取 Ni^{2+}、Fe^{3+} 和 Al^{3+} 的试验结果

金属离子	料液 /$(g \cdot L^{-1})$	萃余液 /$(g \cdot L^{-1})$	有机相 /$(g \cdot L^{-1})$	萃取率 q /%	分配比 D	分离系数 $\beta_{Ni/M}$
Ni^{2+}	1.836	0.074	1.737	96.03	23.47	1
Al^{3+}	33.22	33.54	0.180	0.55	0.0054	4346
Fe^{3+}	0.179	0.180	0.00168	0.95	0.0093	2524
pH	3.02	2.36	—	—	—	—

注：萃取过程中两相体积发生变化，萃余液体积减少约 1.5%。

　　该实验室应用此协萃体系对从红土镍矿酸浸液中直接提取镍也进行了较为深入系统的研究，并进行了为期 30 d 的连续运转工业扩大试验[86]。某厂萃取原料液含镍 4 g/L、铁 17 g/L、铝 1.6 g/L、镁 44 g/L，其他金属杂质均为微量。在原料液 pH 2.0、相比 1:1.25 的条件下，采用五级逆流萃取，萃余液中镍浓度低于 0.05 g/L，铁萃取率仅为 0.8%（负载有机相含铁 0.167 g/L），铝镁基本不被萃取。负载有机相按相比 6:1 经四级逆流反萃，反萃液中镍浓度达 40 g/L 左右，铁浓度仅为 1 g/L，除铁率达 99.41%，其他金属杂质含量如镁、锰、钙、铬、镉等均远低于传统提镍工艺生产的粗制氢氧化镍中的杂质含量。镍的萃取与反萃动力学均很快。该协萃体系 30 d 的连续运转扩大试验的成功运行，为该厂的传统工艺技术改造应用直接萃镍新工艺打下了关键基础，并将对镍湿法冶金领域产生深远影响。

　　正如 Flett 指出的"新萃取剂还是旧萃取剂的新组合？"[46]，镍钴协萃体系及协萃理论的研究是永无止境的。随着优质镍钴硫化矿资源的逐步枯竭，镍钴氧化矿特别是红土镍矿的开发利用将会越来越受重视，加压酸浸、硫酸堆浸已成为镍、钴湿法冶金的主流技术，亟需开发能从较高酸度体系中直接萃取镍、钴，并与铁、铝、锰、镁、钙等分离的协同萃取工艺。在研究开发新的协萃体系时，除了在萃取热力学上能够实现酸性条件下镍和钴的选择性萃取与分离外，还应该同时考虑以下几个方面的要求：①快的萃取动力学，尤其对镍；②易反萃；③工作条件下试剂稳定且不易发生降解；④萃取与反萃阶段分相快且不乳化。

17.3　国外镍钴萃取工业生产

17.3.1　雅布鲁镍精炼厂萃取分离镍钴生产流程

17.3.1.1　概况

　　澳大利亚昆士兰雅布鲁镍厂归属必和必拓（BHP Biliton）公司，建于 20 世纪 70 年代，按照 Caron 工艺即氧化镍还原焙烧常压氨浸工艺设计，1974 年投产。1987 年该厂采用了 LIX84 直接从氨浸液中萃取镍的分离技术。随着生产的发展和原料的变化，现在每年处理红土矿 375 万 t，镍钴氢氧化物 19 万 t（含镍 4.5 万 t，钴 1500 t），年产镍 7.6 万 t，钴 3500 t；员工 800 人。2007 年完成改造扩建后的工艺流程分为三部分：红土矿焙烧浸出部分，混合镍钴氢氧化物处理部分，镍钴精炼部分。

17.3.1.2　工艺流程

　　雅布鲁镍精炼厂现行工艺流程如图 17 - 31 所示。

17.3.1.3　主要工艺过程

　　红土矿原料除了来自离雅布鲁 220 km 的 Green - vale 矿以外，1986 年以后还从新喀里多尼亚、印度尼西亚和菲律宾进口（进口矿从港口到该厂铁路运输距离仅 25 km）。年处理矿石量已达 375 万 t（湿量）。矿石含水 35%，干基含

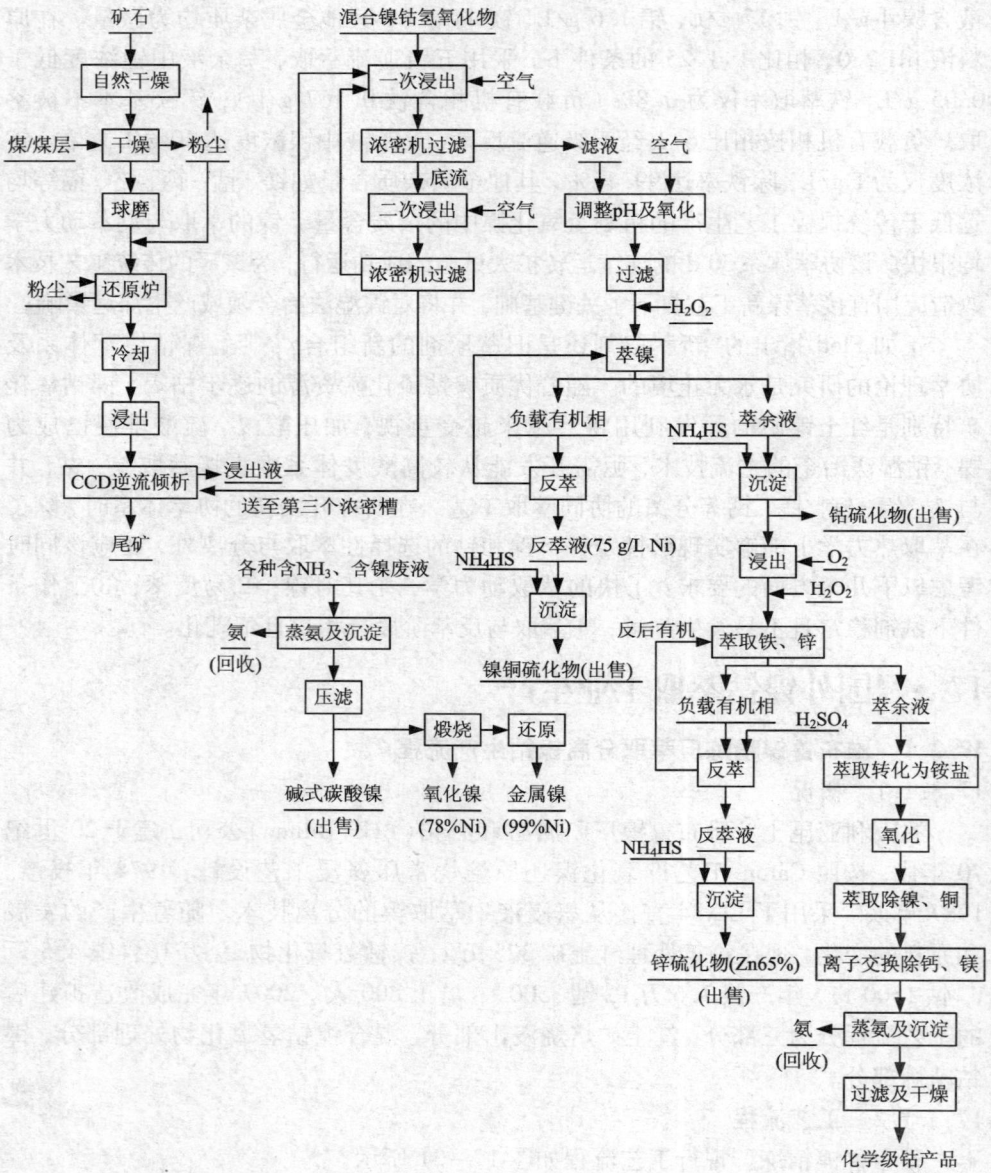

图 17-31 雅布鲁精炼厂现行工艺

Ni 1.6%、Co 0.15%、Fe 37%、Si 7.2%、Mg 5.2%、Mn 0.8%、Cu 0.01%、Zn 0.05%、Ca 0.1%、Al 2.1%、Cr 1.2%、S 0.2%。

1）焙烧及浸出

矿石经自然干燥和加热干燥后细磨。磨细的矿石经气动输送至叶板混合器、加入矿石质量 2.5% 的还原剂。焙烧炉为直径 8 m，高 23 m 的多膛焙烧炉（一共 12 台）与还原剂混合后的矿石通过螺旋给料机由炉顶给入焙烧炉炉膛。焙烧炉燃料为重柴油。温度控制 350℃（针铁矿羟基破坏温度）、650℃（蛇纹石羟基破坏温度）、750℃（镍、钴、铁氧化物还原温度）。

还原焙烧后矿石冷却后进行浸出。浸出时加入氨和碳酸铵。浸出后的浆液用 8 台直径 45 m 的浓密机进行逆流倾析浓密洗涤。浸出液（第一台浓密机的溢流）典型成分是含 Ni 12 g/L、Co 0.6 g/L、NH$_3$ 5 g/L、CO$_2$ 60 g/L，pH 10.5。此浸出液用于浸出来自澳大利亚西部 BHP Biliton Ravensthorpe 镍厂的混合镍钴氢氧化物，采用二次浸出工艺，第二次浸出时加入足够的氨及碳酸铵。二次浸出液也返回镍钴氢氧化物浸出以充分利用其中的余氨。镍钴浸出率分别为 99.5% 和 97.5%。第一次浸出的浸出液经过蒸氨调 pH 及氧化过滤后，溶液的典型成分是：Ni 21.5 g/L，Co 1.0 g/L，含 NH$_3$ 45 g/L，含 CO$_2$ 25 g/L，补充加入 H$_2$O$_2$ 使溶液中的 Co（Ⅱ）完全氧化为 Co（Ⅲ）。

2）LIX84 萃取镍

有机相为 15%（V/V）LIX84 + 8%（V/V）三异癸醇 + 脂肪族稀释剂。其典型的负载能力大于 14 g/L 镍。两相流量为：有机相 400 ~ 560 m^3/h，水相 1800 m^3/h，水相中的铜与镍一起被完全萃取。

镍的反萃用浓氨溶液（含 NH$_3$ 约 250 g/L）。反萃得到的镍溶液约含镍 75 g/L。可直接沉淀成镍铜硫化物出售也可送去蒸氨沉淀成碱式碳酸镍出售或再经煅烧，还原得氧化镍或金属镍出售。

3）回收钴、锌

萃镍后的萃余液含钴 1.0 g/L，镍小于 0.05 g/L，锌小于 0.1 g/L。用硫氢化铵沉淀其中的钴，得到的钴硫化物典型成分为：Co 38% ~ 45%，Cu 0.002% ~ 0.007%，Fe 0.02% ~ 0.22%，Mg 0.02% ~ 0.09%，Mn 0.002% ~ 0.10%，Ni 1% ~ 6%，S 32% ~ 36%，Si 0.03% ~ 0.25%，Zn 2% ~ 5%，Ca 0.001% ~ 0.018%。它可以直接作为产品销售，也可送去加压氧化浸出。

钴硫化物浸出后溶液含钴大于 50 g/L，镍 2.5 g/L，锌 5 g/L，铁 0.1 g/L。采用萃取法除去锌和铁。萃取剂为 12%（V/V）Cyanex272 + 88%（V/V）脂肪族稀释剂，有机相流量 6 m^3/h，水相流量 6 m^3/h。经两级萃取，pH 控制在 2.5（第一个萃取槽）和 3.5（最后一个萃取槽），萃余液中的锌降至小于 0.001 g/L。含锌和铁的负载有机相用稀硫酸反萃，反萃液中的锌用硫氢化铵沉淀得到含锌 65% 的硫化物出售。

萃取除锌铁后的萃余液再萃取钴。萃取剂：8%(V/V)D2EHPA + 10%(V/V)三异癸醇 + 82%(V/V)脂肪族稀释剂。有机相流量 60 m^3/h，控制每个萃取槽 pH 大于 7(用氨调节)经两段逆流萃取，钴的萃取率大于 99%，负载钴的有机相用热水洗涤后，用浓氨液反萃(反萃液含 NH_3 约 250 g/L)。反萃得到的溶液含钴 75 g/L、镍 3 g/L。

4)溶剂萃取除镍

含钴、镍的氨反萃液经过活性炭吸附除去其中的有机相，并经过蒸氨降低氨的含量以改善对镍的萃取，加入 H_2O_2 或鼓入空气，使钴(II)完全氧化为 $Co(III)$，再用 LIX84 萃取镍和铜使钴与镍、铜彻底分离。

萃取除镍、铜后的萃余液含钴 70 g/L，含镁小于 0.1 g/L，含钙小于 0.01 g/L。经过活性炭吸附残留有机相后，通过离子交换除去其中的钙、镁。共有 4 个 2 m^3 的交换柱，两个吸附，一个淋洗，一个备用。除钙、镁后的纯钴氨溶液即可送去蒸氨沉淀钴盐，生产化学级钴产品，化学级钴产品成分见表 17-39。

表 17-39 钴产品成分

分析元素	含量/%	分析元素	含量/%
Co	64.5 ~ 67	Mg	≤0.005
Al	≤0.002	Mn	≤0.002
Bi	≤0.001	Na	≤0.005
C	≤0.25	Ni	≤0.006
Ca	≤0.006	P	<0.002
Cd	≤0.001	Pb	≤0.001
Cr	≤0.002	S	<0.02
Cu	≤0.001	Si	≤0.03
Fe	≤0.002	Zn	≤0.002
K	<0.001	N[①]	≤1.25

注：①根据含水样品分析。

雅布鲁镍厂现行生产工艺的特点是生产的产品灵活多样，可根据市场需求随时调整产品结构。不足之处是，红土矿还原焙烧后的溶出率较低，镍为 80% ~ 82%，钴只有 50% ~ 60%。投资成本高及镍钴回收率低是 Caron 工艺的主要缺点。

17.3.2 新喀里多尼亚 GORO 镍厂

17.3.2.1 概况

GORO 镍精炼工艺是原加拿大国际镍公司(INCO)于 20 世纪 90 年代末研究

开发的号称第四代氧化镍矿加压酸浸提镍工艺，用于处理红土镍矿。1993 年开始试验室研究。1997—1998 在加拿大科尔邦港（Pront Colborne）完成了 1/3000 规模的中间工厂试验，取得确定结果后在 GORO 高原花五千万美元又建设了一个 1/1000 的中间工厂，经过两年多的实践，证实了现在的工艺可行，并开始设计建设商业化工厂。

2002 年开始建设，设计规模为年产镍 6 万 t，钴 4.6 kt，计划在 2008 年开始生产。2006 年，INCO 被巴西淡水河谷（Vale）公司收购，工程延误至 2011 年年初开始试产，据称投资超过 40 亿美元。现在该项目属 Vale New Caledonia 公司（简称 VNC 公司），Vale INCO 占 69% 股权，荷兰舒米奇镍业、日本住友和三井公司占 21%，新喀里多尼亚的有关省占 10%。

17.3.2.2　工艺流程

该厂工艺流程如图 17 -32 所示。

17.3.2.3　工艺过程

1）浸出及除铜

生产用两种矿石，第一种矿石平均含镍 1.41%、钴 0.13%，第二种矿石含镍 1.9%、钴 0.08%。两种矿石分别贮存、破碎和球磨，矿浆也分别贮存在带搅拌的贮槽中，第一种矿石和第二种矿石按 2∶1 混合后的矿浆，通过直径 700 mm 的管道输送到 4 km 外的处理厂。送到处理厂后，进行预热并浓密至含 32% 的固体含量，送入 3 台并列的高压釜内并加入硫酸进行浸出。浸出温度控制在 270℃。浸出后矿浆接着通过 5 台闪蒸罐减压和回收蒸汽。

浸出后矿浆的固液分离采用 6 台连续的浓密机逆流倾析分离。浓密机溢流收集后加入石灰乳或石灰石中和残酸除去其中的铁、铝、铬、铜、硅等杂质。含残渣的溶液送入浓密机，溢流经冷却后送入多个砂滤器，滤去残渣后送入 5 台并列的离子交换系统，除去溶液中的少量铜。由于 Cyanex301 萃取时，铜和锌优先于镍、钴而被萃取，从有机相中反萃铜较困难，因此该工艺选用螯合型离子交换树脂，在萃取前除铜。

2）镍、钴萃取

镍钴的萃取剂为 Cyanex301。因它们易被氧化，故萃取设备采用了 BPC 即南非 Bateman 工程公司开发的脉冲萃取塔（柱），直径 4 m，高 40 m，采用全自动控制。镍钴的萃取用 7 台萃取柱，反萃用 8 台。

负载镍钴的有机相用 6 mol/L 盐酸在 60℃ 四级反萃。反萃得到的镍钴溶液送入两个并列的离子交换系统，每组有 3 个交换柱，以除去其中的锌。

除锌后的含镍、钴溶液采用三正辛胺（TOA）选择性萃取钴。用水反萃得到的氯化钴溶液用碳酸钠沉淀成碳酸钴作为最终产品。

矿石1(褐铁矿)　　　矿石2(腐泥土)

↓　　　　　　↓

混合磨细

↓

硫酸 → 加压酸浸 ←

↓

CCD逆流倾析 → 尾矿

↓ 浸出液

石灰/石灰石 → 中和除铁、铝等

↓

过滤 → 滤渣

↓

离子交换除铜

↓

溶剂萃取镍、钴 → 萃余液

↓ 负载有机相

盐酸 →

反后有机 ← 反萃镍、钴

↓ 含镍、钴反萃液

离子交换除锌

↓

萃钴 → 负载有机相

↓ 含NiCl₂的萃余液　　　水 → 反萃钴 → 反后有机

蒸发浓缩　　　　　　　CoCl₂溶液

(回收后返回萃取系统使用) 盐酸 ← 高温水解　　　沉淀 ← Na₂CO₃

↓　　　　　　↓

氧化镍　　　碳酸钴

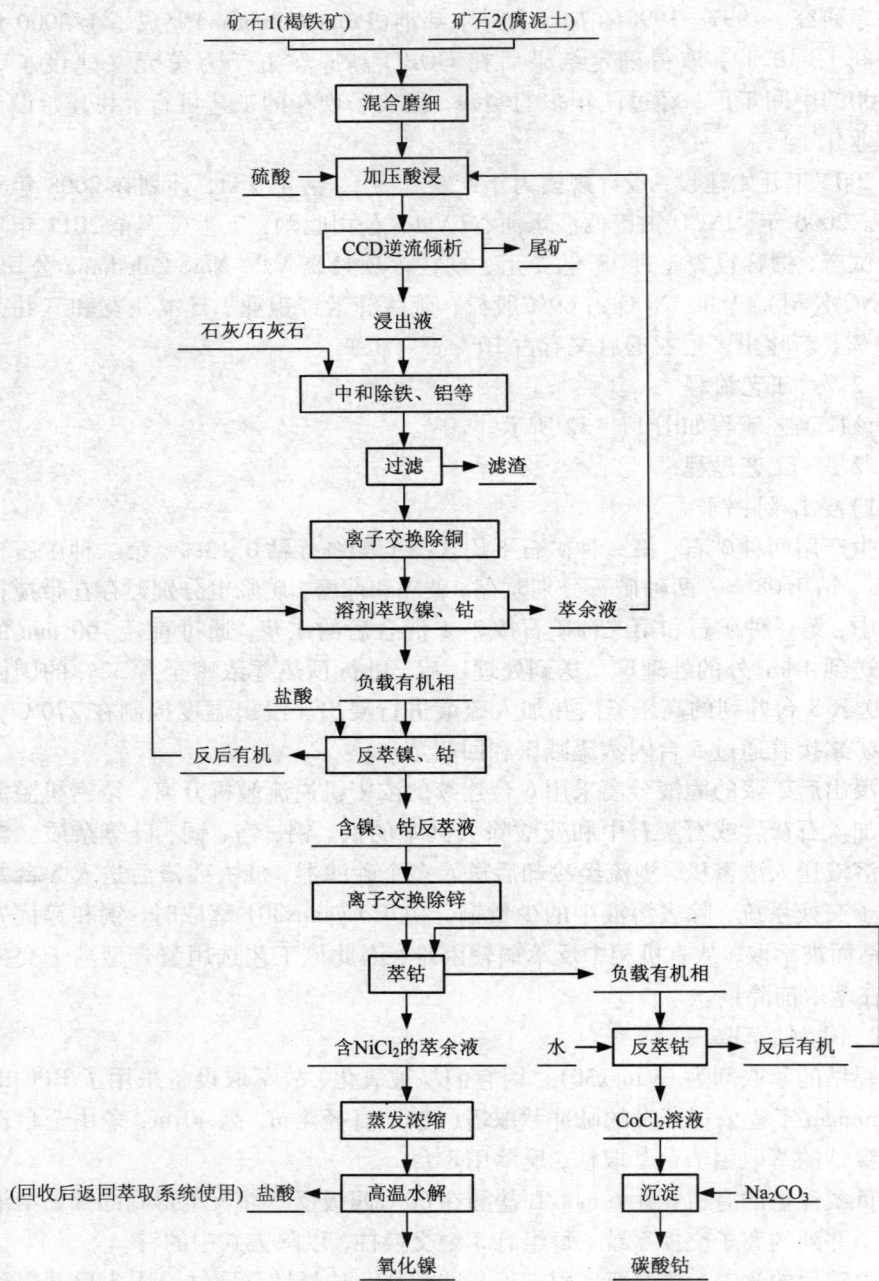

图 17-32　GORO 镍厂工艺流程

3) 工艺特色

由于萃钴后余液中镍浓度(约 80 g/L)不是很高,另外含有较高浓度的盐酸,不适宜电积镍,采用了原 INCO 早前使用过的氯化镍高温水解工艺(为此还在奥地利进行了半工业试验)。得到氧化镍产品和盐酸,后者返回萃取工序使用。

该工艺引起业界的关注,因为它是第一个采用溶剂萃取直接从氧化镍矿加压酸浸液中分离镍钴的工厂,大型脉冲萃取塔的使用不仅比传统的混合澄清槽更经济,关键在于可避免萃取剂被空气所氧化,从而可以应用 Cyanex 301 萃取剂。Cyanex 301 可在极低 pH 下使用,对锰、镁、钙的分离性能很好,但钴反萃需用浓盐酸,且反萃动力学慢。其 q - pH 关系如图 17 - 33 所示。由于所有溶液需先经过交换除铜及共萃镍钴,且盐酸用量大,增加回收设施及

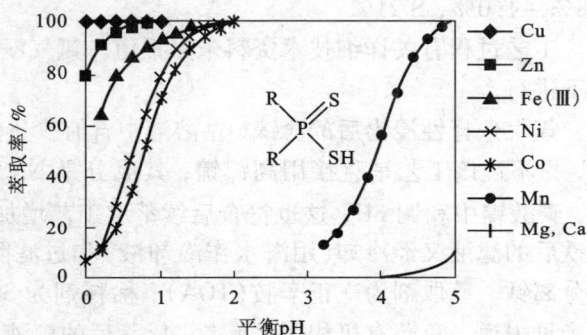

图 17 - 33　C301 萃取金属离子的 q - pH 曲线图

抗腐蚀设备、材料投资,因此投资成本高,全流程显得过于复杂。工艺过程镍回收率 93%,钴回收率 91%。据报道,2011 年产镍 7500 t,2012 年一季度产镍 2752 t,预计全年产镍 2 万 t,2013 年全面达产。

17.3.3　Nickelverk 镍精炼厂

17.3.3.1　概况

该厂位于挪威克里斯蒂安松市,成立于 1910 年。1929 年被加拿大鹰桥公司收购。2006 年斯特拉塔(Xstrata,世界 5 大矿业公司之一)兼并了鹰桥公司,所以该厂为斯特拉塔公司所有,并更名为 Nickelverk 镍精炼厂。其现有生产能力为镍 11.5 万 t,钴 5200 t,铜 4 万 t,铂族金属和金 60 万盎司。

它是世界上最早采用从氯化物介质中萃取分离镍钴的镍精炼厂,原先采用盐酸浸出镍高锍,改用氯气选择性浸出以后,生产工艺与初期相比发生了较大变化,除了主体金属镍、钴的分离采用萃取法以外,原先报道的工艺中萃取除铁,萃取除铜等都已改为化学沉淀,钴精炼过程中,氯化钴溶液中的杂质也都采用化学法沉淀和离子交换除锌的工艺。镍、钴产品不仅质量好,而且阴极镍、钴都剪切成 5 cm 的方块,钴方块还在氢还原条件下退火,呈现闪亮的金属光泽。

生产原料除了来自加拿大萨德伯里冶炼厂产出的高镍锍外,还处理来自澳大利亚高镍低铜,来自博茨瓦纳高铜的镍锍以及来自南非的一些含铂族金属(PGM)的铜镍锍;还处理产自刚果(金)的含铜、含钴物料(白合金)和钴硫化物、氢氧化

物。未来还规划用盐酸浸出处理氧化镍矿,以增加镍的产量。

该厂紧靠海边,环境优美,原料一上岸就可进入工厂。

17.3.3.2 工艺流程简要述评

无论是产自加拿大还是来自其他地方的高镍锍都要求是高镍锍熔炼水淬后的颗粒(直径 10 ~ 15 mm),然后直接进球磨机磨细至小于 100 目。产自加拿大的高镍锍的成分大致是:Ni 48% ~ 50%, Cu 26% ~ 28%, Fe 1% ~ 1.5%, Co 0.8% ~ 1.0%, S 21%。

工艺过程有关详细技术资料未见报道。氯气浸出过程还需要加热和在一定压力下进行。

氯气选择性浸出后的含镍、钴溶液中含有少量铜和铁。除铜类似于金川的方法,只不过该工艺是直接用高镍锍,其成分是 Ni_3S_2 和 S。中和除铁采用氯气氧化,碳酸镍中和调 pH,这也符合后续萃取工艺增加溶液中 Cl^- 浓度的要求。中和除铁后的滤液又经冷却(用海水作冷却液)和过滤除去少量石膏沉淀物后进行萃取分离钴。萃取剂为三正辛胺(TOA),稀释剂为 Solvesso。萃取过程的其他条件均未见报道。负载有机相用水反萃,反萃后的溶液通入氯气氧化,加入碳酸钴中和除去其中的铅和锰。含锰铅的沉淀物返回氯气浸出。除铅、锰后的氯化钴溶液用离子交换除锌和活性炭吸附除有机物后送去电积生产金属钴。

萃取钴后的萃余液,用氯气氧化,碳酸镍中和除铅,过滤后的铅渣进一步处理后堆存。氯化镍则送去电积生产镍。镍钴电积过程产出的氯气经气液分离和压缩机压缩后返回使用。

氯气浸出渣主要为铜硫化物、元素硫和铂族贵金属,经干燥后进入沸腾焙烧炉使硫变成二氧化硫用于制酸,少量硒变成二氧化硒在烟气净化时被还原成粗硒回收。焙砂经硫酸浸出后得到的硫酸铜溶液送去电积生产电解铜。浸出渣则送去回收其中的贵金属和贱金属。

该工艺的优点是氯化物溶液导电性好,浓度比硫酸盐溶液可以高很多,因此电流密度也可以高很多而使过程得到强化,生产能力大大提高。其次是适应性强,可以处理高含铜的镍锍(如博茨瓦纳的高镍锍,含铜比镍高),也可以处理含钴高的原料(如含铜、铁、钴的白合金,钴的硫化物,氢氧化物等),甚至可以直接处理镍红土矿。

17.3.4 Kolweez 及 Kakanda 选铜尾砂回收钴铜的生产

17.3.4.1 Kolweez 厂概况

刚果民主共和国矿物开发部开发了从选铜尾砂中回收钴、铜的流程。尾砂来源于 Kolweez 铜选厂。五十余年堆积的浮选铜矿的尾砂,大约有 10 亿 t 这种原料,平均含铜 1.5%,含钴 0.32%,主要为孔雀石、伪孔雀石及水钴矿。为了生产高纯钴与阴极铜,由安哥拉美洲研究所(AARL)在长达 16 个月内,进行了 9 个流程的评估比较，最后优选的流程如图 17-34 所示。

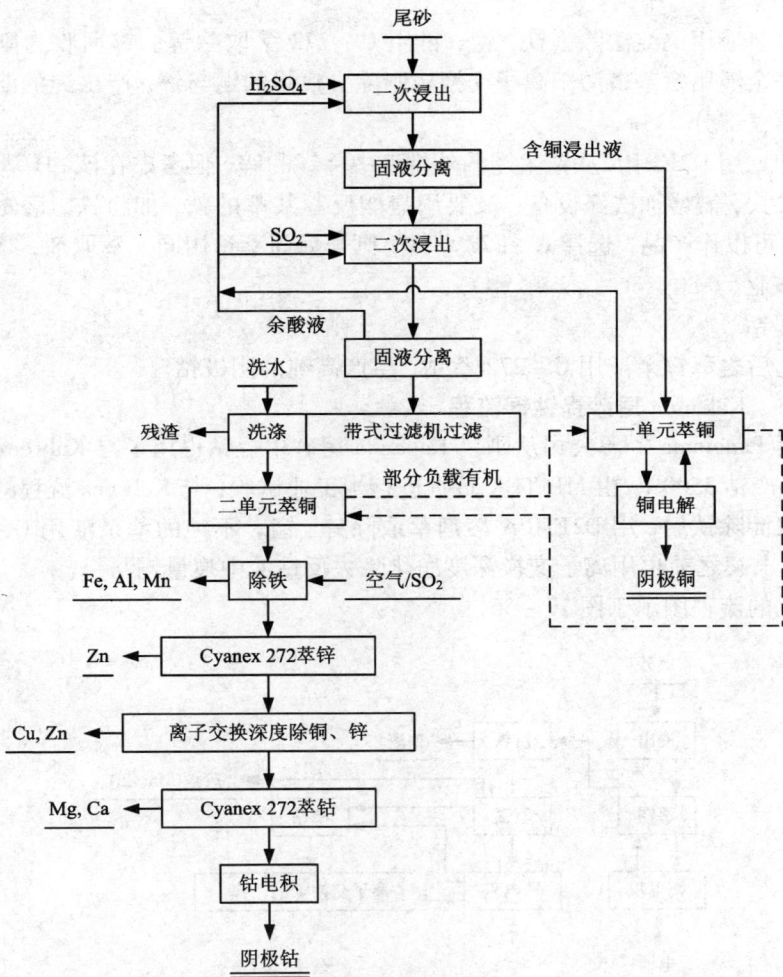

图 17-34　用于 Kolwezi 尾砂工程的优选流程

　　按优选流程在全稳态条件下又进行了六周的运行后才进行建厂设计。一期工程年产 40000 t 铜及 7000 t 钴，计划产量翻一番。

17.3.4.2　Kolweez 厂流程分析

　　该流程分几部分：

　　1）浸出及铜生产

　　浸出液按经典铜湿法工艺萃铜生产电解铜，尾砂进行二次浸出后浸出液返回作一段浸出，其特征是二次浸出渣的洗水在一个附加的铜萃取—电积回路中再次萃铜。萃铜余液进入流程的第二部分。

2）萃铜余液净化

萃铜余液用沉淀法除去铁、锰，再用 C - 272 萃取除锌。锌回收为副产品销售。萃锌余液用氨基磷酸阳离子交换树脂除去痕量的铜与锌，产出纯的溶液进入流程的第三部分。

原计划用 D2EHPA 从钴生产的外排液中除锰和锌，但考虑在该 pH 萃锰、锌，钴的损失大，需增加洗涤设备，又要用盐酸反萃共萃的铁，如将铁、锰先沉淀除去，锌还可以作产品，选择 C - 272 萃锌，则与后面萃钴用同一萃取剂，减少了一次除油作业。

3）提钴

净化后之萃锌余液用 C - 272 萃钴，生产高纯的阴极钴。

17.3.4.3 Kakanda 尾砂提钴铜流程

国际 Panorama 资源公司从刚果 Kakanda 尾砂中提钴也用了与 Kolweez 类似的工艺，年产钴 3500 t，由 MINTEK 负责进行半工业试验，与 Kolweez 流程的不同之处是在沉淀除铁后，用 D2EHPA 溶剂萃取除锌、锰。不纯的萃余液用 C - 272 萃钴，在钴电解之前再用离子交换深度净化除去反钴液中痕量铜与锌。

对比的流程图示于图 17 - 35。

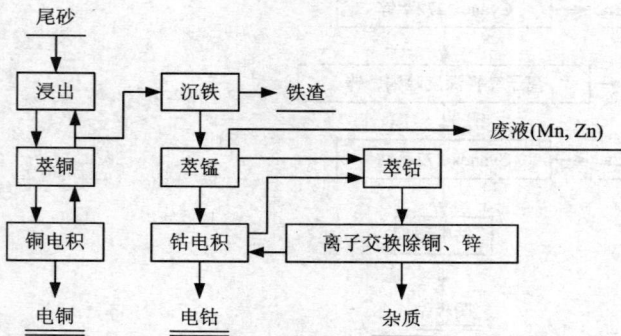

图 17 - 35 Kakanda 与 Kolweez 对比流程图

此流程中还安排了部分萃锰余液直接进入钴电解工序。可以进一步降低生产成本。

17.3.5 VBNC 镍精炼厂

17.3.5.1 概况

Voisey's Bay Nickel Company（VBNC）镍精炼厂位于加拿大东北部的纽芬兰岛和拉布列多（Labrador）的 Long Harbour，北纬 47°25′，西经 53°49′。原属加拿大国际镍公司（INCO），2006 年以后归属巴西淡水河谷（Vale）矿业公司。

该厂采用了全新的湿法冶金萃取分离工艺,直接处理从铜镍硫化矿分选得到的镍精矿,从中生产镍、钴和铜。该工艺的研究始于新世纪初,2003—2004 进行了万分之一比例的小型工厂试验,2005—2008 年完成了百分之一比例的工厂认证试验,2009 年 4 月开始建设,预计 2013 年 2 月建成投产。设计能力:年产镍 5 万 t,钴 2460 t,铜 3270 t,投资 28 亿美元。这是一个有特色的新型工厂,值得关注。

17.3.5.2 工艺流程述评

工艺原则流程参见图 17-36。

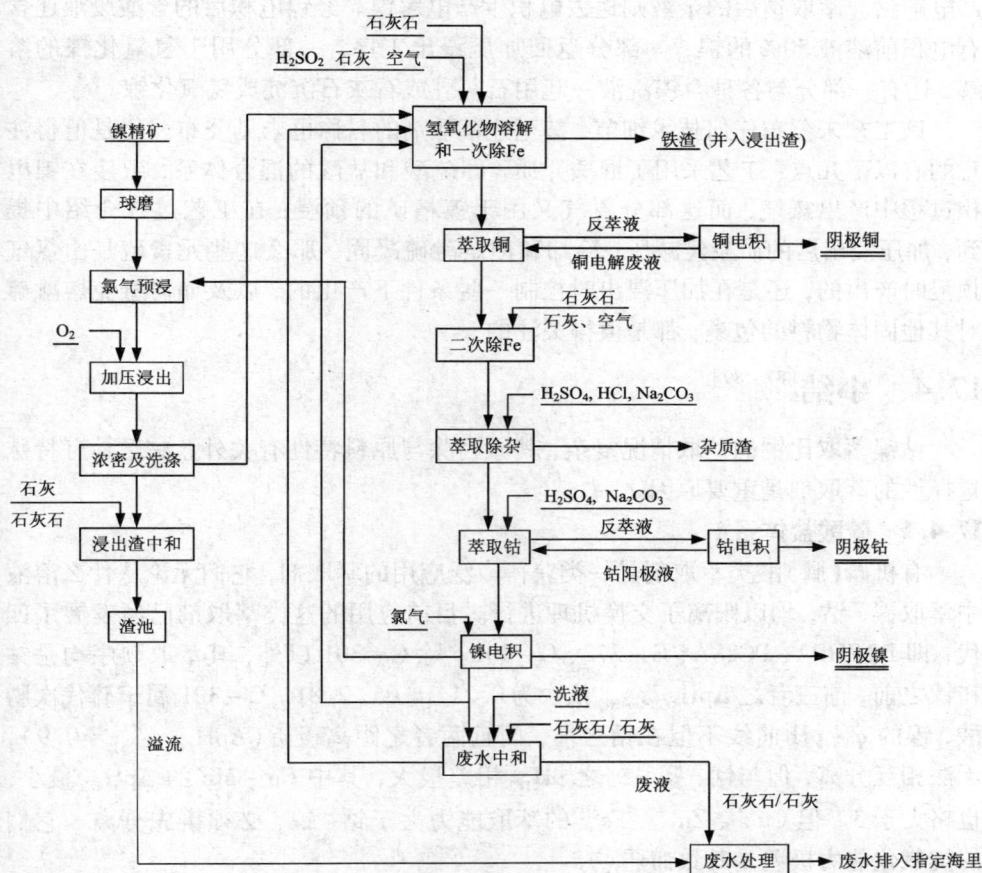

图 17-36 VBNC 湿法精炼流程

加拿大西斯湾(Voisey's Bay)镍矿于 1993 年发现,是一个镍品位高且富含钴的大型铜镍矿床。已探明矿石储量 1.5 亿 t,平均含镍 1.6%。其中有 3100 万 t 的矿石含 Ni 2.83%,Cu 1.68%、Co 0.12%,5 千万吨储量的矿石含 Ni 1.64%、Cu 0.78%。选矿采用铜镍分选工艺,选出的铜精矿含 Cu 27%～32%、Ni

0.7%～1.0%、Co 0.04%～0.06%、S 32%～36%、Fe 32%～37%，直接外销。产出的镍精矿含 Ni 20%、Cu 2%、Co 1.0%，用船运到纽芬兰岛的精炼厂处理。

该厂年处理干精矿 26 万 t。精矿经浆化球磨后先经氯气预浸，然后送入高压釜内进行氧化浸出，温度控制 150℃，压力 1 MPa 并通入氧气。

浸出液经一次中和除铁后，接着采用萃取除铜，反萃得到的硫酸铜溶液经电积产出电解铜。萃铜后的萃余液进行二次深度除铁，除铁后液接着采用萃取除杂，除去铅、锌、铜、铁等杂质，然后溶剂萃取分离钴。得到的钴反萃液送电积生产电解钴。萃取钴后的余液则送去电积生产电解镍。经镍电积后的含酸废液还含有电积前溶液 50% 的镍，一部分返回加压浸出工序，一部分用于氢氧化镍的溶解，还有一部分与各种含镍洗液一起用石灰乳或石灰石沉淀成氢氧化镍。

该工艺未公布任何技术细节，甚至连萃取剂的名称也未见公布。但是值得注意的有以下几点：工艺采用了混酸介质，即硫酸和盐酸的混合体系，致使在镍电积过程中产出氯气，而这部分氯气又用于镍精矿的预浸；在工艺过程介绍中提到，加压浸出后的矿浆经减压、冷却和使熔融硫凝固，那么这些元素硫是由氯气预浸时产出的，还是在加压浸出时控制一些条件下产出的，以及如何避免熔融硫对其他固体物料的包裹，都是值得关注的。

17.4　小结[87-89]

钴镍萃取比铜的萃取情况复杂，其原因除与原料特性有关外，缺乏具有特殊选择性的萃取剂是重要原因之一。

17.4.1　硫酸盐体系

有机磷(膦)酸类萃取剂是一类获得广泛应用的萃取剂，它们无论从什么溶液中萃取镍、钴，均以阳离子交换机理进行。目前应用的这类萃取剂已经发展了四代，即 D2EHPA、PC88A、C-272、C-301。除 C-301 以外，其萃取顺序均是钴在镍之前，前三者之 $\Delta pH_{1/2(Co/Ni)}$ 依次为 0.21、1.65、2.81。C-301 属于硫代次膦酸，镍的 $q-pH$ 曲线不但在钴之前，而且两者之距离极近($\Delta pH_{1/2(Co/Ni)} \approx 0.9$)，无法相互分离，但与锰、镁、钙之 $pH_{1/2}$ 相差极大，其中 Co-Mn 的 $\Delta pH_{1/2}$ 最小，也略大于 3。但 Cu^{2+}、Zn^{2+}、Fe^{3+} 的萃取能力大于钴、镍，必须事先分离。它们的抗氧化能力极差是其致命弱点。

羧酸是另一类酸性萃取剂，用它萃镍之前，必须把 Cu^{2+}、Zn^{2+}、Cr^{3+}、Al^{3+}、Fe^{3+}、Co^{2+}、Mn^{2+} 预先除去，定量萃镍的平衡 pH 在 6～7 之间，但它的反萃液酸度不是很高，可以直接用于电解镍或氧化镍的生产，遗憾的是其水溶性太大。

选择这两类酸性萃取剂时，$q-pH$ 曲线是重要的依据，根据共存离子的种类及浓度，参照它们之间 $\Delta pH_{1/2}$ 的大小，可以初步判断它们的应用可能性及平衡 pH 范围。目前它们主要应用于从硫酸介质中提取与分离钴、镍。显然工程上严格的

pH 调整与控制是最重要的手段。

料液的钴镍比对上述这些萃取剂的选择非常重要，一般含镍原料中钴浓度较小，所以钴镍比均小于 1。钴浓度增加，q-pH 曲线向低 pH 方向移动，如果镍浓度恒定，则 $\Delta pH_{1/2}$ 变大，有利于分离。一般资料上的 q-pH 曲线均系在金属离子浓度相同的情况下用单一金属离子测定的，实际应用也可以根据料液成分测定实际金属离子浓度下的 q-pH 曲线。

为了维持萃取时平衡 pH 的稳定，使用这类萃取剂最好预先皂化，选择好皂化率是重要的因素。在净化镍盐溶液时，可以用萃取剂的镍皂进料，维持较稳定的 pH，通过交换萃取提高钴、铁等杂质与镍的分离效果。

这类萃取剂主要应用于硫酸体系，而料液中又往往含钙离子，而负载有机相反萃时，一般控制相比大于 1，以获得钴(镍)浓度较高的溶液，因此尽量减少钙的萃取、减少负载有机相夹带的萃余液量和加强负载有机相的洗钙作用非常重要，这样在用硫酸反萃时不至于产生硫酸钙沉淀，破坏萃取的连续运行。

17.4.2 氯化物体系

在氯化物体系中，主要应用叔胺类或季铵盐萃取剂，在这类体系中 q-[Cl$^-$]的关系曲线对判断萃取条件的控制很有参考价值。由于在目前湿法冶金条件下，可认为镍不形成氯配离子，故钴镍分离易于实现，在流程的选择与组合中，恰当地应用这一性质，特别是应用季铵盐是有益的。

17.4.3 氨－铵盐体系

在氨－铵盐体系中一般选择应用羟肟类螯合萃取剂，目前，LIX84 - INS 被认为是一个好的萃取剂，在氨－铵盐溶液中萃镍时，进入有机相的氨量比较少是一突出优点，而且目前可以反萃得到 pH 3 ~ 3.5 含镍约 150 g/L 的浓溶液是非常诱人的。如果用三癸醇或其他助溶剂，则可用含 210 g/L 氨及 180 ~ 200 g/L 碳酸铵作反萃剂，得到含镍 80 g/L 的反萃液。这种溶液既适合生产金属镍，也适合生产氧化镍。

羟肟萃取剂能强烈萃取铜氨配离子，如用氨水反镍，则铜会在有机相积累到一个稳态水平，超过这一水平，铜会进入反镍液。反镍液中铜超过一定浓度就应在生产金属镍之前除去。如用酸反萃，在反镍条件下，铜则与镍一起反萃。在有机相中积累的铜可以用开路一部分反镍后有机相的办法解决。这部分开路的有机相积累了铜但还含少量镍，可以进入反铜回路，在那里铜被反萃下来，当然少量镍也进入铜反萃液，但是反铜液在电积过程中，镍不在阴极析出，镍随电解贫液返回流程。

LIX84 - INS 对镍－锌有很好的分离性能，但随运行时间延长，由于有机相降解，选择性下降，部分锌也会进入有机相。从有机相中去除锌的办法是在流程中控制洗涤段的 pH，此时有 50% ~ 60% 的锌可以被洗出去。可能进入反镍液中的锌则可用离子交换或有机磷(膦)酸类萃取剂除去。

洗涤段的重要任务是从有机相中除去共萃的氨,因为如果将氨带到反萃段,则有可能在反镍液中生成镍-铵复盐沉淀。

从氨溶液中萃取镍的一个问题是 Co^{2+} 的干扰, Co^{2+} 可被共萃,它进入有机相后可能氧化成 Co^{3+} ,而 Co^{3+} 反不下来,在有机相中积累后,会使有机相中毒而降低镍的萃取容量,因此一般在萃取前将水相中 Co^{2+} 预先氧化为 Co^{3+} ,利用三价钴的氨配离子的动力学惰性而不被萃取。至于在有机相中可能存在的 Co^{3+} ,则可用锌粉或铁粉还原法在稀硫酸存在下使其变为 Co^{2+} ,但这一过程会导致某些试剂降解。

17.4.4 关于钴对试剂的氧化问题

上面提到钴在氨-铵盐体系中由于价态变化对有机相稳定性的影响,实际上在硫酸体系中用有机磷(膦)酸萃取时已经观察到此现象。南非 Rustenburg 精炼厂用 D2EHPA 分离镍、钴。投产一年后,钴镍分离与相分离急剧恶化,经研究认为是稀释剂被氧化所致,氧化剂为 Co^{3+} ,它是氧的载体,有催化氧化作用,使稀释剂中芳烃成分被氧化。事实上,使用 C-272 萃取时也发现烷烃类稀释剂可被氧化成醇、醛乃至羧酸。解决的办法是在有机相中加入少许抗氧化剂,实际上是一种还原剂,如 Shell 公司生产的 Ionol CP,即 2,6-二叔丁基4-甲基酚(一种食品保鲜剂)。金属离子对有机试剂的氧化作用是一个重要问题,目前研究还不是十分透彻。

17.4.5 镍钴萃取工艺的选择[46, 81]

显然不管是在什么介质体系中,目前还没有适用于钴、镍原料的具有特殊选择性的萃取剂,更谈不上像铜萃取那样,能与上、下游工序配合得很好的萃取剂。因此,钴镍萃取流程的多样化的局面将是长期的。

选择提取镍、钴的工艺,首先必须考虑料液的性质与组成,一般而言,来自红土矿的浸出液,镍、钴含量低,杂质种类多,含量也高,常见浸出液中的杂质有锰、镁、钙、铁、铝、铬、铜、锌。而由硫化矿得到的溶液,质量相对而言好一些,锰、镁含量低一些,但主金属含量高,且溶液中的铜、锌比红土矿的料液要高,有回收价值。

从这些溶液中提取钴、镍的途径原则上分为两大类,第一类将钴、镍以硫化物或者氢氧化物形式沉淀后再重溶,以分离除去大部分杂质,重溶后的溶液再用萃取法分离净化。而第二类方法则是直接用萃取法进行分离。

诚然,沉淀重溶法可以将许多杂质除去,减轻后续萃取工序的负担,但是过程复杂,金属回收率降低,操作成本增加,而且庞大的沉淀、浓密、过滤及重溶的设备投资成本也不低。因此,目前技术界仍倾向于直接用萃取法提取分离钴、镍,必要时以沉淀杂质作业予以配合。鉴于开发一种新的适应面广的高选择性萃取剂并非易事，目前主要还是按 Flett. D. S 的观点，用现有的萃取剂采取协萃的途径来满足市场的需求。那些既能运用于红土矿的处理，也能用于硫化矿的处理，且稳定、环保、成本低的协萃体系肯定会受到市场的欢迎。

参考文献

[1] 汪家鼎, 陈家镛. 溶剂萃取手册[M]. 北京: 化学工业出版社, 2001.

[2] 马荣骏. 萃取冶金[M]. 北京: 冶金工业出版社, 2009.

[3] G Bacon, I Mihaylov. Solvent Extraction as an Enabling Technology in the Nickel Industry[J]. The Journal of South African Institute of Mining and Metallurgy, Nov/Dec, 2002.

[4] 何焕华. 世界镍工业现状及发展趋势[J]. 有色冶炼, 2001(6).

[5] 何焕华. 氧化镍矿处理工艺述评[J]. 中国有色冶金, 2004(6).

[6] 王云山, 李佐虎, 李浩然. 中国海底锰结核处理技术研究概况[J]. 中国锰业, 2006(1).

[7] S K Tangri, R Sandanandam, M F Fanseca, A K Suri. Solvent Extraction Process for Recovery of Nickel and Cobalt from Ocean Nodules Leach Liquor[C]. Proceedings of the Fourth (2001) Ocean Mining Symposium.

[8] 汪胜东, 尹才硕, 蒋开喜, 蒋训雄. 多金属结核氨浸液中, 镍钴铜的萃取分离[J]. 有色金属(冶炼部分), 2002(6): 7 - 9.

[9] R K Jana, B D Pandey, et al. Ammoniacal Leaching of Roast Reduced Deep - Sea Manganese Nodules[J]. Hydrometallurgy, 1995, 53: 45 - 46.

[10] Adam Fischman, Shane Wiggett, et al. 镍红土矿的湿法冶金工艺——溶剂萃取流程和工艺发展趋势的评述[C]. 北京意特格冶金技术开发有限责任公司, CYTEC 2012 年上海湿法冶金技术研讨会文集, 2012: 179 - 186.

[11] 许庆仁, 蒋亚东. 酸性磷型萃取剂的结构与萃取钴、镍性能的关系研究[J]. 应用化学, 1989, 6(4): 1 - 7.

[12] 许庆仁. 酸性磷型萃取剂的结构与其萃取钴(Ⅱ)和镍(Ⅱ)性能的关系[J]. 中国有色金属学报, 1999(9): 139 - 144.

[13] Flett D S, West D W. Improved Solvent Extraction Process for Cobalt - Nickel Separation in Sulphate Solution by Use of Di(2 - ethylhexyl) Phosphoric Acid[C]. Complex Metallurgy'78, IMM, London, 1978: 49 - 57.

[14] 楚广, 赵思佳, 杨天足. 镍铜矿冶炼渣酸浸液的萃取净化及氧化亚镍的制备[J]. 中南大学学报(自然科学版), 第 42 卷第 5 期, 2011 年 5 月.

[15] 中国有色金属学会金川资源综合利用技术开发中心. 全国第一届镍钴学术会议论文集(第二册, 冶金)[M]. 1987(9): 381 - 423.

[16] 陈廷扬. 阜康冶炼厂镍钴提取工艺及生产实践. 中国有色学会冶炼新技术新工艺成果交流会资料, 1998.

[17] 王成彦, 胡福成. C - 272 在镍钴分离中的应用[J], 有色金属, 53 卷第 3 期 2001 年 8 月.

[18] 吴涛, 史文峰, 李春雷. Cyanex - 272 在镍钴分离中的应用实践[J]. 新疆有色金属, 1997(2).

[19] 曹康学, 李少龙. Cyanex - 272 镍钴分离萃取连续扩大试验总结[J]. 中国有色冶金, 2011, 2(1).

[20] Vietor Nanel, Mark Gilmore, Sean Scott. Bateman Pulsed Column Pilot - Plant Campaign to Extract Cobalt from the Nickel Electrolyte Stream at Anglo Platinum's Base Metal Refinery[C]. Proceedings ISEC'2002: 970 - 975.

[21] A Feather, W Bouwer, A Swarts, V Nagel. Pilot - Plant Solvent Extraction of Cobalt and Nickel for Avmin's Nkomati Project[C]. Proceedings ISEC'2002: 946 - 951.

[22] 居中军，等. 二癸基次膦酸的合成与萃取性能[J]. 中国有色金属学报，2010，11，第 20 卷第 11 期.

[23] 罗津 A. M. 萃取手册[M]. 袁承业译. 北京：原子能出版社，1988.

[24] M Filiz, N A Sayar, A A Sayar. Extraction of Cobalt(Ⅱ) from Aqueous Hydrochloric Acid Solution into Alamine 336 – m – xylene Mixtures[J]. Hydrometallurgy, 81(2006), 167 – 173.

[25] 周学玺，朱屯. 季铵萃取分离镍钴的研究[J]. 中国有色金属学报，1995 年 9 月，第五卷第 3 期.

[26] 何焕华，关远定，帅国权. 中国镍钴工业的现状和展望[J]. 中南工业大学学报，Vol. 27, NO. 3, 1996, 6.

[27] 四川成都电冶厂. 萃取分离钴以不溶阳极生产二号电钴[J]. 有色金属(选冶)，1973(10)：47 – 50.

[28] 廖沛元. 钴冶炼新工艺实践[J]. 有色金属(选冶)，1981，(6)：1 – 4.

[29] Shen Yongfeng, et. al. Recovery of Co(Ⅱ) and Ni(Ⅱ) from Hydrochloric Acid Solution of Alloy Scrap[J]. Trans Nonferrous Met. Soc. China, 18(2008)：1262 – 1268.

[30] 范艳青，蒋训雄，等. 富钴结壳浸出液中钴镍的 N – 235 萃取分离[J]. 有色金属，2006，Vol. 58：3 – 8.

[31] Man – Seung Lee, Sang – Ho Nam. Solvent Extraction of Ni(Ⅱ) from Strong Hydrochloric Acid Solution by Alamine 336[J]. Baull, Korean Chem. Soc. 2011, Vol. 32, NO. 1：113.

[32] 郑军，等. 盐酸介质中三辛胺对钴的萃取行为研究[J]. 山东化工，2009 年第 38 卷.

[33] 周学玺，朱屯，黄淑兰，李进善. 季铵萃取分离钴、镍的生产性试验[J]. 化工冶金，2000 年 10 月，第 21 卷第四期.

[34] Eliasen R D, et al. CIMM. Bulletin. Feb. 1974：82.

[35] G M Ritcey, et al. CIMM Bulletin. Feb. 1975：60.

[36] Mackenzie M, Virnig M, Feather A M. The Recovery of Nickel from HPAL Using MHP – LIX84 – INS Technology[C]. ALTA Metallurgical Services, Nickel – Cobalt Forum, 2005.

[37] Parija C, et al. Separation of Nickel and Copper from Ammoniacal Solutions Through Co – extraction and Selective Stripping Using LIX84 as the Extractant[J]. Hydrometallurgy, 2002, 2 Vol. 54：2 – 3.

[38] Gary A Kordosky, Angus Feather. Production of High – concentration Nickel from Mixed hydroxide Products Using LIX84 – INS Technology[J]. ISEC'2011, Chrapter1：1 – 7.

[39] 汪胜东，等. 多金属结壳氨浸液中镍钴铜的萃取分离[J]. 有色金属(冶炼部分)，2002(6).

[40] 叶先英. 从镍钴杂料中提取镍钴铜的工艺研究[J]. 技术与装备，2011(7)：47 – 48.

[41] Flett D S. New Reagents or New Ways with Old Reagents[J]. J. Chem. Technol. Biotechnol. 1999, 74：99 – 105.

[42] Flett D S. Cobalt – nickel Separation in Hydrometallurgy[R]. A Review. Chemistry for Sustainable Development, 2004, 12：81 – 91.

[43] Ritcey G M. Processes, Theory and Practice[M]. In Solvent Extraction：Principles and Application to Process Metallurgy, Revised 2nd edition, 2006, Published by G. M. Ritcey and Associates Incorporated, Ottawa.

[44] Zhang P W, Inoue K, Yoshizuka K, Tsuyama H. Hydrometallurgy, 1996, Vol. 41, 45.

[45] Flett D S, West D W. Extraction of Metal Ions by LIX63 / Carboxylic Acid Mixtures[C]. Proceedings of International Solvent Extraction Conference, ISEC 1971, The Hague, Netherlands, April 19 – 23, 1971; Gregory J G, Evans B, Weston P C., Eds., Society of Chemical Industry, London, Vol. 1, Paper 40, 214 – 223.

[46] Flett D S, Cox M, Heels J D. Extraction of Nickel by α – hydroxyoxime / Lauric Acid Mixtures[C]. Proceedings of International Solvent Extraction Conference, ISEC 1974. Lyon, France, September, 8 – 14,

1974, Jeffreys G V, Editor Society of Chemical Industry, London, Vol. 3, 2560 – 2575.

[47] 张平伟, 朱屯. 钴镍协同萃取体系[J]. 化工冶金, 1997(18): 282 – 287.

[48] Nyman B G, Hummelstedt L. Use of Liquid Cation Exchange for Separation of Nickel(Ⅱ) and Cobalt(Ⅱ) with Simultaneous Concentration of Nickel Sulphate [C]. Proceedings of International Solvent Extraction Conference, ISEC 1974. Lyon, France, September, 8 – 14, 1974, Jeffreys G V, Editor, Society of Chemical Industry, London, Vol. 1, 669 – 684.

[49] Fekete S O, Meyer G A, Wicker G R. The Selective Extraction of Nickel and Cobalt from Acid Leach Solutions Using a Mixed Solvent System[C]. Proceedings of 1977 Annual meeting of AIME, New York, Paper A77 – 95.

[50] Preston J S. Solvent Extraction of Nickel and Cobalt by Mixtures of Carboxylic Acids and Non – Chelating Oximes[J]. Hydrometallurgy, 1983, 11: 105 – 124.

[51] Preston J S. The Solvent Extraction of Base Metals by Mixtures of Carboxylic Acids and Non – Chelating Oximes[R]. Mintek Report No M234, Council for Mineral Technology, 1985.

[52] Preston J S. Non – Chelating Oximes in the Solvent Extraction of Base Metals//Proceedings of International Solvent Extraction Conference[C]. ISEC 1983, Denver, Colorado, USA, Published by AIME, New York: 357 – 358.

[53] Preston J S. Solvent Extraction of Cobalt and Nickel by Organophosphorus Acids 1. Comparison of Phosphoric, Phosphonic and Phosphonic Acid Systems[J]. Hydrometallurgy, 1982, 9: 115 – 133.

[54] Preston J S. Solvent Extraction of Base Metals by Mixtures of Organo Phosphoric Acids and Non – Chelating Oximes[J]. Hydrometallurgy, 1983, 10: 187 – 204.

[55] Inoue K, Zhang P. Recovery of Nickel and Cobalt from Spent Hydrosulfurization Catalysts[C]. Proceedings of the 2nd International Conference of Mining and Metallurgy of Complex Ni Ores, Jinchuan, China, 1993: 274 – 279.

[56] Zhang P, Inoue K, Tsuyama H. Recovery of Metal Values from Spent Hydrodesulfurization Catalysts by Liquid-Liquid Extraction[J]. Energy & Fuels, 1995, 9(2): 231 – 239.

[57] Inoue K, Zhang P W, Tsuyama H. Recovery of Rare Metals from Spent Hydrodesulfurization Catalysts by Means of Solvent Extraction[C]. Proceedings of International Solvent Extraction Conference: Value Adding through Solvent Extraction, ISEC 1996, Shallcross D C, Paimin R, Prvcic L M, Eds., Melbourne, the Depart. of Chem. Eng., University of Melbourne: 745 – 750.

[58] Inoue K, Zhang P, Koga Y, Eguchi H. Development of Synergistic Solvent Extraction System for the Recovery of Nickel and Cobalt from Spent Hydrodesulfurization Catalysts[C]. Hydrometallurgy and Refining of Nickel and Cobalt, Proceedings of the Nickel – cobalt 97 International Symposium, Cooper W C, I Mihaylov, Eds., CIM, Sudbury, Ontario, Canada. August 17 – 20, 1997: 221 – 233.

[59] Elizalde M P, Cox M, Aguilar M. Synergistic Extraction of Ni(Ⅱ) by Mixtures of LIX63 and Bis – (2 – ethylhexyl)phosphoric or Di – n – octylphosphinic Acids in Toluene[J]. Solvent Extr. Ion Exch, 1996, 14 (5): 833 – 848.

[60] Barnard K R, Urbani M D. The Effect of Organic Acids on LIX63 Stability under Harsh Strip Conditions and Isolation of a Diketone Degradation Product[J]. Hydrometallurgy, 2007, 89: 40 – 51.

[61] Osseo – Asare K, Leaver H, Laferty J M. Extraction of Nickel and Cobalt from Acidic Solutions Using LIX63- DNNSA Mixtures [M]. Process and Fundamental Considerations of Selected Hydrometallurgical Systems, Martin C. Kuhn, Editor, AIME Publisher, New York, 1981: 195 – 207.

［62］Osseo – Asare K, Renninger D R. Synergistic Extraction of Nickel and Cobalt by LIX63 – Dinonylnaphthalene Sulphonic Acid Mixtures［J］. Hydrometallurgy, 1984, 13: 45 – 62.

［63］Osseo – Asare K, Zheng Y Synergism. Antagonism and Selectivity in the LIX63 – HDNNS Metal Extraction System［C］. Proceedings of International Solvent Extraction Conference, ISEC 1986, Frankfurt am Main: DECHEMA, Munich, Germany, September 11 – 16, Vol. 2: 175 – 178.

［64］OtuE O, Westland A D. Solvent Extr & Ion Exch. , 1991, 9(5): 875.

［65］Grinstead R R, Tsang A L. A Selective Metallurgical Extractant System to Recover Nickel and Cobalt from Acid Solutions ［C］. Proceedings of International Solvent Extraction Conference, ISEC 1983, Denver, Colorado, USA, AIME, New York: 230 – 231.

［66］Koga O, Ohto K, Yoshizuka K, Inoue K, Tsuyama H. Separation of Nickel and Cobalt from Aluminium by Extraction with Mixture of DNNSA/Picolylamine［C］. Proceedings of Symposium on Solvent Extraction, Fukuoka, Japan. Published by the Japanese Association of Solvent Extraction, 1995: 83 – 4.

［67］Zhou T, Pesic B. A Pyridine – Based Chelating Solvent Extraction System for Selective Extraction of Nickel and Cobalt［J］. Hydrometallurgy, 1997, 46, 37 – 53.

［68］Preston J S, du Preez A C. Solvent Extraction of Nickel from Acidic Solutions Using Synergistic Mixtures Containing Pyridinecarboxylate Esters. Part 1. Systems Based on Organophosphorus Acids［J］. J. Chem. Tech. Biotechnol. 1996, 66: 86 – 94.

［69］Preston J S, du Preez A C. Solvent Extraction of Nickel from Acidic Solutions Using Synergistic Mixtures Containing Pyridinecarboxylate Esters. Part 2. Systems Based on Alkylsalicylic Acids［J］. J. Chem. Tech. Biotechnol, 1996, 66: 293 – 299.

［70］Preston J S, du Preez A C. Solvent Extraction of Nickel from Acidic Solutions Using Synergistic Mixtures Containing Pyridinecarboxylate Esters. Part 3. Systems Based on Arylsulphonic Acids［J］. J. Chem. Tech. Biotechnol. 1998, 71: 43 – 50.

［71］Cole P M, Nagel V M. The Upgrading and Purification of Nickel by Solvent Extraction［C］. Proceedings of Extraction Metallurgy Africa 1997. SAIMM Publisher, Mintek, Randburg, June 25 – 26, 1997.

［72］Preston J S, du Preez A C. Synergistic Effects in Solvent – Extraction［J］. Systems Based on Alkysalicylic Acids. Part 2. Extraction of Nickel, Cobalt, Cadmium and Zinc in the Presence of Some Neutral N – , O – and S – donor Compounds. Solvent Extr. Ion Exch. 1996, 14(2): 179 – 201.

［73］Preston J S, du Preez A C. The Solvent Extraction of Nickel and Cobalt by Mixtures of Carboxylic Acids and Pyridinecarboxylate Esters［J］. Solvent Extr. Ion Exch, 1995, 13: 465 – 494.

［74］Cheng C Y. Solvent Extraction of Nickel and Cobalt with Synergistic Systems Consisting of Carboxylic Acid and Aliphatic Hydroxyoxime［J］. Hydrometallurgy, 2006, 84: 109 – 117.

［75］Cheng C Y, Barnard K R, Zhang W S, Robinson D J. Synergistic Solvent Extraction of Nickel and Cobalt: A Review of Recent Developments［J］. Solvent Extraction and Ion exchange, 2011, 29: 719 – 754.

［76］Barnard K R, Nealon G L, Ogden M I, Skelton B W. Crystallographic Determination of Three Ni – a – hydroxyoxime – carboxylic Acid Synergist complexes［J］. Solvent Extraction and Ion Exchange, 2010, 28: 778 – 792.

［77］Dreisinger D, Cheng C Y, Zhang W, Pranolo Y. Development of Boleo Process Flowsheet and its Direct Solvent Extraction (DSX) Circuit［C］. Proceedings of XXV International Mineral Processing Congress, IMPC 2010. Brisbane, Australia September, 6 – 10, 2010, the Australasian Institute of Mining and Metallurgy, Victoria, Australia, 309 – 317.

[78] Mayhew K, McCoy T, Jones D, Barnard K R, Cheng C Y, Zhang W, Robinson D. Kinetic Separation of Co from Ni, Mg, Mn and Ca via Synergistic Solvent Extraction[J]. Solvent Extraction and Ion Exchange, 2011 (this issue).

[79] Cheng C Y, Boddy G, Zhang W, Godfrey M, Robinson D J, Pranolo Y, Zhu Z, Zeng L, Wang W. Direct Solvent Extraction for Recovery of Nickel and Cobalt from Rio Tinto laterite Leach Solutions[C]. Proceedings of Hydrometallurgy of Nickel and Cobalt 2009, COM 2009. Sudbury, Ontario, August, 23 - 26, 2009, J J Budac, R Fraser, I Mihaylov, V G Papangelakis, D J Robinson Eds, Canadian Institute of Mining, Metallurgy and Petroleum, Montreal: Canada, 243 - 254.

[80] Preston J S, du Preez A C. Separation on Nickel and Calcium by Solvent Extraction Using Mixtures of Carboxylic Acids and Alkylpyridines[J]. Hydrometallurgy, 2000, 58: 239 - 250.

[81] Nagel V M, Feather A. The Recovery of Nickel and Cobalt from a Bioleach Liquor Saturated in Calcium Using Versatic Acid in a Synergistic Mixture with 4 - nonylpyridine[C]. Proceedings ALTA 2010 Nickel/Cobalt/Copper Conference, Perth, Australia, May 24 - 28, 2010, Alan Taylor Ed, ALTA Metallurgical Services: Melbourne, 2010.

[82] Cheng C Y. SX Application for Nickel and Cobalt: Pros and Cons of Existing Processes and Possible Future Development[C]. Proceedings of ALTA SX/IX World Summit, Perth, Australia, May, 2003, Alan Taylor Ed, ALTA Metallurgical Services: Melbourne, 2003.

[83] Cheng C Y, Zhang W, Moradkhani D. The Recovery of Metals from Leach Solutions by Synergistic Solvent Extraction[C]. Proceedings of HydroProcess Conference, Iquique, Chile, October, 11 - 13, 2006, E M Domic, J M C de Prada Eds.; Impresos Socias Ltda: Santiago, Chile, 2006: 3 - 16.

[84] du Preez A C, Preston J S. Separation of Nickel and Cobalt from Calcium, Magnesium and Manganese by Solvent Extraction with Synergistic Mixtures of Carboxylic acids[J]. Journal of the South African Institute of Mining and Metallurgy, July, 2004: 333 - 338.

[85] du Preez R, Kotze M, Nel G, Donegan S, Masiiwa H. Solvent Extraction Test Work to Evaluate a Versatic 10 / Nicksyn™ Synergistic System for Nickel - calcium Separation[J]. Journal of the South African Institute of Mining and Metallurgy, 2007, 107: 633 - 640.

[86] 张贵清, 曾理, 肖连生, 李青刚, 曹佐英, 李立冬, 王一舟. 一种协同萃取剂及其从酸性含镍溶液中选择性萃取镍的方法[P]. 201310332212.51.

[87] Gary A Kordosky. Development of Solvent - extraction Processes for Metal Recovery - Finding the Best Fit Between the Metallurgy and the Reagent[C]. ISEC'2008, Vol. 1: 3 - 16.

[88] Kathryn C Sole, Angus M Feather, Peter M Cole. Solvent Extraction in Southern Africa: An Update of some Recent Hydrometallurgical Developments[J]. Hydrometallurgy, 78(2005): 52 - 78.

[89] Michil C Olivier, Christie Dorfling, Jacques J Eksteen. Extraction of Cobalt (Ⅱ) and Iron (Ⅱ) from Nickel (Ⅱ) Solutions with Nickel Salts of Cyanex 272[C]. ISEC'2011, Charpter 2: 1 - 8.

第 18 章　锌萃取

胡慧萍　中南大学化学化工学院
张启修　中南大学冶金与环境学院

目　录

18.1　湿法炼锌工业概况[1]

　　湿法炼锌从 1916 年开始应用于工业生产，其中还包括硫化锌精矿的焙烧和浸出渣的烟化两个火法冶金过程。1968 年采用热酸浸出法后，许多工厂中浸出渣的烟化被湿法浸出所取代。现在湿法炼锌已成为生产锌的主要方法，其产量占锌总产量的 85% 以上。1981 年加拿大科明科公司的特雷尔厂实现了硫化锌精矿的高压浸出，以后陆续又有多家工厂的高压浸出工艺投入工业应用，所以说 20 世纪 80 年代后，才实现了真正意义上的全湿法炼锌。三十多年的工业实践已经证明锌的加压浸出是一个可靠的工艺，它对物料的适应性好，锌的提取率达 99% 以上，对环境污染小，硫以元素硫形态回收[2]。加压浸出—电积与焙烧—浸出—电积流程的主要数据见表 18-1。

表 18 – 1　加压浸出—电积与焙烧—浸出—电积流程比较

项　　目	加压浸出	焙烧浸出
基建投资（以焙烧浸出流程为 100 计）	70	100
生产费用（以焙烧浸出流程为 100 计）	100	100
能耗/（GJ · t^{-1}锌）	51.2	50 ± 2
硫产品	99.8% 单质硫	98% H_2SO_4

　　湿法炼锌的主流工艺分三个阶段，即硫酸浸出—浸出液净化除杂—纯硫酸锌溶液的电积，贫电解液返回用于浸出。浸出液的净化过程都是用沉淀、结晶、置换等传统方法除杂。由于浸出液组分复杂，除杂净化过程的多阶段性使工艺流程冗长、生产成本增加。

　　湿法炼锌的原料除硫化矿外，还有各种氧化物及氧化矿，作为炼锌的氧化矿原料在自然界中已不多见。而我国西南地区还蕴藏有一定的氧化矿，其矿物多属菱锌矿 $ZnCO_3$ 和异极矿 $ZnO \cdot SiO_2$，值得注意的是一些氧化物料等二次资源，如矿山尾砂、炼钢烟尘、鼓风炉和反射炉烟尘、电弧炉灰、烟化法的氧化物、轮胎灰、传统锌冶金过程的除铁渣，各类镀锌厂的锌渣、锌灰，含锌废合金及锌合金生产过程中的废渣，用黄铁矿生产硫酸产生的废渣，机械、化工、印刷、建筑各行业使用含锌的材料后报废的零部件、废电池等。全球每年利用这些二次资源生产的锌约占锌产量的 20%。这些二次资源的回收也采用湿法工艺。除可用硫酸浸出外，也可根据需要采用盐酸浸出或碱性试剂浸出。

　　受湿法炼铜巨大成功的启发，科技界与工业界也一直试图开发利用溶剂萃取的新工艺提锌。研究的范围相当广泛，由于从硫酸体系中萃取锌时，三价铁共萃但又很难反萃，因此一些研究试图从含氯离子浓度高的溶液中以氯配阴离子形式萃取锌，此时共萃之铁的氯配阴离子较易反萃。还有一些体系是从碱性介质中萃取锌，但均在反萃时将锌转型为硫酸锌。酸性体系中，锌萃取的关键问题是锌铁分离；碱性体系中，锌萃取的关键问题是锌萃取剂开发。

18.2　氯化物体系萃锌

　　用湿法氯化冶金路线处理硫化矿已经议论了一个世纪，然而至今未实现大规模工业化，究其原因与氯化物介质的强腐蚀性有关。尽管有报道称，若干从氯化物介质中萃取锌的湿法冶金过程有应用前途，而且试验已经进行到半工业规模，其中最著名的为西班牙 Tecnicas Reunidas, S. A（简称 TR）开发的 Zincex 及 Zinclor 两个过程。但我们目前仍不知道是否有用溶剂萃取法从氯化物介质中大规模生产锌的工厂。

18.2.1 从氯化物介质中萃锌的基本原理[3]

锌可与氯离子生成逐级配合物，取决于氯离子浓度与锌浓度以及它们的相对含量，不同氯化物溶液中各种形态的锌离子的比例并不相同。汇集一些作者的研究成果，在锌浓度 0.076 ~ 0.9 mol/L 及氯离子浓度 5 mol/L 以下的溶液中，可以认为氯离子浓度 1 mol/L 以下，$ZnCl_2$ 和 $ZnCl^+$ 是占优势的离子，氯离子在浓度 1 mol/L 时，主要的配合物是 $ZnCl_4^{2-}$、$ZnCl_2$ 及 $ZnCl^+$，而氯离子浓度 1 mol/L 以上，则 $ZnCl_4^{2-}$ 是占支配地位的氯配离子。图 18 - 1 为含 0.1 mol/L 锌离子的溶液中，随氯离子浓度的变化，不同的锌配离子比例的变化曲线。从图 18 - 1 基本可以看出不同氯离子浓度各种形态的锌离子所占比例。

文献[3]的作者选择了三种代表性萃取剂（Cyanex 923，TBP 及 Alamine 336），研究从氯化物溶液中萃取锌的影响因素；后一种为碱性萃取剂，前两种为中性萃取剂。Cyanex 923 是 $R_3P \!=\! O$、$R_3'P \!=\! O$、$R_2'RP \!=\! O$ 及 $R'R_2P \!=\! O$ 四种中性膦酸酯的混合物，其中 R 及 R' 分别为正己基与正辛基。它们在氯化物介质中萃取锌的反应可表示为：

图 18 - 1　料液含锌为 0.1 mol/L，氯离子浓度对锌的存在形态的影响

对中性萃取剂：

$$2H^+ + ZnCl_4^{2-} + 2\overline{L} \Longrightarrow \overline{H_2ZnCl_4 \cdot 2L} \qquad (18-1)$$

对碱性萃取剂：

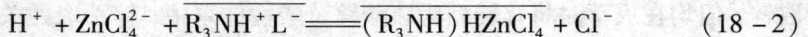

$$H^+ + ZnCl_4^{2-} + \overline{R_3NH^+L^-} \Longrightarrow \overline{(R_3NH)HZnCl_4} + Cl^- \qquad (18-2)$$

萃合反应的影响因素如下：

1）锌浓度的影响

在恒定氯离子浓度为 5.2 mol/L、氢离子浓度为 2.8 mol/L 条件下，随着锌浓度增加，有机相中的锌浓度增加，然后又逐渐下降，在水相初始锌浓度为 1 mol/L 时，有机相中的锌浓度达最大值，水相锌浓度低于 1 mol/L 时，由于氯离子浓度与氢离子浓度高于锌浓度，故有利于中性萃取剂萃取 $ZnCl_2$、$HZnCl_3$、H_2ZnCl_4，同样有利于碱性萃取剂萃取 $ZnCl_4^{2-}$ 及 $ZnCl_3^-$。当水相中锌浓度高于 1 mol/L 时，可能生成 $Zn_2Cl_6^{2-}$ 双核配离子，它比 $ZnCl_4^{2-}$ 难于萃取，故有机相中的锌浓度又下降，三种萃取剂有同样规律。

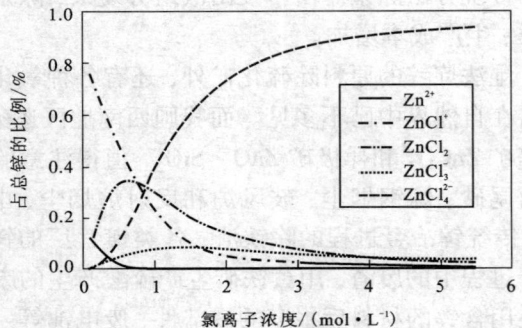

2）氯离子浓度的影响

固定料液锌浓度为 1 mol/L、氢离子浓度为 2.8 mol/L，考察氯离子浓度的影响。料液氯离子浓度从 0.1 mol/L 增加到 2 mol/L，锌在有机相中的浓度相应增加。此时，$ZnCl_2$ 及 $ZnCl^+$ 应为占支配地位的锌配离子。$ZnCl_2$ 易为中性萃取剂萃取，碱性萃取剂可能萃取的是 $ZnCl_4^{2-}$ 及 $ZnCl_3^-$ 的混合物。氯离子浓度在 2 ~ 4 mol/L，锌的萃取率反而下降，在这一范围内，氯离子与 2.8 mol/L 的氢离子等量，因而发生盐酸的优先萃取反应。氯离子浓度大于 4 mol/L 后，锌的萃取率又上升，反映了 $ZnCl_4^{2-}$ 配离子占优势而被萃取。

3）酸度的影响

固定料液锌浓度为 1 mol/L、氯离子浓度为 5.2 mol/L，考察料液酸度的影响。结果表明，随酸度增加，锌的萃取率下降。在低酸浓度，中性萃取剂萃取 $ZnCl_2$，而碱性萃取剂萃取 $ZnCl_4^{2-}$ 及 $ZnCl_3^-$。但一般认为 TBP 和胺萃取金属氯化物时，随酸度增加，开始金属萃取率会有所上升，到一定程度才会下降，而萃锌的情况则不一样。如上所述，未出现萃取率上升的情况，金属萃取率下降的原因，是盐酸被共萃取，HCl_2^- 也可能被萃取。其他一些研究也已证明，Alamine 336、Aliquat 336、TBP 及 Cyanex 923 均可以从 5.09 mol/L 的盐酸中共萃取盐酸。除了 Alamine 336 外，所有其他萃取剂萃取的酸均易为水所反萃。

上述三种情况中，三种萃取剂萃锌能力的顺序均为 Cyanex 923 > Alamine 336 > TBP。

4）铁（Ⅱ）及其他杂质的影响

在锌浓度为 1 mol/L、氯离子浓度为 5.2 mol/L、酸浓度为 2.8 mol/L 的条件下，0.01 ~ 0.1 mol/L 的铁（Ⅱ）浓度范围内，对这三种萃取剂而言，二价铁不影响锌的萃取，Zn/Fe（Ⅱ）选择系数按 Cyanex 923 > Alamine 336 > TBP 的顺序下降，铁（Ⅱ）离子浓度增加，Zn/Fe（Ⅱ）选择性下降。

氯化浸出液中的主要杂质为铁（Ⅱ）、铜、铅、锰。有研究认为，在高氯离子浓度下，铅与锰的配合物可能被共萃，也有报道称铁（Ⅱ）可被 Alamine 336、Cyanex 923 及 TBP 定量萃取。

归纳以上研究结果，可以认为：料液中锌浓度、氯离子浓度及酸浓度是从氯化物介质中萃取锌的主要影响因素，在不同条件下，占优势的锌配离子种类不同，从而会使锌的萃取率发生变化。

18.2.2　早期的 Zincex 过程

对照 G. M. Ritcey 及 D. Martin 等人的报道[4,5]，早期的 Zincex 过程也就是 Espindesa 流程。它由西班牙 TR 研究所在实验室开发成功后，于 1976 年在毕尔巴鄂地区建立了一座从黄铁矿焙烧渣浸出液中萃取锌的工厂，规模为 8000 t/a 电锌。在这座试验厂取得成功后，TR 研究所于 1980 年又在葡萄牙的里斯本用此法建立了第二座生产电锌的工厂，规模也不大，设计能力为11500 t/a 锌锭。该厂处理由各种资源获得的高氯离子浸出液。Espindesa 流程如图18－2 所示。

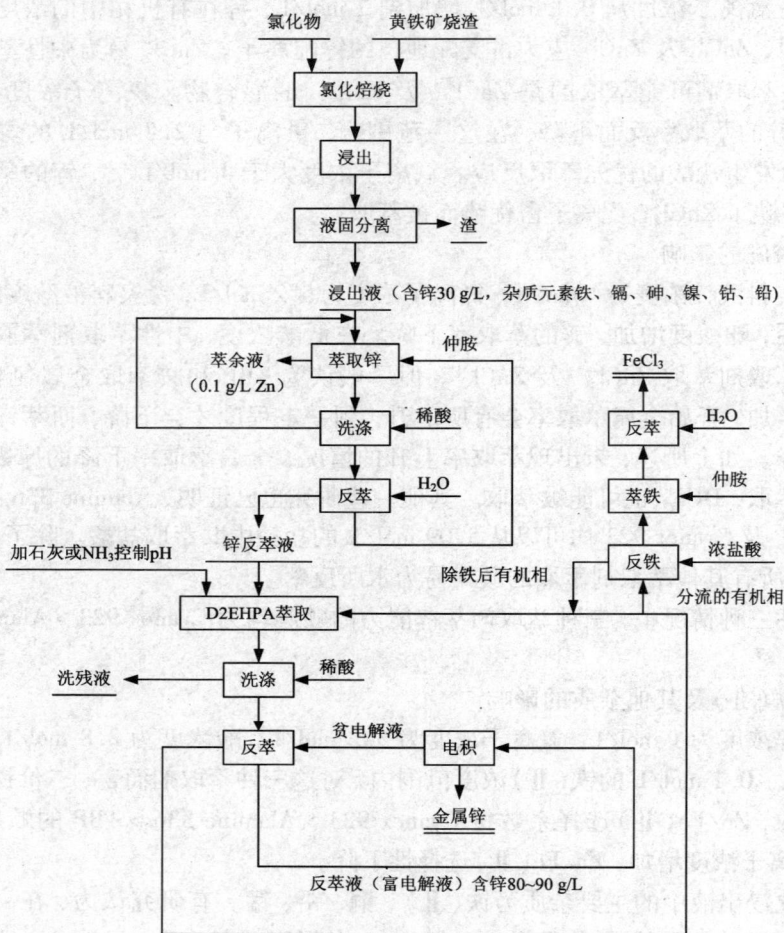

图18－2　Espindesa 法回收锌的流程

毕尔巴鄂厂处理的浸出液含锌25～30 g/L，其余杂质元素为铁、镉、砷、镍、钴及铅，首先用仲胺萃取锌氯配离子，萃余液含锌为0.1 g/L，并夹带有机相10 ppm。负载有机相用稀酸洗涤除去夹带的料液及共萃的杂质。洗液返回萃取工序，尔后用水反萃洗净之负载有机相，含锌的反萃液还含有一些杂质如铜或镉或其他能形成氯配离子的阳离子。这种反萃液在后续的第二个萃取循环回路中用 D2EHPA 进一步分离镉、铜，并用氨或石灰控制萃取平衡 pH。负载的 D2EHPA 有机相用稀酸洗去夹带的含氯离子的水相料液，洗净之有机相用贫电解液反萃，含锌 80 ~ 90 g/L 的富锌反萃液送电积锌工序。它含 20 μg/g 铁,30 μg/g 氯以及小于 1 μg/g 铜、镉、钴、砷电解液经澄清及活性炭处理后,夹带的有机相仅为 1 ~ 5 μg/g。

因 D2EHPA 萃取锌时共萃的铁在有机相洗涤及反萃锌时均不能除去,故反后有机必须分流部分送往一个辅助萃取流程处理,首先用浓盐酸反萃铁,脱铁后的有机相合并入主流程,含铁的浓酸溶液用仲胺萃铁,以水反萃含铁的有机相,得到氯化铁溶液。

18.2.3 改进的 Zincex 过程(MZP)

改进的 Zincex 过程,英文简写为 MZP,是 Zincex 过程的进一步发展和简化模式,特别适合于处理固体氧化物物料或不纯硫酸盐溶液。1997 年在西班牙的巴塞罗那有一个工厂采用这种工艺处理含汞及锰的废旧锌电池,从中回收锌,其年处理量为 2800 t/a。

MZP 的特征是完全采用 D2EHPA 萃取剂,其理论依据参见第 17 章图 17 - 1。关键是要控制 pH,只要 pH 控制得好,其他杂质原则上不会被萃取。萃取锌的反应式为:

$$2\,\overline{RH} + Zn^{2+} \Longleftrightarrow \overline{R_2Zn} + 2H^+$$

实际工艺是萃取之前安排了中和工序以除去铁、砷、锑。适应性强是该工艺的一个显著特征。表 18 - 2 概括了该工艺适应能力与灵活性。图 18 - 3 为 MZP 及传统的焙烧—浸出—电积流程中各种杂质在相应工序除去的比较示意图。实线箭头后的虚线箭头表示含量为 ppm/ppb/ppt 水平。显然在 MZP 过程中,大部分杂质在萃取工序即被除去,微量杂质在萃洗工序也被除去,只有铁在有机相再生工序才会被完全排出系统;而在传统工艺中微量铁和钙、镁、锰、钾、钠、氟、氯杂质均完全进入电积工序。

表 18 - 2 MZP 过程的适应性与灵活性

浸出原料 (浸出率 80% ~ 90%)	一次原料(酸浸、压力浸出、生物浸出、堆浸等) 二次原料(电弧炉灰、威尔兹法氧化物、电镀灰、轮胎灰、废电池等)
浸出液组成	Zn 最低 5 g/L 或稍低一些,最高达 160 g/L;金属杂质:Cu、Cd、Co、Ni、As、Sb(g/L 水平);阴离子杂质:Cl、F 等(g/L 水平);碱金属和碱土金属离子:Ca、Mg、Na、K 等(g/L 水平)
介 质	硫酸盐、氯化物、其他
产 品	金属锌:电积法生产特纯级(SHG)产品,纯度达 99.995% 以上,$ZnSO_4 \cdot xH_2O$:结晶法生产超纯级产品;ZnO:沉淀/煅烧法生产超纯级产品;其他的锌盐及溶液产品
操作的适应性	具有生产各种产品的能力,无非正常停工问题及具有抗干扰能力适合与其他过程匹配

焙烧—浸出—电积过程(RLE)

浸出液 (140~160 g/L Zn)	中和	锌粉置换	电积

Zn
Fe
Cu
Ca, Mg, Mn, Na, K
Cd, Co, Ni, Sn
As, Sb
F, Cl

MZP过程

浸出液 (5~160 g/L Zn)	中和	萃取	洗涤	反萃与再生	电积

Zn
Fe
Cu, Ca, Mg, Mn
Na, K
Cd, Co, Ni
Sn
As, Sb
F, Cl

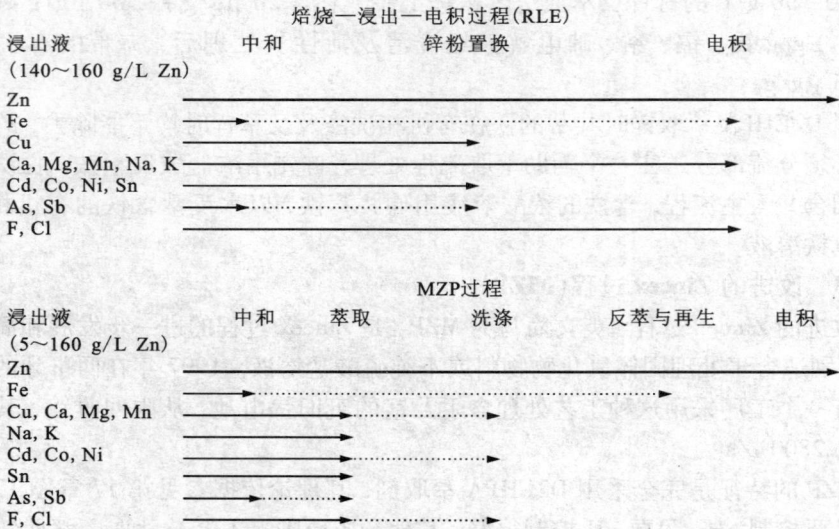

图 18 – 3   RLE 与 MZP 工艺的锌浓度与杂质行为比较

MZP 过程的基本流程如图 18 – 4 所示。为了保证反萃得到的硫酸锌溶液质量，采取了两项基本措施，其一为在萃取段与反萃段之间安排一个洗涤段，除用水洗去夹带的杂质外，还分流一部分贫电解液，利用其中之锌置换除去共萃杂质。其二是将循环有机相分流一部分进再生段，用盐酸反萃杂质后再回到萃取段。

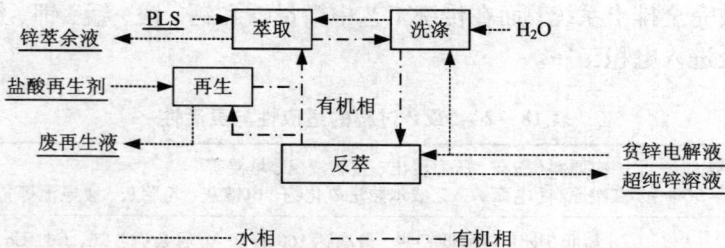

图 18 – 4   MZP 的基本流程图

萃余液返回用于浸出，为了避免在浸出循环回路中造成杂质积累，所以除上述两项基本措施外，萃余液也分流一部分除杂，除去了相当部分杂质，但还含酸的这部分所谓"净化后"的萃余液再返回浸出工序。为了保险，定期将分流的部分萃余液彻底中和沉淀后作废液开路排出系统。

处理某些锌的硫化矿时，可能得到锌含量达 120 g/L 的浓浸出液，这类浸出液中的杂质如铜、铁、钴、镍、镉、钙、镁也相对较高。处理这类料液的措施是在浸出液进入萃取级之前用石灰中和沉铁；萃余液返回之前又一次用石灰或氧化锌调整 pH，使杂质水解成氢氧化物沉淀后合并到浸出液中和沉铁工序过滤除去，详见图 18 –5。

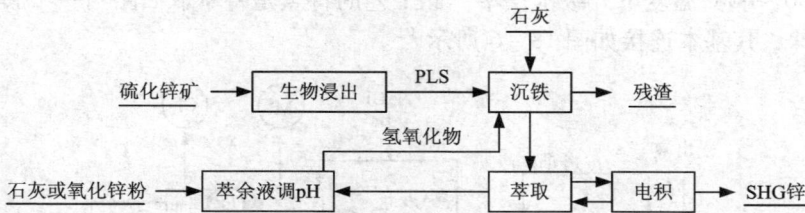

图 18 –5 处理硫化矿的 MZP 工艺

在铜、镍等金属的湿法冶金中，为了避免杂质积累，需要定期开路一部分溶液单独处理，其中的锌完全作为无价值的杂质被浪费掉了，而主金属也会有相当的损失，为此西班牙的研究人员将 MZP 工艺用于处理这类溶液，对回收锌而言，这些主金属成为了"锌溶液"的高含量杂质，但 MZP 工艺并不受高杂质含量的影响，同样可生产出高质量锌产品。显然在这种情况下，MZP 工艺已经涉足硫酸体系的溶液。

MZP 工艺对不同料液的适应性促使了一些新工程项目采用它的可能性，表 18 –3 列出了一些代表性的案例，尽管有些项目保密或者没有进一步的报道，但对于了解改进的 Zincex 过程仍有意义。

表 18 –3 应用 MZP 技术的若干工程案例的料液组成/$(g \cdot L^{-1})$

	工艺	锌	主要杂质	工程案例
一次原料	氧化矿酸浸	30	Cd, Cu, Ni, Co, Cl, F, Mg	Skorpion
	硫化矿生物浸出	120	Cd, Cu, Cl, F, Mg	保密
	硫化矿生物浸出与酸浸	50	Cd, Cu, Ni, Co, Cl, F, Mg	保密
	硫化矿间接生物浸出	10	Cd, Cu, Ni, Co, Mg	RTM. S. A
	硫化矿压力浸出	150	Cd, Cu, Ni, Co, Cl, Mg	保密
二次原料	电弧炉灰酸浸	25	Cd, Cu, Cl	Elansa
	铜堆浸料液开路部分	33	Cu, Ni, Co, Cl, Mg	Sanyati
	威尔兹烟化灰及电镀灰酸浸	32	Cd, Cu, Ni, Co, Cl, F	Comm. of Eu
	废电池酸浸	20	Cd, Cu, Ni, Cl	Proces

18.2.4 Zinclor 过程

TR 研究所开发的另一个著名的从氯化物介质中萃取锌的项目为 Zinclor 过程。该工艺采用三氯化铁浸出锌精矿,用戊基膦酸二戊基酯(DPPP)作萃取剂,在半工业试验中用工业化的萃取剂丁基磷酸二丁基酯(DBBP)代替 DPPP,两级萃取,在 50~60℃温度下九级水反萃。此工艺的特点是将萃取回路与一个膜电解槽串联起来,其基本连接如图 18-6 所示[6]。

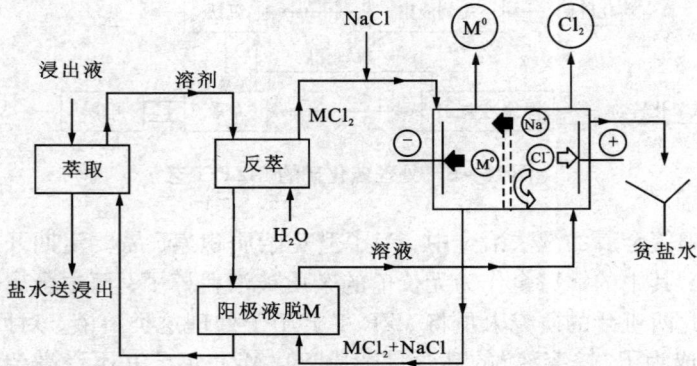

图 18-6 Zinclor 的简要流程图

所采用的膜电解槽为该所开发的 Metclor 槽,它基本上是氯碱工业离子膜电解槽的一个变种,阴阳两极极距比氯碱槽稍宽,所用阳离子交换膜靠在阳极上。阳极室的料液为 NaCl 溶液,因此阳极电极材料与电极反应完全同氯碱电解。而阴极液为含被电积金属离子浓度很高的氯化物溶液并添加有氯化钠及光亮剂,目标离子锌在阴极放电析出,而等当量 Na 离子通过膜进入阴极室,阴极液总氯离子浓度不变。阳极室析出的氯气用于再生氯化剂例如使 $FeCl_2$ 变成 $FeCl_3$,或者用于废水处理。阴极电解残液含有较高浓度的氯化钠及少量的锌金属离子,它从阴极室流出进入萃取回路中通过回收级与反萃工序来的循环有机相接触,其中少量的锌转入有机相,脱锌的水相为氯化钠溶液循环进入电解槽的阳极室以补充阳极室消耗的氯化钠,且定期从阳极室排出积累了杂质的废盐水。离开回收级并负载有少量锌的有机相在萃取级与锌的浸出液接触(其中过量的三价铁应在进入萃取级之前被还原为二价或脱除——作者注)。萃余液(盐水)送浸出工序,负载有机相在反萃级中为热水反萃。反萃液补充氯化钠及光亮剂后送往电解槽的阴极室。

萃取及反萃反应为:

$$\overline{ZnCl_2 + 2\,DBBP} = \overline{ZnCl_2 \cdot 2DBBP} \tag{18-3}$$

$$\overline{ZnCl_2 \cdot 2DBBP} + 2H_2O = 2\,\overline{DBBP} + ZnCl_2 + 2H_2O \tag{18-4}$$

文献[7]报道了用 DBBP 在 25℃从 5 g/L 锌浸出液中萃取锌,得到的负载有机相含锌 30 g/L。萃取为放热反应，标准焓值为 −28.4 kJ/mol[8]，60℃进行反萃，反萃液中锌离子浓度达 65 g/L。Cole P. M. 等研究认为当有机相中的 DBBP 浓度高于 40% 时，萃合物中锌离子和萃取剂分子比为 1:2，有机相中 DBBP 浓度低于 40% 时，萃合物中锌离子和萃取剂分子比为 1:1[9]。

电解反应为：

$$ZnCl_2 \Longrightarrow Zn + Cl_2 \qquad (18-5)$$

用 Metclor 电槽电解锌的结果与操作条件见表 18-4[6]。

表 18-4　Metclor 电槽电解 ZnCl_2 的结果(81 g/L Zn)

操作条件		指　标	电 Zn 产品/%
阴极数	6	阴极电效 94%~96%	Zn≥99.99
阳极数	7	阳极电效 92%~94%	Pb 0.0026
阴极	Ti	槽电压 2.6~2.7 V	Fe 0.0004
阳极	D.S.A.	能耗 2.33 kWh/kg Zn	Cd 0.0001
膜	Nafion117		Cu≤0.0001
阴极液温度35℃			Sn≤0.0005
阴极电流密度 400 A/m^2			
添加剂			

此工艺有如下优点：

①锌的收率高，达 95%；②产品纯度高，可达 99.99%；③有利于副产物硫、金、银、镉的回收；④总投资低；⑤能耗小，化工原料及水的消耗较低。

18.2.5　TBP 从氯化物介质中萃锌

Carlos A. de Morais 等在研究氯化物介质中锌铁萃取分离时[10]，比较了 Cyanex 272、Cyanex 301、Cyanex 302 及 TBP 四种萃取剂，结果表明 TBP 与 Cyanex 301 对锌与二价铁的分离具有优良的选择性能，但均萃取三价铁。锌与 Cyanex 301 生成的配合物相当稳定，难以反萃。而且 Cyanex 301 在有三价铁时，本身不太稳定，因此他们认为 TBP 是最合适的萃取剂。Takalani Gangazhe 等在研究从高氯离子浓度溶液中萃取锌时[3]也比较了 TBP 与 Cyanex 923 及 Alamine 336 的萃取性能，尽管 Cyanex 923 的萃取能力最强，但没有合适的反萃剂，而 Alamine 336 在 pH 6~8 的范围内反萃时产生乳化现象，因此他们的结论也认为 TBP 是最适合的萃取剂，它能在高氯离子浓度下定量萃取锌，且易为水所反萃。

TBP 是金属溶剂萃取史上最早开发并获得广泛应用的萃取剂，价格便宜，容易从市场上获得，因此在锌工业中有很多应用开发研究的实例。现举例如下：

1）锌与二价铁的分离

电镀锌或热镀锌过程产生大量酸洗废液或洗水，因为用盐酸进行表面处理效果比硫酸好，故通常从这些工厂排出的废液基本上是锌浓度与铁（主要为二价）浓度很高的盐酸溶液，从这些溶液中回收锌是一项重要的任务。除了锌与铁外，这些废液中还可能存在如铬、镍、铜等元素。用 TBP 从它们之中萃锌是一种有效的办法。

例如针对从镀锌厂排出的盐酸废液，其中含 37.2 g/L 锌，11 g/L 铁（Ⅱ），1.9 g/L 锰及少量的铬（0.085 g/L）、镍（0.078 g/L）、铜（0.038 g/L），氢离子浓度为 1.45 mol/L，试验了用不同浓度的 TBP 在 Exxsol D-100 稀释剂中的有机相萃取锌分离 Fe（Ⅱ）的过程。实验室试验结果证明，TBP 是一种非常有效的定量萃锌的萃取剂，在所有的试

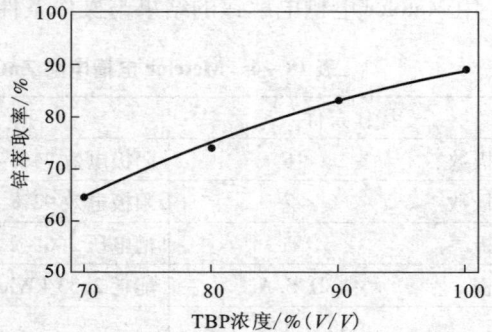

图 18-7　TBP 浓度对锌萃取率的影响（O/A = 1:1）

验条件下，其单级萃取率均达 50% 以上。图 18-7 为 TBP 浓度对锌萃取率的影响。

图 18-8 为根据试验结果绘制的 M-T 图。等温线证明 90% 的 TBP 的萃锌饱和容量约为 38 g/L，在料液锌浓度为 37 g/L 时，只需三个理论级即达到 98% 的锌萃取率，有机相负荷 34 g/L 锌（相当于饱和度 89.5%），萃余液含锌 0.73 g/L。铁的萃取率为 1%，有机相中含铁仅 2.3 g/L。试验表明，含 TBP 有机相可以萃取水，故第一次两相接触后，有机相体积增大但不超过 10%。但以后多次接触，水的萃取量不再增加，有机相体积增大量稳定在 4% 以内。所以用水以同样的相比（即 O/A = 1:1）反萃，由于水相体积减少，负载有机相含锌 34 g/L 时，反萃液中锌浓度可达 44 g/L（图 18-9）。

放大试验在逆流脉冲筛板塔中进行，塔高 1500 mm，内径 26 mm，51 块筛板；底部澄清器高 350 mm，内径 52 mm；顶部澄清器高 300 mm，内径 52 mm。用可调冲程与振幅的柱塞泵送液。在所有试验中，萃取控制冲程为 25 mm，频率为 40 脉冲/min。比较了不同流速与两相接触时间的运行结果，第 1、2 号试验中接触时间为 25 min，第 3 号试验接触时间为 35 min。萃取时控制 TBP 为连续相，反萃时控制水相为连续相。每次试验在系统完全达到稳态时，才取样分析，其结果见表 18-5。

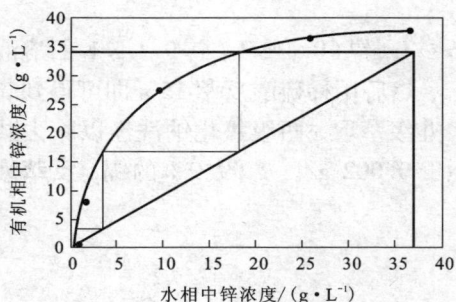

图 18 - 8　萃锌等温线及 M - T 图

（有机相 90% TBP，O/A = 1 : 1）

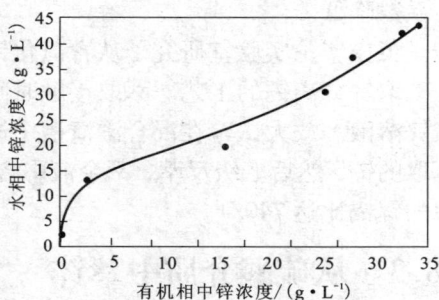

图 18 - 9　负载有机相的反萃等温线

实验条件：90% TBP 三级萃取的

负载有机相；O/A = 1 : 1 反萃

表 18 - 5　放大试验条件与结果

试验编号[1]		水相（进/出）			有机相（进/出）		
		流速/(mL·min^{-1})	锌/(g·L^{-1})	铁/(g·L^{-1})	流速/(mL·min^{-1})	锌/(g·L^{-1})	铁/(g·L^{-1})
1	E	16.0/14.4	37.2/1.0	119/131	17.0/18.3	0.0/29.3	0.0/1.0
	S	16.1/17.2	0.0/32.5	0.0/1.1	16.3/16.1	28.0/0.5	1.5/<0.005
2	E	14.6/13.4	37.2/0.4	119/127	18.5/21.8	0.0/31.0	0.0/1.5
	S	14.1/15.8	0.0/29.6	0.0/1.8	18.5/16.8	27.5/0.8	1.0/<0.005
3	E	10.3/9.1	37.2/1.0	119/137	13.4/14.2	0.0/24.0	0.0/2.6
	S	10.0/11.2	0.0/25.1	0.0/3.0	13.1/11.4	28.0/0.7	1.5/<0.005

注：①E：表示萃取循环；S：表示反萃循环。

结果表明，用 TBP 萃取方法处理镀锌酸洗液是一个可行的方法，废液进入萃取回路之前应过滤除去溶液中的油及悬浮的固体，TBP 不萃取二价铁，将三价铁预先还原为二价是获得高质量锌制品的关键。

2）锌镉分离

TBP 在氯化物介质中萃锌的能力大于镉，因此可用于锌、镉分离。图 18 - 10 为 Fletcher 及 Flett

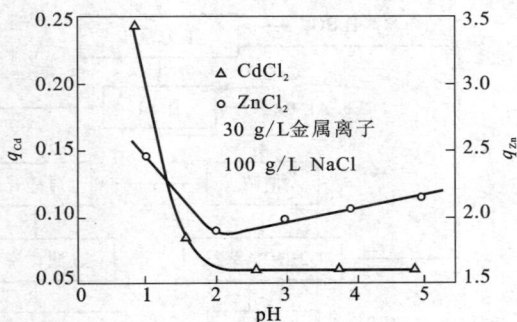

图 18 - 10　pH 对 TBP 萃取锌及镉的影响

得到的锌与镉的萃取率与溶液 pH 关系曲线。锌或镉浓度均为 30 g/L，氯化钠为 100 g/L 时，锌的萃取率为镉的 20 ~ 30 倍。温度从 20℃增加到 100℃导致锌镉分离系数降低。

英国华伦实验室研究了从含氯化钠 126 g/L，镉 10.4 g/L，锌 9.1 g/L 的溶液中萃取锌分离镉的工艺。萃取接触时间 15 s，然后用稀硫酸反萃 15 s 即可得到硫酸锌溶液。放大试验在混合澄清槽中进行，九级萃取，两级氯化钠洗涤以除去共萃取的镉，然后五级反萃，萃余液中含锌小于 0.002 g/L 及 99.9% 的镉，反萃液中的锌镉比达 740/1。

18.3 从硫酸介质中萃锌

18.3.1 Skorpion 工程

从硫酸盐中萃取锌，硫酸反萃液直接送电积车间生产高纯锌是一条理想的工艺路线。其典型的代表是 Anglo American 所属的 Skorpion 锌精炼工艺，它是第一家应用萃取法由一次原料生产高纯锌的工厂。该厂坐落在非洲南纳米比亚的 Rosh Pinah 西北 25 km 处。2003 年 5 月投产，2005 年达到设计产能，中间经过不断调整，至 2007 年下半年生产完全转入稳定正常状况。

18.3.1.1 工艺流程[11, 12]

Skorpion 的简化流程如图 18 – 11 所示。该厂用高压浸出法处理锌的硅酸盐矿石，锌平均品位 10.6%，一般不能用传统焙烧—浸出工艺处理的氧化矿、碳酸盐类矿均可用此法浸出。浸出液用中和法除去大量铁、铝、硅后，由浓密机溢流出来的上清液送往萃取—电积回路生产高纯锌。底浆用硫酸再酸化，第一次滤液

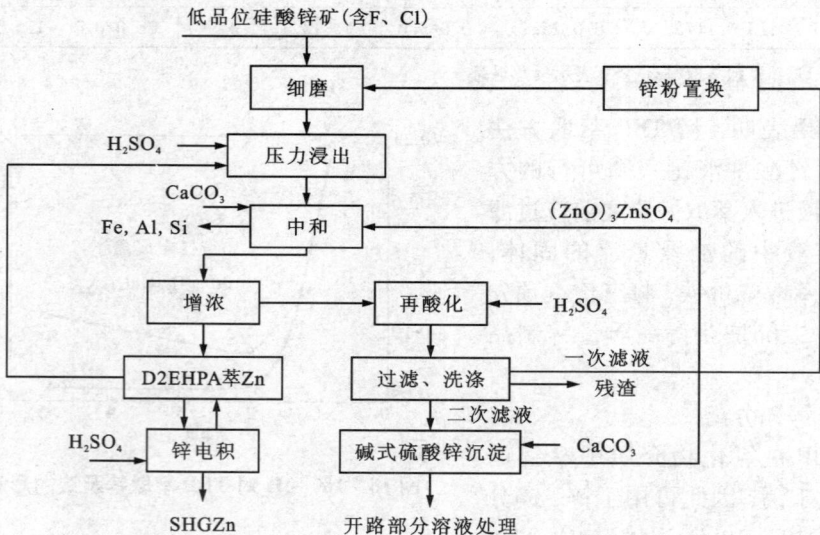

图 18 – 11 简化的 Skorpion 工程流程

经锌粉置换后返回细磨工序，一些贱金属杂质如铜、镍、钴、镉被置换除去，第二次滤液用石灰中和产生的碱式碳酸锌返回中和工序作中和剂。

萃取工艺以西班牙 TR 研究所提供的改进的 Zincex 工艺为基础，选择 D2EHPA 作萃取剂。之所以选用萃取法，原因在于该厂处理的原料含有可溶的氯化物及氟化物矿物，用阳离子交换萃取剂时不但可以除去卤素离子，而且可以分离除去贱金属离子。此外由于原料含硅高达 26%，故只能以较大液固比浸出，从而只能得到含锌低的浸出液（含锌仅 30 g/L），而用溶剂萃取法在阻拦杂质离子的同时可通过反萃直接得到含锌达 90 g/L 的高质量的适于电积的锌溶液。根据第 17 章图 17 – 1 表示的各元素的 q – pH 关系，不难明白 D2EHPA 萃取锌的原理，由图 17 – 1 可知，除三价铁外，锌比所有其他共存杂质元素的被萃取能力要强，它的 $pH_{1/2}$ 在酸性较强的范围内，如果萃余液循环利用，不需将料液中的锌全部萃完，则萃取剂不必皂化处理，萃取产生的酸度向低 pH 方向的迁移，不但有利于抑制共存杂质元素的萃取，而且有利于萃余液的循环利用。萃取流程如图 18 – 12 所示。

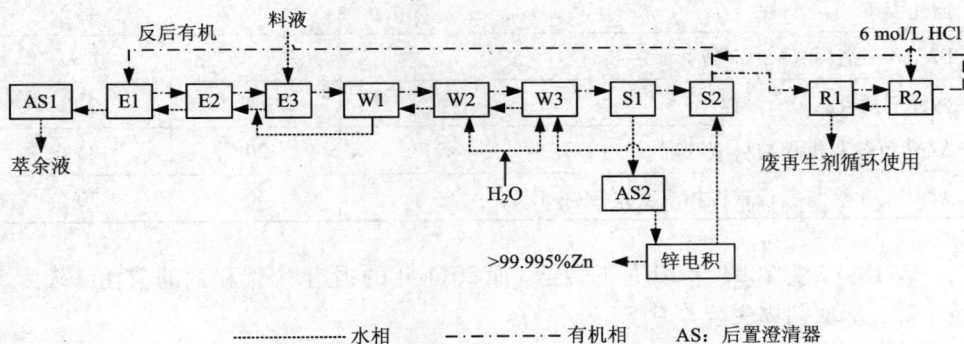

图 18 – 12　Skorpion 溶剂萃取流程

共安排三级萃取，三级洗涤，二级反萃及二级 6 mol/L 盐酸除铁的再生有机相级。2007 年以后，改为一级再生，一级后置澄清。在萃取段水相出口及反萃水相出口分别安装有后置澄清器（AS1 及 AS2），以减少有机相夹带损失。前两级洗涤级用去离子水洗涤物理夹带的杂质，第三级进稀的贫电解液，借助于锌的置换作用及贫电解液中的酸使平衡逆向移动而除去共萃的杂质。另外配置了两个辅助工序，即盐酸回收工序及污物处理工序。

18.3.1.2　工艺条件及技术经济指标

有机相含 D2EHPA 40%（V/V），2008 年曾经用到含萃取剂 46% 的有机相，但相澄清时间延长，考虑到有三价离子的积累问题，目前实际控制萃取剂浓度为 42%，稀释剂为 Escaid 100，表 18 – 6 为不同萃取剂浓度的有机相的密度与黏度。

实际操作中控制有机相饱和度为50%，有机相中含锌约25 g/L，而萃余液中含锌约13 g/L。这样有利于控制杂质进入有机相。有机相投入使用前也不需皂化。某些操作参数的实际值与设计值对照见表18-7。

表18-6　含不同浓度的 D2EHPA 有机相的密度与黏度[13]

D2EHPA 的浓度 /%(V/V)	密度　20℃/(g·mL^{-1})		动力学黏度/(mPa·s)	
	新鲜有机相	现场有机相①	新鲜有机相	现场有机相①
40	0.881±0.001	—	5.06±0.1	—
42	0.87	0.89	4.74	6.50
46	0.88	0.90	4.96	7.72

注：①现场有机指工厂循环使用，再生后的有机相。

表18-7　操作参数的设计值与实际值的比较[12]

操 作 参 数	设计值	实际值
操作温度/℃	40	43
D2EHPA 消耗/(kg·t^{-1}锌)	1.1	0.9
稀释剂消耗/(kg·t^{-1}锌)	3.8	10.1
ΔZn(负载有机相与料液浓度差)/(g·L^{-1})	20	25
ΔZn(反萃液与负载有机相浓度差)/(g·L^{-1})	40	70

表18-7为2007年10月的数据，而2011年的报道[13]稀释剂的消耗已降为5 kg/t锌，萃取剂损失降至0.55 kg/t锌。

萃取设备为普通的混合澄清槽，最大的澄清槽面积为25×25 m²，即625 m²。料液流量960 m³/h，每天的锌转移量达445 t/d锌。年产量达到设计指标(150000 t锌/a)，此时产能利用率为97%。

目前生产的阴极锌质量全部达到大于99.995%的标准。典型萃取过程的溶液与阴极锌产品质量见表18-8。

据2000年的报道，全部工程预算投资4.54亿美元，生产成本为0.25美元/磅锌，目前尚不清楚实际执行的效果。

18.3.1.3　生产中出现的问题及解决措施

1)有机相的损失问题

投产初期有机相的损失较大，而补充有机相在萃取操作成本中约占60%的比例，因此减少有机相的损失成为一个重要任务。经查明有机相的降解不明显，损失主要来源于一些物理因素。损失的具体原因分析见表18-9。

表 18 - 8　萃取工段溶液与阴极锌质量[12]

元素	料液/(mg·L⁻¹)		电解液/(mg·L⁻¹)		锌阴极/ppm	
	设计①	实际	设计①	实际	设计①	实际
Al	300	82		190		10[11]
Pb					30	25
Sn					2	2
Ca	650	664		54		
Cd	100	330	<0.05	0.01		15[11]
Cl	5000	1031	<100	50		
Co	100	18	<0.05	0.02		
Cu	700	504	<0.05	0.09	10	7
F	200	43	<20	7		
Fe	5	1.5	<5	<5	20	3
Mg	200	1040				
Mn	500	2120	3000	2200		
Ni	800	328	<0.05	0.08		
Si	40	67				
Zn	30000	38000	>90000	117000		

注：①高纯锌规范。

表 18 - 9　有机相组分损失原因

项　　目	D2EHPA	稀释剂	总有机相
由污物造成的损失/%	93	11	17
由于有机相被夹带的损失/%	7	1	1
由于蒸发及雾沫造成的损失/%	0	88	82
设计消耗值/(kg·t⁻¹锌)	1.1	3.8	—
实际消耗值/(kg·t⁻¹锌)	0.55	5.0	—

　　显然蒸发及雾沫是造成有机相损失的主要原因，而且主要是稀释剂的损失。由于澄清器的面积很大且未加盖，加上厂区所在地区湿度低及海拔高的影响，加重了蒸发的损失。采取的应对措施为：减少有机相从混合室进入澄清室的落差及清除所有有机相转移过程引起"瀑布效应"的因素；调整泵混合速度，在料液管路上安装热交换器以控制温度不能超过规定值；在清洗澄清槽时不再将其中的有机相转入露天的有机相澄清池而是保存到备用的密闭储罐中。与此同时在浸出工序

安装三台精密过滤器,将浸出液中总悬浮固体从平均 60 ~ 80 mg/L 减少到接近设计值 10 mg/L,从而使由于污物造成的有机相损失降低 40%。

2)相连续问题

混合器中的相连续情况决定了杂质在萃取回路中的转移情况、相澄清特性及污物的行为。

原来设计为水相连续的第一洗涤级,2006 年由于持续不断地发生漂浮胶状污物危害,改为有机相连续后,污物停留在界面或沉于澄清器底部。

而第二级萃取,原设计为有机相连续,但溢流的有机相总是乳化,为此进行了改变连续相试验。改为水相连续可以得到清澈的有机相溢流,而且污物明显减少。但在浸出液流速高时总是不断发生自发的相颠倒和稳定乳化,通过将原安装的混合叶轮换为外形尺寸小一些、剪切力小一些的叶轮后,自发的相颠倒及频发乳化现象这一瓶颈问题才得以解决,水相夹带问题也从根本上得到改善,相邻的澄清级的稳定性也获得显著改善,允许作业在高的料液流速情况下进行。由于过度混合造成乳化,在各萃取级中安装的四个混合器也缩减为两个。

3)夹带量的控制

产生相夹带与萃取槽的分散及聚结之间的平衡状态不良有关。可能出现的夹带现象包括负载有机相夹带料液及萃余液或反萃段富电解液夹带有机相的问题。为此,Skorpion 工程在萃余液及反萃液出口、以后又在再生残液出口都配备了后置澄清槽,并配备了反萃液过滤塔。塔内原来是填装石英砂与炭层,由于石英砂常损坏过滤塔的衬里材料,故全部改用炭层,在规定的作业周期内除塔顶部之炭层外,塔内部炭层活性都是一样的,因此只需定期更换塔顶部的炭层。

采取这些措施后,反萃液及萃余液中夹带的有机相一直都维持在低于限制标准范围内,即分别为 1 mg/L 及 2 mg/L。

作为一种控制夹带量的常规方法是增加澄清槽中分散相的深度,这样有利于相澄清。故需要配备高质量的可靠的界面控制阀。为此,西班牙 TR 研究所专门开发了一种新的界面控制阀。

4)料液中杂质的影响

D2EHPA 萃锌体系的除杂效果较好,表 18 - 10 为用工厂实际运行中的有机相按萃取—反萃循环处理合成料液得到的分离系数值。

显然,锌与杂质的分离系数是比较理想的,但镍的选择性往往比目标值小许多,其原因尚不清楚。实际生产电解液中杂质超标往往由夹带或污物在系统中的转移造成。而电极过程对杂质特别敏感,它们在阴极局部地区的共沉积除了使锌返溶、降低电流效率及影响产品质量外,在锌冶金中更会产生一种灾难性的破坏作用,即这些沉积在阴极上的杂质,像是一种催化剂,它们使氢在锌上的超电压降低,从而在阴极析出。Skorpion 在 2005 年及 2006 年曾经两次发生电槽起火,都是由于氢气的爆炸引起的。从那以后，除了采取减少夹带和污物外，在控制系统方面也做了相应的改进，包括安装了将萃取回路中界面高度控制、增加贫电解液的取样频率以便对杂质超标的报警，与增加严格隔离电槽措施联在一起的联锁控制机构。

表 18 - 10　锌与各种杂质的分离系数

项　　目	Zn	Cu	Cd	Ni	Ca
合成料液成分/(g·L^{-1})	31	2	0.8	0.5	0.5
有机相高锌负荷的目标值[1]	—	108	50	5709	7
有机相高锌负荷的实测值	—	110	76	343	5
有机相低锌负荷的目标值[1]	—	31	11	1319	2
有机相低锌负荷的实测值	—	47	24	545	2

注：[1]目标值为用新鲜有机相萃取—反萃循环处理合成料液的结果。

杂质的影响还涉及浸出液中三价离子的行为，其中人们熟悉的三价铁离子在此不再赘述，在锌冶金中还要引起注意的是铝离子及稀土离子，后者对 Skorpion 工程是一个特殊问题，在该工程处理的原料中，稀土的含量是极少的，但 D2EHPA 对稀土有强的萃取能力，有机相长期循环造成了稀土富集，所以将有机相中 D2EHPA 实际控制在 42%，以容纳这部分三价离子，如何反萃应用这部分稀土还是一个正在研究中的议题。

为了尽量减少杂质在有机相的积累，反萃后有机相分流 3% 按 O/A = 11.2:1 用 6 mol/L 盐酸再生处理后再返回流程循环，有机相中残留金属量控制在小于 150 mg/L，而原设计只分流 1.5% 反后有机相。

5）污物

投产以来，污物一直是重要的问题，它既造成有机相损失又引起杂质超标。污物形成的主要原因可归结为：①浸出液中存在悬浮固体颗粒；②液体中夹带了空气，这种夹带来自混合槽虹吸管的破裂及澄清槽溢流的储槽。

形成污物的固体颗粒中，硅是主要成分。悬浮的胶状污物漂浮到反萃级中，在强酸环境下部分破裂，将它所携带的浸出液"释放"到电解液中，从而造成了电积回路污染。

原设计中采用砂滤处理浸出液，但常被石膏所堵塞，后来建设了浸出液池，并让澄清的溶液再次通过浓密机处理，因而延长了澄清时间，对改善浸出液的质量有一定的效果，之后又安装了精密过滤器使浸出液中固体含量降至 10 mg/L 以下，2008 年又安装了在铜萃取中使用效果不错的三相离心机，进一步改善了污物处理并有效回收了有机相。

　　值得强调的是，上游浸出工序供应的浸出液质量不但影响萃取工序污物的形成，而且对稳定萃取工序的运行条件也有重要作用。投产初期，由于矿物原料品位的波动，浸出液含锌在 25～40 g/L 之间波动，所以需经常调整有机相流速并进一步影响到进料液、洗水及反萃液的流速调整，泵混合搅拌强度的调整，循环回路中流速的改变及在混合槽与澄清槽之间溢流的水面，实际上这样广泛的流速波动使系统运行缺乏稳定性并难以控制，通过浸出工序的不断改进才使浸出液组成及负载有机相锌含量稳定到设计目标值，也使其他萃取操作参数也随之稳定下来，保证了澄清槽的水力学平衡，减少了相界面的波动。

18.3.2　Hydrozinc 过程

　　加拿大 Teck Cominco 有限公司开发的 Hydrozinc 过程也是一个用 D2EHPA 萃锌的全湿法工艺，2008 年以前已经完成了半工业试验。所用料液为硫化矿的生物堆浸—酸浸技术得到的浸出液。总计浸出试验消耗了 1 万 t 硫化矿。

18.3.2.1　工艺流程

　　Tech Cominco 过程包括堆浸—酸浸、中和、萃取及电积四大工序[22, 23]。所处理的矿物有闪锌矿、铁闪锌矿、纤维锌矿等锌的硫化矿。含锌品位从 3%～20%，破碎至粒径 25 mm 左右；堆高 6 m；从下部鼓入空气，上部喷淋由萃取工序返回的含 30 g/L 硫酸的萃余液。萃余液中三价铁按式(18-6)氧化硫化锌。

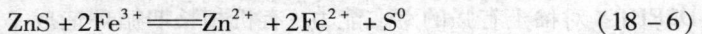

$$ZnS + 2Fe^{3+} === Zn^{2+} + 2Fe^{2+} + S^0 \qquad (18-6)$$

产生的亚铁离子又借细菌氧化作用被氧化为三价铁离子，如式(18-7)所示：

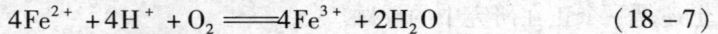

$$4Fe^{2+} + 4H^+ + O_2 === 4Fe^{3+} + 2H_2O \qquad (18-7)$$

而元素硫也可被细菌进一步氧化为硫酸：

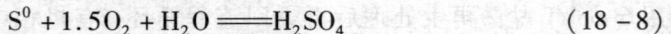

$$S^0 + 1.5O_2 + H_2O === H_2SO_4 \qquad (18-8)$$

如式(18-9)所示，伴生的黄铁矿也为细菌氧化：

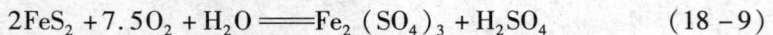

$$2FeS_2 + 7.5O_2 + H_2O === Fe_2(SO_4)_3 + H_2SO_4 \qquad (18-9)$$

靠氧化放热以维持从堆底收集之浸出液的温度不低于 35℃。

　　返回的萃余液含锌 10～20 g/L，从堆底流出之浸出液锌浓度为 20～40 g/L，其 pH 小于 2，因此避免了铁在矿堆内的沉淀。

　　中和工序由串联的系列搅拌槽构成，浸出液首先用碱式硫酸锌调整 pH，接着添加石灰乳使溶液中和至 pH 为 4～4.5，此时发生反应：

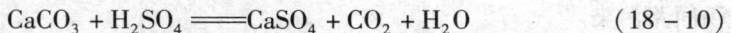

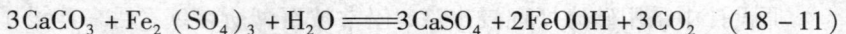

$$CaCO_3 + H_2SO_4 === CaSO_4 + CO_2 + H_2O \qquad (18-10)$$

$$3CaCO_3 + Fe_2(SO_4)_3 + H_2O === 3CaSO_4 + 2FeOOH + 3CO_2 \qquad (18-11)$$

　　与一般工业上常用的中和法不同，此流程中和工序不需鼓入空气氧化亚铁离子，后者在萃取阶段留在萃余液中，有利于萃余液返回浸出工序再氧化为浸出锌的三价铁离子。经过 90～180 min 的中和作业后，矿浆在浓密机中澄清，过滤后的清液送萃取工序。同时从浓密机中分流部分溶液，用锌灰置换除镉以控制系统中镉的含量。分离锌镉渣后的溶液再用石灰乳调 pH，产生的碱式硫酸锌用于中和工序预调 pH。

　　萃取工序流程示于图 18-13。全工序设置两级逆流萃取、三级逆流洗涤及两级逆流反萃。负载有机相经过中转储槽后再进洗涤段。反萃得到的富电解液送电积工序。由于铁在有机相中逐渐积累，故分流部分循环有机相除去铁后再回到循环回路。

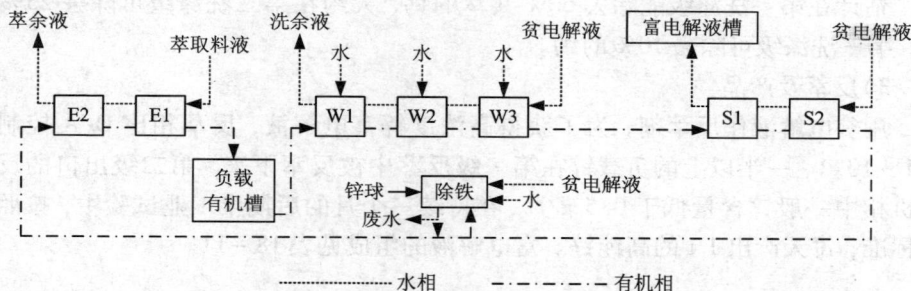

图 18-13　萃取工序流程简图

　　混合—澄清槽用 316 不锈钢制造。用涡轮泵混合器混合两相，典型的混合澄清时间约 2 min。澄清槽有回流设置，其面积为 2.6 m²。

18.3.2.2　运行

1）萃取

　　有机相为 20%（V/V）D2EHPA，稀释剂 Orforn SX11。料液的 pH 为 3.5，含锌 20 g/L，镁与镉均为 0.8 g/L，钙与铁均为 0.6 g/L，铝与二氧化硅均为 0.2 g/L，锰 0.02 g/L，钴 0.08 g/L，镍 0.04 g/L。

　　控制萃取级相比，使只有 50% 的锌被萃取，以维持萃取反应产生的氢离子不要太多，这样可保证返回浸出的萃余液酸度不会太高。实验表明，锌的萃取平衡时间只需 30 s，相应的级效率为 97%，混合—澄清时间 2 min。共萃的杂质主要是钙和镉，在 0.5~0.6 g/L 钙及 0.4~0.9 g/L 镉的浓度范围内，它们的共萃取与料液中的浓度无关，而随锌的负荷量增加，镉的共萃取率降低，为了减少钙与镉的共萃取，有机相中锌的负载量至少需 8 g/L 锌。过高的有机相负荷会增加有机相的黏度，延长相澄清时间，因此需寻求在高锌负荷与可以接受的黏度之间的平衡点。

2）洗涤

　　洗涤段是萃取工序的关键作业，其任务除了洗去夹带的浸出液外，还要洗去共萃的杂质，例如钙与镉。洗余液的出路未见公开报道。在三个洗涤级中，每级分别按 1.5 L/min 的流速加入洗水，在第三级洗涤中还另外按 1.5 L/min 加入贫电解液，保证既能洗出物理夹带的含杂溶液，又能借助贫电解液中的锌置换化学共萃的杂质。判断洗涤效果的最好方法是以富电解液的质量为依据。钙是最难除去的杂质，维持电解液的质量的目标是要控制其中的钙浓度小于 100 mg/L，措施就是调整洗水的质量。

三个洗涤级中夹带水相的洗除效率估计为 94% 到 97%，夹带除去量与洗涤剂的酸度和体积无关。

估计在第一洗涤级能除去 60% 共萃的钙，大约在第二洗涤级可除去 25% 的钙，第三洗涤级可除去 10% 的钙。

3）反萃及产品

用贫电解液作反萃剂，为了获得高浓度锌富电解液，反萃相比 O/A 控制在 5:1~10:1，一半以上的负载锌在第一级反萃中被反萃下来，第二级出口的反后有机相中一般锌含量低于 0.5 g/L。在持续三个月的后期半工业试验中，按照设计标准，每天产出 1 t 的高纯锌。富电解液的组成见表 18-11。

表 18-11　生产高纯锌的富电解液组成/(mg·L^{-1})

	Zn①	H$_2$SO$_4$①	Mn①	Al①	As	Ca	Cd	Co
平均	110	71	2.5	0.4	<0.010	52	0.3	0.5
范围	100~120	50~100	1.3~3.3	0.3~0.6		30~80	0.2~0.5	0.2~0.7
	F	Fe	Hg②	Mg	Ni	Pb③	SiO$_2$	Sb
平均	12	21	7	10	0.2	0.6	35	0.02
范围	7~9	3~30	2~15	6~17	0.1~0.3	0.1~1.9	15~50	<0.01~0.02

注：①g/L；②μg/L；③总 Pb。

电解液中钙很容易维持在 100 mg/L 以下，阴极中镉含量约 3 g/t 锌，钴的浓度稍许高一点，电流效率大约为 90%。

为了保证电锌质量，反萃液送入电槽之前需经聚结器除去其中的有机相，再通过双介质过滤器除去细小固体微粒及剩余的有机物，最后通过一个炭柱清除残存的有机物。典型的电锌质量分析见表 18-12。

4）有机相中积累的铁的去除

除铁采用美国专利(U. S. Pat. No 5228903)提出的还原反萃法，将适量水和贫电解液与待处理有机相送入填料塔中，使有机相以乳化液状态与还原剂锌接触。视需要，可以使有机相为连续相，也可以使水相成为连续相，它将有机相中积累的三价铁还原为二价，同时被反萃进入稀酸(水相)中。

表 18 – 12　阴极锌中的杂质含量/$(\mu g \cdot g^{-1})$

元素	标准（SHG 级）	样品 1	样品 2
Al	20（最大）	7	9
As		1	1
Cd	30（最大）	3	2
Cu	20（最大）	2	2
Fe	30（最大）	4	2
Pb	30（最大）	5	12
Sn	10（最大）	<1	<1
Tl		<1	<1

　　除铁的填料塔充填铅芯锌球。溶液按上行法或下行法进入塔内，有机相中三价铁被锌还原为二价后进入水相。需经分流处理的有机相为总量的 50% ~ 100%。大约每分钟处理 1 L。铁的除去量为 1.5 g/min。

　　锌球的消耗与进入塔处理的溶剂的体积有关。其消耗量包括三价铁还原为二价铁所需的锌量，锌与酸作用的消耗量及锌与溶解氧作用的消耗量。上行法锌球消耗量平均为处理 1 m³溶剂消耗 170 g 锌；下行法则锌球消耗量为处理 1 m³溶剂消耗 190 g 锌。

18.3.2.3　夹带、污物及溶剂损失

　　E2 级及 S1 级维持有机相连续，这样可降低有机相的夹带损失，而 E1 级与 S2 级维持水相连续，E1 级水相连续可减少含杂质料液被带进洗涤段，S2 级水相连续则可减少电解液被反后有机相的夹带造成的损失。三个洗涤级均安排水相连续，这样从 W3 级进入反萃段的有机相中夹带含杂质的水相可以减少；曾经进行过将 W1、W2 两个洗涤级改为有机相连续，但对改进反萃段的富电解液质量收效甚微。

　　降低夹带的最有效措施是加大搅拌桨叶直径而降低搅拌的转速，无论是有机相夹带水相，还是水相夹带有机，这一措施均有效，例如应用小桨叶，大转速时，溶剂在萃余液及富电解液中的夹带分别为 30 mL/m³ 及 150 mL/m³，而将桨叶增大至 15 cm，相应降低转速后，溶剂在萃余液及富电解液中的夹带量分别减少至 20 mL/m³ 和小于 30 mL/m³。经过多种方法的比较试验，从萃余液中除去溶剂的最好方法是用多介质过滤器，当然处理萃余液的成本效率还需进一步评估。

　　在试验厂并未排出污物，特别是采用澄清器及精滤器以后更未排出污物。在混合澄清槽中，澄清之后的萃余液及其储槽中也未产生霉菌，但当往萃余液中鼓空气进行气浮除有机相试验中，霉菌却剧烈增加，混合澄清槽的 E1 级及 W1 级中污物聚集速度最快。尽管霉菌生长使洗涤除杂变得较困难，但其最大的危害是对

下游作业的影响, 这种萃余液返回浸出会堵塞堆浸的矿堆。

在 26 个月的半工业试验中, 补充了 12.3 m^3 有机相, 溶剂总损失相当于处理每立方萃余液损失 200 mL 溶剂, 但这包括试验过程的机械损失及在一段时间内采用不恰当的搅拌桨叶引起的一些损失, 估计在以后的工业试验中, 每吨电锌的溶剂损失为 2.7 L, 相当于处理 1 m^3 萃余液损失溶剂 30 mL。

18.4 从碱性介质中萃锌

尽管碳酸盐矿物也可用硫酸浸出, 但用氨浸则更为经济; 另一方面用碱处理钢铁器件的锌保护镀层得到的苛性浸出液是一种重要的二次锌资源, 为此本节介绍从这两类溶液中用萃取法回收锌的方法。

18.4.1 从氨浸液中萃锌

中南大学陈启元、胡慧萍等[15, 16]针对从高碱性脉石低品位氧化锌矿中提锌的需要, 开发了一种从氨性溶液中萃锌的特效萃取剂——高位阻 β - 二酮螯合萃取剂, 1 - (4' - 十二烷基)苯基 - 3 - 叔丁基 - 1, 3 - 二酮, 它在氨性溶液中有良好的稳定性。考察了五种不同官能团的含氧中性 Lewis 碱(正辛醇、壬基酚、LIX84、磷酸三丁酯和三正辛基氧化膦)作协萃剂对从模拟氨性溶液($\rho_{Zn^{2+}}$ = 3 g/L、总氨浓度为 3 mol/L)中萃取锌的影响。结果表明, 正三辛基氧化膦(TOPO)的协萃效果最好, 其协同萃取系数 $R = 3.36$。运用斜率法确定了 TOPO 与高位阻 β - 二酮的协萃体系萃取 Zn^{2+} 的协同萃合物组成为 ZnR_2B; 协同萃合物稳定常数为 $\lg\beta_2 = 2.08$。其反应机理如式(18 - 12)及式(18 - 13)所示。

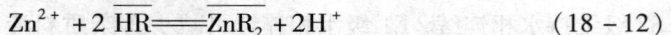

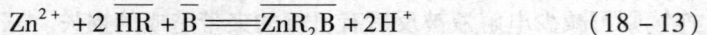

$$Zn^{2+} + 2\overline{HR} \Longrightarrow \overline{ZnR_2} + 2H^+ \qquad (18 - 12)$$
$$Zn^{2+} + 2\overline{HR} + \overline{B} \Longrightarrow \overline{ZnR_2B} + 2H^+ \qquad (18 - 13)$$

同时, 采用 TOPO 与高位阻 β - 二酮协萃体系对氨性溶液中的锌进行了萃取试验, 考察了相比、被萃水相总氨浓度、pH 和锌离子浓度等对锌萃取的影响。结果表明[16], 在该萃取体系中, 锌的萃取率随相比(O/A)的增大而增大; 随被萃水相总氨浓度和 pH 的升高而降低; 而锌萃取率与被萃水相中锌离子浓度无关。其最佳萃取条件为被萃水相 Zn^{2+} 15 g/L, 总氨 3 mol/L, pH = 8.50 的 NH_3 - $(NH_4)_2SO_4$ 溶液中, 当有机相萃取剂浓度为 50%(V/V), 相比为 2:1 时, 锌的单级萃取率为 75%。

在基础研究工作的基础上开发了针对高碱性脉石型低品位氧化锌矿的"氨浸—萃取—酸性电积"新工艺, 工艺流程图如图 18 - 14 所示。该工艺具有如下特点: ①氨性浸出过程中锌浸出率高、成本低而钙镁等离子不被浸出, 且浸出剂为萃余液可循环使用; ②净化过程负担小; ③萃取过程中萃取剂能够在氨性溶液和酸性溶液中稳定循环使用, 且锌萃取率和反萃率高。

选取云南兰坪高碱性型低品位氧化锌矿(Zn < 8%)进行氨浸, 净化后的氨浸

液在 MSU－0，5 混合澄清槽中（由瑞典 MEAB 公司生产）进行了连续运行试验考察。流程共安排两级逆流萃取和一级反萃。混合澄清槽中混合室有效体积为 0.12 L，澄清室有效体积为 0.48 L，萃取和反萃过程中混合室搅拌速度为 1400 r/min。有机相流量 2.67 L/h，料液流量为 1.33 L/h，模拟贫电解液（$\rho_{Zn^{2+}} = 45$ g/L，$\rho_{H_2SO_4} = 180$ g/L）流量为 1.33 L/h，共处理料液和模拟锌氨溶液各 150 L，有机相体积为 3.2 L。连续运行 38 d，萃取剂清澈易分相，整个连续萃取反萃过程中，两级逆流萃取的锌总萃取率维持在 86% 左右，一级反萃锌反萃率维持在 85% 左右，萃取剂循环使用性能良好。

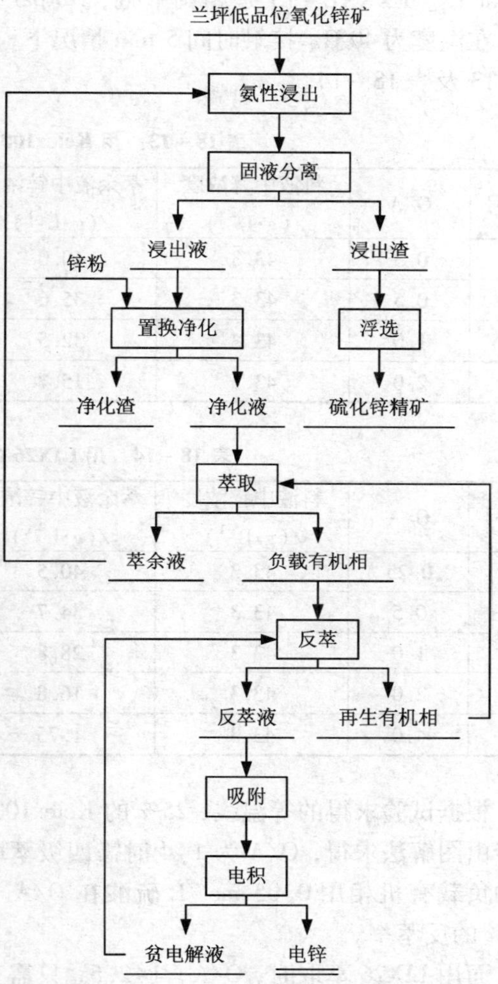

18.4.2 从苛性钠溶液中萃锌

废镀锌钢铁零部件一般用电弧炉熔炼回收钢铁，锌进入烟尘。加拿大 Process Research Ortech 有限公司（PRO）开发了一种新的环保工艺，用苛性钠直接浸出这些零部件脱锌，剩下的脱锌钢铁部件回收。浸出液则用萃取法回收锌。

图 18－14 "氨浸—萃取—酸性电积"工艺全流程图

浸出反应为：

$$Zn + 2NaOH + 1/2O_2 \Longrightarrow Zn(ONa)_2 + H_2O \qquad (18-14)$$

萃取试验比较了两种取代 8－羟基喹啉类萃取剂，即 Kelex100 与 LIX26 对锌的萃取能力。它们萃取锌及反萃的反应为：

$$\overline{ZnO_2^-} + 2\,\overline{HL} \Longrightarrow \overline{ZnL_2} + 2OH^- \qquad (18-15)$$

$$\overline{ZnL_2} + H_2SO_4 \Longrightarrow ZnSO_4 + 2\,\overline{HL} \qquad (18-16)$$

有机相组成为萃取剂 25%（V/V），EXXAL－13 5%（V/V）及 70%（V/V）

Norpar 13。EXXAL – 13 是相调节剂，Norpar 13 是稀释剂。料液锌浓度为 43.3 g/L。在温度为 40℃，接触时间 5 min 情况下，考察了不同相比时的萃取结果见表 18 – 13 及表 18 – 14。

表 18 – 13　用 Kelex100 的萃取效果

编号	O/A	料液中锌浓度 /(g·L^{-1})	萃余液中锌浓度 /(g·L^{-1})	有机相锌浓度 /(g·L^{-1})	锌萃取率 /%
1	0.3	43.3	40.0	10.0	7.70
2	0.5	43.3	35.6	15.4	17.7
3	1.0	43.3	32.5	10.8	24.8
4	2.0	43.3	15.7	13.8	63.8

表 18 – 14　用 LIX26 的萃取效果

编号	O/A	料液中锌浓度 /(g·L^{-1})	萃余液中锌浓度 /(g·L^{-1})	有机相锌浓度 /(g·L^{-1})	锌萃取率 /%
1	0.25	43.3	40.5	11.2	6.50
2	0.5	43.3	34.7	17.2	19.9
3	1.0	43.3	28.8	14.6	33.4
4	2.0	43.3	16.8	13.3	61.3
5	4.0	43.3	1.75	10.4	95.9

根据试验求得的等温线，25% 的 Kelex100 的最大负载容量为 15 g/L 锌。进一步由图解法求得，O/A 为 1∶4 时需四级萃取可以萃取 40 g/L 锌。含 13.8 g/L 锌的负载有机相用 0.05 mol/L 硫酸在 O/A = 1∶1 情况下经三级反萃可以获得 100% 的反萃率。

而用 LIX26 萃取时，O/A = 1∶2.5，只需三级就可从含锌 40 g/L 的水相中完全萃取锌，负载有机相含锌 17.2 g/L，在 O/A = 3∶1 时用 0.05 mol/L 硫酸，经 6 级反萃可将锌全部反萃下来。

试验结果表明两种萃取剂萃锌性能近似，但 LIX26 的反萃性能似乎好一点。

反萃液可用电解法回收金属锌，但该试验采用碳酸钠直接沉淀碳酸锌。在 pH = 8.7 时，沉锌率达 99.9%。沉淀反应为：

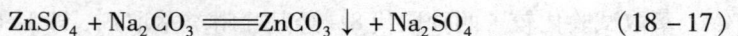

$$ZnSO_4 + Na_2CO_3 =\!=\!= ZnCO_3 \downarrow + Na_2SO_4 \qquad (18 – 17)$$

根据试验结果，提出了一个从碱性介质中萃锌的原则流程，如图 18 – 15 所示。

据称，如改用此法处理报废的镀锌钢的零部件，不仅可避免在北美地区每年填埋 5000 t 电弧炉灰问题，而且此法回收锌比从矿石中直接提取锌减少了每生产

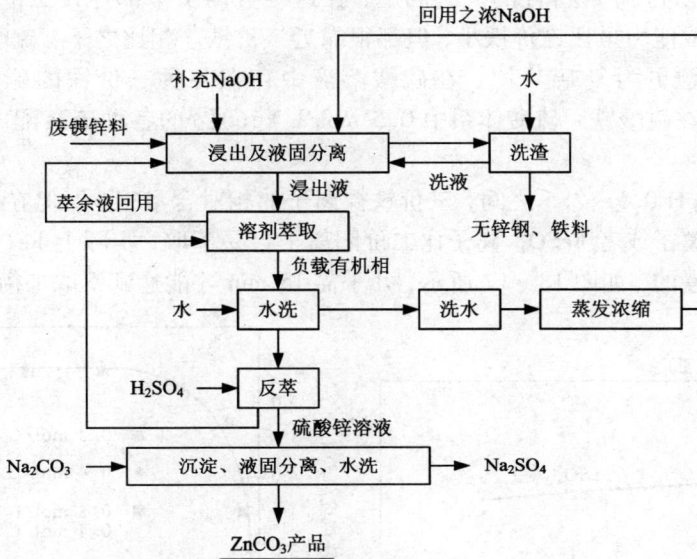

图 18 - 15　从 NaOH 脱锌液中萃取锌的原则流程

1 t 锌排出 50 t 二氧化碳气体的污染问题。

此工作的进一步进展情况尚不清楚, 无疑与从氨浸液中萃锌一样, 它们应用于工业生产还有许多工作要做, 但现在的成绩足以启发我们去思考湿法炼锌的发展道路与前途。

18.5　小结

(1)含锌原料, 特别是二次资源种类多样, 因而工业上提锌的溶液种类有四类, 即氯化物溶液, 硫酸盐溶液, 氨溶液及苛性钠溶液。在不同的溶液中, 锌元素存在的形态不同, 因此用萃取法提锌的体系也不同。

(2)按照本书采用的萃取体系分类法, 可以提锌的萃取体系包括了本书介绍的所有萃取体系。而在每一类体系中, 工业上普遍使用的萃取剂, 甚至使用概率不多的萃取剂, 都被广泛用于萃取锌的开发研究。这一事实本身说明, 目前还没有萃锌的特效选择性萃取剂, 更没有明显的占优势的萃取体系。

(3)目前所知真正用萃取法生产锌的工厂只有三个。湿法炼锌工厂按生产规模分为三类, 即年产锌 5 万 t 以下属小厂, 10 万 t 以上的属大厂。那么在锌工业领域只有南非南纳米比亚的 Skorpion 是第一座也是唯一的一座大型萃取法炼锌工厂, 而且采用的是湿法炼锌的主流工艺——硫酸体系提锌。

(4)无论从氯化物体系萃锌, 还是从硫酸体系提锌, 锌铁分离都是影响工艺的可行性、先进性、经济性的关键问题,在这两类体系中都存在三价铁易萃取,而锌的被萃取能力虽比三价铁小,但都很靠近三价铁。相比之下,硫酸体系中的锌铁分离问题更为复杂[18, 19],在硫酸溶液中存在各种三价铁的硫酸配离子,图 18 – 16 为在硫酸铁 – 硫酸体系中 0.5 mol/L Fe(Ⅲ)的各种硫酸配离子的分布情况。

尽管在 pH 0.5 ~ 2.5 之间,三价铁裸离子的相对含量很少,但在低 pH 范围内,Fe(Ⅲ)离子或者 $FeSO_4^+$ 离子比二价阳离子容易萃取,实际上 Fe(Ⅲ)的萃取动力学是很慢的,如图 18 – 17 所示,几乎需 15 min 才能达到萃取平衡。

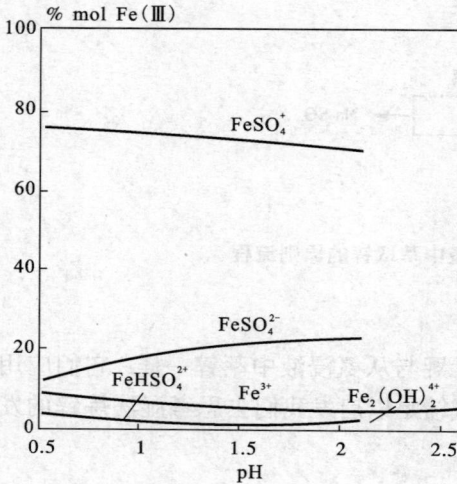

图 18 – 16 硫酸铁 – 硫酸体系中铁的配离子(25℃)

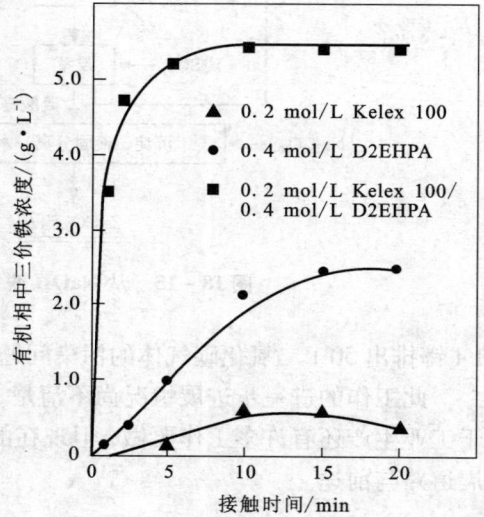

图 18 – 17 在 158 g/L 硫酸溶液中 Kelex 100 及 D2EHPA 萃取铁的曲线

尽管如此,由于对锌金属中铁含量的严格限制,微量三价铁对萃取分离的影响是一个必须认真解决的问题。对各种萃取剂而言,从有机相中反萃铁都是一个很难的问题。

(5)从有机相中反萃铁,常用的办法是以浓度高达 6 mol/L 的盐酸反萃铁,但腐蚀问题、劳动环境问题以及铁的利用问题都是令人头痛的问题。

虽然广泛研究了还原反萃铁的方法,如加压氢还原或二氧化硫还原,真空下还原反萃,电还原等,但是成本问题仍然是这些方法为工业界接受的障碍。

曾经报道过用有机酸除铁的方法,例如称之为 Versatic acid 过程的方法,与其他方法不同之处是用 Versatic 911 浸出焙砂得到有机酸的锌盐,然后用它从锌浸出液中利用交换萃取的原理使铁进入有机相而锌被置换进入水相达到净化硫酸锌溶液的目的,含铁有机相用高温水解办法反萃铁。尽管这样可得到直接返回钢铁厂利用的赤铁矿,但其成本要比常规方法高出 30%,且存在固液分离困难,也无实用价值。

如果从萃取与反萃取两方面考虑,可以说目前还没有工业上可行的萃取体系,既能萃铁净化硫酸锌溶液,又易于反萃且通过反萃获得制取钢铁工业所需原料的浓反萃液。人们目前把希望寄托在协萃体系的研究方面。

(6)排除铁的干扰的另一途径是仿照湿法炼铜的工艺路线,开发对锌有高的选择性而不萃铁的特效萃取剂,例如含硫或含氮的活性基团的萃取剂,最好的例子是捷利康公司(现为美国氰特公司的一部分)开发的 DS5869 萃取剂,一种取代的二硫代磷酸酰胺,它能在很广泛的锌浓度及酸性范围内对锌有极高的选择性而不萃铁[18]。

唐瑞仁也独立完成了二烷基硫代磷酸酯及四芳基硫代磷酸亚胺的合成[20, 21],在对所合成的萃取剂的结构与性能研究的基础上,研究了它们对 Zn^{2+}、Cd^{2+}、Hg^{2+}、Cu^{2+}、Fe^{3+} 的萃取性能,证明了该类化合物基本上不萃三价铁,而对 Zn^{2+} 具有较强的萃取能力,可考虑用于从硫酸盐体系萃取锌。

(7)在 20 世纪的第一个十年,萃取法湿法炼锌工艺取得了重大进展。建立在西班牙 MZP 技术基础上的 Skorpion 工程,投产后经历了五年左右的时间,不断完善与改进,成功达到了年产 15 万 t 高纯锌的目标。第一个利用一次原料,硫酸体系全湿法工艺成功为湿法炼锌工业树立了样板,给科技人员树立了进一步开展研究的信心。关键的技术瓶颈已得到公认,道路已经指明:是优先选择性萃铁,还是优先选择性萃锌,或者是反萃分离锌/铁? 能为市场接受的成本,能为环境容纳的工艺是判定的唯一标准。而 Hydrozinc 过程是第一个用生物堆浸—酸浸技术处理硫化矿,浸出液采用中和—萃取在半工业试验规模取得成功的工艺。估计在今后的 10~20 年间应用硫化矿的萃取工艺必将取得突破。

参考文献

[1] 彭容秋. 有色金属提取冶金手册(第 3 卷)(锌、镉、铅、铋)[M]. 北京:冶金工业出版社,1992.

[2] 杨显万,邱定蕃. 湿法冶金[M]. 北京:冶金工业出版社,1998.

[3] Takalani Gangazhe, Kathryn Sole, Jochen Petersen. Zinc Extraction from High Chloride Liquors [C]. ISEC'2011. Santiago, Chile, 2011.

[4] Gordon M Ritcey. Solvent Extraction, Principles and Applications to Process Metallurgy[M]. Revised 2nd, Vol. 2, 2006.

[5] D Martin, G Diaz, M A Garcia, F Sanchez. Extending Zinc Production Possibilities Through Solvent Extraction [C]. ISEC'2002. Johannesburg, 2002.

[6] 张启修. 冶金分离科学与工程[M]. 北京:科学出版社,2004:307-309.

[7] 杨大锦. 低品位锌矿堆浸—萃取—电积工艺研究[D]. 昆明：昆明理工大学，2006.

[8] Claassem J O. Iron Precipitation from Zinc – rich Solutions：Optimizing the Zinclor Process[J]. Journal of the South Africa Institute of Mining and Metallurgy，2003，103(40)：253 – 263.

[9] Cole P M，Sole K C. Zinc Solvent Extraction in the Process Industries[J]. Mineral Processing and Extractive Metall. Rev. 2003，24：91 – 137.

[10] Carlos A de Morais，Diogo H Carvalho，et al. Separation of Zinc from Iron（Ⅱ）in Spent Pikling Effluents Produced by the Hot – dip Galvanizing Industry by Liquid – liquid Extraction[C]. ISEC'2008，Arizona，Vol. 1：25 – 220.

[11] Kathryn C Sole，Angus M Feather，Peter M Cole. Solvent Extraction in Southern Africa：An Update of Some Recent Hydrometallurgical Developments[J]. Hydrometallurgy，2005(78)：52 – 78.

[12] J Gnoinski，K C Sole，D R Swart，R F Maluleke，G Diaz，F Sanchez. Highlights and Hurdles in Zinc Production by Solvent Extraction：The First Four Years at Skorpion zinc[C]. ISEC'2008. Arizona，Vol. 1：201 – 208.

[13] Carlota David，Stefan Engelbrecht，Custav Diazn，Francisco Sanchez R，Ana Belen Mejias. Skorpion Zinc – lessons Learnt in the Operation of the Modified Zincex Solvent Extraction Process[C]. ISEC'2011，Santiago，Chile.

[14] J R Harlamovs，S Belanger. Zinc Solvent Extraction in the Hydrozinc Process[C]. ISEC'2008，Vol. 1：209 – 214.

[15] Fu W，Chen Q Y，Wu Q，Hu H P，Bai L. Solvent Extraction of Zinc from Ammoniacal Ammonium Chloride Solutions by a Sterically Hindered Beta – diketone Extractant，4 – Ethyl – 1 – Phenyl – 1，3 – Octadione(X1 – 55)，in the Absence and Presence of Tri – n – Octylphosphine oxide(TOPO)[J]. Hydrometallurgy，2010：100，116 – 121.

[16] Chen Q Y，Li L，Hu H P. Synergistic Extraction of Zinc from Ammoniacal Ammonianium Sulfate Solution by a Mixture of a Sterically Hindered Beta – Diketone and Tri – n – Octylphosphine Oxide (TOPO) [J]. Hydrometallurgy，2010，105，201 – 206.

[17] G V K Puvvada，R Sridhar，V l Lakshmanan. Recovery of Zinc from Galvanized Steel Scrap using Hot Caustic Leaching Followed by Solvent Extraction and Precipitation[C]. ISEC'05 Beijing：1407 – 1415.

[18] P A Riveros，J E Dutrizac，E Benguarel，G Houlach. The Recovery of Iron from Zinc Sulphate – Sulphuric Acid Processing Solutions by Solvent Extraction or Ion Exchange[J]. Min. Proc. Ext. Rev. 1998 Vol. 18：105 – 145.

[19] M R C Ismael，J M R Carvalho. Iron Recovery from Sulphate Leach Liquors in Zinc Hydrometallurgy[J]. Minerals Engineering，2003(16)：31 – 39.

[20] 唐瑞仁，张启修. 四苯基硫代磷酰亚胺的合成[J]. 合成化学，2000，8(5)：381 – 383.

[21] 张启修，唐瑞仁，杨华武. 相转移催化法合成二烷基硫代磷酸酯[J]. 合成化学，2001(9)：170 – 171.

[22] H M Lizama，J R Harlamovs et al. The Tech Cominco HydroZinc™ Process[C]. Hydrometallurgy，2003. The Fifth International Conference in Honor of Professor Ian Ritchie，Vol. 2：1503 – 1516.

[23] J R Harlamovs，et al. A Heap Bioleaching Process for Zinc[P]. United States Patent，No. 6736877，2004.

第 19 章 稀散金属萃取

蒋玉思 陈兴龙 广州有色金属研究院
何静 刘桂华 中南大学冶金与环境学院

目 录

19.1 概述

    人们习惯上将地壳中分布非常分散的一类金属称为稀有分散金属,简称为稀散金属(Scattered Metals, SM)。这类金属包括镓(Ga)、铟(In)、锗(Ge)、铊(Tl)、硒(Se)、碲(Te)、铼(Re)等 7 种元素, Re 有时又划分为难熔金属[1]。SM 元素的共同点是:①它们具有较为相似的物理化学性质;②SM 与某些造岩元素的地球化学性质相似,这使得前者以类质同晶进入后者的晶格,因此在自然界中极少有单一的、具有工业开采价值的 SM 独立矿床[1];③它们多伴生在有色金属、煤和黄铁矿中,量微而分散,其中镓(Ga)、铟(In)、锗(Ge)、铊(Tl)、硒(Se)、碲(Te)多伴生于铜、铅、锌矿物中,而铝土矿含镓(Ga),辉钼矿与铜矿中含有铼(Re),只能在生产有色、黑色主体金属时或含 SM 的其他有用矿物中作为副产品综合回收[1-2]。

在地壳内热液作用的过程中，镓具有亲硫性质而与锌关系密切。但在表生条件下，镓表现为亲石性质而与铝关系密切，因此镓多伴生在铅锌矿及铝土矿中，目前铝土矿是主要的提镓原料。铟与锡和锌的关系最密切，而它在硫化矿中最易进入四面体配位晶格的硫化矿物中，具有这种晶格的常见矿物是闪锌矿和黄锡矿（黝锡矿），因此，这些矿成为提铟的主要来源。锗的亲硫性使其富集在某些硫化物中，如闪锌矿、硫砷铜矿等，锗的亲铁性使其富集在针铁矿和赤铁矿中，锗的亲有机性使得其在煤层中有较高的富集。硒碲与硫的化学性质最相近，均属于典型的亲铜元素，碲多出现在含铜、铋、铅的金或银的多金属矿床中，大部分以类质同象方式替代硫进入黄铜矿、黄铁矿、辉铜矿、硫砷铜矿、方铅矿及闪锌矿等。另外，硒还可以在煤中达到一定的富集。铊化学参数与钾、铷相似，它也具有亲铜性而进入铅、锌及铁等硫化物中，如方铅矿、闪锌矿及黄铁矿，使其成为主要的提铊原料。

由于稀散金属富集在其他金属生产过程的中间产物或副产物中，其含量并不很高，因此溶剂萃取在稀散金属的富集、提纯过程中受到广泛的重视。

19.1.1 镓的萃取概况

（1）从氧化铝生产循环母液中，用 Kelex 100 萃取镓。该法简便，回收率高于 80%，Kelex 100 的选择性也较好，不萃锌、镉、钴、镍和砷等，但共萃铜和铁。

（2）HCl 体系中，可用磷酸三丁酯（TBP）、甲基异丁基酮（MIBK）定量萃镓；也可用三辛胺（TOA）、乙酰胺、Cyanex 925、CA－12、N503 等萃取镓。有研究报道从黄磷电炉电尘浆中提取镓，即用萃取剂 TBP 萃取镓，NaCl 为反萃剂，磺化煤油为稀释剂。其萃取率达 99%，反萃率达 98%，效果较理想[3]。

（3）H_2SO_4 体系中，在硫酸浓度较宽范围内可用二－（2－乙基己基）磷酸（P204 或 D2EHPA）、N503、D2EHPA＋YW100 及伯胺等萃取镓。广州有色金属研究院针对国内某铅锌冶炼厂含镓的高铁炉渣，用硫酸浸出后，选择 N503 为萃取剂，配以一定比例的仲辛醇和煤油构成萃取有机相，反萃用水或硫酸铵溶液，取得了较好的经济效益[4]。

（4）国外有文献报道用 Cyanex923 从废料中萃取回收镓，提取原料主要是 LED 废料和底灰，在 HCl、HNO_3 和 H_2SO_4 等三种体系中进行了实验。结果表明，在 HCl 体系中，当盐酸浓度为 3 mol/L 左右时萃取效果最好，HNO_3 和 H_2SO_4 体系时则萃取效果不太理想[5]。

（5）我国湖南株洲冶炼厂用 YW100 萃取回收锌浸渣中镓、锗的工业试验表明，YW100 对镓、锗的萃取率均令人满意，其最大的缺点是水溶性大，需要不断地向体系中补加，从而造成试剂消耗大而且萃余液中有机物含量高，不利于与锌系统后续工序的衔接。

2009 年北京矿冶研究总院成功合成了新型萃镓锗萃取剂 G8315，在国内某些锌冶炼厂试验表明，G8315 可有效分离提纯镓锗，萃取率分别达到 97% 和 98%。萃取过程中铁少量共萃，通过盐酸洗涤可有效控制反萃液中铁的浓度[6]。

19.1.2　铟的萃取概况

（1）P204（D2EHPA）在硫酸和盐酸介质中都可作为铟的萃取剂，优点是其对铟的萃取能力强，缺点是 P204 会共萃铁，而铟铁分离是一个较难解决的问题，另一个问题是负载铁难以反萃，需用较浓的盐酸溶液才能反萃完全，否则会导致铁在有机相中的积累。实现铟铁分离，一种方法是先将料液中的 Fe^{3+} 还原为 Fe^{2+}，这样在萃取过程中就会优先萃取铟，使之与铁分离；另一种方法是利用动力学因素分离铟铁。

（2）P507D（将适量作协萃剂的酸性磷类二聚体 D 添加到 P507 中的混合萃取剂中，即为 P507D）[7] 与 P204 同属酸性磷类萃取剂，P507D 的萃取能力与 P204 相当，但在硫酸盐体系中，许秀莲、唐冠中等的研究表明，P507D 对铟萃取表现出比 P204 更好的选择性，而且具有更强的抗老化性能[7-8]。图 19 – 1 和图 19 – 2 分别为 P507D 萃铟过程中平衡时间与 pH 对萃取率的影响，由图 19 – 1 可以看出，平衡 3 min 就可达到较高的萃取率。

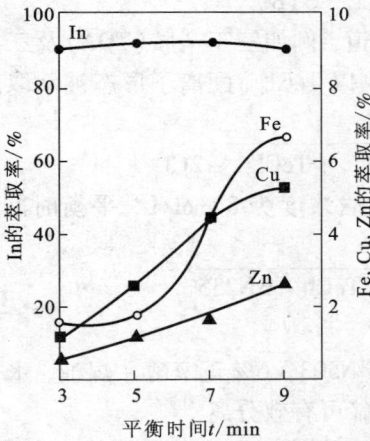

图 19 – 1　平衡时间对金属离子萃取率的影响（H_2SO_4 11 g/L）　　**图 19 – 2　萃取液酸度对金属萃取的影响**

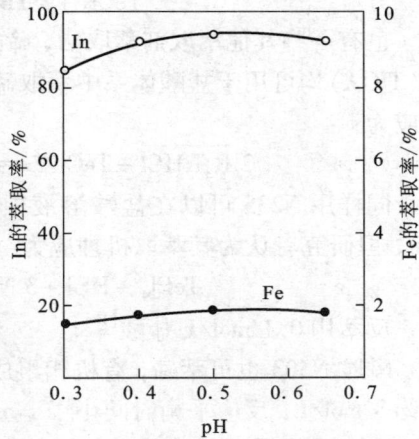

研究表明，采用 3 mol/L HCl + 1 mol/L $ZnCl_2$ 的混合液作为反萃取剂，O/A = 1∶1，反萃三次，反萃率达到 99% 以上，空载有机相进一步经 HCl 再生后，返回使用。在相同条件下，与 P204 进行了对比试验，证实 P507D 具有良好的再使用性能。

（3）我国广西来宾冶炼厂采用硅氟酸体系电解精炼粗焊锡，再从电解后的溶液中用 P204 萃取铟[9]，用盐酸作反萃剂。

19.1.3 锗的萃取概况

萃取锗的水相主要为盐酸或硫酸体系，特殊情况下，还可用氢氟酸体系。通常，锗在溶液中存在的形态因酸介质种类及其浓度不同而不同，因此可以阳离子形式，也可以配阴离子形式被萃取。研究的萃锗体系较多，涉及的萃取剂种类也很多，例如中性萃取剂 MIBK、仲辛醇；阳离子交换萃取剂 P204（D2EHPA）；螯合萃取剂如 8 - 羟基喹啉、羟肟、异羟肟酸；阴离子交换萃取剂 N235、TOA。

19.1.4 硒、碲的萃取概况

目前工业上用于萃取 Se(Ⅳ) 与 Te(Ⅳ) 的萃取剂是 TBP，还未有其他萃取剂用于萃取硒和碲的工业化报道。采用的是氯化萃取法，萃取有机相为 30% TBP + 煤油，选择 4.5 mol 盐酸体系，相比为 1∶1，经三级萃取，碲的萃取率大于 99.1%，而硒的萃取率小于 4.2%。然后用较高浓度盐酸二级洗涤，再用较低浓度盐酸二级反萃，碲可定量反萃回收。而且，萃取过程中可同时除去 Fe(Ⅲ) 和 Sb(Ⅴ) 等杂质。

TBP 萃取碲的机理可能为：

$$\overline{TeCl_4} + 3\,\overline{TBP} = = = \overline{TeCl_4 \cdot 3TBP}$$

也有一些其他萃取剂萃取硒、碲的研究报道，例如三正辛胺（TOA）及三异辛胺（TIOA）均可用于盐酸体系中萃取碲，此时碲以 $TeCl_6^{2-}$ 配离子形态被萃取。其反应为：

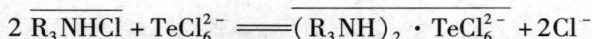

$$2\,\overline{R_3NHCl} + TeCl_6^{2-} = = = \overline{(R_3NH)_2 \cdot TeCl_6^{2-}} + 2Cl^-$$

同样用 N235 可以在盐酸溶液中萃碲，盐酸浓度为 3 mol/L，平衡时间为 5 min，但研究者认为其萃取机理应为：

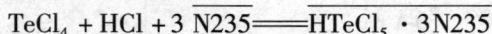

$$\overline{TeCl_4} + HCl + 3\,\overline{N235} = = = \overline{HTeCl_5 \cdot 3N235}$$

反萃用 0.1 mol/L 盐酸[10]。

酰胺 N503 也可萃碲，有机相组成为：20% N503 + 6% 正辛醇 + 煤油，水相酸度约 3 mol/L，反应平衡时间小于 1 min，硒 - 碲可有效分离[11]。

在硫酸体系中萃取的研究报道很少，国内曾研究过国产伯胺 N1923 萃取碲，有机相为：0.1 mol/L N1923 + 煤油。经两次萃取，使碲可定量萃取到有机相，再用 0.3 mol/L NaOH 溶液作反萃剂，经三级反萃，可使碲回到水相[12]。

19.1.5 铊的萃取概况

一般用选择性高和萃铊能力强的 D2EHPA（P204）与 N503 萃取 Tl^{3+}，盐酸体系中 D2EHPA 宜在低酸度下萃取铊，硫酸体系中 D2EHPA 萃取 Tl^+ 的能力强，但萃取选择性较差，把 Tl^+ 氧化到 Tl^{3+} 时，D2EHPA 的萃取选择性变好。

铊的化合物多具有毒性，萃取法提铊具有流程简短、技术先进、回收率高及环保好的优点。图 19 - 3 为典型的酸浸—萃取法提铊原则流程。

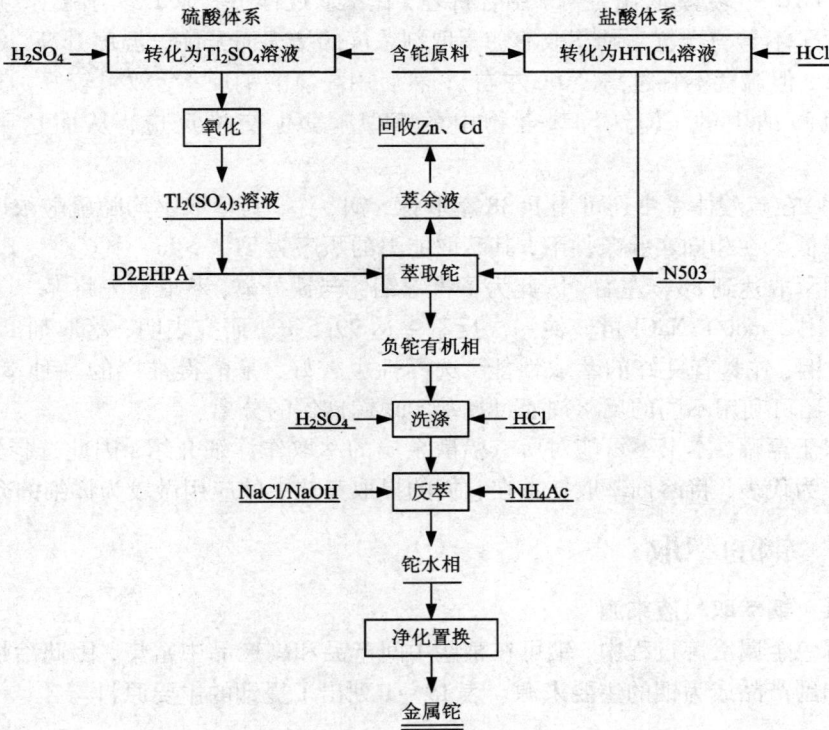

图 19 - 3 酸浸—萃取法提铊原则流程

(1) 用 D2EHPA 萃取 Tl^{3+} 时,稀释剂必须预先经过硫酸处理,以消除其中不饱和烃等,这些不饱和烃会将 Tl^{3+} 还原为 Tl^+ 而降低萃取率,且酸度要保持小于 0.8 mol/L H_2SO_4。萃取原理为:

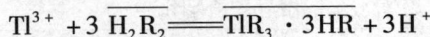

$$Tl^{3+} + 3\overline{H_2R_2} = \overline{TlR_3 \cdot 3HR} + 3H^+$$

铊的负载有机相经 15% 的 H_2SO_4 洗涤后,用 25 g/L 的 NaCl 溶液反萃:

$$\overline{TlR_3 \cdot 3HR} + 4NaCl + 3H_2O = 3\overline{H_2R_2} + 3NaOH + NaTlCl_4$$

(2) 用 N503 萃取铊时,除了铁少量被萃取外,锌、铜、镉、砷等不被萃取,负载有机相用 0.5 mol/L HCl 洗涤后再用 NH_4Ac 反萃铊,水相中的铊用 H_2SO_3 还原为 Tl^+,加硫酸转换除杂后,采用锌板置换得到海绵铊。铊按锌盐机理被 N503 萃取:

$$HTlCl_4 + \overline{CH_3CONR_2} = \overline{CH_3CONR_2H^+ \cdot TlCl_4^-}$$

NH_4Ac 反萃铊反应为:

$$\overline{CH_3CONR_2H^+ \cdot TlCl_4^-} + NH_4Ac = TlCl_4^- + HAc + NH_4^+ + \overline{CH_3CONR_2}$$

（3）胺类萃取剂 TAB－194（1－庚基－辛基－二乙醇胺）可在盐酸体系中萃取 Tl^{3+}。TAB－194 萃取铊为离子缔合机理，在萃取过程中氮原子参与配位，羟基上的氧原子不参与配位。其萃取率随萃取剂浓度的增大而升高。温度升高，萃取率也增大，但温度不宜过高（50℃左右），然后用高氯酸钠反萃，效果较好。其机理是高氯酸钠中的 ClO_4^- 与萃合物中的 $TlCl_4^-$ 发生交换反应，从而达到反萃目的[13]。

（4）在硫酸体系中还可用 P538 萃取镓、铟、铊，其萃取率均随硫酸浓度的增加而降低。在相同实验条件下，其萃取能力的顺序为 $Tl^{3+} > In^{3+} > Ga^{3+}$，P538 对 Fe^{3+} 的萃取达到 88% 左右，因此为了将镓铟铊与铁分离，萃取前先将 Fe^{3+} 还原为 Fe^{2+}，用 2 mol/L NaCl 可使铊一次反萃率达 99.5%。研究表明，萃取剂 P538 对于镓、铟、铊具有良好的萃取性能，选择性也较好，是值得推广的一种萃取剂。另外，还可利用不同的反萃剂通过反萃实现镓铟铊的分离。

限于篇幅，本书不可能对所有稀散金属的萃取作详细介绍，因此选择铟、锗和镓作为代表，将溶剂萃取技术在它们的提取工艺中的应用做较为详细的介绍。

19.2 铟的萃取

19.2.1 铟萃取料液来源

有色金属冶炼过程中，铟可在某些中间产品和副产品中富集，因此冶炼中间产品和副产品成为铟的主要来源。表 19－1 列出了提铟的主要原料。

表 19－1　有色金属冶炼过程中的富铟产物

主金属生产	主金属冶炼工艺	富集铟原料
锌冶炼	火法炼锌	烧结工序烟尘、精馏工序的硬锌及粗铅
	湿法炼锌	中性浸出渣、黄钾铁矾渣、针铁矿渣
铅冶炼	鼓风炉熔炼	熔炼炉渣烟化尘
	火法精炼	精炼铜浮渣反射炉烟尘、熔炼烟尘、炉渣烟化尘
锡冶炼	粗锡熔炼	炼锡二次尘、炉渣烟化尘、焊锡
铜冶炼	火法炼铜	铜锍熔炼烟尘、铜转炉吹炼烟尘
锑冶炼	火法炼锑	鼓风炉炼锑烟尘、铜浮渣、反射炉熔炼烟尘

含铟物料中的铟主要以 In_2O_3 和 In_2S_3 存在，在浸出过程中主要发生以下反应：

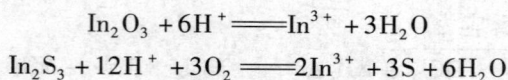

$$In_2O_3 + 6H^+ \Longrightarrow In^{3+} + 3H_2O$$

$$In_2S_3 + 12H^+ + 3O_2 \Longrightarrow 2In^{3+} + 3S + 6H_2O$$

含铟物料中其他金属氧化物和硫化物也发生类似的反应(以正二价金属为例):

$$MO + 2H^+ =\!=\!= M^{2+} + H_2O$$

$$2MS + 4H^+ + O_2 =\!=\!= 2M^{2+} + 2S + 2H_2O$$

含铟物料一般用硫酸浸出,故萃铟水相多为硫酸体系。

表 19-2 列出了萃铟料液的主要成分。由表 19-2 可见,铟含量一般很低,Fe/In 比在大部分情况下均相当高。

表 19-2 含铟硫酸浸出液成分/(g·L^{-1})

In	Zn	Fe	As	Cu	Cd	Sb	Ge	Ga	H$_2$SO$_4$
0.611	39.6	16.0	2.144	0.93	0.13	0.0092			
0.14	120	18.5		2.2					15
0.754	102	5.4		0.11					
0.227	122.25	0.98	1.03				0.015	0.018	18.58
0.226	138.01	3.41	1.54				0.020	0.020	16.35

19.2.2 P204 萃铟原理

我国回收铟的企业几乎全部采用 P204 作为提铟萃取剂。由于提铟料液中铟的含量比杂质离子低很多,所以铟萃取工序的任务是选择性萃取铟并通过调整萃取与反萃工序的相比,来实现铟的纯化与富集。

在硫酸介质中,铟以 In^{3+} 形式存在,P204 在硫酸浓度较大范围内可定量萃取铟。P204 萃取铟反应可表示为:

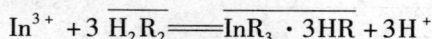

$$In^{3+} + 3\overline{H_2R_2} =\!=\!= \overline{InR_3 \cdot 3HR} + 3H^+$$

实践表明,使用 P204 萃取铟时,采用 0.56~0.66 mol/L 的硫酸溶液为底液较好。

水相酸度对铟萃取率的影响如图 19-4 所示。

P204 浓度与平衡时间对 In^{3+} 萃取率的影响如图 19-5 所示。

In^{3+} 与 Fe^{3+} 的萃取性能接近。除 Fe^{3+} 外,其余重金属离子均需在较低酸度,即较高 pH 下才能被 P204 所萃取。因此,P204 从硫酸溶液中萃铟的主要困难在于 In^{3+} 与 Fe^{3+} 的分离。一个可行的解决方法是预先将 Fe^{3+} 还原为 Fe^{2+}。Fe^{3+} 与 Fe^{2+} 为 P204 萃取的行为差异分别如图 19-6 及图 19-7 所示。

由图 19-6 可见,Fe^{3+} 和 Fe^{2+} 的萃取率都随料液 pH 升高而增大,它们的 pH$_{1/2}$ 相差近 3 个 pH 单位,因此在低 pH 下,Fe^{2+} 的萃取率比 Fe^{3+} 小得多,另一方面,随着时间的延长(图 19-7),Fe^{3+} 的萃取率上升,而 Fe^{2+} 的萃取率上升很缓慢。

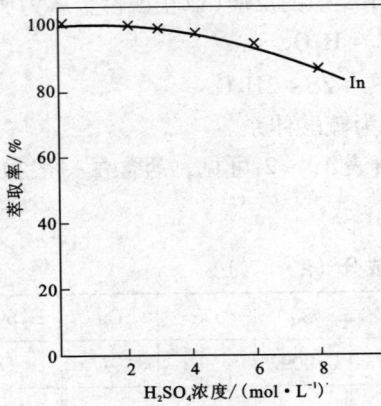

图 19-4 P204 萃取铟与溶液酸度的关系

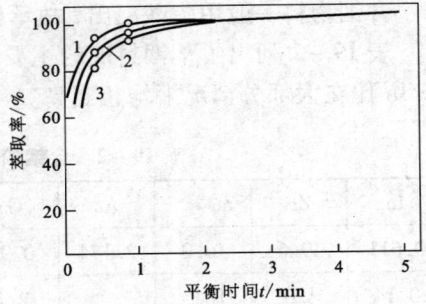

图 19-5 P204 对 In^{3+} 萃取率的影响

1—20% P204；2—10% P204；3—5% P204

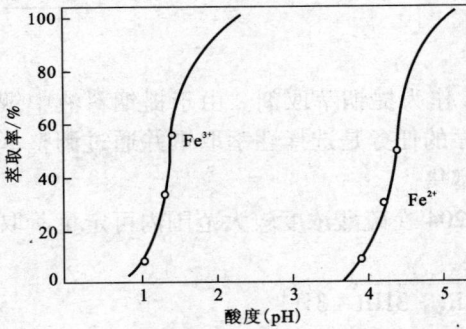

图 19-6 pH 对 P204 萃取
Fe^{3+} 和 Fe^{2+} 的影响

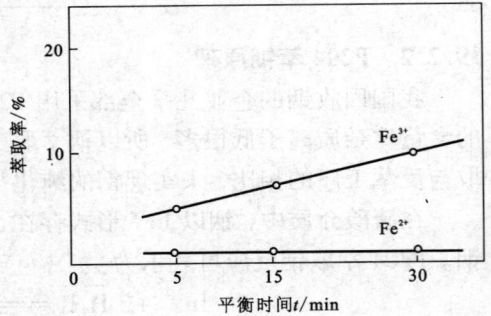

图 19-7 萃取时间对 P204 萃取
Fe^{3+} 和 Fe^{2+} 的影响

P204 对 In^{3+} 与 Fe^{3+} 的萃取率与时间的关系见图 19-8。

因此，可利用上述性质实现铟铁分离。

负铟有机相可选用盐酸作反萃剂反铟，盐酸浓度对反萃铟和铁的影响见图 19-9。

铁比铟难反萃，因此控制盐酸浓度也可实现铟铁分离，可以采取分步反萃方法，先反萃铟，然后用还原反萃法反萃铁。

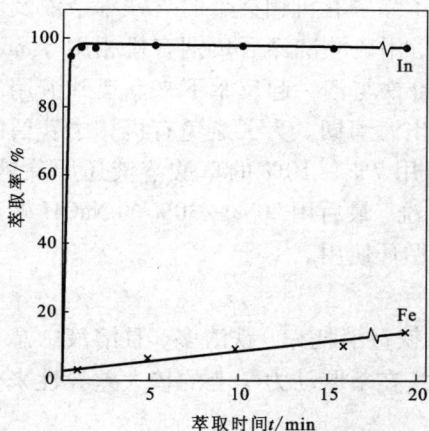

图 19 - 8　P204 对低酸浸出液中铟、铁的萃取(料液[H_2SO_4] = 15 g/L)

(原料液：Zn 107.4 g/L，In 87 mg/L，Fe 14.88 g/L，聚醚 0.01%)

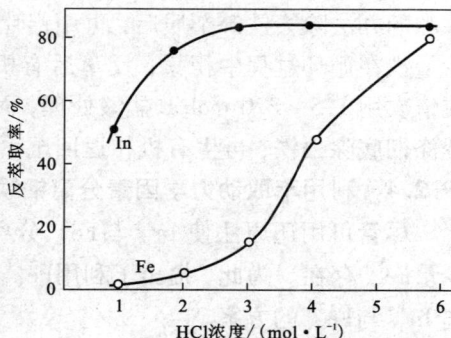

图 19 - 9　盐酸浓度对反萃铟和铁的影响

(有机相 30% P204 - 煤油，负荷铟、铁约各 1 g/L，反萃 O/A = 5∶1，接触时间 5 min)

19.2.3　P204 萃铟工艺

从硫酸溶液中萃取铟的原则工艺流程如图 19 - 10 所示。料液预处理对实现铟的萃取分离至关重要，对于含硅高的料液，应预先除硅和添加聚醚类物质，防止萃取时产生乳化。对于含铁高的料液，可预先将 Fe^{3+} 还原为 Fe^{2+}。

视料液组成及对产品纯度要求，负载有机相的酸洗及反萃液后处理两工序的设置可灵活处理，而当铁含量较高时，为了使铁不在有机相积累，反萃后有机相经过再生处理再返回萃取工序是必要的。

例如，湿法炼锌中的含铟中性浸出渣用硫酸浸出后，渣中的铁基本上进入浸出液，故用铁屑置换法，将溶液中三价铁离子还

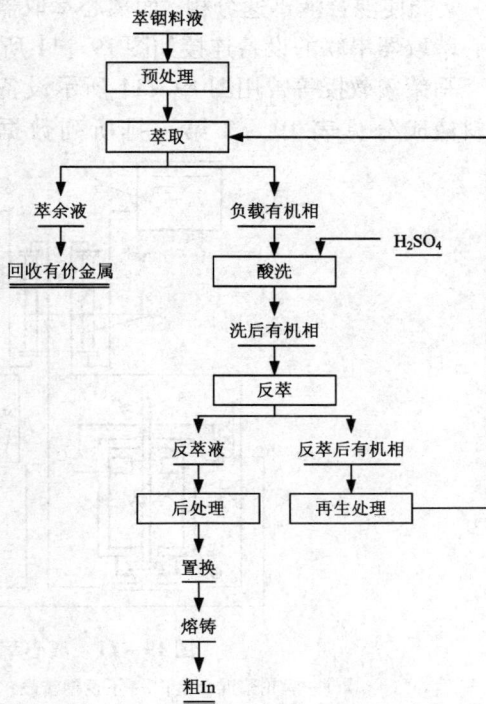

图 19 - 10　萃取提铟原则工艺流程

原为二价后再送萃取。铁留在萃余液中,为了除去有机相夹带的含铁萃余液及除去部分先萃进有机相中的铁,应设置洗涤段,用硫酸洗涤后负铟有机相用 6 mol/L 盐酸反萃,以保证将进入有机相的少量三价铁与铟一起反萃下来。反萃液用碱中和的办法除去铁等杂质后,再用铝片置换出海绵铟。为了避免有机相中残留的少量铁在循环过程中积累,反萃后有机相可用 7% ~ 10% 的草酸溶液还原除铁;或依次用 1.5 ~ 2.0 mol/L 盐酸处理,而后水洗,最后用 20% ~ 30% 的 NaOH 碱液洗涤彻底除去铁,再生有机相返回至萃取段循环使用。

19.2.4 利用萃取动力学因素分离铟铁

尽管可用还原法使 In^{3+} 与 Fe^{3+} 分离,但铁量消耗大,铁渣多,且溶液中总有少量 Fe^{3+} 存在。为此,提出了利用 Fe^{3+} 及 In^{3+} 在萃取动力学上的较大差异性来分离 In^{3+} 与 Fe^{3+} 的方案。

随着萃取时间的增加,Fe^{3+} 和 In^{3+} 的萃取率都升高,但 Fe^{3+} 的萃取率增加得较为缓慢,而 In^{3+} 的萃取率急剧升高,在 1 min 内就达到平衡,萃取率接近 100%,而在同样的时间内 Fe^{3+} 的萃取率只有 3% 左右(图 19 - 8)。利用动力学差异分离铟铁必须有合适的萃取设备。该设备能使两相液体迅速实现充分的混合接触,又能使混合液迅速分相,而离心萃取器可以较好地满足这一要求。两级单级离心萃取器串联的设备连接如图 19 - 11 所示。

马荣骏教授等曾用图 19 - 11 所示设备做过二级连续离心萃取试验,试验原始料液成分见表 19 - 2 第一排所列数据,离心机转速 280 r/min,水相流速

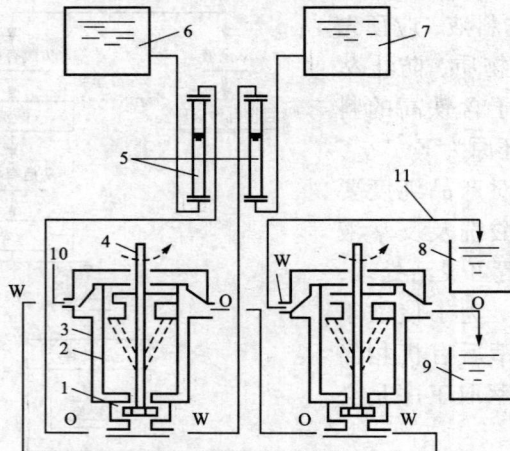

图 19 - 11 离心萃取设备连接图

1—涡轮桨混合室;2—不锈钢转鼓;3—有机玻璃外壳;4—转动轴;
5—转子流量计;6—有机相贮槽;7—水相贮槽;8—萃余液贮槽;
9—负荷有机相贮槽;10——级萃余液取样点;11—二级萃余液取样点

1.2 L/min；相比 O/A 为 1:3；试验结果见表 19 - 3。其中萃余 1 表示第 1 级重相出口取样，萃余 2 表示第 2 级重相出口取样。从表中数据可知，铟的萃取率可达99% 以上，铁的萃取率在 5% ~ 8%。其余金属的萃取甚微，这表明用离心萃取设备，借助于萃取速度的差异，分离 Fe^{3+} 和 In^{3+} 是可行的。

表 19 - 3　离心萃取连续运行结果

取样时间	取样位置	萃余液成分/($g \cdot L^{-1}$)							
		Zn	Fe	In	Cu	Cd	As	Sb	Na
3:50	萃余 1		15.28	0.050	0.9	0.12	2.24	0.0112	8.1
	萃余 2		14.55	0.0033					
4:01	萃余 1	37.82	14.89	0.025	0.93	0.13	2.28	0.0008	8.2
	萃余 2		14.66	0.0017					
4:20	萃余 1	38.79	14.89	0.0025	0.93	0.13	2.02	0.0092	8.1
	萃余 2		14.72	0.0017					
4:35	萃余 1	38.95	14.72	0.0022	0.93	0.13	2.48	0.0082	8.1
	萃余 2		14.94	0.0016					
4:50	萃余 1	38.30	15.36	0.034	0.93	0.13	2.09	0.0065	8.0
	萃余 2		14.66	0.0016					
5:00	萃余 1	38.47	15.46	0.049	0.93	0.13	2.09	0.0097	8.1
	萃余 2		14.56	0.0016					

19.2.5　其他萃铟体系

除 P204 外，已报道在工业上应用的铟萃取剂主要有 N503 和 N538，TBP、Versatic911H、TOA 和 MIBK。如日本东邦公司采用 3% P204 + 12% TBP 从硫酸料液中萃取铟；日本同和矿业公司用 Versatic911H 在硫酸盐溶液中萃取铟。

TBP 在 HX 底液中萃取铟生成的萃合物为 $InX_3 \cdot 3TBP$ 和 $HInX_4 \cdot 2TBP$（式中 X 为 Cl、Br、I），铟的分配比 D 随盐酸初始浓度的升高先增大后减小，在盐酸初始浓度为 8 mol/L 左右达到最大；随着相比 R 的增大而增大。

甲基异丙基甲酮、甲基异丁基甲酮在 HX（X 为 Cl、Br、I）中萃取铟比较有效，当酸度在 2.0 mol/L 时，铟的分配比为 7.07 ~ 19.5。

梁冠杰和李家忠[14]用 TBP 对氯化蒸馏锗后的废水中的铟进行萃取回收，实验结果表明：TBP 萃取该废水中的铟的最佳 HCl 浓度为 4.6 mol/L，萃取条件为：有机相 50% TBP + 8% 正辛醇 + 42% 煤油；相比 O/A = 1:2.5，混合接触时间 3

min，温度 25～35℃，四级逆流萃取，铟的萃取率达 99.44%；但由于在盐酸体系中，TBP 不但萃取铟，而且同时萃取锑、锡、铜、砷等元素，所以 TBP 萃取铟只能起富集作用。

孙进贺、贾永忠、景燕等[15]在用 P204 - Cyanex923 磺化煤油萃取铟的试验中发现，添加少量（<5%）Cyanex 923 对 P204 萃取铟可以采用稍高的萃取相比和 pH，以提高溶液中铟的萃取率；可以采用较短的萃取时间而降低三价铁的萃取，使铁的萃取率比用单一萃取剂 P204 降低 5 到 8 个百分点，从而减缓萃取剂的毒化。但大量（>5%）添加 Cyanex 923 时会降低 P204 对铟的萃取能力。Cyanex 923 的加入，使得 P204 萃取体系的反萃性能发生了很大变化，盐酸和硫酸均难以使铟达到 45% 以上的反萃率，无法满足实际生产的需要。3 mol/L 盐酸 +1 mol/L 氯化锌的混合溶液是 P204 - Cyanex 923 磺化煤油萃取体系的优良反萃剂，铟的反萃率可以达到 90% 以上，同时铁的反萃率可以降低到 5%，远远低于 6 mol/L 盐酸作为 30% P204 磺化煤油体系反萃剂时铁的反萃率（50% 以上），有利于铟、铁的分离。采用 P204 - Cyanex 923 磺化煤油萃取体系时，优化萃取条件为 25% P204 -5% Cyanex 923 磺化煤油有机相、萃取相比 O/A = 1∶5、溶液 pH = 0.50、萃取时间 3～5 min；优化反萃条件为 3 mol/L 盐酸 +1 mol/L 氯化锌作反萃剂、反萃相比（O/A）1∶1、反萃时间 5 min。

张瑾等[16]研究了 P204、P507、Cyanex 923 单一体系及 P204 分别与 Cyanex 923、TRPO、TBP 组成的混合体系对铟的萃取和反萃性能。结果表明，Cyanex 923 基本不萃取铟，其他五种萃取体系对铟的萃取率都随水相酸度的增加而降低，在同一酸度条件下它们对铟的单级萃取率按 P204 > P204 - TBP > P204 - Cyanex 923 > P204 - TRPO > P507 > Cyanex 923 的顺序降低。但酸度增加后，萃取率的下降趋势都明显大于单一 P204 体系，说明这三种混合体系在不降低对铟的萃取能力的前提下可能有较好的反萃性能，对铁的萃取率有所下降。与 P204 相比，P507 对铟的萃取能力下降明显，以不同浓度的硫酸溶液从 P204、P204 与 Cyanex 923、TRPO、TBP 混合体系的负载有机相中反萃取铟的结果表明，P204 萃取体系引入 Cyanex 923、TRPO 和 TBP 后，铟的反萃率明显提高，同时对铁的反萃率也明显提高。

19.3 锗的萃取

19.3.1 锗萃取料液来源及特点

由于具有与锌相近的原子半径，锗常以类质同象形式与铅锌伴生，所以铅锌矿成为锗的主要来源，如我国云南铅锌锗共生氧化矿中锗含量为 0.005%，经火法富集后，可达 0.03%；硫化锌焙烧矿中锗的含量为 0.015%[17]。在火法炼锌过程中，锗富集在硬锌和锌渣中，前者一般采用蒸馏法制取锗渣，蒸锌进一步富集锗，得到含锗达 1% ~ 3% 的富锗渣；后者一般采用浸出—丹宁沉淀法提锗。在湿法炼锌过程中，大部分锗富集在氧化锌烟尘和中浸渣中，如采用低酸浸出、置换除杂，则少部分锗将集中于锌粉置换渣。

另外，煤在形成过程中会吸附锗，虽然锗含量不高，为 0.001% ~ 0.01%，但煤燃烧后使锗在粉煤灰中得到富集，具有回收利用的经济价值。

因此，通常锗的萃取料液来源有两种，一种是氧化锌烟尘、中浸渣等炼锌副产品的浸出液，另一种是燃煤电厂排出的粉煤灰的浸出液。

1）炼锌副产品浸出液[18]

铅锌矿焙烧得到的氧化锌烟尘经硫酸浸出后的硫酸锌溶液（简称中浸液）、中浸渣经高温、高酸浸出后的硫酸锌溶液（简称高浸液）、锌粉置换渣酸性浸出后的硫酸锌溶液（简称低浸液）构成国内主要的锗萃取料液来源。尤其是高浸液具有高温、高酸和高铁（简称"三高"）等特点，常见的锗萃取剂难以适应。一般而言，高浸液具有如下特点：

（1）料液组成较复杂，除锌、锗外，还含有铁、锰等元素。锌、铁的含量较高，分别为 120 ~ 140 g/L、15 g/L，而锗含量极低，约为 0.03 g/L，即锌锗、铁锗的质量比高；

（2）硫酸的含量高，为 60 ~ 90 g/L；

（3）料液的温度高，一般为 70 ~ 90℃。

另外，二氧化硅的含量较高，约为 0.2 g/L，萃取时很容易造成溶液乳化。

2）粉煤灰浸出液

粉煤灰中的组成元素较多，而锗含量极低。粉煤灰中锗的物相为氧化锗、锗酸盐等。通常用质量浓度为 90 ~ 150 g/L 硫酸或 50 g/L 盐酸进行逆流浸出，得到锗的萃取料液。

19.3.2　锗的萃取剂

锗萃取剂的种类较多，萃取机理各不相同，并适用于含锗的硫酸、盐酸等不同的水相体系。常用锗萃取剂的性质见表 19 – 4。

19.3.3　锗萃取水相体系及适用萃取剂

锗富集物中锗的存在形式多为氧化锗、锗酸盐，因此可用盐酸、硫酸、氢氟酸等酸性介质浸出，或者说锗可以伴随锌的酸性浸出而进入浸出液。对于锗物相为水不溶性四方晶系 GeO_2 的物料，用氢氟酸浸出可获得较高的锗浸出率。考虑到减小环境污染，通常锗的萃取水相选择盐酸体系和硫酸体系。

1）盐酸溶液

粉煤灰经 50 g/L 盐酸溶液浸出，得到含盐酸及锗的萃取料液。该水相的 pH < 2，锗的形态为 Ge^{4+}，可选择 LIX63 等萃取剂进行提锗。

表 19 – 4　工业上常用的锗萃取剂

类别	型式	名　　称	商品名或简称	应用体系
阳离子萃取剂	烷基磷酸	二 – (2 – 乙基己基)磷酸	D2EHPA (P204)	与 HW100 协萃,硫酸体系
阴离子萃取剂	叔胺	三辛基叔胺	TOA N235	同配合剂使用
螯合萃取剂	8 – 羟基喹啉	7 – (4 – 乙基 – 1 – 甲基辛基) – 8 – 羟基喹啉	Kelex100	硫酸体系
	α – 羟基烷基肟	5,8 – 二乙基 – 7 – 羟基 – 十二烷基 – 6 – 酮肟	LIX63	硫酸体系或盐酸体系
	氧肟酸	C$_{5\sim9}$氧肟酸	HW100	与 P204 协萃,硫酸体系
	氧肟酸	环烷基氧肟酸	7815	硫酸体系

2)硫酸溶液

湿法炼锌过程中产生的热酸浸出液,为工业上典型的含硫酸的锗萃取料液。国内某工厂的高酸浸出液,水相中硫酸含量为 60 g/L,锗含量为 0.03 g/ L,铁含量为 15 g/L,水相温度为 70℃。该水相的 pH < 2,锗的形态为 Ge^{4+},具有高酸、高铁和高温等特点[2]。因与后续的低酸浸出工序衔接,所以该水相的物理性质和化学组成不允许有较大的变动,这为有机相的选择增加了难度。

锗的存在形态与酸介质种类及浓度有关。在盐酸体系中,当盐酸浓度为 6 ~ 9 mol/L 时,以 $Ge(OH)_x Cl_{5-x}^-$、$Ge(OH)_x Cl_{6-x}^{2-}$ 形态存在($x = 3 \sim 4$);当盐酸浓度大于 9 mol/L 时,锗以四氯化锗形态存在。在硫酸体系中,锗因溶液的酸度不同,发生相互转化[19]。各种锗形态之间存在以下关系:

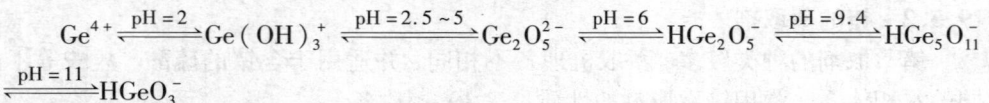

$$Ge^{4+} \underset{}{\overset{pH=2}{\rightleftharpoons}} Ge(OH)_3^+ \underset{}{\overset{pH=2.5\sim5}{\rightleftharpoons}} Ge_2O_5^{2-} \underset{}{\overset{pH=6}{\rightleftharpoons}} HGe_2O_5^- \underset{}{\overset{pH=9.4}{\rightleftharpoons}} HGe_5O_{11}^-$$

$$\underset{}{\overset{pH=11}{\rightleftharpoons}} HGeO_3^-$$

19.3.4　典型的锗萃取工艺

按照徐光宪院士对萃取体系的分类方法,典型的锗萃取工艺分为协同萃取、阴离子萃取和螯合萃取等三种工艺。

1)协同萃取工艺

(1)萃取机理。

在硫酸体系中,锗的萃取常选用 P204 + YW100 体系,其中 P204 为一种常用的酸性含磷阳离子萃取剂,在非极性的脂肪烃中呈二聚态存在,以 H_2R_2 表示。

在萃取过程中其活性基团 $-\overset{\overset{\text{O}}{\|}}{P}-OH$ 中的 H 与料液中的 Ge^{4+} 进行交换生成锗的萃

合物来实现萃取。萃取平衡方程式为：

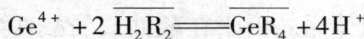

$$Ge^{4+} + 2\overline{H_2R_2} \Longrightarrow \overline{GeR_4} + 4H^+$$

YW100 是一种直链烷基异羟肟酸，其结构为 $R\!-\!\overset{\overset{O}{\|}}{C}\!-\!NH\!-\!OH$ ，R 为 $C_{5\sim9}$ 的烷基。萃锗时，YW100 与 Ge^{4+} 生成五元环状螯合物或四元环状螯合物。含锗的硫酸溶液中，仅用 YW100（以 HL 表示）萃取锗的平衡方程式为：

$$Ge^{4+} + 3\overline{HL} + H_2SO_4 \Longrightarrow \overline{GeL_3(HSO_4)} + 4H^+$$

如将 P204 与 YW100 组合成协萃体系，萃取反应可表示为：

$$Ge^{4+} + 3\overline{HL} + \overline{H_2R_2} \Longrightarrow \overline{GeL_3(HR_2)} + 4H^+$$

由于协萃体系中生成的萃合物 $GeL_3(HR_2)$ 比单独使用 YW100 生成的萃合物 $GeL_3(HSO_4)$ 具有更好的疏水性，所以提高了锗的萃取分配比。

由于生成的锗萃合物非常稳定，因此反萃时需选择能与 Ge^{4+} 生成更稳定的高水溶性的配合物的化学试剂，或者使用将锗萃合物结构破坏的试剂。

（2）萃取工艺。

以某含锗的硫酸料液为水相，其组成为：锗 0.028 g/L，铁 2.34 g/L，锌 131.49 g/L，硫酸 20.6 g/L，用 20% P204 + 80% 煤油，以及前两者体积的 1.25% 的 YW100 组成的有机相，以 O/A = 1:5 萃锗，控制混合时间为 5 min，萃取 3 级。得到的富锗有机相先用 6 mol/L 盐酸，以 O/A = 2:1 反萃铁，以避免或减少铁进入到锗反萃液中，控制混合时间为 5 min，2 级反铁。再用配比 2:1 的 1% 氨水与硫酸铵组成的反萃剂，以 O/A = 2:1 一级反萃锗，混合时间为 5 min。将反锗液在蒸馏釜中加热，浓缩为原液体积的 1/8~1/10，浓缩液中锗含量为 10 g/L，pH 为 7。通液氨，控制 pH 8.5~9.7，使锗以水合二氧化锗形式沉淀，过滤得渣。将渣在 100~200℃下烘干，球磨得锗渣。

根据对 YW100 分子结构的分析，可知其亲油非极性基为直链烷基，支链少，水溶性大，而且酸性介质中的 H^+ 易攻击 YW100 中羟基上的氧原子，发生亲核反应，生成羧酸和羟胺，即水解性较大[20]。工厂实践也表明，YW100 水溶性大，需要不断向萃取体系补加，试剂消耗大且造成萃余液中有机物含量高，不利于与后续的电积工序衔接。采用多级错流萃取、连续补加方式，试剂补加量和萃取率均有改善，但现在并未在工厂获得应用。

关于锗的反萃剂，国内曾开展了广泛的研究。锗萃合物十分稳定，因此反萃较困难。为此，曾尝试使用过氨水与硫酸铵组成的混合物、氢氟酸、AN[21,22]（一种反萃剂简称）、氢氧化钠[23]、B[24]（一种反萃剂简称）等试剂进行反萃锗。考虑到减小对设备的腐蚀和对环境友好，选择 B 为锗的反萃剂较为适宜。

2）阴离子交换萃取工艺

（1）萃取机理。

阴离子交换萃取属于离子缔合萃取。在锗的阴离子萃取工艺中，常选择 N235 及在水相添加配合剂体系。由于在酸性或弱酸性溶液中，锗主要以 Ge^{4+}、H_2GeO_3 形态存在，后者离解度小，即溶液中的 $HGeO_3^-$、GeO_3^{2-} 浓度低，不能用胺类 N235 直接萃取，但在酸性或弱酸性溶液中加入某种配合剂使锗由阳离子转变为配阴离子，才可萃取。另外，配阴离子的半径越大，其水合程度越低，就越易进入有机相，萃取率就可大大提高。

如在锗的酸性料液中加入配合剂酒石酸，锗与其生成配阴离子，反应式为：

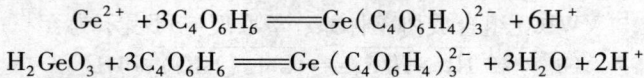

$$Ge^{2+} + 3C_4O_6H_6 \Longrightarrow Ge(C_4O_6H_4)_3^{2-} + 6H^+$$

$$H_2GeO_3 + 3C_4O_6H_6 \Longrightarrow Ge(C_4O_6H_4)_3^{2-} + 3H_2O + 2H^+$$

N235 萃取前先要酸化转型为胺盐，因为 HSO_4^- 对胺的亲和力较 SO_4^{2-} 大，所以反应式为：

$$R_3N + H_2SO_4 \Longrightarrow \overline{(R_3NH)(HSO_4)}$$

$Ge(C_4O_6H_4)_3^{2-}$ 易与胺盐中的阳离子缔合，其萃取反应为：

$$Ge(C_4O_6H_4)_3^{2-} + 2\overline{(R_3NH)(HSO_4)} \Longrightarrow \overline{(R_3NH)_2Ge(C_4O_6H_4)_3} + 2HSO_4^-$$

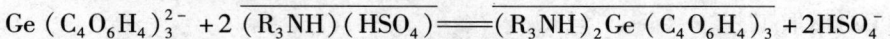

N235 生成的萃合物为弱碱盐，可用强碱反萃，碱反萃反应式为：

$$\overline{(R_3NH)_2Ge(C_4O_6H_4)_3} + 2NaOH \Longrightarrow Na_2Ge(C_4O_6H_4)_3 + 2H_2O + 2\overline{R_3N}$$

另外，还发生如下反应：

$$\overline{(R_3NH)(HSO_4)} + 2NaOH \Longrightarrow \overline{(R_3N)} + Na_2SO_4 + 2H_2O$$

反萃得到的富锗水溶液经蒸发浓缩、水解沉淀，即得锗精矿。

（2）萃取工艺[25]。

按酸锗摩尔比为 5，加入含酒石酸的工业酸浸液为萃取水相，其组成为：锗 0.075 g/L，铁 1.3 g/L，锌 80 g/L，硫酸 4~5 g/L，用体积比各为 50% 的 N235 和工业煤油组成的有机相，用 0.25 mol/L 硫酸按 O/A = 1:(4~5) 进行酸化，在 O/A = 1:10 下进行萃取。负载有机相用 30% 的氢氧化钠水溶液，以 O/A = 2.5:1 反萃，反萃液调 pH 为 8~10，使锗以含水氧化物形式水解，所得水解渣烘干得锗精矿。

N235 萃取容量小，所需萃取设备大，锗锌分离不好。另外，N235 在萃锗时共萃硫酸根，反萃时用碱反萃，这样造成反萃锗液中出现大量硫酸钠，导致水解困难，应用也就受到限制，因此未有工业应用的报道。

3）螯合萃取工艺

在锗螯合萃取工艺中，常选择 LIX63、Kelex100、7815 等分别属于羟肟、喹啉和氧肟酸的萃取剂。国内一般认为氧肟酸螯合萃锗更具工业化应用前景。

（1）LIX63 螯合萃取工艺。

LIX63 与 Ge^{4+} 生成螯合物进入有机相，实现锗与水相中的其他离子的分离。LIX63（以 RHOH 表示）萃取反应式为：

$$4\ \overline{RHOH} + Ge(SO_4)_2 \Longleftrightarrow \overline{R_4H_2GeO_3 \cdot 2H_2SO_4 \cdot H_2O}$$

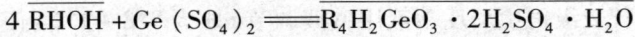

反萃反应式为：

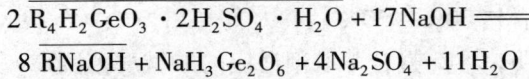

$$2\ \overline{R_4H_2GeO_3 \cdot 2H_2SO_4 \cdot H_2O} + 17NaOH \Longleftrightarrow$$
$$8\ \overline{RNaOH} + NaH_3Ge_2O_6 + 4Na_2SO_4 + 11H_2O$$

以酸度为 157 g/L 的料液为水相，以 LIX63 – 煤油为有机相，按 O/A = 1:1，进行 7 级萃取。经 2 次洗涤，除去硫酸及杂质。用 175 g/L 的氢氧化钠溶液按 O/A = 20:1 反萃。在返回萃取前，同盐酸接触，使其转化为酸型。该工艺锗萃取率大于 99%，锗反萃取率大于 98%。

LIX63 选择性虽好，但要求水相酸度高(硫酸体系要求大于 90 g/L，盐酸体系要求大于 50 g/L，萃取剂浓度要高，有机相黏度也会增大，从而影响操作性能，增加萃取剂的损耗。反萃所用碱液浓度高，LIX63 损失大。

(2) Kelex100 螯合萃取工艺。

Kelex100 与 Ge^{4+} 生成螯合物进入有机相，实现锗与水相中的其他离子的分离。

以酸度大于 50 g/L 的料液为水相，以 Kelex100 – 煤油组成的体系为有机相，进行 4 级逆流萃取。负载有机相含锗 3 ~ 4 g/L，用氢氧化钠溶液进行 2 级反萃。锗精矿含锗大于 20%。

Kelex100 选择性好，可以使用较低的浓度，但要求在高酸下萃取，反萃平衡时间长，反萃温度高。另外，Kelex100 的合成成本高，工业上不经济。

(3) 7815 螯合萃取工艺。

① 萃取机理。

7815 是一种氧肟酸，其极性螯合基团的结构为 $-\overset{\overset{\displaystyle O}{\|}}{C}-NH-OH$ 。萃取时，4 个 7815 氧肟酸分子与水相中的 1 个 Ge^{4+} 形成稳定的螯合物进入有机相，从而实现锗与水相中其他离子的分离。

7815 的亲油非极性基团为含环烷基且带有支链的高碳原子数的烷基，因而 7815 的水溶性、降解性均比 YW100 小。尽管"三高"溶液对萃取剂的选择性、化学稳定性要求较高，但从半工业实践来看，并考虑到我国的实际情况，国产 7815 更具工业化应用的前景[16]。目前，7815 已成为国内湿法提锗优选的萃取剂。

② 萃取工艺[16]。

以高酸含锗料液为水相，其组成为：锌 120 g/L，铁 6.5 g/L，锗 0.028 g/L，硫酸 90 g/L，以体积配比分别为 15% 7815、20% T 添加剂(T 为一种添加剂简称)和 65% 磺化煤油构成的体系为有机相，按 O/A = 1:5，在 70℃ 下，进行 3 级萃取。负载有机相用 0.25 mol/L 的硫酸，按 O/A = 10:1，进行 2 级洗涤。用 3 mol/L 氢氧化钠溶液，按 O/A = 5:1，5 级反萃。反萃后的有机相用 2 mol/L 的硫酸，按

O/A = 2 : 1，进行 2 级再生。反萃液用碱液调节 pH 为 8.8 ~ 9.2，使锗以水合二氧化锗形式沉淀后进行过滤、洗涤和烘干得锗精矿。锗萃取率在 96% 以上，反萃率为 95.8%，锗精矿含锗 30% ~ 50%。

半工业实践表明，7815 螯合萃取剂适应的酸碱度范围广，选择性好，水溶性小，稳定性高，不萃铁故不需反萃铁，工艺过程比较简单。7815 萃取剂为不同碳原子数氧肟酸的混合物，含有中性油等杂质，影响了分相。反萃动力学速度慢，不过在添加异戊醇后，有较大改善。7815 萃取剂的消耗虽大为减少，但仍有完善萃取体系和萃取剂回收系统的必要。

19.3.5　锗萃取设备

目前，已用于锗萃取的设备主要有全逆流混合澄清器和环隙式离心萃取器。与普通混合澄清器相比，全逆流混合澄清器可减少两相投入量和积存量，界面稳定，具有级效率高、相夹带少和能耗低等优点。环隙式离心萃取器是基于萃锗的化学反应速度比其他离子快的特点，可以顺利实现锗和其他离子的分离，具有效率高、占地面积小、易于控制和运行可靠等优点。设计时要根据物系停留时间、理论级数、处理量和费用等要求进行选择。

19.4　镓的萃取

19.4.1　概述

国内镓的储量为 18 万 ~ 19 万 t。我国金属镓的储量占世界储量的 80% ~ 85%。由于 Ga^{3+}、Al^{3+}、Cr^{3+} 和 Fe^{3+} 的离子半径接近，且价数相同，所以镓大多出现在铝土矿、铬铁矿、闪锌矿中。

世界镓产量的 90% 是从氧化铝生产过程中回收得到的。在采用拜耳法处理铝土矿时，镓矿物在浓碱体系溶解生成 $NaGa(OH)_4$ 而进入铝酸钠溶液中，经多次循环后，原料中 80% ~ 85% 的镓富集于母液中，拜耳法母液中镓的浓度较高，介于 100 ~ 400 mg/L；烧结法生产氧化铝过程中，也可以生成镓酸钠随熟料溶出而进入铝酸钠溶液中，但在含石灰的熟料烧成（两成分或三成分）过程中和加石灰脱硅过程中有镓的损失，因而碳分母液中镓浓度较低，一般介于 30 ~ 100 mg/L，见表 19 - 5。

从碱性铝酸钠溶液中提取镓的方法较多，主要有石灰法（碳分法）、离子交换树脂法、溶剂萃取法、直接电解法和沉淀法等，其中离子交换树脂法因工艺成熟、生产成本低已广泛应用于工业生产中。尽管溶剂萃取法研究时间较长，报道也较多，但仍没有大规模工业应用。

与碱性体系相对应的是酸性体系，从重金属冶金或含镓合金中提取镓时，一般在酸性体系中萃取。

表 19－5　铝酸钠溶液中镓的浓度变化情况

成分 /(g·L^{-1})	Na$_2$O	Al$_2$O$_3$	SiO$_2$	Na$_2$O$_C$	Na$_2$O$_S$	Ga^{3+}/ (mg·L^{-1})	V/ (mg·L^{-1})
拜耳法种分母液	100～160	70～90	0.3～0.8	8～20	1～5	100～400	100～400
烧结法碳分母液	80～100	10～40	0.2～0.5	>20	—	30～100	—

19.4.2　碱性介质中萃取镓[27-32]

碱性体系主要是指氧化铝生产过程中的铝酸钠溶液。从铝酸钠溶液中萃取镓的萃取剂主要有：有机酸（酒石酸 H$_2$Tar）、8－羟基喹啉、烷基邻苯二酚（H$_2$R）、乙酰丙酮、高分子量季铵盐、7－取代－8－羟基喹啉（Kelex l00）、皂化可可油等。其中，高分子量季铵盐单独作为萃取剂时，镓、铝萃取效率低；有机酸为萃取剂时，镓、铝萃取效率较高；乙酰丙酮对镓的选择性较差，水溶性较大。

8－羟基喹啉衍生物中 Kelex100 和 N601 是目前研究最充分、应用前景最好的两种萃取剂。Kelex100 的化学名称为 7－（4－乙基－1－甲基辛基）－8－羟基喹啉，Kelex100 是它的英文简称；N601 通常称为 7－十二烯基－8－羟基喹啉，化学名称为 7－（3，3，5，5－四甲基－1－乙烯基己基）－8－羟基喹啉或 7－（3－（5，5，7，7－甲基－1－辛烯基）－8－羟基喹啉。

1）Kelex100 从铝酸钠溶液中萃取镓的原理

用 HL 表示 Kelex100 在铝酸钠溶液中萃取镓时，化学反应可表示为：

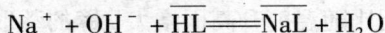

$$Ga(OH)_4^- + 3\overline{HL} \Longrightarrow \overline{GaL_3} + OH^- + 3H_2O$$

$$Al(OH)_4^- + 3\overline{HL} \Longrightarrow \overline{AlL_3} + OH^- + 3H_2O$$

$$Na^+ + OH^- + \overline{HL} \Longrightarrow \overline{NaL} + H_2O$$

国内外对 Kelex100 萃镓及反萃过程的影响因素已进行了广泛的研究。

（1）取代基对萃取的影响。8－羟基喹啉及有取代基后的结构如图 19－12 所示。

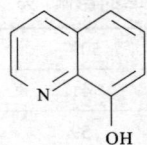

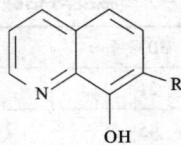

8-羟基喹啉　　　8-羟基喹啉衍生物（R为取代基）

图 19－12　8－羟基喹啉及有取代基后的结构

Kelex100 是在 8－羟基喹啉的第 7 个碳原子上引入取代基后得到的一类新型萃取剂。不同的取代基在铝、镓萃取时，萃取行为不同。取代基结构与萃取性能的关系见表 19－6。

表 19 – 6　7 – 取代 – 8 – 羟基喹啉(结构 R) 的结构和萃取性能

代号	取代基 R 的结构	镓的平衡萃取率/%	铝的平衡萃取率/%	$\beta_{Ga/Al}$	平衡时间/h	$t_{0.8}^{①}$
Kelex100 (K_1)	CH_3　C_2H_5 $-C-CH_2CH_2CH(CH_2)_3CH_3$	87.5	4.6	1.5×10^2	8	4.0
N601	CH_3　CH_3 $-CH-CH_2-C-CH_2-C-CH_3$ $CH=CH_2$　CH_3　CH_3	82.1	3.7	1.2×10^2	4	2.1
K_{12}	$-CH-C_6H_{13}$ CH_3	63.1	1.0	1.7×10^2	4	0.8

注: ①表示饱和度为 80% 的振荡时间。

引入取代基,改善了其性能,也提高了对金属的选择性。目前,Kelex100 萃取镓在法国已实现工业化生产。该类萃取剂用于萃取铝酸钠溶液中的镓时,也能满足对镓的选择性萃取要求,但缺点是萃取速率较慢。

(2)添加剂的影响。为提高镓的萃取速率,一般可在萃取体系中加入相调节剂,以醇类较好,如有机相组成为 10% Kelex100 + 5% Versatic10 + 8% 癸醇 + 77% 煤油,水相组成为 Na$_2$O 108 ~ 120 g/L、Al$_2$O$_3$ 16 ~ 25 g/L、Ga 110 mg/L,萃取 2 min,萃取率可达 90%。

(3)萃取温度及时间的影响。温度对萃取的影响较显著。Sato 等认为,在 10 ~ 50℃镓在两相的分配比随温度升高而增大,镓的萃取率随温度升高呈直线上升。同时,随着时间的延长,萃取率也升高。萃取温度的影响见表 19 – 7 及图 19 – 13所示。

表 19 – 7　温度对铝酸钠溶液中镓萃取率的影响/%

萃取时间/min	30℃	40℃	50℃	60℃
35	21	32	41	48
70	45	32	59	73

注: 有机相组成:Kelex100 : 正癸醇 : 煤油 = 10 : 8 : 82(体积比);铝酸钠溶液组成:Na$_2$O 158.9 g/L, Al$_2$O$_3$ 79.93 g/L, Ga(Ⅲ)0.178 g/L。

结果表明,加入添加剂后,Kelex100 萃取镓时,随着温度升高,萃取率升高;随着时间延长,萃取率增大。

(4)稀释剂的影响。稀释剂也改变铝酸钠溶液中镓的萃取,当然也影响相分离和生产成本。稀释剂对镓萃取的影响如图 19 – 14 所示。

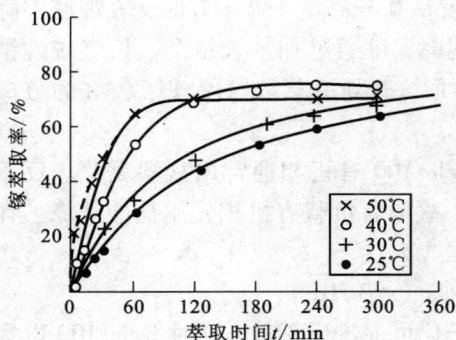

图 19-13　温度对 Kelex100/癸醇
/kwemac470B 溶剂萃取镓的影响

[有机相组成：Kelex100/改性剂/稀释剂 =
8/10/82；水相组成：Na$_2$O 175 g/L，Al$_2$O$_3$
80 g/L，Ga(Ⅲ)0.2 g/L，相比为 1:1，温度
40℃，搅拌速度 2000 r/min]

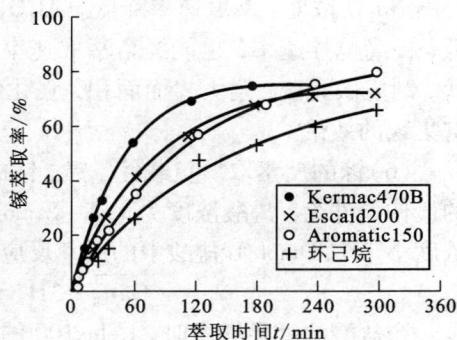

图 19-14　稀释剂对 Kelex100
萃取镓时萃取率的影响

[有机相组成：Kelex100/改性剂/稀释剂 =
8/10/82；水相组成(g/L)：Na$_2$O 175，Al$_2$O$_3$
80，Ga(Ⅲ)0.2；相比为 1:1，温度 40℃，搅
拌速度 2000 r/min]

在稀释剂为 Kermac470B(石蜡烃、环烷烃和芳香烃混合物)、Escaid200(石蜡烃)环己烷以及 Aromatic150(芳香烃)时，Escaid200 稍优于 Aromatic150，而环己烷的萃取效果低；混和稀释剂 Kermac470B 萃取效果最好。

(5)超声波的影响。为提高镓的萃取速率，研究了超声波外场的作用。部分实验结果见表 19-8。

表 19-8　各种稀释剂中超声波对反应速率的影响

稀释剂[①]	稀释剂沸点 /℃	速率常数 ×10^4/s^{-1}		增长率/%
		无超声波	有超声波	
Kermac 470B	204~260	2.86	18.47	645
Aromatic 150	176~210	1.62	4.82	297
Escaid 200	185~221	1.95	22.15	1136
环己烷	80.7	1.24	19.71	1589

注：①加到癸醇改性的 Kelex100 中。

使用 20000 Hz、19 W/cm^2 超声波后，萃取速率提高到原来的 15 倍。其作用机理可能是超声波产生空化效应能够提高脱水速率或产生较大的相界面面积，并消除不流动液层和增加微滴的内部循环流量。

其他因素对从铝酸钠溶液中萃取镓也有影响。如提高 Kelex100 浓度，有利于镓、铝萃取率的升高，但进一步提高 kelex100 浓度，镓铝比减小，选择性变差；水相离子强度高及 pH 升高也有利于铝的萃合物生成。例如，在 8.0% kelex100，水相中 Ga 浓度 0.2 g/L 时，Na$_2$O 浓度升高至 2.5 mol/L 时，表观萃取速率升高；再

升高 Na_2O 浓度，萃取速率降低。Al_2O_3 浓度从 0 升高至 132 g/L 时，表观速率降低；提高搅拌速率，也能提高萃取速率。同时，可通过加入长链醇、长链羧酸钠盐，制成微乳液，增大界面面积，强化镓萃取，微乳液萃取镓展现了较好的分离富集镓的效果[29]。

（6）镓的反萃取。负载镓、铝、钠的 Kelex100 有机相通常用盐酸反萃。反萃的最佳条件为：盐酸浓度为 1.8 ~ 2 mol/L，萃取后负载有机相先用盐酸洗涤。在浓度小于 1.8 mol/L 盐酸中的反萃反应方程式为：

$$\overline{GaR_3} + 3H^+ \Longrightarrow Ga^{3+} + 3\overline{HR}$$

当盐酸浓度足够高时，Kelex100 的质子化可促进反萃取，这时 Kelex100 以氯化氢盐的形式 $RH_2^+Cl^-$ 存在，配阴离子 $GaCl_4^-$ 按以下反应又被萃入有机相。反应方程式为：

$$Ga^{3+} + 3Cl^- + \overline{RH_2^+Cl^-} \Longrightarrow \overline{RH_2^+GaCl_4^-}$$

镓的反萃很快，如负载 Ga 0.175 g/L，Al_2O_3 2.98 g/L 的有机相，用 1.8 mol/L 盐酸，在相比为 1:1 时，25℃下，5 min 可达平衡，反萃率达 95%。

2）工艺流程

从种分母液中萃取回收镓的工艺流程如图 19 – 15 所示。

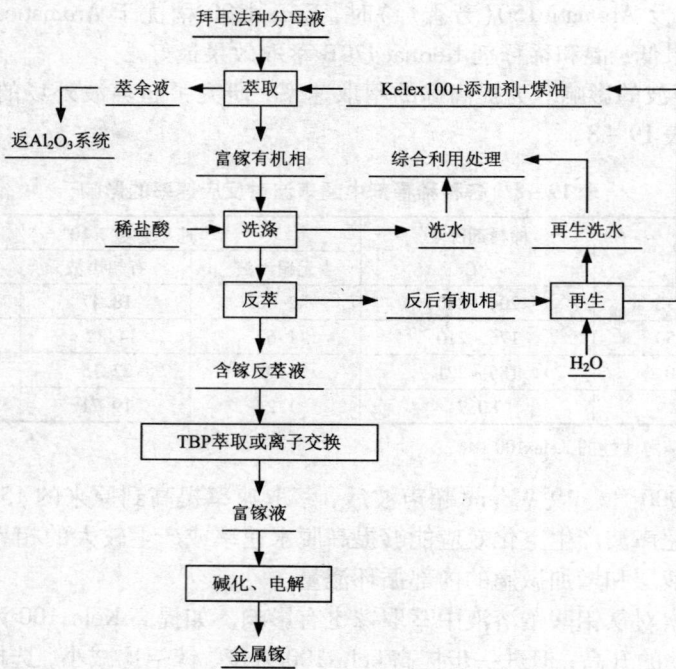

图 19 – 15 Kelex 100 萃取提镓的流程

目前 Kelex 100 从铝酸钠溶液中萃取镓仍存在如下缺点：

(1)萃取剂的价格较高，易被氧化，有一定的毒性。

(2)镓和铝的选择性分离仍不够理想，分配比较低，萃取速率较低。

(3)萃取过程包含萃取、反萃取、富集、电解等，工艺复杂。

(4)萃取过程中少量有机物会进入氧化铝生产流程中，可能影响氧化铝生产。

(5)与离子交换法相比，目前的萃取法仍不具有成本上的优势，但直接从铝酸钠溶液中萃取镓仍是一个有价值的工艺。如用含 8% Kelex100、92% 的煤油和癸醇(比例为 9∶1)的有机相，从含镓 0.186 ~ 0.240 g/L、Al_2O_3 81.5 g/L 和 Na_2O 166 g/L 的铝酸钠溶液中萃取镓，获得负载有机相含镓达 0.186 ~ 0.197 g/L；用 0.5 ~ 0.8 mol/L 稀盐酸洗涤除去 99.7% 的铝和钠，然后用 1.6 ~ 1.8 mol/L 盐酸溶液反萃镓，曾有工业应用。我国王承明教授采用 10% 的 Kelex100，8% ~ 12% 的混合醇作改性剂，从含镓 0.16 g/L、Al_2O_3 40 ~ 60 g/L 及 Na_2O 140 g/L 的拜耳法的返回母液中萃取镓，可以达到对镓的定量萃取。负载有机相经稀盐酸洗涤后，用盐酸反萃的反萃率大于 98%。

因此，强化萃取剂结构与性能的研究，查明有机物对氧化铝生产的影响并研究出合适的解决方法、显著降低生产成本仍是今后研究镓萃取的重点。

19.4.3　酸性介质中萃取镓

在锌冶炼或在粉煤灰的综合利用过程中，或用盐酸溶解富镓的氢氧化铝过程中，或在溶解铝电解精炼的阳极合金时产生的酸性溶液中均存在 Ga^{3+}。本节简述盐酸、硫酸、硝酸中镓的萃取。

1)中性萃取剂

乙醚、二异丙醚、二异丁基醚等醚类萃取剂可从酸性介质中通过生成缔合物萃取镓；脂肪族对称醚类从盐酸介质萃取能力低于不对称醚类。二己基硫醚(DHS)－1,2－二氯乙烷溶液也可以从盐酸介质中萃取 Ga(Ⅲ)，其萃合物的组成为 $GaCl_3$·DHS。由于醚类萃取剂沸点低、易燃等原因，在工业应用中已逐渐被淘汰。

甲基异丁基酮(MIBK)等酮类在萃取镓时，首先在强酸介质中质子化，然后与镓的化合物缔合成 RH^+·$GaCl_4$ 进入有机相；在含 2.5 ~ 8 mol/L 的盐酸介质中用 MIBK 可定量萃取镓。在 6 mol/L 盐酸中，乙酰丙酮(HAA)也可以定量萃取镓。β－双酮萃取镓的效果不好。酮类萃取剂主要用于镓的分析。

在盐酸介质中二烷基亚砜(R_2SO)—甲苯溶液可以从 1 ~ 5 mol/L 盐酸介质中萃取镓，其萃取能力大于 TBP。聚合氧乙烯壬基苯酯(PONPEs)也可用于镓的萃取，在聚合度 $n = 7.5$、10、20 时，用二氯甲烷、氯仿等作稀释剂时，萃合物为 $HGaCl_4PONPE$。

中性磷类萃取剂萃取镓的研究报道较多。Sato 等以 0.034 mol/L TBP 及 0.04

mol/L TOPO 从盐酸介质中萃取镓，萃合物组成分别为 $GaCl_3 \cdot 2TBP$ 及 $GaCl_3 \cdot TOPO$，并指出在相同条件下，TOPO 的萃取能力大于 TBP。若用 100% TBP 萃取镓，由于溶剂化，得到的萃合物组成是 $GaCl_3 \cdot 3TBP$。如果体系中盐酸浓度很高，则镓以质子化形式存在于水相中，所得萃合物为 $HGaCl_4 \cdot 3TBP$。在强酸介质中，利用镓与 TBP 形成 $HGaCl_4 \cdot nH_2O \cdot 3TBP$ 可以实现 Al^{3+}、Ga^{3+} 的直接分离。在 $2 \sim 8$ mol/L 盐酸溶液中用 TBP 萃取镓，可使镓与重金属杂质分离，但 Fe（Ⅲ）及 Sb（Ⅲ）会同时被萃取，且易于产生第三相；加入适当表面活性剂或其他有机试剂，有利于提高萃取剂的选择性。

N503[N，N - 二(1 - 甲庚基)乙酰胺]可以从 R_2SO_4 - NaCl 体系(此处 R 代表 N503)中将镓萃入有机相，通过串级萃取，提高酸的强度，提高 NaCl 浓度及溶液中 Ga^{3+}、In^{3+} 的摩尔比，N503 能较好地分离 Ga^{3+}、In^{3+}。

图 19 - 16 为从锌浸出渣中回收镓、铟、锗的流程，我国某厂用此工艺同时回收了镓、铟、锗。

锌浸出渣经富集得到的置换渣是直接提取稀散元素的原料，其中镓以 Ga_2O_3 形式存在，铟约 96% 以上以 $InAsO_4$ 形式存在，锗约半数以 $GeO \cdot GeO_2$ 形式存在，35% 以 GeO_2 形式存在。用硫酸(电积锌的贫电解液)以逆流浸出法浸出渣，得到萃取料液。

首先用 P204 萃取铟，萃铟余液用传统的丹宁沉锗—氯化蒸馏法提锗。沉锗后滤液 pH 调至 3，得富镓的 Ga (OH)$_3$ 沉淀。后者焙烧后用盐酸浸出，浸出液与氯化蒸锗的残液(含镓 0.2 g/L，盐酸 300 g/L)合并后用 N503 萃镓。有机相为 30% N503 的煤油溶液。此时，N503 的羰氧原子生成镁阳离子萃取 $GaCl_4^-$ 配阴离子。经一级萃取，镓即可萃取完全。料液含镓 $0.59 \sim 0.63$ g/L，盐酸 $160 \sim 180$ g/L，萃余液含镓不高于 0.005 g/L，用水反萃得到的富镓水溶液含镓达 13.5 g/L。尔后加碱碱化，送电解工序，以不锈钢为阴、阳极，在电流密度为 $500 \sim 2000$ A/m^2 下电解，可得到 4N 纯度的金属镓[26]。

2)酸性及螯合萃取剂

羧酸类萃取剂，如癸酸、仲辛基苯氧基乙酸、有支链的烷基羧酸(类似于 Versatic acid)及螯合萃取剂，异羟肟酸(H - 106、YW100)、LIX63(5，8 - 二乙基 -6 - 羟基十二烷基酮肟)、N - 苯甲酰 -N - 苯羟肟等，它们的萃取机理大致相似，通过阳离子交换形成萃合物，然后转移至有机相而进行分离。如仲辛基苯氧基乙酸萃取镓时，在 pH 为 4 左右时，萃合物为 $GaA_3 \cdot HA$。癸酸(HA)分别在甲苯、氯苯、1，2 - 二氯甲烷、1 - 辛醇溶液中萃取镓，其萃合物组成因稀释剂极性不同而不同。稀释剂极性越小，萃合物的聚合程度越高；高分子量羧酸 SRS - 100 可以在 pH 4.7、Ga(Ⅲ)浓度为 2 g/L 的溶液中将 97.2% 的镓萃入有机相。美国用 20% 叔碳酸 - 煤油(或二甲苯)为有机相，在 pH 为 $2.5 \sim 4$ 的条件下萃取镓。

锌浸出渣
↓
富集 → ZnSO₄液 → 回收锌
↓
置换渣
↓
锌废电解液、锌粉 → 逆流酸浸 → 酸浸渣 → 回收铜
↓
酸浸液

HCl
↓
P204 → 萃取铟 → 铟负载有机相 → 反萃 → 负有机相
↓   ↓   ↓
萃余液   铟水相   再生
↓   ↓   ↓
丹宁   锌板 → 置换 ← 反萃取铟
↓   ↓
氧化焙烧 ← 丹宁锗 ← 丹宁沉锗   置换后液 ← 置换
↓   ↓   ↓
锗精矿   返锌系统   制ZnCl₂   海绵铟
↓   丹宁废液   ↓   ↓
氯化蒸馏 → 中和后液 ← 中和及渣酸溶   商品ZnCl₂   铸型
↓   ↓   ↓
GeCl₄ → 氯化残液 → HGaCl₄液   电解
↓   ↓   ↓
去离子水 → 水解   (N503)乙酰胺 → 萃取镓 → 萃镓余液   金属铟
↓   ↓   ↓
GeO₂   镓负载有机相   送"三废"处理
↓   ↓
氢 → 还原   水 → 反萃
↓   ↓
金属锗   镓水相
                     ↓
              碱化造液,电解
                     ↓
                  金属镓

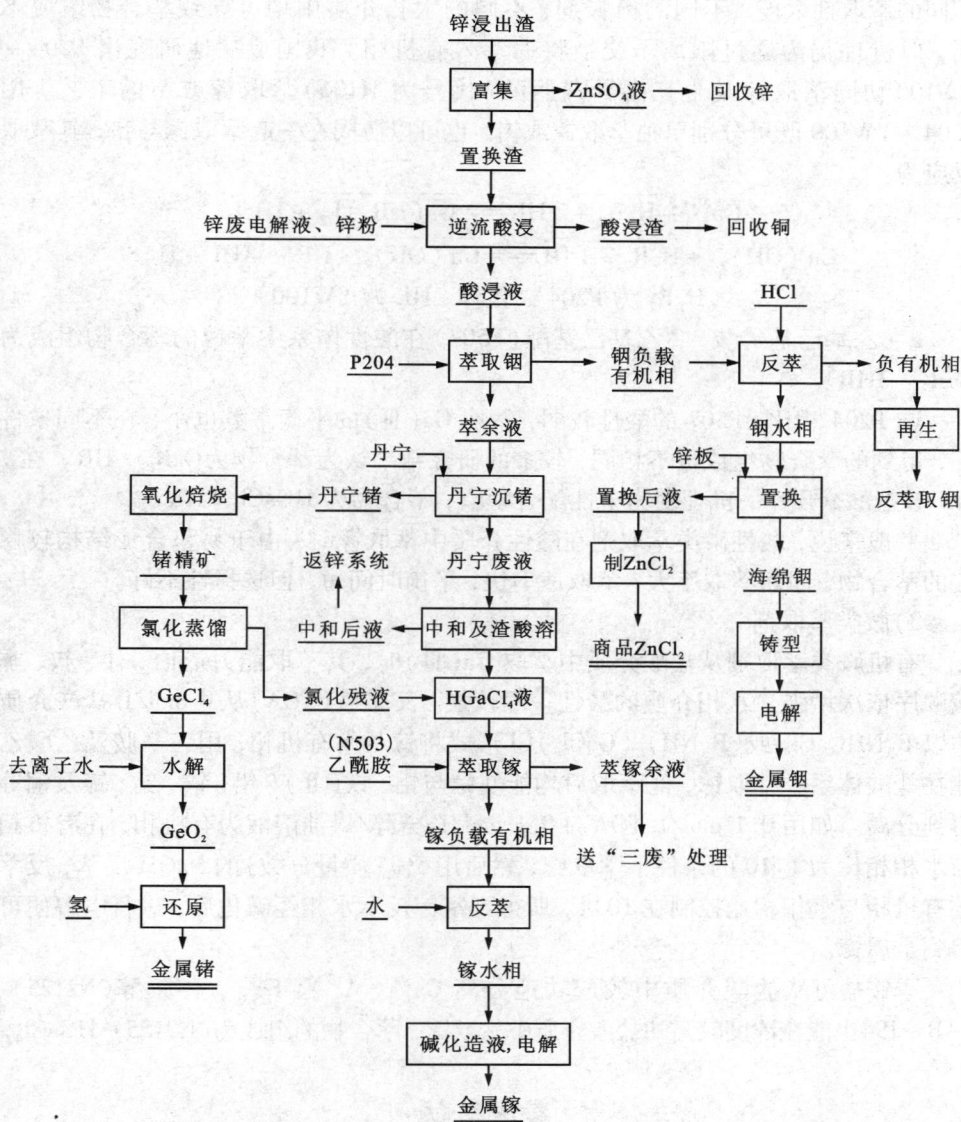

图 19 – 16 浸出—萃取法提镓(铟、锗)的流程

日本用叔碳羧酸(商品代号为 Versatic 911H),在 pH 为 2.5~3.5 的条件下萃取
镓。烷基异羟肟酸类的 YW100 还在株洲冶炼厂进行过萃取镓的工业试验。
YW100 对镓、锗的萃取效果好,但水溶性大,损失大。

酸性磷类是酸性及螯合萃取剂中研究较为充分的一类萃取剂[33,34],主要包
括 P204、PC – 88A、P507、P538 等。P204 在有机相中主要以二聚体形式存在,在

不同的萃取剂浓度、不同的稀释剂、不同的水相介质中均可导致萃合物组成不同，但机理仍为通过阳离子交换将镓萃入有机相。我国成功地研究出 P204 + YW100 协同萃取镓及十三碳异羟肟酸（代号为 H106）萃取镓或锗的工艺。用 P204 + YW100 既可分别单独萃取镓或锗，也可以协同在一起萃取镓与锗，其萃取反应为：

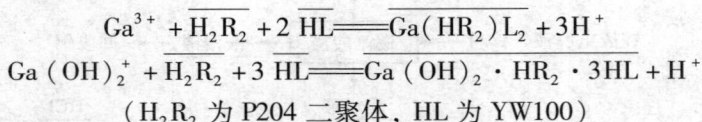

$$Ga^{3+} + \overline{H_2R_2} + 2\,\overline{HL} = \overline{Ga(HR_2)L_2} + 3H^+$$
$$Ga(OH)_2^+ + \overline{H_2R_2} + 3\,\overline{HL} = \overline{Ga(OH)_2 \cdot HR_2 \cdot 3HL} + H^+$$

（H_2R_2 为 P204 二聚体，HL 为 YW100）

2 - 乙基己基磷酸 - 2 乙基己基酯（P507）在酸性体系中萃镓的萃合物组成为 $GaR_3 \cdot 3HR$。

与 P204 相比，P507 的酸性较弱，萃取 Ga（Ⅲ）的平衡常数也小，在不同条件下，得到的萃合物组成也不相同，较多的研究结果认为萃合物为 $GaR_3 \cdot HR$。在 7 mol/L 盐酸介质中，机理变为中性配合萃取，萃合物为 $HGaCl_4$（HR）$_2$。

一般来说，酸性磷类萃取剂在酸性介质中萃取镓时，由于易螯合成结构较稳定的萃合物，因而萃取率大，萃取速率快，平衡时间短，但选择性不好。

3）胺类萃取剂

有机胺类萃取剂从盐酸介质中萃取 Ga（Ⅲ）时，其萃取能力依伯、仲、叔、季胺顺序依次增强。水相介质的酸性一般较强。三辛胺（TOA）从 4 mol/L 盐酸介质中以 $R_3NHGaCl_4$ 或（R_3NH）$_2$（$GaCl_4$）Cl 形式将镓萃入有机相；用三辛胺及乙酸乙酯在盐酸体系中萃取镓，经萃取后均能使镓与铝、铁（Ⅱ）、铅、锌、钴、镍及铜等得到分离。如用 0.1 mol/L TOA + 0.1 mol/L 癸醇/煤油溶液为有机相，在有机相与水相相比为 1:10 的条件下萃取镓，然后用 5%（质量分数）的 NaOH 反萃，反萃的有机相与水相相比控制在 10:1，所得到富镓反萃水相经碱化后，进行电解便可得到金属镓。

季铵盐可从盐酸介质中较成功地分离 Ga^{3+}、Al^{3+}、Fe^{3+}；仲胺醇（N2125）、TAB - 194 也能在浓度较高的盐酸介质中萃取镓，萃合物的组成为（N2125）$\cdot HGaCl_4$。

参考文献

[1] 周令治，陈少纯. 稀散金属提取冶金[M]. 北京：冶金工业出版社，2008，11.

[2] 邹家炎，陈少纯. 我国稀散金属资源产业发展状况研究[C]. 中国有色金属学会第五届学术年会论文，2003，47.

[3] 冯雅丽，王宏杰，李浩然，杜竹玮. 采用熟化—浸出—萃取法从黄磷电炉电尘浆中提取镓[J]. 中南大学学报（自然科学版），2008，39（1）.

[4] 程华月，陈少纯，邹家炎. 从铅锌冶炼炉渣中回收镓的工艺方案研究及可行性分析[J]. 矿冶，2007，16（3）.

[5] Bina Gupta, Niti Mudhar, ZareenaBegumI. Indu Singh. Extraction and Recovery of Ga（Ⅲ）from Waste

Material Using Cyanex 923[J]. Sci, Hydrometallurgy 87, 2007: 18 - 26.

[6] 林江顺，王海北，高颖剑，赵磊，张磊. 一种新镓锗萃取剂的研制与应用[J]. 有色金属, 2009, 61(2).

[7] 许秀莲，唐冠中，邹发英. P507D 从稀硫酸溶液中萃取铟的研究[J]. 稀有金属, 2000, 4(24).

[8] 许秀莲，唐冠中. 用 P507D 萃取剂萃取铟的再使用性能的研究[J]. 稀有金属, 2000, 5(24).

[9] 张佳峰，张宝，蒋光佑. 从锡系统综合回收金属铟的生产实践[J]. 有色金属(冶炼部分), 2009, (3).

[10] 李永红，刘兴芝. N235 萃取碲及其机理研究[J]. 稀有金属, 1999, 23(6): 411 - 413.

[11] 卫芝贤，杨文斌，王靖芳，段永生. 硒碲的萃取分离工艺研究[J]. 稀有金属, 1995, 19(3): 189 - 190.

[12] 卫芝贤，孔令俊. N1923 萃取碲的研究[J]. 华北工学院学报, 1997, 18(3): 275 - 276.

[13] 董贞俭，宋玉林，战凯. TAB - 194 萃取 TI(Ⅲ) 的研究[J]. 稀有金属, 1995, 19(4): 249 - 251.

[14] 梁冠杰，等. 从废水中萃取回收铟的工艺研究[J]. 岩矿测试, 2001, 2(20): 111 - 114.

[15] 孙进贺，贾永忠，景燕，等. P204 - Cyanex923 磺化煤油用于铟的萃取和反萃研究[J]. 有色金属(冶炼部分), 2011(1): 26 - 32.

[16] 张瑾，刘大星，王春，等. P204 - Cyanex 混合溶剂萃取铟[J]. 应用化学, 2000, 17(4): 401 - 404.

[17] 陈世明，李学全，黄华堂，等. 从硫酸锌溶液中萃取提锗[J]. 云南冶金, 2002, (31), 3: 101 - 105.

[18] 包福毅，方军，朱大和，等. 从硫化矿高酸浸出的硫酸锌溶液中萃取提锗全流程研究[J]. 中国工程科学, 2001, (3), 12: 58 - 67.

[19] 陈兴龙. 从硫酸锌溶液中萃取回收锗的研究[D]. 长沙: 中南大学, 2004.

[20] 陈兴龙，田润苍，李淑珍. YW100 在无机酸中的行为及其稳定性的机理探讨[J]. 稀有金属, 1989, 13(4): 333 - 336.

[21] 田润苍，邵永添. 锗的回收方法[P]. 中国, CN1005408B, 1989 - 10 - 11.

[22] 田润苍. 硫酸介质中协同萃取锗和镓的研究[J]. 广东有色金属学报, 1991, (1)1: 20 - 25.

[23] 肖华利. 从湿法炼锌中回收锗的生产实践[J]. 稀有金属与硬质合金, 1993, 113: 50 - 52.

[24] 谢访友，王纪，刘恒玉，等. 从株洲冶炼厂氧化锌浸出液中萃取分离锗[J]. 有色金属(冶炼部分), 1997, 3: 33 - 36.

[25] 李世平. 关于 N235 - 酒石酸体系萃取分离锗锌的研究[J]. 稀有金属, 1996, (20)5: 334 - 338.

[26] 马荣骏. 萃取冶金[M]. 北京: 冶金工业出版社, 2009.

[27] 余明新，许庆仁. 7 - 取代 - 8 - 羟基喹啉从碱性铝溶液中萃取镓的研究[J]. 江西农业大学学报, 1994, 16(2): 211 - 216.

[28] G V Puvvada. Liquid - Liquid Extraction of Gallium from Bayer Process Liquor Using Kelex100 in the Presence of Surfactant[J]. Hydrometallurgy, 1999, 52: 9 - 19.

[29] Sato T, Oishi H. Solvent Extraction of Gallium (Ⅲ) from Sodium Hydroxide Solution by Alkylated Hydroxy Quinoline[J]. Hydrometallurgy, 1986, 3: 315 - 324.

[30] T N Castro Dantas, M H de Lucena Neto, A A Datas Neto. Gallium Extraction by Microemulsions[J]. Talanta, 2002, 56: 1089 - 1097.

[31] 徐朔，王挹薇. 一种高效的由碱性铝母液中溶剂萃取镓的方法[J]. 轻金属, 1989, 6: 17 - 24.

[32] 刘桂华，李小斌，张传福，欧阳育良. 镓的溶剂萃取[J]. 稀有金属与硬质合金, 1998, 132: 48 - 51.

[33] T Kinoshita, S Akita, S Nii, F Kawaizumi, K Takahashi. Solvent Extraction of Gallium with Non - Ionic Surfactants from Hydrochloric Acid Solution and its Application to Metal Recovery from Zinc Refinery Residue [J]. Separation and Purification Technology, 2004, 37: 127 - 133.

[34] Jeenet Jayachandran, Purushottam Dhadke. Solvent Extraction Separation of Gallium (Ⅲ) with 2 - Ethylhexyl Phosphonic Acid Mono - 2ethylhexyl Ester(PC - 88A)[J]. Hydrometallurgy, 1998, 50: 117 - 124.

第 20 章　贵金属萃取

何焕华　金川集团股份有限公司

目　录

20.1　概述

贵金属包括金、银、铂、钯、锇、铱、钌、铑等八种元素。后六种元素又称铂族金属。按原子序(量)分，又把钌、铑、钯称轻铂族金属，锇、铱、铂称重铂族金属。

贵金属中的金、银最早被人类发现和应用，是最古老的金属。根据出土文物和文献记载，大约在公元前 5000 年的新石器时代就开始生产黄金。铂族金属则从公元 18 世纪至 19 世纪才先后被发现。1735 年发现了铂(现在比较公认的是由西班牙军人德·乌尔洛阿 1735—1746 年在南美洲服务时发现的)后，历经一百多年，于 1840 年发现铂族元素中最后一种钌元素。铂族金属的工业化生产，始于 19 世纪俄罗斯乌拉尔砂铂矿和哥伦比亚砂铂矿发现以后的 20 年代。铂族金属大规模生产则是在大型铜镍硫化矿床和南非富铂低镍硫化矿藏发现并开采以后的 20 世纪的 20 年代。所以铂族金属可以说是年轻的现代金属。世界铂族金属的生产主要集中在南非、俄罗斯、北美的加拿大和美国。表 20 - 1 列出了其产量情况。

表 20 -1(a)　世界铂族金属产量/t

国家或地区	1970	1980	1990	2000	2010
苏联	68.42	49.13	85.38	204.67	143.6
南非共和国	30.45	99.22	130.25	196.39	244.3
北美地区	11.51	9.32	17.79	30.17	25.3
其他国家	8.47	2.79	4.20	6.31	25.5
世界合计	118.85	160.46	242.62	437.54	438.7

注：表中数据取自 Johnson Mathey。

表 20 -1(b)　世界近十年铂、钯、铑的产量/t

国家或地区	2000	2001	2002	2003	2004	2005	2006	2007	2008	2009	2010
南非共和国	190.26	204.10	220.84	242.43	251.23	259.63	276.36	270.92	234.49	235.24	244.3
俄罗斯	204.98	179.32	93.31	128.77	178.69	174.18	152.10	160.19	141.99	109.80	143.6
北美	29.14	38.35	45.10	39.07	44.70	40.28	41.99	42.30	38.97	32.04	25.3
其他国家	6.62	6.97	10.26	15.05	16.52	17.32	17.39	18.16	19.38	21.99	25.5
世界合计	431.10	428.74	369.51	369.52	491.14	491.41	487.84	491.57	434.83	399.07	438.7

由于铂族金属性质近似，分离和提纯都十分困难，传统的生产工艺流程非常复杂和冗长。因此，自 20 世纪 70 年代以来，对溶剂萃取分离法进行了大量的研究，并逐步应用于贵金属的工业生产。世界最大的铂精炼厂(安格罗 Anglo 铂公司的马太昂斯腾堡精炼厂即 MRR)、世界第三大铂精炼厂[郎明(Lon min)铂公司的郎侯(Lon rho)精炼厂]以及伦敦阿克统(Acton)精炼厂都先后实现了萃取分离

金及铂族金属。世界第二大铂精炼厂即英帕拉(Impala)铂精炼厂,也在不断地改进传统工艺,采用 MRT(分子识别技术)分离钯和离子交换技术分离铑、铱。世界最大的钯精炼厂(俄罗斯的克拉斯诺雅尔斯克)也都部分采用了萃取分离法取代传统工艺,一些中小型二次资源回收厂也在仿效采用,应该说这些工厂,由于原料成分单一,干扰元素少,更容易实现萃取法分离。溶剂萃取分离铂族金属已日益成为普遍使用的工艺。

20.2 贵金属的富集提取

目前世界上生产的铂族金属,绝大多数都是从含铜、镍硫化矿床中生产回收的。直接从砂铂矿中生产的铂族金属,每年只有几百公斤。俄罗斯乌拉尔地区的砂铂矿早已枯竭,目前只有哥伦比亚、缅甸、澳大利亚等一些国家还有少量生产。铜镍硫化矿床一般都含有贵金属,只是含量高低不同。譬如中国金川镍矿含铂族金属为 0.4 g/t 左右,仅为加拿大萨德伯里镍矿含铂族金属的 40%;而南非布什维尔德矿床和俄罗斯诺里尔斯克矿床铂族金属平均品位分别达到 3~6 g/t 和 5~10 g/t。加拿大威西斯湾(Voisty's Bay)镍矿和中国的吉林镍矿、新疆哈拉通克镍矿铂族金属含量甚微。金川镍矿、萨德伯里、诺里尔斯克镍矿床含镍品位都比较高,铂族金属都是副产品,每生产一万吨镍,副产铂族金属分别为 0.3~0.32 t、0.8~1 t 和 4~5 t。布什维尔德矿床含镍品位很低(0.1%~0.2%),铂族金属为主产品,每生产 1 万 t 镍可产 40~60 t 铂族金属。

由于不同的富集工艺会得到不同的贵金属精矿,因而会影响其分离提纯工艺,故有必要简述一下世界铂族金属生产的主要富集工艺,如图 20-1 和图 20-2 所示。

图 20-1 中:①是美国明尼苏达州的诺思密特(Northmet)矿床的富集流程。该矿发现于 20 世纪 60 年代初。其特点是铜比镍高 4 倍以上,贵金属品位不高仅 0.59 g/t。直到 21 世纪初研发出 PLATSOL™ 工艺[1]以后才进行开发。该工艺的特点是:选矿得到的精矿直接进行全氧化加压浸出。控制温度 220℃,氧分压 0.7 MPa,NaCl 10 g/t,使铜、镍及贵金属完全溶解。设计规模为:年产阴极铜 3.3 万 t,氢氧化物含镍 7875 t,金及铂族金属 120.900 盎司(3.88 t)。②是加拿大鹰桥(Falconbridge)公司、南非郎明(Lon min)铂公司的富集流程。③是南非安格罗(Anglo)铂公司和英帕拉(Impala)铂公司的富集流程,安格罗采用 ACP 工艺产出的富铂族镍锍缓冷磨浮产出的合金单独浸出处理得到铂族精矿,镍精矿浸出后的渣返回熔炼,英帕拉采用一段常压两段高压直接处理镍锍得到铂族精矿。④是独立铂公司(Independence Platinum Ltd)的富集流程。该工艺是由南非明特克(MINTEK)研究所研发的,该公司独享使用,工艺的特点是:a. 精矿先焙烧脱硫;b. 直流等离子电弧炉还原熔炼,使贵金属富集在铁、铜、镍合金中;c. 合金吹炼除铁后,采用高压水雾化技术使富贵金属合金呈细粉后浸出贱金属。具有流程

含铂族矿石

选矿 → 尾矿

精矿

O₂、NaCl → 加压全氧化浸出　　熔炼及吹炼　　焙烧 → H₂SO₄

Cu ← 萃取　　　富PGM高锍　　直流电弧炉熔炼

Ni、Co ← 沉淀　　Ni、Cu ← 选择性氯浸　　加压氧浸 → H₂SO₄；Ni、Co、Cu　　吹炼除铁

NaHS → 沉淀　　H₂SO₄、Cu ← 焙烧浸出　　　浸出 → Ni、Co、Cu

精矿 PGM ①　　精矿 PGM ②　　精矿 PGM ③　　精矿 PGM ④

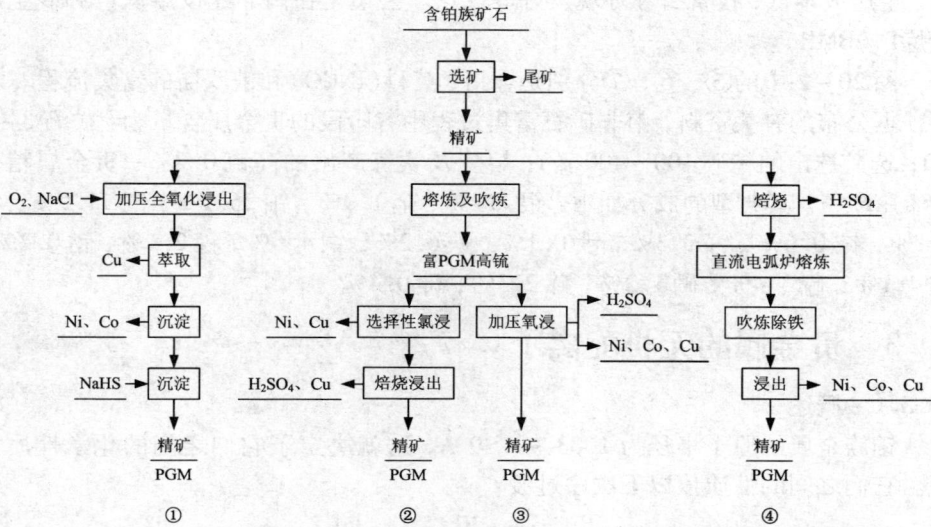

图 20-1　美国、加拿大鹰桥、南非铂族金属富集提取原则流程

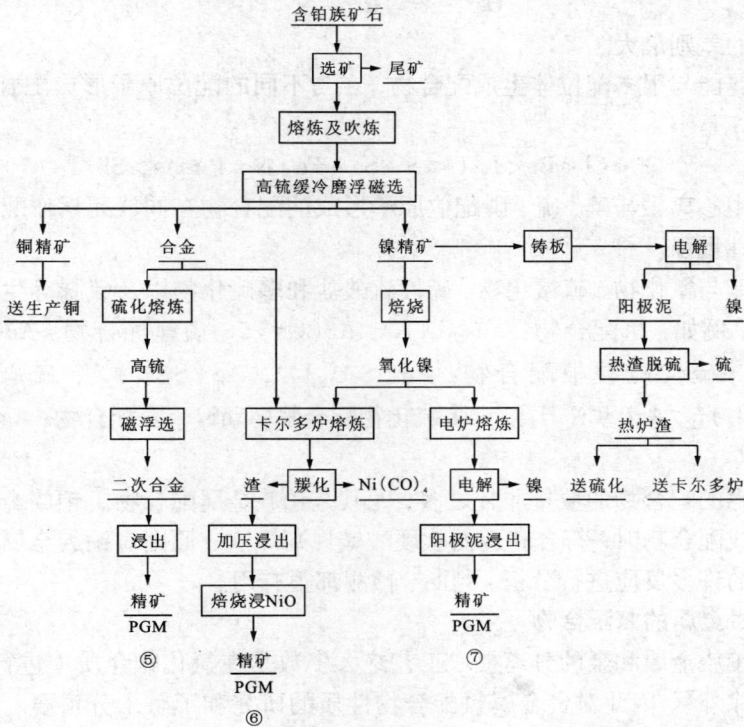

含铂族矿石

选矿 → 尾矿

熔炼及吹炼

高锍缓冷磨浮磁选

铜精矿　　合金　　镍精矿 → 铸板 → 电解

送生产铜　　硫化熔炼　　焙烧　　阳极泥　镍

高锍　　氧化镍　　热渣脱硫 → 硫

磁浮选　　卡尔多炉熔炼　电炉熔炼　　热炉渣

二次合金　　渣　羰化 → Ni(CO)₄　电解 → 镍　　送硫化　送卡尔多炉

浸出　　加压浸出　　阳极泥浸出

精矿 PGM ⑤　　焙烧浸NiO　　精矿 PGM ⑦

精矿 PGM ⑥

图 20-2　金川、INCO、俄罗斯铂族金属富集提取原则流程

短、生产成本低、投资省和环境友好等优点。公司正在南非建设熔炼厂和贱金属精炼厂(BMR)。

图 20 - 2 中的⑤、⑥、⑦分别是金川、英科(INCO)和俄罗斯的富集流程。

据公布的有关资料,南非矿石富集过程中各阶段的贵金属含量为:矿石 3 ~ 5 g/t;选矿选出的精矿 100 ~ 400 g/t;熔炼及吹炼产出的高锍 0.2%;贵金属精矿 30% ~ 65%。其典型的成分如下:银 1.4%,金 1.0%,铂 26.1%,钯 11.9%,铑 2.1%,铱 0.6%,钌 3.3%,锇 0.1%,铁 6.2%,铜 4.6%,镍 2.1%,钴 0.2%,硅 4.1%,硫 3.4%,硒 1.2%,碲 2.3%,砷 0.4%。

20.3 贵金属的无机配离子

20.3.1 概述

铂族金属的原子半径为 1.33 ~ 1.39 Å,这就决定了它们之间的化学性质近似。它们之间的性质依以下次序过渡[2]:

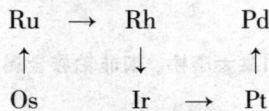

$$\begin{array}{ccc} Ru & \rightarrow & Rh & & Pd \\ \uparrow & & \downarrow & & \uparrow \\ Os & & Ir & \rightarrow & Pt \end{array}$$

即锇与钯的差别最大。

贵金属能与很多配位体生成配合物,在与不同的配位原子形成配合物时,其稳定性顺序是[3]:

$$F < Cl < Br < I, O \ll S \sim Se \sim Fe, N \ll P > As > Sb$$

即贵金属中心离子与碘、硫、磷配位原子形成的配合物在同族元素作配体的配合物中稳定性最强。

金银能与氰化物、硫氰化物、硫代硫酸盐和多硫化物以及硫脲等生成稳定的配合离子,例如,氰配合物:$Au(CN)_2^-$,$Ag(CN)_2^-$;硫氰配合物:$Au(SCN)_2^-$,$Ag(SCN)_2^-$;硫代硫酸根配合物:$Au(S_2O_3)_2^{3-}$,$Ag(S_2O_3)_2^{3-}$;硫脲配合物:$Au(SCN_2H_4)_2^+$,$Ag(SCN_2H_4)_2^+$;多硫化物配合物:AuS_5^-;氨配合物:$Ag(NH_3)^+$,$Ag(NH_3)_2^+$。

贵金属的配合物的数量非常之多,尤其是铂族金属配合物。铂族金属在与不同配体生成配合物时,符合和遵循软硬酸碱规则。这一原则对铂族金属分离和提纯过程中的许多反应进行分析、判断、预测都很有用。

20.3.2 贵金属的氯配合物

由于铂族金属和金的分离提取工艺绝大多数是在氯化物介质中进行(矿产金提取工艺除外),因此对贵金属氯配合物性质的研究和了解十分重要。在盐酸介质中金及铂族金属都以配合物形式存在,而且在低氯离子浓度下,还可以生成氯合、水合混合配位的配合物。贵金属主要的氯配合物见表 20 - 2[4]。

表 20 – 2　贵金属主要氯配合物

钌	铑	钯	银
Ru(Ⅲ)	Rh(Ⅲ)	Pd(Ⅱ)	Ag(Ⅰ)
$RuCl_6^{3-}$，$RuCl_5(H_2O)^{2-}$	$RhCl_6^{3-}$，$RhCl_5(H_2O)_n^{2-}$	$PdCl_4^{2-}$	还有 $AgCl_2^-$，$AgCl_3^{2-}$ 等
$RuCl_4(H_2O)_2^-$，$RuCl_3(H_2O)_3$	$RhCl_4(H_2O)_2^-$	Pd(Ⅳ)	
Ru(Ⅳ)		$PdCl_6^{2-}$	
$RuCl_6^{2-}$，$Ru_2OCl_{10}^{4-}$			
$Ru_2OCl_8(H_2O)_2^{2-}$			
锇	铱	铂	金
Os(Ⅲ)	Ir(Ⅲ)	Pt(Ⅱ)	Au(Ⅲ)
$OsCl_6^{3-}$，$OsCl_5(H_2O)^{2-}$	$IrCl_6^{3-}$，$IrCl_5(H_2O)^{2-}$	$PtCl_4^{2-}$	$AuCl_4^-$
$OsCl_4(H_2O)_2^-$	$IrCl_4(H_2O)^-$	Pt(Ⅳ)	
Os(Ⅳ)	Ir(Ⅳ)	$PtCl_6^{2-}$	
$OsCl_6^{2-}$	$IrCl_6^{2-}$		

从表 20 – 2 可见，金、钯、铂可形成稳定的氯配合物，而铑、铱、锇、钌的氯配合物除呈不同价态外，还随酸度、氯离子浓度、温度、氧化还原电位的变化等发生水合、羟合、水合离子的酸式离解，呈顺式、反式或多核结构。

20.3.3　贵金属配合物的稳定性

影响贵金属配合物稳定性的最主要因素是氧化价态，即各元素的电子层结构。

将铂族金属按轻铂族(钌、铑、钯)与重铂族(锇、铱、铂)分类，发现重铂族配合物比相应结构的轻铂族配合物热力学稳定性更强、动力学惰性更高，其由强至弱、由高到低顺序如下：Os(Ⅷ) > Ru(Ⅷ)，Os(Ⅳ) > Ru(Ⅳ)，Ir(Ⅳ) > Rh(Ⅳ)，Ir(Ⅲ) > Rh(Ⅲ)，Pt(Ⅳ) > Pd(Ⅳ)，Pt(Ⅱ) > Pd(Ⅱ)。这一规律可用铂族元素第一电离势差异以及元素的周期数对配合物 d 轨道晶体场分裂能 Δ 值的影响来解释。陈景还进一步用轻重铂族元素的有效核电荷的高低进行了解释[5]。铂族金属离子对任一外入 d 电子的有效核电荷 Z^* 的计算结果见表 20 – 3。

表 20 – 3　铂族金属离子对任一外入 d 电子的有效核电荷 Z^*

价态	Ru(Ⅳ)	Rh(Ⅳ)	Pd(Ⅳ)	Os(Ⅳ)	Ir(Ⅳ)	Pt(Ⅳ)
d 电子数	$4d^4$	$4d^5$	$4d^6$	$5d^4$	$5d^5$	$5d^6$
Z^* 值	6.60	7.25	7.90	7.44	8.09	8.74
价态	Ru(Ⅲ)	Rh(Ⅲ)	Pd(Ⅱ)	Os(Ⅲ)	Ir(Ⅲ)	Pt(Ⅱ)
d 电子数	$4d^5$	$4d^6$	$4d^8$	$5d^5$	$5d^6$	$5d^8$
Z^* 值	6.25	6.91	7.20	7.09	7.74	8.04

注：Z^* 值是指铂族金属场中若再进入一个 d 电子时，进入的 d 电子所感受到的有效核电荷。

从表20-3可以看出，重铂族离子的 Z^* 值都大于相同价态的轻铂族离子的 Z^* 值。

20.3.4 贵金属氯配合物的性能与萃取的关系

由于重铂族金属配合物比相同价态、相同配体、相应配合物结构的轻铂族金属配合物的热力学稳定性更大、动力学惰性高、反应活性低，被萃取的能力也较低。

具有不同价态的贵金属配合物离子携带的电荷数是影响萃取的重要因素。氧化价态取决于体系中的氧化还原电位。盐酸介质中的贵金属重要配合物的氧化还原电位见表20-4。

表20-4 贵金属主要氯配合物的标准氧化还原电位（氧化态/还原态）

贵金属氯配合物	标准氧化还原电位
$RuCl_5OH^{2-}/RuCl_5^{2-}$	0.86
$RhCl_6^{2-}/RhCl_6^{3-}$	1.20
$PdCl_6^{2-}/PdCl_4^{2-}$	1.29
$OsCl_6^{2-}/OsCl_6^{3-}$	0.45
$IrCl_6^{2-}/IrCl_6^{3-}$	1.02
$PtCl_6^{2-}/PtCl_4^{2-}$	0.68
$AuCl_4^-/AuCl_2^-$	0.90

贵金属氯配离子携带的电荷越少，或者配离子的比电荷越小，则越易被萃取。因此，$AuCl_4^-$ 是贵金属氯配合物中最易被萃取的配离子。Rh(Ⅳ)应该比Rh(Ⅲ)易萃取，但其电位太高，实际上很难做到，因此萃取分离铑铱时，总是使Ir(Ⅲ)氧化至Ir(Ⅳ)以降低其配离子电荷实现铱的萃取而与铑分离，或者加入大体积的配体（如 I^-、SCN^- 等）增大Rh(Ⅲ)配离子的体积以降低其电荷密度，使可萃性增加，实现与Ir(Ⅲ)的分离。Rh(Ⅲ)五氯配合物携带两个负电荷比携带三个负电荷的Os(Ⅲ)氯配合物易于萃取。而Os(Ⅳ)的氯配离子比Os(Ⅲ)的氯配离子易于萃取。Pt(Ⅱ)氯配离子与Pt(Ⅳ)氯配离子电荷虽然相同，由于前者配合物为平面正方形结构而比后者的正八面体结构易于萃取。但在盐酸介质中Pt(Ⅳ)和Pd(Ⅱ)的配离子都非常稳定而成为萃取的对象。

铂族金属中的钌、铑、锇、铱的氯配合物在盐酸介质中随酸度的降低会发生水合反应和酸式离解反应，生成各种水合或羟合氯配合物，这些配合物阴离子具有很强的亲水性而很难被萃取。尤其是钌在盐酸介质中存在着多种价态，如Ru(Ⅲ)、Ru(Ⅳ)、Ru(Ⅴ)、Ru(Ⅵ)，而比较稳定的价态是Ru(Ⅲ)、Ru(Ⅳ)。

20.4 贵金属萃取机理[4]

以氯配合物为例，贵金属的无机配离子较稳定，所以萃取金属的反应与无机配离子的行为有很大关系。根据无机配离子在萃取反应中的行为，可将其萃取反应分为两类，即配位体交换反应与离子缔合反应。

20.4.1 配位体交换反应

如萃取剂为含对贵金属有强的亲和性的硫原子的中性含硫萃取剂，如烷基硫醚（R—S—R）、烷基亚砜（R—SO—R）、硫代三烷基膦 $R_3P =\!=\!=S$，则可以发生下列萃取反应：

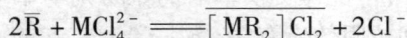

$$2\overline{R} + MCl_4^{2-} =\!=\!=\overline{[MR_2]Cl_2} + 2Cl^-$$

此时，中性萃取剂进入无机氯配离子的内界，取代两个无机配体氯离子而成为一种中性萃合物。

按这类反应进行的萃取过程具有如下特点：

（1）氢离子不参加反应，萃取剂分子进入氯配离子内界，置换出氯离子，萃取率随配体氯离子浓度的增高而降低。

（2）由动力学研究可知，此类反应发生在相内而不是在相界面上，而相关离子跨过界面的扩散过程很慢，因而此类反应的平衡时间很长，往往需要几小时才能达到平衡。

（3）反萃很困难，因此往往需采取特殊手段反萃。例如，高浓的盐酸反萃，强水溶性配合剂反萃，强还原剂反萃，电沉积反萃等。

（4）这种配体置换的中性萃合物，与有机相的相似性较强，所以油溶性好，萃取容量大。

从热力学角度分析，贵金属离子与无机配体氯离子的键越弱或者与作为萃取剂的有机配体的键越强，则越有利于萃取；氯离子浓度低有利于平衡向右移动，所以也越容易萃取；另一方面，在盐酸体系中，如果氯离子浓度低，即盐酸浓度低，则有可能生成水合氯配离子，例如 $Pd(H_2O)Cl_3^-$，甚至中性的 $Pd(H_2O)_2Cl_2$，一般其萃取能力随水分子数的增加而降低。它们也可能与亚砜类萃取剂直接配位被萃入有机相，亚砜分子进入配离子内界，同时置换出水分子。而 Pt^{4+}、Rh^{3+}、Ir^{3+} 不发生此类反应。

从动力学角度分析，萃取过程的影响因素可归纳如下：

（1）对于某一种萃取剂，发生配体交换的难易取决于配阴离子的几何构型和动力学活性。直线形的 $AgCl_2^-$ 容易发生配位体交换，但直线形的 $Au(CN)_2^-$ 其动力学活性差则很难发生配体交换。平面正方形的 $AuCl_4^-$、$PdCl_4^{2-}$，在 Z 轴方向上没有配体，动力学活性又很高，容易发生配体交换；但因为平面正方形的 $PtCl_4^{2-}$ 动力学活性差，且热力学稳定性又比 $PdCl_4^{2-}$ 大得多，则很难发生配体交换。对于

正八面体的 $PtCl_6^{2-}$、$RhCl_6^{3-}$、$IrCl_6^{3-}$，它们的亲核取代反应按 SN1 机理进行（参见第 3 章），必须首先断开一个配位体 Cl^-，萃取剂分子才能与金属离子配位，所以更难发生配体交换的萃取。

故贵金属的萃取取决于氯配阴离子的几何构型及动力学活性，贵金属氯配离子配位体交换萃取的顺序是：

$$AuCl_4^- > PdCl_4^{2-} \gg PtCl_6^{2-} \approx RhCl_6^{3-} \approx IrCl_6^{3-}$$

对于相同构型的配离子则是轻铂族金属的可萃性大于重铂族金属：

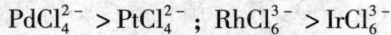

$$PdCl_4^{2-} > PtCl_4^{2-}；RhCl_6^{3-} > IrCl_6^{3-}$$

（2）对于某种氯配离子，配体交换萃取的难易则与萃取剂分子配位基团的碱性和整个分子结构的空间位阻效应有关，α - 碳上带支链的萃取剂分子由于位阻效应很难进入配离子的内界。马恒励、袁承业、王文明等人对硫醚类萃取金、钯的系统研究证实了这一观点[6, 7]。例如，二正辛基硫醚比 α - 碳上带支链的二仲辛基硫醚萃钯速度快，二正戊基硫醚比 α - 碳上带支链的二仲戊基硫醚萃钯速度快。

20.4.2　离子缔合反应

离子缔合萃取是贵金属萃取中最常见的一种萃取反应。

以 R 表示萃取剂分子，则贵金属离子缔合机理萃取总反应如下式：

$$m\overline{R} + mH^+ + MCl_n^{m-} \rightleftharpoons \overline{(RH^+)_m \cdot MCl_n^{m-}}$$

离子缔合机理萃取的特点是：①萃合物中的贵金属氯配离子的结构保持不变，与水相中相同；②氢离子参与萃取反应，萃取率受水相中酸浓度的影响；③萃取动力学速度快，在短时间内即可达到平衡，反萃也容易；④因缔合盐在有机相中溶解度有限，金属的萃取容量不大。

属于这类反应的贵金属萃取体系主要为𨫤盐萃取及胺盐萃取这两类。有关它们的影响因素已在第 4 章及第 5 章有详细叙述，本章不再赘述。

季铵盐萃取氯配离子表面上氢离子不参与反应，当盐酸浓度太低，则氯离子浓度不足以维持贵金属氯配离子的稳定性，所以酸度也为一影响因素。图 20 - 3 所示试验结果很好地说明了这一问题。

按照这类原理萃取时，贵金属配阴离子的萃取顺序是：

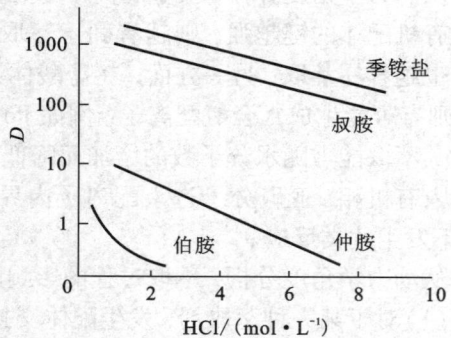

图 20 - 3　胺类萃取剂萃铂（Ⅳ）的 D
与盐酸浓度的关系

$$MCl_4^- > MCl_6^{2-} > MCl_4^{2-} > MCl_6^{3-}$$

$$MI_4^{2-} > MBr_4^{2-} > MCl_4^{2-}$$

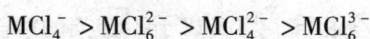

可见，$AuCl_4^-$ 最容易被萃取，$PtCl_6^{2-}$、$IrCl_6^{2-}$ 由于离子体积较大，面电荷密度较低而较易萃取。$RhCl_6^{3-}$、$IrCl_6^{3-}$ 是最难萃取的。所以有研究者在配合物内界引入大体积配体如 I^-、SCN^-、$SnCl_3^-$ 等以降低配离子的面电荷密度来改善它们的可萃性(见 20.6.3 铑、铱的萃取)。

萃取能力与有机相的介电常数有关，因为有机相的介电常数越低则越有利于离子缔合，故越有利于萃取。

离子缔合机理的萃取、反萃都比较容易。水、稀酸、稀碱等都可以使萃合物中的贵金属离子转入水相。

20.5 金银的萃取

20.5.1 金的萃取

20.5.1.1 氯化物体系中萃金

金的萃取是贵金属萃取冶金中研究最多的问题，并最早在工业上获得应用。20 世纪 60 年代初，原沈阳冶炼厂曾用乙醚萃取提纯金，生产出了 5N 金。金川有色金属公司于 1968 年年初首次从我国资源中分离提取铑、铱、锇、钌时，就采用了甲基异丁基酮(MIBK)萃取分离金。前加拿大国际镍公司(现已被巴西矿业集团淡水河谷兼并，称 Vale INCO)伦敦阿克统(Acton)铂精炼厂于 1971 年研究成功用二丁基卡必醇(DBC)从铂族精矿的氯化物溶液中萃取金并实现工业化。1983 年金川有色金属公司 DBC 萃取金也应用于生产。20 世纪中后期南非 MINTEK 冶金所研发出 Minataur™萃取金工艺并实现工业化。

有多种含氧、含硫、含磷、含氮的萃取剂都可用来从氯化物溶液中萃取金[8]。但目前用于(或曾用于)工业生产的萃取剂多为含氧萃取剂，如乙醚、甲基异丁基酮、二丁基卡必醇。其他具有工业应用前景的萃取剂有：二乙基己基乙基醚(2EHEE)[9]和仲辛基乙酰胺(N503)，它们也都是含氧萃取剂。

1)用 N503 从贵金属氯化物体系中萃取金

在 20 世纪 80 年代，金川公司与上海有机化学研究所合作对 N503 萃金进行过详细的研究并进行了半工业试验。

从图 20-4 可见，N503 的萃取性能与 DBC 非常接近。小型试验结果也与

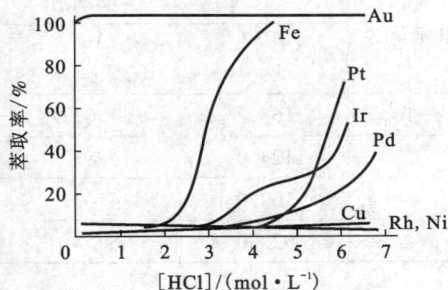

图 20-4 盐酸浓度对 N503 萃取金、铂、钯、铑、铱、铁、铜、镍的影响

DBC 接近。萃取机理也完全相同，均属离子缔合类的锌盐萃取。

半工业试验的料液成分见表 20 – 5 所示。

表 20 – 5   N503 萃取金半工业试验料液成分

批号	酸度/ (mol·L^{-1})	成分含量/(g·L^{-1})							
		Au	Pt	Pd	Rh	Ir	Cu	Ni	Fe
1	2.7	0.49	4.11	1.84	0.178	0.197	6.84	3.17	2.00
2	2.5	2.17	6.95	3.05	0.347	0.335	6.10	5.32	2.98
3	1.96	2.21	4.85	3.34	0.322	0.249	8.42	7.35	3.82
4	2.27	1.65	4.46	3.54	0.220	0.239	0.03	7.35	3.94

萃取条件为：相比 O/A =1:2，常温，三级；反萃剂为 NaAc，相比 O/A =3:1，常温，三级。反萃前有机相用 0.2 ~1 mol/L HCl 洗涤，相比 O/A =5:1。反萃后有机相用 1.5 mol/L HCl 洗涤后再返回使用。

萃取及反萃结果见表 20 – 6。

表 20 – 6   N503 萃金半工业试验结果

批号	原　液			萃余液			萃取率 /%
	体积 /L	Au /(g·L^{-1})	含金量 /g	体积 /L	Au /(g·L^{-1})	含金量 /g	
1	552.3	0.49	270.63	655.00	0.002	1.31	99.52
2	276.7	2.17	600.44	384.30	0.003	1.15	99.81
3	229.0	2.21	506.09	367.50	0.003	1.10	99.78
4	481.6	1.65	794.64	524.40	0.005	0.26	99.97

批号	金反萃液			反萃率 /%	直接回收率 /%
	体积 /L	Au /(g·L^{-1})	含金量 /g		
1	165.2	1.62	269.24	99.97	99.48
2	124.0	4.83	598.92	99.94	99.75
3	109.0	4.63	524.67	99.94	99.72
4	92.80	8.55	793.44	99.98	99.85

从以上结果可见，N503 从氯化物溶液中萃金的效果很好。

2）Minataur™工艺

Minataur™精炼金工艺原则流程如图 20 – 5 所示[10, 11]。

Ag 99.99%

熔剂

银电解 ← 熔炼铸板 ← 置换的银 ← 固液分离 → 送废液处理

各种含金粉料 → ← 阳极泥回收金

Cl₂

HCl → 浸出 → 固液分离 → AgCl → 锌置换 ← Zn

PLS 约65 g/L Au

萃余液

送单独处理

萃取（三级）

洗涤（五级）

反萃（四级）　有机相

反萃液（80 g/L Au）

沉金 ← 还原剂（SO_2或$C_2H_2O_4$）

纯金（99.999%）

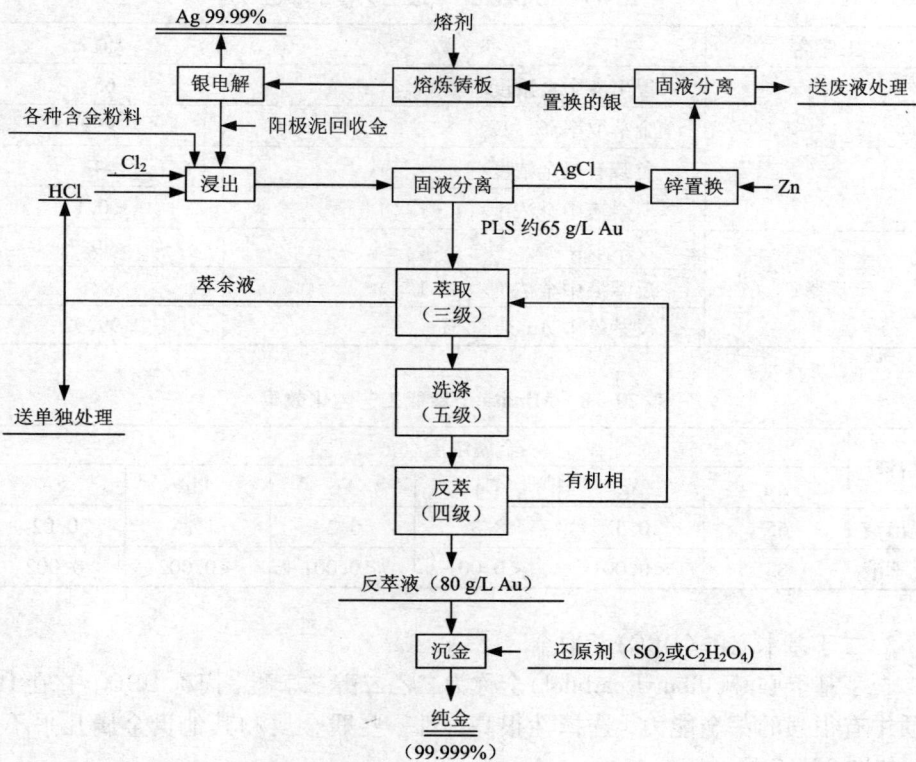

图 20 - 5　明纳托精炼金工艺流程

此工艺易操作，能适应原料含金成分波动的情况，南非 Harmony 金矿按此工艺于 1997 年建立了第一个精炼厂，在矿山就地处理含金约 80%、银 8% 的阳极泥，年产高纯金 24 t。2001 年又建立了一个新厂，目前生产量达每天 400 kg 金粉。三级萃取各级金与锌、铁的含量分布如图 20 - 6 所示。溶剂萃取的一些参数见表 20 - 7，工艺的纯化效果见表 20 - 8。

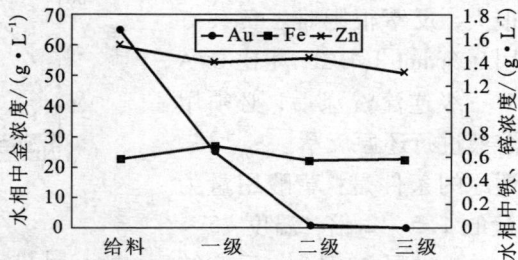

金的反萃液可用二氧化硫还原得到 99.99% 的金粉，如果用草酸还原则可获得 99.999% 的纯金粉。

图 20 - 6　明纳托萃金效果图

表 20 - 7 Minataur 萃取工艺技术参数

工序名	参　数	值
萃取	浸出液中金浓度/$(g \cdot L^{-1})$	65
	金萃取率/%	>99
	负载有机金浓度/$(g \cdot L^{-1})$	64
	萃余液中金浓度/$(g \cdot L^{-1})$	<0.1
反萃	反萃取率/%	>99.7
	反萃液中金浓度/$(g \cdot L^{-1})$	82
	反萃液中 Au:杂质/%	>99.97

表 20 - 8 Minataur 萃取工艺纯化效果

溶液	金属浓度/$(g \cdot L^{-1})$					
	Au	Ag	Cu	Fe	Pb	Se
浸出液	65	0.5	8.3	0.2	1.3	0.02
反萃液	82	<0.001	<0.001	<0.001	<0.002	0.002

3）二丁基卡必醇（DBC）萃取金

二丁基卡必醇（dibutyl carbitol）全称为二乙二醇二丁醚，简称 DBC。它在 HCl 介质中有很强的萃金能力，选择性很高，对一些贱金属和其他贵金属几乎不萃取，如图 20 - 7 所示。

DBC 萃金的条件是：相比 O/A = 1:1，室温四级逆流萃取，料液酸度 2.5 ~ 3 mol/L HCl。

因 DBC 萃金能力非常强，分配比很大，反萃很困难。负载有机相用 0.5 mol/L HCl，相比 O/A =1:1 三级逆流洗涤后，必须用草酸溶液进行还原反萃。

还原的条件是：草酸用量为理论量的 1.5 ~ 2 倍；温度 75 ~ 85℃，搅拌时间 2 ~ 3 h。反应结束后冷却并过滤，有机相经洗涤后返回萃取段。直接得到的金粉

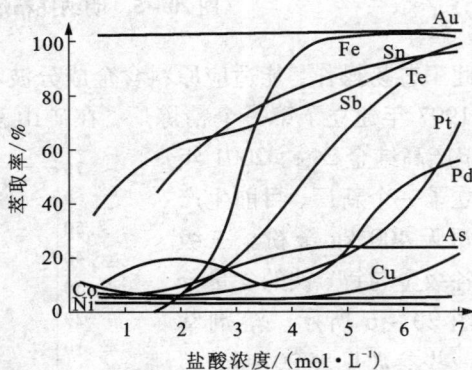

图 20 - 7 DBC 为萃取剂时各元素萃取率与盐酸浓度的关系

用稀盐酸洗涤后，经干燥，即可熔铸成金锭出售。纯度可达 99.99% 以上。

为保证金的回收率，主要控制 DBC 有机相中金浓度在 25 g/L 以下，其分配

比 $D > 2500$，草酸反萃液中的金小于 10 mg/L。

4）甲基异丁基酮（MIBK）萃取金

MIBK 萃取金时其选择性是所有萃取剂中最好的，如图 20 - 8 所示。

从图 20 - 8 可见金在低酸度下就可完全萃取，而其他元素除铁外的萃取率均小于 1%。

MIBK 萃金的饱和容量可达 90 g/L 以上。萃取条件是：相比 O/A = 1 :（1 − n）（视水相中金浓度而定）；三级逆流萃取；水相酸度为 0.5 mol/L HCl。金的萃取率 99.9%，并可与其他杂质完全分离。

MIBK 萃金后的反萃很困难，必须还原反萃，蒸馏使其再生。由于 MIBK 闪点低（16℃）易燃，在水相中溶解度大（2%），极大地影响它在工业生产中的应用。

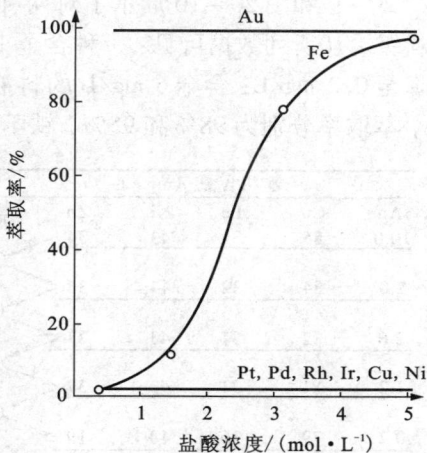

图 20 - 8　MIBK 萃取时各元素萃取率与水相中盐酸浓度的关系

20.5.1.2　氰化物体系中萃金

1）季铵盐萃取 $Au(CN)_2^-$

P. A. Riveros 对用季铵盐从含金氰化液中萃取金做了较为详细的研究[12]，并进行了小型中间试验厂的试验。

季铵盐是强碱性萃取剂，对 $Au(CN)_2^-$ 有很强的选择性，贱金属几乎不被萃取，有很高的萃金容量，萃取动力学速度快，很适合从高 pH 的含金氰化液中萃取金。

P. A. Riveros 进行的试验采用的季铵是由美国 Henkel 公司生产的 Aliquat336（三烷基甲基氯化铵）。使用前先用氯化钠水溶液洗涤。稀释剂为芳香族稀释剂 Solvsso150。料液是由两家工厂提供的生产料液，pH 约为 10.5，没有进行任何调整。萃取过程的反应如下式：

$$R_4N^+X^- + Au(CN)_2^- \rightleftharpoons \overline{R_4N^+Au(CN)_2^-} + X^-$$

式中：X^- 为普通阴离子 Cl^- 或 HSO_4^-。

Aliquat336 对氰配合物的亲和力大小顺序是：

$$Au(CN)_2^- > Zn(CN)_4^{2-} > Ni(CN)_4^{2-} > Cu(CN)_3^{2-} > Fe(CN)_6^{4-}$$

试验结果表明：Aliquat336 的浓度从 5% 提高到 10% 和 20% 时金的萃取容量逐渐提高。对金的选择性比铜、铁高。这一点很重要，因为在很多金矿中这两种金属都存在，并且在氰化时能形成 $Cu(CN)_4^{3-}$、$Cu(CN)_3^{2-}$、$Fe(CN)_6^{4-}$ 进入溶液。它们如被萃取将影响后续的金精炼。萃取后的有机相需经 1 mol/L H_2SO_4 和 0.5 mol/L HCl 混合液洗涤，不仅可以除去大部分锌，而且有利于下一步反萃。

图 20-9 和图 20-10 展示了对两种料液的逆流萃取结果，均系第①级为水相进料级。从所列数据可见：一种含金 10 mg/L 的料液经四级逆流萃取，萃余液含金降至 0.2 mg/L；含金 6 mg/L 的料液经三级逆流萃取，萃余液含金降至 0.3 mg/L，萃取率分别为 98% 和 95%，铁不被萃取，锌的萃取率较高。

水相含量/(mg·L⁻¹)					级数	有机相含量/(mg·L⁻¹)				
Au	Cu	Fe	Ni	Zn		Au	Cu	Fe	Ni	Zn
10.0	85	31	43	34	①	2300	76	0	557	3820
7.0	84	32	44	36	②	755	62	0	482	3470
2.6	82	31	43	37	③	252	62	0	480	3460
1.2	81	31	43	37	④	90	60	0	507	3300
0.2	79	30	40	19		0	0	0	0	0

图 20-9　O/A = 1∶200 的条件下用 10% Aliquat336 萃取某种料液的结果

水相含量/(mg·L⁻¹)					级数	有机相含量/(mg·L⁻¹)				
Au	Cu	Fe	Ni	Zn		Au	Cu	Fe	Ni	Zn
6.0	5	14	2	0.2	①	2580	820	0	733	90
2.6	5	14	1	0	②	568	161	0	364	21
0.6	5	14	1	0	③	94	232	0	70	0
0.3	5	14	0	0		0	0	0	0	0

图 20-10　在 O/A = 1∶400 的条件下用 5% Aliquat336 萃取某种料液的结果

季铵盐对贵金属有很强的萃取能力，但反萃困难，这是众所周知的。该研究所研究的酸性硫脲喷射空气反萃法，笔者认为是较有发展前景的方法之一。

反萃过程按下式进行：

$$R_4N^+Au(CN)_2^- + 2HX + 2CS(NH_2)_2 \Longrightarrow R_4N^+X^- + Au(CS(NH_2)_2)_2^+X^- + 2HCN$$

式中：X^- 为 Cl^- 或 HSO_4^-，反萃结果相当有效，反萃后有机相完全不含金，并同时得到再生；反萃液经循环其含金量可达几克/升，极有利于电沉积回收其中的金。不足之处是反萃过程有氰化氢这一极毒气体放出。但是处理得好，它又可以变成金的浸出剂。图 20-11 是该反萃方法的示意图。

唐红萍等人研究硫酸硫脲反萃季铵盐中的 Au(I) 的机理后认为是：硫酸和硫脲首先进入有机相被萃取；硫脲争夺金的氰根配位，使 $Au(CN)_2^-$ 转化为 $Au(CS(NH_2)_2)_2^+$，同时游离出来的氰根与硫酸中的氢离子作用变成氢氰酸；硫脲金配合物难被季铵盐萃取，水溶性大，所以进入水相而被反萃[13]。

2）胍类萃取剂萃取 $Au(CN)_2^-$ [14]

美国 Henkel 公司为从氰化液中萃金研发了 LIX79 即 N, N' – 二(2 – 乙基已基)胍。其萃取金的等温曲线如图 20 – 12 所示。

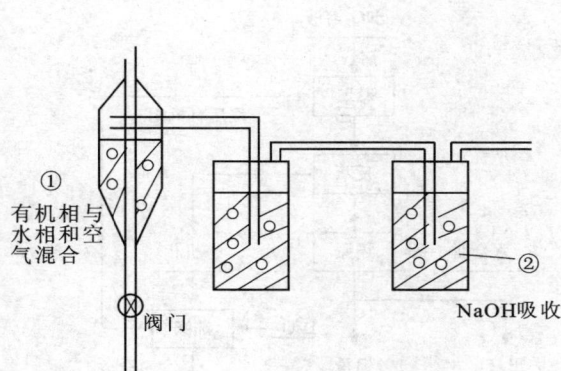

图 20 – 11　酸性硫脲和喷射空气法反萃金的示意图

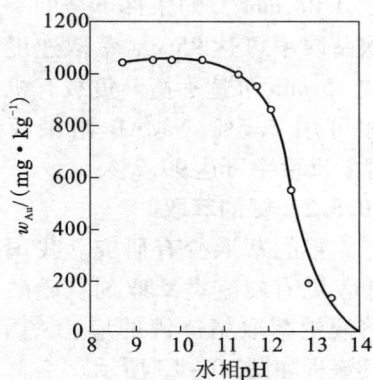

图 20 – 12　LIX79 萃取金 – pH 等温线

该萃取剂呈强碱性，pH 可达 12，因此很适合在实际生产中的碱性氰化金溶液(pH 10 ~ 11)中使用。从图 20 – 12 可见，在 pH 10 ~ 11 时，其萃金率很高，当 pH > 13 时，萃取率急剧下降。因此，有机相中的萃合物可用 pH > 13 的 NaOH 溶液反萃。同时 LIX79 对金氰离子有很好的选择性，在碱性氰化液中萃取金属的顺序为：$Au \approx Zn \approx Hg \gg Ag > Ni \gg Cu \approx Fe$，是一个比较理想的 $Au(CN)_2^-$ 萃取剂。

20.5.1.3　从硫脲浸出液中萃金

由于氰化物极毒，自 20 世纪 60 年代即开展了酸性硫脲浸金的研究。我国于 70 年代初取得了较大进展，并在某金矿开展了扩大试验和半工业试验。至今有 3 ~ 4 家工厂采用酸性硫脲浸金工艺生产金。

从酸性硫脲浸金液中萃取金的研究不多，已见报道的用于研究的萃取剂有：石油亚砜[15]、HDEHP – 乙酸丁酯[16]、正丁基苯并噻唑亚砜[17, 18]、二(2 – 乙基己基)磷酸(P204)和 TBP[19]。

有关石油亚砜(PSO)从硫脲浸金液中萃取金，程飞等人进行了小试和扩大试验。扩大试验在振动筛板塔中进行。硫脲浸金液的主要成分(mg/L)为：Au 33.75、Ni 61.25、Cu 250、Fe 3500。扩大试验的条件为：PSO 浓度 1.9 mol/L，有机相平均流速 31 mL/min，料液平均流速 58 mL/min，反萃剂浓度 10% Na₂SO₃，反萃相比 O/A = 2:1，反萃时间 10 min。反萃在箱式萃取器中进行。反萃后有机相用 2% H₂SO₄ 平衡洗涤再生。试验结果金的萃取率为 97%，反萃取率为 96%。石油亚砜重复使用 8 次，萃取性能仍很稳定。

李耀威等人用烃基 – 苯并噻唑亚砜(NBBSO)萃取硫脲浸出液中的金,在 2.3 mol/L NBBSO,金浓度 0.2 g/L,酸浓度 0.08 mol/L 的条件下金的一次萃取率可达 95%,萃取速度快,5 min 可达平衡。负载有机相可用 2.5% Na_2SO_3 溶液反萃,反萃率可达 99.2%。

20.5.2　银的萃取

银的萃取少有研究。我国也仅见有硫醚类萃取剂从硝酸溶液中萃取精炼银的应用[20]。其流程如图 20 – 13 所示。

二异辛基硫醚耐氧化性好,在硝酸介质中萃取银属中性配合萃取体系,其萃取反应为:

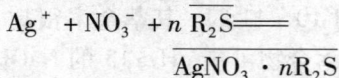

$$Ag^+ + NO_3^- + n\overline{R_2S} \Longrightarrow \overline{AgNO_3 \cdot nR_2S}$$

以二异辛基硫醚(DIOS)为萃取剂,磺化煤油为稀释剂。萃取时控制的条件为:有机相

图 20 – 13　我国某厂二异辛基硫醚萃取银流程

中萃取剂浓度 40% ~ 60% (V/V);水相硝酸浓度 0.2 ~ 0.5 mol/L(过高会对硫醚发生氧化而缩短萃取剂使用寿命);相比 O/A = (1 ~ 2):1;水相含银 60 ~ 150 g/L;室温下萃取。

在上述条件下,采用离心萃取器,五级萃取,银的萃取率可达 99.9% 以上。

以氨水作反萃剂时,反应如下:

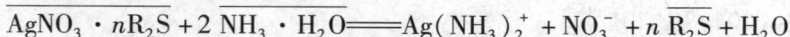

$$\overline{AgNO_3 \cdot nR_2S} + 2\overline{NH_3 \cdot H_2O} \Longrightarrow Ag(NH_3)_2^+ + NO_3^- + n\overline{R_2S} + H_2O$$

反萃条件:$NH_3 \cdot H_2O$ 浓度 1 ~ 2 mol/L,相比 1:1,三级反萃,两级洗涤,反萃率可达 99.75%。反萃与洗涤在混合澄清槽中进行。

水合肼还原在 50 ~ 60℃ 下进行。海绵银经过滤、洗涤、烘干、铸锭得到纯度大于 99.9% 的银产品。萃取精炼银工艺银的直接回收率大于 99%,总回收率大于 99.9%。

在硝酸介质中萃取银,除了用硫醚外,也有用含磷萃取剂如 TBP[21]、三异丁基硫化磷 Cyanex471X[22]、胺类萃取剂[23]的研究报道。

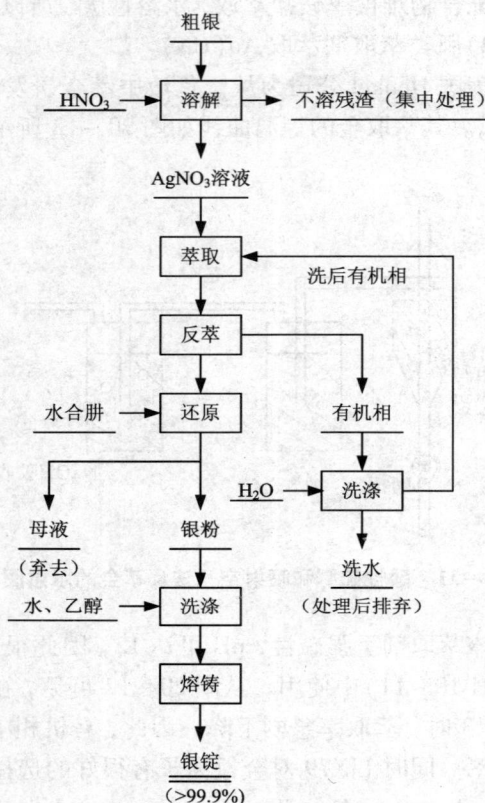

20.5.3　金银萃取小结

（1）从氯化物介质中选择性萃取金，有多种萃取剂可供选择应用于工业生产，但是比较好的是 DBC 和 Minataur。

（2）从矿产金的氰化浸出液中、硫脲浸出液中萃取金，虽然进行了大量的研究，也取得了一些重要进展，但远未达到工业应用阶段，短时间内很难取代现有工艺。其主要难点在于：①液液萃取要求水相不能有固体悬浮物，要求矿产金浸出液必须过滤，这对现有炭浆法黄金生产厂是不可能接受的；②由于矿产金浸出液中金浓度很低，有机相与水相的流量差别很大，达 1:(300~500)，使有机相损失增大，一般萃取设备也难于适应；③投资和操作成本高，目前还难以下降。

（3）银的萃取，因为缺少这方面的需求而少有研究。

20.6　铂族金属的萃取

20.6.1　钯的萃取

一般地说能萃取 Au(Ⅲ) 的萃取剂不一定能萃取 Pd(Ⅱ)、Pt(Ⅳ)、Ir(Ⅳ)、Rh(Ⅲ)，而能萃取 Pd(Ⅱ)、Pt(Ⅳ)、Ir(Ⅳ) 的萃取剂均能萃取金。例如萃取钯的萃取剂，一般都能萃取金。虽然可以采取选择某种萃取剂，同时萃取金和钯，用不同的反萃方式分离金钯，但是考虑到萃取剂的萃取容量有限及料液中被萃配离子的浓度和被萃物后续工艺的衔接等因素，一般工厂均采用先选择性萃取分离金后，再用另一种萃取剂分离钯。萃钯的萃取剂很多，绝大多数中性、酸性、碱性和螯合萃取剂都可萃取分离钯。20 世纪 60 年代，金川公司在首次提取铑、铱过程中就研究采用了碱性萃取剂共萃分离钯和铂。围绕金川资源综合利用的"六五""七五""八五"科技攻关，开展了亚砜[24, 25]、石油亚砜[26]、硫醚[27, 28]、羟肟[29]类萃取剂萃取分离钯、铂的研究。硫醚类、亚砜类和羟肟类这三类萃取剂都进行过半工业性试验或扩大试验。

20.6.1.1　硫醚类萃取剂萃取钯

马恒励等人对二烃基硫醚的结构对钯的萃取性能影响进行了详尽的研究[28]。不同盐酸浓度下，不同结构的硫醚萃钯时的分配比如图 20-14 所示。

由图可见，二烃基硫醚萃取剂的萃取能力比苯硫醚的萃取能力强；直链二烃基硫醚(如 DNOS)的萃取能力比带支链的硫醚(如 DSOS)强。从图 20-15 可看出：低分子量的硫醚的萃取速度大于高分子量硫醚(如 DIAS > DNOS)，直链硫醚的萃取速度高于带支链硫醚(如 DNOS > DSOS)。苯基硫醚的萃取速度(除 PIAS)均比较慢。无论是萃取性能，还是萃取速度，二异戊基硫醚都是最好的。从图 20-16还可看出，二异戊基硫醚 DIAS(国内代号 S201)对钯的选择性也很好，铂、镍、铜、铁基本不被萃取。

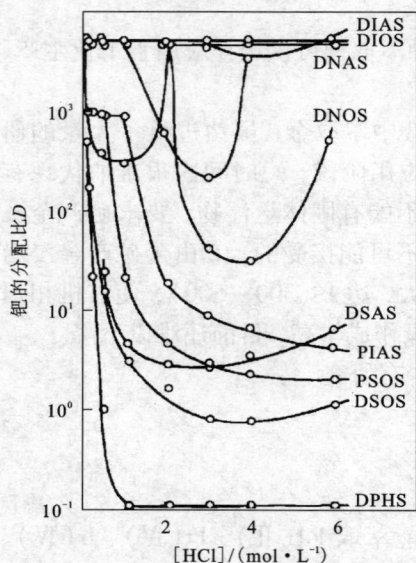

图 20-14　二烃基硫醚的结构
　　　　　对钯萃取性能的影响

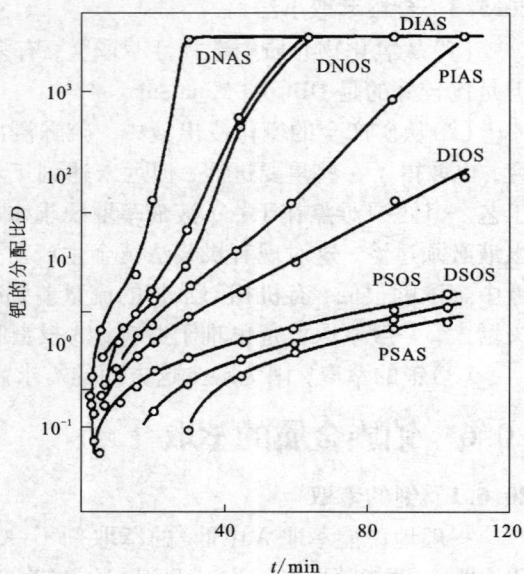

图 20-15　不同结构二烃基硫醚
　　　　　萃取钯的平衡速度曲线

DIAS—二异戊基硫醚；DSAS—二仲戊基硫醚；DNAS—二正戊基硫醚；DIOS—二异辛基硫醚；
DNOS—二正辛基硫醚；DSOS—二仲辛基硫醚；PIAS—苯基异戊基硫醚；PSOS—苯基仲辛基硫
醚；DPHS—二苯基硫醚；PSAS—苯基仲戊基硫醚

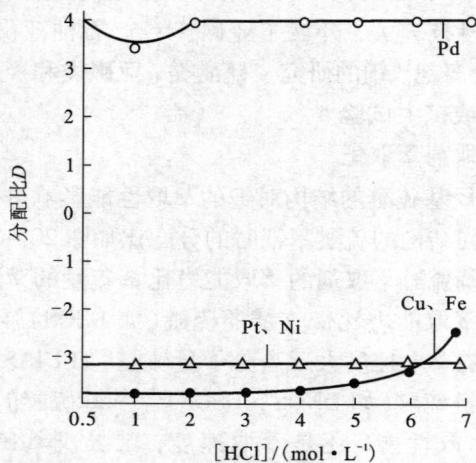

图 20-16　盐酸浓度对 S201 萃取金属的影响

　　用二异戊基硫醚(S201)从金川料液中萃取分离钯的研究，始于 20 世纪 80 年代初，上海有机化学研究所、昆明贵金属研究所与金川有色金属公司合作，进行了大量的研究和不断的改进和完善，最终确定的原则流程如图 20 – 17 所示。

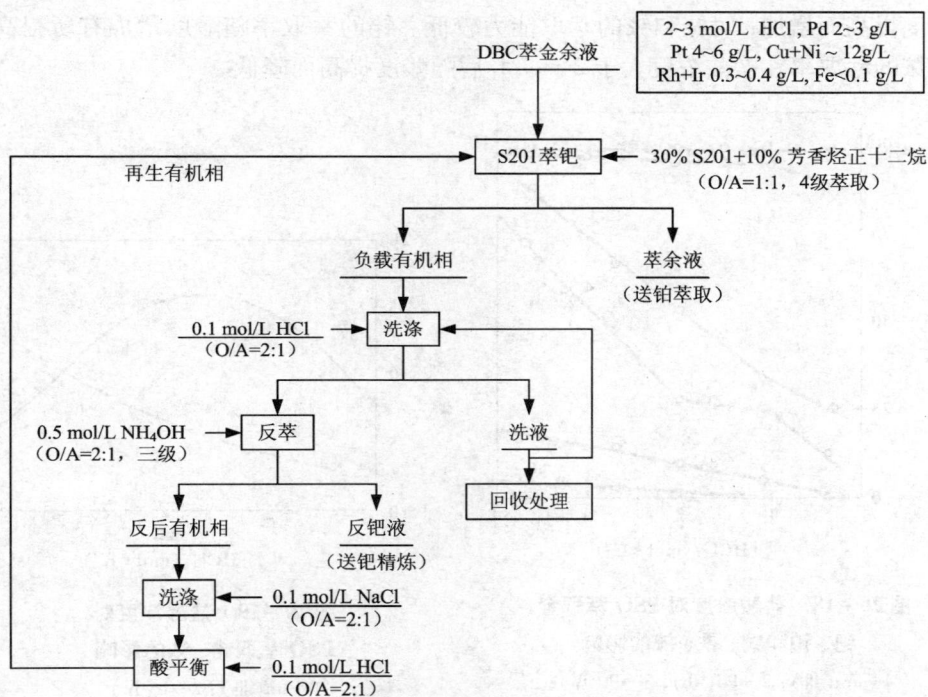

图 20 – 17　S201 萃取分离钯生产原则流程

　　钯的萃取率可达99.8%，反萃率可达99.9%，铂、铑、铱和贱金属铜、镍、铁不被萃取。对国产的二异辛基硫醚(S219)萃取钯的性能研究结果表明与 S201 的萃取结果基本一致。

　　应用于工业生产的萃取钯的硫醚类萃取剂还有 DOS(二正辛基硫醚)、DHS(二正己基硫醚)，通过分析比较，我们认为 S201 是比较好的。它具有萃钯速度快、选择性高、萃取容量大、适应酸度范围宽和水溶性小、抗氧化性强等优点。DOS(即 DNOS)、DHS 萃钯动力学速度慢的问题一直困扰着国外一些生产厂。

20.6.1.2　石油亚砜萃取钯

　　石油亚砜(PSO)是由石油硫醚氧化而得。石油硫醚在高硫柴油中含量较高，故以高硫柴油为原料生产石油亚砜。石油亚砜含亚砜约80%，其余为未氧化的硫化物、酯类、砜类和饱和烃等杂质。华南理工大学对石油亚砜萃取分离钯进行了深入研究[26]并与金川公司合作进行了真实料液的小型和半工业试验。用 0.5 mol/L PSO + 磺化煤油对不同酸度下的贵金属和贱金属进行了萃取(O/A = 1:1，混合 10 min)，结果如图 20 - 18 和图 20 - 19 所示。结果表明：石油亚砜在各种酸度下，对金、钯都有很高的萃取率；对铜和镍的萃取率很低，铂和铁的萃取率随酸度提高而增加；对铑和铱的萃取能力较低。铑的萃取率随酸度增加有所提高，而铱的萃取率在盐酸浓度大于 2 mol/L 后随酸度提高而降低。

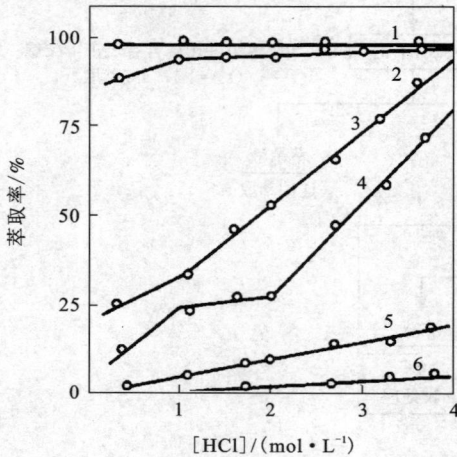

图 20 - 18　盐酸浓度对 PSO 萃取金、
钯、铂和铜、铁、镍的影响
1—Au(Ⅲ)；2—Pd(Ⅱ)；3—Pt(Ⅳ)；
4—Fe(Ⅲ)；5—Cu(Ⅱ)；6—Ni(Ⅱ)

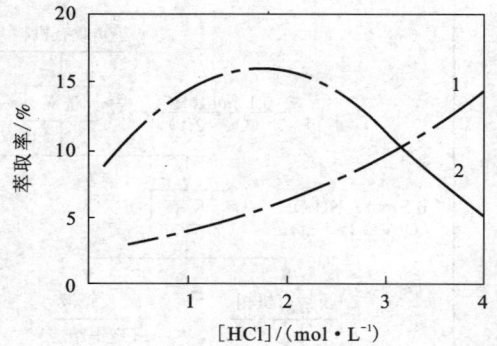

图 20 - 19　盐酸浓度对
PSO 萃取铑、铱的影响
1—Rh(Ⅲ)；2—Ir(Ⅳ)

用石油亚砜在不同酸度下进行了分别萃取钯和铂的实验，试验条件为：

萃钯时料液酸度 0.7 mol/L HCl；萃取剂浓度 0.25 mol/L，余为磺化煤油；相比 O/A = 1:1；二级错流萃取。用稀氨水反萃钯，三级；相比 O/A = 2:1。萃铂时将萃钯后余液酸度调至 3.5 mol/L 盐酸；并通入氯气氧化；萃取剂浓度 0.7 mol/L + 磺化煤油；相比 O/A = 1:1，二级错流萃取；用稀氯化钠溶液三级反萃铂；相比 O/A = 3:1。试验结果，钯的萃取率可达 99.7%，反萃率可达 99.9%；铂的萃取率可达 99.8%，反萃率 99% 以上。

用石油亚砜在高酸度下可共萃钯和铂，试验条件是：料液酸度调整为 5 mol/L 盐酸；萃取剂浓度 0.75 mol/L PSO，混合醇 7%，磺化煤油；二级错流萃取，相比 O/A = 1:1；用稀盐酸 4 级反萃铂，相比 O/A = 2:1；用稀氨水三级反萃钯，相比 O/A = 2:1。

试验结果：钯的萃取率平均达 99.69%，反萃率接近 100%；铂的萃取率平均为 98.7%，反萃取率接近 100%。对比试验发现，在不同酸度下用石油亚砜分别萃取钯和铂时，铑、铱的分散损失较大，尤其是铑，在萃铂余液中仅保留约 50%，而铱保留约 95%，损失较小。用石油亚砜共萃钯和铂，则铑和铱基本保留在萃余液中，只有约 3.7% 铑和 0.7% 的铱分散到其他不可回收的液体中。

用石油亚砜萃取分离钯和铂的最终推荐流程，如图 20 - 20 所示。

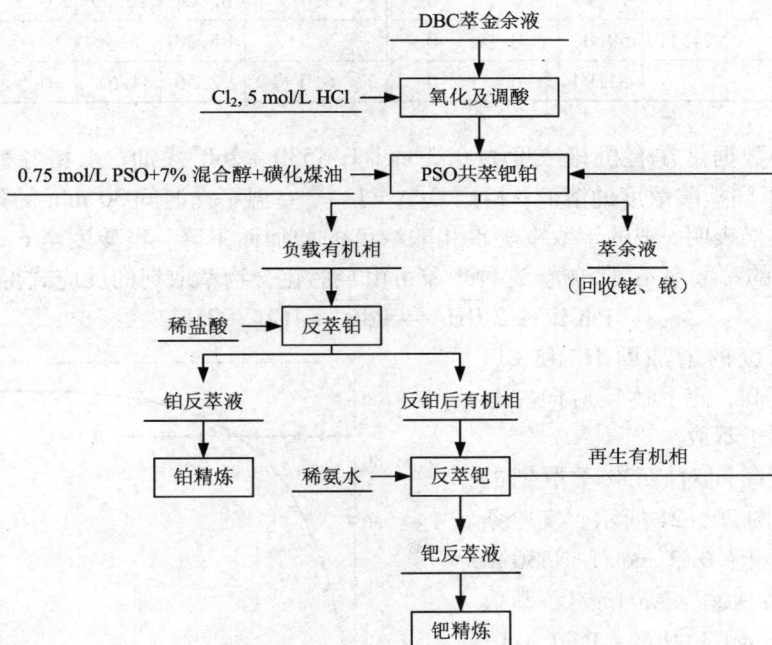

图 20 - 20　石油亚砜萃取分离钯、铂原则流程

石油亚砜具有原料来源广、价格低廉、水溶性小（水中溶解度仅 0.1% ~ 0.2%）、低毒等优点，萃取分离钯、铂的效果好，是一种很具竞争力，易被生产厂家采用的分离钯、铂的萃取剂。

20.6.1.3　N530 萃取分离钯

N530 是我国生产的一种肟类萃取剂，中文名称是二羟基 - 五辛基二苯甲酮肟。国外已有工厂（MRR）于 20 世纪 80 年代初用肟类萃取剂来萃取分离钯。上海有机化学研究所对 N530 萃取分离金、钯、铂的性能进行了详尽的研究[29]并与金川公司合作进行了实际料液用 N503 萃取分离金、钯的实验[30]。盐酸浓度对 N530 萃取金、钯、铂、铁的影响见表 20 - 9。

表 20 – 9 盐酸浓度对 N530 萃取金属的影响

酸度 /(mol·L⁻¹)	萃取率/%				酸度 /(mol·L⁻¹)	萃取率/%			
	Au	Pd	Pt	Fe		Au	Pd	Pt	Fe
0.1	49.40	99.90	0.5	0	4.0	29.06	30.69	0	0
0.5	35.52	83.84	0.2	0	4.5	70.73	—	—	0
1.0	25.09	72.99	0	0	5.0	82.24	15.59	0.5	0
2.0	24.11	59.08	0	0	5.5	85.20	—	—	29.98
3.0		51.94	0	0	6.0	92.56	4.67	0.5	46.89

表中数据是在有机相浓度为 0.2 mol/L N530 + 260# 煤油；水相各种金属为 1 g/L 的不同盐酸浓度的溶液；相比 O/A = 1∶1，室温平衡时间 30 min 的条件下取得的。结果表明，钯的萃取率随水相酸浓度的增加而下降，当酸度至 6 mol/L 盐酸时，钯的萃取率不到 5%。这种现象可由羟肟化合物萃取钯的反应式得到解释：

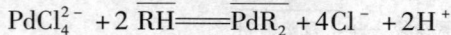

$$PdCl_4^{2-} + 2\overline{RH} \Longrightarrow \overline{PdR_2} + 4Cl^- + 2H^+$$

酸浓度的增加即 H^+ 和 Cl^- 浓度的提高，使上述反应向左移动而不利于萃取。

平衡时间对 N530 萃取钯的影响，如图 20 – 21 所示。实验条件：有机相：0.2 mol/L N530 + 260# 煤油；水相：Au 1 g/L，萃取酸度 5.5 mol/L 盐酸；Pd 1 g/L，萃取酸度 0.5 mol/L 盐酸；相比 O/A = 1∶1，室温。

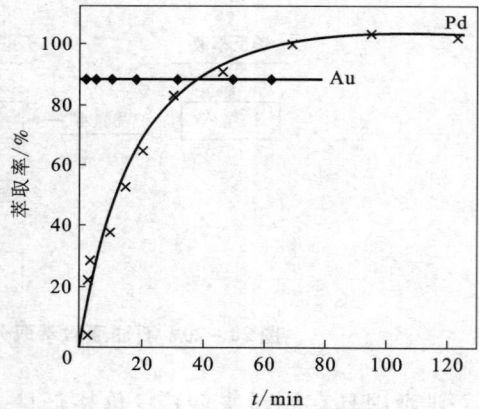

从图可见金的萃取速度很快，1 min 内即可达到平衡，继续增加时间，对萃金无明显影响。而钯的萃取速度较慢，90 min 以上才能达到平衡。

图 20 – 21 平衡时间对金、钯萃取的影响

为了加快 N530 萃钯速度，缩短平衡时间，还研究了温度、稀释剂、添加剂对 N530 萃取钯的影响。结果是：在 5 ~ 35℃，随温度的提高，萃取钯的分配比急剧增大而金的分配比则下降；煤油是在所比较的几种（二甲苯、二乙苯、苯）稀释剂中最好的；1 – 辛基壬胺（N1923）是 N530 萃钯的较理想的添加剂，添加 1% 的 N1923，就可使萃取钯的速度大大加快，平衡时间从 90 min 缩短到 5 min。试验过程中发现 N530 + 煤油萃取钯时会出现萃合物结晶的现象，而 N530 + 二甲苯萃取钯时则没有出现，为此又进行了煤油中添加二甲苯的试验。最终确定了 N530 萃

取钯的扩大试验条件：

萃取：有机相 N530（20%）+ N1923（0.2%）+ 二甲苯（20%）+ 煤油；水相（萃金余液）：Au 0.0028 g/L、Pd 1.76 g/L、Pt 4.17%、Rh 0.14 g/L、Ir 0.20 g/L、Cu 5.43 g/L、Ni 2.03 g/L、Fe 1.76 g/L；酸度为 2.5 mol/L HCl；相比 O/A = 1:1；5 级；平衡时间 5 min；温度 35 ~ 40℃。

洗涤：2 mol/L HCl；相比 O/A = 10:1；4 级洗涤；平衡时间 5 min；温度 35 ~ 40℃。

反萃：6 mol/L HCl；相比 O/A = 5:1；5 级洗涤；平衡时间 5 min；室温下反萃。

结果表明：钯的一级萃取率为 51.7%，二级萃取率为 77.27%，三级萃取率为 86.36%，四级萃取率为 92.61%，通过五级萃取才达到 98.75%，而钯的反萃率仅达到 90.97%。可见 N530 萃取钯的实验实际效果不是很好。钯的反萃率低的原因，可能是胺类添加剂造成的，它虽然使萃取钯的速度加快，而反萃却变得困难。要使肟类萃取剂在工业生产中用来萃取分离钯，还需进一步研究。

20.6.1.4 其他萃取剂萃取钯

1）8 - 羟基喹啉类萃取剂萃取钯和铂

这类萃取剂萃取钯的研究[31-33]仅见于国外报道。用来萃取贵金属的喹啉类萃取剂有 LIX26，实验条件为：有机相为 5% LIX26 + 5% 异癸醇 + 芳香族溶剂 Solvensso150；相比 O/A = 1:1；平衡时间 3 min。水相：Au 5.10 g/L，Pd 4.82 g/L，Pt 5.14 g/L，Cu 4.84 g/L，Zn 4.92 g/L，Fe 5.10 g/L，Pb 1.44 g/L。酸度对各种金属萃取的影响如图 20 - 22 所示。从图可见，LIX26 萃金有很高的选择性，萃取钯和铂前必须先分离。萃钯的选择性不是很好，随酸度的提高其萃取率下降。LIX26 萃铂时其萃取率随酸度的升高而提高。因此，在中间工厂实验中选择了用 LIX26 共萃铂钯，用低酸反萃铂、高浓度酸反萃钯的工艺。但结果还是不够理想，钯的萃取率很不稳定，波动在 95% ~ 99.5%。这个号称为无氨的工艺，要用于

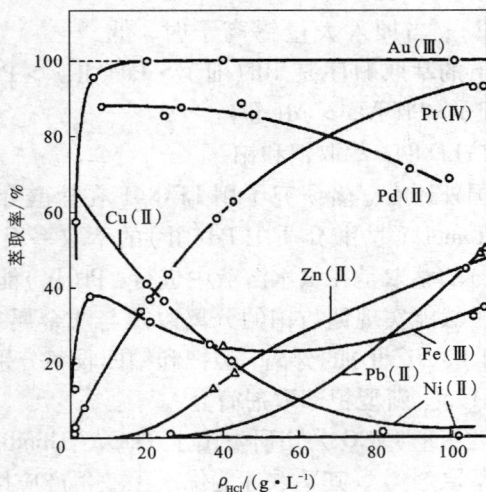

图 20 - 22 酸度对 LIX26 萃取金属的影响
O/A = 1:1 t = 3 min

生产还需时日。

TN1911 和 TN2336 是国外开发的一类新的从盐酸体系中萃取铂、钯的 8 - 羟基喹啉的衍生物。铂的萃取率随酸度增加而上升，以后又逐渐下降，而钯的萃取率随盐酸浓度增加而下降。当有机相为 15% (V/V) TN1911 + Solvensso 150，水相酸度 pH≈0，O/A = 1:1 时，混合时间 30 min，钯的萃取率可达 97%，而 Pt(Ⅳ) 仅需 1 min，萃取率即可达 96%。TN1911 是一种有应用前景的萃取剂，它可以用铂、钯共萃，分别反萃的方法实现钯和铂的分离。当料液含铂较高时，则先用硫醚萃钯，再用 TN1911 萃铂，当铂、钯含量接近时则可共萃铂、钯，分别反萃的方法实现铂、钯分离，其流程如图 20 - 23 所示。

对于含铑的料液，则在水相中添加 0.5 mol/L SO_4^{2-} 抑制其萃取，或者以 0.5 mol/L 硫酸洗下共萃之铑。TN1911 的灵活性大，可根据料液不同的含铂、钯量及共生贱金属元素情况，调整工艺条件，现已完成了半工业试验。

研究发现在低酸度下，Kelex100 萃取铂族金属时的顺序为 Pd(Ⅱ) > Pt(Ⅳ) > Rh(Ⅲ)；而在高酸度下，其萃取顺序是 Pt(Ⅳ) > Pd(Ⅱ) > Rh(Ⅲ)；当加入大量锡离子时，低

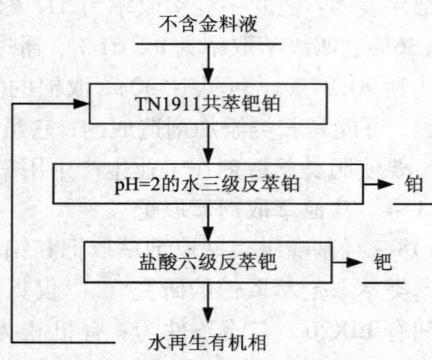

图 20 - 23　TN1911 分离铂 - 钯流程

酸度下的萃取顺序是 Rh(Ⅲ) > Pd(Ⅱ) > Pt(Ⅳ)；在高酸度下的萃取顺序是 Rh(Ⅲ) > Pt(Ⅳ) > Pd(Ⅱ)。

2) LIX841 萃取钯和铂

国外还有学者研究了用 LIX841 在盐酸介质中萃取钯[34]，用 LIX841 萃取时在 0.1 mol/L 盐酸介质中 Pd(Ⅱ) 的萃取率很高，并且用 6 mol/L 盐酸极易反萃。Pt(Ⅳ) 的萃取是在氨水溶液中进行，Pt(Ⅳ) 能被 LIX841 萃取。用 LIX841 萃取钯和铂虽然能实现钯与铂的分离以及与贱金属杂质如 Fe(Ⅲ)、Al(Ⅲ)、Zn(Ⅱ)、Cu(Ⅱ)、Ni(Ⅱ) 的分离，但钯和铂回收率分别为 97% 和 86%，不能令人满意。

20.6.1.5　新型钯萃取剂简介

近年来 INCO 公司研发出了 TDGA(Thiodiglycolamide) 这一新型硫代二乙二醇酰胺萃取剂[35]，其萃取性能优于工业生产应用的二正己基硫醚(DHS)。

图 20 - 24 和图 20 - 25 为 TDGA 与 DHS 在相同条件下萃取剂性能的比较。从图 20 - 24 可以看到 TDGA 的萃取速度相当快。而 DHS 达到平衡需要 200 min 以上。从图 20 - 25 则可看到 TDGA 与强氧化酸接触 1200 h 对钯的萃取率减少不

到 10 个百分点, 而 DHS 接触 1200 h 后其萃取率减少到不足 10%, 可见 TDGA 稳定性远大于 DHS。目前 INCO 公司正在研究 TDGA 的实际应用。相信不久可能会应用于伦敦阿克统精炼厂。

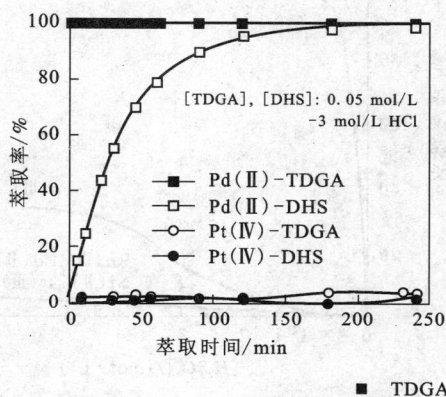

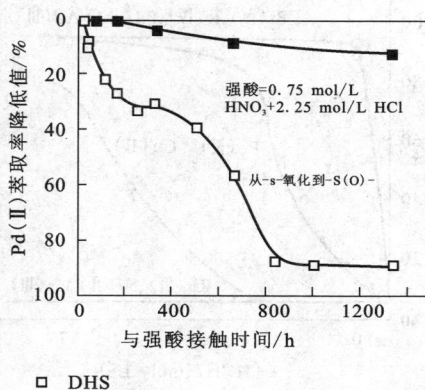

图 20 – 24　TDGA 与 DHS 萃取平衡时间比较　　图 20 – 25　TDGA 与 DHS 抗氧化性能比较

20.6.2　铂的萃取

在盐酸介质中, 铂主要以 $PtCl_6^{2-}$ 的形式存在, 有较强还原剂存在时, 才存在 $PtCl_4^{2-}$ 的形式。在实践中萃取分离铂的对象多为 $PtCl_6^{2-}$。用于萃取 Pt(Ⅳ) 的萃取剂主要有: 含磷萃取剂 [主要有: 磷酸三丁酯(TBP)、三正辛基氧化膦(TOPO)、三烷基氧化膦(TRPO)、烷基磷酸二烷基酯(P218)]; 胺类萃取剂 [主要有叔胺(N235)、三正辛胺(TOA)]; 酰胺类 N503 和 A101, 伯胺、仲胺及季铵盐对 Pt(Ⅳ) 有很强的萃取能力, 但反萃困难, 实际意义不大; 含硫萃取剂 [主要有: 二辛基亚砜(DOSO)、二 – (2 – 乙基己基亚砜(DEHSO)、二异辛基亚砜(DISO)、石油亚砜(PSO) 和合成亚砜(BSO) 等]。

20.6.2.1　含磷萃取剂萃取铂[36-39]

1) TBP 萃取铂

我们知道, TBP 早在 20 世纪 60 年代就在分析化学中用来萃取分离铑、铱。它对贵金属都有很强的萃取能力, 但是几乎不萃取 Ir(Ⅲ)、Rh(Ⅲ), 仅萃取 Ir(Ⅳ), 据此来实现铑、铱的分离。TBP 萃取铂已在英国的阿克统精炼厂得到了工业应用。萃取分离金、钯后的料液, 酸度调整为 5 mol/L HCl 并通入 SO_2 还原, 使溶液电位从 710 mV 降至 460 mV, 这时料液中的 Ir(Ⅳ) 彻底被还原为 Ir(Ⅲ)。用 TBP(35%) + Isopar M(60%) + 异癸醇(5%), 四级逆流萃取 Pt(Ⅳ), 负载有机相用 5 mol/L HCl 洗涤后, 用水即可反萃铂。萃余液中的铂可降至 0.02 ~ 0.05 g/L。

2）TRPO 萃取分离铂[37]

TRPO 萃取金属时酸度的影响如图 20 - 26 和图 20 - 27 所示。

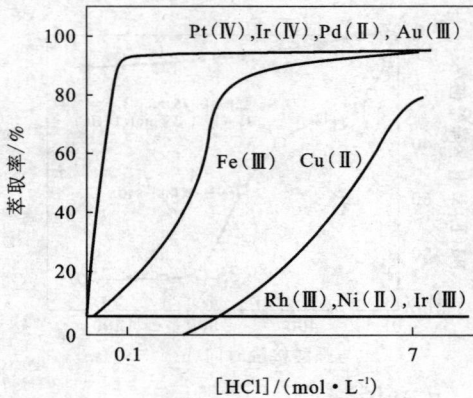

图 20 - 26　盐酸酸度对
TRPO 萃取分离铂的影响

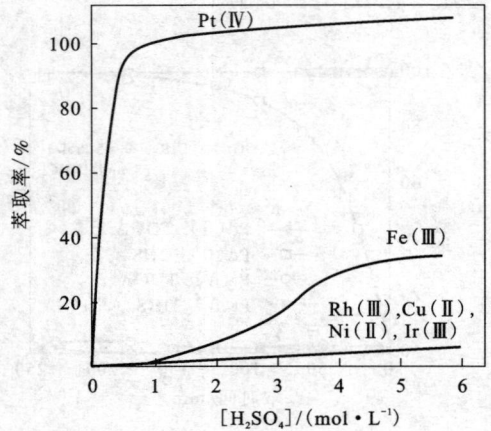

图 20 - 27　硫酸酸度对
TRPO 萃取分离铂的影响

可以看到无论是 HCl 还是 H_2SO_4 浓度的变化对萃取 Pt（Ⅳ）的影响是：随酸度的提高，其萃取率急剧提高，但同时能有效萃取 Ir（Ⅳ）、Pd（Ⅱ）、Au（Ⅲ），萃取率大于 99.3%。Rh（Ⅲ）、Ir（Ⅲ）、Ni（Ⅱ）均不被萃取。贱金属铁、铜在高酸度下部分萃取。由于 TRPO 萃取 Pt（Ⅳ）的选择性不高，萃取 Pt（Ⅳ）时，必须先将金、钯分离，并将 Ir（Ⅳ）还原至 Ir（Ⅲ）。金川实际料液萃取的结果为：铂的平均萃取率 99%，用 0.5% ~ 1% 氢氧化钠（或碳酸钠）溶液反萃，反萃率 98%，可见效果不是很好，有机相夹带铂较高。

3）P218 萃取分离铂[38]

上海有机化学研究所与金川公司镍钴研究院合作对 P218 萃取铂进行了详细的研究。在 30% P218 + 磺化煤油、金属浓度 1 g/L、$t = 30℃$，平衡时间 30 min 时，不同的 HCl、H_2SO_4 酸度下，P218 的萃取性能如图 20 - 28 和 20 - 29 所示。

由图可以看出在盐酸介质中 P218 对 Au（Ⅲ）具有极强的萃取能力，对 Pt（Ⅳ）、Ir（Ⅳ）的萃取率稍次于 Au（Ⅲ），对 Pd（Ⅱ）的萃取能力较差。贱金属中的铁能被 P218 强烈萃取，Ni（Ⅱ）不被萃取。在硫酸介质中的铂（Ⅳ）的萃取与在盐酸介质中相似，对 Ir（Ⅳ）的萃取更为有利。因此，在 P218 萃取分离 Pt（Ⅳ）前，料液中的 Au（Ⅲ）、Pd（Ⅱ）、Fe（Ⅲ）必须先分离，Ir（Ⅳ）也必须还原至 Ir（Ⅲ），方能有效萃取分离 Pt（Ⅳ）。

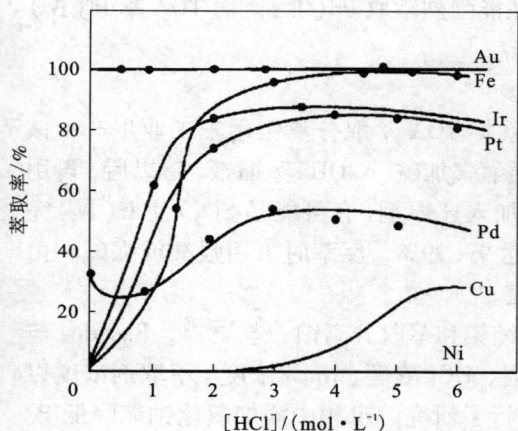

图 20-28 P218 萃取铂(Ⅳ)的萃取率
与盐酸酸度的关系

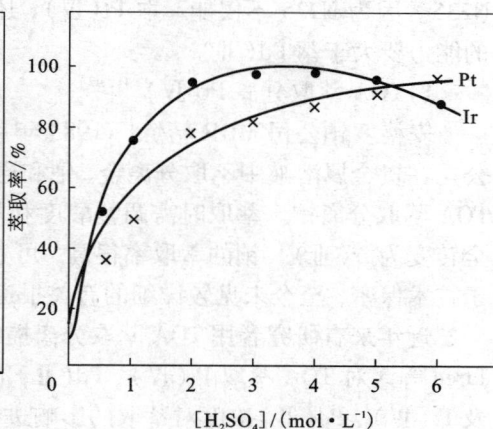

图 20-29 P218 萃取铂(Ⅳ)的萃取率
与硫酸酸度的关系

扩大试验的料液是萃取分离 Au(Ⅲ)、Pd(Ⅱ)、Fe(Ⅲ)后的生产料液,其成分为 Pt 2.31 g/L、Pd 0.0036 g/L、Rh 0.134 g/L、Ir 0.12 g/L、Cu 2.5 g/L、Fe 0.0024 g/L、Ni 1.27 g/L;酸度为 2.88 mol/L HCl + H_2SO_4。用还原剂将 Ir(Ⅳ)还原至 Ir(Ⅲ)后,再用 P218(60%) + 异辛醇(5%) + 煤油进行 4 级逆流萃取,相比 O/A = 1∶1;负载有机相用 1 mol/L HCl 进行 2 级洗涤,相比 O/A = 5∶1;水洗涤 1 级,相比 O/A = 5∶1。水洗后的负载有机相用 Na_2CO_3(1% ~ 2%) + EDTA 4 级逆流反萃,相比 O/A = 3∶1。铂的萃取率很高,大于 99.9%,萃余液中含铂可降至 0.000x ~ 0.00x g/L。反萃率为 99%,反萃液中铑、铱含量极低,Pt/Rh = 400∶1,Pt/Ir = 5000∶1,可见铑、铱基本保留在萃取铂后的余液中。P218 萃取分离铂的不足之处是增加了一道萃取除 Fe(Ⅲ)的工序。

20.6.2.2 亚砜类萃取剂萃取铂

围绕亚砜在铂族金属分离工艺中的应用,国内外许多学者对亚砜的萃取性能、萃取机理等都进行过研究[40]。

二正辛基亚砜(DOSO)、二异辛基亚砜(DIOSO)、石油亚砜(PSO)萃取铂时都呈现出随酸度升高 Pt(Ⅳ)的萃取率提高的规律,而 Pd(Ⅱ)则在低酸度下即可完全被萃取,几乎不受酸度变化影响。因此,广泛研究了亚砜类萃取共萃钯铂,分别反萃钯、铂的工艺。但仅见 PSO 进行过半工业试验(参见 20.6.1.2)。

20.6.2.3 胺类萃取剂萃取铂

我国在 20 世纪 60 年代便开始研究和应用胺类萃取剂萃取铂和钯。1968 年就用 N235 分离铂和钯。直到目前,世界上真正用于工业生产中分离铂的萃取剂是三正辛胺(TOA)和三烷基胺(N235、7301)。TOA 的萃铂性能似乎要优于

N235。因为 N235 不仅能萃取 Pt(Ⅳ)，还能强烈萃取 Pd(Ⅱ)。而 TOA 萃 Pt(Ⅳ) 的能力要大于萃 Pd(Ⅱ)。

1)TOA 萃取分离 Pt(Ⅳ)[41, 42]

安格罗铂公司 MRR 精炼厂 1983 年就将 TOA 萃取分离铂用于工业生产。该公司在贵金属溶液中萃取分离金、钯和通氯气加碱(NaOH)蒸馏锇、钌以后，再用 TOA 萃取分离铂。萃取时需调整酸度和加入还原剂(有可能是 SO_2)使 Ir(Ⅳ) 完全转变为 Ir(Ⅲ)。铂的萃取率很高，可达 99.99%，反萃时可用强酸或强碱。由于技术保密，至今未见较详细的有关报道。

近年来有研究者用 TOA 萃取分离提纯铂和萃取分离铂、铑[41, 42]。Basudev 与 Jaree 等人对 TOA 萃取 Pt(Ⅳ)、Pd(Ⅱ)时，HCl 浓度、NaCl 浓度、萃取剂浓度以及 Pt(Ⅳ)、Pd(Ⅱ)浓度对萃取的影响进行了研究。水相中添加氯化钠能降低 Pd(Ⅱ)的萃取率。在水相 pH 1.5 的条件下，Pt(Ⅳ)能绝大部分被萃取，而 Pd(Ⅱ) 萃取很少。负载有机相用硫代硫酸钠洗涤可以选择性地除去 Pd(Ⅱ)。然后再用硫氰化钠选择性反萃铂。该工艺可使铂的纯度达到 99.9%。Attasak Jaree 等人用 TOA + 甲苯萃取铂实现与铑分离做了详细研究。

用 8%(w)TOA + 甲苯单级萃取铂与铑的分离系数为 135。在室温下混合 30 min，Pt(Ⅳ)即可全部萃取。分离后的水相仅含 Rh(Ⅲ)。有机相中的 Pt(Ⅳ)用 8 mol/L HNO_3 反萃。依据研究结果反萃温度要达到 50℃。当温度从 30℃ 提高至 50℃ 时，其反萃率可从 82% 提高至 99.7%。反萃过程如下式所示。

$$(R_3NH)_2PtCl_6 + 2HNO_3 = R_3NH(NO_3)_2 + H_2PtCl_6$$

研究发现，反萃后的有机相必须用 1 mol/L 的 NaOH 溶液混合洗涤，否则 Pt(Ⅳ)的萃取率从第一次萃取的 97.6% 降低至循环第五次的 74%，而 Rh(Ⅲ)的萃取率仍然保持 20%。这是由于有机相中的硝酸盐和萃取水相中盐酸混合生成硝酸的结果。用 1 mol/L 的 NaOH 洗涤有机相后，再萃取，则每次都可完全萃取。另外 Rh(Ⅲ)的萃取率可从第一次萃取的 21.8% 降至循环第五次的 3.7%。

2)N235 萃取铂[43, 44]

金川有色金属公司、昆明贵金属研究所、上海有机化学研究所对用 N235 萃取分离铂进行了大量的研究，在完成实验室试验后，进行了半工业试验和工业试验。

N235 能十分有效地萃取铂(Ⅳ)，但它也能萃取 Au(Ⅲ)、Pd(Ⅱ)和 Ir(Ⅳ)，因此必须在萃取铂之前先分离 Au(Ⅲ)、Pd(Ⅱ)，并使 Ir(Ⅳ)还原至 Ir(Ⅲ)才能不被 N235 萃取。

有多种因素影响 N235 萃取铂。水相酸度在 0.1 ~ 2 mol/L 内，铂的萃取率均大于 99%，但随酸度的升高，铂的萃取率下降。因此 N235 萃取铂时，宜在低酸度下进行；N235 浓度应根据料液中的铂浓度来选择，保证铂的萃取率目标能达到即可。例如当料液中铂浓度为 2 ~ 9 g/L，有机相 N235 浓度为 3% ~ 6%，铂的萃取率均大于99.5%。N235 浓度过大会增大铱和铁、硒、碲等贱金属的共萃率；稀释剂、改性剂要选择适当，以免萃取过程产生第三相，影响萃取的进行。

通过研究认为，N235 萃取铂的机理属离子交换机理，其反应如下式所示：

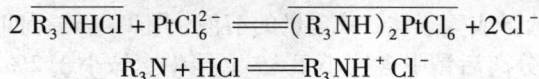

$$2\,\overline{R_3NHCl} + PtCl_6^{2-} \Longrightarrow \overline{(R_3NH)_2PtCl_6} + 2Cl^-$$

$$\overline{R_3N} + HCl \Longrightarrow \overline{R_3NH^+Cl^-}$$

萃取前有机相需用盐酸平衡。

有机相中的 Pt(Ⅳ)用 NaOH 或 Na_2CO_3 溶液反萃，铂反萃的动力学速度极快，但要避免局部过碱而发生乳化。

工业试验结果表明，用 N235 [添加剂脂肪醇 ROH，稀释剂为正十二烷($C_{12}H_{26}$)]萃取分离铂，其萃取率可达99.9%，铂的反萃率接近100%。铂的直接回收率达到98.15%，总回收率达到99.83%。经过不断的改进，铱的共萃率小于6%，绝大部分铑和铱保留在萃铂余液中。

20.6.3　铑铱的萃取

目前已知的金、铂、钯萃取剂均不能很好地萃取 $IrCl_6^{3-}$ 和 $RhCl_6^{3-}$。$IrCl_6^{3-}$ 只有氧化至 $IrCl_6^{2-}$，减少其所带负电荷，才能被一些萃取剂萃取，而 $RhCl_6^{3-}$ 要氧化至 $RhCl_6^{2-}$ 非常难。因此在含有金、铂、铑、钯、铱的溶液中采用萃取法分离回收这些金属时，总是先分离金、铂、钯，最后分离回收铑和铱。$RhCl_6^{3-}$ 配离子不仅具有很高的稳定性，而且有很强的亲水性，铑是铂族元素中最难萃取的一个元素。因此铑、铱的萃取分离又总是选择使 $IrCl_6^{3-}$ 氧化至 $IrCl_6^{2-}$，降低面电荷密度后用某种萃取剂萃取使其与 Rh(Ⅲ)分离。

20.6.3.1　TBP 萃取分离铱[20,45]

20 世纪 60 年代末期我国金川有色金属公司从阳极泥分离提取锇、铱、钌、铑的工艺中就采用了 TBP 萃取分离铱。其富集提取工艺流程如图 20 - 30 所示。

由于化学法分离金、铂、钯的效果不是很好，TBP 萃取时溶液中仍然含有 Au 0.02 ~ 0.05 g/L, Pd 0.5 ~ 2 g/L, Pt 2 ~ 6 g/L, Rh 5 ~ 6 g/L, Ir 3 ~ 5 g/L。萃取

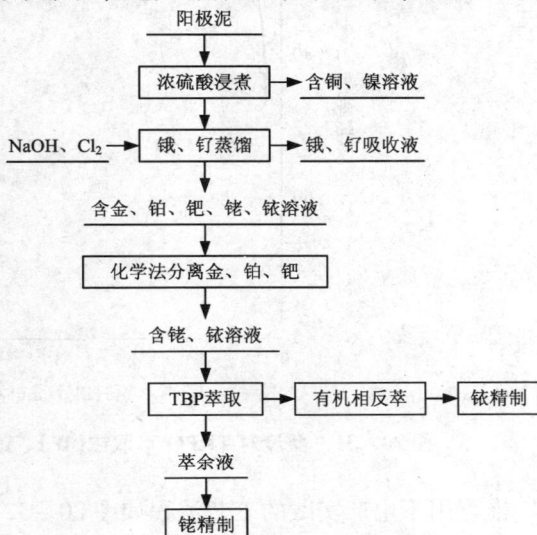

图 20 - 30　阳极泥中分离提取贵金属流程

时水相酸度为 6 mol/L HCl，通入氯气氧化 30 min，有机相（100% TBP）用含有氯气的 6 mol/L HCl（即向 6 mol/L HCl 中通入氯气直到饱和为止）平衡后用 1∶1 的相比进行 3~6 级的萃取。每一级萃取前水相仍须通氯气氧化 30 min。负载有机相用 8 mol/L HNO₃ 反萃后，用水和 20% NaOH 溶液洗涤后返回使用。生产实践表明，铂、钯含量低于或等于铑、铱含量的溶液，用 TBP 进行四级萃取，铑、铱的回收率可达 98%，分离后铱中含铑小于 3%，铑中含铱小于 2%。

英国阿克统精炼厂（INCO 所属）已于 20 世纪 70 年代中后期将 TBP 萃取铱应用于生产，其有关情况至今未见报道。

20.6.3.2　三烷基氧化膦（TRPO）萃取分离铱[46]

TBP 萃取铱虽然能达到较好的效果，但是金川的生产实践认为至少有以下几点不足：要求萃取酸度高，且 TBP 在水相中的溶解度大；TBP 对有机玻璃、聚氯乙烯（PVC）、增强聚氯乙烯（UPVC）、橡胶等都有溶胀作用，对萃取设备的材质选择带来极大困难；反萃液的后续处理较烦琐。昆明贵金属研究所与金川公司合作对三辛基氧化膦、三烷基氧化膦萃取铱进行了详细的研究和比较后得出三烷基氧化膦的萃铱性能要优于三辛基氧化膦，萃取容量较大，适应酸度范围宽，在 0.3~5 mol/L HCl 范围内，Ir（Ⅳ）都有很高的萃取率，如图 20-31 所示。

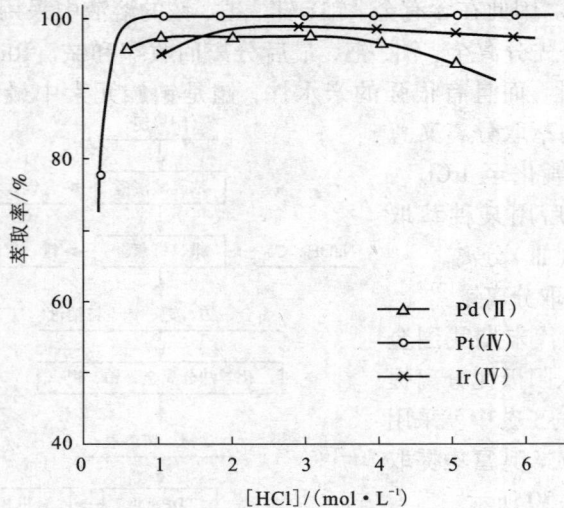

图 20-31　酸度对 TRPO 萃取铱（Ⅳ）、铂（Ⅳ）、钯（Ⅱ）性能的影响

推荐用于生产实践的工艺流程如图 20-32 所示：

无论是 TBP 还是 TRPO，萃取分离时都要求被萃溶液中除铑、铱外的其他贵贱金属越低越好，方能保证 Ir（Ⅲ）氧化至 Ir（Ⅳ）的转化率和萃取率。TRPO 萃取

萃取分离金、钯、铂后余液

```
        │
   ┌────────────┐
   │  P204萃取   │──→ 铜、镍、铁等
   └────────────┘
        │
NaOH ─→┌────────┐
       │  水解   │──→ 铂
       └────────┘
        │
 HCl ─→┌────────────┐
       │  水解渣酸溶  │
       └────────────┘
        │
   ┌──────────────────┐
   │ 二次萃取分离金、钯、铂 │──→ 金、钯、铂
   └──────────────────┘
        │
   ┌────────────────┐
   │ 二次萃取分离贱金属 │──→ 铜、镍、铁等
   └────────────────┘
        │
   ┌──────────────────┐
   │ 二次水解富集铑、铱  │──→ 铂
   └──────────────────┘
        │
 HCl ─→┌──────────────┐
       │ 二次水解渣酸溶  │
       └──────────────┘
        │
   ┌──────────────────┐←─────────────┐
   │ 氧化后TRPO萃铱     │               │
   └──────────────────┘               │
     │              │                 │
 含铑萃余液       负载有机相            │
     │              │                 │
  ┌──────┐      ┌──────┐             │
  │ 精炼  │      │ 洗涤  │             │
  └──────┘      └──────┘             │
     │              │                 │
  铑产品         ┌──────┐             │
                 │ 反萃  │             │
                 └──────┘             │
                  │      │            │
              含铱反萃液  反后有机相     │
                  │      │            │
              ┌──────┐ ┌──────┐      │
              │ 浓缩  │ │ 洗涤  │      │
              └──────┘ └──────┘      │
                  │      │            │
               铱产品  ┌──────┐       │
                       │ 再生  │───────┘
                       └──────┘
```

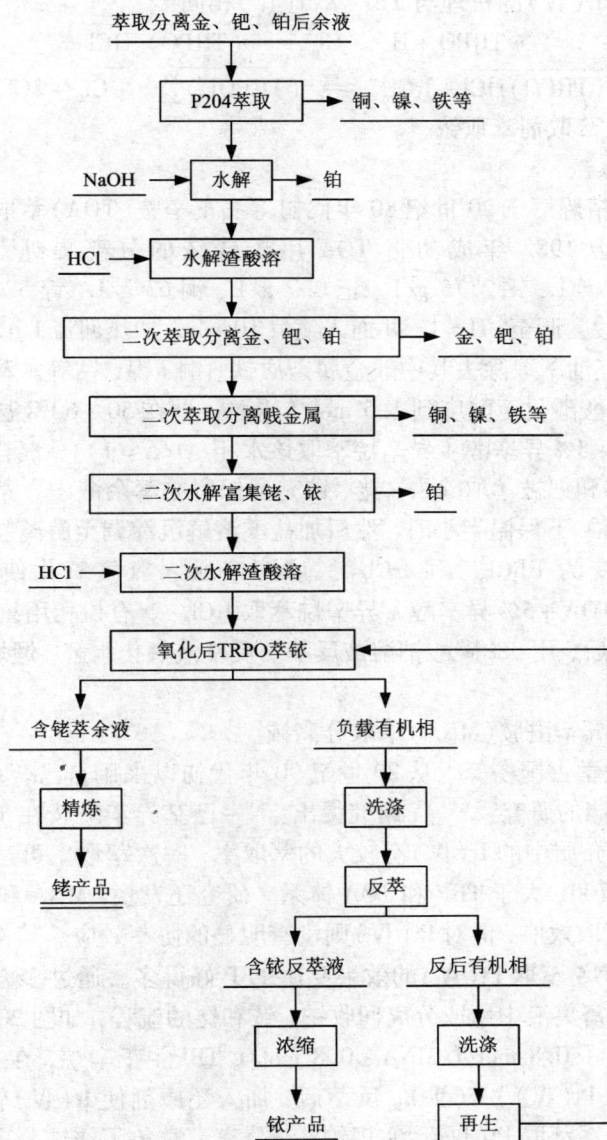

图 20-32　TRPO 萃取分离铱的推荐流程

铱半工业试验的水相中铑、铱含量与其他金属含量之比达到 247∶1，这就为 TRPO 萃取分离铑铱创造了非常好的条件，在有机相为 30% TRPO-4 号溶剂油、料液酸度 3 mol/L HCl、相比 O/A = 1∶1、三级萃取的条件下，铱的萃取率大于 97%，负载有机相用 3 mol/L HCl 三级洗涤后用稀 HNO₃ 反萃，铱的反萃率大于 99%。

TRPO 萃取 Ir(Ⅳ)的机理与 TBP 萃 Ir(Ⅳ)相同：

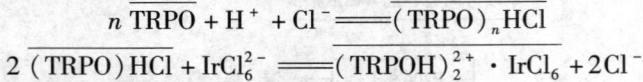

$$n\overline{TRPO} + H^+ + Cl^- \Longrightarrow \overline{(TRPO)_nHCl}$$

$$2\overline{(TRPO)HCl} + IrCl_6^{2-} \Longrightarrow \overline{(TRPOH)_2^{2+} \cdot IrCl_6} + 2Cl^-$$

20.6.3.3 其他萃取剂萃取铱

1）TOA 萃取铱

英国 MRR 精炼厂于 20 世纪 80 年代初将三正辛胺（TOA）萃取铱应用于工业生产。我国也于 1982 年成功将 TOA 用于铑铱的分离提纯[47]。一种含铱 51.5 g/L、铑 11 g/L、铂 2.75 g/L、钯 0.7 g/L、铜 63 g/L、镍 52.2 g/L、铁 8.5 g/L的料液，将酸度调至 pH=1，并通入氯气 10 min，加热回流 1 h，然后用经皂化的 P204 + 磺化煤油萃取除去其中贱金属杂质铁、铜、镍、钴等。萃余液进行水解还原，然后用盐酸酸化至酸度到 1.5 mol/L 盐酸，并在 50~60℃温度下保温 2~3 h，用 10% TOA + 5% 异辛醇 + 异辛烷萃取该水相（O/A = 1:1，混合 1 min），这时 99.5% 以上的铂和钯被萃取除去，铑、铱完全保留在萃余液中。萃余液再次进行水解还原，在 35℃下保温半小时，然后加盐酸溶解沉淀调至游离盐酸为 0.5 mol/L，使铑、铱转变为 RhCl₆³⁻ 和 IrCl₆³⁻。该溶液通入氯气氧化使 IrCl₆³⁻ 转化为 IrCl₆²⁻，用 10% TOA + 5% 异辛醇 + 异辛烷萃取 IrCl₆²⁻。有机相用氯气饱和的 4~6 mol/L 盐酸洗涤后，用 5% 碳酸钠溶液反萃。反萃液氧化水解、煅烧、氢还原得到 99.9% 的铱粉。

2）N – 己基异辛酰胺（MNA）萃取分离铱。

华南理工大学古国榜等人从 20 世纪 90 年代初以来用自己合成的 MNA 萃取剂分离铂、铱、铑的研究[48-50]。研究得出：N – 己基异辛酰胺在 TBP – 正辛烷稀释剂中，对盐酸介质中的 Ir(Ⅳ)有较大的萃取率，一次萃取率可达 90%。铑、铱分离系数可达 2700，大于 TBP 和 TOA 体系。研究还发现，MNA 和 TBP 对 Ir(Ⅳ)有明显的协同萃取效应，但对 Pt(Ⅳ)则没有明显的协萃效应。其作用主要是防止第三相生成。MNA 萃取 Pt(Ⅳ)的效果要比 TBP 好得多。通过多方案的研究和比较，推荐从铑铱富集液中萃取分离回收铂、铱和铑的流程，如图 20-33 所示。

该工艺选用了 0.8 mol/L MNA + 0.8 mol/L TBP + 正辛烷，在 P204 萃取除贱金属后共同萃取 Pt(Ⅳ)、Ir(Ⅲ)；反萃后，加入还原剂使 Ir(Ⅳ)转变为 Ir(Ⅲ)，再用上述萃取体系萃取 Pt(Ⅳ)，实现铂、铱分离。避免了铑铱分离之前，以往水解除铂带来的铑、铱损失，可显著提高铑的回收率；另外铂、铱分离所采用的方法，也可避免以往 TBP 或 TRPO 萃取 Ir(Ⅳ)的烦琐（即每一级萃取前的氧化）。

20.6.3.4 铑的萃取

我们知道，铑在溶液中稳定的氧化态为 Rh(Ⅲ)，其在盐酸介质中形成的 RhCl₆³⁻ 配合物又会随溶液的酸度、氯离子浓度、体系的电位、温度等的变化发生水合、羟合或氯化生成一系列氯、水合配合物：$RhCl_5(H_2O)^{2-}$、$RhCl_4(H_2O)_2^-$、

铑、铱富集液

↓

氯气氧化

↓

P204四级萃取除贱金属

├─→ 负载有机相

└─→ 萃余液（Pt、Rh、Ir）

负载有机相 → 反萃及再生

萃余液（Pt、Rh、Ir）→ 氯气氧化

↓

MNA+TBP+正辛烷四级错流共萃铂、铱

├─→ 负载有机相

└─→ 含铑萃余液 → 铑精制

负载有机相 → H₂O或1% NaOH四级反萃铂、铱

├─→ 反后有机相 → 再生

└─→ 含铂、铱反萃液 → 对苯二酚还原Ir(IV)

↓

MNA+TBP+正辛烷三级萃铂

├─→ 负载有机相

└─→ 含铱萃余液 → 铱精制

负载有机相 → H₂O或1% NaOH三级反萃铂

├─→ 反后有机相 → 再生

└─→ 含铂反萃液 → 铂精制

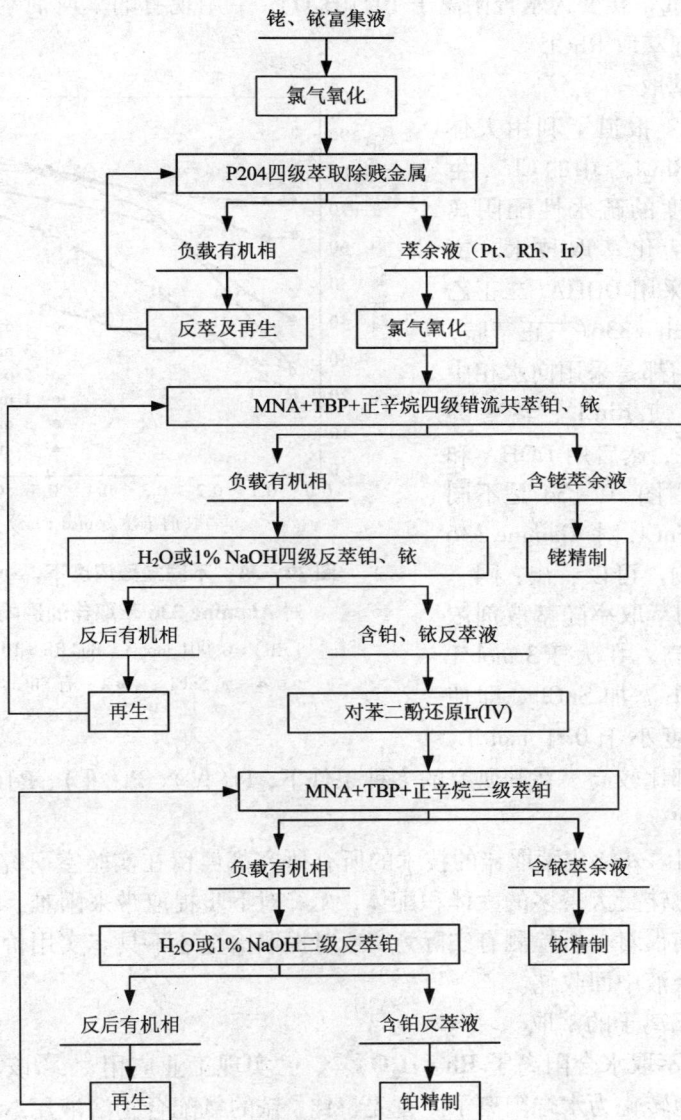

图 20 - 33　从铑、铱富集液中萃取回收铂、铑、铱流程

$RhCl_3 (H_2O)_3$、$RhCl_2 (H_2O)_4^+$、$RhCl (H_2O)_5^{2+}$、$Rh (H_2O)_6^{3+}$。由于 $RhCl_6^{3-}$ 在盐酸介质中的高惰性和亲水性，一般萃取剂很难萃取它。目前国内外所进行的研究：一是利用 $RhCl_6^{3-}$ 中的 Cl^- 配体可被大体积的配体取代生成低电荷密度的疏水性配阴离子 $Rh_n Cl_m X_p^{k-}$（$X = Br^-$、I^-、$SnCl_3^-$、$SnBr_3^-$ 等）或中性配合物 $Rh_n Cl_m L_n$（L 为含 N、P、S、As、Sb 的中性有机物）用现有的萃取剂萃取；二是改变溶液的

性质，使 $RhCl_6^{3-}$ 转变为水合阳离子 $Rh(H_2O)_6^{3+}$，用现有的萃取剂萃取；三是研制新的萃取剂萃取 $RhCl_6^{3-}$。

1）活化萃取

文献[51-56]报道了利用大体积配体取代 $RhCl_6^{3-}$ 中的 Cl^-，生成低电荷密度的疏水性配阴离子，即所谓活化萃取技术。文献[52, 53]分别采用 DOHA（二正乙基胺）和 Alamine 336（三正辛胺）萃取铑。它们都是采用向水相中添加 $SnCl_2$，使 $RhCl_6^{3-}$ 转变为 $Rh(SnCl_3)_5^{2-}$，然后用 DOHA 和 TOA 萃取铑。图 20 - 34 是不同盐酸浓度下 $SnCl_2$ 对 Alamine 336 萃取铑的影响。可以看出：同一酸度下，铑的萃取率随萃取剂浓度升高而提高。在大于 3 mol/L 的盐酸浓度下添加 $SnCl_2$，即使在萃取剂浓度小于 0.1 mol/L，

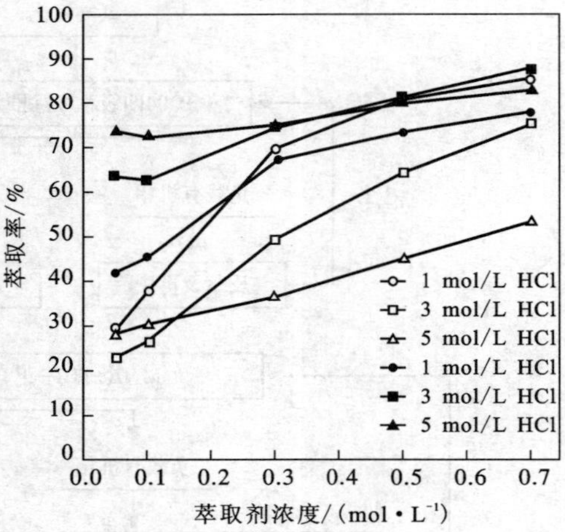

图 20 - 34　不同盐酸浓度下，$SnCl_2$
对 Alamine 336 萃取铑的影响

[Rh] = 0.001 mol/L，Sn:Rh > 10
○□△—无 $SnCl_2$；●■▲—有 $SnCl_2$

铑的萃取率都比较高。在其研究的多种条件下，Pt(Ⅳ)、Pt(Ⅱ)、Pd(Ⅱ)的萃取率均接近 100%。

总之，国内外活化萃取铑的技术的所有研究都停留在实验室研究阶段，而且都需要加入比铑量大得多的大体积配体，无疑对下步提取带来困难。因此这项技术的研究目前仅对分析检测有实际意义，对提取冶金还不具有实用价值。生产中仍然是从萃余液中回收铑。

2）水合阳离子的萃取

用 P538 萃取水合阳离子 $Rh(H_2O)_6^{3+}$，已实现工业应用[20]。该方法的关键是使铑充分地转化为水合阳离子。首先将铑、铱的氯配合物溶液用 NaOH 中和至 pH 10~12，在 35~40℃陈放一段时间，然后用 3 mol/L 盐酸溶液调到 pH≈1，并通入氯气 15~20 min，这时铑即转变为 Rh(Ⅲ)的水合阳离子，而铱及其他贵金属仍保持配阴离子状态。在用磺化煤油萃取除去溶液中多余的氯（可使萃铑时易于分相）后，即可用 P538（单十四烷基磷酸）煤油溶液萃取铑，满意地实现铑与铱及某一些铂族元素的分离。有机相中的铑用 3 mol/L 盐酸反萃。半工业试验表明 P538 一次萃取铑可达 80%~85%。这一方法已在金川贵金属精炼过程中应用。

3）新萃取剂开发

文献[57]报道了 INCO 公司合成了一种新的用于萃取铑的含有两个取代酰胺的叔胺萃取剂：N − n − hexyl − bis（N − methyl − N − n − Octylethy − Lamide）amine（HBMOEAA）。他们研究了 HBMOEAA 从盐酸溶液中萃取铑、钯、铂的行为。当盐酸浓度在 1 ~ 2 mol/L 下铑的萃取率达到 80%。这个数值是有史以来从相同盐酸浓度中萃铑时的最高萃取率。对于铂、钯在 0.5 ~ 10 mol/L 盐酸浓度下，也能获得高萃取率。而在 10 mol/L 盐酸下，铑几乎不被萃取。这就是说，钯、铂和铑可以用 HBOMEAA 在 1 ~ 2 mol/L 盐酸下萃取，而铑可用 10 mol/L 盐酸从有机相中反萃下来。这将打破以往分离铂钯后再回收铑的传统。毫无疑问，这对贵金属中价值最高的铑回收率提高十分有利。INCO 公司下一步将研究其萃取机理和实际应用。

20.6.4　锇钌的萃取

锇、钌在盐酸介质中有多种氧化态，形成的配合物也有多种状态。除三价、四价态以外，甚至有更高的价态，如六价、七价、八价。所以，锇、钌很容易被氧化为八价的 OsO_4、RuO_4，两者都具有非极性的对称结构，沸点和水合能均很低，易于从水溶液中挥发出来。因而在各个贵金属精炼厂，锇、钌几乎都采用氧化蒸馏法回收。

20.6.4.1　OsO_4 和 RuO_4 的萃取

由于 OsO_4 和 RuO_4 都具有非极性的对称结构，易溶解在非极性的有机溶剂中，因而 OsO_4、RuO_4 可以用非极性有机溶剂，如氯仿（$CHCl_3$）、四氯化碳（CCl_4）直接从水相中萃取出来。以简单分子形式按物理分配的机理萃取，不发生任何化学反应。用 CCl_4 作萃取剂时，室温下 RuO_4 在四氯化碳和水中的分配比达到 58.4，OsO_4 的分配比为 19.1（酸度为 1 mol/L）。有机相中的钌可以用含有还原剂（亚硫酸钠等）的碱性溶液（2 mol/L NaOH 或 KOH）反萃。有机相中的锇可用含 1% 硫脲和 1 mol/L 硫酸溶液反萃。由于 OsO_4 比 RuO_4 稳定，当溶液中两者共存时，可通过控制氧化条件分别萃取，或者采用共萃后分别反萃，使两者分离。

当用四氯化碳或氯仿从硝酸或硫酸溶液中萃取 OsO_4 和 RuO_4 时选择性非常高，因此分析化学中常用此法测定锇、钌，它比蒸馏吸收法更简单、迅速、有效。

20.6.4.2　低价锇钌的萃取[58-61]

钌在盐酸介质中的价态，随盐酸浓度而变化，有 Ru（Ⅲ）、Ru（Ⅳ）、Ru（Ⅴ）、Ru（Ⅵ），比较稳定的价态的是 Ru（Ⅳ）、Ru（Ⅲ）。在低酸度下，钌的氯配合物会发生水合反应和酸式离解反应，生成各种水合、氯合或羟合氯的配合物，这些配阴离子是很难萃取的。在碱性溶液中钌还可生成六价的 RuO_4^{2-}，可用强氧化剂使其氧化至八价的 RuO_4。因此，在盐酸介质中萃取钌时可萃配合物为 $RuCl_6^{2-}$ 和

$RuCl_6^{3-}$，而后者只有在高盐酸浓度下才较稳定，所以萃取对象主要是 $RuCl_6^{2-}$。

锇在盐酸介质中价态与钌类似，也与盐酸浓度有关，常见价态有 Os(Ⅲ)、Os(Ⅳ)、Os(Ⅵ)。在盐酸介质中常见的配合物是四价的 $OsCl_6^{2-}$ 和三价的 $OsCl_6^{3-}$。$OsCl_6^{2-}$ 是热力学稳定和动力学惰性的配阴离子。$OsCl_6^{2-}$ 在水溶液中不稳定，与 Ru(Ⅲ)一样容易发生水合反应，而且负电荷又多，更难于萃取。

$RuCl_6^{2-}$、$OsCl_6^{2-}$ 与 $PtCl_6^{2-}$、$IrCl_6^{2-}$、$PdCl_6^{2-}$ 的结构相同，能够萃取 $PtCl_6^{2-}$、$IrCl_6^{2-}$ 的萃取剂都能有效萃取 $RuCl_6^{2-}$ 和 $OsCl_6^{2-}$。

文献[58]介绍了用 N235 萃取分离提纯钌的研究。不纯钌溶液成分为：Ru 96.5%，Pt 0.42%，Pd 1.43%，Ir 0.93%，Rh 0.72%。首先用 10%(V/V)N235 + 煤油(V/V)在 [Cl⁻] > 1 mol/L，pH = 1，加入还原剂，使 Ru(Ⅳ)还原为 Ru(Ⅲ)的条件下萃取铂和钯，铂、钯的萃取率可达 99.6%。将萃取铂、钯后的溶液加热至 85℃并缓慢加入硝酸(加入量按 $HNO_3/Ru = 1:16$ 或 $1:24$)，使 Ru(Ⅲ)转化为 $Ru(NO)^{3+}$，通入二氧化硫使 Ir(Ⅳ)还原至 Ir(Ⅲ)，然后加浓盐酸煮沸，使钌、铑、铱转化为 $Ru(NO)Cl_5^{2-}$、$RhCl_6^{3-}$、$IrCl_6^{3-}$，用 20% N235 + 煤油萃取 $Ru(NO)Cl_5^{2-}$，而 $RhCl_6^{3-}$、$IrCl_6^{3-}$ 不被萃取，保留在溶液中。有机相的 $Ru(NO)Cl_5^{2-}$ 用 2 mol/L NaOH 反萃后进一步处理得到 99.9% 纯钌产品。钌产品分析结果见表 20-10。

表 20-10 钌产品中的其他贵金属含量/%

元素	Pt	Pd	Rh	Ir
NO. 1	0.003	0.003	0.01	0.01
NO. 2	0.003	0.003	0.003	0.01
NO. 3	0.01	0.01	0.003	0.01

文献[59]报道了用吡啶衍生物从含有钯和铑的溶液中萃取分离钌的研究。作者用图 20-35 所示的两种吡啶衍生物进行了比对研究。在实验条件下，HY(HX)两段萃取钌回收率可达 82%，可以实现 Ru(Ⅲ)与 Pd(Ⅱ)和 Rh(Ⅱ)的分离，有机相中钌可用二氯甲烷反萃。

文献[60]报道了用丙醇萃取 Ru(Ⅲ)的研究。含 Ru(Ⅲ)溶液中加入硫酸铵和硫氰酸铵，使 Ru(Ⅲ)转变成 $Ru(SCN)_4^-$，很容易被丙醇萃取，当溶液中硫酸铵浓度为 0.2 g/mL，硫氰酸铵浓度为 0.05 g/mL，丙醇浓度 0.3 g/mL，pH = 4.5 时，Ru(Ⅲ)的萃取率达 99.95% 以上，基本实现定量萃取，并且与 Cr(Ⅲ)、Mn(Ⅱ)、Ni(Ⅱ)、Al(Ⅲ)、Fe(Ⅱ)等离子实现分离。

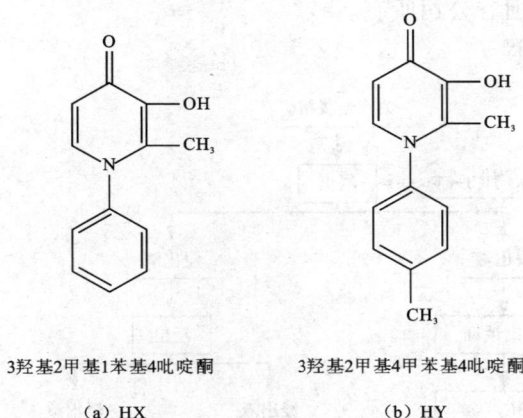

3羟基2甲基1苯基4吡啶酮　　　　　3羟基2甲基4甲苯基4吡啶酮

(a) HX　　　　　　　　　　(b) HY

图 20 - 35　吡啶衍生物

在烧尽的核燃料中，存在许多裂变产出的同位素，其中就有钌（Ru^{103} ~ Ru^{105}）。在处理这些核废料时，主要是回收其中的铀和钚。文献[61]简单介绍了用（2 - 乙基)己基亚砜（DEHSO）从硝酸介质中萃取裂变元素锆、铌、钌的情况。其结论是 DEHSO 比 TBP 更容易萃取钌。

南非 Lonrho 精炼厂是目前唯一采用溶剂萃取分离钌的工厂。在蒸馏分离锇后溶液中加入硝酸和还原剂（甲酸、亚硫酸钠或水合肼)使钌与亚硝基 NO 生成 $Ru(NO)Cl_5^{2-}$，然后用叔胺或 TBP 萃取。

总之，锇、钌由于其容易被氧化（特别是在碱性溶液中）至八价生成 OsO_4 和 RuO_4（其沸点分别为 134℃、40℃），可分别用 NaOH 和 HCl 吸收得到分离和回收，溶剂萃取的研究和应用相对要少得多。这一状况还会延续下去。

20.7　世界典型的贵金属精炼厂生产工艺

20.7.1　阿克统(Acton)精炼厂

1)一般情况

该厂建于 1924 年，位于伦敦西郊希思罗机场附近。2001 年贵金属产量记录接近 140 万盎司，员工 125 名。其生产原料，一是来自加拿大国际镍公司的科尔博恩港(Port Colborne Refinery)精炼厂的铂族金属精矿;二是世界各地的废催化剂和废电子元件等二次原料。科尔博恩港精炼厂原是加拿大国际镍公司的电解镍厂，建成于 1918 年。随着生产的发展、产品结构、工艺流程的变化，该厂 1984 年起已不再生产镍，只生产电钴和处理来自萨德伯里铜精炼厂的阳极泥和镍精炼厂的羰化渣，产出贵金属精矿送阿克统精炼厂，两地相距约 6400 km。加拿大国际镍公司(INCO)，2006 年被巴西淡水河谷公司以 153 亿美元现金收购，所以阿克统精炼厂也为淡水河谷公司所有。

2）工艺原则流程

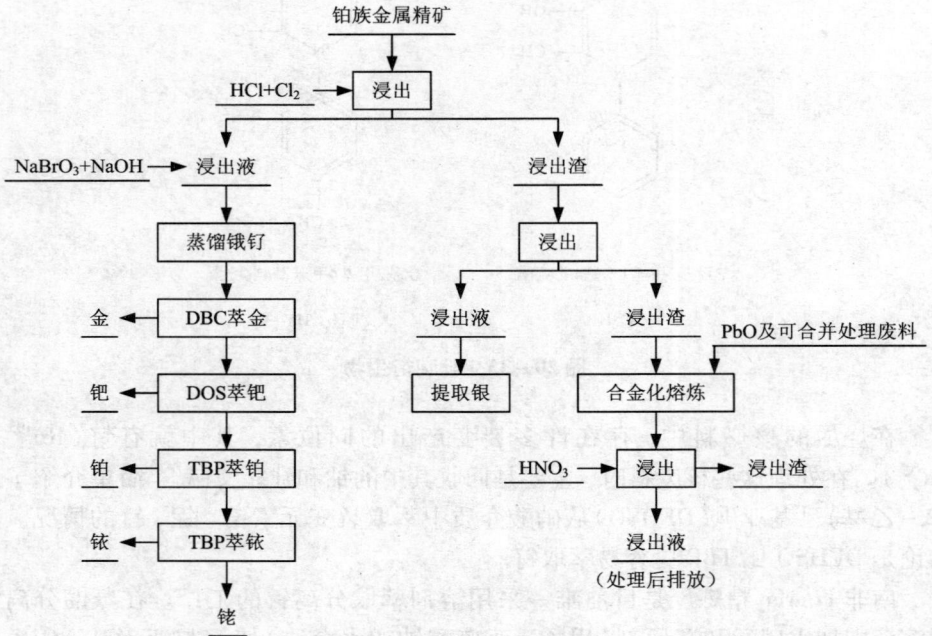

铂族金属精矿
↓
HCl+Cl₂ → 浸出
↓   ↓
NaBrO₃+NaOH → 浸出液   浸出渣
↓   ↓
蒸馏锇钌   浸出
↓   ↓   ↓
金 ← DBC萃金   浸出液   浸出渣 ← PbO及可合并处理废料
↓   ↓   ↓
钯 ← DOS萃钯   提取银   合金化熔炼
↓   ↓
铂 ← TBP萃铂   HNO₃ → 浸出 → 浸出渣
↓   ↓
铱 ← TBP萃铱   浸出液
↓   （处理后排放）
铑

图 20-36　阿克统精炼厂工艺流程图

3）工艺介绍

（1）铂族金属精矿在 90～95℃ 下在 HCl 介质中通入氯气溶解。由于其精矿来自镍精炼厂的羰化渣，为了除去其中的铜、镍、硫，除了用湿法工艺外，还采用了火法工艺富集贵金属。因此浸出渣中除了含银以外，还有相当部分的副铂族（Rh、Ir、Os、Ru）元素，它们在铂族金属精矿酸溶时难于溶解，故在浸出银后，又进行一次合金化熔炼，再用硝酸溶解除去杂质后，将得到的渣再返回用盐酸、氯气浸出。

（2）蒸馏锇、钌时加入 NaOH，可降低钌的氧化电位，有利于钌的馏出。具体条件未见报道，其蒸馏温度应该在接近水的沸点下进行。

（3）蒸馏锇、钌后液，调整 HCl 浓度至 3～4 mol/L，以利于用 DBC 萃金。采用 2 级逆流萃取，控制有机相中金的浓度小于 30 g/L，萃金残液含金小于1 μg/L，负载有机相用 1～2 mol/L 盐酸溶液，1:1 的相比进行三级逆流洗涤后，用热草酸还原反萃金，并得到99.99% 的纯金粉。DBC 萃取分离金是该厂于 1973 年首次用于工业生产的。

（4）萃金残液用二正辛基硫醚（DOS）萃取钯，用一种脂肪烃作稀释剂。这种萃取剂也能同时萃取金，因此要求萃取水相中金含量要很低。另外该萃取剂萃取速度很慢，需数小时才能达到平衡。使萃取作业不能连续进行。只能在搅拌槽内分批进行。有机相中的 Pd（Ⅱ）用氨水反萃，其萃取和反萃过程可用下列二式表示：

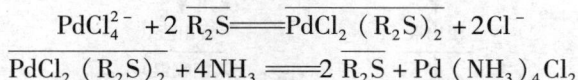

$$\overline{PdCl_4^{2-} + 2\,R_2S} = \overline{PdCl_2\,(R_2S)_2} + 2Cl^-$$
$$\overline{PdCl_2\,(R_2S)_2} + 4NH_3 = 2\,\overline{R_2S} + Pd\,(NH_3)_4Cl_2$$

针对 DOS 萃钯速度慢的问题，INCO 已研发出新萃取剂 TDGA，有望取代 DOS 萃钯（参见 20.6.1.5）。

（5）TBP 萃取分离铂。将萃钯余液中酸度调整到 5 ~ 6 mol/L 盐酸，并向溶液中通入二氧化硫，使 Ir（Ⅳ）还原至 Ir（Ⅲ），然后用 TBP 四级逆流萃取：

$$2H^+ + PtCl_6^{2-} + 2\,\overline{TBP} = \overline{H_2PtCl_6\,(TBP)_2}$$

有机相用 5 ~ 6 mol/L 盐酸洗涤后，用水反萃，反萃液用氯化铵沉淀，得到氯铂酸铵，经煅烧后得到 99.95% 的铂。

（6）铑、铱的分离。根据有关报道，近年来该厂又用化学沉淀法分离铑铱。在这之前，该厂采用 TBP 萃铱。萃取铱前，必须加入氧化剂使 Ir（Ⅲ）完全转变为 Ir（Ⅳ），再用 TBP 萃取，实现与铑分离。INCO 公司已研发出新的萃取剂 HBMOEAA（见 20.6.3.4）。该萃取剂能在低酸度下萃取铑，高酸度下反萃铑，用于生产后，可改变以往总是把铑放在最后分离的传统。

20.7.2　马太吕斯腾堡精炼厂（Matthey Rustenburg Refinery）

1）一般情况

南非吕斯腾堡（Rustenburg）公司于 1969 年与英国 Jonhson Matthey（庄信万丰）合资在南非的 Wadeville 建立了一个铂族金属精炼厂，并承诺剩余的精矿继续提供给庄信万丰在英国 Royston 的精炼厂。1972 年两家公司又合作成立 Matthey Rustenburg Refines（pty）Ltd（MRR）公司，该公司获准使用庄信万丰研发的精炼工艺，吕斯腾堡公司决定改造已用了 23 年的熔炼厂和增加新的贱金属精炼厂，使铂族生产能力扩大至 100 万盎司/年。1980 年庄信万丰溶剂萃取的中间工厂试验成功。MRR 决定建立一个初具规模的生产厂，这就是见诸报道的英国 Royston 新精炼厂，于 1983 年建成投产。[62]，1984 年吕斯腾堡收购了 Wadeuille 贱金属新精炼厂和铂族金属精炼厂。1986 年决定在 Wadeuille 再建一个用庄信万丰萃取分离技术的新的铂族金属精炼厂，该厂于 1989 年建成投产，而英国 Royston 的小型铂族金属精炼厂也于 1989 年下半年停止生产[63]。

1995 年 1 月 1 日吕斯腾堡的公司被 Anglo American Corporation 兼并[63]，所以 MRR 公司已不复存在。只是庄信万丰的萃取技术仍在 Wadeville 铂精炼厂应用。二十多年来，这些工艺技术有何变化，不得而知。

2）工艺流程

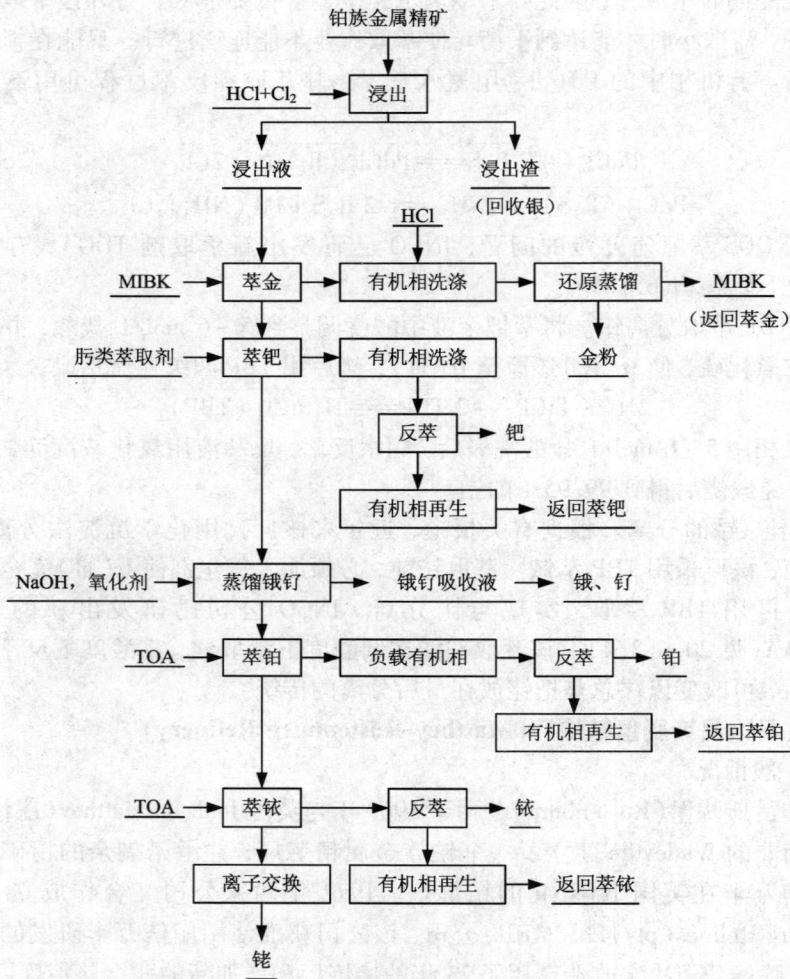

图 20 - 37 MRR 萃取分离贵金属原则流程

3）工艺述评

（1）该厂也是采用在 HCl 介质中通过氯气溶解铂族金属精矿，这已经成了铂族金属生产厂家的共同准则。它方便、有效、溶液处理方便，又能分离银。

（2）一般认为甲基异丁基酮（MIBK）闪点低易燃，沸点低，易挥发，水溶性也较大。该厂却采用 MIBK 萃金，在世界上独此一家。具体情况，用什么还原剂，有机相如何再生不得而知。MIBK 萃金反应式为：

$$H^+ + AuCl_4^- + MIBK \rightleftharpoons (AuCl_4^-)(H^+ MIBK)$$

用稀盐酸洗涤除去共萃之贱金属后，用铁粉还原反萃得金粉。

（3）采用 β - 羟肟萃取钯也是与众不同的，萃取剂的真实情况未见报道。如果是已商业化的羟肟类萃取剂，人们认为有可能是 LIX63、LIX64、LIX70 中的一种。用稀盐酸洗去共萃之铜，再加 5～6 mol/L 盐酸反萃钯，然后加入氨水，生成二氯四氨合钯。

（4）采用在碱性溶液中加入氧化剂蒸馏锇、钌，这是一种常用的方法，与阿克统精炼厂相同。

（5）采用三正辛胺（TOA）萃取分离铂。TOA 属于叔胺，萃取分离铂时受溶液酸度影响较大，在低酸度下铂的分配比要比高酸度下的分配比大得多。另外 TOA 也能萃取 Ir（Ⅳ），而且其分配比也是低酸度下大，高酸度下低。因此 TOA 萃铂时也要加入还原剂如二氧化硫使 Ir（Ⅳ）还原至 Ir（Ⅲ），才能实现铂与铑、铱分离。有关 TOA 萃取 Pt（Ⅳ）的报道极少，我国在这方面的研究也不多。

（6）萃铂后含铑、铱的溶液加入氧化剂使 Ir（Ⅲ）再转变为 Ir（Ⅳ），再用 TOA 萃取铱，实现铱和铑的分离。

（7）最后采用离子交换树脂吸附 $RhCl_6^{3-}$，分离回收铑。

萃取分离出的钯、铂、铱、铑以及锇、钌吸收液均送到相邻的老厂房精制提纯。

20.7.3 郎侯（Lonrho）布拉克潘精炼厂

1）一般情况

原属西方铂公司（Western Platinum）的郎侯布拉克潘（Brakpan 为斯普林斯精炼厂的所在地）精炼厂建于 20 世纪 70 年代初，于 1974 年投产。西方铂公司于 1971 年开始生产富铂族金属高锍，并送挪威克里斯蒂安松镍精炼厂处理，所得铂族金属精矿再给恩格尔哈德（Engelhard）精炼生产铂族金属。布拉克潘精炼厂投产后，挪威产的铂族金属精矿才运回南非精炼。这一状况一直维持到 1985 年 Lonrho 公司自己建设了贱金属精炼厂（BMR），所产高锍才在南非本土处理，其处理工艺也与挪威克里斯蒂安松厂完全不同，采用了加压浸出工艺。80 年代初 Lonrho 布拉克潘精炼厂选择了南非 MINTEK 冶金研究所研发的萃取分离工艺应用于生产[64]。

Lonrho 公司 1999 年被 Lonmin 铂公司收购，但其采用的萃取工艺仍存。

2）布拉克潘采用的 MINTEK 工艺流程（图 20 - 38）

3）工艺述评

（1）铂族金属精矿先采用"合金"熔炼，是什么原因没有说明。根据笔者的分析，由于 MINTEK 研究的对象可能是由克里斯蒂安松镍精炼厂返回的铂族金属精矿，与阿克统精炼厂的情况类似（参见 20.7.1），这种精矿中的铑、铱、锇、钌[65]，很难完全溶解于 $HCl + Cl_2$ 或王水中，因此增加一个合金化熔炼工序，只是

精矿

Al → 合金化熔炼

浸出除贱金属 → 贱金属溶液

HCl+Cl₂ → 浸出贵金属

沉淀金、银

过滤 → 金、银及不溶渣

溶剂萃取 → 铂+钯 → 溶剂萃取 → 钯

蒸馏 → 锇

溶剂萃取 → 钌

离子交换 → 铱

沉淀 → 铑

贱金属

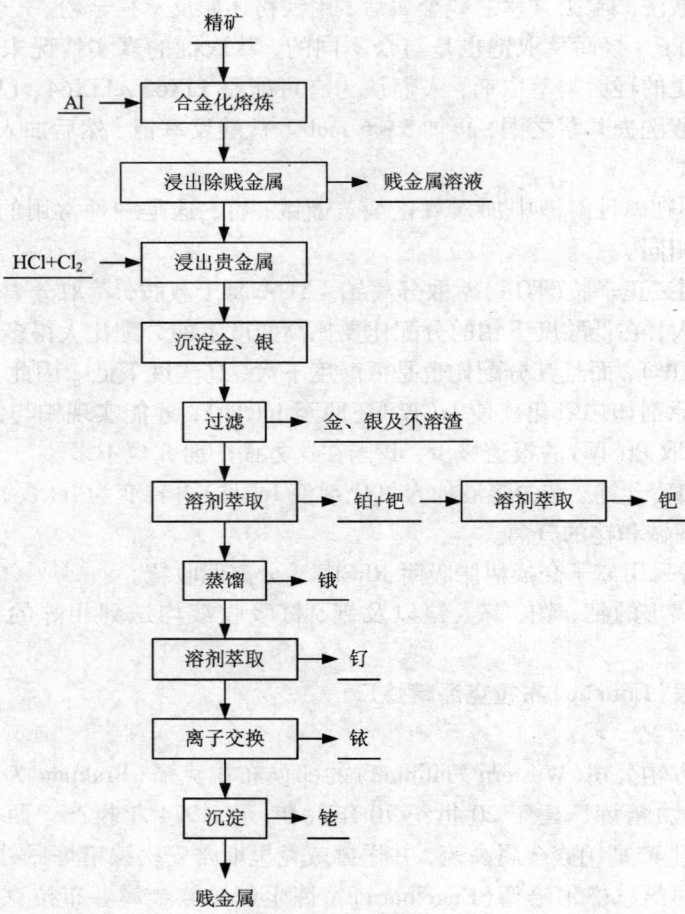

图 20 − 38 MINTEK 原则流程

INCO 阿克统是先浸出，不溶渣再进行合金化熔炼。

（2）贵金属浸出后采用二氧化硫还原沉淀金，调 pH，银以 AgCl 沉淀，所以不可能直接获得纯金，故与 AgCl 一起过滤分离出金、银混合滤饼。

（3）沉金后据称是调整溶液酸度至 $0.5 \sim 1.0$ mol/L 盐酸[4]，用仲胺的醋酸衍生物（$R_2NH—CH_2COOH$）共萃取铂和钯，再用盐酸反萃铂和钯。

（4）用二烷基硫醚从反萃液中选择性萃取钯，使之与铂分离，然后氨水反萃钯，反萃按下式进行：

$$\overline{PdCl_2\ (R_2S)_2} + 4NH_3 \cdot H_2O \Longrightarrow 2\ \overline{R_2S} + Pd\ (NH_3)_4Cl_2 + 4H_2O$$

（5）锇通过蒸馏转变为四氧化锇回收，其氧化剂是什么，没有说明，为有利于前后工序衔接有可能是用双氧水。

（6）除锇后的溶液加入硝酸，形成钌的硝基配合物，用叔胺萃取（见20.6.4.2），并用10%的氢氧化钠溶液反萃，生成钌的氢氧化物。

（7）溶液中的铱配离子用强碱性离子交换树脂吸附，然后用二氧化硫饱和溶液洗脱转入溶液再用萃取提纯。

（8）溶液中的铑有多种方法沉淀，该工艺是什么方法没有说明。

MINTEK工艺似乎有许多不尽合理的地方，也许已经做了改进，譬如"精矿合金熔炼"，如果是笔者分析的原因，那么在1985年以后就应当取消，因为Lonrho公司自建的贱金属精炼厂已投产。再就是1999年被Lonmin铂公司收购以后，MINTEK研发的萃金工艺的萃取剂也有可能用于金的萃取。

20.7.4 中国金川公司贵金属萃取分离工艺

1）一般情况

金川有色金属公司成立于1959年，开发和经营中国最大的硫化铜镍矿床，生产镍、铜、钴及贵金属产品。1964年生产出第一批电解镍后，就开始了从镍电解阳极泥中回收贵金属的研究和生产。1978年金川镍矿列入全国三大资源综合利用基地以后，国家科委、冶金部和甘肃省人民政府组织了有全国各地科研院所、大专院校参加的科技联合攻关，取得了一系列的研究成果并应用于生产，使金川有色金属公司成为我国的镍钴生产基地和铂族金属提炼中心。金川公司铂族金属提取工艺自1983年将DBC萃取分离金应用于生产后，历经十几年时间与昆明贵金属研究所等单位合作，完成了从小试、扩试及半工业试验的研究工作并于2000年建成了全萃取分离的工业生产车间。现在该车间已具备年产5 t铂族金属的能力。

2）中国金川贵金属萃取分离工艺原则流程（图20-39）

3）工艺介绍

（1）与众不同的是贵金属精矿在溶解的同时加入氧化剂蒸馏锇、钌，这种方法可以使后续工艺酸度调节不像MRR萃取工艺和阿克统精炼工艺大起大落，比较顺畅。

（2）与阿克统精炼厂一样采用DBC萃取金。实践证明，工艺稳定可靠，效果好，产品金质量高。

（3）S201萃取钯，选择性高，萃取速度快，短时间内可达到平衡，反萃容易，效果也好。

（4）N235萃取铂，总的来说还是令人满意的，虽然碰到过分相不好，萃铂时夹带铱较多等问题，但经过不断的研究、改进和完善，这些问题都得到了解决。

（5）P204萃取除贱金属，这也是与众不同之处。因为金川的铂族金属精矿品位较低，贱金属含量高，在分离完锇、钌、金、钯、铂后，如果不除去贱金属，就不能有效地萃取分离铱（参见20.6.3）。

（6）TRPO萃取铱，铱的萃取率大于97%，反萃率大于99%（参见20.6.3）。

贵金属精矿

HCl+Cl₂ → 溶解及蒸馏 → OsO₄、RuO₄ → 分别吸收

过滤

铹吸收液　　　　钌吸收液

滤液

铹精制　　　　钌精制

DBC萃金 → 金

铹　　　　　　钌

S201萃钯 → 钯

N235萃铂 → 铂

P204萃取除贱金属萃铂 → 贱金属（铜、铁、镍、钴等）

TRPO萃铱 → 铱

铑

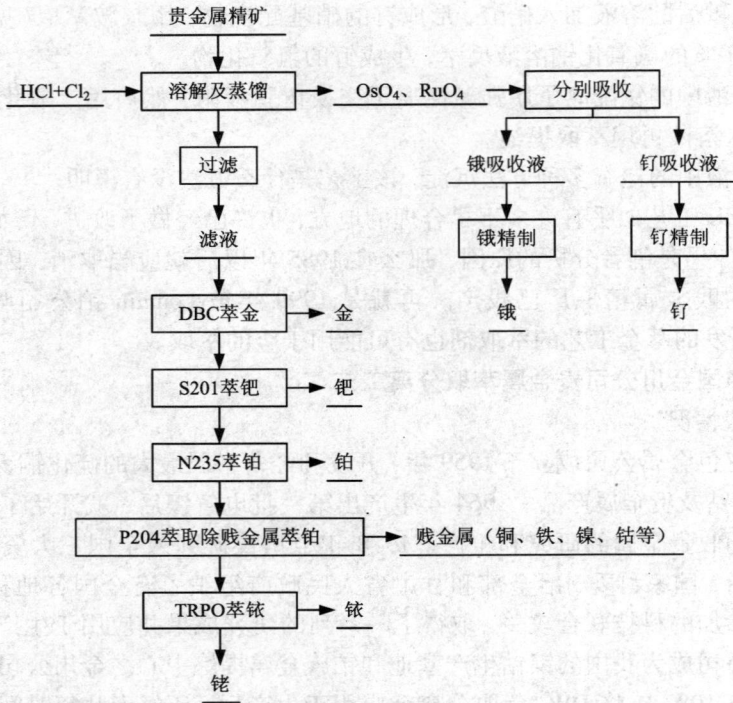

图 20 - 39　金川公司生产贵金属工艺原则流程

20.7.5　世界各工厂萃取工艺对比

表 12 - 11　世界各工厂主要萃取分离工艺简要对比

	MINTEK(Lonrho)	MRR	INCO(Acton)	China(JNMC)
Au	PP	SX(MIBK)	SX(DBC)	SX(DBC)
Ag	PP	PP	PP	PP
Pd	SX(DHS)	SX(羟肟)	SX(DOS)	SX(S201)
Pt	SX(TBP or 叔胺)	SX(TOA)	SX(TBP)	SX(N235)
Rh	IX	IX	PP	IX or PP
Ir	先 IX 再 SX(TBP)	SX(TOA)	PP	SX(TRPO)
Os	Dt	Dt	Dt	Dt
Ru	SX(TBP or 叔胺)	Dt	Dt	Dt

注：①表中国外工艺情况出自 2001 年的有关报道，仅供参考。
②符号意义：PP—沉淀分离；SX—溶剂萃取；IX—离子交换；Dt—蒸馏。

参考文献

[1] C J Ferron, C A Fleming, D B Dreisinger. PLATSOL™ Treatment of the Northmet Copper – Nickel – PGM Bulk Concentrate – pilot Plant Results. P. T. O'Kane, 2001 – 05.

[2] 龚心若. 铂族金属分析[M]. 北京：中国工业出版社.

[3] 张祥麟. 络合物化学[M]. 北京：冶金工业出版社, 1979.

[4] 余建民. 贵金属的萃取化学[M]. 北京：化学工业出版社, 2005.

[5] 陈景. 铂族金属化学冶金理论与实践[M]. 昆明：云南科技出版社, 2001.

[6] 马恒励, 袁承业. 二烃基硫醚化学结构和对金钯的萃取[J]. 贵金属, 1989, 10(2)：1.

[7] 王文明. 亚砜萃取钯(Ⅱ)的结构及性能研究[J]. 贵金属, 1990, 11(2)：1.

[8] 水承静, 杨天足, 宾万达. 金的溶剂萃取进展综述[J]. 黄金, 1998, 19(3)：35.

[9] 张维霖, 赵家巧, 周莉影. 金的新萃取剂——二乙基己基乙基醚[J]. 贵金属, 1988, 4(3)：9.

[10] A Feather, K C Sole, L J Bryson. Gold Refining by Solvent Extraction – the Minataur™ Process[J]. The Journal of the South African Institute of Mining and Metallurgy 7/8, 1997.

[11] S A Scott, K Matchett. MinatAur™: the Mimtek Alternative Technology to Gold Refining[J]. 南非冶炼采矿学会, 7. 2004：339 – 343.

[12] P A Rireros. 黄孔宣译. 从氰化物溶液中溶剂萃取金的研究[J]. Hydrometallurgy, 1990, 24.

[13] 唐红萍, 等. EXAFS 研究硫酸硫脲反萃季胺氰化金的机理[J]. 光谱学与光谱分析, 第 24 卷第 6 期, 2004, 6.

[14] G A Kordosky, J M Sierakoshi, M J Virnig, P L Mattison. Gold Solvent Extraction from Typical Cyanide Leach Solutions[J]. Hydrometallurgy, Vol. 1992, 30：291 – 305.

[15] 程飞, 张振民, 古国榜. 石油亚砜从硫脲浸金液中萃金的研究[J]. 稀有金属, 1994, 5.

[16] 闫英桃, 刘建. HDEHP – 乙酸丁酯有机相萃取硫脲金的研究[J]. 湿法冶金, 1997(3).

[17] 朱萍, 古国榜, 李立平. 正丁基苯并噻唑亚砜从硫脲介质中萃取金的机理研究[J]. 贵金属, 2003(4).

[18] 李旭威, 古国榜, 李立平, 徐志广. 羟基苯并噻唑亚砜从硫脲介质中萃取金的性能的研究[J]. 贵金属, 2004(4).

[19] 罗仙平, 彭会清, 严群. 用磷酸三丁酯从多硫化物含金料液中萃取金的研究[J]. 矿冶工程, 2004, 1.

[20] 黎鼎鑫, 王永禄. 贵金属提取与精炼(修订版)[M]. 长沙：中南大学出版社, 2003, 5.

[21] 马荣骏. 溶剂萃取在湿法冶金中的应用[M]. 北京：冶金工业出版社, 1979：353 – 382.

[22] Paive A P. Review of Recent Solvent Extraction Studies for Recovery of Silver from Aqueous Solutions[J]. Hydrometallurgy, 2000, 44：223 – 271.

[23] 乐少明, 李德谦, 倪嘉缵. 伯胺 N1923 萃取 $AgNO_3$ 的性能及机理的研究[J]. 应用化学, 1987, 4 (1)：26.

[24] 席德立, 丛进阳. 亚砜萃取分离贵金属[R]. 冶金部金川资源综合利用科研落实会, 甘肃金川, 1979, 8.

[25] 谢宁涛, 宋焕云, 张维霖. 二正辛基亚砜萃取贵金属的研究[J]. 贵金属, 1980, (1 – 2)：1.

[26] 贺宗奇, 龙惕吾, 古国榜. 石油亚砜从盐酸介质中萃取钯的机理探讨[J]. 化工冶金, 1986, 7(4)：15.

[27] 张维霖, 等. 二正辛基硫醚萃取分离钯和铂[J]. 贵金属, 1981, 2(2)：1.

[28] 马恒励, 袁承业, 周莉影. 二烃基硫醚的化学结构和对金钯的萃取[J]. 贵金属, 1989, 10(2)：1.

[29] N530 萃取分离金、钯、铂的性能[R]. 上海有机化学研究所, 1983, 4.

[30] 溶剂萃取分离贵金属的扩大试验[R]. 金川公司镍钴研究所, 1984, 7.

[31] Bruno Cote, George P Demoprulos. New 8 – hyolroxyquinoline Derivative Extractants for Platinum Group Metals Separation. Part 2: Pd(Ⅱ) Extraction Equilibria and Stripping[J]. Solvent Extraction and Ion Exchange. 1994, Volume 12 Issue 2: 393 – 421.

[32] Harris G B. New Developments in Precious Metals Refining: An Ammonia – free Process for Platinum and Palladium[J]. Precious Metals, 1994: 259.

[33] M Shafigul Alam, Katsutoshi Inoue. Extraction of Rhodium from Other Platinum Group Metals with Kelex 100 from Chloride Media Containing Tin[J]. Hydrometallurgy, 1997, Volume 46 Issue 3.

[34] M V Rane, V Venug Opal. Study on the Extraction of Palladium(Ⅱ) and Platinum(Ⅳ) Using LIX841[J]. Hydrometallurgy, 2006, Volume 84 Issues1 – 2: 54 – 59.

[35] AIST TODY 2010 – 1 NO35, 14 – 15.

[36] Barnes J E, Edwards I D. Solvent Extraction at INCO, S Acton Precious Metals Refinery[J]. Chem ind 1982, March 6: 151 – 155.

[37] 蔡旭琪. 从氯化液及锇钌蒸残液中萃取分离铂的研究[J]. 有色金属(冶炼部分), 1993, 6: 33.

[38] 金川镍钴研究院, 上海有机化学研究所. P218 萃取分离铂的基本性能及其扩大试验报告[R]. 1985, 7.

[39] Katsutoshi Inoue, Ichiro Nagamatsu. Solvent Extraction of Platinum by Triocay/Phosphine Oxide[J]. Solvent Extraction and Ion Exchange. 1989, Volume 7 Issue b: 1111 – 1119.

[40] 徐广志, 古国榜. 亚砜萃取钯铂的研究进展[J]. 贵金属, 2008 年 2 月, 第 29 卷第 1 期.

[41] Basudev Swain, Jinki Jeong, Soo – Kyoung Kim, Jae – chun Lee. Separation of Platinum and Palladium from Chloride Solution by Solvent Extraction Using Alamine 300[J]. Hydrometallurgy, 2010, Vol. 104(1): 1 – 7.

[42] Attasak Jaree, Nuttakhun khumphakdee. Separation of Concentrated Platinum(Ⅳ) and Rhodium(Ⅲ) in Acidic Chloride Solution Via Liquid – liquid Extraction Using Tri – octylamine[J]. J. of Industrial and Engineering Chemistry, 2011, 17: 243 – 247.

[43] 昆明贵金属研究所, 金川有色金属公司等. 金川锇钌蒸残液全萃取分离精炼工艺实验室研究及验证试验报告[R]. 1992, 12.

[44] 金川有色金属公司, 昆明贵金属研究所等. 三烷基混合叔胺(N235)萃取分离铂新工艺半工业试验报告[R]. 1993, 10.

[45] 886 厂阳极泥车间, 贵金属研究所五室. 溶剂萃取分离铑液[J]. 贵金属冶金, 1974(2), 6.

[46] 昆明贵金属研究所, 金川有色金属公司. 从贵金属溶液中萃取分离铑铱新工艺半工业试验报告[R]. 1993, 11.

[47] 北京大学技术物理系. 从金川铱精矿溶液中精制铱的试验[R]. 1983, 7.

[48] 古国榜, 方贵霞, 等. 从铑铱富集液中用 MNA 萃取分离铂铑铱的新流程. 溶剂萃取新进展[M]. 广州: 暨南大学出版社, 1998, 199.

[49] 董正卿, 古国榜, 等. N – 乙基异辛酰胺萃取铑和铱[J]. 贵金属, 1998, 19(3).

[50] 古国榜, 杜冰, 等. MNA – TBP 从盐酸介质中萃取 Ir(Ⅳ)[J]. 化工冶金, 1997, 115.

[51] 李旭威, 古国榜. 活化溶剂萃取分离铑的研究进展[J]. 稀有金属, 2004, 28(5).

[52] 李焕然, 等. 二氨基苯并噻唑萃取铑及铑铱分离的研究[J]. 分析试验室, 1996, 15(3).

[53] 马亮帮, 宁丽荣, 等. 氯化亚锡活化 – TOPO 溶剂萃取分离铑铱及其机理[J]. 分析测试学报, 2009, 28(4): 483 – 488.

[54] Hirokaiu, Narita, etal. Extraction and Structural Properties of Rhodium – tin Complexes in Solution[R].

Chemistry 10B/2002 G234 Japan.

［55］Panpan Sun, Myungho Lee, Manseung Lee. Separation of Rh（Ⅲ）from the Mixed Chloride Solutions Containing Pt（Ⅳ）by Extraction with Alamine336［J］. Bull. Korean Chem. Soc, 2010, vol. 31, No7：1945 – 1950.

［56］Poonma Malik, Paule Paiua. Solvent Extraction of Rhodium from Chloride Media by N. N – Dimethyl – N, N' – Diphenyltetrade – Cylmalomide［J］. Solvent Extraction and Ion Exchange. Volume 26, 2008, Issue 1：25 – 40.

［57］AIST TODAY 2010 – 1 No. 35, 14 – 15.

［58］Jian Lingen. A Study of Separation and Refining of Ru from a Mixture of Ptatinum Metals with Tertiary Alamine N235［C］. ICHM'88, 282.

［59］Vinka Druskovic, Vlasta Vojkovic, Tatjana Antonic. Extraction of Ruthenium and its Separation from Rhodium and Palladium with 4 Pyridone Derivatiues［J］.

［60］马万山, 李玉玲, 杨宝玉. 硫酸铵—硫氰酸铵—丙醇体系萃取分离钌（Ⅲ）［J］. 信阳师范学报（自然科学版）, 2005（4）.

［61］曹正白, 包亚之, 等. （2 – 乙基）己基亚砜从硝酸介质中萃取裂变元素锆、铌、钌及 γ 辐射对萃取的影响［J］. 核技术, 1993 年 8 月, 第 16 卷第 8 期.

［62］L R P Reavill. A New Platinum Metals Refinery［J］. Platinum Metals Rev. 1984, 28, (1)：2 – 6.

［63］J Todd Bruee. Rustenburg and Johnson Matthey an Enduring Relationship［J］. Platinum Metals. Rev. 1996. 40391)：2 – 7.

［64］R C Hochreiter, D C Kennedy, W Muir, A I Wood. Platinum in South Africa（Metal Review Series No. 3）［J］. Journal of the South African Institute of Mining And Metallurgy, 1985, 6.

［65］刘时杰. 铂族金属矿冶学［M］. 北京：冶金工业出版社, 2001.

第21章　稀土元素萃取

郝先库　张瑞祥　包头稀土研究院

魏琦峰　哈尔滨工业大学(威海)

目　录

21.1　概述

　　稀土元素泛指周期表中第三副族的钪、钇及镧系元素。61 号元素钷为放射性元素,在自然矿物中不存在。钪尚未发现单独矿物,也很少与其他稀土元素共生,故一般所说稀土元素萃取分离,主要指除钷外的 14 个镧系元素及钇的萃取分离。

　　稀土矿物按照稀土元素在矿物中的配分分为两大类:①完全配分型:此类矿物中铈组元素与钇组元素的含量之间差别不大,如铈磷灰石和钇萤石矿;②选择配分型:此类矿物中铈组元素和钇组元素含量差别较大,如独居石、氟碳石和褐帘石等轻稀土为主的矿、磷钇矿、褐钇铌矿以及离子吸附型矿等重稀土矿。表 21 – 1 及表 21 – 2 为我国主要稀土矿物经过浸出后所得料液中的稀土配分[1]。

　　我国的白云鄂博矿是目前世界上最大的稀土矿床,如表 21 – 1 数据所示,氟碳铈镧矿中轻稀土元素含量占 96% ~ 98%,而中、重稀土含量仅占 2% ~ 4%,铕含量较高,因此也是提取氧化铕的重要原料。广东南山海独居石矿以轻稀土为主,轻稀土元素含量一般在 88% ~ 93%,中、重稀土中铕含量较低,而铽、镝、钇含量较高。我国的轻稀土除了上述两种储量丰富的稀土矿外,还有产于我国四川冕宁牦牛坪和山东微山湖郗山的氟碳铈镧矿,稀土配分与包头氟碳铈镧矿基本一致[2]。

表 21 –1　中国主要稀土矿的典型稀土配分（REO）/%

	包头白云鄂博稀土矿	四川氟碳铈矿	广东南山海独居石矿	山东微山氟碳铈矿
La_2O_3	27.21	29.81	20.2	32.94
CeO_2	48.73	51.11	45.3	48.75
Pr_6O_{11}	5.13	4.26	5.4	4.39
Nd_2O_3	16.63	12.78	18.3	12.70
Sm_2O_3	1.24	1.09	4.6	0.73
Eu_2O_3	0.2	0.17	0.1	<0.10
Gd_2O_3	0.4	0.45	2.0	<0.10
Tb_4O_7	0.029	0.05	0.2	<0.10
Dy_2O_3	0.094	0.06	1.15	<0.10
Ho_2O_3	0.02	<0.005	0.05	<0.10
Er_2O_3	0.026	0.034	0.40	<0.10
Tm_2O_3	0.0009	—	—	<0.10
Yb_2O_3	0.0021	0.018	0.2	<0.10
Lu_2O_3	0.001	—	—	<0.10
Y_2O_3	0.268	0.23	2.1	0.10

表 21 –2　中国富钇稀土矿的典型稀土配分（REO）/%

	高钇稀土矿		中钇富铕稀土矿	低钇稀土矿
	江西龙南离子吸附型稀土矿	广东磷钇矿	江西信丰离子吸附型稀土矿	江西寻乌离子吸附型稀土矿
La_2O_3	2.18	0.95	26.5	28.00
CeO_2	1.09	1.75	2.4	6.33
Pr_6O_{11}	1.08	0.47	6.0	9.37
Nd_2O_3	3.47	1.86	20.0	30.7
Sm_2O_3	2.34	1.08	4.0	5.33
Eu_2O_3	0.10	0.08	0.8	0.54
Gd_2O_3	5.69	3.43	4.0	3.32
Tb_4O_7	1.13	1.00	0.6	0.47
Dy_2O_3	7.48	8.83	4.0	1.99
Ho_2O_3	1.60	2.13	0.8	0.42
Er_2O_3	4.26	7.00	1.8	0.33
Tm_2O_3	0.60	1.13	0.3	0.13
Yb_2O_3	3.34	5.90	1.2	0.60
Lu_2O_3	0.47	0.78	0.1	0.13
Y_2O_3	64.10	63.61	27.5	10.8

离子吸附型稀土矿主要分布于我国南方部分地区（江西、广东、福建等），富含钇、铕、铽及镝等稀土元素，具有易开采，组分好、放射性元素含量低等特点。习惯上，人们按钇含量的高低将离子矿细分为低、中、高钇离子吸附型稀土矿。如表 21－2 所示，高钇离子吸附型稀土矿目前仅在江西发现。该矿的轻稀土含量较少，仅为 6% ~15%，而中稀土含量为 8% ~12%，重稀土含量为 15% ~22%，钇的含量在 55% 以上。一般低钇离子吸附型稀土矿的轻稀土含量为 68% ~73%，中稀土含量为 8% ~12%，重稀土含量为 23%，钇的含量为 10% ~20%。中钇富铕离子吸附型稀土矿中元素钕、铕、铽、镝、钇含量比较均衡，附加值较高。轻稀土含量一般为 54% ~60%，中稀土含量为 6% ~10%，重稀土含量为 3% ~5%，钇的含量为 20% ~30%[2]。

从稀土矿物的酸浸液中生产稀土元素化合物的主要方法为萃取分离法。萃取的水相主要有硝酸、盐酸及硫酸等三大体系。目前，国内主要使用的是盐酸和硫酸体系，硝酸体系的应用在逐渐减少。根据萃取剂的种类，稀土溶剂萃取包括以下体系：

（1）TBP 及 P350 等中性磷氧类萃取体系；

（2）P204、P507 及 P229、C－272 酸性磷（膦）类萃取体系；

（3）环烷酸、异构羧酸及 C－12 等有机含氧酸体系；

（4）伯胺 N1923 及季铵盐（N263）等胺类萃取体系。

稀土元素的电子层结构决定了它们具有相似的性质，因此相邻稀土元素之间的平均分离系数 $\beta_{z+1/z}$ 非常小，如 TBP－HNO$_3$ 体系，其 $\beta_{z+1/z}$ 仅为 1.5，P204－盐酸体系的 $\beta_{z+1/z}$ 仅为 2.5。所以稀土元素萃取分离的特征是流程长、级数多，制取单一稀土元素产品的成本较高。

21.2　稀土元素的四分组效应

1959 年，H. A. C. Mckay[3] 在研究稀土萃取体系时，将稀土元素分配比的对数（lg$D$）与原子序数（Z）作图，发现了 lg$D$－Z 呈现奇偶效应，即当 Z 为奇数时，lg$D$ 对 Z 为一条平滑的曲线；当 Z 为偶数时，lg$D$ 对 Z 也为一条平滑的曲线。而且 Z 为奇数的曲线位于 Z 为偶数的曲线下方。1969 年，Peppard 等[4] 在研究稀土元素的不同液－液（有机相－HCl，LiBr，HBr 水相）萃取体系时，提出了稀土元素的"四分组效应"（Tetrad effect）。随后，Nugent 和 Siekierski[5, 6] 研究发现，稀土元素的四分组效应与稀土离子的电子构型有关，以钕（Nd）/钷（Pm）、钆（Gd）、钬（Ho）/铒（Er）为分界元素（其中 Gd 为公共点），Gd（Ⅲ）（4f^7）位于 4f 电子层的半填满位置，Nd（Ⅲ）－Pm（Ⅲ）（4f^3－4f^4）位于 4f 电子层的 1/4 填充位置，Ho（Ⅲ）－Er（Ⅲ）（4f^{10}－4f^{11}）位于 4f 电子层的 3/4 填充位置。每四个稀土元素为一组，各组在萃取过程中呈现出更相似的化学性质，即镧－铈－镨－钕、钷－钐－铕－钆、钆－铽－镝－钬和铒－铥－镱－镥，它们的液－液萃取体系中 lg$D$ 与 Z 之间的关系构成四条曲线。后续的研究中又发现稀土元素的某些性质，如离子半径、单位晶胞体积、配合物生成自由能等与原子序数关系都存在四分组效应[6]。

如图 21-1 所示，三种萃取剂萃取镧系离子[Ln(Ⅲ)]时，lg$D$ 对 Z 作图具有典型的四分组效应。在 15 个镧系元素的溶剂萃取体系中，四条平滑的曲线将图中十五个稀土元素分成四个四元组，Gd 元素为第二组和第三组公用，第一组和第二组的曲线延长线在 Nd 和 Pm 元素之间的区域相交，第三组和第四组的曲线延长线在钬和铒元素之间的区域相交。

图 21-2 显示三种萃取剂萃取镧系元素时，以各元素对 Gd 的分离系数 β 的对数与原子序数 Z 作图，三条曲线均表明 lg$\beta_{Ln/Gd}$ 与 Z 具有典型的四分组效应。

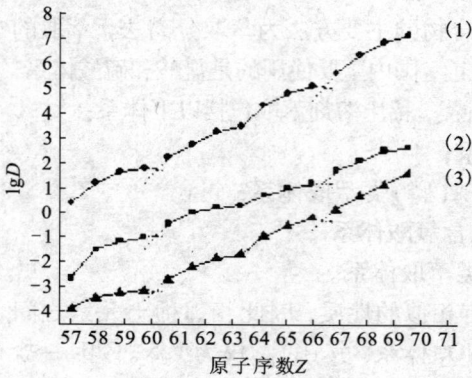

图 21-1　不同萃取体系中 lg$D$ 与 Z 的关系图

(1)2-乙基己基膦酸单2-乙基己基酯(P507)萃取镧系元素；(2)二(2,4,4-三甲基戊基)次膦酸(C-272)萃取镧系元素；(3)二(2-乙基己基)磷酸(P204)萃取镧系元素

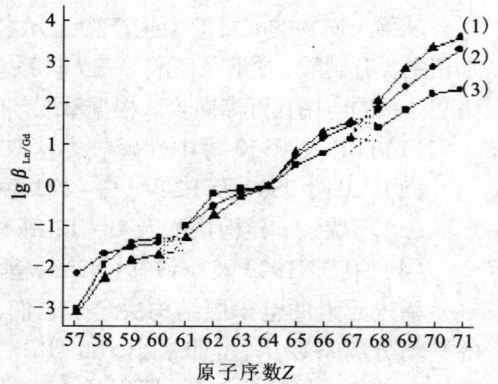

图 21-2　不同萃取体系中 lg$\beta_{Ln/Gd}$ 与 Z 的关系图

(1)2-乙基己基膦酸单2-乙基己基酯萃取镧系元素；(2)二(2-乙基己基)磷酸萃取镧系元素；(3)二(2,4,4-三甲基戊基)膦酸萃取镧系元素

镧系元素的萃取分离过程，伴随着配合物的生成。每个镧系元素配合物在萃取体系中状态函数的大小都影响其萃取性能。图 21-3 为萃取过程的状态函数 $\Delta H^{\ominus}$、$\Delta G_r^{\ominus}$、$\Delta S_r^{\ominus}$ 及浓度平衡常数(K_c)与镧系元素的原子序数关系。可以看出除 $\Delta H^{\ominus}$ 值外，$\Delta G_r^{\ominus}$、$\Delta S_r^{\ominus}$ 及 K_c 都有明显的四分组效应[7]。钇(Y)的位置在钬(Ho)与铒(Er)之间，这与它的离子半径大小相适应。自由能变化是由焓变 $\Delta H^{\ominus}$ 和熵变 $\Delta S_r^{\ominus}$ 两部分所组成。萃取反应的焓变 $\Delta H^{\ominus}$ 随着原子序数的增加，其负值的绝对值递增，即反应放出的热量递增。萃取反应的熵变 $\Delta S_r^{\ominus}$ 随原子序数递增，这说明熵变和焓变一样，随着原子序数的增加，均有利于萃取反应的进行。镧系元素配合物热力学性质与原子序数的四分组效应是 4f 电子构型的反映。从 $\Delta G_r^{\ominus}$ 与原子序

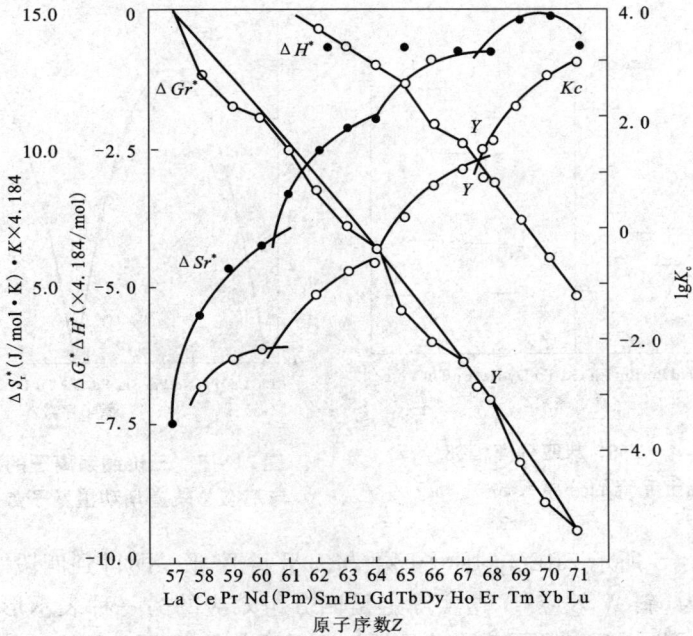

**图 21 – 3   P507 的正 12 烷溶液萃取镧系元素的
热力学函数及平衡常数与原子序数的关系**

数关系图中可观察到四条曲线的三个交叉点分别对应原子序数为 60.5、64 和
67.5 的垂直线上，分别相对应 $4f^{3.5}$、$4f^7$ 和 $4f^{10.5}$，在 4f 能级中，除了半充满 $4f^7$ 稳
定结构外，还有 1/4 充满（$4f^{3.5}$）和 3/4 充满（$4f^{10.5}$）也是稳定结构。后两种情况的
稳定能（晶体场稳定化能）特别小，除非实验很精确，否则往往不易察觉，这也是
四分组效应比钆断效应发现晚的原因。Peppard[6] 还发现三价锕系元素（5f 族）也
具有类似的变化规律，从而确定四分组效应是 f 区元素的共同特性。

    Fidelis 等[8,9] 在研究 2 - 乙基己基苯基磷酸萃取稀土时，发现相邻稀土元素
分离系数对原子序数作图，以钆为中点，可分为两个形状相似的图形，将这种规
律性称为双 - 双效应。图 21 -4 中，2 - 乙基己基膦酸单 2 - 乙基己基酯作萃取剂
时相邻稀土元素的分离系数与原子序数也具有同样的规律，图中分别有两个极大
值为 $\beta_{Ce/La}$、$\beta_{Sm/Pm}$ 和 $\beta_{Tb/Gd}$、$\beta_{Tm/Er}$，两个极小值为 $\beta_{Nd/Pr}$、$\beta_{Gd/Eu}$ 和 $\beta_{Ho/Dy}$、$\beta_{Lu/Yb}$。图
中还发现稀土四分组中，每组的第 1 和第 2 个元素间的分离系数最大，而第 3 和
第 4 个元素间的分离系数最小，可以观察到双 - 双效应的存在。

    1975 年 S. P. Sinha[10] 将镧系元素的某些物理化学性质，如原子序数、电离
势、标准氧化还原电位、配合物稳定常数及有关光谱参数等对相应元素的总轨道
角动量（L）作图，结果如图 21 -5 所示。

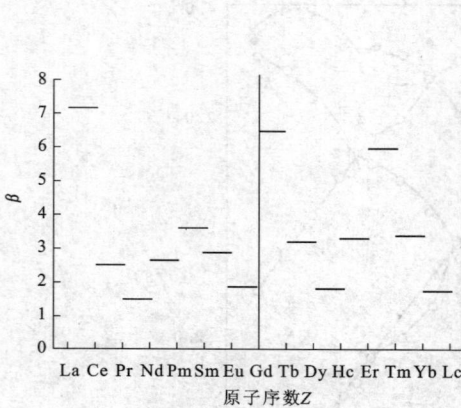

图 21 – 4   P507 萃取分离相邻
稀土元素的分离系数

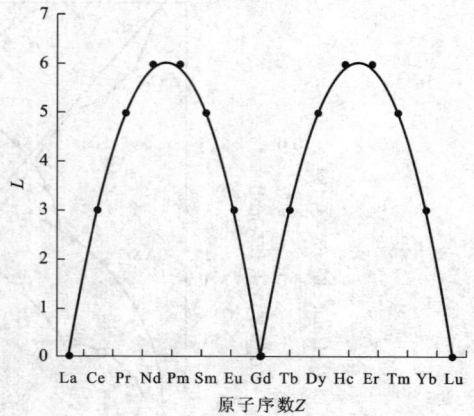

图 21 – 5   三价镧系离子的原子序数
与基态总轨道角动量量子数 L 的关系

如图 21 – 5 所示，RE^{3+} 的原子序数与 L 呈斜 W 形，即得到四段"斜 W"形的直线，称之为"斜 W 效应"。这实际上是四分组效应的另一种表示形式，因为镧系元素的上述性质对其原子序数作图时，原子序数是单调上升的；当用轨道角动量(L)对原子序数作图时，L 是周期变化的。

四分组效应的本质与三价镧系元素离子基态电子的排布、基态光谱项及电子排斥能的数值和相关参数有关。以钆为界，钆前后镧系元素离子的基态光谱项都可以归纳为两个小组，即钆以前的镧、铈、镨、钕和钷、钐、铕以及钆以后的钆、铽、镝、钬和铒、铥、镱、镥两个组。所以四分组效应可以说是镧系元素离子 $4f^n$ 电子构型变化规律的反映。

21.3   提高稀土元素分离效果的措施

21.3.1   在四分组效应基础上分组、分离

因为 15 个稀土元素总是在一起，只是相对含量不同，为了便于分离，通用的办法是先将它们分成若干组，其依据就是它们的四分组效应。通过分组，低含量的组分得以富集，各组内部各元素之间的分离也较易进行。

常见的分组方法有：镧铈镨钕(La、Ce、Pr、Nd)组、钐铕钆(Sm、Eu、Gd)组、铽镝钬铒(Tb、Dy、Ho、Er)组和铥钇镥(Tm、Y、Lu)组，然后每一组内的各元素进一步分离得到单一稀土或稀土富集物。当然，生产中会根据不同稀土矿的稀土含量，首先选择不同的分组工艺；也要考虑选择两稀土元素之间分离系数较大的作为分组界点，再分离时容易得到高纯稀土产品；还要考虑分组后所得稀土产品的应用领域或是市场容量。例如，以低钇离子吸附型稀土矿作原料或以轻稀土为

主的混合稀土萃取分组可按图21-6所示流程进行。

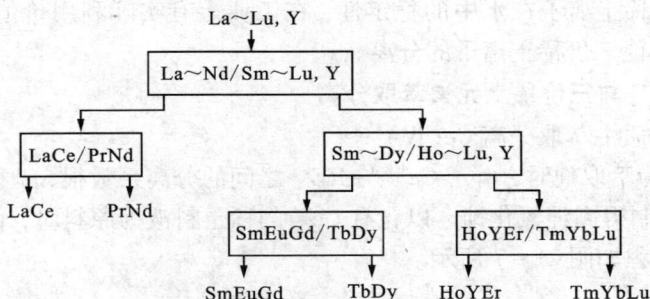

图21-6 稀土元素萃取分组工艺

表21-1所列稀土配分中独居石矿轻稀土占90%，中重稀土占10%；其他稀土矿配分中轻稀土占98%，中重稀土占2%。表21-2所列低钇稀土矿中轻稀土占75%，中重稀土占25%。这些混合稀土作为原料进行第一步分组应首选Nd/Sm分组，一方面Nd与Sm之间分离系数比较大，另一方面中重稀土含量较低。该分组所需萃取级数少，萃取槽混合室体积小，酸碱消耗低，投资少。La~Nd和Sm~Lu，Y之间分离比较容易实现，对再分离制备高纯Nd_2O_3和Sm_2O_3影响不大，同时La~Nd也可作为电池级金属的原料。轻稀土La~Nd再分组得到La、Ce和Pr、Nd两种组分。La、Ce可以作为抛光粉、催化剂和制备金属原料，也可以进一步分离成单一La和Ce化合物。Pr、Nd可以作为制备Pr、Nd金属原料，也可以再分离得到单一Pr和Nd化合物。Sm~Dy/Ho~Lu，Y；Sm、Eu、Gd/Tb、Dy和Ho、Y、Er/Tm、Yb、Lu分组也是根据各稀土元素的含量、邻近稀土元素之间的分离系数和市场容量确定分组工艺。该分组工艺得到6种富集物，可进一步制取单一稀土产品。稀土元素的萃取分离工艺将在21.4节中进一步介绍。

21.3.2 利用氧化还原反应分离变价稀土元素

三价稀土元素的化学性质极其相近，彼此分离困难，而铈、镨、铽及镝可以形成四价化合物，钐、铕、铥及镱存在二价化合物。由于价态的不同，元素间的化学性质差异变大，以此为依据，可以较容易地使这些元素得到分离。四价铈化合物能存在于水溶液中，常见高铈盐有硫酸高铈$Ce(SO_4)_2 \cdot 2H_2O$和硝酸高铈$Ce(NO_3)_4 \cdot 2H_2O$，其中硫酸铈（Ⅳ）最稳定。工业上利用四价铈与其他三价稀土的性质差异，在硫酸介质中使四价铈与其他三价稀土分离，生产高纯氧化铈。二价钐、铕、镱可以在水溶液和固体化合物中存在，由于Eu（Ⅱ）离子最稳定，可利用Zn、Mg金属或用电解方法将Eu^{3+}还原为Eu^{2+}离子，然后采用沉淀法或萃取法使Eu（Ⅱ）与其他三价稀土元素得到分离。与Eu（Ⅲ）/Eu（Ⅱ）电对比，Sm（Ⅲ）/Sm（Ⅱ）和Yb（Ⅲ）/Yb（Ⅱ）有更低的电极电位，需用钠汞齐才可以在水溶液中将

Sm(Ⅲ)和 Yb(Ⅲ)还原为 Sm(Ⅱ)和 Yb(Ⅱ),但它们会很快被水再次氧化为三价。根据变价稀土离子在水中的稳定性,在工业上有实际利用价值的是 Ce^{4+} 或 Eu^{2+} 离子与其他三价稀土离子的分离。

21.3.2.1 Ce^{4+} 与三价稀土元素萃取分离

1)硫酸介质中萃取分离 Ce(Ⅳ)

用 P204 为萃取剂时,由于 Ce^{4+} 与 RE^{3+} 之间的分离系数很大,很容易实现它们间的分离,制得高纯氧化铈。以含有 Ce^{4+} 的稀土料液为原料时,普遍使用的原则分离工艺流程如图 21 -7 所示。

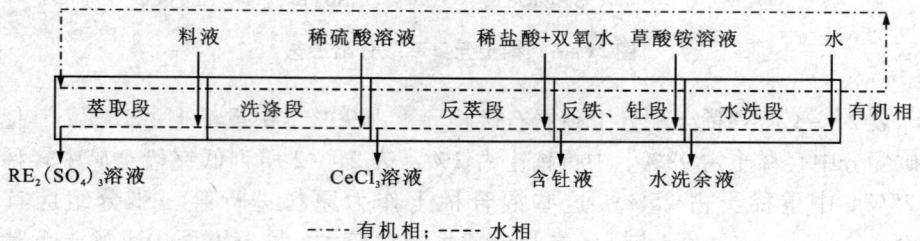

图 21 -7　硫酸介质萃取分离 Ce(Ⅳ)原则工艺流程

用 1 mol/L P204 - 煤油为有机相,实现 Ce^{4+} 与 RE^{3+} 分离。为提高铈的实收率,在料液中加入高锰酸钾,原料中铈的氧化率由 90% 提高到 98%,经过萃取分离,可得到少铈稀土萃余液。在反萃剂中加入过氧化氢作还原剂,将有机相中的四价铈还原为三价,在较低的酸度下反萃铈。

如果含 Ce(Ⅳ)原料液来自焙烧后的氟碳铈镧矿,则浸出液中含有氟离子,料液中 Ce^{4+} 与 F^- 形成稳定的 $[CeF_x]^{(4-x)+}$ 配离子。萃取这种料液时,Ce^{4+} 以 $[CeF_2]^{2+}$ 配合物被 P204 萃取。其反应方程式如下:

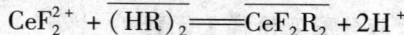

$$CeF_2^{2+} + \overline{(HR)_2} \Longrightarrow \overline{CeF_2R_2} + 2H^+$$

Ce^{3+} 与 F^- 形成氟化物沉淀,悬浮于两相之间,在生产过程中需要添加硼砂或铝盐避免氟化铈沉淀,防止由此引起的乳化问题。处理氟碳铈镧矿的生产流程中设有除钍工艺,浸出液中含有 Th(Ⅳ),在 P204 萃取 $[CeF_x]^{(4-x)+}$ 时,Th(Ⅳ)也由水相转移到有机相。P204 与 Th(Ⅳ)的配合物稳定常数较大,双氧水还原 Ce(Ⅳ)为 Ce(Ⅲ)后,Ce(Ⅲ)在低酸度条件下可由有机相转移到水相,但 Th(Ⅳ)依然留在有机相中。为防止 Th(Ⅳ)在有机相中的积累和影响产品纯度,可用草酸铵溶液反萃 Th(Ⅳ),使其从有机相转移到水相。经过上述流程得到的氧化铈产品纯度大于 99.99%。

在硫酸介质中,P507 萃取 Th^{4+}、Ce^{4+}、Y^{3+} 及镧系元素的萃取率都随水相起始硫酸浓度的升高而下降,而 P507 萃取 Sc^{3+} 的萃取率均大于 98%。在硫酸浓度大于 0.75 mol/L 时,Ce^{4+} 的萃取能力高于 Th^{4+}。可见,P507 萃取上述元素的次序为 $Sc^{3+} > Ce^{4+} > Th^{4+} > RE^{3+}$。由于这些元素的萃取能力差别很大,所以有可能使 Sc^{3+}、Th^{4+}、Ce^{4+} 与 RE^{3+} 分离。

2)硝酸介质中萃取分离 Ce(IV)

在硝酸介质中将 Ce^{3+} 氧化为 Ce^{4+},用 1 mol/L P204 - 煤油或 1 mol/L P507 - 煤油为有机相,Ce^{4+} 与 RE^{3+} 分离系数很大,分离效果好,易于制备高纯氧化铈,原则工艺流程如图 21 - 8 所示。

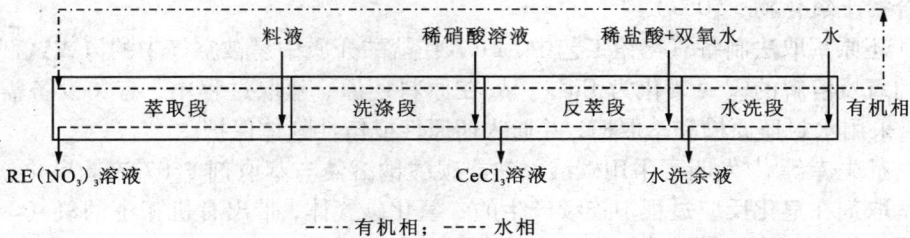

图 21 - 8 硝酸介质萃取分离 Ce(IV)的原则工艺流程

该工艺适用于富铈稀土制备高纯氧化铈。首先,利用 Ce^{4+} 比其他三价稀土易于水解的性质,通过调节溶液酸度,使其与其他稀土分离,得到的富铈稀土沉淀(二氧化铈/混合稀土氧化物 > 90%),再将该沉淀用硝酸溶解后进行萃取分离。该工艺具有萃取分离级数少,化工材料消耗低等特点。不同硝酸浓度下,P507 萃取 Ce^{4+}、Sc^{3+}、Th^{4+} 和 Lu^{3+} 的结果见表 21 - 3。

表 21 - 3 硝酸浓度对 P507 萃取 Ce^{4+}、Sc^{3+}、Th^{4+} 和 Lu^{3+} 的萃取率的影响/%

原料酸度[HNO_3]/(mol·L^{-1})	Ce^{4+}	Sc^{3+}	Th^{4+}	Lu^{3+}
0.57	—	100		98.2
1.15	—	100		85.8
1.43	—	100		79.0
1.00	92.7	—	99.3	—
2.00	91.3	100	98.9	59.3
2.50	—	100		47.4
3.00	88.9		99.2	
4.00	86.9		99.4	
5.00	84.1		99.0	

在硝酸介质中,P507 萃取 Th^{4+}、Ce^{4+}、Lu^{3+} 的萃取率都随水相起始硝酸浓度的升高而下降,而 Sc^{3+} 的萃取率均为 100%。可见,与在硫酸介质中的萃取顺序

稍有不同，P507 此时萃取上述元素的次序为 $Sc^{3+} > Th^{4+} > Ce^{4+} > Lu^{3+}$。由于这些元素的萃取能力差别很大，所以有可能使 Sc^{3+}、Th^{4+}、Ce^{4+} 与 RE^{3+} 分离，再通过还原反萃，可使 Sc^{3+}、Th^{4+} 与 Ce^{4+} 分离。

21.3.2.2 Eu^{2+} 与三价稀土元素萃取分离

还原萃取法分离铕是基于二价铕比三价稀土元素难于萃取来实现分离。工业上还原 Eu^{3+} 的方法有锌粉还原法、锌球柱还原法、电解还原法等。还原萃取法的原料一般是在钐铕钆萃取分离工艺中，采用三出口技术得到的富铕溶液（氧化铕/混合稀土氧化物 > 50% ）。

还原萃取法制备氧化铕工艺中，Eu^{2+} 在盐酸介质中易被空气中的氧或试剂夹带的氧及溶解的氧气氧化为 Eu^{3+}。故在原料还原、萃取过程中，有关设备需密闭，采用水封还原槽和萃取槽，并通入还原性或惰性气体保护。

郝先库等[11]发明了采用碳酸氢铵或碳酸钠溶液与萃取剂 P507 流动皂化，利用萃取剂在皂化反应过程中连续产生的二氧化碳气体，带出有机相中的氧气。由于二氧化碳气体密度大于空气，可以覆盖在反应体系的表面，防止 Eu^{2+} 的氧化。故将二氧化碳气体引入到还原萃取槽和料液还原槽中，使反应体系隔离空气，还原萃取工艺流程如图 21－9 所示。

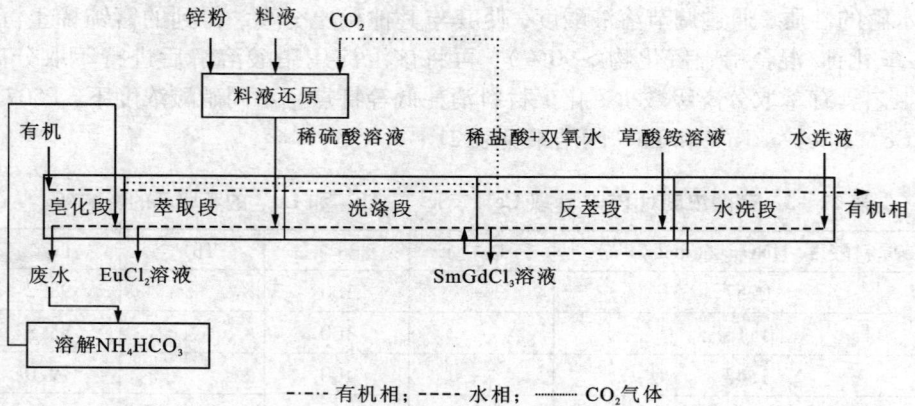

图 21－9 还原萃取工艺流程

该发明简化了还原萃取操作，有机相不需要加入锌粉除氧，改善了萃取剂流动性，还原萃取槽中无三相产生，同时也不需额外通入惰性气体保护，可连续稳定制备纯度 > 99.999% 的氧化铕。

21.3.3 利用个别元素在混合稀土中的特殊位置分离

21.3.3.1 利用钇的位置变化分离钇

钇与镧系元素在周期表中分属第五及第六两个周期，在混合稀土的萃取分离中，随萃取体系的不同，钇在稀土中的位置不同。如图 21 - 10 所示，在 Aliquat 336 - HNO$_3$ 体系中，Y^{3+} 的位置在重稀土之中，而在 Aliquat 336 - 硫氰酸盐体系中，它却在轻稀土之中。在硝酸盐体系中，各稀土元素的萃取率随原子序数的增加而降低，即呈倒序关系，而在硫氰酸盐体系中，萃取率随稀土元素原子序数的增加而增大，即呈"正序"关系。据此特点，可用两步萃取法提纯钇。第一步在硝酸体系中萃取，此时钇与重稀土留在萃余液中，第二步在硫氰酸盐体系中萃取，重稀土被萃走，钇留在水相中，再将钇萃入有机相，实现钇与非稀土杂质的分离，反萃得纯硝酸钇。虽然目前国内已经不用此工艺，但国外还有应用。在其他萃取体系中，也有类似情况，如在 P204、P507 萃取体系中，钇的位置在钬与铒之间，而在环烷酸 - 混合醇 - 煤油 - 盐酸体系(pH = 4.8 ~ 5.1)中，萃取稀土元素的顺序为：

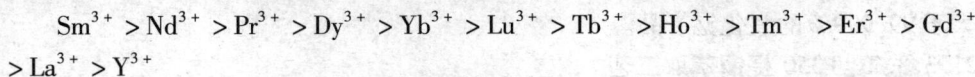

$$\text{Sm}^{3+} > \text{Nd}^{3+} > \text{Pr}^{3+} > \text{Dy}^{3+} > \text{Yb}^{3+} > \text{Lu}^{3+} > \text{Tb}^{3+} > \text{Ho}^{3+} > \text{Tm}^{3+} > \text{Er}^{3+} > \text{Gd}^{3+} > \text{La}^{3+} > \text{Y}^{3+}$$

图 21 - 10　稀土元素萃取率与 Z 的关系
1—Aliquat 336 ~ 2.5 mol/L LiNO$_3$;
2—Aliquat 336 ~ 1.07 mol/L NH$_4$SCN

上列萃取序列随体系的各组分量的改变而有所变化，尤其是当水相的 pH 改变时，萃取序列会发生明显变化。但在该体系中钇始终是最难萃取的元素。因此，只要控制一定的萃取条件，利用环烷酸作萃取剂，可以使其他稀土元素萃入有机相，而钇留在水相，即可达到一步萃取提纯钇的目的。

环烷酸是一种混合物，分子量在 200 ~ 400 之间。其黏度较高，通常将其溶于煤油或烷基苯等脂肪烃或芳香烃类非极性溶剂中，也可溶于脂肪醇、醚或酯类极性溶剂中。

直接用环烷酸萃取稀土元素时，两相分离困难，易发生乳化。若在环烷酸 - 煤油溶液中添加 15% ~ 20% (V/V) 的极性溶剂，如混合醇，其流动性会得到明显改善，在盐酸、硝酸或硫酸溶液中萃取稀土时均易分相。

环烷酸是一种有机弱酸，作为分离稀土萃取剂时，其平衡水相的 pH 在 4.8 左右。在萃取过程中，铁、铝等杂质在低 pH 下优先于稀土被萃取。当萃取平衡

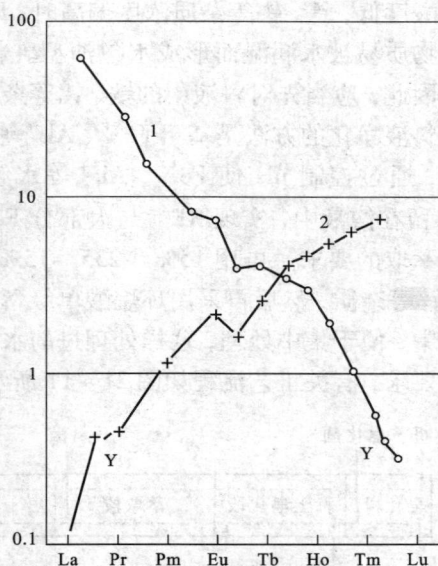

水相酸度低,铁、铝等杂质浓度偏高时,Fe^{3+}、Al^{3+} 会水解成氢氧化物胶体。这些胶体物质易被水润湿而形成水包油型乳状物。它们是引起槽体内乳化的主要原因。因此,应当先对料液中的铁、铝等杂质进行深度净化。

料液净化的方法是基于 Fe^{3+}、Al^{3+} 等的碱性比 RE^{3+} 弱,开始沉淀的 pH 比稀土低,通过控制 pH 使 Fe^{3+}、Al^{3+} 等水解生成 $Fe(OH)_3$、$Al(OH)_3$ 沉淀,而将 RE^{3+} 留在溶液中,实现 RE^{3+} 与大部分 Fe^{3+}、Al^{3+} 等的分离。但这仍不能满足环烷酸萃取的要求。再用 15% N235 - 15% 混合醇 - 70% 煤油萃取去除大部分铁、铝、锌等杂质,然后再采用环烷酸单级萃取预平衡一次,使乳化产物产生在单级萃取中,便于集中处理,这样处理过的水相满足一步萃取分离高纯氧化钇的工艺技术要求,有关工艺流程如图 21 - 11 所示。

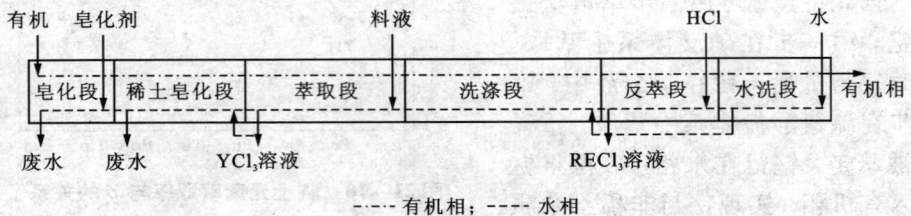

图 21 - 11 环烷酸 - 盐酸体系萃取分离高纯氧化钇工艺流程

由于环烷酸分离钇工艺要求原料中氧化钇含量达到 50% 以上,因此,在稀土萃取全分离工艺中应根据稀土矿中氧化钇的含量设计全分离工艺流程,一般应先将轻稀土分离,增大钇与其他中、重稀土的含量,从而降低提钇成本,制备纯度大于 99.999% 的氧化钇产品。

21.3.3.2 P350 提镧萃取工艺

镧的原子序数为 57,为镧系中的第一个元素,因此,分离镧较其他处于镧系中间的元素要相对容易一些。

20 世纪初,上海有机化学研究所合成了新型中性萃取剂 P350(甲基膦酸二甲庚脂),随后,北京有色金属研究院开发了 P350 萃取分离纯氧化镧的工艺。

P350 萃取镧系元素的分配比随原子序数的增加而增大,在铕或钆处出现转折,分配比缓慢减小,但镧的分配比仍是全部稀土元素中最小的一个,因此,在提镧工艺中,是将其他稀土萃入有机相,使镧留在萃余液中,其工艺流程如图 21 - 12 所示。该工艺料液为除铈后的稀土溶液,REO ~ 350 g/L,其中 La_2O_3 约 50%,CeO_2 约 1%,$(Pd + Nd)_2O_3$ 约 49%,HNO_3 0.5 ~ 1.0 mol/L。采用 38 级分馏萃取及 3 ~ 5 级反萃取。

该工艺的特点是:①体系酸度低,操作环境好;②利用高浓度料液中稀土自盐析作用,提高分配比和分离系数,分离效果好(参见 21.3.4);③收率高达

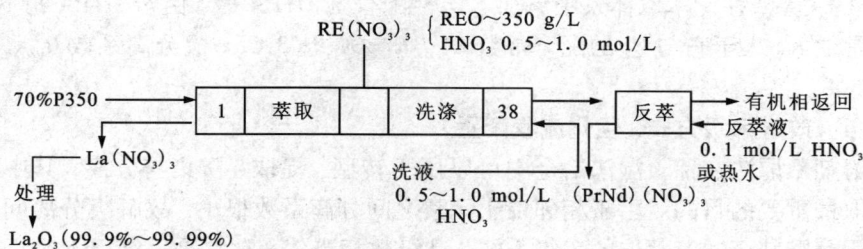

図 21 – 12 P350 萃取分离镧工艺流程

99%，处理能力大。

21.3.4 添加盐析剂改变分离系数

第 5 章 5.1.2.2 节讨论了添加盐析剂对萃取平衡影响的原理。在用中性磷型萃取剂分离稀土元素时，盐析效应常常起很大作用。表 21 – 4 为盐析剂 $LiNO_3$ 浓度对 P350 分离 $\beta_{Nd/Pr}$ 的影响。

表 21 – 4 在 P350 萃取稀土体系中盐析剂 $LiNO_3$ 浓度对分离系数 $\beta_{Nd/Pr}$ 的影响

$LiNO_3$ 浓度/$(mol \cdot L^{-1})$	1	2	3	4	5	6
$\beta_{Nd/Pr}$	1.23	1.39	1.42	1.44	1.57	1.65

注：$RE(NO_3)_3$ 0.92 mol/L，HNO_3 0.5 mol/L，$LiNO_3$ 改变/P350(70%) – 磺化煤油。

根据盐析原理，稀土元素本身也具有盐析作用，故在稀土萃取分离中，适当提高稀土浓度有利于改善分离效果，这种情况称为稀土自盐析效应。图 21 – 13 为水相起始浓度对 P350 萃取分离镨、镧的 $\beta_{Pr/La}$ 的影响。

21.3.5 添加配合剂提高分离系数

第 5 章 5.1.4 节介绍了水相中添加水溶性配合剂的影响。并以硝酸盐体系中用 N263 – 二甲苯萃取分离 Pr/Nd 为例，讨论了添加配合剂的所谓"推拉体系"原理。

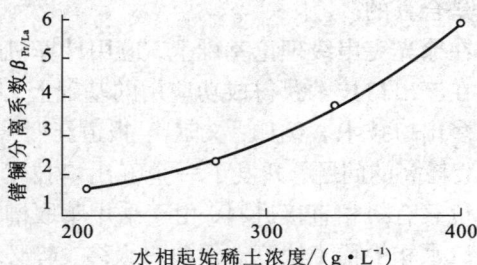

图 21 – 13 $\beta_{Pr/La}$ 与水相起始稀土浓度的关系

La_2O_3 52%，CeO_2 0.55%，Pr_6O_{11} 9.6%，

Nd_2O_3 34.9%，Sm_2O_3 等 4.5%；

70% P350 – 煤油，起始 HNO_3 = 1 mol/L，O/A = 3 : 1

在 pH 1.5 ~ 4.91 范围内，不添加配合剂时，$\beta^0_{Pr/Nd}$ 大约仅为 1.5，由于在硝酸介质中 N263 萃取稀土有倒序关系，即萃取顺序为 La > Pr > Nd > Sm，而水溶性配合剂 DTPA 对稀土的配合能力大小有正序关系，即配合物稳定常数有 La < Pr < Nd

< Sm 的关系，往此萃取体系中添加水溶性配合剂 DTPA 后，由于 DTPA 与 Nd 的配合常数 K_{Nd} 大于它与 Pr 的配合常数 K_{Pr}，K_{Nd}/K_{Pr} 达 3.55，故分离系数 $\beta_{Pr/Nd}^{配}$ 可提高至 5.8。

21.3.6 改进串级方式，优化流程配置

溶剂萃取法在稀土湿法冶金中可以用于转型、提取、富集与分离，其中分离是萃取最重要的目的。由于相邻稀土元素之间分离系数很小，故解决分离问题一般都用分馏甚至回流萃取的串级方式，且级数相当多，常常是百级以上。近几年来为了提高分离效果，除了以上提到的措施外，研究的热点主要集中在改进串级方式及优化流程配置等方面，并取得了明显的效果[12-16, 19]。

21.3.6.1 三出口及多出口技术

在多组分萃取分离中，中间组分均会在槽体内有不同程度的积累与富集，形成若干相邻元素的积累峰。由于两出口分馏萃取工艺本身的限制，使已得到部分分离的几种组分在出口时又被强行混合。为此发展了一种三出口分离工艺，即在分馏萃取的萃取段或洗涤段的某处，增加一个出口，在中间组分的积累峰处引出高浓度、小体积、便于进一步处理的富集物溶液。由于引出的体积不大，不会对分馏萃取原来的出口组分产生不利影响，这种方法对原料中含量较少的元素如铕、铽的分离是相当有利的，使后续萃取分离槽可以小很多，减少了萃取槽及充槽的投资。从热力学角度分析，这是一个充分利用分离功的技术。当然采用三出口技术时，工艺的控制要求相对较高，一次性投资会有所增加，但综合考虑，经济上是合算的。

在徐光宪串级理论基础上，应用计算机进行萃取动态仿真确定三出口工艺位置。在三出口技术获得成功应用的基础上，一些企业根据长期的生产经验，又开发了多出口技术。例如，文献[19]报道江西某企业针对出口水相体积大、稀土浓度低、酸耗高的问题，开发了一个五出口技术。将离子矿浸出液用 P204 萃取浓缩后的负载有机相直接进料，由于采用萃取槽各级水相自回流的办法，大幅度提高了出口水相中稀土浓度。但出口太多，势必增加控制难度，影响槽体的稳定性。

21.3.6.2 洗涤液与反萃液共用技术

从 20 世纪 90 年代中期开始，包头稀土研究院和京瑞新材料有限公司研究了一系列稀土湿法冶金中水回用及节约酸与水的问题。专利[12]明确提出了"将反后有机的水洗段、反萃段、洗涤段（萃取段）的水相连通，将水洗余液与反萃液合并直接作为洗液，可以有效降低反萃液中的剩余酸度，节约无机酸的用量、提高稀土收率，同时可减少设备投资、简化操作程序"。

经过各稀土企业对综合利用水及酸技术的不断改进，目前各稀土分离厂均采用"洗液与反萃液共用技术"。将传统的酸性萃取剂分离工艺中，洗涤段和反萃段分别加入一定浓度酸作为洗液和反萃剂的工艺，改为仅在反萃段加入一定浓度的

酸作为反萃剂和洗液。酸中的氢离子与有机相中稀土发生交换反应，从反萃段加入的酸与有机相逆向流动，水相中的酸度逐渐降低，稀土浓度逐渐升高。当水相中的稀土浓度在某一级达到洗涤段平衡浓度时，从这级向前3~5级的澄清室定量排出一部分水相作为反萃液(图21-14中组分A)，另一部分水相作为洗涤段的洗液。

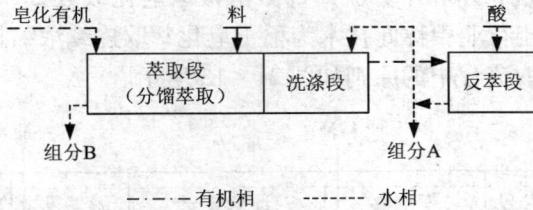

图 21-14　洗涤液与反萃液共用技术流程示意图

这种洗液与反萃液共用技术的优点有：

(1)反萃液的稀土浓度和酸度稳定。反萃液中稀土浓度高和酸度低，可以直接作为原料进行稀土再分离，而且反萃液中稀土再分离槽体运行稳定，较好地解决了反萃液中稀土再分离的衔接问题。

(2)降低浓缩结晶成本。由于反萃液中稀土浓度达到最高值、酸度达到最低值，降低了浓缩工序的能源消耗和化工试剂消耗。

(3)产品质量稳定。得到的反萃液作为沉淀的料液，稀土浓度和酸度稳定，只需加入少量的碱调配反萃液的酸度就可以达到沉淀料液的要求指标，便于调节控制，每批沉淀工艺参数可实现定量化，得到的稀土沉淀物理性能指标稳定。

(4)洗涤段槽体运行稳定。含稀土的洗液进入到洗涤段，其中的易萃组分直接与有机相中的难萃稀土组分发生交换反应，洗涤段加洗液前10级水相稀土浓度稳定，而旧工艺以不含稀土的酸作为洗液水相中 H^+ 与有机相中 RE^{3+} 发生交换反应，洗涤段加洗液前5级水相稀土浓度与洗涤段平衡浓度相差较大，而调整有机和洗液流量对洗涤段特别是加洗液前5级水相稀土浓度和酸度影响较大，水相稀土浓度和酸度变化又会引起槽体有机相和水相流量的波动。

21.3.6.3　有机相连续皂化及稀土皂的应用

用酸性萃取剂分离稀土元素时，pH控制是稳定操作的关键。相邻稀土元素的 q-pH 关系曲线非常接近，因此控制有机相的皂化度至关重要。传统的有机相的皂化方法是单级间歇操作，皂化好的有机相泵入高位槽后，再从高位槽流进萃取槽。针对这种方式的弊端，目前许多企业均改在萃取箱内并流多级连续皂化方案，只要有机相与氨水流量稳定，皂化度就能准确和稳定。

一般皂化用碱或氨，得到的钠皂与铵皂用于稀土萃取，其他金属萃取领域有用金属皂的做法，例如镍钴冶金中用"镍皂"与含钴镍料液接触，改善钴与镍的分离效果。在稀土湿法冶金中，目前用稀土皂的方法日见普及，即钠皂或铵皂在进入萃取分离段之前，先进入多级并流萃取箱内与含难萃组分的稀土溶液接触，转变为稀土皂后再进入萃取分离段内，在萃取段内，有机相中的 B 与水相中的 A 交换，充分利用置换萃取作用提高分离效果。用于制备稀土皂的水相一般为从萃取分离段含组分 B 的出口水相中分流的部分溶液。皂化级数 2 ~ 3 级，稀土负载率 85% ~ 95%。在稀土行业中称此技术为稀土皂化萃取连续浓缩技术。将连续皂化与稀土皂组合到萃取流程中的原则如图 21 – 15 所示。

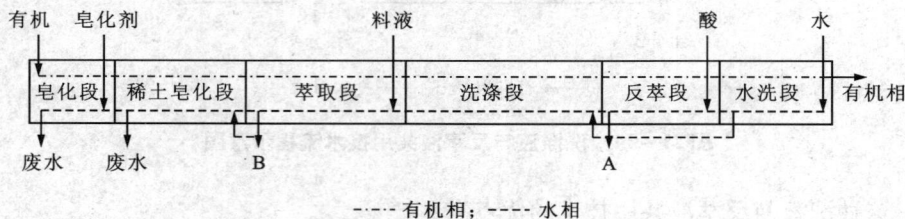

图 21 – 15　连续皂化—稀土皂化—萃取分离原则框图

采用稀土皂的优点为：

（1）可以有效提高萃余液的稀土浓度，使萃取段槽体操作稳定，方便后续处理，较好解决了萃余液稀土再分离的衔接问题，改善了分离效果，同时由于减少了混合室体积降低了一次性投资。

（2）降低了萃余液中 Na^+、NH_4^+、Ca^{2+}、Al^{3+} 等非稀土杂质含量。

（3）萃取段槽体运行稳定。负载有机进入到萃取段，其中的难萃组分直接与水相中的易萃稀土组分发生交换反应，萃取段前 10 级水相稀土浓度稳定，相反，如皂化有机直接进入到萃取段，水相中稀土与皂化有机中 NH_4^+ 或 Na^+ 发生交换反应，萃取段前 5 级水相稀土浓度与萃取段平衡浓度相差较大，而调整有机、料液和洗液流量对萃取段特别是前 5 级水相稀土浓度影响较大，水相稀土浓度变化又会引起槽体有机相和水相流量的波动。

（4）降低浓缩结晶成本。萃余液中稀土浓度提高和降低了 NH_4^+ 含量可直接作为浓缩结晶氯化稀土原料液，大大降低能源消耗。

（5）产品质量稳定。得到的萃余液作为沉淀料液稀土浓度稳定，便于稀土浓度的调节，每批沉淀工艺参数可实现定量化，得到的稀土沉淀物理性能指标稳定。

21.3.6.4　联动萃取流程

前面提到的洗涤液与反萃液共用技术、稀土皂的应用充分利用了水相中的易萃组分对有机相中难萃组分的置换作用，提高了分离效果，为优化流程配置奠定了基础。

实际上,酸性萃取剂本身的酸性大小对分离稀土有重要影响。在传统分离工艺中,通过调控料液酸度、洗液酸度及反萃液酸度,通过多级分离,充分利用酸度对萃取剂与稀土离子配位平衡常数的影响,实现稀土元素之间的分离。为调节萃取体系的酸碱度,稀土湿法冶金工艺消耗大量酸和碱。而置换分离则是充分利用稀土元素本身性质的差别进行分离。北京大学严纯华等[13]将这两方面的影响结合起来,在稀土分离生产及科研实践经验的基础上,总结提出了"联动萃取"流程的概念。其技术特征是:①以负载难萃组分的有机相代替传统流程中使用的铵(或钠)皂化有机相,作为后续分离的萃取剂;②以富含易萃组分水相代替洗涤或反萃的酸液,作为前面分离工序的洗液,以这种方式将一个萃取分离流程中的皂化工序、分馏萃取工序、反萃及反后有机洗涤各工序的多级混合澄清槽全部串联为一体,实现所谓的全流程"超链接"。在提出联动萃取理念的同时,建立了相应的静态工艺参数设计及动态仿真计算程序,解决了联动串联萃取工艺的优化设计问题,为自动控制铺平了道路。应用动态仿真模拟证明了联动萃取是串级萃取流程中酸、碱消耗和废水排放量最小的流程。

21.3.6.5　两步法优化组合制备纯稀土化合物流程

由于传统的分馏(或回流)萃取分离稀土的级数特别多,通常在百级以上,因此存槽稀土量及有机相量均很大;而且由于切割分离次数多,酸、碱耗量也大;水相及有机相中稀土浓度向出口逐级降低,给流程各部分的衔接及后处理带来许多不便,致使投资及操作成本增加。

稀土分馏萃取分离级数特别多的本质原因是相邻稀土元素之间的分离系数太小。以 P204 – HCl 体系为例,其相邻稀土元素之间的平均分离系数只有 2.46,然而在两端元素 Lu 与 La 之间的分离系数却可达 3×10^5。同理,对某一小组稀土元素而言,两端元素之间的分离系数应大于相邻元素之间的分离系数,如果不考虑中间元素,有可能用较少级数实现两端元素的分离。

基于以上认识,为了克服传统稀土萃取分离的弊端,在稀土分离行业中发展了一种以"模糊萃取"概念优化流程配置的方法。以 A—B—C 三元素组为例,第一步以较少的级数进行 A—C 粗分离。只要求控制 A 中无 C,C 中无 A,中间组分 B 分布在 A 与 C 中的比例可以灵活,即"模糊"处理。第二步分别对 B—C 及 A—B 两部分用分馏萃取方式进行精分离,以分别获得高纯度、高收率的 A、B、C 三种产品。此时,与 A 相邻的 B 及与 C 相邻的 B 均比粗分离以前要少许多,故分离的难度也相应减少。

显而易见,模糊萃取实质上是一种两步分离法。在文献上也有人称其为"预分离法""预分离增产萃取法""模糊联动萃取技术",在未经权威机构统一定名之前,本书暂以分离工作者习惯的"两步法"名词来讨论分析这一问题。

20 世纪 90 年代，胡建国根据他的经验与探索，提出了这一方法，并在广州珠江稀土冶炼有限公司得到应用后，经各企业、研究单位的不断努力，对第二步的萃取工艺进行了许多改进，成功采用了综合多种改进成果的"联动萃取流程"，形成了如图 21 - 16 所示的目前广为使用的槽体模式[15]。

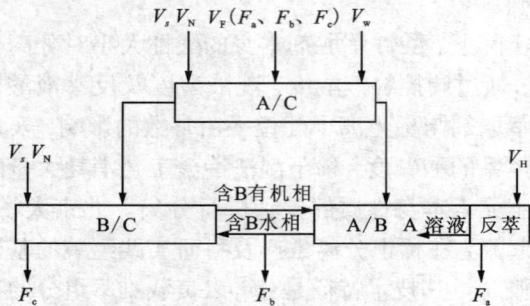

图 21 - 16 两步法萃取分离槽体模式
图中 V_N、V_s、V_F、V_w、V_H 分别代表 NaOH 溶液、有机相、料液、洗液及反萃剂的流量。

由于第二步采用联动萃取模式，在设计流程时，中间组分在两端元素组的分配比例应满足有机相连通运行的要求，选择两分离段有相近的有机相流量进行中间组分的分配。

两步法优化工艺比一步法传统工艺能显著减少萃取槽的总容积及存槽量，降低投资成本；能大幅度降低酸、碱耗量，降低操作成本，不仅从理论上得到了证明，而且也为生产实践所证实。本章在相应部分会列举有关实例进一步说明。至于在各厂的具体应用方案应根据原料及产品的要求，结合各厂不同的实际情况，灵活安排。

以上 21.3.6.1 至 21.3.6.5 各节介绍的串级工艺方面的进展，反映了在徐光宪串级理论的指导和推动下，稀土分离工艺的进步，而各企业单位在这方面的工作进展反过来又丰富和发展了串级萃取理论。

21.4 稀土元素的全分离流程

由于原料及产品方案不同，稀土分离流程多种多样，即使原料与产品方案相同，由于各企业的条件及工程技术人员的经验与认识方面的差别，各企业的生产工艺流程也不可能一致。本章尽量选择一些流程方案以反映我国百花齐放的稀土分离局面，列举的各种例子大体反映了我国两大类矿物——包头矿及南方离子矿的处理工艺，但它们同样适合处理氟碳铈矿、独居石等其他矿物。这些流程中既有传统的工艺，也有优化的工艺，而优化工艺总是相对的，因此不能说列出的例子一定是绝对优秀的工艺。本章大部分工艺没有罗列一些具体的参数及指标，一则是保密的原因，更重要的是列出例子的目的仅仅是为了开阔视野，给读者一些思路(包括本章其他各节的例子)，而不是为了生搬硬套。

在介绍分离实例之前，先介绍设计全分离流程的一般原则。

21.4.1　设计稀土元素分离流程的原则

根据目前稀土分离技术的实际水平，利用各种稀土分离方法的优势，设计组合以萃取法为主其他方法配合的稀土全分离流程，往往在技术、经济上更为合理。设计稀土元素全分离流程的基本原则是：

1）充分考虑矿物原料的特点

因为稀土原料配分有很大差别，一般应考虑先将大量组分分开，使其他含量较低的稀土元素得以富集，以便下一步分离。

2）市场对稀土产品的需要

市场对各种稀土元素的需求量不平衡；对单一稀土产品的纯度要求也不一样；对稀土产品的形式如氧化物还是氯化物也不一样，因此，设计全分离流程时要有一定的灵活性，不能片面追求每个产品均为高纯度，理论分析已经证明，要求产品的纯度越高，则消耗的最小功越大。因此应根据原料的特点及市场对产品纯度的实际需求安排不同规格的产品。例如对含钇高的原料，完全可以利用环烷酸萃钇时，钇为最难萃元素的特点，在获得 5N 以上高纯产品的同时，少量产出一些 90%~95% 纯度的氧化钇产品，这样对组织生产更为有利。

3）技术可行性与合理性

（1）利用四分组效应，先将稀土元素分离成若干组，再进一步分离。

（2）利用多组分稀土元素中相邻元素分离系数小，而两端元素分离系数大的特点，优先将各元素组中一端或两端元素分离，对简化分离流程有利。

（3）利用元素变价性质进行分离，如将铕还原为二价，其与三价稀土性质差异变大，将二价铕分离后，三价钐与钆的分离也变得较容易。同样把四价铈分离后，镧与镨之间的分离也变得较容易了。

（4）利用稀土元素的位置特点进行分离。典型代表如前所述，钇在稀土元素中的位置视萃取体系不同而有变化，因此是分离钇的基本依据。

4）流程的优化

充分利用各企业多年生产经验；利用组合流程方面的新的进展，如两步法，联动萃取，应用稀土皂分离，洗液、反萃液共用等技术简化、优化流程，以最低成本、最大限度地提高稀土元素利用率。

21.4.2　典型稀土元素全分离流程方案

21.4.2.1　轻稀土为主的稀土萃取全分离方案

包头白云鄂博稀土矿、四川氟碳铈矿、山东微山氟碳铈矿、美国芒廷帕斯（Mountain Pass）氟碳铈矿、澳大利亚独居石等提取出的混合稀土原料主要是以轻稀土为主，镧、铈、镨及钕等四元素占混合稀土的（质量分数）90% 以上，可以通过分组将高含量组分首先分离，使其他含量较低的稀土元素得到富集。如以包头混合氯化稀土为原料，进行分组分离的工艺技术便是如此。该工艺采用 P507 -

盐酸体系,通过三出口技术得到分组富集物。这些富集物作为进一步分离单一稀土的原料。设计工艺流程时,在分离系数较大的钕钐元素间进行分组,原则工艺流程如图 21 – 17 所示。

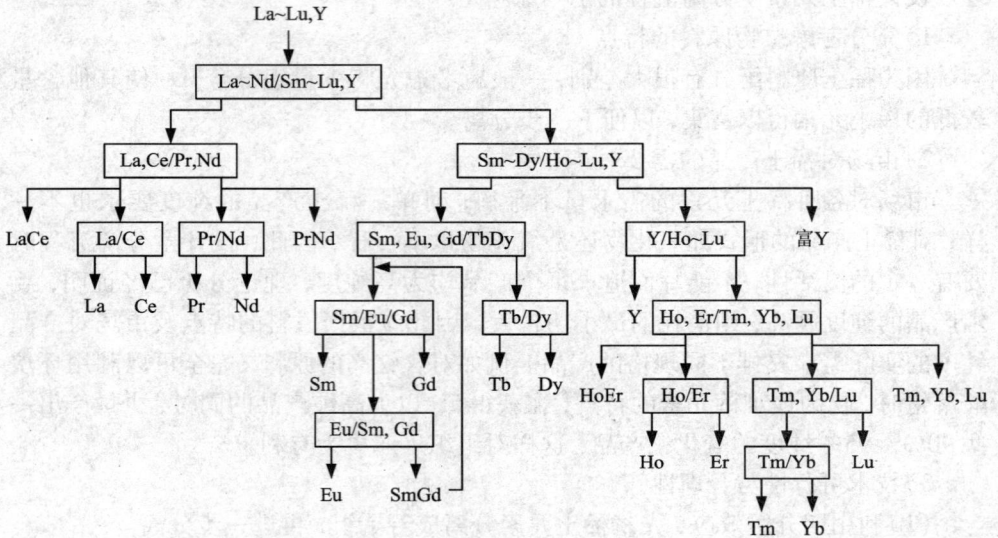

La~Lu,Y

La~Nd/Sm~Lu,Y

La,Ce/Pr,Nd — Sm~Dy/Ho~Lu,Y

LaCe　La/Ce　Pr/Nd　PrNd　Sm, Eu, Gd/TbDy　　Y/Ho~Lu　富Y

La　Ce　Pr　Nd

Sm/Eu/Gd　Tb/Dy　　Y　Ho, Er/Tm, Yb, Lu

Sm　Gd　Tb　Dy　HoEr　Ho/Er　Tm, Yb/Lu　Tm, Yb, Lu

Eu/Sm, Gd　　Ho　Er　Tm/Yb　Lu

Eu　SmGd　　Tm　Yb

图 21 – 17　以轻稀土为主的稀土混合物的萃取分离方案

注:两元素之间的斜线表示分组、分离的分界元素,如 La, Ce/Pr, Nd 表示铈镨切割分离(下同)。

　　镧、铈、镨及钕四元素再分离选择 Ce/Pr 分离,得到的镧与铈的混合物,用作制备抛光粉、电解金属等原料,也可以再进行萃取分离得到单一高纯镧和铈产品;同时得到的镨和钕混合物,用于制备金属镨钕的原料,也可以再进行萃取分离得到单一高纯镨和钕产品。低含量的稀土元素 Sm – Lu(含 Y)经过 Nd/Sm 分组后得到富集,富集后的稀土元素可以形成产品钐铕钆富集物,也可再进一步萃取分离得到单一稀土产品。该工艺流程还可以得到富钇、钬铒和铥镱镥三种富集物,这些富集物一般总量较少,不利于实现全分离,可以将各企业得到的这些富集物集中到一条生产线上进行规模分离。一般低钇稀土原料的分离方案亦类同图21 – 17 所示。

　　图 21 – 17 中钐~镥、钇混合物也可再进行钆/铽分离,其工艺如图 21 – 18 所示,优点是:一是钆铽之间分离系数大,易实现分离;二是将含量约为85%的钐铕钆三元素先分离,使含量较低的铽~镥,钇元素得到富集,以便实现进一步分离。存在的缺点是由于铽在原料中含量较低,微量钆在铽产品中富集倍数较大,易影响铽的纯度。

　　钐~镥、钇混合物分离的另一方案是进行钐/铕分离,其工艺如图 21 – 19 所示, 其优点是第一步将 60% 的钐先分离, 大大降低了后续铕、镥、钇元素萃取分离处理量, 从而降低设备投资和试剂消耗, 使含量较低的这些元素得到富集, 以便实现进一步分离。另外, 钐/铕分离工艺可以有少量的钐进入到易萃组分铕~镥、钇中, 在最后还原萃取分离铕后, 少量的钐钆再返回到铕/钆分离中, 但不允许铕进入到钐中。缺点是比图 21-17 和图 21-18 增加了一个萃取分离段, 另外, 还原萃取分离铕后, 少量的钐钆中钐富集到一定含量后需返回到流程开始的钐/铕分离中。

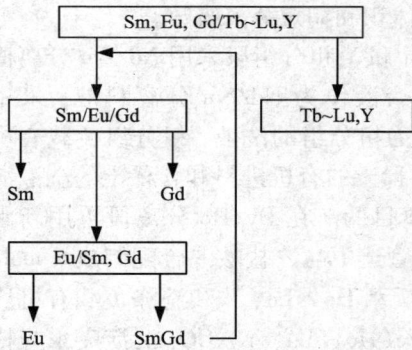

图 21-18　中、重稀土混合物 Gd/Tb 分离方案

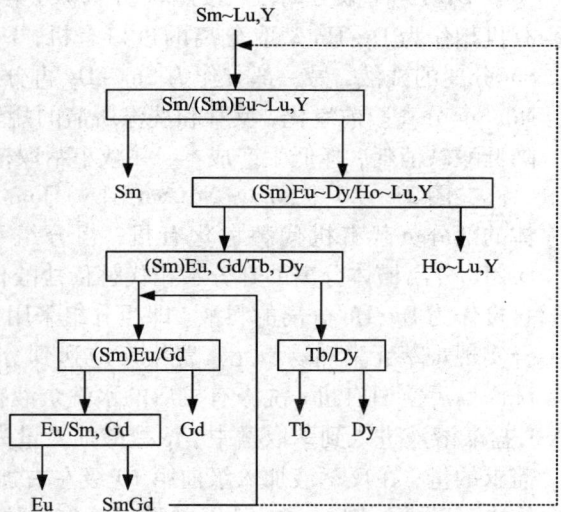

图 21-19　中、重稀土混合物 Sm/Eu 分离方案

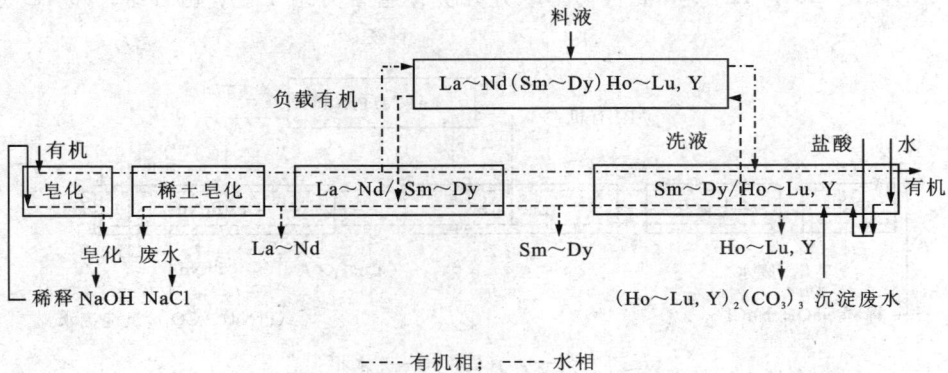

----有机相; ---- 水相

图 21-20　优化组合的轻稀土为主的稀土萃取分离分组工艺

利用两步法萃取分离、联动萃取、稀土皂化、洗液及反液共用及废水循环利用等技术对图21-17的工艺进行优化组合,如图21-20所示。流程中粗分离分组,Nd/Sm分离及Dy/Ho分离这三部分均采用分馏萃取方式,只不过Dy/Ho分离部分的分馏萃取槽与Ho~Lu、Y的反萃槽及空白有机的水洗槽连成一体。

在优化方案中,先用较少的级数将混合原料中的元素粗分组,即原料中部分Sm~Dy可以随La~Nd进入到难萃组分,随水相流出进入到下一段Nd/Sm萃取分离段;另一部分Sm~Dy随Ho~Lu、Y进入到易萃组分,随有机相流出进入下一段Dy/Ho萃取分离段;按照联动萃取方案,Nd/Sm萃取分离的负载Sm~Dy的有机相作为Dy/Ho萃取分离的进口有机,Dy/Ho分离的萃余液一部分作为Nd/Sm分离的洗液,另一部分作为Sm~Dy再分离的原料流出萃取槽;有机相只需在Nd/Sm分离段前皂化,反萃和洗涤所需的盐酸在Dy/Ho分离段一次加入,可大大降低酸碱消耗,降低生产成本,并减小萃取槽体积和缩短分离级数。

在图21-20中,La~Nd(Sm~Dy)Ho~Lu和Y粗分组段采用Nd/Sm分离槽体的部分负载有机代替皂化有机,粗分组萃余液作为Nd/Sm分离料液;采用Dy/Ho分离槽体分离的部分水相代替稀盐酸作为粗分组的洗液,粗分组负载有机直接作为Dy/Ho分离的料液。即粗分组采用含稀土的有机进料和含稀土的洗液混合实现难萃元素和易萃元素置换反应达到分离目的。在Dy/Ho分离段再用新水洗涤反后空白有机,洗涤有机后的水洗余液在管道中与浓盐酸混合配制成6 mol/L盐酸溶液进入到萃取槽中,浓盐酸加入量为反萃Ho~Lu,Y和洗涤负载有机所需求的量;在反萃液加入级前第10级左右加入(Ho~Lu,Y)$_2$CO$_3$沉淀废水与槽体中反萃液配制4~5 mol/L盐酸溶液作为洗液;皂化段和稀土皂化段产生的含氯化钠皂化废水一部分用于稀释高浓度氢氧化钠溶液作为皂化剂,另一部分浓缩结晶NaCl。

图21-21为La~Nd混合物萃取分离优化组合分组工艺,粗分组;La/Ce分

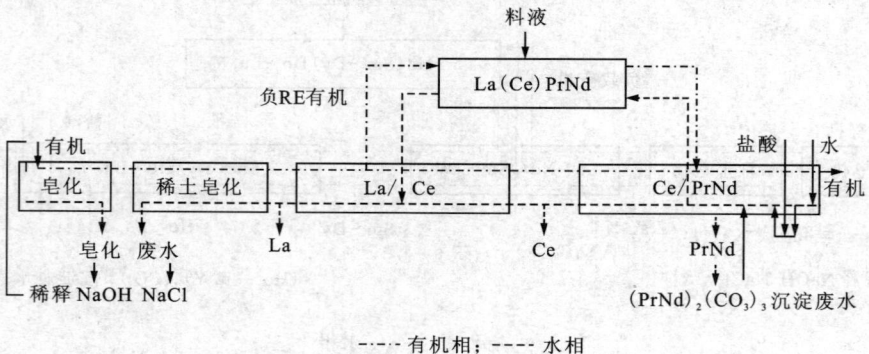

图21-21 优化组合的 La~Nd 萃取分离分组工艺

离及 Ce/Pr 分离三部分均采用分馏萃取。粗分离负载有机进入到 Ce/Pr、Nd 分离槽中的洗涤段，与 Ce/Pr, Nd 分离段的有机合并，经洗涤、反萃和水洗后流出槽体，再进入到皂化段循环使用。轻稀土粗分组段选择镧/铈分离段负载有机中含镧量较高的有机相作为粗分组的进口有机，选择铈/镨分离段含镨钕量较高的水相作为粗分组的洗液，可充分利用置换作用提高粗分组分离能力。

Ce/Pr、Nd 分离槽的出口含 Ce 水相除部分做 Ce 产品外，另一部分做 La/Ce 分离段的洗液，La/Ce 分离槽的出口含 La 水相除部分做 La 产品外，另一部分做皂化段的皂化剂。

21.4.2.2　萃取分离 Ce(Ⅳ) 和少铈稀土萃取分离方案

用碳酸钠焙烧白云鄂博稀土精矿的硫酸浸出液作为料液，首先将相对于混合稀土氧化物中 50% 的 CeO_2 分离，用 1 mol/L P507 为萃取剂，得到大于 99.99% 的 CeO_2 产品，萃余液中得到含 CeO_2 小于 10% 的硫酸稀土溶液，硫酸稀土溶液经过萃取转型得到少铈氯化稀土溶液，该溶液再经过萃取分离得到各种单一稀土产品和富集物产品。工艺流程方案如图 21 – 22 所示。

此工艺首先将含量高的铈分离，降低少铈稀土钕钐分组和铈镨分离萃取槽混合室体积，萃取分离铈的方案如图 21 – 7 所示。在 La – Nd 分离段根据产品需求可生产富铈产品和高纯镧产品、富镧产品，或再进行镧铈分离制备高纯镧和铈产品，中、重稀土也可以再分离，制备各种单一纯产品。

21.4.2.3　富钇稀土原料的萃取分离方案

富钇稀土原料，如江西龙南离子吸附型矿、广东磷钇矿、马来西亚磷钇矿等，提取的稀土原料

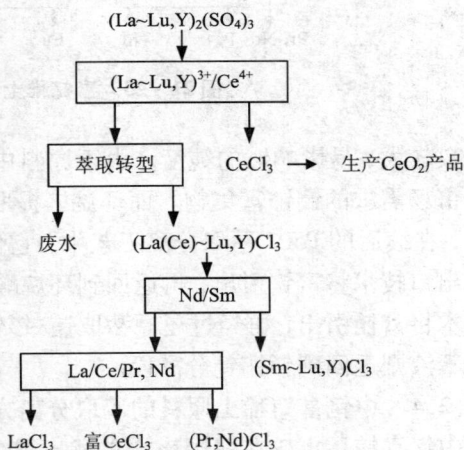

图 21 – 22　Ce(Ⅳ) 和少铈稀土萃取分离工艺

中含氧化钇约为 60%，而轻稀土相对较低，用环烷酸将大量的钇分离后，再用 P507 为萃取剂进行其他稀土元素富集和再分离，分离流程如图 21 – 23 所示。

分离钇后的混合稀土中铥镱镥三元素含量约为 15%，它们与萃取剂结合能力强，不易被反萃。故首先将它们分离。镧~铒这一组元素分离首选镝/钬分离，然后镧~镝元素组再进行钆/铽分离。钆/铽之间分离系数比镝/钬大，之所以不首选钆/铽分离，主要考虑的是铽含量较低，一般市场需求的氧化铽相对总稀土纯度要 >99.99%，如先选择钆/铽分离，再进行镝/钬分离，微量钆在铽产品中富

La~Lu, Y

Y/La, Ce~Lu （环烷酸分离钇）

Y

La~Er/Tm, Yb, Lu

La~Dy/Ho, Er

Tm, Yb/Lu

Lu

La~Gd/Tb, Dy

Ho/Er

Tm/Yb

Ho 富Y Er

Tm Yb

La~Nd/Sm, Eu, Gd

Tb/Dy

Tb Dy

La/Ce/Pr, Nd

Sm/Eu/Gd

La La, Ce

Sm Gd

Pr/Nd

Eu/Sm, Gd

Pr, Nd Pr Nd

Eu Sm, Gd

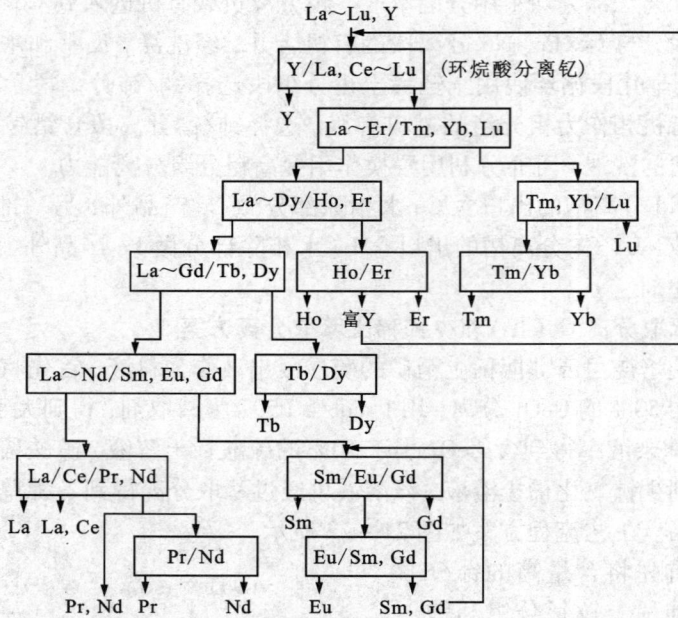

图 21 – 23 富钇稀土原料的萃取分离

集倍数较大，易影响铈的纯度。由于原料中铈含量较低，控制三出口位置，可以
制备市场需求的镧铈富集物。而环烷酸提取钇后的混合稀土中常常仍含有一定量
的钇，在续后的 P507 萃取分离工艺中，它位于钬和铒之间，所以在钬/铒分离段
用三出口技术将富钇引出，再返回到环烷酸提钇分离段。钐铕钆分离段利用三出
口技术将富铕引出，再经过还原萃取铕/钐钆分离，制备 >99.999% 氧化铕；而钐
钆反萃液则返回到钐铕钆分离段。

21.4.2.4　中钇富铕稀土原料的萃取分离方案

中钇富铕稀土矿在我国南方的稀土矿中储量丰富，铕含量高，经济价值大。
也有很多种不同的萃取分离工艺，例如，环烷酸 Y, La/Ce ~ Lu 先分组、P204 三
分组、P507Tb/Dy 先分组、P507 三分组等。一种分离中钇富铕稀土的工艺流程如
图 21 – 24 所示。以 P507 为萃取剂，将混合氯化稀土溶液首先进行钕/钐分组，使
55% 的轻稀土与 45% 的中、重稀土分离。由于钕钐分离系数较大，萃取槽体积
小，需要的级数少，可降低设备投资和试剂消耗。钕/钐分组后中重稀土中钇富
集到 60%，再用环烷酸将钇与其他稀土分离。

另一种分离中钇富铕稀土的工艺流程如图 21 – 25 所示。首先用 P507 将混合
氯化稀土溶液进行镝/钬分组，使含 30% 的钬 ~ 镥和钇与其他稀土分离，分离后
钇富集到 85%，再用环烷酸为萃取剂实现钇与其他稀土分离。镧 ~ 镝混合物选择

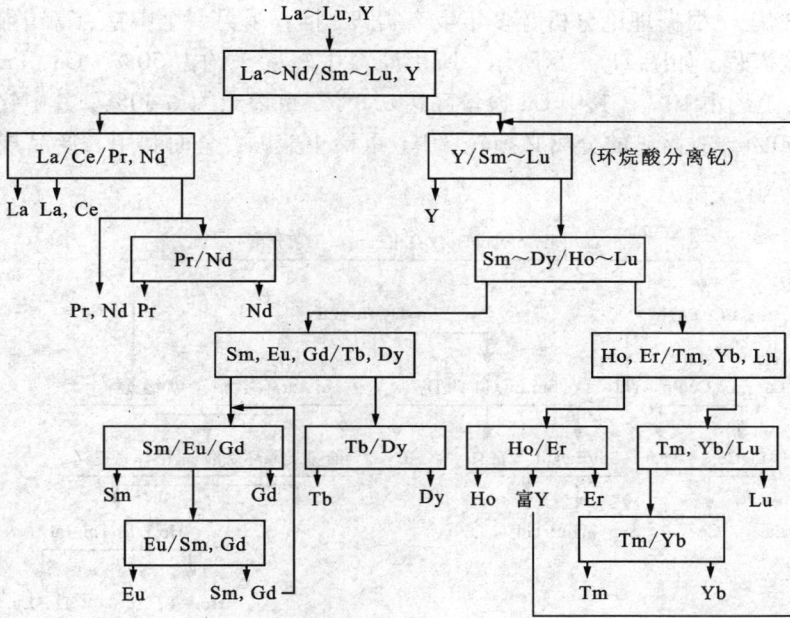

图 21-24　中钇富铕稀土原料的萃取分离方案（一）

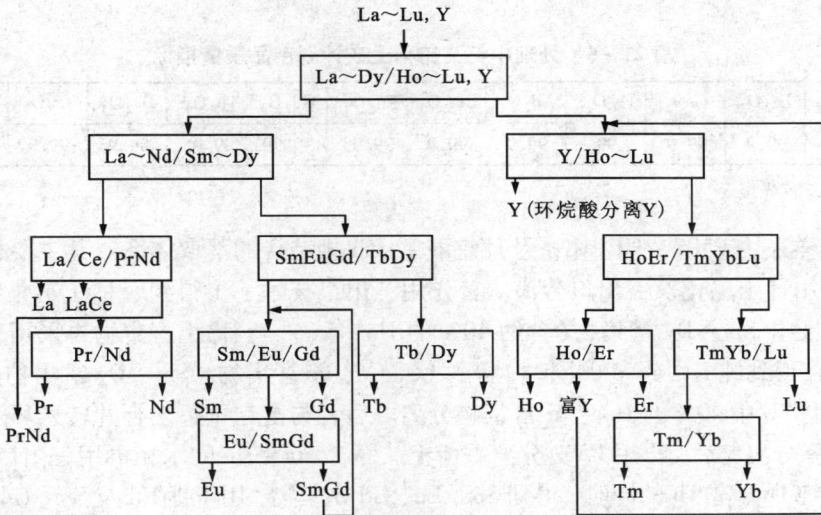

图 21-25　中钇富铕稀土原料的萃取分离方案（二）

分离系数较大的钕钐之间分离，其他分离段与图 21 - 24 工艺相同。

严纯华[17]根据理论分析及多年生产实践，推荐了另一个中钇、富铕稀土原料的全萃取流程，如图 21 - 26 所示，所用原料中轻稀土约占 50%，Ce、Pr 含量较低，中稀土约占 10%，其中 Eu 含量高达 0.8%，重稀土约占 40%，其中钇约占重稀土的 90%。故该矿的分离必须轻、中、重稀土兼顾、全面利用。产品规格见表 21 - 5。

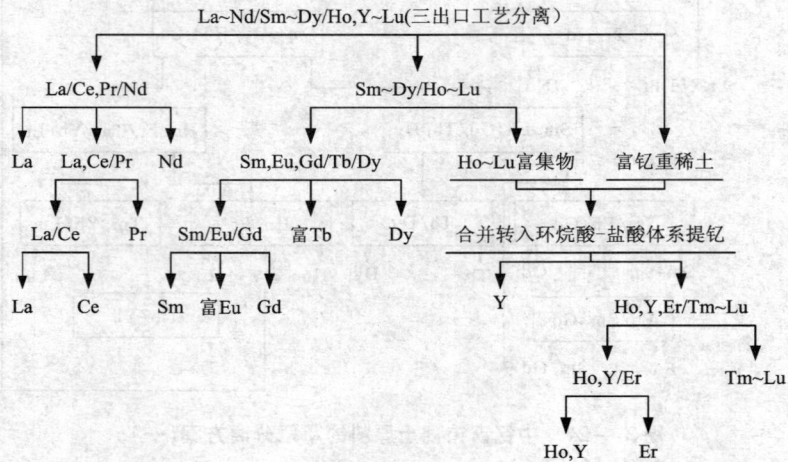

图 21 - 26　中钇富铕稀土原料的萃取分离方案(三)

表 21 - 5　处理中钇富铕稀土矿计划产品质量指标

产品	La$_2$O$_3$	CeO$_2$	Pr$_6$O$_{11}$	Nd$_2$O$_3$	Sm$_2$O$_3$	Eu$_2$O$_3$①	Gd$_2$O$_3$	Tb$_4$O$_7$①	Dy$_2$O$_3$	Er$_2$O$_3$	Y$_2$O$_3$①
纯度/%	99.9	99.9	99	99.9	99.9	99.99	99.99	99.95	99.9	99.9	99.999

注：①荧光级。

同样采用 P507 - HCl 体系及环烷酸 - HCl 相结合的萃取体系。其主要技术特征为采用稀土皂化及三出口分离。首先用三出口技术一步得到轻稀土富集物、富钇重稀土和 Sm - Dy 富集物(含约 40% 的 Ho ~ Lu)。轻稀土富集物再采用三出口技术，在得到纯 La 与 Nd 的同时，得到 La、Ce、Pr 富集物。Sm - Dy 富集物经 Dy/Ho 分组将其中 40% 的 Ho - Lu 富集物分离。后者与富钇重稀土合并转入环烷酸 - HCl 体系分离钇后，再用 P507 分离重稀土。而含 Sm - Dy 的水相再用三出口分离，在得到纯 Dy、富 Tb 的同时，得到 Sm、Eu、Gd 富集物，用于提 Eu 及 Sm、Gd 产品。

此流程各出口稀土产品纯度皆大于 99%，得到的铕富集物中铕含量大于 50%，可进一步用还原萃取工艺获得荧光级氧化铕；铽富集物中铽含量大于 45%，可进一步采用萃取法提取荧光级氧化铽。

　　P507 浓度为 1.5 mol/L, 皂化度 36%, 饱和稀土负载容量 0.18 mol/L, 洗酸及反萃酸浓度分别为 3.60 及 4.50 mol/L。水相为盐酸体系, 料液浓度为 1.70 mol/L。所用设备为混合澄清槽, 其混合室与澄清室边比为 1:2.5。总级数 730 级。相关各元素分离系数见表 21-6。

表 21-6　各元素间实际分离系数

元素对	Ce/La	Pr/Ce	Nd/La	Sm/Nd	Eu/Sm	Gd/Eu	Tb/Gd	Dy/Tb	Ho/Dy	Y/Ho	Er/Y	Tm/Er
β	6.0	2.0	1.5	8	2.0	1.5	2.0	3.0	2.0	1.5	1.5	2.5

　　按年处理量 2000 t 稀土氧化物, 300 个工作日计算。此工艺的有机相存槽量 P507 体系为 266 m³, 环烷酸体系为 105 m³, 稀土存槽量 56.2 t, 液氨消耗 6.88 t/d, 盐酸消耗为 49.36 m³/d。

21.5　萃取分离稀土元素的新萃取剂及新工艺

21.5.1　P229 萃取钪、铁及其他稀土

　　二(2-乙基己基)膦酸(H[DEHP], P229)的 pK_a 比 P507 和 P204 的 pK_a 高。因此, 用 P229 萃取稀土及其他高价金属离子时所需水相酸度更低, 且易于反萃取。

　　随着平衡水相酸度的增加, 钬、铒、钇、镱、镥、铁和钪的分配比迅速减小。在低酸度下, P229 从盐酸介质中萃取 RE^{3+} 的反应为阳离子交换反应, 与 P507 萃取反应相同。其反应通式为:

$$RE^{3+} + 2.5\,\overline{(HR)_2} \Longrightarrow \overline{RER(HR_2)_2} + 3H^+$$

　　在高酸度下, 钬、铒、钇、镱、镥、铁基本不被萃取。钪的分配比随平衡水相硫酸浓度的增加而迅速降低, 在 $[H_2SO_4] = 3 \sim 3.5$ mol/L 时出现最小值, 当钪的分配比达到最小值后, 随平衡水相酸度的继续增加, 钪的萃取为溶剂化萃取反应, 故钪的分配比又迅速增大。

　　P229 萃取次序为 $Sc^{3+} \gg Fe^{3+} > Lu^{3+} > Yb^{3+} > Er^{3+} > Y^{3+} > Ho^{3+}$。当平衡水相的 pH = 3.5 时, Fe^{3+}、Y^{3+}、Ln^{3+} 基本不被萃取, 而 Sc^{3+} 的萃取率高达 99.8%。当平衡水相酸度为 0.12 mol/L 时, Lu^{3+} 的萃取率为 13.5%, Fe^{3+} 的萃取率为 53.0%。可见, P229 可用于 Sc^{3+} 与其他稀土及铁的分离。

　　P229 萃取 Sc^{3+}、Fe^{3+}、RE^{3+} 的能力低于 P507, 但比 P507 易于反萃。表 21-7 列出了不同酸度下萃取上述离子的分配比和分离系数。pH = 1.6 时, $\beta_{Fe/Lu} = 4.3$ 远高于 P507 体系的 $\beta_{Fe/Lu} = 2.3$, 说明 P229 萃取分离 Fe^{3+}/RE^{3+} 的选择性优于 P507。P229 萃取重稀土的平均分离系数略高于 P507, 且萃取和反萃取酸度都低于 P507 体系。

表 21 −7　不同酸度对 P229 萃取金属离子的 D 值和 β 值的影响(25℃)

pH	D						β				
	Fe	Lu	Yb	Er	Y	Ho	Fe/Lu	Lu/Yb	Yb/Er	Er/Y	Y/Ho
1.5	22.39	4.73	2.19	0.436	0.309	0.151	4.73	2.16	5.02	1.41	2.05
1.6	39.81	9.33	4.17	0.912	0.617	0.295	4.26	2.16	4.57	1.48	2.24
1.7	69.18	17.78	7.94	1.86	1.26	0.562	3.89	2.24	4.27	1.48	2.09

硫酸介质中 P229 萃取 Sc^{3+} 的萃取反应为：

在低酸度下

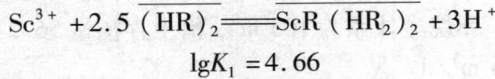

$$Sc^{3+} + 2.5\overline{(HR)_2} \rightleftharpoons \overline{ScR(HR_2)_2} + 3H^+$$

$$\lg K_1 = 4.66$$

在高酸度下

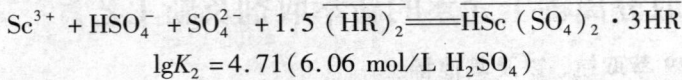

$$Sc^{3+} + HSO_4^- + SO_4^{2-} + 1.5\overline{(HR)_2} \rightleftharpoons \overline{HSc(SO_4)_2 \cdot 3HR}$$

$$\lg K_2 = 4.71(6.06\ mol/L\ H_2SO_4)$$

21.5.2　Cyanex272[二(2,4,4−三甲基戊基)次膦酸]萃取分离稀土

二(2,4,4−三甲基戊基)次膦酸或(HBTMPP)与 P229 为同分异构体。HBTMPP 分子中不含酯氧原子，故它的 pK_a 比 P507 高。因此，用 HBTMPP 萃取稀土离子时需要的水相酸度低，反萃容易；加之空间位阻效应，HBTMPP 萃取稀土元素的平均分离系数为 3.24，见表 21 −8，其选择性优于 P507 和 P204。

表 21 −8　HBTMPP 萃取 RE^{3+} 时相邻元素的平均分离系数(25℃)

pH	3.50~3.75	3.20~3.40	3.15~3.35	2.85~3.05	2.65~2.95	2.65~2.95	2.55~2.75
β	Ce/La	Pr/Ce	Nd/Pr	Sm/Nd	Eu/Sm	Gd/Eu	Tb/Gd
	8.98	2.91	1.45	13.4	1.34	1.16	3.18
pH	2.20~2.75	2.10~2.70	2.10~2.60	2.10~2.60	2.00~2.60	1.90~2.30	1.80~2.30
β	Dy/Tb	Ho/Dy	Y/Ho	Er/Y	Tm/Er	Yb/Tm	Lu/Yb
	1.89	2.07	1.30	1.63	2.01	2.69	1.33

C272 萃取剂的优良特性适应于重稀土分离，但存在萃取容量低、易乳化等不足因素。为了克服 C272 萃取剂的不足之处，杨凤丽、邓佐国等[18]研究了用 C272 和 P507 混合萃取剂分离制备 Tm、Yb 和 Lu 单一产品[18]，利用 C272 和 P507 混合萃取剂提高了稀土元素的分配比，提高了萃取容量，克服了乳化现象，分离系数也有一定的提高，降低了 Tm、Yb、Lu 分离的反萃酸度。最佳工艺条件为：0.5 mol/L P507 +0.5 mol/L C272 的磺化煤油溶液，皂化度为 30%，饱和容量为 0.13 mol/L，Tm、Yb、Lu 可采用 3.6~4.0 mol/L HCl 实现定量反萃。

　　该工艺采用两步法优化萃取流程，以年处理 50 t 铽镝镥富集物（REO）计算，酸溶收率 95%，年 300 工作日，流比等于 1.2∶1，混合室与澄清室边比为 1∶2.5，级效率 90%，混合时间 8 min，与传统工艺比较，优化流程有如下明显经济效益：

　　（1）总萃取级数少 70 级，萃取槽总容积少 9.59 m³，减少了 58.6%。

　　（2）有机相存槽量少 3.11 t，减少了 57.79%。

　　（3）稀土存槽量少 3.11 t，减少了 58.13%。

　　（4）盐酸耗量少 1.46 t/d，节约 46.52%，年节约盐酸 438 t。

　　（5）液氨耗量少 0.129 t/d，节约 44.79%，年节约液氨 38.7 t。

　　此优化工艺已在生产实践中证明完全可行。

21.5.3　新萃取剂萃取铈和镧

　　20 世纪 90 年代进行了 LIX70 从氯化钠水溶液中萃取 La^{3+} 与 Ce^{3+} 的研究[20]，以后又有报道用 MOC$\overline{\overline{TM}}$100TD 萃取镧与铈，MOC$\overline{\overline{TM}}$100TD 是美国联合化学公司（Alliedsignal Chemicals Inc.）提供的一种新萃取剂[21]，它与 LIX 系列萃取剂一样均属肟类萃取剂，属于萃取铜的特效萃取剂。MOC$\overline{\overline{TM}}$100TD 萃取剂是 MOC—45TD 和 MOC—55TD 按体积比 1∶1 配成的混合物。MOC—45TD 为 2－羟基－5－壬基苯乙酮肟，MOC—55TD 为 2－羟基－5－十二烷基水杨醛肟。

　　MOC$\overline{\overline{TM}}$100TD 新萃取剂在氯化钠水溶液中萃取 La^{3+} 与 Ce^{3+}，生成的萃合物为 RER_3，其反应式可以为：

$$\overline{RE^{3+}} + 3\overline{HR} \Longrightarrow \overline{RER_3} + 3H^+$$

　　MOC$\overline{\overline{TM}}$100TD 萃取 La^{3+} 时，$\lg K_{ex} = -16.03 \pm 0.4$；萃取 Ce^{3+} 时，$\lg K_{ex} = -15.94 \pm 0.4$。在低 pH 下，$Ce^{3+}$ 的萃取能力大于 La^{3+} 的萃取能力。MOC$\overline{\overline{TM}}$100TD 萃取 La^{3+} 和 Ce^{3+} 时，$\lg K_{ex}$ 均大于 LIX70[2－羟基－3－氯－5－壬基二苯甲酮肟)、Kelex100（7－（4－乙基－1－甲基辛基）－8－羟基喹啉]和 SME529（2－羟基－5－壬基－乙酰苯甲酮肟），表明了 MOC$\overline{\overline{TM}}$100TD 萃取 La^{3+}、Ce^{3+} 比 LIX70、Kelex100 和 SME529 更为有效。

21.5.4　非 NH_4^+、Na^+ 皂萃取分离稀土技术的应用

　　目前，单一稀土的分离基本上全部采用皂化 P507－HCl 体系萃取分离，有机相需用大量的氨水或液碱进行皂化，每分离 1 t 稀土氧化物平均消耗液氨 0.8 t，产生氨氮废水 30～40 t，而且这种废水难于处理。北京有色金属研究总院、有研稀土新材料股份有限公司黄小卫等[22-25]开发了一系列不用铵皂或钠皂的萃取分离稀土的新工艺，有机相不用氨水皂化，在萃取过程中不产生氨氮废水，从根本上解决了稀土生产的氨氮废水对环境的污染问题，而且使生产成本大幅度降低。

　　（1）针对包头混合型稀土精矿硫酸焙烧—水浸低浓度硫酸稀土溶液，开发了

P204 – P507 混合萃取剂在硫酸或硫酸 – 盐酸混酸介质中萃取分离新技术。

尽管 P204 可以不皂化直接萃取稀土，但在低 pH 下容易乳化。为此，黄小卫等人开发了 P204 – P507 混合萃取剂体系萃稀土技术。以 Nd、Sm 为例，取稀土浓度为 0.1 mol/L，P204 与 P507 总浓度为 0.1 mol/L，变化 P204 与 P507 的比例，萃取 Sm 与 Nd 的 $\lg D$ – pH 关系如图 21 – 27、图 21 – 28 所示。图中纵坐标以 $\lg D_{12}$ 表示，$D_{12} = D_T - (D_1 + D_2)$，其中 D_T 为混合萃取剂的分配比，D_1 及 D_2 分别表示 P204 与 P507 在同样条件下单独萃取稀土的分配比。混合萃取剂的 $\lg D_{12}$ – pH 关系直线在 100% P204 及 100% P507 的 $\lg D$ – pH 直线之间，其斜率均为 3.0。因此合理调整它们的配比，利用料液稀土浓度低，萃取反应时释放的氢离子量也低，对反应平衡 pH 影响也不是太大的特点，在低相比下不皂化直接实现 Nd/Sm 切割萃取分组转型。将 2% 的 Sm 以后的中、重稀土萃入有机相。也可直接进行 LaCe/PrNd/Sm、Eu、Gd 或 La/LaCe/PrNd/Sm、Eu、Gd 的一步萃取分离。

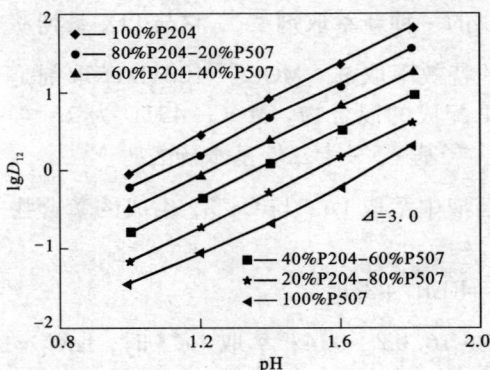 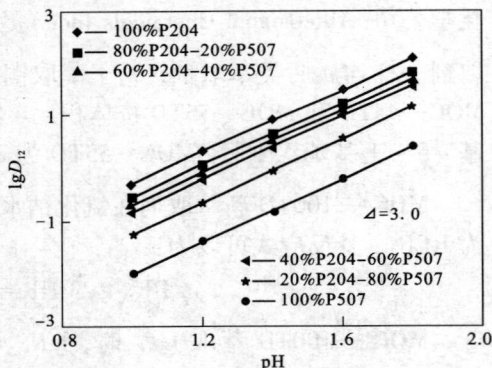

图 21 – 27　平衡酸度对 Sm^{3+} 分配比的影响　　图 21 – 28　平衡酸度对 Nd^{3+} 分配比的影响

研究证明 P204 – P507 混合体系为协萃体系，萃取稀土的反应为：

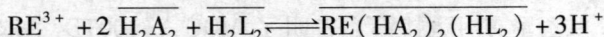

$$RE^{3+} + 2\overline{H_2A_2} + \overline{H_2L_2} \Longleftrightarrow \overline{RE(HA_2)_2(HL_2)} + 3H^+$$

由于对 Sm 的协萃效应大于对 Nd 的协萃效应，故分离效果优于单一体系。协萃体系平衡常数 K_{ex} 的对数与温度 T 的关系如图 21 – 29 所示，且协萃体系中的 P507 有效地克服了在低 pH 下，P204 萃取容易乳化及中重稀土难以反萃的缺点。反萃液稀土浓度从 120 g/L 提高至 210 g/L，酸度由 2.8 mol/L 降至 1.5 mol/L。此工艺已在山西锁簧得到成功应用。

（2）发明了固体钙、镁碱性化合物浆液或碳酸稀土浆液调节水相平衡酸度的有机相预处理技术，成功取代了氨液或钠碱液皂化。

用 P507 萃取包头矿的硫酸焙烧水浸液，用含钙镁的碱性化合物调浆，控制有机相预平衡 pH，得到负载稀土有机相，再以负载稀土有机相直接进料的分馏萃取工艺通过对负载有机进行洗涤、反萃，实现稀土分离，根据不同稀土元素在萃取槽内的分布（图 21 - 30），开发了多出口工艺，直接得到 La/富 Ce/PrNd/Sm、Eu、Gd/多种产品，并成功在甘肃稀土公司投入工业应用。

需要特别强调的是此技术的发明者利用 $RE_2(CO_3)_3$ 浆液调浆的方法。可将难萃稀土组分 $[RE^{3+}(B)]$ 的碳酸盐用水或稀酸

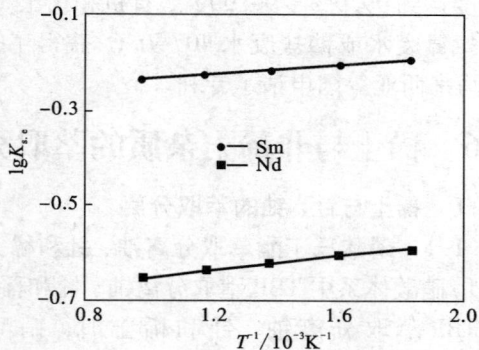

图 21 - 29　协萃平衡常数与温度之间的关系

调浆再用于有机相预处理。此时，$RE^{3+}(B)$ 进入有机相，置换出来的氢离子消耗于溶解碳酸稀土。这种负载稀土在多级分馏萃取槽中再与易萃稀土组分 RE^{3+}(A)进行交换，充分利用置换萃取原理实现稀土元素分离，而又不产生氨氮废水。

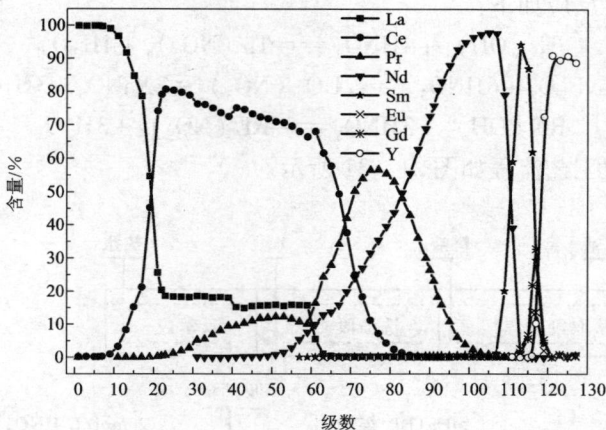

图 21 - 30　多出口非皂化工艺各级水相稀土元素配分

（3）成功开发了稀土浓度梯度及平衡酸度调控技术。

由于酸性磷型萃取剂对稀土元素的萃取能力有正序关系，所以可在较高平衡酸度下萃取中重稀土。为此，发明者创造性地在有机相预处理槽的最后几级混合室中加入适量水稀释稀土浓度并调整相比，并结合采用逆流或错流萃取手段，控制平衡酸度，将 99% 以上的稀土离子萃入有机相，实现非铵皂或钠皂的萃取获取高稀土负载有机相。后者再用于分馏萃取分离稀土。

2005 年以来，非铵皂或钠皂的萃取分离稀土新工艺在甘肃稀土公司、江西国盛稀土公司等七家大中型稀土企业成功实施，稀土回收率达到 98.5% ~ 99%，稀

土纯度达到 99.9% ~99.99% ，有机相稀土负载量达到 0.17 mol/L 以上，减排高浓度氨氮废水或钠盐废水 407 万 t，获得了七项专利，并在美国、澳大利亚、越南、马来西亚等国申请了专利。

21.6 稀土与非稀土杂质的萃取分离

21.6.1 稀土与钍、铀的萃取分离

21.6.1.1 磷酸三丁酯萃取分离铀、钍和稀土工艺

1）硝酸体系中 TBP 萃取分离铀、钍和稀土工艺

TBP 萃取分离铀、钍和稀土时，硝酸钍和硝酸铀酰分别与 TBP 生成 $Th(NO_3)_4 \cdot 2TBP$ 和 $UO_2(NO_3)_2 \cdot 2TBP$ 而被萃取。TBP 萃取铀、钍和稀土的顺序为 $UO_2^{2+} > Th^{4+} > RE^{3+}$，且铀和钍的分离系数随 TBP 浓度的升高而降低。

独居石精矿经烧碱分解工艺得到的铀、钍渣用硝酸溶解（硝酸溶解前，须将渣中氯离子用热水洗净），溶解后溶液作为料液，酸度为 3 ~5 mol/L，用 TBP 萃取分离铀、钍和稀土。

其溶解主要反应如下：

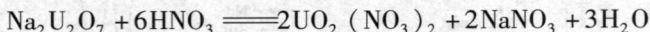

$$Th(OH)_4 + 4HNO_3 \rightleftharpoons Th(NO_3)_4 + 4H_2O$$
$$Na_2U_2O_7 + 6HNO_3 \rightleftharpoons 2UO_2(NO_3)_2 + 2NaNO_3 + 3H_2O$$
$$RE(OH)_3 + 3HNO_3 \rightleftharpoons RE(NO_3)_3 + 3H_2O$$

其原则萃取工艺流程如图 21 -31 所示。

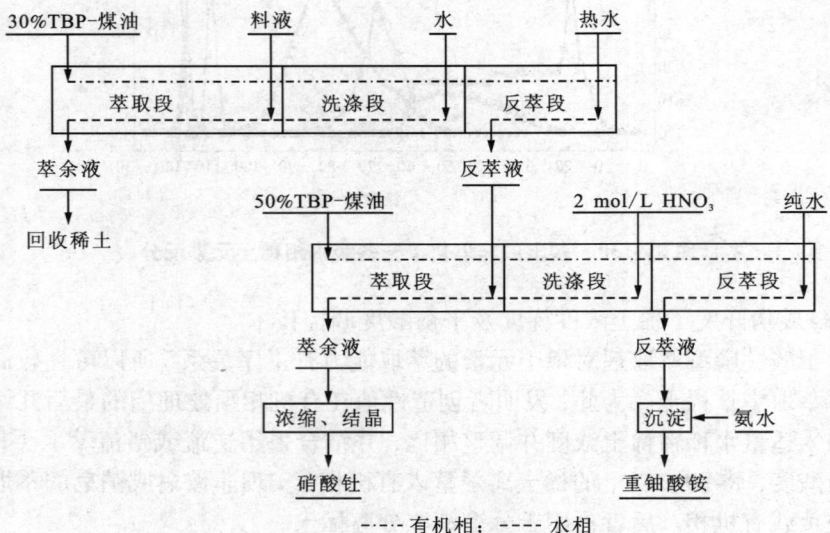

---- 有机相；---- 水相

图 21 -31 TBP 萃取分离铀、钍和稀土工艺流程

萃取条件为：料液酸度 3.5 mol/L，相比 O/A = 1:1，10 级逆流萃取。保证萃余液中 ThO_2 < 0.2 g/L。含铀、钍有机相首先用少量水洗涤，除去有机相中少量稀土、铁等杂质，然后用 60 ~ 80℃ 的热水反萃铀、钍，反萃相比 O/A = 1:0.9，级数 3 ~ 4 级。

将以上反萃液蒸发浓缩至 ThO_2 100 ~ 120 g/L，U_3O_8 5 ~ 7 g/L，调节酸度为 4 ~ 5 mol/L，然后再用 5% TBP – 煤油萃取铀。相比 O/A = 1:1，经 10 级逆流萃取使萃余液中，U_3O_8/ThO_2 ≤ 0.0025%。在相比 O/A = 5:1 时，含铀有机相用 2 mol/L 硝酸洗涤，经 10 级逆流洗涤除去少量钍、铁等。洗涤后有机相用纯水（O/A = 2:1）进行 10 级逆流反萃铀。

反萃液用氨水沉淀得到重铀酸铵：

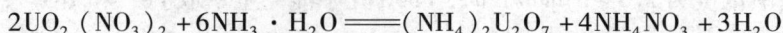

$$2UO_2(NO_3)_2 + 6NH_3 \cdot H_2O =\!=\!= (NH_4)_2U_2O_7 + 4NH_4NO_3 + 3H_2O$$

如硝酸钍溶液中含有少量稀土、铁等，则再用 40% TBP – 煤油萃取其中的钍［相比 O/A = (2 ~ 2.5):1］。有机相用少量纯水洗涤［相比 O/A = (7 ~ 8):1］，洗涤后的有机相用纯水反萃钍（相比 O/A = 3:1）。反萃液经蒸发浓缩，结晶出纯硝酸钍产品。

TBP 因受热、酸和放射性辐射作用，会发生部分水解生成 DBP ［$(C_4H_9O)_2HOP=\!=O$］和 MBP ［$C_4H_9O(HO)_2P=\!=O$］。它们是酸性磷型萃取剂，对铀、锆的萃取能力很强，对钍的萃取能力也比 TBP 强，生成的萃合物不易被反萃而留在有机相中，对工艺的稳定和硝酸钍产品的质量都带来不利影响。因此，在 TBP 使用过程中，必须及时清除生成的 DBP 和 MBP。工业生产中，一般用 3% ~ 5% Na_2CO_3 溶液处理有机相，使其中的 DBP 和 MBP 生成水溶性的钠盐除去。

2）HCl 体系中 TBP 萃取分离铀、钍和稀土工艺

在盐酸体系中，TBP 对铀、钍和稀土、铁的萃取性能不同于硝酸体系。它们的萃取顺序为：Fe^{3+} > UO_2^{2+} > Th^{4+} > RE^{3+}。低酸度时，UO_2^{2+} 和 Fe^{3+} 可与 Th^{4+}、RE^{3+} 很好地分离。而 UO_2^{2+} 和 Fe^{3+} 的分离可以先萃取 Fe^{3+}，后萃取 UO_2^{2+}。也可将 Fe^{3+} 用铁屑还原成 Fe^{2+} 而不被萃取，使之分离。盐酸体系中 TBP 萃取分离铀、钍和稀土时，可在体系中加入 HNO_3，使 Th^{4+} 与 NO_3^- 生成被 TBP 萃取的 $Th(NO_3)_4$ 而与稀土分离。

水相中铀浓度 1.01 g/L，钍浓度 1.45 g/L，相比 O/A = 1:1，在不同萃取剂及其浓度条件下，铀、钍的分配比及铀与钍的分离系数见表 21 – 9。

21.6.1.2 P350（甲基膦酸二仲辛酯）– 煤油萃取分离铀、钍和稀土

20 世纪 70 年代，国内对 P350 分离铀、钍做过大量研究。水相体系有盐酸、硝酸及混酸多种，而且均获得了工业应用。如首先用盐酸溶解铀、钍渣，然后用 P350 – 煤油从盐酸溶液中萃取分离铀、钍和稀土。

表 21 −9　TBP 与 P350 萃取铀、钍的分离系数比较

（原始料液：U 1.03 g/L, Th 1.94 g/L, HNO₃ 3.95 mol/L, 相比 1:1）

萃取剂浓度 /%	TBP – 煤油			P350 – 煤油		
	D_U	D_{Th}	$\beta_{U/Th}$	D_U	D_{Th}	$\beta_{U/Th}$
1	0.107	0.032	33.9	0.945	0.016	59
3	2.12	0.0575	36.9	21.2	0.028	757
5	6.2	0.0965	64.2	48.0	0.131	365
7	18.6	0.176	106	60.2	0.333	181

当盐酸浓度为 2.5 ~ 3 mol/L 时，P350 几乎能完全萃取 Fe^{3+} 和 UO_2^{2+}，而很少萃取 Th^{4+} 和 RE^{3+}。当盐酸浓度为 5 ~ 6 mol/L 时，P350 几乎能完全萃取 Th^{4+}，而很少萃取 RE^{3+}，从而可以达到铀、钍、稀土的分离目的。用 P350 – 煤油从盐酸溶液中萃取铀、钍和稀土的优点是，由于盐酸价格低廉、来源广，在经济上较为合理。但萃取钍时要求酸度较高，操作环境较差，因此，在萃取铀、铁后，可在萃余液中补加少量硝酸再萃取钍，这样可明显降低萃钍的酸度。

21.6.1.3　硫酸溶液中伯胺 N1923 萃取分离稀土和钍

浓硫酸焙烧分解白云鄂博稀土精矿水浸出和氟碳铈矿氧化焙烧稀硫酸浸出时，均可得到硫酸稀土溶液，其中含有少量钍。将放射性元素钍尽早地与稀土元素分离并回收，可以减少或消除放射性污染。这不仅有利于环境保护而且还能使有价元素得以综合利用。

20 世纪 70 年代中期，上海有机化学研究所试制成功仲碳伯胺 N1923。长春应用化学研究所提出并系统研究了 N1923 从包头稀土矿硫酸分解液中萃取分离钍的工艺[26]。

伯胺 N1923 萃取 Th^{4+} 时，水相 pH 影响不大，并且稀土和铁的萃取能力都很低，见表 21 – 10。伯胺 N1923 是从含稀土和铁的溶液中分离钍的有效萃取剂。

表 21 – 10　起始水相酸度对 N1923 萃取钍的影响

起始水相 H₂SO₄ 浓度 /(mol·L⁻¹)	萃取率/%		
	Th^{4+}	Fe^{3+}	RE^{3+}
0.35	98.1	0.04	0.15
0.55	97.9	0.04	0.16
0.75	97.9	0.04	0.16

钍的萃取：水相中含 REO 27.6 g/L, ThO₂ 0.12 g/L, Fe 21.6 g/L, 相比 O/A

=1:4，用1% N1923－1% ROH－煤油作有机相，从浓硫酸焙烧白云鄂博稀土精矿的水浸液中经16级分馏萃取，负载有机相用0.5 mol/L Na_2CO_3 溶液反萃，得到纯度大于99.9%、回收率大于99.5%的氧化钍产品。萃余水相中 ThO_2/REO < 1×10^{-5}，REO 回收率大于99.9%。

用伯胺 N1923 从白云鄂博矿浓硫酸分解水浸液中萃取分离钍和提取混合稀土工艺流程如图21－32所示。

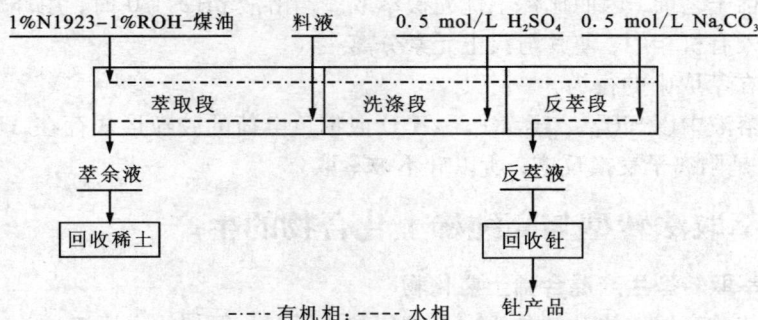

图 21－32　N1923 从硫酸稀土溶液中萃取分离钍和稀土工艺流程

21.6.2　萃取法分离其他非稀土杂质简介

稀土原料液中常含有 Ca^{2+}、Fe^{3+}、Al^{3+}、Pb^{2+}、Cu^{2+}、Si^{4+} 等杂质，这些杂质影响稀土产品的质量，有的杂质在萃取过程中容易引起乳化，影响生产的正常进行。

1）稀土与钙、镁等杂质的萃取分离

目前，在稀土全分离工艺中，除环烷酸作为提钇的特效萃取剂外，其他稀土普遍采用 P507 为萃取剂实现稀土萃取分离，而稀土溶液中 Ca^{2+}、Mg^{2+} 等二价金属离子要比 RE^{3+} 难萃得多。氯化稀土溶液中的 Ca^{2+}、Mg^{2+} 等二价金属离子在稀土全分离工艺中常与难萃元素 La^{3+} 在一起，所以无论在环烷酸盐酸萃取体系、还是在 P204 及 P507 盐酸萃取体系中都很容易实现 RE^{3+} 与 Ca^{2+}、Mg^{2+} 等二价金属离子分离。在制备高纯稀土或荧光级稀土产品时，工业上常常采用 P507 萃取稀土，高纯水和高纯盐酸配制萃取分离的洗液和反萃剂，得到的稀土产品中 Ca^{2+}、Mg^{2+} 等二价金属离子分别 < 10 ppm。

2）稀土与铁、锌杂质的萃取分离

在氯化稀土溶液中，当 pH ≤ 1.0 时，Fe^{3+} 以 Fe^{3+} 和 $FeCl_x^{(3-x)+}$ 的形式存在，此时溶液为黄色；当 pH > 2.0 时，以 $Fe(OH)_2Fe^{4+}$ 的形式存在，溶液显橙黄色。从酸度 pH 2.5～3.0 的溶液中用环烷酸萃取稀土，铁离子最容易引起乳化。

工业上采用阴离子萃取剂 25% N235－15% 异辛醇－60% 煤油为有机相，从氯化稀土溶液中萃取铁、锌离子,实现稀土与铁、锌的分离。氯化稀土溶液酸度控制在 pH≤1.0,氯化稀土起盐析剂作用,铁、锌以阴离子 $FeCl_4^-$、$ZnCl_4^{2-}$ 形式存在,故被萃入有机相。而稀土以阳离子形式存在,不被萃取。用水反萃有机相中的铁、锌。萃入有机相中的 $FeCl_4^-$、$ZnCl_4^{2-}$ 转化为 Fe^{3+}、Zn^{2+},极易被反萃下来。

3)稀土与铝杂质的萃取分离

目前,工业上采用环烷酸从稀土溶液中萃取除铝。铝在环烷酸萃取金属的序列中处在稀土之前,因而比稀土优先被萃取。当溶液 pH >4.0 时,用环烷酸将稀土中铝萃入有机相中,使其与稀土元素分离。

4)硅在萃取中的行为

硅在溶液中以 SiO_3^{2-}、$H_2SiO_3 \cdot xH_2O$ 或带负电荷的胶粒形式存在,环烷酸或 P507 萃取是阳离子交换反应,所以硅不被萃取。

21.7 萃取法转型与高纯稀土化合物的生产

21.7.1 萃取转型生产混合稀土氯化物

用浓硫酸高温焙烧分解包头白云鄂博稀土精矿,得到的水浸溶液为硫酸稀土溶液,稀土浓度(REO)为 25 ~ 40 g/L;离子吸附型稀土矿用硫酸铵溶液浸矿,得到硫酸稀土溶液,稀土浓度(REO)为 1 ~ 4 g/L;由于硫酸稀土溶液中稀土浓度低,需采用萃取转型;用萃取剂从硫酸稀土溶液中将稀土离子萃入到有机相中,再用盐酸将稀土离子从有机相中反萃下来,得到浓氯化稀土溶液,该溶液作为萃取分离的料液。

萃取转型常用的萃取剂有环烷酸、脂肪酸、P204、P507 等,环烷酸和脂肪酸两种萃取剂优点是价格便宜、萃取容量大,但料液中 Fe^{3+}、Al^{3+} 等杂质的存在会引起乳化。因此,应当先对料液中的铁、铝等杂质进行深度净化。环烷酸和脂肪酸作为转型萃取剂应先用碱皂化,然后从硫酸稀土溶液中将稀土离子全部萃入到有机相中,用稀盐酸洗涤有机夹带的硫酸根,再用盐酸反萃得到氯化稀土溶液。由于环烷酸和脂肪酸萃取转型工艺对原料中杂质含量要求很苛刻,工业生产很少被采用。而用 P204 萃取转型的工艺有部分企业在应用,其工艺流程如图 21 -33 所示。

以 P204 为萃取剂将 $RE_2(SO_4)_3$ 溶液中稀土离子全部萃入到有机相中,负载有机经过澄清段后,用稀盐酸洗涤有机相夹带的硫酸根,用 6 mol/L HCl 作为反萃液,将负载有机相中的稀土反萃到水相中,得到不含硫酸根的 $RECl_3$ 溶液。洗涤有机相的洗余液中含有 1 mol/L 左右盐酸,将洗余液一部分与工业盐酸配制 6 mol/L HCl 作为反萃液,另一部分洗余液与水配制 0.5 ~ 1 mol/L 的稀盐酸,作为洗液,本工艺只有萃余液为酸性废水,该废水一部分回用于浸焙烧矿用,另一部分废水中和后过滤,滤液再回用到生产工艺中。用 P204 作萃取剂的优点是不

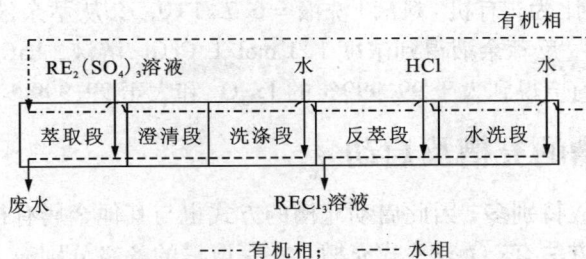

有机相

$RE_2(SO_4)_3$溶液　　　水　　　HCl　　　水

| 萃取段 | 澄清段 | 洗涤段 | 反萃段 | 水洗段 |

废水　　　　　　　　　　RECl₃溶液

----- 有机相；　---- 水相

图 21-33　P204 萃取转型生产混合氯化稀土工艺槽模型图

需要皂化，缺点是反萃余液 RECl₃ 溶液酸度较高。

利用 P204、P507 和 Cyanex272 萃取剂结构和性质上的差异和各自的优点，将它们进行优化组合，选择出合适的协同萃取体系。在硫酸稀土溶液转型工艺上，如改用协同萃取体系，可使中重稀土容易反萃，反萃余液 RECl₃ 溶液酸度比用 P204 转型工艺酸度低。

21.7.2　高纯单一稀土氧化物的制备

21.7.2.1　高纯氧化铽及氧化镝制备工艺

经过 Dy/Ho 和 Gd/Tb 两段萃取分离得到的 Tb/Dy 混合物，可作为制备高纯度氧化铽及氧化镝的原料。在同一萃取分离段内，经过下述工艺处理，可同时获得大于 99.99% Tb_4O_7 和大于 99.99% Dy_2O_3。

萃取有机相组成为 P507：煤油 = 1:1，P507 浓度 1.5 mol/L，有机相与 5 mol/L NaOH 溶液并流 3 级皂化后进入稀土皂化段，有机相皂化度 36%。皂化有机相与氯化铽溶液 7 级逆流萃取后，P507 的 Tb 皂进入萃取段。稀土料液浓度 1.2 mol/L，酸度 0.3 mol/L，其中含 Tb_4O_7 25%，Dy_2O_3 75%，洗液和反萃剂盐酸浓度均为 4 mol/L，萃取段为 36 级，洗涤段 62 级，流比为：有机:料液:洗液 = 10.8:1:0.81，从萃余液得到浓度 1.1 mol/L TbCl₃ 溶液，反萃液得到浓度 1.2 mol/L DyCl₃ 溶液。TbCl₃ 和 DyCl₃ 分别经过草酸沉淀、灼烧得到大于 99.99% 的 Tb_4O_7 和大于 99.99% 的 Dy_2O_3 产品。

21.7.2.2　高纯氧化镧、氧化铈制备工艺

混合氯化稀土溶液经过铈、镨萃取分离，得到镧及铈的混合溶液。以此溶液为原料，可在同一萃取分离段内同时获得纯度大于 99.999% 的 La_2O_3 和纯度大于 99.999% 的 CeO_2。

萃取有机相组成为 P507：煤油 = 1:1，P507 浓度 1.5 mol/L，有机与 5 mol/L NaOH 溶液并流 3 级皂化后进入稀土皂化段，有机相皂化度 36%，皂化有机相与 LaCl₃ 溶液 7 级逆流接触后进入萃取段。稀土料液浓度 1.3 mol/L，pH = 2，其中含 La_2O_3 36%，CeO_2 64%，洗液和反萃液盐酸浓度均为 4 mol/L，萃取段为 30 级，

洗涤段 50 级，流比为：有机：料液：洗液 = 6.7：1：0.3，从萃余液得到浓度 1.15 mol/L LaCl$_3$ 溶液，反萃余液得到浓度 1.3 mol/L CeCl$_3$ 溶液，LaCl$_3$ 和 CeCl$_3$ 分别经过草酸沉淀、灼烧得到大于 99.999% 的 La$_2$O$_3$ 和大于 99.999% 的 CeO$_2$ 产品。

21.8   萃取槽的充槽及启动

稀土萃取级数特别多，因此启动充槽的方式也与其他金属有很大差别。

传统的充槽方法有：①齐头式充槽。在萃取槽的各级分别充入负载有机相和料液，按正常流量启动，这种方法简单可靠，但平衡时间长，平衡期间不合格产品数量多，一般只适用于比较简单的分组体系。②阶梯式充槽。按照萃取槽各级水相和有机相大致相同的稀土浓度和配分，确定一定梯度，用相应的纯稀土或富集物充槽，也可用本身萃取槽的若干级制备充槽料液，这种方法平衡时间很短，几乎一出来就是合格产品，但充槽过程复杂，充槽成本高，故此法一般只适用于生产量小、产品纯度高的萃取槽充槽。

目前采用了新式的充槽方法：先在萃取槽皂化段、稀土皂段及萃取段前 10 级的水相充入纯水，启动皂化段搅拌，按皂化段要求加入空白有机相和氨水，经皂化后的有机相流入下一段（或级）时，依次启动相应搅拌，待萃取段前 10 级充满皂化有机相后，开始在 11 级以后同时加入料液充满各级至洗涤段 m 级至 10 级处，后将料液改为洗酸与反酸充槽至反萃段，充完槽后按正常流量运转，并根据萃取槽稀土前后沿位置和组分情况调整有机相、料液或洗反酸流量，使萃取槽全回流、半回流运转，待前面或后面达到分离纯度要求时逐步往前或往后放出各出口液。该充槽方法可大大缩短槽体平衡时间和减少平衡期间酸碱消耗，确保充槽平衡期间不产生不合格产品。

21.9   稀土元素萃取分离工艺废水的循环利用

稀土溶剂萃取流程长，工艺复杂，因此废水种类繁多，视各厂原料及工艺的不同，废水的成分也各异，必须从各厂实际出发，尽量回用各出口的废水，做到废水不废。水回用问题解决得好，不仅有利于环境保护而且也有利于充分利用稀土资源[27-30]。

稀土元素萃取分离废水有碱皂化废水、稀土皂化废水、稀土与 Ca^{2+}、Mg^{2+} 分离的萃余液、稀土沉淀废水（沉淀母液和洗涤滤液）。这些废水可直接回用配制皂化剂、洗涤有机、洗水和反萃剂，但其前提是应具备如下条件：①废水中含有的微量稀土元素不能影响稀土产品的纯度；②废水中含有的盐与稀土皂化产生废水中的盐应一致，便于回收再利用；③溶解到废水中的萃取剂应与分离萃取剂相同；④选择含盐较低的废水；⑤选择非稀土杂质较低的废水；⑥选择 pH 接近 7 的废水；⑦产生的皂化废水一部分用于蒸发浓缩回收盐，另一部分回用。

以混合氯化稀土溶液经钕钐分组后的萃余液的处理工艺中的废水回用为例，该工艺料液含稀土浓度 1.5 mol/L，pH = 2，其组成包括 La_2O_3 和 CeO_2，含量为 79%，Pr_6O_{11} 和 Nd_2O_3 含量为 21%；分离规模为 12250 t/a（按稀土氧化物计）；有机相为 P507（用煤油稀释），其浓度为 1.5 mol/L；La^{3+} 和 Ce^{3+} 为难萃稀土元素，Pr^{3+} 和 Nd^{3+} 为易萃稀土元素；氢氧化钠为皂化剂；碳酸钠作碳酸镨钕沉淀剂；用混合澄清萃取槽进行铈镨萃取分离，萃余液为进行镧铈萃取分离的高纯料液，反萃液为制备碳酸镨钕的原料液，La、Ce/Pr、Nd 萃取分离的工艺废水回用见流程图 21 - 34。

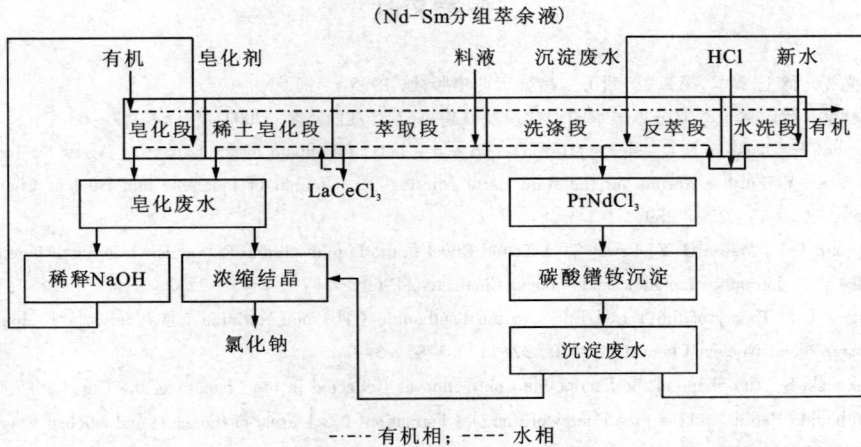

图 21 - 34　La、Ce/Pr、Nd 萃取分离废水回用工艺流程

本萃取分离流程回用的废水共有如下两种：

1）用本分离段产生的皂化废水配制皂化剂

由于高浓度氢氧化钠溶液在皂化过程中产生大量的热，萃取槽容易变形，为了降低其热量，将氢氧化钠浓度稀释到 5 mol/L，需新水 56 m^3/d；在稀土皂化段皂化有机完全与氯化稀土溶液反应，稀土皂化余液为 132 m^3/d，皂化废水中氯化钠浓度为 2.30 mol/L；采用本段皂化废水回用技术，加入皂化废水稀释氢氧化钠溶液，需皂化废水 56 m^3/d，本段皂化废水共计排放量为 188 m^3/d，回用废水后，皂化废水中氯化钠浓度提高至 2.98 mol/L，皂化废水自回用于铈镨萃取分离工艺配制皂化剂，节约新水 56 m^3/d，皂化废水中氯化钠浓度提高 0.68 mol/L。

2）用碳酸镨钕沉淀废水配制铈镨萃取分离的洗水

碳酸镨钕沉淀废水中含氯化钠 0.98 mol/L，用于配制铈镨萃取分离的洗水。具体方法为：铈镨萃取分离用新水按流量为 1.57 m^3/h 洗涤有机，用新水洗涤有机后的水洗余液用管道与反萃取级的混合室相连接，水洗余液管道与浓盐酸管道相连接，洗涤有机后的水洗余液在连接管道中和 10 mol/L 盐酸按流量为 2. 36 m³/h 自动配制成 6 mol/L 盐酸溶液作为铈镨分离的反萃剂，将碳酸镨钕沉淀废水按流量 2 m³/h 加入到铈镨萃取分离段加反萃剂级前第四级，与反萃液混合作为铈镨分离的洗水，此时水相中按酸的浓度计算是 4 mol/L 盐酸作为萃取分离的洗水，洗水中氯化铵浓度为 0. 33 mol/L，配制铈镨分离洗水需碳酸镨钕沉淀废水 48 m³/d，沉淀废水回用于铈镨萃取分离工艺配制洗液，节约新水 48 m³/d，碳酸镨钕沉淀减少废水排放量 48 m³/d。

参考文献

[1] 徐光宪. 稀土[M]. 第 2 版. 北京：冶金工业出版社，1995.

[2] 黄桂文. 我国稀土萃取分离技术的现状及发展趋势[J]. 江西冶金，2003，23(6)：62 - 68.

[3] Hesford E, Jackson E E, McKay H A C. Tri - n - butyl Phosphate as an Extracting Agent for Inorganic Nitrates—VI Further Results for the Rare Earth Nitrates[J]. Journal of Inorganic and Nuclear Chemistry, 1959, 9(3 - 4)：279 - 289.

[4] Peppard D F, Mason G W, Lewey S. A Tetrad Effect in the Liquid - liquid Extraction Ordering of Lanthanides (Ⅲ)[J]. Journal of Inorganic and Nuclear Chemistry, 1969, 31(7)：2271 - 2272.

[5] Nugent L J. Theory of the Tetrad Effect in the Lanthanide (Ⅲ) and Actinide (Ⅲ) Series[J]. Journal of Inorganic and Nuclear Chemistry, 1970, 32(11)：3485 - 3491.

[6] Siekierski S. The Shape of the Lanthanide Contraction as Reflected in the Changes of the Unit Cell Volumes, Lanthanide Radius and the Free Energy of Complex Formation[J]. Journal of Inorganic and Nuclear Chemistry, 1971, 33(2)：377 - 386.

[7] 徐光宪，袁承业，等. 稀土的溶剂萃取[M]. 北京：科学出版社，1991.

[8] Fidelis I, Siekierski S. The Regularities in Stability Constants of some Rare Earth Complexes[J]. Journal of Inorganic and Nuclear Chemistry, 1966, 28(1)：185 - 188.

[9] Fidelis I, Siekierski S. On the Regularities or Tetrad Effect in Complex Formation by f - electron Elements. A Double - double Effect[J]. Journal of Inorganic and Nuclear Chemistry, 1971, 33(9)：3191 - 3194.

[10] Sinha S P. Gadolinium Break, Tetrad and Double - double Effects Were Here, What Next? [J]. Helvetica Chimica Acta, 1975, 58(7)：1978 - 1983.

[11] 郝先库，张瑞祥，刘海旺，等. 还原萃取法制备荧光级氧化铕萃取剂自保护工艺[P]. 中国专利，ZL200410062958. X，2009 - 1 - 14.

[12] 郝先库，张瑞祥，刘海旺，等. 稀土萃取分离工艺的改进及废液的循环利用方法[P]. 中国专利，200410059620. 9，2005 - 12 - 14.

[13] 严纯华，吴声，廖春生，等. 稀土分离理论及其实践的新进展[J]. 无机化学学报，2008，第 24 卷第 8 期：1200 - 1205.

[14] 韩旗英. 稀土萃取分离技术现状分析[J]. 湖南有色金属，第 26 卷第 1 期，2010，2：24 - 27.

[15] 邓佐国，徐廷华，胡建康，杨凤丽. 关于模糊联动萃取技术的几点思考[J]. 有色金属科学与工程，2012，第 3 卷第 1 期：10 - 12.

[16] 邓佐国，徐廷华. 离子型稀土萃取分离工艺技术现状及发展方向[J]. 有色金属科学与工程，2012，第 3 卷第 4 期：20 - 23.

[17] 严纯华，廖春生，等. 中钇富铕稀土矿萃取分离流程的经济技术指标比较[J]. 中国稀土学报，第 17 卷第 3 期，1999，9：256 - 262.

[18] 杨凤丽，邓佐国，徐廷华. 铽镝镥富集物萃取分离优化工艺与传统工艺分析比较[J]. 江西理工大学学报，第 20 卷第 3 期，2007，6：6 - 9.

[19] 池汝安，田君. 风化壳淋积型稀土矿化工冶金[M]. 北京：科学出版社，2006：238 - 240.

[20] C Abbruzzese, P Fornari, R Massidda, T S Urbanski. Solvent Extraction of Lanthanum (Ⅲ) and Cerium (Ⅲ) from Aqueous Chloride Solutions by LIX 70[J]. Hydrometallurgy, 1992, 28(2): 179 - 190.

[21] 马荣骏. 用 MOC $\overline{\underline{\text{TM}}}$ 100TD 新萃取剂萃取 La(Ⅲ)及 Ce(Ⅲ)的研究[J]. 稀土，1995，16(5)：1 - 5.

[22] 黄小卫，李红卫. 稀土、14 - 15//张国成，黄文梅. 有色金属进展(1996—2005)第五卷稀有金属和贵金属(第 1 册)[M]. 长沙：中南大学出版社，2007.

[23] 黄小卫，李建林，张永奇，等. P204 - P507 在酸性硫酸盐溶液中对 Nd^{3+} 和 Sm^{3+} 的协同萃取[J]. 中国有色金属学报，2008，12(2)：366 - 371.

[24] Zhang Yongqi, Li Jianning, Huang Xiaowei. Synergistic Extraction of Rare Earths by Mixture of HDEHP and HEHEHP in Sulphuric Acid Medium[J]. Journal of Rare Earths. 2008, 26(5): 688 - 692.

[25] 黄小卫，李红卫，龙志奇. 一种非皂化有机相萃取稀土全分离工艺[P]. CN1824814A，2006，8：30.

[26] 李德谦，倪家瓒. 稀土萃取分离//汪家鼎、陈家镛. 溶剂萃取手册[M]. 北京：化学工业出版社，2001，第 8 章：568 - 569.

[27] 郝先库，张瑞祥，刘海旺，等. 回用碳酸稀土沉淀废水配制皂化剂的方法[P]. 中国专利，201010238922.8，2011 - 02 - 09.

[28] 郝先库，张瑞祥，刘海旺，等. 碳酸稀土沉淀废水回用到萃取分离工艺洗涤有机、配制反萃液和洗液方法[P]. 中国专利，201010238864.9，2011 - 02 - 09.

[29] 郝先库，张瑞祥，刘海旺，等. 稀土萃取分离产生的皂化废水直接回用配制皂化剂的方法[P]. 中国专利，201010238896.9，2011 - 02 - 09.

[30] 郝先库，张瑞祥，刘海旺，等. 回用稀土萃取分离皂化废水洗涤有机、配制反萃液和洗液方法[P]. 中国专利，201010238887.X，2011 - 02 - 16.

第22章 钒、钽铌萃取

曾　理　中南大学冶金与环境学院

张伟宁　宁夏东方钽业股份有限公司

目　录

22.1　钒的萃取

22.1.1　萃取料液来源

我国有丰富的两大类钒矿资源：钒钛磁铁矿和含钒石煤。前者占全国钛资源的 90%，主要分布在四川攀枝花和承德；后者广泛分布在我国南方数省，储量大，综合考察报告表明：我国石煤中钒(V_2O_5)总储量约为 1.18 亿 t，是我国钒钛磁铁矿中钒总储量的 7 倍，超过世界其他国家钒的总储量，是近十多年来积极开发利用的一种新型钒矿资源[1]。

钒钛磁铁矿共生有铁、钛、钒三种主要元素,同时还伴生有铬、钴、镍、铜等元素。其组成一般为含铁 50%、钛 10%、钒 0.5%、铬 2%,为了提高铁精矿品位并同时回收其中的有价金属,可以采取碱法焙烧—水浸工艺,浸出液含钒约 0.5 g/L、铬 3.0 g/L,pH 为 13.5。这种溶液可以作为萃取分离和回收钒和铬的原料液[2]。也有研究者提出将钒钛磁铁矿经过还原焙烧后用钛白废酸浸出的工艺,浸出液经冷冻结晶除铁、水解除钛后得到的溶液作为萃取分离并回收钒和钪的原料液[3]。

石煤矿属于低品位含钒资源,除我国外,世界上其他国家在工业上开采利用的尚不多见,我国石煤中钒的品位一般为 0.15%~1.2%,小于边界品位 0.5% 的占 60%,在目前的技术经济条件下,品位达到 0.8% 以上的才具有工业开采价值[4]。传统的钠化焙烧石煤处理工艺由于存在钒回收率低、环境污染严重等问题,现在已被高压酸浸—溶剂萃取或无盐焙烧—酸浸—溶剂萃取等新工艺取代。酸浸液含钒一般在 2~5 g/L,所含杂质主要为铁和铝,同时还有部分磷和钾也会进入溶液,浸出液酸度一般为 1~2 mol/L。在对浸出液中的钒萃取之前,一般先要将溶液进行还原并调节溶液的 pH 至 2.0~2.5。为了减少浸出液中的杂质进入,也有学者提出空白焙烧(即无盐焙烧)—加压碱浸—脱硅—萃取提钒的石煤处理新工艺,浸出液 pH 为 11.5,含钒(V_2O_5)约 3 g/L,钒硅质量浓度比为 0.65,浸出液经过调整溶液 pH 沉淀除硅后采用溶剂萃取法提钒[5]。

除了以上两种主要的钒矿资源外,钒的二次资源的开发利用所占比重也越来越大,在所有的二次资源中,废催化剂无疑是非常重要的一种,这不仅仅是因为大量废催化剂中有价金属所带来的重要经济价值,更重要的是可以大大避免直接掩埋对环境造成的污染。废钒催化剂主要来源于石油化工和硫酸工业[6]。废钒催化剂一般含钒(V_2O_5)5%~15%,经过焙烧后用酸或碱液浸出,浸出液一般含钒 2~3 g/L,可以通过溶剂萃取回收浸出液中的钒。

22.1.2　钒的萃取

由于钒的萃取在很大程度上取决于它在溶液中的离子存在形态,而钒在溶液中的离子存在形态又取决于溶液的 pH、离子的氧化价态及其配合物在溶液中的浓度。因此,弄清楚钒的溶液化学性质很有必要。

22.1.2.1　萃取钒的溶液化学依据

作为过渡金属,钒在溶液中的价态可以呈 +2、+3、+4 和 +5,其稳定存在的价态为 +4 和 +5。在 pH 2~6.5 范围内,钒可以发生聚合反应。当 pH 由 6.5 逐渐降低到 2 的过程中,钒离子开始聚合,并生成高分子量的同多酸根阴离子。当 pH < 2 时,V(V) 和 V(Ⅳ) 分别形成钒氧阳离子 VO_2^+ 和 VO^{2+}。有报道称[7-10],在 2~3 mol/L 的盐酸浓度时,钒以 $VOCl_3^-$ 形态存在。酸度更大时(约 6 mol/L HCl),钒则形成中性分子,如 $VOCl_2$ 和 VO_2Cl。钒(V)在不同 pH 下的主要

离子形态如表 22 - 1 及图 22 - 1 所示。

表 22 - 1　钒(V)在不同 pH 下的主要离子存在形态

pH	>13	9	8.5	6	2	<2
离子形态	VO_4^{3-}	$V_2O_7^{4-}$	VO_3^-	$V_3O_9^{3-}$	$V_{10}O_{28}^{6-}$	VO_2^+

钒(V)在不同 pH 下存在的各种离子形态决定了三类萃取剂均能够萃取钒:酸性萃取剂,在强酸性条件下,萃取钒氧阳离子;胺类萃取剂,在弱酸性范围内萃取钒的同多酸根阴离子;季铵盐类萃取剂,在中性或弱碱性条件下萃取钒阴离子,尤其是钒的同多酸根阴离子。当溶液中的钒以中性分子存在时,可以用中性萃取剂进行萃取[12, 13]。

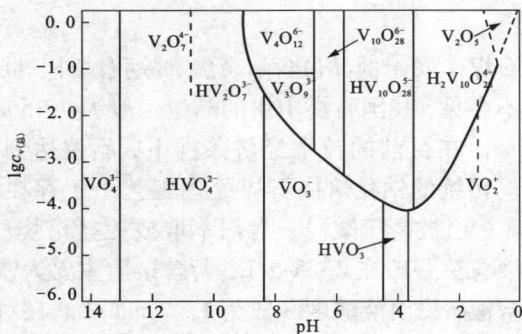

图 22 - 1　溶液中钒(V)的离子状态图[11]

国外从 20 世纪 50 年代开始已在工业上应用萃取法提钒。我国在这方面的研究亦颇多。钒的萃取剂很多,但能在工业上应用的多限于碱性萃取剂中的伯、仲、叔胺和季铵,中性磷酸酯中的磷酸三丁酯和酸性磷型萃取剂二 - (2 - 乙基己基)磷酸等。

22.1.2.2　钛白废酸处理钒钛磁铁矿萃取提钒

前面曾提到钒钛磁铁矿经过还原焙烧后用钛白废酸浸出的工艺,水解除钛后的溶液先用 12% P204 + 6% TBP + 82% 煤油萃取钪,相比 O/A = 1:15,采用三级逆流萃取,负钪有机相用 NaOH 反萃,富钪反萃液用于提取氧化钪。

提钪后的萃余液先加入铁粉将 Fe^{3+} 还原成 Fe^{2+},再用氨水中和溶液的 pH 至 2 左右,过滤除去沉淀物,然后用 20% P204 + 8% TBP + 72% 煤油在相比 O/A = 1:3 条件下 3 级逆流萃钒。负钒有机相用硫酸反萃,得到的富钒溶液用于制取五氧化二钒产品。

从钒钛磁铁矿碱浸液中萃取提钒必定涉及钒铬分离,这将在 22.1.4 小节详细论述。

22.1.2.3 从石煤浸出液中萃取钒

1) P204 萃取钒(Ⅳ)

核工业北京化工冶金研究院试验研究的"从走马石煤中提钒"工艺流程,采用石煤氧化焙烧脱炭—硫酸浸出—溶剂萃取—铵盐沉钒工艺,已在国内进行工业化生产并取得成功[14]。石煤氧化焙烧灰用硫酸浸出后的矿浆澄清后,将上清液和浸渣一次洗涤液合并,然后用氨水调节 pH,搅拌 1 h 后静置过滤。滤液直接用 P204 和 TBP 的煤油溶液进行溶剂萃取,TBP 为相调节剂。萃取料液中 V_2O_5 的平均浓度约为 3 g/L,有机相与水相流比为 1:2.5,萃取级数 7 级,萃取率达到 98.4%。负载钒有机相用 1.5 mol/L 硫酸反萃,有机相与水相流比为 6:1,以 5 级逆流方式反萃,反萃率达 99.4%。因钒在焙烧脱炭条件下仍为 4 价,故 P204 萃取钒的反应方程式如下所示:

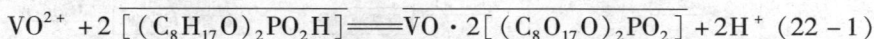

$$VO^{2+} + 2\overline{\left[(C_8H_{17}O)_2PO_2H\right]} = \overline{VO \cdot 2\left[(C_8O_{17}O)_2PO_2\right]} + 2H^+ \quad (22-1)$$

采用萃取剂 P204 与 TBP 的磺化煤油溶液从石煤焙烧酸浸液中萃取提钒工艺的厂家较多,如陕西华成钒业公司、陕西五洲矿业、河南淅川金泰源矿业有限公司等,但由于经脱炭焙烧后石煤中的铁大部分以三价形式和钒一起进入溶液中,在低 pH 下,P204 能萃取三价铁而不萃取二价铁,因此在萃取前应先将三价铁还原为二价,从而使钒被萃取,铁留在溶液中,达到钒铁分离的目的。一般的做法是,先将浸出液 pH 调至 1.0~1.5,然后加入定量的硫代硫酸钠或铁粉还原,再将 pH 调节到萃取所需值(2.0~2.5),加入絮凝剂澄清后萃取。硫代硫酸钠加入量对还原电位及钒萃取率的影响见表 22-2。

表 22-2 硫代硫酸钠加入量对萃取率的影响[15](100 mL 溶液)

$Na_2S_2O_3$ 加入量/g	0.16	0.30	0.41	0.51	0.62	0.74	0.87	0.97	1.07
还原电位/mV	—	-309	-277	-224	-212	-204	-172	-163	-154
钒萃取率/%	36.2	37.5	36.17	38.64	45.65	64.44	75	81.58	83.33

由上表可知,随着还原剂加入量的增大,溶液还原电位逐渐升高,萃取率也逐步提高,这一方面是由于与钒竞争萃取的三价铁被还原为二价而逐渐减少,另一方面是由于料液中的五价钒被还原为四价而更容易被萃取。工业上多级萃取过程中为防止二价铁的二次氧化,应控制还原电位更高些(约为 -150 mV)。

采用 P204 从石煤焙烧酸浸液中萃取提钒的工艺原则流程如图 22-2 所示。根据该流程在我国西北建成了 660 t/a 规模的石煤提钒工厂,其运行状况良好,很多生产指标超过了设计要求,萃取有机相组成为 10% P204 + 5% TBP + 85% 磺化煤油,过程运行的部分数据见表 22-3[16]。

还有部分工厂采用石煤矿直接硫酸浸出—还原—中和—P204 萃取工艺,与上述工艺相比,硫酸耗量较大,一般为矿石量的 15%~25%。

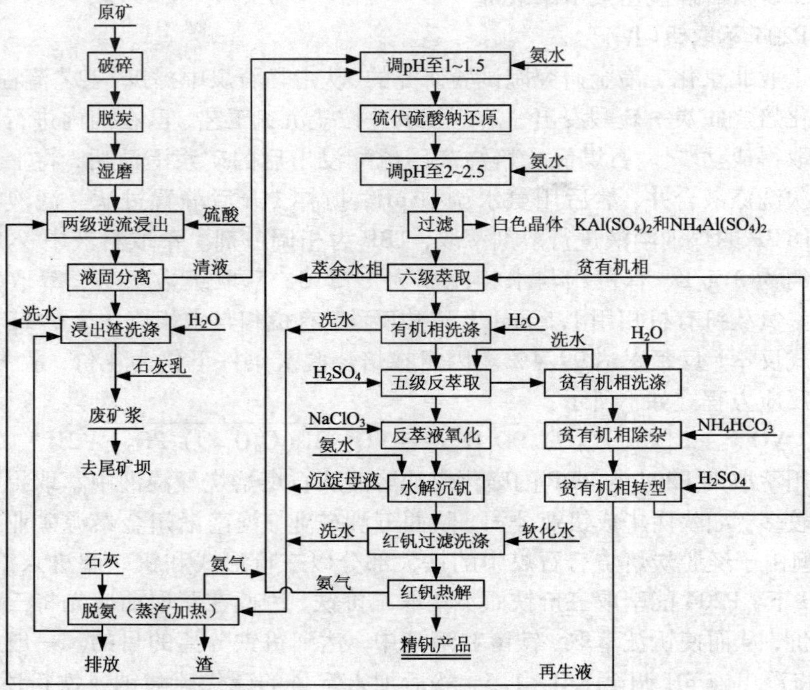

图 22 - 2 石煤酸法提钒原则流程

表 22 - 3 P204 萃取钒工艺流程工业运行部分数据(V$_2$O$_5$ 浓度)/(g·L^{-1})

序号	萃 取		反 萃	
	原料液	萃余液	反萃液	反后有机相
1	4.05	0.074	101	0.072
2	3.91	0.097	97.93	0.040
3	3.45	0.112	109.01	0.095
4	3.29	0.142	84.92	0.106
5	3.42	0.140	94.17	0.053
6	3.65	0.120	99.27	0.058
7	3.37	0.104	99.01	0.080
8	3.24	0.087	93.22	0.086
9	3.48	0.090	99.75	0.064
10	4.70	0.085	102.04	0.070
平均	3.66	0.105	98.07	0.072

2）N263 萃取 V（V）

湖南煤炭科研所与怀化双溪煤矿成功开发了无盐焙烧—硫酸浸出—溶剂萃取工艺[17]。与其他采用 P204 萃取提钒厂家不同的是，该钒厂采用的萃取剂为 N263 与仲辛醇的磺化煤油溶液。萃取技术条件为：有机相 15% N263 + 3% 仲辛醇 + 82% 磺化煤油，萃取原液 pH 约为 7，相比 O/A = 1∶2，混合时间 3 min，级数为 1，萃取率 99% 以上。负载有机相采用 $NH_3 \cdot H_2O$ 和 NH_4Cl 混合溶液反萃，相比 O/A = 2∶1，混合时间 3 min，级数为 1，反萃率约 95%。N263 在溶液近中性条件下萃钒的反应式为（以 $HV_{10}O_{28}^{5-}$ 为例）：

$$HV_{10}O_{28}^{5-} + 5\,\overline{R_4NCl} = \overline{(R_4N)_5 \cdot HV_{10}O_{28}} + 5Cl^- \tag{22-2}$$

3）HBL101 萃取 V（V）

中南大学稀有金属冶金研究所、有色金属行业冶金分离科学与工程重点实验室采用自己合成的肟类萃取剂 HBL101 从石煤高酸浸出液中直接萃取钒[18]。酸浸液含钒 5.75 g/L，铁 7.096 g/L，铝 5.875 g/L，镁 0.883 g/L，料液酸度为 1.458 mol/L；有机相组成为 10% HBL101 + 磺化煤油，相比 O/A = 1∶2.4，3 级逆流萃取的实验结果见表 22-4。

表 22-4　HBL101 三级逆流萃取实验结果

元　素	V	Fe	Mg	Ca	Al
料液金属浓度/（g·L⁻¹）	5.75	7.096	0.883	0.0047	5.875
萃余液金属浓度/（g·L⁻¹）	0.0173	7.036	0.878	0.0047	5.738
萃取率/%	99.7	0.853	0.569	0	2.33

从表 22-4 可以看出，经过 3 级逆流萃取，钒的萃取率达 99.7%，铁、铝、钙、镁等杂质基本不被萃取，实验证明 HBL101 在酸性条件下具有优良的萃钒性能及钒铁分离性能。负载有机相用氢氧化钠溶液反萃，钒反萃率接近 100%。与 P204 萃钒工艺相比，采用 HBL101 从石煤酸浸液中直接萃取钒，可以减少调酸、还原等工序，大大简化生产流程，且萃余液可以返回浸出，但需要指出的是，在高酸条件下，部分 HBL101 发生贝克曼重排反应生成酰胺，酰胺水解生成易溶于水的短碳链的有机胺，具有强氧化性的钒氧阳离子与其发生氧化还原反应，从而加速萃取剂的降解，使其萃取能力下降。保持 HBL101 在高酸及强氧化性钒氧阳离子存在条件下的稳定性需要进一步深入研究。

4）碱法提钒工艺

在空白焙烧（即无盐焙烧）—加压碱浸—溶剂萃取的石煤处理工艺中[5]，浸出液含硅为 2～4 g/L，虽然低于常压碱浸液中的硅含量（20～30 g/L），但为了提高铵盐沉钒工序中的沉钒率以及最终五氧化二钒产品的纯度，该浸出液在进行萃取提钒之前也要先除硅。具体的做法是：先用硫酸将石煤浸出液 pH 调整至 9.0 ~ 8.5，使大部分硅以固态 H_2SiO_3 沉淀析出，残余部分胶态 H_4SiO_4 采用混凝沉淀法除去，除硅率达到 98%。除硅后的净化液采用 15% N263 + 10% TBP + 75% 磺化煤油有机相萃钒，按照有机相的萃取工作容量选择合适的相比，通过 3 级逆流萃取，萃余液中 V_2O_5 浓度低于 0.01 g/L，萃取率达到 99.5%，有机相中 V_2O_5 可达 24 g/L。萃取反应机理为：

$$3\overline{(R_4N)Cl} + V_3O_9^{3-} \Longrightarrow \overline{(R_4N)_3V_3O_9} + 3Cl^- \tag{22-3}$$

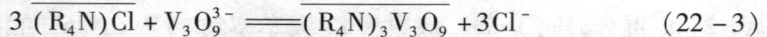

负载有机相用纯水洗涤后用 NaOH + NaCl 体系进行反萃，反萃相比 O/A = 5:1，通过 3 级逆流反萃，钒的反萃率达到 99.3% 以上，反萃液中 V_2O_5 达 125 g/L。反萃机理可由以下两个反应式表示。

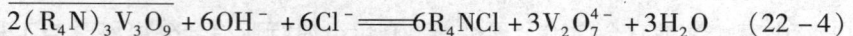

$$2\overline{(R_4N)_3V_3O_9} + 6OH^- + 6Cl^- \Longrightarrow 6\overline{R_4NCl} + 3V_2O_7^{4-} + 3H_2O \tag{22-4}$$

$$\overline{(R_4N)_3V_3O_9} + 3Cl^- \Longrightarrow 3\overline{R_4NCl} + V_3O_9^{3-} \tag{22-5}$$

该工艺的优势：萃余液补碱返回浸出时，由于石煤焙砂中所含钙、铝进入碱性浸出液中能与硫酸根及氯离子在 pH 11 ~ 12 时分别生成钙矾石 $[Ca_6Al_2(SO_4)_3(OH)_{12} \cdot 26H_2O]$ 及 $Ca_4Al_2Cl_2(OH)_{12}$ 的复盐沉淀，使得硫酸根、氯离子积累浓度分别不超过 10 g/L 和 7 g/L，而硫酸根和氯离子在萃取过程中对钒萃取率影响的实验结果表明，在适宜的萃取 pH 条件下（pH 8 ~ 8.5），当硫酸根、氯离子浓度均低于 15 g/L 时，钒的萃取率并不受影响，萃取率可达 99.5% 以上。整个工艺形成了"水""盐""萃取有机相"三大循环体系，水、试剂消耗以及三废排放量均低；钒收率高；由于反应体系为碱性，设备防腐要求低。其原则工艺流程如图 22 - 3 所示。

溶剂萃取法除了可应用于从上述的两种主要的钒矿资源中提钒外，还可用于从钒铀矿、页岩、铝土矿以及石油燃灰中的各种不同浸出液中提钒[19-22]。由于篇幅限制，这里不作一一介绍。

22.1.3 钒钼萃取分离

从钒钼矿或含钒的钼系废催化剂的各种不同浸出液中分离回收钼钒的方法主要有化学沉淀法、活性炭吸附法、离子交换法和溶剂萃取法。化学沉淀法成本低廉，操作简单，但不能生产出高纯(>99%)的钼钒产品；较低的钼钒吸附容量导致了活性炭吸附法不能工业应用；离子交换法可以深度分离钼钒并生产出各自的高纯产品。溶剂萃取是钼钒分离纯化相当成熟的冶金单元过程，具有回收率高、工序少、设备简单、可以连续操作等优点，因而得到了更大的重视和应用。

22.1.3.1 酸性萃取剂萃取分离钼钒

在 pH 1.5 ~ 2.5 条件下，可以用二 - (2 - 乙基己基)磷酸(D2EHPA)萃取 VO^{2+}。结果表明，萃取速度快，有机相中的钒可以用稀硫酸完全反萃[23]。与式 (22 - 1) 表述的观点不同，D2EHPA 萃取钒氧阳离子的机理可以认为是钒氧阳离

图 22-3 的流程图：

石煤钒矿 → 空白焙烧（NaOH, H₂O）→ 加压碱浸 → 浸出渣

浸出液（H₂SO₄、添加剂）→ 调酸除硅 → 硅渣

除硅液 → 萃取 → 萃余液

负钒有机相（H₂O）→ 洗涤 → 洗水

反萃（NaOH+NaCl）→ 反后有机相

反萃液（盐酸+氯化铵）→ 铵盐沉钒

母液 / 偏钒酸铵

母液 → 除氨 → NH₃

偏钒酸铵 → 煅烧 → V₂O₅、NH₃

右侧：水循环（Ⅰ）
左侧：有机相循环（Ⅱ）、盐循环（Ⅲ）

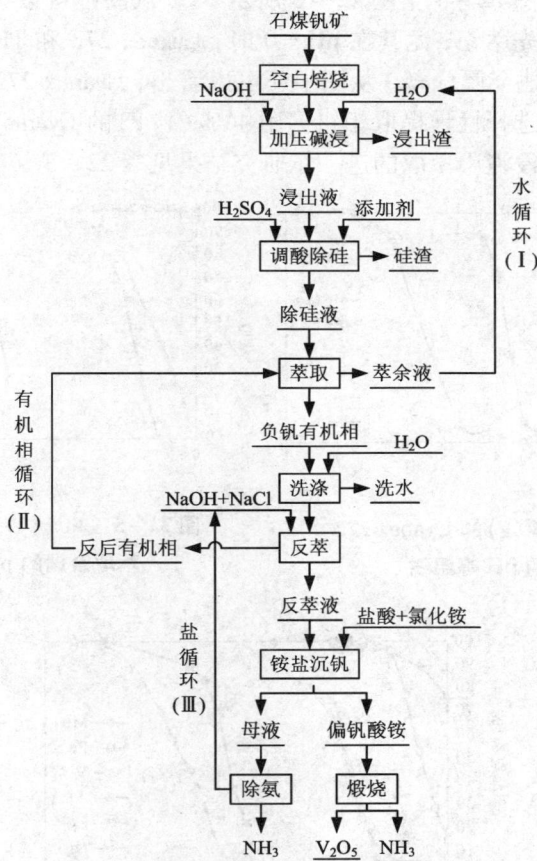

图 22-3 石煤碱法提钒新工艺原则流程

子与 D2EHPA 的二聚分子形成（VO）·R₄·H₂ 形式的萃合物[24]，其中，RH 为 D2EHPA，钒的萃取率则与 pH 和 D2EHPA 浓度的平方根呈线性关系[25]。在 pH 为 1 时，D2EHPA 也可以从含钼、钒的溶液中萃取它们各自的金属氧阳离子 MoO_2^{2+} 和 VO_2^{+}[26]。

在硝酸或盐酸体系，pH 较低时，D2EHPA 可以萃取钼而基本不萃钒[27]。在硫酸介质中，D2EHPA 在 pH<3 时能有效地萃取钼和钒，但随着 pH 的降低，钒的萃取率急剧减小，而钼的萃取率缓慢降低，这说明，在较低 pH 下，D2EHPA 可以从含钼的钒溶液中优先萃取钼，从而与钒分离，负钼有机相也可以通过选择性反萃共萃钒实现钒钼分离[28,29]。

Cyanex 272、PC-88A 和 TR-83（二[2-(1,3,3)-三甲基-5,7,7-三丁基]磷酸）三种酸性萃取剂从含钼、钒、镍、钴、铁、铝的废催化剂硫酸浸出液中

提取钼钒的结果如图 22 - 4 至图 22 - 6 所示[30]。从图中可以看出,在低 pH 下,三种萃取剂都能优先萃钼,尤其在 pH = 0 时,Cyanex 272 和 TR - 83 萃取剂基本只萃钼,使钼与其他金属分离。从图中还可以看出,Cyanex 272 能最有效地从含大量铝的酸浸液中选择性地提取钼钒。用 40% (V/V) 的 Cyanex272 在 pH 0 ~ 1.5 的范围内从模拟酸浸液中萃取的进一步研究结果见表 22 - 5。

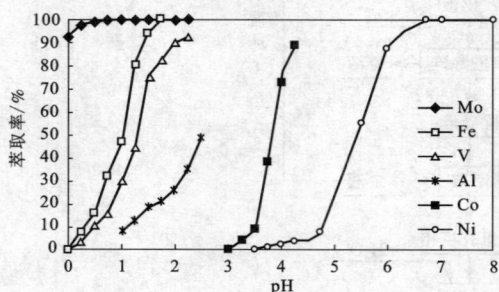

图 22 - 4 20% (V/V) 的 Cyanex 272
萃取金属的 pH 等温线

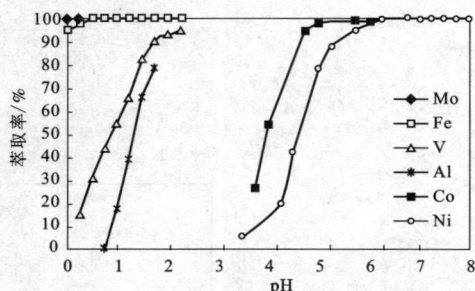

图 22 - 5 20% (V/V) 的 PC - 88A
萃取金属的 pH 等温线

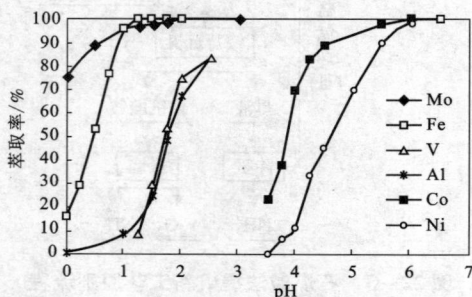

图 22 - 6 20% (V/V) 的 TR - 83 萃取金属的 pH 等温线

表 22 - 5 40% (V/V) 的 Cyanex 272 在不同 pH 下从合成酸浸液中萃取金属的结果

	原料液中金属浓度/(g·L⁻¹)						萃取率/%					
pH	[Mo]	[V]	[Fe]	[Al]	[Co]	[Ni]	Mo	V	Fe	Al	Co	Ni
0.03	2.57	0.724	0.029	13.16	0.96	0.162	99.5	9.8	3.45	0.15	0	0
0.21	2.62	0.747	0.029	13.40	0.99	0.165	99.6	16.1	3.45	0.22	0	0
0.35	2.70	0.755	0.030	13.84	1.08	0.170	99.7	22.5	16.7	1.44	0	0
0.51	2.70	0.755	0.030	13.84	1.08	0.170	99.7	32.2	33.3	0.27	0	0
1.00	2.78	0.769	0.032	14.30	1.10	0.180	99.8	80.4	84.4	1.05	0	0
1.51	2.78	0.769	0.032	14.30	1.10	0.180	99.7	92.5	100	1.89	0	0

从上表可以看出，在 pH = 0 左右时，Cyanex 272 可以选择性地萃钼，使其与其他金属分离，当 pH = 1.5 时，几乎所有的钼、钒和铁都被萃取，而铝基本不被萃取。为了除去与钼共萃的钒和铁，负载有机相用 0.5 mol/L H$_2$SO$_4$ 在相比 O/A = 1∶1 条件下淋洗，约 95% 的钒、100% 的铁及不到 0.2% 的钼被淋洗下来，淋洗后的有机相再用氨水反萃，并控制反萃液的 pH 在 8.0 ~ 8.4 范围内，一次反萃即可将 90% 以上的钼反萃下来。含钒、铁的淋洗液用 Cyanex 272 在 pH = 1.5 时再次萃取，负载有机相用氨水选择性地反萃回收钒。

羟肟类萃取剂 LIX63 也可以用来从废催化剂硫酸浸出液中萃取 Mo(Ⅵ) 和 V(Ⅳ)，在 pH = 2 时，几乎所有的钼和钒、约 10% 的 Fe(Ⅲ) 被萃取，镍、钴、铝不被萃取 (图 22 - 7)。负载有机相先用 2 ~ 3 mol/L 的 H$_2$SO$_4$ 选择性反萃 V(Ⅳ) 和 Fe(Ⅲ)，然后用 10% 的氨水反萃钼(Ⅵ)[31]。

图 22 - 8 为笔者在 pH < 2 条件下，从含 Mo(Ⅵ)、V(Ⅴ)、Ni(Ⅱ)、Co(Ⅱ)、Fe(Ⅲ)、Al(Ⅲ) 的废催化剂合成酸浸液中用 LIX63 选择性地萃取钼、钒的研究结果。由图可见，钼、钒萃取率均达到 99% 以上，且钼、钒对铁的萃取分离系数分别达到 25000 和 87000 以上，萃余液采用螯合树脂吸附镍钴与铁铝分离。负载有机相用 NaOH 溶液反萃，反萃效果良好，钼、钒反萃率均达到 95% 以上。反萃液经过铵盐沉钒后，再用低浓度季铵盐萃取剂 Aliquat 336 在 pH 8.0 ~ 8.5 范围内从含钼的滤液中选择性地萃取少量残存的钒，钒的萃取率达到 97% 以上，负载有机相用 1 mol/L NaOH 和 0.5 mol/L NaCl 混合溶液反萃，钒的反萃率达 99% 以上[32]。但未考察长期运行时萃取剂可能被氧化降解的情况。设计的工艺流程如图 22 - 9 所示。

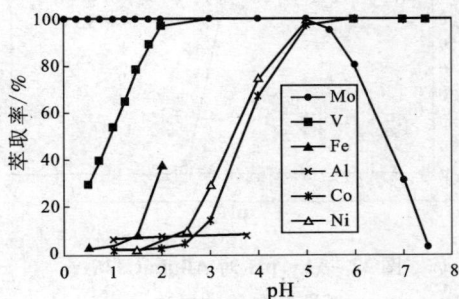

图 22 - 7　20% (V/V) 的 LIX63 萃取金属的 pH 等温线

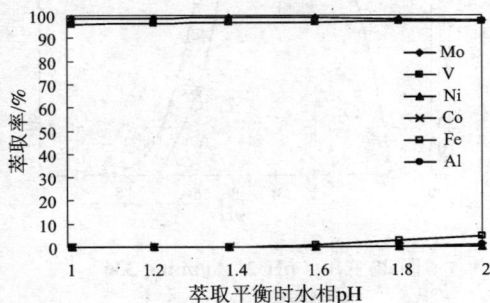

图 22 - 8　pH 对 LIX63 从合成酸浸液中萃取金属的影响

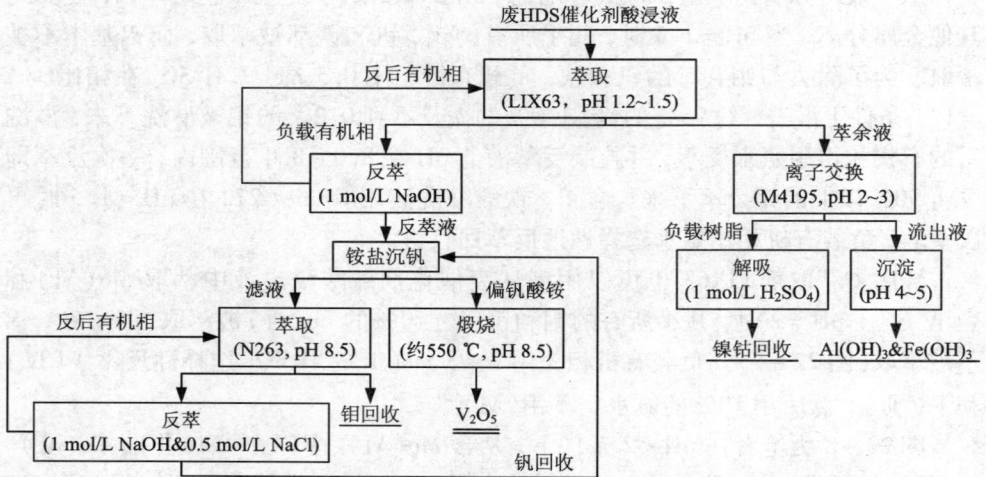

图 22 - 9 从废脱硫催化剂合成酸浸液中回收钼、钒、镍、钴工艺的原则流程

22.1.3.2 碱性萃取剂萃取分离钼钒

叔胺 Alamine 336 和季铵盐 Aliquat 336 是最常用的两种从含钼、钒的溶液中萃取它们的阴离子配合物的萃取剂[33]。两种碱性萃取剂对 Mo(Ⅵ)、V(Ⅴ) 的 pH 萃取等温线如图 22 - 10 和图 22 - 11 所示。

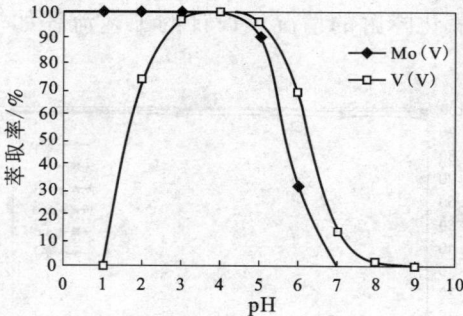

图 22 - 10 pH 对 Alamine 336
萃取钼和钒的影响

$\rho_V = 0.73$ g/L; $\rho_{Mo} = 2$ g/L;
萃取剂浓度为 0.1 mol/L, 稀释剂为甲苯

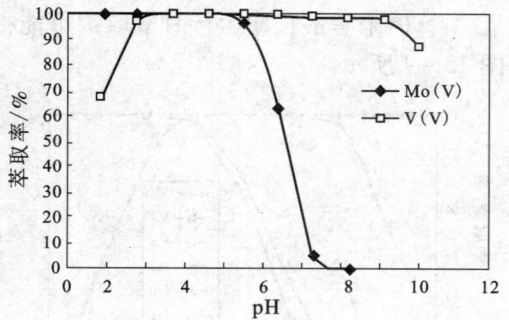

图 22 - 11 pH 对 Aliquat 336
萃取钼和钒的影响

$\rho_V = 0.73$ g/L; $\rho_{Mo} = 2$ g/L;
萃取剂浓度为 0.1 mol/L, 稀释剂为甲苯

从图 22 - 10 和图 22 - 11 可以看出, 对于 Alamine 336/甲苯萃取体系, 在 pH <4 时, 大量的钼被萃取, 当 pH >7 时, 钼基本不被萃取; 而钒在 1 < pH < 8 的范围内都能被萃取, 但在 3 < pH < 4.5 范围内, 钒的萃取率达到最大值。而对于

Aliquat 336/甲苯萃取体系，钒在 3.5 < pH < 9 范围内被大量萃取，钼却仅在 pH < 5 时被大量萃取，当 pH > 8 时，钼基本不被萃取。季铵盐萃取剂 Aliquat336 在 pH = 9 时的萃钒机理可用下述反应式表示[34]。

$$3\overline{R_4NCl} + V_3O_9^{3-} \Longrightarrow \overline{(R_4N)_3V_3O_9} + 3Cl^- \qquad (22-6)$$

$$4\overline{R_4NCl} + V_4O_{12}^{4-} \Longrightarrow \overline{(R_4N)_4V_4O_{12}} + 4Cl^- \qquad (22-7)$$

因此，Alamine 336 和 Aliquat 336 两种胺类萃取剂分离钼钒的可能途径为：在强酸范围内(pH < 1)，叔胺萃取剂 Alamine 336 从含钼的钒溶液中优先萃取分离钼或在弱碱性范围内(8 < pH < 9)，季铵盐萃取剂 Aliquat 336 从含钒的钼溶液中优先萃取分离钒。

采用叔胺萃取剂 Alamine 336 萃取分离钼钒时，可以根据偏钒酸铵和仲钼酸铵溶解度的不同进一步选择性地从反萃液中结晶分离钼钒[35]。Alamine 336 萃取钼和钒的反应式如下：

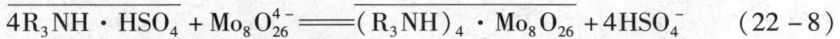

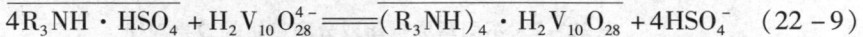

$$4\overline{R_3NH \cdot HSO_4} + Mo_8O_{26}^{4-} \Longrightarrow \overline{(R_3NH)_4 \cdot Mo_8O_{26}} + 4HSO_4^- \qquad (22-8)$$

$$4\overline{R_3NH \cdot HSO_4} + H_2V_{10}O_{28}^{4-} \Longrightarrow \overline{(R_3NH)_4 \cdot H_2V_{10}O_{28}} + 4HSO_4^- \qquad (22-9)$$

负载有机相用氨水反萃，得到含两种金属铵盐的反萃液，先在 pH 8 ~ 8.5 条件下选择性地结晶析出偏钒酸铵(溶解度：25℃，0.6 g/100 g H_2O)，结晶母液经过蒸发在 pH 4 ~ 5 使钼以仲钼酸铵形式结晶出来。

季铵盐萃取剂 Aliquat 336 由于可以从酸性、中性以及碱性溶液中良好地萃取钒，被认为是从废催化剂浸出液中提取钒的合适萃取剂。表 22 - 6 列出了 10% (V/V) 的 Aliquat 336 在各种 pH 范围内，对 V(V) 的主要离子的最大理论萃取容量。

表 22 - 6　Aliquat 336 对不同 pH 下存在的钒离子的最大理论萃取容量

pH	钒的离子形态	钒原子数/聚合离子电荷比	饱和萃取容量/(g · L⁻¹)
2.6 ~ 3.9	$H_2V_{10}O_{28}^{4-}$	2.50	29.6
3.9 ~ 6.0	$HV_{10}O_{28}^{5-}$	2.00	23.7
6.0 ~ 6.2	$V_{10}O_{28}^{6-}$	1.67	19.7
6.2 ~ 9.0	$V_4O_{12}^{4-}$	1.00	11.8
9.0 ~ 13.0	$V_2O_7^{4-}$ 或 $VO_3(OH)^{2-}$	0.50	5.9
> 13.0	VO_4^{3-}	0.33	3.95

实测的萃取等温线证实了 Aliquat 336 对钒的最大负载量与理论值基本一致。只是在 pH 9 ~ 11 范围内，萃取剂对钒的负载量超过理论值，表明在该 pH 条件下，十钒酸根聚阴离子比偏钒酸根阴离子更易于被萃取。当 pH = 13.4 时，钒的萃取量低于理论值，这说明萃取过程中氢氧根和正钒酸根阴离子发生了竞争。

22.1.3.3 中性萃取剂萃取钼钒

作为一种典型的中性萃取剂 TBP 可以从 6 mol/L 盐酸溶液中将钼以 $MoO_2Cl_2 \cdot 2TBP$ 溶剂化分子的形式萃取[36]。钒在氯化物体系中可以以中性分子 $VOCl_2$ 形式被 TBP 和 TOPO 萃取。

硝酸、盐酸、硫酸浓度对 TBP 萃取钼钒的影响结果表明，TBP 在三种酸介质中对钼钒的萃取性能均良好[27]，故不能采用中性萃取剂 TBP 萃取分离钼钒。

22.1.3.4 其他萃取剂萃取钼钒

有报道称采用乙酰丙酮从废催化剂苏打浸出液中萃取钼钒时，钒的萃取率接近 100%，萃余液再用 Kelex 100 萃取钼，几乎所有的钼被萃取[37]。但没有关于该研究成果更进一步的详细报道。

22.1.3.5 小结

以上所提到的部分萃取剂在钼钒分离及钼钒与其他金属的分离效果上的对比见表 22 – 7。

表 22 – 7　不同萃取剂萃取分离钼钒的效果对比

萃取剂种类		萃取分离性能
酸性萃取剂	D2EHPA	pH < 1 时选择性萃钼与钒分离
	Cyanex 272	pH = 0 时选择性萃钼与钒、铁、镍、钴铝分离；pH = 1.5 时选择性萃钼、钒、铁与镍、钴、铝分离
	PC – 88A	pH < 1 时选择性萃钼与钒分离；2 < pH < 3.5 时选择性萃钼、钒、铁、铝与镍、钴分离
	TR – 83	pH = 0 时选择性萃钼与钒、铁、镍、钴、铝分离；2 < pH < 3 时选择性萃钼、钒、铁、铝与镍、钴分离
碱性萃取剂	Alamine 336	pH < 1 时选择性萃钼与钒分离
	Aliquat 336	7 < pH < 9 时选择性萃钒与钼分离
中性萃取剂	TBP	不能分离钼钒
其他萃取剂	乙酰丙酮 + Kelex 100	先用乙酰丙酮萃钒，萃余液再用 Kelex 100 萃钼

22.1.4　钒铬萃取分离

22.1.4.1 铬的萃取性能

铬的氧化价态有 +2、+3 和 +6 价，其中以 Cr(Ⅵ) 最稳定。铬在强酸性水溶液中以非离子形态的 H_2CrO_4 存在；而在 pH 2 ~ 7 的范围内且铬浓度大于 1 g/L 的水溶液中呈 $Cr_2O_7^{2-}$ 形态；当 pH 大于 7 时，铬以稳定的 CrO_4^{2-} 离子存在。

TBP 或 TOPO 可以用来从高浓度的硫酸(1 ~ 4 mol/L)溶液中萃取 H_2CrO_4 [38, 39]。胺类萃取剂如叔胺和季铵可以从 pH 1 ~ 7 的硫酸盐溶液中萃取六价铬阴离子,但值得注意的是,胺类萃取剂在强酸性铬盐介质中由于易被 Cr(Ⅵ) 氧化而不稳定。而季铵还可以在 pH 7 ~ 11 的碳酸盐溶液中萃取 CrO_4^{2-} [40, 41]。

22.1.4.2 钒铬分离

胺类萃取剂是最常用的分离钒铬的萃取剂。如季铵盐可以从弱酸性溶液(pH =5)中很快地萃取铬,而对钒的萃取则在 pH =8.5 左右的弱碱性介质中最佳[42]。两种季铵盐萃取剂 Aliquat 336 和 Adogen 464 分离铬钒的分离系数随 pH 变化曲线如图 22 – 12 所示。

从图中可以看出,为了使铬钒彻底分离,采用上述两种季铵盐萃取剂分离铬钒时必须严格控制平衡 pH。另外,基于这两种金属存在共萃的可能性,可以考虑通过选择合适的反萃方法来使它们分离。

国外某厂曾采用季铵盐萃取剂从含钒 0.38 g/L、铬 3.0 g/L 和铝 7 g/L 的钒钛磁铁矿碱法焙烧浸出液中萃取分离和回收铬和钒[43]。其具体的工艺流程如图 22 – 13 所示。

由于浸出液 pH 为 13.5,而季铵盐在强碱性溶液中优先萃取铬,故浸出液先用 0.2 mol/L Adogen 464 和 5% ~ 10% 异癸醇的 shellsol 140 有机溶剂在 O/A = 1:1 条件下对铬进行七级萃取,萃余液含铬 0.02 g/L,负载有机相先用含 5 g/L 铬的 Na_2CrO_4 溶

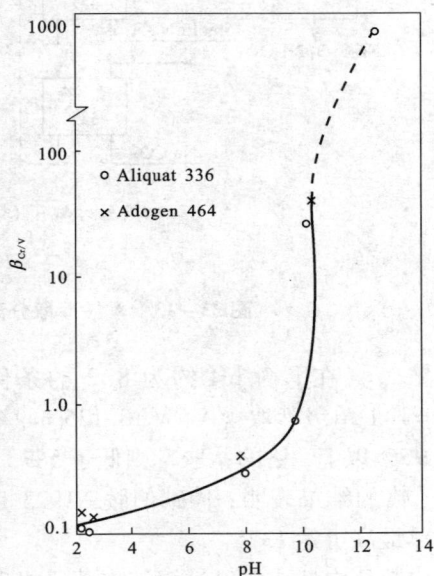

图 22 – 12 Aliquat 336 与 Adogen 464
分离铬钒的分离系数

液进行四级洗涤除去共萃的钒后再用 5 mol/L 的 NaCl 溶液在相比 O/A = 7:1 下反萃,反萃液含铬 66 g/L。反萃后有机相用 Na_2CO_3 溶液预平衡后返回萃取段。萃铬后的萃余液用上述相同的萃取剂在相比 O/A = 1.2:1 条件下对钒进行四级萃取,萃余液含钒由 0.38 g/L 降至 0.006 g/L,负载有机相先用含钒 5 g/L 的 $NaVO_3$ 溶液在 pH 12 及相比 O/A = 9:1 的条件下洗涤除去共萃少量铬、铝后再用 10 g/L 的 $NH_3 \cdot H_2O$ 和 140 g/L 的 NH_4Cl 溶液沉淀反萃析出偏钒酸铵,沉淀物再在 690℃ 下煅烧制得最终产品 V_2O_5,纯度在 97% 以上。

在近中性的溶液中,伯胺可以用来选择性地萃取钒而不萃铬,从而高效地分

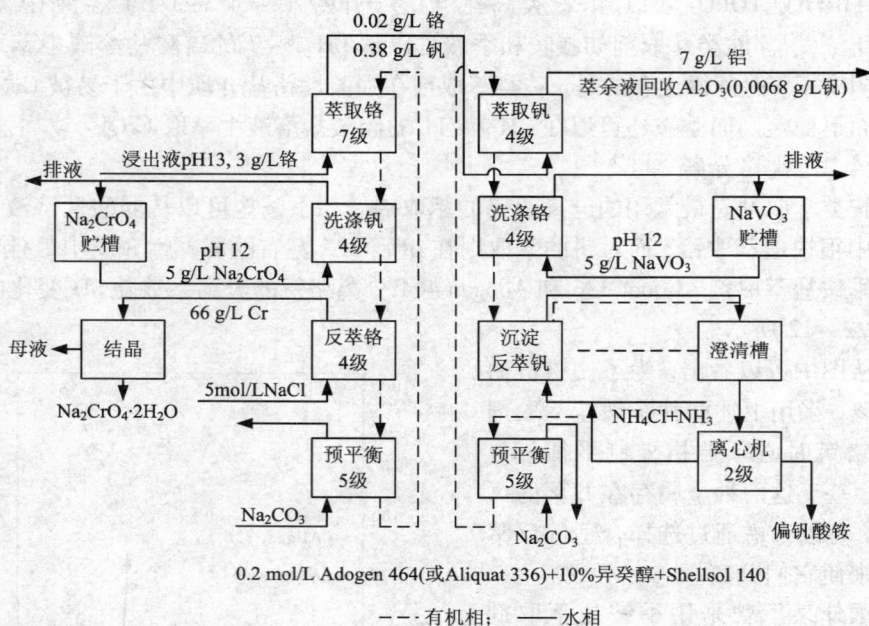

图 22-13 季铵萃取分离和回收 Cr^{6+}、V^{5+} 流程

离钒铬[42]。在平衡 pH 约为 8.2 的条件下，用 0.2 mol/L 伯胺 N1923 以相比 O/A = 1:1 单级萃取含 V(V)0.125 mol/L、Cr(Ⅵ)0.22 mol/L 的溶液，钒的萃取率达 95% 以上，铬的萃取率则低于 5%。几种不同结构伯胺从弱碱性溶液萃取分离钒、铬的结果表明，仲碳伯胺 N1923 是最有效的萃取剂，其对钒、铬的萃取分离系数最高可达 1375。

伯胺从中性或弱碱性溶液中萃钒机理的研究结果表明，伯胺萃钒是通过溶剂化机理进行的，即伯胺通过分子中的氮原子与 $H_4V_4O_{12}$ 中的氢原子形成氢键而实现钒的萃取。在 pH 6.5~8.5 范围内，钒在水溶液中主要以 $V_4O_{12}^{4-}$ 或 $V_3O_9^{3-}$ 的形式存在，因此，伯胺萃钒的反应可表示为：

$$x\,\overline{RNH_2} + 4yH^+ + yV_4O_{12}^{4-} \Longrightarrow \overline{(RNH_2)_x(H_4V_4O_{12})_y} \qquad (22-10)$$

式中：$y/x = 3/8$ 或 $4y/x = 1.5$。

根据在中性或弱碱性溶液中伯胺能以溶剂化机理选择性地萃钒的认识，我国自行开发了从钒钛磁铁矿钠化焙烧浸出液中萃取分离钒铬的工艺[44]。钒钛磁铁矿经 Na_2SO_4 焙烧后的碱浸液除硅后含 5~6 g/L 钒、11 g/L 铬及 1 g/L 铝，pH 为 8~9。采用 10% N1923-煤油有机相以相比 O/A = 1:1 进行单级萃取即可萃取绝大部分的钒。萃余液调 pH 至弱酸性送萃铬工序，负载钒的有机相先用含 10 g/L 钒的水溶液以相比 O/A = 10:1 洗涤除去共萃的铬后再用 0.8~1.5 mol/L 的碳酸铵或碳酸钠溶液以相比 O/A = 20:1 单级反萃钒，经沉淀、过滤、煅烧，即可获得产品 V_2O_5。反萃后的有机相仅残留约 0.01 g/L 的钒，可返回循环使用。该工艺的具体流程如图 22-14 所示。

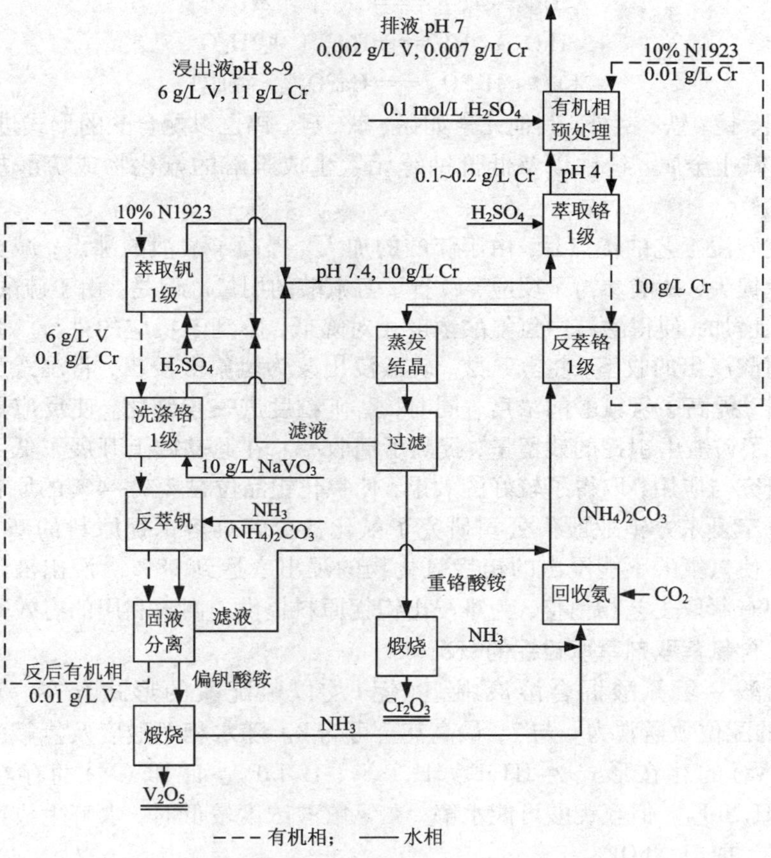

图 22-14 伯胺从近中性溶液中萃取提钒的工艺流程

22.2 钽铌萃取

22.2.1 钽铌萃取料液的制备

钽铌萃取经过五十多年的发展，分离工艺条件、设备等日臻完善，现已成为工业生产中分离和提取铌和钽的主流方法。溶剂萃取钽铌的水相一般由硫酸—氢氟酸混酸体系组成，故一般用硫酸 - 氢氟酸直接处理含钽铌物料制备萃取料液，用质量分数为 50% ~ 70% 的氢氟酸、98% 的浓硫酸在 90 ~ 100℃下浸出钽铌矿，其主要反应如下：

$$(Fe, Mn)\left[(Nb, Ta)O_3\right]_2 + 16HF = 2H_2(Nb, Ta)F_7 + (Fe, Mn)F_2 + 6H_2O$$

$$Al_2O_3 + 6HF = 2AlF_3 + 3H_2O$$

$$SiO_2 + 6HF = H_2SiF_6 + 2H_2O$$

$$UO_2 + 4HF = UF_4 \downarrow + 2H_2O$$

$$ThO_2 + 4HF = ThF_4 \downarrow + 2H_2O$$

$$CaO + H_2SO_4 = CaSO_4 \downarrow + H_2O$$

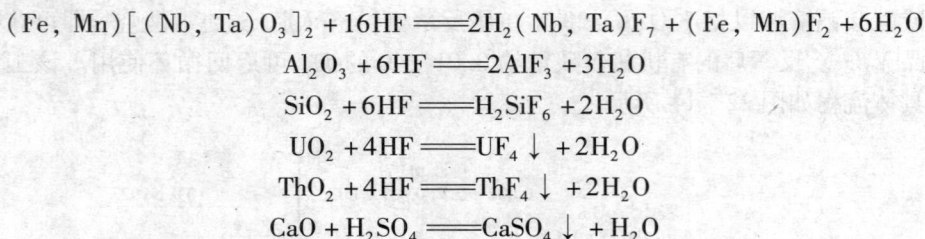

除钽、铌、铁、锰外，其他元素如锡、钛、硅、钨也以配合酸的形式进入溶液，而稀土、碱土金属、钍铀以及低价铀等元素生成难溶的氟化物或硫酸盐残留在渣中。

传统酸浸工艺的优点是：由于硫酸的加入，提高了酸液的沸点，减少了氢氟酸的挥发损失，硫酸参与了反应，节省了氢氟酸的用量。但是，由于硫酸的加入，酸液体积增加，使得酸液中氢氟酸浓度相对降低，不利于反应的进行。多数厂家为了提高酸浸出的收率，将氢氟酸、硫酸浸出改为氢氟酸浸出，将湿式加料改为干式加料，提高了氢氟酸的浓度；同时，磨矿粒度进一步细化，使反应更趋于完全，降低了矿渣中钽铌的残留量，提高了回收率。在此基础上开展了低品位钽铌原料的研究与应用，取得了较好的效果，使氧化钽品位在 2% ~4% 的原料也可直接利用。宁夏东方钽业股份公司研究了氟化盐分解难溶钽铌原料的新方法[45]，这种方法使氢氟酸不能浸出的钽铌氧化物的浸出率达到 98%。浸出液经调酸后可以与现有萃取工艺相衔接，为难浸出钽铌原料提供了回收利用的有效途径。

22.2.2 含氧萃取剂萃取钽铌的概况

在硫酸 - 氢氟酸混合溶液中钽（铌）均以氟配酸的形式存在。Ta(V)、Nb(V)的配位数通常为 6 与 7，最高甚至可为 8。随水相总酸度及氢氟酸浓度不同，Ta(V)的存在形式为 $HTaF_6$、H_2TaF_7、H_3TaF_8、而 Nb(V)的存在形式为 $HNbF_6$、H_2NbF_7。但氟铌酸可能水解，在氢氟酸浓度较低时，水解生成亲水性强的 $HNbOF_4$ 或 H_2NbOF_5。

用于从硫酸 - 氢氟酸混酸体系中萃取钽、铌的萃取剂皆为含氧萃取剂，包括酮、醇、酯及酰胺，它们的特征功能原子均为氧原子，氧原子能提供孤对电子配位发生萃合反应。进入有机相的钽（铌）氟配离子主要为六氟或七氟不含氧的配离子。

氢氟酸体系的一个重要优点就是钽、铌的伴生杂质的氟配离子的萃取分配比都较小，常见伴生杂质主要为锡、钨、钼、钛、铁。它们之中氟钨酸的分配比相对稍高一点，所以实践中主要控制铌与钨的分离。但当溶液中含有氯离子时，Cl^- 与锡、铁的配离子易被含氧萃取剂萃取，所以会影响钽、铌产品的质量。

水相体系中硫酸主要起盐析作用，增加钽、铌的分配比，但由于盐析效应对钽影响较大，所以也能改善钽与铌的分离效果。由于硫酸根是某些杂质离子的配体，所以对分离杂质也有一定影响。一般认为，硫酸根不进入钽、铌萃合物的组成中，但是苏联的研究者[46]认为，在采用环己酮萃取钽、铌时，硫酸根进入萃合物的组成中。

至于含氧萃取剂萃取钽(铌)的机理，一般有两种观点。其一认为含氧萃取剂按锌盐机理萃取钽(铌)的氟配离子，即含氧萃取剂的配位氧原子提供电子对与质子或水化质子生成大的锌离子，后者按离子缔合原理与钽(铌)的氟配离子生成大的疏水离子缔合体进入有机相。第二种观点认为是按水化—溶剂化机理实现萃取，这种观点认为是若干含氧萃取剂分子，借助配位氧原子具有提供电子对的能力与水分子及氟钽(铌)酸的氢离子之间借助氢键形成大的离子缔合体，后者与钽(铌)氟配离子生成中性化合物。其实这两种观点并无本质上的重大区别，锌盐机理强调质子的作用，而水化—溶剂化机理强调中性含氧萃取剂配位原子的溶剂化配位作用，前者认为水分子在配离子的外界，而后者认为水分子进入配合物的内界[47]。

实现钽铌萃取的方式可以用清液萃取，也可用矿浆萃取，所谓矿浆萃取，就是钽铌原料经 $HF - H_2SO_4$ 浸出后，不过滤分离残渣固体，料浆直接作为萃取料液的萃取。连续矿浆萃取可实现较大的富集比，提高生产效率，扩大生产能力，对于处理低品位矿石有独特的优越性，便于和清液萃取分离相衔接。矿浆萃取可省去浸出残渣的过滤和洗涤，缩短生产周期，减轻劳动强度，改善劳动条件，并有利于过程的密闭和连续化。此外，还可减少过滤设备，提高浸出槽的生产能力和钽铌的回收率。采用清液萃取方式时，因过滤残渣中含浸出液，残留的铌和钽 $[(Ta + Nb)_2O_5]$ 达 $1\% \sim 5\%$；矿浆萃取的残液仅含 $(Ta + Nb)_2O_5 \leqslant 0.1 \ g/L$，损失在渣中的钽铌很少。矿浆萃取既适合钽铌含量比变化大的原料，也适用于低品位钽铌矿的浸出产物。

22.2.3　各种萃取剂的萃取性能比较

工业上钽铌分离常用的萃取剂有甲基异丁基酮(MIBK)、磷酸三丁酯(TBP)、乙酰胺(全名：N，N′二混合烷基乙酰胺)、仲辛醇、环己酮。后者现已基本淘汰[48]。

在钽铌萃取分离生产实践的基础上，可以粗略地将这几种萃取剂做一比较。

在这几种萃取剂中 MIBK 对钽，铌的饱和容量最大，因此它的萃取原液 $(Ta + Nb)_2O_5$ 的浓度可高达 200 g/L；MIBK 的选择性高，可制取高纯钽铌化合物；纯水反钽液可直接制取氟钽酸钾。另外 MIBK 密度低，黏度小，易与水相分层，操作稳定，所以 MIBK 是钽铌生产的优良萃取剂。但它的水溶性和挥发性大，故消耗大，闪点低很易着火，且与空气形成爆炸性混合物，不安全，而且价格贵。

仲辛醇是以蓖麻油为原料生产癸二酸的副产物，国产工业仲辛醇的成分通常是：仲辛醇大于85%，辛酮-2小于12%，仲辛醇的选择性好，水溶性小，价格便宜，来源广泛，也可制得高纯钽，铌化合物。但仲辛醇的黏度大，反萃取时易出现乳化现象，气味大。

乙酰胺和 TBP 的萃取能力强，但选择性不如 MIBK，沸点，闪点较高，但密度大，需加稀释剂，化学稳定性差，易引起产品中氮或磷含量增高。不能用纯水反萃钽。产品质量不稳定，常出现杂质钨、磷高的现象。

这四种萃取剂萃钽的分配比均大于萃铌的分配比，它们的萃取性能比较见表22-8至表22-10。

表22-8　四种萃取剂对钽、铌的饱和容量

萃取剂	萃取条件	饱和容量/$(g \cdot L^{-1})$	
		Nb_2O_5	Ta_2O_5
MIBK	$\sum(Ta+Nb)_2O_5$：100 g/L Ta：Nb = 1：1.05（g/L 浓度比） 2 mol/L HF	270	377
仲辛醇	$\sum(Ta+Nb)_2O_5$：100 g/L	153	241
TBP	Ta：Nb = 1：1（g/L 浓度比）	133	225
40% 乙酰胺 - 二乙苯	1 mol/L HF	143	240

由上表可见在这四种萃取剂中 MIBK 的饱和容量最大。而其他三种大致一样。

表22-9　各种萃取剂对钽、铌的分离系数($\beta_{A/B}$)与硫酸浓度的关系

硫酸浓度 /$(mol \cdot L^{-1})$	分离系数($\beta_{A/B}$)		
	MIBK	TBP	仲辛醇
0.25	6324.5	80.2	148.0
0.5	5040.2	165.6	146.5
0.75	3074.8	170.0	152.8
1.0	3074.8	237.0	177.3
1.5	—	206.0	212.0
2.5	—	—	80.5
3.5	—	—	82.0
4.5	—	—	67.3

注：萃取条件：同表22-8所列。

从表 22 –9 中可以看出，钽、铌的分离系数(β)仍以 MIBK 最佳。TBP 和仲辛醇在 0.25 ~ 1.5 mol/L 的硫酸酸度下分离系数(β)逐渐增加，在 1 ~ 1.5 mol/L 有一拐点，分离系数(β)开始降低。

表 22 – 10　各种萃取剂对钨的萃取率与硫酸浓度的关系

硫酸浓度 /(mol·L^{-1})	萃取率 q/%			
	MIBK	TBP	仲辛醇	乙酰胺
1	—	1.02	—	0.727
2	—	1.96	—	0.843
2.5	1.5	—	—	—
3	1.8	—	—	—
3.5	3.5	4.85	—	1.004
4	6.5	17.2	—	5.52
4.5	10.3	—	—	—
5	20	57.2	40.4	23.9

注：萃取条件为 MIBK 萃取原液：$(Ta + Nb)_2O_5$：100 g/L；W：0.55 g/L；6 mol/L HF；相比(O/A)为 1∶1；TBP – 煤油(20%)萃取原液：$(Ta + Nb)_2O_5$：53.5 g/L；W：2.45 g/L；4 mol/L HF；仲辛醇萃取原液：$(Ta + Nb)_2O_5$：96.23 g/L；W：4.1 g/L；0.5 mol/L HF；乙酰胺 – 二乙苯(60%)萃取原液：Nb_2O_5：50 g/L；WO_3：5 g/L；7 mol/L HF。

由表 22 – 10 可见，在低硫酸浓度下乙酰胺对钨的萃取率最低。在硫酸酸度为 4.0 mol/L 时它们都有一个转折点，萃取率增加得很快，到 5.0 mol/L 时，MIBK 最低达 20%，TBP 最高达 57.2%。

22.2.4　萃取过程的主要影响因素

22.2.4.1　酸度对钽铌萃取的影响

图 22 – 15 为没有硫酸参与下的萃取结果，随着氢氟酸浓度增加，铌的氟配离子的水解倾向被削弱，氟氧铌配离子向可萃性强的六氟、七氟无氧配离子方向转化，故铌的萃取率增加，而钽的萃取率却在 7 ~ 8 mol/L 氢氟酸时出现一个拐点，钽萃取率由逐渐上升变为逐渐下降，这可能是可萃性差的钽的八氟配离子百分比有所增加所致。

水相中有硫酸存在的情况下，氢氟酸浓度的影响(图 22 – 16)基本与图 22 –15 类似，只是因氢氟酸总浓度比图 22 –15 的情况小许多，故钽的关系曲线上拐点不明显。图 22 – 17 及图 22 – 18 分别为 MIBK/HF + H_2SO_4 体系及仲辛醇/HF + H_2SO_4 体系中硫酸浓度对萃取率的影响。

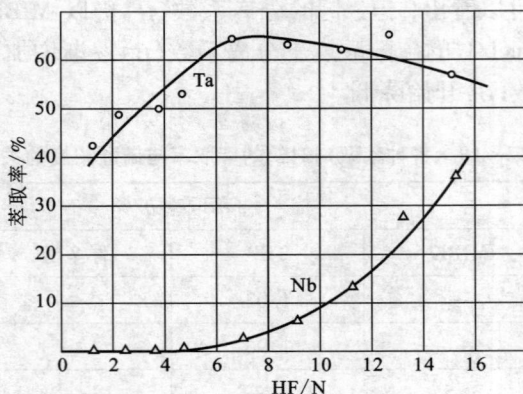

图 22 – 15　HF – MIBK 体系氢氟酸浓度对钽、铌萃取率的影响

料液：Ta 16 g/L；Nb 19.2 g/L；O/A = 1∶1

显然，随硫酸浓度升高，钽、铌的萃取率很接近，因此可利用这一性质实现钽、铌的共萃取。

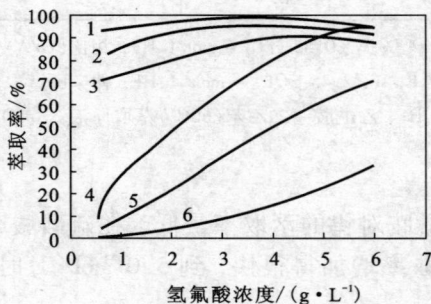

图 22 – 16　MIBK/HF + H₂SO₄ 体系中

氢氟酸浓度对 Ta、Nb 萃取率的影响

Ta(1—4 mol/L H₂SO₄；2—1 mol/L H₂SO₄；

3—0.25 mol/L H₂SO₄)；Nb(4—4 mol/L H₂SO₄；

5—1 mol/L H₂SO₄；6—0.5 mol/L H₂SO₄)

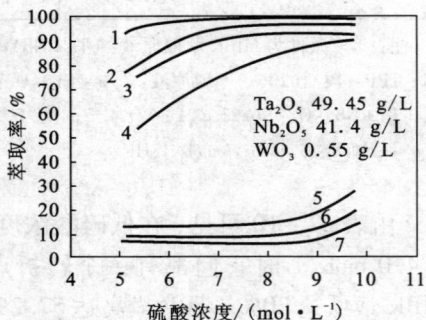

图 22 – 17　MIBK/HF + H₂SO₄ 体系中

硫酸浓度对 Ta、Nb、WO₃ 萃取率的影响

Ta(1—6 mol/L HF)；Nb(2—6 mol/L HF；

3—5 mol/L HF；4—4 mol/L HF)；W(5—6 mol/L

HF；6—5 mol/L HF；7—4 mol/L HF)

22.2.4.2　酸度对杂质分离的影响

在钽、铌原料中，最常见的杂质元素有钨、锡、钛、硅、铁等。在浸出阶段，杂质不同程度地进入原液，其形态为 $H_2WF_8(H_2WO_2F_4)$、SnF_4、H_2SnF_6、H_2TiF_6、H_2SiF_6 和 H_3FeF_6。

这些杂质中以钨的萃取率最大，在 $HF – H_2SO_4$ 溶液中，以仲辛醇作萃取剂时，

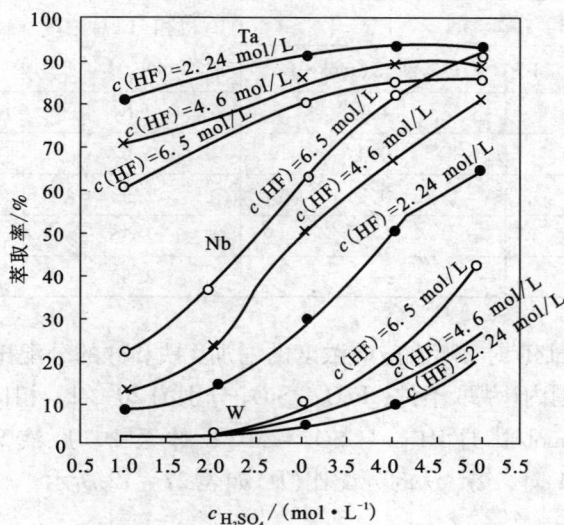

图 22 - 18　仲辛醇/HF + H₂SO₄ 体系中硫酸浓度对 Ta、Nb、WO₃ 萃取率的影响

钨的萃取率随着 H_2SO_4 浓度的增加而缓慢地增加，当 H_2SO_4 浓度超过 4 mol/L，钨的萃取率急剧增加，由图 22 - 18 可明显看出。为了减少钨的萃取，必须严格控制溶液的酸度，特别是硫酸酸度。加大酸洗流量，增加酸洗级数，可以减少负载有机相的钨含量。酸洗的主要根据是杂质元素（如 Si、Fe、Ti、W、Sn 等）分配比（D）比钽铌的小得多，使负载有机相与酸洗剂逆流接触，各元素在两相中进行一次再分配，各种杂质进入水相，少量钽铌也进入水相中。

目前在实际钽铌工业生产中，酸洗液均采用硫酸溶液，酸度依生产工艺不同控制在 1.5 ~ 2.0 mol/L 之间，从酸洗效果来看，Nb_2O_5 损失率随 H_2SO_4 浓度增加而显著减低。钽铌损失率随酸洗液用量及酸洗液次数增加而增加。

为了降低钨的萃取率，也可加入适当的掩蔽剂。硝酸即为其中之一，但硝酸加入会使操作条件恶化，腐蚀严重。一般常用的掩蔽剂为铵盐。例如原液：$(Ta/Nb)_2O_5$ 150 g/L、4 mol/L HF、3 mol/L H_2SO_4，WO_3 0.825 g/L，O/A = 1:1，当加入硫酸铵和硝酸铵时钨的萃取结果见表 22 - 11。

由表 22 - 11 可知，钨的萃取率随着 NH_4NO_3 或 $(NH_4)_2SO_4$ 的加入而显著下降。

表 22-11 掩蔽剂对钨萃取的影响

掩 蔽 剂		有机相 H⁺总浓度	WO₃萃取率
NH_4NO_3/(mol·L⁻¹)	$(NH_4)_2SO_4$/(mol·L⁻¹)	/(mol·L⁻¹)	/%
—	—	2.61	1.32
—	0.4	2.57	0.66
—	0.8	2.33	0.47
0.4	—	2.56	0.68
0.8	—	2.53	0.53

当 HF 为 6 mol/L 时，随着硫酸浓度的增加，铁和硅的分配比有所降低，大致在 10^{-3} 数量级范围内（萃取条件：FeO_3、SiO_2 分别为 20 g/L，相比为1:1）。而在总 H^+ 浓度为 12.7 mol/L 的 $HF-H_2SO_4-MIBK$ 体系中，原液 SnO_2 4 g/L，TiO_2 7 g/L，相比为 1:1 时，锡、钛的分配比(D)如表 22-12 所示。

表 22-12 硫酸浓度对杂质锡和钛的分配比(D)的影响

H_2SO_4浓度/(mol·L⁻¹)		0.71	2.13	3.54	5.68
分配比 D	Sn	4.02×10^{-3}	7.00×10^{-3}	1.29×10^{-2}	2.47×10^{-1}
	Ti	5.33×10^{-3}	9.10×10^{-3}	1.15×10^{-2}	4.37×10^{-2}

在 $HF-H_2SO_4-MIBK$ 体系中对砷、锑的萃取率也较高。

22.2.4.3 原液中钽铌浓度及钽铌比的影响

在用醇和酮萃取钽、铌时，随着原液中钽、铌浓度的增加，分配比一般(D)减小，钽、铌的分离系数($\beta_{A/B}$)增大，如表 22-13 所示。

表 22-13 原液中钽、铌浓度对 MIBK 萃取率、分配比的影响

原液中$(Ta/Nb)_2O_5$/(g·L⁻¹)	100	125	150	175
平衡有机中钽、铌浓度/(g·L⁻¹)	85.5	101.7	115.7	128.6
萃取率/%	85.5	81.37	77.15	73.5
分配比	5.895	4.565	3.375	2.771

注：原液 HF 4 mol/L，H_2SO_4 3 mol/L，相比为 1:1。

为提高产量和经济效益，原液浓度不能太低。

不同的钽铌比对钽、铌同时萃取影响不大，但对钽、铌分离有很大的影响。

一般情况下，随着原液钽铌比的增加，反萃取的过程，水相铌中钽的含量也相应增加，有机相中钽的纯度也提高。所以钽高铌低的原料对制取高纯钽有利，而不利于制取高纯铌。反之，铌高钽低的原料，有利于制取高纯铌，不利于制取高纯钽。

22.2.4.4　相比对萃取的影响

在用仲辛醇和 MIBK 作萃取剂时，钽、铌的萃取率均随有机相和水相体积比的增加而增加，但富集程度较低。MIBK 萃取时两相体积比的影响见表 22 – 14。

表 22 – 14　HF – 其他无机酸 – MIBK 体系两相体积比对钽、铌共萃取的影响

Ta + Nb　　　O/A 萃取率/% 酸度/(mol·L^{-1})		0.5	1	2	3	4
HNO$_3$	7.86	36.0	53.1	74.0	78.3	80.9
HF	9.53					
H$_2$SO$_4$	3.2	36.0	83.1	85.6	85.9	86.2
HF	9.53					
HCl	6.72	78.1	90.6	93.1	93.3	93.8
HF	4.53					
HF	9.53	80.2	26.0	36.6	43.7	47.0

22.2.4.5　影响钽铌萃取的其他因素

在钽、铌萃取分离过程中，如果各种条件都能满足工艺要求，但由于萃取槽级效率低，使得萃取级数不能满足要求时，同样得不到合格产品。混合澄清槽的级效率一般是 0.75～0.90。如矿浆萃取，当萃取级数不够时，则钽、铌(主要是铌)萃取不完全，将使残液不合格，即钽、铌损失增大。随着萃取级数的增加，钽、铌的萃取率增加，各种杂质的萃取率也随着增加，给酸洗造成困难。因此选择合适的级数能使钽、铌的萃取率及其与杂质分离都得到满意的效果。此外，如果酸洗级数不够，可能造成有机相中的杂质(主要是钨)洗不下来，使产品不合格。如果洗的级数太多，又会给共萃取造成困难，可能导致残液不合格，钽、铌损失太大。所以，萃取级数和酸洗级数应搭配得当，以确保产品质量和钽、铌回收率均达到标准。两者要兼而顾之，不能顾此失彼。

萃取级数虽然可以通过计算或作图求出，但实际上在不同的萃取体系和工艺条件下都是通过实验确定的，即使做了计算也要通过实验来验证。

在萃取槽结构和尺寸基本固定的情况下，影响级效率的主要因素是流量、搅

拌桨转速和桨叶的大小形状及安装位置。流量过大，则两相在混合室的停留时间过短，使级效率下降；转速过低，混合效果不好，两相不能完全接触；转速过高，液相分散过细，容易发生乳化，分层不好，同样会使级效率下降。影响混合效果的还有桨叶大小及它和搅拌轴间的夹角、搅拌桨安装位置的高低等因数。在实际生产过程中，萃取槽发生设备故障，如级间短路(窜级)，也往往会造成产品质量事故。在日常生产中遇见最多的，常常是这类问题。

22.2.5　钽铌萃取的工业应用

目前，国内钽、铌萃取均用 HF + H_2SO_4 矿浆萃取体系，萃取剂在北方用 MIBK，在南方用仲辛醇，流程大体相同，工艺条件根据各厂情况有些区别。其原则流程如图 22-19 所示。

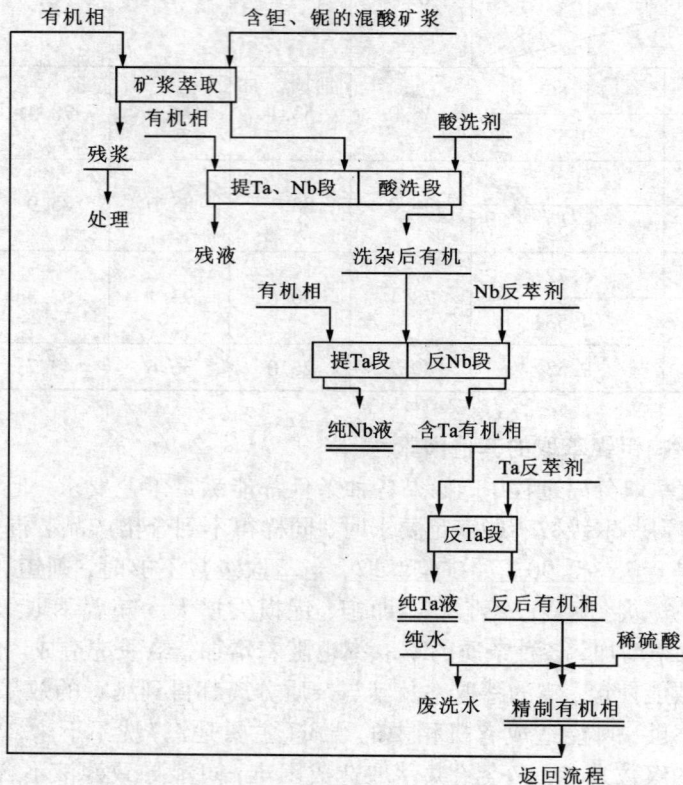

图 22-19　HF + H_2SO_4 体系提取分离 Ta、Nb 工艺原则流程图

矿浆萃取段：在一定的 HF、H_2SO_4 酸度下，浸出液和萃取有机相经过多级混合、澄清，将浸出液中钽铌共萃取到有机相，而大部分杂质元素留在水相中，使钽铌与杂质元素得到分离。

　　酸洗萃取段：采用分馏萃取工艺。在钽铌矿浆共萃取的同时，少量杂质元素如 Si、Fe、W、Ti 等也被萃取上来，因此，要用酸洗液将有机相中的杂质元素洗回到水相中，实现钽铌与杂质元素的进一步分离。在酸洗杂质元素时，少量钽铌也会进入水相，因此要引入萃取剂，控制小的相比，将酸洗下来的钽铌重新萃取到有机相中，从而保证残液中 $(Ta + Nb)_2O_5$ 的含量 $\leqslant 0.3$ g/L。

　　反铌提钽段：采用分馏萃取工艺。反铌提钽段是钽铌分离的关键，方法是用反铌液(稀硫酸)将酸洗后的含钽铌有机相中的铌反萃取到水相中。在反萃取铌的同时，少量钽也被反萃取到水相中，因此要用少量精制有机相将反萃取到水相中的钽再萃回到有机相中，得到纯铌液的同时实现钽铌的彻底分离。

　　反钽段：用纯水或 NH_4F 溶液做反钽液，将含钽有机相中的钽反萃取到水相中，得到纯钽液。

　　为了避免有机相在反复循环使用过程中，由于杂质的积累，对产品质量的不利影响，在反钽段后可增加一个有机相精制段，用纯水逆流洗涤反钽后的空白有机相，最后再用约 0.5 mol/L 的化学纯硫酸逆流洗涤精制有机相。

　　表 22 - 15 分别列出了用 MIBK 及仲辛醇作萃取剂时各段的工艺参数。

表 22 - 15　各作业段工艺参数

工　序	萃　取　体　系	
	$HF - H_2SO_4 - MIBK$	$HF - H_2SO_4 -$ 仲辛醇
1. 矿浆萃取		
1)浸出液	$(Ta + Nb)_2O_5\ 180 \pm 50$ g/L，$Ta_2O_5 : Nb_2O_5 = 2:1 \sim 1:2$(g/L 浓度比) $Sb \leqslant 10$ mg/L，HF 6 ± 0.5 mol/L，$H_2SO_4\ 8 \pm 0.2$ mol/L	$(Ta + Nb)_2O_5\ 130 \pm 20$ g/L，$Ta_2O_5 : Nb_2O_5 = 1:1$(g/L 浓度比) HF $6.5 \sim 7.0$ mol/L，H_2SO_4 $6.5 \sim 7.0$ mol/L
2)萃取有机	$(Ta + Nb)_2O_5 < 1$ g/L	pH = 7
3)流量比	有机:浸出液 = 1:(1~3)	有机:浸出液 = 1:(1~3)
4)流量	不大于设备设计能力	设备能力的 40% ~50%
5)负载有机	$(Ta + Nb)_2O_5\ 180 \pm 50$ g/L，$\sum N\ 3.5 \sim 5.5$	$(Ta + Nb)_2O_5\ 120 \sim 150$ g/L，$\sum N\ 3.5 \sim 5.5$
6)残浆	$(Ta + Nb)_2O_5 < 0.5\%$	$(Ta + Nb)_2O_5 < 0.5\%$
7)萃取级数	9 级	9 级
2. 酸洗萃取段		
1)负载有机	$(Ta + Nb)_2O_5\ 180 \pm 50$ g/L，$\sum N\ 3.5 \sim 5.5$	$(Ta + Nb)_2O_5\ 130 \pm 20$ g/L $\sum N$ $3.5 \sim 5.5$

续表 22-15

工 序	萃 取 体 系	
	HF - H_2SO_4 - MIBK	HF - H_2SO_4 - 仲辛醇
2) 萃取有机	$(Ta + Nb)_2O_5 < 1$ g/L	pH = 7
3) 酸洗液	4 ± 0.2 mol/L，纯 H_2SO_4	3.75 ± 0.2 mol/L，纯 H_2SO_4
4) 流量比	负载有机:酸洗液:萃有 = (3~4):1:(0.8~1)	负载有机:酸洗液:萃有 = 1:0.45:0.6
5) 相比(O/A)	(负载有机 + 萃有):酸洗液 = (4~5):1	(负载有机 + 萃有):酸洗液 = 1.6:0.45
6) 级数	酸洗段 9~10 级，萃取段 6~7 级	酸洗段 9~10 级，萃取段 10 级
7) 酸洗有机	$(Ta + Nb)_2O_5$ 135~145 g/L; Fe≤0.004 g/L，W≤0.001 g/L	$(Ta + Nb)_2O_5$ 50~100 g/L
8) 残液	$(Ta + Nb)_2O_5 < 0.5$ g/L	$(Ta + Nb)_2O_5 < 0.5$ g/L
3. 反铌提钽段		
1) 流量比	酸洗有机:反铌剂:提钽有机 = 3:(3~1):1	酸洗有机:反铌剂:提钽有机 = 1:0.3:0.35
2) 相比(O/A)	(酸洗有机 + 提钽有机):反铌剂 = 4:(3~1)	(酸洗有机 + 提钽有机):反铌剂 = 1.35:0.3
3) 反铌剂	0.75 mol/L 纯 H_2SO_4	1~1.5 mol/L 纯 H_2SO_4
4) 提钽有机	$(Ta + Nb)_2O_5 < 1$ g/L	pH = 7
5) 铌液	Nb_2O_5 75~100 g/L; Si，Fe≤0.004 g/L，Ta_2O_5≤0.1 g/L	Nb_2O_5 130 g/L
6) 含钽有机	Nb_2O_5≤0.02 g/L	—
7) 级数	反铌段 8 级，提钽段 8 级	反铌段 10 级，提钽段 10 级
4. 反钽段		
1) 相比(O/A)	含钽有机:反钽剂 = (1~1.5)/1.2	含钽有机:反钽剂 = 2.4:1
2) 反钽剂	纯水 Si，Fe≤0.001 g/L	纯水
3) 钽液	Ta_2O_5 40~60 g/L，Si，Fe≤0.001 g/L Nb_2O_5≤0.1 g/L	Ta_2O_5 70 g/L
4) 循环有机	Tb_2O_5≤1 g/L	pH = 7
5) 级数	12 级	10 级

实践证明，这两大生产体系均能批量、稳定地生产各类钽铌工业产品，表 22-16 至表 22-18 列出了有关产品的质量。

表 22-16　两种萃取体系生产 K_2TaF_7 产品质量/%

K_2TaF_7	Nb	Si	Fe	Ni	Ti	Mo	Cu	Cr	Ca	Mg	Pb	W	C	H_2O
典型值	0.002	0.002	0.001	0.001	0.001	0.001	0.001	0.001	0.001	0.001	0.001	0.001	0.002	0.03

表 22-17　两种萃取体系生产 Ta_2O_5 产品质量/%

Ta_2O_5	Nb	Si	Fe	Ni	Ti	Mo	Cu	Cr	W	Al	Mn	F	灼减
典型值	0.02	0.01	0.01	0.01	0.002	0.002	0.005	0.003	0.003	0.002	0.005	0.1	0.3

表 22-18　两种萃取体系生产 Nb_2O_5 产品质量/%

Nb_2O_5	Ta	Si	Fe	Ni	Ti	Mo	Cu	Cr	W	Al	Mn	F	灼减
典型值	0.08	0.01	0.1	0.01	0.002	0.002	0.005	0.003	0.005	0.002	0.005	0.1	0.3

自 20 世纪 90 年代以来，随着电子、光学、通信等产业的发展，光学和高纯钽铌氧化物得到广泛应用。与工业级产品生产相比，光学和高纯级钽铌氧化物生产工艺略有不同[49]：

（1）采用清液萃取工艺，防止矿浆萃取过程中有机"老化"，对高纯产品造成污染。

（2）原料采用高钽矿、各种钽废料或高铌矿、钽铌铁合金和各种铌废料，生产高纯氧化钽原料配比 Ta∶Nb = 2∶1；生产高纯氧化铌原料配比 Ta∶Nb = 1∶2。

（3）萃取酸洗段和反铌提钽段级数要适当增加。

（4）生产所用萃取剂（MIBK 或仲辛醇）及液氨、纯水、蒸汽等均需精制与净化。

（5）确保环境清洁，防止外来污染。

在采取上述措施后，采用 HF - H_2SO_4 - MIBK 或 HF - H_2SO_4 - 仲辛醇体系完全可以生产出高纯氧化钽及高纯氧化铌，它们的质量见表 22-19 及表 22-20。

表 22-19　两种萃取体系生产的高纯氧化钽质量/%

高纯 Ta_2O_5		Nb	Si	Fe	Ni	Ti	Mo	Cu	Cr	W	Al	Mn	F	Sn
典型值	光玻	0.008	0.005	0.001	0.001	0.0005	0.001	0.001	0.001	0.001	0.001	0.001	0.015	0.0005
	高纯	0.003	0.0013	0.0005	0.003	0.0003	0.0005	0.0005	0.0003	0.0005	0.0005	0.0005	0.007	0.0003

表 22 – 20　两种萃取体系生产的高纯氧化铌质量/%

高纯 Nb₂O₅		Ta	Si	Fe	Ni	Ti	Mo	Cu	Cr	W	Al	Mn	F	Sn
典型值	光玻	0.002	0.002	0.001	0.001	0.0005	0.0008	0.0005	0.0005	0.0005	0.0005	0.0005	0.0005	0.01
	高纯	0.001	0.001	0.0005	0.0003	0.0001	0.0002	0.0003	0.0003	0.0003	0.0003	0.0002	0.0001	0.007

参考文献

[1] 南方石煤综考小组. 中国南方石煤资源综合考察报告[R]. 1983, 10.

[2] Lucas B H, Ritcey G M. An Alkaline Roast – Leach Process for Treatment of Titaniferous Magnetite for Recovery of Chromium, Vanadium and Aluminum[R]. Paper Presented at Annual Conference of Metallurgists, CIM, Vancouver, August, 1977.

[3] 黄瀚, 詹海鸿, 陈小雁, 陶媛. 用钛白废酸浸取钒钛磁铁矿分离提取钪、钒、钛、铁的研究[J]. 大众科技, 2010, 总第 134 期: 146 – 147.

[4] 漆明鉴. 从石煤中提钒现状及前景[J]. 湿法冶金, 1999, 总第 72 期: 1 – 10.

[5] 肖超. 石煤提钒新工艺及其机理研究[D]. 中南大学硕士学位论文, 2010.

[6] 许碧琼. 从废钒触媒中回收钒氧化物[J]. 化工进展, 2002, 第 21 卷第 3 期: 200 – 202.

[7] Sato T, Ikoma S, Nakamura T. The Extraction of Vanadium (Ⅳ) from Hydrochloric Acid Solutions by Long – chain Alkyl Amine and Alkyl Ammonium Compound[J]. Journal of Inorganic Nuclear Chemistry, 1977, Vol. 39, 395 – 399.

[8] Sato T, Watanabe H, Suzuki H. Liquid – liquid Extraction of Molybdenum (Ⅵ) from Aqueous Acid Solutions by High – molecular Weight Amines[J]. Solvent Extraction and Ion Exchange, 1986, Vol. 4: 987 – 998.

[9] Sato T, Ikoma S, Nakamura T. Solvent Extraction of Vanadium (Ⅳ) from Hydrochloric Acid Solutions by Neutral Organophosphorus Compounds[J]. Hydrometallurgy, 1986, Vol.6(1 – 2), 13 – 23.

[10] Tedesco P H, de Rumi V B. Vanadium (Ⅴ) Extraction by Tri – n – butylphosphate from Hydrochloric Acid Solutions[J]. Journal of Inorganic and Nuclear Chemistry, 1980, Vol. 42: 269 – 272.

[11] 无机化学丛书第八卷. 钛分族 钒分族 铬分族[M]. 北京: 科学出版社, 1998: 240.

[12] Ritcey G M, Ashbrook A W. Solvent Extraction: Principles and Applications to Process Metallurgy, Part I [M]. Elsevier, 1984.

[13] Cox M. Solvent Extraction in Hydrometallurgy[M]// Rydberg J, Cox M, Musikas C, Choppin G R. (Eds.), Solvent Extraction Principles and Practice. Second ed. Marcel Dekker, New York, 2004.

[14] 漆明鉴. 酸浸法从石煤中提钒的中间试验研究[J]. 湿法冶金, 2000, 总第 74 期: 7 – 17.

[15] 向小艳. 难处理石煤钒矿提钒工艺研究[D]. 中南大学硕士学位论文, 2007.

[16] 鲁兆伶. 用酸法从石煤中提取五氧化二钒的试验研究与工业实践[J]. 湿法冶金, 2002, 第 21 卷第 4 期: 175 – 183.

[17] 宾智勇. 石煤提钒研究进展与五氧化二钒的市场状况[J]. 湖南有色金属, 2006, 第 22 卷第 1 期: 16 – 20.

[18] 许亮. 溶剂萃取法从石煤酸浸液中提钒新工艺的研究[J]. 中南大学硕士论文, 2013.

[19] Rice N M. Commercial Processes for Chromium and Vanadium[M]// T C Lo, et al. Handbook of Solvent

Extraction. New York, John Wiley & Sons, 1983: 697.

[20] Von S. Gerisch, Neue Hutte, 1969, (4): 204.

[21] Tsai Shang, et al. Resource Conservation and Recycling[J]. 1998, 22: 163.

[22] Amer A M Oroc. Bioler - ash for Extraction V and Ni[J]. Waste Management, 2002, 22: 515.

[23] Coleman C F, Brown K B, Moore J G, Crouse D J. Solvent Extraction with Alkyl Amines[J]. Ind. Eng. Chem., 1958, Vol. 50: 1756 - 1762.

[24] Sato T, Nakamura T, Kawamura M. The Extraction of Vanadium (IV) from Hydrochloric Acid Solutions by D - (2 - ethylhexyl) - phosphoric Acid[J]. J. Inorg. Nucl. Chem., 1978, Vol. 40, 853 - 856.

[25] Ipinmoroti K O, Hughes M A. The Mechanism of Vanadium (IV) Extraction in a Chemical Kinetic Controlled Regime[J]. Hydrometallurgy, 1990, Vol, 24: 255 - 262.

[26] Tangri S K, Suri A K, Gupta C K. Development of Solvent Extraction Processes for Production of High Purity Oxides of Molybdenum, Tungsten and Vanadium[J]. Trans. Indian Inst. Met., 1998, Vol. 51(1): 27 - 39.

[27] Litz J E. Solvent Extraction of W, Mo and V: Similarities and Contrasts[C]. Proceedings of a Symposium of the 110th AIME Annual Meeting, Chicago, Illinois, February 22 - 26, 1981.

[28] Ackermann F, Berrebi G, Dufresne P, Van Lierde A, Foguenne M. Recuperation de Molybdene et de Vanadium[R]. Brevet, 1992, 1488.

[29] 王明玉, 王学文, 肖朝龙, 谢恒, 刘良华. 从石煤酸浸液中萃取分离钒钼[J]. 有色金属科学与工程, 2012, 第 3 卷, 第 5 期: 14 - 17.

[30] Inoue K, Zhang P W, Tsuyama H. Recovery of Mo, V, Ni and Co from Spent Hydrodesulphurization Catalysts [C]. Symposium on Regeneration, Reactivation and Reworking of Spent Catalysts, 205th National Meeting, American Chemical Society, Denver, March 28 - April 2, 1993.

[31] Zhang P W, Inoue K, Yoshizuka K, Tsuyama H. Extraction and Selective Stripping of Molybdenum(VI) and Vanadium(IV) from Sulphuric Acid Solution Containing Aluminium(III)(IV), Cobalt (II)(II), Nickel (II)(II) and Iron(III)(III) by LIX 63 in Exxsol D80[J]. Hydrometallurgy, 1996, 41, 45 - 53.

[32] Zeng L, Cheng C Y. Recovery of Molybdenum and Vanadium from Synthetic Sulphuric Acid Leach Solutions of Spent Hydrodesulphurisation Catalysts Using Solvent Extraction[J]. Hydrometallurgy, 2010, Vol. 101(3 - 4): 141 - 147.

[33] Miura K, Nozaki K, Isomura H, Hashimoto K, Toda Y. Leaching and Solvent Extraction of Vanadium Ions Using Mixer - settlers for the Recovery of the Vanadium Component in Fly Ash Derived from Oil Burning[J]. Solvent Extraction Research and Development of Japan, 2001, Vol. 8: 205 - 214.

[34] Sadanandam R, Fonseca M F, Gharat S S, Menon N K, Tangri S K, Mukherjee T K. Recovery of Pure Vanadium Pentoxide from Spent Catalyst by Solvent Extraction[J]. Trans. Indian Inst. Met., 1996, Vol. 49 (6): 795 - 801.

[35] Tangri S K, Suri A K, Gupta C K. Development of Solvent Extraction Processes for Production of High Purity Oxides of Molybdenum, Tungsten and Vanadium. Trans [J]. Indian Inst. Met., 1998., Vol. 51 (1): 27 - 39.

[36] Sato T, Sato K. Liquid - liquid - extraction of Tungsten (VI) from Hydrochloric Acid Solution by Neutral Organophosphorus Compounds and High - molecular - weight Amines [J]. Hydrometallurgy, 1995, 37: 253 - 266.

[37] Kim K, Cho J W. Selective Recovery of Metals from Spent Desulphurization Catalyst[J]. Korean J. of Chem. Eng., 1997, Vol. 14(3): 162 - 167.

[38] Cuer J P. et al. Proc. Int. Solvent Extraction Conf. , 1974: 1185.

[39] White S C, Ross W J. U. S. Atomie Energy Cemnission Report. No. ORNL－2526, 1955.

[40] Swanson R R, et al. , Eng. Min. J, 1961: 10

[41] Deptula C, J. Inog. Chem. 1968, Vol. 30: 1309.

[42] 马荣骏. 萃取冶金[M]. 北京: 冶金工业出版社, 2009: 639.

[43] 杨佼庸, 刘大星. 萃取[M]. 北京: 冶金工业出版社, 1995: 256－257.

[44] Yu S, et al. Proc. ISEC'80, 1980, 3: 80.

[45] 从前, 李斯, 等. 湿法冶金新工艺详解与新技术开发及创新应用手册[M]. 中国科技文化出版社, 2005.

[46] А В ЕЛЮГИН, В Г КОРШУНОВ. 马富康, 邱向东, 贾厚生, 刘贵才. 钽与铌[M]. 中南工业大学出版社, 1997.

[47] 郭青蔚. 现代铌钽冶金[M]. 北京: 冶金工业出版社, 2009.

[48] 吴铭, 邵志俊, 孙有路, 乔考德. 钽、铌冶金工艺学. 中国有色工业总公司, 1986.

[49] 何季麟, 张宗国, 徐忠亭. 中国钽铌湿法冶金[J]. 稀有金属材料与工程, 1998, 01: 9－14.

第23章 钨、钼、铼萃取

龚柏藩　张贵清　李青刚
中南大学冶金与环境学院

目　录

23.1 酸性体系萃取钨

23.1.1 钨酸钠溶液中，钨酸根离子形态随溶液 pH 的变化

1）同多钨酸根离子

钨酸钠溶液酸化过程中，单钨酸根离子可以聚合生成同多钨酸根离子，随着溶液酸度的升高（pH 降低），可依次生成聚合度不同仲钨酸根和偏钨酸根离子（表 23 –1）。

表 23 –1 单钨酸根离子和同多钨酸根离子

形成酸度 $n_{H^+}/n_{WO_4^{2-}}$	化学式	名称	备注
0	WO_4^{2-}	单钨酸根	
1.14	$W_7O_{24}^{6-}$	仲钨酸根 A	有研究认为是 $HW_6O_{21}^{5-}$
1.17	$H_2W_{12}O_{42}^{10-}$	仲钨酸根 B	
1.17 ~ 1.5	$\psi-W_{12}O_{39}^{6-}$	ψ - 偏钨酸根	介稳态
1.48	$\beta-H_2W_{12}O_{40}^{6-}$	β - 偏钨酸根	
1.50	$\alpha-H_2W_{12}O_{40}^{6-}$	α - 偏钨酸根	

将钨酸钠溶液置于以阳离子交换膜作隔膜的电解槽的阳极室，在直流电作用下，钠离子向阴极室迁移，阳极水电解反应析出氧气，同时释放出 H^+，使溶液 pH 下降，因此可作出溶液 pH 随电解时间变化的曲线如图 23 –1 所示。

该曲线大体可分为三个区域：

（1）起始阶段系钨酸钠溶液中游离碱的中和反应，数分钟内即可完成，故 pH 迅速下降。

（2）pH 在 9 以下，WO_4^{2-} 离子开始进行缩合反应，按反应式

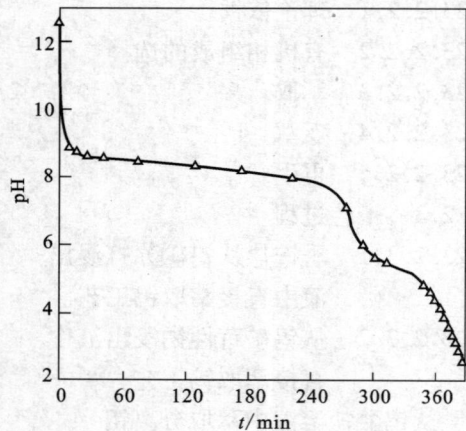

图 23 –1 阳极液 pH 随电解时间的变化

(23-1)生成仲钨酸根离子。

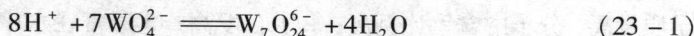

$$8H^+ + 7WO_4^{2-} = W_7O_{24}^{6-} + 4H_2O \qquad (23-1)$$

1 mol WO_3 需消耗 8/7 mol 的 H^+，随缩合反应的连续进行，单钨酸根（WO_4^{2-}）浓度逐渐下降，而仲钨酸根浓度逐渐增加。由于反应要消耗部分 H^+，故溶液 pH 变为缓慢下降。

（3）WO_4^{2-} 基本转化成 $W_7O_{24}^{6-}$ 之后，溶液 pH 下降趋势大为加快，直至下一缩合反应开始进行。

（4）$W_7O_{24}^{6-}$ 按式(23-2)缩合生成偏钨酸根离子。

$$12W_7O_{24}^{6-} + 30H^+ = 7H_2W_{12}O_{40}^{6-} + 8H_2O \qquad (23-2)$$

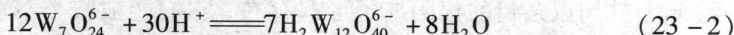

pH 变化又趋平缓，但在较短时间内即可完成该缩合反应。此后电解产生的 H^+ 基本上仅影响溶液酸度的升高，故 pH 快速下降。电解过程中，阳极室钨酸钠溶液 pH 的变化规律能直观地反映出钨酸盐的缩合过程。

钨酸钠溶液连续酸化过程中，最先生成的是仲钨酸根 A，其钠盐有相当高的溶解度，而仲钨酸根 B 的钠盐溶解度比较低，易以晶体形式析出。但仲钨酸根 A 要经长时间陈化或煮沸才可转化成仲钨酸根 B。因此，在缓慢连续调酸过程中并无析出仲钨酸钠晶体的可能；其次，调酸过程中最先生成的偏钨酸根是介稳态的 ψ-偏钨酸根，至 β-偏钨酸根、α-偏钨酸根是渐变过程。

2）杂多钨酸根离子

钨酸盐溶液在酸化过程中，溶液中的杂质离子可作为中心原子形成杂多钨酸根离子。如：

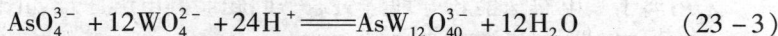

$$AsO_4^{3-} + 12WO_4^{2-} + 24H^+ = AsW_{12}O_{40}^{3-} + 12H_2O \qquad (23-3)$$

杂多钨酸根可按杂质与钨原子数目之比来分类。某些典型的例子见表 23-2。

表 23-2 某些典型的杂多钨酸根阴离子[1]

原子比(杂质:钨)	中心原子(X)	典型化学式
1:12	P^{5+}，As^{5+}，Si^{4+}，Ge^{4+}，Ti^{4+}，Co^{3+}，Fe^{3+}，Al^{3+}，Cr^{3+}，Ga^{3+}，Te^{4+}，B^{3+}	$[X^{n+}(W_{12}O_{40})]^{(8-n)-}$
1:10	Si^{4+}，Pt^{4+}	$[X^{n+}(W_{10}O_x)]^{(2x-60-n)-}$
1:9	Be^{2+}	$[X^{2+}(W_9O_{31})]^{6-}$
1:6	系列 A：Te^{5+}，I^{7+} 系列 B：Ni^{2+}，Ga^{3+}	$[X^{n+}(W_6O_{24})]^{(12-n)-}$ $[X^{n+}(W_6O_{24}H_6)]^{(6-n)-}$
2:18	P^{5+}，As^{5+}	$[X_2^{n+}(W_{18}O_{62})]^{(12-2n)-}$
2:17	P^{5+}，As^{5+}	$[X_2^{n+}(W_{17}O_x)]^{(2x-102-2n)-}$

1:12 的杂多钨酸根阴离子最容易生成。杂多钨酸盐具有以下特点：①相对分子质量高，分子中含钨比例高；②水合度高；③通常在水中以及某些有机溶剂中溶解度高；④在水溶液中有强氧化性；⑤以游离酸形式存在时具有强酸性；⑥在强碱性水溶液中可分解为单钨酸盐；⑦阴离子有颜色或能生成有颜色的产物。

特别值得关注的是钨酸盐中常见杂质砷、磷、硅形成杂多钨酸阴离子对钨冶炼工艺过程的影响。例如，从钨酸钠溶液中沉淀钨酸及从钨酸铵溶液中结晶析出仲钨酸铵（APT）过程中，高的杂质（As、P、Si）含量会因形成的杂钨酸的高水溶性而显著影响钨酸的沉淀率和 APT 结晶率。在酸性萃取工艺中，酸化料液中的杂质磷、砷、硅均以杂钨酸根阴离子形式存在，它们能被胺类萃取剂有效萃取，因此酸性萃钨工艺无分离该类杂质功能，只起钨的转型作用。同时，若杂质磷、砷、硅含量偏高时，因其萃合物在有机相中溶解度低，会以固体物形式析出而危及萃取过程的正常运行。

23.1.2 酸性介质中萃取钨

23.1.2.1 萃取料液制备

从酸性介质中萃取钨，其中一个重要环节是萃取料液的准备。工业上现行工艺都采用无机酸（多为硫酸）中和的方法。酸性介质中萃钨只起钨转型的作用。为了与钨酸钠溶液除杂配合，中和分两段进行，先中和至 pH 约 9，并添加镁盐沉淀杂质砷、磷、硅；添加硫化剂，如硫化钠或硫氢化钠后再中和至 pH 2~3，沉淀出硫化钼（MoS_3），制得纯偏钨酸钠溶液。中和过程需消耗大量的酸，同时产生大量的副产物，如硫酸钠，随萃余液外排，污染环境。

采用离子膜电解法能较好地解决这一问题。其电解原理如图 23-2 所示。电解槽由阳离子交换膜分隔为阴极室和阳极室。阳极室中加入含 NaOH 的钨酸钠溶液，阴极室加入稀的 NaOH 溶液。在直流电场的作用下，阳极室中钠离子透过交换膜进入阴极室，由于阳离子交换膜的选择透过性，阴极室的 OH^- 不能进入阳极室。电解过程中两极室分别发生下列反应。

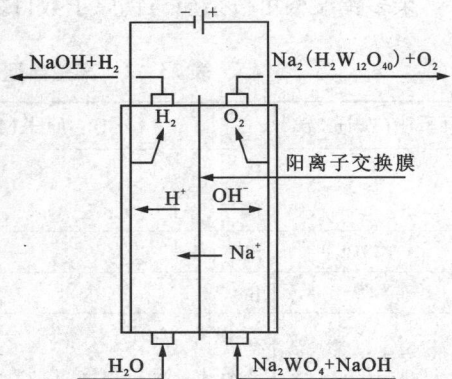

图 23-2 离子膜电解法回收 NaOH 制备偏钨酸钠原理图

阳极室：

$$H_2O \rightleftharpoons H^+ + OH^-$$

$$2OH^- \rightleftharpoons H_2O + \frac{1}{2}O_2 \uparrow + 2e$$

$$12WO_4^{2-} + 18H^+ \rightleftharpoons H_2W_{12}O_{40}^{6-} + 8H_2O$$

(23-4)

阴极室：
$$H_2O \Longrightarrow H^+ + OH^-$$
$$2H^+ + 2e \Longrightarrow H_2 \uparrow$$
$$Na^+ + OH^- \Longrightarrow NaOH \qquad (23-5)$$

通过离子膜电解能回收钨酸钠溶液中碱（全部游离碱及 75% 的化合碱）返回矿石分解使用；匀速酸化，不会出现局部过酸的情况，能制得性能稳定的偏钨酸钠溶液，有利于萃取；同时还能制得副产物氢气和氧气。离子膜电解—溶剂萃取联合工艺，其酸耗量只为经典萃取工艺的 5%，而副产物硫酸钠的排出量只有 10%，优势明显，其代价是消耗电能。钨酸钠溶液离子膜电解回收 NaOH 与离子膜电解食盐制碱不一样，为制备适于溶剂萃取的偏钨酸钠溶液，需控制阳极液的钠浓度及低的 pH，因导电性差，工艺能耗相对较高。该工艺能否用于工业实践，能耗是主要的考察指标。

20 世纪 90 年代，匈牙利科学家在钨酸钠离子膜电解回收 NaOH 制备供溶剂萃取用的偏钨酸钠溶液方面进行过卓有成效的研究，并将钨酸钠离子膜电解—溶剂萃取联合工艺用于从废钨材制取 APT 的工业实践[2]。图 23-3 至图 23-6 分别示出离子膜电解结果，电流密度（i）、温度（T）及 NaOH 浓度（ρ_{NaOH}）对电流效率（η, %）、能耗（E, W·h/g NaOH），槽电压（V）及 Na$^+$ 迁移速率（K, g/dm^2·h）的影响。

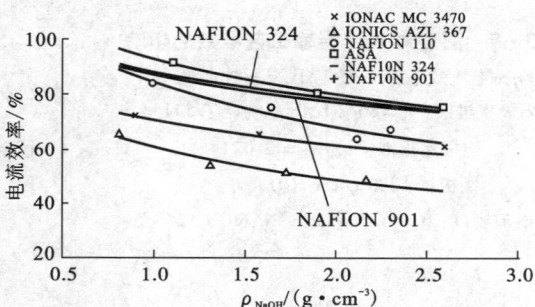

图 23-3 不同阳离子交换膜在回收 NaOH 过程中的传输性能

Na$_2$WO$_4$ 浓度：150 g/L；电流密度：0.12 A/cm^2

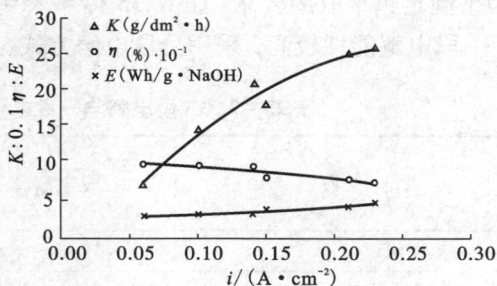

图 23-4 电流密度对电解过程 Na$^+$ 传输工艺参数的影响

K—面传速率；E—比能耗；η—电流效率

阳极室进液：$W = 86$ g/L，$n_{Na}:n_W = 7.5:1$

阳极室出液：$n_{Na}:n_W = 2.0:1$，pH = 8.2

阴极 NaOH 液浓度：200~280 g/L，

膜 NAFION 324；温度：80℃

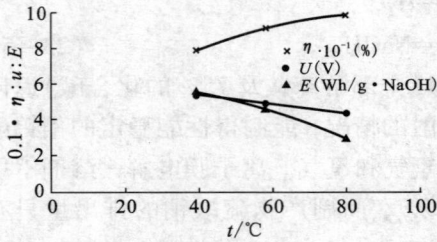

图 23-5 温度对 Na⁺ 传输工艺参数的影响

η—电流效率；u—槽电压；E—比能耗
阳极室进液：$W = 86$ g/L，$n_{Na}:n_W = 7.5:1$
阳极室出液：$n_{Na}:n_W = 2.0:1$
阴极液：280 g/L NaOH 溶液
电流密度：0.1 A/cm²；膜：NAFION 324

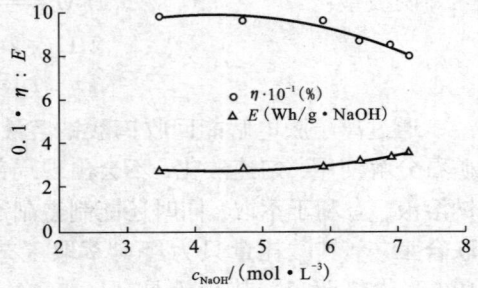

图 23-6 NaOH 浓度对
电解过程工艺参数的影响

E—比能耗；η—电流效率
阳极室进液：$W = 86$ g/L，$n_{Na}:n_W = 7.5:1$
阳极室出液：$n_{Na}:n_W = 2.0:1$
电流密度：0.1 A/cm²，
膜：NAFION 324；温度：80℃

结果表明：①较为适用的是全氟磺酸膜（NAFION 膜）；②电流密度高，可减小有效膜面积及电极面积，设备投资可减少，但耗能增加；③提高电解温度无疑是有利的；④回收 NaOH 浓度高，利于返回浸出矿石使用，但耗能高，较为合理的浓度是 3~5 mol/L。

为了满足钨萃取的要求（如 N235 体系萃钨），阳极液终点 pH 应达到 2~3，但是，一段电解能耗较高，采用分段电解方式，能耗相对降低（表 23-3）。

表 23-3 二段电解与一段电解的总能耗对比

对比参数	一段电解	二段电解	
		1	2
Na₂WO₄ 原液 pH	12.6	13.6	8.7
产出同多钨酸钠溶液 pH	2.0	8.7	2.0
回收 NaOH/%	85	56	29
E(kW·h/kg NaOH)	3.70	2.94	3.70
总 E(kW·h/kg NaOH)	3.70	3.20	

工业钨酸钠溶液含有杂质 P、As、Si、Mo，由于酸性萃钨不能除杂，要求流程中设立除杂工序。其次，含有杂质的钨酸钠在电解过程中，存在杂质水解沉淀析出的可能，这又是离子膜电解所不允许的。如何将离子膜电解有机组合于总的工艺流程中是必须考虑的问题。匈牙利科学家的做法是将部分电解液返回除杂工序

作中和剂，用于以废钨料为原料制取 APT 的离子膜电解—溶剂萃取联合流程，获得成功。将除杂与电解过程结合的方法如图 23-7、图 23-8 所示。

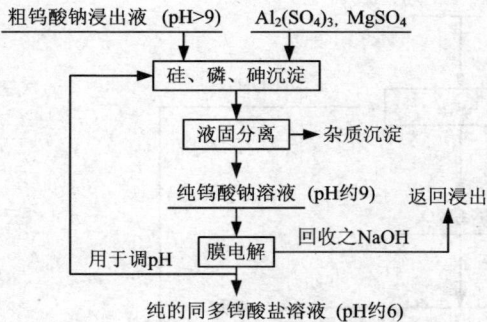

图 23-7 除磷、砷、硅与膜电解结合的方法　　图 23-8 除钼与膜电解结合的方法

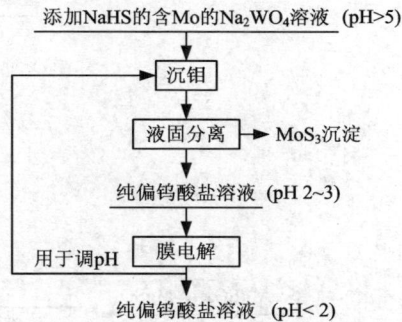

　　基于这种操作方法，建立了小规模生产线，其流程图如 23-9 所示。

　　中南大学冶金分离科学与工程重点实验室就钨酸钠溶液离子膜电解回收 NaOH，制备酸性萃钨料液作过较为系统的研究[3]。实验装置如图 23-10、图 23-11所示。表 23-4 所列为扩大试验的连续运行结果。试验使用的电解槽系仿 AZEC 氯碱电解气提式自循环膜电解槽，电解分两阶段进行。使用的电极是：一段电解，阴极为活性镍电极，阳极为网状镀 β-PbO_2 的 Ti 电极；二段电解，阴极为活性镍电极，阳极为涂贵金属的 Ti 电极。运行方式：一段电解为 3 个电解槽串联连续运转，二段电解为单个电解槽连续运转。阳离子交换膜系卤碱生产厂换下的日本旭化成的 F4111 全氟磺酸羧酸复合膜。

表 23-4　膜电解制备酸性萃取料液扩大试验结果

电解参数及指标		第 1 段电解	第 2 段电解	平均值
阳极室进液 /$(g \cdot L^{-1})$	WO_3	164	175	
	NaOH	70.92	10.65	
阳极室流出液，NaOH/$(g \cdot L^{-1})$		约 10	pH 4~5	
阴极室流出液，NaOH/$(mol \cdot L^{-1})$		4.5	3.0	
电流密度 I/$(A \cdot m^{-2})$		1000	1000	
电解温度 t/℃		60~65	70~75	
电流效率 η/%		89.19	83.22	86.43
能耗 E/$(kW \cdot h/kg\ NaOH)$		2.20	2.62	2.39
回收的 NaOH 量/kg		60.95	52.41	
占 NaOH 总量比例/%		53.77	46.23	

废钨料（丝、环、粉、锭）

NaOH

电溶

粗Na₂WO₄

Al₂(SO₄)₃、MgSO₄

沉杂质（硅、磷）/过滤 ————→ 杂质

NaHS

溶剂萃取杂质（As、Mo） ————→ 杂质

纯Na₂WO₄

电解 ————— 回收NaOH

同多钨酸钠溶液（pH<2）

H₂SO₄、H₂O

NH₃·H₂O

钨的萃取及反萃 ---- Na₂SO₄

钨酸铵溶液

NH₃

母液

APT结晶

APT晶体

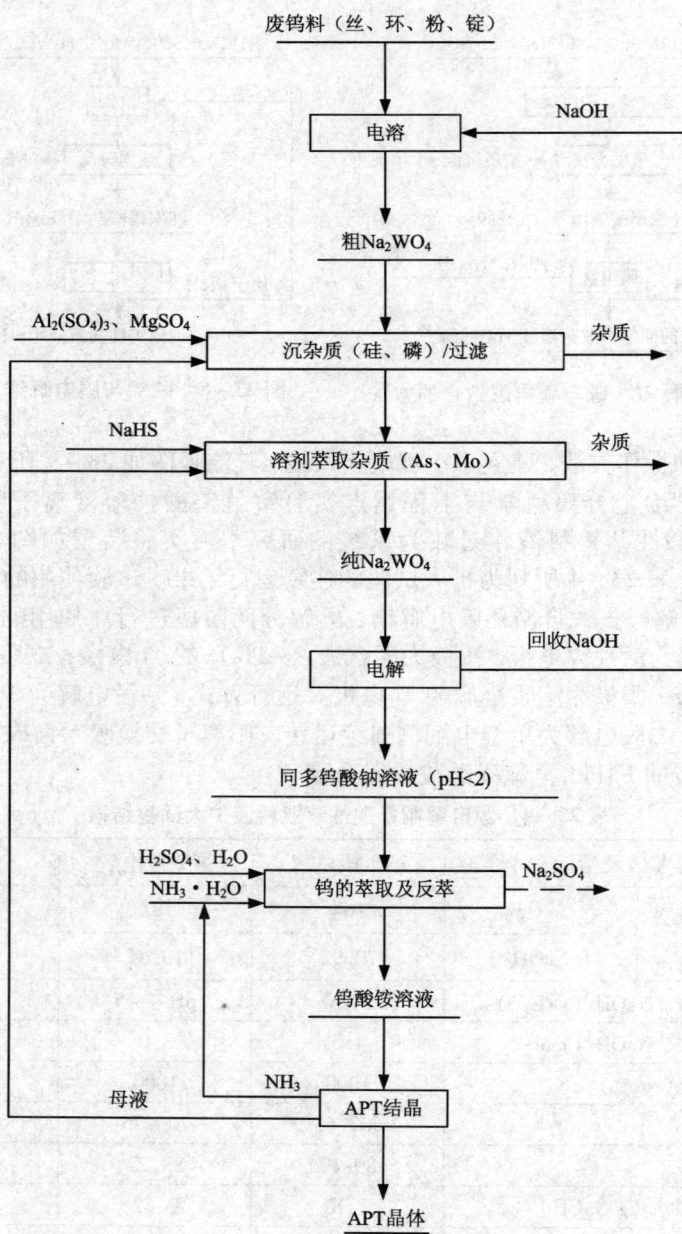

图 23 −9　环境友好的 APT 生产工艺

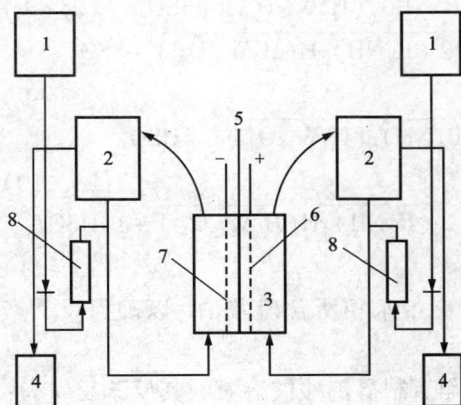

图 23 - 10　气提式自循环膜电解装置示意图

1—高位槽；2—循环溢流槽；3—电解槽；
4—产品液低位槽；5—阳离子交换膜；
6—阳极；7—活性镍阴极；8—流量计

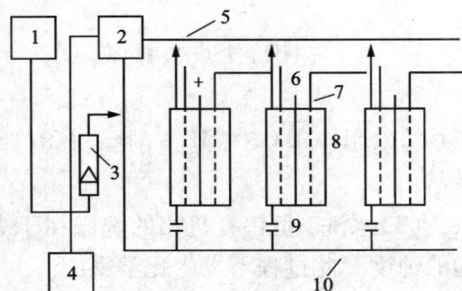

图 23 - 11　气提式自循环膜
电解三槽串联管路（阳极液部分）示意图

1—料液高位槽；2—循环溢流槽；3—流量计；
4—产品液接收槽；5—气提液总管；6—阳离子交换膜；
7—电极；8—电解槽；9—调节阀；10—进液总管

从表列结果可以看出：与前述结果（表 23 - 3）相比较，能耗低很多，其影响因素是多方面的。1、2 段电解运行中阳极室溶液碱度（或 pH）高，是降低能耗的重要因素之一。

离子交换膜电解制备钨萃取料液及回收碱与酸性萃钨联合制取仲钨酸铵的工艺，其基础研究结果可靠，令人鼓舞。该工艺推广于工业应用，其效益可期。

23.1.2.2　N235 - 仲辛醇 - 煤油有机体系萃取钨

1）基本原理

萃取过程包括有机相酸化、萃取、水洗及反萃几个步骤。各步骤的有关反应及原理简述如下。

（1）有机相的酸化。N235 系叔胺类萃取剂（R_3N），其萃钨过程属于阴离子交换过程。萃取前有机相需用无机酸处理，使其转化成铵盐。无机酸包括 H_2SO_4、HCl 和 HNO_3。但硫酸铵在有机溶剂中溶解度最高，且萃钨的分配比也以在 H_2SO_4 介质中最大。故实践中用 H_2SO_4 酸化。其酸化反应式为：

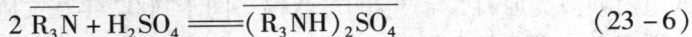

$$2\overline{R_3N} + H_2SO_4 \Longrightarrow \overline{(R_3NH)_2SO_4} \tag{23 - 6}$$

在高酸度下，则会生成硫酸氢铵。

$$\overline{R_3N} + H_2SO_4 \Longrightarrow \overline{(R_3NH)HSO_4} \tag{23 - 7}$$

酸化用的硫酸浓度越高，有机相中形成的硫酸氢铵盐的比例越高。实践证明，两种铵盐的萃取容量差别不大。

（2）萃取。萃取料液 pH 2~3，钨基本上以偏钨酸根形式 $H_2W_{12}O_{40}^{6-}$ 存在，当与经过酸化后的有机相接触时，可发生如下萃取反应：

$$3 \overline{(R_3NH)_2SO_4} + H_2W_{12}O_{40}^{6-} \Longrightarrow \overline{(R_3NH)_6(H_2W_{12}O_{40})} + 3SO_4^{2-} \quad (23-8)$$

$$5 \overline{(R_3NH)_2SO_4} + 2H_2W_{12}O_{40}^{6-} + 2H^+ \Longrightarrow 2 \overline{(R_3NH)_5H(H_2W_{12}O_{40})} + 5SO_4^{2-}$$
$$(23-9)$$

$$6 \overline{(R_3NH)HSO_4} + H_2W_{12}O_{40}^{6-} \Longrightarrow \overline{(R_3NH)_6(H_2W_{12}O_{40})} + 6HSO_4^-$$
$$(23-10)$$

$$10 \overline{(R_3NH)HSO_4} + 2H_2W_{12}O_{40}^{6-} + 2H^+ \Longrightarrow 2 \overline{(R_3NH)_5H(H_2W_{12}O_{40})} + 10HSO_4^-$$
$$(23-11)$$

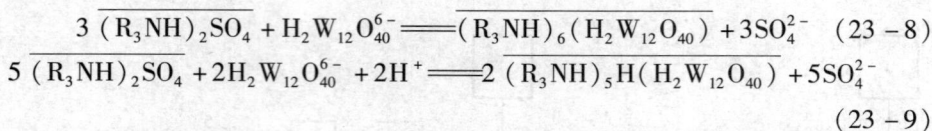

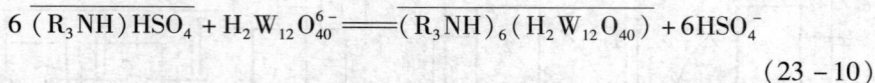

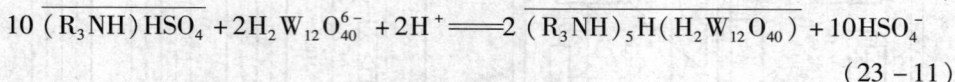

（3）水洗：负钨有机相的洗涤在于去除夹带水相所含硫酸钠，以确保反萃产物的纯度。此过程不发生化学反应。

（4）反萃：负钨有机相与反萃剂氨水接触，制得钨酸铵溶液。其反萃反应为：

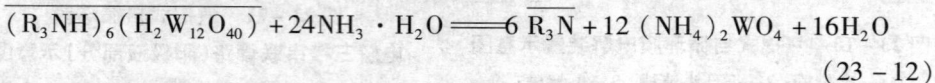

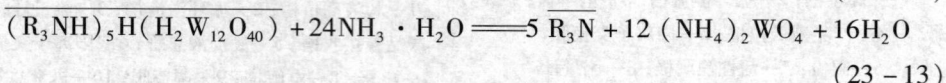

$$\overline{(R_3NH)_6(H_2W_{12}O_{40})} + 24NH_3 \cdot H_2O \Longrightarrow 6\overline{R_3N} + 12(NH_4)_2WO_4 + 16H_2O$$
$$(23-12)$$

$$\overline{(R_3NH)_5H(H_2W_{12}O_{40})} + 24NH_3 \cdot H_2O \Longrightarrow 5\overline{R_3N} + 12(NH_4)_2WO_4 + 16H_2O$$
$$(23-13)$$

尽管萃合物组成不同，但反萃时，1 mol 钨消耗 2 mol 氨。本萃取体系反萃过程的难点是：反萃过程中负载有机相中偏钨酸根离子 $H_2W_{12}O_{40}^{6-}$、$H(H_2W_{12}O_{40}^{5-})$ 转化成正钨酸根离子 WO_4^{2-} 时，体系 pH 有一个从 2~3 向 ≥8.5 的转变过程，中间经过能生成仲钨酸根 $H_2W_{12}O_{42}^{10-}$ 的 pH 范围，因而极易产生仲钨酸铵晶体而恶化反萃过程，必须借助合适的反萃设备和合理的反萃工艺条件来克服这一难题。

2）工艺实践

国内钨萃取厂大都采用 N235 - 仲辛醇 - 煤油萃取体系，其萃取工艺大同小异。株洲硬质合金厂用黑钨精矿碱压煮溶液及白钨精矿酸分解—碱溶工艺制得的钨酸钠溶液的 N235 萃钨工艺已有详细介绍[4]。萃取在箱式混合澄清槽中进行，采用柱式连续并流反萃取，反萃取柱长度直径比 $L/D = 45$，2 级反萃，搅拌方式为十字叶轮加螺旋桨式，搅拌转速不小于 900 r/min，借助柱式反萃及强搅拌，克服了反萃过程易生成结晶的问题。

由中南大学冶金分离科学与工程重点实验室设计，以废硬质合金电解回收钴的电解残渣为原料，年产 200 t 蓝钨车间于 2002 年在文隆硬质合金厂试产成功。主要成分为 WC 的电解残渣经氧化焙烧、NaOH 溶解制得粗钨酸钠溶液；经中和除 Si 及以 MoS_3 形式除 Mo 后的偏钨酸钠溶液，采用 N235 - 仲辛醇 - 煤油有机体系进行钨的萃取转型，制得的纯钨酸铵溶液蒸发结晶得 APT，最后制成蓝钨产品。

钨萃取试产时工艺参数见表 23-5。

表 23 - 5　钨萃取工业试产工艺条件

工序	试液	试液成分	pH	温度 /℃	流量 /(L·h^{-1})	相比 (O/A)	级数	说明
萃取	料液	WO$_3$: 约 100 g/L	2.5 ~ 3.0	35 ~ 45	200	1:1	3	萃余液 WO$_3$ < 0.05 g/L
	酸化 有机相	10% N235 - 15% 仲辛醇 - 75% 煤油	2 ~ 2.5	35 ~ 45	200			
萃洗	洗涤剂	纯水	中性	35 ~ 45	约 70	3:1	2	萃洗液 WO$_3$ < 0.1 g/L
反萃	反萃剂	3.5 ~ 4.0 mol/L NH$_3$·H$_2$O		35 ~ 45	80	流比 2.5:1 相比 (1:1) ~ (1:2)	1	1 级 5 段回流反萃,流比 O/A = 2.5:1, 反萃液 WO$_3$ 200 ~ 210 g/L
反洗	洗涤剂	纯水	中性	35 ~ 45	40	5:1	3	反洗液 WO$_3$ 0.5 ~ 1.0 g/L, 配反萃剂用
酸化	酸化剂	0.5 mol/L H$_2$SO$_4$		35 ~ 45	40	5:1	2	有机相酸化至 pH 2 ~ 2.5, 水相 pH 1.5

　　与株洲硬质合金厂不同的是,利用多段并流箱式反萃槽采用回流反萃工艺,克服了反萃过程产生结晶的问题。

　　工业试产结果表明:

　　(1)废钨硬质合金电解残渣,经氧化焙烧—NaOH 浸出制得的钨酸钠溶液,净化作业由中和除 Si 及沉 MoS$_3$ 两个步骤组成,净化液经萃取转型制得的钨酸铵,即可获得国标零级纯度的 APT 产品。

　　(2)萃取料液 WO$_3$ 约 100 g/L,pH 3 ~ 2.5;有机相:10% N235 - 15% 仲辛醇 - 75% 煤油,用 0.5 mol/L H$_2$SO$_4$ 酸化至 pH 2 ~ 2.5,萃取性能稳定,经 3 级逆流萃取,萃余液 WO$_3$ < 0.05 g/L。

　　(3)反萃取采用回流反萃方式,反萃流比为负载有机:反萃剂 = 2.5:1,反萃槽内,由于反萃液回流,实际相比为 1:1 ~ 1:2,借助反萃液的回流,使反萃过程维持水相连续,强搅拌下,负载有机相迅速分散于水相中,解决了反萃过程中易产生沉淀的情况。反萃取性能稳定,反萃液 WO$_3$ 200 ~ 210 g/L。

　　(4)萃取在箱式混合澄清槽中进行,混合室 300 mm × 300 mm;反萃取装置为专门设计的 1 级 5 段箱式回流反萃槽(图 23 - 12),它有 5 个 350 mm × 350 mm 混合室,负载有机相、反萃剂及回流的反萃液进入第 1 个混合室,混合液依次流经

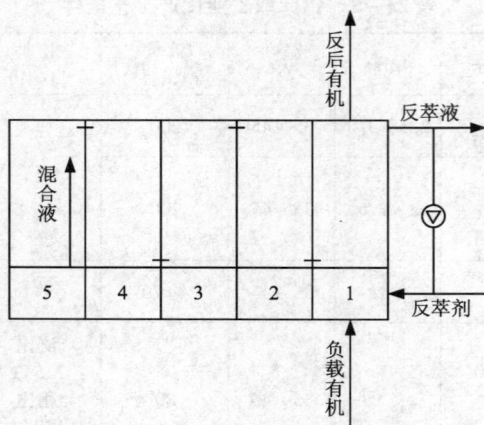

图 23 - 12　1 级 5 段回流反萃槽示意图

2、3、4、5 混合室进入澄清室分相。混合室搅拌速度(r/min)1 ~ 5 依次为 570、550、540、530、510。第 1 混合室搅拌强度最高、利于负载有机相在水相中快速分散,随后搅拌强度逐级降低,利于两相分离。工业试验流程见图 23 - 13。

23.1.2.3　N1923 - 异辛醇 - 煤油有机体系萃取钨[5]

国内应用的混合烷基叔胺 N235 体系,相调节剂采用仲辛醇,因它含辛酮—2,使有机相有一种令人生厌的气味;萃钨时要求萃取料液 pH 控制在 2 ~ 3,萃取钨后的余液 pH 还略高于料液,料液 pH 偏高时,N235 萃钨饱和容量明显下降。

而 N1923 - 异辛醇 - 煤油有机体系[4],除要求相调节剂比例高一些外,某些性能明显优于 N235 - 仲辛醇 - 煤油体系:

(1)同体积萃取剂的摩尔数,N1923 高于 N235,故萃取钨量亦高些(表 23 - 6)。

表 23 - 6　两种萃取剂萃钨饱和容量比较

萃取剂	萃取剂摩尔数	温度/℃	WO_3 萃取饱和容量/$(g \cdot L^{-1})$	WO_3:R(摩尔比)
10% N235(V/V)	0.185	35	102.8	2.4
10% N1923(V/V)	0.237	35	132.4	2.4

(2)同体积的 N1923 的萃酸量高于 N235。由于 N1923 的碱性比 N235 弱,与酸结合的牢固度亦低于 N235。N235 体系萃钨时,萃余液的 pH 稍高于料液 pH,而 N1923 体系在萃钨过程中,有机相中富余的酸可进入水相,发生均匀调酸作用,使水相 pH 有所降低,故 N1923 体系萃钨,料液 pH 稍高时,仍能保证钨的有效萃取。

废钨硬质合金电解残渣（WC）

↓

氧化焙烧

NaOH → 碱溶

粗钨酸钠溶液

1 mol/L H₂SO₄ →
1 mol/L H₂SO₄，Na₂S → 中和除Si → 硅渣

调酸除Mo → 钼渣

偏钨酸钠溶液（pH 2~2.5）

酸化有机相

弃 ← 萃余液（WO₃<0.05 g/L） ← 萃取3级，35~40 ℃ 相比1:1 ← 纯水

弃 ← 萃洗液（WO₃<0.1 g/L） ← 洗涤2级，35~40 ℃ 相比3:1

3.5~4.0 mol/L 氨水

反萃，1级5段，回流 40~45 ℃，流比2.5:1

纯钨酸铵溶液 WO₃:200~210 g/L

反后有机相　纯水

配反萃剂 ← 反洗液（WO₃:0.5~1.0 g/L） ← 洗涤3级，35~40 ℃ 相比5:1

结晶APT

H₂SO₄

还原

配酸化剂 ← 酸化液 ← 酸化2级，30~40 ℃ 相比5:1

蓝色氧化钨

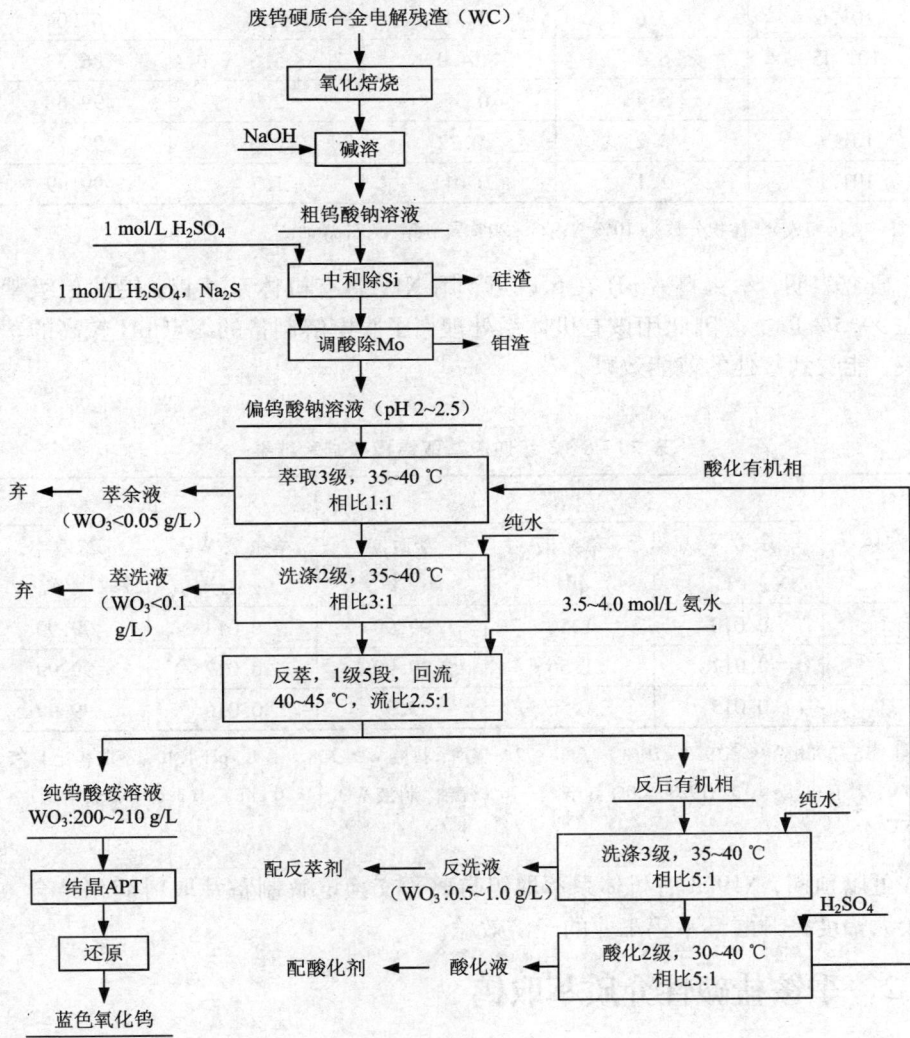

图 23－13　工业试验流程图

表 23 – 7　料液 pH 对 N1923 有机体系萃钨的影响

料　液		萃余液		萃取率/%
WO$_3$/(g·L^{-1})	pH	WO$_3$/(g·L^{-1})	pH	
103.6	7.6	34.15	6.45	67.04
102.45	6.6	14.0	5.6	86.33
103.75	5.4	0.355	2.9	99.68
101.1	3.2	0.22	2.0	99.78
101.1	2.1	0.011	1.7	99.99

注: 有机相成分(体积分数): 10% N1923 – 20% 异辛醇 – 70% 煤油。

　　研究表明, 萃钨料液 pH 在 5 以下, 用 N1923 有机体系萃钨, 钨的单级萃取率在 99.5% 以上。因此用该有机体系处理离子膜电解制备的终点 pH 较高的萃钨料液, 能收到甚佳的节能效果。

表 23 – 8　3 级逆流萃取钨模拟试验结果

平衡试样	1$^\#$试验			2$^\#$试验	
	萃余液 WO$_3$ /(g · L^{-1})	萃余液 pH	萃取率 /%	萃余液 WO$_3$ /(g · L^{-1})	萃取率 /%
1	0.010	1.56	99.99	0.014	99.99
2	0.011	1.56	99.99	0.017	99.99
3	0.015	1.56	99.98	0.016	99.99

注: 1$^\#$有机相: 8% N1923 – 20% 异辛醇 – 72% 煤油; 料液 WO$_3$ 108.9 g/L, pH 4.40, 萃取相比 1.25∶1, t = 40℃。2$^\#$有机相: 10% N1923—20% 异辛醇 – 70% 煤油; 料液 WO$_3$ 148.0 g/L, pH 3.66, 萃取相比 1.4∶1, t = 35℃

　　可以预期, N1923 有机体系萃取钨与离子交换电解制备萃取料液相结合, 应能较大幅度提升酸性萃钨工业的经济效益。

23.2　季铵盐碱性介质萃取钨

23.2.1　概述

　　酸性介质中萃取钨的方法仅起转型作用而无除磷、砷、硅、锡等杂质的功能, 过程需设置专门的沉淀除杂工序, 沉淀除杂过程不仅有钨的损失, 而且沉淀渣是一种含砷的危险固体废弃物。另外, 钨矿碱分解液中通常含有大量的游离碱, 该工艺需要消耗大量的无机酸去调节溶液的 pH, 因而会生成无用的无机盐, 随着环保要求的日益严格, 处理这种含盐量很高的萃余液成为一个严重的问题。

　　从碱性介质中直接萃钨新工艺可以解决现行酸性萃取工艺的不足。碱性萃取工艺能直接处理钨矿碱浸出液，在转型的同时能除去磷、砷、硅等杂质，而且萃余液能返回浸出使用，从而能形成"浸出—萃取"过程中碱液的闭路循环，因此过程流程短，钨损小，碱耗大幅度下降，避免了酸的无谓消耗，同时显著减小了废水排放量，甚至能实现废水的零排放。因此，从碱性介质中直接萃钨是钨湿法冶金的重要发展方向。

　　碱性萃钨的研究始于 20 世纪 60 年代[6]，但直到 20 世纪 80 年代末才由俄罗斯学者提出了有工业应用价值的技术方案，即选择以季铵碳酸盐为萃取剂、碳酸氢铵为反萃剂、氢氧化钠为再生剂的萃取体系，从钨矿苏打高压浸出液中直接萃取钨，制取钨酸铵溶液[7-9]。从 20 世纪 90 年代开始，张贵清等系统研究了从钨矿苛性钠浸出液和苏打浸出液中直接萃取钨制取钨酸铵溶液，有效地解决了阻碍季铵盐碱性介质直接萃取钨工业化应用的一系列问题，在工业试验规模上成功实现了在转型的同时分离磷、砷、硅等杂质制取纯钨酸铵溶液，该技术受到工业界的广泛重视，有望在近期实现大规模工业化应用[10-19]。

23.2.2　基本原理

23.2.2.1　理论依据

　　与酸性介质中萃取钨不同，在碱性介质中，钨以单体 WO_4^{2-} 形式存在，不与磷、砷、硅等杂质化合形成杂多酸根，因此可利用 WO_4^{2-} 与这些杂质的含氧酸根阴离子可萃性差别进行分离。在碱性介质中萃取阴离子的有效萃取剂是强碱性萃取剂季铵盐，萃取反应机理为阴离子交换反应[22]。一般来说，在阴离子交换萃取反应中，影响阴离子可萃性的因素主要有离子大小、离子势和亲水基团等。表 23-9 为相关阴离子的半径 R、电荷数 Z 和离子势 Z^2/R。

表 23-9　有关阴离子的电荷数、离子半径和离子势

阴离子	WO_4^{2-}	MoO_4^{2-}	PO_4^{3-}	AsO_4^{3-}	SiO_4^{4-}	Cl^-	CO_3^{2-}	SO_4^{2-}	S^{2-}	HS^-	OH^-
电荷数 Z	2	2	3	3	4	1	2	2	2	1	1
离子半径 R/Å	3.52	3.45	3.00	2.95	2.90	1.81	1.93	2.95	1.84	2.00	1.53
离子势 Z^2/R	1.14	1.16	3.00	3.05	5.52	0.55	2.07	1.36	2.17	0.5	0.65

　　根据萃取过程的空腔作用原理，被萃物分子半径越大，越有利于萃取。而如表 23-9 所示，这些阴离子半径均不大且相差很小，因此，空腔作用影响很小。影响这些阴离子可萃性差别的主要因素是离子水化能和溶剂化能。阴离子亲水性越强，亲有机相能力越弱，水化能越大，越不利于萃取。一般来说，离子的水化作用随离子势 Z^2/R 的增大而加强（ OH^- 除外）。根据表 23-9，可以大致判断相关阴离子与季铵盐结合力大小的顺序如下[10]：

$$HS^- \geqslant Cl^- > WO_4^{2-} \geqslant MoO_4^{2-} > SO_4^{2-} > CO_3^{2-} > PO_4^{3-} \geqslant AsO_4^{3-} > SiO_4^{4-}$$

T·H·契恰戈娃等根据离子水合能的大小，得出了一些阴离子在季铵盐甲苯溶液中萃取能力大小的顺序：

$$HCO_3^- > WO_4^{2-} \geqslant MoO_4^{2-} > HPO_4^{2-} > HAsO_4^{2-} > F^- > SO_4^{2-} > CO_3^{2-}$$

由阴离子被季铵盐萃取顺序可以看出：

(1) 季铵盐萃取 WO_4^{2-} 的能力比萃取 PO_4^{3-}、AsO_4^{3-}、SiO_4^{4-}、HPO_4^{2-}、$HAsO_4^{2-}$、F^- 等的能力大，而与 MoO_4^{2-} 相差不多，因此萃取过程中钨优先进入有机相而与杂质磷、砷、硅分离，但钨钼分离困难。

(2) 季铵盐萃取 Cl^- 和 HS^- 的能力强于萃取 WO_4^{2-}，所以要避免选择这些离子作为季铵盐的可交换阴离子，同时应避免将这些阴离子引入到料液中与 WO_4^{2-} 发生竞争萃取，影响有机相的萃钨容量。季铵盐萃取 SO_4^{2-}、F^- 的能力弱于 WO_4^{2-}，因此溶液中的 SO_4^{2-}、F^- 对有机相的萃钨容量影响较小。

(3) 季铵盐萃取 CO_3^{2-} 的能力比萃取 WO_4^{2-} 的能力弱，但萃取 HCO_3^- 的能力比 WO_4^{2-} 强，因此可用季铵的碳酸盐作为萃取剂，NH_4HCO_3 作为反萃剂，将钨酸钠转型为钨酸铵；反萃后得到的 HCO_3^- 型季铵盐用 NaOH 简单处理即可再生转化为 CO_3^{2-} 型季铵盐返回萃取使用。

季铵盐碱性介质萃取钨过程可用以下反应表示：

萃取：

$$\overline{(R_4N)_2CO_3} + Na_2WO_4 \Longrightarrow \overline{(R_4N)_2WO_4} + Na_2CO_3 \qquad (23-14)$$

反萃：

$$\overline{(R_4N)_2WO_4} + 2NH_4HCO_3 \Longrightarrow 2\overline{R_4NHCO_3} + (NH_4)_2WO_4 \qquad (23-15)$$

再生：

$$2\overline{R_4NHCO_3} + 2NaOH \Longrightarrow \overline{(R_4N)_2CO_3} + Na_2CO_3 + 2H_2O \qquad (23-16)$$

23.2.2.2 有机相组成的选择

碱性介质中萃取钨最常用的萃取剂为季铵盐，如成分为甲基三混合烷基的 N263、Aliquat336 及 TOMAC(甲基三辛基氯化铵) 等，煤油是最常用的稀释剂。由于强极性的季铵盐在极性很弱的稀释剂煤油中容易聚合，故在稀释剂中溶解度小，萃取和分相性能不好，因此有机相中需要添加极性改善剂如高碳醇(如仲辛醇、异辛醇、葵醇等)、TBP 等调节有机相的极性。N·M·依万洛夫等的研究显示，所用季铵盐的阳离子的结构与性质对萃取体系性能的影响并不大[8]。

由于 N263 等季铵盐的黏度较大，流动性差，故有机相中的季铵盐浓度不宜过高，李大任等在纯 Na_2WO_4 溶液中萃钨的研究中指出 N263 浓度以 40%(w) 为宜，为增加 N263 在煤油中的溶解度，加入 10%(w)的葵醇[21]。而张贵清等采用 N263 + 仲辛醇 + 煤油从 Na_2WO_4 – NaOH 溶液中萃钨，全面研究了萃取剂浓度和极性改善剂浓度对萃钨过程的影响，结果如图 23 - 14、图 23 - 15 所示[10, 11]。从图 23 - 14 可知，N263 浓度升高，钨的萃取率呈直线增加，但实验发现 N263 浓度过高导致分相困难，N263 浓度以 350 g/L 为宜；仲辛醇浓度升高，钨的萃取率增加，分相时间缩短，但仲辛醇体积浓度超过 20% 后，钨的萃取率趋于定值，分相时间反而延长。因此确定有机相组成为 350 g/L N263，20% ~ 25% 仲辛醇（V/V），余为煤油（200#航空煤油）。用饱和法在纯 Na_2WO_4 溶液中测定萃取等温线，发现组成为 350 g/L N263 + 20% 仲辛醇 + 煤油的有机相的饱和萃钨容量为 59.14 g/L WO_3。随后在 Na_2WO_4 - Na_2CO_3 溶液中萃钨的研究中，以萃取性能相近但分相性能稍优的 TOMAC 替代 N263，同时引入离心萃取器解决分相困难的问题，将萃取剂 TOMAC 体积浓度提高至 50%（V/V），仲辛醇浓度提高至 30%（V/V），有机相的饱和萃钨容量相应增加至 91.49 g/L WO_3，图 23 - 16 为 TOMAC 萃钨的等温线[17, 18]。

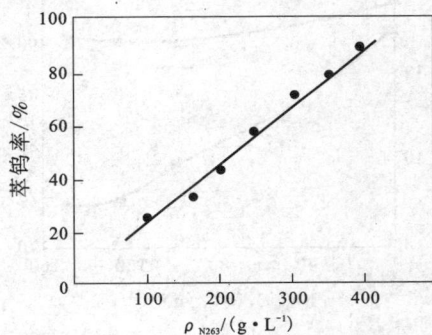

图 23 - 14　钨的萃取率与萃取剂浓度的关系

有机相：萃取剂为 N263，仲辛醇/煤油 = 1:4；

料液：WO_3 107.12 g/L；pH = 12.61；

温度 25℃；O/A = 2:1；振荡时间 5 min

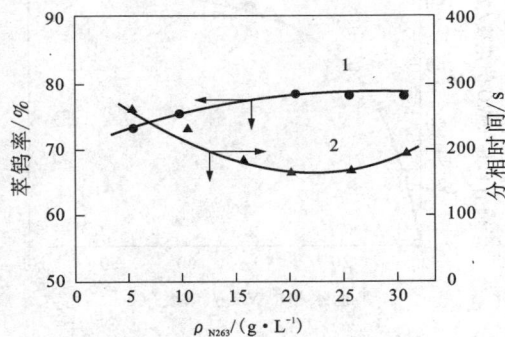

图 23 - 15　极性改善剂仲辛醇浓度

对钨的萃取率及分相时间的影响

有机相中 N263 浓度为 350 g/L

料液 WO_3 107.12 g/L，pH = 12.61，

温度 20℃，O/A = 2:1，振荡时间 5 min

23.2.2.3　萃取

以 N263 或 TOMAC - 仲辛醇 - 煤油为有机相从 Na_2WO_4 - NaOH 溶液中萃取 WO_3 的研究表明，季铵盐从碱性介质中萃取钨的反应速度很快，在 1 min 之内即可达到平衡。钨的萃取反应为微放热反应，钨的萃取率随温度升高略有下降，分相速度随温度升高增加很快[10, 11]。

钨的萃取过程还受料液成分的影响，如 Na_2CO_3、Cl^-、F^-、SO_4^{2-} 等浓度及 pH 的影响[10, 11, 17, 18]。图 23 - 17 为 Na_2WO_4 - Na_2CO_3 体系中料液的 Na_2CO_3 浓度对钨萃取的影响。试验结果表明料液中的 Na_2CO_3 浓度对钨的萃取影响很小，但料液中 Na_2CO_3 浓度的升高有利于分相速度的提高。图 23 - 18 是 Na_2WO_4 - NaOH

体系中料液 pH 对钨萃取的影响。图 23-18 显示，pH 在 8~13 范围内对钨的萃取无明显影响，当料液 pH > 13 才稍有下降，但到 pH 为 14 时，WO_3 分配比仍然下降不多，由此说明，该萃取体系可以在很宽的碱度范围内进行。图 23-19 为 Na_2WO_4 - NaOH 体系中 Cl^-、F^-、SO_4^{2-}、HCO_3^-、HS^- 等阴离子浓度对钨萃取的影响。显然，溶液中的 Cl^-、F^-、SO_4^{2-}、HCO_3^-、HS^- 均会与 WO_4^{2-} 竞争萃取，因此 WO_3 分配比随这些阴离子浓度的增加而降低，按对钨萃取影响的大小排序如下：$Cl^- > HS^- > HCO_3^{2-} > SO_4^{2-} > F^-$。因此在萃取过程中应尽量避免这些阴离子进入料液，特别是 Cl^- 和 HS^-，它们在萃取、反萃取循环中在有机相中积累，会使有机相萃钨能力下降。Г·К·库尔穆哈麦多夫以季铵盐为萃取剂从钨矿苏打压煮液中萃钨的研究中也获得了相类似的规律[8]。

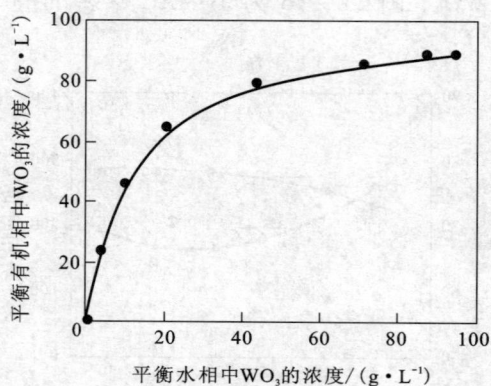

图 23-16　钨的萃取等温线

有机相组成为：50% TOMAC + 30%
仲辛醇 + 20% 磺化煤油
料液：WO_3 99.37 g/L；Na_2CO_3 100.0 g/L；
温度 25℃；振荡时间 5 min

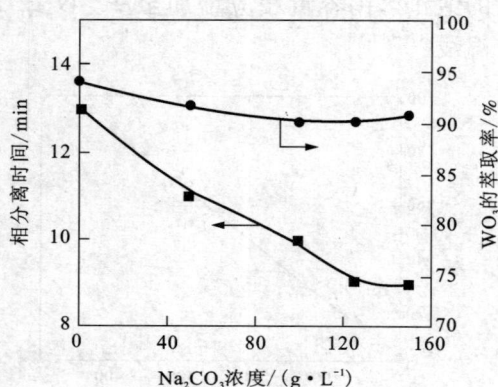

图 23-17　料液中 Na_2CO_3 浓度对萃取
过程分相时间和 WO_3 萃取率的影响

有机相组成为：50% TOMAC + 30%
仲辛醇 + 20% 磺化煤油；料液中 WO_3
浓度 97.41 g/L；相比 O/A = 2:1；
温度 20℃；振荡时间 5 min

由于在碱性条件下磷、砷、硅不会与钨形成杂多酸化合物，它们均以各自的含氧酸根阴离子独立存在。季铵盐萃取 WO_4^{2-} 的能力要强于萃取 PO_4^{3-}、AsO_4^{3-}、SiO_4^{4-} 的能力，因此，用季铵盐从碱性钨酸钠溶液中萃钨，绝大部分的磷、砷、硅会留在萃余液中而与钨分离。无论是在 Na_2WO_4 - NaOH 体系中的研究或在 Na_2WO_4 - Na_2CO_3 体系中的研究均证实了这一规律[8, 12]。图 23-20 和图 23-21 为以 N263 - 仲辛醇 - 煤油为有机相从 Na_2WO_4 - NaOH 体系萃钨得到的杂质磷、砷、硅的分配规律[12]。图 23-20 显示，杂质磷、砷、硅的萃取行为相似，在有大量 WO_4^{2-} 存在的条件下，绝大部分的磷、砷、硅均留在萃余液中，只有极少量的磷、砷、硅与钨一起萃入到有机相中，在试验范围内 WO_3 与磷、砷、硅的分离系数大于 40。图 23-21 显示，随着料液 WO_3 浓度的提高，砷的分配比下降，这是由于 WO_4^{2-} 竞争萃取的结果，说明增加料液 WO_3 浓度有利于抑制杂质磷、砷、硅的萃取。廖春发等研究了 Na_2WO_4-NaOH 体系中杂质锡的萃取行为，结果发现锡与磷、砷、硅的萃取行为相似，WO_3 与锡的分离系数 $\beta_{W/Sn}$ 最大达 20.1[23, 24]。

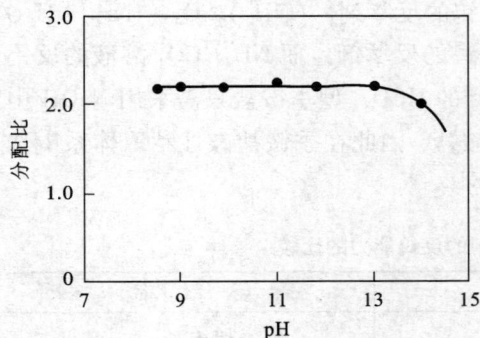

图 23-18　料液 pH 对 WO_3 分配比的影响

有机相组成为：40% N263 + 20% 仲辛醇
+ 40% 磺化煤油；料液中 WO_3
浓度 100.0 g/L；相比 O/A = 2∶1；
温度 18℃；振荡时间 5 min

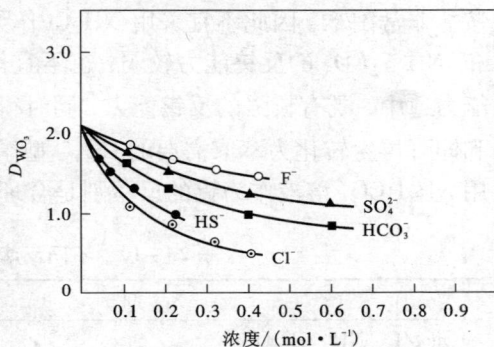

图 23-19　水相中其他阴离子对钨萃取的影响

有机相组成为：40% N263 + 20% 仲辛醇
+ 40% 磺化煤油；料液中 WO_3 浓度约 100 g/L；
相比 O/A = 2∶1；温度 18℃；振荡时间 5 min

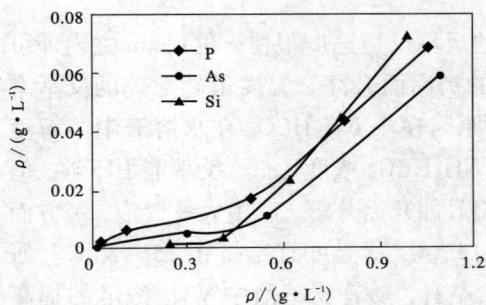

图 23-20　磷、砷、硅在两相中的分配

有机相组成为：40% N263 + 20% 仲辛醇 + 40%
磺化煤油；料液 WO_3 浓度 102.10 g/L；相比 O/A
= 2∶1；温度 20℃

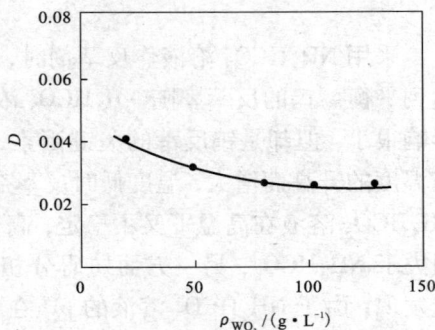

图 23-21　砷在两相中的分配
与料液 WO_3 浓度的关系

有机相组成为：40% N263 + 20% 仲辛醇
+ 40% 磺化煤油；相比 O/A = 2∶1；温度 20℃

钼与钨性质相近，在碱性或弱碱性条件下，均以正酸根形式 MoO_4^{2-} 和 WO_4^{2-} 存在，季铵盐萃取 WO_4^{2-} 的能力与 MoO_4^{2-} 相差不多，因此萃取过程中钼与钨均进

入有机相,萃取过程不能分离钼。

23.2.2.4 反萃

苏联学者均采用 NH_4HCO_3 溶液作为钨的反萃剂[7-9]。张贵清研究了钨的反萃过程[10, 17, 18],表 23 – 10 所示的结果表明:$NH_4Cl + NH_3 \cdot H_2O$ 溶液的反钨能力最强,但反萃后得到的有机相为 Cl^- 型季铵盐,将 Cl^- 型季铵盐转化为 CO_3^{2-} 型季铵盐非常困难,因此不宜采用 NH_4Cl 作为钨的反萃剂。$(NH_4)_2SO_4 + NH_3 \cdot H_2O$ 和 $(NH_4)_2CO_3$ 的反钨能力较弱,也不宜作钨的反萃剂。而 NH_4HCO_3 溶液的反钨能力适中,既有较强的反钨能力,同时得到的 HCO_3^- 型季铵盐只需采用 NaOH 中和即可再生转化为萃取需要的 CO_3^{2-} 型季铵盐,因此在季铵盐碱性萃取体系中选用 NH_4HCO_3 溶液作为钨的反萃剂是合理的。

表 23 – 10　不同反萃剂的反钨能力的比较

反　萃　剂	反　萃　率
1 mol/L $NH_3 \cdot H_2O$	4.6%
1 mol/L $(NH_4)_2CO_3$	30.5%
1 mol/L $(NH_4)_2SO_4$ + 1 mol/L $NH_3 \cdot H_2O$	42.5%
1 mol/L NH_4HCO_3	65.5%
1 mol/L NH_4Cl + 1 mol/L $NH_3 \cdot H_2O$	98.5%

注:有机相组成:40% N263 + 20% 仲辛醇 + 40% 煤油;$[WO_3]_o$ = 59.14 g/L;相比 O/A = 1:1;温度为 15℃。

采用 NH_4HCO_3 溶液作反萃剂时,钨的反萃反应速度很快,在 1 min 之内即可达到平衡。钨的反萃率随 NH_4HCO_3 浓度的提高而升高。温度虽然对钨的反萃率影响很小,但却是钨反萃的关键因素,其原因在于 NH_4HCO_3 在水溶液中溶解度随温度的升高而增大,温度低时反萃剂中 NH_4HCO_3 浓度太低,反萃能力不够,但 NH_4HCO_3 溶液在高温下又不稳定,高于30℃即开始分解,产生大量气泡,一方面损失了 NH_4HCO_3,另一方面妨碍分相。因此,反萃温度宜维持在 25 ~ 35℃。研究发现,由于 NH_4HCO_3 溶液的 pH 在 8.2 左右,随着反萃液中 WO_3 浓度的提高(> 120 g/L),反萃液中会出现仲钨酸铵结晶,因此单纯采用 NH_4HCO_3 溶液为反萃剂会限制反萃液中 WO_3 浓度的继续提高,影响后续蒸发结晶制备仲钨酸铵的能耗以及产品粒度控制。为此在反萃剂 NH_4HCO_3 溶液中加入 $NH_3 \cdot H_2O$。$NH_3 \cdot H_2O$ 的加入一方面通过生成 $(NH_4)_2CO_3$ 加大了 NH_4HCO_3 常温下在水中的溶解,同时使反萃体系平衡 pH 升高,大大提高了反萃液中 WO_4^{2-} 的稳定性,从而提高了反萃液中 WO_3 浓度。因此,采用 $NH_4HCO_3 + NH_3 \cdot H_2O$ 混合溶液作反萃剂,图 23 – 22 为反萃剂组成对 WO_3 反萃率的影响。图 23 – 23 为钨的反萃等温线[18]。

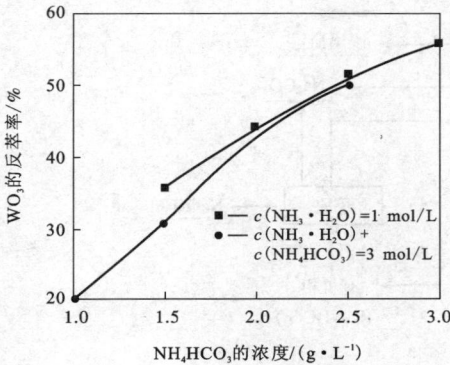

图 23 – 22 **WO₃ 反萃率与 NH₄HCO₃ 浓度的关系**

有机相组成为：50% TOMAC + 30% 仲辛醇 +
20% 磺化煤油；有机相 WO₃ 浓度 89.65 g/L；
相比 O/A = 2:1；温度 25℃；振荡时间 5 min

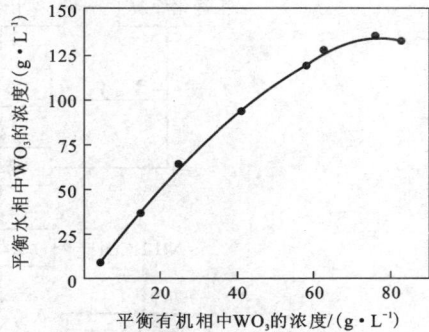

图 23 – 23 **WO₃ 的反萃等温线**

有机相组成为：50% TOMAC + 30% 仲辛
醇 + 20% 磺化煤油；有机相 WO₃ 浓度 89.
65 g/L；温度 25℃；振荡时间 5 min

23.2.2.5 再生

反萃后有机相中的季铵盐主要为 HCO_3^- 型季铵盐，采用 NaOH 溶液处理再生即可转化为萃取需要的 CO_3^{2-} 型季铵盐，再生过程产生的水相主要成分为 Na_2CO_3 溶液，该溶液经石灰苛化后转化为 NaOH 溶液，又可作再生剂返回使用。

23.2.3 工艺过程

季铵盐碱性萃钨工艺既可用于处理钨矿苏打分解液（Na_2WO_4 – Na_2CO_3 溶液），也可用于处理钨矿苛性钠分解液（Na_2WO_4 – NaOH 溶液）。

23.2.3.1 季铵盐从钨矿苏打浸出液中直接萃取钨工艺

1）国外的前期工作基础

苏联学者提出季铵盐从钨矿苏打浸出液中直接萃取钨进行转型和除杂新工艺并进行了半工业试验，其工艺流程如图 23 – 24 所示[7,9]。含有 Na_2WO_4 及杂质磷、砷、硅、钼等的钨矿苏打浸出液经碱性萃取后，钨与钼进入有机相，与杂质磷、砷、硅等分离，负载的有机相经洗涤除杂后用 NH₄HCO₃ 进行反萃，得到含钼的钨酸铵溶液。因为碱性萃取工艺不能除钼，得到的反萃液经除钼后再进行蒸发结晶制取 APT。蒸发结晶过程中产生的 NH_3 与 CO_2 经水吸收后补加 NH₄HCO₃ 及必要的 CO_2 或 H_2CO_3 作为反萃剂。反后有机相为 HCO_3^- 型，经 NaOH 再生后返回萃取。浸出液中的 Na_2CO_3 在碱性萃取过程中留在萃余液，萃余液与洗水一并返回苏打高压浸出。该工艺在苏打高压浸出—萃取 2 个工序中形成了有机相和水相的闭路循环，有机相、Na_2CO_3、NH_3 与 CO_2 均能循环使用，过程不消耗无机酸，

低品位白钨矿+Na₂CO₃

净化除杂 → 高压浸出 → 浸出渣

萃余液 ← 萃取 ← Na₂CO₃

洗涤 → 再 生 ← NaOH

NH₄HCO₃ ← 反萃取 → 有机相 (R₄NHCO₃)

吸收NH₃和CO₂ ← 反萃液

除钼

蒸发结晶

APT

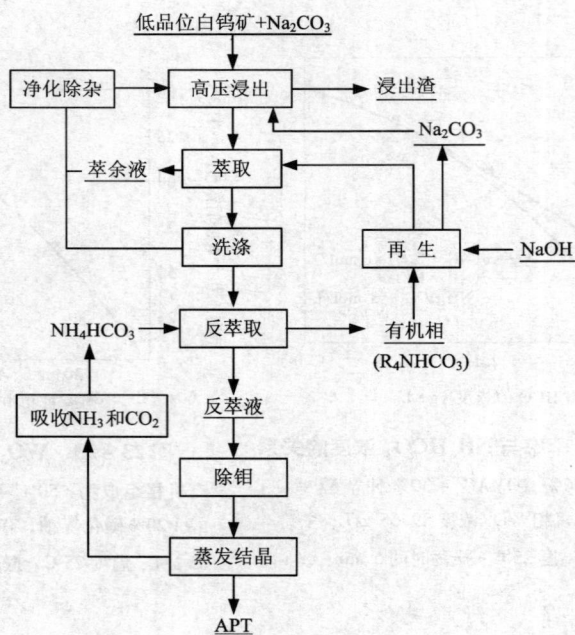

图 23 – 24　季铵盐直接萃取钨矿苏打高压浸出液制取 APT 的原则流程

取消了专门的沉淀除磷、砷、硅工序，流程短，WO₃ 收率高，化学试剂消耗和废水排放大幅度减小。半工业试验表明，相对于镁盐净化—叔胺酸性萃取转型工艺，碱性萃取工艺具有明显的优越性，两种工艺的试剂消耗、排放和收率对比见表 23 – 11。上述研究为碱性介质直接萃取钨的工业化应用打下了坚实基础，但同时也暴露出所选萃取体系存在不足，主要体现在：①萃取体系的分相性能较差，重力分相速度较慢；②反萃液中 WO₃ 浓度偏低，只能达到 100 g/L 左右，后续蒸发结晶蒸发量大、能耗高。上述不足严重阻碍了从碱性介质中直接萃钨新工艺的工业化进程。

表 23 – 11　季铵盐碱性萃取法与镁盐净化—叔胺萃取工艺试剂消耗、钨萃取率和外排污的比较

用于处理 1 t 钨精矿的消耗量	季铵盐碱性萃取工艺	镁盐净化—叔胺萃取工艺
碳酸钠用量/kg	50	100 ~ 150
盐酸（30%）用量/kg	—	100 ~ 200
萃取剂用量/kg	0.05	0.05

续表 23 - 11

用于处理 1 t 钨精矿的消耗量	季铵盐碱性萃取工艺	镁盐净化—叔胺萃取工艺
电能/(kW·h)	150	200
WO_3 收率/%	94~96	93~96
外排溶液体积/m^3	0.05	0.7~1.0
外排溶液中 CaO 质量/kg	0.05	—
外排溶液中 NaCl 质量/kg	—	60~90

2)我国用 TOMAC 从苏打浸出液中直接萃钨的实践

在以 CO_3^{2-} 型 TOMAC + 仲辛醇 + 煤油为有机相从 $Na_2WO_4 - Na_2CO_3$ 溶液中萃钨的后续研究中,改用 3 mol/L NH_4HCO_3 + 1 mol/L $NH_3 \cdot H_2O$ 混合溶液作反萃剂,同时将有机相中萃取剂 TOMAC 的体积浓度提高至50%并引入离心萃取器改善萃取过程中的分相性能,解决了分相速度慢和反萃液 WO_3 浓度低的问题,取得了良好的萃取分离效果[15-18]。试验室连续运转试验在多级离心萃取系统中进行,其中2级再生、7级萃取、3级洗涤、13级反萃。萃取料液为工业条件下白钨矿苏打高压浸出液,含 WO_3 90~105 g/L,Mo 4.0~4.47 g/L,Na_2CO_3 130~141 g/L,P 0.012~0.07 g/L,Si 0.08~0.12 g/L,F^- 2.31~3.37 g/L,Cl^- 0.14~0.57 g/L,SO_4^{2-} 0.85~1.01 g/L(该矿不含砷)。经累计运转 1000 h 左右表明:WO_3 萃取率大于97%,Mo 的萃取率大于96%,除磷率大于98%,除硅率大于99%,反萃液中 WO_3 浓度大于162 g/L,钼浓度大于6.2 g/L,除钼外其他杂质含量均满足制取国标 0 级 APT 的要求,有机相经长时间循环使用其性能保持不变,说明了存在于料液中的其他阴离子杂质如 F^-、Cl^- 等没有在运行过程中无限积累。在实验室联动试验的基础上,在河南某公司建立了一条处理高钼低品位白钨矿年产 50 t 仲钨酸铵的工业试验线,工业试验生产线已连续运转 2 年以上,运转效果良好,工艺流程如图 23 - 25 所示[17, 19]。萃取工序的工业试验运转结果如表 23 - 12 至表 23 - 13 所示。工业试验采用7级萃取,3级洗涤,14级反萃和2级再生。工业试验表明,对于低品位复杂白钨矿(WO_3 20%~25%,Mo/WO_3 10%~15%,P_2O_5 25%~30%),浸出—萃取工序能形成闭路循环,过程无废水排出。WO_3 浸出率大于99%,钨、钼的萃取率在95%左右,磷、硅的除去率大于98%,反萃液除钼外其他杂质符合制取零级仲钨酸铵的要求。萃余液返回苏打高压浸出效果良好,由于在浸出过程中添加了抑制剂抑制磷、砷、硅杂质的浸出,溶液中有害杂质没有明显积累,有机相长期运转萃取容量没有明显下降。由于过程闭路,新工艺的钨钼回收率显著提高。由此说明,季铵盐碱性萃取工艺长期运转性能良好,具备了大规模工业应用的条件。

低品位白钨矿+Na₂CO₃

$$低品位白钨矿 + Na_2CO_3$$

高压浸出 ← 抑制剂

过滤洗涤 → 浸出渣

苛化渣

苛化液 ← 苛化

萃取 ← (R₄N)₂CO₃

萃余液

洗涤

再生 ← 再生液

反萃取 → R₄NHCO₃

NH₄HCO₃+NH₄OH

有机相

反萃液

吸收NH₃和CO₂

除钼

蒸发结晶

APT

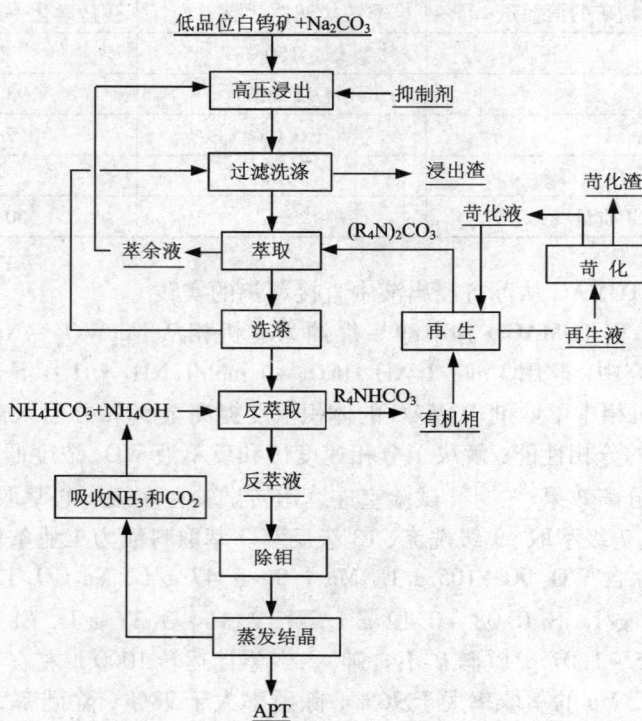

图 23－25　用季铵盐从钨矿苏打高压浸出液中直接萃钨生产 APT 流程图

表 23－12　苏打高压浸出液直接萃取工业试生产萃取试验结果

样品	料液浓度/(g·L⁻¹)				萃钨率 /%	萃钼率 /%	除磷率 /%	除硅率 /%
	WO₃	Mo	P	Si				
1	58.30	6.45	0.072	0.430	95.3	95.2	98.3	99.2
2	72.90	8.02	0.045	0.082	94.2	94.3	98.5	99.3
3	65.04	7.43	0.021	0.092	96.5	96.2	98.2	99.1
4	56.90	6.50	0.012	0.080	94.3	94.5	98.1	99.4

注：级数：7 级萃取，3 级洗涤，14 级反萃，2 级再生。

表 23-13 苏打高压浸出液直接萃取工业试生产反萃取试验结果

编号	WO_3 /(g·L^{-1})	Mo /(g·L^{-1})	P /WO_3(×10^{-4})	Si /WO_3(×10^{-4})	Na /(g·L^{-1})
1	127.86	14.04	0.32	0.28	0.023
2	132.76	15.80	0.14	0.31	0.030
3	125.90	15.52	0.35	0.30	0.026
4	129.49	16.34	0.21	0.32	0.025
5	127.86	14.85	0.43	0.34	0.035

23.2.3.2 从钨矿苛性钠浸出液中直接萃取钨工艺

1）原则工艺

目前国内钨矿物原料的分解主要采用苛性钠分解，钨矿苛性钠浸出液的主要成分为 Na_2WO_4 + NaOH 溶液。针对钨矿苛性钠浸出液，20 世纪 90 年代张贵清等提出了季铵盐碱性萃取工艺，其流程如图 23-26 所示[10, 13, 14]。该流程与上述处

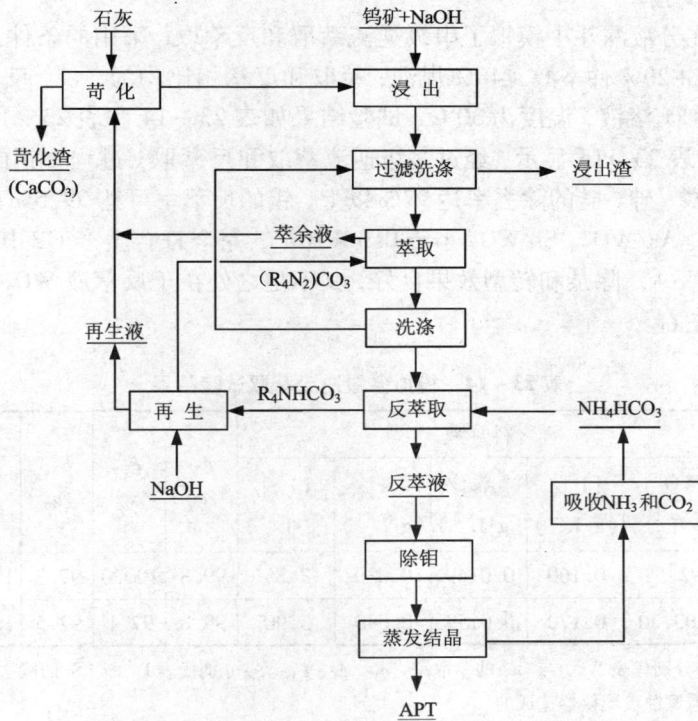

图 23-26 季铵盐萃取法处理钨矿 NaOH 分解液的原则流程

理钨矿苏打浸出液的碱性萃取工艺类似，即采用 CO_3^{2-} 型季铵盐为萃取剂进行萃取，料液中的 WO_4^{2-} 进入有机相，有机相中的 CO_3^{2-} 进入萃余液，负载有机相用 NH_4HCO_3 反萃获得钨酸铵溶液，反后有机相用 NaOH 再生处理后返回浸出。与处理钨矿苏打浸出液相比，季铵盐碱性萃取法处理钨矿苛性钠浸出液工艺流程最大的不同在于萃余液和再生余液在返回 NaOH 浸出之前需要经过石灰苛化。在此过程中，Na_2CO_3 转化为 NaOH，磷、砷、硅等亦转化为相应的钙盐沉淀，反应如下：

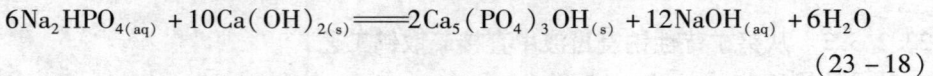

$$Na_2CO_{3(aq)} + Ca(OH)_{2(s)} \!=\!=\!= CaCO_{3(s)} + 2NaOH_{(aq)} \qquad (23-17)$$

$$6Na_2HPO_{4(aq)} + 10Ca(OH)_{2(s)} \!=\!=\!= 2Ca_5(PO_4)_3OH_{(s)} + 12NaOH_{(aq)} + 6H_2O$$
$$(23-18)$$

$$Na_2SiO_{3(aq)} + Ca(OH)_{2(s)} \!=\!=\!= CaSiO_{3(s)} + 2NaOH_{(aq)} \qquad (23-19)$$

苛化时并不需将其中的 Na_2CO_3 完全转化为 NaOH，因为黑钨矿一般含钙，苛性钠浸出时含有一定的苏打有助于提高钨分解率。萃余液和再生余液经过苛化得到的 NaOH 溶液经适当浓缩后可以返回 NaOH 浸出和有机相再生。

2）模拟试验

续后，在分液漏斗中模拟了串级逆流萃取和反萃取，采用的条件：有机相组成 40% N263 + 20% 仲辛醇 + 40% 煤油，萃取和反萃相比均为 2:1，反萃剂为 2.5 mol/L NH_4HCO_3 溶液，温度为 30℃，试验结果如表 23-14 和表 23-15 所示[14]。表 23-14 和表 23-15 显示，经过多级逆流萃取和反萃取，过程中钨的萃取率可达 99.8%，磷、砷、硅的除去率达 97% 以上，钨的反萃率可达 99.5% 以上，反萃液中 P/WO_3、As/WO_3、Si/WO_3 小于 0.3×10^{-4}，完全符合生产 GB 10116—2007 零级 APT 的要求，除杂和转型效果良好，其不足之处在于反萃液 WO_3 浓度较低，仅 100 g/L 左右。

表 23-14　模拟多级逆流萃取试验结果

编号	级数	料液					η_W /%	ξ_P /%	ξ_{As} /%	ξ_{Si} /%	η_{Cl} /%
		$[WO_3]$/ $(g \cdot L^{-1})$	$[P]$/ $(g \cdot L^{-1})$	$[As]$/ $(g \cdot L^{-1})$	$[Si]$/ $(g \cdot L^{-1})$	$[Cl^-]$/ $(g \cdot L^{-1})$					
1	6	92.51	0.160	0.0149	0.030	3.85	99.8	100.0	97.3	123.3	94.3
2	8	103.20	0.170	0.0159	0.040	3.90	99.8	97.1	97.5	165.0	94.1

注：η_W、η_{Cl} 分别代表 WO_3 与 Cl^- 的萃取率，η_P、ξ_{As}、ξ_{Si} 分别代表 P、As、Si 的除去率；除硅率大于 100% 是由于碱腐蚀玻璃仪器造成的。

表 23 – 15　模拟多级逆流反萃取试验结果

编号	级数	负载有机相		反萃液					ε_W /%	ε_{Cl} /%
		$[WO_3]$/ $(g\cdot L^{-1})$	$[Cl^-]$/ $(g\cdot L^{-1})$	$[WO_3]$/ $(g\cdot L^{-1})$	$[Cl^-]$/ $(g\cdot L^{-1})$	P/WO_3 $(\times 10^{-6})$	As/WO_3 $(\times 10^{-6})$	Si/WO_3 $(\times 10^{-6})$		
1	10	45.95	1.82	91.12	1.65	23.0	7.6	13.2	99.2	45.5
2	12	51.05	1.84	101.70	1.71	17.6	7.9	14.7	99.6	46.6

注：ε_W、ε_{Cl} 分别代表 WO_3 与 Cl^- 的反萃率。

3）连续运行试验

为此将反萃剂改为 NH_4HCO_3 + $NH_3\cdot H_2O$ 混合铵溶液，通过优化条件，在混合室为 1.2 L 的混合澄清槽中进行了钨矿苛性钠浸出液的季铵盐萃取连续运行扩大试验[20]。萃取 8 级，洗涤 4 级，反萃 14 级，再生 1 级。萃取料液为高杂黑钨矿苛性钠浸出液（磷、砷含量高），有机相组成 50% TOMAC + 25% 仲辛醇 + 25% 航空煤油，再生剂为 3 mol/L NaOH 溶液，反萃剂为 3 mol/L NH_4HCO_3 + 1 mol/L $NH_3\cdot H_2O$ 溶液，温度为 20~30℃。试验结果表明，控制合适的条件，该萃取过程运行稳定可靠，表 23 – 16 为典型的运行试验结果。可见通过多级逆流过程，萃余液和再生液 WO_3 浓度小于 3 g/L，钨的萃取率达 97% 以上，反萃液 WO_3 浓度可达 170 g/L 以上，杂质磷、砷、硅、锡的除去率分别达 99.64%，98.38%，97.7% 和 95.22%，反萃液中除钼外，磷、砷、硅、锡、钠等杂质含量均符合制取 GB 10116—2007 零级 APT 的要求，分离效果良好。表 23 – 16 还显示，与钨矿苏打浸出液类似，季铵盐碱性萃取处理钨矿苛性钠浸出液工艺日趋成熟，具备了大规模工业应用的条件，有望在近期实现大规模工业应用。

表 23 – 16　萃取过程各杂质元素的除去率/%

名　称	WO_3	Mo	P	As	SiO_2	Sn	Na
萃取料液/$(g\cdot L^{-1})$	146.50	0.63	1.44	0.701	0.75	0.0018	—
反萃液/$(g\cdot L^{-1})$	170.43	1.05	0.006	0.0132	0.02	0.0001	0.036
萃余液/$(g\cdot L^{-1})$	2.14	0.041	1.2	0.623	1.12	0.0006	—
洗水/$(g\cdot L^{-1})$	10.88	0.027					
再生液/$(g\cdot L^{-1})$	2.24						
杂质除去率/$(g\cdot L^{-1})$	—	3.92	99.64	98.38	97.70	95.22	—

注：杂质的除去率根据反萃液和料液浓度计算获得。

23.3 从钨酸盐溶液中萃取分离钼

23.3.1 概述

从钨酸盐溶液中萃取分离钼,研究比较多而分离效果比较好的有以下几种萃取体系:

(1)过氧配合物萃取体系:以 H_2O_2 作配合剂,利用钼钨过氧配合物稳定性及萃取性能差异,用中性磷型萃取剂优先萃取钼进行钨钼分离。

(2)硫代钼酸阴离子萃取体系:在硫代化剂作用下,钼酸根离子优先硫代化生成硫代钼酸根阴离子,用季铵盐选择性萃取钼进行钨钼分离。

(3)钼阳离子(MoO_2^{2+})萃取体系:在溶液酸化过程中,MoO_4^{2-} 可聚合成多钼酸根离子。

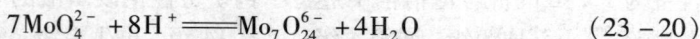

$$7MoO_4^{2-} + 8H^+ \Longrightarrow Mo_7O_{24}^{6-} + 4H_2O \tag{23-20}$$

pH 至 2.5 以下,多钼酸根离子可部分解聚,生成钼酰基阳离子。

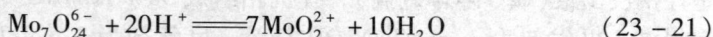

$$Mo_7O_{24}^{6-} + 20H^+ \Longrightarrow 7MoO_2^{2+} + 10H_2O \tag{23-21}$$

借钼酰基阳离子与钨酸根阴离子之间的差异可进行萃取分离。

前两种萃钼体系,已在 23.3.2 及 23.3.3 节详细介绍。下面仅就钼阳离子萃取体系做简单介绍。

萃 MoO_2^{2+} 离子的常用萃取剂为有机磷酸,如二-(2-乙基己基)磷酸(D2EHPA)。

对单一钼盐体系而言,MoO_2^{2+} 极易被萃取,如含 Mo 0.5 g/L 的钼酸钠溶液,pH 调至 1~3,有机相10%(V/V)P204-煤油于 O/A=1:1 萃取钼,接触时间 10 min,单级钼萃取率约99%[25]。调 pH 使用的无机酸对钼的萃取有一定影响,一般硫酸优于盐酸,因用盐酸调 pH 时,过低的 pH 会生成 $MoO_2Cl_3^-$,不利于钼的萃取。而在钨钼混盐体系,钼则难于萃取,如含 85 g/L WO_3,0.5 g/L Mo 的钨酸钠溶液,预调 pH 为 1.9,有机相成分(体积分数):40% P204-10%仲辛醇-50%煤油,O/A=1:1,混合时间 10 min,钼的单级萃取率还不到30%[26],究其原因,是溶液酸化过程中形成了杂多阴离子 $W_{11}MoO_{41}^{10-}$ 之故。D2EHPA 从弱酸性溶液中萃取钼的基本反应为:

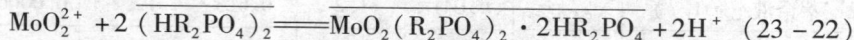

$$MoO_2^{2+} + 2\overline{(HR_2PO_4)_2} \Longrightarrow \overline{MoO_2(R_2PO_4)_2 \cdot 2HR_2PO_4} + 2H^+ \tag{23-22}$$

溶液中加入配合剂 EDTA,能与钼形成一种配阴离子而抑制钼钨杂多配阴离子的形成,而钼与 Edta 形成的配合物可与 D2EHPA 反应而释放出 $Edta^{4-}$,从而起到有效萃取钼的目的[26]。

EDTA 加入量以 EDTA/Mo(mol)1~2 为宜,过高的游离 EDTA 量,钼萃取率反而下降。例如 WO_3 86.17 g/L、Mo 0.51 g/L 的钨酸钠溶液,加入 0.01 mol/L 的 EDTA,用 2.5 mol/L 硫酸调整溶液 pH 至 2.5,按 O/A=1.5:1,接触时间 5 min

与 40% P204 – 10% 仲辛醇 – 50% 煤油有机相接触，经 10 级逆流萃取，钼萃取率达 97.8%，萃余液 $Mo/WO_3 = 1.285 \times 10^{-4}$，$WO_3$ 的萃取损失 0.59%。负载有机相可用 $NH_3 \cdot H_2O - NH_4Cl$ 溶液反萃钼。含有 EDTA 的萃余液，可按酸性萃钨工艺进行钨的萃取转型，过程中，50% 以上的钼留于萃钨残液中，钨钼可得到进一步分离。

23.3.2　硫代钼酸盐体系萃取

基于萃取硫代钼酸根的方法分离钨、钼的关键是制备合格的硫代化料液。

23.3.2.1　钨酸盐溶液的硫代化处理

钨酸盐溶液中加入硫代化剂，钼酸根可优先硫代化，一定条件下，钨酸根可以基本不被硫代。工业上常用的硫代化剂有 Na_2S，$NaHS$，$(NH_4)_2S$ 及 H_2S。钼酸根离子按下列反应生成硫代钼酸阴离子，$x = 1, 2, 3, 4$。

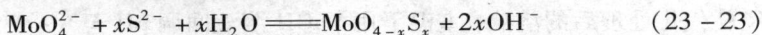
$$MoO_4^{2-} + xS^{2-} + xH_2O \rightleftharpoons MoO_{4-x}S_x + 2xOH^- \qquad (23-23)$$

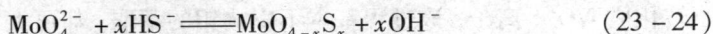
$$MoO_4^{2-} + xHS^- \rightleftharpoons MoO_{4-x}S_x + xOH^- \qquad (23-24)$$

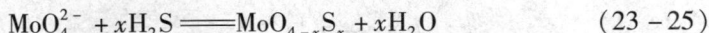
$$MoO_4^{2-} + xH_2S \rightleftharpoons MoO_{4-x}S_x + xH_2O \qquad (23-25)$$

MoO_4^{2-} 可逐级硫代化生成颜色不同的硫代钼酸根阴离子：MoO_3S^{2-}（淡黄色），$MoO_2S_2^{2-}$（橙色），$MoOS_3^{2-}$（橙红色），MoS_4^{2-}（血红色）。MoO_4^{2-} 与硫代化剂接触时，最易生成的是 $MoO_2S_2^{2-}$，溶液中的钼基本上以 $MoOS_3^{2-}$ 和 MoS_4^{2-} 形式存在时，才能保证钨钼的有效分离。

用二硫化碳（CS_2）作硫代化剂处理钨酸钠溶液的研究证明[27]，经硫代化处理后，溶液中的钼主要以 $MoOS_3^{2-}$ 和 MoS_4^{2-} 形式存在。

其完全硫代化反应式是：

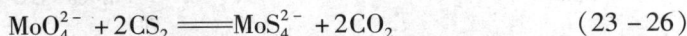
$$MoO_4^{2-} + 2CS_2 \rightleftharpoons MoS_4^{2-} + 2CO_2 \qquad (23-26)$$

用含 Mo 1~2 g/L、WO_3 100 g/L 的钨酸钠溶液、二硫化碳硫化，硫代化后用 3% N263 – 15% TBP – 82% 煤油（体积分数）、O/A = 1:1 萃取，钼的单级萃取率高达 98% 以上，钨钼分离效果优异。该硫代化剂有效硫含量高，价格相对便宜，与 Na_2S 和 $NaHS$ 不一样，硫代化反应不释放出游离碱，缺点是 CS_2 易挥发，有毒，在碱性介质中才能分解，且其过程较为缓慢。

在钨的湿法冶金中，进行钨钼分离的待处理溶液有两种：钨酸钠溶液和钨酸铵溶液。由于介质和碱度不一样，其硫代化处理有共性，也有差异，分述如下：

1）钨酸钠溶液中的硫代化[28-30]

影响钼酸根硫代化效果的工艺参数是硫代化剂的用量、溶液 pH、硫代化温度及保温时间。图 23 – 27 和图 23 – 28 分别示出于钼酸根硫代化效果（以萃钼率表示）与预调 pH 和硫代化剂用量以及硫代化温度和时间的关系曲线。

最佳工艺参数是：预调 pH 7.2~7.3，硫代化剂用量按全部钼生成四硫代钼酸盐计算之硫代化溶液中的游离 S^{2-} 离子浓度为 $1.5 \sim 3.0$ g/L，$70 \sim 75$℃ 温度下保温 $2 \sim 2.5$ h。

当逐渐酸化溶液时，WO_4^{2-} 离子聚合生成仲钨酸根（A）离子 $HW_6O_{21}^{5-}$，

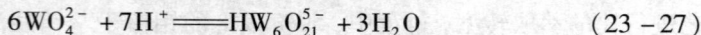

$$6WO_4^{2-} + 7H^+ \rightleftharpoons HW_6O_{21}^{5-} + 3H_2O \qquad (23-27)$$

该反应是可逆的，加入强碱溶液，新生成的仲钨酸根 A 离子可转变成 WO_4^{2-} 离子。在预调酸过程中，pH 达到 7.3 左右，少量仲钨酸根 A 离子能与因硫代化剂的加入而释出的 OH^- 离子反应，起到稳定溶液 pH 的作用，利于 MoO_4^{2-} 离子的硫代化；不利的一面是在保温硫代化过程中，仲钨酸根 A 离子可转化成相当稳定的仲钨酸根（B）$H_2W_{12}O_{42}^{10-}$ 离子。其钠盐溶解度小，温度低时溶解度更小，硫代化溶液中元素钨会以玻璃状大晶体 $Na_{10}W_{12}O_{42} \cdot 27H_2O$ 结晶析出，造成钨的损失。因此工艺上应尽量避免预调酸过程的局部过酸，以减少 $HW_6O_{21}^{5-}$ 离子的生成量，经硫代化处理后的溶液，室温下用 NaOH 溶液回调 pH 至 $8 \sim 9$，使仲钨酸根 A 离子转化成 WO_4^{2-} 离子，该过程基本不影响钼的萃取，却可大大缓解钨晶体的析出。

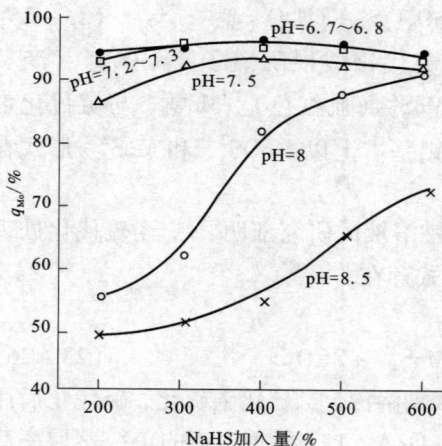

图 23-27　不同预调 pH，硫化剂加入量的影响

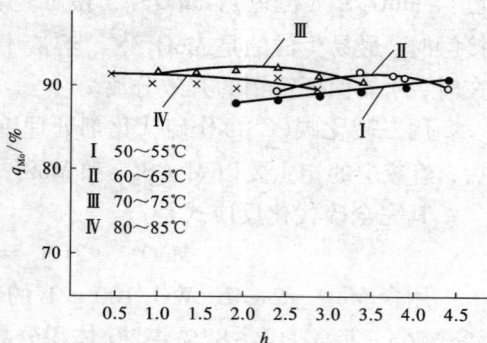

图 23-28　料液硫化温度及时间对钼萃取率的影响

经硫代化处理好的钨酸钠溶液应密闭保存。若长时间与大气接触，游离硫离子可被缓慢氧化析出元素硫，将影响萃钼过程的分相性能，同时由于硫代化钼酸根离子的降解而使萃钼效果也略有下降。

2）钨酸铵溶液中的硫代化[31]

不同制备工艺获得的钨酸铵溶液，其铵盐成分不一样，钨酸铵溶液酸性萃钨工艺以 $NH_3 \cdot H_2O$ 作反萃剂，碱性萃钨工艺是 $(NH_4)_2CO_3 - NH_4HCO_3$ 作反萃剂，离子交换工艺是 $NH_4Cl - NH_3 \cdot H_2O$ 作解析剂，虽然均属于带缓冲性质的溶液，

但所得钨酸铵溶液 pH 相差比较大，因而影响钼酸根离子的硫代化。

因仲钨酸铵容易结晶析出，钨酸铵溶液的硫代化处理，不宜用酸预调溶液 pH 和加温处理，一般是直接加入硫代化剂（硫化铵水溶液或硫化氢气体）于常温下进行硫代化，以合适的硫代化剂用量及延长硫代化时间来保证钼酸根的充分硫代化。离子交换工艺及碱性萃钨工艺，其钨酸铵溶液 pH 相对较低，其硫代化比较容易，最佳工艺参数是：控制完全硫代化（以生成 MoS_4^{2-} 离子计）的游离硫离子浓度为 1.5 ~ 2.5 g/L，温度 25 ~ 35℃，静置处理 24 ~ 48 h；钨酸铵溶液及酸性萃钨制得的钨酸铵溶液，pH 相对较高，为确保溶液中 MoO_4^{2-} 的充分硫代化，必须增加硫代化剂的加入量，使游离 S^{2-} 离子浓度达到 5 ~ 10 g/L，可以获得满意的硫代化效果。

值得一提的是，所使用的各种硫代化剂中，H_2S 气体具有相当大的优势，在钨酸钠溶液和钨酸铵溶液中均可使用，硫代反应中不释出 OH^-，不但可维持溶液中一定的游离 S^{2-} 离子浓度，还可以中和部分游离碱，对于硫代化过程十分有利。然而长期以来，因 H_2S 是毒性气体，H_2S 气的发生、贮存、运输及使用中的计量等诸多方面的原因并未充分利用。近年来，因钨矿来源的变化，钨酸盐溶液中的钼含量愈来愈高，硫代化剂用量剧增，钨钼分离作业成本上升，将制约钨钼分离硫代体系的应用。由于科学技术的进步，H_2S 使用中的一系列问题已经解决，而使用成本要低许多，近年来已在工业中应用，大有推广之势。

23.3.2.2　基于硫代钼酸盐分离钨钼的方法

在钨的湿法冶金中，钨钼分离技术的研究备受关注，研究者众，经过近 30 年的不懈努力，已有的成熟技术基本能满足钨钼分离工艺需要，其中尤为突出的是基于硫代钼酸盐分离钨钼系列方法，技术最为成熟，钨钼分离效果好，工业应用最为广泛，方法涉及沉淀、吸附、结晶抑制及结晶析出、离子交换、溶剂萃取各个领域，已基本能满足从不同介质、不同钼含量的钨酸盐溶液中分离钼[31-34]。

23.3.2.3　硫代钼酸盐萃取分离钨钼工艺[35-37]

1）基本原理

钨酸盐溶液经过硫代化处理后，溶液中的钼以硫代钼酸阴离子形式存在，而钨基本仍为含氧单钨酸根形式，二者对季铵盐的亲和势存在巨大差异，萃取分离系数非常大。

控制好萃取工艺参数，可以做到定量萃取钨酸盐溶液中低浓度钼，而钨萃取量很少，从而达到甚佳的钨钼分离效果。

实测 1%（V）N263 有机溶液萃钼的饱和容量为 0.87 g/L，萃合物中 N263 与 Mo 之摩尔比接近 2:1，故萃取钼反应按下式进行：

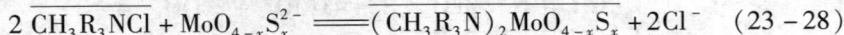

$$2\overline{CH_3R_3NCl} + MoO_{4-x}S_x^{2-} \Longrightarrow \overline{(CH_3R_3N)_2MoO_{4-x}S_x} + 2Cl^- \quad (23-28)$$

表23－17　萃取硫代钼酸盐的效果

序号	萃取原液				萃取效果		
	pH	游离 S^{2-} /(g·L^{-1})	WO_3 /(g·L^{-1})	Mo /(g·L^{-1})	D_{Mo}	D_{WO_3}	β_{Mo/WO_3}
1[①]	8.4～8.6	2.5	145.3	0.792	5.69	0.033	172
2[①]	8.4～8.6	6.0	145.3	0.792	35.71	0.032	1116
3[②]	8.5	3.0	92.0	0.047	5.85	0.0042	1393

注：①[35]：有机相2.3%（V）Aliquat 336 + SC#150，萃取相比1:1。

②[36]：有机相0.8%（V/V）N263 + 20%（V/V）TBP + 煤油，萃取相比1:3。

同时，也可能存在下述萃取反应：

$$\overline{CH_3R_3NCl} + HS^- \Longrightarrow \overline{CH_3R_3NHS} + Cl^- \qquad (23-29)$$

$$2\overline{CH_3R_3NCl} + S^{2-} \Longrightarrow \overline{(CH_3R_3N)_2S} + 2Cl^- \qquad (23-30)$$

$$2\overline{CH_3R_3NCl} + WO_4^{2-} \Longrightarrow \overline{(CH_3R_3N)_2WO_4} + 2Cl^- \qquad (23-31)$$

上述被萃离子与季铵盐的亲和势存在很大差异，硫代钼酸阴离子中，完全硫代化的 MoS_4^{2-} 离子最易被萃取，在萃取过程中，亲和势低的被萃离子可被亲和势高的阴离子置换进入水相，如：

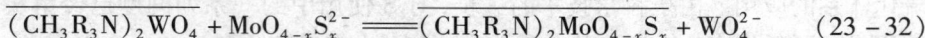

$$\overline{(CH_3R_3N)_2WO_4} + MoO_{4-x}S_x^{2-} \Longrightarrow \overline{(CH_3R_3N)_2MoO_{4-x}S_x} + WO_4^{2-} \qquad (23-32)$$

依据待分离钨钼溶液中钼含量，合理选择有机相中 N263 浓度及萃取相比，采用多级逆流萃取方式，可以做到定量萃取钼及尽量降低钨的共萃损失。表23－18 为 N263 + TBP + 煤油有机体系萃钼台架试验结果[36]。

表23－18　8级逆流钼萃取结果

料液成分		N263 浓度/% (V/V)	相比	平衡水相出口				
ρ_{WO_3}/ (g·L^{-1})	ρ_{Mo}/ (g·L^{-1})			ρ_{Mo} /(g·L^{-1})	ρ_{WO_3} /(g·L^{-1})	Mo/WO$_3$	Mo 萃取率 /%	WO$_3$ 萃取率/%
96.0	1.44	1.5	8:7	0.0038	95.86	3.96×10^{-5}	99.74	0.149
107.2	1.58	0.8	3:1	0.0025	107.30	2.33×10^{-5}	99.82	0.370
94.6	1.47	0.6	3:1	0.0029	94.37	3.07×10^{-5}	99.81	0.241

钼萃合物相当稳定，即使高浓度 Cl^- 亦不能完全将 $MoO_{4-x}S_x^{2-}$ 反萃下来。故要求反萃剂具有氧化性能，并含有一定浓度的可交换阴离子。碱性次氯酸钠溶液是比较理想的反萃剂，反萃反应分两步进行，被萃物先氧化转型再被交换进入水相。

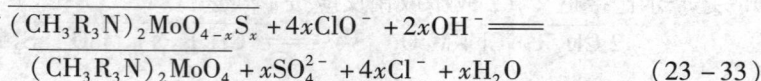

$$\overline{(CH_3R_3N)_2MoO_{4-x}S_x} + 4xClO^- + 2xOH^- \Longrightarrow$$

$$\overline{(CH_3R_3N)_2MoO_4} + xSO_4^{2-} + 4xCl^- + xH_2O \qquad (23-33)$$

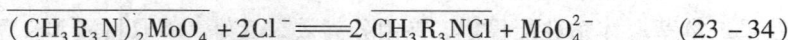

$$\overline{(CH_3R_3N)_2MoO_4} + 2Cl^- \Longrightarrow 2\overline{CH_3R_3NCl} + MoO_4^{2-} \qquad (23-34)$$

总的反应式：

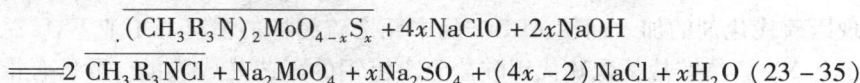

$$\overline{(CH_3R_3N)_2MoO_{4-x}S_x} + 4xNaClO + 2xNaOH$$
$$\Longrightarrow 2\overline{CH_3R_3NCl} + Na_2MoO_4 + xNa_2SO_4 + (4x-2)NaCl + xH_2O \quad (23-35)$$

2）萃取工艺[37]

"六五"期间，原中南工业大学稀有金属冶金教研室完成了 N263 萃取硫代钼酸盐分离钨钼的半工业试验，萃取槽为箱式混合澄清槽。混合室尺寸为 108 mm ×108 mm。采用顺流反萃工艺，反萃槽为特制的单级三段混合澄清槽，混合室尺寸为 105 mm ×105 mm。萃取槽模型如图 23 –29 所示。

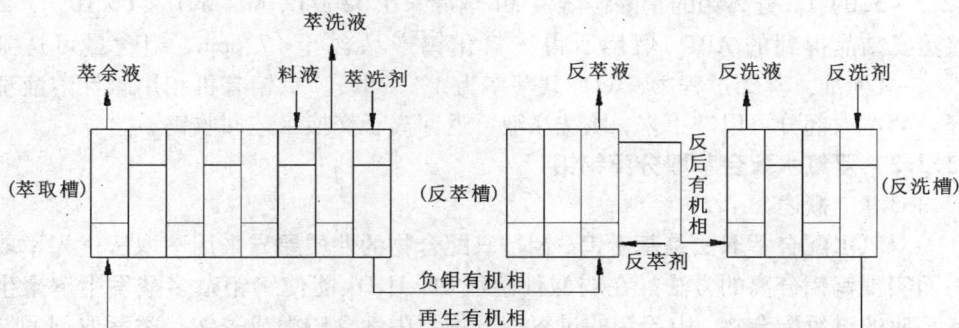

图 23 –29　硫代钼酸盐萃取槽模型图

有机相成分(V/V)：1.2% N263 +20% TBP +78.8%煤油。

料液：试验的钨酸钠原液有两种，分别由钨精矿和低品位钨细泥碱分解制得，经硫代化处理后，pH 8.2 ~8.4。

反洗剂：0.5 mol/L NaCl 溶液。

反萃剂：0.3 mol/L NaOH +0.6 mol/L NaClO(过量系数 2 ~2.5)溶液。

工艺参数：萃取：逆流 6 级，O/A =1∶1 至 1∶4；萃洗：逆流 2 级，O/A =2∶1；反萃：单级三段顺流反萃，O/A =3∶1；反洗：逆流 4 级，O/A =2∶1。

本萃取体系反萃不宜采用逆流形式，原因在于逆流反萃时，与新鲜负载有机相接触的反萃剂中大部分 NaClO 已被消耗掉，此时因下列反应会产生元素硫而形成乳化。

$$\overline{CH_3R_3NHS} + NaClO \Longrightarrow S + \overline{CH_3R_3NCl} + NaOH \qquad (23-36)$$

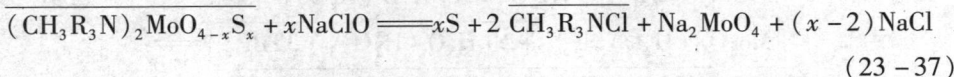

$$\overline{(CH_3R_3N)_2MoO_{4-x}S_x} + xNaClO \Longrightarrow xS + 2\overline{CH_3R_3NCl} + Na_2MoO_4 + (x-2)NaCl$$
$$(23-37)$$

由钨细泥制备的钨酸钠溶液，夹带了一定量的浮选药剂，会影响本萃取体系的萃取分相，必须预先脱除。用吸附树脂处理可以达到清除浮选药剂有害影响的效果。本萃取体系性能稳定，钨钼分离效果良好，萃取料液 Mo/WO$_3$ 为 0.04% ~ 0.21% 时，萃钼余液 Mo/WO$_3$ 可达 0.01%，能满足生产高纯 APT 的要求，亦未出现因硫代化剂的加入而使 APT 产品中元素硫超标的情况。工业 WO$_3$ 总损失率小于 0.5%。季铵盐萃取硫代钼酸盐分离钨钼的工艺是成熟的，虽具有推广应用的价值，但国内习惯应用离子交换法及选择沉淀方法，至今国内仍未应用于工业实践中。

季铵盐萃取硫代钼酸盐分离钨钼亦可在铵盐体系中进行。钨离子交换工艺制备的钨酸铵溶液，含 WO$_3$ 100 ~ 200 g/L、Mo 1 ~ 3 g/L，经硫代化处理后，用 15% 季铵盐 – 15% 仲辛醇 – 70% 煤油（体积比）有机溶液进行 8 级逆流萃取，萃取相比 (2.5 ~ 3.0):1，分离钼的钨酸铵溶液 Mo 含量 < 0.02 g/L，Mo/WO$_3$ < 1 × 10^{-4}，直接蒸发结晶得到的 APT，煅烧所得三氧化钨产品含 S < 7 ppm，钼含量可达到 Fwo$_3$ – 1 标准。萃钼过程中，WO$_3$ 共萃率为 4% ~ 5%。负钼有机相用碱性溶液洗涤，WO$_3$ 大部分可以洗下来，该洗涤液可返回离子交换工艺回收钨。

23.3.3　双氧水配合萃取分离钨钼

23.3.3.1　概述

双氧水配合萃取法是基于钨、钼过氧配合物的性质差异采用萃取法优先萃取钼而实现钨钼分离的方法。在弱酸性溶液中，H$_2$O$_2$ 能使钨钼杂多酸发生解聚生成相应的过氧配合物，由于钼的过氧配合物与中性含磷类或季铵盐类萃取剂的结合能力优于钨的过氧配合物，因此采用中性含磷类或季铵盐类萃取剂在一定条件下可优先萃取钼而实现钨钼分离。由于该方法采用的配合剂 H$_2$O$_2$ 是一种价廉易得的清洁试剂，工艺清洁环保，因此是一种有前途的钨钼分离方法，尤其适用于处理高钼含量的钨资源。

23.3.3.2　有机相体系及其萃取原理

20 世纪 70 年代 A·H·节里克曼开始研究双氧水配合萃取分离钨钼，采用的萃取剂包括中性磷类萃取剂和季铵盐，其中研究较多的是中性含磷萃取剂，如：TBP、TRPO、DAMP 等[38, 39]。在弱酸性溶液中，H$_2$O$_2$ 能与钨、钼分别形成稳定易溶的过氧阴离子，其通式为 M$_2$O$_{11}$(H$_2$O)$_2^{2-}$，由于钼的过氧化物的稳定性远超钨的过氧化物，采用中性磷类萃取剂和季铵盐能优先萃取钼的过氧阴离子，以 TBP 为例，萃取反应可表示如下：

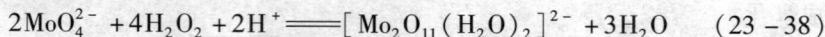

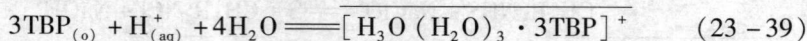

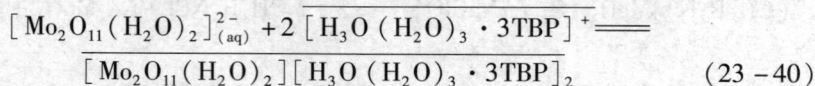

$$2MoO_4^{2-} + 4H_2O_2 + 2H^+ \Longrightarrow \underline{[Mo_2O_{11}(H_2O)_2]^{2-}} + 3H_2O \qquad (23-38)$$

$$3TBP_{(o)} + H^+_{(aq)} + 4H_2O \Longrightarrow \overline{[H_3O(H_2O)_3 \cdot 3TBP]^+} \qquad (23-39)$$

$$[Mo_2O_{11}(H_2O)_2]^{2-}_{(aq)} + 2\overline{[H_3O(H_2O)_3 \cdot 3TBP]^+} \Longrightarrow$$
$$\overline{[Mo_2O_{11}(H_2O)_2][H_3O(H_2O)_3 \cdot 3TBP]_2} \qquad (23-40)$$

过程实际分为两步，首先加 H_2O_2 使钼结合生成过氧配阴离子，然后与酸化后的 TBP 混合进行萃取，钼与 TBP 生成离子缔合物进入有机相，而钨则留在水溶液中。研究表明，采用 TBP 萃取分离钨钼，钼钨分离系数可达 40。

TBP 萃取的不足之处在于钼的分配比不高。为了提供最佳的萃取条件，溶液必须维持较高的酸度(pH = 0.5 ~ 1.0)和高的萃取剂浓度。鉴于酯基 R—O 被烷基取代后，中性有机磷萃取剂的萃取能力会增加，故进一步研究了甲基膦酸烷基酯(DAMP)(RO)$_2$CH$_3$P ═O 的萃钼规律，结果发现，在硫酸盐体系中，在 pH = 0 ~ 4 范围内，用 DAMP 萃取钼的分配系数 D_{Mo} 是 TBP 萃取时的 2 ~ 3 倍，而在硝酸盐体系中达 3 ~ 5 倍。由于采用中性磷类萃取剂萃取钼的过程中会消耗 H^+，萃取时水相 pH 会上升，抑制了钼的萃取，因此萃取过程中 pH 的调控非常重要。

Ozensoy 等采用三元混合萃取剂来改善钼的萃取，有机相的组成为：5% ~ 15% D2EHPA，8% ~ 15% TBP，2% ~ 3% TOPO，稀释剂含量大于 70%，其中含 50% 芳香族化合物。这种混合萃取剂具有协萃作用，且在溶液 pH = 0.75 ~ 1.5 范围内，体系具有自缓冲作用，因此可放宽对水相酸度的控制[40]。

李伟宣等选用 TRPO – MIBK – 煤油体系研究双氧水配合萃取分离钨钼，研究了有机相组成对钨钼分离的影响[41, 42]。结果表明，MIBK 的加入不仅可以起到改善极性的作用，还可以阻止钨的萃取，提高钨钼选择性，但当其浓度上升超过一定量时，钨的萃取率会显著上升，较佳的有机相组成为 2% TRPO + 10% MIBK + 磺化煤油。该体系钼钨分离系数高，钼钨分离系数可达 100 以上，但是 MIBK 水溶性较大，限制了该体系的工业应用。李绍秀等研究 TRPO 萃取钨、钼的机理[43]，认为萃取反应属中性配合反应，其萃取方程式为：

当 pH < 1.2 时：

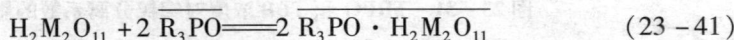

$$H_2M_2O_{11} + 2\,\overline{R_3PO} \Longleftrightarrow 2\,\overline{R_3PO \cdot H_2M_2O_{11}} \qquad (23-41)$$

当 pH > 1.2 时：

$$HM_2O_{11}^- + H^+ + 2\,\overline{R_3PO} \Longleftrightarrow 2\,\overline{R_3PO \cdot H_2M_2O_{11}} \qquad (23-42)$$

张贵清、关文娟等采用 TRPO/TBP 混合萃取剂研究了双氧水配合萃取分离钨钼[44]。研究表明，采用单独 TRPO 作萃取剂，萃取时钼钨分离系数不高，而且会产生第三相，向萃取剂 TRPO 中加入 TBP 一方面能消除第三相，改善分相性能，另一方面能提高钼的萃取率并降低钨的萃取率，显著提高钼钨分离系数。图 23 – 30 及图 23 – 31 为有机相组成对钨钼分离效果的影响。结果表明，较佳的有机相组成为 2% ~ 3% TRPO + 60% ~ 80% TBP + 煤油，该萃取体系的钼钨分离系数可达 50 以上，有机相水溶性小，是一种有工业应用价值的萃取体系。

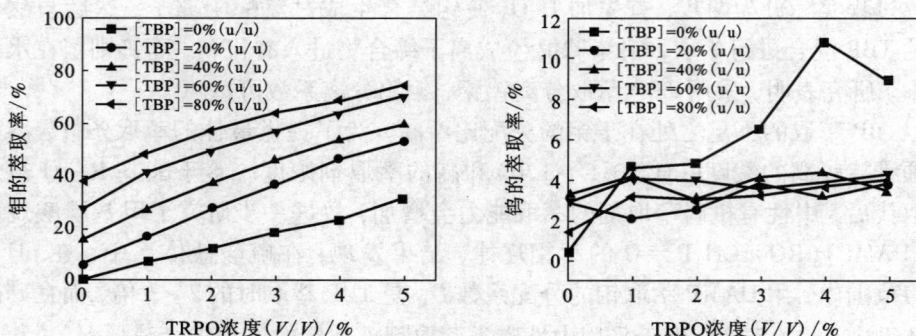

图 23 - 30　有机相组成对钨、钼萃取率的影响

料液：115 g/L WO$_3$ 14.7 g/L Mo；$n_{H_2O_2}/n_{W+Mo} = 1.4$；

pH = 1.61；O/A = 1:1；$t = 20$℃；混合时间 10 min

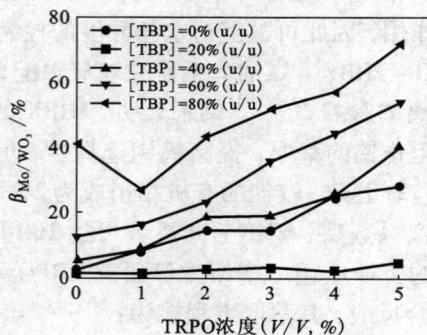

图 23 - 31　TRPO 和 TBP 浓度对钼钨分离系数的影响

料液：115 g/L WO$_3$；14.7 g/L Mo；$n_{H_2O_2}/n_{(W+Mo)} = 1.4$；

pH = 1.61；O/A = 1:1；温度 20℃；混合时间 10 min

23.3.3.3　影响双氧水萃取分离钨钼的关键因素[45-46]

影响双氧水配合萃取分离钨钼过程的因素有 H$_2$O$_2$ 用量、溶液 pH、温度以及磷、硅含量等。

1）H$_2$O$_2$ 用量和溶液 pH

文献[38, 39]指出，当钨钼总量为 1 mol 时，添加的 H$_2$O$_2$ 在 1.5 ~ 2.0 mol 比较合适，当 H$_2$O$_2$ 用量低于 1.5 mol，钨的过氧化物配合物会迅速破坏，致使钨酸会迅速沉淀下来。溶液 pH 范围最好在 0.5 ~ 1.5（存在硫酸）或 1.5 ~ 1.8（存在盐酸）。而文献[40]指出，H$_2$O$_2$ 的用量不同，合适的溶液 pH 范围也不同，分别为 Q = 0.6 ~ 0.7（定义 $Q = n_{H_2O_2}/n_{(W+Mo)}$），pH = 0.85 ~ 1.85；$Q$ = 1.0 时，pH = 1 ~ 2；

$Q=1.25$ 时，pH $=1.25\sim2.25$。文献[41, 42]也得到类似的结果，合适的 pH 范围随 H_2O_2 用量的增加而上移。当 $Q=1.5$ 时，pH $=1.8\sim1.9$；$Q=1.0$ 时，pH $=0.8\sim1.55$；$Q=0.63$ 时，pH <1，但此时萃取过程容易乳化，原因在于未被配合的钨形成钨酸沉淀，钨钼的分离效果显著变差。因此，合适的条件为 $Q=1.0\sim1.5$，pH $=0.9\sim1.8(Q=1.5)$ 或 pH $=0.8\sim1.55(Q=1.0)$。我们用 TRPO – TBP 煤油体系从钨酸铵溶液中萃取分离钨钼的研究结果如图 23 – 32、图 23 – 33 所示。由图可知，$Q<1.0$，钨钼与双氧水配合不完全，钨钼分离效果差，钼钨分离系数随 Q 增加而增加；$Q>1.2$ 后，钼钨分离系数随 Q 变化不明显。但 H_2O_2 的用量同时会影响到萃取料液的稳定性。H_2O_2 的用量越大，料液越稳定，建议 H_2O_2 的用量为 $Q=1.2\sim1.5$。料液的初始 pH 对钨钼萃取分离影响很大，钨、钼萃取率均随 pH 升高而降低，pH $=1.5$ 左右钼钨的分离系数最大。

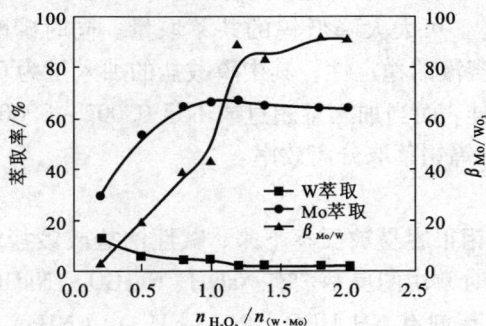

图 23 – 32　H_2O_2 用量对钨钼萃取分离的影响

料液：82.4 g/L WO_3；10.8 g/L Mo；pH 1.50；有机相：2%(V/V)

TRPO – 80%(V/V)TBP；O/A $=1:1$；温度 20℃；混合时间 5 min

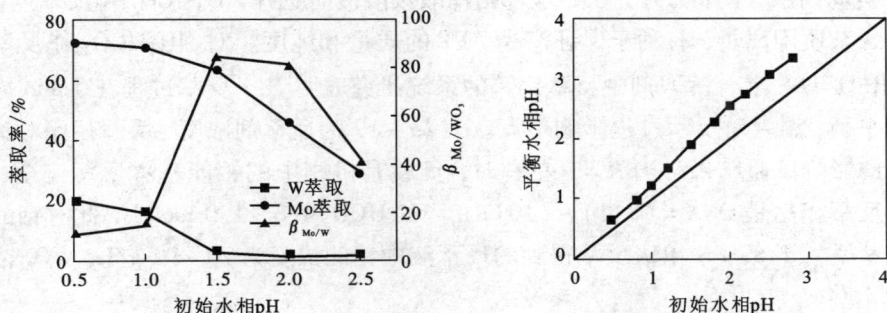

图 23 – 33　初始 pH 对钨钼萃取分离的影响

料液：90.6 g/L WO_3；12.2 g/L Mo；$n_{H_2O_2}/n_{(W+Mo)}=1.4$；pH $=1.50$；

有机相：2%(V/V)TRPO – 80%(V/V)TBP；O/A $=1:1$；温度 20℃；混合时间 5 min

2）温度

钨钼的萃取反应均为放热反应，萃取率随温度上升而下降。在 TRPO + MIBK + 煤油从钨酸钠溶液萃取分离钨钼的体系中，$-\Delta H_{Mo} = 11.7$ kJ/mol，$-\Delta H_W = 42.7$ kJ/mol；TRPO/TBP + 煤油从钨酸铵溶液萃取分离钨钼的体系中，$-\Delta H_{Mo} = 19.0$ kJ/mol，$-\Delta H_W = 47.8$ kJ/mol。$-\Delta H_W > -\Delta H_{Mo}$，所以随温度上升，钨萃取率下降比钼快[41-43]。另外，萃取料液的稳定性与温度具有很大的相关性，当温度大于 25℃ 以后，钨的双氧水过氧化物易分解产生沉淀。综合考虑，合适的温度范围是 15 ~ 25℃。

3）杂质磷、硅

溶液中有硅存在时，很容易生成易被萃取的 $SiW_{12}O_{16}(O_2)_{24}^{4-}$ 离子，从而增加钨的共萃取量，加入少量可溶磷酸盐可消除硅的影响[38, 39]。磷可取代硅生成难萃取的 $PW_{12}O_{16}(O_2)_{24}^{3-}$，可大大降低钨的共萃取量。同时磷酸盐是 H_2O_2 的稳定剂，还可以大大提高溶液的稳定性。其中磷酸盐的加入量为 0.002 ~ 0.005 mol/L 时，分离效果达到最佳，而当加入量超过或不足 0.002 ~ 0.005 mol/L 时，会导致 H_2O_2 迅速分解和降低钨钼萃取分离效率。

23.3.3.4　反萃

有机相中负载的钼很容易被反萃下来，碱性钠盐或铵盐均是有效的反萃剂。处理含钼钨酸钠溶液时常用的反萃剂有 NaOH、Na_2CO_3、$NaHCO_3$ 等，处理含钼钨酸铵溶液时常用的反萃剂有 NH_4HCO_3、$NH_3 \cdot H_2O$、$(NH_4)_2CO_3$ 等。酸性 H_2O_2 溶液（pH = 3 ~ 4）也是反萃钼的有效反萃剂[40]。使用 NaOH 反萃时能有效将负载有机相中的钼、钨定量反萃下来，但容易造成乳化现象。而采用 NH_4HCO_3 作反萃剂不仅具有分相迅速，而且能优先反萃负载有机相中的钼，在反萃过程中能进一步实现钨钼分离；另外，在处理含钼钨酸铵溶液时选择 NH_4HCO_3 作反萃剂，不会引入杂质阳离子，有利于保证产品 APT 的质量和纯度。对 NH_4HCO_3 作反萃剂从 TRPO/TBP 混合萃取剂中反萃钼钨的系统研究表明[44]，反萃过程在 5 min 内能达到平衡，温度对反萃过程影响不大。表 23 - 19 为反萃剂浓度、反萃相比对钨钼反萃的影响试验结果。当 $K = 1$ 左右时，负载有机相中的钼能基本反萃完全，合适的反萃相比是 O/A = (8:1) ~ (10:1)，NH_4HCO_3 0.8 ~ 1.0 mol/L，此时钼的单级反萃率大于 89%，单级反萃得到的反萃液中钼的浓度为 70 ~ 92 g/L，WO_3 浓度小于 3 g/L。

表 23 – 19　相比和 NH₄HCO₃ 浓度对钼、钨反萃的影响

O/A	NH₄HCO₃ 浓度 /(mol·L⁻¹)	K 值	反萃液浓度/(g·L⁻¹)		反萃率/%		反萃液 Mo/WO₃
			Mo	WO₃	Mo	W	
2:1	0.05	0.24	6.38	0.78	32.2	18.8	8.17
2:1	0.10	0.49	10.6	0.88	53.5	21.3	12.0
2:1	0.20	0.97	19.3	1.20	97.5	28.8	16.1
2:1	0.30	1.46	19.6	1.20	99.0	28.8	16.3
2:1	0.40	1.94	19.1	1.15	96.5	27.6	16.6
2:1	0.50	2.43	19.6	1.25	99.0	30.0	15.7
4:1	0.38	0.92	35.1	1.35	88.6	16.2	26.0
6:1	0.58	0.94	54.3	1.98	91.4	15.9	27.4
8:1	0.78	0.95	70.8	2.68	89.4	16.1	26.4
10:1	1.00	0.97	91.9	3.02	92.8	14.5	30.4
12:1	1.20	0.97	109	2.93	91.8	11.7	37.2

注：有机相：2% (V/V) TRPO 和 80% (V/V) TBP + 18% 磺化煤油，Mo 9.90 g/L，WO₃ 2.08 g/L；温度：20℃；平衡时间：15 mins。

K = 反萃剂中 NH₄HCO₃ 摩尔浓度 × 反萃剂体积/(负载有机相中 Mo 摩尔浓度 × 负载有机相体积)

23.3.3.5　工艺流程

含高钼钨酸盐溶液经酸化—配合制备萃取料液后，用中性磷氧类萃取剂进行萃取，料液中的 Mo 进入有机相，W 留在萃余液，实现钨钼分离。负载有机相经反萃剂反萃后，得到富 Mo 的反萃液，反后有机相返回萃取。富 W 萃余液经合适工序回收钨，富 Mo 反萃液经合适工序回收钼。双氧水配合萃取分离钨钼工艺根据处理的钨钼混合溶液的组成不同，可以分为处理含钼钨酸钠溶液和含钼钨酸铵溶液两种，工艺区别主要在于萃取料液的制备方法不同。对 TBP 萃取体系和 TRPO/TBP 萃取体系分别进行了半工业试验和工业试验。

在混合室为 250 mL 的小型混合澄清槽中进行了多级萃取与反萃取连续运转试验[47]。萃取料液的制备采取"双极膜电渗析—配合法"[47, 48]。有机相的组成为 2% ~3% TRPO +60% ~80% TBP + 磺化煤油，水相中 H₂O₂ 用量为 W、Mo 摩尔总量的 1.2 ~1.5 倍。萃取料液含 WO₃ 130 g/L，Mo 13.6 g/L，pH 2.0。经 12 级逆流萃取，控制有机相操作容量为 7.5 ~8.5 g/L Mo 并在萃取中间级调整 pH，最终萃余液中 Mo 降至 0.01 g/L 以下，萃余液中 Mo/WO₃ 达 1.0×10^{-4} 以下。反萃剂为 1 mol/L NH₄HCO₃ 溶液，负载有机相 3 级并流反萃取，反萃相比 7:1，获得的反萃液含 Mo 60 ~70 g/L，WO₃ 3 ~4 g/L，WO₃/Mo 在 15 ~25 之间，反后有机相中含 Mo 0.01 g/L，Mo 反萃率大于 96%，W 损小于 2%。

在实验室连续试验的基础上，在河南某公司建立了一条处理高钼钨酸铵溶液年产 50 t 仲钨酸铵的工业试验线，工业试验生产线已连续运行 1 年以上，萃取过程运行稳定，分离效果良好。萃取料液采用"蒸发脱铵—配合法"制备，料液成分与试验室连续运行试验相似。工业试验的工艺流程如图 23-34 所示。

采用两段萃取法分离钨钼，第一段萃取与试验室连续运行试验类似，其主要目的是获得高纯度的钨酸铵溶液，第二段萃取是将第一段萃取得到的反萃液补加双氧水、调

图 23-34 双氧水配合萃取试验流程

整 pH 后再萃取分离钨钼，二段反萃液为含钨很低的高纯度的钼酸铵溶液，二段萃余液又返回萃取料液制备工序。第一段萃取采用 12 级萃取，2 级反萃，第二段萃取采用 8 级萃取和 1 级反萃。工业试验的典型结果如表 23-20 所示。工业试验表明，对于高钼钨酸铵溶液，经两段双氧水配合分离，一段萃取萃余液中 Mo/WO_3 达 1.0×10^{-4}，钼含量完全满足制取国标零级仲钨酸铵的要求；二段萃余液 Mo 浓度大于 70 g/L，其 $WO_3/Mo < 1\%$，可直接生产钼酸铵。料液制备—萃取分离形成闭路循环，过程无废水排出，钨、钼在过程中几乎没有损失。

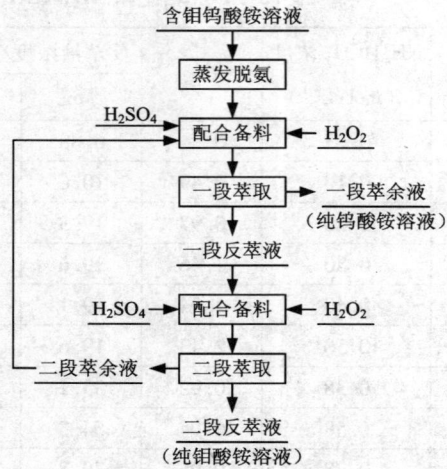

表 23-20　混合萃取剂双氧水配合萃取工业试生产分析结果

样品	一段萃余液（纯钨溶液）			二段反萃液（纯钼溶液）		
	$WO_3/(g \cdot L^{-1})$	$Mo/(g \cdot L^{-1})$	$Mo/WO_3/\%$	$WO_3/(g \cdot L^{-1})$	$Mo/(g \cdot L^{-1})$	$WO_3/Mo/\%$
1	125.76	0.0045	0.0036	0.39	88.26	0.44
2	145.55	0.0019	0.0013	0.95	94.50	1.00
3	127.58	0.011	0.0086	0.6	88.45	0.68
4	136.12	0.012	0.0088	0.25	75.36	0.33

TRPO/TBP 混合萃取剂双氧水配合萃取法分离钨钼具有钨、钼收率高（>99.9%），无废水、废渣产生，操作环境友好和钼产品纯度高的优势，尤其适合于处理高钼含钨酸盐溶液（$Mo/WO_3 > 5\%$）。1 年来的工业试验运行表明，萃取过程运行稳定，长期运行中，有机相容量没有明显下降。

23.4　钼的萃取

钼的稳定价态为 +6，在溶液中以各种钼酸根形态存在。钼酸根离子在水溶液中的形态较复杂，随其浓度、溶液的 pH 以及其他阴离子浓度而异，一般在钼浓度小于 10^{-3} mol/L 时，在碱性或酸性介质中均为 MoO_4^{2-} 或 $HMoO_4^-$。当浓度大于 10^{-3} mol/L，pH >8 时，主要以 MoO_4^{2-} 形态存在，随着 pH 降低依次聚合成各种同多酸离子，如 $Mo_2O_7^{2-}$、$Mo_7O_{24}^{6-}$、$Mo_8O_{26}^{4-}$ 等，当 pH 降低到 2 以下时，出现 MoO_2^{2+}；pH 低于 1 时，主要以 MoO_2^{2+} 或更复杂的阳离子形态存在。

23.4.1　概述

萃取法在钼的提取过程中得到了广泛的研究和应用，研究和应用最多的萃取剂为胺类萃取剂，其他一些萃取剂也进行了大量的研究，结果见表 23 - 21。

表 23 - 21　一些萃取剂萃取钼的情况[49-54]

萃取剂及稀释剂	萃取料液	萃　　取	反　萃
0.01 mol/L N7207 + 200#溶剂油	起始水相 pH 为 2.3，钼浓度 0.32 g/L	萃取机理属于离子缔合物萃取体系的阴离子交换反应。在相比 O/A = 1:1 下萃取 20 min，萃取率 97.2%	用 0.5 mol/L 的 NaOH 溶液反萃，一级反萃率可达 100%
0.1 mol/L N7203 + 6% TBP + 煤油	次氯酸钠浸出液，成分：3.7 g/L Mo，0.003 g/L P，0.001 g/L As，0.038 g/L NaOCl	相比 O/A = 1:6，经 5 级逆流萃取，萃余液含钼 0.06 g/L，钼萃取率大于 98%	用氨水反萃，可得到 100 g/L 钼酸铵溶液
10% Alamine 336 + 2%乙基己醇 + 煤油	料液钼含量 10 g/L，pH 1 ~ 5	25℃，相比 O/A = 1:1，萃取率随 pH 升高而下降，pH = 1 时，萃取率接近 100%，pH = 2 时，萃取率 94.73%，pH = 3 时，萃取率 38.88%，pH = 4 时，萃取率 33.42%，pH = 5 时，萃取率 18.72%	
10% DEHPA + 2%乙基己醇 + 煤油	料液钼含量 1 g/L，pH 2.5	25℃，相比 O/A = 1:1，平衡 pH = 3 时，萃取率 92.3%；平衡 pH = 2 时，萃取率 95.9%	
4% Alamine 304 + 5%十三醇 + 煤油	料液成分：8.0 g/L Mo，0.05 g/L Re	相比 O/A = 4:1，萃取时间 1 min，钼的萃取率随硫酸浓度升高而降低，硫酸浓度为 100 g/L 时，萃取率 99.3%，硫酸浓度为 300 g/L 时，萃取率 89.0%，硫酸浓度为 600 g/L 时，萃取率 14.0%，钼的萃取率保持在 98.3%	

续表 23 - 21

萃取剂及稀释剂	萃取料液	萃 取	反 萃
10% Alamine 304 + 20% TBP + 煤油[2]	料液成分:制取二钼酸铵母液,pH 2～3,12.6 g/L Mo,0.0891 g/L Cu	相比 O/A = 2:1,温度 60℃,经过两级错流萃取,萃取率 91.4%	15%的氨水一级反萃 45 min,反萃率 90%
20% N235 + 10% 仲辛醇 + 煤油[3]	镍钼矿硫酸浸出液,4.6～6.0 g/L Mo,1.7～2.5 g/L Ni,1.5～2.0 g/L P,1.0～2.0 g/L Fe	pH 1.0～1.5,O/A = 1:5,单级萃取率 96%以上,三级逆流萃取率 99.7%	6 mol/L 氨水反萃,O/A = 4:1,三级逆流反萃,反萃率 99.78%
20% N235 + 10% 仲辛醇 + 煤油[4]	镍钼矿盐酸浸出液,3.53 g/L Mo,6.50 g/L Ni,1.66 g/L P,13.25 g/L Fe,72.76 g/L Cl⁻,15.39 g/L SO₄²⁻	pH 1.0～1.5,O/A = 1:3,35℃,单级萃取率 85%,五级逆流萃取率 98.6%	7 mol/L 氨水反萃,O/A = 5:1,一级反萃,反萃率 97%
0.1 mol/L P204 + 煤油	酸性溶液	在 pH = 2 左右,萃取分配比大于 100,pH 升高或酸度进一步增大,分配比下降,Fe^{3+} 将随钼一起被萃取	
Kelex 100 + 煤油	含铜、钼酸性溶液	随着 pH 的升高,钼的分配比下降,铜的分配比上升。在 pH = 0.5 时,$\beta_{Mo/Cu}$ > 200,pH = 2.5 时,$\beta_{Mo/Cu}$ ≈ 1	负载有机相先用 150～200 g/L 硫酸洗脱铜,再用 NaOH 反萃钼
30% TRPO + 煤油[7]	3.68 g/L Mo,4.75 g/L Ni,234.6 g/L Cl⁻,0.98 mol/L H^+	30℃,混合时间 10 min,O/A = 1:3,两级逆流萃取,萃取率达到 99.5%	
25% DBBP + 乙苯	含钼铼溶液:Mo 21.89 g/L;Re 0.143 g/L;H_2SO_4 210 g/L	相比 O/A = 1:1,钼萃取率 4%,铼萃取率 88.1%	
10% TAF(三脂肪胺) + 15% TOA-2 + 煤油	碱性高压氧浸液,含钼 35 g/L,调酸后 pH = 2 左右	相比 1:1 左右,有机相含钼 30 g/L,萃余液含钼 0.01 g/L	15%的氨水反萃,反萃液含钼 150 g/L
二(2-乙基己基)亚砜	酸性含钼溶液,硫酸介质	30℃,相比 1:1,硫酸浓度为 2 mol/L 时,萃取率 98%	

在钼提取冶金中,对于低含量的含钼溶液,如辉钼矿焙烧烟尘水浸液、酸性条件下的高压氧分解液、钼酸铵酸沉母液、钼酸铵溶液蒸发结晶母液;钼焙砂酸性水洗液、低品位辉钼矿次氯酸钠浸出液等,萃取过程的任务是回收富集及钼铼分离;对于含钼较高的钼酸钠溶液,如钼焙砂碱浸液、苏打烧结—浸出工艺所得到的钼酸钠溶液、碱性高压氧分解浸出液等,萃取过程的主要任务是转型和净化。

23.4.2 生产工艺及实践

23.4.2.1 碱性高压氧浸—萃取法从辉钼矿中制取钼酸铵

我国某厂采用叔胺从碱性高压氧浸出液中萃取钼[55]，其工艺流程如图 23 –35所示。辉钼矿经高压氧浸得到钼酸钠溶液，经过萃取转型为钼酸铵溶液，净化后经中和结晶制取纯钼酸铵产品。采用箱式混合澄清槽，共有十级。萃取槽外型规格为4800 mm×2410 mm×920 mm，混合搅拌转速375 r/min，1～4级为萃取段，5级为洗涤段，6～8为反萃段，9～10级为酸沉母液回收萃取段，反后有机相在另外的槽中酸化转型。

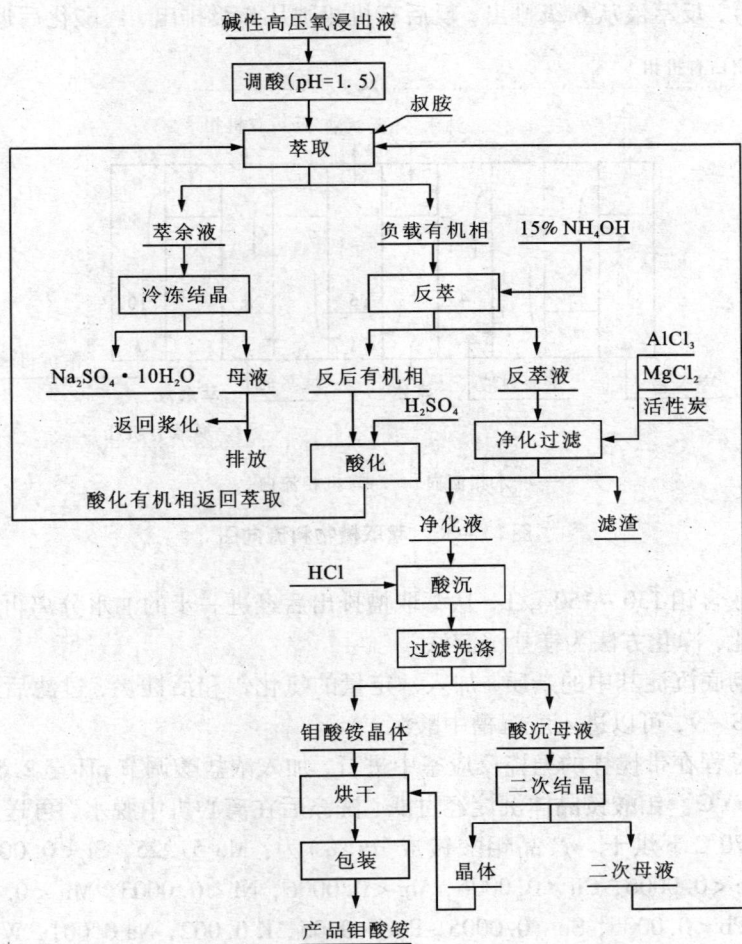

图 23 –35 萃取法制取纯钼酸铵工艺流程示意图

有机相组成为：10% 叔胺 + 15% 伯仲混合醇 + 煤油。辉钼矿碱性条件下高压氧浸出液 pH 7 ~ 9，成分（平均值）为：Mo 55.33 g/L；SiO_2 0.199 g/L。高压氧浸液进入萃取前首先用硫酸调节 pH 至 1.5，此时溶液的钼含量为 20 ~ 26 g/L，再进入萃取槽进行萃取。空白有机相从萃取 1 级进入，调酸后的萃取料液从 4 级进入，相比为 O/A = (1.5 ~ 2.0):1，料液流向如图 23 - 36 所示。萃余液从 1 级流出，含钼小于 0.1 g/L，经过冷冻结晶回收硫酸钠后排放或返回高压氧浸过程的浆化工序，以回收其中的钼。经 1 ~ 4 级萃取后，负载有机相在第 5 级经过纯水洗涤，洗脱有机相中夹杂的水相，相比为 O/A = 9:(1 ~ 2)，然后再进入第 6 级反萃。反萃剂为 15% 的氨水，从 8 级进入，经过三级逆流反萃，相比为 O/A = 10:(1 ~ 2)，反萃液从 6 级排出，反后有机相则从 8 级排出，经酸化后返回使用。

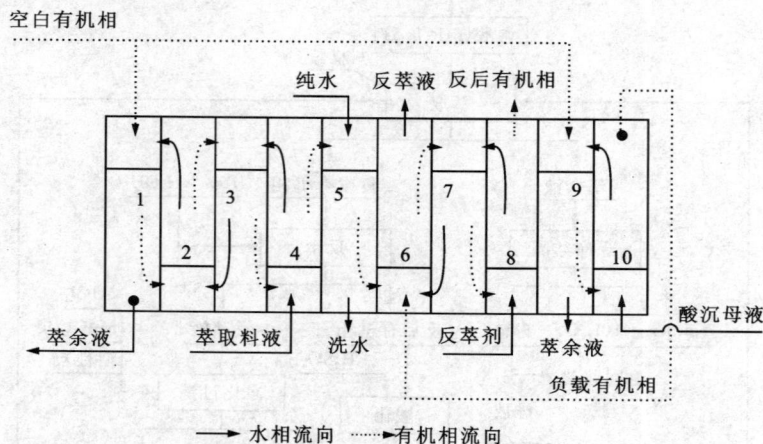

图 23 - 36 萃取槽物料流向图

反萃液含钼 130 ~ 150 g/L，从萃取槽排出后经进一步的油水分离再进入净化槽进行净化，净化方法为镁盐沉淀法。

为了彻底沉淀其中的杂质，加入一定量的氯化铝和活性炭，过滤后溶液清澈透明，pH 8 ~ 9，可以进入酸沉槽中酸沉。

酸沉过程在带搅拌的搪瓷反应釜中进行，加入浓盐酸调节 pH 至 2.5，温度控制在 60 ~ 65℃。钼酸铵晶体沉淀经过滤、洗涤后在离心机中脱水，再送入烘干房中在 65 ~ 70℃下烘干。产品钼酸铵成分（%）为：Mo 57.25, Si < 0.0006, Al < 0.0006, Fe < 0.0006, Cu < 0.0006, Mg < 0.0006, Ni < 0.0003, Mn < 0.0003, Ca < 0.001, Pb < 0.0005, Sn < 0.0005, P < 0.0005, K 0.002, Na 0.001, W < 0.020。

酸沉母液在母液储槽中经过二次酸沉后，二次母液再返回萃取槽的 9、10 级萃取回收其中的钼，负载有机相返回 6 级反萃取钼。母液经萃取回收后含钼量小于 0.2 g/L，NH₄Cl 含量 174 g/L 左右，可回收其中的 NH₄Cl 生产化肥。该工艺主要原材料消耗见表 23-22。

表 23-22 高压氧浸—萃取制取钼酸铵的原材料消耗指标

名称	规格/%	单耗/(t·t⁻¹产品)
钼精矿	45.91	1.36
氢氧化钠	95	1.56
硫酸	95	0.68
盐酸	31	0.75
液氨	99	0.56

23.4.2.2 叔胺萃取法从硝酸分解辉钼矿的母液中回收钼铼

该工艺是一个包含有离子交换技术的联合工艺流程，如图 23-37 所示。整个工艺过程包括硝酸分解、分解母液萃取回收钼铼、离子交换分离钼铼、钼酸铵结晶等程序。

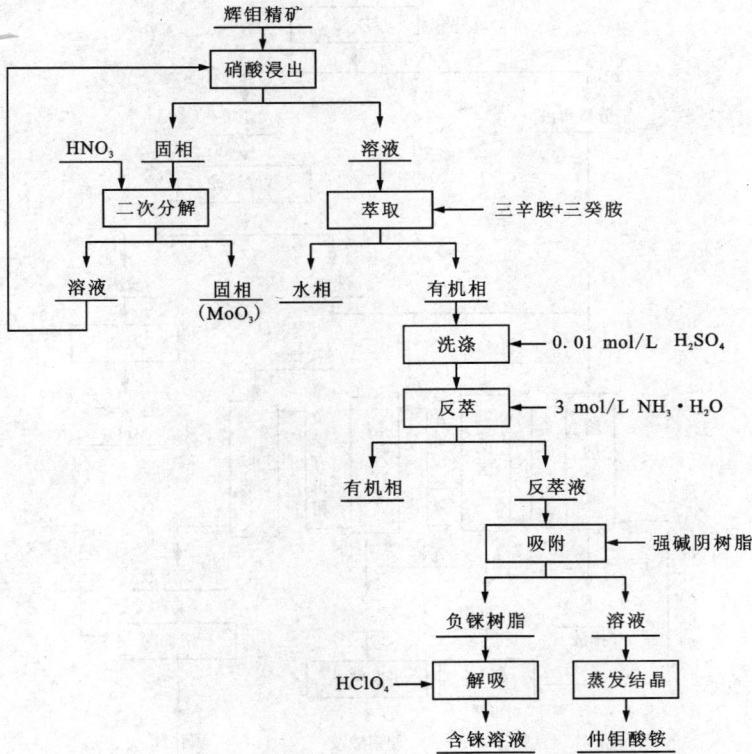

图 23-37 萃取—离子交换联合法分离钼铼的原则流程图

辉钼矿经硝酸氧化分解后，原料中15% ~ 20%的钼进入分解母液中，成分为（g/L）：Mo 23，Re 0.01，Cu 8.1，Fe 10.6，H_2SO_4 312.5。

分解母液经萃取回收其中的钼铼。萃取有机相组成为20%（V/V）的三辛胺和三癸胺的混合物 + 10%十三醇 + 煤油，萃取设备为箱式混合澄清萃取槽。在相比为1∶1时，钼和铼的分配比分别为7.30和100以上，经过四级逆流萃取，99%的钼和100%铼进入有机相。负载有机相先用0.01 mol/L H_2SO_4溶液洗脱其中的铜、铁等，然后用3 mol/L的$NH_3 \cdot H_2O$溶液经过3级反萃其中的钼铼。

反萃液再经离子交换分离钼铼，铼被吸附于树脂上，钼随溶液流出，流出液经过蒸发结晶即可得到纯度为99.94%的仲钼酸铵。负铼树脂用$HClO_4$溶液解吸，得到高铼酸溶液，用于回收其中的铼。

图23 - 38所示为塞浦路斯工艺流程，也是一个钼萃取工艺的典型流程。该

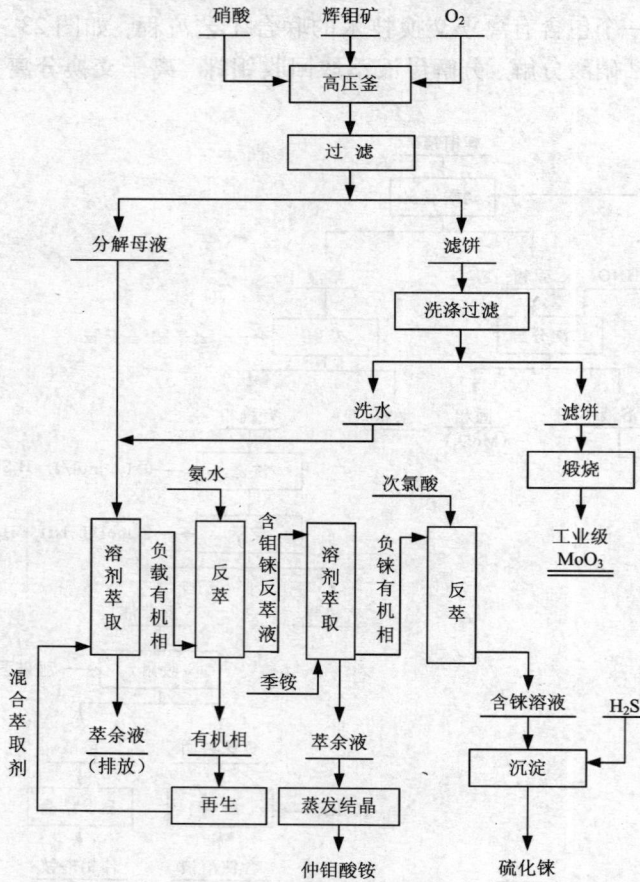

图23 - 38　塞浦路斯酸法分解辉钼矿—萃取回收钼铼工艺

工艺萃取过程包括两个步骤:第一步用混合萃取剂从酸分解母液中回收富集钼铼,负载有机相用氨水反萃取钼铼,得到含铼的钼酸铵溶液;第二步用季铵盐从钼酸铵溶液中萃取铼,使钼铼分离,负铼有机相用次氯酸反萃取,得到高铼酸溶液,回收铼。

23.4.2.3 TFA(三脂肪胺)从废催化剂苏打烧结水溶液中萃取钼[56]

石油精炼过程中产出的钼镍系废催化剂,成分为:Mo 20.2%,Ni 11%,Al_2O_3 56.7%,CaO 3.47%,V_2O_5 1.4%,SiO_2 1.71%,S 2.64%。其处理工艺流程如图 23-39 所示。

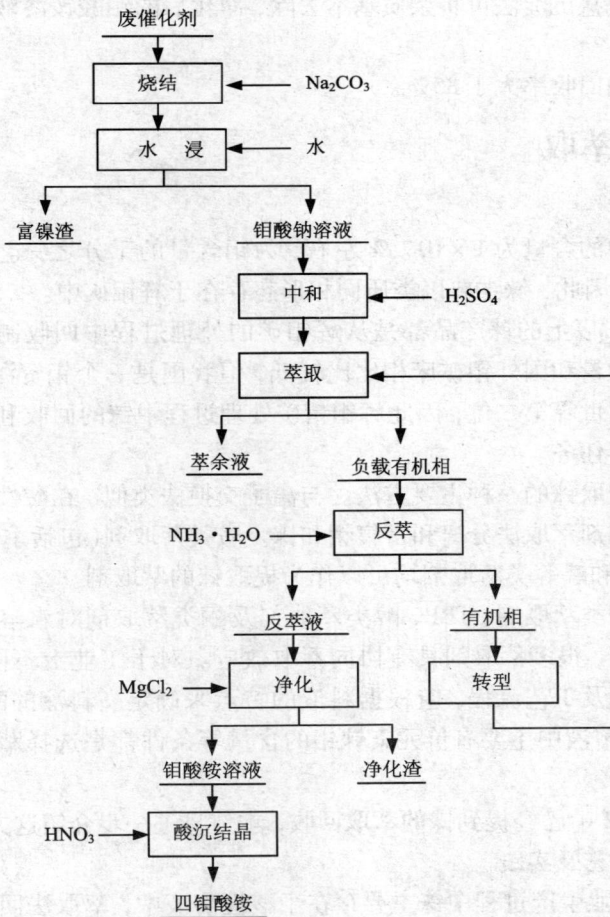

图 23-39 TFA 萃取法回收废催化剂中钼的工艺流程

废催化剂经过破碎(-120 目)加入废催化剂量 50% ~55% 的碳酸钠,混合后在 700 ~800℃下焙烧 1 ~2 h。烧结料加水浸出,液固比 3:1,浸出率 95%。

浸出液用浓硫酸中和至 pH 8 ~9,温度 60 ~70℃,过滤后继续加酸调节 pH 至 2.5 ~3。

萃取剂为 TFA(三脂肪胺),用混合醇做改性剂,260 号溶剂油作为溶剂,有机相组成为 10% TFA +15% 混合醇 +75% 260 溶剂油,三级逆流箱式萃取,相比 O/A =1:(2 ~3),混合时间 3 min,澄清时间 10 ~15 min。

负载有机相用氨水一级反萃,反萃时间 15 min,相比 O/A =3:1,反萃液含 Mo 140 ~160 g/L,SiO_2 0.12 g/L,P_2O_5 0.08 g/L,As_2O_5 0.02 g/L,有机物 0.10 g/L。采用传统镁盐沉淀法可将杂质基本去除,净化后的钼酸铵溶液用酸沉结晶制取四钼酸铵。

整个过程钼回收率大于 85%。

23.5 铼的萃取

23.5.1 概述

铼在地壳中的含量为 1×10^{-7}% 左右,为钼含量的千分之一。由于铼和钼的离子半径相近,因此,铼主要以类质同相形态存在于辉钼矿中。

世界上 80% 以上的铼产品都是从辉钼矿的处理过程中回收制取的。虽然我国辉钼矿中铼含量和国外钼矿床相比比较低,但我国是一个钼资源大国,钼的储量和冶炼均占据世界第二位,因此辉钼精矿处理过程中铼的回收利用仍是钼提取过程中一项重要任务。

萃取法是提取铼的一种主要方法。与离子交换法类似,在酸性介质和碱性介质中均可采用溶剂萃取法分离和富集钼和铼。胺类萃取剂(包括季铵盐)、中性磷萃取剂、酮、醇和醛等类萃取剂均可以作为提取铼的萃取剂。

大部分的胺类萃取剂、TBP、醇类萃取剂及酮类萃取剂对水溶液中的铼都有一定的萃取能力,很多萃取剂具有协同萃取效应。对于工业上不同的含铼料液,怎么选择萃取剂及工艺流程,应根据料液的特点来确定。料液的酸碱度、酸(及其盐)的类型及溶液中主要有价元素铼钼的含量等条件都是选择萃取剂及萃取工艺流程的基本因素。

在 23.4.2.2 中已经提到铼的萃取回收,本节将进一步介绍这方面的情况。

23.5.2 生产工艺及实践

目前,钼工业生产过程中铼主要存在于酸性溶液中,萃取法回收其中铼的生产流程和试验研究很多,现综合归纳于图 23 –40 中。

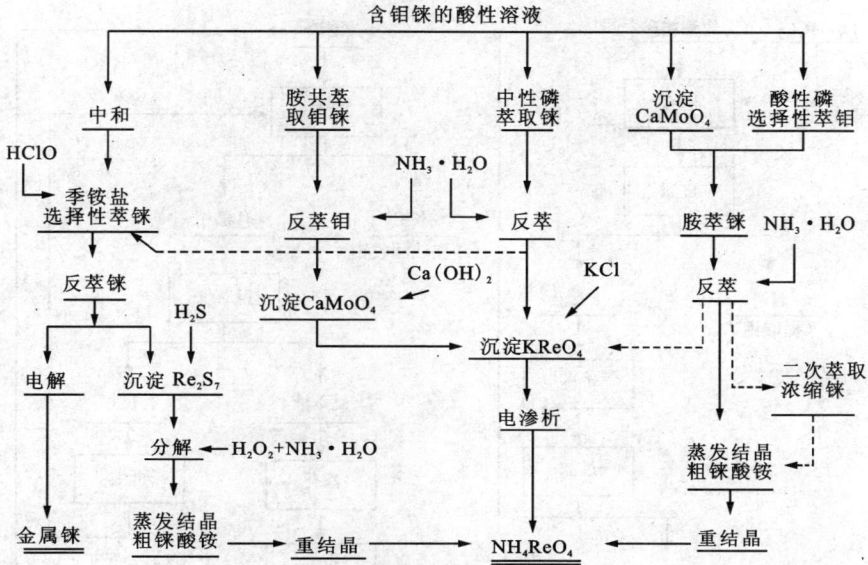

图 23-40　萃取法从酸性含铼钼溶液中回收铼的原则流程

23.5.2.1　N235 从辉钼矿压煮液中萃取铼

在酸性高压氧分解处理辉钼矿过程中，用 N235 萃取回收铼，其工艺如图 23-41所示。高压氧分解过程中，铼进入分解液，浸出率为 97.85%。由于溶液中的硅可在萃取过程中造成有机相乳化而难以分相，所以在萃取之前必须先进行除硅，方法为加入 100 ppm 的聚醚类有机物使大部分的硅以聚醚可桥连硅酸的形态沉淀析出，此过程中铼的损失约为 5%。净化后的溶液先用低浓度的 N235 选择性萃取铼，有机相组成为 2.5% N235 + 40% 醇 + 煤油，相比(O/A) = 1 :(8 ~ 10)，铼萃取率大于 99%，萃取过程化学反应式如下：

$$\overline{(R_3NH)HSO_4} + ReO_4^- \Longrightarrow \overline{(R_3NH)ReO_4} + HSO_4^- \qquad (23-43)$$

负铼有机相用 5 mol/L 氨水反萃，相比 = 10:1，反萃过程反应式如下：

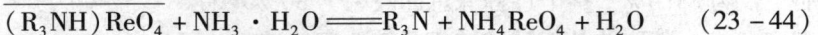

$$\overline{(R_3NH)ReO_4} + NH_3 \cdot H_2O \Longrightarrow \overline{R_3N} + NH_4ReO_4 + H_2O \qquad (23-44)$$

反萃后的有机相用硫酸溶液酸化后即可返回萃取。反萃液经净化、浓缩、结晶和干燥即可得到纯的高铼酸钾，全流程铼的回收率为 96.26%。

该流程的特点是萃取铼的萃余液仍以 N235 萃取回收钼，有机相组成为 18% N235 + 10% 醇 + 煤油，钼萃取率大于 95%。负钼有机相用 1.6 ~ 1.8 mol/L 的氨水将有机相洗涤到 pH = 4.5 左右，相比(O/A) = (4 ~ 5):1，然后再用 9 ~ 10 mol/L 的氨水反萃钼，有机相再生方法与萃铼过程有机相再生相同。

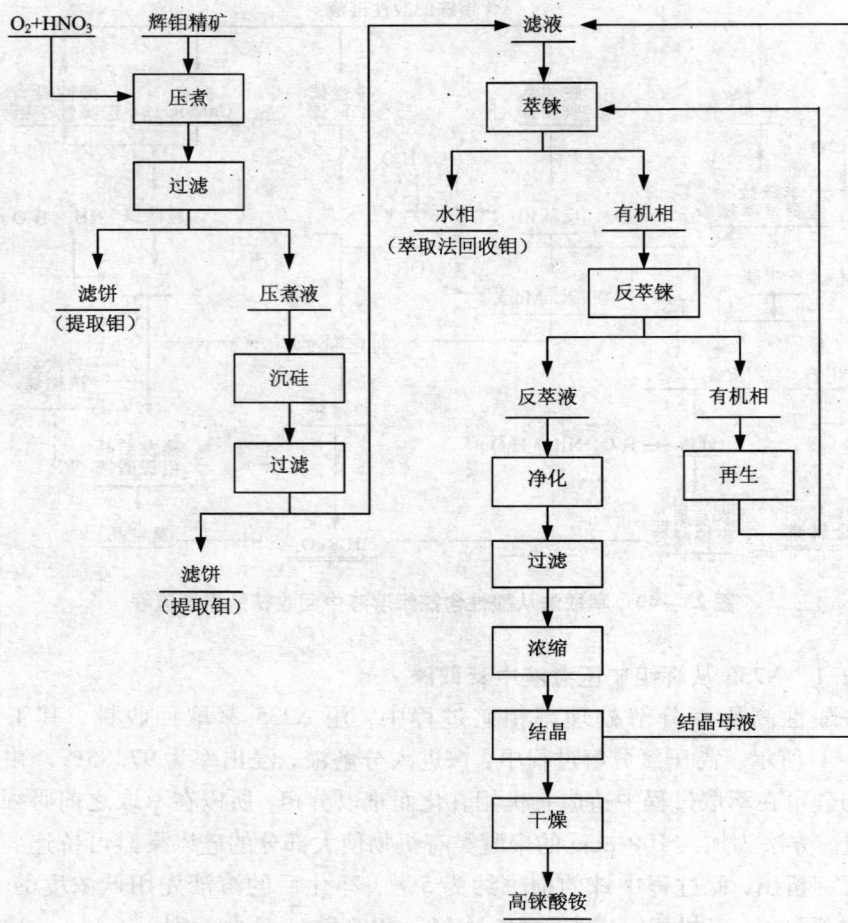

图 23 – 41   萃取法回收氧压煮液中铼钼的工艺流程图

　　采用硝酸钠替代硝酸作为浸出剂是该工艺的一种改进，但铼的浸出率有所降低，仅为 83.5%，整个过程铼总回收率为 80% 左右[57]。

23.5.2.2　萃取法从钼酸铵酸沉母液中回收铼

　　国内某工厂采用钼精矿高压氧碱浸—酸沉法制取钼酸铵，钼精矿中的铼富集在钼酸铵结晶母液中，采用连续萃取法回收并分离其中的钼铼，工艺流程如图 23 – 42 所示。

　　钼铼共萃取有机相为 15% N7301 + 2.5% 仲辛醇 + 煤油，在 30℃、相比 1:2 的条件下，钼铼单级萃取率可达 94%。负载有机相用 0.78 mol/L 氢氧化钠溶液反

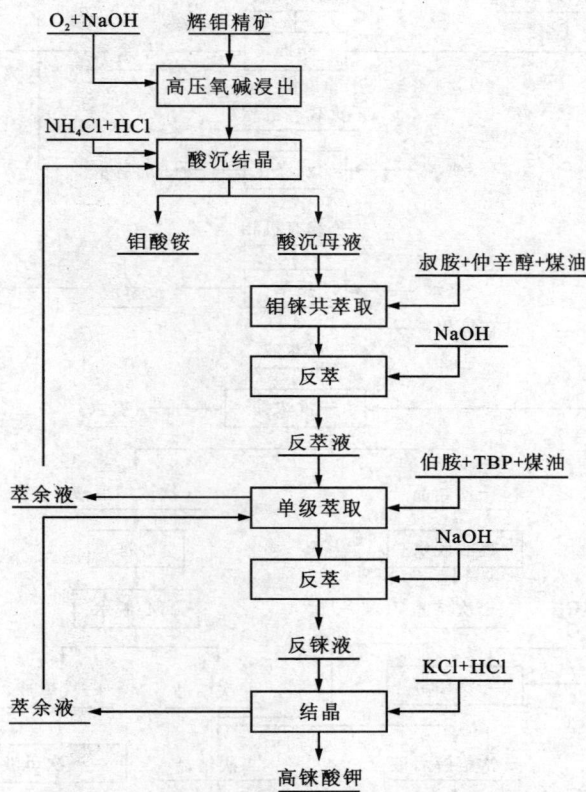

图 23 - 42　萃取法回收钼酸铵酸沉结晶母液中铼的工艺流程图

萃, 在 45℃、相比 10 : 1 的条件下, 钼铼反萃率分别达到 99.9% 和 97.2%。

　　钼铼共萃取的反萃液含钼 40 ~ 70 g/L, 含铼 2 ~ 3 g/L, 采用 30% N1923 + 30% ~ 50% TBP + 煤油选择性单级萃取铼, 在室温、O/A = 1 : 1、水相 pH = 9.9 的条件下, 铼的萃取率可达 99.4%, 钼的萃取率仅为 0.066% 左右。负载有机相用 1 mol/L 氢氧化钠溶液反萃, 在 50℃, 相比 2 : 1 的条件下, 铼反萃率达到 98.8%。

23.5.2.3　N235 从铜冶炼过程中回收铼的生产工艺

　　我国某大型铜冶炼厂每年处理的原料铜精矿中含铼有 1000 ~ 2000 kg, 具有重要的回收价值, 1991 年建成了一条萃取法回收铼生产线, 年产铼酸铵 1000 kg 以上, 工艺流程如图 23 - 43 所示[58]。

　　该工艺原料为亚砷酸车间的还原终液, 成分见表 23 - 23。

新配有机相　　　　　还原终液

萃取 → 萃余液 → 返亚砷酸

↓ 负载有机相

纯水 → 洗涤 → 洗后水

↓ 负载有机相

氨水 → 反萃 → 反萃液 → 作为一次结晶处理

贫有机相

↓ 反萃液

一次浓缩 ← 氨水

一次结晶
离心脱水
↓ 一次结晶

H_2O、H_2O_2
$NH_3 \cdot H_2O$

一次溶解

一次溶解后液
冷冻
离心甩干
二次母液　　二次结晶

一次浓缩后液
冷冻
离心脱水
↓
一次结晶　　一次母液
二次结晶　　一次母液浓缩
离心脱水　　母液渣
↓　　　堆存待处理
二次结晶

二次溶解 ← H_2O、H_2O_2、$NH_3 \cdot H_2O$

二次溶解后液
冷冻
离心脱水
三次母液　　三次结晶

三次结晶
离心脱水
烘干
99%铼酸铵

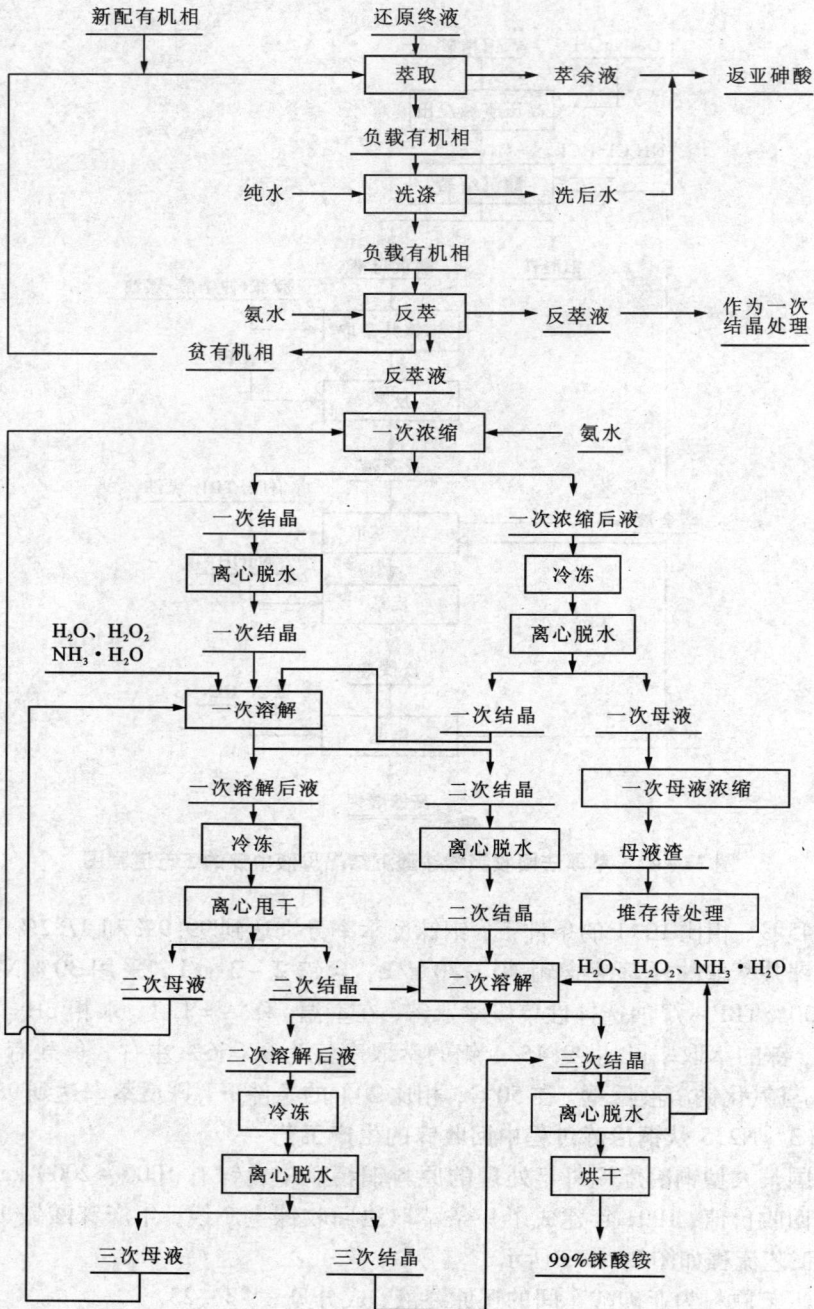

图 23 – 43　萃取法从亚砷酸车间还原终液中回收铼的工艺流程

表 23 - 23　亚砷酸车间还原终液成分

成分	Cu/ ($g \cdot L^{-1}$)	As/ ($g \cdot L^{-1}$)	Re/ ($mg \cdot L^{-1}$)	Mo/ ($mg \cdot L^{-1}$)	Sb/ ($mg \cdot L^{-1}$)	Fe/ ($g \cdot L^{-1}$)	H_2SO_4/ ($g \cdot L^{-1}$)
含量	35.5	12.79	172	386	124	3.6	110

有机相为 N235 + 仲辛醇 + 煤油，萃取反应如下：

$$R_3N + H_2SO_4 \Longleftrightarrow R_3NH \cdot HSO_4$$

$$R_3NH \cdot HSO_4 + HReO_4 \Longleftrightarrow R_3NH \cdot ReO_4 + H_2SO_4$$

生产实践表明，铼的萃取率大于 98%，反萃率大于 98%，工艺过程直收率大于 85%。主要原辅材料消耗见表 23 - 24。

表 23 - 24　铼酸铵生产材料消耗表

序号	名　称	单　位	单　耗
1	N235	kg/kg	1 ~ 2
2	仲辛醇	kg/kg	2 ~ 3
3	煤油	kg/kg	2.5 ~ 3
4	液氨	kg/kg	4 ~ 6

产品铼酸铵为白色晶体，纯度大于 99%。

表 23 - 25 列举了其他一些从含铼钼溶液中回收铼及制取铼化合物的萃取工艺生产及研究实例。

表 23 - 25　萃取法从含铼钼溶液中回收铼及制取铼化合物的实例

序号	含铼料液	有机相组成	工艺操作及指标	备　注
1	辉钼矿焙烧烟尘水浸液，成分 (g/L)：1 Re, 16 Mo, 0.03 Cu, 0.03 Se	5% 季铵盐 + 5% 癸醇 + 煤油	在相比 (O/A) 为 1:2 下 6 级萃取，铼萃取率 98% 以上，萃余液含铼 0.01 ~ 0.012 g/L，含钼 16 g/L。负载有机相含铼 2.0 g/L，含钼 0.011 g/L，用 1 mol/L HClO₄ + 1 mol/L (NH₄)₂SO₄ 溶液进行反萃（6 级，O/A = 1:7），反萃液含铼 13 g/L，含钼 0.01 g/L	在萃取过程即可实现铼钼分离，但需用 HClO₄ 或 HNO₃ 溶液反萃，得到高铼酸溶液
2	辉钼矿电氧化液，成分 (g/L)：0.025 ~ 0.04 Re, 10 ~ 18 Mo, pH = 1	7% TOA + 7% 癸醇 + 煤油	相比 1:5，3 ~ 4 级，铼钼萃取率分别为 99.7% 和 94.4%，用 1 mol/L HCl 淋洗，再用 1.7 mol/L NH₃ · H₂O 溶液反萃，反萃条件为 3 级反萃，相比 2:1，反萃液含铼 0.2 ~ 0.4 g/L，含钼 90 ~ 110 g/L	本过程是一个铼的富集过程，并未实现铼和钼的分离
3	铼钼萃取富集液，成分 (g/L)：0.86 Re, 195 Mo	5% 季铵盐 + 95% 芳香烃	相比 1:1，铼萃取率 99%，钼留在水相中。用 1 mol/L HClO₄ 溶液反萃铼，反萃液再加氨水结晶，得到 99.9% 的高铼酸铵	

续表 23-25

序号	含铼料液	有机相组成	工艺操作及指标	备注
4	含铼料液成分 (g/L): 0.3 Re, 2.4 Mo, 60 H_2SO_4	5% TOA +5% $C_8H_{17}OH$ +航空汽油	相比 1:5, pH=2, 钼铼萃取率大于 99%。先用 15 g/L $Na_2C_2O_4$ 溶液反萃钼 (O/A=1:1, 6 级), 99% 钼进入到反钼液。反钼后有机相用 10% 氨水反铼 (O/A=1:10, 6 级), 反铼液含铼 13.2 g/L, 含钼 0.5 g/L	
5	辉钼矿高压氧浸液, 成分 (g/L): 0.118 Re, 24.5 Mo, 247 H_2SO_4	5% 叔胺 +芳香烃	铼钼几乎全部进入到有机相中, 用 5 mol/L $NH_3 \cdot H_2O$ 溶液反萃, 铼钼全部进入到水相中, 反萃液含铼 0.86 g/L, 含钼 195 g/L	
6	料液成分 (g/L): 16.3 Mo, 2.0 Re, pH=3	10% 仲胺 +5% TOPO	相比 1:2, 一级萃取, 萃余液钼铼含量均低于 0.01 g/L。用水优先反萃钼 (pH=7~8, 相比 4:1), 反钼液含钼 110 g/L, 含铼 0.1 g/L。再用氨水反萃铼 (pH>9), 含铼反萃液经循环富集后, 可得到 99.9% 的高铼酸铵晶体	
7	辉钼矿焙烧烟气淋洗液, 成分 (g/L): 0.3~0.5 Re, 9~9.5 Mo, 50~150 H_2SO_4	30% A101 +二乙苯 (或煤油)	铼萃取率接近 100%, 萃余液含铼小于 0.003 g/L, 在硫酸浓度为 1.75 mol/L 时, 铼钼分离系数可达 667。负载有机相用 $NH_3 \cdot H_2O$ 反萃	
8	辉钼矿焙烧烟气淋洗液, 成分 (g/L): 0.3~0.8 Re, 0.5~17 Mo, 50~150 H_2SO_4	异戊醇 IAMA	$D_{Re}=50~100$, $D_{Mo}=0.02~0.13$, 用 10% $NH_3 \cdot H_2O$ 反萃, 反萃液中 $Re/Mo \approx 10~20$, 加 $NH_3 \cdot H_2O$ 得到 99.6% 的 NH_4ReO_4 沉淀, 沉淀母液加 KCl 回收其中的 Re, 得到 $KReO_4$ 沉淀, 铼的回收率大于 74.7%	萃取容量过大会降低铼钼分离效果, 易产生第三相, IAMA 水中溶解度较大
9	料液成分 (g/L): 1 Mo, 8 Re, 0.3 Fe, 73 HCl, 147 H_2SO_4	28% TBP +煤油	负载有机相先后用 1 mol/L H_2SO_4 和 4 mol/L HCl 洗脱铁和钼, 再用 1 mol/L HNO_3 三级反萃铼, 99% 的铼进入水相	适用于铼的富集和提纯, 不能用于钼铼分离
10	高铼酸铵结晶母液, 成分 (g/L): 0.4~0.75 Re	10% N263 +10% TBP +煤油	pH=4~10, 相比 1:10, 3 级逆流萃取, 铼萃取率达 99.5% 以上, 以 30% NH_4SCN 为反萃剂, 反萃率 97.5% 左右, 铼浓缩 30 倍以上	

参考文献

[1] 张启修, 赵秦生. 钨钼冶金[M]. 北京: 冶金工业出版社, 2007.

[2] K Vadasdi. Effluent - free Manufacture of Ammonium Paratungstate (APT) by Recycling the Byproducts[M]. // L. Bartna et al. The Chemistry of Non - Sag Tungsten, 1995: 45.

[3] 中南大学. 离子交换膜分离技术在钨冶金中的应用[R]. "八五" 攻关项目总结报告, 1997.

[4] 马荣骏. 萃取冶金[M]. 北京: 冶金工业出版社, 2009: 613-621.

[5] 张启修, 等. N1923 - 异辛醇体系萃取钨的研究[J]. 稀有金属与硬质合金, 1989, 6: 16-21.

[6] Drobnick J L, Lewis C J. Recovery and Purification of Tungsten by Liquid Ion Exchange Process[C]//Milton E

W, Franklin T D. Unit Processes in Hydrometallurgy. New York, London: Gordon and Breach Science Publishers, 1964(24): 504 – 514.

[7] Zaitsev V P, Ivanov I M, Kalish N K, Us T V. Scientific Foundations of a New Extraction Technology for the Processing of Tungsten Containing Solutions [C]//Proceedings of the Second International Conference on Hydrometallurgy(ICHM). Changsha: International Academic Publishers, 1992: 768 – 772.

[8] G K Kulmukhamedov, Veriovkin G V, Skvortsova U P. Tungsten Extraction and Sorption from Autoclave Leached Liquors[C]//Proceedings of the second International Conference on Hydrometallurgy. Changsha, 1992 (2): 751 – 756.

[9] Веревкин Г В, Кулмухамдов Г К, Перлов П М. Оцоналъной Технологии Лереаботки Низкосортного Волъфрамового Сырья[J]. Цв. Мет., 1989(6): 87 – 88.

[10] 张贵清. 从碱性介质中萃取钨制取纯钨酸铵溶液的研究[D]. 长沙: 中南大学, 1994: 26 – 48.

[11] 张贵清, 张启修. 从钨矿苛性钠浸出液中直接萃取钨制取纯钨酸铵溶液的研究(Ⅰ)[J]. 中南矿冶学院学报, 1994, 24(钨专辑): 97 – 101.

[12] 张贵清, 张启修. 从钨矿苛性钠浸出液中直接萃取钨制取纯钨酸铵溶液的研究(Ⅱ)[J]. 中南矿冶学院学报, 1994, 24(钨专辑): 102 – 105.

[13] 张启修, 张贵清, 龚柏凡, 黄蔚庄, 黄芍英, 罗爱平. 从钨矿碱浸出液中萃钨制取纯钨酸盐: 中国, CN. 94110963.1 [P]. 1994 – 04 – 29.

[14] 张贵清, 张启修. 一种钨湿法冶金清洁生产工艺[J]. 稀有金属, 2003, 27(2): 254 – 257.

[15] 张贵清, 张启修, 张斌, 肖连生, 张宏伟, 关文娟. 从含钨物料苏打浸出液中离心萃取制取钨酸铵溶液的方法: 中国, CN200810143290.X[P]. 2008 – 09 – 25.

[16] 张贵清, 关文娟, 张启修, 肖连生, 李青刚, 曹佐英. 从钨矿苏打浸出液中直接萃取钨的连续运转试验[J]. 中国钨业, 2009, 24(5): 49 – 52.

[17] 关文娟, 张贵清. 用季铵盐从模拟钨矿苏打浸出液中直接萃取钨[J]. 中国有色金属学报, 2011, 21(7): 1756 – 1762.

[18] 关文娟. 从钨矿苏打高压浸出液中萃取钨制取纯钨酸铵溶液的研究[D]. 长沙: 中南大学, 2009.

[19] 张贵清, 肖连生, 张启修. 钨湿法冶金清洁生产工艺[R]. 全国稀有金属冶金工程学术交流会, 北京, 2013, 01.

[20] 张贵清, 关文娟, 陈世梁, 蔡旭东. 钨碱性萃取新工艺连续运转扩大试验报告(内部报告)[R]. 长沙, 2013, 02.

[21] 李大任, 苏元复. N263 萃取分离 W, P[J]. 稀有金属, 1991(1): 6 – 9.

[22] 张祥麟, 成本诚, 经棠轩, 陈超球, 王开毅. N263 萃取钨机理的研究[J]. 稀有金属, 1980(3).

[23] 廖春发. 从钨矿苛性钠浸出液中直接萃取钨分离杂质的研究[D]. 长沙: 中南大学, 1995: 26 – 48.

[24] 廖春发, 张启修. 从钨矿苛性钠浸出液直接萃取钨时杂质锡行为的考察[J]. 南方冶金学院学报, 2001, 22(4): 239 – 242.

[25] 刘建, 李建. P204 – Kerosene – EDTA 体系萃取分离钨钼[J]. 中国钼业, 2007 年第 31 卷第 4 期, 26 – 29.

[26] Zheng Q Y, Fan H M. Separation of Molybdenum from Tungsten by D – 2 – ethylhexyl Phosphonic Acid Extractant[J]. Hydrometallurgy 16, 1986: 263 – 270.

[27] 席晓丽. 柿竹园不同品位难冶钨矿生产高纯 APT 的工艺流程改进研究[D]. 中南工业大学硕士学位论文, 1999.

[28] 龚柏凡, 黄蔚庄. 钨酸钠溶液中硫代钼酸根离子生成条件的研究[J]. 稀有金属与硬质合金, 1987(1 – 2): 41 – 45.

[29] 龚柏凡, 张启修, 等. 钨酸钠溶液中硫代钼酸盐制备改进研究[J]. 中南矿冶学院学报(钨专辑), 1994: 50 – 54.

[30] 翁华民.溶剂萃取法从钨酸铵碱性溶液中分离钨钼试验研究[J].稀有金属与硬质合金, 1987(1-2): 36-41.

[31] 龚柏凡, 张启修.基于硫代钼酸盐分离钨钼的研究小结[J].中国钨业, 1995, (8): 10-14.

[32] 李洪桂. 沉淀 $CuMoS_4$ 专利.

[33] 肖连生, 等. 密实移动床-流化床联合离子交换从钨酸盐溶液中分离钼[J]. International Journal of Refractory Metals and Hard Materials. 2001(19): 145-148.

[34] Mac Innis et al. Method for Removing Molybdenum from Tungstate Solutions by Solvent Extraction[P]. US Patent. 4278642.

[35] 龚柏凡, 等.溶剂萃取硫代钼酸盐分离钨钼的研究(1)——萃取[J].中南矿冶学院学报(钨专辑), 1994: 35-39.

[36] 龚柏凡, 等. N263 萃取分离钨钼串级工艺研究[J].中南矿冶学院学报(钨专辑), 1994: 45-49.

[37] 黄蔚庄, 龚柏凡, 张启修. 钨钼萃取分离半工业试验研究[J].中南矿冶学院学报(钨专辑), 1994: 50-54.

[38] Зеликман А Н 著. 宋晨光译. 稀有金属冶金学[M]. 北京: 冶金工业出版社, 1982: 45-46.

[39] Zelikman, Abram Naumovich, Voldman, et al. Process for Separation of Tungsten and Molybdenum by Extraction[P]. United States Patent. 3969478. 1976-07-13.

[40] Ozensoy, Erol, Burkin, et al. Separation of Tungsten and Molybdenum by Solvent Extraction[P]. United States Patent. 4275039, 1981-06-23.

[41] 李伟宣, 张礼仪.从酸性溶液中选择萃取分离钨钼[J].稀有金属, 1990, 14.

[42] 李伟宣, 张礼权.液液萃取法分离钨钼的研究[J].稀有金属与硬质合金, 1989, 97(2): 21-24.

[43] 李绍秀, 张秀娟.三烷基氧化磷萃取钨、钼的机理研究[J].化学世界, 1998, (2): 257-260.

[44] Guan Wenjuan, Zhang Guiqing, Gao Congjie. Solvent Extraction Separation of Molybdenum and Tungsten from Ammonium Solution by H_2O_2-complexation[J]. Hydrometallurgy, 2012, 127-128: 84-90.

[45] 欧惠, 张贵清, 关文娟, 等.双氧水络合萃取法分离钨钼的初步研究[J].中国钨业, 2011, 26(3): 34-36.

[46] 张贵清, 关文娟, 张启修, 肖连生. Cyanex923/TBP 混合萃取剂双氧水络合萃取分离钨钼[C]. CYTEC 2012' 湿法冶金技术研讨会, 上海, 2012, 11: 54-65.

[47] 关文娟. TRPO/TBP 混合萃取剂双氧水络合萃取分离钨钼的研究[D].长沙: 中南大学, 2013.

[48] 曾成威, 张贵清, 关文娟等. 双极膜电渗析制备偏钨酸铵溶液的初步研究[J].中国钨业, 2012, 27(2): 32-36.

[49] 周新文, 等. Alamine304-1 从酸性废水中萃取钼的研究[J]. 中国钼业, 2007, 31(5): 45-47.

[50] 朱薇, 肖连生, 肖超, 龚柏凡. N235 萃取镍钼矿硫酸浸出液中钼的研究[J]. 稀有金属与硬质合金, 2010, 38(1): 1-4.

[51] 肖朝龙, 肖连生, 龚柏凡. 采用 N235 从镍钼矿盐酸浸出液中萃取钼的研究[J]. 中国钼业, 2011, 35(2): 7-12.

[52] A A Plant, N A Iatsenko, V A Petrova. Solvent Extraction of Molybdenum (VI) by Diisododecylamine from Sulphuric Acid Solution[J]. Hydrometallurgy, 1998, (84): 83-90.

[53] Fan Fangli, Lei Fuan, Zhang Lina, Qin Zhi. Solvent Extraction of Mo W with α-benzoinoxime[J]. IMP & HIRFL Annual Report, 2007, (1): 53-53.

[54] 成宝海, 肖超, 肖连生. 溶剂萃取法从酸性氯化浸出液中提取钼[J]. 中国钼业, 2010, 34(1): 29-31.

[55] 程光荣, 等. 用压热浸出和溶剂萃取技术生产钼酸铵[J]. 中国钼业, 1994, 51(3).

[56] 李培佑, 张能成, 林喜斌. 从废催化剂中回收钼的工艺研究[J]. 中国钼业, 1999, 23(1): 16-21.

[57] 申友元. 从钼精矿压煮液中回收铼[J]. 中国钼业, 1998, 22(4): 56-63.

[58] 钱勇. 溶剂萃取法制取铼酸铵[J]. 铜业工程, 2004, 3: 26-28.

第 24 章　溶剂萃取车间(工厂)

王　玮　中国瑞林工程技术有限公司

目　录

典型的萃取车间设计通常包括以下工艺内容：料液的处理、有机相储存及准备、反萃液的处理、萃取、洗涤、反萃、絮凝物的处理、萃余液的处理等。涉及的工程专业通常包括冶炼、给排水等工艺专业和通风、电力、仪表、技经、概算等辅助专业。

鉴于目前世界上溶剂萃取生产规模最大的金属是铜，本章介绍均以铜萃取为例说明。

24.1　萃取车间设计基本程序

萃取车间设计应基于成熟可靠的工艺流程、结构合理的萃取箱等工艺设备、经济合理的投资和运行成本等考虑，对于缺乏工业应用成熟经验的金属萃取工艺，通常需要试验研究机构提供试验报告作为设计参数选择的依据。

24.1.1　不同设计阶段的任务

1）初步设计阶段

初步设计的主要内容是以文字和表格表述技术经济指标计算、主要设备和材料的选型、相关附图，简述如下：

说明原料数量、成分、运输方式；说明萃取剂和稀释剂的来源、数量、性能参数。

说明产品和副产品的数量和质量、主金属直收率和回收率。

说明选择的萃取工艺流程，其工作制度、主要操作技术条件、原辅材料单耗水平、车间组成及配置、能耗水平、三废产生情况和环保处理措施。

进行冶金计算，列出金属平衡、物料平衡。

根据冶金计算结果进行主要设备、非标设备和材料的设计与选择，根据基础数据和公式计算并确定其材质、数量、规格、功率，其结果整理为设备表。

绘制车间平面、立面布置图，图示主要设备的平面位置和标高、厂房跨度及柱距、厂房各楼面和主要操作平台、起重设备轨面标高及运行区间、吊装孔大小及位置、大型地沟位置及走向、楼梯及检修通道、门窗设置、各辅助房间（如配电室、控制室、化验室、办公室、卫生间等）的大小及位置。

说明产品成本和投资情况，用表格形式表示主要技术经济指标、各车间作业成本计算、资金使用情况等。

2）施工图阶段

施工图设计的主要内容是将得到批准的初步设计用图纸的形式表现出来。在本阶段，工艺专业首先需将工程的所有细节用图纸和条件单的形式向所有相关专业提交接口条件，各相关专业再根据所接到的条件进行本专业的工程细化设计，并进一步向下游相关专业提交接口条件，最终各专业根据本专业的工程内容完成各自专业的图纸设计。

24.1.2　萃取车间主要设计步骤

本章所述的萃取车间设计实际是指从浸出液至反萃液这一部分的设计，即不包括原料液的制备（如浸出），也不包括反萃液的进一步加工。以铜的萃取为例，通常的萃取车间设计步骤如下：

第一步，搜集并分析基本设计条件。

基本设计条件一般有三类。一类是基础资料，如当地的气候、交通运输条件及协议、水电供应条件及协议、辅助材料供应、水文地质资料、厂址地形地貌、地勘报告、环保要求、矿石特性等。二类是工艺基础资料，如选冶试验报告等。第三类是项目相关批文，如工程立项批文、环评报告、环保批文、征地协议、环境本底调查报告等。这些资料在不同的设计阶段对应的深度要求均有所不同，但必须准确,因为以上条件的落实与设备材料选择、混合澄清器结构、配置方案、工艺流程的选择密切相关。

第二步,明确产品方案,产品方案对流程的选择至关重要。

第三步,分析料液成分,初步确定工艺流程,料液杂质元素的含量对萃取流程的选择有重大影响,如16章所述若浸出液中含氯、锰、铁较高时,杂质元素会随着有机相夹带水相进入电积液中,氯离子对不锈钢阴极和铅阳极都有腐蚀。铁离子会在阴阳极循环放电,降低电积电流效率。锰离子会在电积过程中变成高价态,高价态的锰离子如 MnO_4^- 及 Mn^{3+} 是氧化剂,可氧化破坏萃取剂。硝酸根离子对电积也有不利影响。因此,通常在控制反萃级有机相连续的同时,必须先设置洗涤段以除去负载有机相夹带的水相,减少杂质元素向电积的迁移。

第四步,选择萃取剂,计算萃取剂浓度。

第五步,确定生产流程,完成工艺流程图,选择的流程应具备对料液成分和流量变化的适应性。

第六步,进行冶金计算。根据冶金计算结果进行设备选择计算。冶金计算所得到的工艺参数只是实际操作的一般情况,在实际生产过程中由于料液成分流量变化、温度的变化等,萃取剂的浓度、相比等都会发生变化,因此,主体设备、管道设计要为此留有调节余地。

第七步,按照流程和设备计算结果,完成车间配置图和设备连接图。由于部分萃取剂和稀释剂可能存在毒性、易燃等特点,在配置时对安全消防应重点考虑。

第八步,各专业互相提交设计接口条件,完成设计工作。

一般的设计工作按照阶段可以分为项目建议书、可行性研究、初步设计、施工图设计。不同的设计阶段对设计接口条件的深度和最终成果内容的要求均不同。

24.2　物料平衡及车间平面布置

目前有色金属的工业萃取生产中,应用规模最大的是铜的萃取。以下以某已建成的大型铜萃取车间的设计为例展开说明。

设计条件如下:

设计规模:电积铜 40000 t/a;

年工作日:330 d/a;

浸出液流量:380 m^3/h;

浸出液成分:铜 13.70 g/L, pH 1.5, 铁 <500 mg/L, 锰 <400 mg/L, 氯离子 <15 mg/L, 悬浮物含量 550 mg/L;

反萃剂(贫电解液)成分：铜 35 g/L，硫酸约 180 g/L；

萃取电积回收率：99%；

根据料液成分分析，为保证电铜质量和电积效率，应设置洗涤级。

选择 LIX984N 萃取剂进行设计。

考虑到料液浓度较高，为保证萃取效率，设计 3 级萃取 2 级反萃 1 级洗涤流程。按照 97% 的萃取效率和 LIX984N 的净铜传递量计算，有机相浓度应为 25%(V/V)。

按照上述条件设定和推导建立的冶金计算模型如图 24 - 1 所示。

根据模型计算得出各级物料平衡(包括水平衡)(本章仅列出萃取与反萃之物料平衡)，见表 24 - 1 ~ 表 24 - 5。

根据以上计算出来的工艺参数，可进行设备选择计算。其计算方法在各类冶金设计手册和萃取冶金专业著作及本书第 15 章中均有介绍，为此本章仅在下节列出设计计算实例。萃取车间配置如图 24 - 2 所示。建成投产的萃取车间如图 24 - 3 及图 24 - 4 所示。

表 24 - 1　一级萃取物料平衡表

序号		项　目	液量	铜		H_2SO_4		H_2O
			m^3/h	g/L	kg/h	g/L	kg/h	m^3/h
投入	1	PLS 溶液	380.35	13.70	5208.94	1.55	589.36	378.72
	2	水相循环	378.90	7.03	2663.41	13.14	4977.29	375.44
	3	补充有机相	0.04					
	4	来自 E2A 有机相	722.17	6.80	4910.25	0.00	1.29	0.06
	5	萃铜产酸					4003.07	
	6	排铁液	2.50	34.94	87.35	183.17	457.92	2.29
		合计			12869.94		10028.93	756.51
产出	1	萃余液去 E2A	384.52	7.03	2702.88	13.14	5051.05	380.99
	2	负载有机相去 S2	724.92	10.35	7503.66	0.00	0.84	0.06
	3	水相循环	378.90	7.03	2663.41	13.14	4977.29	375.44
	4	误差			(0.00)		(0.25)	0.01
		合计			12869.94		10028.93	756.51

表 24-2　二级萃取物料平衡表

序号		项　目	液量	铜			H₂SO₄		H₂O
			m³/h	g/L	kg/h		g/L	kg/h	m³/h
投入	1	来自 E1A 料液	384.52	7.03	2702.88		13.14	5051.05	380.99
	2	水相循环	375.11	2.46	922.01		20.11	7545.13	370.49
	3	来自 E3A 有机相	720.28	4.38	3155.56		0.00	1.50	0.06
	4	萃铜产酸						2708.47	
		合计			6780.45			15306.14	751.54
产出	1	萃余液去 E3A	385.76	2.46	948.18		20.11	7759.28	381.00
	2	负载有机相去 E1A	722.17	6.80	4910.25		0.00	1.29	0.06
	3	水相循环	375.11	2.46	922.01		20.11	7545.13	370.49
	4	误差			0.00			0.45	(0.01)
		合计			6780.45			15306.14	751.54

表 24-3　三级萃取物料平衡表

序号		项　目	液量	铜			H₂SO₄		H₂O
			m³/h	g/L	kg/h		g/L	kg/h	m³/h
投入	1	来自 E2A 料液	385.76	2.46	948.18		20.11	7759.28	381.00
	2	水相循环	269.11	0.35	94.11		23.35	6282.52	265.20
	3	来自 S1 有机相	719.40	3.26	2342.57		0.01	9.89	0.05
	4	萃铜产酸						1254.88	
		合计			3384.87			15306.57	646.26
产出	1	萃余液返浸出	386.60	0.35	135.20		23.35	9025.40	380.99
	2	负载有机相去 E2A	720.28	4.38	3155.56		0.00	1.50	0.06
	3	水相循环	269.11	0.35	94.11		23.35	6282.52	265.20
	4	误差			(0.00)			(2.85)	(0.00)
		合计			3384.87			15306.57	646.26

表 24-4　一级反萃物料平衡表

序号		项 目	液量		铜		H₂SO₄		H₂O
			m³/h	g/L	kg/h	g/L	kg/h	m³/h
投入	1	贫电积液	545.00	34.94	19042.02	183.17	99826.94	498.54
	2	水相循环	214.51	36.26	7777.64	181.49	38929.71	196.51
	3	来自 S2 有机相	720.14	4.21	3032.01	0.01	9.14	0.05
		合计			29851.66		138765.79	695.09
产出	1	富电积液去 S2	544.19	36.26	19731.45	181.49	98762.57	498.53
	2	再生有机相去 E3A	719.40	3.26	2342.57	0.01	9.89	0.05
	3	水相循环	214.51	36.26	7777.64	181.49	38929.71	196.51
	4	反萃铜耗酸					1064.18	
	5	误差			0.00		(0.56)	0.00
		合计			29851.66		138765.79	695.09

表 24-5　二级反萃物料平衡表

序号		项 目	液量		铜		H₂SO₄		H₂O
			m³/h	g/L	kg/h	g/L	kg/h	m³/h
投入	1	贫电积液	544.19	36.26	19731.45	181.49	98762.57	498.53
	2	水相循环	114.02	44.71	5097.70	169.67	19345.43	105.01
	3	来自 E1A 有机相	724.96	10.35	7503.66	0.00	0.84	0.06
		合计			32332.81		118108.84	603.60
产出	1	富电积液去电积	541.33	44.71	24203.10	169.67	91849.10	498.55
	2	再生有机相去 S1	720.14	4.21	3032.01	0.01	9.14	0.05
	3	水相循环	114.02	44.71	5097.70	169.67	19345.43	105.01
	4	反萃铜耗酸					6902.24	
	5	误差			(0.00)		2.92	(0.00)
		合计			32332.81		118108.84	603.60

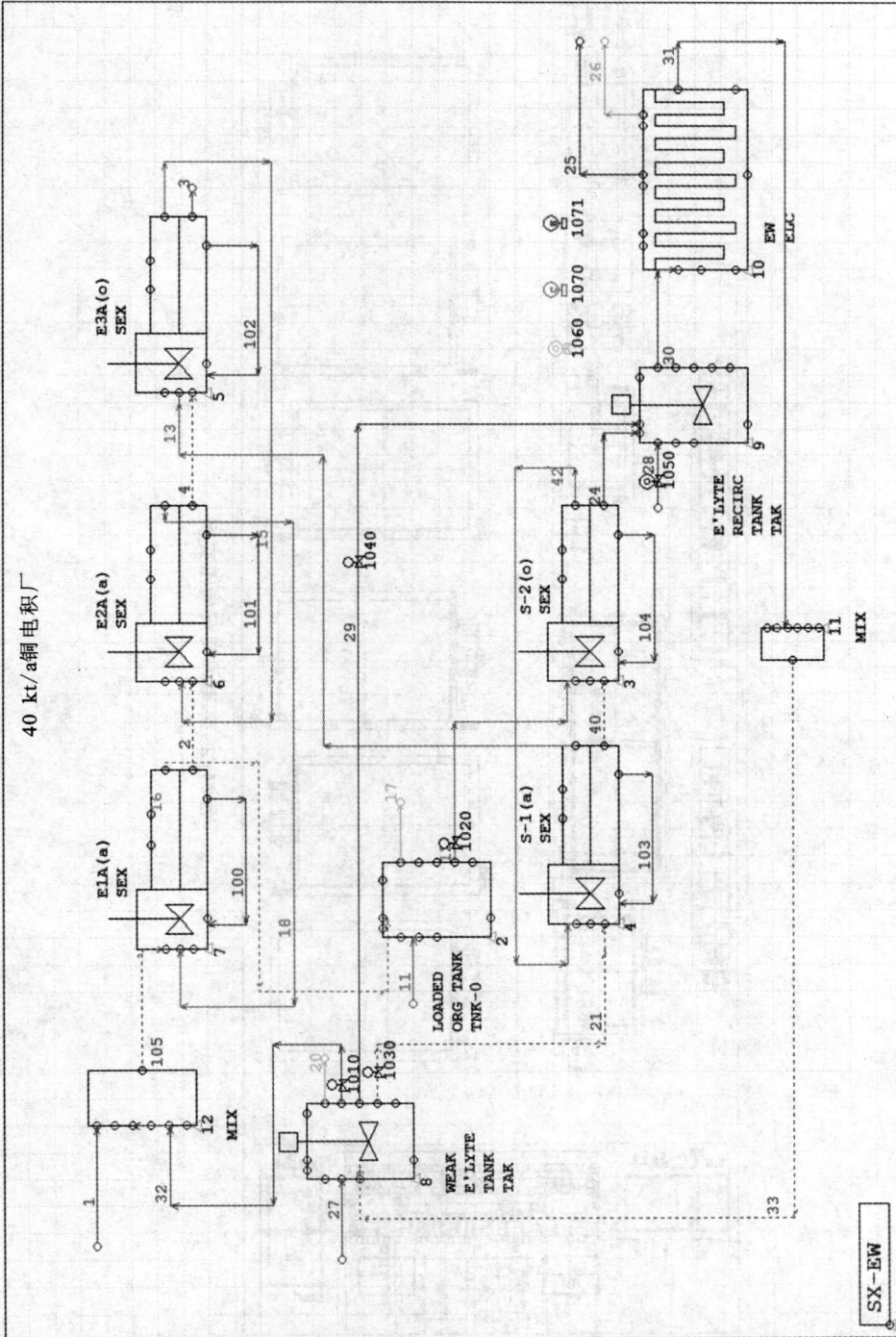

图24-1　冶金计算模型

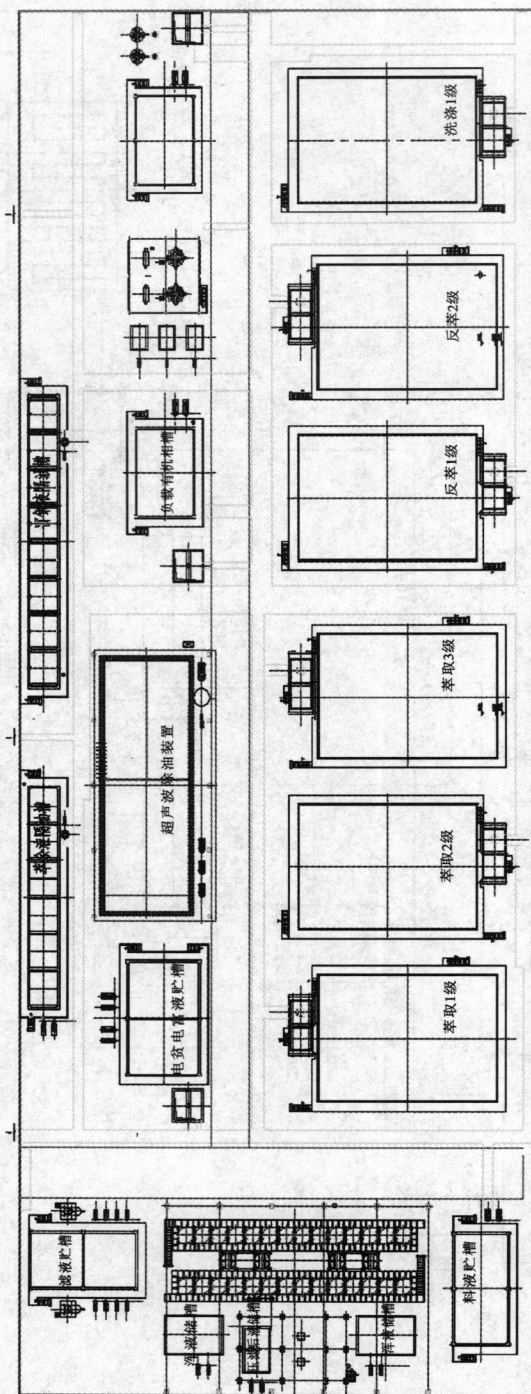

图24-2 萃取车间配置图实例

图 24 - 3　某 40 kt/a 铜萃取厂　　　　图 24 - 4　某 40 kt/a 铜萃取厂

24.3　混合—澄清槽设计

24.3.1　大型铜萃取混合—澄清槽的结构[1,2]

本书 15.4.3.1 节介绍了箱式混合—澄清槽体设计计算方法。而对于生产规模大的铜萃取而言，如采用箱式设备，则有机相的存槽量大，萃取设备的投资很大，故一般采用如图 15 - 7 所示的浅层澄清的混合—澄清槽。在第 16 章铜萃取的 16.5 节中介绍了这类铜萃取设备的概貌，它每一级配备 1 ~ 3 个混合室。本章在此基础上介绍配备两个混合室的浅层混合—澄清槽的设计计算。在计算之前首先要选定混合室及澄清室的结构。图 24 - 5 为其槽体的正视图。

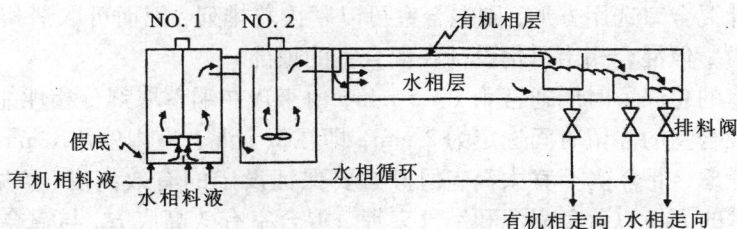

图 24 - 5　双混合室浅层澄清槽正视图

它包括两个圆形混合室及一个长方形的澄清室。混合室与澄清室呈一字形排列，在有些工厂里也采用 L 形排列。

1)混合室

两个混合室大小一样，当然也可将第 1 混合室设计的稍为小一些，第 1 混合室称为主混合室，安装泵混合型叶轮，它为溶液的级间泵送及两相的良好混合提供动力。通常应尽量避免外部的级间泵送，因为外部级间泵送很易产生乳化，增加澄清室出口溶液的相夹带。大型萃取设备的泵混合型叶轮最好由专业公司设计和调试。第 2 个混合室装有特别设计的混合叶轮，以期在最小剪切力的情况下获得最大的混合效率。所有搅拌器均应安装变速驱动装置，以便通过调试获得最佳转速。两个圆形混合室的连接如图 24-6 所示。

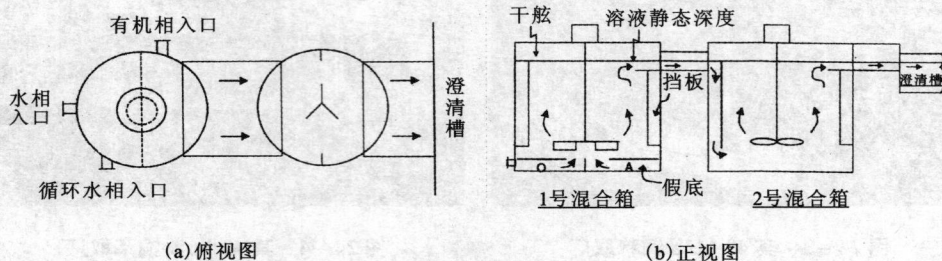

(a)俯视图   (b)正视图

图 24-6 双混合室的连接

其特征是两个混合室之间及第 2 个混合室与澄清室之间，在顶部设计方形"流槽"将它们连接起来。混合相应从设置在混合室顶部中间的圆形混合相出口溢出，通过方形流槽进入下一个混合室或澄清室。为防止短路进入下一个室的混合相应通过接受室的折流板从该室的下方进入，如图 24-5 及图 24-6(b)所示。

进入主混合室的有机相、水相及循环液均应通过混合室下方的假底(在一般箱式槽中称为前室)进入混合室，由于各液流的密度不同，在假底中应安装隔板，以保证这些密度不同的液体通过各自分开的隔室按设定的流比进入混合室。为消除旋涡、保证混合效果，混合室的四周应安装竖向的边壁挡板。

本设计混合室选用方形，则混合室可以紧挨着排列，因而可取消相互之间的连接"流槽"，但混合相出口仍设计在混合室的顶部。

混合室的总停留时间通常为 1~5 min，由于现在铜萃取剂分相性能良好，本设计中双混合室的停留时间选定为 2 min，即在每个混合室内停留 1 min。从降低制造成本考虑，混合室不宜太高，但务必要保证设定的有效高度(参见 15 章图 15-23标示的 H_M)以避免涡流和空气夹带。混合室有效高底 H_M 与混合室直径之比称为混合室的纵横比，最低纵横比约为 0.6，对方形混合室，其有效容积按立方体计算，故纵横比为 1，符合要求。为防止冒槽，混合室应留有一定的超高部分，称之为干舷。

2)澄清室

图 24-7 为澄清室的正视图。在它的左上方示意在澄清室的混合相入口处安装有一个分配器，来自混合室的混合相在此从分配器底部的系列小孔均匀进入澄清室，分配器与澄清室入口等宽，在分配器前方安装栅栏，其作用是减缓溶液流动，栅栏可以是一排，也可安排二排甚至三排。图 24-8 为安装了栅栏的澄清室

的俯视图,图 24 - 9 为栅栏的结构,它由两排错开安装的板条组成,可以迫使流体在行程中发生几个 90°的转向(图 24 - 10)。这种栅栏有时也设计成百叶窗式。

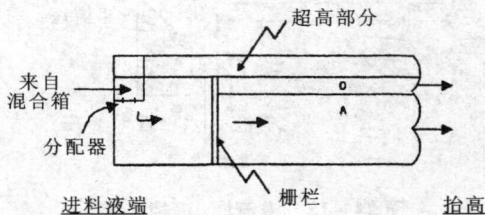

图 24 - 7 澄清室的正视图

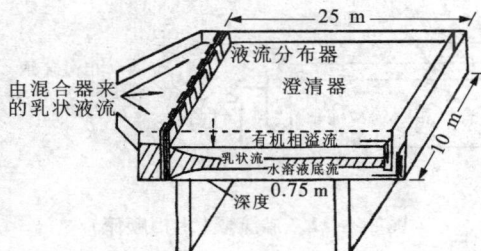

图 24 - 8 安有栅栏的澄清室俯视图

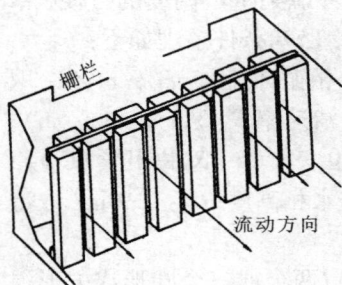

图 24 - 9 栅栏的结构

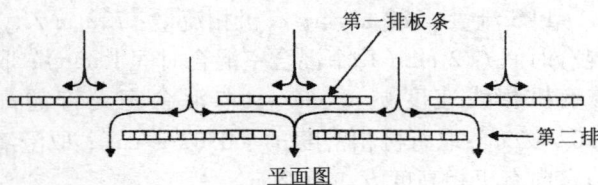

图 24 - 10 液流通过栅栏俯视图

有机相及水相溢流堰安排在澄清室的出口端,它是澄清室的重要部分,与澄清室等宽的溢流堰可使排液速度降至最低。图 24 - 11 所示的设计中,分离的水相从有机相溢流槽下面通过,再顺序流过两个水相溢流堰,第一个水相溢流堰高度可调,而第二个溢流堰的高度是固定的,也可只选择安装一个可调高度的水相堰。而图 24 - 12 的设计,水相通过溢流堰的方向与图 24 - 11 相反,同样有两个水相溢流堰,但水相出口的那个溢流堰却紧挨着有机相堰。有机相溢流堰高度一般是固定的,其底部距澄清室底的距离为 100 ~ 200 mm。

澄清室面积计算通常由工业生产经验并辅以适当的试验工作来确定,一般比澄清速率为 2 ~ 6 m³/(m²·h)。而有机相的线速度范围取 3 ~ 6 cm/s。超出这个范围,在溢流堰就有产生极大紊流的风险,而过低的线速度则会导致整个澄清室液流不平稳。从经济角度考虑,通常希望采取较窄的澄清室,当然速度也取决于有机相层厚度,通常选择为 150 ~ 300 mm,可借助调节水相溢流堰高度来控制有机相层的厚度。浅层式澄清室总高度一般控制在 1 ~ 1.2 m。

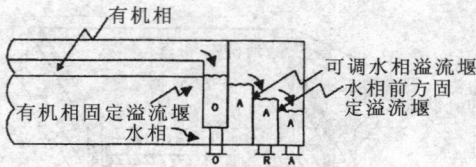

图 24 – 11　溢流堰（水相顺流）

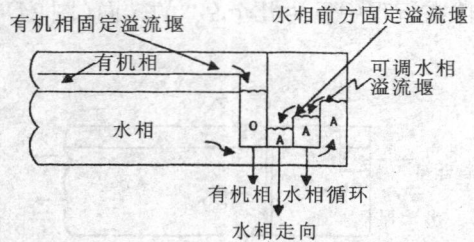

图 24 – 12　溢流堰（水相逆流）

24.3.2　浅层澄清的混合澄清槽计算

本节延续上节的计算数据，对混合澄清槽的主要参数设计予以说明。

萃取各级的各相操作工艺条件虽然略有差别，但考虑到生产调度的方便，萃取车间各萃取槽尺寸通常按相同考虑，以萃取级为例，已知条件整理如下：

PLS 流量：380 m³/h；有机相流量：722 m³/h；水相循环流量：379 m³/h；取混合时间 t：2 min（每个混合室混合时间 1 min）；取澄清速率 R：3.7 m³/(m²·h)；取有机相线速度 v：5 cm/s；取混合室允许超高：0.45 m；取水相密度 $\rho_水$：1.02 g/cm³；取有机相密度 $\rho_有$：0.82 g/cm³；取澄清室水相高度 $H_水$：0.9 m；取澄清室内有机相高度 $H_有$：0.2 m。

在大规模的铜萃取车间，通常每个混合澄清槽设置两个或三个圆形或方形混合室，本例按照两个方形混合室考虑。

1）混合室

每个混合室有效容积 $V_{有效}$：

$$V_{有效} = Qt/60 = (380 + 722 + 379) \times 2/(2 \times 60) = 24.68 \text{ m}^3$$

方形混合室，除高度方向考虑超高外，宽度和长度尺寸相同，则宽度 B：

$$B = V_{有效}^{1/3} = 24.68^{1/3} = 2.91 \text{ m}$$

则混合室高度　　　$H_0 = 2.91 + 0.45 = 3.36 \text{ m}$

2）澄清室

澄清室面积 S：

$$S = Q/R = (380 + 722 + 379)/3.7 = 400.27 \text{ m}^2$$

澄清室最小宽度 W：

$$W = Q_有/(36v_有 H_有) = 722/(36 \times 5 \times 0.2) = 20.05 \text{ m}，取 20 m}$$

则澄清室长度 L：

$$L = S/W = 400.27/20 = 19.95 \text{ m}，取 20 m}$$

3）水相溢流堰

水相溢流堰高度 $h_堰$：

$$h_{堰} = (H_{水} \times \rho_{水} + H_{有} \times \rho_{有}) / \rho_{水}$$
$$= (0.9 \times 1.02 + 0.2 \times 0.82) / 1.02$$
$$= 1.06 \text{ m}$$

(生产中水相溢流堰通常设计为高度可调整的结构。)

工业上混合澄清槽材质,在 16.5 节中已有介绍,有混凝土内衬玻璃钢、不锈钢、玻璃钢、混凝土内衬塑料等。

24.4 萃取车间厂房设计

萃取车间使用大量的有机溶剂,存在发生火灾的潜在危险,防火是萃取车间考虑的首要安全因素。通常设计从总平面布置、主体设备设计、厂房的通风等方面加以考虑。此外,需要考虑的还有防腐蚀问题和某些萃取流程可能遇到氯气、硫化物带来的防毒问题。

24.4.1 萃取车间厂房的防火设计

1)萃取厂房火灾危险性类别的确定及相关规范

防火是萃取车间设计首要考虑的安全因素。萃取车间厂房设计应该明确生产或储存物品的火灾危险性类别,根据所属火灾危险性类别才能确定建筑物的耐火等级、层数、面积和设置必要的防火分隔物、安全疏散设施、防火间距等。萃取剂和稀释剂大多易燃,火灾危险性类别由萃取剂和溶剂油和其混合组成的有机相的闪点温度确定。我国《建筑设计防火规范》GB50016—2006 中表 3.1.1 对生产的火灾危险性、表 3.1.3 对储存物的火灾危险性都进行了分类。萃取厂房的设计防火标准必须严格按照该分类执行。厂房的耐火等级、面积、层数均应与生产的火灾危险类别适应。《建筑设计防火规范》GB50016—2006 中表 3.3.1 对厂房耐火等级、防火分区面积、层数做出了明确规定。萃取车间建筑构造耐火等级不应低于二级。

按照《铜冶炼厂工艺设计规范》GB50616—2010 规定,萃取车间、萃取剂及溶剂油贮罐区必须按 "B 类" 火灾物质和由萃取剂及溶剂油闪点温度确定的火灾危险性类别进行防火设计,并应设计相应的灭火系统。国内有多个萃取车间发生过火灾,火灾原因有电缆短路、电气着火、电焊不慎等,都与电有关。如 2007 年 6 月 7 日国内某萃取车间火灾,造成的经济损失有数千万元之巨,事故的调查鉴定结论是"事故的原因是电缆敷设的保护措施不到位,电缆等设备长期处于潮湿和受腐蚀的环境中,导致电缆绝缘性能下降,发生放电产生火花,引燃附近可燃物"。鉴于普通消防水扑灭不了有机溶剂火焰,灭火设施设计应采用泡沫灭火和细水雾灭火。

目前国内多数铜萃取厂采用 260 号溶剂油,少数采用煤油,极少数采用航空煤油作稀释剂。260 号溶剂油与国外较好品质的稀释剂 Escaid100 比较,主要性能指标接近。《铜冶炼厂工艺设计规范》GB50616—2010 规定，除寒冷地区外，萃取厂房不宜设置外墙，萃取箱可露天布置，但应在箱体澄清室上做篷盖。该规定是从防火角度考虑的。目前国外萃取车间都不做厂房。美国、智利是湿法炼铜大国，气候温暖，萃取箱露天布置，只在箱体澄清室上做篷盖，混合室露天。蒙古额尔登特铜矿堆浸厂，地处寒冷地区，萃取箱也是露天布置，只是把每个箱体的混合室和澄清室壁分别升高约 1 m 和 2 m，其上做砼顶盖密封防寒。紫金山金铜矿选冶厂萃取车间和江西德兴铜矿堆浸厂萃取车间，均为钢结构轻屋顶棚，无围墙。

从火灾事故时人员的安全疏散考虑，萃取厂房设计时应考虑足够的安全出口。《建筑设计防火规范》GB50016—2006 第 3.7 节对厂房的安全疏散有详细规定，设计应严格遵守。

2）工艺设备防静电设计

静电是导致萃取车间火灾的另一主要潜在危险。由于不同相之间的速度差导致的摩擦、有机相在管道内的流动等均会造成静电积累，工程上应考虑相应措施释放静电。

（1）主要设备防静电措施。

所有电机驱动设备避免采用皮带驱动形式，尤其是地坑上方的泵，这是由于地坑内积累的有机相蒸气，可能由于皮带摩擦火花引燃。

输送有机相的泵，由于在密封空间内有机相温度易接近有机相闪点，应采用带封液罐的双端面机械密封，以防止介质直接泄漏至外部，酿成事故。该机械密封在输送介质为易燃易爆品的泵上应用非常广泛。

负载有机相储槽内应做防静电接地处理。具体做法是在负载有机相储槽内，利用两个格栅，各安装一面薄不锈钢孔板（优先用）或不锈钢丝网，再与电力专业的防静电接地连接。

萃取箱搅拌装置以及萃取箱上接触溶液的各金属部件应做接地处理。

（2）主要管道及管件防静电措施。

有机相泵送管道，其设计流速不应大于 1 m/s，有机相输送管道设计应满足公式 $V^2 \times D < 0.64$（其中 V 为流速 m/s，D 为管道内径 m）。

大多数项目的溶液输送管道均为非金属管，故每个非金属管法兰处应单独接地；所有金属阀门应接地。

3）总平面布置

萃取车间的总平面布置根据各工业场地的地形、工程地质、水文地质、生产工艺流程要求、场地内外运输、相关防火规范等综合因素确定，总平面布置原则为：满足各场地之间交通便捷及场地内部工艺流程顺畅的要求；货流及人流线路短捷、作业方便；因地制宜，充分利用地形，为物料重力输送及场地防洪、排水创造良好条件；减少动力设施能量输送的损失，动力运输距离经济合理。

萃取车间厂房还要满足厂房间的防火间距要求，萃取厂房应布置在厂区全年最小频率风向的上风侧，避免火灾在不同厂房之间蔓延。厂房外要按照防火有关规定设置消防车通道。各厂房的防火间距在 GB50016—2006《建筑设计防火规范》中有明确规定。

萃取车间通常有配套的萃取剂和稀释剂储存设施，该设施的规模除了要考虑到投资和运行费用外，也应满足相关防火规范。

此外，总平面布置上还应为萃取车间考虑安全坑，该安全坑除了满足正常生产检修用途外，在萃取厂房发生火灾时也可起到应急放空有机相，阻止火灾蔓延的作用。

4)通风及消防设计

萃取车间的通风设计也是防火设计的重要环节。通风的目的是及时排除厂房内逸散的溶剂油蒸气以避免达到极限浓度引发火灾。萃取车间的通风通常是采取厂房天窗自然排风方式，在北方保温厂房可考虑墙面强制机械通风，但选择的设备和管道应采取防静电接地措施，所用材料应避免采用易积聚静电的绝缘材料，同时通风机电机应选择防爆电机，且通风机与电机直连。

单独设计的排风系统，按照火灾危险性分类不同，还应注意：甲、乙类萃取厂房内的空气应一次性使用并及时排出室外，其送排风设备应分别布置在各自的通风室内，不能布置在建筑物的地下室或半地下室。甲、乙、丙类萃取厂房的风管不宜穿过其他无关有爆炸危险物质的房间，若无法避免应在防火墙隔间范围内设有密封严密且无接头的通过式风管，该通过式风管材料应是耐火极限不低于0.5 h 的非燃烧材料。

萃取厂房应考虑独立的有明确标志的消防给水系统，鉴于普通消防水扑灭不了有机溶剂火焰，灭火设施设计应采用泡沫灭火和细水雾灭火。图24 - 13 及图24 - 14为设置在萃取箱周边的灭火设施。

5)防雷接地

在雷击易发生地区，萃取厂房还要采取措施防止雷击带来的火灾隐患。图24 - 15为某厂设置在萃取箱顶部的避雷针。

图24 - 13　某厂设置在萃取箱周边上的水雾灭火管路

图 24 – 14 某厂设置在萃取
箱周边的泡沫灭火装置

图 24 – 15 某厂设置在萃取箱顶部的避雷针

24.4.2 萃取车间厂房的防尘和防腐要求

粉尘进入萃取溶液体系会造成分相困难、形成絮凝物,加剧有机相的损失,提高生产成本。因此,萃取箱、溶液储槽等均应考虑加盖,可在减少溶剂油逸散的同时减少粉尘污染。

萃取车间溶液体系通常包括硫酸、盐酸、氢氧化钠等腐蚀性介质以及萃取剂和溶剂油等有机试剂,在厂房地面、厂房及设备基础、厂房立柱和墙面屋面、设备及管道阀门材质等设计上,应根据介质体系的不同,经济合理地选择相应材质。

24.4.3 萃取车间电气仪表设计

萃取车间宜设置电气及仪表集中控制室,通常由于萃取和电积车间相邻,集中控制室往往设在电积车间。连续运转设备应设置声、光报警系统,布置在萃取车间内的所有电气设备均应满足防爆要求。

24.4.4 萃取配套设备

萃取生产成本的主要构成之一是有机相损失。有机相的损失主要通过三种途径:有机相挥发损失、有机相降解损失、有机相夹带损失。挥发损失可以通过萃取箱加盖和控制温度来减少,有机相降解损失可通过控制电积液和浸出液中杂质浓度来减缓。有机相夹带损失可通过合理的搅拌桨设计、合理的操作参数、恰当的辅助设备选择等手段得到控制。选择萃取辅助设备的目的是降低有机相消耗和提高产品质量。

1)料液精滤设备

由空气和料液带入的固体颗粒,表面性质复杂,既能与水分子结合,也能与有机相中的极性基团结合形成絮凝物。前者可由储槽加盖的方式避免,后者需要通过过滤的手段去除。

料液带入的固体悬浮物是导致萃取出现絮凝物的主要原因,特别是采用搅拌浸出工艺产出的料液情况尤其严重,在投资许可的情况下应尽量配置料液过滤装置。

目前铜萃取常用的料液过滤设备包括澄清池、砂滤器、浓密机等,但占地均较庞大,正在建设的刚果金某工程中尝试了采用原用于废水处理的 CN 过滤器进行料液过滤,效果良好(CN 过滤器为一种装有悬浮球形过滤介质的过滤器)。国内多家工厂还尝试了在料液中适度加入絮凝物过滤的方法,也取得了良好的效果。

2)水相除油设备

水相除油包括两类:从萃余液中回收夹带的有机相、从反萃液中回收有机相。前者可减少有机相损失,降低生产成本。后者可在减少有机相损失的同时,保证产品质量。目前工程上常用的方法包括隔油澄清池、气泡浮选法、聚结法、吸附法等。

隔油澄清池是在萃取箱后增加澄清槽,通过增加水相澄清时间来使有机相聚结分离,设施简单但处理效率较低,有的工厂在池内增加纤维球以加强分离效果,收效显著。

气泡浮选法是目前国内外应用最广的工艺。该工艺利用萃取剂的表面活性,萃取剂可吸附在微小空气泡的气液界面上,随气泡上浮,在溶液表面富集,实现与水相的分离。本工艺关键在于气泡的表面积,气泡越小,比表面积越大则除油效率越高。目前应用最多的气泡浮选法包括浮选柱、溶气浮选法和超声波气浮法(图 24-16、图 24-17)。

图 24-16 某厂的电积前液气浮装置

图 24-17 国内某工程的超声波气浮装置

聚结法是利用多孔材料巨大的比表面积,促使微小的有机相液珠在多孔材料表面吸附,聚结成较大的有机相液珠,由于与水相密度不同而形成有机相层得以分离。常用材料包括活性炭、高密度聚乙烯填料球、石榴石等。图 24-18 为智利

GABY 厂的电积料液过滤器。过滤罐内部填充三层材料，从下到上分别是砂、石榴石、活性炭，5 台过滤器 4 工 1 备，并联作业，流量约 400 $m^3/(h·台)$，带压操作，压力范围 200 ~ 300 psi[①]。

树脂吸附法在某些工程中也得到了利用，国内金川公司的镍萃取系统和华友公司小规模实验中均有应用。该工艺利用聚苯乙烯大孔树脂对有机相的良好的吸附性能，处理前水相夹带有机相大于 15 ppm，处理后小于 5 ppm。

3）有机相脱除水相设备

在萃取生产中，除了水相夹带有机相外，有机相也会夹带水相。如果没有恰当的处理措施，这部分水相会在反萃过程中进入电积液，造成杂质离子在电积液中的富集，最终影响产品质量、降低电流效率、增加有机相的损失。

智利 Radomiro Tomic 萃取厂和 Chuquicamata 萃取厂采用聚结器来减少负载有机相夹带的水相。图 24 - 19 为 Radomiro Tomic 厂的负载有机相聚结器。该槽内充填了高密度聚乙烯填料球，利用其比表面大和多空隙的特点，使被夹带的细小水相液珠聚结成大水滴，实现与负载有机相的分离。

图 24 - 18　Gaby 的电积前料液过滤器

图 24 - 19　Radomiro Tomic 的负载有机相聚结器

在流程中增加洗涤级也是行之有效的脱除夹带水相的方法。设置一台独立的混合澄清器作为洗涤级，在负载有机相进入反萃段之前，利用弱酸性的洗水与负载有机相在洗涤级接触，夹带在负载有机相中的水相大部分进入洗水中，能有效地控制杂质向电积液的迁移。

4）絮凝物处理设备

运行中的萃取车间，由于料液带来的各种悬浮颗粒以及空气带入的灰尘，随着运转时间延长，都会或多或少地遇到絮凝物问题。具体的絮凝物产生机制在第

---

① 1 psi = 6894.76 Pa。

7 章中已有阐述,本篇不再赘述。大量絮凝物的存在对萃取生产操作不利,污染有机相和电积液,甚至产生乳化。

絮凝物通常从澄清室抽出后集中处理。目前主要的集中处理技术包括絮凝物与活性黏土混合后压滤机过滤、离心机分离等。图 24 – 20 为 Radomiro Tomic 厂的絮凝物压滤机,前者是目前主要的处理技术,在国内外各铜萃取厂应用广泛。后者在国内华友公司和智利 Escondida 硫化浸出萃取厂有应用。此外,在萃取过程中通过加酸搅拌分相、部分有机相过滤循环等措施也可以减少萃取槽中絮凝物的存在,这两种措施分别在智利 Escondida 和 Radomiro Tomic 萃取厂得到了应用,效果明显。

图 24 – 20　Radomiro Tomic 絮凝物压滤机

24.4.5　环境保护

1)废渣

仅萃取车间而言,处理的是料液制备工序产出的较洁净的浸出液,产出的废渣量几乎可忽略不计。以铜溶剂萃取而言,仅用活性黏土处理絮凝物工艺会产出微量的压滤渣,通常直接送往浸出堆场堆存。

2)废气

萃取车间的废气主要是酸雾以及挥发的萃取剂和稀释剂,通常无须单独处理。

3)废水

萃取车间的废水,主要来自萃余液和反萃液的后处理工序。例如铜萃取车间排出的废水,主要来自萃余液和为控制系统的铁含量而开路的排铁液。在铜萃取生产中,排铁液数量取决于浸出液含铁情况,通常数量很少,一个 10000 t/a 的湿法炼铜厂每天的排铁液量一般不超过 30 m^3。在设计上往往将这两股溶液一起返回浸出堆场循环使用。

实际生产中,虽然各萃取箱采取了控制适当的相连续状态的措施,但萃余液中夹带有机相还是无法完全避免。以某湿法炼铜厂为例,从萃取级排出的萃余液中有机相未处理前通常能达到 100 ~ 150 ppm,如直接送往堆场,将造成萃

图 24 – 21　含油萃余液处理实例

取剂的大量损失。

图 24-21 为某厂在萃余液隔油池内填充纤维球的使用实例，经过该隔油池处理后，萃余液夹带的油量从约 150 ppm 降低至约 20 ppm，回收的有机相可直接返回萃取系统使用，有效地降低了萃取剂和稀释剂的消耗。

24.5 经济分析实例

以已建成的国内某铜矿项目为例，说明典型湿法炼铜厂的投资和运营成本情况。

24.5.1 概述

项目产能为 16000 t/a 电铜。

矿石种类为氧化矿，氧化铜矿处理量 1300 t/d，矿石平均含铜 7.26%。氧化矿中铜矿物主要是孔雀石，其次为蓝铜矿、赤铜矿和黑铜矿，矿石中有大量的黏土矿、针铁矿和 SiAl 胶体，碱式碳酸铜广泛浸染于这些矿物中，部分铜与锰矿物结合。此外，矿石中还有少量铜的硫化物相，主要是辉铜矿。

选矿工艺流程为：氧化矿经洗矿、破碎后送堆浸；堆浸富液经澄清池澄清后送萃取、电积；堆浸中间液返回堆场喷淋。选矿工艺产出富液量：20431 m^3/d，pH 1.8~2.0，平均含铜 2.89 g/L，含 Fe < 5 g/L；堆浸渣浓度 90%，日产堆浸渣 1183 t，pH = 1.5~2.0。堆浸液经澄清池储存并澄清后通过泵打入萃取车间的室外料液储槽。

来自堆浸场的堆浸液经澄清池储存并澄清后通过泵打入萃取车间室外带保温的料液储槽内，再通过泵输送到萃取车间萃取槽的混合室与有机相充分混合。有机相采用 LIX984N 作萃取剂和煤油作稀释剂，浸出液经过 2 级逆流萃取后，萃余液泵送至堆浸场的贫液池作为配制堆浸原液用。负载有机相经澄清槽澄清并与水相分离，澄清分离后的负载有机相用含铜 35 g/L、H_2SO_4 180 g/L 的电解贫铜液作反萃剂进行反萃，反萃液经多级除油后得到用于电积的富铜液，电积的富铜液含铜 45 g/L，含铁小于 5 g/L，含 H_2SO_4 165 g/L，含油小于 5 ppm，经电解富液储槽储存并澄清后泵送至电积车间。采用不溶阳极和始极片法进行电积作业，来自萃取车间的电积富铜液升温后经高位槽进入各个电解槽。根据电解液中铁的积累情况，定期抽出一定量的废电解液返回堆浸场浸出，使废电解液中的 Fe 开路。电解经过一个阴极周期后，阴极由吊车送阴极洗涤和剥片，剥下的阴极铜即为成品电铜，经称量打包后送成品库。

24.5.2 建设投资估算

本项目投资范围及内容为：主要生产工程为堆浸场、溶液输送管路及泵站、萃取车间、电积车间等；辅助生产设施如空压机房、油库、给排水、供配电、总平面及运输等。

材料价格：采用 2006 年材料预算价格。

设备价格：主要设备采用厂家报价，不足部分参考《全国机电设备价格资料汇编》(2004 年版)。

建材价格：按建设厂当地建筑材料指导价(2005 年下半年)。

其他费用：按 2001 年《有色金属工业建安工程费用定额工程建设其他费用定额》进行测算。

征地费用：按 4000 元/亩考虑。

根据以上设定估算的本项目建设投资总额为 26249.08 万元，详见表 24-8。

投资构成分析见表 24-6 和表 24-7。

表 24-6　费用构成投资分析表

序号	项目名称	投资/万元	单位投资 /(元·t^{-1}·a^{-1})	占总投资的 百分比/%	备注
1	建筑工程	8387.90	5242.44	31.95	
2	设备购置	7596.21	4747.63	28.94	
3	安装工程	5265.55	3290.97	20.06	
4	其他费用	4999.42	3124.64	19.05	
	建设投资总额	26249.08	16405.68	100.00	

表 24-7　生产用途划分投资分析表

序号	项目名称	投资/万元	单位投资 /(元·t^{-1}·a^{-1})	占总投资的 百分比/%	备注
1	生产工程	19293.98	12058.74	73.50	
	其中：堆浸场	3474.34	2171.46	13.23	
	萃取及电积	15819.64	9887.28	60.27	
2	公用设施	1955.68	1222.30	7.45	
	其中：供水工程	65.61	41.01	0.25	
	总图及运输工程	1890.07	1181.29	7.20	
4	其他费用	2613.14	1633.21	9.96	
5	预备费	2386.28	1491.43	9.09	
	建设投资总额	26249.08	16405.68	100.00	

表 24 - 8　总概算表/万元

序号	工程和费用名称	建筑工程	设备购置	安装工程	其他费用	总价值
Ⅰ	工程费用	8387.9	7596.21	5265.55		21249.66
1	堆浸场	2120.77	611.01	742.56		3474.34
1.1	堆浸场地	612.3	220.89	43.71		876.9
1.2	堆浸场中间池喷淋泵房	64.67	111.36	45.95		221.98
1.3	堆浸场富液输送及贫液喷淋	71.15	278.76	71.31		421.22
1.4	长距离输送压力管道			566.59		566.59
1.5	10 kV 电缆线路			15		15
1.6	构筑物	1372.65				1372.65
2	萃取及电积	4398.66	6948.72	4472.26		15819.64
2.1	萃取车间	1473.82	3116.93	1069.05		5659.8
2.2	电积车间	2780	3553.28	3344.55		9677.83
2.3	空压机房	46.55	131.33	35.02		212.89
2.4	油库	29.61	44.86	4.81		79.28
2.5	循环水系统	68.68	102.32	18.83		189.83
3	供水设施		14.88	50.73		65.61
3.1	室外给排水管			50.05		50.05
3.2	生活水制备		14.88	0.68		15.56
4	总图及运输	1868.47	21.6			1890.07
4.1	平基土石方	1580.83				1580.83
4.2	新建道路	227.64				227.64
4.3	场地铺砌	9.85				9.85
4.4	喷浆护坡	16.3				16.3
4.5	浆砌块石截洪沟	7.9				7.9
4.6	浆砌块石排水沟	25.95				25.95
4.7	地表运输设备		21.6			21.6
Ⅱ	其他费用				2613.14	2613.14
1	征地费用				94.8	94.8
2	建设单位管理费				446.24	446.24

续表24-8

序号	工程和费用名称	建筑工程	设备购置	安装工程	其他费用	总价值
3	工程建设监理费				610	610
4	质检费				53.12	53.12
5	生产准备费				20	20
6	工具用具及生产家具购置费				37.98	37.98
7	办公与生活家具购置费				30	30
8	工程勘察费				70	70
9	工程设计费				700	700
10	工程招标、评标及标底编制费				106.25	106.25
11	环境水保评价及地质灾害、安全评估费				60	60
12	劳动安全卫生专项防范设施费				95	95
13	竣工图编制费				56	56
14	联合试运转费				233.75	233.75
Ⅲ	工程预备费(10%)				2386.28	2386.28
	概算总值	8387.9	7596.21	5265.55	4999.42	26249.08

24.5.3 成本估算

计算说明如下:

(1)各种辅助材料、燃料及动力消耗根据工艺消耗确定,价格按现行市场不含税价并加到场运杂费。其中:电价为0.342元/(kW·h),用水按计征水资源费考虑(计入管理费用)。

消耗的硫酸为自制材料,其制造成本为900元/t,计入直接成本。

(2)职工工资及福利费按平均38000元/人·a考虑。

(3)固定资产折旧采用直线法。房屋及建构筑物折旧年限为20年、机器设备折旧年限为10年,残值率均按5%。

(4)修理费率按固定资产原值的5%计。

(5)其他制造费用根据当地实际情况并参照类似企业指标估算。

经计算,项目达到设计规模时,萃取电积车间单位制造成本为4272.67元/t·阴极铜。

萃取电积车间制造成本计算表见表24-9。

表 24 – 9　萃取电积车间制造成本计算表

序号	项　目	单位	单价/元	单位成本/元·t⁻¹	总消耗	总成本/万元
	电铜产量	t			16110.00	
1	辅助材料			1151.11		1854.44
	硫酸	t	900.00	92.18	1650.00	148.50
	LIX984N	kg	138.03	428.40	50000.00	690.15
	煤油	t	5530.00	514.90	1500.00	829.50
	活性黏土	t	4500.00	41.90	150.00	67.50
	硫酸钴	kg	23.03	10.72	7500.00	17.27
	骨胶	kg	20.00	4.72	3800.00	7.60
	硫脲	kg	20.00	0.56	450.00	0.90
	亚氯酸钠	kg	4.00	0.19	750.00	0.30
	其他			57.56		92.72
2	动力			1171.89		1887.91
	电	k·kW·h	342.00	1171.89	55201.96	1887.91
	水	10⁴m³	0.00	0.00	5.22	0.00
3	生产人员工资及福利费	人·a	38000.00	162.76	69.00	262.20
4	制造费用			1786.92		2878.72
4.1	折旧费			917.34		1477.84
4.2	修理费			601.54		969.07
4.3	其他制造费用			268.04		431.81
	合计			4272.67		6883.28

24.6　萃取车间生产管理

24.6.1　萃取车间试生产与操作

典型的萃取车间的开工试生产原则上包括以下步骤：

第一步，完成生产准备工作。包括：检查各设备安装尺寸是否与设计图纸一致；各管道连接是否正确；检查各溶液泵、各混合室搅拌机、各管道阀门是否正常；检查各设备点电机能否正常运转；完成充水试漏检验；检查各安全生产设施是否到位；制定萃取岗位操作规程等。

第二步，开始充槽作业。在空的萃取箱内加入作为连续相的溶液（通常是水相），或者按照相比加入两相，使水相达到水相溢流堰口高度。

第三步，将有机相充入槽内至设定的高度。开启混合室搅拌器，同时开启相应有机相泵和各回流阀，逐步增大流量到正常操作流量。当混合澄清槽运行稳定时，开启料液泵和相应管道阀门，并打开水相出口阀门，逐步调整增加各流量到达正常操作设定值，此时混合澄清槽开始正常工作。本步骤中应严格注意控制流量逐步加大,以免出现冒槽事故。

混合澄清槽正常运行的关键控制参数是混合室搅拌条件、相比和水相有机相界面高度。

混合室搅拌条件控制一般是通过调整搅拌桨的转速来实现的,当前的铜萃取工厂一般都设计了混合室搅拌器变频调速装置,可以方便地调整搅拌状态。

生产中通过调整两相回流流量来控制相比,通过调整水相溢流堰高度来控制水相有机相界面。

正常生产操作过程中,应定时巡查生产现场,确保各池槽液位和设备运转正常,发现异常应及时采取措施处理,并及时向班长、车间领导汇报,同时在交接班本上记录处理情况,定时记录各工艺参数。此外,应定期抽取各澄清室絮凝物到负载有机贮槽并及时进行处理以有效回收有机相。

正常生产也存在需要混合澄清槽暂时停车的情况。此时,需要关闭水相出口阀,关闭有机相及水相等溶液泵,关闭各回流管,停止混合室搅拌器即可。若长期停车,还需要清空有机相和水相,并对混合澄清槽进行清洗。

24.6.2　常见故障处理

萃取车间的常见故障包括乳化、冒槽、界面异常波动、液泛等。

冒槽是萃取生产中的严重事故。产生冒槽的原因很多,当操作不当、停电、重新开车时,均易发生溶液液面高于槽体高度的冒槽现象,造成有机相损失。发生冒槽时,应检查排液口是否堵塞、搅拌器是否正常运转、操作流量是否正常、回流是否正常等。同时,生产中应配备备用的移动泵,以便及时转移有机相。

对于混合澄清器来说,发生液泛意味着未来得及分离的水相从有机相口排出或有机相从水相出口排出。此时,应降低各溶液流量,避免溶液流速超过液泛流速。此外,絮凝物的增加也可能导致液泛的发生,局部形成稳定的乳化层,夹带着分散相排出。针对这种情况,应加强料液过滤,减少絮凝物产出,并抽出界面絮凝物加以处理。

正常运行中的混合澄清器,其水相有机相界面应稳定在一定水平上。若界面波动过大,萃取作业将无法正常进行。此时,应检查排液口是否堵塞、水相出口是否产生液封、搅拌器是否正常运转、操作流量是否正常、回流是否正常等。

乳化在工业萃取生产中无法避免。其产生的原因通常有三类:混合室搅拌速度过高,或者料液中固体悬浮物意外增加,或者萃取溶液系统中杂质积累造成有机相降解。正常生产中通常可以通过定期抽取絮凝物的方式控制乳化发生的程度,当乳化严重发生时,可能导致无法分相,被迫停车。因此,当乳化异常时,应从以上三方面逐项排查,对症下药。

24.6.3　溶剂损失与回收

萃取车间日常生产应注重减少溶剂的损失和加强有机相的回收,以降低生产成本。通过各种设备进行富铜液除油和萃余液除油,以及处理絮凝物回收有机相作业,可显著降低吨铜萃取剂消耗。通过萃取箱表面加盖措施,可降低有机相挥发损失,并减少絮凝物产生量。工业萃取生产中通常多种手段结使用,以达到最大限度降低成本的目的。

24.6.4 火灾预防管理

预防火灾是萃取车间安全生产的头等大事,生产安全组织上应对此有充分的考虑。

首先应对萃取车间进行火灾危险性区域划分,此划分可参考安全评价报告和初步设计安全生产专篇的相应内容。

明确本项目采用的有机相的导电率和电位。

树立明确醒目的安全生产标识牌,注明不同区域的火灾危险等级、危险因素、注意事项等。生产中的萃取车间严禁明火和电焊作业。

对操作人员进行工艺培训和工程内容培训,使之明确本工程采用的工艺流程、工程组成内容、各车间各区域材料材质、危险区域及危险因素等。

建立监控系统,控制无关人员进入厂区。

静电危险是客观存在又无影无形的,操作人员着装应注意防静电措施,外衣表面电阻应不大于 $5 \times 10^{10} \, \Omega$。在相对湿度大于 65% 的环境下,棉织品、亚麻织品等自然纤维织品外衣可满足此要求,而合成纤维材料外衣除非经过特殊处理,如植入导电纤维等,通常不能满足该电阻要求,此类外衣不应在此车间穿着。另外,手套、鞋应具备防静电功能。操作人员应注意并时刻保持警惕,对可能的静电积累和释放及时采取相应措施。

通过采用慎重的火灾风险管控措施,可以保证持续稳定地安全生产。

参考文献

[1] A. 泰勒, M. L. 詹森. 溶剂萃取的混合澄清萃取箱设计[C]. Cytec Inc Acorga' 2008 北京铜湿法冶金技术研究会文集, 2008, 94 - 103.
[2] 陈文修, 梅炽. 有色金属提取冶金手册. 现代化设备[M]. 北京: 冶金工业出版社, 1993.

附录　国产萃取剂、稀释剂

附表1　重庆康普化学工业有限公司 Mextral 系列萃取剂、稀释剂

商品名	主要成分	应用范围举例	国内外类同萃取剂
1923A	仲碳伯胺	萃取钍、稀土	N1923
272P	二(2,4,4-三甲基戊基)次膦酸	钴、镍分离,稀土元素分离	Cyanex 272
292P	二癸基次膦酸	钼、矾萃取,高镍低钴分离	
336At	三辛基甲基氯化铵	贵金属及钨、铌、钼萃取	N263
54-100	β-二酮	含腐蚀剂溶液中回收铜 从氨性溶液中回收铜、锌、镍	LIX 54-100
Clx50	吡啶二羧酸二酯	氯化物溶液中萃铜 酸性废水净化	Acorga Clx50
V10	叔碳酸(新癸酸)	萃取重金属	Versatic 10
100K	7-14-乙基-1-甲基辛基-8羟基喹啉	碱性铝酸钠溶液提镓 酸性溶液中萃取阳离子	Kelex 100
204P	二(2-乙基己基)磷酸	广泛应用于钴、镍、锌、稀土铟等金属的湿法冶金	D2EHPA, P204
336A	三辛、癸烷基叔胺	广泛应用于镉、钴、铪、铁、银、稀土、钨、钒、锌、铀及回收酸	N235
471P	三(2-甲基丙基)硫化膦	贵金属及重金属的萃取,如银、铜、铂、钯萃取	Cyanex471
503A	N,N′-二(1-甲基庚基)乙酰胺	分离提纯铌、钽、镓、铟、镉、铊、铼、金、钯、除铁,处理含酚废水	N503
507P	2-乙基己基膦酸单2-乙基己基酯	稀土分离,钴镍分离	P507
622H,684N-LV,860H,5050H,5640H,5574H,5910H,612H	醛肟类	铜的萃取,也可用于其他阳离子萃取	这15种萃取剂,均为高效肟类螯合萃取剂。在肟的基础上,添加了改质剂及相应的添加剂,以改善其性能,类同于 CYTEC 及 BASF 公司相应之产品
63H,84H	酮肟类	铜的萃取,也可用于其他阳离子萃取	
973H, 984H, 5510H,5520H,5530H	醛肟+酮肟类	铜的萃取,也可用于其他阳离子萃取	
DT100	烷烃类稀释剂	用于各种萃取体系	

Tel: 023-67030808, Fax: 023-67030809, WWW. MEXTRAL. COM, Email: info@ hallochem. com.

附表 2　上海莱雅仕化工有限公司的萃取剂、稀释剂产品
（江西洁新科技有限公司）

商品名	中文名称	备　　注
N1923	仲碳伯胺	萃钍性能类似于 Primene JMT（N116）
P507	2－乙基己基膦酸单 2－乙基己基酯	HEHEHP，PC－88A
P204	二（2－乙基己基磷酸）	D2EHPA，HDEHP
P229	二（2－乙基己基）次膦酸	Cyanex 272 的同分异构体
CA－12	仲辛基苯氧基取代乙酸	$pH_{1/2}$ 比环烷酸低 0.8，不易乳化
P350	甲基磷酸二（1－甲庚）酯	DMHMP
TRPO	三烷基氧化膦	Cyanex923 的主成分
TBP	磷酸三丁酯	除用作萃取剂外，还可作极性改善剂
N235	三混合烷基（8－10 碳）胺	Alamine 336
N503	N，N′－二（1－甲基庚基）乙酰胺	N，N－二仲辛基乙酰胺
N902	醛肟	类似 CYTEC M5640
N910	酮肟	类似 BASF LIX54－100
环烷酸（精制脱酯）		HNaph

稀释剂类产品：异辛醇，仲辛醇，磺化煤油，260 号溶剂油

　　上海莱雅仕化工有限公司、江西洁新科技有限公司及江西省奉新申新化工有限公司是从事金属萃取剂的生产及新萃取剂研发，集科、工、贸一体化的企业。生产的萃取剂广泛用于稀土金属、镍、钴、铜、镓、铟、钪、锌、钍、铀、铁、钽、镉、铊、铼、钯、钛、金、钨、钼、钒等金属的萃取分离和含酚及酚类废水的处理和回收。

　　手机：13917738666，13907055968。Tel：021－54433599；0795－4512088；Fax：021－54430248，0795－4512099；www.sh－rareearth.com；www.jxshenxin.com；Email：rareearth@vip.sina.com；sales@sh－rareearth.com.

图书在版编目(CIP)数据

萃取冶金原理与实践/张启修,张贵清,唐瑞仁等编著.
—长沙:中南大学出版社,2014.7
ISBN 978 - 7 - 5487 - 1092 - 9

Ⅰ.萃… Ⅱ.①张…②张…③唐… Ⅲ.萃取 – 冶金
Ⅳ.TF804.2

中国版本图书馆 CIP 数据核字(2014)第 129852 号

萃取冶金原理与实践

张启修 张贵清 唐瑞仁 等编著

□责任编辑	史海燕	
□责任印制	易建国	
□出版发行	中南大学出版社	
	社址:长沙市麓山南路	邮编:410083
	发行科电话:0731-88876770	传真:0731-88710482
□印 装	长沙超峰印刷有限公司	

□开 本	720×1000 B5	□印张 51.25	□字数 998 千字	□插页
□版 次	2014 年 8 月第 1 版	□2014 年 8 月第 1 次印刷		
□书 号	ISBN 978 - 7 - 5487 - 1092 - 9			
□定 价	195.00 元			

图书出现印装问题,请与出版社调换